Birkhäuser

Publications des Archives Henri Poincaré
Publications of the Henri Poincaré Archives

La correspondance d'Henri Poincaré
La correspondance d'Henri Poincaré est éditée par les Archives Henri-Poincaré (Laboratoire d'Histoire des Sciences et de Philosophie, UMR 7117, Université Lorraine/CNRS) sous la direction de Gerhard Heinzmann. Elle comportera six volumes.

Collected correspondence of Henri Poincaré
The collected correspondence of Henri Poincaré is edited by the Henri-Poincaré Archieves (Laboratoire d'Histoire des Sciences et de Philosophie, UMR 7117, Université Lorraine/CNRS) under the direction of Gerhard Heinzmann. It shall include six volumes.

La correspondance entre Henri Poincaré et Gösta Mittag-Leffler.
Présentée et annotée par Philippe Nabonnand

La correspondance entre Henri Poincaré et les physiciens, chimistes et ingénieurs.
Présentée et annotée par Scott A. Walter en collaboration avec Étienne Bolmont et André Coret

La correspondance entre Henri Poincaré, les astronomes, et les géodésiens.
Sous la direction de Scott A. Walter, éditeur, Philippe Nabonnand, Ralf Krömer et Martina Schiavon, éditeurs associés

La correspondance entre Henri Poincare et les mathématiciens.
Sous la direction de Philippe Nabonnand, éditeur, Olivier Bruneau, Philippe Henry, Jean Mawhin, Klaus Volkert et Scott A. Walter, éditeurs associés

La correspondance de jeunesse d'Henri Poincaré.
Les années de formation: de l'École polytechnique à l'École des mines (1873-1878)
Sous la direction de Laurent Rollet

La correspondance administrative et privée d'Henri Poincaré.
Académie des sciences, Affaire Dreyfus, Revue de métaphysique et de morale
Sous la direction de Laurent Rollet

La correspondance entre Henri Poincaré et les mathématiciens

Présentée et annotée par
Philippe Nabonnand

en collaboration avec
Olivier Bruneau • Jeremy J. Gray
Gerhard Heinzmann • Philippe Henry
Jean Mawhin • David Rowe
Klaus Volkert • Scott A. Walter

Birkhäuser

Présentée et annotée par
Philippe Nabonnand
Archives Henri Poincaré
Université de Lorraine
Nancy, France

en collaboration avec
Olivier Bruneau
Archives Henri Poincaré
Université de Lorraine
Nancy, France

Jeremy J. Gray
The Open University
Milton Keynes, UK

Gerhard Heinzmann
Archives Henri Poincaré
Université de Lorraine
Nancy, France

Philippe Henry
Archives Henri Poincaré
Université de Lorraine
Nancy, France

Jean Mawhin
Université catholique
de Louvain
Louvain-la-Neuve, Belgium

David Rowe
Institut für Mathematik
Johannes Gutenberg-
Universität Mainz
Mainz, Rheinland-Pfalz
Germany

Klaus Volkert
Didaktik & Geschichte
der Mathematik
Universität Wuppertal
Wuppertal, Nordrhein-
Westfalen, Germany

Scott A. Walter
Centre François Viète
Université de Nantes
Nantes Cedex 3, France

ISSN 2504-3714 ISSN 2504-3722 (electronic)
Publications des Archives Henri Poincaré Publications of the Henri Poincaré Archives
ISBN 978-3-7643-7168-5 ISBN 978-3-7643-8288-9 (eBook)
https://doi.org/10.1007/978-3-7643-8288-9

This book is published under the imprint Birkhäuser, www.birkhauser-science.com by the registered company Springer Nature Switzerland AG
The registered company address is: Gewerbestrasse 11, 6330 Cham, Switzerland

Paper in this product is recyclable.

Pour Viviane

Sommaire

Introduction

Ce volume est consacré aux échanges épistolaires de Poincaré avec des mathématiciens, c'est-à-dire des correspondants occupant (ou ayant occupé ou étant sur le point d'occuper) une position institutionnelle de mathématicien. La plupart du temps, il s'agit d'universitaires mais on trouve aussi parmi les correspondants mathématiciens de Poincaré des membres du corps enseignant de l'École polytechnique, des étudiants terminant leur thèse (comme Léon Autonne (p. 69), Georges Brunel (p. 125) ou Xavier Stouff (p. 707)), des enseignants de lycée (comme Victor Schlegel (p. 671) ou Mathieu Weill (p. 745)) qui auront des trajectoires académiques diverses. Quelques exceptions, dont celle de Gustav Eneström (p. 239) qui après une formation en mathématiques occupe une position de bibliothécaire. Son implication comme secrétaire de rédaction d'*Acta mathematica*, la place centrale qu'il occupe dans le champ mathématique comme éditeur du principal journal d'histoire des mathématiques au tournant du 20e siècle, son insertion dans la communauté mathématique et dans le réseau de ceux qui s'occupent de bibliographie mathématique justifient ce statut particulier sans oublier ses contributions en mathématiques, en statistiques et en histoire des mathématiques. Les échanges avec une douzaine d'autres acteurs plus ou moins liés aux correspondances précédentes sont proposés en annexe.

Certainement de nombreuses lettres ou même des correspondances n'ont pas été retrouvées ; bien que biaisées donc, les données chiffrées qui suivent donnent néanmoins quelques indications sur le réseau mathématique de Poincaré et sur ses pratiques épistolaires. La population des 80 correspondants mathématiciens est composée pour un peu plus d'un tiers de français et pour le reste, comme on peut s'y attendre, essentiellement de mathématiciens européens [1], dont une vingtaine d'allemands.

Plus de la moitié des 510 lettres de ce volume sont le fait des 8 correspondances les plus longues (plus de 24 lettres), à savoir celles échangées avec Thomas Craig, Gaston Darboux, Gustav Eneström, Giovanni Guccia, Charles Hermite, Felix Klein, Charles-Ange Laisant et Maurice d'Ocagne. Les 35 lettres de la correspondance avec Thomas Craig (p. 177) sont concentrées sur une dizaine d'années (1883-92) et concernent pour l'essentiel l'*American Journal of Mathematics*, les échanges de

1. On ne dénombre que 3 correspondants états-uniens.

P. Nabonnand et al. (eds.), *La correspondance entre Henri Poincaré et les mathématiciens*, Publications des Archives Henri Poincaré Publications of the Henri Poincaré Archives, https://doi.org/10.1007/978-3-7643-8288-9_1

tirés-à-part, la Société mathématique de France et le Répertoire bibliographique des sciences mathématiques (voir plus bas p. 8). Les 24 lettres échangées avec Gaston Darboux (p. 207) s'étalent sur toute la carrière scientifique de Poincaré (1878-1909). Les lettres du début ont pour objet la thèse de Poincaré, les suivantes, des affaires académiques, le Bureau des longitudes, l'entreprise britannique de bibliographie scientifique (« International Catalogue of Scientific Literature ») et la candidature de Poincaré au prix Nobel dont Gaston Darboux est un des initiateurs. Les 24 lettres de la correspondance avec Gustaf Eneström (p. 239) sont datées entre 1883 et 1892 (un certain nombre plus tardives sont des circulaires de la Commission internationale du répertoire bibliographique). Elles concernent les articles de Poincaré publiés dans *Acta mathematica*, la distribution des tirés-à-part et le Répertoire bibliographique des sciences mathématiques. La correspondance la plus importante (en dehors de celle avec Mittag-Leffler) est celle que Poincaré échange avec Giovanni Guccia (67 lettres) entre 1888 et juin 1912 (p. 307). Elle concerne surtout le Circolo matematico di Palermo et son journal, les *Rendiconti*, les envois d'épreuves et de tirés-à-part, l'organisation du Congrès international des mathématiciens de Rome et l'épisode du malaise de Poincaré lors de ce congrès. On a retrouvé 35 lettres adressées entre 1880 et 1895 par Charles Hermite à son « élève » [Dugac, 1984b, p. 107]. La plupart datent des années 1880-1885 et concernent les travaux de Poincaré sur les formes algébriques et sur les fonctions fuchsiennes. La correspondance échangée par Felix Klein et Poincaré s'étale entre 1881 et 1906 (p. 433). La première partie (25 lettres entre 1881 et 1882) est très connue et a déjà été publiée plusieurs fois (voir ci-dessous p. 6). Le reste de la correspondance (15 lettres échangées entre 1895 et 1906) est plus apaisé et traite des activités internationales menées par Klein et Poincaré, en particulier l'entreprise britannique de l'« International Catalogue of Scientific Literature ». Les 26 lettres adressées par Poincaré à Charles-Ange Laisant datent de la période de leur collaboration à la direction de la Commission permanente du Répertoire bibliographique des sciences mathématiques entre 1893 et 1909. La correspondance avec Maurice d'Ocagne comprend 34 lettres échangées entre 1885 et 1910 (p. 589). Elles concernent le Répertoire bibliographique des sciences mathématiques, l'École polytechnique et l'élection de Poincaré à l'Académie française en 1908.

Ces correspondances font apparaître un certain nombre de thèmes récurrents : dans les années 1880-1885, les fonctions fuchsiennes, qui plus que ses autres travaux sur les formes algébriques, les fonctions complexes ou les équations différentielles non-linéaires semblent avoir assuré la renommée nationale et internationale de Poincaré, l'entreprise du Répertoire bibliographique des sciences mathématiques à partir de 1885, les questions liées aux relations entre un auteur et les rédacteurs des revues, celles des échanges de tirés-à-part...

On peut compléter l'approche du noyau constitutif du corpus formé par les échanges épistolaires de Poincaré avec des mathématiciens en repérant dans les index nomi-

num et rerum les acteurs les plus cités [2] et les sujets les plus évoqués [3]. Apparaissent ainsi Paul Appell et Émile Picard, les deux autres membres du trio d'élèves d'Hermite qui avaient fait de nouveau de Paris le « centre des mathématiques [4] », Gösta Mittag-Leffler, surtout en tant que rédacteur des *Acta mathematica*, Lazarus Fuchs et Hermann Amandus Schwarz comme acteurs de la discussion autour des fonctions fuchsiennes auxquels s'ajoutent Augustin Louis Cauchy, Bernhard Riemann et Karl Weierstrass comme figures tutélaires du champ mathématique. L'index rerum révèle qu'il est souvent question dans les échanges entre Poincaré et les mathématiciens, de questions liées aux fonctions fuchsiennes (groupes fuchsiens, fonctions elliptiques, fonctions modulaires, équations différentielles linéaires...) et plus généralement aux fonctions d'une ou plusieurs variables complexes. L'autre thème essentiel de la correspondance de Poincaré avec les mathématiciens fait apparaître son rôle essentiel et son action pour l'entreprise du *Répertoire bibliographique des sciences mathématiques* (voir p. 8).
Les correspondances servent évidemment à discuter autour de questions précises mais elles servent aussi à communiquer, à échanger une foultitude d'informations relevant de la pratique professionnelle. De ce point de vue, les correspondances de Poincaré avec les mathématiciens évoquent soit directement, soit par le biais de références, les journaux mathématiques. Il est symptomatique de noter que les journaux mathématiques sont cités bien plus souvent que les ouvrages ou les traités [5]. Directement liés au thème des journaux et de la circulation mathématique, les demandes ou les envois de tirés à part sont souvent l'occasion d'une lettre. Les lettres avec les rédacteurs de journaux sont bien entendu concernées au premier chef par les questions d'expédition de tirés à part mais nombre d'autres correspondances font état d'une demande, d'un envoi ou de la réception de tirés à part, signe qu'ils sont un vecteur essentiel (associé à la pratique épistolaire) de circulation mathématique (voir p. 30). Autour des journaux, de nombreuses lettres échangées avec Craig, Guccia ou Eneström accompagnent les jeux d'épreuves d'articles en cours d'impression [6] et l'envoi de notes aux *Comptes rendus hebdomadaires de l'Académie des sciences* [7].

2. L'index nominum a été établi à partir de l'ensemble du texte : contenu des lettres, présentation des correspondants et notes.

3. L'index rerum a été établi à partir du seul contenu des lettres.

4. Selon Mittag-Leffler, Weierstrass aurait déclaré en 1882 lors d'une réunion de mathématiciens berlinois :

> Wir müssen uns teuflisch zusammenraffen wenn nicht Paris noch einmal der Hauptsitz der Mathematik wird. [Dugac, 1984b, p. 263]

5. Sur la circulation mathématique par et dans les journaux, voir le site du projet CIRMATH : https ://cirmath.hypotheses.org/. On peut aussi consulter [Nabonnand et collab., 2015], [Peiffer et collab., 2018, 2020] et [Gispert et collab., 2023a].

6. On notera que les épreuves peuvent assurer à une petite échelle une fonction de circulation. Ainsi, Poincaré demande à Guccia dans sa lettre du 30 novembre 1905 (p. 323), un « second exemplaire des épreuves » de son article sur la dynamique de l'électron pour l'envoyer à Paul Langevin.

7. Poincaré apparaît par ce biais comme un académicien actif et souvent sollicité.

Le fragment de l'univers de Poincaré objectivé par ses correspondances avec les mathématiciens apparaît donc comme organisé autour de plusieurs pôles opérant de manière diversifiée. D'abord, la reconnaissance de l'importance mathématique et institutionnelle de Charles Hermite et de figures comme Cauchy, Riemann ou Weierstrass participe d'une vision générale consensuelle des mathématiques, partagée par nombre de mathématiciens à commencer par Mittag-Leffler, Georges Henri Halphen, Sofja Kowalevskaja ou Rudolf Lipschitz. Les travaux de Weierstrass font l'objet d'une attention particulière. En effet, la circulation de théorèmes et de techniques nulle part publiés, à partir d'une étroite communauté d'élèves plus ou moins proches est souvent évoquée et Poincaré par exemple considère comme pertinent et utile de publier les démonstrations de théorèmes que « M. Weierstrass communique à quelques amis mais ne fait pas imprimer » [8]. En second lieu, un domaine mathématique dont Poincaré est le centre, à savoir celui des fonctions fuchsiennes avec ses ramifications du côté de la théorie des fonctions elliptiques, de la théorie des nombres et surtout de la théorie des équations différentielles linéaires met en scène des acteurs comme Klein, Fuchs et Schwarz mais aussi Camille Jordan qui apparaît très clairement comme celui qui initie dans les années 1880 Poincaré à la théorie des groupes de substitutions [9], des rédacteurs de journaux comme Klein ou Mittag-Leffler, des étudiants préparant leur thèse comme Léon Autonne, Charles Eugène Fabry ou Xavier Stouff qui interagissent avec Poincaré à un titre ou un autre au sujet de leurs travaux doctoraux [10], des collègues plus ou moins proches qui demandent, de manière plus ou moins pertinente, des explications ou des précisions comme Paul Appell, Georges Louis Halphen, Arthur Cayley, Hermite, Julius Petersen, Ludwig Schlesinger, Emil Strauß...

Le troisième pôle structurant de la correspondance de Poincaré avec les mathématiciens relève des activités d'organisation du champ mathématique. La fin du 19e siècle voit l'organisation des premiers congrès internationaux. On sait que Poincaré est particulièrement investi sur cette question soutenant dès 1897 ce type d'initiative et organisant le congrès de Paris de 1900. De manière surprenante, très peu de lettres, en dehors de celles échangées avec Mittag-Leffler [11], avec Vito Volterra [12], de la lettre d'invitation de Moritz Cantor (p. 153) et d'une lettre adressée à Hilbert (p. 412) évoquent le congrès de 1900 ; bien au contraire, l'investissement de Poincaré dans l'entreprise de bibliographie mathématique portée par la Société mathématique de France et dont tout laisse penser qu'il en est à l'origine a laissé

8. Voir la lettre adressée par Poincaré à S. Kowalevskaja le 14 septembre 1884 (p. 498).

9. Voir la lettre envoyée par Jordan à Poincaré le 27 janvier 1880 (p. 424).

10. Poincaré discute avec Autonne au titre de condisciple et d'interlocuteur de Jordan. Il l'oriente vers les travaux de Jordan sur les groupes de substitutions et s'intéresse à divers points techniques de sa thèse sans pour autant avoir un rôle officiel. Poincaré est consulté par Hermite sur le choix du sujet (p. 375), rédige le rapport et fait partie du jury de thèse de Fabry. Poincaré accompagne la thèse de X. Stouff dont le sujet porte sur les fonctions fuchsiennes et préside le jury.

11. [Nabonnand, 1999, p. 279-291].

12. [Walter et collab., 2007, p. 369-370].

de nombreuses traces épistolaires [13]. En effet, Poincaré apparaît comme étant au centre des échanges engendrés par ce projet, que ce soit en 1887 quand il s'agit d'en définir la forme, en 1889 pour organiser le congrès international de bibliographie des sciences mathématiques ou pendant une vingtaine d'années, comme le président de la commission permanente du répertoire. Plusieurs lettres échangées avec Klein et Darboux montrent que Poincaré a été aussi actif comme délégué français dans l'entreprise britannique de l'*International Catalogue of Scientific Literature.*
Une correspondance aussi massive laisse transparaître des indices plus ténus sur les relations sociales au sein des milieux mathématiques internationaux de l'époque. Un des noms les plus cités par les correspondants mathématiciens de Poincaré (dans les formules de politesse certes) est celui de son épouse, Louise Poulain d'Andecy [14]. Ces nombreuses citations sont le signe que les visiteurs et les collègues étaient souvent reçus chez les Poincaré. Ainsi, Thomas Craig, après avoir fait la connaissance de la famille de Poincaré ne manque pas de saluer Louise Poincaré et met en scène une amitié entre sa fille et celle de Poincaré. Apparaissent encore plus chaleureuses les relations entretenues avec Guccia et Ocagne. Les lettres sont souvent l'occasion de poursuivre des discussions d'ordre professionnel ou non, Poincaré se laisse aller à quelques allusions politiques et évoque des sentiments personnels.
Avant de présenter plus longuement l'entreprise du « Répertoire bibliographique des sciences mathématiques », les jeux de stratégie éditoriale autour des notes aux *Comptes rendus hebdomadaires de l'Académie des sciences*, l'usage des tirés à part, les bruissements du monde qui transparaissent à travers ces correspondances, on ne peut pas ne pas rappeler les diverses éditions de certaines des correspondances entretenues par Poincaré avec des mathématiciens, ne serait-ce que pour placer cet ouvrage dans une filiation historiographique.

1 Éditer la correspondance de Poincaré avec des mathématiciens

Les premières publications de quelques éléments de correspondances de Poincaré datent de 1921 et 1923 dans la revue *Acta mathematica* créée et alors toujours dirigée par Gösta Mittag-Leffler [15]. Le volume 38, daté de décembre 1915 paraît en

13. Voir ci-dessous p. 8. On trouve aussi de nombreuses traces du projet du « Répertoire bibliographique des sciences mathématiques » dans la correspondance administrative de Poincaré avec des lettres liées aux demandes de subventions ministérielles.

14. Sur Louise Poulain d'Andecy, voir [Rollet, 2012].

15. Scott A. Walter signale que quelques lettres de Poincaré ont été publiées antérieurement au volume des *Acta mathematica*. Ces exemples qui ne relèvent pas de la même intention montrent par contre l'importance politique, académique ou symbolique de celles-ci pour leur destinataire. Ainsi, la lettre que Poincaré envoie à Paul Painlevé pour être lue lors du procès de Rennes (p. 612) est immédiatement publiée dans la livraison du 5 septembre 1899 du quotidien *Le Temps*. L'hommage à Alfred Cornu que Poincaré fait parvenir à Charles-Marie Gariel [Walter

1921. Mittag-Leffler avait prévu de publier un volume « en hommage à Poincaré » après son décès. En fait, il y eut certaines difficultés à réunir les contributions et la première guerre mondiale retarda définitivement le projet. Le volume 39 quant à lui paraît en été 1923 [16] et correspond aussi à un projet antérieur retardé entre autre par la première guerre mondiale :

> Si j'ai fini par me résoudre, après un long retard, à publier ce tome des *Acta mathematica*, ce n'est pas que j'aie réussi à ordonner tous les matériaux que j'aurais désiré et que j'aurais espéré présenter au public, mais c'est bien plutôt parce que je suis persuadé que par suite d'un plus long retard une bonne partie de ce que je suis en mesure de présenter aujourd'hui n'aurait guère de chances autrement de servir à la science. [Mittag-Leffler, 1923, p. I]

Mittag-Leffler propose dans ce volume, un mémoire inédit de Poincaré sur les fonctions fuchsiennes et la correspondance des années 1881-1882 entre F. Klein et H. Poincaré au sujet de cette théorie [17]. Ces échanges parfois rugueux sont présentés comme devant « intéresser tous les géomètres comme un document humain » et permettant de « retracer le développement de cette belle théorie d'une manière plus intime qu'on ne peut le faire dans une Encyclopédie [18] ». Mittag-Leffler rappelle dans sa préface les réticences que les travaux de Poincaré suscitent alors chez les mathématiciens allemands :

> Mais que l'on n'imagine pas cependant que le mémoire de Poincaré ait obtenu dès le début les louanges qu'il a obtenues par la suite. Ce fut plutôt le contraire. Kronecker par exemple me fit exprimer par un ami commun le regret de l'échec auquel le journal semblait voué sans remède par la publication d'un travail si incomplet, si peu mûri et si obscur. L'attitude de Klein dans cette question apparaît nettement par une correspondance entre Poincaré et lui que j'ai aussi le plaisir de publier dans ce volume. [Mittag-Leffler, 1923, p. III]

---

et collab., 2007, p. 164-165] paraît en 1902 dans le *Bulletin des séances de la Société française de physique* [Poincaré, 1902c]. La lettre adressée en 1904 à Camille Flammarion à l'occasion d'une polémique au sujet du conventionnalisme [Walter et collab., 2007, p. 140-141] est publiée par ce dernier dans le *Bulletin de la Société astronomique de France* [Poincaré, 1904c]. Un autre exemple est celui de Léon Walras [1909, p. 326-327] qui édite en annexe d'un article une lettre adressée par Poincaré dans laquelle ce dernier émet un avis globalement positif sur les principes fondateurs des travaux d'économie mathématique de l'École de Lausanne. De la même manière, le commentaire de Poincaré sur la méthode de Ritz en physique mathématique sollicité par Pierre Weiss [Walter et collab., 2007, p. 376] est publié dans la préface qu'il rédige aux *Gesammelte Werke* de Walther Ritz [1911, p. xv-xvi]. Enfin, on trouvera dans ce volume la célèbre lettre de Poincaré envoyée à Guccia pour annoncer l'envoi de son manuscrit du mémoire « inachevé » sur le théorème ergodique (p. 339) et publiée en introduction de ce dernier [Poincaré, 1912h, p. 375-376].

16. Les éditeurs du tome 3 des *Gesammelte mathematische Abhandlungen* de F. Klein indiquent (p. 587) qu'il aurait dû paraître un an plus tôt.

17. Voir p. 450-479.

18. *Acta mathematica*, 39 (1923), p. 93.

Cette même correspondance est éditée la même année, avec des notes de Klein dans le tome III de ses *Gesammelte mathematische Abhandlungen* [19]. Cette édition conclut un long article de F. Klein [1923] intitulé « Zur Vorgeschichte der automorphen Funktionen » qui est un peu un plaidoyer pro domo. La publication des lettres échangées par Poincaré et Klein est justifiée par une intention d'authenticité :

> [...] ohne Zweifel der unveränderte Wortlaut der Briefe eine bessere Einsicht in das gegenseitige Verhältnis der beiden Forscher vermittelt, als ein noch so zuverlässiges zusammenhängendes Referat es ermöglichen könnte. (*Felix Klein Gesammelte mathematische Abhandlungen*, III, p. 387)

Le tome 38 des *Acta mathematica* publié en l'honneur de Poincaré propose quant à lui une série de documents inédits [20], diverses analyses des travaux de Poincaré [21], des témoignages [22] et deux correspondances, celle échangée avec Lazarus Fuchs [23] et quelques lettres adressées par Poincaré à Mittag-Leffler, dont celles datant de la période du concours du roi Oscar [24].

Le tome 11 des Œuvres de Poincaré, publié en 1956, reprend les contributions du volume 38 ainsi que la correspondance échangées autour des fonctions fuchsiennes par Klein et Poincaré [25]. À l'exception de cette réédition, de l'édition des lettres échangées par Ernst Zermelo et Poincaré [26] et de la réalisation de microfilms réunissant la correspondance scientifique de Poincaré par Arthur I. Miller, la seule tentative de publication de la correspondance de Poincaré avec des mathématiciens est le projet en 1986 de Pierre Dugac [1986, 1989a] dans les *Cahiers du séminaire d'histoire des mathématiques*. Cette édition a participé de manière significative à relancer les recherches autour des travaux mathématiques de Poincaré [27] et à souligner l'importance des correspondances comme source pour l'historien des mathématiques contemporaines [28]. Pour autant, le choix de ne publier (au

---

19. [Klein, 1921-1923]. D'après une remarque préliminaire à la correspondance entre Klein et Poincaré, il semble que l'édition allemande ait légèrement précédé celle des *Acta mathematica*.

20. [Poincaré, 1921a,e].

21. [Hadamard, 1921], [Wien, 1921], [von Zeipel, 1921] et [Planck, 1921].

22. [Appell, 1921], [Boutroux, 1921] et [Painlevé, 1921].

23. [Poincaré, 1921b], [Fuchs, 1921]. Voir p. 271.

24. [Poincaré, 1921c,d]. Voir [Nabonnand, 1999].

25. Comme c'est souvent l'usage pour des œuvres complètes de scientifiques, on trouve aussi à la fin de ce tome le fac-similé de quelques manuscrits dont quelques lettres de Poincaré.

26. [Cassinet, 1983] et [Heinzmann, 1986]. Voir p. 751.

27. Cet intérêt nouveau a correspondu aussi à une renouveau aussi en mathématiques avec les avancées en théorie du chaos et en analyse non-linéaire.

28. À l'instigation de Pierre Dugac, les *Cahiers du séminaire d'histoire des mathématiques* publient dès le premier tome (en 1980), des lettres adressées par Charles de La Vallée Poussin à René Baire, des lettres adressées par Arnaud Denjoy à Paul Lévy, des éléments de correspondance de Maurice Fréchet. Ensuite suivront en 1981, des extraits de lettres de B. Riemann à sa famille, en 1983, des lettres inédites adressées par Charles Hermite à Thomas Johannes Stieljes, en 1984, 1985 et 1989, les lettres adressées par Charles Hermite à Gösta Mittag-Leffler [Dugac, 1984b, 1985, 1989b], en 1986, une lettre de Nikolai Luzin à Otto Youlevitch Schmidt, en 1987, la correspondance échangée par Poincaré et Alexandre Liapunov [Walter et collab., 2016] et les lettres adressées par Gaston Darboux à Jules Hoüel entre 1869-1871, en 1990, les lettres de René

moins dans un premier temps[29] que des lettres ayant un contenu mathématique très significatif ne peut être complétement satisfaisant si l'on s'intéresse à reconstruire les enracinements variés de Poincaré dans les communautés scientifiques et plus généralement dans la société, les diverses facettes de ses implications dans la vie scientifique et les dynamiques scientifiques, sociales et personnelles de son parcours. De ce point de vue, il est utile, voire indispensable d'éditer les correspondances intégralement et de ne pas négliger les acteurs qui pourraient apparaître mineurs ou marginaux[30].

L'épaisseur historiographique de Poincaré pour le champ mathématique sort renouvelée d'une meilleure appréhension de sa correspondance avec les autres acteurs. En même temps, l'importance d'entreprises un peu oubliées aujourd'hui comme celle du *Répertoire bibliographique des sciences mathématiques* dans lesquelles l'implication de Poincaré est majeure devient manifeste à partir de sa correspondance.

2 Le Répertoire bibliographique des sciences mathématiques

Les questions relatives à l'organisation et à la réalisation du *Répertoire bibliographique des sciences mathématiques* sont un des thèmes les plus souvent évoqués dans les échanges entretenus par Poincaré avec des mathématiciens, que ce soit en termes d'occurrences du sujet ou de correspondants. Le projet d'une bibliographie mathématique référençant les travaux publiés au 19ᵉ siècle est le fruit d'une décision de la Société mathématique de France prise lors de sa séance du 4 mars 1885 ; il est suscité par le souci de répondre aux difficultés pour trouver des informations et des références dans un contexte de multiplication des auteurs et des journaux, de diversification des domaines d'études et d'internationalisation de la recherche[31] :

> Il n'est pas l'un de nous qui n'ait eu à faire de pénibles recherches bibliographiques et l'on peut prévoir le moment où il sera absolument impossible d'entreprendre aucun étude sans avoir entre les mains de

---

Baire à Émile Borel, en 1991, les lettres d'Henri Lebesgue à Borel.

29. Pierre Dugac parle d'un projet d'édition des correspondances de Poincaré avec les mathématiciens et les physiciens. Il présente l'édition dans les *Cahiers du séminaire d'histoire des mathématiques* comme un travail préliminaire :

> Nous commençons ici la publication des informations sur sa correspondance avec des mathématiciens, contenant de nombreuses lettres inédites - avec leur traduction - ainsi que la traduction en français des lettres déjà publiées en allemand. [Dugac, 1986, p. 59]

30. Pour une intéressante discussion sur le rapport à l'exhaustivité lors de l'édition d'une correspondance, on peut consulter une note de Pierre Crépel [2002] parue dans la *Gazette des mathématiciens*.

31. Voir [Rasmussen, 1995] et [Csiszar, 2018].

nouveaux instruments de travail. (Lettre circulaire intitulée « Projet de répertoire bibliographique » datée du 4 mars 1885)

La présidence de ce projet est confiée à Poincaré, qui est à l'époque secrétaire de la Société mathématique de France. Il assurera cette tâche jusqu'à son décès [32]. La correspondance entre Poincaré et les mathématiciens permet de suivre et de préciser l'histoire du *Répertoire* [33]. On peut en première approche distinguer trois périodes ; la première (1885-1887) durant laquelle le projet se précise est suivie d'une phase de préparation du Congrès international de bibliographie des sciences mathématiques qui se tient à Paris du 16 au 19 juillet 1889. Lors de ce congrès, le projet reçoit le soutien d'une partie non négligeable de la communauté mathématique internationale. La correspondance de la dernière période (1890-1912), durant laquelle le projet se réalise bon an, mal an, est constituée d'échanges avec les divers secrétaires de la Commission permanente [34] et avec les membres de cette commission chargés d'organiser le dépouillement des journaux dans leurs pays respectifs. Les premières lettres évoquant le projet du répertoire qui nous sont parvenues sont des réactions aux premières circulaires ; dans un premier temps, la proposition de participer au projet de répertoire bibliographique des sciences mathématiques circule au sein des membres de la Société mathématique de France. Le projet est assez vague et il est demandé à la fois de rédiger des fiches individuelles concernant les travaux personnels des participants au projet et de contribuer au dépouillement d'une liste de revues. À la fin mai 1885, la liste de revues n'est pas encore arrêtée ; la lettre adressée par Poincaré à Ocagne le 22 mai 1885 (p. 590) évoque des omissions et interroge le corpus visé. Est ainsi discuté de la pertinence de s'intéresser à des travaux publiés dans la revue intermédiaire [35] *Mathesis* (p. 590) ou dans un journal destiné à des élèves comme le *Journal de mathématiques spéciales et élémentaires* (p. 591). Par ailleurs, la forme que prendra le répertoire et a fortiori le système de classement des références ne semblent pas encore très clairement définis ; doit-on présenter l'état des grands domaines, les travaux référencés doivent-ils être analysés, faut-il envisager une introduction historique aux grands travaux ? Les exemples de fiches personnelles envoyées par Poincaré à Ocagne (p. 606) montrent qu'en 1885, il n'est pas encore question d'un classement alphanumérique, ni même d'un index [36] et que par contre, quelques lignes de présentation semblent alors en-

32. C'est Maurice d'Ocagne qui succède le 18 décembre 1912 à Poincaré à la présidence de la Commission permanente du répertoire (*L'Enseignement mathématique*, 15 (1913), p. 143).

33. Sur l'histoire du *Répertoire bibliographique des sciences mathématiques*, voir [Rollet et Nabonnand, 2002, 2003].

34. Le premier secrétaire de la Commission permanente du Répertoire est Georges Humbert (voir p. 419) entre 1889 et 1892 ; Maurice d'Ocagne (voir p. 589) lui succède pour un court moment et c'est surtout Charles-Ange Laisant qui en assurant la tâche de secrétaire entre 1893 et 1909 accompagnera Poincaré dans la gestion quotidienne du projet du *Répertoire*. En 1909, Louis Raffy lui succède jusqu'à son décès en 1910 (Sur le parcours de L. Raffy, voir [Appell, 1910]). André Gérardin sera le dernier secrétaire de la Commission permanente du *Répertoire* (Sur le parcours, d'A. Gérardin, voir [Boucard, 2023]).

35. Sur la notion de « journal intermédiaire », voir [Ortiz, 1994] et [Ehrhardt, 2018].

36. Une indication de classe est ajoutée au crayon sur ces fiches, ce qui peut laisser penser qu'elles sont postérieures à leur envoi, vraisemblablement en 1885 (voir p. 246).

core être d'actualité. Par ailleurs, les échanges avec Eneström (p. 243-244) semblent indiquer que le modèle envisagé alors pourrait être le tome 2 (paru en 1882) de la *Bibliographie générale de l'astronomie* de Jean-Charles Houzeau et Albert Lancaster, un dictionnaire raisonné et commenté des travaux d'astronomie parus entre 1600 et 1880 [37]. Le moins que l'on puisse dire est que si l'intention de la bibliographie astronomique de Houzeau et Lancaster est proche de celle affichée par le projet de la Société mathématique de France pour les mathématiques, sa publication sous forme de volumes reste au final très éloignée du format adopté à l'issue du Congrès international de bibliographie des sciences mathématiques de 1889, à savoir des séries de fiches réunissant une douzaine de références classées à partir d'un index [38].

En 1887, le projet semble s'être précisé. Émile Mathieu (p. 580) note que le projet s'est orienté dans un sens qu'il n'avait pas prévu, à savoir une certaine systématicité et l'absence de commentaires. L'idée d'un index a fait jour puisqu'il indique dans la communication de la liste de ses travaux « la classe [du] répertoire à laquelle ils appartiennent ». Il n'a pas été retrouvé de source documentant la réflexion qui mène à adopter une classification alphabétique, puis alphanumérique sous la forme d'un index. À l'exception d'une lettre adressée à Eneström, dans laquelle Poincaré affirme que « le classement logique convient seul aux géomètres » [39], les lettres datées de 1885 n'évoquent pas le mode de classement des références. Cette évolution pour laquelle on n'a retrouvé aucune source reste encore à documenter.

La série suivante de lettres évoquant le projet de répertoire bibliographique date des années 1887-1888. Ces lettres sont autant de contributions concernant un projet de classification des références du répertoire rédigé dans l'intention de le soumettre à la discussion et l'approbation du Congrès international de bibliographie des sciences mathématiques de 1889. Elles permettent d'en suivre presque pas à pas la construction. Les lettres datant du mois de mai 1887, comme celle adressée par Henri Brocard (p. 111) discutent d'un document, qui n'a pas été retrouvé, envoyé aux membres de la Société mathématique de France en avril 1887 [40], préliminaire au *Projet de classification détaillée pour le Répertoire bibliographique des sciences mathématiques* [41]. Il n'y est alors question que d'un classement simple en 21 « classes générales » décrites par une série de mentions. Ainsi, Brocard propose d'ajouter à la classe « P » dévolue aux « transformations géométriques » des subdivisions comme « Théorèmes de Pascal et de Brianchon » et « Dualité et polarité ». La discussion semble ouverte car manifestement nombre de suggestions proposées par Brocard sont reprises dans le document soumis à la discussion du

37. Pour plus de précisions sur le dictionnaire de Houzeau et Lancaster [1882-1889], voir [Sauval, 1982].

38. [Commission permanente du Répertoire bibliographique des sciences mathématiques, 1888, 1893].

39. Voir la lettre 7 (p. 243) datée du 3 juin 1885.

40. Brocard date la réception de la circulaire d'avril 1887 introduisant « 21 classes générales » au 4 mai 1887 et l'envoi de ses propositions d'ajouts de subdivisions au 8 mai 1887.

41. [Commission permanente du Répertoire bibliographique des sciences mathématiques, 1888].

congrès de 1889. De même, la lettre adressée par Victor Schlegel le 19 mai 1887 (p. 672) propose quelques modifications au classement proposé dans une « formule générale » qui ne fait état que de classes signalées par une lettre majuscule. La réponse de Francesco Brioschi (p. 107) qui demande d'ajouter une classe pour les fonctions hyperelliptiques ou de subdiviser la classe « H » dédiée aux équations différentielles en deux classes l'une pour les équations différentielles et l'autre pour les équations aux dérivées partielles, comme celle de Joseph Perott (p. 625) qui propose une classe dévolue à la théorie abstraite des groupes confirment que le document soumis à la discussion des membres de la Société mathématique de France ne comporte en 1887 que des classes décrites sous la forme d'une suite d'intitulés et désignées par une lettre majuscule. Les réponses montrent aussi que la formule telle qu'elle est présentée reçoit sur le principe une approbation certaine même si tous les intervenants soulignent des manques et des oublis tout en argumentant pour que la granularité du classement soit plus fine. Pour autant, le projet et la démarche étaient loin d'être clairs pour Francesco Brioschi, puisque tout en faisant ses suggestions pour le projet de classification, il demande quand « doit commencer le dépouillement » et surtout « quelle extension [...] donner à la notice bibliographique » (p. 107).

Dans l'ensemble, la plupart des suggestions semblent avoir plus ou moins été retenues. L'exemple de la théorie des groupes illustre la difficulté de l'exercice. On vient de voir qu'en 1887, Perott trouve « utile de traiter la théorie des groupes d'une manière abstraite indépendamment de son application ». Une année plus tard, Sophus Lie réagit au *Projet de classification détaillée pour le Répertoire bibliographique des sciences mathématiques*[42] en proposant de n'envisager que des groupes de transformations et de distinguer les groupes continus et les groupes discrets ; il insiste en affirmant qu'« il n'est guère possible d'étudier exhaustivement la notion de groupes de transformations »[43]. La méthode de définition de la classification finalement adoptée est explicitée dans un « avis important » ajouté dans l'édition de 1893 de l'*Index du répertoire bibliographique des sciences mathématiques* :

> Le présent *Index du Répertoire* a pour but d'établir une classification détaillée et aussi complète que possible de toutes les questions du domaine mathématique, *indépendamment des méthodes.*
> On devra donc faire rentrer dans la même classe tous les Mémoires qui traitent du même sujet, quelles que puissent être les différences de méthode, et c'est en se plaçant de ce point de vue que l'on a fait aucune distinction entre la Géométrie pure et la Géométrie analytique. [Commission permanente du Répertoire bibliographique des sciences mathématiques, 1893, p. x]

Le Congrès international de bibliographie des sciences mathématiques qui se tient à Paris, du 16 au 19 juillet sous la présidence de Poincaré est annoncé courant mai

42. [Commission permanente du Répertoire bibliographique des sciences mathématiques, 1888].
43. Traduction de la lettre 6 (p. 541), [Dugac, 1989a, p. 169].

1889[44]. Il est une des manifestations officielles de l'Exposition universelle internationale de 1889. Il semble que ce congrès ait permis de préciser les objectifs et la forme du projet. Après la tenue du congrès de 1889, les idées sont plus nettes tant en ce qui concerne le projet que la manière de le réaliser. Il est acquis que pour le classement des références, chaque mémoire référencé fait l'objet d'une fiche qui comportera 1) le nom de l'auteur, 2) le titre de l'article, 3) des indications bibliographiques sans « analyse, ni sommaire détaillé », 4) des « indications relatives à la classification » [45].
Après le congrès de Paris, la correspondance se fait plus administrative ; les échanges avec Ocagne [46] et Laisant [47] concernent l'organisation des réunions et les demandes de subventions au Ministère de l'Instruction publique ; quelques lettres de membres de la commission permanente donnent des indications sur l'état d'avancement du dépouillement des journaux de leur zone géographiques [48].
La correspondance de Poincaré ne permet pas de préciser dans quelles circonstances, le format de publication du répertoire sous forme de fiches est retenu. Il est clair que la décision n'est pas prise à l'issue du congrés de 1889 puisque dans ses résolutions, il est évoqué d'éventuels « suppléments consacrés aux travaux postérieurs à 1889 » [49]. La seule trace concernant cette décision reste le rapport publié par Humbert et Laisant dans le *Journal officiel* daté du 31 mars 1894 :

> Mais la question de la publication se posait d'une manière impérieuse. S'il fallait attendre pour imprimer la première page du répertoire, que la totalité des travaux mathématiques eussent été dépouillés et catalogués par fiche, on risquait fort d'avoir conçu une œuvre très belle, mais dont l'exécution se ferait indéfiniment attendre. C'est alors que mon prédécesseur au secrétariat de la commission, M. d'Ocagne, et aussi le prince Roland Bonaparte, proposèrent de donner au répertoire, non pas la forme d'un livre, mais celle d'une collection de fiches imprimées renfermant chacune la mention d'un certain nombre de travaux. La commission, après une discussion approfondie, adopta cette solution, présentant l'immense avantage de permettre un commencement de publication immédiate pour ainsi dire et une continuation graduelle de l'impression, au fur et à mesure que les matériaux nécessaires nous seront parvenus. [Laisant et Humbert, 1894, p. 1498]

Au final, le *Répertoire bibliographique des sciences mathématiques* sera publié sous la forme de 20 séries de 100 fiches comportant chacune une dizaine de références à

---

44. Voir la circulaire annonçant le congrès, p. 250. Un comité d'organisation et un bureau avaient été officiellement constitué dès novembre 1888.
45. Voir la lettre 18, p. 251 et la circulaire 20, p. 252.
46. Voir p. 589.
47. Voir p. 511.
48. Sur l'état d'avancement du répertoire, voir [Laisant et Humbert, 1894] et [Laisant, 1900].
49. [Commission permanente du Répertoire bibliographique des sciences mathématiques, 1893, p. viii].

des mémoires publiés au 19e siècle [50]. Assez peu de journaux suivent l'exemple des *Nouvelles annales de mathématiques*, du *Bulletin de la Société mathématique de France* ou de la *Revue semestrielle des Publications Mathématiques* [51] en indexant les articles qu'ils publient selon la classification du répertoire [52].
Néanmoins, l'entreprise bibliographique promue par la Société mathématique de France est inscrite dans le paysage mathématique en France et dans plusieurs pays. Elle fait l'objet de communications ou de mentions lors de congrès nationaux comme ceux de l'Association française pour l'avancement des sciences ou internationaux, comme ceux des mathématiciens [53]. L'information circule au delà des cercles strictement professionnels ; ainsi, Alphonse Rebière [1898] ajoute dans la 3e édition de son ouvrage de vulgarisation, *Mathématiques et mathématiciens* une entrée consacrée au répertoire et à son système de classification :

> Répertoire
>
> D'après le Répertoire bibliographique des sciences mathématiques, en voie de publication, les écrits sont répartis d'après leur objet, indépendamment des méthodes, en classes désignées par une lettre capitale ; les classes seront subdivisées en sous-classes désignées par la lettre capitale de la classe affectée d'un exposant ; les classes et les sous-classes sont partagées en divisions désignées par un chiffre arabe ; les divisions en sections désignées par une minuscule latine ; les sections en sous-sections représentées par une minuscule grecque. La notation relative à un écrit mathématique est notée dans un encadrement rectangulaire. Ainsi
>
> $$\boxed{\mathrm{L}^1 4\mathrm{b}\alpha}$$
>
> est la notation qui désigne un mémoire traitant des propriétés du lieu géométrique d'un angle droit circonscrit à une conique.
>
> En effet L signifie coniques et quadriques ; L^1, coniques ; $\mathrm{L}^1 4$, tangentes aux coniques ; $\mathrm{L}^1 4\mathrm{b}$, tangentes aux coniques faisant un angle donné ; la sous-section α traite du cas où l'angle est droit.
>
> Les auteurs ou éditeurs d'écrits mathématiques originaux sont priés d'accompagner le titre de ces écrits de la notation symbolique qui indique leur place dans la classification du répertoire.

---

50. Une édition numérique du *Répertoire bibliographique des sciences mathématiques* est disponible sur le site de *Mathdoc* (http ://sites.mathdoc.fr/RBSM/).
51. Voir *Bulletin de la Société française de mathématiques*, t. 21 (1893), p. 66.
52. C'est un vœu du congrès international de bibliographie mathématique de 1889 :

> [...] le Congrès émet le vœu que chaque auteur fasse suivre le titre de son Mémoire de la notation définie dans la cinquième résolution ; que si l'auteur a négligé de le faire, les administrateurs des divers recueils périodiques, ou, à défaut, les rédacteurs des recueils analytiques qui rendront compte de ces travaux, veuillent bien se charger de ce soin. [Commission permanente du Répertoire bibliographique des sciences mathématiques, 1893, p. viii].

53. [Eneström, 1898], [Maillet, 1902].

Le Secrétaire de la commission permanente du Répertoire est M. Laisant [54], 162, avenue Victor Hugo, à Paris.

Le répertoire paraît chez Gauthier-Villars par séries de 100 fiches in-32, à 2 fr. la série. Les 5 premières séries sont en vente.

3 Les *Comptes rendus hebdomadaires de l'Académie des sciences*

À l'exception des correspondances avec les rédacteurs comme Craig (p. 177), Guccia (p. 307) ou Mittag-Leffler [55], les journaux en tant que tels ne sont pas directement l'objet des lettres échangées par Poincaré avec les mathématiciens. Ils sont par contre présents en permanence que ce soit sous forme de références, de lectures, d'annonces de publication, d'invitations à publier, de stratégies de publication... Les correspondances peuvent en ce sens fonctionner comme un analyseur [56] des pratiques d'utilisation des journaux mathématiques par Poincaré ou ses correspondants. L'importance des notes aux *Comptes rendus hebdomadaires de l'Académie des sciences* dans la bibliographie de Poincaré, le rôle qu'elles jouent au début de sa carrière, en particulier pour la diffusion de son travail sur les fonctions fuchsiennes et la forme éditoriale particulière de la « note » font des références aux divers usages de celle-ci un cas d'étude particulièrement instructif.

3.1 La « note aux *Comptes rendus hebdomadaires de l'Académie des sciences* » comme forme éditoriale

D'après le site que les Archives Poincaré lui consacre [57], la bibliographie des textes publiés par Poincaré de son vivant comprend plus de 600 items dont près d'un tiers sont des contributions aux *Comptes rendus hebdomadaires des séances de l'Académie des sciences*. Comme nombre de ses pairs français et étrangers, Poincaré signe son entrée dans le monde académique en publiant des notes dans les *Comptes rendus*; il sera un acteur important de ce journal comme rédacteur de notes mais aussi à partir de son élection en 1887 à l'Académie des sciences, comme auteur de rapports, responsable ou membre de commissions et éditeur de notes de chercheurs non-membres de l'Académie [58]. Le rythme de publication de Poincaré dans les *Comptes rendus* permet de distinguer deux périodes particulièrement prolifiques; entre 1881 et 1886, il ne publie pas moins de 65 notes consacrées d'abord bien sûr à la théorie des fonctions fuchsiennes, mais aussi à la théorie des formes algébriques, à la théorie des équations différentielles, à la théorie des fonctions

54. Voir p. 511.
55. [Nabonnand, 1999].
56. [Lapassade, 1971].
57. http ://henripoincare.fr/s/accueil/page/accueil.
58. Les notes proposées par des chercheurs qui ne sont pas membres de l'Académie des sciences sont la plupart du temps publiées sous le patronage d'un académicien.

complexes... Les questions de convergence des séries et le problème de l'équilibre d'une masse fluide en rotation lui permettent de faire une entrée remarquée dans le domaine de la mécanique céleste [59]. La seconde période durant laquelle Poincaré publie de manière intensive dans les *Comptes rendus hebdomadaires des séances de l'Académie des sciences* se situe une dizaine d'années plus tard, entre 1891 et 1896. Le régime de publication de Poincaré durant cette seconde période est radicalement différent de celui de la première. Il est alors un académicien installé et une personnalité scientifique reconnue. Sur les 54 contributions que Poincaré publie dans les *Comptes rendus* durant cette période, 8 sont des rapports de commissions chargées d'examiner des mémoires soumis à l'approbation de l'Académie ou les contributions proposées pour les concours. Si Poincaré ne propose que des notes de mathématiques jusqu'en 1886, la seconde période est plus partagée. Il est alors titulaire de la chaire de physique mathématique et calcul des probabilités à la Faculté des sciences de Paris et ses intérêts se sont élargis à ces domaines. Cela se ressent dans les notes publiées aux *Comptes rendus* ; 21 notes dont 11 en mécanique céleste sont consacrées aux sciences mathématiques et 25 à la physique [60]. Le reste du temps, en dehors de l'année 1909 qui correspond à son investissement dans les questions liées aux ondes hertziennes [61], Poincaré publie annuellement quelques contributions dans les *Comptes rendus* qui sont de plus en plus souvent des rapports ou des textes de circonstances (des éloges, des présentations d'ouvrage...).

Les *Comptes rendus hebdomadaires des séances de l'Académie des sciences* sont un des journaux les plus cités dans les correspondances qui suivent. Les postures sont diverses et souvent révélatrices des hiérarchies académiques. Ainsi, Paul Appell, en alter ego de Poincaré, tout en suivant avec intérêt les débuts de la série des notes de ce dernier sur la théorie des fonctions fuchsiennes, présente ses propres travaux et essaye de les lier à ceux de Poincaré :

> J'ai lu avec beaucoup d'intérêt ta Note qui a paru aujourd'hui. Peut-être pourras tu te servir dans ce genre de recherche de 2 Notes que j'ai publiées [...]. Je pense qu'en appliquant ma méthode aux fonctions Fuchsiennes, on pourra représenter une fonction Fuchsienne par une

59. Voir la lettre adressée par Félix Tisserand à Poincaré le 29 décembre 1883 [Walter et collab., 2016, p. 303-304] ; une note aux *Comptes rendus* sur la convergence des séries trigonométriques [Poincaré, 1883i] est l'occasion pour Tisserand de proposer à Poincaré de collaborer à la nouvelle revue d'astronomie, le *Bulletin astronomique*, alors en projet.
Voir aussi plus bas, p. 392.

60. Ce genre de classification est toujours délicat. La physique mathématique fait partie des sciences mathématiques au moins dans la zone culturelle française. Ensuite, si une note consacrée aux expériences de Birkeland [Poincaré, 1896d] relève sans contestation du domaine de la physique (voir [Walter et collab., 2007, p. 21-25]), une autre dédiée à l'équilibre d'un corps élastique [Poincaré, 1896e] propose en tant que contribution à un problème de physique mathématique la résolution d'un système d'équations aux dérivées partielles. Pour autant, comme le document adressé à Darboux en 1908 (p. 220) le montre, ce genre de travaux peut relever aux yeux de Poincaré de la physique (et est donc susceptible de justifier sa candidature au prix Nobel de physique).

61. Voir [Ginoux, 2011].

somme d'une infinité de fractions rationnelles. [Lettre d'Appell adressée à Poincaré le 12 juin 1881, p. 59]

Émile Picard avait fait de même un mois plus tôt, le 17 mai 1881 dans une lettre dans laquelle il affirme suivre les recherches de Poincaré sur les fonctions fuchsiennes et avoir « obtenu un résultat qui [l']intéressera dans cette théorie » (p. 636). George Halphen, un aîné, quant à lui demande des précisions et Poincaré s'empresse de lui donner des indications sur sa démarche (p. 347), une lettre qui semble-t-il complète utilement la lecture des notes aux *Comptes rendus* :

> J'avais déjà compris le fond de vos recherches d'après vos communications et d'après quelques éclaircissements dus à M. Hermite. Mais je n'avais encore aucune idée de la construction des groupes fuchsiens. Votre lettre m'en donne plus qu'une idée. [Lettre d'Halphen adressée à Poincaré le 24 mars 1881, p. 350]

Charles Hermite, le maitre, est d'abord le garant des notes de Poincaré proposées aux *Comptes rendus* avant que ce dernier ne soit élu lui-même à l'Académie. Tout en acceptant de confiance les travaux de Poincaré, il ne quitte pas son rôle de mentor et à plusieurs reprises donne des conseils de rédaction. Ainsi, Hermite recommande à Poincaré d'utiliser « les expressions ordinaires de l'analyse, en évitant autant qu'il est possible de recourir aux expressions symboliques » (p. 363) ou de présenter ses travaux « sans recourir à l'emploi de la géométrie non Euclidienne » (p. 367) [62].

Hermite fait publier les notes proposées par Poincaré sans avoir réellement réfléchi en profondeur à son programme de recherche. Comme il le dit dans sa lettre du 2 avril 1881 (p. 367), il peut apprécier l'importance des questions abordées par Poincaré dans les notes que ce dernier lui fait parvenir mais attend la publication d'un mémoire qui contiendra les définitions et l'explicitation des méthodes. Hermite évoque ici un point souvent souligné lorsqu'il est question des notes des *Comptes rendus*, à savoir leur brièveté [63]. Une note a plus une fonction d'annonce que de démonstration et encore moins d'explication. Ainsi, Klein peut reprocher aux jeunes mathématiciens français « d'exposer parfois dans les Comptes rendus, dans des Notes bien courtes, des "Méthodes" que l'on ne sait pas si "vous êtes capable d'employer" » (p. 128) ; de même, Sofja Kowalevskaja avoue que la lecture

62. Poincaré continuera à utiliser une notation symbolique adaptée à l'étude des groupes. Il sera plus arrangeant pour la géométrie non-euclidienne dont tout en signalant le rôle majeur joué par celle-ci dans sa démarche la présente comme un langage commode que l'on peut éviter d'utiliser :

> Cette terminologie m'a rendu de grands service dans mes recherches, mais je ne l' emploierai pas ici pour éviter toute confusion. [Poincaré, 1882k, p. 8]

Pour plus de détails, voir [Nabonnand, 2015] et l'introduction par David Rowe à la correspondance entre F. Klein et Poincaré (p. 433). On notera que Poincaré précise à Klein dont il sait qu'il ne risque pas d'être gêné avec l'utilisation de la géométrie non-euclidienne que celle-ci « est la clef véritable du problème qui nous occupe » (p. 452). Pour autant, dans la discussion rugueuse qui suivra, il n'utilise pas le langage de la géométrie non-euclidienne mais celui de la géométrie du disque unité.

63. Une note ne doit pas en général dépasser trois pages. Voir par exemple p. 93 ou p. 595.

d'une note de Poincaré [1884h] sur un théorème de Fuchs n'a pas permis ni à elle, ni à Mittag-Leffler d'en saisir la démonstration et lui propose d'exposer son travail dans le cadre moins restreint d'un article des *Acta mathematica* (p. 500). Une note aux *Comptes rendus* est en effet souvent soit un exposé destiné à annoncer un travail de plus grande envergure, soit un extrait ou un résumé d'un mémoire soumis à l'examen de l'Académie. De par sa forme, entre extrait ou résumé, la publication d'une note est à la fois un signe de reconnaissance académique et l'annonce de travaux plus substantiels à venir.
Ainsi, les premières notes aux *Comptes rendus* de Poincaré, alors qu'il n'est encore qu'un jeune chercheur prometteur mais dont on attend qu'il fasse ses preuves sont pour l'essentiel des notes extraites de « Mémoires présentés à l'Académie » ; les deux notes de 1879 sont extraites d'un mémoire dont les commissaires sont Bertrand, Hermite et Victor Puiseux. Hermite explique apprendre dans sa lettre du 22 novembre 1879 (p. 355) qu'il a été chargé d'examiner le « travail » de Poincaré. Le style de la première note autorise à supposer qu'il s'agit d'un document introductif accompagnant un mémoire et présentant rapidement les nouvelles méthodes que Poincaré propose pour résoudre la question, affichée comme centrale pour la théorie des formes quadratiques, de « reconnaître si deux formes sont équivalentes » et d'élaborer des « moyens [pour] passer de l'une à l'autre » [64]. La seconde note que Poincaré [1879c] annonce à Hermite en novembre 1879 (p. 355) est présentée comme un « extrait par l'auteur ». Le travail ne donne pas lieu à un rapport et son retrait n'est pas annoncé (du moins explicitement [65]). Par contre, la publication des notes permet à Poincaré d'échanger sur cette question avec Jordan (p. 424). Le mémoire publié dans le *Journal de l'École polytechnique*, « Sur un mode nouveau de représentation géométrique des formes quadratiques définies ou indéfinies » [Poincaré, 1880d], est clairement un exposé développé du programme annoncé dans la première note et esquissé dans la seconde. Poincaré utilise une stratégie analogue de présentation de son travail en 1880 pour ces travaux sur les équations différentielles non-linéaires. Il est annoncé dans le compte rendu de la séance du 14 juin 1880 le retrait d'un mémoire déposé par Poincaré le 22 mars 1880 sans que celui-ci ait fait l'objet d'un rapport. À cette date, paraît une note sur les courbes définies par des équations différentielles dans la section « Mémoires présentés ». La note est présentée comme un extrait d'un mémoire et une commission composée d'Hermite, Bonnet et Bouquet est chargée d'examiner le mémoire soumis [66].

64. [Poincaré, 1879a, p. 345].

65. On peut en général identifier le mémoire dont les *Comptes rendus* annoncent le retrait soit parce que il fait mention du titre, soit de la date de dépôt. C'est le cas du retrait le 14 juin 1880 d'un mémoire sur les courbes définies par une équation différentielle dont il est précisé qu'il a été déposé le 22 mars 1880 (*Comptes rendus*, 90 (1880), p. 1439) ou de celui d'un mémoire sur les formes cubiques le 23 août 1880 dont le titre est indiqué (*Comptes rendus*, 91 (1880), p. 412). Par contre, le 28 février, Poincaré obtient le retrait d'un mémoire sans plus de précisions (*Comptes rendus*, 92 (1881), p. 445).

66. Poincaré [1881a] publie en 1881 dans le *Journal de mathématiques pures et appliquées* le premier de ses quatre mémoires sur les courbes définies par une équation différentielle.

Pour annoncer ses travaux sur les formes cubiques ternaires, Poincaré modifie légèrement la procédure en déposant préalablement, le 15 mars 1880, un pli cacheté sur la théorie générale des formes[67]. Il envoie son travail fin mai-début juin à Hermite qui en accuse réception le 4 juin. Une note présentée par Hermite comme un « extrait par l'auteur » paraît dans la section « Correspondance du compte rendu de la séance du 7 juin 1880 »[68]. La note parue et ses résultats énoncés, Poincaré suit les conseils d'Hermite et creuse la « question entièrement neuve [...] très belle et très féconde » de la réduction simultanée d'une forme quadratique ternaire et d'une forme linéaire dont Hermite lui fait crédit (p. 355). Quelques mois plus tard, il adresse à l'Académie une nouvelle version de son mémoire dont Hermite lui accuse réception le 22 novembre :

> Je m'empresse de vous informer que votre mémoire a été présenté à l'Académie dans la séance d'aujourd'hui, et que l'extrait que vous y avez joint sera publié dans le compte rendu de cette séance[69]. [Lettre adressée par Hermite à Poincaré le 22 novembre 1880, p. 355]

Poincaré suit aussi la recommandation d'Hermite de proposer son mémoire au *Journal de l'École polytechnique*[70].
La publication des notes sur les fonctions fuchsiennes, au début du moins, suit un processus analogue. Les premiers travaux de Poincaré sur les fonctions fuchsiennes sont présentés dès 1880 comme une seconde partie du mémoire qu'il avait soumis pour le concours du Grand prix des sciences mathématiques[71]. Il enverra trois

67. Le pli cacheté est enregistré sous le numéro 3393. Il sera retrouvé et ouvert le 17 avril 1892. Pierre Dugac écrit le 3 novembre 1992 à Gerhard Heinzmann :

> La première partie de ce pli a été utilisée par Poincaré dans sa note sur les formes cubiques ternaires publié le 7 juin 1880 dans les « Comptes Rendus » et développée dans la première partie de son mémoire sur les formes cubiques ternaires et quaternaires parue en février 1881 dans le « Journal de l'École Polytechnique ».
> Il a exploité la seconde partie du pli cacheté dans un extrait publié également dans les « Comptes Rendus » du 7 juin 1880 et dans la seconde partie de son mémoire sur les formes ternaires et quaternaires parue dans le « Journal de l'École Polytechnique » de 1882.

Sur l'histoire des plis cachetés de l'Académie des sciences, voir [Carosella, 2020].

68. Le fait que la note de Poincaré [1880c] paraisse dans cette section indique que le mémoire n'est encore que dans les mains d'Hermite. Il sera déposé à l'Académie par la suite puisque le 23 août, Poincaré obtient « l'autorisation de retirer du secrétariat son Mémoire sur les formes cubiques ternaires et quaternaires, sur lequel il n'a pas été fait de Rapport » (*Comptes rendus*, 91 (1880) p. 412).

69. Poincaré [1880a] publie dans la section « Mémoires présentés » du compte rendu de la séance du 22 novembre 1880 une note sur la réduction simultanée d'une forme quadratique et d'une forme linéaire. Cette note est présentée comme un extrait d'un mémoire de l'auteur et renvoyée à la « Commission précédemment nommée ». En expliquant qu'il s'agit de l'approfondissement d'une partie de son travail précédent, Poincaré [1880a, p. 844] indique avoir suivi les « conseils de M. Hermite ».

70. [Poincaré, 1881m, 1882g].

71. Poincaré [1923] envoie à l'Académie des sciences sa proposition au concours du Grand prix des sciences mathématiques le 28 mai 1880.

suppléments à sa contribution initiale les 28 juin, 6 septembre et 20 décembre [72]. Lors de la séance de l'Académie du 14 mars 1881, cette partie de son travail est louée avec insistance par Hermite [73] :

> C'est là une voie féconde que l'auteur n'a point parcourue en entier, mais qui témoigne d'un esprit inventif et profond. La Commission ne peut que l'engager à poursuivre ses recherches, en signalant à l'Académie le beau talent dont il a fait preuve. (*Comptes rendus*, 92 (1881), p. 554)

Avec un tel hommage, Hermite assure, au moins dans le premier cercle des mathématiciens avec lesquels il interagit, la réception des deux premières notes « sur les fonctions fuchsiennes » que Poincaré [1881e,f] vient de publier dans la section « Mémoires présentés » des comptes rendus des séances de l'Académie des 14 et 21 février 1881 [74]. Ces notes font référence à un travail présenté à l'Académie pour lequel une commission composée de Bertrand, Hermite et Puiseux a été nommée. Hermite en accuse réception dans sa lettre du 11 février 1881 en ajoutant que ce travail lui « paraît du plus haut intérêt » (p. 363).
La suite du premier semestre de l'année 1881 sera une période particulièrement active pour Poincaré ce qui se traduit par la publication d'une dizaine de notes aux *Comptes rendus*. De manière surprenante, jusqu'au 18 avril, elles seront, à l'exception d'une note d'arithmétique associée à la soumission d'un mémoire [75], présentées comme des notes de M. Poincaré sans mention du parrainage d'un académicien. Pourtant, dans sa lettre adressée à Poincaré le 10 mars 1881 (p. 365), Hermite le remercie des indications concernant le « travail important que Mr. Jordan a consacré à la recherche des intégrales algébriques des équations linaires » [76] et s'emballe pour les avancées concernant la théorie des fonctions abéliennes qui font l'objet de deux notes [77] publiées dans le compte rendu des séances des 11 et 18 avril 1881 [78]. Outre la note sur les équations différentielles à intégrales algébriques, celles sur les fonctions abéliennes dont il vient d'être question, Poincaré [1881s] signe le 4 avril sans parrainage indiqué, une note sur les propriétés des fonctions fuchsiennes

---

72. Les trois suppléments ont été exhumés par J. J. Gray et publiés par ce dernier en collaboration avec S. A. Walter [Poincaré, 1997].

73. Sur le Grand prix des sciences mathématiques 1880, voir la note 7 de la correspondance entre Bertrand et Poincaré (p. 89).

74. Appell fait référence à ces deux notes dans la lettre qu'il adresse à Poincaré le 3 mars 1881 (p. 47), Picard y fait allusion dans sa lettre du 17 mai 1881 (p. 636), Mittag-Leffler demande des nouvelles des « recherches [de Poincaré] sur les équations différentielles » dans sa lettre du 11 avril 1881 [Nabonnand, 1999, p. 51]. Les fonctions fuchsiennes sont au centre des échanges entre Poincaré et Halphen (p. 347-350).

75. [Poincaré, 1881p]. Cette note, parrainée par Hermite, est présentée comme un extrait d'un mémoire soumis à l'examen de l'Académie des sciences. Une commission formée de Bertrand, Hermite et Bonnet est nommée pour l'examiner. Poincaré [1885b] publie en 1885 dans le *Bulletin de la Société mathématique de France* un mémoire sur ces questions dans lequel il reprend les techniques qu'il annonce dans cette note.

76. La note de Poincaré [1881c] est une application des techniques de Jordan.

77. [Poincaré, 1881q,d].

78. Dans la même lettre, Hermite insiste sur son intérêt pour les « recherches [de Poincaré] sur la représentation des formes ».

qui inaugure une série de notes visant à étendre sa théorie aux équations différentielles linéaires à coefficients rationnels présentant des points singuliers et le 18 avril, il signe toujours sans parrainage une note de quelques lignes [79] dans laquelle il annonce qu'au moyen des fonctions zétafuchsiennes, il est en mesure d'intégrer « toutes les équations différentielles à coefficients rationnels dont tous les points singuliers sont rationnels ». À partir du mois de mai 1881 et à quelques exceptions dont une note publiée le 6 juin 1881 dans laquelle Poincaré [1881t] montre que la relation entre groupes fuchsiens et fonctions fuchsiennes peut s'étendre aux fonctions uniformes, Hermite présentera les notes de Poincaré jusqu'à l'élection de ce dernier comme académicien le 31 janvier 1886 [80]. La correspondance entre Hermite et Poincaré (p. 367) laisse penser que pendant les mois de mars et avril 1881, Hermite continue pourtant à transmettre à l'Académie les notes de Poincaré. Le bref retrait d'Hermite en tant que parrain des notes proposées par celui qu'il présente à cette époque comme son élève [81] peut s'expliquer par les pressions qu'il subit dans son entourage au sujet du soutien appuyé qu'il apporte à la candidature de Poincaré à l'occasion de l'élection à l'Académie des sciences provoquée par le décès de M. Chasles [82]. Hermite évoque dans sa correspondance avec Mittag-Leffler les désagréments académiques et familiaux que lui procure le rapport qu'il a rédigé sur les travaux Poincaré :

> M. Bouquet avec qui je suis très lié est mécontent de moi et sous une forme très adoucie me l'a fait savoir au moyen de Madame Hermite. Il trouve que je place trop haut et que je vante trop Poincaré dans mon rapport sur ses travaux. (Lettre adressée par Hermite à Mittag-Leffler le 28 mars 1881, [Dugac, 1984b, p. 115] [83])

En effet, Hermite doit se soucier des carrières des trois jeunes mathématiciens qu'il considère comme ses élèves. S'il déclare à plusieurs reprises que Poincaré est de son point de vue le plus brillant [84], Émile Picard et Paul Appell ont, outre leurs travaux et les résultats qu'ils ont obtenus, des arguments qu'Hermite ne peut ignorer comme les soutiens très fermes de ses collègues normaliens ou ses relations familiales avec ceux-ci [85].

---

79. [Poincaré, 1881g].

80. Bouquet présente entre 1881 et 1886 deux notes de Poincaré et Jordan, une.

81. Hermite utilise plusieurs fois dans les lettres adressées à Mittag-Leffler le terme « élève » pour parler d'Appell, de Picard et de Poincaré [Dugac, 1984b, p. 60,107, 110, 120].

82. Cette élection et la présentation d'Appell, Picard et Poincaré sont évoquées dans les lettres adressées à Poincaré par Appell le 20 mars 1881 (p. 54) et par Hermite le 18 février 1881 (p. 363).

83. Voir aussi la lettre d'Hermite adressée à Mittag-Leffler le 26 avril 1881 [Dugac, 1984b, p. 120].

84. Voir [Dugac, 1984b, p. 150].

85. Picard est le gendre d'Hermite et Appell le gendre du frère de Joseph Bertrand, son beau-frère. Voir [Zerner, 1991].

3.2 Trois jeunes mathématiciens ambitieux et talentueux

Les rythmes de publication de notes aux *Comptes rendus* des deux autres « étoiles mathématiques [86] » sont dans l'ensemble analogues, avec pourtant quelques différences notables. Paul Appell et Émile Picard sont aussi extrêmement actifs durant les années 1880-1885, ce qui se traduit par la publication de nombreuses notes aux *Comptes rendus*. Bien que légèrement plus jeunes que Poincaré [87], Appell et Picard sont plus précoces : alors qu'à la fin de 1880, Appell et Picard ont publié plus de 20 notes, Poincaré n'en a signées que 5. Poincaré semble moins au fait que ces deux jeunes collègues sur le fonctionnement de l'Académie des sciences. Ainsi, il demande en juin 1881 à Appell comment obtenir des tirés à part des notes aux *Comptes rendus* (p. 59). On peut chercher une explication de ce léger décalage dans les habitus de leurs écoles respectives ; dans les années 1880, l'École normale supérieure est plus dynamique que l'École polytechnique et forme peut-être mieux aux arcanes de la vie académique. Les élèves de l'École normale supérieure suivent les cours à la Faculté des sciences de Paris ce qui facilite les liens avec les acteurs majeurs de la section de géométrie que sont Hermite, Jean-Claude Bouquet, Ossian Bonnet ou plus récemment élu, Gaston Darboux. La différence des parcours de formation se traduit par la date de soutenance des thèses [88]. Alors qu'Appell et Poincaré intégrent leurs écoles respectives en 1873 et que Picard rejoint l'École normale supérieure en 1874, Appell soutient sa thèse le 21 juin 1876, Picard, le 16 juin 1877 et Poincaré, seulement le 1er août 1879. Alors qu'Appell et Picard commencent leur thèse à l'issue de leur licence en même temps qu'ils préparent l'agrégation, Poincaré doit suivre les cours de l'École des mines et n'obtient une licence ès sciences qu'en 1876. Il ne faut pas négliger non plus qu'Appell et Picard auront rapidement des liens familiaux avec Hermite et Bertrand [89]. On retrouve les mêmes différences ténues lorsque l'on considère le début de carrière des trois mathématiciens. Appell et Picard sont nommés maitres de conférences dès 1878 ; ils obtiennent en 1879 une position de professeur dans une faculté de province, à Dijon pour Appell, à Toulouse pour Picard, qu'ils occupent jusqu'en 1881, date à laquelle ils rejoignent tous les deux la Faculté des sciences de Paris pour assurer des suppléances et des charges de conférences ou de cours. Appell est nommé sur la chaire de mécanique rationnelle en 1885 et Picard sur la chaire de calcul différentiel en 1886. La carrière de Poincaré est durant ces années plus lente, du fait de son école de formation et peut-être de ses hésitations quant au choix de sa

86. Hermite utilise cette expression pour designer le trio des jeunes mathématiciens français dans une lettre adressée à Mittag-Leffler le 4 mars 1882 tout en ajoutant qu'il lui semble que Poincaré lui semble « la plus brillante » [Dugac, 1984b, p. 150].

87. Paul Appell est né en 1855, Émile Picard en 1856 et Poincaré en 1854.

88. La correspondance de Poincaré avec sa mère [Rollet, 2017] lors de ses années d'études à l'École polytechnique et à l'École des mines montre bien qu'il a très peu d'interaction avec la Faculté des sciences ou l'École normale supérieure.

89. En 1881, Picard épouse la fille d'Hermite et Appell la nièce de Bertrand. Il est intéressant en termes d'habitus d'école de noter qu'Appell et Picard, anciens élèves de l'École normale supérieure trouvent leurs épouses dans le milieu universitaire alors que Poincaré, ancien élève de l'École polytechnique épouse, en 1881 aussi, une fille de banquier.

carrière. Jusqu'en 1879, tout en préparant une thèse de mathématique, Poincaré suit les cours de l'École des mines. En mars 1879, il est nommé ingénieur des mines à Vesoul et obtient une charge de cours d'analyse en décembre de la même année à la Faculté des sciences de Caen. En 1881, il rejoint la Faculté des sciences de Paris comme maitre de conférences de mathématiques. Il n'obtient des suppléances de cours qu'en 1885 et la chaire de physique mathématique et calcul des probabilités en 1886 [90]. Si en 1886, les trois jeunes mathématiciens sont tous titulaires d'une chaire, on peut néanmoins considérer que les débuts du parcours de Poincaré au sein de la Faculté des sciences de Paris ont été moins évidents que ceux d'Appell et Picard ; la première position de Poincaré dans l'enseignement est un poste de professeur dans une faculté de province au contraire d'Appell et Picard qui commencent à enseigner à Paris dès 1878. Ils reviennent tous les trois à la Faculté des sciences de Paris à la rentrée universitaire de 1881 mais les positions d'Appell et Picard les placent rapidement dans la perspective d'une chaire, celle de mécanique rationnelle pour Appell et celle de calcul différentiel et intégral pour Picard. Poincaré, quant à lui, doit attendre 1885 pour succéder à Picard sur la suppléance du cours de mécanique physique et expérimentale et envisager d'obtenir une chaire.

	1876	1877	1878	1879	1880	1881	1882	1883	1884	1885	1886
Appell	2	2	4	5	10	6	8	6	3	1	3
Picard	-	1	2	9	11	8	10	9	7	5	7
Poincaré	-	-	-	2	3	17	11	11	7	8	7

Publication de notes aux *Comptes rendus* entre 1876 et 1886

Ce constat se retrouve dans leurs régimes de publication durant la période qui précède leur accession à une chaire à la Faculté des sciences de Paris. Appell apparaît dès 1876 dans les *Comptes rendus* et s'installe comme un auteur régulier assez rapidement d'autant plus qu'il publie aussi entre 1876 et 1881 une dizaine de notes dans le journal de Grunert, les *Archiv der Mathematik und Physik.* Il confie aux *Annales de l'École normale supérieure* ses trois premiers mémoires (1876, 1880, 1881) et diversifie ses collaborations avec des journaux mathématiques à partir de 1881 en profitant de la proposition de F. Klein de publier en même temps que Poincaré et Picard dans les *Mathematische Annalen* (1881, 1883), de l'opportunité ouverte par la création des *Acta mathematica* (1882, 1883, 1884, 1886), de l'offre éditoriale des journaux mathématiques spécialisés français, à savoir le *Journal de mathématiques pures et appliquées* (1882, 1883, 1884, 1885), le *Bulletin de la Société mathématique de France* (1882, 1883, 1885) ou le *Bulletin des sciences mathématiques* (1882, 1886), tout en restant fidèle aux *Annales de l'École*

90. Source [Estanave, 1906].

normale supérieure (1883, 1884, 1885, 1886)[91]. La grande majorité des travaux d'Appell concerne l'analyse en particulier la théorie des équations différentielles et les fonctions elliptiques. Appell fait avant 1886, quelques incursions du côté de la mécanique, justifiant ainsi une nomination à la chaire de mécanique qui lui était promise[92]. Appell est certainement celui des trois jeunes mathématiciens qui est le plus rapidement installé dans les réseaux académiques parisiens qu'il s'agisse de questions de publication de travaux ou du monde de la Faculté des sciences. Les lettres qu'il envoie à son ami Henri Poincaré[93] sont de ce point de vue significatives. Appell réagit aux premières notes de Poincaré sur les fonctions fuchsiennes en les mettant en perspective par rapport à ses propres travaux. Poincaré semble plusieurs fois demandeur de précisions alors qu'Appell ne parle que de ses travaux. Rapidement le ton change au fur et à mesure que les questions posées par Poincaré mettent en lumière les insuffisances de certaines démonstrations d'Appell. La lettre de la fin mars ou début avril 1881 dans laquelle Appell doit admettre que son théorème annoncé dans une note des *Comptes rendus*[94] et autour duquel il projetait de publier un mémoire est « trop général » (p. 56) semble établir entre les deux amis une relation plus équilibrée.

Émile Picard, cadet d'une année d'Appell, commence à publier en 1877 pour devenir à partir de 1879 un auteur régulier, parfois prolifique, des *Comptes rendus* mais aussi de l'ensemble des journaux mathématiques ; il parcourt ainsi l'offre française en collaborant avec les *Annales de l'École normale supérieure* (1877, 1880, 1881, 1884, 1885), le *Bulletin de la Société mathématique de France* (1879, 1883, 1884), le *Bulletin des sciences mathématiques* (1883, 1885), le *Journal de mathématiques pures et appliquées* (1885, 1886) et les *Annales de la Faculté des sciences de Toulouse*[95] (1884) ; il ne néglige pas non plus les périodiques mathématiques étrangers en publiant dans le *Journal für die reine und angewandte Mathematik* (1880, 1886) et en répondant lui aussi aux invitations de Felix Klein, le rédacteur des *Mathematische Annalen* (1882) et de Gösta Mittag-Leffler, le créateur et rédacteur en chef des *Acta mathematica* (1883, 1884)[96]. Les différents domaines de recherche de Picard relèvent exclusivement de l'analyse, en phase avec la chaire de calcul différentiel et intégral de la Faculté des sciences de Paris qu'il visait et obtient le 21 août 1886. Les premiers contacts épistolaires de Picard avec Poincaré sont

---

91. Les données concernant la bibliographie d'Appell proviennent de sa notice [Appell, 1892] et de la base de données du *Jahrbuch über die Fortschritte der Mathematik.*

92. Appell est chargé du cours de mécanique rationnelle à partir du 4 novembre 1882 et la chaire lui est plus ou moins destinée lorsqu'il atteindra l'âge légal de 30 ans (voir la lettre adressée par Hermite à Mittag-Leffler le 5 octobre 1882 [Dugac, 1984b, p. 173]). Il est nommé professeur le 23 novembre 1885.

93. Les lettres de Poincaré à Appell n'ont pas été retrouvées.

94. [Appell, 1880b].

95. Au contraire des journaux analogues édités par des facultés de sciences de province, les *Annales de la Faculté des sciences de Toulouse* deviendront un périodique d'envergure nationale. On notera le décalage entre la date annoncée par Picard (1884) dans sa notice et celle de l'édition du premier fascicule de ce journal (1887).

96. Les données concernant la bibliographie de Picard proviennent de sa notice [Picard, 1889a] et de la base de données du *Jahrbuch über die Fortschritte der Mathematik.*

consacrés essentiellement à des précisions demandées par Poincaré sur un point de raisonnement d'une note publiée en 1880 par Picard [1880d] (p. 636). Les lettres de Picard qui ont pu être retrouvées montrent les deux mathématiciens conscients de leur valeur réciproque échangeant sur des questions de périodes d'intégrales ou d'analysis situs où leurs travaux se rencontrent. Picard fait un hommage, peut-être involontaire, en nommant « groupes hyperfuchsiens » une généralisation des groupes fuchsiens, à savoir les groupes linéaires discontinus transformant en elle-même une hypersurface de $\mathbf{R}^4$.

Comme on l'a déjà indiqué plus haut, Poincaré ne commence à publier des notes qu'en 1879 pour s'imposer comme un acteur majeur en 1881 avec 17 notes alors que Picard et Appell sont installés dans la communauté des auteurs français de contributions mathématiques depuis 1879. Bien qu'au contraire d'Appell et Picard, nombre de notes aux *Comptes rendus* de Poincaré soient des extraits de mémoires présentés à l'Académie des sciences, les régimes de publication de mémoires des trois jeunes mathématiciens sont similaires. En 1880, Appell et Poincaré ont publié chacun deux mémoires dans les journaux de leur école de formation alors que Picard en a déjà publié quatre ; en 1882, Poincaré annonce huit mémoires, Appell neuf et Picard seulement six. À partir de 1881, Poincaré multiplie les publications, capitalisant éditorialement ses programmes de recherches sur les formes algébriques, sur la théorie qualitative des équations différentielles et sur les fonctions fuchsiennes [97], ouvrant de nouvelles pistes de recherche vers la théorie des fonctions, celle des séries trigonométriques, le problème des trois corps ou les questions d'équilibre d'une masse fluide en rotation. En 1886, l'année où les trois jeunes mathématiciens sont installés dans une position académique stable à la Faculté des sciences de Paris, Appell a publié 50 notes aux *Comptes rendus* [98] et 25 mémoires, Picard 69 notes et 22 mémoires, Poincaré 66 notes et 34 mémoires.

Comme les deux autres membres du trio des jeunes mathématiciens supportés par Charles Hermite, Poincaré diversifie ses contributions en proposant des mémoires dans le *Journal de l'École polytechnique* (1878, 1880, 1881, 1882, 1886), le *Journal de mathématiques pures et appliquées* (1881, 1882, 1885, 1886) et le *Bulletin de la Société mathématique de France*. Il est aussi l'auteur sur lequel Mittag-Leffler construit la promotion de son journal [99], les *Acta mathematica* (1882, 1883, 1884, 1885, 1886). Une autre caractéristique du profil éditorial de Poincaré est sa collaboration régulière avec le *Bulletin astronomique*, créé en 1884 par Félix Tisserand (1884, 1885, 1886) [100]. Très tôt, Poincaré signale son intérêt pour les questions

97. Les mémoires sur les formes algébriques sont publiés dans le *Journal de l'École polytechnique*, les travaux sur les courbes définies par une équation difffrentielle dans le *Journal de mathématiques pures et appliquées* et les mémoires relatifs à la théorie des fonctions fuchsiennes dans les *Acta mathematica*.

98. Les notes d'Appell dans les *Archiv der Mathematik und Physik* ne sont pas prises en compte.

99. Voir la lettre adressée par Mittag-Leffler à Poincaré le 29 mars 1882 [Nabonnand, 1999, p. 87].

100. Voir la lettre adressée par Tisserand à Poincaré le 29 décembre 1883 [Walter et collab., 2016, p. 303].

de mécanique céleste en soulignant les applications que pourraient avoir dans ce domaine ses travaux sur le comportement global des solutions d'une équation différentielle [101]. Dans sa notice de 1884 sur ses travaux rédigée à l'occasion d'une candidature à l'Académie des sciences, Poincaré [1884b], s'il ne propose pas comme il le fera en 1886, de section spécifiquement consacrée à la mécanique céleste [Poincaré, 1886a, p. 67], insiste néanmoins en conclusion d'un exposé sur la stabilité des solutions d'une équation différentielle sur ce point :

> On a dû voir, en lisant les lignes qui précèdent, que les questions de stabilité, analogues à celles que l'on rencontre en Astronomie, étaient la préoccupation constante. C'est qu'en effet j'attendais de l'application des principes que je viens d'exposer la solution de cette question si intéressante de la stabilité du système solaire, et, malgré l'insuccès de mes efforts, je persiste à croire que c'est dans cette direction qu'il faut la chercher. [Poincaré, 1884b, p. 30]

Après avoir rappelé les problèmes de convergence posés par les développements en série des solutions des équations de la dynamique, Poincaré évoque les techniques de perturbation, décrit ses travaux sur les séries de Lindstedt [102] et sur les solutions périodiques du problème des trois corps [103]. Il poursuit en insistant sur un résultat qui, du fait de l'enthousiasme (peut-être un peu exagéré) d'Hermite, a été au centre d'un réseau épistolaire :

> Faut-il renoncer à exprimer les intégrales de ce problème par des séries qui restent convergentes pour toutes les valeurs réelles du temps ? Il n'en est rien, cela est toujours possible au contraire et l'on peut donner les solutions d'une équation différentielle quelconque sous forme de développement qui restent valables pour toutes les valeurs *réelles* de la variable. Cela peut même se faire d'une infinité de manières. [Poincaré, 1884b, p. 32]

3.3 Un réseau de correspondances autour d'une note sur la convergence des séries

Dans la lettre qu'il adresse à Mittag-Leffler le 4 mars 1882 [Dugac, 1984b, p. 150], Hermite lui demande de signaler à l'astronome suédois Hugo Gyldén [104] avec lequel ce dernier est très lié, une note intitulée « Sur l'intégration des équations différentielles par des séries » que Poincaré [1882j] vient de publier dans le compte rendu de la séance de l'Académie des sciences du 27 février 1882.

---

101. Voir par exemple [Poincaré, 1881a, p. 376-377].
102. [Poincaré, 1882h, 1883i, 1884d]. Voir [Walter et collab., 2016, p. 221-253].
103. [Poincaré, 1883b, 1884c].
104. H. Gyldén avait été nommé membre correspondant de l'Académie des sciences à l'initiative, semble-t-il d'Hermite, le 26 mai 1879. Voir la lettre qu'Hermite adresse à Mittag-Leffler le 28 juin 1875 [Dugac, 1984b, p. 50].

Dans cette note, Poincaré part du constat que les développements en série des solutions des équations ne sont en général que locaux et que dans les applications comme la théorie des perturbations, on essaye de pallier ce défaut en utilisant des séries trigonométriques. Il annonce qu'il a une solution pour « intégrer les équations différentielles par des séries qui restent convergentes pour toutes les valeurs réelles de la variable » :

> Je démontre qu'on peut toujours trouver un nombre α tel que [les solutions de l'équation différentielle] puissent s'exprimer par des séries ordonnées suivant les puissances de
>
> $$\frac{e^{\alpha s}-1}{e^{\alpha s}+1}$$
>
> et convergentes pour toutes les valeurs de s [105]. Les coefficients sont des fonctions rationnelles de α, des coefficients de [l'équation différentielle] et des valeurs initiales des variables. [Poincaré, 1882j, p. 578]

Poincaré conclut en notant que si la technique qu'il propose était appliquée en mécanique céleste, on obtiendrait des séries « convergentes pour toutes les valeurs réelles du temps », qu'il existe une infinité de solutions possibles et que « dans chaque cas particulier, il y aurait lieu de rechercher quelle serait la plus avantageuse ».

Mittag-Leffler s'acquitte de sa mission auprès de Gyldén, puisque Hermite annonce le 20 mars 1882 qu'il a demandé à Poincaré d'expliciter sa demande dans le cas du problème à deux corps [Dugac, 1984b, p. 152]. Poincaré semble s'être plié à cette demande puisque dans sa lettre adressée à Mittag-Leffler le 6 avril 1882, Hermite exprime son enthousiasme pour ce résultat :

> Dans un de nos entretiens, il m'a fait savoir que les séries auxquelles il parvient pour le mouvement elliptique, convergent plus ou moins rapidement, suivant le choix de la constante α, mais toujours à la manière d'une progression géométrique, ce qui me paraît de la plus haute importance. [Dugac, 1984b, p. 153]

Même si l'échange avec Gyldén semble s'arrêter là, Poincaré est ainsi introduit auprès d'une des figures majeures de la mécanique céleste et certainement de son élève Anders Lindstedt [106].

---

105. L'équation différentielle étant mise sous la forme

$$\frac{dx_1}{X_1}=\frac{dx_2}{X_2}=\ldots=\frac{dx_n}{X_n},$$

les X_n étant des polynômes entiers en $x_1, x_2, \ldots, x_n$. La variable s est définie par l'équation

$$\frac{dx_1}{X_1}=\frac{dx_2}{X_2}=\ldots=\frac{dx_n}{X_n}=\frac{ds}{X_1^2+X_2^2+\ldots+X_n^2}.$$

Lorsque t varie de $-\infty$ à $+\infty$, s varie aussi de $-\infty$ à $+\infty$.

106. En 1883, Poincaré est un des destinataires des tirés à part de Lindstedt ce qui est à l'origine de leur correspondance [Walter et collab., 2016, p. 224].

Dans un contexte de réception en France des travaux de Weierstrass dont il est un des principaux instigateurs [107], Hermite a eu très tôt le souci d'attirer l'attention de celui-ci sur les travaux de Poincaré ; dans une lettre adressée à Mittag-Leffler le 26 avril 1881 [Dugac, 1984b, p. 120], il exprime le souhait de connaître l'avis de Weierstrass sur l'article sur les fonctions à espace lacunaire de son protégé [108] et d'obtenir à l'intention de Poincaré « un mot d'encouragement du grand Analyste ». Dans sa correspondance avec son élève, Hermite évoque à plusieurs reprises le nom de Weierstrass, lui fait comprendre l'importance d'en être connu (p. 365) et l'encourage à se mesurer à des questions susceptibles d'intéresser le mathématicien berlinois (p. 368) [109]. Le 20 août 1881, Mittag-Leffler communique à Hermite que Weierstrass « regarde M. Poincaré comme un homme de talent » et qu'il a lu la thèse de ce dernier, suffisamment pour ne pas être totalement satisfait de la présentation de l'historique du problème de l'intégration des équations diffiérentielles. Quoiqu'il en soit, l'attention de Weierstrass a été éveillée et on peut penser qu'il commence à suivre les publications du jeune mathématicien français au moins quand elles concernent des questions qui l'intéressent [110]. Comme en atteste sa lettre adressée à S. Kowalevskaja le 8 mars 1881 [Mittag-Leffler, 1912, p. 33], Weierstrass s'occupait à cette époque des équations différentielles de la dynamique et du problème de l'estimation du mouvement des planètes. La note du 27 février 1882 de Poincaré [1882j] lui est certainement signalée par S. Kowalevskaja qui enseigne à cette époque à l'Université de Stockholm [111]. Le 14 juin [Mittag-Leffler, 1912, p. 33-34], il exprime son intérêt pour le résultat de Poincaré tout en rappelant qu'il a établi dans son séminaire que si un nombre quelconque de points matériels agissent les uns sur les autres selon la loi de Newton, et que les conditions initiales du mouvement sont telles que deux points ne se rencontrent jamais et que deux points ne s'éloignent pas l'un de l'autre à l'infini, alors les coordonnées des points mobiles sont des fonctions analytiques du temps définies

107. Depuis les années 1878-1879, Hermite utilise les talents de germaniste d'E. Picard et d'un enseignant du collège Stanislas Charles Biehler (Sur Charles Biehler, voir sa fiche dans le dictionnaire des professeurs de mathématiques spéciales dans le dictionnaire de R. Brasseur [2012]) pour obtenir des traductions en français des derniers travaux de Weierstrass sur les fonctions uniformes. Dans sa correspondance avec Mittag-Leffler de ces années [Dugac, 1984b], il relate à plusieurs reprises le fait qu'il intègre dans son cours une présentation des travaux de Weierstrass et de ses élèves dont Schwarz ou Mittag-Leffler, sur les fonctions à variable complexe.

108. Hermite engage Poincaré à rédiger une note sur la question des fonctions à espace lacunaire pour les *Acta Societatis scientiarum Fennicae* (p. 365-367).

109. Au début de sa carrière, Poincaré rencontre plusieurs fois des questions directement liées au nom de Weierstrass ; par exemple, il généralise aux fonctions de plusieurs variables le théorème de Weierstrass sur les fonctions méromorphes ([Poincaré, 1883e,f], [Nabonnand, 1999, p. 112-118]). De même, en 1884, Poincaré [1884e] propose les démonstrations de deux théorèmes de Weierstrass cités par S. Kowalewskaja [1884] (p. 498).

110. Sur les réactions de Weierstrass à certains travaux du jeune Poincaré, voir [Bottazzini, 2014].

111. Inversement, Poincaré est soucieux en février 1882 de savoir quels sont les résultats obtenus par Weierstrass sur la question de la convergence des séries en lien avec des hypothèses de stabilité. Voir les lettres que lui adresse Callandreau au début de l882 [Walter et collab., 2007, p. 26-36].

uniformément pour toutes les valeurs réelles de t. Weierstrass poursuit en insistant sur le caractère crucial des conditions de stabilité et en exprimant ses doutes :

> Wenn P. im Stande ist, die Coefficienten der Reihe, in welche sich die Coordinaten unter Voraussetzung der Stabilität des Systems entwickeln lassen, wirklich zu bestimmen, so wäre es immerhin möglich, dass dann die Bedingungen, unter denen die Reihe convergirt, sich feststellen liessen, diese wären dann aber die Stabilitäts-Bedingungen. Aber auch dann glaube ich nicht, dass jene Reihenform den wahren analytischen Character der darstellenden Functionen ausdrücken werde ; dem widerspricht schon der einfache Fall, in welchem zwei Punkte vorhanden sind und die Bewegung eines jeden um den gemeinschaftlichen Schwerpunkt in einer Ellipse erfolgt. Aber wir wollen abwarten...

Le résultat annoncé par Poincaré continue à préoccuper Gyldén, Mittag-Leffler et Weierstrass ; le 8 mars, ce dernier adresse à son disciple suédois une lettre dans laquelle il précise la motivation analytique de son intérêt et explicite l'application qu'il en fait au problème des n corps [Mittag-Leffler, 1912, p. 34-36]. Le fait d'obtenir des développements convergents sur une « bande parallèle » autour de l'axe réel est selon lui « sehr leicht einzusehen ». Il réaffirme que le point délicat est la vérification des hypothèses de stabilité et que sur cette question, il a quelques idées. Mittag-Leffler communique très vite à Poincaré qui était en train de devenir l'auteur vedette des *Acta mathematica* la lettre de Weierstrass en lui demandant son opinion [112]. Hermite est bien entendu mis aussi au courant que la note de Poincaré sur l'intégration des équations différentielles par les séries est l'objet de discussion dans le milieu de mathématiciens gravitant autour de Weierstrass [113]. Poincaré répondra par l'intermédiaire de Mittag-Leffler en acquiesçant aux remarques de Weierstrass. Il ajoute dans son courrier que l'exemple qu'il donne n'est pas le mieux adapté à la mécanique céleste.

Malgré cet échange pour le moins mitigé avec Weierstrass, Hermite continue à mettre ce résultat en avant dans le rapport qu'il rédige sur Poincaré à l'occasion de l'élection du successeur de Puiseux à l'Académie des sciences en 1884 (p. 392). Il conclut en espérant que l'« importance de ce résultat » conduira Poincaré à se tourner vers la mécanique céleste. Dans la notice sur ces travaux présentée à la même occasion, Poincaré [1884b, p. 177] présente sa méthode comme une piste vers la solution du problème des trois corps :

> Je ne crois pas que [la solution] que j'ai développée plus haut soit précisément celle qui s'appliquera avec le plus d'avantage au problème des trois corps, ni qu'elle doive supplanter complétement les solutions trigonométriques. J'ai lieu de penser au contraire que la véritable solution de ce problème consistera à en exprimer les intégrales par la somme de

112. [Nabonnand, 1999, p. 119-126].
113. Voir le post scriptum de la lettre qu'Hermite adresse à Mittag-Leffler le 13 avril 1883 [Dugac, 1984b, p. 212].

> deux séries, l'une purement trigonométrique et l'autre développée suivant les puissances du temps, et toutes deux convergentes pour toutes les valeurs du temps.

Poincaré [1886g, p. 177] reprendra dans le quatrième article sur les courbes définies par une équation différentielle son analyse tout en précisant cette fois qu'il ne croit pas « qu'on puisse tirer grand parti des applications de cette méthode à la Mécanique céleste » [114].
Pour Poincaré, le résultat assez inattendu de cette note qui reste marginale dans son œuvre est un premier pas non négligeable vers la communauté des spécialistes de la mécanique céleste. Il confirmera bien entendu très vite avec des contributions de premier plan qui seront très vite invitées dans le *Bulletin astronomique* [115]. Cette note et l'intérêt qu'elle est supposée susciter chez Weierstrass contribuent à assurer, au moins dans les milieux académiques parisiens, une réputation dans un domaine certes connexe mais différent des mathématiques pures, plus tourné vers les applications. Pour Poincaré, outre un intérêt qui se manifeste assez tôt [116], il s'agit aussi de se distinguer ainsi de ces deux collègues qui sont aussi à la recherche d'une position à la Faculté des sciences et à l'Académie [117].
Pour Hermite, outre faire la promotion dans les milieux mathématiques européens de ses élèves, les enjeux sont cruciaux. Même si « entre Poincaré, Appell et Picard règnent la concorde et la plus grande cordialité » [Dugac, 1984b, p. 153], il lui est difficile de trouver des positions universitaires à Paris pour ses protégés. Le contexte politique complique ses projets puisque les professeurs des Facultés des sciences de province insistent pour que les chaires qui se libèrent à la Sorbonne leur soient attribuées ou du moins pour que leurs candidatures soient considérées au même titre que celles des jeunes chargés de cours ou suppléants, déjà en quelque sorte préselectionnés [118]. Mais les principales difficultés sont aussi quasi-

---

114. Dans la dernière version de sa notice, Poincaré [1921a, p. 51-52] présente de nouveau son exemple en insistant sur les hypothèses de stabilité tout en soulignant le caractère « peu satisfaisant » de ce genre de solution.

115. Voir les lettres qu'adresse Félix Tisserand à Poincaré en 1883 et 1884 [Walter et collab., 2016, p. 302-306].

116. Poincaré assiste le 18 janvier 1878 à la soutenance de thèse de Spiru Haretu sur l'invariabilité des grands axes des orbites planétaires [Walter et collab., 2016, p. 150-153]. Dès ces premiers travaux sur les courbes définies par une équation différentielle, il évoque d'éventuelles applications en mécanique céleste.

117. Gaston Darboux [1913] explique dans son éloge historique d'Henri Poincaré que les encouragements qu'ils recevaient pour se diriger vers la mécanique céleste avaient pour objectifs d'accélérer son élection à l'Académie des sciences :

> Nul ne pouvait prévoir les vides nombreux que la mort allait faire dans la Section de Géométrie. Pour le faire arriver plus vite, pour lui ménager une place dans la Section d'Astronomie, on lui signalait les applications que les théories par lui découvertes pouvaient avoir en Mécanique céleste. Il suivait docilement ces indications, s'occupait du problème des trois corps, des figures des corps célestes, et trouvait tout naturel de laisser passer devant lui tous ses anciens. [Darboux, 1913, p. CIII]

118. Voir les lettres d'Hermite adressées à Mittag-Leffler au cours des années 1882, 1883 et 1884

domestiques ; si Paul Appell semble assez tôt appelé à succéder à Liouville et Tisserand à la chaire de mécanique rationnelle, il semble plus difficile de trouver des solutions pour Picard et Poincaré, d'autant plus qu'ils apparaissent tous deux comme des spécialistes de l'analyse. Le programme de plus en plus affirmé de Poincaré en mécanique céleste permet d'orienter sa carrière vers des chaires plus appliquées que celle de calcul différentiel et intégral qu'Hermite destine à son gendre [119].

4 Les « tirages à part »

De nombreuses lettres des correspondances avec les mathématiciens évoquent l'envoi, l'échange ou des demandes de tirés à part. La fréquence de ces mentions montrent l'importance de la circulation des tirés à part entre les mathématiciens de l'époque. Poincaré explique à Eneström l'usage qu'un jeune mathématicien ambitieux et soucieux de faire connaître ses travaux en fait :

> Si les auteurs sont généralement pressés d'avoir leur tirage à part, ce n'est pas pour faire une ample distribution à tous leurs amis, mais pour envoyer aussitôt que possible un exemplaire à une dizaine de grands noms à qui ils désirent faire connaître leurs travaux. La combinaison que je vous propose donnerait complète satisfaction aux auteurs ; elle ferait de plus une réclame au journal, et bien des personnes qui auraient entendu parler depuis longtemps de mémoires qui doivent y paraître et qu'elles n'ont pu se procurer s'empresseraient d'acheter le numéro dès qu'il paraîtrait et ne recevraient le tirage à part qu'ensuite. (Lettre de Poincaré adressée à Eneström le 3 juin 1885 (p. 243))

Poincaré cerne bien les usages des tirés à part distribués par les journaux mathématiques. Les délais de publication peuvent être longs et un article peut être imprimé longtemps avant la parution effective du fascicule ; l'envoi de tirés à part permet donc une diffusion plus rapide. Il est important, comme l'exprime Poincaré, pour un jeune mathématicien en quête de reconnaissance de distribuer de manière ciblée ses travaux. La question des tirés à part est aussi au centre des échanges avec les rédacteurs des journaux qui en font un argument pour attirer les auteurs [120] ; pour autant, surtout quand la revue envoie généreusement aux auteurs des tirés à part, la logique commerciale reprend aussi ses droits ; ainsi, le 24 mai 1885, en envoyant les tirés à part d'un article à paraître ultérieurement dans *Acta mathematica*, Eneström demande à Poincaré de n'en « distribuer aussi peu d'exemplaires que possible [...] parce qu'il nuit à la vente du journal si les tirages à part seront distribués » (p. 242) avant la parution du fascicule. D'une part, Poincaré acquiesce à la remarque d'Eneström en reconnaissant que les premiers

---

[Dugac, 1984b, 1985].

119. Voir [Dugac, 1985, p. 83, 101-102].

120. Voir dans ce volume, la lettre adressée par Craig le 24 décembre 1884 (p. 184) ou celle adressée par Mittag-Leffler le 29 mars 1882 [Nabonnand, 1999, p. 87].

destinataires des envois de tirés à part n'ont pas besoin d'être très nombreux s'ils sont bien choisis, mais souligne d'autre part l'intérêt de leur circulation en termes de promotion de la revue.
Plus généralement, l'importance du rôle des tirés à part dans la diffusion des derniers résultats de la recherche apparaît à travers les nombreuses lettres qui y font allusion. Les tirés à part servent à des mathématiciens éloignés des centres académiques à s'informer des derniers travaux ; par exemple, pour Maurice d'Ocagne, alors ingénieur des Ponts et Chaussées dans une petite ville de province, soucieux de conserver des liens avec la communauté mathématicienne parisienne, obtenir l'envoi de tirés à part est manifestement un moyen de garder le contact :

> Du fond de mon exil, je serai toujours très heureux de recevoir de vos nouvelles mathématiques ou autres. Si donc vous avez quelque tiré à part qui dorme au fonds d'un tiroir, il trouvera toujours un lecteur avide et sera le bienvenu. (Lettre adressée à Poincaré par M. d'Ocagne le 22 septembre 1885, p. 591)

La situation est la même pour des mathématiciens en poste dans des villes qui ne reçoivent pas certaines revues ; Poincaré, en poste à l'Université de Caen, reconnaît ne pas avoir connaissance de certaines contributions de Felix Klein sur les fonctions automorphes publiées dans les *Mathematische Annalen* [121]. L'envoi de tirés à part permet ainsi de ne pas attendre d'avoir accès à une bibliothèque. Même lorsque l'on enseigne comme Thomas Craig dans une université dont la bibliothèque mathématique est richement dotée [122], les exemplaires des revues ne quittent pas les salles de consultation et posséder des tirés à part permet de travailler chez soi. Dans sa lettre adressée à Poincaré le 6 décembre 1887 (p. 196), Craig explique que, bien que les ayant déjà lus, il est heureux d'avoir reçu les tirés à part des articles de Poincaré parus dans les *Acta mathematica* pour pouvoir introduire la théorie des résidus des intégrales doubles dans son cours de théorie des fonctions [123].
La distribution des tirés à part constitue donc un flux de circulation mathématiques moins négligeable que l'on ne pourrait le penser ; en témoigne la lettre adressée par Édouard Goursat à Poincaré le 27 mars 1882 concernant les travaux de ce dernier sur les fonctions lacunaires parus dans le volume de 1883 des *Acta Societatis scientiarum Fennicae* (p. 300) [124]. Manifestement, d'après le ton de la lettre, Goursat et Poincaré n'ont pas eu l'occasion d'échanger sur cette question [125] et la découverte par Goursat de la contribution de Poincaré sur les fonctions lacunaires semble une réelle surprise ; une surprise peut-être désagréable puisque

121. Voir la lettre adressée par Poincaré à Klein le 15 juin 1881, p. 452.
122. Voir la photo du « journal-, book-, and model-lined Mathematical Seminary » de l'Université Johns Hopkins [Parshall, 2006].
123. Finalement, Craig prendra un abonnement à *Acta mathematica* (voir sa lettre datée du 12 mars 1891, p. 200).
124. La publication de l'article de Poincaré [1883d] est au centre des quatre premières lettres que Poincaré échange avec Mittag-Leffler [Nabonnand, 1999, p. 51-71].
125. Goursat et Poincaré sont en 1882 tous les deux en poste dans des universités de province (Toulouse pour le premier et Caen pour le second).

la rencontre avec une note qu'il publie dans les *Comptes rendus* est loin d'être anodine. Manifestement, Goursat a pris connaissance du travail de Poincaré en en recevant un tiré à part. En effet, la correspondance de Poincaré avec Mittag-Leffler permet d'apprendre que les tirés à part de l'article de Poincaré sur les fonctions à espaces lacunaires, publié dans les actes de l'Académie de Finlande, les *Acta Societatis scientiarum Fennicae*, sont expédiés le 9 août 1881 et reçus le 19 août :

> Je vous remercie bien des 50 exemplaires que vous avez bien voulu m'envoyer [...]. [Nabonnand, 1999, p. 83]

Le travail de Poincaré circule dès ce moment, bien avant sa publication en 1883. Poincaré a dû faire parvenir des exemplaires de son article à quelques « grands noms » dont très certainement son maitre Charles Hermite qui était très intéressé par cette question [126] et qui l'avait introduit auprès de Mittag-Leffler à cette occasion [127]. Goursat en prend connaissance en mars 1882 après avoir publié sous le patronage d'Hermite dans le compte rendu de la séance du 13 mars 1882 une note sur un sujet analogue. Dans sa lettre, il exprime sa confusion de cette coïncidence et regrette qu'Hermite ne lui ait pas signalé les proximités entre son travail et celui de Poincaré [128]. Cet épisode souligne certaines caractéristiques de la circulation par les tirés à part ; si elle est très dépendante de ceux qui les reçoivent et de leur capacité à les citer, à les faire circuler ou à transmettre leur contenu, elle assure dans le même temps une diffusion minimale et relativement rapide des travaux, en particulier de ceux publiés dans des revues de la périphérie de l'espace de circulation mathématique [129] comme peuvent l'être les *Acta Societatis scientiarum Fennicae* dont on peut penser que peu de bibliothèques les reçoivent. En l'occurrence, d'une part, ce mode de circulation n'a pas très bien fonctionné entre Hermite et Goursat au moment où ce dernier a soumis sa note ; d'autre part, la publication de la note de Goursat a motivé un des destinataires des tirés à part de l'article de Poincaré à signaler à Goursat la « rencontre » entre leurs travaux. Il n'est d'ailleurs pas certain que l'article de Poincaré [1883d] ait été beaucoup lu (au moins en France) dans le fascicule des *Acta Societatis scientiarum Fennicae* mais plutôt par le biais des tirés à part [130].

La correspondance de Poincaré illustre bien les différents usages qui peuvent être faits des tirés à part, que ce soit par les expéditeurs ou les destinataires. Comme on l'a vu plus haut, les auteurs souhaitent pouvoir informer quelques « grands noms » comme Léon Walras qui fait parvenir à Poincaré un tiré à part de son mémoire « Économique et mécanique » [Walras, 1909] ; mais l'envoi d'un tiré à

126. Voir par exemple les lettres adressées par Hermite à Mittag-Leffler entre le 24 décembre 1880 et 19 février 1881 [Dugac, 1984b, p. 87-104] et l'article sur la théorie des fonctions que Mittag-Leffler [1881, p. 390-391] publie dans le *Bulletin des sciences mathématiques*.

127. Voir [Dugac, 1984b, p. 107] et [Nabonnand, 1999, p. 51-52].

128. Hermite évoque cet épisode dans une lettre adressée à Mittag-Leffler le 6 avril 1882 [Dugac, 1984b, p. 153] (voir p. 300).

129. Sur l'espace de circulation mathématique, voir [Peiffer et collab., 2018].

130. La diffusion internationale des *Acta Societatis scientiarum Fennicae* est certainement très limitée. Les références à des articles parus dans ce journal dans le *Jahrbuch über die Fortschritte der Mathematik* sont rares (moins d'une dizaine dans les années 1880).

part peut aussi servir à apporter des précisions à une discussion à l'instar d'Appell quand il envoie à Poincaré un tiré à part d'une note aux *Comptes rendus* dans laquelle il utilise une technique originale de décomposition en éléments simples [Appell, 1881a] [131]. Ils peuvent simplement servir à répondre à des sollicitations de correspondants particulièrement intéressés par un domaine comme Craig qui justifie sa demande de tirés à part par son intérêt pour la théorie des fonctions [132] ou simplement collectionneur comme Mittag-Leffler [133] :

> Hermann me communique la liste des tirages à part qui vous manquent. Pour la plupart des notes en question il n'a pas été fait de tirage à part ; pour d'autres, j'espère qu'Hermann pourra les retrouver, je les lui signale particulièrement.
> J'en ai retrouvé quelques uns que je vous envoie.
> Pas de tirages à part en particulier ni pour le *Bulletin Astronomique*, ni pour le Bulletin de la Société Mathématique, ni pour les *Comptes Rendus*, ni pour *l'Éclairage Électrique*, etc., etc. (Lettre adressée à Mittag-Leffler par Poincaré le 4 juin 1905 [Nabonnand, 1999, p. 334])

5 Les bruissements du monde

Poincaré a en général tendance à faire peu de digressions dans les lettres qu'il adresse à ses correspondants et la plupart du temps, ceux-ci font de même. Néanmoins les bruits du monde parviennent à transparaître dans les échanges qui suivent. En premier lieu, bien entendu, ceux des sphères académiques dans lesquelles Poincaré opère ; les échos de certains évènements de sociabilité scientifique comme les prix, les anniversaires, les jubilés, les doctorats Honoris Causa ou les inaugurations de monuments sont évoqués au détour d'une lettre quand ils ne font pas directement l'objet d'une invitation. Les institutions elles aussi se mettent en scène à l'occasion d'anniversaire comme ceux de l'Université Clark de Worcester (p. 627) ou de la *Royal Society* de Londres (p. 340) ou encore d'inauguration de nouveaux bâtiments universitaires comme celui de l'Université de Stockholm [134]. Les réunions internationales de mathématiciens sont aussi autant d'occasions d'échanges concernant leur organisation ou même l'évocation d'une participation ou d'une absence. Celles-ci sont parfois associées à des expositions internationales comme le congrès international de bibliographie des sciences mathématiques (1889), le congrès international des mathématiciens de Paris (1900) ou celui de Saint-Louis qui apparaissent en filigrane de certaines lettres comme

131. Voir les lettres 7 (p. 57) et 9 (p. 58) de la correspondance avec Appell.
À cette époque, Poincaré ne semble pas être complètement au fait des pratiques de publication puisqu'au contraire d'Appell, il semble ignorer comment obtenir des tirés à part des notes aux *Comptes rendus* (voir la lettre 10, p. 59).
132. Voir la lettre 1, p. 178.
133. Sur les collections de tirés à part, voir [Luciano, 2018].
134. [Nabonnand, 1999, p. 359-361].

celle que lui adresse Léon Walras (p. 807) ou celle plus administrative adressée par Poincaré à Ocagne (p. 599).
Les évènements politiques ou sociaux ne sont guère évoqués, ni commentés en dehors de quelques allusions à des grèves et surtout à l'Affaire Dreyfus dont Poincaré devient à la demande pressante de son ami Paul Appell un acteur. La seule allusion à un personnage politique est celle que glisse Poincaré au sujet de l'acquittement du député sicilien Raphaele Pallizolo (p. 321). De même, alors que le tournant du 20e siècle est une période d'agitation sociale, seule les grèves de dockers qui risquent de perturber un voyage (p. 316) ou d'imprimeurs qui retardent l'impression d'un mémoire (p. 331, p. 681) sont notées. Les relations franco-allemandes font plus souvent l'objet d'un commentaire. Georges Brunel ne se cache pas dans les lettres qu'il adresse à Poincaré pour signifier sa détestation des allemands dont il fait en quelque sorte l'arrière-plan de ses commentaires au sujet des réactions de Felix Klein concernant les travaux de Poincaré et des « jeunes français » (p. 128-139). Dans le même cadre des relations entre la France et l'Allemagne, les initiatives pour alléger la peine du frère de Paul Appell, condamné par la justice allemande à une année de prison et neuf ans de forteresse pour espionnage au profit des Français font l'objet de plusieurs lettres avec Cantor (p. 145) ou Appell (p. 62) [135]. Cet épisode est une première tentative d'une intervention ès-qualités d'intellectuels, ici essentiellement les mathématiciens de la section de géométrie de l'Académie des sciences de Paris dans le cadre d'une cause à caractère humanitaire. L'évènement politique le plus important qui apparaît dans la correspondance de Poincaré est certainement l'Affaire Dreyfus. Il n'est fait état de cet épisode qui est au centre de la vie politique française depuis 1898, depuis que la question de l'innocence de Dreyfus commence à diviser la société qu'à partir de l'année 1899, d'abord par quelques allusions dans sa correspondance avec Maurice d'Ocagne au sujet de son témoignage devant la cour de cassation et surtout dans les échanges qui amènent Poincaré à s'impliquer lors du procès de Rennes en août-septembre 1899. Ce sera son ami Paul Appell qui le sollicitera pour donner un avis autorisé sur l'analyse du bordereau par Alphonse Bertillon, le promoteur de l'utilisation de méthodes scientifiques dans les enquêtes policières. Poincaré n'est pas très enthousiaste ni à l'idée de témoigner à Rennes, ni même d'écrire lui-même une lettre critiquant

135. Dans son livre de souvenirs, Paul Appell [1923, p. 183-205] consacre un chapitre à la condamnation et la captivité de son frère. Le jugement a eu lieu à Leipzig et Paul Appell relate l'amabilité et le courage de Sophus Lie à cette occasion :

> Tout le temps de mon séjour à Leipzig, je fus accueilli avec une sympathie affectueuse par un grand mathématicien norvégien, que l'Université de Leipzig avait appelé à elle. Sophus Lie m'invita même à dîner, ce qui fut une acte de courage de sa part. [Appell, 1923, p. 192]

Charles Hermite s'intéresse aussi de près aux tentatives pour obtenir une remise de peine en faveur du frère de Paul Appell. Voir [Dugac, 1989b, p. 1-2, 5, 15-22]. Cet épisode est en particulier notable dans la mesure où, quelques années avant la mobilisation des intellectuels en faveur d'Alfred Dreyfus, on voit des savants comme Joseph Bertrand, Gaston Darboux, Charles Hermite, Camille Jordan, Maurice Loewy, Louis Pasteur, Émile Picard, et Henri Poincaré se réunir pour adresser à l'empereur d'Allemagne une lettre demandant de gracier Charles Appell.

l'usage du calcul des probabilités par Bertillon (p. 66). L'insistance d'Appell et la rapidité à laquelle lui parviennent les photographies des documents qu'il demande pour travailler auront raison de ses hésitations. Le niveau faible de l'argumentation de Bertillon contribue aussi certainement à le convaincre. On trouve dans les documents de la famille Poincaré des fragments d'une première version adressée à Paul Appell (p. 67) dont la trame argumentative est plus épistémologique que celle développée dans celle qui sera lue par Paul Painlevé devant les juges de la cour de Rennes (p. 612). Par contre, dans les deux versions de la lettre, Poincaré inaugure la posture d'expert. En aucun cas il n'a d'avis sur le fond de l'affaire, mais il peut se prononcer sur la déposition de Bertillon « puisqu'il n'y a là qu'un problème d'ordre scientifique et mathématique et qu'il faut seulement savoir si les règles ont été correctement appliquées » (p. 66). Cette attitude est exactement celle attendue par la défense de Dreyfus qui espère que les juges, pour l'essentiel formés à l'École polytechnique, seront sensibles à l'argumentation purement technique et scientifique d'un de leurs pairs, qui plus est, affirme sa neutralité et même sa confiance dans la justice militaire. La conclusion de Poincaré est assassine :

> Rien de tout cela n'a de caractère scientifique, et je ne puis comprendre vos inquiétudes.
> Je ne sais si l'accusé sera condamné, mais s'il l'est ce sera sur d'autres preuves. Il est impossible qu'une pareille argumentation fasse quelque impression sur des hommes sans parti-pris et qui ont reçu une éducation scientifique solide. (Lettre adressée à Paul Painlevé et lue le 3 septembre 1899 devant le Conseil de guerre de Rennes, p. 612)

Selon Painlevé, l'effet de la lettre de Poincaré est décisif sur l'opinion des juges quant à la valeur du témoignage de Bertillon, ce qui n'empêchera pas le Conseil de guerre de recondamner Alfred Dreyfus.

Les correspondances qui suivent laissent aussi transparaître les évolutions des modes de vie à cette époque. Ainsi, en août 1899, quand Poincaré accepte de s'impliquer dans le procès de Rennes, il est en vacances à Arromanche-les-Bains dans la Manche, il reçoit un télégramme et un dossier composé entre autres de photographies. Autant d'éléments d'une modernité dont peut disposer un membre des couches aisées de la société.

Les délais de distribution postale sont en général courts ; néanmoins, quand l'urgence se fait sentir, l'usage du télégraphe est courant ; ainsi, en 1892, à l'occasion d'une élection universitaire à laquelle il hésite de participer, Poincaré demande à Appell de lui répondre en lui télégraphiant (p. 63), quand Mittag-Leffler exprime quelques réticences à publier un article de Georg Cantor, ce dernier lui télégraphie de lui renvoyer immédiatement son manuscrit (p. 148), plusieurs échanges avec Guccia s'effectuent sous cette forme, la Maison d'édition Mayer et Müller confirme l'expédition d'un ouvrage au moyen d'un télégramme (p. 785), l'envoi des condoléances à la mort du roi Oscar s'effectue aussi par télégramme (p. 620), Schwarz annonce l'élection de Poincaré à l'Académie des sciences de Berlin par ce biais ; même Hermite utilise ce mode de communication en 1895 pour envoyer un

mot de soutien des mathématiciens français aux *Acta mathematica* dont la subvention était menacée (p. 387).
Un autre signe de modernité est l'utilisation relativement courante de photographies. Comme on l'a signalé plus haut une partie des documents qui sont discutés au procès de Rennes sont des photographies mais plus ordinairement quand deux interlocuteurs entament une correspondance, ils procèdent souvent à un échange de photographies. Ainsi, Cantor envoie sa photographie très vite en 1895 au début de sa correspondance avec Poincaré et lui demande en retour la sienne (p. 146-147) ; Lie, quant à lui, adresse à Poincaré au début de leurs échanges une photographie d'Abel à laquelle son correspondant répond par l'envoi de la sienne (p. 535-538) ; la publication du portrait photographique de Poincaré dans l'*American Journal of Mathematics* donne lieu à des échanges avec Thomas Craig dans lesquels il est question autant des mérites du portrait que des caractéristiques techniques de la photographie pour pouvoir l'imprimer (p. 196-199). La photographie est aussi utilisée pour reproduire et transmettre des documents comme la lettre de Poincaré dans laquelle il annonce son théorème ergodique (p. 338 et 343).
Les vacances rythment le temps des universitaires et c'est souvent une période pour faire de la recherche et rédiger des mémoires comme en attestent de nombreuses mentions. Ce temps libre est aussi dans ces milieux plutôt favorisés l'occasion de villégiatures. Aux détours des lettres qui suivent, Poincaré évoque des séjours chez ses parents à Nancy (p. 246), aux bains de mer (p. 210), en Normandie (p. 610 et 63). Si la famille Poincaré ne semble pas fréquenter comme le couple Mittag-Leffler ou Guccia les palaces des capitales, elle a néanmoins accès à partir des années 1900 à des voyages en croisière (p. 316, 319) ou des séjours dans des pays méditerranéens (p. 777), ce qui est le signe d'une aisance certaine et d'une pratique du tourisme qui atteint de nouvelles couches de la société. Séjourner dans des contrées au climat agréable n'est pas l'apanage des Poincaré ; outre Mittag-Leffler, plusieurs correspondants comme Emil Weyr ou Gustav Eneström font état de séjour à l'étranger, alliant parfois tourisme et préoccupations de santé ou soucis de réseautage.

Les relations épistolaires entretenues par Poincaré et ses collègues mathématiciens confirment que les correspondances ne sont plus le vecteur principal de circulation des mathématiques[136]. En atteste bien entendu la quantité de lettres dont le contenu mathématique est absent ou faible. Même les correspondances qui contiennent des informations mathématiques correspondent la plupart du temps soit à des épisodes de crise comme celle échangée avec Klein dans les années 1881-1882 ou les lettres échangées avec Brouwer en 1911, soit à des relations ayant trait à la publication d'articles ou de notes. La transmission de contenu mathématique par le vecteur des lettres au sein du réseau épistolaire de Poincaré est plus motivée par l'intention de s'assurer auprès de son interlocuteur d'une priorité, d'argumenter dans une discussion plus ou moins difficile ou de convaincre le destinataire de

136. Voir à ce sujet, [Peiffer, 1998].

soutenir l'insertion d'une note ou d'un mémoire dans un recueil que de s'inscrire dans une pratique essentielle de circulation. Le nombre de lettres faisant allusion à des journaux que ce soit directement en faisant une référence ou en présentant un travail pour publication, ou indirectement dans le cadre d'échange concernant des entreprises bibliographiques comme le Répertoire des sciences mathématiques montrent que la circulation des travaux mathématiques est principalement associée à la publication dans un journal mathématique. La notion de journal mathématique apparaît dans les correspondances de Poincaré avec les mathématiciens comme restreinte à un petit nombre de journaux de recherche comme le *Journal de mathématiques pures et appliquées*, les *Acta mathematica*, les *Mathematische Annalen*, les *Rendiconti del Circolo matematico di Palermo*, l'*American Journal of Mathematics* ou à des journaux d'Académies ou de sociétés savantes [137]. Apparaît ainsi un premier groupe très international de correspondants constitué de rédacteurs de journaux comme Mittag-Leffler, Craig ou Guccia, d'auteurs possédant un capital scientifique important dont les journaux recherchent la collaboration (au premier chef, Poincaré), d'auteurs qui passent par l'intermédiaire de Poincaré pour publier leurs travaux. L'activité de Poincaré pour promouvoir et animer l'entreprise du *Répertoire des sciences mathématiques* structure un deuxième groupe, constitué de membres de la Société mathématique de France, de quelques correspondants étrangers et des secrétaires successifs de la Commission permanente. Les échanges occasionnés par l'implication de Poincaré dans le fonctionnement de l'Académie des sciences ou celui de la Faculté des sciences de Paris nous rappellent que l'éloignement n'était pas la seule raison pour expédier une lettre et que l'on pouvait être amené à correspondre épistolairement avec des gens que l'on croisait quotidiennement. Se constitue ainsi un troisième groupe de correspondants très parisien dont les lettres poursuivent ou préparent des discussions qui peuvent être mathématiques mais qui concernent souvent plus prosaïquement des points d'organisation ou d'administration. Les diverses identités de Poincaré qui transparaissent à travers les correspondances entretenues avec ses collègues mathématiciens s'incarnent ainsi par des réseaux plus ou moins structurés. Les correspondances des mathématiciens et plus généralement des scientifiques du 19e et du 20e restent une source incontournable pour étudier et reconstruire leurs pratiques professionnelles et leurs implications dans le champ scientifique.

137. Sur les journaux mathématiques, voir [Peiffer et collab., 2018], [Peiffer et collab., 2020], [Nabonnand et collab., 2015], [Gispert et collab., 2023b] et [Gispert et collab., 2023a].

Remerciements

La famille de François Poincaré a généreusement donné aux Archives Poincaré les droits d'édition du fonds laissé par Henri Poincaré dont l'essentiel de la correspondance passive et quelques brouillons. Je la remercie pour son soutien constant et amical à l'entreprise d'édition de la correspondance de leur aïeul.

De nombreuses bibliothèques et archives, en particulier les archives de l'Académie des sciences, les archives de l'Institut, les archives de l'Institut Mittag-Leffler, l'Universitäts- und Landesbibliothek Bonn, la Berlin-Brandenburgische Akademie der Wissenschaften, l'Universitätsbibliothek Heidelberg, la Niedersächsische Staats-und Universitätsbibliothek Göttingen, l'Universitätsbibliothek Basel, les archives du Circolo matematico di Palermo, le RSAS Center for History of Sciences, la bibliothèque royale de Copenhague, la bibliothèque de l'Université de Lausanne, les archives de l'ETH de Zürich, les archives de l'École polytechnique, la Maison de la mémoire du Pays Saint-Affricain ont été contactées dans notre recherche de lettres de Poincaré. Que les conservatrices et conservateurs de ces institutions trouvent ici l'expression de notre gratitude pour leur amabilité et leur efficacité. Nous avons une pensée particulière pour les promoteurs du site de recherche d'archives en Allemagne Kalliope qui nous a permis de localiser des correspondances inespérées.

Enfin, on ne rappellera jamais assez la reconnaissance que doivent les Archives Poincaré à Pierre Dugac pour leur avoir confié au moment de leur création, il y a trente ans, ses dossiers concernant la correspondance de Poincaré.

Le travail d'édition est collectif. Olivier Bruneau, Philippe Henry, Klaus Volkert et Scott A. Walter ont contribué au travail de transcription, d'annotation et de relecture. Jeremy J. Gray s'est chargé des correspondances de Poincaré échangées avec Arthur Cayley, Felice Casorati, Lazarus Fuchs et Salvatore Pincherle, Gerhard Heinzmann avec Ernst Zermelo, Jean Mawhin avec Charles Hermite et David Rowe avec Georges Brunel et Felix Klein[138].

Enfin, Tom Archibald, Sandrine Avril, June Barrow-Green, Pierre-Édouard Bour, Umberto Bottazzini, Roland Brasseur, Frédéric Brechenmacher, Aldo Brigaglia, Olivier Bruneau, Cinzia Cerroni, François Chargois, Alain Chenciner, le Centre polonais de Paris, John Coltrane, Pierre Couchet, Alex Csiszar, Sergei Demidov, Anne Deroton, Christophe Eckes, Christine Fili, Dominique Flament, Christine Foulcher, Alain Genestier, Étienne Ghys, Hélène Gispert, Catherine Goldstein, Jules Henri Greber, Ulf Hashagen, Leonie Kunz, Viviane Lopez, Jesper Lützen, Lydie Mariani, Alexandre Métraux, Ellen Munkholm, Lucile Nabonnand, Jeanne Peiffer, Patrick Popescu-Pampu, Roger Pouivet, Manuel Rebuschi, Laurent Rollet, Lisa Rossbach, Anne de Roton, Henri Paul de Saint-Gervais, Norbert Schappacher, Gert Schubring, Geneviève Schwarz, Philippe Seguin, Reinhard Siegmund-Schülze, Étienne Simon, Mickaël Smodis, Rossana Tazzioli, Ramatoulaye Toure, Frida Trotter, Norbert Verdier, Pierre Willaime, Françoise Willmann savent pourquoi je les remercie ici.

Philippe Nabonnand

138. Voir le tableau des contributions ci-dessous (p. 39).

Liste des contributions

	Transcription	Annotation	Présentation
V. A. Anisimov	Ph. Nabonnand	Ph. Nabonnand	Ph. Nabonnand
P. Appell	Ph. Henry	Ph. Nabonnand	Ph.Nabonnand
L. Autonne	Ph. Nabonnand	Ph. Nabonnand	Ph. Nabonnand
J. Bertrand	Ph. Nabonnand	Ph. Nabonnand	Ph. Nabonnand
É. Borel	Ph. Nabonnand	Ph. Nabonnand	Ph. Nabonnand
P. Boutroux	Ph. Nabonnand	Ph. Nabonnand	Ph. Nabonnand
F. Brioschi	Ph. Nabonnand	Ph. Nabonnand	Ph. Nabonnand
L. E. J. Brouwer	Ph. Nabonnand	Ph. Nabonnand	Ph. Nabonnand
G. Brunel	Ph. Nabonnand	D. Rowe	D. Rowe
G. Cantor	Ph. Henry	Ph. Henry & Ph. Nabonnand	Ph. Nabonnand
M. Cantor	Ph. Nabonnand	Ph. Nabonnand	Ph. Nabonnand
J. Casey	Ph. Nabonnand	Ph. Nabonnand	Ph. Nabonnand
F. Casorati	J. J. Gray	J. J. Gray	J. J. Gray
A. Cayley	J. J. Gray	J. J. Gray	J. J. Gray
A. Chessin	O. Bruneau	Ph. Nabonnand	Ph. Nabonnand
P. Cousin	O. Bruneau	O. Bruneau	Ph. Nabonnand
L. Cremona	Ph. Nabonnand	Ph. Nabonnand	Ph. Nabonnand
T. Craig	J. J. Gray & Ph. Nabonnand	Ph. Nabonnand	Ph. Nabonnand
G. Darboux	O. Bruneau	Ph. Nabonnand	Ph. Nabonnand
W. v. Dyck	G. Heinzmann	Ph. Nabonnand	Ph. Nabonnand
G. Eneström	Ph. Nabonnand	Ph. Nabonnand	Ph. Nabonnand
C. E. Fabry	O. Bruneau	Ph. Nabonnand	Ph. Nabonnand
G. Fontené	Ph. Nabonnand	Ph. Nabonnand	Ph. Nabonnand
G. Fouret		Ph. Nabonnand	Ph. Nabonnand
L. Fuchs	J. J. Gray	J. J. Gray & Ph. Nabonnand	Ph. Nabonnand
C. F. Geiser		Ph. Nabonnand	Ph. Nabonnand
J. W. L. Glaisher	Ph. Nabonnand	Ph. Nabonnand	Ph. Nabonnand
E. Goursat	Ph. Nabonnand	Ph. Nabonnand	Ph. Nabonnand
J. P. Gram	Ph. Nabonnand	Ph. Nabonnand	Ph. Nabonnand
A. K. Grünwald	Ph. Nabonnand	Ph. Nabonnand	Ph. Nabonnand
G. Guccia	Ph. Henry	Ph. Nabonnand	Ph. Nabonnand
G.-H. Halphen	Ph. Nabonnand	Ph. Nabonnand	Ph. Nabonnand
Ch. Hermite	J. Mawhin	J. Mawhin	Ph. Nabonnand
Annexes Ch. Hermite	Ph. Nabonnand		
K. Heun	K. Volkert & Ph. Nabonnand	Ph. Nabonnand	Ph. Nabonnand
D. Hilbert	S. A. Walter	Ph. Nabonnand	Ph. Nabonnand
G. Humbert	Ph. Nabonnand	Ph. Nabonnand	Ph. Nabonnand
A. Hurwitz	Ph. Henry	Ph. Nabonnand	Ph. Henry
C. Jordan	Ph. Nabonnand	Ph. Nabonnand	Ph. Nabonnand
F. Klein	Ph. Nabonnand	D. Rowe	D. Rowe
D. J. Korteweg	Ph. Nabonnand	Ph. Nabonnand	Ph. Nabonnand
S. Kowalewskaja	Ph. Nabonnand	Ph. Nabonnand	Ph. Nabonnand
L. Kronecker	Ph. Nabonnand	Ph. Nabonnand	Ph. Nabonnand
E. Laguerre	O. Bruneau	Ph. Nabonnand	Ph. Nabonnand
C. A. Laisant	Ph. Nabonnand	Ph. Nabonnand	Ph. Nabonnand
H. Laurent	Ph. Henry	Ph. Nabonnand	Ph. Nabonnand
É. Lemoine	Ph. Henry	Ph. Nabonnand	Ph. Nabonnand
S. Lie	Ph. Nabonnand	Ph. Nabonnand	Ph. Nabonnand
R. Lipschitz	Ph. Nabonnand	Ph. Nabonnand	Ph. Nabonnand
R. Malagoli	O. Bruneau	O. Bruneau	Ph. Bruneau
É. Mathieu	Ph. Nabonnand	Ph. Nabonnand	Ph. Nabonnand
J. Molk	Ph. Nabonnand	Ph. Nabonnand	Ph. Nabonnand
M. Nœther	S. A. Walter	Ph. Nabonnand	Ph. Nabonnand
M. d'Ocagne	Ph. Nabonnand	Ph. Nabonnand	Ph. Nabonnand
P. Painlevé	Ph. Henry	Ph. Nabonnand	Ph. Nabonnand
C. Pelz	Ph. Nabonnand	Ph. Nabonnand	Ph. Nabonnand
J. Perott	S. A. Walter	Ph. Nabonnand	Ph. Nabonnand
J. Petersen	Ph. Nabonnand	Ph. Nabonnand	Ph. Nabonnand
E. Picard	Ph. Nabonnand	Ph. Nabonnand	Ph. Nabonnand
S. Pincherle	J. Gray	J. Gray & Ph. Nabonnand	J. Gray

	Transcription	Annotation	Présentation
V. Schlegel	Ph. Nabonnand	Ph. Nabonnand	Ph. Nabonnand
L. Schlesinger	O. Bruneau	Ph. Nabonnand	Ph. Nabonnand
A. H. Schwarz	K. Volkert	Ph. Nabonnand	Ph. Nabonnand
D. E. Smith	Ph. Nabonnand	Ph. Nabonnand	Ph. Nabonnand
P. Stäckel	Ph. Nabonnand et F. Willmann	Ph. Nabonnand	Ph. Nabonnand
V. Steklov	?	Ph. Nabonnand	Ph. Nabonnand
C. Stephanos	Ph. Nabonnand	Ph. Nabonnand	Ph. Nabonnand
X. Stouff	Ph. Nabonnand	Ph. Nabonnand	Ph. Nabonnand
E. Strauß	Ph. Nabonnand	Ph. Nabonnand	Ph. Nabonnand
E. Study	Ph. Nabonnand et Ph. Seguin	Ph. Nabonnand	Ph. Nabonnand
R. Sturm	O. Bruneau	Ph. Nabonnand	Ph. Nabonnand
J. J. Sylvester	Ph. Henry et S. A. Walter	Ph. Nabonnand	Ph. Nabonnand
O. Toeplitz	Ph. Nabonnand	Ph. Nabonnand	Ph. Nabonnand
R. Tucker	S. A. Walter	Ph. Nabonnand	Ph. Nabonnand
A. V. Vassiliev	O. Bruneau	Ph. Nabonnand	Ph. Nabonnand
M. Weill	O. Bruneau	P. Nabonnand	O. Bruneau
K. Weierstrass	G. Heinzmann	Ph. Nabonnand	Ph. Nabonnand
E. Weyr	Ph. Nabonnand	Ph. Nabonnand	Ph. Nabonnand
E. Zermelo	G. Heinzmann	G. Heinzmann	G. Heinzmann
H. G. Zeuthen	S. A. Walter	Ph. Nabonnand	Ph. Nabonnand
I. de Azevedo	Ph. Nabonnand		
P. Blaserna	O. Bruneau	Ph. Nabonnand	Ph. Nabonnand
C. J. Bouchard	Ph. Nabonnand	Ph. Nabonnand	Ph. Nabonnand
É. Bouvier	Ph. Nabonnand	Ph. Nabonnand	Ph. Nabonnand
Doyen de la Faculté des sciences de Caen	Ph. Nabonnand	Ph. Nabonnand	
L. Couturat	Ph. Nabonnand	Ph. Nabonnand	Ph. Nabonnand
F. G. J. Henle	Ph. Nabonnand	Ph. Nabonnand	Ph. Nabonnand
W. Renton	O. Bruneau	Ph. Nabonnand	Ph. Nabonnand
G. F. Stout	S. A. Walter	Ph. Nabonnand	Ph. Nabonnand
G. Valentin	S. A. Walter	Ph. Nabonnand	Ph. Nabonnand
G. Vessillier	Ph. Nabonnand	Ph. Nabonnand	Ph. Nabonnand
L. Walras	S. A. Walter	Ph. Nabonnand	Ph. Nabonnand

Vasilii Afanas'evich Anisimov

Vasilii Afanas'evich Anisimov (1860-1907) nait dans une famille paysanne. Il fait ses études à l'Université de Moscou et soutient en 1892 une thèse intitulée *Der Fuchs'sche Grenzkreis.* Sa carrière universitaire se déroule à Varsovie, d'abord à l'Université, puis à partir de 1898, à l'Institut polytechnique.
Ses domaines de recherches sont outre les cercles-frontière de Fuchs, les courbes géodésiques [1] et les équations différentielles linéaires [2]. Il s'intéresse en particulier aux équations différentielles à coefficients périodiques et écrit à cette occasion à Hermite [3], à Hilbert [4] ainsi que la lettre qui suit adressée à Poincaré [5].
V. Anisimov publie de nombreux articles et mémoires en particulier dans le *Matematicheskii Sbornik*, le *Moskau mathematische Sammlung*, les *Mathematische Annalen*, les *Annales de l'École normale supérieure* et le *Bulletin des sciences mathématiques.*

Anisimov à Poincaré

Varsovie, 15/27, XI, 98.

Monsieur !

Un ancien élève du professeur éminent de la Sorbonne prend la liberté de soumettre à son jugement pénétrant quelques considérations relatives à la théorie des équations différentielles aux coefficients périodiques.
Prenons une équation de la forme

$$(1) \qquad y' = f[x, y].$$

La fonction y, définie par l'équation (1) dépend aussi bien de x que d'une constante arbitraire α

$$(2) \qquad y = \mathcal{F}[\alpha, x],$$

1. [Anisimov, 1902].
2. [Anisimov, 1899].
3. la correspondance échangée à ce sujet est publiée dans [Anisimov, 1900].
4. Des extraits d'une lettre très dubitative de Hilbert sont publiés dans [Anisimov, 1898].
5. Une éventuelle réponse de Poincaré n'a pas été retrouvée.

P. Nabonnand et al. (eds.), *La correspondance entre Henri Poincaré et les mathématiciens*,
Publications des Archives Henri Poincaré Publications of the Henri Poincaré Archives,
https://doi.org/10.1007/978-3-7643-8288-9_2

et il est bien important d'étudier, de quelle manière cette fonction $\mathcal{F}$ contient la constante α, vu telles ou telles propriété de la fonction f.
C'est ce point de vue, assez négligé jusqu'ici par géomètres, qui peut donner, dans la théorie des équations différentielles, des résultats aussi bien importants qu'intéressants.
Le génie du grand Lagrange a déjà prévu cette voie, quand il a établi dans sa „*Théorie des fonctions analytiques*“[6] (Œuvres, t. IX, p. 105-106), à propos de l'équation de Riccati

$$y' = \mathcal{P} + \mathcal{Q}y^2$$

que son intégrale générale doit être de la forme

$$y = \frac{\mathcal{R} + \mathcal{S}\alpha}{\mathcal{T} + \mathcal{U}\alpha}$$

$\mathcal{R}, \mathcal{S}, \mathcal{T}, \mathcal{U}$ ne dépendant que de x. C'est dans le même ordre des idées que sont dirigées mes recherches relatives aux équations différentielles aux coefficients périodiques[7].
Je considère la variable x comme réelle. La période étant égale à un nombre donné a, la transformation

$$x = \frac{a}{\omega} z$$

nous donnera pour la période un nombre arbitraire ω. Ainsi recherchons les caractères distinctifs de la fonction (2), désignée par $\mathcal{F}$, quand on a, pour l'équation (1), l'identité

$$(3) \qquad f[x + \omega, y] = f[x, y].$$

La fonction $\mathcal{F}$, l'intégrale générale de l'équation (1), peut contenir des fonctions périodiques $\pi(x)$

$$(4) \qquad \mathcal{F} = \mathcal{F}[\alpha,\ x,\ \pi(x)], \qquad \pi(x + \omega) = \pi(x)$$

et le problème que nous nous proposons de résoudre est le voici : l'identité (3) étant remplie, de quelle manière doivent rentrer explicitement α et x dans la fonction $\mathcal{F}$?
On voit tout de suite qu'il doit être identiquement

$$(5) \qquad \mathcal{F}[\alpha_1,\ x + \omega,\ \pi(x)] = \mathcal{F}[\alpha_1, x, \pi(x)],$$

où α_1 est une fonction de α et de ω

$$(6) \qquad \alpha_1 = \theta[\alpha, \omega],$$

dont la forme se détermine par les conditions du problème.
Il peut se faire que $\mathcal{F}$ ne contient que des fonctions $\pi(x)$

$$\mathcal{F} = \mathcal{F}[\alpha, \pi(x)].$$

6. [Lagrange, 1800].
7. [Anisimov, 1898].

On a dans ce cas $\alpha_1 = \theta(\alpha, \omega) = \alpha]$ et α_1 ne dépend que de α.
Quelle est la forme de cette fonction dans des autres cas ?
Posons

$$\begin{cases} x_k &= x + k\omega \\ \alpha_k &= \theta[\alpha, k\omega] \ ; \end{cases}$$

on trouve

$$\mathcal{F}[\alpha_{m+n}, x + m\omega + n\omega] = \mathcal{F}[\alpha_m, x_m] = \mathcal{F}[\alpha_n, x_n].$$

m et n étant des nombres entiers positifs ou négatifs. D'où il suit

$$\theta[\alpha, m\omega + n\omega] = \theta\left[\theta(\alpha, m\omega), n\omega\right] = \theta\left[\theta(\alpha, n\omega), m\omega\right]. \tag{7}$$

Soient u et v des nombres quelconques réels, dont le dernier n'est pas nul. Le quotient $\frac{u}{v}$ étant rationnel et égal à $\frac{m}{n}$ ferons $n\omega = v, m\omega = u$ et nous aurons de la relation (7) l'identité

$$\theta[\alpha, u + v] = \theta[\theta(\alpha, u), v]. \tag{8}$$

Si le quotient $\frac{u}{v}$ est irrationnel, on a $\frac{u}{v} = \frac{m}{n} + \epsilon$, le nombre ϵ étant aussi petit que l'on voudra. Fait-on $n\omega = v$, on aura $m\omega = u - \eta$, où $\eta = v\epsilon$ est aussi petit que l'on voudra. On trouve ainsi

$$\theta[\alpha, u + v - \eta] = \theta[\theta(\alpha, u - \eta), v].$$

La fonction θ étant, comme nous le supposons une fonction continue de ses arguments, on parvient dans le cas considéré à la même relation (8). Posons

$$\begin{cases} \theta_1 &= \theta[\alpha, u], \\ \theta_2 &= \theta[\theta_1, u], \qquad w = u + v \\ \theta_3 &= \theta[\alpha, w]. \end{cases} \tag{9}$$

La différentiation de (8) par rapport à u et α nous donne

$$\frac{\partial\theta_3}{\partial w} = \frac{\partial\theta_2}{\partial\theta_1}\frac{\partial\theta_1}{\partial u},$$
$$\frac{\partial\theta_3}{\partial\alpha} = \frac{\partial\theta_2}{\partial\theta_1}\frac{\partial\theta_1}{\partial\alpha},$$

d'où il vient

$$\frac{\dfrac{\partial\theta_3}{\partial w}}{\dfrac{\partial\theta_3}{\partial\alpha}} = \frac{\dfrac{\partial\theta_1}{\partial u}}{\dfrac{\partial\theta_1}{\partial\alpha}}.$$

Mais θ_1 ne contient pas v ; par conséquent on doit avoir

$$\frac{\dfrac{\partial\theta_1}{\partial u}}{\dfrac{\partial\theta_1}{\partial\alpha}} = \frac{A}{\phi'(\alpha)}, \tag{10}$$

où la constante A peut être aussi égale à nul $A = 0$. L'équation (10) étant établie, si l'on différentie l'égalité $\mathcal{F} = \mathcal{F}_1$

$$\begin{aligned}\mathcal{F} &= \mathcal{F}[\alpha, x, \pi(x)]\\ \mathcal{F}_\infty &= \mathcal{F}_\infty[\alpha_1, x_1, \pi(x)],\end{aligned}$$

par rapport à x, ω et α, on obtient

$$\begin{aligned}\frac{\partial \mathcal{F}}{\partial x} &= \frac{\partial \mathcal{F}_1}{\partial x_1}\\ 0 &= \frac{\partial \mathcal{F}_1}{\partial x_1} + \frac{\partial \mathcal{F}_1}{\partial \alpha_1}\frac{\partial \alpha_1}{\partial w},\\ \frac{\partial \mathcal{F}}{\partial x} &= \frac{\partial \mathcal{F}_1}{\partial \alpha_1}\frac{\partial \alpha_1}{\partial \alpha}.\end{aligned}$$

Vu l'équation (10), on parvient à

$$A\frac{\partial \mathcal{F}}{\partial \alpha} + \phi'(\alpha)\frac{\partial \mathcal{F}}{\partial x} = 0,$$

et on a pour la fonction $\mathcal{F}$

$$\mathcal{F} = \mathcal{F}[Ax - \phi(x), \pi(x)]. \tag{11}$$

Mais la fonction de α peut être elle-même considéré comme une constante arbitraire. Ainsi parvient-on à cette conclusion définitive :
L'intégrale générale de l'équation différentielle aux coefficients périodiques doit être de la forme

$$y = \mathcal{F}[Ax + C, \pi(x)], \tag{12}$$

A étant une constante déterminée.
On peut sans peine étendre le résultat obtenu aux équations différentielles des ordres supérieurs et pour une équation d'ordre n

$$\begin{aligned}y^{(n)} &= f[x, y, \dots y^{(n-1)}],\\ f[x+\omega, y, \dots y^{(n-1)}] &= f[x, y, \dots y^{(n-1)}],\end{aligned} \tag{13}$$

dont les coefficients sont périodiques, son intégrale générale sera de la forme

$$y = \mathcal{F}[A_1 x + C_1, \dots A_n x + C_n, \pi(x)]. \tag{14}$$

L'auteur de l'ouvrage „*Sur les méthodes nouvelles de la mécanique céleste*" plus mieux que l'autre pourra juger les limites des applications des résultats indiqués. Veuillez, Monsieur, agréer les expressions de mon estime le plus respectueux. Votre serviteur obéissant

W. Anissimoff
professeur des mathématiques
à l'université de Varsovie
en Russie [8]

8. La Pologne est partagée entre la Prusse, l'Autriche et la Russie jusqu'à la fin de la première guerre mondiale. Varsovie fait alors partie de l'Empire Russe.

Paul Appell

Paul Appell nait à Strasbourg en 1855 dans une famille d'artisans et de commerçants. Il commence ses études secondaires à Strasbourg mais après l'annexion de l'Alsace-Moselle par l'Allemagne en 1871, sa famille s'installe à Nancy. Il se lie d'amitié avec Poincaré au Lycée de Nancy durant l'année scolaire 1872-1873 [1] et réussit cette même année le concours d'entrée à l'École normale supérieure. En 1876, il est reçu premier à l'agrégation et soutient sa thèse de doctorat ès Sciences mathématiques, *Sur la propriété des cubiques gauches et le mouvement hélicoïdal d'un corps solide* [2]. Tout d'abord répétiteur d'analyse et de mécanique à l'École pratique des Hautes-Études (1876-1879) et maitre de conférences à la Faculté des sciences de Paris (1878-1879), puis chargé de cours à la Faculté des Sciences de Dijon (1879-1881), maitre de conférences de mécanique et d'astronomie à l'École Normale (1881-1885), suppléant de mécanique et d'astronomie (1883) et chargé de cours de mécanique (1883) à la Faculté des sciences de Paris, il obtient la chaire de mécanique rationnelle à la Faculté des Sciences de Paris en 1885. En 1903, P. Appell succède à Gaston Darboux comme doyen de la Faculté des sciences de Paris. Il le restera jusqu'en 1915. En 1920, il est nommé recteur de l'Académie de Paris, position qu'il occupera jusqu'à sa retraite en 1925. Il décède à Paris en 1930 [3].

Les domaines de recherche de prédilection de Paul Appell sont les équations différentielles, les fonctions elliptiques et abéliennes, la mécanique, la physique mathématique, la géométrie infinitésimale. Il est l'auteur de plus de 350 notes, mémoires et ouvrages. On peut noter qu'il intervient ponctuellement à partir de 1903 sur des questions d'enseignement scientifique.

Poincaré et Appell sont amis depuis leur année de mathématiques spéciales à Nancy. Les carrières de Poincaré et d'Appell sont similaires ; après des études parisiennes, le premier à l'École polytechnique, le second à l'École normale supérieure, ils enseignent tous les deux quelques années en province avant de trouver une position à la Faculté des sciences de Paris. Ils se font remarquer par la qualité

1. Sur cette période, voir [Appell, 1921].
2. [Appell, 1876].
Le jury était composé de Jean-Claude Bouquet, Victor Puiseux et Ossian Bonnet.
3. Source : notice « Paul Appell » dans le dictionnaire des recteurs d'Académie dirigé par Jean-François Condette [2006].

P. Nabonnand et al. (eds.), *La correspondance entre Henri Poincaré et les mathématiciens*,
Publications des Archives Henri Poincaré Publications of the Henri Poincaré Archives,
https://doi.org/10.1007/978-3-7643-8288-9_3

de leurs premiers travaux et avec Émile Picard, ils incarnent un certain renouveau des mathématiques françaises [4], ce qui se traduit en 1890 par l'obtention du prix du roi Oscar par Poincaré et l'attribution d'une médaille à la contribution d'Appell [5]. Appell et Poincaré s'investissent aussi dans l'organisation du champ scientifique, le premier en prenant des responsabilités universitaires importants (Décanat de la Faculté des sciences de Paris, Conseil supérieur de l'instruction publique, Rectorat de l'Académie de Paris), le second en contribuant par exemple aux travaux du Bureau des longitudes ou de l'Association géodésique internationale, en promouvant des entreprises de bibliographie mathématique ou en organisant le Congrès international des mathématiciens de Paris (1900) [6].
Il ne subsiste malheureusement que les lettres d'Appell des échanges de 1881 consacrés à un théorème proposé par Appell dans deux notes aux *Comptes rendus hebdomadaires de l'Académie des sciences* [7] qui s'avère faux. Le ton est amical et confiant malgré la déception notable d'Appell. Les autres lettres sont des lettres de collègues de la Faculté des sciences de Paris échangeant sur la visite de Sofja Kowalevskaja, l'affaire du frère d'Appell, Charles, emprisonné par les Prussiens, la réélection comme doyen de G. Darboux ou encore la participation de Poincaré au procès de Rennes dans le cadre de l'Affaire Dreyfus.

---

4. Voir à ce sujet la correspondance d'Hermite et Mittag-Leffler [Dugac, 1984b, 1985].
5. [Appell, 1890].
6. Sur le parcours et les travaux de Paul Appell, on peut consulter [Lebon, 1910b], [Appell, 1892, 1925b], [Buhl, 1931] ou [Marbo, 1968].
7. [Appell, 1880b, 1881b].

1 Appell à Poincaré

Dijon 3 mars [1881]

Mon cher ami,

Les deux Notes que tu as publiées sur les fonctions fuchsiennes [8] m'ont d'autant plus intéressé qu'elles se rattachent d'une façon étroite aux résultats que j'ai indiqués dans une Note du 13 décembre 1880 et un mémoire du 10 janvier 1881 [9].
J'ai donné, dans ces deux Notes, les conditions nécessaires et suffisantes pour que certaines équations différentielles linéaires à coefficients algébriques puissent être intégrées par des expressions de la forme

$$(1) \qquad z_1 = e^{\sum_i^p \lambda_i u^{(i)}(x,y)} \frac{\theta[u^{(i)}(x,y) - g_i]}{\theta[u^{(i)}(x,y)]} R(x,y)$$

et des intégrales de pareilles expressions.
Or, voici les remarques que j'ai faites à la suite de tes Notes.
Soit une équation différentielle du second ordre rentrant dans les conditions que j'ai indiquées ; elle admet une intégrale z_1 de la forme (1), et si l'on y fait

$$z = z_1 \int z' dx,$$

8. [Poincaré, 1881e,f].
Ces deux notes, publiées dans les comptes-rendus des séances des 14 et 21 février 1881, sont les premières sur les fonctions fuchsiennes. Poincaré y présente les fonctions fuchsiennes comme une généralisation des fonctions elliptiques et comme permettant de résoudre les équations différentielles linéaires à coefficients algébriques. Il y décline l'ensemble de son programme de recherche mettant en scène les groupes fuchsiens, les fonctions thétafuchsiennes et zétafuchsiennes.

9. Appell [1880b] se propose dans cette note de généraliser les travaux d'Hermite sur l'équation de Lamé et ceux de Picard et Mittag-Leffler sur les équations différentielles linéaires à coefficients doublement périodiques aux équations

$$\frac{d^n z}{dx^n} + \varphi_1(x,y)\frac{d^{n-1}z}{dx^{n-1}} + \ldots + \varphi_n(x,y)z = 0$$

où les coefficients φ_i sont des fonctions rationnelles de x et y, y étant une fonction algébrique de x donnée par l'équation $F(x,y) = 0$, « une équation algébrique représentant une courbe d'ordre m et de genre p et contenant un terme en y^m ». À la fin de cette note, il annonce « un Mémoire plus étendu qu'[il aura] l'honneur de présenter à l'Académie ».
Le 10 janvier 1881, Jean-Claude Bouquet présente un mémoire de Paul Appell, intitulé *Sur une classe d'équation différentielles linéaires dont les coefficients sont des fonctions algébriques de la variable indépendante.* dont un extrait donne lieu à une note [Appell, 1881b]. Appell introduit dans ces notes les fonctions

$$z_i = R(x,y)\frac{\theta\left[u^{(i)}(x,y) - g_i\right]}{\theta\left[u^{(i)}(x,y)\right]} e^{\lambda_1 u^1(x,y) + \ldots + \lambda_p u^p},$$

dont il est question dans cette lettre et les suivantes. P. Appell retire une première fois son mémoire le 17 janvier 1881 (*Comptes rendus hebdomadaires des séances de l'Académie des sciences*, 92 (1881), p. 117) qui ne sera jamais publié (voir la lettre 6 adressée le 8 avril 1881 à Poincaré par Appell, p. 56).

z' sera donné par une expression de même forme

$$(2) \qquad z' = e^{\sum \lambda'_i u^{(i)}(x,y)} \frac{\theta[u^{(i)}(x,y) - g'_i]}{\theta[u^{(i)}(x,y)]} R_1(x,y).$$

Donc les deux intégrales de l'équation en question seront

$$z_1, z_2 = z_1 \int z' dx,$$

ou plus généralement

$$\begin{matrix} Az_1 + Bz_2 \\ A'z_1 + B'z_2 \end{matrix} \qquad A, B, A', B' \text{ constantes.}$$

Alors faisons

$$\frac{Az_1 + Bz_2}{A'z_1 + B'z_2} = u$$

ou

$$(3) \qquad \frac{A + B\int z' dx}{A' + B' \int z' dx} = u.$$

Cette équation (3) définit x comme fonction de u. Supposons que cette équation soit uniforme ; alors u sera une fonction fuchsienne.

Ainsi tu vois que, dans une infinité de cas, tes fonctions fuchsiennes se présentent comme fonctions inverses d'intégrales portant non plus sur des fonctions algébriques mais sur des fonctions de la forme (2), qui se réduisent à des fonctions algébriques pour des valeurs particulières des constantes λ'_i et g'_i.

Prenons, par exemple, l'équation différentielle que tu donnes comme exemple p. 396 équation (1) [10]. La démonstration se trouve dans mon mémoire, présenté ce jour-là [11] ; elle consiste à montrer qu'on peut adjoindre à l'équation différentielle une équation algébrique $F(x, y) = 0$ de façon à rentrer dans les conditions supposées par la théorie générale. Par suite, pour cet exemple particulier, les

10. Cette équation est

$$\frac{d^2y}{dx^2} = y\left[\frac{\frac{1}{\alpha^2} - 1}{4x^2} + \frac{\frac{1}{\beta^2} - 1}{4(x-1)^2} + \frac{1 + \frac{1}{\gamma^2} - \frac{1}{\alpha^2} - \frac{1}{\beta^2}}{4x(x-1)^2}\right].$$

$$\frac{d^n z}{dx^n} + \phi_1(x) \frac{d^{n-1}z}{dx^{n-1} + \ldots + \phi_n(x) z = 0},$$

les coefficients $\phi_i(x)$ étant tels que les racines des équations fondamentales déterminantes relatives aux différents points singuliers et au point ∞ soient des nombres rationnels ».

11. Voir la note 9 ci-dessus.

fonctions Fuchsiennes se présentent comme fonctions inverses d'intégrales telles que (2) ou (3).
Néanmoins, il y a certainement des cas où cette circonstance ne se présente pas ; ce sont par exemple dans ton équation les cas où $\alpha = \infty$; car alors il entre des logarithmes dans l'intégrale générale et dans mes recherches j'ai supposé essentiellement qu'il n'y a pas de logarithmes.
D'ailleurs, depuis deux mois déjà, j'étudie ce cas où il y a des logarithmes, en me plaçant au point de vue de mes deux premières Notes, mais je rencontre de grandes difficultés.
Il est à remarquer que les remarques précédentes permettent de généraliser les fonctions Abéliennes de la même façon que tes recherchent généralisent les fonctions elliptiques ; il suffit dans les équations différentielles d'Abel de remplacer les intégrales Abéliennes par des intégrales portant sur des fonctions telles que (1). Je dois même dire que j'ai déjà indiqué cette idée dans mon mémoire du 10 janvier.
J'espère que cette lettre t'intéressera et que tu me donneras ton opinion sur tout cela ; car je me propose de présenter une Note à ce sujet [12].
Je te serre la main cordialement, ton tout dévoué

Appell

Bonjour à Boutroux [13].

12. Paul Appell [1881a] publie dans le compte rendu de la séance du 18 avril 1881 une note *Sur une classe de fonctions dont les logarithmes sont des sommes d'intégrales abéliennes de première et de troisième espèce.* Par contre, comme son théorème général sur les équations différentielles linéaires à coefficients algébriques s'avérera faux (voir la lettre 6, p. 56, il ne publie aucune note sur les liens entre sa théorie et les fonctions fuchsiennes.

13. Léon Boutroux, le frère d'Émile Boutroux, le beau-frère de Poincaré, est maitre de conférences de chimie à l'Université de Caen. Léon Boutroux est un condisciple de Paul Appell à l'École normale supérieure.

2 Appell à Poincaré

Dijon jeudi [17 mars 1881] [14]

Mon cher ami,

Je te remercie de ta lettre, et j'espère comme toi que nous allons nous écrire un peu plus que par le passé - ce qui ne sera pas difficile. Je te félicite de ton courage - encore un heureux de plus ; bientôt je resterai le dernier des célibataires [15].
Tu m'as demandé de t'envoyer la démonstration de ce théorème que l'on peut intervertir l'ordre des cycles [16]. Tu vas voir à quoi tu t'es exposé en faisant cette demande imprudente. Pour varier les plaisirs, je t'envoie une démonstration différente de celle que j'ai donné dans mon mémoire - démonstration qui permet de considérer mes équations sous un autre point de vue.
Soit une équation

$$(1) \qquad \Psi(x,y) = \frac{d^n z}{dx^n} + \varphi_1(x,y)\frac{d^{n-1}z}{dx^{n-1}} + \ldots + \varphi_n(x,y)z = 0,$$

$$(2) \qquad F(x,y) = 0 \quad \text{courbe algébrique,}$$

$$\varphi_i(x,y) \quad \text{fonction rationnelle de } x \text{ et } y.$$

14. Les trois lettres qui suivent sont datées d'après leur contenu. La lettre 4 (p. 54) fait allusion à la mention obtenue par Poincaré au Grand concours des sciences mathématiques de 1881. L'annonce officielle est faite le 14 mars (*Comptes rendus hebdomadaires des séances de l'Académie des sciences*, 92 (1881), p. 554). La même lettre mentionne que Appell, Picard et Poincaré seront présentés en cinquième ligne à l'occasion de l'élection du successeur de Michel Chasles à l'Académie. L'annonce officielle du classement est faite le 28 mars (*Comptes rendus hebdomadaires des séances de l'Académie des sciences*, 92 (1881), p. 801). Nous savons par ailleurs que le 11 mars, les tractations vont bon train mais que le classement subira des modifications puisque Hermite écrit à Mittag-Leffler le vendredi 11 mars que Appell, Halphen, Mannhein, Picard et Poincaré seraient classés en quatrième ligne. Enfin manifestement, les trois lettres 2, 3 (p. 53) et 4 (p. 54) ont été écrites dans un même mouvement et à la suite. Dans la première datée de jeudi, Appell propose une « démonstration différente » de son théorème. Dans la deuxième datée de vendredi, il s'aperçoit que sa démonstration est erronée. Entre temps, Poincaré a dû lui envoyer une lettre (perdue) allant dans le même sens. Appell répond dans la troisième (datée de dimanche) à la lettre de Poincaré en lui disant qu'il s'est aussi aperçu de son erreur et en lui annonçant l'envoi d'une autre démonstration.
Les dates les plus plausibles sont dont donc le jeudi 17 mars pour la première, le vendredi 18 mars pour la seconde et le dimanche 20 mars pour la dernière. Pierre Dugac [1986, p. 61-80] propose un autre ordre et d'autres dates pour les lettres non datées d'Appell.

15. Poincaré épouse le 20 avril 1881 Louise Poulain d'Andecy. P. Appell ne restera pas longtemps le « dernier des célibataires » (voir la lettre 9, p. 58).

16. Poincaré a dû demander des explications sur un des résultats annoncés dans la note du 13 décembre que Appell [1880b] lui a signalée dans la lettre précédente. Dans les hypothèses de cette note, rappelées dans la lettre précédente, Appell considère une solution $f(x,y)$ de l'équation différentielle et les points critiques de la fonction algébrique y de x. Il se propose alors, en suivant la méthode de Briot et Bouquet [1873-74], de voir « ce que devient cette fonction $f(x,y)$ quand le point analytique (x,y) décrit des cycles simples ». Il annonce alors entre autres que « si le point (x,y) décrit à la suite les uns des autres différents cycles simples, la variation éprouvée par la fonction intégrale $f(x,y)$ est indépendante de l'ordre dans lesquels ces cycles sont décrits » [Appell, 1880b, p. 972].

Conditions supposées remplies :

Les coefficients φ_i deviennent infinis en des points simples (ξ_k, η_k) de la courbe $F = 0$ ou en des points critiques.

Si certains des coefficients φ_i deviennent infinis en un point simple (ξ_k, η_k), ce point est un pôle ou un point ordinaire de l'intégrale z.

Si certains des coefficients φ_i deviennent infinis en un point critique (ξ, η), on suppose remplies les conditions indiquées, Note du 10 janvier 1881, N°1 [17].

Telles sont les seules conditions.
Soit alors p le genre de la courbe $F = 0$; considérons p points analytiques

$$(x_1, y_1), (x_2, y_2), \ldots, (x_p, y_p)$$

et les p équations

$$\Psi(x_1, y_1) = 0, \Psi(x_2, y_2) = 0, \ldots, \Psi(x_p, y_p) = 0 \tag{3}$$

obtenues en mettant, dans l'équation (1), successivement $(x_1, y_1), (x_2, y_2), \ldots, (x_p, y_p)$ à la place de (x, y) ; imaginons de plus que, dans chacune de ces équations, la variable (x_i, y_i) parte de la même position initiale que (x, y) dans l'équation (1) avec les mêmes conditions initiales pour z et ses dérivées. Alors, si $f(x, y)$ est l'intégrale de l'équation (1),

$$Z = f(x_1, y_1) f(x_2, y_2) \cdots f(x_p, y_p) \tag{4}$$

sera une intégrale du système (3).

Cela posé, considérons les équations abéliennes

$$\begin{array}{ll} \displaystyle\int_{x_0, y_0}^{x_1, y_1} \frac{Q_1}{K_1'} dx_1 + \int_{x_1, y_1}^{x_2, y_2} \ldots + \ldots & = u_1 \\ \displaystyle\int_{x_0, y_0}^{x_1, y_1} \frac{Q_2}{K_2'} dx_1 + \ldots & = u_2 \\ \ldots\ldots\ldots\ldots\ldots\ldots\ldots\ldots\ldots & \end{array} \tag{5}$$

les intégrales ayant la même limite inférieure. Alors toute fonction symétrique rationnelle des p points (x_i, y_i) est une fonction uniforme de $u_1, u_2, \ldots, u_p$. On verrait facilement que l'on peut, en prenant $u_1, u_2, \ldots, u_p$ pour variables indépendantes, transformer les systèmes (3) en un système de p équations linéaires simultanées aux dérivées partielles dont les coefficients sont des fonctions abéliennes de

17. [Appell, 1881b, p. 61-62].

$u_1, u_2, \ldots, u_p$. (Mais cela m'est inutile actuellement - je publierai prochainement en commun avec Picard une Note sur ces sortes d'équations [18]). Tout ce que je veux montrer, c'est que l'intégrale Z, (4), est une fonction uniforme de $u_i, u_2, \ldots, u_p$.
En effet, supposons que les variables $(u_1, u_2, \ldots, u_p)$ partent de $(0, 0, \ldots, 0)$ et décrivent des chemins déterminés jusqu'en $(u_1, u_2, \ldots, u_p)$. Les points $(x_1, y_1), \ldots,$ (x_p, y_p) partent de (x_0, y_0) et décrivent des chemins déterminés jusqu'en $(x_1, y_1), \ldots,$ (x_p, y_p) ; les fonctions intégrales

$$f(x_1, y_1), \ldots, f(x_p, y_p)$$

prennent donc des valeurs déterminées. Si l'on fait varier les chemins menant de $(0, 0, \ldots, 0)$ à $(u_1,\ u_2,\ \ldots,\ u_p)$, les chemins décrits par les points (x_i, y_i) depuis (x_0, y_0) à (x_i, y_i) varient également ; mais ces différents chemins peuvent se ramener à l'un d'eux sans introduction d'aucun cycle (car si deux lignes allant de x_0, y_0 à x_i, y_i différaient par un cycle, les valeurs correspondantes de $u_1, u_2, \ldots, u_p$ ne seraient pas les mêmes et différeraient par une période). Donc les valeurs que prennent les fonctions $f(x_i, y_i)$ pour tous ces chemins sont les mêmes, puisque ces chemins peuvent se ramener à un seul, sans franchir aucun cycle et en ne franchissant que des points tels que (ξ_k, η_k) qui sont supposés des pôles.
Ainsi, déjà la fonction Z prend la même valeur pour un système de valeurs $u_1, u_2, \ldots, u_p$ quel que soit le chemin suivit par la variable u_i pour aller de 0 à u_i.
Mais il faut examiner ce qui se passe quand $(u_1, u_2, \ldots, u_p)$ atteignent des valeurs $u'_1, u'_2, \ldots, u'_p$ pour lesquels k points $(x_1, y_1), (x_2, y_2), \ldots, (x_k, y_k)$ coïncident avec un point simple de $F = 0$. Alors dans le voisinage de $u'_1, u'_2, \ldots, u'_p$ ces k points $(x_1, y_1), \ldots, (x_k, y_k)$ se permutent entre eux ; mais cela ne change évidemment pas la fonction Z.
Enfin supposons que $u_1, u_2, \ldots, u_p$ atteignent un système $u''_1, u''_2, \ldots, u''_p$ tel que k points $(x_1, y_1),\ \ldots,\ (x_k, y_k)$ coïncident avec un point critique (ξ, η). Soit un système circulaire de r racines se permutant autour de ce point. Si l'on fait

$$x_1 = \xi + {x'}_1^r, x_2 = \xi + {x'}_2^r, \ldots, x_k = \xi + {x'}_k^r,$$

$y_1, y_2, \ldots, y_k$ sont des fonctions uniformes de $x'_1, x'_2, \ldots, x'_k$, et d'après les conditions supposées sur l'équation (1), $f(x_1, y_1), \ldots, f(x_k, y_k)$ sont des fonctions uniformes de $x'_1, x'_2, \ldots, x'_k$. D'autre part, dans le voisinage du système $u''_1, u''_2, \ldots, u''_p$, les variables $x'_1, x'_2, \ldots, x'_k$ sont des fonctions uniformes de $u_1, u_2, \ldots, u_p$ ou bien se permutent entre elles (Briot, Fonctions abéliennes, p. 95). La fonction Z est donc une fonction uniforme de $u_1, u_2, \ldots, u_p$ dans ce voisinage.
Ainsi Z est une fonction uniforme de $u_1, u_2, \ldots, u_p$,

$$Z = F(u_1, u_2, \ldots, u_p).$$

18. [Appell et Picard, 1881].

Supposons que les points $(x_2, y_2), \ldots, (x_p, y_p)$ restent fixes et que (x_1, y_1) décrive un chemin déterminé précédé d'un tour sur un cycle C_1 ;

$$u_1, u_2, \ldots, u_p$$

croissent de

$$w_{11}, w_{21}, \ldots, w_{p1};$$

si on fait précéder le même chemin déterminé d'un tour sur C_2, $u_1, u_2, \ldots, u_p$ croissent de

$$w_{12}, w_{22}, \ldots, w_{p2};$$

si on décrit les deux cycles C_1, C_2 dans un ordre quelconque la valeur finale de Z est

$$Z = F(u_1 + w_{11} + w_{12}, \ldots)$$

valeur évidemment indépendante de l'ordre de succession des cycles C_1 et C_2.
La valeur finale de $f(x_1, y_1)$ quand on décrit les mêmes cycles est indépendante de l'ordre de succession de ces cycles.
Je te serai très obligé de me donner ton avis sur cette démonstration. Je pense faire de cela et de quelques autres remarques sur les équations de la forme (1) l'objet d'un complément à mon premier mémoire [19].
J'irai certainement à Paris à Pâques - et je t'y verrai.
Je te serre la main cordialement, ton dévoué.

Appell

3 Appell à Poincaré

Dijon vendredi [18 mars 1881] [20]

Mon cher ami,

Je m'aperçois que ma prétendue démonstration nouvelle - que je t'avais envoyée aussitôt que je l'avais imaginée - est inexacte. Car il est parfaitement possible que (x_1, y_1) décrive un cycle et (x_2, y_2) le même en sens contraire sans que $u_1, u_2, \ldots, u_p$ varient. Mais

$$Z = f(x_1, x_2) \cdots f(x_p, y_p)$$

varie évidemment.

19. Ce mémoire ne sera jamais publié. Voir la lettre 6 (p. 56) et l'annonce du retrait d'un mémoire par Paul Appell dans le compte rendu de la séance de l'Académie du 11 avril (*Comptes rendus hebdomadaires des séances de l'Académie des sciences*, 92 (1881), p. 912).

20. Voir la note 14, p. 50.

Du reste ce raisonnement aurait démontré que toute fonction symétrique de $f(x_1, y_1) \ldots f(x_p, y_p)$ est uniforme en $u_1, u_2, \ldots, u_p$ ce qui est absurde.
Peut-être pourra-t-on l'arranger en faisant varier $u_1, u_2, \ldots, u_p$ de façon que $(x_2, y_2) \ldots (x_p, y_p)$ restent fixes, (x_1, y_1) variant seul.
Si tu le veux je t'enverrai la démonstration donnée dans mon mémoire - quoiqu'elle soit un peu longue. Peut-être aussi pourrons-nous attendre le moment où nous nous verrons à Paris à Pâques.
Tu me diras cela dans ta prochaine lettre.
Je te serre la main, ton tout dévoué,

Appell

4 Appell à Poincaré

Dijon dimanche [20 mars 1881] [21]

Mon cher ami

J'avais remarqué que cette démonstration qui emploie les fonctions Abéliennes est inexacte et je te l'ai écrit vendredi soir dans une lettre que tu as sans doute reçue depuis [22].
Même si toutes les intégrales particulières étaient de la forme

$$(1) \qquad f(x, y) = \sum A e^{\lambda_1 u^{(1)}(x,y) + \ldots} \frac{\theta[\ldots]}{\theta[\ldots]} R(x, y)$$

la fonction en question

$$f(x_1, y_1) \cdots f(x_p, y_p)$$

ne serait pas du tout uniforme en $u_1, u_2, \ldots, u_p$. Cette fonction n'est uniforme que si l'on prend pour $f(x, y)$ une expression composée d'un seul terme tel que (1).

J'ai retrouvé un brouillon de la démonstration donnée dans mon mémoire et je te l'envoie. Tu me rendras service en l'examinant sérieusement. Je ne crois pas qu'il y ait d'objection à y faire [23].
Dans tous les cas je te demanderai de me garder le secret là dessus.

21. Voir la note 14, p. 50.
22. Voir la lettre 3, p. 53.
23. Voir la lettre 6, p. 56.

J'ai appris par Picard que la section de géométrie nous présenterait Picard, toi et moi en 5e ligne pour la place laissée vacante par Chasles [24]. Si tu apprends quelque chose la dessus, ou sur la date de cette présentation, dis m'en un mot dans ta prochaine lettre.
J'ai aussi appris, par la même voie, que tes fonctions Fuchsiennes t'avaient valu une mention [25] - mes félicitations.
Au revoir, je te serre cordialement la main, ton dévoué,

Appell

5 Appell à Poincaré

Dijon mardi [22 ou 29 mars 1881]

Mon cher ami,

Tu as dû recevoir mon topo et ma lettre à Paris [26]. La démonstration que je t'ai envoyée se rapporte au cas où les points critiques sont d'ordre 2 ; le cas général peut se conclure de là, en supposant, comme fait Riemann et d'après lui Clebsch et Gordan [27], que différents points critiques d'ordre 2 viennent se confondre. Du reste on donne une démonstration directe de ce cas. La même que pour l'autre.
Pour ce qui est de l'exemple que tu m'as envoyé et où tu relèves des contradictions, voici, je crois, la raison de cette contradiction apparente [28].
Comme la fonction algébrique y ne figure pas dans l'équation différentielle

$$(1) \qquad \frac{d^2 z}{dx_1^2} + \ldots = 0$$

que tu considères, tu dis : que, au point de vue de l'équation différentielle (1), la valeur initiale de y n'importe pas. Et alors tu considères 2 cycles commençant l'un par y_1, l'autre par y_2. Mais, cela n'est pas permis - tu vois par la démonstration même que les 2 cycles consécutifs doivent être parcourus avec la même racine, quand même y ne figure pas dans l'équation.
En enlevant cette restriction, tu généralises le théorème, et il n'est pas étonnant que tu arrives à des contradictions.

24. Voir le compte rendu de la séance de l'Académie des sciences du 28 mars 1881 (t. 92, p. 801).
25. Voir le compte rendu de la séance de l'Académie des sciences du 14 mars 1881 (t. 92, p. 554) dans lequel est annoncé que Poincaré obtient une mention pour le Grand prix des sciences mathématiques de 1880. Voir les lettres 1 et 2, p. 346.
26. Voir la lettre 4, p. 54.
27. [Clebsch et Gordan, 1866].
28. Dans la lettre à laquelle Appell répond le dimanche 20 mars, Poincaré a dû faire à la fois des objections à la démonstration envoyée le 17 mars (lettre 2, p. 50) et poser en même temps des questions au sujet du théorème à partir d'un contre-exemple.

Je pense que tu seras du même avis la dessus.
Je te serre la main, ton tout dévoué

Appell

J'espère toujours arriver à te convertir. Si tu veux je t'enverrai la démonstration pour le cas où il y a des systèmes circulaires quelconques.

6 Appell à Poincaré

Dijon, vendredi [25 mars ou 1er ou 8 avril 1881] [29]

Mon cher ami,

Cette fois-ci, je crois que tu as raison et que le théorème est trop général. Les conditions énoncées ne sont pas suffisantes. Je vais me remettre à l'étude de ces éq. à coeff. algébriques et voir si on ne peut pas au moins trouver des catégories pour lesquelles les cycles soient permutables. Peut-être pourra-t-on aussi trouver des théorèmes généraux, pour des classes d'équations, comme les éq. qui conduisent aux intégrales ultraelliptiques [30].
Je te remercie bien de toute la peine que tu t'es donnée dans cette affaire. Nous pourrons encore en parler à Pâques.
Je te serre la main, ton dévoué

Appell

29. Le retrait d'un manuscrit par P. Appell est annoncé dans le compte rendu de la séance du 11 avril de l'Académie des sciences (t. 92, p. 912.

30. Dans l'analyse de ses travaux publiée dans les *Acta mathematica* en 1925, Appell [1925b] revient sur la question des « équations différentielles à coefficients algébriques » en citant la note [Appell, 1880b] et en insistant sur la question de l'ordre des cycles discutée avec Poincaré en 1881 :

> Soit une équation différentielle linéaire dont les coefficients sont des fonctions rationnelles de x et y, la variable y étant liée à x par une équation algébrique $F(x,y) = 0$ de genre p. Je suppose que l'intégrale générale n'ait d'autres points critiques que des pôles ou des points critiques algébriques, à savoir les points critiques de la fonction algébrique y de x ; je suppose, de plus, que ces coefficients remplissent des conditions telles que la variation éprouvée par l'intégrale générale, quand le point analytique (x,y) parcourt deux cycles successifs, soit indépendante de l'ordre de succession de ces cycles. Sous ces conditions, l'équation a, pour intégrale particulière, une exponentielle dont l'exposant est composé linéairement avec des intégrales abéliennes de première et troisième espèce, attachées à la courbe algébrique $F(x,y) = 0$. Cette intégrale particulière étant déterminée, l'intégration de l'équation linéaire se ramènera à celle d'une équation d'ordre $(n-1)$ à laquelle on pourra appliquer le même théorème et qui admettra une intégrale de la même forme, et ainsi de suite jusqu'à ce que l'équation soit intégrée. Mais ce résultat est purement théorique car il n'existe pas actuellement de méthode permettant de reconnaître que l'intégrale ne change pas quand on change l'ordre de succession des cycles. [Appell, 1925b, p. 216]

7 Appell à Poincaré

Dijon jeudi [1881]

Mon cher ami,

En relisant ta dernière lettre je me suis aperçu que je n'avais pas répondu à un petit renseignement que tu me demandais. Hermite t'a parlé d'une certaine décomposition de fonctions en éléments simples [31].
Il s'agit de fonctions de la forme

$$(1) \qquad e^{\lambda_1 u^{(1)}(x,y)+\dots} \frac{\theta[u^{(1)}(x,y)-g_1]}{\theta[u^{(1)}(x,y)]} R(x,y)$$

qui sont décomposables en éléments simples par une formule analogue à celle qu'Hermite a donnée pour les fonctions doublement périodiques de 2e espèce à l'occasion de l'équation de Lamé.
Cette formule conduit, comme cas limite, à la formule de décomposition d'une fonction rationnelle donnée par Lindemann (Crelle t. 84 p. 214), Lettre à Hermite [32].
Tu te figures aisément comment marche cette généralisation.
A bientôt, je te serre la main, ton dévoué

Appell

Je compte être à Paris pendant la semaine sainte.
Au moyen de cette décomposition et de celle indiquée par Lindemann on peut étendre à certaines équations à coefficients algébriques les recherches de Fuchs dans le journal de Liouville T. 4 p. 126 et suiv. [33] en cherchant qu'elle doit être la forme d'une équation différentielle

$$\frac{d^2z}{dx^2} = \varphi(x,y)z$$

où φ est rationnelle, pour que cette équation soit intégrable par des fonctions telles que (1).

31. Hermite a dû parler à Poincaré de la note dans laquelle Appell [1881a] propose une méthode de décomposition en éléments simples des fonctions (1) ci-dessous, qui sont des solutions de l'équation différentielle qu'il se proposait d'étudier dans son mémoire retiré (voir la lettre 2, p. 50).

32. [Lindemann, 1878].

33. [Fuchs, 1878b].

8 Appell à Poincaré

Dijon 5 Avril [1881] [34]

Mon cher ami,

J'ai égaré ta dernière lettre et ne me rappelle plus si je dois t'écrire à Caen ou à Paris - je t'écris à Caen en supposant que tu y as la corvée des baccalauréats comme nous ici.
Ta Note sur les eq. différentielles linéaires à intégrales algébriques [35] m'a fait penser qu'il y aurait une autre voie pour arriver à former les équations différentielles à coefficients rationnels en x dont les intégrales sont de la forme

$$e^{\sum \lambda_i u^{(i)}(x,y)} \frac{\theta[u^{(i)}(x,y) - g_i]}{\theta[\ldots]} R(x,y).$$

Il faudrait pour cela former un groupe de substitutions tel que toute substitution composée avec les substitutions du groupe soit une substitution du groupe multipliée par un facteur.
On généraliserait ainsi la méthode que Jordan a suivie pour déterminer les équations à intégrales algébriques [36].
Seulement je ne me suis jamais encore occupé de ces théories des substitutions, et je vais d'abord me mettre à les étudier. Tu pourras me dire à Paris ce que tu penses de cette méthode.
Je serai à Paris le jeudi saint - je descendrai à l'Hôtel Corneille, en face de l'Odéon [37].
A bientôt, je te serre la main, ton dévoué

Appell

9 Appell à Poincaré

Dijon lundi [mai 1881] [38]

Mon cher ami

Je pense que tu es maintenant rentré à Caen, et je t'écris pour t'annoncer que je vais faire comme toi et me marier le 4 juillet prochain. J'épouse Mademoiselle

34. Cette lettre est datée sans commentaire par P. Dugac [1986]. La mention du séjour parisien d'Appell à Pâques indique une date antérieure au 14 avril. La mention de la note de Poincaré [1881c] indique une note postérieure au 21 mars surtout si l'on tient compte des délais d'impression et d'expédition.

35. [Poincaré, 1881c]. Cette note est publiée dans le compte-rendu de la séance du 21 mars 1881.

36. [Jordan, 1879a].

37. Appell et Poincaré ne se croiseront pas à cette occasion à Paris. En effet, Poincaré [1881o,b] intervient les 15 et 16 avril au Congrès de l'Association française pour l'avancement des sciences d'Alger et le « jeudi saint » tombe cette année le 14 avril. De plus, Poincaré se marie le 20 avril et on peut supposer qu'il a délaissé les préoccupations mathématiques pendant quelques jours.

38. Cette lettre est datée d'après l'annonce des fiançailles d'Appell.

Bertrand dont le père Alexandre Bertrand[39] est conservateur du musée de St. Germain en Laye. Je suis presque constamment à Paris, comme toi avant Pâques. Si tu veux m'écrire, adresse ta lettre rue de Constantinople 13.
Je t'envoie en même temps un tirage à part de ma Note au sujet de la décomposition en éléments simples[40] dont nous avions parlé.
Le bonjour à mes camarades de Caen, Boutroux, Chervet, Riquier[41] ; et ceux que j'oublie.
Je te serre la main, ton tout dévoué,

Appell

10 Appell à Poincaré

Dijon 12 juin [1881]

Mon cher ami,

Tu me demandes dans ta dernière lettre comment j'ai des tirages à part de mes Notes - il suffit pour cela d'écrire à M. Montreuil chez Gauthier Villars et de demander un tirage à part de 100 exemplaires - coût 12 fr.
J'ai lu avec beaucoup d'intérêt ta Note qui a paru aujourd'hui[42]. Peut-être pourras-tu te servir dans ce genre de recherches de 2 Notes que j'ai publiées T. 88 des Comptes rendus p. 807 et 1022 : Formation d'une fonction $F(x)$ telle que $F[\varphi(x)] = F(x)$; Sur les fonctions telles que $F[\sin \frac{\pi}{2}x] = F(x)$[43].
Je pense qu'en appliquant ma méthode aux fonctions Fuchsiennes on pourra représenter une fonction Fuchsienne par une somme d'une infinité de fractions rationnelles.
Mais je n'ai pas maintenant le temps de faire quoi de ce soit. Je repars pour Paris demain où je reste jusqu'au 4 juillet jour de mon mariage.
Je te serre la main cordialement, ton tout dévoué

Appell

rue de Constantinople 13 Paris

---

39. Alexandre Bertrand est le frère de Joseph Bertrand, lui-même beau-frère de Charles Hermite. Sur cette dynastie, on peut consulter l'article de Zerner [1991] sur le «règne de Joseph Bertrand». Hermite annonce les fiançailles d'Appell dans une lettre adressée à Mittag-Leffler le 9 mai [Dugac, 1984b, p. 121].

40. [Appell, 1881a].

41. Louis Boutroux, maître de conférences de chimie physique, Alfred Chervet, professeur de physique au Lycée de Caen et Charles Riquier, professeur de mathématiques à la Faculté des Sciences de Caen avaient été reçus à l'École normale supérieure en 1873, la même année qu'Appell.

42. [Poincaré, 1881t]. Cette note paraît dans le compte-rendu de la séance du 6 juin 1881.

43. [Appell, 1879a,b]. Ces deux notes sont respectivement publiées dans les comptes-rendus des séances des 21 avril et 19 mai 1879.

11 Appell à Poincaré

[sans date]

Voici les renseignements que tu m'as demandés relativement aux développements dont je t'ai parlé hier.
Appelons signe d'une quantité imaginaire $a + bi$ le signe de a, et si a est nul celui de b. Soit alors x une quantité imaginaire, désignons par $\sqrt{x^2 - 1}$ celle des déterminations du radical qui a le même signe que x ; et posons

$$\xi = x - \sqrt{x^2 - 1}$$

Posons de même

$$\eta = y - \sqrt{y^2 - 1}$$

y étant une deuxième variable. La lettre y ayant une valeur déterminée, les points x pour lesquels (1) mod $\xi <$ mod η sont les points du plan situés à l'extérieur de l'ellipse ayant pour foyers F et F' les points ± 1 et passant par y.

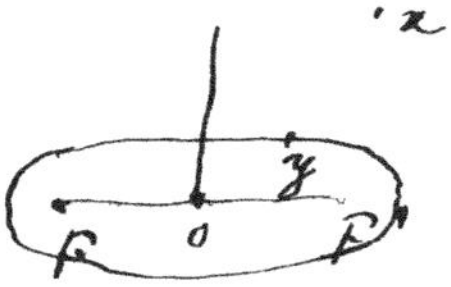

L'on a de plus, sans cette condition (1),

$$(2) \quad \frac{1}{x - y} = \sum_0^\infty (2n + 1) P_n(y) Q_n(x)$$

$P_n(y)$ étant le $n^{\underline{\text{ième}}}$ polynôme de Legendre et $Q_n(x)$ la fonction de 2ième espèce satisfaisant à la même équation différentielle que $P_n(y)$

$$Q_n(x) = \frac{1.2...n}{3.5...(2n + 1)} \Big(x^{-n-1} + \frac{(n + 1)(n + 2)}{2.(2n + 3)} x^{-n-3} ... \Big).$$

Soit alors une fonction $f(x)$ holomorphe en dehors de l'ellipse précédente, on aura

$$f(x) = C^{\text{te}}. + \frac{1}{2\pi i} \cdot \int \frac{dy}{y - x} f(y)$$

l'intégration étant étendue au contour de l'ellipse ; développant $\frac{1}{y-x}$ par la formule (2) on a le développement

$$f(x) = C + \sum_0^\infty A_n P_n(x)$$

valable pour tous les points situés en dehors de l'ellipse. Si la fonction $f(x)$ est holomorphe dans tout le plan et admet la droite FF' pour coupure, on peut supposer cette ellipse aplatie suivant FF'.

Autre développement.

On a, sous la même condition (1), et par suite dans les mêmes régions de convergence

$$(3)\qquad \frac{1}{x-y}=\frac{2\xi}{1-\xi^2}\left[1+\sum_{n=1}^{n=\infty}\xi^n(\eta^n+\eta^{-n})\right]$$

Donc alors

$$f(x)=C+\frac{2\xi}{1-\xi^2}\left[A_0+A_1\xi+\cdots+A_n\xi^n+\cdots\right]$$

Développement qui s'applique aussi aux fonctions ayant FF' pour coupure. Le développement (3) résulte de l'identité

$$\frac{\sqrt{x^2-1}}{x-y}=\frac{1}{1-\eta\xi}+\frac{1}{1-\eta^{-1}\xi}-1$$

(Heine *Handbuch der Kugelfunktionen*[44] p. 198)

Ceci s'appliquera à un contour quelconque limité par des arcs d'ellipse ou des droites, les arcs d'ellipse tournant leur convexité vers l'intérieur.

Si certains arcs tournaient leurs convexités vers l'intérieur il y aurait des polynômes de Legendre en les termes

$$\xi^n+\xi^{-n}$$

dans le développement.

Tout à toi, ton dévoué
Appell

Il est évident que par un changement de variables

$$x=\frac{ax'+b}{cx'+d}$$

on déduira de là un développement pour les fonctions holomorphes dans tout le plan excepté sur un arc de cercle.

12 Appell à Poincaré

Paris vendredi [juin 1882]

Mon cher ami,

J'ai vu hier Madame de Kowalewski que tu connais certainement, car tu as eu à t'occuper de ses recherches à l'occasion de ta Thèse [45].
Elle a manifesté le plus vif désir de te voir, et je lui ai dit que je te préviendrai [46].
Elle demeure rue de Vaugirard 11 Hôtel Malherbe.
Au revoir, je te serre la main cordialement, ton tout dévoué

Appell

13 Poincaré à Appell

Nancy, le 30 juillet 1888

Mon cher ami,

Je te communique une lettre de G. Cantor [47] que je viens de recevoir et qui t'intéresse. J'ai répondu hier à Cantor pour lui dire que ce qu'on lui avait dit était exact. Je crois que les sentiments qu'il exprime sont sincères et qu'il fera réellement tout ce qu'il pourra ; j'ignore s'il peut grand'chose.

Ton ami dévoué,
Poincaré

45. Dans sa thèse, Poincaré s'intéresse à la résolution des équations aux dérivées partielles. Après avoir rappelé les résultats de Cauchy concernant l'existence de solutions, il cite les travaux de Kowalewskaja et de Darboux pour préciser l'état de la question qu'il compte étudier :

> Dans le cas le plus général, le problème qui nous occupe a donc été complètement résolu par Cauchy.
> Il a été depuis repris par deux géomètres. Dans un Thèse inaugurale, insérée dans le tome 80 du *Journal de Crelle* (p. 1 et suivantes) [Kowalevskaja, 1875], Mme de Kowalewski a démontré de nouveau des théorèmes déjà trouvés par Cauchy ; enfin M. Darboux en a inséré une démonstration nouvelle dans le tome LXXX des *Comptes rendus des séances de l'Académie des Sciences* (p. 101) [Darboux, 1875]. [Poincaré, 1879b, p. 2]

Poincaré poursuit en expliquant qu'il va s'intéresser aux cas d'équations aux dérivées partielles où le théorème d'existence de solution de Cauchy ne s'applique pas.

46. Voir [Nabonnand, 1999, p. 96-97]. La visite de Sophia Kowalewskaja à Paris est souvent évoquée par Hermite dans sa correspondance de l'année 1882 avec Mittag-Leffler [Dugac, 1984b].

47. Voir la lettre adressée par Cantor à Poincaré le 27 juillet 1888 (p. 145). Cette lettre concerne l'arrestation à Strasbourg de Charles Appell (1842-1905), le frère de Paul, pour avoir transmis à la France des documents allemands secrets. Il est traduit devant la Haute-Cour de Leipzig pour «crime de haute trahison» et condamné à un an de prison à Cottbus et neuf ans de forteresse à Magdebourg le 9 juillet 1888. Peut-être que Cantor propose de jouer le rôle de médiateur auprès des autorités prussiennes. Pour plus de détails, voir [Décaillot, 2008, p. 22 & 51] & [Lebon, 1910b, p. 3-4].
P. Appell raconte cet épisode dans son livre de souvenirs d'enfance [Appell, 1923, p. 183-192].
La détention du frère d'Appell et les démarches effectuées en 1892 pour obtenir sa libération sont évoquées plusieurs fois par Hermite dans sa correspondance avec Mittag-Leffler [Dugac, 1989b, p. 1-26].

14 Appell à Poincaré

Paris le 25 janvier [1891]

Mon cher ami,

À propos de ce que tu m'as dit jeudi, tu as pu remarquer [48] que la démonstration que j'emploie pour établir les relations entre les modules de périodicité de mes intégrales le long des coupures a, b, c (page 34) est celle qui sert à démontrer que, pour les intégrales abéliennes, les modules de périodicité le long des coupures c sont nuls. Quand les multiplicateurs m_k et n_k ne sont pas tous égaux à l'unité, les modules le long des coupures c ne sont nuls qu'exceptionnellement. Il y a à cela une raison a posteriori : c'est que si ces modules étaient toujours nuls, la valeur du coefficient $P_{m,n}$ du terme général d'un développement en série (dont la théorie des fonctions permet d'affirmer l'existence) serait nulle. Le coefficient $P_{m,n}$ de la page 106 serait nul, car les relations 44 de la page 110 donneraient $A_1 = A_2 = 0$, si le module de périodicité C_1 était nul.
Il y a aussi une raison a priori tirée du principe de Dirichlet, du théorème d'existence comme dit Riemann. En imitant la méthode que suit Riemann pour démontrer a priori l'existence des intégrales abéliennes, on peut, a priori, imposer aux modules de périodicité le long des C la condition de n'être pas tous nuls.
Tout à toi, Ton tout dévoué

Appell

15 Poincaré à Appell

Le Touquet, le 20 juin 1892 [49]

Mon cher ami,

Je viens de recevoir une convocation pour les élections décanales auxquelles je n'avais pas songé et que je croyais ne devoir venir qu'au mois de janvier prochain [50].

48. [Appell, 1890].
49. Cette lettre est conservée dans les *Smithsonian Libraries.*
50. Il s'agit de la réélection de Gaston Darboux comme doyen de la Faculté des sciences de Paris. Gaston Darboux avait été «nommé, sur proposition de ses collègues, par le ministre de l'Instruction publique» [Lebon, 1910a] doyen le 12 novembre 1889. Il quitte cette fonction en mars 1903 et ce sera Paul Appell qui lui succédera. L'éloge que fait ce dernier de Darboux est particulièrement chaleureux :

> La Faculté adresse à M. Darboux tous ses remerciements pour l'activité incessante, pour l'intelligence vive et pratique, avec laquelle il a toujours défendu ses intérêts, étendu son enseignement et accru son influence ; la comparaison de l'affiche des cours de 1888 et du budget de cette époque avec le tableau de l'enseignement et du budget actuels montrent combien l'administration de M. Darboux a été féconde. Jamais, d'ailleurs, aucun de nos doyens ne s'était trouvé en présence d'une œuvre aussi considérable à accomplir tant dans le domaine matériel que dans le domaine de l'enseignement : reconstruction de la Sorbonne ; constructions, agrandissements et créations de laboratoires ; or-

Pourrais-tu me dire quelle est la situation si Darboux aura un concurrent, ou (ceci est plus délicat parce que tu ne peux pas le lui demander bien entendu) si même n'ayant plus de concurrent il ne serait pas fâché d'avoir une voix de plus.
Pourrais-tu m'écrire sans tarder à l'adresse suivante,
Poincaré, Châlet St Pierre, au Touquet par Etaples Pas-de-Calais
ou me télégraphier à l'adresse suivante
Poincaré, Châlet St Pierre, Pointe du Touquet.
Dans le cas où tu télégraphierais, ne te laisse pas intimider par les employés du télégraphe qui te soutiendront d'abord que cette station n'existe pas (c'est un sémaphore).
Je compte donc sur ton obligeance pour me renseigner sur la situation. Il est probable que j'irai à Paris dans tous les cas pour donner un témoignage à Darboux mais je ne serais pas fâché néanmoins d'être au courant pour savoir si l'urgence est plus ou moins grande.
Je te demande pardon du dérangement que je te cause et je te prie d'agréer mes remerciements et mes excuses.
Je te serre cordialement la main,

Poincaré

16 Appell à Poincaré

Dimanche 27 Août 1899

Mon cher ami,

Tu dois, comme nous tous, suivre avec anxiété le procès de Rennes. La déposition de Bertillon est stupide, mais comme elle est incompréhensible et hérissée de mots mathématiques et techniques, elle peut impressionner les juges ; elle a paraît-il fait cet effet en 1894[51].
Aujourd'hui, les juges sont des élèves de l'École[52] qui se laisseront moins facilement jeter de la poudre aux yeux. Néanmoins, il serait bon et serait utile qu'une

---

ganisation du P. C. N. ; créations de chaires et de maîtrises de conférences nouvelles. [Lebon, 1910a]

Voir la lettre adressée par Darboux le 27 juin 1892 (p. 211).

51. Appell fait allusion au début de l'Affaire Dreyfus. L'expertise de Bertillon contribue à attribuer à Dreyfus un bordereau manuscrit qui sera au centre de l'accusation lors du Conseil de guerre de 1894 et du procès en révision de Rennes en 1899.

52. Appell parle de l'École polytechnique. Le tribunal est composé d'un président, le colonel Albert Jouaust et de six juges, les commandants Émile Merle, Charles François de Lancrau de Bréon et Julien Profillet et les capitaines Albert Henri Parfait et Charles Beauvais (source : *Le procès Dreyfus devant le Conseil de guerre de Rennes (7 août-9 septembre 1899)*, Paris : Stock, t. 1, p. 1). Ils sont tous d'anciens élèves de l'École polytechnique.

voix autorisée vienne dire ce que vaut un pareil système qui n'est qu'un procédé mnémotechnique appliqué à l'analyse d'une écriture.

La famille et la défense de l'accusé me chargent de te demander de vouloir bien dire brièvement de la façon la plus simple, la plus claire possible ce que tu penses de ce système, soit en allant déposer à Rennes, soit si tu préfères, en faisant une étude écrite qui serait publiée dans un journal, le Figaro par exemple. Il va de soi qu'on mettrait à ta disposition les documents nécessaires et que tu aurais le temps de faire ce travail sérieusement [53].

Vis à vis des polytechniciens [54], tu nous aurais une autorité énorme ; il s'agit d'une erreur d'ordre scientifique et logique à relever. Pour la justice, pour ce malheureux pays si troublé, je te prie d'accepter.

Au revoir, mon cher ami, je te sers affectueusement la main.

Appell
23 rue de Noailles
St. Germain en Laye
Seine et Oise

17 Appell à Poincaré

[28/08/1899] [55]
St. Germain en Laye
23 rue de Noailles

Mon cher ami,

Je t'ai écrit hier une longue lettre de Saint Germain pour te demander, au sujet de la déposition de Bertillon à Rennes, de faire un travail simple et aussi bref que possible, pour montrer que au point de vue de la méthode scientifique, les procédés de Bertillon n'ont aucune valeur et permettent de démontrer tout ce qu'on veut. C'est la famille et l'avocat de la défense qui te prient instamment de le faire. Réponds moi d'urgence.

Appell

53. Note marginale de la main de Poincaré : « 6 à 8 jours ».
54. Voir la note 52 ci-dessus.
55. Cette carte-lettre est rédigée le lendemain de la précédente. Elle est adressée à Poincaré à la Maison Mériel à Arromanches.

18 Poincaré à Appell

[Après le 27/08/1899] [56]

Mon cher ami,

Je ne tiens pas du tout à aller déposer à Rennes et je crois d'ailleurs qu'il vaut mieux que je n'y aille pas [57].
Mais je puis t'écrire une lettre disant tu me demandes mon opinion sur ... et cette lettre pourrait être publiée dans un journal. (On pourrait soit te nommer soit dire voici une lettre que M. P. adresse à un de ses amis.) Seulement je n'ai que les données les plus vagues sur le système de Bertillon. Il faudrait que tu me fasses envoyer le compte rendu stéréographique de sa déposition [58]. Je verrai ensuite ce qu'il est possible de faire.
Peut-être aussi pourrais-tu faire toi-même le travail et le faire publier par le Figaro. Tu me feras envoyer le journal et le lendemain j'écrirai pour dire que j'approuve tes raisonnements et qu'ils sont parfaitement corrects.
Si le temps presse et si on ne peut m'envoyer le document, télégraphie moi ; (répondre immédiatement) et je t'enverrai une lettre où je parlerai des erreurs auxquelles on s'expose en appliquant le calcul des probabilités à des problèmes qui ne sont pas faits pour cela ; mais ma lettre serait alors forcément vague et générale.

Tout à toi,
Poincaré

19 Appell à Poincaré

[Fin août-début septembre 1899] [59]

Mon cher ami,

Merci. Tu peux écrire une lettre adressée soit à moi, soit à Painlevé. Mon nom ne peut pas être prononcé à cause des affaires de mon frère qui est encore en Allemagne [60].
Tu recevras les pièces.

56. Cette lettre est une réponse aux lettres précédentes d'Appell. Elle est conservée sous la référence 199.5 dans la *Carlton Lake Collection of French Manuscripts* du *Harry Ransom Humanities Research Center, The University of Texas at Austin.*

57. Sur Poincaré et l'Affaire Dreyfus, on peut consulter les articles de Laurent Rollet [1997, 1999b,c, 2000]. Voir aussi la lettre adressée à Paul Painlevé et lue par ce dernier lors du procès de Rennes (p. 612). Sur le rôle de Paul Appell dans l'Affaire Dreyfus, voir [Rollet, 2013].

58. Dans sa lettre lue au procès de Rennes (p. 612), Poincaré s'appuie sur un article reprenant les raisonnements de Bertillon, paru le 25 août dans *Le Figaro* et fait état de photographies. Il reçoit un dossier envoyé de Rennes début septembre 1899 (p. 611).

59. Cette carte de visite au nom de Paul Appell, membre de l'Institut, est une réponse rapide à la lettre précédente.
Conformément aux usages, cette carte de visite n'est pas signée (source : *Bottin mondain*).

60. Voir la lettre 13 (p. 62) et la lettre adressée par Cantor à Poincaré le 27 juillet 1888 (p. 145).

20 Poincaré à Appell

[09/1899] [61]

Mon cher ami,

Tu me demandes mon opinion sur l'usage que M. Bertillon vient de faire du calcul des probabilités pour déterminer l'origine du bordereau. S'il s'agissait du fond de l'affaire, de la question de la culpabilité elle-même, je me récuserais ; je n'ai aucune lumière pour la résoudre et je ne pourrais que m'en rapporter à ceux qui en ont plus que moi. Sur ce point de détail, au contraire, je puis répondre, puisqu'il n'y a là qu'un problème d'ordre scientifique et mathématique et qu'il faut seulement savoir si les règles ont été correctement appliquées.

Je n'ai entre les mains que le compte-rendu sténographique donné par les journaux et en particulier par le Figaro ; ce n'est pas assez pour suivre la démonstration dans tous ses détails ; c'est assez pour juger le principe qui est vicieux.

Tu sais avec quelle circonspection il faut employer le calcul des probabilités dans les sciences physiques et a fortiori dans les sciences morales. Tu te rappelles sans doute ce que j'ai écrit à propos de la probabilité des causes, dans un récent article de la Revue générale des sciences [62]. J'ai montré que la solution de ces problèmes dépend de deux données distinctes. Faute de l'une d'elles, le calcul est impossible, autant essayer de faire une multiplication, connaissant le multiplicateur, mais sans connaître le multiplicande.

Quelles sont dans l'espèce ces deux données nécessaires ? Il faut d'abord savoir combien sur un milliard de documents naturels, il y en aura qui présenteront telle ou telle coïncidence. Mais cela ne suffit pas. Il faudrait savoir encore combien sur un milliard de simulateurs, il y en aura qui imagineront le système Bertillon. Ce nombre, qui dépend des causes morales, nous n'avons aucun moyen de l'évaluer ; nous pouvons deviner qu'il sera très faible ; mais sera-ce mille, dix ou un, nous n'en pouvons rien savoir. Une des prémisses manque, toute conclusion est illégitime.

Que d'erreurs mémorable dues à l'oubli de cette considération ! Si un pays où il y a cinq millions d'électeurs républicains et quatre millions de monarchistes, est divisé en 100 circonscriptions, la probabilité pour qu'il y ait au moins un député de l'opposition, serait, d'après un savant distingué, Condorcet je crois, infŕieure à $0,001$; si cependant les élections donnent 30 sièges à la minorité, devra-t-on en conclure que le srutin est truqué ? Laplace écrit qu'il parierait vingt millions contre un sou que si l'on découvre jamais une planète nouvelle, ses satellites tourneront dans le sens direct ; personne ne tient le pari ; trente après on découvre Neptune dont le satellite tourne dans le sens rétrograde [63].

---

61. Cette lettre est une première version de la lettre adressée à Painlevé qui sera lue au procès de Rennes (p. 612). Étant donné les contraintes de temps (voir la lettre 1 de Painlevé (p. 610)), il n'est pas certain que cette lettre ait été réellement envoyée ce qui expliquerait qu'elle soit conservée dans les archives de la famille Poincaré.

62. [Poincaré, 1899h].

63. Poincaré [1911a] reprend cette anecdote dans les *Leçons sur les hypothèses cosmogoniques* :

> Laplace, n'ayant connaissance que de mouvements directs, avait annoncé que

Au moins ces géomètres éminents évaluaient-ils correctement la seule donnée que nous puissions atteindre ; nous allons voir qu'il n'en n'est pas de même de M. Bertillon.

Sur 13 mots redoublés correspondant à 26 coïncidences possibles, M. Bertillon constate 4 coïncidences réalisées ; évaluant à $0,2$ la probabilité d'un coïncidence isolée, il conclut que la probabilité de la réunion de ces 4 coïncidences est $0,0016$; cela est inexact ; le nombre $0,0016$ représente la probabilité pour qu'il y ait 4 coïncidences sur 4, la probabilité pour qu'il y ait 4 sur 26 est 400 fois plus grande, soit

Nous n'avons pas retrouvé la suite de cette lettre.

si l'on venait à découvrir une nouvelle planète ou un nouveau satellite, il y aurait des milliers de milliards à parier contre un que la circulation de ce satellite ou la rotation de cette planète serait directe. Personne ne tint le pari, mais Laplace l'aurait perdu : la découverte de Neptune et de son satellite lui ont donné un démenti. [Poincaré, 1911a, p. 74]

Léon Autonne

Léon Autonne nait en 1859 à Odessa et décède en 1916 à Paris[1]. Reçu en 1878 à l'École polytechnique, il suit en particulier les cours de Camille Jordan. Autonne commence, dès la fin de sa scolaritè à l'École polytechnique, alors qu'il est encore étudiant à l'École des ponts et chaussées[2], à préparer une thèse sur un sujet qui s'inscrit dans la lignée des mémoires de Jordan sur les équations différentielles à intégrales algébriques [Jordan, 1878, 1879a]. Les lettres adressées par Autonne à Poincaré[3] datent pour la plupart de cette période et concernent la préparation de sa thèse.

Ingénieur en chef des ponts et chaussées dans le Rhône, il s'occupe d'abord des travaux du réseau de chemins de fer Paris-Lyon-Marseille, puis de la navigation sur le Rhône. À partir de 1885, il enseigne aussi comme maître de conférences de mathématiques à la Faculté des sciences de Lyon et fait fonction en 1889 d'examinateur d'admission de l'École polytechnique.

Ses travaux de recherche concernent les équations différentielles, la théorie des groupes de substitutions et les nombres hypercomplexes. Il publie dans de nombreuses revues comme les *Comptes rendus hebdomadaires de l'Académie des sciences*, les *Nouvelles annales de mathématiques*, le *Bulletin de la Société mathématique de France* dont il est membre depuis 1883, dans le *Journal de l'École polytechnique*, le *Journal de mathématiques pures et appliquées* ou les *Annales de l'Université de Lyon*[4].

La correspondance entre Autonne et Poincaré montre combien l'année 1881 est importante pour ce dernier pour la maitrise de la théorie des groupes de substitutions. D'après la lettre adressée par Jordan à Poincaré en septembre 1880 (p. 427), Poincaré ne semblait pas alors au fait des deux mémoires publiés par Jordan. En février 1882, Poincaré conseille, oriente et accompagne les recherches d'Autonne qui

---

1. La source la plus complète sur la vie et la carrière de Léon Autonne est son dossier de légion d'honneur, disponible sur la base Léonore.

2. Léon Autonne soutient une thèse de mathématiques à la Faculté des sciences de Paris le 28 juillet 1882 intitulée *Recherches sur les intégrales algébriques des équations différentielles linéaires à coefficients rationnels* [Autonne, 1882]. Le jury était composé de Charles Hermite (président), Jean-Claude Bouquet et Émile Picard.

3. Dugac [1986, p. 80] indique que les lettres de Poincaré adressées à Autonne sont perdues.

4. On peut noter qu'Autonne propose avec Poincaré en 1894 une question à l'*Intermédiaire des mathématiciens* [Autonne et Poincaré, 1894].

P. Nabonnand et al. (eds.), *La correspondance entre Henri Poincaré et les mathématiciens*, Publications des Archives Henri Poincaré Publications of the Henri Poincaré Archives, https://doi.org/10.1007/978-3-7643-8288-9_4

vont s'appuyer sur la classification des sous-groupes finis de $SL(2, C)$ et $SL(3, C)$ proposée par Jordan. Elle est aussi un indice de pratiques de tutorat entre générations de polytechniciens qui s'engagent dans la recherche mathématique.

1 Autonne à Poincaré

Paris 22 9bre [1881]

Voici :

Étude de la forme des équ. alg. irréductibles à coeff. rationnels admettant pour racines des intégrales d'une équ. diff. linéaire à coeff. rationnels.

I

Soient H et Z deux équ. diff. linéaires d'ordres p et q, η et ζ deux de leurs intégrales; $\eta\zeta$ satisfait à Y équ. diff. linéaire d'ordre pq ou plus. Je prends la notation $Y = [HZ]$.
Soit H équ. diff. linéaire d'ordre p, η^μ satisfait à Y équ. diff. linéaire d'ordre $\Gamma_p^\mu = \frac{p(p+1)\ldots(p+\mu+1)}{1.2.\ldots\mu}$ au plus et d'ordre $\Gamma_p^\mu - p + 1$ au moins.
Je prends la notation $Y = [H^\mu]$.
$[Y^\mu]$ est satisfaite par tout produit de la forme $\eta_1^{\alpha_1}\ldots\eta_p^{\alpha_p}$ $\alpha_1 + \alpha_2 + \ldots \alpha_p = \mu$.
Si $p = 2$ $[Y^\mu]$ est d'ordre $\mu + 1$ et admet le système fondamental d'intégrales

$$\eta_1^\mu \eta_1^{\mu-1}\eta_2 \ldots \eta_2^\mu$$

II

Réciproquement : pour qu'une équ. diff. linéaire donnée d'ordre μ soit $[H^{\mu-1}]$ (H d'ordre 2), il faut que (désignant par Y' l'adjointe de Y) $[HH']$ soit
1° d'ordre $2\mu - 1$ au plus 2° identique à son adjointe.
Je n'ai pas pu démontrer que les conditions étaient suffisantes.

III

Si

$$(H) \qquad \eta^m + A_1\eta^{m-1} + \ldots + A_m = 0$$

équ. alg. irréductible à coeff. rationnels admet pour racine une intégrale de Y équation diff. linéaire à coeff. rationnels, A_1 = intégrale rationnelle de $[Y^i]$ $i = 1, 2, \ldots m$.

IV

Si Y équ. diff. linéaire d'ordre p à coeff. rationnels a une intégrale η racine de

$$(H) \qquad \eta^m + A_1\eta^{m-1} + \ldots + A_m$$

équ. alg. irréductible à coeff. rationnels $(m > p)$ alors
1° si Y admet une intégrale rationnelle, qui sera A_1, (H) est de la forme

$$(\eta + \frac{1}{m}A_1)^m + A'_m = 0$$

2° si Y n'a pas d'intégrales rationnelle $(A_1 = 0)$, (H) est de la forme

$$\mu^m + A_m = 0$$

Tu serais bien aimable de me dire
1° tout cela est-il bien exact ?
2° n'est-ce pas trop connu ?
3° cela vaut-il, à ton avis, la peine d'être continué et complété ? Tu vois en effet des lacunes nombreuses, notamment pour III.
Le coefficient de η^{m-i} peut être

$$\sum C A_1^{\alpha_1} A_2^{\alpha_2} A_3^{\alpha_3} \ldots$$

$\alpha_1 + 2\alpha_2 + \ldots = i$ quelle valeur faut-il prendre ? etc. etc. –
Ne connais tu rien de particulier sur les équ. diff. linéaires identiques à leur adjointe ? J'ai besoin de le savoir pour II et ne puis le trouver. –
Merci d'avance ; je te serre la main.

Ton conscrit dévoué
L. Autonne
13 rue des Beaux Arts.

2 Autonne à Poincaré

Paris 23 9bre [1881]

Mon cher antique [5]

Il me semble que dans le topo que je t'ai envoyé ce matin, il s'est glissé une omission grave. T'ai-je dit au IV que m doit être premier absolu [6] ? Sans cela mon énoncé est faux ; en effet, si $m = Rn$ (H) est de la forme

$$(\eta + \frac{1}{m}A_1)^{Rn} + (\eta + \frac{1}{m}A_1)^{R(n-1)} + \ldots = 0$$

Je te serre la main

Ton conscrit dévoué
L. Autonne

3 Autonne à Poincaré

Paris mercredi 27 9bre [1881]

Mon cher antique

Dans le cas particulier où tu te places ($m = p + 1 \quad A_1 = 0$), ma démonstration en effet ne s'applique plus. Tu vas en juger, car la voici. Je réponds ainsi du même coup à tes deux observations.

Les m racines de (H) sont des intégrales d'Y d'ordre p ; donc il existe entre les m racines R équations linéaires et homogènes ($R \geq m - \mu$) à coeff. const. Donc ces R équations peuvent figurer les m racines, mais plus généralement il y figure un groupe (I) de i racines ($i > R$).

5. Le terme « antique » désigne dans l'argot des polytechniciens celui « qui a passé par l'École, et a satisfait aux examens de sortie » :

> Les jeunes élèves qui viennent de quitter l'École des mines, l'École des ponts et chaussées, l'École du génie maritime, l'École d'application de Fontainebleau, sont des antiques ; pendant les années passées dans les Écoles d'application, ils n'étaient que des *grands ans*, des grands anciens. *Antiques* âgés de vingt-deux ans pour la plupart, mais entrés déjà dans cette grande famille polytechnicienne dont tous les membres, rapprochés par la fraternité de l'École, sont unis entre eux par un puissant esprit de corps, exempt de fanatisme et de fatuité, qui engendre la force, le dévouement, le patriotisme. [Lévy et Pinet, 1894, p. 29]

6. Un nombre premier est absolu si toutes les permutations des chiffres qui le composent sont des nombres premiers.

Je puis exprimer $\eta_{i-R+1}\ \eta_{i-R+2}\ \ldots\ \eta_i$ en fonction de $\eta_1\ \eta_2\ \ldots\ \eta_{i-R}$ et on a le système d'équations par exemple

$$(I)\begin{cases} f(\eta_1) = 0 \qquad (H) \quad f(\eta) = 0 \\ f(\eta_2) = 0 \\ \quad\vdots \\ f(\eta_{i-R}) = 0 \\ f(\alpha_1\eta_1 + \ \ldots\ \alpha_{i-R}\eta_{i-R}) = 0 \end{cases}$$

éliminant successivement η_{i-R}, η_{i-R-1}, etc. et remarquant que la racine commune de deux équations est une fraction rationnelle des coefficients on voit que les i racines du groupe (I) sont fonctions rationnelles de l'une quelconque d'entre elles. Soit η_1 cette racine on voit aisément que l'on a pour les diverses racines de (I)

$$\eta_2 = c_{0,2}\eta_1 + c_{1,2} \qquad \text{etc.}$$

$c_0\ \ldots\ c_i$ rationnels en x.

Or il est évident après un calcul que tu rétabliras sans peine, que si (H) admet une racine de la forme $c_0\eta + c_n$ (η étant déjà une racine) on a 1° $c_0 = 1$ (n diviseur de m) et 2° que l'équation (H) prend la forme

$$(\eta + \frac{1}{m}A_1)^{Rn} + (\eta + \frac{1}{m}A_1)^{(R-1)n} + \ldots \qquad \text{etc.} \qquad \text{etc.} \qquad \text{etc.}$$

Or dans le cas que tu m'indiques $p = m - 1$ et $A_1 = 0$, le système (I) se réduit à

$$f(\eta_1) = 0 \ldots f(\eta_p) = 0\ f(-\eta_1 - \eta_2 \ldots - \eta_p) = 0$$

et ne nous peut rien apprendre puisque la dernière équation n'est pas distincte des précédentes. – Étant très novice au fond, je ne suis pas sûr que mon raisonnement n'est pas un long paralogisme ; dans ce cas ne te moque pas de moi par trop. Cependant je suis revenu bien des fois sur cette démonstration et je n'y ai pu découvrir d'erreur. Je compte sur toi pour me dire ce qu'il en est réellement.

Je te serre la main,

Ton conscrit dévoué
L. Autonne

P.S. N'oublie pas, je te prie, les équ. diff. linéaires identiques à leur adjointe.

4 Autonne à Poincaré

Paris 7 février [1882] [7]

Mon cher ancien [8],

Suivant ton conseil, j'ai mis le nez dans la théorie des substitutions [9] : en voici quelques applications à mon objet [10]. – Si une équat. diff. Y a ses intégrales racines de H de degré m, et si le degré m dépasse l'ordre p de Y, il résulte des relations linéaires entre les racines et certaines sujétions pour les substitutions du groupe de H [11]. – C'est ce que je me suis proposé d'étudier m'aidant du travail de Jordan (Crelle 84) [12]. –

---

7. La notion de groupe de substitutions apparait sur la suggestion de Poincaré dans cette lettre qui est donc postérieure aux trois premières.

8. Dans l'argot des élèves de l'École polytechnique, un *ancien* désigne un élève de seconde année, le *conscrit* étant celui de première année [Lévy et Pinet, 1894]. Par extension, dans la sociabilité des polytechniciens, *ancien* désigne tout ancien élève de l'Ècole polytechnique d'une promotion antérieure. Autonne est de la promotion 1878 alors que Poincaré de la promotion 1873.

9. Poincaré a dû indiquer à Autonne les travaux de Jordan dans lesquels ce dernier utilise la théorie des transformations linéaires à la résolution des équations différentielles linéaires [Jordan, 1873-74, 1876, 1878, 1879a].

10. Autonne est en train de préparer sa thèse dans laquelle il s'intéresse aux intégrales algébriques des équations différentielles linéaires à coefficients rationnels. Dans l'introduction après avoir rappelé que Jordan avait montré que les sous-groupes finis du groupe linéaire « pouvaient toujours se ramener à un nombre fini de types » et qu'il les avait complètement décrits dans le cas de 2 et 3 variables [Jordan, 1878, 1879a], Autonne situe son travail comme une « application » de ces résultats :

> Voici le problème que je me propose de résoudre ; une équation différentielle linéaire Y, d'ordre p et à coefficients rationnels admet un système fondamental d'intégrales dont tous les termes sont des racines d'une équation algébrique irréductible H de degré $m = p + n$ et à coefficients rationnels. Puisque toutes les m racines de H sont des intégrales de Y et que Y ne peut avoir que p intégrales linéairement indépendantes, il existe entre les m racines n équations linéaires, homogènes à coefficients constants. je me propose d'étudier les conséquences qu'entraine, tant pour la forme de l'équation algébrique H que pour la nature des intégrales de Y, l'existence de ce système de n équations linéaires, homogènes, à coefficients constants. [Autonne, 1882, p. 2]

11. Autonne reprend dans sa thèse la définition de Jordan :

> On appelle groupe d'une équation un groupe de substitutions entre les racines, tel que toute fonction des racines, dont les substitutions de ce groupe n'altèrent pas la valeur, soit exprimable rationnellement en fonction des coefficients, et réciproquement (Jordan, *Traité des substitutions*, p. 257). [Autonne, 1882, p. 4]

12. [Jordan, 1878].

Si ce que je t'envoie te paraît exact, je continuerai l'étude pour le cas où $n = 3$ et où $A_1 = 0$ [13].
Merci d'avance et pardon de te déranger.

Ton conscrit [14]
L. Autonne

5 Autonne à Poincaré

Paris 26 février [1882]

Mon cher ancien

Dans le cas $n = 3$, m premier quelconque, j'ai écarté comme reconnus impossibles trois des cas de Jordan (le 1° et le 3° de la page 92 du journal de Crelle, tome 84 [15], et le cas qu'il a ajouté après coup dans le mémoire présenté à l'Académie de

13. n représente l'excès du degré m de H sur l'ordre p de l'équation différentielle Y. La thèse d'Autonne est divisée en quatre parties ; les deux premières traitent des cas où $n = 1$ et $n = 2$. Dans ces cas, Autonne obtient des résultats complets. La troisième partie traite du cas $n = 3$ et « après avoir donné un certain nombre de propositions générales, [Autonne est] forcé, pour traiter complètement la question, de [se] restreindre aux degrés premiers inférieurs à 20 » [Autonne, 1882, p. 3]. La quatrième partie donne un programme pour généraliser les résultats précédents. Autonne a dû envoyer avec cette lettre une première approche des cas $n = 1$ et $n = 2$.

14. Voir la note 8.

15. [Jordan, 1878]. Dans ce mémoire, Jordan se propose d'étudier la théorie des équations différentielles linéaires à intégrale algébrique et de lier cette théorie à celle des groupes de substitutions. Pour cela, il considère l'équation différentielle

$$\frac{d^m u}{dz^m} + f_1(z)\frac{d^{m-1}u}{dz^{m-1}} + \ldots + f_m(z) = 0$$

dont les coefficients sont des fonctions monodromes de z. La théorie générale des équations différentielles permet d'affirmer que les intégrales de cette équation sont des combinaisons linéaires de m solutions, $u_1, u_2, \ldots, u_m$. Jordan définit le groupe de substitutions de l'équation differentielle en considérant les transformations subies par les solutions fondamentales lorsque la variable parcourt un lacet (groupe de monodromie) :

> Supposons que la variable z décrive un contour fermé arbitraire. Lorsqu'elle reviendra au point de départ, les fonctions $u_1, u_2, \ldots$ pourront redevenir les mêmes ou plus généralement, auront été transformées en $\alpha_1 u_1 + \beta_1 u_2 + \ldots, \alpha_2 u_1 + \beta_2 u_2 + \ldots$, $\alpha_1, \beta_1, \ldots \alpha_2, \beta_2, \ldots$ étant des constantes dont le déterminant est $\neq 0$.
> L'ensemble des substitutions
> $$|u_1, u_2, \ldots \ \alpha_1 u_1 + \beta_1 u_2 + \ldots, \alpha_2 u_1 + \beta_2 u_2 + \ldots|$$
> correspondantes aux divers contours fermés que l'on peut tracer dans le plan, formera le *groupe* de l'équation différentielle proposée. [Jordan, 1878, p. 90]

L'étude de la théorie des équations différentielles linéaires s'organisera jusquá la fin du 19e siècle autour de ce résultat :

> La notion de *groupe discontinu* s'introduisit lorsqu'on voulut étudier les fonctions intégrales dans tout le plan. En ce qui concerne les équations différentielles linéaires pour lesquelles les résultats obtenus se présentent sous la forme la plus simple, nous avons l'énoncé suivant :
> *Lorsque la variable décrit dans le plan un contour fermé quelconque, les intégrales d'une équation linéaire subissent une transformations linéaires ; les substitutions relatives aux divers contours que l'on peut tracer dans le*

Naples [16], et le cas signalé page 23 du mémoire présenté à l'académie de Naples [17]) ; le cas 2° du journal de Crelle *loci citati* [18] est complètement discuté ; mais les cas 4° 5° 6° 7° résistent à tous mes efforts : j'ai trouvé la méthode mais les résultats ne se peuvent formuler dans le cas général que d'une façon très vague. Crois tu qu'en bornant la discussion des cas 4° 5° 6° 7° au cas où $m = 5, 7, 11, 13, 17$ cela suffise, avec ce que je t'ai déjà envoyé, à constituer une thèse [19] ?

Ton conscrit
L. Autonne

> *plan forment un groupe discontinu que 'on appelle groupe de monodromie de l'équation.*
> Cette notion de monodromie est devenue la base de l'étude analytique des équations linéaires. MM. Jordan, Schwarz, Fuchs, Klein, Painlevé s'en sont servi pour rechercher les intégrales algébriques, M. Poincaré pour étudier les transcendantes qui intègrent les équations linéaires à coefficients algébriques. [Marotte, 1898, p. H.2]

Jordan précise que si les solutions fondamentales sont algébriques, les solutions générales n'auront qu'un nombre fini de valeurs et par suite, le groupe de l'équation sera fini. Il en conclut :

> Il y a donc identité entre les deux questions suivantes : 1° Énumérer les divers types d'équations différentielles linéaires d'ordre m dont toutes les intégrales soient algébriques. 2° Construire les divers groupes d'ordre fini que contient le groupe linéaire à m variables. [Jordan, 1878, p. 90]

Le chapitre III du mémoire de Jordan est consacré au cas où l'équation différentielle est d'ordre 3. Jordan s'intéresse donc aux sous-groupes finis du groupe linéaire à 3 variables et il distingue 7 cas. F. Klein signalera qu'il manque un cas (voir la note suivante).

16. [Jordan, 1879a]. Dans la présentation de son mémoire sur la détermination des groupes d'ordre fini contenus dans le groupe linéaire, Jordan signale que sa classification des sous-groupes finis du groupe linéaire à 3 variables est incomplète :

> M. Camille Jordan a consacré récemment à cette question [la détermination des groupes d'ordre fini contenus dans le groupe linéaire] un mémoire étendu (Journal de Crelle, 84). Il y résout le problème pour les groupes à 2 et à 3 variables ; et pour le cas de n variables, il arrive au théorème suivant :
> *Les groupes d'ordre fini contenus dans le groupe linéaire à n variables, appartiennent à un nombre fini de types limité.*
> La démonstration que M. Jordan donne de cette proposition est exacte au fond ; mais la forme est imparfaite. L'auteur démontre en effet que le nombres des types cherchés n'est pas illimité, mais sans fournir aucun moyen de déterminer sa valeur supérieure. M. Jordan a d'ailleurs fait dans l'énumération des groupes à trois variables une omission relevée par M. Klein [1879d]. Il importait de remonter à la source de cette erreur pour s'assurer qu'elle n'avait pas fait négliger d'autres groupes que celui dont le savant géomètre de Munich a démontré l'existence. [Jordan, 1879a, p. 1-2]

17. [Jordan, 1879a].

18. *loco citato*, soit « À l'endroit cité précédemment » (*Trésor de la langue française*).

19. La troisième partie de la thèse d'Autonne commence par le rappel des 8 types de sous-groupes d'ordre fini contenus dans $GL(3, C)$. Il exclut 5 cas (type 3, 5, 6, 7, 8) en montrant que les groupes qui apparaissent dans le contexte défini dans sa thèse sont nécessairement monogènes. Il exclut alors le type 4 dans le cas m nombre premier inférieur à 20. (voir note 25).

6 Autonne à Poincaré

Paris mercredi soir [mars 1882] [20]
13 rue des Beaux Arts

Mon cher ancien

Le cas $n = 3$ comprend 8os [21] à discuter savoir : les 7 que Jordan énumère à la page 92 du tome 84 de Crelle [22], et le cas qu'il a ajouté après coup dans le mémoire présenté à l'académie de Naples [23]. De ces 8 numéros, j'ai éliminé 6, reconnus impossibles [24]. – Le N°4 me paraît insoluble, car je crois bien n'avoir pas sous les yeux le texte exact de Jordan [25]. En effet ce cas contient la substitution

$$C = \begin{vmatrix} x & ax - (1+a)y - 2a^2z \\ y & -(1+a)x + ay + 2a^2z \\ z & x - y - (1+2a)z \end{vmatrix}$$

$$a(\tau + \tau^{-1} - 2) = 1$$

$$\tau^5 = 1$$

20. Cette lettre et la suivante s'intercalent entre les lettres 5 (p. 75) et 8 (p. 79).

21. Il faut comprendre « numéros ».

22. [Jordan, 1878].

23. [Jordan, 1879a]. Voir la note 16.

24. Voir la note 19. Autonne a bien avancé dans son travail de thèse puisqu'il dispose du cadre général de son étude telle qu'elle est présentée dans la version publiée de sa thèse [Autonne, 1882].

25. Autonne vient de s'apercevoir qu'il y a une faute de frappe dans le mémoire de Jordan [1878]. En effet, le quatrième type de sous-groupe d'ordre fini de $GL3, C)$ est défini dans le mémoire publié dans le *Journal de Crelle* comme « dérivé de la combinaison des substitutions

$$\begin{aligned} m &= |x, y, z, mx, \quad my, mz|, \\ A &= |x, y, z, \tau x, \tau^{-1}y, \quad z|, \\ B &= |x, y, z, \quad y, \quad x, -z|, \end{aligned}$$

$$C = \begin{vmatrix} x & ax-(1-a)y & -2a^2z \\ y & -(1+a)x \quad +ay & +2a^2z \\ z & x \quad -y-(1+2a)z \end{vmatrix}$$

où τ est une racine cinquième de l'unité, a un coefficient défini par l'équation

$$a(\tau + \tau^{-1} - 2) = 1$$

et m une racine de l'unité » [Jordan, 1878, p. 92].

Dans sa thèse, Autonne donne des définitions différentes de la transformation C et de l'équation qui détermine a :

$$C = \begin{vmatrix} X & (1-a)X - aY + 2a(1-a)Z \\ Y & -(1+a)X + aY - 2a(1-a)Z \\ Z & X \quad -Y \quad +(1-2a)Z \end{vmatrix},$$

a étant défini par l'équation $1 + a(\tau - \tau^{-1} - 2) = 0$. Il ajoute une note évoquant ses échanges avec Jordan sur cette question (Voir la lettre 7 suivante) :

> Les formes ci-dessus de la substitution C et de l'équation qui définit a sont différentes de celles qui se trouvent à la page 92 du tome 84 du *Journal de Crelle*. Cela tient à une faute d'impression, qui a défiguré le texte. La forme de C et l'équation qui définit a m'ont été communiquées par M. Jordan lui-même. [Autonne, 1882, p. 43]

Or Jordan dit page 200 N°191 [26] que $C^2 = 1$ et que l'équation caractéristique relative à C est

$$(K+1)(K-1)^2 = 0.$$

Or, cela n'est pas, en effet

$$\begin{aligned} 0 &= \begin{vmatrix} a-K & -(1+a) & -2a^2 \\ -(1+a) & a-K & 2a^2 \\ 1 & -1 & -(K+1+2a) \end{vmatrix} \\ &= \begin{vmatrix} K-a & a+1 & 2a^2 \\ a+1 & K-a & -2a^2 \\ -1 & 1 & K+1+2a \end{vmatrix} \\ &= (K+1) \begin{vmatrix} 1 & 1 & 0 \\ a+1 & K-a & -2a^2 \\ -1 & 1 & K+1+2a \end{vmatrix} \\ &= (K+1)(K^2 - (1+4a)) = 0 \end{aligned}$$

et n'admet pas la racine 1 à moins que a ne soit nul, ce qui est absurde. Je ne sais réellement que penser et cela m'ennuie fort, car la discussion du cas $n = 3$ ne présente pas d'autre difficulté sérieuse. Dois-je écrire à Jordan et lui demander ce qu'il en est ?
Pardon de te déranger et merci d'avance,

Ton conscrit dévoué
L. Autonne

26. Le raisonnement de Jordan [1878, p. 200-201] pour déterminer la matrice C s'appuie sur les deux propriétés évoquées par Autonne :

> 190. Reste à construire la substitution C. [...]
> 191. D'ailleurs $C^2 = 1$. Donc C aura pour forme canonique
>
> $$\left| x', y', z', \pm x', \pm y', \pm z' \right|.$$
>
> D'ailleurs C diffère de l'unité et a 1 pour déterminant. Donc l'un des coefficients ambigus sera $+1$ et les deux autres -1. Donc C aura pour équation caractéristique
>
> $$(s+1)(s-1)^2 = 0.$$

7 Autonne à Poincaré

Vendredi soir [mars 1882] [27]

Mon cher ancien

Merci pour ta lettre et les bonnes nouvelles que tu me donnes de mon travail. Tu peux garder le manuscrit aussi longtemps que tu voudras : regarde le, quand tu n'auras rien de mieux à faire, je serais désolé de te déranger. – Je n'écris pas encore à Jordan, car j'espère arriver à un théorème, qui dégage mes résultats de la valeur particulière des coefficients des substitutions. Je compte t'envoyer sous peu la discussion complète du cas $n = 3$.

Ton conscrit dévoué
L. Autonne
13 rue des Beaux Arts

8 Autonne à Poincaré

Paris 23 Mars [1882]

Mon cher ancien

Ai-je oublié de te dire que Jordan, à qui j'ai fait une visite a bien voulu corriger la faute d'impression de son mémoire ? Ces substitutions, dont l'équation caractéristique admet des racines dont le module $\neq 1$ [28] n'existent pas. En effet,
1° dans le cas de trois variables, il faut lire

$$C = \left| \begin{array}{ll} X & aX + (1-a)Y + 2a(1-a)Z \\ Y & (1-a)X + aY - 2a(1-a)Z \\ Z & X - Y + (1-2a)Z \end{array} \right|$$

et non pas

$$C = \left| \begin{array}{ll} X & aX - (1+a)Y - 2a^2 Z \\ Y & -(1+a)X + aY + 2a^2 Z \\ Z & X - Y + (1-2a)Z \end{array} \right|$$

et les racines de l'équation caractéristique sont $1, 1, -1$.
2° dans le cas de deux variables, le vrai texte est pour la substitution douteuse

$$C = \left| \begin{array}{ll} X & \frac{1}{2}\lambda(1-i)(X-Y) \\ Y & \frac{1}{2}\lambda(1+i)(X+Y) \end{array} \right| \qquad \begin{array}{l} \lambda \text{ racine de l'unité} \\ i = \sqrt{-1} \end{array}$$

et les racines de l'équation caractéristique sont $-\lambda j$ et $-\lambda j^2$ $(j^3 = 1)$. Les autres substitutions du groupe sont

$$\begin{array}{ll} A = & \left| X \quad Y \quad iX \quad -iX \right| \quad i^4 = 1 \\ B = & \left| X \quad Y \quad Y \quad -X \right| \end{array}$$

27. Cette lettre et la précédente s'intercalent entre les lettres 5 (p. 75) et 8 (p. 79).
28. Autonne utilise un autre signe.

Pour que C soit possible il faut d'abord que l'on ait $\lambda^3 = -1$; et de plus A est dans tous les cas impossible, puisque 4 ne divise pas m. – Le groupe se réduit donc à B et à C, mais C transforme B en AB, donc le groupe contiendra A dans tous les cas, et est par suite impossible[29]. –
La rédaction de mon topo est sans doute fort incohérente, je n'ai tenu qu'à te mettre sous les yeux la méthode et les résultats pour que les fautes graves puissent, s'il y a lieu, te frapper les yeux. Dans le texte définitif, je vais suivre une marche plus synthétique. Ainsi dans le cas de $n = 3$, je démontre tout d'abord les deux théorèmes suivants.

---

29. Le groupe évoqué ici par Autonne est le groupe désigné par Jordan comme tétraédrique. Les quatrième, cinquième et sixième types de sous groupes finis de $GL(2, C)$ que distingue Jordan dans son article sur les équations différentielles linéaires à intégrale algébrique [Jordan, 1878] sont respectivement les sous-groupes engendrés par des transformations de la forme $|a = x, y \quad ax, ay|$ jointes comme l'indique Autonne aux substitutions

$$A = |x, y \quad ix, -iy|, (i^4 = 1) ; \qquad B = |x, y \quad y, -x|$$

et

$$mC = \left| x, y \quad m\frac{1-i}{2}(x-y), m\frac{1+i}{2}(x+y) \right|.$$

Le quatrième type est engendré par des transformations de la forme a, A, B, C auxquelles on ajoute une transformation de la forme

$$nD = |x, y \quad njx, nj^{-1}y|, (j^8 = 1).$$

Le cinquième type est quant à lui engendré par des transformations de la forme a et B jointes à des transformations de la forme

$$|x, y \quad \theta x, \theta^{-1}y|, (\theta^1 0 = 1) ; \qquad |x, y \quad \lambda x + \mu y, \mu x - \lambda y|, (\lambda = \frac{1}{\theta^2 - \theta^{-2}}), (\mu^2 + \lambda^2 + 1 = 0).$$

Jordan ajoute alors :

> On peut donner à ces trois derniers types le nom de types *tétraédrique*, *octaédrique*, *icosaédrique*. Ils sont en effet respectivement isomorphes aux groupes formés par les mouvements qui superposent à eux-mêmes ces trois polyèdres réguliers. [Jordan, 1878, p. 111]

Autonne [1882, p. 25-26] énonce le résultat qu'il montre dans sa lettre sous la forme d'un théorème :

> Le groupe tétraédrique [...] ne peut fournir aucun type d'équations algébriques H de degré premier m.

Autonne s'est placé dans le cas d'une équation différentielle linéaire Y d'ordre p « inférieur de deux unités » au degré d'une équation algébrique irréductible à coefficients algébriques H. Il suppose qu'un système fondamental de solutions de Y sont des racines de H et il étudie la forme des sous-groupes d'ordre fini de $GL(2, C)$ qui opèrent sur les solutions de Y :

> Considérons le groupe Γ de substitutions linéaires entre les deux variables X et Y [deux solutions générales de Y], qui est isomorphe au groupe G de l'équation H. Ce groupe Γ est un groupe d'ordre fini, contenu dans le groupe linéaire à deux variables ; donc appartiendra à l'un des types de groupes dont l'énumération a été faite par M. Jordan. [Autonne, 1882, p. 21-22]

La démonstration donnée par Autonne du théorème précédent reprend de manière plus ordonnée les arguments contenus dans la lettre. Il montre que « la substitution A est impossible » en vertu d'un lemme général [Autonne, 1882, p. 23].

I. Si l'on a une substitution

$$S = \left| \; X \quad Y \quad Z \quad aX \quad bY \quad cZ \; \right|$$

a	racine	primitive	$\alpha^{\text{ème}}$	de	l'unité
b	"	"	$\beta^{\text{ème}}$	"	"
c	"	"	$\gamma^{\text{ème}}$	"	"

α, β, γ ne sauraient avoir un pl. gr. commun diviseur [30] > 1.
II. Si l'on a une substitution

$$S = \left| \; X \quad Y \quad Z \quad aY \quad bZ \quad cX \; \right|$$

on a aussi $n_1 = n_2 = n_3 \qquad n_{12} = n_{13} = n_{23}$ [31].
Ces deux théorèmes me permettent d'éliminer immédiatement les groupes 3° 5° 6° 7° 8° de Jordan alors je n'ai plus qu'à discuter à loisir le 1° 2° 4° [32]. –
De même sous le cas $n = 2$. – Voudrais tu laisser demain dans l'après-midi mes deux topos chez ton concierge afin que je puisse les reprendre ? –
Tu serais également bien aimable de me dire 1° quels sont les frais de l'examen du doctorat ? 2° ce que coûte l'impression de la thèse ?

Ton conscrit dévoué
L. Autonne
13 rue des Beaux Arts.

9 Autonne à Poincaré

Paris 9 Avril [1882]

Mon cher ancien

Depuis mercredi ma thèse est remise ; mon jury sera composé de MM. Hermite, Briot, Picard ; depuis jeudi ma thèse est entre les mains de Picard. – Comme quantité, j'ai 97 pages représentant, il me semble, 60 pages de Gauthier-Villars. – Comme qualité, les démonstrations sont les mêmes au fond que celles que tu as eues, mais elles sont plus simples et plus circonstanciées. Enfin j'ai ajouté une 4ème Partie pour indiquer la marche à suivre si l'on voulait réellement intégrer une équation diff. linéaire par mon procédé. – Il ne me reste donc plus qu'à te remercier vivement de ton obligeance et de ta bonté.

Ton conscrit dévoué
L. Autonne

30. Comprendre « *plus grand commun diviseur* ».

31. Dans le cas $n = 3$, Autonne désigne par X, Y, Z les équations linéaires qui lient les racines de l'équation de degré m, H. n_1, n_2, n_3 sont les nombres des racines qui ne figurent respectivement que dans X, Y et Z. De même, n_{12}, n_{23}, n_{31} désignent les nombres respectifs de racines communes à X et Y, Y et Z, Z et X.

32. Autonne rédige sa thèse en utilisant cette présentation. Il ajoute un troisième lemme qui lui permet de caractériser les cas pour lesquels le groupe G de l'équation irréductible H dont les intégrales de Y sont les racines est monogène [Autonne, 1882, p. 44-55].

10 Autonne à Poincaré

Rodez, le 18 février 1884
L'ingénieur ordinaire des Ponts et Chaussée
à Monsieur H. Poincaré
Ing^r des Mines à Paris [33]

Mon cher Camarade

Tu es bien aimable de me tenir au courant de tes travaux : tes recherches sur les équations linéaires m'intéressent puissamment, en partie parce qu'elles sont très voisines, comme objet, des miennes propres. Je te remercie donc cordialement de ton dernier envoi et des envois antérieurs [34].
Comment se fait-il que tu continues à peupler les Acta Mathematica tandis qu'en qualité de répétiteur le Journal de l'X [35] te soit ouvert à volonté ? La question m'intéresse assez, car je vais avoir de la copie à placer : des gigons [36] assez volumineux sur les substitutions Cremona [37].

Merci encore une fois
Ton sincère camarade
L. Autonne

---

33. Cette lettre est rédigée sur papier à en-tête des Ponts et Chaussées – département de l'Aveyron – service ordinaire de l'arrondissement du Centre – Études du chemin de fer d'Espalion à Bertholène et d'Anduze à Millau (2e Section).
Léon Autonne réside à Rodez entre le 1er février 1883 et le 1er juillet 1884 (source : Base de données *Leonore* des personnes nommées dans l'ordre de la Légion d'honneur).

34. Autonne doit remercier Poincaré de l'envoi d'un tiré à part de l'article sur les groupes des équations linéaires [Poincaré, 1884f]. Voir la lettre 5, p. 242.

35. Il s'agit du *Journal de l'École polytechnique*.

36. Terme de l'argot des polytechniciens synonyme de « supplément ». Pour plus de détails, voir *L'Argot des polytechniciens*, [Lévy et Pinet, 1894, p. 163].

37. Une «transformation Cremona» est une «transformation rationnelle univoques» du plan projectif. Ces transformation ont été introduites par Cremona [1863, 1865]. Dans son traité de géométrie algébrique auquel fait référence Autonne dans ses articles, Clebsch [1880] définit une transformation Cremona comme une «une transformation réversible donnée par les trois équations

$$\rho y_i = f_i(x_1, x_2, x_3), \ (i = 1, 2, 3),$$

les f_i étant des fonctions [rationnelles] d'ordre n qui n'ont pas de facteur commun et dont le déterminant fonctionnel n'est pas identiquement nul» [Clebsch, 1880, p. 193].
Autonne se place dans le cas ou les f_i sont des polynômes :

> Une substitution Cremona S d'ordre n et son inverse S^{-1} sont définies, comme on sait par les symboles
>
> $$S = \left| \ z_i \quad \varphi_i(z_1, z_2, z_3) \ \right|, \quad S^{-1} = \left| \ z_i \quad \theta_i(z_1, z_2, z_3) \ \right| \quad (i = 1, 2, 3),$$
>
> où φ et θ désignent des polynômes homogènes en z_i d'ordre n, entre lesquels existent les relations
>
> $$\varphi_i(\theta_1, \theta_2, \theta_3) = M z_i, \quad \theta_i(\varphi_1, \varphi_2, \varphi_3) = N z_i.$$
>
> [Autonne, 1884a, p. 646-647]

Les groupes obtenus sont quadratiques lorsque les polynômes sont au plus d'ordre 2 et cubiques quand ils ont au plus d'ordre 3.
Autonne publie en 1884 deux notes aux *Comptes rendus* [Autonne, 1884b], [Autonne, 1884a] et en 1885 un article dans le *Journal de mathématiques pures et appliquées* [Autonne, 1885] sur le sujet des sous-groupes d'ordre fini des groupes Cremona.

11 Annexe : Autonne à Poincaré - Brouillons

Voici [38]

Théorème : Soit $(H)\quad f(\eta) = \eta^m + A_1\eta^{m-1} + \ldots + A_m = 0$ une équ. irr. [39] à coeff. rationnels. Si entre deux racines déterminées η et ζ il existe une relation algébrique $F(\eta, \zeta) = 0$, F désignant une fonction entière en η et ζ à coefficients rationnels en x, on a $\zeta = c_0\eta + c_1$, c_0 et c_1 rationnels en x.

En effet, F peut s'écrire

$$\zeta^{m'} + B_1\zeta^{m'-1} + \ldots = 0 \tag{1}$$

$B_1 \ldots B'_m$ fonctions entières en η à coeff. rationnels.
De plus

$$\zeta^m + A_1\zeta^{m-1} + \ldots A_m = 0. \tag{2}$$

(1) et (2) ont par hypothèse la racine commune ζ donc ζ est une fonction rationnelle de η et de x, car la racine commune de deux équat. alg. est fonction rationnelle des coeff. [Hoüel Déterminants page 86 [40]]. Donc

$$\zeta = \frac{f(\eta, x)}{F(\eta, x)}$$

f et F fonctions entières en η à coeff. rationnels.
Ceci posé, je dis qu'il existe une fonction $\phi(\eta, x)$ entière en η telle que $F(\eta, x)\phi(\eta, x)$ ne contienne plus η. En effet, soient $\eta\eta_1 \ldots \eta_{m-1}$ les m racines de (H), $\phi(\eta, x)$ sera $F(\eta_1).F(\eta_2, x) \ldots F(\eta_{m-1}, x)$. Il suffit de démontrer que

$$F(\eta_1) \,.\, F(\eta_2, x) \,\ldots\, F(\eta_{m-1}, x)$$

est une fonction entière de η à coeff. rat.
Or $u = F(\eta_1, x) \,.\, F(\eta_2, x) \,\ldots\, F(\eta_{m-1}, x)$ est une fonction entière de quantités telles que $\eta_1^\mu + \eta_2^\mu + \ldots \eta_{m-1}^\mu$ qui sont égales à une fonct. rationnelle d'x moins η^μ, donc u a bien la forme voulue.
Donc ζ est une fonction entière de η qui en vertu de (H) peut s'écrire

$$\zeta = a_m = a_{m-1}\zeta + \ldots a_1\eta^{m-1} = \varphi(\eta).$$

Ceci posé si (H) admet pour racines η et $\varphi(\eta)$, il admettra $\varphi[\varphi(\eta)] = \varphi^2(\eta)$, $\varphi^3(\eta) \ldots$ etc. ce qui n'est possible qu'à la condition $\varphi^n(\eta) = \eta$, $\varphi^{m+1}(\eta) = \varphi(\eta)$

38. Ces feuillets non datés sont conservés dans les archives familiales de la famille Poincaré avec le dossier de correspondance d'Autonne. Ils semblent de la main d'Autonne.

Il n'a pas été possible de relier ces calculs avec un des articles publiés par Autonne.

39. Comprendre «équation irréductible».

40. [Hoüel, 1878]. Le troisième chapitre du volume 1 du *Cours de calcul infinitésimal de Jules Hoüel* est consacré à une présentation de « notions élémentaires sur la théorie des déterminants ». Autonne se trompe de page dans sa référence. Le résultat qu'il cite est évoqué dans la partie consacrée à l'élimination d'une inconnue entre deux équations algébriques (p. 88-89).

etc. Or prenons $\varphi(\eta) = a_m + a_{m-1}\eta + K\eta^2$, $K = a_{m-2} + a_{m-3}\eta + \dots a_1\eta^{m-3}$, $\varphi^n(\eta) = \eta$ ne sera possible [quelque soit l'entier n d'ailleurs] que si $K = 0$, et identiquement puisque (H) est irréductible ce qui exige $a_{m_2} = a_{m-3} = \dots = 0$. Donc il reste bien $\zeta = a_{m-1}\eta + a_m$ $a_{m-1} = 1$ et a_m rationnel en x mais quelconque, car alors

$$\varphi^n(\eta) = a_{m-1}^n + a_m[a_{m-1}^{n-1} + a_{m-1}^{n-2} + \cdots + 1].$$

J'aurais plus simplement pu dire : ζ est du premier degré en η, car η est aussi fonction rationnelle de ζ, mais ne nous apprenait rien sur a_{m-1}.
Je t'avoue que j'ai un doute : ζ entre dans u (page précédente) ; il me semble que cela ne fait rien, mais je n'en suis pas bien sûr. Qu'en dis tu ?
Après cela le reste va de soi. Si une intégrale de Y équ. diff. linéaire à coeff. rationnels et d'ordre p a une intégrale racine de (H) $m > p$ comme toutes les racines de (H) seront intégrales voici ce qu'il y aura lieu : il existera entre les racines un certain nombre $\geq m - p$ d'équ. linéaires homogènes à coeff. constants ; les racines et ces équations pourront se distribuer en un certain nombre de groupes I, I', I'' etc. contenant i, i', i'' ... racines ; entre les i racines de I par exemple, il y a R équ. liné. homogènes à coeff. const. et seulement R ; de plus, aucune racine hors du groupe I ne figurera, pas même une fois, dans aucune des équations dont le nombre est R.
Les racines et les équ. lin. homog. à coeff. const. pourront évidemment toujours se distribuer de cette façon. En vertu du th. de la page précédente on voit sans peine que les i racines du groupe I peuvent s'exprimer sous la forme $c_0\eta + c_1$ (η l'une quelconque d'entre elles).
Or soit encore l'équ.

$$(H) \quad f(\eta) = \eta^m + A_1\eta^{m-1} + \dots A_m = 0 \qquad A_1 \neq 0$$

si elle admet la racine $c_0\eta + c_1$ que je puis encore écrire $c_0\eta + bA_1$, η étant déjà racine, H sera de la forme

$$(\eta + \frac{1}{m}A_1)^m + B_1(\eta + \frac{1}{m}A_1)^{m-n} + B_2(\eta + \frac{1}{m}A_1)^{m-2n} + \dots$$

n étant un diviseur de m. Pour le voir, il suffit de développer $f(c_0\eta + bA_1)$ et d'identifier avec (H) ; on voit que en effet nécessairement 1° que $b = \frac{c_0 - 1}{m}$, 2° que si l'on n'a pas $c_0^n = 1$, (H) est de la forme $(\eta + \frac{1}{m}A_1)^m = 0$, 3° que si l'entier n n'est pas un diviseur de m, (H) admet la racine $-\frac{1}{m}A_1$ un certain nombre de fois, ce qui est absurde. Si donc on pose $m = \lambda n (\eta + \frac{1}{m}A_1)^n = \xi$ et si $\xi_1 \dots \xi_\lambda$ sont les racines de Θ

$$\xi^\lambda + B_1\xi^{\lambda-1} + \dots B_\lambda = 0$$

on voit que les m racines de η se divisent en λ groupes égaux de n racines

$$\begin{array}{cccc}
-\frac{1}{m}A_1 + \xi_1^{\frac{1}{n}} & \dots & \dots & -\frac{1}{m}A_1 + \xi_1^{\frac{1}{n}} \\
-\frac{1}{m}A_1 + j\xi_1^{\frac{1}{n}} & \dots & \dots & \dots \\
\vdots & \vdots & \vdots & \dots \\
-\frac{1}{m}A_1 + j^{n-1}\xi_1^{\frac{1}{n}} & \dots & \dots & -\frac{1}{m}A_1 + j^{n-1}\xi_1^{\frac{1}{n}}
\end{array}$$

$$j^n = 1$$

Nous avons donc distribué les m racines de (H) en deux systèmes de groupes
1° les groupes $I\ I'$ ... à i, i' etc. racines
2° les λ groupes d'ordre n. Étudions les relations mutuelles de ces groupes.
La condition nécessaire et suffisante pour qu'une racine de (H) fasse partie du groupe I est qu'elle soit fonction rationnelle d'une racine η de ce groupe. En effet, toutes les racines du groupe satisfont à la condition ; d'autre part soit η' une racine que je suppose fonction rationnelle de η ; on aura $\eta' = a\eta + bA_1$ (a et b constantes) on aura maintenant pour une seconde racine du groupe I $\eta_1 = a_1 + b_1A_1$ (a_1 et b_1 constantes), éliminons A_1, il vient

$$\epsilon\eta + c'\eta' + c_1\eta_1 = 0$$

et η' entre dans le groupe I.
Après cela on voit évidemment que les n racines $-\frac{1}{m}A_1 + \xi_1^{\frac{1}{n}}$ ... $-\frac{1}{m}A_1 + \xi_1^{\frac{1}{n}}$ font partie d'un même groupe (I) par exemple ; donc déjà $i \geq n$; je suppose $i > n$ et que $-\frac{1}{m}A_1 + \xi_2^{\frac{1}{n}} = \eta_{n+1}$ soit fonction rationnelle de η on aura forcément $\eta_{n+1} = c_0\eta + c_1A_1$ $[c_0^{n'} = 1$ c_1 constante] et (H) devant être de la forme

$$m = \lambda'n' \qquad (\eta + \frac{1}{m}A_1)^{\lambda'n'} + B_1'(\eta + \frac{1}{m}A_1)^{(\lambda'-1)n'} + \ldots = 0$$

ou bien si l'on pose $\xi = \eta + \frac{1}{m}A_1$ l'équation Θ ne doit contenir que les puissances de ξ^N, N étant le pl. p. comm. multiple [41] de n et n'.
On démontre aisément que si n par exemple est $> n'$, $N = n$ etc. etc. etc. ...
Je pourrai aller encore longtemps comme cela mais le reste j'en suis sûr ; et puis d'ailleurs ce n'est pas la peine de développer une théorie si la base est fausse.

41. plus petit commun multiple (ppcm).

Joseph Bertrand

Joseph Bertrand est à l'époque de ses échanges avec Henri Poincaré professeur au Collège de France (depuis 1862) et secrétaire perpétuel de l'Académie des sciences pour la section mathématique (depuis 1874) ; à ce titre, il est un des personnages les plus puissants du milieu mathématique académique parisien de cette période. Mathématicien aux intérêts divers, il laisse des contributions reconnues en analyse, algèbre, physique mathématique, théorie des probabilités et en histoire des sciences, il avait auparavant enseigné au lycée Saint Louis, à l'École polytechnique et à l'École normale supérieure ; il est l'auteur de plusieurs manuels qui témoignent de son intérêt pour les questions d'enseignement [1].

La correspondance entretenue par Bertrand et Poincaré est académique et institutionnelle. Les lettres sont d'abord celles qu'échangent un des personnages les plus importants de l'Académie des sciences (et donc de la communauté mathématique académique) et un jeune mathématicien qui dépose un pli cacheté, participe au Grand prix des sciences mathématiques de 1880 en proposant ses premiers travaux sur les fonctions Fuchsiennes, propose quelques notes et reçoit en 1885 le prix Poncelet. En 1887, en tant que secrétaire perpétuel, Bertrand annonce officiellement à Poincaré son élection dans la section de géométrie au fauteuil d'Edmond Laguerre. À partir de là, les lettres changent de ton ; Poincaré en tant que membre de l'Académie propose les notes d'autres chercheurs avec qui il entretient des liens ou s'occupe de difficultés diplomatiques.

1. Sur la trajectoire de Joseph Bertrand et particulièrement, sa position dans le milieu mathématique parisien, voir [Zerner, 1991].

P. Nabonnand et al. (eds.), *La correspondance entre Henri Poincaré et les mathématiciens*, Publications des Archives Henri Poincaré Publications of the Henri Poincaré Archives, https://doi.org/10.1007/978-3-7643-8288-9_5

1 Bertrand à Poincaré

Monsieur H. Poincarré [2]
Élève ingénieur des Mines
à l'école des Mines
Paris Boulevard St. Michel 18

Paris, le 14 mai 1877

Le Secrétaire Perpétuel de l'Académie [3]
à
Monsieur Henri Poincarré, élève Ingénieur des Mines [4].
à l'École des des mines.
Monsieur,

L'académie a reçu, dans se séance du 7 mai, le pli cacheté que vous lui avez adressé [5].
Le dépôt de ce pli ayant été accepté, je m'empresse de vous informer qu'il a été inscrit sous le n°3113.
Agréez, Monsieur, l'assurance de ma considération la plus distinguée.

J. Bertrand

2 Poincaré à Bertrand

Caen, le 28 Mai 1880

Monsieur le Secrétaire Perpétuel,

Ayant concouru pour le grand prix des Sciences Mathématiques, et ayant soumis au jugement de l'Académie un travail portant pour devise *Non inultus premor* [6],

2. *Sic.*

3. Joseph Bertrand est élu secrétaire perpétuel pour les sciences mathématiques de l'Académie des sciences de Paris le 23 novembre 1873. Il le restera jusqu'à son décès le 3 avril 1900. Sur le rôle de Joseph Bertrand à l'Académie des sciences de Paris, on peut consulter l'article de Martin Zerner [1991] « Le règne de Joseph Bertrand (1874-1900) ».

4. À l'issue de l'École polytechnique, Poincaré choisit l'École des mines comme école d'application. Il y entre le 19 octobre 1875 et en sortira en 1878. L'École des mines est traditionnellement l'école d'application choisie par les 3 premiers du classement de l'École polytechnique. Poincaré était second du classement de l'année 1875.

5. Afin de prendre date sur un résultat ou une avancée scientifique, il est possible de le déposer à l'Académie des sciences sous la forme d'un pli cacheté. Poincaré dépose en 1877 un pli cacheté sur la théorie des caractéristiques des systèmes d'équations aux dérivées partielles. Ce travail est en lien avec la préparation de sa thèse [Poincaré, 1879b]. Pour plus de précisions, voir [Molino, 1991].

6. *Non inultus premor* est la devise de Nancy, la ville natale de Poincaré. La signification en est «Qui s'y frotte s'y pique».

j'ai l'honneur de vous envoyer mon nom et mon adresse [7].
Henri Poincaré, Professeur à la Faculté des Sciences de Caen [8].
Daignez agréer, Monsieur le Secrétaire perpétuel, l'hommage de mon respect.

Poincaré

3 Poincaré à Bertrand

Nancy, le 19 Juillet 1883 [9]

Monsieur le Secrétaire Perpétuel,

J'ai l'honneur de vous adresser une note [10], que je vous prie de vouloir bien, si vous le jugez à propos, communiquer à l'Académie des Sciences.
Je suis avec respect, Monsieur le Secrétaire Perpétuel, votre dévoué serviteur,

Poincaré

---

7. Une partie du mémoire soumis par Poincaré est publié de manière posthume en 1923 dans les *Acta mathematica* [Poincaré, 1923]. La question posée par l'Académie était : Perfectionner en quelques points important la théorie des équations différentielles linéaires à une seule variable indépendante. Dans une note publiée dans les *Comptes rendus* le 14 mars 1881, la commission composée de Joseph Bertrand, Ossian Bonnet, Victor Puiseux, Jean-Claude Bouquet et Charles Hermite (rapporteur) rend compte des mémoires soumis au concours. Elle est particulièrement élogieuse au sujet du mémoire de Poincaré :

> Dans le Mémoire n° 5, qui porte l'épigraphe suivante : «*Non inultus premor*", l'auteur traite successivement deux questions entièrement différentes, dont il fait l'étude approfondie avec un talent dont Commission a été extrêmement frappée. La seconde question, qui reçoit les développements les plus étendus, concerne de belles et importantes de M. Fuchs, dont nous indiquerons en quelques mots l'objet. M. Fuchs s'est proposé de déperminer sous quelles conditions on définit une fonction uniforme en égalant à une indéterminée le quotient des intégrales d'une équation différentielle linéaire du second ordre. Les résultats si remarquables du savant géomètre présentaient dans certains cas des lacunes que l'auteur a reconnues et signalées en complétant ainsi une théorie analytique extrêmement intéressante. Cette théorie lui a suggéré l'origine de transcendantes comprenant en particulier les fonctions elliptiques et qu permettent d'obtenir, dans des cas généraux, la solution des équations linéaires du second ordre. C'est là une voie féconde que l'auteur n'a point parcourue en entier, mais qui témoigne d'un esprit inventif et profond. La Commission ne peut que l'engager à poursuivre ses recherches, en signalant à l'Académie le beau talent dont il a fait preuve.

Ce sera finalement Georges Henri Halphen (voir la correspondance avec G. Halphen, p. 346) qui obtiendra en 1881 le grand prix des sciences mathématiques de l'académie des sciences de Paris pour son mémoire sur la réduction des équations linéaires aux formes intégrables [Halphen, 1884]. Sur Halphen, on peut lire la notice nécrologique rédigée par Poincaré [1890c].
Poincaré avait rédigé trois suppléments à son mémoire, tous déposés comme plis cachetés [Poincaré, 1997].

8. Poincaré est chargé de cours à l'Université de Caen depuis le 1er décembre 1879 (voir la lettre adressée par Poincaré au doyen de l'Université de Caen le 8 août 1881, p. 779).

9. Une mention « Séance du 23 juillet 1883 » en rouge d'une autre main que celle de Poincaré est ajoutée dans la marge supérieure.

10. Une note de Poincaré sur les solutions périodiques du problème des trois corps est publiée dans le compte rendu de la séance du 23 juillet de l'Académie des sciences [Poincaré, 1883b].

4 Bertrand à Poincaré

Paris, le 14 Décembre 1885

Les Secrétaires perpétuels de l'Académie à Monsieur Poincaré.

Monsieur,

Nous avons l'honneur de vous informer que l'Académie des Sciences vous a décerné le Prix Poncelet [11] de l'année 1885 [12].
Nous vous invitons, Monsieur, à assister à la séance publique qui aura lieu le 21 décembre à une heure précise, pour y entendre proclamer le résultat des concours ; nous saisissons avec empressement cette occasion de vous offrir nos félicitations personnelles et de vous témoigner l'intérêt que l'Académie prend à vos travaux et à vos succès.
Veillez agréer, Monsieur, l'assurance de notre considération la plus distinguée,

J. Bertrand

5 Poincaré à Bertrand

Paris, le 22 Décembre 1885

Monsieur le Président,

J'ai l'honneur de prier l'Académie des Sciences de vouloir bien agréer l'expression de ma reconnaissance pour le prix qu'elle a eu la bonté de me décerner dans sa dernière séance.
Je suis avec respect, Monsieur le Président, votre dévoué serviteur,

Poincaré

6 Poincaré à Bertrand

Paris, le 17 Avril 1886

Monsieur le Secrétaire Perpétuel,

J'ai l'honneur de vous adresser ci-joint une petite note [13], en vous priant de vouloir bien, si vous le jugez convenable, la communiquer à l'Académie dans sa prochaine séance.
Je suis avec respect, Monsieur le Secrétaire Perpétuel, votre dévoué serviteur,

Poincaré

---

11. Le prix Poncelet a été fondé en 1876 à la demande de la veuve de Jean-Victor Poncelet pour récompenser des travaux de mathématiques ou de mécanique. Il est décerné chaque année.

12. La commission du Prix Poncelet 1885 était composée de Joseph Bertrand, Édouard Philipps, Gaston Darboux, Ossian Bonnet et Charles Hermite (Rapporteur) (voir *Compte rendus*, 101 (1885), p. 1326). Le prix est décerné à Poincaré pour «l'ensemble de son œuvre». Voir la lettre adressée le 6 janvier 1886 à Poincaré par Ernest Maindron (t. 6 de la *Correspondance de Poincaré*).

13. Une note de Poincaré sur la réduction des intégrales abéliennes est publiée dans le compte rendu de la séance du 19 avril 1886 [Poincaré, 1886c].

7 Poincaré à Bertrand

Nancy, le 24 Avril 1886

Monsieur le Secrétaire Perpétuel,

J'ai l'honneur de vous adresser ci-joint une note en réponse à une récente réclamation de priorité de M. Matthiessen [14]. Je vous prie de vouloir bien, si vous le jugez convenable, la communiquer à l'Académie dans sa prochaine séance.
Veuillez agréer, Monsieur le Secrétaire Perpétuel, l'assurance de mon profond respect,

Poincaré

8 Bertrand et Vulpran à Poincaré

Paris, le 31 Janvier 1887

Les Secrétaires perpétuels de l'Académie à Monsieur Poincaré, Membre de l'Institut

Monsieur et très honoré confrère,

Nous avons l'honneur de vous informer que, dans la séance de ce jour, l'Académie vous a nommé à la place vacante dans la section de géométrie par suite du décès de M. Laguerre [15].
Aussitôt que l'Académie aura reçu l'ampliation du décret approuvant votre élection, nous nous empresserons de vous inviter à venir prendre part à nos travaux.
Veuillez agréer, Monsieur et très honoré confrère, l'assurance de notre haute considération et de nos sentiments dévoués.

A. Vulpian [16], J. Bertrand

14. Une note sur les figures d'équilibre d'une masse fluide en rotation est publiée dans le compte rendu de la séance du 27 avril 1886 [Poincaré, 1886f]. Dans cette note, Poincaré répond aux remarques exprimèes par Ludwig Matthiessen dans une note aux *Comptes rendus* [Matthiessen, 1886]. Matthiessen revendique en particulier avoir signalé avant Poincaré les nouvelles figures d'équilibre Σ (figures piriformes) exhibées par Poincaré dans sa troisième note sur le problème de l'équilibre d'une masse fluide en rotation [Poincaré, 1885c]. Selon Poincaré, les remarques de Matthiessen ne sont pas recevables puisque celui-ci ne traite que des figures connues à l'époque à savoir les ellipsoïdes et les anneaux. À la fin de sa note, Poincaré signale les travaux d'Alexandre Liapunov en lui reconnaissant une certaine antériorité. Sur cette question, voir la correspondance avec Liapunov [Walter et collab., 2016, p. 210].

15. Edmond Laguerre était décédé le 14 août 1886. Conformément à la tradition, son successeur lira lors de la séance du 13 juin 1887 une notice sur sa vie et son œuvre [Poincaré, 1887b].
Poincaré avait déjà postulé à l'Académie des sciences dès 1881 (classé en cinquième ligne [*Comptes rendus*, 92 (1881), p. 801]), puis en 1884 (classé en quatrième ligne [*Comptes rendus*, 98 (1884), p. 543]), en 1885 (classé en troisième ligne [*Comptes rendus*, 100 (1885), p. 1173]) et en 1886 (classé en seconde ligne [*Comptes rendus*, 102 (1886), p. 566]). Charles Hermite évoque dans ses lettres adressées à Gösta Mittag-Leffler les tractations au sein de l'Académie qui ont accompagné ces élections [Dugac, 1984b, 1985]. Poincaré parle lui aussi de sa candidature dans une lettre adressée à Mittag-Leffler le 26 décembre 1886 (lettre 54) ainsi que dans une lettre à son épouse (voir la note 3 de la lettre 54 de la correspondance avec G. Mittag-Leffler [Nabonnand, 1999, p. 151].

16. Alfred Vulpian est un médecin et un physiologiste. Il était secrétaire perpétuel pour les sciences physiques depuis le 29 mars 1886.

9 Bertrand à Poincaré

Paris, le 31 Janvier 1887

Les Secrétaires Perpétuels de l'Académie prient Monsieur Poincaré de vouloir bien remplir l'État ci-dessous et le renvoyer au Secrétariat de l'Institut.
Nom et prénom.... Poincaré Jules Henri
Lieu et date de naissance.... Nancy, 29 Avril 1854
Titres et qualités.... Professeur à la Faculté des Sciences, Ingénieur au corps des Mines, Répétiteur à l'Ecole Polytechnique
Grade dans l'ordre de la Légion d'Honneur.... Néant
Demeure.... rue Claude Bernard 63
Signature.... Poincaré

10 Bertrand à Poincaré

7 Février [1892]

Mon cher Confrère

Le grade de Sylvester dans la Légion d'honneur n'est pas mentionné dans l'annuaire [17]. C'est une erreur de Pingard [18] dont j'ai la responsabilité car l'épreuve m'a été envoyée. On réparera la faute l'an prochain. Il n'y a pas d'explication à chercher. Sylvester a quelquefois l'esprit inquiet jusqu'à douter de ses meilleurs amis. Je ferai, croyez le bien, en toute occasion, tout ce que je pourrais pour qu'il sache combien il est estimé et aimé à l'académie des Sciences de Paris. Peut-être, il y a un an ou deux, l'ai-je mécontenté sans le vouloir en lui renvoyant pour qu'il la refit, une copie illisible qu'il avait envoyé pour le *Compte rendu*. C'est chez lui une habitude, il ne prend pas la peine de recopier, rature, ajoute, envoie des errata... Je m'en tire comme je peux, et le prote se débrouille comme il peut. Cette fois, il s'agissait d'un problème de probabilités [19], on m'a renvoyé la copie, n'y pouvant rien comprendre ; j'ai donné l'ordre de l'expédier à Oxford, dont elle n'est pas revenue. J'ai vu cependant Sylvester depuis. Je l'ai accueilli comme un vieil ami ; il était malade, et pour cette raison je l'ai vu rarement, mais il est impossible qu'il n'ait pas quitté Paris avec la conviction qu'en toute circonstance, ma bonne volonté lui était entièrement acquise [20].
Votre bien affectionné confrère

J. Bertrand

17. Voir la lettre de Sylvester du 3 février 1892 (726). James Joseph Sylvester avait été élevé au grade d'officier de la légion d'honneur en 1890 (pour plus de précisions, voir [Parshall, 2006]).

18. Julia Pingard (1829-1905) est depuis 1885 chef du secrétariat de l'Institut de France (*Bulletin administratif de l'intruction publique*, 38-664 (1885), p. 468). Il succède dans cette position, à son père Antonius (1797-1885) et à son grand-père, Jean (1757-1830).

19. La dernière contribution (publiée) de Sylvester dans le domaine des probabilités est un mémoire sur le problème de Buffon [Sylvester, 1890-1891].

20. Sylvester a séjourné à Paris début décembre 1890 pour subir une opération de la cataracte. C'est la dernière visite à Paris de Sylvester dont fait état Karen Parshall [2006, p. 319].

Les deux membres de l'équation

$$\frac{2}{\sqrt{\pi}}\int_0^{\frac{1}{\sqrt{\pi}}} e^{-t^2}dt = 1+\frac{1}{2}\sqrt{\frac{\pi-2}{2}} - e^{\frac{1}{\pi}}$$

diffèrent de $0,001$. L'un est égal à 0,5750, l'autre à 0,5740. Cela est fort singulier, car j'avais été conduit à les supposer égaux pour des raisons plausibles, qui n'étant pas acceptables, laissent toutes les différences également probables [21].

11 Poincaré à Bertrand

Séance du 4 Juillet 1892.

Monsieur le Secrétaire Perpétuel,

J'ai l'honneur de vous adresser par le même courrier une note de M. Schloesinger [22] sur les équations linéaires [23]. Je n'ai pu m'assurer si elle n'est pas trop longue pour les *Comptes Rendus*, j'ai donc fait des ratures au crayon, ratures dont il ne faudrait tenir compte que si la rédaction primitive dépassait les trois pages réglementaires. J'écris dans ce sens à M. Gauthier-Villars.
Veuillez agréer, Monsieur le Secrétaire Perpétuel, l'assurance de mes sentiments de respectueuse confraternité,

Poincaré

12 Poincaré à Bertrand

Séance du 28 septembre 1896 [24]

Monsieur le Secrétaire Perpétuel,

J'ai l'honneur de vous adresser ci-joint une note de M. Birkeland qui me paraît intéressante [25] ; l'auteur en a mis une partie en petits caractères je pense donc

21. Il a été impossible de trouver une justification pour cette égalité. Les estimations numériques semblent erronées.

22. *Sic.* Ludwig Schlesinger était à l'époque *Privatdozent* à l'Université de Berlin. Il avait soutenu en 1887 à la même université une thèse sur les équations différentielles linéaires homogènes du 4ᵉ ordre sous la direction de Lazarus Fuchs et Leopold Kronecker [Schlesinger, 1887].

23. Une note de Schlesinger «transmise par M. Poincaré» est publiée dans le compte rendu de la séance du 4 juillet 1892 [Schlesinger, 1892c]. Poincaré avait déjà présenté la même année deux notes de Schlesinger sur la théorie des fonctions fuchsiennes [Schlesinger, 1892a,b]. Voir la lettre de Schlesinger datée du 7 mai 1892 (p. 676).

24. Cette lettre est conservée dans les Archives de l'Académie des sciences.

25. Une note de Kristian Birkeland sur un spectre des rayons cathodiques est publiée dans le compte rendu de la séance du 28 septembre 1896 [Birkeland, 1896]. Cette note appelera un commentaire de Poincaré [Poincaré, 1896d]. Voir aussi la lettre adressée par Birkeland à Poincaré le 27 octobre 1898 [Walter et collab., 2007, p. 24-25] dans laquelle il souligne que les prévisions exprimées par Poincaré dans son commentaire ont été vérifiées.

qu'elle ne sera pas trop longue ; si elle dépassait de quelques lignes, verriez-vous quelque inconvénient à ce qu'elle soit imprimée in-extenso, vu son importance, ou bien si cela n'est pas possible, comme je suis absent et je ne serai pas revenu à temps pour faire la rédaction, consentiriez-vous à vous charger de cette corvée.
Je vous prie de vouloir bien m'excuser et croire à ma respectueuse considération.

Poincaré

13 Annexe : Hommage de Poincaré à Bertrand

Mon Cher Maître [26],

La Société Mathématique de France m'a fait un honneur dont je lui suis profondément reconnaissant, elle m'a chargé d'être auprès de vous son interprète et de vous apporter ses respectueuses félicitations. C'est un jour de fête aussi pour elle ; non seulement parce que presque tous ses membres sont vos élèves, mais parce que votre nom nous appartient. Il est à nous doublement, et nous en sommes fiers, depuis le jour où vous avez accepté le titre de membre honoraire du conseil [27].
Il y a vingt ans que vous êtes des nôtres [28] ; vous étiez illustre alors et depuis longtemps ; car vous l'avez été de bonne heure.
C'était justice. Déjà l'algèbre vous devait de beaux théorèmes sur les groupes de Gallois [29], la géométrie d'importants travaux sur la théorie des surfaces, la mécanique d'ingénieuses applications de la méthode de Jacobi.
Et ces innombrables petits problèmes, résolus au jour le jour et si élégamment que l'on songe aux éléments d'Euclide et au livre des Principes !
Et ce grand traité de Calcul Différentiel et Intégral, si précieux pour tous les analystes !

---

26. Le jubilé de Bertrand, célébrant le cinquantenaire anniversaire de son entrée dans l'enseignement a eu lieu le 27 mai 1894 à l'École polytechnique (voir *la Revue scientifique*, Série 4, A31, t. 1). Hermite et Pasteur avaient été honorés de la même manière précédemment.
Charles Hermite évoque la préparation de cette cérémonie dans sa lettre adressée à Mittag-Leffler le 2 décembre 1893 :

> Nous allons au mois de Mars de l'année prochaine avoir un autre Jubilé, celui de Mr. Bertrand, entré en fonction à l'École Polytechnique comme répétiteur d'Analyse en Mars 1844, et qui a été successivement examinateur d'admission et depuis 1854, professeur d'Analyse. C'est le Directeur des Études [de l'École polytechnique] Mr. Mercadier qui organise la souscription en s'adressant aux élèves de Mr. Bertrand en si grand nombre, officiers d'artillerie et du génie, ingénieurs des Ponts et chaussées et des Mines, et sans qu'il ait été jugé utile de faire appel aux savants de l'étranger. [Dugac, 1989b, p. 26]

Le texte qui suit est le manuscript du discours de Poincaré au nom de la Société mathématique de France [Poincaré, 1894a].

27. Bertrand est membre honoraire du conseil de la Société mathématique de France depuis 1889, année où cette fonction est créée au sein de la Société.

28. Bertrand adhère à la Société mathématique de France en 1873.

29. *Sic.* Voir la lettre qu'adresse Joseph Perott à Poincaré le 5 mai 1887 (p. 625).

J'allais oublier vos idées sur la Similitude en Mécanique, idées simples et fécondes qui devaient engendrer bientôt le système moderne des unités électriques. C'est là un enfant qui, malgré ses retentissants succès, ne vous a peut-être pas toujours donné complète satisfaction, mais que vous chercheriez vainement à renier.

Qu'on me permette d'insister un peu plus sur les recherches plus récentes que vous avez achevées depuis que vous nous appartenez, sur ces travaux dont les habitués du Collège de France ont eu la primeur, mais que vous avez bientôt livrées au grand public.

Vos leçons sur la Thermodynamique et l'Electricité nous ont fait connaître de nouvelles qualités de votre libre esprit. Vos devanciers, pressés de construire, s'étaient peut-être contentés à trop peu de frais ; ils avaient quelquefois affirmé trop vite et beaucoup de leurs assertions trop longtemps indiscutées, étaient déjà sur le point de devenir articles de foi, quand votre pénétrante critique nous a heureusement ramenés à ce demi-scepticisme qui est pour le savant le commencement de la sagesse.

Vous avez toujours eu une sorte de prédilection pour le calcul des Probabilités ; sans doute en souvenir de ses illustres fondateurs, de Pascal d'abord, et de ces géomètres du XVIIIe siècle, vers qui vous pousse une secrète sympathie. Cependant vous ne pouvez partager leur naïve confiance dans l'instrument qu'ils ont créé. Vous saviez trop bien qu'ils n'ont pu soumettre à la règle de fer du calcul ce qui est, par essence, si incertain et si fugitif, qu'à force d'accumuler les hypothèses tacites. Ces hypothèses, souvent arbitraires, vous les avez dénoncées impitoyablement, portant vous même de rudes coups à la science que vous aimez.

Vous ne nous avez jamais été infidèle, malgré l'attrait qu'exerçaient sur vous d'autres études ; et dans les moments mêmes où vous paraissiez vous y absorber tout entier, un livre nouveau venait de temps en temps nous montrer que vous ne nous aviez pas oubliés. C'est ainsi que vous avez parcouru d'une frontière à l'autre, de l'algèbre à la physique, ce vaste domaine des mathématiques qui nous semble tout un monde, à nous autres géomètres, et qui n'est pourtant qu'une des provinces visitées par votre universelle curiosité.

Vivant dans la familiarité des maîtres d'autrefois, de ces Descartes, de ces d'Alembert, de ces Laplace dont vous parlez naturellement la langue, vous avez hérité de leur limpide bon sens, de leur logique simple et droite, de ces qualités que nous aimons parce qu'elles sont celles de notre race.

Comme eux vous avez toujours cru que la pensée peut être profonde sans que le style cesse d'être clair et la forme attrayante. Dédaigneux des subtilités, vous n'aimez que ce que nos pères appelaient la Raison, tout ce qui est obscur ou confus vous irrite.

Le temps n'est plus où tous les hommes éclairés étaient Français par l'esprit ; mais si nous voulons conserver notre place, il faut que nous restions nous-mêmes ; aussi devons-nous vous être reconnaissants de l'exemple que vous nous donnez, vous qui êtes resté le plus français de tous nos géomètres.

Émile Borel

Émile Borel (1871-1956) [1], après un parcours qui le mène du primaire supérieur à l'École normale supérieure, obtient son doctorat en 1894 avec une thèse intitulée *Sur quelques points de la théorie des fonctions* [2]. Outre Gaston Darboux qui s'est intéressé plus particulièrement à la thèse de Borel, le jury était composé d'Appell et de Poincaré qui rédigea un rapport [3]. D'abord maître de conférences à la Faculté des sciences de Lille (1893) et à l'École Normale supérieure (1897), il est nommé professeur à la Faculté des sciences de Paris en 1909. Ses domaines de prédilection sont la théorie des fonctions et la théorie des probabilités.
É. Borel épouse en 1901 l'écrivain Marguerite Appell (Prix Femina 1913 pour *La Statue Voilée*), fille de Paul Appell, plus connue sous son nom de plume Camille Marbo. Lauréat du Prix Petit d'Ormoy en 1905 pour l'ensemble de ses travaux mathématiques, Borel utilise l'argent gagné pour fonder avec son épouse une nouvelle revue intellectuelle intitulée *La Revue du Mois*. Son amitié avec Paul Painlevé contribue à le faire entrer dans la vie politique. Il est élu au Conseil général du département de l'Aveyron à l'âge de cinquante-cinq ans et maire de Saint-Affrique l'année suivante. Député de l'Aveyron en 1924, il siège pendant douze ans au Parlement et devient ministre de la marine en 1925. Élu à l'Académie des sciences en 1921, il prendra une part active à la fondation de l'Institut Henri Poincaré (1928) [4] et à celle de la Caisse nationale des sciences (1930) [5].
Les 7 lettres adressées par Poincaré à Borel et celle de Louise Poincaré sont conservées à la Maison de la mémoire de Saint Affrique [6]. La lettre qu'adresse Borel à Poincaré concerne un résultat de théorie des probabilités.

1. Pour plus de précisions sur le parcours et les travaux d'Émile Borel, voir [Gispert, 2013], [Fréchet, 1965] et sa fiche biographique dans [Charle et Telkès, 1989].
2. [Borel, 1894].
3. Voir p. 102.
4. Sur les débuts de l'Institut Henri Poincaré, voir [Siegmund-Schulze, 2009].
5. Sur la Caisse nationale des sciences, on peut consulter [Picard, 1999].
6. Je remercie Hélène Gispert de me les avoir communiquées.

P. Nabonnand et al. (eds.), *La correspondance entre Henri Poincaré et les mathématiciens*, Publications des Archives Henri Poincaré Publications of the Henri Poincaré Archives, https://doi.org/10.1007/978-3-7643-8288-9_6

Poincaré à Borel

[14 mars 94 [7]]

Cher Monsieur,

Je vous renvoie votre manuscrit sous pli recommandé. Je crois que vous pouvez tirer de là une très bonne thèse et vous n'avez que peu à faire pour arriver à une rédaction définitive.
Je ne doute pas qu'en faisant cette rédaction vous ne trouviez des additions à faire, des applications curieuses en grand nombre mais telle qu'elle est, votre thèse me paraît déjà très acceptable [8].

Votre bien dévoué,
Poincaré

Poincaré à Borel

[Entre le 14 mars et le 14 juin 1894 [9]]

Mon cher Collègue [10],

Je renvoie votre thèse à la Faculté avec un rapport favorable [11]. Je crois que vous aurez le permis d'imprimer en temps utile.
Je n'ai pas rencontré de difficulté, il est donc inutile que vous fassiez le voyage de Paris exprès pour me voir. Si vous avez l'occasion d'y venir et que vous vouliez me parler, venez me voir soit à la sortie de mon cours, soit à l'Institut, soit à la sortie du Bureau des Longitudes, il est possible en effet que j'aille à la campagne et en venant chez moi vous risqueriez de ne pas me rencontrer.

Tout à vous,
Poincaré

7. Cette lettre est datée d'après une mention manuscrite d'une main inconnue.
8. Borel soutient sa thèse intitulée *Sur quelques points de la théorie des fonctions* le 14 juin 1894. Voir le rapport que Poincaré rédige à cette occasion (p. 102).
9. Cette lettre est postérieure à la précédente et antérieure à la soutenance de Borel.
10. Borel est maitre de conférences à la Faculté des sciences de Lille depuis le mois de novembre 1893.
11. Voir le rapport que Poincaré rédige à cette occasion (p. 102).

Poincaré à Borel

[1900 [12]]

Mon cher Collègue,

Ci-joint la thèse de M. Sire [13].

Je n'ai fait que la parcourir, mais il me semble qu'elle contient des idées intéressantes.

Il me semble que par la nature du sujet, l'honneur de faire le rapport vous revient de droit [14].

M. Sire est un de nos collaborateurs pour l'édition de Leibnitz [15].

Votre bien dévoué Collègue
Poincaré

Poincaré à Borel

[1911 [16]]

Mon Cher Collègue,

Je vous fais remettre le manuscrit de l'article sur les Hypothèses cosmogoniques [17].

Votre bien dévoué Collègue,

Poincaré

---

12. Cette lettre est datée d'après l'allusion à la thèse de Jules Sire, soutenue le 24 décembre 1910.

13. Sire [1910].
Sur Jules Sire, voir sa fiche dans le Dictionnaire biographique des professeurs de mathématiques spéciales de R. Brasseur [2012].

14. Émile Borel rédige un rapport sur le travail de thèse de Sire [Gispert, 2015, p. 291-292]. La thèse est soutenue à la Faculté des sciences de Paris le 24 décembre 1910, le jury était composé de Picard (président), Poincaré et Borel.
Dans son rapport, Borel indique que dans une première partie de la thèse, « M. Sire s'occupe des fonctions entières à coefficients positifs et variables positives et précise à leur égard certains résultats de M. Borel ».

15. Poincaré et son beau-frère Émile Boutroux étaient impliqués dans l'entreprise internationale d'édition des œuvres de Leibniz. Jules Sire était avec Ernest Vessiot un des collaborateurs pour la part scientifique du projet. Sur l'activité de Sire et Poincaré dans le cadre de ce projet, voir [Wenchao Li, 2020].
Dans un curriculum vitae, Sire précise à cet égard : « De retour à Nancy, j'ai séjourné dans cette ville jusqu'en octobre 1906, m'occupant de Leibniz, pour aller à Lyon travailler à l'édition internationale des œuvres de Leibniz sous la direction de M. le professeur Vessiot. M. Vessiot ayant été nommé à Paris, je l'ai suivi dans cette dernière ville. »(Source [Brasseur, 2012, Notice Sire])

16. Cette lettre est datée d'après l'allusion à l'article sur les hypothèses cosmogoniques que Poincaré [1911e] a publié dans *la Revue du Mois*.
Elle est écrite sur un papier à en-tête de la chaire de mécanique céleste de la Faculté des sciences de Paris.

17. [Poincaré, 1911e].

Borel à Poincaré

Paris, le 27.12 1911 [18]

Cher Maître,

Je viens de lire le livre que vous avez eu l'amabilité de me faire envoyer [19] ; je n'ai pas besoin de vous dire combien les parties neuves m'ont intéressé, en particulier votre théorie du battage [20]. J'ai essayé de la mettre à la portée de ceux qui ne sont pas familiers avec les nombres complexes [21], et il m'a semblé que j'obtenais ainsi une proposition un peu plus générale [22]. Si elle est nouvelle, et si elle vous paraît

---

18. Cette lettre est rédigée sur du papier à l'en-tête de l'École normale supérieure. On trouve au verso trois pages de calculs de la main de Poincaré dans lesquels il est question de polynômes de Lamé.

19. Borel parle de la deuxième édition du *Calcul des probabilités* de Poincaré [1912a]. Poincaré a dû disposer des exemplaires d'auteurs dès la fin de l'année 1911. L'ouvrage est présenté à l'Académie des sciences lors de la séance du 30 octobre 1911. Le « mélange des cartes » dont il sera question dans la suite de la lettre est cité dans la liste des « nombreuses additions faites au texte de la première édition. » (*Comptes rendus des séances de l'Académie des sciences*, 153 (1911), p. 795). Officiellement la 2e édition de son cours de probabilité paraît en 1912.

20. Poincaré aborde la question du théorie du battage des cartes d'un jeu aux pages 301-313 dans le chapitre XVI intitulé *Questions diverses*. Poincaré se propose de montrer que « quand le jeu a été battu assez longtemps, [...] toutes les permutations des cartes [...] doivent être également probables » [Poincaré, 1912a, p. 301]. Voir la note 22 ci-dessous.

21. Poincaré représente les lois de probabilité à l'aide de systèmes de nombres complexes de plusieurs dimensions et utilise la théorie des groupes et le théorème de Perron-Frobenius. Le style de démonstration de Poincaré n'est donc que trés peu probabiliste comme en atteste d'ailleurs les travaux auxquels se réfère Poincaré : [Cartan, 1898], [Poincaré, 1903] et les nombreux « travaux [consacrés à la théorie des groupes] publiés dans les *Sitzungsberichte* de l'Académie de Berlin de 1896 à 1901. Pour plus de détails sur la théorie de Poincaré, voir [Sheynin, 1991, p. 159-160] et [Mazliak, 2012, p. 156], sur les travaux de Frobenius, [Hawkins, 2013].

22. Dans l'introduction, Borel explique le résultat de Poincaré et le raffinement qu'il apporte :

> Soient $A_1, A_2, \ldots, A_n$ les diverses permutations possibles des cartes d'un jeu ; l'opération du battage a pour effet de remplacer chacune de ces permutations par une autre. Nous admettrons que celui qui bat les cartes dispose d'un certain nombre d'opérations dont les probabilités sont assujetties évidemment à la condition d'avoir pour somme l'unité. Dans le cas où ces probabilités sont fixes, M. Poincaré a démontré (*Calcul des probabilités*, 2e édition, 1911) que les probabilités des diverses permutations tendent à devenir égales lorsque le temps augmente indéfiniment . [...]
> Je me propose d'étendre ce résultat au cas où les probabilités des opérations varient avec le temps. [Borel, 1912, p. 23]

Borel justifie l'intérêt de son résultat en faisant référence à d'éventuelles applications en mécanique statistique :

> Pour étendre les méthodes de ce genre aux problèmes de la mécanique statistique ou de la théorie cinétique des gaz, la principale difficulté est, comme le fait observer M. Poincaré (*op. cit.*, p. 332), l'ignorance où nous sommes de l'influence de l'état actuel du système sur les probabilités respectives des changements qui peuvent s'y produire. À ce point de vue, il peut donc y avoir quelque intérêt à obtenir des résultats indépendants dans une certaine mesure de la variabilité de ces probabilités. [Borel, 1912, p. 25]

intéressante, je vous demanderai de communiquer la note ci-jointe [23].
Votre bien dévoué

Émile Borel

Poincaré à Borel

[Sans date]

Mon cher Collègue

Je ne pourrai pas aller à Bologne ; y allez-vous et dans ce cas pourriez vous me rendre le service d'y lire ma conférence. Je vous enverrais alors un exemplaire avec l'indication des coupures à faire à la lecture.
Merci d'avance.

Votre bien dévoué,
Poincaré

Poincaré à Borel

[Sans date]

Mon cher Collègue,

Pourriez-vous nous faire le plaisir de venir dîner chez nous le jeudi 29 à 7h1/2 avec M. Klein.
En redingote.

Votre bien dévoué Collègue,
Poincaré

Poincaré à Borel

[Après 1901 [24]]

Mon cher Collègue,

Je regrette beaucoup, mais je ne suis pas libre samedi ; priez Madame Borel de bien vouloir m'excuser.

Votre bien dévoué Collègue,
Poincaré

Ce sont des préocupations de mécanique statistique qui, semble-t-il ont amené Poincaré à s'intéresser à la question du battage des cartes. Voir [Mazliak, 2012, p. 156].

23. [Borel, 1912]. Les notes proposées par des contributeurs extérieurs à l'Académie doivent être présentées par un académicien. C'est Poincaré qui présente cette note de Borel [1912].

24. Borel et Marguerite Appell se marient le 17 octobre 1901.

1 Annexe 1 : Rapport de Poincaré sur la thèse d'Émile Borel

La thèse présentée par M. Borel a pour objet l'étude des fonctions développables en séries de la forme :

$$\varphi(x) = \sum \frac{A}{(x - a)^{\alpha}}$$

Déjà les analystes avaient eu l'occasion de s'occuper de beaucoup de séries de cette forme et, pour quelques unes d'entre elles, on avait remarqué qu'elles représentent deux fonctions différentes dans deux régions différentes du plan. Cependant, l'étude systématique de ces développements reste à faire et le travail de M. Borel contribuera à combler cette lacune. L'auteur établit d'abord que si les points a sont sur une ligne fermée L et la série $\sum |A|$ converge, la série φx ne peut être identiquement nulle à l'intérieur de L sans l'être également à l'extérieur de L et il déduit de ce théorème une définition non équivoque du prolongement analytique d'une fonction de la forme de $\varphi(x)$ au delà d'une ligne singulière telle que L. Les mêmes conclusions ne s'appliqueraient plus s'il y avait en dehors de la ligne L une infinité de points α se rapprochant indéfiniment de cette ligne.
M. Borel obtient cependant même dans ce cas un autre résultat intéressant. Si les points a remplissent une certaine région R, et si par exemple $\alpha = 1$, si la série $|\sum \sqrt{A}|$ est convergente, on pourra joindre deux points extérieurs à R, par une infinité de lignes qui traversent cette région et le long desquelles la série $\varphi(x)$ converge uniformément, le long desquelles par conséquent, la fonction est continue. Si la série $\sum | \sqrt[k+1]{A}|$ converge, non seulement la fonction $\varphi(x)$ est continue le long de ces lignes, mais il en est de même de ses k premières dérivées. Enfin toutes les dérivées sont continues si la série $\sum 1/log|A|$ converge. Enfin, si l'on suppose que α est égal à 1, que les points a_n remplissent une région annulaire R et qu'il n'y en ait par conséquent ni à l'intérieur de l'anneau R, ni à l'extfieur de cet anneau, si enfin la série $\sum a_n z^n$ converge pour toutes les valeurs de z la fonction $\varphi(x) = \sum A_n/(x - a_n)$ ne pourra être identiquement nulle à l'intérieur de l'anneau sans l'être également à l'extérieur de cet anneau.
Toutes ce propriétés sont fort curieuses et de nature à éclaircir nos idées sur un des points les plus délicats de la théorie des fonctions.
Dans la deuxième partie de sa thèse, M. Borel étudie une fonction qui dans un intervalle donné est continue ainsi que toutes ses dérivées, mais qui en aucun point de cet intervalle n'est susceptible d'être développée par la formule de Taylor. Il montre qu'elle peut être égalée à la somme d'une série de Taylor et d'une série de Fourier et de telle façon qu'une dérivée d'ordre quelconque s'obtienne en différentiant ces deux séries terme à terme. Il est ainsi amené à résoudre une infinité d'équations linéaires à une infinité d'inconnues ; le procédé qu'il emploie et qui, comme l'auteur le montre, est susceptible de généralisation, met en pleine lumière ce fait déjà signalé que la résolution de semblables équations peut se ramener à celle d'un système d'inégalités. Enfin, dans une note, M. Borel revenant sur un

point de détail, nous donne un théorème intéressant relatif à la théorie des ensembles de M. Cantor.
La thèse de M. Borel est donc un travail remarquable où quelques unes des questions les plus difficiles de l'analyse sont abordées avec succès et qui contient plusieurs résultats importants. Nous estimons qu'il y a lieu de l'autoriser à imprimer et à soutenir cette thèse [25].

Annexe 2 : Louise Poincaré à Borel

Samedi, 28 Février 1914

Monsieur,

J'ai reçu dès hier soir les 10 exemplaires du volume consacré à mon mari que vous voulez bien nous offrir [26]. Je tiens à vous redire combien j'en suis très reconnaissante et combien j'ai été sensible à votre visite.
Rien ne m'est plus précieux que la fidélité du souvenir des amis et savants qui, comme vous, joignent la compétence à la délicatesse des sentiments.
J'envoie immédiatement un volume à ma fille.
Veuillez croire, Monsieur, ainsi que Madame Borel, à mes meilleurs sentiments.

L[ouise]Henri Poincaré

25. Le rapport de Poincaré sur la thèse de Borel est publié dans les annexes du livre d'H. Gispert [2015], *La France mathématique* (p. 244-245).
26. Il doit vraisemblablement s'agir de l'ouvrage *Henri Poincaré, l'œuvre scientifique, l'œuvre philosophique* [Volterra, Hadamard, Langevin et Boutroux, 1914] paru en 1914 chez Alcan dans la collection « La nouvelle collection scientifique » dirigée par Borel.

Pierre Boutroux

Pierre Boutroux (1880-1922) est un mathématicien et un historien des mathématiques. Il est le fils de la sœur de Poincaré, Aline, qui avait épousé le philosophe Émile Boutroux.
Pierre Boutroux soutient, en 1903, après quelques péripéties, une thèse de mathématiques à la Sorbonne, intitulée *Sur quelques propriétés des fonctions entières.* Il enseigne alors successivement à Montpellier, au Collège de France (Cours Peccot), à Poitiers, à Nancy avant d'obtenir la chaire de calcul différentiel et intégral à la Faculté des sciences de Poitiers en 1911, position qu'il occupe jusqu'en 1913, date à laquelle il est mis à disposition de l'Université de Princeton [1]. En 1920, il est nommé professeur d'histoire des sciences au Collège de France [2].

Boutroux à Poincaré

Mercredi 19 Oct. 191[0]
Hôtel Frau Emma, Meran – Hôtel Wilsee Prags

Mon cher Oncle Henri,

Maman [3] me donne ton adresse à Vienne et me dit que vous serez à Münich dans quelques jours [4]. Je ne voudrais pas m'y trouver en même temps que vous sans le savoir. Or je dois passer à Munich Samedi ; peut-être même y arriverai-je Vendredi soir, pour en partir en tout cas Dimanche matin à 7 heures. A moins que je ne sache vous rencontrer ailleurs, j'irai à l'*Englischer Hof* [5] près de le *Presidenz.* Si par hasard vous deviez arriver à Munich avant dimanche, voudrais-tu me le faire savoir ?

1. Durant la première guerre mondiale, il est interprète à l'État major.
2. Pour plus de précisions sur le parcours et les travaux de P. Boutroux, on peut consulter la notice qui lui est consacrée dans [Rollet et collab., 2016].
3. Aline Boutroux, la sœur de Poincaré.
4. Poincaré a participé à une réunion de la commission d'attribution du prix Bolyai à Budapest le 18.10.1910. Cette commission était composée, outre Poincaré, de Gösta Mittag-Leffler, Julius König et Gustaf Rados. Poincaré et Mittag-Leffler avaient auparavant participé aux célébrations du centenaire de l'Université de Berlin entre les 10 et 13 octobre. Voir [Nabonnand, 1999, p. 362-364]
5. Un hôtel de Munich.

P. Nabonnand et al. (eds.), *La correspondance entre Henri Poincaré et les mathématiciens*,
Publications des Archives Henri Poincaré Publications of the Henri Poincaré Archives,
https://doi.org/10.1007/978-3-7643-8288-9_7

Peut-être d'ailleurs maman me fera-t-elle connaître vos projets d'ici à Vendredi.

J'espère que vous avez beau temps comme moi ici. J'ai eu de tes nouvelles par les journaux allemands. Je vous embrasse,

Pierre

Francesco Brioschi

Francesco Brioschi nait en 1824 à Milan. Il fait ses études à l'Université de Pavie qu'il conclut par une thèse en 1845. Il est professeur de mathématiques appliquées dans cette même université entre 1852 et 1861. En 1858, il fait, avec Enrico Betti et Felice Casorati un tour d'Europe mathématique pendant lequel ils rencontrent Riemann [1]. Après un passage par le Ministère de l'éducation, il fonde en 1863 l'Université technique de Milan et y occupe la chaire de mathématiques et d'hydraulique jusqu'à la fin de sa carrière. F. Brioschi était très impliqué dans la vie politique de l'Italie et contribue à l'installation du nouvel état italien ; il est nommé sénateur à vie et s'investit en particulier dans la politique d'éducation du nouvel état. Il contribue aussi de manière déterminante à la transformation des *Annali di scienze matematiche e fisiche* de Tortelini en une revue mathématique internationale satisfaisant aux meilleurs standards, les *Annali di matematica pura ed applicata*. Il décède en 1897 à Milan. [2].

Il est l'auteur de plus de 150 notes ou articles. Ses travaux mathématiques concernent de nombreux domaines comme l'arithmétique, l'algèbre, les fonctions elliptiques et hyperelliptiques et la théorie des déterminants.

La lettre adressée par Brioschi à Poincaré le 24 mai 1887 concerne l'entreprise, promue par Poincaré, du *Répertoire bibliographique des sciences mathématiques*.

Brioschi à Poincaré

Rome, 24 Mai 1887 [3]

Monsieur,

Votre lettre m'a été envoyée ici où je reste pour quelques jours [4]. Je suis toujours disposé à travailler pour le Répertoire Bibliographique et à prendre la direction

1. Pour plus de précisions, voir [Volterra, 1902].
2. Pour plus de détails sur le parcours de Brioschi, voir [Bottazzini, 1998].
3. Cette lettre est rédigée sur un papier à en-tête de l'Académie des Lincei.
4. Cette lettre n'a pas été retrouvée. Poincaré est à l'initiative du projet de Répertoire bibliographique des sciences mathématiques ; il a dû écrire personnellement à Francesco Brioschi avant l'envoi des premières circulaires.

P. Nabonnand et al. (eds.), *La correspondance entre Henri Poincaré et les mathématiciens*,
Publications des Archives Henri Poincaré Publications of the Henri Poincaré Archives,
https://doi.org/10.1007/978-3-7643-8288-9_8

de ce travail pour les recueils italiens [5].
Deux informations me sont pour le moment nécessaires :

1. 1. À quelle époque on doit commencer le dépouillement [6].
2. 2. Quelle extension on doit donner à la notice bibliographique [7].

Probablement la seconde demande aura sa réponse dans votre première circulaire que je n'ai pas avec moi ; mais il me serait utile d'avoir un spécimen aussi pour mes collaborateurs.
Quant au classement je n'ai pour le moment que deux observations à vous soumettre [8]. Je crois que l'on devrait ajouter une classe pour les fonctions hyperelliptiques [9] et introduire une division dans la classe H entre les équations différentielles et celles aux différences partielles [10].
Agréez, Monsieur, l'assurance de mes sentiments de haute estime.

Votre Dévoué
F. Brioschi.

5. Le représentant italien à la Commission permanente du *Répertoire bibliographique des sciences mathématiques* sera finalement G. Guccia [Commission permanente du Répertoire bibliographique des sciences mathématiques, 1893, p. vi].

6. Le travail de référencement ne commencera effectivement qu'après le Congrès international de bibliographie mathématique (Paris – 16-19 juillet 1889).

7. La question de Brioschi montre que le projet n'est pas encore bien défini. Le Congrès de 1889 décidera de réaliser un répertoire qui référencera les « titres des Mémoires relatifs aux Mathématiques pures et appliquées publiés depuis 1800 jusqu'à 1889 inclusivement »(*Résolutions votées par le Congrès de bibliographie mathématique de 1889.* Chaque item comporte le nom de l'auteur, le titre de l'article, la revue dans lequel il est publié, la tomaison et la pagination. Les références sont classées d'après la catégorisation de l'*Index du Répertoire bibliographiques des sciences mathématiques.*

8. L'index du *Répertoire bibliographique des sciences mathématiques* est divisé en trois grands domaines intitulés « Analyse mathématique », « Géométrie » et « Mathématiques appliquées ». Chaque domaine est divisé en classes, sous-classes, sous-sous classes et même souvent sous-sous-sous classes. Ainsi, la classe C dans le domaine de l'analyse mathématique réunit tout ce qui concerne les principes du calcul différentiel et intégral, les applications analytiques, les quadratures, les intégrales multiples, les déterminants fonctionnels, les formes différentielles et les opérateurs différentiels. La sous-classe C2 concerne le calcul intégral, la sous-sous-classe C2d, plus spécifiquement les « intégrales elliptiques et hyperelliptiques au point de vue de la décomposition et de l'intégration par des fonctions rationnelles et logarithmiques ». Finalement, la sous-sous-sous-classe C2Dα réunira les références de travaux concernant les intégrales pseudo-elliptiques.

9. La classe G du domaine consacré à l'analyse mathématique est intitulée « Fonctions hyperelliptiques, abéliennes, fuchsiennes ». Les sous-sous-classes $G3a$ et $G3b$ (de la sous-classe $G3$ consacrée aux travaux sur les fonctions abéliennes sont respectivement dédiées aux « fonctions hyperelliptiques du second ordre » et aux « fonctions hyperelliptiques en général ». La proposition de Brioschi semble avoir été retenue.

10. La classe H dédiée aux équations différentielles est divisée en 12 sous-classes, les six premières concernant les équations différentielles ordinaires, les 4 suivantes, les équations aux dérivées partielles. Les deux dernières sont consacrées aux équations fonctionnelles et à la théorie des différences. L'avis de Brioschi semble de nouveau avoir été suivi.

Henri Brocard

Henri Brocard nait en 1845 à Vignot (Meuse) dans une famille de petite bourgeoisie, son père est comptable dans l'administration militaire. Après des études secondaires à Marseille et Strasbourg, il est reçu à l'École polytechnique en 1865 et à l'École d'application de l'artillerie et du génie de Fontainebleau en 1867. Il entame alors une carrière militaire au service de météorologie et comme enseignant dans des écoles régimentaires ; il participe par ailleurs à la campagne de France en 1870 et à diverses opérations militaires en Algérie entre 1875 et 1884. Il prend sa retraite en 1910 avec le grade de lieutenant-colonel ; la fin de sa vie se passe à Bar-le-Duc (Meuse). Il décède en 1922 [1].

Henri Brocard est connu pour être un des acteurs majeurs de la nouvelle géométrie du triangle [2] ; il laisse entre autres son nom à l'« angle de Brocard », l'unique angle selon lequel les droites issues des sommets du triangle concourent au « point de Brocard ». Outre la géométrie du triangle, H. Brocard s'intéresse à l'arithmétique et est aussi l'auteur de *Notes de bibliographie des Courbes géométriques*, d'abord publiées sous forme autographiée en 1897 et 1899 [3], puis développées avec un autre acteur de la géométrie du triangle, Timoléon Lemoyne [4]. Il est l'auteur de nombreuses communications, questions et réponses publiées dans les *Nouvelles annales de mathématiques*, la *Nouvelle correspondance mathématique*, l'*Intermédiaire des mathématiciens*, l'*Educationnal Times*, *Mathesis*, le *Journal de mathématiques spéciales*, *El Progreso matemático : periódico de matemáticas puras y aplicadas*, *Revista trimestral de matemáticas*, de la *Revista de la Sociedad Matemática Espanola* ou du *Bulletin de la Société mathématique de France* dont il est membre dès 1874 ; Henri Brocard est très impliqué dans le réseau des éditeurs de revues mathématiques intermédiaires [5] au point que l'on a pu parler d'un modèle éditorial de Brocard pour les nombreuses revues créées à la fin du 19e siècle et destinées à un

1. Sources : article « Henri Brocard » dans le *Dictionary of Scientific Biography*, [Bricard, 1923] et la notice de ses titres et travaux scientifiques [Brocard, 1895]. Cette notice montre qu'un certain nombre de lettres adressées par Brocard au sujet de l'*Index du Répertoire bibliographique des sciences mathématiques* n'ont pas été retrouvées.
Sur le rôle des ingénieurs militaires en Algérie au 19e siècle, voir [Aïssani et collab., 2016].
2. À ce sujet, voir [Romera-Lebret, 2009, 2014].
3. [Brocard, 1897, 1899].
4. [Brocard et Lemoyne, 1919].
5. Sur la notion de revues intermédiaires, voir [Ortiz, 1994, 1996] et [Ehrhardt, 2018].

P. Nabonnand et al. (eds.), *La correspondance entre Henri Poincaré et les mathématiciens*,
Publications des Archives Henri Poincaré Publications of the Henri Poincaré Archives,
https://doi.org/10.1007/978-3-7643-8288-9_9

public (pour l'essentiel non académique) d'enseignants, d'étudiants, de praticiens et d'amateurs de mathématiques et proposant souvent des rubriques de questions-réponses [6]. Il est aussi très investi dans l'Association française pour l'avancement des sciences et est un des secrétaires du Bureau de la 10e Session qui s'est tenue à Alger en 1881. Lors de ce congrès, Poincaré et Brocard interviennent lors de la même session dédiée aux sciences mathématiques du 16 avril 1881 [7].
Brocard s'intéresse aussi dans le cadre de ses missions militaires et en amateur à la physique et à la chimie (ces activités qui sont loin d'être marginales font l'objet de la deuxième partie de sa notice [Brocard, 1895]), en particulier à l'organisation de laboratoires ; une partie de son enseignement est consacrée à l'enseignement de ces disciplines (1877-1889) ce qui l'amène à rédiger des manuels. Brocard évoque aussi des contributions concernant l'éclairage et la télégraphie électrique, l'économie rurale, la météorologie et les sciences naturelles.

Henri Brocard s'investit dans l'entreprise du *Répertoire bibliographique des sciences mathématiques* dès son annonce [8] et dépouille les *Comptes rendus hebdomadaires des séances de l'Académie des sciences* (plus de 5500 références) ; pour autant, il refusera en 1910 de prendre la responsabilité de secrétaire [9]. La fiche que Brocard envoie montre qu'il a eu une influence notable sur la rédaction du *Projet de classification détaillée pour le Répertoire bibliographique des sciences mathématiques* [10].

6. [Enea, 2018].

7. Poincaré [1881b] donne ce jour une conférence sur les applications de la géométrie non-euclidienne à la théorie des formes quadratiques ; l'exposé de Brocard [1881] est consacré à la géométrie du triangle. Outre cette conférence de mathématiques, Brocard sera particulièrement prolixe lors de ce Congrès en donnant pas moins de 6 interventions consacrées aux activités du service de météorologie de l'armée en Algérie et une dans laquelle il rend compte des activités du service du génie militaire dans la région d'Alger (*Comptes rendus de la 10e Session de l'Association française pour l'avancement des sciences*).

8. Voir le paragraphe consacré au *Répertoire bibliographique des sciences mathématique* dans sa notice [Brocard, 1895, p. 58-59], (repris en annexe, p. 117).

9. Voir la lettre adressée par Poincaré à Maurice d'Ocagne, p. 605.

10. [Commission permanente du Répertoire bibliographique des sciences mathématiques, 1888].

1 Brocard à Poincaré

[08/05/1887] [11]

Subdivisions proposées à ajouter à celles qui ont été déjà indiquées

L. Coniques et surfaces du second degré. Équations en λ. Foyers. Équations en S [12].
P. Théorèmes de Pascal et de Brianchon. Dualité et polarité [13].
U. Problème de Kepler [14].
D. Série de Taylor, de Maclaurin, de Lagrange,... [15]
I. Logarithmes. Tables Logarithmiques [16].

---

11. Datée d'après une indication de la notice de Brocard [1895, p. 58] (repris dans l'annexe, p. 117).

12. L'intitulé de la classe L est « Coniques et surfaces du second degré ». Elle divisée en deux parties, la première, L^1, est consacrée aux travaux sur les coniques et la seconde, L^2, aux travaux sur les quadriques.
Dans le cas des coniques ou des quadriques, l'expression « Équations en λ » désigne l'équation qui donne les cas dégénérés lorsque l'on considère un faisceau de coniques ou de quadriques d'équation $S + \lambda S' = 0$, $S = 0$ et $S' = 0$ désignant les équations de deux coniques ou de deux quadriques. Cette expression n'apparait pas dans le projet de classification du *Répertoire bibliographique des sciences mathématiques.* L'« équation en S » d'une conique est l'équation caractéristique de la forme quadratique associée à son équation. Cette expression apparait dans l'item $L^2 3$ a de la sous classe $L^2 3$ dédiée aux « Centres, diamètres, axes, plans diamétraux et principaux » des quadriques.

13. Pour l'intitulé de la classe P, voir la note 39. Les questions relatives à la théorie des pôles et des polaires sont mentionnées de nombreuses fois dans les items des classes L, M,O. La sous-classe P 2 de la classe P est consacrée à la « transformation par polaires réciproques la plus générale » et aux figures corrélatives. Le terme et la notion de « dualité » n'apparaissent pas explicitement dans le projet de classification. Les hexagones de Pascal et Brianchon sont cités dans l'intitulé de l'item $L^1 1$ a de la sous-classe $L^1 1$ consacrée aux géralités sur les coniques. La généralisation aux quadriques des théorèmes de Pascal et Brianchon est l'objet de l'item $L^2 14$ a de la sous-classe $L^2 14$ consacrée aux « Théorèmes divers relatifs aux quadriques ».

14. L'intitulé dans le projet de classification du *Répertoire bibliographique des sciences mathématiques* est « Astronomie et Mécanique céleste ». Le problème de Kepler n'est pas mentionné dans le projet de classification mais trouverait sa place dans la sous-classe U 1 dédiée au « Mouvement elliptique ».

15. Dans le projet de classification pour le *Répertoire des sciences mathématiques* [Commission permanente du Répertoire bibliographique des sciences mathématiques, 1888], le domaine de la classe D est intitulé « Théorie générale des fonctions et son application aux fonctions algébriques et circulaires ; séries et développements infinis, comprenant en particulier les produits infinis et les fractions continues considérées au point de vue algébrique ; nombres de Bernoulli ; fonctions sphériques et analogue ».
La proposition de classification ne suit pas complétement la suggestion de Brocard. L'expression « Série de Taylor » apparait dans l'intitulé de l'item D 1 c de la sous-classe D 1 consacrée aux « Fonctions de variables réelles » ; l'expression « Série de Taylor et Maclaurin pour les variables réelles » était déjà apparue dans l'intitulé de l'item C 1 e de la sous-classe C 1 dévolue au « Calcul différentiel » (voir la note 31). Enfin, l'expression « Série de Lagrange » apparait dans l'item D 3 c γ de la sous-classe D 3 consacrée à la « Théorie des fonctions au point de vue de Cauchy ».

16. L'intitulé de la classe I est « Arithmétique et théorie des nombres ; analyse indéterminée ; théorie arithmétique des formes, des nombres complexes et des fractions continues ; division du cercle ; transcendance des nombres e et π ».

E. Séries de Fourier. Logarithme intégral. Nombre d'Euler et de Bernoulli. [17]

I. Problème de Pell. Théorème de Fermat. Loi de réciprocité [18].

J. Récréations mathématiques. Carrés magiques. Étude mathématique et théorie des jeux divers [19].

A. Algèbre élémentaire ; théorie et résolution des équations algébriques et transcendantes. Fonctions symétriques de racines. Théorie de Sturm [20].

M. Surface du 3e et du 4e degrés. Surface des ondes. Surface d'élasticité. Tore. Cyclide. Surfaces enveloppes de plans, de sphères, etc. [21]

Il n'y a pas d'item expressément consacré aux logarithmes ; la sous-classe X 2 de la classe X (consacrée aux « Procédés de calcul, tables, calcul graphique, planimètres » a pour intitulé « Tables de logarithmes ».

17. L'intitulé de la classe E dans le projet de classification du répertoire bibliographique des sciences mathématiques est « Intégrales définies, et en particulier intégrales eulériennes ; constante d'Euler ».

L'expression « Séries de Fourier est un des sous-items de l'item D 1 b dévolu à la « Représentation par des séries diverses » des fonctions de variables réelles. L'expression « Logarithme intégral » n'apparait pas. La constante d'Euler est un des termes de la définition de la classe E et l'intitulé de l'item E 1 b de la sous-classe E 1 consacrée à la fonction Γ. Les « nombres de Bernoulli » sont renvoyés au sous-item D 6 c δ de l'item D 6 c consacré aux développements divers des « Fonctions algébriques, circulaires et diverses »(sous-classe D 6).

18. Pour la définition du domaine de la classe I, voir la note 16.

L'« Équation de Pell » est l'objet de l'item I 12 e de la sous-classe I 12 consacrée aux « Formes quadratiques binaires réelles » ; les théorèmes de Fermat et de Wilson et leurs généralisations constituent le domaine de l'item I 3 b de la sous-classe I 3 dévolue aux « Congruences » ; les lois de réciprocité sont citées deux fois dans les items de la classe I 4 consacrée aux « Résidus quadratiques ».

19. Dans le projet de classification du répertoire bibliographique des sciences mathématiques, la classe J est la dernière de la partie « Analyse » et est destinée à accueillir les références des travaux qui n'ont pas trouvé de place dans les classes précédentes. Son intitulé est « Analyse combinatoire ; calcul des probabilités ; calcul des variations ; théorie générale des groupes de transformations [en laissant de côté les groupes de Galois (A), les groupes de substitutions linéaires (B) et les groupes de transformations géométriques (P)] ; théorie des ensembles de M. Cantor. »

Les récréations mathématiques, la théorie mathématique des carrés magiques et l'étude des jeux font l'objet d'un item de la sous-classe Q 4 intitulée « Géométrie de situation ou arithmétique géométrique ». La classe Q a le même rôle que la classe J pour la partie « Géométrie » (voir la note 41).

20. Dans le projet de classification pour le *Répertoire des sciences mathématiques* [Commission permanente du Répertoire bibliographique des sciences mathématiques, 1888], le domaine de la classe A est intitulé « Algèbre élémentaire ; théorie des équations algébriques et transcendantes ; groupes de Galois ; fractions rationnelles ; interpolation. ».

Les « fonctions symétriques des racines d'équations » et « théorie de Sturm » apparaissent dans la sous-classe A. 3. consacrée à la « Théorie des équations ».

21. La classe M est intitulée « Courbes et surfaces algébriques et transcendantes ; systèmes articulés » ; elle est divisée en deux parties, la première, M^1, consacrée aux « Courbes planes algébriques », la deuxième, M^2, aux « Surfaces algébriques », la troisième, M^3, aux « Courbes gauches algébriques », quatrième, M^4, aux « Courbes et surfaces transcendantes » et la cinquième, M^5, aux « Systèmes articulés ».

Les surfaces du troisième et du quatrième ordre sont respectivement l'objet des sous-classes $M^2 3$ et $M^2 4$; « Surfaces des ondes et tétraédroïde de Cayley » est l'intitulé de l'item $M^2 4$ m ; la surface d'élasticité ne fait l'objet d'aucune mention spéciale. Par contre, la notion de podaire d'une surface algébrique est citée comme un sous-item de l'item $M^2 2$ i consacré aux « Surfaces

N. Systèmes triplement orthogonaux [22].

O. Surfaces topographiques. Lignes de faîte et de thalweg [23].

B. Essais de représentations des imaginaires. Équipollence [24].

S. Attraction des ellipsoïdes [25] .

R. Courbe élastique. Balistique théorique et appliquée. Principe de la moindre action [26].

D. Série hypergéométrique [27].

---

simples déduites d'une surface algébrique » ; les cyclides sont citées plusieurs fois dans les intitulés des items de la sous-classe $M^2 4$ et le tore est noté comme cas particulier de cyclide. Les surfaces enveloppes sont cit`ees dans les classes L^2 (voir la note 12) et O (voir la note 23) respectivement consacrées aux quadriques et à la géométrie infinitésimale.

22. L'intitulé de la classe N est « Complexes et congruences ; connexes ; géométrie énumérative »
Les systèmes orthogonaux sont cités dans l'intitulé de la classe O et les « Systèmes triples orthogonaux » sont l'objet de l'item O 5 x de la sous-classe O 5 consacrée aux « Surfaces en général » (voir la note 23).

23. La classe O est consacrée aux travaux de géométrie infinitésimale ; son 'intitulé est « Géométrie infinitésimale et géométrie cinématique ; applications géométriques du Calcul différentiel et du Calcul intégral ; tangentes et plans tangents ; courbure ; roulettes ; podaires ; caustiques ; lignes asymptotiques, géodésiques, de courbure ; rectification des courbes ; aires ; volumes ; surfaces minima ; systèmes orthogonaux ».
Ni les surfaces topographiques, ni les lignes de faîte et de thalweg ne sont évoquées dans le projet de classification ; les références de travaux relatifs aux lignes de faîte et de thalweg trouveront leur place dans l'item O 5 o (O 5 n) dans l'index final (1893)) consacré aux « Lignes particulières ou systèmes de lignes particuliers tracés sur une surface et non désignés plus haut ».

24. Dans le projet de classification pour le *Répertoire des sciences mathématiques*, le domaine de la classe B est intitulé « Déterminants ; substitutions linéaires ; théorie algébrique des formes ; invariants et covariants ; élimination ; quaternions, é quipollences et nombres complexes ».
L'« interprétation géométrique » est mentionnée dans la sous-classe B. 11. consacrée à la « théorie générale des imaginaires et des quantités complexes ».

25. L'objet dans le projet de classification de la classe S est la physique mathématique ; son intitulé est « Mécanique des fluides ; Hydrostatique ; Hydrodynamique ; Thermodynamique »
L'« Attraction des ellipsoïdes » est fait partie de l'intitulé de la classe R du projet de classification ; c'est l'objet de l'item R 4 b de la sous-classe R 4 consacrée à l'« Attraction » (voir la note 26).

26. L'intitulé dans le projet de classification de la classe R est « Mécanique générale ; Cinématique ; Statique comprenant les centres de gravité et les moments d'inertie ; Dynamique ; mécanique des solides ; frottement ; attraction des ellipsoïdes ».
La courbe élastique est mentionnée dans l'intitulé de l'item F 8 h consacré aux applications mécaniques des fonctions elliptiques ; le terme de « balistique » n'apparait pas dans le projet de classification [Commission permanente du Répertoire bibliographique des sciences mathématiques, 1888] ; par contre, les mouvements des projectiles sont cités dans l'intitulé de l'item R 6 b consacré aux mouvements d'un point matériel sous l'action d'une force centrale et dans celui de l'item R 7 c comme exemple d'un « Mouvement d'un solide pesant ». Dans l'index du *Répertoire bibliographique des sciences mathématiques* [Commission permanente du Répertoire bibliographique des sciences mathématiques, 1893], la balistique est reconnue comme un domaine autonome et fait l'objet d'une sous-classe de la classe S dévolue à la physique mathématique, divisée en deux items, « balistique intérieure » (S 6 a) et « balistique extérieure » (S 6 b). Le « Principe de moindre action » est l'objet de l'item R 5 b de la sous-classe R 5 consacrée aux « Principes généraux de la Dynamique ».

27. Pour l'intitulé de la classe D, voir la note 15. L'expression « série hypergéométrique » n'apparait pas dans les intitulés des items de la classe D. Par contre, elle est mentionnée dans l'intitulé de l'item H 5 f (« Équation hypergéométrique et série hypergéométrique de Gauss »)

F. Équations de Lamé [28].
D. Fonctions sphériques et analogues (Lamé, Bessel, Legendre, Laplace...) [29].
H. Problème de Pfaff. Équation de Riccati. Équation de Clairaut [30].
J. Méthode des moindres carrés. Moyennes arithméco-géométriques.
C. Méthodes d'interpolation. Quadratures approchées. Cubatures [31].
K. Trisection de l'angle. Duplication du cube. Quadrature du cercle. Inscription des polygones réguliers [32].
A. Équations binômes [33].

---

de la classe H consacrée aux équations différentielles (voir la note 30).

28. La classe F est dédiée aux « Fonctions elliptiques avec leurs applications ». Les équations de Lamé font l'objet d'un sous-item de l'item H 5 d consacré aux « Équations à coefficients périodiques » de la classe H qui réunit les travaux sur les équations différentielles (voir la note 30).

29. Pour l'intitulé de la classe D, voir la note 15. L'expression « Fonctions sphériques et analogues » est reprise dans l'intitulé de la classe D. L'expression « Série de Lamé » apparait dans l'intitulé du sous-item D 1 d γ de l'item D 1 d dévolu aux « Fonctions de deux variables réelles ». L'expression « fonctions de Bessel » apparait dans l'intitulé de l'item H 5 i consacré aux « Équations de Laplace » (voir la note 30). L'expression « Séries de polynômes de Legendre » est un sous-item de l'item D 1 b ddié aux « Représentation par des séries diverses ». Enfin, l'expression « Fonctions de Laplace » n'est pas reprise dans le projet de classification.

30. La classe H du projet de classification du répertoire bibliographique des sciences mathématiques est dédiée aux « Équations différentielles et aux différences partielles ; équations fonctionnelles ; équations aux différences finies ; séries récurrentes ; courbes définies par des équations différentielles ; séries hypergéométriques ».
La « Méthode de Pfaff » est l'objet d'un sous-item de l'item H 7 a consacré aux « Procédés d'intégration antérieurs à Jacobi » des « Équations aux dérivées partielles du premier ordre »(sous-classe H 7). Les « Équations de Riccati » sont l'objet d'un sous-item de l'item H 2 c dédié aux « Équations particulières du premier ordre ». L'expression « Équation de Clairaut » est l'intitulé de l'item U 6 a de la sous-classe U 6 consacrée au problème de l'« Équilibre d'une masse fluide animée d'un mouvement de rotation » de la classe U dont l'objet est l'astronomie et la la mécanique céleste.

31. Dans le projet de classification pour le *Répertoire des sciences mathématiques*, le domaine de la classe C est intitulé « Principes du Calcul différentiel et intégral ; applications analytiques ; quadratures ; intégrales multiples ; déterminants fonctionnels. »
L'item C 2 j de la sous-classe C 2 consacré au calcul intégral est intitulé « Calcul numérique des intégrales définies ; méthodes d'approximation ; formules de quadrature ».

32. Le domaine de la classe K dans le projet de classification pour le *Répertoire bibliographique des sciences mathématiques* est la géométrie élémentaire ; son intitulé est « Géométrie et Trigonométrie élémentaires (étude des figures formées de droites, plans, cercles et sphères) ; Géométrie analytique du point, de la droite, du plan, du cercle et de la sphère ; Géométrie descriptive ; Perspective ».
La « trisection de l'angle » et la « duplication du cube » sont respectivement les intitulés des items K 20 a et K 20 b de la sous-classe K 20 dévolue aux « Questions diverses » de géométrie élémentaire. Les « Polygones réguliers » sont l'objet de l'item K 8 b de la sous-classe K 8 consacrée aux polygones. Les questions liées à la quadrature du cercle ne sont pas citées dans le projet de classification. Dans l'index du *Répertoire bibliographique des sciences mathématiques* [Commission permanente du Répertoire bibliographique des sciences mathématiques, 1893], il est ajoutée un item dont l'intitulé est « Rectification et quadrature approchée du cercle et des arcs de cercle » qui fera l'objet de la fiche 806.

33. Les équations algébriques binômes, à savoir les équations qui se ramènent à la forme $x^n = A$ ne font pas l'objet d'une référence dans le projet de classification du *Répertoire bibliographique des sciences mathématiques*. Les équations différentielles binômes ($\left(\frac{du}{dz}\right)^m = f(u)$ [Briot et

F. Résolution de l'équation du 5ᵉ degré [34].
P. Polygone de Poncelet [35].
M. Limaçon de Pascal. Cardioïde de Nicomède. Cissoïde de Diocles [36].
K. Points et cercles remarquables dans la géométrie du triangle. Problème d'Apollonius, de Malfatti, de Viviani, de Pothenot [37].
O. Roulettes et glissettes [38].
P. Podaires [39].
M. Cycloïdes, épicycloïdes et hypocycloïdes. Chainettes, tractrices [40].
Q. Pseudosphère [41].

Bouquet, 1859, p. 302]) font l'objet d'une mention dans la classe H consacrée aux équations différentielles.

34. La classe F est dédiée aux « Fonctions elliptiques avec leurs applications ». L'intitulé de l'item F 8 b de la classe F 8 consacrée aux « Applications des fonctions elliptiques » est « Résolution de l'équation du 5ᵉ degré ».

35. Pour l'intitulé de la classe P, voir la note 39. Le théorème de Poncelet n'est pas évoqué dans les items de la classe 39, ce qui n'est pas étonnant. Il est cité dans l'item F 8 f consacré aux applications géométriques des fonctions elliptiques et dans l'item $L^1$16 d de la sous-classe $L^1$16 dédiée aux « Propriétés d'un système de deux coniques » ; ses généralisations aux systèmes de trois quadriques font l'objet de l'item $L^2$18 b (voir la note 12).

36. Pour l'intitulé de la classe M, voir la note 21. Le limaçon de Pascal et la cardioïde font l'objet de l'item $M^1 6h$ de la sous-classe $M^1$6 consacrée aux « Courbes du quatrième ordre ou de la quatrième classe » ; la cissoïde est évoquée dans l'intitulé de l'item $M^1$5 c dédié aux « Courbes particulières unicursales du troisième ordre ».

37. Pour l'intitulé de la classe K, voir la note 32. Les sous-classes de K 1 à K 5 sont consacrées à géométrie générale du triangle. Les questions relatives aux « points remarquables par rapport à un triangle » font partie du domaine de l'item K 1 c ; celles relatives aux relations entre les triangles et les cercles font l'objet de la sous-classe K 2 ; les cercles et les points associés qui apparaissent dans la nouvelle géométrie du triangle dont H. Brocard est un des acteurs sont cités dans l'intitulé de l'item K 2 e, « Autres cercles remarquables du plan d'un triangle ; points remarquables correspondants ».
Le « Théorème d'Apollonius » est cité dans l'item L^1 3 b de la sous-classe L^1 3 consacrée aux « Centres, diamètres et axes » des coniques qui est l'objet de la classe L^1. Les problèmes de Malfatti, de Viviani et de Pothenot ne sont pas cités dans le projet de classification.

38. Pour l'intitulé de la classe O, voir la note 23. Les roulettes sont évoquées dans l'intitulé de la classe O, les roulettes sur le plan et la sphère faisant spécifiquement l'objet de l'item O 2 q de la classe O 2 consacrée aux « Courbes planes et sphériques ». La notion de glissette n'est pas évoquée.

39. Dans le projet de classification, la classe P a pour intitulé « Transformations géométriques ; homographie ; homologie ; polaires réciproques ».
Les questions relatives aux « podaires et podaires négatives » sont évoquées plusieurs fois dans le projet de classification, dans l'item $L^1$14 a de la sous-classe $L^1$14 consacrée aux « lieux géométriques simples déduits d'une conique », dans l'item $L^2$16 a de la sous-classe $L^2$16 consacrée aux « lieux géométriques simples déduits d'une quadrique », dans l'item $M^1$3 j consacré aux « Courbes simples déduites d'une courbe algébrique », dans l'item $M^2$2 i consacré aux « Surfaces simples déduites d'une surface algébrique », dans l'intitulé de la classe O, dans l'item O2 r consacré aux « Courbes diverses qu'on peut déduire d'une courbe plane » et dans l'item O5 z consacré aux « Surfaces diverses qu'on peut déduire d'une surface donnée ». Cette question n'apparait pas dans la classe P, ce qui n'est pas surprenant.

40. Pour l'intitulé de la classe M, voir la note 21. Les cycloïdes, les épicycloïde et les hypocycloïdes sont l'objet de l'item M^4a ; les chainettes et tractrices sont l'objet de l'item suivant M^4b.

41. La classe Q est celle de toutes les questions géométriques qui n'ont pas trouvé une place

M. Strophoïdes. Spirales. Lemniscate. Courbes de poursuite. Caustiques[42].
O. Loxodromie[43].
K. Courbes de raccordement[44].
M. Courbes unicursales. Ovale de Descartes. Cubiques[45].
R. Statique graphique. Poussée de terre. Poussée des voûtes[46].
M. Systèmes articulés. Compas composés. Planimètres[47].

---

dans les classes précédentes ; à ce titre elle joue le même rôle que la classe J pour la partie « Analyse » ; son intitulé dans le projet de classification est « Géométrie ; divers ; géométrie à n dimensions ; géométrie non-euclidienne ; analysis situs ; géométrie de situation ».
La pseudosphère ne fait l'objet d'aucune mention spécifique ; les références à des travaux sur la pseudosphère trouvent leur place dans l'item Q 1 2 consacré à la « Géomtrie de Lobatchevski ».

42. Pour l'intitulé de la classe M, voir la note 21. Les strophoïdes apparaissent comme un sous-item de l'item $M^1 5$ a consacré aux « Courbes unicursales particulières du troisième ordre » ; les spirales apparaissent dans l'intitulé de items M^4c, M^4d, M^4e ; la lemniscate apparait comme un sous-item dans l'intitulé de l'item $M^1 6$ b consacré aux courbes particulières du quatrième ordre ; les courbes de poursuite (ou courbes du chien) ne sont pas citées dans le projet de classification du *Répertoire bibliographique des sciences mathématiques*. Le thème des « Caustiques et anticaustiques » est évoqué plusieurs fois ; dans la classe M, il apparait dans l'intitulé de l'item $M^1 3$ j consacré aux « Courbes simples déduites d'une courbe algébrique » et dans celui de l'item $M^2 2$ i consacré aux « Surfaces simples déduites d'une surface algébrique » ; il est aussi cité dans les items $L^1 14$ e et $L^2 16$ e des sous-classes $L^1 14$ et $L^2 16$ dont les objets sont respectivement les lieux géométriques simples déduits d'une conique ou d'une quadrique. La question des caustiques et anticaustiques est aussi plusieurs citée dans les intitulés des items de la classe O (voir la note 23).

43. Pour l'intitulé de la classe O, voir la note 23. Dans le projet de classification, la « Loxodromie sphérique » est l'objet de l'item M^4h (voir la note 21).

44. Pour l'intitulé de la classe K, voir la note 32. Les questions liées aux courbes de raccordement n'apparaissent pas dans le projet de classification du *Répertoire bibliographique des sciences mathématique*. Ce thème est lié à la construction des routes et des voies ferrées :

> Les courbes de raccordement sont d'un grand usage dans les arts. Ainsi, par exemple, dans les changements de direction des routes, elles établissent la communication d'une branche à l'autre par une loi continue nécessaire au roulage. [Brianchon, 1823, p. 187]

45. Pour l'intitulé de la classe M, voir la note 21. Les « Courbes unicursales » sont citées dans les intitulés des items $M^1 4$ a de la sous-classe $M^1 4$ consacrée aux « Courbes au point de vue du genre », $M^1 5$ a et $M^1 5$ c de la sous-classe $M^1 5$ consacrée aux « Courbes du troisième ordre ou de la troisième classe », $M^1 6$ a de la sous-classe $M^1 6$ consacrée aux « Courbes du quatrième ordre ou de la quatrième classe » et $M^3 5$ b de la sous-classe $M^3 5$ dédiée aux courbes gauches algébriques particuli'eres. Les cubiques apparaissent plusieurs fois dans les intitulés des items de la sous-classe $M^1 5$ et dans celui de l'item $M^3 5$ a de la sous-classe $M^3 5$. L'ovale de Descartes n'est pas évoqué dans le projet de classification.

46. Pour l'intitulé de la classe R, voir la note 26. La statique graphique et ses applications sont l'objet de l'item R 3 d de la sous-classe R 3 dédiée aux questions de « Statique » ; les questions de poussées de terre ou des voûtes ne pas mentionnées explicitement ; elles trouvent leur place dans l'item R 8 a intitulé « Frottements ; Équilibre en tenant compte des frottements » ou dans l'item T 2 b consacré à la « Résistance des matériaux ».

47. Pour l'intitulé de la classe M, voir la note 21. Les « Systèmes articulés » sont le thème de la classe M^5 ; l'expression « compas composés » n'apparait pas dans la classification. Ce thème sera transféré dans la classe R de l'index dont l'objet est la mécanique. Un compas composé est « un sys-tème quelconque de pièces rigides articulées à liaison complète » [Peaucellier, 1873, p. 71] et est donc un exemple de système articulé. Les planimètres sont cités dans l'intitulé de la classe

R. Calcul barycentrique [48].
U. Gnomonique. Hydrographie. Navigation astronomique [49].

Réponse à la circulaire d'avril 1887, reçue le 4 mai.
H. B.

2 Annexe : Brocard et le Répertoire bibliographique des sciences mathématiques

Répertoire bibliographique
des sciences mathématiques [50]

Par une circulaire en date du 4 mars 1885, le Bureau de la Société mathématique de France annonçait qu'il avait pris l'initiative d'un projet de rédaction d'un Répertoire général de Bibliographie mathématique.
Cette circulaire était signée du président, M. Appell, et des secrétaires, M. Weill et Poincaré.
L'auteur en a reçu communication le 20 mars et a immédiatement adressé son adhésion à M. Poincaré par lettres des 21 et 23 mars.
Par la suite, il a fait parvenir à la Commission permanente instituée en mars 1887 et présidée par M. Poincaré :
1° Sa demande d'inscription comme collaborateur (21 mars 1887) ;
2° Ses propositions au sujet de subdivisions à introduire dans les 21 classes générales du projet arrêté en avril 1887 pour le groupement des matières de l'Index du Répertoire bibliographique (8 mai 1887) [51] ;
3° Ses remarques sur le même sujet, en réponse à une circulaire du 1er juin 1888 (reçue le 9) annonçant communication d'une épreuve de l'Index du Répertoire [52] (14 juin 1888) ;
4° Son adhésion au Congrès international de bibliographie des sciences mathématiques, annoncé en mai 1889 comme devant se réunir à Paris, vers la fin du mois de juillet, à l'occasion de l'Exposition universelle internationales (24 mai 1889).
Après quelques retouches de détail, dont la nécessité avait été reconnue, l'Index du Répertoire, devenu définitif, a été distribué aux différents collaborateurs à la date du 1er juin 1893.

X, « Procédés de calcul ; tables ; calculs graphiques ; planimètres ».

48. Pour l'intitulé de la classe R, voir la note 26. La notion de calcul barycentrique, ni celle de barycentre ne font l'objet d'une mention ni dans le projet de classification (1888), ni dans l'Index (1893).

49. Pour l'intitulé de la classe U, voir la note 14. La gnomonique n'est pas mentionnée dans le projet de classification (1888), ni dans l'index (1893). Les travaux traitant de gnomonique sont pour la plupart classés dans l'item relatif aux « Cartes géographiques ». Ni l'hydrographie, ni les questions de navigation astronomique ne sont mentionnées dans le projet de classification, ni dans l'index.

50. Extrait de la « Notice sur les titres et travaux de M. H. Brocard [1895, p. 58-59] ».

51. Brocard fait allusion ici au texte ci-dessus (p. 111).

52. [Commission permanente du Répertoire bibliographique des sciences mathématiques, 1888].

Les fonctions de secrétaire de la Commission ayant été successivement résignées par M. Humbert (novembre 1892) et par M. d'Ocagne (décembre 1893), un vote de la Commission les a confiées à M. Laisant à la date du 6 décembre 1893).
Sur la proposition de M. Laisant, l'auteur a, dès le 14 novembre 1893, demandé à être chargé de la rédaction des fiches du Répertoire pour les mémoires mathématiques insérés ou mentionnés aux *Comptes rendus* des Séances de l'Académie des Sciences de Paris, dont la collection complète a été, à cet effet, aussitôt mise à sa disposition.
Des formules imprimées ayant été préparées spécialement pour faciliter la rédaction des fiches de ce recueil, le catalogue, commencé le 26 janvier 1894, était terminé le 9 janvier 1895 pour le 119e volume (2e semestre 1894). Total des fiches : 6814 [53].
Dans l'intervalle, l'auteur a reçu communication des placards [54] de la publication des fiches, pour la révision typographique. L'impression du Répertoire bibliographique se poursuit régulièrement au fur et à mesure de la centralisation des fiches.
Un approvisionnement d'imprimés est aujourd'hui disponible pour la continuation éventuelle du catalogue pendant plusieurs années.
Le dépouillement des 119 volumes n'a pas été fait en une seule fois, mais il n'a exigé que 70 journées de travail, comme on pourra s'en rendre compte sur le tableau ci-joint qui fait connaître l'état d'avancement du catalogue dans l'intervalle de temps susmentionnés [55].
Cette statistique, publiée ici pour la première fois, est intéressante à divers titres. L'augmentation de la moyenne annuelle donne la preuve de l'influence que la publication des *Comptes rendus* a exercée sur le progrès des Sciences mathématiques [56].

53. Le Répertoire en proposera une grande partie puisque l'on y trouve 5588 références à des notes publiées dans les *Comptes rendus*.

54. Dans le domaine de l'imprimerie, un « placard » est la « première épreuve d'un texte, imprimée en colonnes sur le recto seulement, sans pagination et avec de larges marges pour les corrections et les additions. »(CNTRL).

55. Le chapitre consacré aux activités de Brocard dans le cadre du répertoire bibliographique des sciences mathématiques se termine par un tableau indiquant la progression au jour le jour du travail de dépouillement des notes mathématiques des *Comptes rendus* [Brocard, 1895, p. 60-61]. Le tableau indique l'année et la tomaison des volumes, les dates de rédaction et d'envoi des fiches et le nombre de fiches rédigées par volume.

56. Le tableau indique en effet une nette progression du nombre de références par volume à partir des années 1870.

Luitzen Egbertus Jan Brouwer

Luitzen Egbertus Jan Brouwer nait en 1881 à Overschie aux Pays-Bas dans une famille d'enseignants. Il se fait remarquer très tôt pour ses aptitudes scolaires et est reçu à l'Université d'Amsterdam en 1897, à l'âge de 16 ans. Il y rencontre entre autres le mathématicien Diederik Korteweg qui s'aperçoit de ses talents en mathématiques et l'aidera au début de sa carrière [1]. En 1907, Brouwer [1907] soutient sous le parrainage de Korteweg une thèse sur les fondements de la science dans laquelle il évoque la polémique entre Russell et Poincaré sur la logique. Brouwer obtient en 1909 une position de Privat Docent à l'Université d'Amsterdam ; en 1912, il est nommé professeur dans cette même université et occupera ce poste jusqu'à sa retraite en 1951. Il décède en 1966 à Blaricum aux Pays-Bas.

Les intérêts mathématiques de Brouwer sont variés mais on peut distinguer une première période durant laquelle ses travaux concernent principalement la topologie, les groupes continus et la philosophie des mathématiques et une seconde consacrée à l'intuitionnisme mathématique. Il publie de nombreuses contributions dans les *Verslagen* et les *Proceedings* de la *Koninklijke Nederlandse Akademie van Wetenschappen* et jusqu'en 1928 [2], dans les *Mathematische Annalen* [3].

La correspondance entre Brouwer et Poincaré concerne la méthode de continuité utilisée par Poincaré [1884f] pour démontrer le théorème d'uniformisation dans le cas des surfaces de Riemann compactes [4]. Elle s'inscrit dans le contexte d'une discussion, assez désagréable semble-t-il, avec Paul Koebe, une discussion commencée lors du congrès de Karlsruhe de la *Deutsche Mathematiker-Vereinigung* (27 septembre 1911 [5]).

---

1. Voir la lettre adressée par D. Korteweg à Poincaré en 1910 (p. 494).
2. Suite à une polémique avec D. Hilbert sur l'intuitionnisme, Brouwer est exclu de la rédaction des *Mathematische Annalen* en 1928 (voir [van Dalen, 1990]).
3. Sur la biographie et le parcours scientifique de L. E. J. Brouwer, voir [van Dalen, 1999, 2011, 2013] et [van Atten, 2020].
4. Sur la méthode de continuité de Poincaré, voir [de Saint-Gervais, 2010].
5. Voir le compte rendu de la séance consacrée aux fonctions automorphes dans le tome 21 des *Jahresbericht der Deutschen Mathematiker-Vereinigung*.

Sur cette discussion, voir [van Dalen, 1999, p. 178-196], la lettre adressée à Robert Fricke le 22 décembre 1911 [van Dalen, 2011, p. 116-118], les lettres échangées par P. Koebe et Brouwer les 12 et 14 février 1912 [van Dalen, 2011, p. 131-134] et la lettre adressée par Brouwer à David Hilbert [van Dalen, 2011, p. 134-136].

P. Nabonnand et al. (eds.), *La correspondance entre Henri Poincaré et les mathématiciens*,
Publications des Archives Henri Poincaré Publications of the Henri Poincaré Archives,
https://doi.org/10.1007/978-3-7643-8288-9_10

Les lettres adressées par Poincaré à Brouwer sont conservées aux Archives Brouwer à Utrecht [6], la première lettre adressée par Brouwer à Poincaré début décembre 1911 est transcrite d'après un brouillon conservé aux Archives Brouwer et celle du 4 janvier 1912 est conservée dans les archives de la famille Poincaré. Comme le laisse penser le début de la lettre 3 de Poincaré (p. 123), des lettres envoyée par Brouwer fin décembre 1911 sont perdues. Des traductions en anglais des lettres échangées par Brouwer et Poincaré sont publiées dans l'ouvrage édité par Dirk van Dalen [2011], *The Selected Correspondence of L. E. J. Brouwer.*

1 Brouwer à Poincaré

[Début décembre 1911] [7]

Je prends la liberté de vous envoyer en même temps que cette lettre trois petits articles parus récemment dans les *Mathem. Ann.* [8] (ainsi que le texte non-publié d'une communication faite par moi au Congrès allemand de Karlsruhe le 27 septembre 1911, mais cependant pas me décider à publier cette communication sans vous prier [9]).
Mon „Beweis der Invarianz des n-dimensionalen Gebiets“ [10] a été inspirée l'année passée par la lecture de votre „Méthode de Continuité“ du tome 4 des *Acta Mathematica* [11]. C'est qu'à cette lecture, j'avais l'impression d'une part qu'on ne voit pas si la correspondance biunivoque et continue entre les deux variétés $6p-6+2n$ dimensionales dont il est question est analytique, d'autre part que pour pouvoir appliquer la méthode de cont., il fallait commencer par démontrer l'absence de points singuliers dans la variable des modules des surfaces de Riemann de genre

6. La lettre adressée par Poincaré à Brouwer le 10 décembre 1911 est publiée par Pavel Aleksandrov [1972] et commentée par V. K. Zorin [1972].

7. Poincaré répond à cette lettre le 10 décembre 1911. Cette lettre est transcrite d'après un brouillon conservé aux Archives Brouwer (Utrecht) ce qui explique l'absence de formule de politesse.

8. Brouwer [1910f,a,e,b] a publié aux *Mathematische Annalen* quatre articles.

9. Le texte de la conférence de Brouwer [1912b], „Über den Kontinuitätsbeweis für das Fundamentaltheorem der automorphen Funktionen in Grenzkreisfalle“, sera publié en 1912 dans le compte rendu de la session du congrès de la Mathematiker-Vereinigung de Karlsruhe tenue le 27 septembre 1911 et consacrée aux fonctions automorphes (*Jahresbericht der Deutschen Mathematiker-Vereinigung* (21 (1912), p. 153-166).
Introduit par des remarques introductives de Klein [1912], le compte rendu de cette journée propose la rédaction de la conférence de Brouwer [1912b] et une longue présentation des recherches sur le théorème d'uniformisation par Paul Koebe [1912], suivies de deux notes de Ludwig Bieberbach [1912] et de Emil Hilb [1912].

10. [Brouwer, 1912a].

11. [Poincaré, 1884f].

p, cette dernière démonstration serait d'ailleurs assez simple. Ayant lu quelque part dans un article de votre main (je crois sur l'équation $\Delta u = e^u$ dans le Journal de Liouville [12]) que vous considérez votre exposé de la méthode de continuité était parfaitement parfaitement rigoureux et complet [13], je me suis mis à craindre d'avoir mal compris vos mémoires des *Acta*, et j'ai publié mon travail „Beweis der Invarianz des n-dimen. Gebiets“ sans y signaler l'application de la méthode de continuité, me bornant à faire une communication orale sur ce sujet le 27 septembre 1911 au Congrès des Mathématiciens allemands à Karlsruhe dont je joins le texte à cette lettre. À l'occasion de cette communication, M. Fricke m'a exprimé son doute que j'eusse au commencement exactement formulé le résultat de vos raisonnements des pages 250-276 des *Acta*. Cependant, je continue à croire que je vous ai exactement interprété.

Le mot „gleichmässig“ (uniformément) constitue le point principal. En effet, si les conditions de cet énoncé sont satisfaites, les polygones réduits de la suite de groupes convergent aussi uniformément vers la frontière du cube $(2n + 6p - 6)$-dimensions et il existe en vertu de vos raisonnements au moins un polygone limite réduit possédant sur la courbe fondamentale des angles paraboliques seulement et correspondant pour cela à une surface de Riemann limite pour laquelle ou bien le genre s'est abaissé, ou bien des points singuliers se sont confondus.

Demanderais-je trop de votre bienveillance et de votre temps précieux, en vous priant de vouloir bien me communiquer brièvement votre opinion sur les points en litige signalés, savoir 1° si j'ai exactement formulé le résultat des pages 250-276 des *Acta* et 2° si j'avais tort en disant en la première page de la communication ci-jointe, que les pages 276-279 des *Acta* admettent tacitement le Théorème 1 et le Théorème 2 [14].

---

12. [Poincaré, 1898a].

13. Poincaré est aussi affirmatif que Brouwer le rappelle :

> Dans un type quelconque (pourvu que la différence des racines de chaque équation déterminante soit l'inverse d'un entier), y a-t-il toujours une équation fuchsienne, c'est-à-dire telle que x soit fonction fuchsienne du rapport des intégrales ?
>
> Cette question est d'une importance capitale dans la théorie des fonctions fuchsiennes ; mais elle est extrêmement difficile ; on voit assez aisément que, dans un type quelconque, il ne peut y avoir plus d'une équation fuchsienne ; mais il est plus difficile d'établir qu'il y a en a toujours une.
>
> La première démonstration qui ait été donnée est fondée sur ce qu'on appelle la *méthode de continuité*. Nous y avons été conduits, M. Klein et moi, d'une façon indépendante. Dans mon Mémoire sur les *groupes des équations linéaires*, inséré dans le Tome III des *Acta mathematica* [Poincaré, 1884f], j'ai insisté sur les ressemblances et les différences des résultats de M. Klein et des miens et j'ai donné en même temps un exposé complet de la méthode ; je n'ai plus à y revenir. Je crois être arrivé à donner à cette méthode une forme parfaitement rigoureuse, mais elle n'en reste pas moins extrêmement compliquée et a un caractère indirect. [Poincaré, 1898a, p. 138]

14. Brouwer [1912b, p. 154] affirme que la méthode de continuité de Poincaré repose sur deux théorèmes :

Je vous serais extrêmement reconnaissant de me délivrer de la sorte de mon incertitude sur ces points.
Agréez, Monsieur, l'expression de ma profonde vénération.

L. E. J. Brouwer

2 Poincaré à Brouwer

[10/12/1911] [15]

Mon cher Collègue,

Je vous remercie beaucoup de votre lettre ; je ne vois pas bien pourquoi vous doutez que la correspondance entre les deux variétés soit analytique ; les modules des surfaces de Riemann peuvent s'exprimer analytiquement en fonction des constantes des groupes Fuchsiens ; il est vrai que l'on ne doit donner à certaines variables que des valeurs réelles, mais les fonctions de ces variables réelles n'en conservent pas moins le caractère analytique [16].
Ou bien la difficulté provient-elle à vos yeux de ce que ces variétés dépendent non des constantes du groupe, mais bien des invariants. Si je me rappelle bien ; j'envisageais une variété dépendant des constantes des substitutions fondamentales du groupe ; à un groupe correspondra alors une infinité discrète de points de cette variété ; je subdivisais ensuite cette variété en variétés partielles, de telle façon qu'à un groupe corresponde un seul point de chaque variété partielle ; (de la même façon que l'on décompose le plan en parallélogrammes des périodes, ou bien le cercle fondamental en polygone fuchsiens) [17]. Le caractère analytique de la correspondance ne m'en semble pas altéré.
En ce qui concerne la variété des surfaces de Riemann, on peut être embarrassé si l'on considère ces surfaces de la façon de Riemann ; on pourrait se demander par exemple si l'ensemble de ces surfaces ne forme pas deux variétés séparées. La difficulté disparaît dès que l'on envisage ces surfaces au point de vue de M. Klein ; la continuité, l'absence de singularité, la possibilité de passer d'une surface à l'autre d'une manière continue deviennent alors des vérités presque intuitives.

> Auf Grund dieses Satzes [le théorème d'uniformisation des surfaces de Riemann compactes] führt Poincaré den Kontinuitätsbeweis der Existenz linearpolymorpher Funktionen auf Riemannschen Flächen unter den folgenden beiden stillschweigenden Voraussetzungen :
> Theorem 1. *Die Klassen der Riemannschen Flächen vom Geschlechte p bilden eine singularitätenfreie* (6p − 6) *dimensionale Mannigfaltigkeit.*
> Theorem 2. *In einer q-dimensionalen Mannigfaltigkeit bildet das eineindeutige und stetige Bild eines q-dimensionalen Gebiet wiederum ein Gebiet.*

Un *Gebiet* est un ouvert connexe par arcs. Le théorème 2 est montré dans [Brouwer, 1912a]. Voir aussi la lettre que Brouwer adresse à Robert Fricke [van Dalen, 2011, p. 116-118].

15. Cette lettre est datée d'après le cachet de la poste [Dugac, 1986, p. 87].

16. Voir [Poincaré, 1884f, p. 233-234]. Pour un exposé modernisé de la méthode de continuité de Poincaré, voir [de Saint-Gervais, 2010, p. 270-288].

17. Voir [Poincaré, 1884f, p. 219 et p. 263-264] ainsi que la lettre adressée par P. Koebe à Brouwer le 12 février 1912 [van Dalen, 2011, p. 131-133].

Je vous demande pardon de la façon décousue et du désordre de ces explications ; je n'espère pas qu'elles vous satisfassent parce que je vous les ai très mal présentées ; mais je pense qu'elles vous amèneront à préciser les points qui vous embarrassent de façon que je puisse ensuite vous donner entière satisfaction. Je suis heureux d'avoir cette occasion d'entrer en rapport avec un homme de votre valeur.
Votre bien dévoué Collègue,

Poincaré

3 Poincaré à Brouwer

[Avant le 4 janvier 1912 [18]]

Mon cher Collègue,

Je vous remercie beaucoup de vos lettres successives; j'étudierai la question en détail aussitôt que j'en aurai le temps. Je crois toujours que ce qu'il y aurait de plus simple pour démontrer l'absence de point singulier, c'est de ne pas se servir des surfaces de Riemann sous la forme que leur donne Riemann, c'est à dire celle de feuillets plans superposés avec des coupures, mais sous la forme que leur donne Klein ; une surface quelconque, de connexion convenable, et une loi quelconque (avec représentation conforme ou non conforme) pour la correspondance des points de cette surface avec les points imaginaires de la courbe $f(x, y) = 0$.
J'ai exposé mes idées sur ce point dans une séance de la Société Mathématique de France il y a déjà quelques longues années [19] ; mais je ne les ai pas publiées, parce que M. Burkhardt [20] qui assistait à cette séance m'a dit alors que M. Klein avait déjà publié cela dans ses leçons autographiées [21] ; vous pourriez peut-être vous procurer cette autographie.
Il s'agit en somme de ceci ; soit $f(x, y) = 0$ une courbe de genre p ; je fais correspondre à cette courbe une surface de Riemann-Klein S et une loi L de correspondance entre les points réels de cette surface et les points complexes de la courbe $f(x, y) = 0$. J'envisage ensuite les surfaces S' et les lois L' infin.^{t} peu différentes de S et L. Il s'agit d'abord de montrer que ces surfaces S', (en ne considérant pas comme distinctes celles qui peuvent se déduire les unes des autres par des transform. birationnelles) sont en nombre ∞^{6p-6} ; et ensuite que l'on peut toujours passer d'une quelconque des S', L' à une autre quelconque de S, L, sans s'écarter beaucoup de S, L et sans passer par S, L.
Votre bien dévoué Collègue,

Poincaré

18. La lettre suivante datée du 4 janvier 1912 est une réponse à cette lettre.

19. Poincaré présente à la séance du 7 mars 1894 de la Société mathématique de France une communication « sur la question de savoir si les courbes d'un même genre forment une multiplicité continue (*Bulletin de la Société mathématique de France*, 22 (1894), p. 45).

20. Heinrich Burckhardt (1861-1914) a séjourné à Paris durant l'hiver 1893-1894. Il est élu lors de la séance du 22 novembre 1893 membre de la Société mathématique de France (*Bulletin de la Société mathématique de France*, 21 (1893), p. 131) ; il est alors présenté comme privat-docent à l'Université de Göttingen.

21. [Klein, 1892b]. Le texte de ces leçons est réédité en 1906 [Klein, 1906].

4 Brouwer à Poincaré

Amsterdam, 4. 1. 12
Overtoom 565 [22]

Cher Monsieur

Mille remerciements de votre lettre et de votre promesse de revenir plus tard à la question. Quant au cours autographié de M. Klein, quoique l'idée de la surface quelconque considérée comme surface de Riemann y joue un rôle prépondérant, il n'est fait aucun usage de cette idée pour démontrer des propriétés de la variété des modules, de sorte que M. Burkhardt doit s'être trompé à ce sujet et que je serai très heureux si je pouvais un jour prendre connaissance de vos développements d'autrefois que vous n'avez pas publiés.
Salutations cordiales et respectueuses.

Votre bien dévoué,
L E J Brouwer

22. Cette lettre est accompagnée de deux feuilles de calculs de la main de Poincaré qui n'ont apparemment rien à voir avec les questions soulevées par Brouwer.

Georges Brunel

Georges Brunel (1854–1900) was born in Abbeville near Amiens. He attended schools in Abbeville, Lille, and Paris before entering the École normale supérieure in 1877 to study mathematics. After graduation in 1880, he spent the academic year 1880-81 in Leipzig working under Felix Klein. When he introduced himself in his first letter to Poincaré, he wrote as a "comrade", i. e. fellow normalien of Paul Appell and Émile Picard, although both, to be sure, were a few years ahead of him there (Appell entered the École normale in 1873, Picard in 1874). Brunel was, in fact, one of the first normaliens to continue his studies in Germany. Two prominent graduates who did so later were Paul Painléve, who went to Göttingen to study under Klein and H. A. Schwarz, and Ernest Vessiot, who spent some time in Leipzig working closely with Sophus Lie. Brunel returned to Paris the next year to take a position as agréegé–préparateur de mathématique at the École normale. He then was appointed chargé du cours de mécanique at the École des Sciences in Algiers, where he completed his doctoral thesis on a topic in complex analysis. In 1884 Brunel obtained the chair for pure mathematics in the faculty of sciences at Bordeaux. His predecessor, Jules Hoüel, was well known as a leading authority on non-Euclidean geometry, having in 1867 translated works by Lobachevski and Bolyai. Brunel retained this position until his early death at the age of 43. His colleague, the distinguished physicist, historian and philosopher of science, Pierre Duhem [1902], wrote a lengthy obituary, noting that Brunel had published 97 works during his short lifetime.

Brunel had already spent a good deal of time in Leipzig before he wrote to Poincaré, and one can easily sense that this stay abroad had not been easy for him. At the same time, he clearly felt a deep urge to serve his country while behaving properly as a guest in a foreign land. As he explained to Poincaré, he had come to Leipzig hoping to learn what German mathematicians had to teach the French, a view certainly consonant with that taken by Hermite, who urged his pupils to follow the new currents of research pursued on the other side of the Rhine. In Brunel's case, he clearly found himself in the right place at the right time, for Klein had just arrived as professor of geometry in Leipzig. Full of enthusiasm and big plans, he surprised his colleagues by launching his career with a two-sesmeter course on Riemannian function theory that attracted 75 auditors.

P. Nabonnand et al. (eds.), *La correspondance entre Henri Poincaré et les mathématiciens*,
Publications des Archives Henri Poincaré Publications of the Henri Poincaré Archives,
https://doi.org/10.1007/978-3-7643-8288-9_11

Alongside this course, Klein offered a seminar on various topics in geometry and complex function theory. This drew a number of advanced students, including Adolf Hurwitz and Walther Dyck, who had followed Klein from Munich to Leipzig. There were also some who, like Brunel, came from foreign countries : Giuseppe Veronese, then an assistant under Luigi Cremona in Rome, and Washington Irving Stringham, a recent graduate of Johns Hopkins University, where he took his doctorate under J. J. Sylvester. These two foreigners presented their own recent research in Klein's seminar, whereas Brunel reported on what he was just learning. Shortly before Christmas 1880, he spoke about Riemann's approach to the genus of surfaces and its role in the theory of algebraic curves. Clearly, Klein gave him this topic as well as some relevant literature with which to prepare his talk. Not long afterward, in late January 1881, Brunel spoke for the second time in Klein's seminar on a related topic. On this occasion he began with the topological ideas in Riemann's theory of Abelian functions before turning to their generalization to higher dimensions in the hands of Enrico Betti. Brunel also described earlier related work by the Göttingen physicist and mathematician Johann Benedict Listing, a pioneering figure in the history of topological studies. One can easily recognize Klein's interests in the background here, especially given his fascination with the older Göttingen tradition. In fact, Betti and Riemann first met in Göttingen, though their friendship grew far closer during Riemann's final years when he spent much of his time in northern Italy.

During the summer semester, when Klein's lectures moved into the heart of Riemann's theory, nearly all the talks in his seminar were concerned with topics fairly closely tied to his course. The one striking exception was Brunel's presentation, which dealt with Cantor's theory of point sets while highly his proof that the algebraic numbers constituted a countable subset within the uncountable infinite numbers of the continuum. Besides several works by Cantor, Brunel also cited papers by several other German authors, including J. Lüroth, E. Netto, and E. Jürgens. He also cited the paper in which J. Liouville gave his classical method for constructing transcendental numbers. Clearly, this was a second new field of research that had not yet made in roads into France, so Georges Brunel was well prepared to act as an early envoy.

It was during this summer semester that Klein and Poincaré began their famous correspondence, an important chapter in the early history of automorphic functions. Already in his second letter to Poincaré, written on 19 June 1881, Klein informed him that Brunel had been studying in Leipzig and that he would be able to give Poincaré details about Klein's research program. More specifically, he mentioned a manuscript from a course Klein had taught two years earlier in Munich, adding that he would discuss this with Brunel so that the latter could inform Poincaré of its contents. It was in this same letter that Klein also objected to the name Poincaré had given to the automorphic functions with a limit circle. Poincaré had dubbed these 'fonctions fuchsiennes' in honor of Lazarus Fuchs, a choice Klein simply could not accept : "Die Bennenung 'fonctions fuchsiennes' weise ich zurück . . .". This refusal soured the mood in the letters that followed, and Klein's persistence eventually produced a public debate in the pages of *Mathematische Annalen*. The four letters from the summer of 1881 that Brunel sent to Poincaré create a vivid impression of how he felt compelled to take the French side in this conflict while striving to give an objective account of what he saw and heard. As an eye witness to Klein's initial anger over this whole affair, his accounts shed a good deal of light on the emotional dimensions of what Poincaré would later call "un débat stérile pour la Science" (Poincaré to Klein, 4 April 1882).

D. R.

1 Brunel à Poincaré

Leipzig, Juin 1881 [1]

Monsieur,

Pouvant vous entretenir de choses qui vous intéressent spécialement, je me permets de vous écrire. Ancien élève de l'École Normale Supérieure [2], j'ai été envoyé en Allemagne à ma sortie de l'Ecole et je suis en ce moment auprès de Mr. Klein où j'ai déjà à plusieurs reprises entendu parler de vous. Comme vous le voyez, suivant l'habitude allemande, j'ai commencé par me présenter ; si je me suis conformé à une habitude allemande, il ne faut pas croire pour cela que je me plaise beaucoup au milieu de ce peuple ; plus j'apprends à le connaître, plus je le déteste.
Vous vous demandez probablement à quoi je veux en venir. C'est bien simple. Aujourd'hui nous avions Séminaire, Mr. Klein est arrivé avec les *Comptes Rendus* qui contiennent vos Notes sur les fonctions fuchsiennes [3] et aussi les travaux récents de Picard [4]. Il s'est d'abord adressé à moi et m'a communiqué les deux lettres que vous lui avez écrites [5]. Après quoi, il s'est mis à nous analyser vos derniers travaux sur les dites fonctions en commençant à peu près en ces termes « j'ai déjà eu à parler à plusieurs reprises avec quelques uns d'entre vous des travaux des élèves de Mr. Hermite ; je crois aujourd'hui, avec la tournure que prend la chose devoir vous en entretenir un peu plus en détail. Il s'agit en particulier des travaux de Mr. Poincaré, et des Notes qu'il publie maintenant presque régulièrement dans les Comptes Rendus. Prenons un Compte Rendu au hasard, je trouve une Note sur la propriété des fonctions fuchsiennes ». Le mot de fuchsiennes lui a déjà permis de faire quelques railleries plus ou moins fines, qui ont paru chatouiller agréablement les oreilles allemandes qui l'écoutaient ; Monsieur Klein m'avait déjà en particulier parlé de vos travaux mais, ce soir, il paraissait un peu plus énervé que précédemment ; ayant lu maintenant les lettres que vous lui avez écrites, je crois devoir attribuer cette attitude à votre refus, bien motivé et bien compréhensible de changer de dénomination. Alors il a continué, et il s'est plaint de ce que les «jeunes Français » ne savaient pas ce qui s'était publié en Allemagne ; il a dit que l'on ne savait pas en France probablement que les *Mathematische Annalen* existaient ; à cela je n'aurais pu répondre qu'une chose, c'est que, à Berlin même, on considère ce Journal comme d'existence toute problématique, que l'on n'y lisait pas le Journal de Crelle (où avez vous lu les travaux de Fuchs) etc etc... J'étais

1. Cette lettre est datée de la fin juin puisqu'il est fait état de la lettre adressée par Poincaré à Klein le 22 juin.

2. Georges Brunel entre à l'École normale supérieure en 1877.

3. Durant le premier semestre 1881, Poincaré publie dans les *Comptes rendus de l'Académie des sciences* sept notes relatives aux fonctions fuchsiennes et à leurs applications [Poincaré, 1881e,f,s,g,h,i,j].

4. Émile Picard avait publié plusieurs notes en particulier sur les fonctions et courbes algébriques [Picard, 1880d,b,c, 1881a].

5. Voir les lettres 2 et 4.

bien ennuyé et je ne pouvais rien dire ; je ne suis ici qu'un hôte et je dois être poli, même, quand on l'est pas précisément. Il a alors dans vos travaux relevé une faute dont probablement il vous a déjà parlé ($4p-2$ pour le nombre de modules au lieu de $3p-3$) et même péroraison il nous a dit : «Je proteste contre le nom de fonctions fuchsiennes. C'est à Riemann que revient l'idée fondamentale, c'est à Schwarz que revient le mérite de l'application de cette idée de Riemann. Plus tard, j'ai travaillé moi-même dans cette direction et dans mes leçons au Polytechnikum de Münich j'ai présenté quelques résultats qui sont la base des travaux de Mr. Poincaré. Quant à Mr. Fuchs, qui a voulu une fois s'occuper de questions semblables il n'est parvenu qu'à ceci, à nous montrer qu'il n'y comprenait absolument rien». Je dois conclure. Vos fonctions fuchsiennes n'appartiennent à personne autre qu'à vous et vous pouvez leur donner le nom qu'il vous semble bon sans qu'aucun Allemand ait à y redire. Que dans leurs cours, ils aient exposé quelques idées en rapport avec la question qui vous occupe maintenant ; qu'il résulte d'un entretien que Mr. Klein a eu avec Mr. Weierstrass à Pâques que certaines idées que vous avez eu de votre coté existent sous une autre forme dans le cerveau du géomètre de Berlin, tout cela n'est que chose secondaire. Enfin, Klein vous adresse encore un reproche aussi bien à vous qu'à Appell et à Picard, c'est d'exposer parfois, dans les Comptes Rendus, dans des Notes bien courtes des «Méthodes» que l'on ne sait pas si «vous êtes capable d'employer » (ceci a été accompagné d'une critique bien aigre d'une Note de Picard). Je crois que Mr. Klein avait oublié quand il me dit cela qu'il n'est pas possible de publier dans les Comptes Rendus tout ce que l'on voudrait et que l'on doit se contenter d'y présenter les idées et les méthodes sans tout appuyer sur le résultat. La place manque. – Vous comprenez maintenant pourquoi j'aime tant les Allemands. Je dois dire cependant que relativement j'ai toujours trouvé que Mr. Klein était le plus aimable et le plus obligeant. – Enfin, quoi qu'ils disent, il faut savoir profiter de ce qu'ils ont de bon ; c'est toujours là ce que je me suis dit et c'est même pour cela que je suis en Allemagne. A ce point de vue, je pourrais peut-être aussi vous être utile, et c'est même pour me mettre entièrement à votre disposition que je me suis permis de vous écrire. Mr. Klein m'a communiqué il y a huit jours les notes prises par un élève à un cours du Polytechnikum de Münich ; cela est déjà assez volumineux. Théorie des équation (Semestre d'hiver) Fonctions modulaires et coup d'œil général sur la théorie des fonctions elliptiques (Semestre d'été). Ayant ce cours entre les mains je me suis remis immédiatement au travail et quand je retournerai en France j'en aurai une traduction complète[6].

C'est au commencement de la théorie des fonctions modulaires que je trouve quelque chose ayant rapport avec vos travaux. Mais je croyais trouver plus de ressemblance. Dans un premier entretien que j'avais eu avec Mr. Klein à propos de vos fonctions, il m'avait exposé ses idées en me disant que je les trouverai dans le cours qu'il avait à me communiquer. Dans un second entretien, j'avais entre les mains les leçons en question ; nous avons cherché ensemble le passage dont il s'agirait, mais n'en avons en réalité trouvé que des traces. «Je ne voulais pas

6. Voir l'annexe (p. 140).

surcharger mes élèves, mais j'avais déjà alors les idées dont il s'agit ». Et cependant aujourd'hui, il s'est plaint de rencontrer des idées dans les Comptes Rendus, probablement parce qu'il regrette de n'avoir pas publié les siennes.
Si je puis vous être de quelque utilité, s'il m'était possible de vous donner un renseignement facile à trouver ici, et que vous ne pourriez point vous procurer à Caen. Disposez de moi. Je me mets tout entier à votre service. Français, notre devoir est de combattre les Allemands, par tous les moyens possibles, mais légalement. Par là, j'entends que nous devons reconnaître franchement ce qu'ils ont fait, mais aussi nous devons ne pas tout leur attribuer. Si Mr. Klein a deja publié dans sa théorie des fonctions modulaire certains théorèmes particulier de la théorie des fonctions fuchsiennes, je ne trouve que juste que vous lui «rendiez justice »comme vous le lui dites. S'il n'a pas été plus loin, tant pis pour lui ! –
Camarade d'Appell et de Picard [7], je me suis permis de parler avec vous comme je le fais avec eux. Vous me pardonnerez, j'en suis sûr la liberté que j'ai prise.

Tout à vous
Brunel G

Je retournerai à Paris vers le 12 Août. Si à cette époque vous vous y trouvez, il me serait bien agréable de vous y rencontrer. Je pourrai alors vous communiquer mes Notes sur le cours en question [8]. D'ailleurs, et je vous le répète, si vous avez besoin de quelques renseignements je me mets à votre disposition. Mr. Klein sait que je dois vous écrire, mais pas une lettre pareille ; je suppose. – BG
Au cas où vous voudriez bien m'écrire. Voici mon adresse

Brunel G.
Bei Frau Bittmann
Liebig Strasse 4^{II}
Leipzig

2 Brunel à Poincaré

Leipzig, 7 juillet 1881
Liebig Strass 4II

Monsieur,

J'ai eu aujourd'hui même un entretien avec Monsieur Klein. Les fonctions kleinéennes ne le contentent pas [9]. Loin de là. Il est peut être mécontent d'arriver en seconde ligne. Quoiqu'il en soit il est probable que vous recevrez de lui, si vous

7. Paul Appell entre à l'École normale supérieure en 1873 et Émile Picard en 1874.
8. Voir l'annexe (p. 140).
9. Dans sa note publiée dans le compte rendu de la séance du 27 juin, Poincaré [1881j] propose de dénommer «fonctions kleinéennes»une certaine classe de fonctions invariantes par des groupes analogues aux groupes fuchsiens. Il propose aussi à la séance du 4 juillet une note intitulée *Sur les groupes kleinéens* [Poincaré, 1881n].

ne l'avez déjà reçue, une lettre dans laquelle il vous exprime des plaintes [10]. Que voulez-vous ? Il est, je ne sais pour quelle raison, furieux contre Monsieur Fuchs et il ne pourra plus dormir tant que les fonctions fuchsiennes existeront. Il s'est plaint de ce que vous l'ayez pour ainsi dire pris comme complice, et voici, a peu près ce qu'il m'a dit à ce sujet. « En lisant ce que Mr. Poincaré vient de publier dans les Comptes Rendus on s'imaginera que je lui ai écrit : j'ai pris connaissance de vos belles recherches et je vous félicité d'avoir trouvé ce chemin tout nouveau ; mais il me semble qu'il faut encore considérer un autre espace du polygone etc etc... mais ce n'est pas là du tout ce que je lui ai écrit. Je lui ai écrit que tout ce qu'il a fait est connu et publié depuis longtemps. D'ailleurs, je reproche à Monsieur Poincaré de publier trop vite. Je lui avait parlé dans une première lettre du polygone

et à la fin de sa note il considère des régions limitées par plusieurs circonférences. Dans une lettre que je lui envoyais, malheureusement après sa publication je lui parlais également de ce dernier cas. Et en marchant aussi vite il s'expose à de nouvelles réclamations. Mr. Schottky a publié dans le 83e volume du Journal de Borchardt un théorème où il s'occupe précisément du cas [11].

Peut être que Monsieur Poincaré va encore appeler un autre cercle de fonctions fonctions Schottkyennes. Il n'y a pas de raisons pour s'arrêter. » Je vous répète ce qu'il m'a dit, laissant de coté quelques exclamations comme „Es ist zu verrückt !" etc... et je trouve qu'il ne serait pas difficile de répondre à tout ce qu'il a dit. Je ne puis pas encore aujourd'hui être aussi précis dans mes explications que je le désirerais, mais je compte mardi prochain avoir encore à votre sujet un entretien avec Klein ; j'aurais alors une vue d'ensemble sur les travaux qu'il a faits et qui se rapportent aux vôtres. Je vous écrirai immédiatement. Pour aujourd'hui je puis toujours vous affirmer que je n'ai encore vu aucune trace dans les mémoires de Klein ni dans ses cours au Polytechnikum de fonctions analogues aux fonctions

---

10. Voir la lettre adressée à Poincaré par Klein le 9 juillet 1881 (p. 461).
11. [Schottky, 1877].
Cet article intitulé *Ueber die conforme Abbildung mehrfach zusammenhaengender ebener Flaechen* est la thèse de Friederich Schottky soutenue en 1875 à l'Université de Berlin sous le parrainage de Weierstrass et Helmholtz. Voir la lettre adressée par F. Klein à Poincaré le 2 juillet 1881 (p. 459).

zétafuchsiennes et thétafuchsiennes. C'est d'ailleurs là une question qu'il n'a pas du tout abordée dans les entretiens que j'avais eu avec lui à votre sujet. C'est dans le semestre 1877-1878 que ses recherches sur l'équation du 5ᵉ degré l'on est amené à considérer les „Fundamental polygone ", il a continué en 1878-1879 et dans le semestre d'été 1879 a traité de fonctions modulaires (du 23 avril au 2 juillet). J'extrais des cours deux ou trois lignes qui montrent clairement l'idée fondamentale et qui répondent à votre question sur Riemann „Riemann sprach den Satz aus, dass zu jeder Riemann'schen Fläche Functionnen existieren, welcher aber als nicht bewiesen gilt". Ceci écrit par l'élève qui a fait la rédaction puis de la main de Klein : „Trotzdem mache ich hier von diesem Satze unbedenklich Gebrauch; ich erachte als möglich einen Beweis der allgemeinen Behauptung in aller Strenge zu bringen." Klein s'est occupé donc successivement des équat. du 3ᵉ 7ᵉ et 11ᵉ degré, mais depuis cette époque, il ne s'est pas que je sache occupé d'équations différentielles d'une façon spéciale. Il est bon cependant que vous soyez informé que dans le prochain semestre il lira sur les équations différentielles et indument travaillera dans cette direction. Je me ferai d'ailleurs tenir au courant de ce qu'il traite dans ses cours. Montrera-t-il l'emploi des fonctions zeta ou thetafuchsiennes, j'en doute. En tout cas, il semble bien peu disposé à accepter ce nom qui lui fait horreur. –

Je crois bien de vous envoyer la table des matières du cours sur les fonctions modulaires. Je la copie telle quelle.

Je vous écrirai mardi prochain, mercredi au plus tard.

Je vous serre la main

Brunel G.

3 Brunel à Poincaré

Leipzig 14 Juillet 1881

Monsieur,

Je reçois à l'instant votre lettre et m'empresse de d'y répondre. Monsieur Klein a été malade ces derniers jours, nous n'avons point eu de séminaire lundi en sorte que je n'ai pu prendre jour avec lui pour nous entretenir de vous. Cependant je crois ne devoir pas attendre pour répondre à votre question sur les formes quadratiques linéaires et ternaires et l'équation de Pell.

Considérons une substitution

$$\omega' = \frac{\alpha\omega + \beta}{\gamma\omega + \delta} \qquad \alpha\delta - \beta\gamma = 1 \qquad (1)$$

Deux points restent fixes par cette substitution ; ce sont les points

$$\omega = \frac{\alpha - \delta \pm \sqrt{(\alpha + \delta)^2 - 4}}{2\gamma} \qquad (2)$$

Il en résulte une division des substitutions en trois classes

$$\left.\begin{array}{rrcl} \textit{Substitutions elliptiques} & \alpha + \delta & = & 0 \text{ ou } 1 \\ \textit{paraboliques} & \alpha + \delta & = & 2 \\ \textit{hyperboliques} & \alpha + \delta & > & 2 \end{array}\right\} (3)$$

Substitutions elliptiques : les deux points fixes sont imaginaires
$\alpha + \delta = 0$ S représente une rotation de période 2 (une seule espèce)
$\alpha + \delta = 1$ S représente un rotation de période 3 (Deux espèces dextrogyre ou lévogyre 120° 120°)

On peut donner une démonstration arithmétique simple en écrivant (1) sous la forme :

$$\frac{\omega' - \frac{\alpha-\delta+\sqrt{(\alpha+\delta)^2-4}}{2\gamma}}{\omega' - \frac{\alpha-\delta-\sqrt{(\alpha+\delta)^2-4}}{2\gamma}} = \frac{\alpha+\delta-\sqrt{(\alpha+\delta)^2-4}}{\alpha+\delta+\sqrt{(\alpha+\delta)^2-4}} \cdot \frac{\omega - \frac{\alpha-\delta+\sqrt{(\alpha+\delta)^2-4}}{2\gamma}}{\omega - \frac{\alpha-\delta-\sqrt{(\alpha+\delta)^2-4}}{2\gamma}} \tag{4}$$

Substitutions paraboliques : on a un seul point fixe $\omega' = \frac{\alpha-\delta}{2\gamma} = \frac{a}{c}$. Périodes ∞. Quand le point fixe est à l'infini, la substitution parabolique s'écrit $\omega' = \omega + k$ k étant un entier fixe qu'on appelle l'amplitude de la substitution parabolique. Alors la substitution parabolique qui laisse le point $\frac{a}{c}$ fixe et a l'amplitude k est

$$\omega' = \frac{(-1+ack)\omega - a^2k}{c^2k\omega - 1 - ack}.$$

Substitutions hyperboliques : elles existent en nombre infini. Elles laissent fixe le demi cercle qui est décrit sur les deux éléments fixes comme diamètre en le transformant en lui même. Soit

$$S \quad \omega' = \frac{\alpha\omega+\beta}{\gamma\omega+\delta}$$

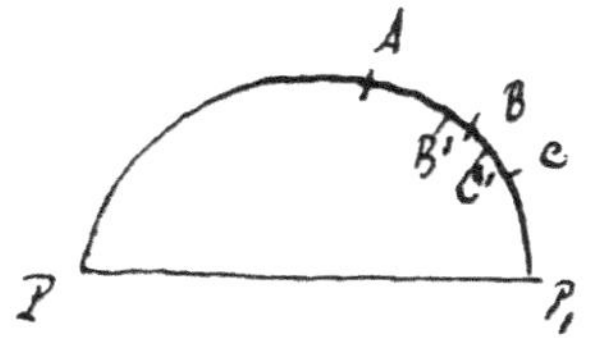

une telle substitution , elle amène le point A aux points B, C ... qui se rapprochent de plus en plus du point P_1. Soit S' une autre substitution amenant A en B', C' ...; $S^{\alpha}S'^{\alpha}$ sera encore une telle substitution.

Parmi ces substitutions, il y en a une, la plus petite, T qui amène le pt A en la position la plus voisine de A et alors tous les S sont des puissances de T $S = T^k$. k s'appelle l'amplitude. Pour que deux substitutions hyperboliques soient gleichberechtigt [12], il faut et il suffit que les amplitudes soient les mêmes et que les parties irrationnelles c'est à dire les facteurs non carrés de (équation) coïncidents. Pour l'équivalence on demande quand il est possible d'amener à coïncider

$$\gamma\omega^2 + (\delta-\alpha)\omega - \beta \qquad \text{et} \qquad a\omega^2 + 2b\omega + c \tag{5}$$

12. Note de Brunel : *«gleichberichtigt » un mot que je n'ai pas encore pu traduire en français, et qui revient cependant si souvent qu'il est ennuyeux d'avoir recours à une périphrase.

Nous supposons alors que a, $2b$, c n'ont aucun diviseur commun que z et 2. Nous le désignerons par σ (d'après Gauss) et dès lors γ, $\delta - \alpha$ ont le même commun diviseur u, il faut que l'on ait

$$\frac{\gamma}{u} = \frac{a}{\sigma} \qquad \frac{\delta - \alpha}{u} = \frac{b}{\sigma} \qquad \frac{-\beta}{u} = \frac{c}{\sigma} \qquad \alpha + \delta = \frac{2t}{\sigma}$$

d'où on déduit

$$\gamma = \frac{au}{\sigma} \qquad \beta = -\frac{ca}{\sigma} \qquad \alpha = \frac{t - ab}{\sigma} \qquad \delta = \frac{t + ab}{\sigma} \tag{6}$$

et la condition $\alpha\delta - \beta\gamma$ devient

$$t^2 - Du^2 = \sigma^2 \qquad \text{où} \qquad D = b^2 - ac \qquad \text{(Equation de Pell)}$$

Pour cette équation, toutes les solutions se présentent comme une puissance de la plus petite solution T, U ; on a pour le multiplicateur qui entre dans (4)

$$\frac{\alpha + \delta - \frac{2u\sqrt{D}}{\sigma}}{\alpha + \delta + \frac{2u\sqrt{D}}{\sigma}} = \frac{t - u\sqrt{D}}{t + u\sqrt{D}} = \left(\frac{t - u\sqrt{D}}{\sigma}\right)^2$$

Il [y a] concordance entre les deux séries de considérations géométriques et arithmétiques. L'amplitude k est ici définie par

$$k = \frac{\log(t + u\sqrt{D})}{\log(t - u\sqrt{D})}$$

Klein s'occupe alors d'« une question importante qui doit être traitée avant les substitutions hyperboliques ».

Équivalence de deux formes quadratiques

Si deux formes

$$a\omega^2 + 2b\omega + c \qquad \text{et} \qquad a'\omega^2 + 2b'\omega + c'$$

ont la propriété par la substitution

$$w' = \frac{\alpha\omega + \beta}{\gamma\omega + \delta} \qquad \alpha\delta - \beta\gamma = 1$$

de passer l'une dans l'autre, on les appelle équivalentes. Il faut $\sigma = \sigma'$ $D = b^2 - ac = D' = b'^2 - a'c'$, mais cela ne suffit pas.

I. Déterminants négatifs.

Points fixes

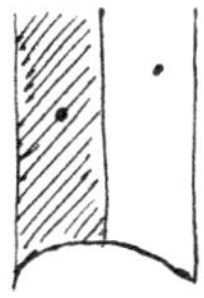

$$w' = \frac{-b \pm i\sqrt{\Delta}}{a} \qquad \frac{-b' \pm i\sqrt{\Delta}}{a'}$$

Klein dit alors que la forme correspondant aux points ω' est réduite si on a amené les points ω' à être dans le double triangle fondamental.

Deux formes réduites sont équivalentes quand les points fixes coïncident (ceci a été généralisé par Selling [13] et Smith [14]).

II. Déterminants positifs. –

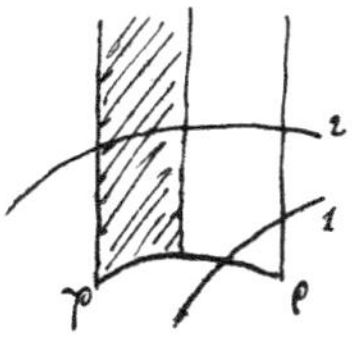

Une forme à déterminant positif est dite réduite si on a fait des substitutions telles que le cercle décrit sur les deux points fixes coupe le double triangle fondamental. Si le cercle rencontre l'arc de base $(\rho, -\rho)$ la réduite est dite principale (1), autrement (2) elle est dite approchée.

Le nombre des réduites d'une forme est fini.

Klein montre comment on peut les obtenir par une suite de transformations :

$$\omega' = \omega - \mu \qquad \omega'' = -\frac{1}{\omega'} \qquad \omega''' = \omega'' - \mu_2 \qquad = -\frac{1}{\omega'''} \qquad \text{etc.}$$

13. [Selling, 1874]. Hermite recommande l'article de Selling [1874] dans sa lettre adressée à Poincaré le 23 juin 1880 (p. 357). Poincaré [1881b] cite l'article de Selling [1874] sur les formes quadratiques binaires et ternaires comme ayant inspiré son travail sur les applications de la géométrie non-euclidienne à la théorie des formes quadratiques :

> Depuis longtemps, M. Hermite a démontré qu'une forme quadratique ternaire indéfinie à coefficients entiers n'est pas altérée par une infinité de substitutions linéaires dont les coefficients sont également entiers. Mais toutes les propriétés de ces substitutions ne sont pas encore connues ; je crois donc qu'il n'est pas inutile d'en signaler quelques-unes qui me semblent curieuses. Je prendrai pour point de départ les importants mémoires de MM. Hermite et Selling sur cette question (Journal de Crelle, [Hermite, 1854c], [Selling, 1874]). [Poincaré, 1881b, p. 132-133]

Émile Picard [1884, p. 10] cite aussi l'article de Selling [1874] dans les mêmes termes :

> On connait la méthode célèbre par laquelle M. Hermite ramène l'étude arithmétique d'une forme quadratique réelle indéfinie à la réduction continuelle d'une forme définie dépendant de certains paramètres arbitraires, ce qui lui a permis d'établir ces deux théorèmes fondamentaux, qu'à un déterminant donné correspondait un nombre fini de classes et que toutes les substitutions semblables correspondant à une forme pouvaient être obtenues par la combinaison d'un nombre fini de substitutions fondamentales. Les applications pratiques de cette méthode peuvent être souvent fort délicates, tant à cause du choix des conditions de réduction d'une forme définie que par la difficulté de suivre la variation simultanée des divers paramètres arbitraires. On trouvera, dans le beau mḿoire de M. Selling , une application de la méthode aux formes ternaires indéfinies [...].

14. [Smith, 1861].

Ce procédé lui permet de résoudre l'équation de Pell. (Je ne vous donne pas les conditions d'inégalité pour que l'on ait une réduite, vous devez les connaître depuis longtemps déjà.)
(Pour l'équation de Pell voici l'exemple qu'il donne.)

$$\begin{array}{rclc}
 & & F = & 3\omega^2 + 2D\omega + 1 \qquad D = 2\tau \\
\omega & = & \omega' - 1 & 3\omega'^2 - 8\omega' - 2 \\
\omega' & = & -\frac{1}{\omega_1} & -2\omega_1^2 + 8\omega_1 + 3 \\
\omega_1 & = & \omega_1' + 4 & -8\omega_1'^2 + 8\omega_1' + 3 \\
\omega_1' & = & -\frac{1}{\omega_2} & \text{etc.} \\
\omega_2 & = & \omega_2' - 3 & \vdots \\
\omega_2' & = & -\frac{1}{\omega_3} & \vdots \\
\omega_3 & = & \omega_3' - 10 & \vdots \\
\omega_3' & = & -\frac{1}{\omega_4} & 3\omega_4^2 + 20\omega_4
\end{array}$$

On a donc pour la substitution qui transforme la forme F en elle-même

$$\omega = -3 - \cfrac{1}{4 - \cfrac{1}{3 - \cfrac{1}{10 - \cfrac{1}{\omega_4}}}} \qquad \omega = \frac{-407\omega_4 - 42}{126\omega_4 + 13}$$

Revenant à l'équation de Pell, les formules donnent

$$u = 42 \qquad \mu = \frac{\alpha + \delta}{2} = 197$$

$$197^2 - 22.42^2 = 1$$

d'où 42 et 97 solution la plus simple. On a d'autres solutions en considérant par exemple les fractions continues

$$\omega = (-3, -4, -3, -10, -3, -4, -3, -10, \dots, \omega_4).$$

La valeur de la fraction illimitée est racine de l'équation $F = 0$
(À propos de ces formes, Klein dit quelques mots de l'équation

$$a\omega_1^2 + 2b\omega_1 + c = \mathcal{N},$$

de l'emploi du parallélogramme de côté $\sqrt{a}$, $\sqrt{c}$ et d'angle $\cos\varphi = \frac{b}{\sqrt{ac}}$ et dit un mot de la généralisation aux formes ternaires renvoyant à Dirichlet et Selling.)
Il donne enfin les caractères d'équivalence de deux substitutions hyperboliques.

Peut être que ce qui précède ne vous contentera pas; la rédaction que j'ai eu[e] entre les mains est très mal faite. D'autre part, il n'est pas toujours facile sans entrer dans de longs détails de donner un aperçu de la méthode géométrico algébrique de Klein. Si vous n'êtes pas satisfait, ne vous gênez pas pour me le dire; je vous renverrai alors la chose d'une façon plus explicite. Je suis en outre à votre disposition complète et prêt à vous rendre les services qu'il est en mon pouvoir de vous rendre.

Klein ne sait pas encore que je vous ai écrit. Je lui avais dit que j'avais l'intention de vous envoyer une lettre et c'est alors qu'il m'avait prié d'attendre un entretien complémentaire. Je remarque en terminant que si Klein s'étonne de ce que vous ayez donné son nom aux nouvelles fonctions «bien qu'il n'ait fait rien autre chose que de remarquer l'existence de ces groupes [15] », c'est encore pour protester contre le nom de fonctions fuchsiennes, Fuchs n'ayant même pas trouvé les groupes correspondants.

Dès que j'aurai vu Monsieur Klein, je vous écrirai de nouveau, à moins que je ne reçoive de vous auparavant une lettre.

Tout à vous,
Brunel G.
Liebig Strasse 4^II^

Monsieur Weierstrass n'a rien publié, que je sache depuis quelque temps. Sa dernière note dans les *Monatsberichte* est du mois de février et relative à une lettre que Mr Tannery lui avait envoyée [16]. Il est beaucoup occupé par la publication des Œuvres de Steiner et de Jacobi [17].

Schwarz publie en ce moment à Göttingen „Formeln und Lehrsätze zum Gebrauche der elliptischen Functionen (nach Vorlesungen und Aufzeichnungen des H. Pr Weierstrass [18])". La publication n'est pas encore terminée.

Pourquoi ne cherchez-vous pas des fonctions de plusieurs variables également à groupes discontinus. À ce sujet, la *Theorie der Transformationsgruppen* de S. Lie (Math. Annalen XVI 441) [19] pourrait vous être utile. On n'a pas aussi facilement de représentation géométrique quand il s'agit de fonctions de deux variables, mais qu'est ce que cela fait.

BG [20]

15. Voir la lettre de Klein à Poincaré du 9 juillet 1881 (p. 461).
16. [Weierstrass, 1881]
17. Les premiers tomes des œuvres de J. Steiner et de C. G. Jacobi paraissent en 1881.
18. [Schwarz, 1885].
19. [Lie, 1880a].
20. Il est joint à cette lettre deux pages (manuscrites de la main d'un copiste) intitulées «Extraits du cahier de Brunel – (cours de Klein) fonctions modulaires» (p. 140) et une page rayée intitulée «Sur les fonctions fuchsiennes» qui est une tentative de rédaction du début de la note publiée par Poincaré le 17 octobre 1881 [Poincaré, 1881k].

4 Brunel à Poincaré

Leipzig, 31 Juillet 1881

Cher Monsieur,

Je n'ai plus eu avec Monsieur Klein d'autre entretien à votre sujet. Je lui ai dit que je vous avais écrit à propos des formes quadratiques et de l'équation de Pell. Il paraît convenablement revenu à la raison et avoir digéré les noms de Fuchsiennes. Je quitte Leipzig mercredi prochain, j'irai d'abord à Paris où je resterai quatre ou cinq jours, ensuite je vais chez moi. Si donc vous voulez m'écrire voici mes adresses Du 5 au 10 août

École Normale Supérieure
45 rue d'Ulm

À partir du 11 août

Rue de la Tannerie, 6
Abbeville Somme

J'espère que vous m'écrirez et me donnerez votre adresse pendant les vacances. Je ne suppose pas que vous restiez à Caen.
Vous avez peut être reçu une lettre d'un jeune Allemand, Hurwitz, Sur la théorie, indépendante, des fonctions modulaires [21]...
C'est l'exposé des idées de Klein. – Mr. Hurwitz était élève de Klein à Münich, c'est sous la direction de Klein qu'il a fait cette thèse, et Klein considérait ce travail comme très important. Il y a mit plus d'une fois la main, a corrigé et au besoin rectifié les épreuves. Vous avez dans cette thèse la plus grande partie de ce qui a été fait au Polytechnikum de Münich.
Depuis ce que vous me disiez dans une de vos lettres, vous avez en ce moment à faire passer les épreuves du baccalauréat. Je suppose que cela ne vous prend cependant pas beaucoup de temps et ne s'oppose que bien peu à votre travail et en voyant ce que vous publiez dans les Comptes rendus [22], je trouve ma supposition fondée.
Pendant les vacances je vous écrirai probablement plusieurs fois. J'ai l'intention de faire un résumé du cours du Polytechnikum [23].

---

21. [Hurwitz, 1881].
Cet article est la thèse d'Hurwitz soutenue à Leipzig en 1881 sous le parrainage de Klein et Wilhelm Scheibner.
La lettre dont parle Brunel n'a pas été retrouvée.

22. Poincaré a continué à publier au même rythme dans les *Comptes rendus* au mois de juillet [Poincaré, 1881n,r].

23. [Brunel, 1882].
En fait, Brunel présente la rédaction par Klein [1882d] de son cours :

> Dans le semestre d'hiver 1880-1881 et dans le semestre d'été 1881, M. Felix Klein s'était proposé de traiter, dans le Cours dont il est chargé à L'université de Leipzig, la théorie des fonctions à un point de vue spécialement géométrique. Étudier à fond la première partie du Mémoire de Riemann sur la théorie des fonctions abéliennes, montrer comment des considérations em-

Vous ai-je dit dans ma dernière lettre que la réduction des formes au moyen du triangle fondamental est due à Smith [24] ? J'attends une lettre de vous, soit à Paris, soit à Abbeville.

Tout à vous
Brunel G.

5 Annexe : deux pages du cours de Klein rédigées en français par G. Brunel

Extrait du cahier de Brunel (Cours de Klein)
Fonctions modulaires (extrait)

Correspondant à ces exemples on a des fonctions univoques de η avec une infinité de substitutions linéaires en elles-mêmes qui [*un blanc*] toujours une division du plan (ou de la surface de la sphère) en une infinité de parties (de dimensions finies) qui recouvriraient une fois le plan complètement et inversement, on peut toujours au moyen de groupes infinis de cette sorte former des fonctions univoques de η qui par ce groupe de substitutions se transforment en elles-mêmes. Appelons une telle fonction de η, $p(X)$. Nous pourrons représenter X, η dans le plan complexe. Nous nous occupons d'abord des fonctions X qui décrivent l'aire d'un triangle à côtés circulaires d'angles λ, μ, ν quand η décrit un demi-plan (il y a ici un changement de lettres). Ici nous pouvons supposer que les sommets 0, 1, ∞ sont les sommets η de ce triangle. Mais dès lors d'après la loi de la réflexion nous transformerons par rayons vecteurs réciproques ces triangles ; pour que le plan ne soit recouvert qu'une fois il faut que λ, μ, ν soient des diviseurs entiers de 2π.
Mais ceci ne suffit pas, on pourrait encore en continuant toujours les réflexions arriver à un recouvrement multiples. On peut mieux se représenter les choses sur la sphère. [*un blanc*] expliquer sur un exemple.
Envisageons les sommets des triangles déterminés par un corps régulier (ou le corps demi-régulier correspondant). On a des divisions de la sphère qui ne la recouvrent qu'une fois. Les triangles ont pour côtés des arcs de grands cercles. Il n'y a pas d'autres divisions de cette espèce. Il en est autrement si on considère des triangles à côtés circulaires formés par trois plans qui ne se rencontrent pas au centre. Supposons que le point de rencontre soit à l'∞ et projetons la sphère sur l'équateur correspondant. On a la figure suivante.

---

pruntées à la Physique permettent de se faire une idée assez nette et précise de l'emploi du principe de Dirichlet par Riemann, donner enfin aux étudiants une idée claire et exacte de ce que l'on doit entendre par surfaces de Riemann, tel est le but que M. Klein s'était proposé ; tel est aussi le sujet de ce petit livre, où il a résumé et ordonné les leçons de ces deux semestres. [Brunel, 1882, p. 125]

24. [Smith, 1861].

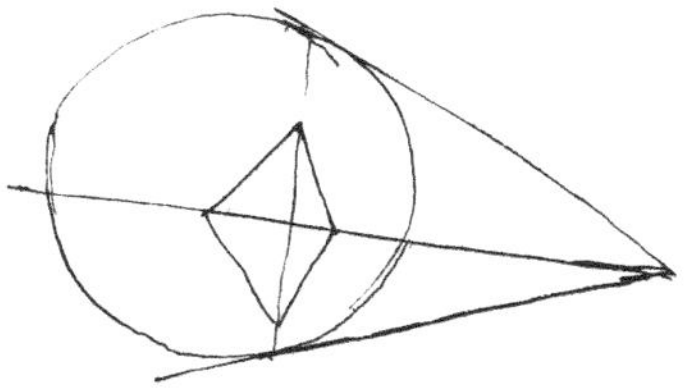

Une réflexion sur un côté a s'obtient en déterminant un pôle. Le foyer N d'un point M est alors la 4e harmonique de M relativement à P, P'. On reconnait ici facilement que jamais le point N ne peut atteindre l'équateur. Donc si λ, μ, ν jouissent de la propriété énoncée ci-dessus, les triangles se placent à côté l'un de l'autre sans laisser de trous ; devenant de plus en plus petits, ils se rapprochent du centre de l'équateur, mais sans jamais l'atteindre. Il y a donc ici alors une fonction univoque X de η qui permet la représentation du triangle. Si en particulier les 3 sommets sont sur l'équateur, nous appellerons la fonction X une fonction modulaire de la variable η ; les angles de ce triangles sont nuls.

Genre P pour plus d'une variable

1° Betti Annali di Matematica) établit l'existence d'une série de nombres P (s'il y a ν variables) ...
2° Clebsch (C. R. 1868. Crelle 1868)
3° Noether (Mathematische Annalen).

Georg Cantor

Georg Cantor naît en 1845 à Saint Petersbourg dans une famille de la bourgeoisie commerçante. Sa famille revient en Allemagne en 1856 ; il effectue des études plutôt orientées vers les sciences de l'ingénieur, d'abord dans une *Realschule* à Darmstadt, puis à la *Höhere Gewerbeschule* toujours à Darmstadt et à partir de 1862, à l'*Eidgenössische Technische Hochschule* de Zürich. En 1863, il commence des études de mathématiques à l'Université de Berlin où il suit les cours de L. Kronecker, E. Kummer et de K. Weierstrass. Cantor [1867] soutient en 1867 une thèse d'arithmétique diophantienne [1] devant un jury (les *adversarii*) composé de Max Simon [2], Max Henoch [3] et Emil Lampe [4]. Cantor obtient en 1869 une position à l'Université de Halle et soutient une habilitation toujours en théorie des nombres [5]. Cantor effectue toute sa carrière à l'Université de Halle. Il décède à Halle en 1918.

Après son habilitation, Cantor réoriente son programme de recherche vers l'analyse en s'intéressant aux séries trigonométriques, puis aux fondements des mathématiques en proposant des contributions fondamentales en théorie des ensembles. Les travaux de Cantor en théorie des ensembles suscitent chez certains comme Poincaré et Mittag-Leffler, sinon l'enthousiasme, du moins un intérêt certain [6] et chez

1. Cantor exprime sa reconnaissance pour les activités des séminaires animés par Kummer et Weierstrass.
2. Max Simon soutient la même année une thèse de géométrie synthétique. G. Cantor et M. Henoch font partie de ses *adversarii*.
3. Max Henoch soutient la même année une thèse sur les périodes des fonctions abéliennes. G. Cantor et M. Simon sont ses *adversarii* en tant que *Stud. Phil.*
4. Emil Lampe avait soutenu en 1864 une thèse sur les surfaces du quatrième ordre.
5. [Cantor, 1869].
6. Voir [Dugac, 1984a].
Poincaré utilise dès ses premiers travaux sur les fonctions fuchsiennes la notion d'ensemble dérivé introduite par Cantor.

P. Nabonnand et al. (eds.), *La correspondance entre Henri Poincaré et les mathématiciens*, Publications des Archives Henri Poincaré Publications of the Henri Poincaré Archives, https://doi.org/10.1007/978-3-7643-8288-9_12

d'autres comme Kronecker ou Hermite un rejet qui peut s'exprimer violemment [7]. Cantor publie dans le *Journal für die reine und angewandte Mathematik*, dans le *Zeitschrift für Mathematik und Physik*, dans les *Acta mathematica* et surtout dans les *Mathematische Annalen* de nombreux articles sur les fondements de la théorie des ensembles et sur les nombres transfinis [8].
Poincaré s'investit au cours de l'année 1883 dans la relecture des traductions en français des premiers articles de Cantor [9]. Les lettres qui suivent [10] concernent la traduction d'un mémoire publié par Cantor [1895] sur les fondements de la théorie des ensembles transfinis [11], une manifestation de soutien aux *Acta Mathematica* et l'organisation des colloques internationaux des mathématiciens de Zurich (1897) et de Paris (1900).

---

7. Hermite écrit à Mittag-Leffler le 20 mars 1883 :

> Appell et Picard sont tous deux récalcitrants à l'égard des considérations employées par Mr. Cantor, mais Poincaré, en les jugeant bien prématurées dans l'état actuel de l'Analyse, croit comme vous qu'elles ont de l'importance. [Dugac, 1984b, p. 204]

L'avis se fait plus tranchant le 13 avril 1883 :

> L'impression que nous produisent les mémoires de Mr. Cantor est désolante ; leur lecture nous semble à tous un véritable supplice, et en rendant hommage à son mérite, en reconnaissant qu'il a ouvert comme un nouveau champ de recherches, personne de nous n'est tenté de le suivre. Il nous est impossible, parmi les résultats qui sont susceptibles de compréhension d'en voir un seul ayant un intérêt actuel ; la correspondance entre les points d'une ligne et d'une surface nous laisse absolument indifférents, et nous pensons que cette remarque, tant qu'on n'en aura point déduit quelque chose, résulte de considérations tellement arbitraires, que l'auteur aurait mieux fait de la garder et d'attendre. [Dugac, 1984b, p. 209]

Une lettre adressée à Mittag-Leffler par Picard semble montrer que ce dernier a changé d'avis et commence à « se convertir aux ensembles de points » [Nabonnand, 1999, p. 122].

8. Pour plus de précisions sur le parcours et les mathématiques de G. Cantor, voir [Fraenkel, 1930], [Purkert et Ilgauds, 1987], [Dauben, 1990], [Meschkowski et Nilson, 1991], [Charraud, 1994], [Belna, 1996], [Décaillot, 2008].

9. Voir [Nabonnand, 1999, p. 118-122].

10. Il n'a été retrouvé que ces 5 lettres de Cantor adressées à Poincaré ; celles de Poincaré semblent perdues. Voir [Dugac, 1986, p. 111].
Sur la correspondance de Cantor, voir [Meschkowski, 1962-1966]. Les 4 dernières lettres sont publiées dans [Meschkowski et Nilson, 1991], [Dugac, 1986] et dans [Décaillot, 2008]. Des traductions de ces lettres sont publiées dans [Dugac, 1986, p. 106-110] et dans [Décaillot, 2008].

11. La seconde partie du mémoire dont il est question dans la première lettre parait en 1897 [Cantor, 1897].
Poincaré qui semble défendre l'idée d'une publication d'une traduction de ces travaux dans le *Journal de mathématiques pures et appliquées* fait une allusion à ceux-ci dans le rapport qu'il rédige en 1902 sur les travaux de Hilbert sur les fondements de la géométrie :

> Notre façon de concevoir l'infini s'est également modifiée. M. G. Cantor nous a appris à distinguer des degrés dans l'infini lui-même. [Poincaré, 1902b, p. 251]

1 G. Cantor à Poincaré

Halle a. d. Saale d. 27 Juli 1888
Händelstrasse 13 [12]

Mein lieber College

Wenn ich Ihre freundlichen Zeilen umgehends beantworte, so ist es eine Information, die ich mir von Ihnen erbitten möchte. Von den Collegen die ich einmal vor mehreren Jahren in Paris aufsuchte, war es Herr Appell, mit dem ich Gelegen- heit fand, einige Tage zu verkehren. Die meisten anderen waren zu jener Zeit verreist; mit Ihnen sprach ich nur einmal flüchtig in meinem Hôtel, denn Sie waren durch schwere Sorgen um Ihren seligen Herrn Schwiegervater in Anspruch genommen, der Ihnen auch bald darauf entrissen wurde [13]; Herrn Hermite und seinen Schwiegersohn Herrn Picard sprach ich zweimal nur kurze Zeit, da sie im Begriffe standen nach Schottland zu reisen, zu einer Jubiläumsfeier. Vor einigen Tagen nun hörte ich seitens eines Collegen die Vermuthung aussprechen, dass der vor einigen Wochen vom Leipziger Reichsgericht zu mehreren Jahren Festungshaft verurtheilte Elsässer Appell ein Bruder unseres Pariser Collegen gleichen Namens sei, der sich damals meiner so liebenswürdig angenommen hat. Sie werden begreifen, dass ich ein lebhaftes Interesse habe, zu erfahren, ob diese Vermuthung richtig ist [14]. Um den politischen Process in Leipzig habe ich mich seiner Zeit ganz und gar nicht gekümmert, ich weiss also absolut nichts über die Schuld, welche dem betreffenden Elsässer A. zur Last gelegt worden ist. Wenn er aber wirklich der Bruder von Herrn P. Appell ist, so würde ich seinem Geschick, das mir sonst gleichgültig wäre, meine herzliche Theilnahme widmen und würde vielleicht im Stande sein, geeignete Rathschläge behufs Milderung seines Looses zu geben. Daher ersuche ich Sie vertraulich, mir nach Möglich- keit Alles, was Sie über diese Sache wissen, zu schreiben. Es freut mich, von Ihnen zu hören, dass Sie die Absicht, bei günstiger Gelegenheit nach Deutschland besuchsweise zu kommen, nicht aufgegeben haben. Wäre es nicht möglich, an einem neutralen Orte etwa in Belgien, oder der Schweiz oder in Holland in der nächsten Zukunft eine Zusammenkunft von französischen und deutschen Mathematikern zu veranstalten? Ich erinnere mich, dass sogar in viel schwierigeren Zeiten, in den siebenziger Jahren, das herzliche Freundschafts-Verhältniss zwischen Herrn Hermite und dem verewigten Herrn Borchardt sich als fester Kitt für die über den Streit der Nationen erhabene Gemeinschaft der

---

12. Cette lettre est conservée dans les archives de l'ETH de Zürich dont nous reprenons la transcription. Le destinataire a été identifié par les archivistes de l'ETH à partir de l'allusion à la maladie du beau-père de Poincaré dans une lettre envoyée par Cantor à Klein le 10 mai 1884 : „Ich habe mich nicht länger als acht Tage in Paris aufhalten können, ... Poincaré sah ich nur ein einziges Mal, weil sein Schwiegervater schwer erkrankt war, der auch bald darauf starb.“ [Purkert et Ilgauds, 1987, p. 191].
Cette lettre est certainement celle à laquelle Poincaré fait allusion dans son mot adressé à Paul Appell le 30 juillet 1888 (p. 62).

13. Les nouvelles de l'état de santé du beau-père de Poincaré ont circulé chez les mathématiciens allemands; voir la lettre adressée par Schwarz à Poincaré le 31 octobre 1884 (p. 687).

14. Voir le mot envoyé par Poincaré à Paul Appell le 30 juillet 1888 (p. 62).

Wissenschaft vortrefflich sich bewährt hat. Dieses herrliche erhabene Beispiel wollen wir nicht aus dem Auge verlieren. Mit dem Ersuchen, mich bei den Herren Hermite, Picard und Appell, sowie den anderen Herren Collegen zu empfehlen, verbleibe ich

in bekannter Hochachtung
Ihr ergebener
Georg Cantor.

2 G. Cantor à Poincaré

Herrn Professor H. Poincaré in Paris [15]

Halle a. d. Saale d. 29ten Oct. 1895

Lieber Herr College

Besten Dank für Ihr Schreiben v. August und die Empfehlung meiner Arbeit [16] an Herrn C. Jordan. Derselbe hat mir sehr liebenswürdig geschrieben, allein wir haben uns vollkommen darüber geeignet [17], dass es nicht gut geht, die französische Uebersetzung einer Abhandlung aus den Math. Annalen im Liouvilleschen Journal erscheinen zu lassen [18].
Sie werden inzwischen N° 1 der Arbeit von mir erhalten haben.
Ich reise heute Abend auf einige Tage nach Berlin, wo wir den 31ten Oct. den 80sten Geburtstag von Weierstrass feiern werden [19].

---

15. Cette lettre est transcrite d'après l'édition de la correspondance de G. Cantor avec les français [Décaillot, 2008, Lettre 17, p. 212].

16. Dans son article sur les fondements des ensembles infinis, Cantor [1895] revient sur sa théorie des ensembles et expose l'arithmétique des nombres ordinaux et cardinaux.

17. Décaillot [2008, note 1, p. 213] propose de lire „geeinigt".

18. Dans une lettre datée du 5 août 1895 et adressée à Camille Jordan qui est alors le rédacteurs du *Journal de mathématiques pures et appliquées* [Décaillot, 2008, Lettre 13, p. 202-204], Cantor fait part du souhait de voir paraître en France une traduction de son mémoire en cours d'impression dans les *Mathematische Annalen*. Dans sa lettre de 22 septembre [Décaillot, 2008, Lettre 15, p. 206-208], Cantor accuse réception de la réponse (perdue) de Jordan et lui assure qu'il est « complètement convaincu » des « raisons opposées à l'acceptation d'une traduction » de son travail. Il ajoute : „Gelegentlich werde ich mir die Ehre geben, Ihnen andere Originalarbeiten zur Aufnahme in Ihr Journal zu offeriren". Aussi, pour expliquer le refus de Jordan, Décaillot émet-elle l'hypothèse que le travail de Cantor étant déjà publié en Allemagne, sa traduction ne constitue plus « un apport original » [Décaillot, 2008, p. 47 & note 3, p. 213]. Cantor essayera encore sans succès par l'intermédiare de Paul Tannery de faire paraître une traduction dans la *Revue de métaphysique et de morale* [Décaillot, 2008, Lettres 16 et 20]. Une traduction du mémoire de Cantor sera finalement publiée en 1899 dans les *Mémoires de la Société des Sciences physiques et naturelles de Bordeaux* (tome 3, série 5, p. 343-437).

19. Karl Weierstrass est né le 31 octobre 1815. Ses 70e et 80e anniversaires ont donné lieu à des manifestations importantes (voir [Bölling, 1989, 2015]). Cantor est ici en accord avec un de ses principes : „(...) seit einigen Jahren mein feststehender Grundsatz, mich an keinem Jubiläum durch Beiträge oder sonstwie zu betheiligen, bei welchem der Jubilar nicht *mindestens achtzig Jahre alt* ist." [Décaillot, 2008, Lettre 35 à É. Lemoine du 4 mars 1896, p. 275]. Il se rend à Berlin bien qu'il ne soit pas proche de Weierstrass. Une fois de retour chez lui, il écrira à Charles

Beifolgend erlaube ich mir, Ihnen mein Bild zu verehren, mit der Bitte, mir auch von Ihnen eine Photographie zu schicken.
Mit freundlichem Grusse

Ihr ergebenster
G. Cantor

3 G. Cantor à Poincaré

Herrn Professor Henri Poincaré in Paris [20]

Halle a. d. S. 15 Dec 1895

Lieber Herr College,

Meinen herzlichsten Dank für Ihre Photographie in Cabinetsformat [21], welche auch von meiner ganzen Familie, in Erinnerung an Ihren freundlichen Besuch im vorigen Sommer, mit Freunden aufgenommen worden ist. Unser letztes Wort bei Ihrer Abfahrt auf dem Bahnhofe in Halle war : « Auf Wiedersehen in Zürich im Herbst 1897 zum constituirenden internationalen Mathematikercongress [22]. »
In Anknüpfung hieran möchte ich die Frage an Sie richten, ob es Ihnen wohl recht wäre, wenn Sie und ich jetzt in einen Ideenaustausch über die Ziele und Aufgaben und die zweckmässigste Art der Verwirklichung der « Internationalen Mathematikercongresse » eintreten [23] ?
Mit der Bitte, mich unbekannterweise an Madame Poincaré auf's Beste zu empfehlen

Ihr sehr ergebener
G. Cantor

Hermite le 26 décembre : „Weierstrass hat mir nie genützt, wohl aber dadurch geschadet, dass er diejenigen allein poussierte, welche wie Fuchs, Königsberger, Mittag-Leffler, Schwarz sich ihm direct angeschlossen und untergeordnet haben.“ [Décaillot, 2008, Lettre 22, p. 233].

20. Cette lettre est transcrite d'après l'édition de la correspondance de G. Cantor avec les français [Décaillot, 2008, Lettre 21, p. 230].

21. Ce terme technique désigne une photographie collée sur un support en carton de format dit de « carte de visite » (10 cm × 14 cm) [Décaillot, 2008, note 10, p. 230].

22. Décaillot [2008, p. 33] cite l'ouvrage de Lehto [1998] sur l'histoire de l'Union mathématique internationale qui observe que “the need for organized international mathematical cooperation beyond the bibliographical was felt early by Georg Cantor” [Lehto, 1998, p. 3]. Cantor est en effet l'un des instigateurs de l'idée d'une rencontre entre les mathématiciens français et allemands. Celle-ci lui serait venue à l'esprit au cours de l'année 1889 et prendra une ampleur internationale dès 1895 [Lehto, 1998, p. 3] [Décaillot, 2008, p. 32 & p. 39]. Dans un premier temps, il s'agit de préparer un « congrès constituant » à Bruxelles ou Zurich – la ville suisse ayant la préférence de Cantor – afin de préparer le premier congrès qui pourrait avoir lieu à Paris en 1900 lors de l'exposition universelle. Le congrès de Zürich aura lieu du 9 au 11 août 1897. Au sujet des motivations de Cantor, Lehto écrit : “He felt a need to turn to international contacts because his revolutionary ideas in set theory had exposed him to the hostility of his German colleagues” [Lehto, 1998, p. 4]. Voir aussi [Décaillot, 2009].

23. Une dizaine de lettres adressée à des mathématiciens français dont Émile Lemoine (p. 527) ou Charles Ange Laisant (p. 511) abordent l'organisation d'une telle rencontre. Pour plus d'informations, voir [Décaillot, 2008, p. 32-40] et [Décaillot, 2009, 2010].

4 G. Cantor à Poincaré

A Mons. Henri Poincaré à Paris.

Halle an Saales 7ten Jan. 1896

Lieber Herr College,

Ihren freundlichen Neujahrsgruss, der mir soeben zugeht, erwidere ich mit den herzlichsten Wünschen für Ihr und Ihrer Familie Glück und Wohlbefinden!
Den Brief, in welchem Sie sich bereit erklären, mit mir die, auf die internationalen Mathematikercongresse bezüglichen Fragen zu discutiren, habe ich erhalten und freue mich auf diese gemeinsame Arbeit, welche, wie ich glaube, dem Gedeihen der mathematischen Wissenschaften und, im gewissen Sinne, sogar dem Wohle der Menschheit und der einzelnen Nationen zu Gute kommen wird.
Sobald ich die Zeit dazu finde, werde ich die Details meiner Idee aufschreiben, um Sie Ihnen zur Prüfung und Beurtheilung vorzulegen. Für heute nur dies, dass ich die constituirende Versammlung im Herbst des Jahres 1897 in Brüssel oder Zürich, den ersten wirklichen und eigentlichen Congress aber anno 1900 in Paris abgehalten sehen möchte[24]. Sie wissen ja, dass ich von Geburt kein Deutscher, sondern ein St. Petersburger bin. Erst im Alter von 11 Jahren kam ich mit meinen Eltern nach Deutschland, von denen mein seliger Vater ein Däne war (aus Kopenhagen nach St Petersburg in seiner Kindheit gekommen)[25], meine jetzt in Berlin lebende Mutter eine St Petersburgerin ist. Daher werde ich in dieser unsrer Angelegenheit durch keine nationalen Bedenken beschwert und aufgehalten!
Allein ich habe mich auch überzeugt, dass wir für diesen Plan die deutschen Collegen gewinnen werden, wenn wir nur dafür sorgen, dass bei Einleitung der darauf bezüglichen Unterhandlungen und bei den gemeinsamen Vorberathungen selbst keinerlei Fehler begangen werden.
Also in einigen Wochen schreibe ich Ihnen ausführlich!
Mit den besten Grüssen

Ihr ganz ergebener
Georg Cantor

5 G. Cantor à Poincaré

Herrn Henri Poincaré in Paris

Halle an Saale 22ten Jan. 1896
Händelstrasse 13.

Hochgeehrter Herr College,

Zu meinem grössten Bedauern sehe ich mich, ohne die geringste Schuld meiner Seits, verhindert, an den Kundgebungen für die Acta mathem., von denen Sie die

24. Le congrès de Paris, placé sous la présidence de Poincaré, se déroule du 6 au 12 août 1900. Cantor n'y participe pas en raison de son état de santé [Décaillot, 2008, p. 246].
25. Voir [Meschkowski et Nilson, 1991, p. 17-19].

Güte hatten mir Mittheilung zu machen, theilzunehmen [26], obgleich ich denselben das beste Gelingen wünsche, weil ich die grossen Verdienste welche sich Herr Mittag-Leffler um unsere Wissenschaft durch diese Schöpfung erworben hat, durchhaus anerkenne. [27] Die Beziehungen, welche ich während der ersten vier Jahre des Bestehens dieser Zeitschrift zu ihr gehabt habe [28], sind von Herrn M. L. selbst im Jahre 1885, also bereits vor circa 11 Jahren gelöst worden [29].

Ich war nämlich schon damals im Besitz der Theorie der transfiniten Cardinalzahlen und der transfiniten Ordnungstÿpen, deren Publication, wie Sie wissen, in mathem. Zeitschriften erst vor einigen Monaten ihren Anfang genommen hat. Allein ich wollte diese Lehre schon damals (weil alles Wesentliche mit Prinzipielle davon fertig dastand), und zwar in den Acta math. publiciren, und bedaure es noch heute auf's Lebhafteste, dass man mich hiervon abgehalten hat.

Ich sandte das Manuscript einer daraufbezüglichen Arbeit an Herrn M. L. ein (ich besitze es noch ; es hat den Titel : „Principien einer Theorie der Ordnungstÿpen" [30]) ; Herr M. L. acceptirte dasselbe und der Druck begann 1884. Ich war gerade mit der Correctur des ersten Druckbogens beschäftigt, welche ich zusammen mit dem damaligen Gehülfen der Acta math., Herrn G. Eneström besorgte. Da erhalte ich einen Brief von Herrn M. L. (datirt Stockholm 9 März 1885), worin er es mir sehr nahe legt, die Arbeit zurückzuziehen, weil ich gewissermassen mit derselben „um 100 Jahre zu früh" erschienen wäre [31] ! (Nach seiner Meinung hätte

26. Variante dans les *Briefbücher* : „mich zu betheiligen, welche Sie und Herr Appell die Güte haben, mir zu unterbreiten." [Décaillot, 2008, note 1, p. 258]

27. La subvention dont bénéficie les *Acta Mathematica* est remise en question par le parlement suédois ce qui menace la revue de disparition. La communauté scientifique réagit par une pétition de soutien envers Mittag-Leffler ([Décaillot, 2008, p. 41], [Nabonnand, 1999, p. 262-264], [Dugac, 1989b, p. 27-36]). Bien qu'à la date du 10 mars 1896 celle-ci soit signée par plus de 400 mathématiciens [Dugac, 1984a, p. 74], Cantor refuse de s'associer à cette démarche pour la raison qu'il explique ci-dessous.

28. Les *Acta mathematica* publient en 1883 et 1884 la traduction en français de huit articles de Cantor et un article original en 1885.

29. Dugac suppose qu'une des causes de la décision de Mittag-Leffler d'arrêter la publication de travaux de Cantor est l'accueil « plutôt mitigé » des traductions des travaux de Cantor [Dugac, 1986, note 12, p. 112]. Voir en particulier la lettre adressée par Hermite à Mittag-Leffler le 13 avril 1883 [Dugac, 1984b, p. 209-212].

30. Variante dans les *Briefbücher* : „Principien einer Theorie der Ordnungstÿpen. Erste Mittheilung." [Décaillot, 2008, note 2, p. 258]. Ce manuscrit a finalement été publié dans les *Acta Mathematica* en 1970 [Grattan-Guinness, 1970].

31. Dans sa lettre du 9 mars 1885 ([Meschkowski et Nilson, 1991, p. 241], [Grattan-Guinness, 1970, p. 101]), Mittag-Leffler conseille à Cantor de ne pas publier son manuscrit sur la *Typentheorie* avant d'avoir pu se servir de sa théorie pour démontrer que „das Linearcontinuum dieselbe Mächtigkeit hat oder nicht wie die zweite Zahlenclasse". Il craint par ailleurs que la manière plutôt philosophique de s'exprimer de Cantor ne déplaise à la plupart des mathématiciens. Il poursuit : « Mais si vos théories sombrent de cette façon dans le discrédit, il se passera beaucoup de temps avant qu'elles attirent à nouveau l'attention du monde mathématique. Il se peut bien que jamais de notre vivant l'on n'arrive à vous rendre justice, à vous et à vos théories. Et c'est ainsi que les théories sont retrouvées par quelqu'un d'autre au bout de 100 ans ou plus, ensuite l'on découvre bien plus tard que vous aviez déjà tout cela, et finalement on vous rend justice ; mais vous n'aurez exercé de cette façon aucune influence significative sur le développement de notre science. » trad. fr. [Décaillot, 2008, p. 42]. Mittag-Leffler conclut sa lettre en assurant

ich also mit der Publication bis 1985 warten sollen ? !) Ich telegraphirte ihm sofort die Bitte, mir das Manuscript umgehends zurückzuschiken, was auch geschah [32]. Es war mir bei dieser Gelegenheit plötzlich klar geworden, dass Herr M. L. es im Interesse seiner Acta math. wünschen musste [33], keine fernerer Arbeiten von mir in seinem Journal zu drucken. Der eigenartige Zusammenhang ist einfach dieser. Schon meine früheren, seit 1870 publicirten Arbeiten hatten sich, wie ich stets sehr gut selbst es wusste, nicht des Beifalls der Berliner Machthaber : Weierstrass, Kummer, Kronecker und Borchardt [34] zu erfreuen gehabt. Würde nun gar Herr M.-L. die viel weitergehende une kühnere Theorie der transfiniten Ordnungstÿpen gebracjt haben, so hätte er die Existenz seines noch jungen Unternehmens, welches vom Wohlwollen der Berliner Akademiker (besonders von Weierstrass) hauptsächlich abhing, im höchsten Grade gefährdet.
Nur so lässt sich die seltsame Schwenkung meines Freudes M.-L. erklären.
Ich habe ihm dieselbe daher auch keineswegs übergenommen und meine liebevollen Gesinnungen zu seiner Person sind auch jetzt noch immer ganz dieselben, wie vor jener Katastrophe. Allein ich glaube und hoffe, dass Sie sowohl wie auch die Herren Hermite, Picard und Appell mir durchaus Recht geben werden, wenn ich mit meinem Namen für eine Zeitschrift nicht eintrete, für welche der Ausschluss meiner Arbeiten bis zu einem gewissen Grade zu einer Lebensfrage geworden war. Warscheinlich hat sich auch heute, wo zwar Kummer, Kronecker und Borchardt durch den Tod ausgeschieden sind, dafür aber an ihre Stelle die mir keineswegs günstiger gesinnten Herren Fuchs, Schwarz une Frobenius getreten sind, die Situation in Bezug auf mich une meine Arbeiten ganz une gar nicht verbessert, so dass mein Eintreten für die Acta Math. denselben vielleicht ebenso schaden würde, wie vor 12 Jahren ihnen meine wissenschaftliche Mitarbeit thatsächlich geschadet hat. Es empfiehlt sich daher auch von dieser Seite im Interesse der Acta Math. selbst meine absolute Reserve.
Mein freundschaftliches Verhältnis zu Gustav [35] Mittag-Leffler und seiner liebenswürdigen Frau Gemahlin hat aber durch diese Sache, wie gesagt, keinerlei Aenderung erfahren.
Uebrigens sind Sie auch der Erste, dem ich davon erzähle ; ich hätte Alles fast vergessen und wurde erst durch Ihr letztes Schreiben wieder lebhaft daran erinnert ! Um vor Ihnen Allen wegen meiner Absage durchaus gerechtfertigt dazustehen, habe ich diese Dinge so umständlich erzählen und erklären müssen [36].

Cantor de sa volonté de publier son travail s'il devait malgré tout insister pour le faire.

32. Raturé dans les *Briefbücher* : „Das von ihm damit implicite gestellte Ansinnen, die Publication bis zum Jahre 1984 aufzuschieben, konnte ich natürlich nicht für ernst nehmen ; ich sah es als einen Verlegenheitsausweg an, um seine Haltung zu entschuldigen und *glaube noch heute, dass er zu derselben durch das Interesse seiner Acta Mathematica gezwungen worden ist.*“ [Décaillot, 2008, note 3, p. 258]

33. Variante dans les *Briefbücher* : „meine Arbeit zurückgezogen zu sehen.“ [Décaillot, 2008, note 4, p. 258]

34. Raturé dans les *Briefbücher* : „Fuchs, Schwarz.“ [Décaillot, 2008, note 5, p. 258]

35. « Gustav » est l'analogue en allemand de « Gösta ».

36. Par la lettre du 4 mars 1896 que Cantor adresse à Lemoine [Décaillot, 2008, Lettre 35], on

Was nun die internationalen Mathematikercongresse betrifft, so bin ich bis jetzt keinerlei Opposition gegen die Idee begegnet [37], den ersten solchen Congress im Jahre 1900 in Paris abzuhalten. Diese Idee besteht seit etwa 6 Jahren. Wir besitzen in Deutschland seit dem Herbst 1891 eine Organisation „Die deutsche Mathematikervereinigung“, welche ich, nachdem sie von mir in's Leben gerufen war, die beiden ersten Jahre als Präsident vorstand [38]. Es gehören momentan dazu 273 Mitglieder [39]. Jedes Jahr im September tritt sie im Anschluss an die allgemeine Naturforscherversammlung an wechselnden Orten zusammen.
Im Bericht über die Jahresversammlung in Wien (1894), findet sich folgendes :

> « Herr Lampe (Berlin) berichtete noch über einen von einer Gruppe französischer Mathematiker in Ausssicht genommenen internationalen Mathematikercongress. Die Vereinigung sprach im Principe ihre Sympathie für diesen Plan aus und beauftragte ihren Vorstand, gegebenen Falles Schritte für eine würdige Vertretung der deutschen Mathematiker zu thun [40]. »

Und in der letzter Jahresversammlung in Lübeck (1895) finden wir :

> « In Bezug auf den geplanten internationalen Mathematikercongress konnte die Versammlung nur die im Vorjahre zum Ausdruck gekommene Meinung dahin präcisiren, dass die Versammlung einem derartigen Unternehmen sympatisch gegenüberstehe, jedoch nicht die Initiative ergreifen wolle [41]. »

Ich schicke Ihnen unter Kreuzband den in diesen Tagen erst über diese beiden Versammlungen (1894 und 1895) erschienenen Bericht, wo Sie diese beiden Stellen wiederfinden werden.
Sie sehen also, dass die Initiative von anderer Seite ergriffen werden muss, und ich meine, dass es keine andere sein kann und darf, als die französische ; wobei ich aber, wie Sie schon wissen, dafür bin, dass man von Paris aus schon jetzt, d. h.

---

apprend qu'à cette date Poincaré n'a toujours pas répondu à cette lettre. Cantor pense qu'il est possible que ceci soit en rapport avec la position qu'il adopte envers Mittag-Leffler et les *Acta Mathematica* :

> So ist es mir höchst auffallend, *dass mir Poincaré noch nicht geantwortet hat.* Vielleicht hängt es damit zusammen, dass ich es, in meinem Briefe an Poincaré, abgelehnt habe, mich an der, von Ihren Akademikern eingeleiteten Demonstration für Mittag-Leffler zu betheiligen.“ [Décaillot, 2008, p. 275]

La lettre que Cantor envoie à Lemoine le 17 mars nous apprend qu'il n'a toujours pas de nouvelles de Poincaré [Décaillot, 2008, Lettre 36].

37. Variante dans les *Briefbücher* : „so habe ich auf ihre Frage zu antworten, dass ich bis jetzt keinerlei Opposition gegen die Idee begegnet bin, (...).“ [Décaillot, 2008, note 6, p. 258]

38. La *Deutsche Mathematiker-Vereinigung* est créée en décembre 1890 à Brème. Cantor en sera le président jusqu'en 1893.

39. Voir le tome 4 de *Jahresbericht der Deutschen Mathematiker-Vereinigung*, p. 13-19.

40. Ce passage se trouve dans le *Jahresbericht der Deutschen Mathematiker-Vereinigung* 4, 1894-1895, p. 5 [Décaillot, 2008, note 18, p. 259].

41. Ce passage se trouve dans le *Jahresbericht der Deutschen Mathematiker-Vereinigung* 4, 1894-1895, p. 9 [Décaillot, 2008, note 19, p. 259].

nächstens, an die verschiedenen mathematischen Organisationen in Deutschland, Grossbritannien, Russland, Italien, etc., etc. ein Circular richtet mit der Frage, ob sie geneigt wären, im Herbst des Jahres 1897. Delegirte zu einer constituirenden Versammlung zu entsenden, um daselbst eine angemessene internationale Institution und Organisation zu schaffen, die alle 3 bis 5 Jahre eine internationale Mathematikerversammlung arrangirt. Erst bei dieser Gelegenheit (1897) würde dann von selbst die Frage nach dem ersten Versammlungsorte officiell aufzuwerfen sein ; und dann unterliegt es für mich keinem Zweifel, dass dazu Paris im Jahre 1900 gewählt werden wird.
Uebrigens lege ich Werth darauf, dass bereits im September dieses Jahres 1896 ausländische Mathematiker die Versammlung der Deutschen Mathematikervereinigung in Frankfurt a/Main mitmachen, um Vorbesprechungen für die internationale Constituante von 1897 zu pflegen. Ich bitte Sie sehr darum, dies in Frankreich zu befürworten. Ich werde das Meinige thun, um russische, englische, und italienische Collegen hierfür zu gewinnen [42]
Indem ich mir vorbehalte, Ihnen noch Genaueres und Ausfürlicheres über die Sache zu schrieben, warte ich zunächst Ihre Rückäusserung über diese Vorschläge ab und bin, mit den lebhaftesten Grüssen an Sie und Ihr Haus.

Ihr ergebenster Freund
Georg Cantor

---

42. Le compte-rendu du congrès de Francfort (21-26 septembre 1896) est publié dans le tome 5 (1901) des *Jahresbericht der Deutschen Mathematiker-Vereinigung* (p. 3-7). Il n'est pas fait mention de la participation de mathématiciens étrangers. Par contre, l'organisation des congrès internationaux fait l'objet d'un long développement :

> [...] Ebenso wie sich hervorragende Mathematiker aller Länder und auch die Société mathématique de France über das Unternehmen günstig geaüssert haben, wurde von den in Frankfurt a. Main versammelte Mitgliedern der Deuschen Mathematiker-Vereinigung die Zustimmung zu dem Congress ausgesprochen. [...] (p. 6-7)

Moritz Cantor

Moritz Cantor naît en 1829 à Mannheim dans une famille bourgeoise. Après une formation secondaire au lycée de Mannheim, il entreprend en 1848 des études de mathématiques à l'Université de Heidelberg ; il les poursuit à l'Université de Göttingen oü il assiste aux cours de C. F. Gauss et de W. Weber. Il soutient en 1851 une thèse sur les systèmes de coordonnées à Heidelberg. Après un séjour à l'Université de Berlin où il suit les cours de J. P. G. Lejeune Dirichlet et de J. Steiner, il obtient en 1853 une position de *Privatdozent* à l'Université de Heidelberg ; la même année, il soutient une habilitation sur les fondements de l'arithmétique élémentaire. Il obtient en 1863 une chaire de mathématiques et commence à cette époque à donner un enseignement d'histoire des mathématiques. Il devient très vite l'historien des mathématiques le plus connu de son époque et ses *Vorlesungen über Geschichte der Mathematik* en 5 tomes constituent à la fin du 19e siècle et au début du 20e une référence incontournable. Il est par ailleurs l'auteur de nombreux articles d'histoire des mathématiques et l'éditeur de plusieurs correspondances. Moritz Cantor effectue sa carrière à l'Université d'Heidelberg. Il décède dans cette ville en 1920 [1].
Poincaré invite Moritz Cantor à donner une conférence plénière au deuxième Congrès international des mathématiciens de Paris.

1. Sur le parcours et les travaux en histoire des mathématiques de M. Cantor, voir [Cajori, 1920] et [Lützen et Pürkert, 1994].

P. Nabonnand et al. (eds.), *La correspondance entre Henri Poincaré et les mathématiciens*,
Publications des Archives Henri Poincaré Publications of the Henri Poincaré Archives,
https://doi.org/10.1007/978-3-7643-8288-9_13

Poincaré à M. Cantor

Paris, le 27 mai 1899 [2]

Monsieur et Cher Collègue

Notre congrès, outre les séances de sections, doit tenir deux séances générales, l'une le lundi 6, l'autre le samedi 12 août. Je suis chargé de vous demander si vous voudriez bien consentir à faire une conférence dans l'une de ces séances [3].
Il a paru au Comité d'organisation que vous étiez particulièrement qualifié pour prendre la parole dans ces circonstances et il est convaincu que tous les congressistes lui saurait gré de s'être adressé à vous. Aussi attache-t-il le plus grand prix à votre acceptation.
Bien entendu, le choix du jour de votre conférence, son sujet, sa durée, sont entièrement à votre discrétion.
Veuillez agréer, Monsieur et Cher Collègue, l'expression de ma plus haute considération et de mes sentiments dévoués.

Poincaré
Président de la Commission des travaux

2. Cette lettre est rédigée sur un papier à l'en-tête du Comité d'organisation du Congrès international des mathématiciens de Paris (6-12 août 1900). Elle est conservée à la bibliothèque universitaire de Heidelberg sous la côte « Heid. Hs. 4028,326 ».

3. Moritz Cantor [1902] donnera le lundi 6 août lors de la séance d'ouverture du Congrès international des mathématiciens de Paris une conférence intitulée « Sur l'historiographie des mathématiques ». Vito Volterra [1902] donnera la seconde conférence plénière de cette séance. Voir la note 9, p. 412.

John Casey

John Casey nait en 1820 à Coolattin en Irlande. Il exerce comme maître d'école. Une rencontre avec un ancien étudiant de l'Université de Dublin lui fait découvrir les mathématiques avancées et il s'intéresse au théorème de Poncelet dont il donne une nouvelle preuve plus courte. Ce résultat l'introduit auprès de la communauté mathématique dublinoise et en 1858, il entreprend des études de mathématiques à Trinity College (Université de Dublin). Après celles-ci, il devient professeur de sciences dans un établissement d'enseignement secondaire. Il obtient en 1862 une position de professeur à l'Université catholique de Dublin. John Casey décède en 1891 à Dublin.

Le domaine de prédilection de Casey est la géométrie. Il publie une trentaine d'articles dans des revues comme les *Philosophical Transaction of the Royal Society of London*, les *Scientific Transactions of the Royal Dublin Society*, *Mathesis*, les *Annali di matematica pura ed applicata*, l'*Analyst*. Son article sur les quartiques bicirculaires [Casey, 1869] est souvent cité par les auteurs des *Nouvelles annales de mathématiques*. Casey [1885] est aussi l'auteur d'un manuel de géométrie euclidienne et de géométrie analytique qui connait plusieurs éditions et lui assure une certaine renommée. Il introduit dans la seconde édition de ce manuel (1895) des éléments de géométrie du triangle, ce qui l'amène à entrer en contact avec É. Lemoine et J. Neuberg.

La lettre qu'il envoie à Poincaré, alors secrétaire de la Société mathématique de France, donne quelques éléments de présentation après son admission dans cette société.

P. Nabonnand et al. (eds.), *La correspondance entre Henri Poincaré et les mathématiciens*, Publications des Archives Henri Poincaré Publications of the Henri Poincaré Archives,
https://doi.org/10.1007/978-3-7643-8288-9_14

Casey à Poincaré

Catholic University
86 Stephens Green
Dublin May 8. 1884

Monsieur

I send you by this post copies of five memoirs. They are as follows
1. "Bicircular Quartics [1]"
2. "Cyclids and Sphero-Quartics [2]"
3. "A new form of Tangential Equation [3]"
4. "On the Equations of circles" (second memoirs) [4]
5. "On Cubic Transformations" [5]
These are the only ones of the mathematical papers written by me that I can send you and they are the principal ones.
As soon as I can do so, I shall send copies for the Mathematical Society [6].
I am at present very much occupied having to exchange the duties of Mathematical Professor in two colleges. One a training College for teachers and the other the Catholic University College Stephens Green Dublin.
I am a suscriber of the "*Acta Mathematica*" and am much pleased with the papers you publish in it. I have a new work on Analytic Geometry just written [7]. I shall have much pleasure in sending you a copy as soon it is published.
I remain, Monsieur, yours very sincerely

John Casey

1. [Casey, 1871].
2. [Casey, 1869].
3. [Casey, 1876].
4. [Casey, 1879].
5. [Casey, 1880].
6. John Casey est élu membre de la Société mathématique de France lors de la séance du 7 mars 1884. Il était présenté par Charles Hermite et Émile Picard.
John Casey ne publie aucun article dans le *Bulletin de la Société mathématique de France*.
7. [Casey, 1885].

Felice Casorati

Felice Casorati (1835-1890) was one of the Italian mathematicians most responsible for invigorating mathematics in Italy after the unification of the country. He was a specialist in complex function theory, which was emerging as one of the central topics in mathematics, and his book *Theorica delle funzioni di variabili complesse* [Casorati, 1868] of 1868 was one of the first textbooks on the subject in any language. Apart from the highly informative 143 pages of historical introduction, the book is notable for taking a largely Riemannian approach to the foundations of the subject. The second volume that Casorati hinted at in his letter was never written.

J. J. G.

Casorati à Poincaré

Pavie, 19 fév. 1884

Monsieur

Je vous dois les plus vifs remerciements pour le Mém. Sur les groupes des éq. linéaires [1], que je reçois dans ce moment, et pour les autres que vous avez eu la bonté de m'envoyer précédemment.
Je vous prie de vouloir accueillir comme petit témoignage d'une grande reconnaissance, les choses que j'adresse pour vous à M. Gauthier-Villars, ne possédant pas votre adresse.
Ce sont plusieurs Mém. et Notes et le 1er volume d'une *Théorie des fonctions de variable complexe*, dont j'avais commencé la publication en 1867 [2]. Les progrès surprenants d'aujourd'hui augmentent fort beaucoup le désir que j'ai toujours eu de continuer cette publication, en étendant aussi l'histoire de la variabilité complexe, qui dans le 1er volume (pag. 1 à 143) ne parvient qu'à l'année 1865.
De même que le Journal de Crelle par les travaux de Abel et Jacobi, de même le Journal de M. Mittag-Leffler par vos travaux prendra rapidement une place très

1. [Poincaré, 1884f].
2. [Casorati, 1868].

P. Nabonnand et al. (eds.), *La correspondance entre Henri Poincaré et les mathématiciens*,
Publications des Archives Henri Poincaré Publications of the Henri Poincaré Archives,
https://doi.org/10.1007/978-3-7643-8288-9_15

haute dans le monde mathématique [3].
Agréez les sentiments de l'admiration la plus vive et de la plus cordiale sympathie, avec lesquels je me déclare

Votre très-dévoué
Felice Casorati

Pour le cas où vous trouveriez le temps d'observer mon Mém. Il calcolo delle diff. finite interpretato etc. [4], je vous avertis qu'il y a une table de matières à la fin.

3. The first volumes of the *Journal für die reine und angewandte Mathematik*, that Leopold Crelle edited, starting in 1820, rapidly became well-known because they carried articles by Niels Henrik Abel and Carl Jacobi that were decisive in establishing the new theory of elliptic functions. Poincaré's new Fuchsian and Kleinian functions are a considerable generalisation of the important functions. See [Nabonnand, 1999, p. 87-93].
4. [Casorati, 1879].

Arthur Cayley

Arthur Cayley (1821-1895) was the leading English pure mathematician of his generation. In 1883, he was the Sadleirian Professor of Mathematics at the University of Cambridge, a post he has held since it had been created twenty years before as part of a programme of reforms at the University. He was the pre-eminent pure mathematician in Britain, one of the few with an international reputation, and a prolific writer. He had been partly brought up in the English business community in St. Petersburg, which helps explain his very good French (he published several articles in french in French journals). His main interests were in algebra and geometry, especially invariant theory and algebraic and projective geometry, but he published on many other branches of mathematics, and was responsible for introducing many mathematical ideas in vogue in Continental Europe to Britain. It is not possible to discover from the surviving letters how Cayley's correspondence with Poincaré began. The opening letters concern Poincaré's on Fuchsian and Kleinian groups and functions that he published in Mittag-Leffler's new journal *Acta mathematica* between 1882 and 1884. These are the papers that made both his reputation and that of the journal [1].

Of the letters, the sixth (12 Jan. 1892) is the most interesting, for it displays Cayley's continuing wish to retain a pre-eminent place for Euclidean geometry in the face of the challenge posed by the new non-Euclidean geometry. Poincaré had long been willing to grant the two geometries equal status, and in 1891 he had published the article « Les géométries non euclidiennes » [2] in the *Revue générale des sciences pures et appliquées* in which he set out his view that it would always be impossible to decide which of these geometries was true and it would always be a matter, therefore, of convention. His argument was that in any experiment to investigate the matter there has to be some physical object taken as a straight line (a ray of light, for example). Faced with an outcome consistent with the interpretation that non-Euclidean geometry is correct, there was, however, no logical way to decide between the verdict that the light ray is straight and non-Euclidean geometry is correct and the verdict that Euclidean geometry was true but the physical object (the light ray) was not straight after all.

1. See [Gray, 1986], [Poincaré, 1997] and [Nabonnand, 1999].
2. [Poincaré, 1891c].

P. Nabonnand et al. (eds.), *La correspondance entre Henri Poincaré et les mathématiciens*,
Publications des Archives Henri Poincaré Publications of the Henri Poincaré Archives,
https://doi.org/10.1007/978-3-7643-8288-9_16

Cayley, on the other hand, had always hoped to find a way of showing that Euclidean geometry was, if not true of the world, at least logically prior. It could achieve this, he thought towards the end of his life, if it could be argued that only Euclidean geometry was true at the infinitesimal level. In this he was typical of British mathematicians of his generation, with the notable exception of W. K. Clifford [3]. Poincaré visited England in 1891, when he travelled to Oxford to meet Cayley's old friend J. J. Sylvester, but it seems not to be known if he and Cayley met and it is unlikely. Cayley's recent biographer writes that Cayley became seriously ill early in 1892 and could no longer travel outside Cambridge [4]. He died in 1895.

J. J. G

1 Cayley à Poincaré

Cambridge 12 Oct. 1883

Dear Sir,

I have to thank you very much for the valuable series of memoirs which you have kindly sent me. I see that you have in one of them applied the theory of ideal numbers to the case of binary quadratic form [5] : it had occured to me that a very good illustration of the general theory could thus be obtained, and I am very glad to find the case has been worked out. I remain dear Sir, yours very sincerely.

A. Cayley

2 Cayley à Poincaré

Cambridge 3rd March 1884

Dear Sir

I have to thank you very much as well for the last paper in the *Acta* [6] as for the very interesting notice of your scientific works [7]. I am at last at leisure to do so, and I am beginning to study your beautiful theory. But I am purrled with your example I of the quadrilateral $(14, 23)$. Taking a symmetrical form $ABCD$ as shown in the figure

3. See [Richards, 1988].
4. [Crilly, 2006, p. 427-428].
5. [Poincaré, 1879c, p. 345] et [Poincaré, 1880d, p. 178-180].
6. [Poincaré, 1884f].
7. [Poincaré, 1884b].

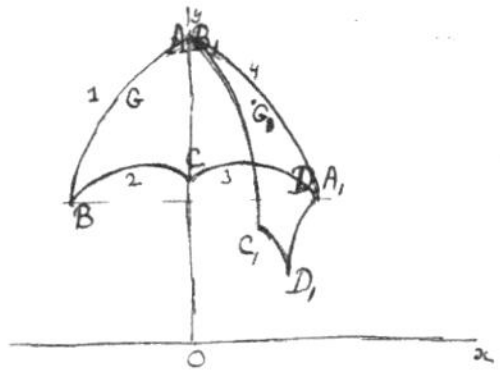

« were $A = C = 120°$, $B = D = 30°$, but nothing turns on these values.[»]

and applying to it the transformation which converts AB into DA, I obtain a new form $A_1B_1C_1D_1$ lying on the wrong side of AD, and so covering a portion of the area of $ABCD$.
Taking $(0, \alpha)$ $(-l, m)$ and (l, m) for the coordinates of A, B, D respectively, the formula of transformation is

$$\frac{z_1 - \alpha i}{z_1 - l - mi} = \frac{\alpha}{m} \frac{z + l - mi}{z - \alpha},$$

or what is the same thing

$$z_1 - \frac{\alpha l}{\alpha - m} = \frac{-\frac{m\alpha}{(\alpha - m)^2}\left\{l^2 + (\alpha - m)^2\right\}}{z + \frac{\alpha l}{\alpha - m}}$$

leading at once to a geometrical construction, which is what in fact made use in drawing the figure : but I think one sees directly, that A, B being transformed into A_1, B_1 respectively, a point G to the right of AB & indefinitely near it will be transformed into a point G_1 to the left of A_1B_1 as shown in the figure. I have ventured to trouble you with this difficulty & I shall be much obliged of you will clear it up for me. I remain dear Sir, yours very sincerely.

A. Cayley

3 Poincaré à Cayley

Paris, 4 mars 1884 [8]

Cher Monsieur

Je m'empresse de vous donner l'explication que vous me demandez. Ce n'est pas en DA qu'il faut changer AB, mais en AD, de façon à opérer une sorte de rotation autour du point A.

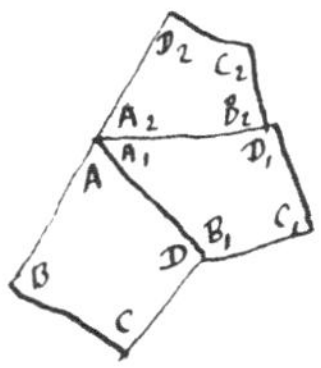

8. L'original de cette lettre est conservé à la bibliothèque du Trinity College (Cambridge).

De même, on change BC en DC.
En général, si l'on a un polygone dont je désigne les sommets par $a_1, a_2, \ldots, a_{2n}$ les sommets se succédant par indices croissant d'une unité lorsqu'on fait le tour du polygone dans le sens positif et si les deux côtés $a_p a_{p+1}$ et $a_q a_{q+1}$ sont conjugués, la substitution qui fait passer de l'un de ces deux côtés à l'autre change a_p en a_{q+1} et a_{p+1} en a_q.
Je suis extrêmement flatté, Monsieur, qu'un savant tel que vous veuille bien s'occuper de mes travaux et je vous prie de vouloir bien agréer l'assurance de ma considération.

Poincaré

4 Cayley à Poincaré

Cambridge 10th March 1884

Dear Sir

I was been much obliged for your letter : I had somehow the wrong idea of the transformation AB into DA instead of AB into AD [9]. I find the figure I had made (angles $120°, 30°, 120°, 30°$) a very interesting one :

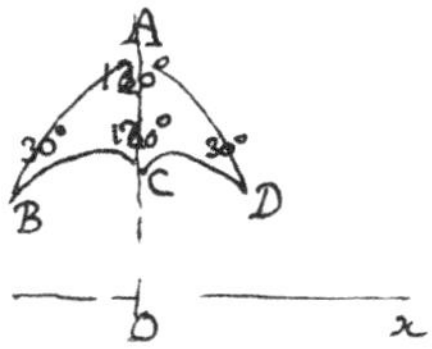

Writing $OA = x, OC = y$, we have

$$\frac{y}{\alpha} = \frac{1}{3}\left\{1 + 2\sqrt{3} - 2\sqrt{1+\sqrt{3}}\right\}$$
$$\frac{\alpha}{y} = \frac{1}{3}\left\{1 + 2\sqrt{3} + 2\sqrt{1+\sqrt{3}}\right\}.$$

The transformation AB to AD is

$$z_1 = \frac{z+b}{cz+1}$$

if for shortness $v = \alpha\sqrt{3}$, $c = -\frac{\sqrt{3}}{\alpha}$ $(bc = -3)$ & similarly that from CD to CB is

$$z_1 = \frac{z+b'}{c'z+1}, \qquad b' = y\sqrt{3},\ c' = -\frac{\sqrt{3}}{y} \quad (b'c' = -3)\ ;$$

each period is of the order 3 as it ought to be. Say these are the transformations

$$\begin{vmatrix} 1, & b \\ c, & 1 \end{vmatrix} \text{ and } \begin{vmatrix} 1, & b' \\ c', & 1 \end{vmatrix}.$$

The combined transformation

$$\begin{vmatrix} 1, & b \\ c, & 1 \end{vmatrix} \cdot \begin{vmatrix} 1, & b' \\ c', & 1 \end{vmatrix} \text{ is } = \begin{vmatrix} 1+bc', & b'+b \\ c+c', & 1+b'c \end{vmatrix},$$

9. La lettre de Cayley du 3 mars 1884 (p. 161).

$$\text{viz. this is } = \begin{vmatrix} 1 - 3\frac{\alpha}{y}, & (\alpha + y)\sqrt{3} \\ -\sqrt{3}(\frac{1}{\alpha} + \frac{1}{y}), & 1 - 3\frac{y}{\alpha} \end{vmatrix}$$

or

$$z_1 = \frac{(1 - 3\dfrac{\alpha}{y})z + (\alpha + y)\sqrt{3}}{-\sqrt{3}(\dfrac{1}{\alpha} + \dfrac{1}{y})z + (1 - 3\dfrac{\alpha}{y})}$$

It is easy to verify that this leaves the point D unaltered : in fact writing $z_1 = z$, the equation becomes $z^2 + \alpha y = (\alpha - y)z\sqrt{3}$, or putting $z = u + iv$, this breaks up into

$$\begin{aligned} u^2 - v^2 + \alpha y &= (\alpha - y)u\sqrt{3} \\ 2u &= (\alpha - y)\sqrt{3} \end{aligned}$$

and for the point D we have

$$\begin{aligned} u^2 + v^2 - \alpha^2 &= -\frac{2\alpha}{\sqrt{3}}u \\ u^2 + v^2 - y^2 &= \frac{2y}{\sqrt{3}}u \end{aligned} \quad \text{giving} \quad \left.\begin{aligned} 2u = (\alpha - y)\sqrt{3} \\ u^2 + v^2 = \alpha y \end{aligned}\right\} \quad \text{which verify the equations in question.}$$

Moreover the transformation is easily shown to be of order 6 (as it should be).
Of course this relates to almost the simplest case of your theory : I have worked it out for my own satisfaction in order to fix my ideas, and to exhibit to myself more clearly the connexion of the Analysis and the Geometry. I am curious also to see what will be the form for any substitution of the infinite group of the coeffts a, b, c, d.
I send herewith a short paper on a question in elliptic functions [10] : and remain dear Sir yours very sincerely.

A. Cayley

5 Cayley à Poincaré

Cambridge, 25 June, 1888

Dear Mr. Poincaré,

I received some time ago the scheme for the *Répertoire bibliographique des Mathématiques*, but am only able to admire the very careful & apparently complete way in which the classification has been made. I do not return the copy as I have not made any notes upon it as yet, and am now unable to do so, as we are just going for a Swiss tour.
The plan seems to me a very beautiful one, if it can be carried out : but there will be serious difficulties, a memoir must in some cases have to be entered under a

10. Cayley publie trois courts articles sur les fonctions elliptiques [Cayley, 1884c,a,b].

great many of the different subheadings, and to do this properly would require a careful study of the whole memoir.
Would it be possible to give to each of the subheadings some kind of a historical and explanatory introduction [11] ? The nature of this would vary a good deal in the several cases : for instance A1 [12] and A2 [13], hardly anything would be required; and so A5 [14] ; they are part of one's general knowledge of Analysis : but A3 [15] and A4 [16] might each of them be, and it would be interesting to do them, in considerable detail. So also in B2 [17], one would be glad to have a definition of the group hypo-abélien [18], and of the several kinds of group included under? But one would see better what is desirable and practicable, if one actually tried to write out such introduction for a few different cases.
Believe me, dear Mons. Poincaré, yours very sincerely.

A. Cayley

6 Cayley à Poincaré

Cambridge le 10 Déc. 1890

Cher Monsieur Poincaré

J'ai à vous remercier instamment tant pour l'Ouvrage sur les théories de Maxwell [19] que pour le grand mémoire sur le problème des trois corps [20] : Ce dernier me paraît un monde nouveau et je crains qu'il faut me résigner [à] ne pas essayer d'y pénétrer. J'ai trouvé un théorème par rapport aux substitutions linéaires

$$z_1 = \frac{az+b}{cz+d}$$

11. Introduire des considérations historiques dans les références du *Répertoire* n'est pas dans l'intention de Poincaré. Voir la lettre qu'il adresse à G. Eneström le 3 juin 1885 (p. 243).

12. Dans le *Projet de classification détaillée pour le Répertoire bibliographique des sciences mathématiques* qui circule en 1888 dans la perspective du congrès international de bibliographie mathématique (Paris, 1889) [Commission permanente du Répertoire bibliographique des sciences mathématiques, 1888], la classe A réunit « l'algèbre élémentaire, la théorie des équations algébriques et transcendantes, les groupes de Galois, les fractions rationnelles, l'interpolation » ; la sous-classe A1 est intitulée « Opérations et formules algébriques élémentaires ».

13. La sous-classe A2 est intitulée « Équations et fonctions du premier et second degré ».

14. La sous-classe A5 est intitulée « Fractions rationnelles ; interpolation ».

15. La sous-classe A3 est intitulée « Théorie des équations ».

16. La sous-classe A5 est intitulée « Théorie des groupes de Galois et résolution des équations par radicaux ».

17. La classe B réunit « les déterminants, les substitutions linéaires, la théorie algébrique des formes, les invariants et les covariants, l'élimination, les quaternions, l'équipollence et les nombres complexes » ; la sous-classe B2 est intitulée « Substitutions lináires ».

18. Les groupes hypo-abéliens font l'objet de l'item B2cα. La notion de groupes hypoabéliens est introduite par Camille Jordan [1870, p. 200] dans son *Traités des substitutions et des équations algébriques.*

19. [Poincaré, 1890b].

20. [Poincaré, 1890d].

en considérant un triangle ABC formé par des arcs circulaires dont les cercles sont situés sur la droite $X'X$, et le triangle égal $A'B'C'$ situé symétriquement à l'autre côté de $X'X$. Je suppose qu'il y ait à la fois (1) une substitution qui change A en A' et (B, C) en (C, B) ; (2) une substitution B en B' et (C, A) en (A, C) ; (3) une substitution que change C en C' et (A, B) en (B, A). Cela est possible pour une triangle rectilinéaire ABC donné quelconque avec une position convenable de la droite $X'X$; savoir la droite $X'X$ sera l'harmonicale[21] du "point de Lemoine" du triangle.

Je rappelle la construction du point de Lemoine ; on construit sur chaque côté du triangle ABC un carré et à moyen de ces carrés le triangle $A'B'C'$; les droites $A'A$, $B'B$, $C'C$ se rencontrent dans le point dont il s'agit.

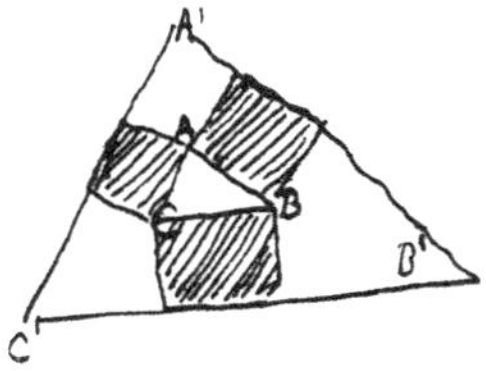

Je suis, cher Monsieur Poincaré, votre très dévoué

A. Cayley

7 Cayley à Poincaré

Cambridge le 12 janvier 1892

Cher Monsieur Poincaré

J'ai à vous remercier beaucoup pour vos deux ouvrages, *La Thermodynamique*[22], et surtout les *Méthodes Nouvelles etc.*[23] ; j'admire de loin et sans espérer vous y suivre les développements que vous donnez à vos recherches sur ces questions si difficiles de Mécanique Céleste. J'ai été très intéressé par votre article "les géométries non-Euclidiennes" dans la Revue des Sciences[24]. Vous ne dites pas que les axiomes géométriques soient "des conventions" et rien de plus – au contraire vous remarquez que "notre choix reste libre et n'est limité que par la nécessité d'éviter toute contradiction". Je sousligne ces derniers mots au lieu de votre mot sousligné libre : N'est ce pas dans le limité qu'on trouve un caractère de la vérité ?

21. La notion d'harmonicale est introduite par Julius Plücker [1831, p. 27]. Cayley [1847, p. 361] y fait allusion :

> Par exemple, en considérant les droites BC, CA, AB qui passent par trois points A, B, C : la polaire d'un point O, relative au droites AB, AC est une droite $A\alpha$ telle que AB, AC ; AO, $A\alpha$ forment un faisceau harmonique. Soit α le point d'intersection de $A\alpha$ et BC, et supposons le même pour les points β, γ : les points α, β, γ seront situés (comme on le sait) sur une même droite, qui est celle que je nomme *polaire de O*, relative aux côtés du triangle, et que M. Plücker a nommé "*harmonicale*".

22. [Poincaré, 1892f].
23. [Poincaré, 1892b].
24. [Poincaré, 1891c].

Certainement la géométrie Euclidienne ne serait nullement infirmée si l'on établit que l'espace de l'expérience était un espace de Lobatschevski – et je dirais que nonobstant cela, elle serait vraie. Avec bien de souhaits pour la nouvelle année, je suis cher Monsieur Poincaré votre très dévoué

A. Cayley

Alexandre Chessin

Alexandre Chessin est né le 11 décembre 1865 à Saint Petersbourg où il soutient sa thèse en 1889. Après être passé par l'Allemagne, il devient *associate professor* à Johns Hopkins University, puis à partir de 1901, professeur de mathématiques à l'Université de Washington.
Il écrit de nombreux articles dans des revues américaines. Ses intérêts sont très divers, allant des fonctions de Bessel à la théorie du gyroscope.
Les cinq lettres adressées par A. Chessin à Poincaré entre la fin novembre 1898 et le mois de février 1899 concernent une généralisation des théorèmes de Cauchy et de Green proposée dans un article publié en 1896 dans les *Annals of Mathematics* [Chessin, 1896]. Dans la cinquième lettre datée de la fin 1899, Chessin remercie Poincaré d'avoir présenté sa note aux *Comptes rendus hebdomadaires des séances de l'Académie des sciences* [Chessin, 1899] [1].

1. Les circonstances et le contexte mathématique des échanges épistolaires entre Chessin et Poincaré sont longuement expliqués et commentés dans une lettre adressée à Pierre Dugac [1986, p. 119-123] le 28 juin 1984 par Victor J. Katz.

P. Nabonnand et al. (eds.), *La correspondance entre Henri Poincaré et les mathématiciens*,
Publications des Archives Henri Poincaré Publications of the Henri Poincaré Archives,
https://doi.org/10.1007/978-3-7643-8288-9_17

1 Chessin à Poincaré

282 Amsterdam Ave.
New York. U.S.A.
Nov. 23' 98.

Monsieur,

Je vous demande mille pardons pour la liberté que je prends de vous adresser et je vous serai bien reconnaissant si vous voulez décider une question sur laquelle j'ai une discussion avec un de mes collègues à l'Université de Havard[2]. Il s'agit d'une généralization des Théorèmes de Green et de Cauchy. Quelques remarques préliminaires sont nécessaires.

1. D'abord je dirai qu'une fonction possède une propriété quelconque en général si elle la possède excepté en [des] points formant un ensemble mesurable d'étendue 0.

2. Soient L et L' deux lignes commençant et aboutissant aux mêmes points, la première singulière, la seconde ne contenant que des points singuliers formant au plus un ensemble mesurable d'étendue 0, pour une fonction donnée $f(z)$. Supposons, de plus, qu'il n'y aient d'autres lignes singulières dans le voisinage de L. Nous savons que $f(x)$ est intégrable le long de L'. Si donc il existe une limite pour $\int_{L'} f(r)dr$ quand L' tend d'une manière quelconque de se rapprocher indéfiniment de L, nous dirons que cette limite représente $\int_L f(r)dr$.

3. Cela posé, soit $f(x)$ une fonction de la variable réelle x, continue dans un intervalle (a, b) et admettant en général une dérivée $f'(x)$. Il est clair que $f'(x)$ sera intégrable dans toute intervalle (a, b). En effet, divisons cette intervalle en d'autres par un procédé quelconque et dénotons celles de ces sous-intervalles qui ne contiennent que des points singuliers de $f'(x)$ qu'aux extrémités au plus, par $\Delta_1, \Delta_2, \cdots$; la fonction $f'(x)$ sera intégrable dans chaque intervalle Δ_n car α et β étant les extrémités de Δ_n nous aurons,

$$\int_\alpha^\beta f'(x)dx = \lim_{\epsilon=0,\,\epsilon'=0} \int_{\alpha+\epsilon}^{\beta-\epsilon'} f'(x)dx = \lim_{\epsilon'=0} f(\beta-\epsilon') - \lim_{\epsilon=0} f(\alpha+\epsilon) = f(\beta) - f(\alpha)$$

2. Comme V. J. Katz l'indique [Dugac, 1986, p. 119], il s'agit de William Osgood qui était à l'époque *Assistant Professor* à Harvard. L'article de Chessin [1896] dont il est question dans cette lettre est suivi de la remarque suivante :

> NOTE.-This paper was written and sent to the *Annals of Mathematics* by the author some time last May, i. e. before the appearance of Mr.W. F. Osgood's article on "some points in the elements of the theory of functions" in the *Bulletin of the Amer. Math. Society* (June, 1896). Mr. Osgood gives two very interesting and simple proofs of the proposition discussed in this paper. The demonstration given here is really a modification of Riemann's proof, and is extracted from the author's lectures on the elements of the theory of functions at the Johns Hopkins University.

à cause de la continuité de $f(x)$. Pour la même raison la somme des intégrales formées pour Δ_1, $\Delta_2, \cdots$ tend vers une limite déterminée quand le nombre de divisions de l'intervalle (a, b) augmente indéfiniment. Cette limite est ce qu'on nomme l'intégrale $\int_a^b f'(x)dx$; ce qui pro[u]ve notre proposition.

4. Le théorème que nous venons de démontrer est capable d'une extension. Soit $f(x, y)$ une fonction continue des deux variables réelles x et y dans un domaine (D) et admettant en général la dérivée partielle $\frac{\partial f}{\partial x}$. Je dis que la fonction $\frac{\partial f}{\partial x}$ est intégrable [3] dans tout le domaine (D). Il suffit de le prouver pour un carré formé de droites parallèles aux axes des x et des y. En effet, on prouverait alors le théorème par un procédé analogue à celui employé plus haut pour la fonction $f(x)$.
Soit donc (x, y) ; $(x+\xi, y)$; $(x+\xi, y+\eta)$ et $(x, y+\eta)$ les quatre sommets du carré donné. La fonction $\frac{\partial f}{\partial x}$ n'a pas de points singuliers en dedans de ce domaine mais elle peut en avoir sur les droites formant son contour. Ces droites peuvent même être entièrement singulières. Supposons d'abord que la dernière hypothèse n'a pas lieu. Alors une première intégration nous donne

$$\int_x^{x+\xi} \frac{\partial f}{\partial x} dx = f(x+\xi, y) - f(x, y)$$

et une seconde, la fonction $f(x, y)$ étant continue

$$\int_x^{x+\xi} \int_y^{y+\eta} \frac{\partial f}{\partial x} dx dy = \int_y^{y+\eta} f(x+\xi, y) dy - \int_y^{y+\eta} f(x, y) dy$$

prouve l'intégrabilité de $\frac{\partial f}{\partial x} dx$ dans le domaine donné [4].
Admettons maintenant l'existence de lignes singulières. Nous n'aurons que les remplacer par d'autres infiniment approchées et non-singulières, après quoi il est aisé de montrer que la double intégrale formée de cette manière tend vers une limite déterminée quand les lignes formant le nouveau contour du domaine tendent à coïncider avec celles du contour donné.

Nous pouvons maintenant énoncer le théorème de Green dans cette forme générale.

Théorème I. Soient $X(x, y)$ et $Y(x, y)$ deux fonctions des variables réelles x et y, continues dans un domaine donnée (D) et satisfaisant en général l'équation

$$\frac{\partial X}{\partial y} = \frac{\partial Y}{\partial x}.$$

L'intégrale $\int X dx + Y dy$ pris le long du contour fermé de (D) est égale à 0 [5].

D'où suit le théorème de Cauchy généralisé [6] :

3. * *Note de Chessin* : superficiellement.

4. On sait que la double intégrale est indépendante de l'ordre de l'intégration successive dans les conditions prescrites.

5. [Chessin, 1896, p. 52].

6. Chessin énonce dans son article le théorème sous une forme légèrement différente :

Théorème II. Soit $f(r)$ une fonction uniforme et continue dans un domaine (D) et en général analytique. L'intégrale $\int f(r)dr$ pris le long du contour fermé de (D) est égale à 0.

C'est sur ce théorème que j'ai basé une démonstration du fait que tout point auquel une fonction uniforme et en général analytique cesse d'être analytique est un infini de cette fonction.

Ce sont les Théorèmes I & II qui ont été critiqués par un de mes collègues et je vous serai infiniment reconnaissant si vous voulez bien me donner votre opinion.

Je suis, Monsieur, votre admirateur profond et humble serviteur

Alexandre S. Chessin
(de l'Université John Hopkins)

2 Chessin à Poincaré

282 Amsterdam Ave.
New York. U.S.A.
Dec. 21 '98.

Monsieur,

Veuillez bien accepter mes remerciements les plus empressés pour votre aimable réponse que je viens de recevoir.

Depuis que je vous ai écrit j'ai trouvé que mon théorème demande une certaine restriction du terme de fonction continue. Permettez moi de m'expliquer.

C'est une propriété caractéristique d'une fonction continue $f(x)$ qu'à tout accroissement infiniment petit Δx correspond un accroissement infiniment petit Δf. Imaginons un domaine infiniment petit $Dx = \Sigma\Delta x$. À ce domaine correspond ce qu'on peut nommer un accroissement Df de la fonction dans ce domaine $= \Sigma\Delta f$. Cela posé, on peut distinguer deux classes de fonction continues : pour la première classe à tout Dx tel que $\lim Dx = 0$; pour les fonctions continues de la seconde classe cela n'a pas toujours lieu.

> Theorem I. Let $f(z)$ be a single-valued function which is finite and continuous throughout a connected domain (D) and generally analytic in the same; let also z_0 and z be any two points within (D); then the definite integral $\int_{z_0}^{z} f(z)dz$ will be independent of the path of integration, provided the several paths lie entirely within (D) and can be brought to coincide with one another by a continuous deformation without crossing any of the boundary lines of (D). [Chessin, 1896, p. 53].

Chessin présente ce théorème comme une généralisation dans le cas où $f(z)$ est analytique dans le domaine (D). La suite de l'article est consacrée à la démonstration d'un second théorème qui montre que cette hypothèse n'est pas particulièrement forte puisqu'il assure que toute fonction uniforme et généralement analytique (au sens de Chessin) qui est finie et continue dans un domaine connexe est nécessairement analytique.

Il est clair que mon théorème ne s'applique qu'aux fonctions continues de la première classe. Car il est fondé sur l'égalité [7]

$$\int_a^b f'(x)dx = \Sigma \int_{\alpha_i}^{\beta_i} f'(x)dx = \Sigma\,[f(\beta_i) - f(\alpha_i)] = f(b) - f(a)$$

et ce n'est que pour les fonctions continues de la première classe qu'on peut écrire que

$$\Sigma\,[f(\beta_i) - f(\alpha_i)] = f(b) - f(a)$$

où

$$\begin{aligned} \Sigma_{(n)} &= f(\alpha_1) - f(\beta_1) \\ &+ f(\alpha_2) - f(\beta_2) \\ &+ \ldots \\ &+ f(\alpha_n) - f(\beta_n) \end{aligned}$$

J'appellerai Dx la somme des intervalles (grasses sur la fig. adjointe) [8] $\overline{\beta_1\alpha_2} + \overline{\beta_2\alpha_3} + \overline{\beta_3\alpha_4} + \ldots + \overline{\beta_{n-1}\alpha_n}$ et je dirai que Dx est un domaine infinitésimal si $\lim Dx = 0$ quand le nombre d'intervalles (n) croit indéfiniment. Je dirai encore que $\Sigma_{(n)}$ est l'accroissement de $f(x)$ dans le domaine Dx.
Or, quand nous faisons croître n d'une manière quelconque de façon que $\lim Dx = 0$ nous ne pouvons pas affirmer que $\lim\limits_{n=\infty} \Sigma_{(n)}$ en même temps. D'où la classification que l'ai proposé : fonctions continues telles qu'à tout domaine infinitésimal Dx correspond un accroissement infinitésimal $\Sigma_{(n)}$ (ou; plutôt, Df comme je l'ai denoté dans ma lettre précédente) ; et fonctions continues telles qu'au moins a un domaine infinitésimal Dx correspond un accroissement Df fini (ou indéterminé).
Cela posé l'équation

$$f(b) - f(a) = \lim \Sigma\,[f(\beta_i) - f(\alpha_i)]$$

aura toujours lieu pour les fonctions de la première classe, tandis que cela n'est pas toujours le cas pour les fonctions de la seconde classe.
On peut indiquer une grande classe de fonctions de la première catégorie, notamment, toute fonction continue $f(x)$ telle que $\left(\frac{\Delta f}{\Delta x}\right)$ sans nécessairement tendre vers une limite, reste fini; plus encore, toute fonction $f(x)$ continue et telle que $\left(\frac{\Delta f}{\Delta x}\right)$ reste fini excepté en points isolés; plus généralement, toute fonction continue $f(x)$ telle que $\left(\frac{\Delta f}{\Delta x}\right)$ reste fini (quand Δx tend vers 0) excepté en points formant un ensemble réductible d'après Mr Cantor, c.à.d. un ensemble P tel qu'il existe un nombre fini ou transfini (α) pour lequel $P^{(\alpha)} \equiv 0$.

7. Les points α_i, $\beta_i > \alpha_i$ sont obtenus par des divisions successives de l'intervalle donnée (a, b).

8. Chessin ne propose aucun dessin dans cette lettre. Voir la lettre suivante (p. 172).

Il parait difficile d'assigner les conditions nécessaires pour qu'une fonction continue soit de la première classe.
Acceptez, Monsieur, l'assurance de mes sentiments les plus respectueux

Alexandre S. Chessin

3 Chessin à Poincaré

282 Amsterdam Ave.
New York. U.S.A.
Jan. 18 '99.

Mon cher Monsieur Poincaré,

Je vous remercie bien de votre bonté en vous intéressant de mes recherches. Évidemment je ne me suis pas expliqué suffisamment. La distinction des fonctions continues en deux classes que j'ai proposée est basée sur la propriété suivante.

Soit donné un nombre $\underline{n}$ d'intervalles (a, β_1); $(\alpha_2, \beta_2), \ldots$: (α_n, b) sur $\underline{(ab)}$. Nous aurons alors

$$f(b) - f(a) =$$

$$[f(\beta_1) - f(a)] + [f(\beta_2) - f(\alpha_1)] + \cdots + [f(\beta_{n-1}) - f(\alpha_{n-1})] + [f(b) - f(\alpha_n)] + \Sigma_{(n)}$$

Ce n'était cependant pas ce point qui formait l'objection à mon théorème dont je vous ai parlé. On avait simplement exprimé des doutes sur l'exactitude du Théorème quand $f'(x)$ est infinie pour un ensemble de points de la généralité admise dans mon théorème. Voyez Bull. of the Amer. Math. So. November 1898 p. 85 [9].
Croyez moi, Monsieur, toujours votre humble serviteur

Alexandre S. Chessin

4 Chessin à Poincaré

280 Amsterdam Ave.
New York
16 Février 1899

Mon cher Monsieur Poincaré,

Permettez moi de vous envoyer une partie de mes résultats sur la question dont vous avez été si bon de vous intéresser. J'ose à peine vous le demander, cependant

9. [Osgood, 1898].

si vous trouvez quelque intérêt à ma note je vous serai bien reconnaissant de la présenter à l'Académie [10].
Il parait que la proposition suivante : une fonction uniforme analytique, n'a d'autres singularités que de pôles ou points singuliers essentiels – n'est vraie que si l'on admet à priori que les singularités forment un ensemble réductible (v. ma note). On peut donc imaginer la possibilité de fonctions analytiques avec d'autres singularités quand celles ci forment des ensembles irréductibles, ou bien d'étendue superficielle > 0.
Je ne sais pas si cette question a été jamais soulevée.
Votre très dévoué

Alexandre S. Chessin

5 Chessin à Poincaré

280 Amsterdam Ave.
New York
April 4. 1899

Mon cher Monsieur Poincaré,

Je vous remercie bien de votre bonté en présentant ma Note à l'Académie [11]. Je viens de l'apercevoir dans les C.R.
Il suit du théorème de Cauchy généralisé qu'une fonction uniforme n'a d'autres singularités que des pôles & des points essentiellement singuliers, quand les points singuliers forment un ensemble irréductible. Dans ce dernier cas on ne peut rien dire sur la possibilité d'avoir $\frac{\partial f}{\partial x} \neq \frac{1}{i}\frac{\partial f}{\partial y}$ tout en ayant $\left|\frac{\partial f}{\partial z}\right| < N$. Il serait donc d'intérêt de voir si l'on peut construire une fonction uniforme et analytique, excepté un points formant un ensemble irréductible, la fonction restant toujours finie dans le domaine considéré.
En vous remerciant encore de votre aimable acte
Je suis toujours très sincèrement à vous

Alexandre S. Chessin

10. La note de Chessin [1899] sur les théorèmes de Green et Cauchy parait dans le compte rendu de la séance de l'Académie des sciences du 6 mars 1899. Elle est présentée par Poincaré.
11. [Chessin, 1899].

Pierre Cousin

Pierre Cousin nait à Paris en 1867. Après des études à l'École normale supérieure de Paris (1886), Cousin obtient l'agrégation de mathématiques. Il est alors nommé professeur de mathématiques au Lycée de Caen. Le 8 juin 1894, il soutient une thèse, *Sur les fonctions de n variables*[1], devant un jury composé de Darboux, Appell et Poincaré. Il y formule les célèbres problèmes de Cousin et en propose une première approche[2]. Il commence alors une carrière universitaire, d'abord avec une maîtrise de conférence, puis une charge de professeur adjoint à la Faculté des sciences de Grenoble et enfin en obtenant une position de professeur à la Faculté des sciences de Bordeaux. Il décède à Arcachon en 1933.

Pierre Cousin a publié une dizaine de notes et de mémoires en analyse complexe dans les *Acta mathematica*, les *Annales scientifiques de l'École normale supérieure*, les *Comptes rendus hebdomadaires des séances de l'Académie des sciences* et dans les mémoires académiques des villes où il exerce, les *Annales de l'Université de Grenoble* et les *Mémoires de la Société des sciences physiques et naturelles de Bordeaux*.

La lettre qui suit concerne la publication de la thèse de Cousin dans les *Acta mathematica*.

Cousin à Poincaré

[Avant octobre 1893][3]
Paris

Monsieur et cher Maître,

Je m'occupe en ce moment de la rédaction de ma thèse et je compte l'avoir terminé vers le milieu d'Octobre[4].

---

1. [Cousin, 1895].
2. Pour une présentation des problèmes de Cousin, voir [Chorlay, 2007, 2009, 2010]. Sur un autre aspect de la thèse de Cousin lié au théorème de recouvrement de Borel, voir [Maurey et Tacchi, 2005].
Cette thèse avait dû particulièrement intéresser Poincaré car elle comporte des résultats qui font suite à son article sur les fonctions à deux variables publié en 1883 dans les *Acta mathematica* [Poincaré, 1883f].
3. Cette lettre est datée d'après son contenu. Elle est conservée à l'Institut Mittag-Leffler.
4. La thèse de P. Cousin est datée du 28 octobre 1893 et sera imprimée le 23 avril 1894.

P. Nabonnand et al. (eds.), *La correspondance entre Henri Poincaré et les mathématiciens*,
Publications des Archives Henri Poincaré Publications of the Henri Poincaré Archives,
https://doi.org/10.1007/978-3-7643-8288-9_18

En ce qui concerne la demande de Mr Mittag Leffler, je serai très honoré que mon travail fut inséré dans son journal et j'accepte en principe toute proposition qui me serait faite à ce sujet [5]. Toutefois il peut se présenter une petite difficulté sur le point suivant : l'imprimeur des Acta pourrait-il m'assurer le nombre d'exemplaires, nécessaire pour une thèse, d'un tirage à part, avec pagination spéciale et exécuté à mes frais [6] ?
Je vous prie d'agréer, Monsieur, l'assurance de mes sentiments respectueux.

P. Cousin Professeur au Lycée de Caen. 186 B^d Péreire. Paris

5. Le mémoire de Cousin [1895] sera publié dans le volume 19 des *Acta mathematica* de 1895. Voir [Nabonnand, 1999, p. 247-248].

6. Dans une lettre à Mittag-Leffler, il déclare qu'il prend en charge les frais pour 250 exemplaires en sus des 50 distribués ordinairement par les *Acta mathematica*.

Thomas Craig

Thomas Craig est né à Pittston (Pennsylvanie) en 1855. Il poursuit ses études au collège de Lafayette (Pennsylvania) jusqu'à un diplôme d'ingénieur civil en 1875. Il obtient alors la première bourse en mathématiques de la toute nouvelle Université Johns Hopkins à Baltimore. Il y suit les enseignements de J. J. Sylvester qui supervisera sa thèse intitulée *The Representation of one surface upon another, and some points in the theory of the curvature of surfaces.* Après avoir soutenu sa thèse en 1878 [1], il reste à l'Université Johns Hopkins dans l'intention d'y devenir professeur de mathématiques [2].

Craig s'implique alors en particulier dans le travail d'édition de l'*American Journal of Mathematics* dont il sera le rédacteur en chef entre 1894 et 1899, date à laquelle il se retire pour des raisons de santé. Il décède en 1900.

Sous son impulsion, l'*American Journal of Mathematics* publie de nombreux articles de mathématiciens européens. En particulier, Poincaré publie dans ce journal 4 articles importants [3].

Malgré ses responsabilités éditoriales, Craig est un mathématicien actif qui publie de nombreux articles d'abord (1879-1882) en géométrie (théorie des surfaces) et en physique mathématique (hydrodynamique), puis (1882-1893) en analyse (théorie des fonctions et équations différentielles). À la fin de sa vie (1894-1899), il revient vers la théorie des surfaces et publie plusieurs travaux inspirés par le traité de Darboux, *Leçons sur la théorie générale des surfaces.* Ses articles sont pour l'essentiel parus dans des journaux américains, spécialement dans l'*American Journal of Mathematics.* Craig édite aussi trois ouvrages, le premier sur la théorie mathématique des fluides, le second sur les projections et le dernier sur la théorie des équations différentielles [4].

La correspondance entre Thomas Craig et Poincaré [5] porte essentiellement sur les affaires éditoriales de l'*American Journal of Mathematics.* Elle traduit bien entre

1. [Craig, 1878].
2. Pour plus détails, voir [Rowe et Parshall, 1994].
3. [Poincaré, 1885e, 1886h, 1890e, 1892e]
4. [Craig, 1879, 1882a, 1889].
5. Cette correspondance n'est composée quasiment que de lettres de Craig. Les originaux des cinq lettres adressées par Poincaré à Craig que l'on a pu retrouver sont conservées par la Milton S. Eisenhower Library.

P. Nabonnand et al. (eds.), *La correspondance entre Henri Poincaré et les mathématiciens*,
Publications des Archives Henri Poincaré Publications of the Henri Poincaré Archives,
https://doi.org/10.1007/978-3-7643-8288-9_19

autres l'importance pour Craig d'y attirer de grands noms des mathématiques européennes.
La Société mathématique de France, dont Craig est membre depuis 1884, est aussi un thème récurrent des échanges entre Poincaré et Craig. Craig parraine (par l'intermédiaire de Poincaré) plusieurs de ses collègues de l'Université Johns Hopkins. Plusieurs lettres évoquent le Répertoire bibliographique des sciences mathématiques. En effet, Poincaré recrute Craig pour être le représentant pour l'Amérique du Nord dans la Commission permanente du Répertoire [6].
Comme Newcomb [1900] l'évoque, Craig semble avoir accordé une importance particulière à sa relation avec Poincaré :

> He [Thomas Craig] recognized and admired the genius of Poincaré ; and two elaborate memoirs by the latter, which appeared in the seventh and eighth volumes, were believed to have been sent to the *Journal* on Craig's personnal sollicitation.

1 Craig à Poincaré

Johns Hopkins Université
Baltimore Md USA
Sept 20/83

Cher Monsieur.–

Permettez moi de m'introduire à vous comme un des Professeurs en mathématique dans le Johns Hopkins Université [7] sous Mr. Sylvester [8]. J'ai beaucoup d'intérêt dans la sujet de la théorie des fonctions [9] et je voudrais bien avoir des exemplaires tiré à part de votre très important mémoire [10]. Est il possible de les acheter chez

6. Craig apparait comme le représentant des États-Unis dans la liste publiée en 1893 de la Commission permanente du Répertoire [Commission permanente du Répertoire bibliographique des sciences mathématiques, 1893, p. ix].

7. Cette jeune université, créée en 1876, propose un enseignement qui s'appuie essentiellement sur les sciences. L'ambition de ses fondateurs est d'en faire une des plus importantes du pays. Sur l'histoire de cette université voir [Rowe et Parshall, 1994].

8. Le département de mathématiques est créé autour de J. J. Sylvester et devient un des hauts lieux mathématiques aux États-Unis, [Parshall, 1988]. Il s'entoure d'anciens étudiants brillants comme T. Craig ou fait venir des mathématiciens étrangers pour promouvoir les mathématiques.

9. Craig publie à partir de 1882 plusieurs articles sur les Θ-fonctions et donne un cours sur les fonctions à variable complexe. Voir la lettre suivante.

10. Il est difficile de décider de quel article parle Craig. Le seul article publié par Poincaré en 1882-83 qui traite de théorie des fonctions est un mémoire publié en 1883 sur un théorème de la théorie générale des fonctions [Poincaré, 1883j] dans le *Bulletin de la Société mathématique de France*. La lettre 4 dans laquelle Craig semble découvrir cet article laisse penser qu'il ne s'agit pas de cet article. De plus ce journal n'est pas édité par Gauthier-Villars ; néanmoins, la librairie Gauthier-Villars pouvait vendre le *Bulletin*. Les articles les plus célèbres à l'époque de Poincaré sont bien entendu ceux publiés dans les *Acta mathematica* [Poincaré, 1882k,b]. Une autre possi-

Gauthier-Villars ? Si ça n'est pas possible voulez vous avoir la complaisance de m'envoyer des exemplaires tiré à part. Il y a ici aussi un autre jeune homme [11] qui a étudié beaucoup cette sujet et il veut avoir vos mémoires si vous le trouvez convenable de les envoyer.

Acceptez Monsieur l'assurance de ma très haute consideration

Thomas Craig

2 Craig à Poincaré

Baltimore Oct 29 1883 [12]

Cher Monsieur :–

Je vous remercie vivement de votre complaisance en m'envoyant les exemplaires de vos bel ouvrages. Puis j'espère de plus Monsieur que le trouverai convenable et agréable de me donner un article sur la théorie des fonctions pour le *American Journal of Mathematics* dont je suis le sous-rédacteur [13]. C'est mon desire et but d'introduire l'étude de la théorie des fonctions [14] dans cet Université ; pendant les dernières cinq ou six ans j'ai eu les conférences sur la Riemann Théorie [15], et la partie de la théorie plus moderne que se trouve dans le "Cours" de M. Hermite [16]. Mais encore je regrette a dire les élèves ne sembler pas de vouloir une connaissance de la sujet. Si vous et M. Picard auraient la bonté de m'envoyer de temps à autre des petits article pour le Journal sur cette sujet j'en suis sûre que les élèves auraient

bilité serait que Craig parle des mémoires sur les courbes définies par des équations différentielles [Poincaré, 1881a, 1882a] publiés dans le *Journal de mathématiques pures et appliquées* qui est édité par Gauthier-Villars ou de l'article sur les fonctions à espaces lacunaires [Poincaré, 1883d] publié dans *Acta Societatis scientiarum Fennicae.*

11. D'après Parshall [1988], outre Craig, Sylvester était entouré à l'Université Johns Hopkins de Fabian Franklin, de William E. Story et de George Bruce Halsted. D'après leur bibliographie durant ces années, aucun ne semble s'être intéressé directement à la théorie des fonctions. Il peut s'agir de W. Story qui a étudié à Leipzig et y a soutenu en 1875 une thèse sous la supervision de Carl Neumann et de Wilhelm Scheibner [Story, 1875]. En 1885, il publie un article sur les fonctions elliptiques [Story, 1885] et plusieurs articles concernant la géométrie non-euclidienne [Story, 1882b,a] ce qui pourrait corroborer que Craig parle des mémoires publiés dans les *Acta mathematica.*

12. Cette lettre est rédigée sur un papier à en-tête de l'*American Journal of Mathematics* – Johns Hopkins University.

13. Jusqu'à son départ pour Oxford en 1883, J. J. Sylvester est le rédacteur en chef de ce journal.

14. S'il l'on en croit les références à Riemann et Hermite qui suivent, il s'agit de la nouvelle théorie des fonctions complexes, un domaine en pleine effervescence dans les années 1880. L'article fondamental de Weierstrass [1880b] „Zur Functionenlehre" paraît en 1880 et sa traduction en français en 1881. Pour plus de détails sur l'histoire de la théorie des fonctions analytiques, voir [Bottazzini et Gray, 2013].

15. Il s'agit de la partie de la nouvelle théorie des fonctions complexes issue de l'*Inauguraldissertation* (1857) de Riemann, „Grundlagen für eine allgemeine Theorie der Functionen einer verändlichen complexen Grösse" [Riemann, 1876, p. 3-48].

16. Craig parle du cours dispensé par Hermite à la Faculté des sciences de Paris. Par exemple, le cours de 1882 (rédigé par Henri Andoyer) comporte de nombreuses leçons consacrées à la théorie des fonctions holomorphes et à celle des fonctions elliptiques.

beaucoup plus d'interêt dans la sujet [17]. Peut-être vous aurez le complaisance de parler avec M. Picard ? Je vous assure que vos épreuves serai corrigé plus soigneusement.
Veuillez agréer les sentiments de mon plus haute consideration

Thomas Craig

3 Craig à Poincaré

Baltimore Nov. 26/83
md. USA [18]

Cher Monsieur :–

Je vous remercie beaucoup pour votre promesse de m'envoyer quelques articles [19] pour l'American Journal of Mathematics ! J'espère d'avoir bientot [20] le plaisir de les recevoir.
Veuillez agréez Monsieur l'expression de mes sentiments dévouées

Thomas Craig
Johns Hopkins Université

4 Craig à Poincaré

Baltimore, Jan 4 1884 [21]

Dear Sir. –

I should much like to be a member of the Société Mathématique de France [22] – if that is possible. I have the greatest interest in the "Bulletin" and should much like to receive it regularly as a member of the Société. What are the regulations and conditions for membership [23] ? I am an Associate Professor of Mathematics at this University, and I think that I may take the liberty of referring you to M. Hermite

17. Au delà de son intérêt pour la nouvelle théorie des fonctions, Craig cherche certainement aussi à internationaliser les contributions de l'*American Journal of Mathematics.* À la date où il prend contact avec Poincaré, en dehors de Sylvester, les seuls auteurs non-américains du journal sont A. Cayley et Ch. Hermite qui ont certainement répondu à des sollicitations de Sylvester. Poincaré publiera entre 1885 et 1892 quatre articles sur les intégrales singulières de certaines équations différentielles linéaires (1885), sur les fonctions abéliennes (1886), sur les équations aux dérivées partielles de la physique mathématique (1890) et sur les fonctions à espace lacunaire (1892) [Poincaré, 1885e, 1886h, 1890e, 1892e]. La plupart des lettres qui suivent concernent peu ou prou la publication de ces articles. E Picard publiera dans l'*American Journal of Mathematics* 3 articles entre 1889 et 1898.

18. Cette lettre est rédigée sur un papier à en-tête de l'*Athenaeum Club* – Franklin & Charles Sts.

19. Voir la note 17 de la lettre précédente.

20. Craig devra un peu attendre. Voir la lettre 8 adressée par Craig à Poincaré (p. 8).

21. Cette lettre est rédigée sur un papier à en-tête de l'*American Journal of Mathematics* – Johns Hopkins University.

22. Voir les lettre 5 et 6 suivantes.

23. Pour devenir membre de la Société Mathématique de France, il faut outre payer la cotisation être coopté par deux membres.

if you wish to learn anything more concerning my status here [24]. If I can become a member of the Société I should be exceedingly gratified. Will you be kind enough to let me know whether or not the thing is possible. Permit me to remind you that you have promised me an article for the American Journal of Mathematics [25]. I await its arrival with great interest. I have just been reading two papers of yours published in the "Bulletin" – "Sur un théoreme de la théorie générale des fonctions" [26] and "Sur les fonctions Θ" [27] – I have been much interested in both. I remain Sir yours very sincerely

Thomas Craig
Assistant Editor American Journal of Math.

5 Craig à Poincaré

Baltimore, Feb 5, 1884 [28]

Dear Monsieur Poincaré. –

I have just received your note informing me that I will be elected a member of the Société Mathématique [29]. I thank you very much for your kindness in presenting my name there. You are good enough to ask me to send something to be published in the Bulletin – I shall have great pleasure in doing so, but at present I am very busy with my University work and the work connected with the editing of the 'Journal of Mathematics' [30]. I am just now writing a short paper of the theta functions with complex characteristics [31]. Denoting as usual a ϑ-function of p variables by

$$\vartheta\begin{pmatrix} l_1 & l_2 & \dots & l_p \\ \lambda_1 & \lambda_1 & \dots & \lambda_p \end{pmatrix}(v_1, \dots, v_p)$$

I examine the functions for which

$$l = a + ib,\ \lambda = \alpha + i\beta$$

24. Hermite a déjà collaboré plusieurs fois avec l'*American Journal of Mathematics.*

25. Voir la note 17 de la lettre 2 et la lettre précédente de Craig.

26. [Poincaré, 1884e].

27. [Poincaré, 1883g].

28. Cette lettre est rédigée sur un papier à en-tête de l'*American Journal of Mathematics* – Johns Hopkins University.

29. La candidature de Craig à la Société mathématique de France a été présentée le 1er février par Poincaré et Picard, il sera élu le 15 février (*Bulletin de la Société mathématique de France*, 12 (1884), p. 147).

30. Thomas Craig n'apparait pas parmi les auteurs du *Bulletin de la Société mathématique de France.*

31. Thomas Craig publie dans le tome 6 de l'*American Journal of Mathematics* quatre articles sur les fonctions θ ; les trois premiers concernent les fonctions *theta* quadruples [Craig, 1884b,c,a] et le dernier [Craig, 1884d], dont il est question dans cette lettre, les fonctions θ à caractéristiques complexes. Après avoir rappelé que les travaux antérieurs concernant les fonctions θ se limitent aux cas où les coefficients des caractéristiques sont entiers ou rationnels, il annonce son intention : « In what follows I have just begun a study of the theta-functions corresponding to the case of a characteristic made up of complex functions. » [Craig, 1884d, p. 337]

and confine my attention to the case when $\underline{a}, \underline{b}, \alpha, \beta = 0$ or 1. There are in this case 2^{4p} functions, the square of the corresponding number of ϑ-functions [32].
I have also been studying recently a class of functions defined as follows (taking the simplest case)

$$f(x+\omega) = \varphi(x)f(x)$$

where

$$\varphi(x+\omega) = \varphi(x),$$

$$f(x+n\omega) = [\varphi(x)]^n f(x)$$

etc.
Can you tell me whether or not functions of this sort have ever been studied [33] ?
I take great pleasure in informing you that I have a class devoted to reading your papers on "Groupes Fuchsiens" and "Groupes Kleinéens" [34]. It is not a part of my regular work, but I meet the young men every day at 3 p.m. in order to read and explain to them your beautiful memoirs on these subjects. I am happy to say that the students are very enthusiastic over the new and charming ideas which you have so elegantly developed in your memoirs in the "Acta Math." [35], the "Comptes Rendus" [36] and the "Math. Annalen" [37]. I wish very much that you could come here for a few months and give a course of lectures on the Kleinéens and Fuchsiens. Could you not do so ?- say for four months [38]. I await with much anxiety the arrival of your promised memoir for the 'Journal of Mathematics' and hope to receive it at an early date [39]. Prof. Sylvester has left us and is now the Savilian Professor in the University of Oxford [40] - his place has not been filled and I do not know who will fill it [41]. It is impossible to get a Frenchman because no Frenchman will leave France – I wish you could come.
I hope that I shall have the pleasure of hearing from you soon. Please let me know what you think about the class of functions which I have mentioned on page 2 of this letter, and also please let me have as soon as you can an article for the "Journal of Mathematics". I remain, dear M. Poincaré
Yours very sincerely

Thomas Craig

32. [Craig, 1884d, p. 338].
33. Il semblerait que Craig n'a rien publié sur cette question.
34. [Poincaré, 1882k, 1883a].
35. [Poincaré, 1882k,b, 1883a].
36. [Poincaré, 1881e,f,s,g,n, 1882d].
37. [Poincaré, 1882e,f].
38. Henri Poincaré ne donnera pas suite à cette proposition.
39. Voir la note 17 de la lettre 2, la lettre 4 et la lettre précédente de Craig.
40. Sylvester a quitté Baltimore le 22 décembre 1883 [Parshall, 2006, p. 277].
41. Simon Newcomb est recruté en 1884 par l'Université Johns Hopkins comme professeur de mathématiques et d'astronomie. Il prend aussi la succession de Sylvester à la direction du *American Journal of Mathematics*.

6 Craig à Poincaré

Baltimore, Mars 23 1884 [42]

Cher Monsieur Poincaré. –

Je vous remercie bien de votre lettre contenant l'annonce de mon élection au la société mathématique de France ; et aussi je vous remercie beaucoup de votre complaisance en me proposant comme membre de la Société. J'ai l'intention d'aller à Paris cet été avec le seule but d'avoir votre connaissance et de vous demander si ou non vous aviez le complaisance de me donner un peu d'assistance en lisant vos beaux mémoires publié dans l'"Acta". Je les ai étudié beaucoup mais j'ai trouvé plusieurs difficultés. Le seul objet de mon petit voyage à Paris est de demander votre assistance en lisant ces mémoires. Je quitterai Amérique le 21 Mai et serai en Paris partir 5 ou 6 Juin. Puis je trouve un chambre meublée dans le Quartier Latin où les dépenses ne sera pas beaucoup ? J'espère beaucoup cher Monsieur Poincaré que vous serez si complaisant que me donner un réponse à ce lettre.
Veuillez agréer cher Monsieur l'assurance de ma considération la plus distinguée

Thomas Craig

7 Craig à Poincaré

Baltimore, Nov. 3, 1884 [43]

Dear M. Poincaré. –

Permit me the pleasure of introducing to you Prof. Kikuchi [44] of the University of Tokio, Japan. Prof. Kikuchi is in Paris for the purpose of getting some ideas in the methods of working and teaching (in France) in Mathematics and Physics. Any assistance that you can give will be highly appreciated by him. If he could get to know M. Monod [45] it would I think be a great help to him.
Yours very sincerely

Thomas Craig

42. Cette lettre est rédigée sur un papier à en-tête de l'*American Journal of Mathematics* – Johns Hopkins University.

43. Cette lettre est rédigée sur un papier à en-tête de l'*American Journal of Mathematics* – Johns Hopkins University.

44. Dairoku Kikuchi avait été nommé professeur de mathématiques à l'Université de Tôkyô après son retour d'Angleterre où il avait fait ses études. Pour plus de précisions, voir [Horiuchi, 1996].
Kikuchi avait dû faire la connaissance de Craig lors de son séjour à Baltimore à l'occasion de la série de conférences données en octobre 1884 par William Thomson [Kargon et Achinstein, 1987].

45. Gabriel Monod (1844-1912) est un historien français ; il est un des promoteurs de la *Revue historique* et un des chefs de file de l'« École méthodique » en histoire [Charle, 1985, p. 137-138]. Voir dans [Rollet, 2022], les deux lettres que Monod adresse à Poincaré en décembre 1903 dans le contexte de l'Affaire Dreyfus.

P.S. I hope you will not forget the article you promised for the Mathematical Journal[46]. You said that you would write one and that you also had a short one ready – I shall be delighted to receive them when you can make it convenient to send them. I regretted very much not to have seen you before leaving Paris to thank you for your kindness to me during the summer – I shall never forget it – and will hope that I may soon have some opportunity of returning it. Please give my respects to Mme Poincaré and believe me my dear M. Poincaré
Yours faithfully

Thomas Craig

8 Craig à Poincaré

Baltimore, Dec 24 1884[47]

Dear Monsieur Poincaré. –

Your letter and memoir have both been received, and the memoir is now in the hands of the printer – it will appear in Vol. 7 No. 3 of the Journal. I thank you very much both for the memoir and the copy of your paper "Sur la réduction des Intégrales Abéliennes"[48]. I shall take every care in the correcting of the proofs. Each author receives gratuitously 25 reprints of his paper – do you care to receive more than that number if you do please inform me at once – there is a slight charge for any number over 25 depending on the length of the memoir. Hoping to hear from you soon I am
Yours faithfully

Thomas Craig

9 Craig à Poincaré

JHO
Baltimore
March 30/85[49]

My Dear M. Poincaré ; –

I sent you a few days ago 45 reprints of your memoir in the Am. Jour. of Math. – and I trust that you have received them all right. I have taken the greatest care in reading the proofs but I find however two or three errors in spite of all my care – one or two accents wrong, etc. However the errors are not serious and I hope

46. Voir la note 17 de la lettre 2, et les lettres 3, 4, 5 de Craig
47. Cette lettre est rédigée sur un papier à en-tête de l'*American Journal of Mathematics* – Johns Hopkins University.
48. [Poincaré, 1884e].
49. Cette lettre est rédigée sur un papier à en-tête de l'*Athenaeum club* – Franklin & Charles Sts.

that you will not be displeased with the result. If you detect any errors which you would like to have corrected if you will kindly forward them to me I will publish them in the list of errata in No. 4 of the Journal [50].
Will you also do me the favour of sending me one of the reprints for myself – I have not retained any copy.
I hope that you will do me the favour of sending me another memoir in the near future. Please present my regards to Mme Poincaré and believe my my dear M. Poincaré
Very faithfully yours

Thomas Craig

P.S. if not too much trouble to you could you attend to this little matter for me. I have received Nos 1, 2, 3, 4 of the last Vol. of *Bulletin de la Société Math. de France* – and also No. 1 of the new volume (containing Appell's paper and your addendum [51]) but I have not received Nos 5 + 6 of the last volume. If not inconvenient to you will you kindly have the mistake rectified [52].

T.C.

10 Poincaré à Craig

29 avril 1885

Cher Monsieur,

J'ai reçu les tirages à part de mon mémoire de l'*American Journal of Mathematics*. Je vous remercie de la peine que vous avez prise pour moi en corrigeant les épreuves, l'exécution m'a semblé fort correcte, et je crois qu'elle l'eût été beaucoup moins si j'avais corrigé les épreuves moi-même.
Vous avez sans doute reçu la seconde circulaire envoyée par le Bureau de la Société Mathématique au sujet du Répertoire Bibliographique. Puisque vous voulez bien vous charger du travail en ce qui concerne les ouvrages publiés en Amérique, vous pourrez le commencer quand vous voudrez.
Il est convenu n'est-ce pas que nous n'aurons pas à nous occuper de tout de ce qui a été publié aux États-Unis et que vous vous en chargez. Vous nous enverriez les fiches au fur et à mesure que vous en auriez terminé des paquets suffisants.
Veuillez agréer, cher Monsieur l'assurance de mes sentiments les plus affectueux

Poincaré

50. Les errata se trouvent non pas dans le n° 4 de volume 7, mais dans le n° 1. Ils sont de type orthographique et ne portent pas sur le fond.
51. Le premier fascicule du volume 13 (1885) contient un article de Paul Appell [1885] sur les développements en séries trigonométriques des fonctions elliptiques. Cet article est suivi de remarques de Poincaré [1885a].
52. Il est normal que Craig s'adresse à Poincaré pour une telle question puisqu'en 1885, ce dernier est un des secrétaires de la Société mathématique de France.

11 Craig à Poincaré

Baltimore, May 18/85 [53]

Dear M. Poincaré : –

I have received your last letter and in reply may say that I will take charge of the American Mathematical work for the "Répertoire".
I wish you would let me know as soon as you conveniently can when you wish me to send my first installment of the "fiches", and I will endeavor to do so.
Let me trouble you again about a matter I mentioned in my last letter : I have not received N°s V+IV of the "Bulletin de la Société Mathématique" for volume 12, if it is not too much trouble for you will you kindly see that they are forwarded to me [54]. I have found a few typographical errors in your memoir which I shall publish in a table of errata in the next number of the Journal [55]. Can you not send me something more for publication in the Journal ? I will see that it is done better than the last, which was my first attempt at reading French proof sheets. Please remember me kindly to Misters Hermite and Picard and believe me to be
Faithfully yours

Thomas Craig

12 Craig à Poincaré

Baltimore, Jan. 20 1886 [56]

My dear Friend : –

Excuse my long delay in answering your letter. The death of my wife's mother has caused me to be absent from the city for several days. I enclose a circular letter that I am sending to American Canadian mathematicians [57]. Tell me what do in the case of articles written by Europeans and published in the American Journal ex. gr. [58] your memoir, Hermite's, Cayley's. Also what shall I do about American articles published in Europe, I have one or two in Crelle [59], so has Professor Newcomb [60]. I have been in doubt how to act in such cases. I am delighted that you are going to send me "une petite note pour l'American Journal et plus tard un mémoire plus important" [61]. I told President Gilman [62] that you were about to send a note

---

53. Cette lettre est rédigée sur un papier à en-tête de l'*Athenaeum club* – Franklin & Charles Sts.

54. Voir la lettre 9.

55. Voir la lettre 9.

56. Cette lettre est rédigée sur un papier à en-tête de l'*Athenaeum club* – Franklin & Charles Sts.

57. La circulaire envoyée par Craig est reproduite ci-dessous.

58. *exempli gratia.*

59. Craig a publié deux articles de géométrie des surfaces dans le *Journal für die reine und angewandte Mathematik* [Craig, 1881, 1882b].

60. Simon Newcomb [1877] a publié un article de géométrie riemannienne dans le *Journal für die reine und angewandte Mathematik*. Voir la note 41 (p. 182) de la lettre 5.

61. Voir la lettre précédente. Poincaré ne publiera pas de « petite note », par contre, il proposera en 1886 un mémoire de plus de 50 page sur les fonctions abéliennes [Poincaré, 1886h].

62. Daniel Coit Gilman est le premier président de l'Université Johns Hopkins. Il occupe cette fonction pendant vingt-cinq ans.

and a memoir and he was very much pleased. I will insert them in the Journal immediately they arrive, and will promise to take even greater care with the proofs than I did before.
Yours most sincerely

Thomas Craig

Circulaire (imprimée) envoyée par Thomas Craig
pour le Répertoire bibliographique mathématique.

Baltimore, January, 1886.

Dear Sir :

It is proposed by the SOCIETE MATHEMATIQUE DE FRANCE to make a complete Mathematical Bibliography, and as a member of the Society, I have been requested to furnish a list of the articles and treatises published by American mathematicians.
The undertaking is one of great magnitude, and the result will be of the greatest value. Will you be kind enough to send me a list of your published papers and treatises prepared on paper of this size, the notices to be of the same style as the accompanying specimen and only one title on each sheet. I will forward the sheets to Paris immediately upon receipt of them.
Hoping to receive an early and favorable reply, I am, Very respectfully

THOMAS CRAIG, Associate professor of Mathematics
in the Johns Hopkins University

T. CRAIG
ON A CERTAIN CLASS OF LINEAR DIFFERENTIAL EQUATIONS
AMERICAN JOURNAL OF MATHEMATICS VOL VIII
Treating of a class of Linear Differential Equations whose fundamental integrals are the successive derivatives of one or more functions.

13 Craig à Poincaré

Baltimore, June 7/86 [63]

Dear M. Poincaré,

I sent to your address about two months ago quite a large package of the Bibliographical notices for the Société Mathématique, but, as I have not heard from you I am beginning to feel a little anxious concerning them. Did you receive them ? And if you did will you kindly drop me a line informing me of their safe arrival ? If they have not turned up all right I shall have to repeat the work this summer.

63. Cette lettre est rédigée sur un papier à en-tête de l'*Athenaeum club* – Franklin & Charles Sts.

Please let me know as soon as you can so that I shall make no plans for the summer which will present my doing the work over again at me. When am I going to get the memoir for the Journal which you were good enough to promise me ? I hope soon.
Ever sincerely yours

Thomas Craig

14 Craig à Poincaré

Baltimore, June 17 [18]86 [64]

Dear M. Poincaré : –

Will you be kind enough to propose for me the name of Mr. John C. Fields as a member of the Société Mathématique [65] ? Mr. Fields is a Fellow in mathematics of the Johns Hopkins University [66] and is in every way worthy of the honor which I should much like to have conferred on him. I am in great baste so cannot write more fully at present. I trust that I may soon hear of the election of my friend.
Yours faithfully

T. Craig

15 Craig à Poincaré

Baltimore, July 31/1886 [67]

Dear Sir :

The MS. of your paper entitled Sur les Fonctions Abéliennes has been duly received [68], and has been filed with a view to insertion in the Journal. Thanking you for this favor, and hoping to hear from you again,
I remain, Yours very truly,

Thomas Craig

---

64. Cette lettre est rédigée sur un papier à en-tête de l'*Athenaeum club* – Franklin & Charles Sts.

65. John Fields, «présenté par MM. Craig et Poincaré, est élu à l'unanimité» lors de la séance du 21 juillet 1886 de la Société mathématique de France (*Bulletin de la Société mathématique de France*, 14 (1886), 141).

66. John Charles Fields soutient une thèse en mathématique à l'Université Johns Hopkins [Fields, 1887]. En 1891, il vient en Europe pour étudier à Berlin et à Paris. À l'issue de ce séjour en 1902, il obtient une position à Toronto. John C. Fields est connu dans l'histoire des mathématiques pour avoir fondé la médaille qui porte son nom.

67. Cette lettre est rédigée sur l'accusé de réception de l'*American Journal of Mathematics*

68. [Poincaré, 1886h].

16 Craig à Poincaré

Baltimore, July 31 1886 [69]

Dear Monsieur Poincaré,

I hope you will excuse my long delay in acknowledge receipt of your letter and memoir [70]. I have been ill. Many thanks indeed for the memoir, it will appear in the next number of the Journal vol. VIII N° 4. I have just finished reading the first installment of the proof.
I fear I shall not be able to do much work this summer as I am still rather unwell. Where are you coming over here to visit us ? I wish you would come soon. I have a room in my house which will be at your service whenever you do me the honor to visit me.
Yours sincerely,

Thomas Craig

17 Craig à Poincaré

Baltimore, Sept. 18 1886 [71]

Dear M. Poincaré : –

Your reprints will be sent to you today. I hope you will find no errors, please let me know if there are any. I had to read the proofs wholly without assistance. I was very careful and I hope have got everything right.
Now I am ready for something more from you, you can never send me enough I assure you.
Yours most sincerely

Thomas Craig

18 Craig à Poincaré

Baltimore, Oct. 13 1886 [72]

Dear M. Poincaré,

I have not yet heard from you, but I trust you have received the reprints of your memoir "Sur les fonctions abéliennes" [73] ; further I hope that something more from your marvellous and prolific pen may soon arrive here for the *American Journal of Mathematics* [74]. I have to ask you again to do me a favor in the Société

69. Cette lettre est rédigée sur un papier à en-tête de l'*American Journal of Mathematics* – Johns Hopkins University.

70. [Poincaré, 1886h].

71. Cette lettre est rédigée sur un papier à en-tête de l'*American Journal of Mathematics* – Johns Hopkins University.

72. Cette lettre est rédigée sur un papier à en-tête de l'*American Journal of Mathematics* – Johns Hopkins University.

73. [Poincaré, 1886h].

74. Craig devra attendre un peu. Le prochain article que Poincaré [1890e] confiera à l'*American Journal of Mathematics*, consacré aux équations aux dérivées partielles de la physique mathématiques, paraitra en 1890.

Mathématique. I wish to have the name of Dr. Louis Duncan[75] proposed for membership[76]. Dr. Duncan was until a few months ago an officer in the US navy, but has now resigned from the Navy to accept a chair in the Johns Hopkins University. I can recommend Dr. Duncan in the highest terms for the honor of election in the Société Mathématique. I feel sure that I can rely in you to have his name proposed at an early date. His address is Dr. Louis Duncan Johns Hopkins University, Baltimore.
Hoping to have the pleasure of hearing from you at an early date I remain as always
Sincerely yours

Thomas Craig

19 Craig à Poincaré

Baltimore, Nov. 17/86[77]

Dear M. Poincaré : –

If it is not too much trouble for you I wish very much that you would give me information on the following two points.
I) What is the exact meaning of the word "monogène" used by Weierstrass and by Mittag-Leffler in his memoir on uniform functions (Acta Math vol. IV, I think it is IV but am not sure at this minute)[78]. I thought that I knew the meaning of the word in connection with the Theory of Functions, but I do not understand the full significance of it as used by Weierstrass and Mittag-Leffler[79].

75. Louis Duncan (1861-1916) soutient en 1885 une thèse à l'Université Johns Hopkins, *On the Determination of the Ohm by the Lorenz Method* sous la direction de Henry Rowland et était à l'époque assistant dans le laboratoire de ce dernier. En 1904, il démissionne de ses fonctions universitaire et entreprend une carrière d'ingénieur consultant dans le domaine de l'électricité.

76. Louis Duncan, «présenté par MM. Craig et Poincaré, est élu à l'unanimité» lors de la séance du 17 novembre 1886 de la Société mathématique de France (*Bulletin de la Société mathématique de France*), 15 (1887), p. 182).

77. Cette lettre est rédigée sur un papier à en-tête de l'*Athenaeum Club* – Franklin & Charles sts.

78. [Mittag-Leffler, 1884].

79. Cauchy définit une fonction monogène dans un domaine D comme une fonction dérivable en tout point de D (soit dans le vocabulaire contemporain une fonction holomorphe) : « Nommons z une variable imaginaire qui sera censée représenter l'*ordonnée imaginaire* d'un point mobile Z. Une fonction u de cette variable pourra offrir, pour chaque valeur de z, une ou plusieurs valeurs distinctes. J'appellerai *type* une expression analytique $f(z)$ propre à représenter, pour chaque position du point mobile Z, une seule des valeurs de u, et choisie de manière qu'étant données deux valeurs différentes $f(z_a)$, $f(z_b)$ du même type on puisse passer par degrés insensibles de l'une à l'autre en faisant varier z par degrés insensibles. Une fonction *monotypique*, ou à un seul type, restera évidemment continue, tant qu'elle ne deviendra pas infinie. Si d'ailleurs une fonction monotype offre, pour chaque position du point Z, une dérivée unique, elle sera ce que je nommerai une fonction *monogène*. » [Cauchy, 1851, p. 484-485]
Weierstrass [1880b], auquel se réfère Mittag-Leffler [1884, p. 3, note 1] considère des fonctions qui admettent en tout point d'un domaine connexe par arcs un développement en série entière.

II) Has anything been done on the general Theory of non-uniform functions? If so can you tell me where I can find it [80]?
I shall feel deeply obliged to you if you will be kind enough to answer these questions. I have been much interested in reading your communications and those of M. Picard to the Académie des Sciences in the transformations of surfaces into themselves [81]. I have given to my class in abelian functions your generalization of Abel's Theorem to gauche curves and to surfaces [82]. I think they got a clearest notion of what the theorem means than they had when I only used a plane curve. Hoping to hear from you very soon I remain my dear M. Poincaré Yours sincerely

Thomas Craig

20 Craig à Poincaré

Baltimore, May 5 1887 [83]

My dear Monsieur Poincaré,

A few days ago the mathematical and physical department of the University moved from the rooms occupied by them for the last eleven years into the new Physical Laboratory. In moving the contents of my office I discovered a letter sealed stamped and directed to you some months ago. I wrote it on learning of your election to the Institute but some how it was not mailed [84]. I hasten now how ever if it is not

---

Il montre qu'une telle fonction définit une branche uniforme d'une fonction monogène tout en posant la question de la différence entre les deux notions : « Muss diese Frage verneint werden, wie dies wirklich der Fall ist, so ist damit bewiesen, dass der Begriff einer monogenen Function einer comlexen Veränderlichen mit den Begriff einer durch (arithmetische) Grössenoperationen ausdrückbaren Abhängigkeit sich nicht vollständig deckt. » [Weierstrass, 1880b, p. 210]
Pour plus de précisions, on peut voir [Borel, 1917].

80. Picard [1879d] avait publié en 1879 une note sur une nouvelle classe de fonctions uniformes. La question est assez vague et toutes les recherches sur les surfaces de Riemann pourraient être citées.

81. [Poincaré, 1886d], [Picard, 1886e].

82. Le troisième paragraphe du mémoire sur les fonctions abéliennes [Poincaré, 1885e, p. 308] est intitulé « Généralisation du théorème d'Abel ». Cette généralisation est présentée comme un lemme qui « sera utile dans la suite. Il rappelle d'abord le théorème dans le cas d'une courbe plane : « Soit

$$f(x, y) = 0$$

une courbe plane quelconque. Soit $u(x, y)$ une intégrale abélienne de 1^re^espèce attachée à cette courbe. Soit c une courbe variable de degré donné m qui coupe la courbe en q points variables :

$$x_1, y_1 \,;\, x_2, y_2 \,;\, \dots \,;\, x_q, y_q.$$

La somme

$$u(x_1, y_1) + u(x_2, y_2) + \cdots + u(x_q, y_q)$$

sera une constante (quelque soit la courbe c, pourvu toutefois que son degré m ne change pas). Tel est le théorème d'Abel que je me propose d'étendre aux surfaces.
Je vais d'abord l'étendre aux courbes gauches. » [Poincaré, 1885e, p. 308-309]

83. Cette lettre est rédigée sur un papier à en-tête de l'*American Journal of Mathematics* – Johns Hopkins University.

84. Poincaré a été élu membre de l'Académie des sciences le 31 janvier 1887.

too late to say what I said at that time viz.[85] that I most heartily congratulate you, I was as pleased to see the announcement in the Comptes Rendus as if some good thing had happened to me[86]. I wish I could see you in your place at the green table! Where is your place? Near M. Hermite? Or down with Darboux at the cover end of the room?
I wish I could look to you for a memoir for Vol X No I of the Mathematical Journal[87]. I want that to be a particularly fine number, as I am going to publish a portrait of Professor Sylvester in it[88]. Remember me sometime when you have a memoir to spare. You know everything that you can send me is most cordially welcomed, and will always take precedence and be printed immediately.
Hoping to hear from you soon I remain my dear Poincaré as ever Yours sincerely

Thomas Craig

21 Craig à Poincaré

Baltimore, May 7 1887[89]

My dear friend

I have just read your memoire "Sur les résidus des intégrales doubles" in the *Acta* – and I want to tell you how much pleasure it has afforded me[90]. I don't remember having read anything in a long time that has interested me as much – I had read all I could find on the subject – but found it all as you describe in the beginning of your memoir, unsatisfactory. Picard's definition of a "period" bothered me a good

85. *Videlicet.*

86. L'élection de Poincaré à l'Académie des sciences est annoncée dans le compte rendu de la séance du 31 janvier 1887 (*Comptes rendus*, t. 104, p. 272) : « L'Académie procède, par la voie du scrutin, à la nomination d'un Membre de la Section de Géométrie, pour remplir la place devenue vacante par le décès de M. Laguerre.
Au premier tour de scrutin, le nombre des votants étant 56, M. Poincaré obtient 31 suffrages, M. Mannheim, 24 suffrages. Il y a un bulletin blanc.
M. Poincaré, ayant réuni la majorité absolue des suffrages, est proclamé élu. Sa nomination sera soumise à l'approbation du Président de la République. »
L'installation de Poincaré comme membre de l'Académie des sciences est décrite dans le compte rendu de la séance du 7 février 1887 (*Comptes rendus*, t. 104, p. 323) : « M. le Ministre de l'Instruction publique et des Beaux-Arts adresse l'ampliation du Décret par lequel le Président de la République aprouve l'élection, faite par l'Académie, de M. Poincaré, en remplacement de M. Laguerre.
Il est donné lecture de ce Décret.
Sur l'invitation de M. le Président, M. Poincaré prend place parmi ses Confrères. »

87. Poincaré attendra le tome 12 en 1890 pour publier de nouveau dans l'*American Journal of Mathematics.*

88. Le premier fascicule du tome 10 de l'*American Journal of Mathematics* propose un portrait de Sylvester ainsi que des contributions de Sylvester, Cayley et Oskar Bolza. Plusieurs mathématiciens américains publient aussi dans ce fascicule, Eliakim H. Moore, Jr., Morgan Jenkins, P. A. MacMahon et Wm. Woolsey Johnson.

89. Cette lettre est rédigée sur un papier à en-tête de l'*American Journal of Mathematics* – Johns Hopkins University.

90. [Poincaré, 1887e].

deal – I saw that the integrals were not constants – that then "periods" did not depend on the assumed function but upon the choice of auxilliary variables etc. I began to be afraid that I did not really know what a "period" was [91]. Please send me a tirage à part if you have any. I have only written to express my pleasure in reading your memoir – as I have long wished to read something in the subject and have expressed that wish to friends here a score of times. Hoping my dear friend to hear from you soon I remain as ever
Sincerely yours

Thomas Craig

---

91. Craig fait allusion à un commentaire de Poincaré sur deux notes de Picard sur les périodes des intégrales doubles [Picard, 1883b, 1886c]. Dans son article sur les résidus des intégrales doubles, Poincaré [1887e] rappelle la définition donnée par Picard des périodes des intégrales doubles :

> Soit $F(x, y)$ une fonction non uniforme de x et de y ; introduisons deux variables auxiliaires u et v, en posant :
>
> $$x = \varphi[u, v), \quad y = \psi(u, v).$$
>
> Je supposerai que les fonctions φ et ψ sont uniformes et de plus que
>
> $$F(x, y) = \Psi(u, v)$$
>
> est une fonction uniforme de u et de v.
> Cela posé, soient u_0, v_0 et u_1, v_1 deux systèmes de valeurs de u et de v. Imaginons que ces deux systèmes de valeurs correspondent à un même système de valeurs de x et de y. L'intégrale envisagée par M. Picard est alors :
>
> $$\int_{u_0}^{u_1} du \int_{v_0}^{v_1} dv \Psi(u, v) \left(\frac{d\varphi}{du}\frac{d\psi}{dv} - \frac{d\varphi}{dv}\frac{d\psi}{du} \right).$$
>
> M. Picard a donné à ces intégrales le nom de périodes ; je ne saurais l'en blâmer puisque cette dénomination lui a permis d'exprimer dans un langage plus concis les intéressants résultats auxquels il est parvenu. Mais je crois qu'il serait fâcheux qu'elle s'introduisit définitivement dans la science et qu'elle serait propre à engendrer de nombreuses confusions.
> Et cela pour deux raisons :
> D'abord ces intégrales ne sont pas des constantes, comme le fait fort bien observer M. Picard.
> En second lieu, il y a une infinité de systèmes de variables auxiliaires u et v qui satisfont aux conditions énoncées. Chacun de ces systèmes donne pour l'intégrale une valeur différente. Il en résulterait que, si on voulait donner à cette intégrale le nom de période, cette période ne dépendrait pas uniquement de la fonction $F(x, y)$ à laquelle elle appartient, mais bien de ces variables soi-disant auxiliaires qui jouerait ainsi un rôle prépondérant. [Poincaré, 1887e]

22 Craig à Poincaré

Baltimore, Aug. 27 1887[92]

Dear M. Poincaré :–

Not having heard from you I fear that a letter and little package I sent you some two months ago have miscarried. I sent in the name of my little girl, Ailsa[93], a small present for Jeanne[94] and enclosed my letter in the box which was directed to you. The letter purported to be sent by Ailsa to Jeanne. I hope it arrived all right. When am I going to have the pleasure of hearing from you again in the form of another memoir for the journal[95] ?
I hope very much that you can give me something soon. President Gilman[96] and Professor Newcomb[97]. have both been asking me to try and get something from you. I hate to bother you when you have already been so kind, but I wish very much you could send me another memoir soon – please do. As ever
Yours faithfully

T. Craig

23 Poincaré à Craig

[21/09/1887]

Mon cher ami,

Je trouve votre lettre à mon retour des manœuvres de forteresse d'Épinal auxquelles je viens de prendre part[98]. Nous sommes désolés, ma femme et moi que la lettre et le présent d'Ailsa à Jeanne se soient égarés en mer ; mais nous n'en sommes pas moins touchés de l'aimable pensée que vous avez eue et nous prions Ailsa, au nom de Jeanne et au nôtre de vouloir bien accepter nos remerciements.
Vous me demandez un mémoire ; je m'en occuperai dès mon retour à Paris qui aura lieu dans un mois, mais peut-être ne pourrai-je vous l'envoyer qu'au mois de juin ; car j'ai un nouveau cours à préparer et divers travaux en train[99].
Veuillez agréer l'assurance de ma sincère amitié.

Poincaré

---

92. Cette lettre est rédigée sur un papier à en-tête de l'*American Journal of Mathematics* – Johns Hopkins University.

93. Craig a eu deux enfants, Ailsa, née en 1883 à Washington et Ethel, née en 1891 à Baltimore.

94. Jeanne, la première fille de Poincaré, est née le 3 juin 1887.

95. Craig réitère une demande déjà formulée dans plusieurs lettres précédentes.

96. Voir la note 62 (p. 186) de la lettre 12.

97. Voir la note 41 (p. 182) de la lettre 5.

98. En tant qu'ancien élève de l'École polytechnique, Poincaré est officier de réserve. Il est nommé le 25 août, capitaine en second à l'État-major particulier de l'artillerie territoriale. On trouve dans son dossier militaire le rapport de son stage effectué du 3 au 17 septembre 1887 dans le 8e bataillon d'artillerie de forteresse : « M. Poincaré a montré beaucoup de bonne volonté pendant son stage et a suivi avec zèle les manœuvres de forteresse d'Épinal. Il a étudié la défense du secteur auquel il serait employé en cas de mobilisation. Son stage fait en dehors de la période de convocation des hommes de l'armée territoriale n'a pas permis de juger de son aptitude au commandement. Cet officier aurait besoin d'être convoqué en même temps que les hommes de sa batterie. »

99. Poincaré prendra un peu plus de temps que prévu puisque le prochain mémoire de Poincaré dans l'*American Journal of Mathematics* ne paraîtra qu'en 1890 [Poincaré, 1890e].

24 Craig à Poincaré

Baltimore, Nov. 19 1887 [100]

Dear Monsieur Poincaré : –

I am very sorry that the little package for Jeanne from Ailsa has not been received. I don't understand how it can have gone astray. I did not address it myself but I gave the address to the silver firm where I bought it and told them to take every precaution so that it would reach you and so that there would be no duty to pay on it in the Paris Custom House. It was nothing much – only a little case containing a child's knife fork and spoon in silver, but I felt great pleasure in sending it to the little daughter of the illustrious man who honors me by his friendship. I met a gentleman here recently Mr Henri Desinger who told me that he knew you – I think he said that he was in the Ecole Polytechnique at the same time as you – but I am not sure of that [101]. I am very glad that you are going to send me another memoir for the *American Journal of Mathematics* – you will honor me and the journal very much by doing so. Please send it as soon as you can [102].

I read with mingled feelings of interest and amusement your "Réponse à M. Thomé" in the "Acta" [103]. You say "Je prévois la réponse de M. Thomé" – but do you think he can possibly make a reply when you say "J'en suis fâché, mais cette détermination explicite est impossible" ? I had read his paper when it first appeared and thought his remarks and criticisms rather absurd in the present state of knowledge of differential equations [104]. Hoping my dear Monsieur Poincaré to hear from you soon and hoping also that the promised memoir will not be long delayed I remain as ever

Yours sincerely

Thomas Craig

P.S. I hope Mme Poincaré and Jeanne are very well. I should much like to see the little girl and to see you in the role of "Papa". T.C.

---

100. Cette lettre est rédigée sur un papier à en-tête de l'*American Journal of Mathematics* – Johns Hopkins University.

101. La liste des anciens élèves de l'École polytechnique ne comporte aucun nom analogue.

102. Voir la lettre précédente.

103. [Poincaré, 1887c].

104. Ludwig Thomé [1887] avait critiqué dans une note publiée dans le *Journal für die reine und angewandte Mathematik* les travaux de Poincaré sur les développements asymptotiques des intégrales des équations différentielles linéaires au voisinage d'un point singulier [Poincaré, 1885e, 1886i]. Pour plus de détails, voir [Nabonnand, 1999, p. 168].

25 Craig à Poincaré

Baltimore, Dec. 6 1887 [105]

Dear Monsieur Poincaré :–

Thank you very much for the "tirages à part" of your memoirs in the Acta and the Journal de Mathématiques and also for the Notice sur vos travaux Scientifiques [106]. I had already read the articles and am very glad to have the separate copies of them. I am going to introduce your paper on the residues of double integrals [107] into my course in Theory of functions – I have already given – as I do every year – your brief paper "Sur les fonctions à espaces lacunaires" [108] and also Appell's papers on functions in regions bounded by arcs of circles [109]. M. Hermite merely alludes to these matters in his Cours [110].
The next number of the Math. Journ. will be out in a few days and will contain among other things a paper by Appell [111]. Hoping my dear Monsieur Poincaré to hear from you soon I remain as ever
Sincerely yours

Thomas Craig

P.S.
I hope that Jeanne is very well.

T.C.

26 Craig à Poincaré

July 13/88 [112]

My dear Mr. Poincaré :-

It is a very long time since I have had the pleasure of hearing from you. When you last wrote you said that you were engaged in an astronomical memoir [113]. Have you published it yet ? I have not seen it – where will you publish it ? in the *Acta* ? Then you were going to send me something for the Am. Jour. of Math. –

105. Cette lettre est rédigée sur un papier à en-tête de l'*American Journal of Mathematics* – Johns Hopkins University.
106. [Poincaré, 1886a].
107. [Poincaré, 1887e].
108. [Poincaré, 1883d].
109. [Appell, 1882a], [Appell, 1882b].
110. La 17e leçon du Cours de M. Hermite [1887] (p. 150-157) (donné à la Faculté des sciences de Paris) est entre autres consacrée à une « série de M. Tannery, ayant pour coupure la circonférence dont le centre est l'origine, et le rayon égal à l'unité », à des « résultats analogues et d'une grande généralité obtenus par M. Appell », aux « développements en série dans des aires limitées par des arcs de cercle » et à « un exemple donné par M. Poincaré d'une fonction définie dans tous le plan, à l'exception d'une région ».
111. [Appell, 1888].
112. Cette lettre est rédigée sur un papier à en-tête de l'*American Journal of Mathematics* – Johns Hopkins University – Baltimore, Md.
113. Il doit s'agir du mémoire pour le prix du roi de Suède [Poincaré, 1890d] auquel Poincaré consacrait depuis 1887 une grande partie de son activité de recherche. Pour plus de détails, voir [Barrow-Green, 1997] et [Nabonnand, 1999, p. 161-235].

as you know I shall be both honored and delighted to receive what ever you find convenient to send me for publication [114]. In the last number (Vol XI No 1) of the Journal I shall have the pleasure of publishing a portrait of M. Hermite [115] – I should like very much to publish your portrait in the next volume [116]. Would you be willing to have me do so ? I am sure – in face I know, that every mathematician from the highest to the lowest would be very much pleased to see the portrait of

"Henri Poincaré
Membre de l'Insitut"

If you will consent to have me publish the portrait please send me a good photograph for the purpose. A propos of the photograph – do you remember giving me when I had the pleasure of dining with you and Madame Poincaré ? It does not look at all like you. You said that you had a bad cold when it was made – but I should very much like to have for myself a photograph of you when you were not so 'enrhumé'. So whether you consent to letting me publish your portrait or not will you not be so kind as to send me a good photograph of yourself ? I should prize it very highly. I have quite a fair collection of portraits of mathematicians and I have yours among them, but I have to tell everyone who sees yours that "that is not at all like M. Poincaré". Please my dear friend send me a good one – and please, for the satisfaction of the mathematical world allow me to publish your portrait in the *Am. Jour. of Math.*
I want to propose for membership in the Soc. Math. de Francethe name of

Mr. Charles H. Chapman

of this University. Mr. Chapman is a Fellow in mathematics and is a man of very great promise he will be a most worthy member of the Société Mathématique [117]. I hope Madame Poincaré is very well and also your little daughter Jeanne. My little girl (Ailsa) feels a very great interest in Jeanne, and tells me to send her "three loves and three kisses". Hoping my dear Monsieur Poincaré to hear from you soon I remain as ever
Very sincerely yours

Thomas Craig

P.S. I hope you can soon send me a memoir for the journal and also a tirage à part of your astronomical memoir.

T.C.

---

114. Craig réitère régulièrement cette demande depuis 1886.
115. Une photographie d'Hermite est publiée en octobre 1888 dans le premier fascicule du tome 11 de l'*American Journal of Mathematics.*
116. Le portrait de Poincaré par le photographe Eugène Pirou est publié en octobre 1889 dans le premier fascicule du tome 12 de l'*American Journal of Mathematics.*
117. Charles Hiram Chapman (1859-1934) soutient en 1890 une thèse sur la fonction-P de Riemann à l'Université Johns Hopkins. Il obtient alors une position à l'Université de l'Oregon où il enseigne la physique mathématique. Il ne semble pas avoir rejoint la Société mathématiques de France.

27 Poincaré à Craig

[1888]

Mon cher ami,

Je vous envoie ci-joint un portrait plus récent et meilleur que celui que je vous avais adressé d'abord. Je crois que vous pourrez en tirer un meilleur parti que de la petite photographie [118]. Voyez ce que vous avez à faire ; je ne voudrais pas vous imposer les ennuis d'un nouveau tirage ; néanmoins il est certain que la nouvelle photographie est beaucoup plus ressemblante que l'ancienne, bien qu'elle m'ait fait les cheveux blancs ; je ne sais pas pourquoi.

Je travaille toujours au mémoire que je vous destine ; j'ai déjà la valeur de 50 ou 60 pages du Journal [119].

Votre ami dévoué,

Poincaré

28 Craig à Poincaré

Nov. 1/88 [120]

Dear Monsieur Poincaré :

I am delighted that you are going to send me a memoir and also allow me to publish your portrait in the Journal. I wish you would send me the two photographs you promise as soon as possible as I want to have the portrait made at an early date and send you a proof of it. I want your signature at the bottom of the portrait (see the portraits of Hermite and Sylvester in the Journal [121]) so please send me at the same time as the photographs your signature in the way you want it ("Henri Poincaré", "H. Poincaré" or "Poincaré" [122]) on a separate sheet of paper which I can send to the artists in Boston. Hoping soon to receive the photographs and signature I am as ever my dear M. Poincaré

Sincerely Yours

Thomas Craig

---

118. Voir la lettre précédente.

119. Le prochain article de Poincaré [1890e] publié dans l'*American Journal of Mathematics* comprend 83 pages.

120. Cette lettre est rédigée sur un papier à en-tête de l'*American Journal of Mathematics* – Johns Hopkins University – Baltimore, Md.

121. Les portraits de Sylvester (1888) et d'Hermite (1889) publiés dans l'*American Journal of Mathematics* sont suivis de leur signature. Il en sera de même de celui de Poincaré.

122. Poincaré choisira la troisième solution.

29 Craig à Poincaré

Jan. 17/89 [123]

Dear Monsieur Poincaré :

I send you a proof of your portrait for the Journal herewith. If it satisfies you let me know and I will have the copies printed off at once. It is the best that can be done with the very small copy you sent me. If you are not satisfied send me a photograph of yourself as you are now and I will have another portrait made. I was glad to see that M. Picard got the Grand Prize [124]. I hope his memoir [125] will be published soon – I want very much to see it. Let me know soon about the portrait – as ever Yours very sincerely

Thomas Craig

30 Poincaré to Craig

[Mar, 22 1889] [126]

Mon cher ami ;
Je vous adresse sous pli recommandé le mémoire dont je vous ai parlé . Veuillez m'en accuser réception.

La fin tourne un peu court, mais de tristes soucis m'empêchent de m'en occuper pour le moment [127]. Je pense y revenir d'ailleurs plus tard [128].
Votre ami dévoué,

Poincaré

123. Cette lettre est rédigée sur un papier à en-tête de l'*American Journal of Mathematics* – Johns Hopkins University – Baltimore, Md.

124. En 1888, le grand prix des sciences mathématiques de l'Académie des sciences dont le sujet était : *perfectionner la théorie des équations algébriques de variables indépendantes* est décerné à Picard pour un mémoire sur la théorie des fonctions algébriques de deux variables [Picard, 1889a]. Le rapport sur le grand prix des sciences mathématiques de cette année est rédigé par Poincaré [1888a].

125. Picard publie son mémoire primé dans le *Journal de mathématiques pures et appliquées* [Picard, 1889a]. L'article que Picard [1889c] publie la même année dans l'*American Journal of Mathematics* porte sur un sujet proche.

126. Carte postale envoyé le 22 mars de Paris adressé à Monsieur Thomas Craig, professeur à l'Université Johns Hopkins, Baltimore Md, Etats-Unis d'Amérique. Arrivée à Baltimore le 1er avril.

127. Poincaré fait allusion à une polémique avec Hugo Gyldén au sujet du prix du roi de Suède. Voir [Barrow-Green, 1997] et [Nabonnand, 1999, p. 208-209].

128. Poincaré [1894d] reprendra la question des équations de la physique mathématique dans un article publié dans les *Rendiconti del Circolo Matematico di Palermo*.

31 Craig à Poincaré

April 8/89 [129]

Dear Monsieur Poincaré :

Accept my most sincere congratulations for your success in gaining the King Oscar prize [130], and my thanks for your memoir just received [131]. I will publish it as soon as possible. I was greatly pleased to learn that the two prizes went to Paris and to two friends [132].
Yours very sincerely

Thomas Craig

32 Craig à Poincaré

March 12/91 [133]

My dear Monsieur Poincaré :

I have not had the pleasure of hearing from you for a long time, not since I published your portrait in the Am. Jour. of Math. I hope you received the copies of the same which I send to you by President Gilman [134]. I thank you for the tirages à part that I have just received from you. My copy of the Acta, as also the University copy, has for some reason not yet arrived, so I have not read the crowned memoir [135], it will doubtless come soon. Has the second volume of your course on light appeared yet [136] ? I have seen no notice of it. Several men here who are desirous of procuring it have asked me about it. How soon can you send me something more for publication ? I hope you will find it convenient to do so before very long. I should like to open volume XIV with a memoir from you. I hope you will consider favorably my request and let me hear from you as ever [137].
Very truly yours

Thomas Craig

---

129. Cette lettre est rédigée sur un papier à en-tête de l'*American Journal of Mathematics* – Johns Hopkins University – Baltimore, Md.
130. Sur le prix du roi Oscar, Pour plus de détails, voir [Barrow-Green, 1997] et [Nabonnand, 1999, p. 161-235].
131. Voir la lettre précédente.
132. Le mémoire de Paul Appell est aussi récompensé par le jury du roi du prix Oscar.
133. Cette lettre est rédigée sur un papier à en-tête de l'*American Journal of Mathematics* – Johns Hopkins University – Baltimore, Md.
134. Voir la note 62 (p. 186) de la lettre 12.
135. [Poincaré, 1890d].
La parution du volume 13 des *Acta mathematica* avait été retardée suite à l'erreur commise par Poincaré dans son mémoire sur les équations de la dynamique. Voir la lettre 104 dans [Nabonnand, 1999].
136. Le premier volume du cours de Poincaré [1889a], *Leçons sur la théorie mathématique de la lumière* était paru en 1889 en 1890 et le second paraîtra en 1892 [Poincaré, 1892a].
137. Poincaré [1892e] publiera dans le tome 14 (1892) de l'*American Journal of Mathematics* un article consacré aux fonctions à espaces lacunaires.

33 Poincaré à Craig

[1892]

Mon cher collègue,

Je viens de donner des ordres pour qu'on expédie un exemplaire de mon mémoire [138] à M. Gibbs [139] et un à vous.
Je m'occuperai de vous envoyer quelque chose quand je serai à Paris. Outre le mémoire sur les fonctions à espaces lacunaires avec additions que je vous enverrai comme je vous l'ai promis dans ma dernière lettre, je songe à développer mon mémoire sur les fonctions de deux variables que je trouve beaucoup trop court [140].

Votre dévoué collègue,

Poincaré

34 Craig à Poincaré

Jan. 11/92 [141]

My dear Monsieur Poincaré :

Permit me to recall to your recollection – if you have forgotten – the paper on Fonctions à espaces lacunaires and the new revision of your paper on functions with two variables – which you have been so kind as to promise me for this journal. Both my students and myself are looking forward with eagerness to see those memoirs in the American Journal of Mathematics. I saw the announcement of your Mécanique Céleste [142] and your Thermodynamics [143] in the Comptes Rendus and have ordered both of them for the Library of the University. It will give me pleasure to write a notice of the Mécanique Céleste to be published in this country that is – if after seeing the work I find myself competent to do so [144]. As ever
Yours very sincerely

T. Craig

---

138. [Poincaré, 1890d].
139. Josiah Willard Gibbs était professeur à l'Université de Yale depuis 1880.
140. Poincaré fait allusion à son article paru dans les *Acta mathematica* sur les fonctions complexes à deux variables dans lequel il montre qu'une fonction méromorphe à deux variables est le quotient de deux fonctions holomorphes. Voir les lettres 24 et 25 de [Nabonnand, 1999]. Poincaré ne donnera pas suite à ce projet. L'article sur les fonctions à espace lacunaire est le dernier article que Poincaré publiera dans l'*American Journal of Mathematics*.
141. Cette lettre est rédigée sur un papier à en-tête de l'*American Journal of Mathematics* – Johns Hopkins University – Baltimore, Md.
142. [Poincaré, 1892b].
143. [Poincaré, 1892f].
144. Aucune recension des *Méthodes nouvelles* par Craig n'a pu être retrouvée.

35 Craig à Poincaré

March 12/92 [145]

My dear Mr. Poincaré :–

The paper on Fonctions à espaces lacunaires has arrived and is now in the hands of the printer. I thank you for it very much. I hope you will soon be able to send me the one on functions of two variables [146]. I have made several attempts to read it in its present form and have had very little success – so I look forward with interest to your enlargement of it. Do you think of taking up non-uniform functions again ? I think your memoir on those too condensed for the ordinary reader. I have had much pleasure in giving to my class an exposition on your memoir on the residues of double integrals [147] – I will finish it in my next lecture.
I have just received the letter which I enclose. I do not understand it. It is the first I have heard of "Permanent Commission" or that I had anything to do with it. Something has evidently gone astray in the mails.
Am I to understand that I am a foreign member of that permanent commission for the United States ? If such is the case I will gladly undertake the work but I should not care very much to do it unless I am a regular member of the commission. I can hardly think that you can imagine the difficulties that will be in my way here – things are not so organized as in France or in Europe generally. Please let me know my status in the matter and also inform me of one or two other matters [148].
1° Am I to devote myself to the United States only or are other parts of this hemisphere included ?
2° How shall I divide the work up among the men I choose as collaborators – by subjects, by Journals, etc.
3° Are all the little elementary texts for this that have appeared to be recorded – their name is legion – and their value for the most part zero [149]. Please inform me on the points as soon as possible. I have several men in mind who I shall ask to assist me. As ever my dear Mr. Poincaré
Yours most sincerely

T. Craig

145. Cette lettre est rédigée sur un papier à en-tête de l'*American Journal of Mathematics* – Johns Hopkins University – Baltimore, Md.
146. Voir la lettre 33.
147. [Poincaré, 1887e]. On notera que presque chaque année, Craig choisit comme thème d'un cours de mathématiques pour étudiants avancés un article récent de Poincaré.
148. En 1893, Thomas Craig apparait comme le représentant des États-Unis dans la commission permanente du Répertoire bibliographique des sciences mathématiques.
149. Les résolutions votées par le Congrès bibliographique de 1889 répondent indirectement à Craig en insistant en excluant la littérature destinées aux étudiants et en insistant sur les travaux qui « intéressent les progrès des Mathématiques pures » [Commission permanente du Répertoire bibliographique des sciences mathématiques, 1893, p. vii].

Luigi Cremona

Luigi Cremona nait en 1830 à Pavie. Après ses études secondaires, il commence des études d'ingénieur civil à l'Université de Pavie qu'il interrompt pour participer à la première guerre d'indépendance italienne (1848-1849). De retour à Pavie, il reprend ses études et obtient en 1853 un doctorat d'ingénieur civil. Il commence par enseigner les sciences dans des lycées (Pavie, Cremona, Milan) tout en se consacrant à la recherche en mathématiques et en poursuivant ses activités politiques. En 1860, il obtient une position à l'Université de Bologne où il restera jusqu'en 1867, date à laquelle il rejoint l'Institut polytechnique de Milan. En 1873, il est nommé directeur de la nouvelle École polytechnique d'ingénieurs de Rome et termine sa carrière à l'Université de Rome comme professeur de mathématiques supérieures. En 1879, il est nommé sénateur et sera en 1898 ministre de l'instruction publique du royaume d'Italie. Il décède en 1903 à Rome.
Ses intérêts mathématiques sont surtout géométriques ; il publie de nombreux articles en géométrie algébrique et en statique graphique. Parmi ses travaux on peut citer ceux sur les transformations birationnelles auxquelles il laissera son nom et rappeler que son traité de géométrie projective fait date.
L'échange de 1886-1887 relève de la prise de contact par un échange de tirés à part. En 1901, Poincaré demande à Cremona d'user de sa position pour accélérer une nomination.

P. Nabonnand et al. (eds.), *La correspondance entre Henri Poincaré et les mathématiciens*,
Publications des Archives Henri Poincaré Publications of the Henri Poincaré Archives,
https://doi.org/10.1007/978-3-7643-8288-9_20

1 Cremona à Poincaré

Rome, 5, S. Pietro in) Vincali
ce 29 décembre 1886

Monsieur,

Permettez à l'un de vos admirateurs les plus sincères de vous adresser une prière. Vous avez eu déjà la bonté de m'envoyer la troisième et la quatrième partie de votre mémoire sur les courbes définies par les équations différentielles [1]. Oserais-je vous demander aussi les deux premières parties [2] (et les suivantes s'il y en a) ? Le sujet a pour moi le plus grand attrait.
Je saisis l'occasion de vous remercier de l'envoi d'autres mémoires que j'ai reçus de vous, c'est-à-dire
Sur l'équilibre d'une masse fluide etc. (*Acta Math.* 7. 3.4) [3]
Sur les intégrales irrégulières etc. (*Acta Math.* 8. 4) [4]
Sur les fonctions abéliennes (*American Journal*, VIII. 4) [5]
Je vous serai toujours infiniment reconnaissant des envois dont vous voudrez me gratifier ; car j'aime beaucoup votre manière de traiter la nouvelle analyse et j'en tire un véritable profit pour mes propres études.
Agréez mes vœux sincères pour votre avenir, qui ne peut manquer d'être brillant et glorieux, et comptez moi parmi vos amis dévoués

L. Cremona

2 Poincaré à Cremona

Paris, le 2 janvier 1887 [6]

Monsieur,
Je vous remercie beaucoup de la lettre si flatteuse que vous m'avez adressée, mais j'ai le regret de ne pouvoir satisfaire votre désir. Je n'ai plus un exemplaire des deux premières parties de mon mémoire sur les courbes. Je n'en ai reçus que très peu et ils ont été presque tout de suite épuisés.
Je vous prie de vouloir bien m'excuser ; peut-être qu'en vous adressant à M. Gauthier Villars [7], vous pourriez vous les procurer.
Veuillez agréer, Monsieur, l'assurance de ma respectueuse considération.

Poincaré

1. [Poincaré, 1885d, 1886g].
2. [Poincaré, 1881a, 1882a].
3. [Poincaré, 1886e].
4. [Poincaré, 1886i].
5. [Poincaré, 1886h].
6. Cette lettre est conservée dans les archives de l'*Istituto Mazziniano*.
7. Gauthier-Villars est l'éditeur du *Journal de mathématiques pures et appliquées* dans lequel Poincaré a publié ses mémoires sur les courbes définies par une équation différentielle.

3 Poincaré à Cremona

Lozère, le 17 septembre 1901 [8]

Mon cher Confrère,

Puis-je m'autoriser des relations scientifiques et académiques que nous avons eues ensemble et de la bienveillance que vous avez bien voulu me témoigner pour vous demander un service qui n'a rien de scientifique.

L'*Accademia Scientifico-litteraria di Milano* désirait nommer un professeur de littérature française moderne à l'École de langues étrangères annexée à cette Académie ; elle s'adressa à M. Gaston Pâris [9] pour lui demander de lui indiquer un jeune Français capable de se charger de ce cours. M. Gaston Pâris désigna M. Alfred Pichon et l'*Accademia* a proposé ce jeune homme au choix du Ministre italien de l'Instruction publique.

Or, voici où la question commence à m'intéresser personnellement : M. Alfred Pichon est aujourd'hui fiancé à ma nièce [10].

Je crois qu'il n'y aura pas de difficulté sérieuse pour le fond et que le Ministre ratifiera le choix de l'*Accademia*. Mais nous aurions intérêt à être fixés le plus tôt possible en vue de diverses dispositions à prendre ; et il conviendrait que M. Pichon, s'il doit être nommé à Milan, puisse en être informé assez tôt pour pouvoir adresser en temps utile au ministère français sa demande de congé, et ne pas être forcé de rejoindre pour quelques jours seulement le poste auquel il a été nommé en France [11].

Il serait donc très désirable pour nous que les formalités administratives fussent abrégées autant que possible et j'ai pensé qu'un mot de vous au Ministre pourrait contribuer à les hâter [12].

Veuillez, mon cher Confrère, me pardonner le dérangement que je vous cause et croyez que quoi que vous puissiez faire, je vous en serai extrêmement reconnaissant.

Veuillez agréer, mon cher Confrère, l'assurance de mon sincère dévouement et de mes sentiments de sympathique confraternité,

Poincaré [13]

---

8. Cette lettre est conservée dans les archives de l'*Istituto Mazziniano*. Nous remercions Aldo Brigaglia de nous l'avoir communiquée.

9. Gaston Pâris (1839-1903), médiéviste et philologue, était à l'époque, professeur (langue et littérature française du Moyen-Âge) et administrateur du Collège de France.

10. Suzanne Boutroux (1879-1929), la fille aînée d'Aline, la sœur de Poincaré, épouse en 1901 Alfred Pichon. Voir [Boutroux, 2012, p. XX].

11. A. Pichon a été reçu à l'agrégation de Lettres en 1900.

12. Cremona est sénateur à vie depuis 1879.

13. (*Note de Poincaré*) M. Poincaré à Lozère par Palaiseau (Seine et Oise) France.

4 Poincaré à Cremona

[10/1901] [14]

Mon cher Confrère,

Je vous remercie beaucoup de toutes les démarches que vous avez bien voulu faire pour mon protégé et de la lettre que vous m'avez écrite [15]. Je suis très heureux de la bonne nouvelle qu'elle m'annonce, mais je suis confus de toute la peine que je vous ai donnée.
Veuillez agréer, mon cher Confrère, l'assurance de ma sincère sympathie et de mon admiration pour votre talent.

Poincaré

14. Cette lettre est conservée dans les archives de l'*Istituto Mazziniano.* Nous remercions Aldo Brigaglia de nous l'avoir communiquée.
15. Cette lettre n'a pas été retrouvée dans les archives personnelles de Poincaré.

Gaston Darboux

Gaston Darboux nait en 1842 à Nîmes dans un milieu modeste. Après des études secondaires à Nîmes, puis à Montpellier, Darboux intègre l'École normale supérieure. Ses études de mathématiques sont ponctuées de l'agrégation en 1864 et d'une thèse en 1866 sur les surfaces orthogonales. Il enseigne au lycée Louis le Grand, puis à l'École normale supérieure avant de suppléer à la Faculté des sciences de Paris, Liouville (1873-1878) et Chasles (1878-1880) auquel il succède en 1880 à la chaire de géométrie supérieure de la Faculté des sciences de Paris. Il occupe cette chaire jusqu'à son décès en 1917. Il est entre 1889 et 1903 doyen de la Faculté des sciences de Paris. Membre de l'Académie des sciences en 1884, il en devient le secrétaire perpétuel en 1900 pour les sciences mathématiques. En 1870, il fonde avec le soutien de Michel Chasles, le *Bulletin des sciences mathématiques et astronomiques* [1].
Les contributions majeures de Gaston Darboux sont nombreuses ; on peut citer entre autres ses travaux sur les cyclides, les équations différentielles ou la géométrie infinitésimale.
La correspondance échangée par Darboux et Poincaré s'étend de 1878, lorsque Darboux est un rapporteur exigeant de la thèse de Poincaré, jusqu'en 1909. Les rapports entre les deux mathématiciens passent ainsi d'une relation entre un professeur apprécié et un étudiant particulièrement prometteur, à celle d'un ainé qui se préoccupe de la carrière de son cadet, puis à des échanges entre membres influents de la communauté mathématique qui règlent des questions de nomination et de gestion (Bureau des longitudes, *International Catalogue of scientific Literature*, Museum). La lettre 23 (p. 225) est particulièrement intéressante puisque Poincaré y explique comment il conçoit le rôle des hypothèses en physique.

1. Sur les débuts académiques et scientifiques de Darboux, voir [Croizat, 2016].

P. Nabonnand et al. (eds.), *La correspondance entre Henri Poincaré et les mathématiciens*,
Publications des Archives Henri Poincaré Publications of the Henri Poincaré Archives,
https://doi.org/10.1007/978-3-7643-8288-9_21

1 Darboux à Poincaré

[Entre les mois de mars et de décembre 1878] [2]

Monsieur,

J'ai repris ces jours-ci l'examen de votre thèse que j'espère pouvoir achever prochainement [3]. Dès aujourd'hui je viens vous demander une explication sur un point qui m'échappe entièrement.
Dans votre seconde partie, vous étudiez d'abord l'équation

$$x_1 X_1 p_1 + x_2 X_2 p_2 \ldots + x_n X_n p_n = Z$$

et vous montrez qu'en désignant par θ la dérivée

$$\frac{dz^{\lambda_1+\ldots+\lambda_n}}{dx_1^{\lambda_1} dx_2^{\lambda_2} \ldots dx_n^{\lambda_n}}$$

on a pour cette dérivée une certaine valeur donnée par l'équation

$$(a) \qquad \theta(1 + \sum_{i=1}^{i=n} \lambda_i \delta_i) + \sum B - B'' = 0$$

Cela posé, pour montrer que la série formée avec les coefficients θ est convergente, vous avez recours à une équation auxiliaire

$$\delta_1' z' + X_2' p_2' \quad [+ \ldots] + X_n' p_n' = Z'$$

où $X_1' \ldots Z'$ sont définies d'une manière que je crois inutile de rappeler.
Dans la méthode que vous suivez, le théorème est supposé démontré pour toutes les équations qui ont moins de n variables indépendantes. Il est donc vrai pour

2. Cette lettre est écrite sur un papier à en-tête $\mathcal{GD}$. Poincaré échange avec sa mère au sujet de la lecture par Darboux de sa thèse en février-mars 1878. La lettre suivante de Darboux datée du 4 décembre suppose un temps de lecture d'au moins une semaine.

3. [Poincaré, 1879b].
Dans sa correspondance avec sa mère [Rollet, 2017], Poincaré se plaint de la lenteur de Darboux pour lire sa thèse. Il est aussi agacé par les demandes de précisions et des remarques de ce dernier « Avant hier j'ai été chez Darboux – je suis fort ennuyé ; je croyais qu'il ne mettrait pas longtemps à la lire, tandis que depuis 3 semaines, il n'en a encore vu qu'une partie. De plus il dit que la rédaction ne lui paraît pas encore assez claire et qu'il y aura des retouches à faire. » (Lettre de Poincaré à sa mère datée de février 1878 – [Rollet, 2017, p. 317])
Un peu plus tard, Poincaré se rend compte que le travail de lecture et de révision de sa thèse sera beaucoup plus long qu'il ne pensait :
« Comment tu parles de passer ma thèse avant Pâques ; mais cela est impossible. Je doute fort que Darboux, du train dont il va ait fini dans 15 jours ; il faut ensuite que Bonnet la voie ; Bouquet voudra peut-être la revoir encore. Puis l'impression prend bien trois semaines. Enfin j'aurai probablement à y faire des corrections et surtout des additions. » (Lettre de Poincaré à sa mère datée de février 1878 – [Rollet, 2017, p. 324])
Poincaré soutiendra finalement sa thèse le 1er août 1879 devant un jury composé de Jean-Claude Bouquet (président), d'Ossian Bonnet (examinateur) et de Gaston Darboux (examinateur).

la précédente, il y a une fonction z' et vous montrez que la dérivée θ' de cette fonction, analogue à θ sera donnée par l'équation

$$(\alpha) \qquad \theta'(\delta'_1 + \sum_{i=1?}^{i=n} \lambda_i \delta'_i + 1) + \sum B_i - B''_i = 0$$

et vous dites que l'on aura

$$\theta < \theta'.$$

Pour établir ce point fondamental vous vous appuyez sur ce que (ici je copie) «B_i B''_i sont formés avec les dérivées partielles de X' de z' et de Z' comme B et B'' avec celles de z, des X et de Z».
Or il me semble que cela n'est pas exact, car dans l'équation en z, il y a un terme $x_i X_i p_i$ dont l'analogue ne figure pas dans l'équation en z' et qui donnera dans B B'' des termes qui n'auront pas leurs correspondants dans B_i B''_i [4].
Je désirerais beaucoup continuer l'étude de votre travail ; si vous pouvez me répondre rapidement, je vous demanderai quelques explications sur des points différents et je me hâterai de terminer.
Veuillez agréer, Monsieur, mes salutations cordiales.

G. Darboux

36, rue Gay-Lussac

2 Darboux à Poincaré

Paris, mercredi 4 décembre [1878] [5]

Monsieur,

J'ai réuni toutes les remarques qu'il y a à faire sur les parties de votre travail que j'ai lues avec attention. Je persiste à croire que nous en ferons une bonne thèse ; mais il me paraît indispensable de fondre la rédaction et de corriger toutes les erreurs de calcul ou les changements de notation qui le rendent presque illisible. Je vous fais donc renvoyer votre travail, espérant que vous pourrez le rapporter dans quelques jours quand vous viendrez à Paris. Pour ce qui regarde l'historique, vous devez avoir à Nancy les *Comptes rendus*. Vous y trouverez les Mémoires de Cauchy sur ce sujet. M. Genocchi, à propos de mes travaux a fait une note

4. Dans la version imprimée de la thèse de Poincaré, les notations changent ; par exemple, l'équation étudiée dans la seconde partie s'écrit :

$$X_1 p_1 + X_2 p_2 + \ldots + X_n p_n = \lambda z$$

où, les X_i sont des « fonctions holomorphes en $(x_1, x_2, \ldots, x_n)$, exprimables par des séries dont les termes de degré zéro sont nuls et dont les termes du premier degré se réduisent respectivement à $\lambda_1 x_1, \lambda_2 x_2, \ldots, \lambda_n x_n$ ».
La nouvelle rédaction du passage critiqué par Darboux correspond aux pages 62-65 de [Poincaré, 1879b].

5. Cette lettre est écrite sur un papier à en-tête $\mathcal{GD}$.

historique qu'il a mises dans les *Comptes rendus* et qui vous guidera [6] ; il y a aussi les 2 volumes de Tables [7]. Si vous le désirez, je vous enverrai les numéros des volumes.
Vous avez encore à subir la petite contrariété d'être obligé d'attendre [8]. Mais il me paraît très important pour vous que votre Mémoire fasse bonne figure. D'ailleurs celui que vous avez imprimé dans le *Journal de l'École Polytechnique* [9] est déjà un titre que vous pouvez invoquer, en dehors de votre instruction personnelle, s'il venait à y avoir une vacance à l'École Polytechnique.
Veuillez agréer, Monsieur, mes salutations cordiales.

G. Darboux

3 Poincaré à Darboux

[08/1889 [10]]

Mon cher Confrère,

Je pars demain pour les bains de mer avec ma femme et ma fille et j'y dois rester trois semaines. Je crois qu'il y aurait inconvénient à ce que la section attendît mon retour pour se réunir. Je vous ai en effet fait connaître mon opinion, je vote pour Picard [11]. Il va sans dire toutefois que dans le cas fort improbable où la section se partagerait en deux camps égaux, je me rallierais à la candidature d'Appell [12] pour former une majorité.
J'écris dans ce sens à M. Bonnet, qui en l'absence de M. Hermite, va devenir doyen de la section [13] et qui je pense pourra la réunir chez lui.
Veuillez agréer, mon cher Confrère, l'assurance de ma sincère amitié.

Poincaré

---

6. [Genocchi, 1875].
La thèse de Poincaré est consacrée à l'existence des intégrales des équations aux dérivées partielles lorsque le théorème de Cauchy ne s'applique pas. Dans l'introduction de sa thèse, il cite les différentes notes publiées par Cauchy sur le théorème d'existence des intégrales des équations différentielles [Cauchy, 1842d,b,a, 1843]. Il cite aussi une note de Darboux [1875] et un mémoire de Kowalevskaja [1875]. Par contre, il ne fait pas état de la note de Genocchi même si les références rappelées par Genocchi sont toutes reprises à l'exception d'une, consacrée à la réduction des systèmes d'équations partielles [Cauchy, 1842c].

7. Darboux fait allusion aux *Tables générales des Comptes Rendus des séances de l'Académie des sciences*, t. 1er (1835) à 31 (1850), Paris : Mallet-Bachelier (1853) et t. 32 (1851) à 61 (1865), Paris : Gauthier-Villars, 1870.

8. Poincaré devra attendre plus de six mois (voir la note 3 de la lettre précédente). Darboux ne sera pas très enthousiaste dans son rapport sur la thèse de Poincaré (voir [Nabonnand, 1999, p. 55]).

9. [Poincaré, 1875].

10. La date est reconstituée à partir du contenu de la lettre. Émile Picard est élu à l'Académie des sciences en 1889 et Poincaré fait allusion à son départ en vacances.

11. Émile Picard est élu membre de la section de géométrie de l'Académie des sciences le 11 novembre 1889 en remplacement de Georges Halphen, décédé le 21 mai 1889.

12. Paul Appell sera élu à l'Académie des sciences le 7 novembre 1892.

13. En 1889, après la mort d'Halphen, la section de géométrie est composée de Charles Hermite (élu en 1856), Ossian Bonnet (élu en 1862), Camille Jordan (élu en 1881), Gaston Darboux (élu en 1884) et Henri Poincaré (élu en 1887).

4 Darboux à Poincaré

Paris le 27 juin 1892 [14]

Cher Confrère et ami

Depuis la mort de M. Bonnet [15], plusieurs de nos confrères ont pensé que vous aviez le plus de titres à lui succéder comme membre du Bureau des Longitudes, au titre de l'Académie des Sciences [16]. M. Bertrand, M. Hermite, M. Tisserand seront pour vous et beaucoup d'autres encore. Je crois donc que si la perspective de faire partie du bureau vous agrée, vous feriez bien de faire connaître vos intentions à quelques uns de vos amis, afin qu'ils puissent parler en connaissance de cause. Ne pourriez vous pas écrire à Daubrée [17], à Cornu [18] ? En tous cas, si vous nous envoyez une réponse favorable, nous ferons tout le possible.
Merci bien des intentions que vous aviez manifestées à Appell, j'ai été réélu à l'unanimité [19].
Mes hommages à Mme Poincaré.

Votre
G. Darboux

5 Poincaré à Darboux

[06-07/1892 [20]]

Monsieur le Doyen et cher ami,

Je vous remercie beaucoup de votre lettre et des intentions bienveillantes que vous me témoignez. Je suis tout disposé à poser ma candidature si vous croyez qu'elle ait des chances de succès [21].
Conformément à votre conseil, j'écris à MM. Daubrée et Cornu. Je vous dirai que M. Cornu m'avait déjà, il y a quelques temps et spontanément, entretenu de l'éventualité d'une vacance au bureau des longitudes et s'était montré favorable à ma candidature.

---

14. Cette lettre est rédigée sur papier à en-tête du cabinet du doyen de la Faculté des sciences de Paris.

15. Pierre-Ossian Bonnet est décédé le 22 juin 1892 à Paris.

16. Poincaré est nommé membre du Bureau des longitudes le 4 janvier 1893. Pour plus de précisions sur le Bureau des longitudes, voir [Schiavon et Rollet, 2017].

17. Auguste Daubrée (1814-1896) est en 1892 le doyen de la section de minéralogie de l'Académie des sciences.

18. Alfred Cornu (1841-1902) est membre de la section de physique générale de l'Académie des sciences et membre du Bureau des longitudes.

19. Darboux doit faire allusion à sa réélection comme doyen de la Faculté des sciences de Paris. Voir la lettre que Poincaré adresse à Appell le 20 juin 1892 (p. 63).

20. La date est reconstituée à partir du contenu de la lettre. Poincaré répond à la lettre précédente de Darboux datée du 27 juin 1892 (lettre 4).

21. Voir la lettre précédente.

Je n'ai pas vu M. Mercadier [22] avant mon départ et n'ai pu lui parler du projet de médaille à offrir à M. Bertrand.
Picard à qui j'en ai parlé paraît craindre que l'intention trop évidente ne soit plus blessante pour lui qu'une abstention complète. C'est assez délicat à apprécier. Comme Appell semblait dans le même sentiment, je n'ai pas voulu prendre sur moi d'écrire à M. Mercadier ce qui aurait été se décider à lancer l'affaire sans pouvoir reculer [23].
Je n'ai plus pensé ensuite à vous en écrire ; je vous prie de m'excuser.
Veuillez agréer, Monsieur le Doyen [24] et cher ami, avec mes remerciements, l'assurance de ma sympathie et mon respectueux dévouement.

Poincaré

6 Poincaré à Darboux

[07/1899 [25]]

Mon cher Doyen,

Pour combiner les projets et les faire cadrer avec les nécessités du voyage à Londres [26], j'aurais besoin de savoir le plus tôt possible quel jour vous comptez

22. Ernest Mercadier (1836-1911) est le directeur des études de l'École polytechnique.

23. Le projet de jubilé d'Hermite pour ces soixante-dix ans avait donné lieu à une importante souscription internationale pour lui offrir une médaille (voir [Nabonnand, 1999, p. 242-246]). Joseph Bertrand était né la même année et aucune célébration de cette circonstance n'était prévue. Le projet de lui remettre une médaille avait été envisagé mais les initiateurs de ce projet hésitaient de crainte que cela n'apparaisse comme un succédané. Finalement, la solution sera de fêter le cinquantenaire de Bertrand comme enseignant de l'École polytechnique. Hermite évoque ce jubilé dans sa lettre adressée à Mittag-Leffler le 2 décembre 1893 : « Nous allons au mois de Mars de l'année prochaine avoir un autre Jubilé, celui de M. Bertrand, entré en fonctions à l'École polytechnique comme répétiteur d'analyse en Mars 1844 et qui a été successivement examinateur d'admission et depuis 1854 professeur d'analyse. C'est le Directeur des Études qui organise la souscription en s'adressant aux élèves de M. Bertrand en si grand nombre, officiers d'artillerie et du génie, ingénieurs des Ponts et chaussées et des Mines, et sans qu'il ait été jugé utile de faire appel aux savants de l'étranger. » [Dugac, 1989b, p. 26]
Ce sera Poincaré qui prononcera l'adresse des mathématiciens à Joseph Bertrand (Voir p. 94).

24. Darboux est le doyen de la Faculté des sciences de Paris.

25. Cette lettre est datée d'après son contenu. Il est fait allusion dans cette lettre à la succession de Charles Friedel à la chaire de chimie organique de la Sorbonne (Albin Haller est nommé officiellement le 29 juillet 1899) et à une réunion à Londres (1-5/08/1899) dans le cadre du projet de l'*International Catalogue of Scientific Literature*.

26. Poincaré parle d'un voyage prévu dans le cadre du projet de l'*International Catalogue of Scientific Literature* porté par la Royal Society of London : « The Second International Conference, held in the Society's rooms, in October, 1898, appointed a Provisional International Committee, which was to consider reports on various questions discussed at the Conference, to obtain by the Delegates to the Conference from local commitees in their different countries.
The Committee met in the Society's rooms on August 1-5, those present being Prof. Armstrong, Sir M. Foster, Prof. Klein, M. Köppen and Profs. Poincaré, Rücker, Schwalbe and Weiss. » (*Nature*, 61 (1899), p. 139)
Sur l'entreprise de l'*International Catalogue of Scientific Literature*, voir [Darboux, 1902].

réunir le Conseil de la Faculté pour la chaire de Chimie Organique [27]. La date ne peut il est vrai osciller qu'entre des limites très étroites, 26 ou 28 par exemple ; cependant suivant que l'une ou l'autre de ces deux dates serait adoptée, mes projets se trouveraient complètement modifiés. Je m'accommoderai d'ailleurs tout aussi bien de l'une que de l'autre ; mais j'aurais intérêt à savoir à quel choix vous vous êtes arrêté.
Pourriez-vous donc m'avertir dès que vous aurez pris une décision, et même me faire part le plus tôt possible des probabilités, si vous êtes obligé de retarder cette décision.
Veuillez excuser mon importunité, et croire en mes sentiments les sincèrement dévoués,

Poincaré

7 Poincaré à Darboux

[09/1899 [28]]

Mon cher Doyen

J'ai communiqué votre lettre à Madame Tisserand [29], et je viens d'écrire au maire de Nuits pour lui demander un renseignement précis. J'espère que nous ne tarderons pas à être fixés.
À Londres, on est arrivé à se mettre d'accord sur les classifications ; mais la question financière est loin d'être résolue, les prévisions de dépenses n'ont peut-être pas été dressées avec assez de précision et il est convenu que d'ici à la prochaine conférence qui aura lieu à Pâques, les Anglais feront une nouvelle évaluation.
On s'est mis d'accord pour renoncer au «*Slips-catalogue* [30]». Mais la question des

27. Le successeur de Charles Friedel à la chaire de chimie organique de la Faculté des sciences sera Albin Haller.

28. Cette lettre est datée d'après son contenu. Il est fait allusion dans cette lettre à la préparation de la cérémonie en l'honneur de Félix Tisserand à Nuit-Saint-Georges le 15/10/1899 et au retour de Poincaré du congrès bibliographique de Londres (1-5/08/1899).

29. Félix Tisserand est décédé en 1896. Ses amis organisent une souscription pour lui ériger un monument dans sa ville natale, Nuits-Saint-Georges. Poincaré [1900a] prononce un discours lors de l'inauguration de ce monument.

30. La Commission de l'*International Catalogue of Scientific Literature* a décidé d'éditer des fascicules et renoncé à la structure en fiches.

> When making the catalogue of a library write each entry or title on a separate card or slip. After the whole collection is thus entered the cards should be arranged in any order required, and placed in drawers for preservation. This will form what is technically known as a Card catalogue. The advantage of this system, even for a small collection, is, that the cards being loose, they can be re-arranged at any moment, and additions can be made without interfering with the existing arrangement. Also, should a printed catalogue be required, these cards can be sent to the printer, while the fair copy of the catalogue remains in the library. [Walter Thomas Rogers, *A Manual of bibliography*, London : H. Grevel and co., 1891, 106]

Subject-entries est toujours pendante. Les Allemands avaient des instructions impératives, et d'autre part les Anglais n'ont pas voulu faire de concession, sinon *ad referendum*[31]. On a rédigé une sorte de compromis qui doit être soumis d'une part au gouvernement allemand par les délégués allemands, d'autre part à la Société Royale par les Anglais[32].
L'entente définitive reste problématique.

À vous, bien sincèrement,
Poincaré

8 Poincaré à Darboux

[09/1899[33]]

Mon cher Doyen,

J'ai bien tardé à vous écrire pour vous féliciter de votre croix de commandeur[34].
Croyez que mes compliments pour être tardifs n'en sont pas moins sincères.
Avez vous des nouvelles de la cérémonie de Nuits ? La date est-elle définitivement fixée ? Quels sont les corps qui ont été convoqués à désigner un représentant ? Qui doit prendre la parole[36] ?
Je m'étonne de n'avoir rien reçu du maire de Nuits et Madame Tisserand elle-même n'a encore reçu aucun avis.
Veuillez agréer l'assurance de ma sympathie et de mon sincère dévouement,

Poincaré

---

31. Expression latine signifiant «à charge d'en référer».
32. Voir les lettres 31, 32, 33, 34 et 35 de la correspondance entre Poincaré et F. Klein (p. 483).
33. Cette lettre est datée d'après son contenu. Il est fait allusion dans cette lettre à l'élévation de Darboux au grade de commandeur de la légion d'honneur (29/08/1899) et à la préparation de la cérémonie en l'honneur de Félix Tisserand à Nuits-Saint-Georges le 15/10/1899.
34. Darboux est élevé au rang de commandeur de la légion d'honneur le 21 août 1899. Le même jour, il écrit au secrétaire général de la légion d'honneur (sources archives nationales) :

> Monsieur le Secrétaire général,
>
> J'ai l'honneur de vous faire parvenir ci-joint le résumé de mes services et le récépissé que vous m'avez fait l'honneur de me demander.
>
> Il me serait agréable de recevoir les insignes de la part de mon confrère et collègue à la Sorbonne, M. Duclaux, membre de l'Institut, Commandeur de la Légion d'honneur[35].
>
> Veuillez agréer, M. le Secrétaire général, l'assurance de ma respectueuse considération.
>
> G. Darboux.

36. Voir la note 29 de la lettre précédente.

9 Poincaré à Darboux

[1899]

Mon cher Doyen,

Il y a quelque temps, M. Bertrand m'avait fait remettre deux paquets assez volumineux contenant les papiers laissés par Halphen [37] ; j'avais distribué ces papiers à diverses personnes en les priant de les examiner.

Je suppose que cet examen doit être maintenant terminé et je crois qu'il conviendrait que ces personnes se réunissent pour en rendre compte. Seulement je crois qu'il vaudrait mieux que la réunion eût lieu à l'Académie parce que les papiers se trouveraient ainsi transportés à leur destination et courraient moins de risques.

Si vous vouliez réfléchir à cette question, je vous en reparlerais lundi et nous pourrions convenir du jour de la réunion et du local où elle pourrait se faire [38].

Veuillez croire à mes sentiments bien sincèrement dévoués,

Poincaré

10 Poincaré à Darboux

[1899]

Mon cher Doyen,

Je vous envoie ci-joint les lettres de Klein et de Rücker [39].

Voici maintenant la liste des personnes qui ont reçu des papiers d'Halphen et qui devraient être convoquées un mercredi à 1h 1/2 à la Sorbonne, Königs [40], Le Roy (rue de l'Abbé de l'Èpée 8) [41], Painlevé [42], Picard [43], Borel [44], Servant [45],

37. Georges Halphen est décédé en 1889. [Poincaré, 1901b] publie en 1901 dans les *Comptes rendus hebdomadaires de l'Académie des sciences* un rapport sur les papiers laissés par Georges Halphen.

38. Gaston Darboux a succédé à Joseph Bertrand comme secrétaire perpétuel de l'Académie des sciences le 21 mai 1900. C'est à ce titre que Poincaré lui adresse cette lettre.

39. Poincaré, F. Klein et Arthur William Rücker sont membres de la commission de l'*International Catalogue of scientific Literature* qui s'est réunie au mois d'août. Voir la lettre 7 (p. 213) et les lettres 31, 32, 33, 34 et 35 de la correspondance entre Poincaré et F. Klein (p. 483).

40. Gabriel Königs est alors professeur de mécanique à la Faculté des sciences de Paris.

41. Édouard Le Roy est agrégé de mathématiques (1895) et a soutenu en 1898 à la Faculté des sciences de Paris une thèse sur l'intégration de l'équation de la chaleur. Il est alors professeur dans un établissement secondaire.

42. Voir p. 609.

43. Voir p. 635.

44. Voir p. 97.

45. Maurice Servant a soutenu à la Sorbonne en 1899 une thèse sur les séries divergentes.

Andoyer[46], Hadamard[47], Goursat[48], Humbert[49], Lucien Lévy[50], Blutel[51], Niewenglowski[52], Poincaré.

Votre bien sincèrement dévoué
Poincaré

11 Poincaré à Darboux

[1900]

Mon cher Confrère,

Je reçois un contre ordre de Ramsay. La réunion est reportée à demain matin vendredi à 10h 1/2.

Votre tout dévoué,
Poincaré

12 Poincaré à Darboux

[1900[53]]

Mon cher Confrère,

Pourriez-vous faire bon accueil à M. Bou[r]gouïn qui voudrait vous montrer une machine arithmétique de Pascal et vous demander un renseignement[54].

Votre bien dévoué Confrère,
Poincaré

13 Poincaré à Darboux

[08/1901[55]]

Mon cher Confrère

J'ai l'honneur de vous adresser ci-joint une note que je suis chargé de présenter aux *Comptes Rendus*[56]. Elle est d'un électricien russe qui a déjà envoyé des notes sur les rayons cathodiques.
Veuillez agréer, mon cher Confrère, l'assurance de mon sincère dévouement.

Poincaré

---

46. Henri Andoyer est alors maitre de conférences de mécanique céleste à la Faculté des sciences de Paris.

47. Jacques Hadamard est alors maitre de conférences à la Faculté des sciences de Paris.

48. Voir p. 299.

49. Voir p. 419.

50. Lucien Lévy est alors examinateur d'admission à l'École polytechnique. Pour plus de détails sur le parcours de Lucien Lévy, voir [Bricard, 1913].

51. Émile Blutel est agrégé de mathématiques en 1884 et soutient une thèse de géométrie des surfaces. Il est alors professeur de mathématiques spéciales au lycée Saint-Louis.

52. Boleslas Niewenglowski a soutenu une thèse en 1880 sur la méthode de Riemann pour la détermination des surfaces minima de contour donné. Il est alors inspecteur d'académie à Paris.

53. Cette lettre est rédigée sur un papier à en-tête du Bureau des Longitudes.

54. Un dénommé Bourgouin de Bordeaux possédait une des huit machines arithmétiques de Pascal restantes [Payen, 1963, p. 173].

55. Cette lettre est datée d'après une note manuscrite «Séance du 5 Août 1901».

56. Cette note de Wladimir de Nicolaiève [1901] est présentée par H. Poincaré comme les deux précédentes en 1899 [de Nicolaiève, 1899b,a]. Pour plus de précisions, voir [Walter et collab., 2007, p. 272-273].

14 Darboux à Poincaré

Paris, le 23 avril 1902[57]

Cher Confrère et ami,

Il est certain que, d'ici à un an, après avoir formé le nouveau Secrétaire, je serai amené à quitter le décanat[58]. Dans ces conditions, je serais très heureux que l'on songeât à moi pour la place que la mort de ce pauvre Cornu[59] laisse vacante au bureau[60]. Vous savez avec quel plaisir j'ai provoqué autrefois votre candidature, je me suis retiré devant vos titres supérieurs[61]. J'ai laissé passé de même Lippmann[62] et Bassot[63]. Je suis prêt encore à rester tranquille si vous trouvez quelqu'un qui ait plus de titres ou qui puisse rendre plus de services au Bureau. Mais la circonstance que je vous signale au début de cette lettre vous explique pourquoi je songerais à me présenter. Comme secrétaire Perpétuel[64], je dois m'occuper de tout ce qui fait l'objet du Bureau. C'est vous dire que je ne songerai pas à considérer ma nouvelle situation comme une sinécure et que comme membre du Bureau, je serais suivant mon habitude constante, tout à fait jaloux de prendre ma part du travail commun. Comme aujourd'hui sans doute au Bureau vous causerez du remplacement de Cornu, je tiens essentiellement à ce que vous ne soyez pas averti par d'autres de mes intentions[65]. Je serais venu vous voir si je n'étais retenu à la Sorbonne.

Cordialement à vous,
G. Darboux

57. Cette lettre est rédigée sur un papier à en-tête du cabinet du Doyen de la Faculté des sciences de l'université de Paris.

58. Darboux quitte le décanat de la Faculté des sciences de Paris en 1903. Son successeur sera Paul Appell. Voir la lettre adressée par Picard à Poincaré au sujet de la succession de Darboux au décanat de la Faculté des sciences de Paris (p. 653). Sur le fonctionnement et l'histoire du Bureau des longitudes, voir [Lamy, 2007] et [Schiavon et Rollet, 2017].

59. Alfred Cornu est décédé le 11 avril 1902.

60. Darboux est élu au Bureau des longitudes le 12 novembre 1902. Il en est officiellement nommé membre par un décret ministériel daté du 10 décembre 1902 et est intronisé lors de la réunion du bureau le 17 décembre 1902 (Source : Procès verbaux des séances du bureau des longitudes des 12 novembre et 17 décembre 1902 consultés sur le site *Les procès verbaux du Bureau des longitudes - Un patrimoine numérisé (1795-1932)*).

61. Voir les lettres 4 et 5 (p. 211).

62. Le physicien Gabriel Lippmann est membre du Bureau des longitudes depuis 1898.

63. Le général Léon Bassot, géographe et astronome, est membre du Bureau des longitudes depuis 1897.

64. Darboux est secrétaire perpétuel de l'Académie des sciences pour les sciences mathématiques depuis 1900.

65. Le procès verbal de la séance du 23 avril 1902 du Bureau des longitudes ne fait état d'aucune discussion concernant la succession de Cornu.

15 Poincaré à Darboux

[1906 [66]]

Cher Confrère et ami,

Avant de vous rendre réponse au sujet de Budapest [67], je désirerais savoir à quelle époque doit avoir lieu la réunion et combien de temps elle doit durer. Pouvez vous me renseigner à ce sujet [68]. Merci d'avance.

Votre bien dévoué Confrère,
Poincaré

16 Poincaré à Darboux

Paris, le 10 Mai 1907 [69]

Mon cher Confrère,

L'Académie se trouve divisée en deux fractions presque égales ; j'accepterais la perspective d'un échec, mais je puis craindre une autre éventualité à mes yeux mille fois plus fâcheuse. Je ne voudrais pas être élu à une faible majorité, de sorte que l'on pût croire que mes collègues des sciences physiques se sont prononcés en majorité contre moi et que je leur suis imposé par les membres des autres sections [70].
Cela je ne peux m'y exposer, et c'est cela pourtant qui m'apparaît comme l'issue probable du vote. Dans ces conditions je renonce à toute candidature. Il me reste à remercier mes amis de l'appui qu'ils m'ont donné et qu'ils m'ont conservé jusqu'au bout.

Votre bien dévoué Confrère,
Poincaré

Janssen, Chatin, Van Tieghem et Laveran [71] ayant flanché, la partie devenait trop risquée ; deux bronchites suffisaient pour nous perdre.

66. Cette lettre est datée d'après l'allusion à la 15e conférence de l'Association géodésique internationale à Budapest.

67. Dans son éloge de Poincaré, Darboux [1913] évoque les voyages que Poincaré et lui ont effectué ensemble : « Ces excursions que notre Confrère devait faire ainsi à l'étranger étaient fort loin de lui déplaire. [...] Pour ma part, je l'ai rencontré en bien des endroits différents : à Londres, à Rome, à Vienne, à Budapest, à Copenhague, à Saint-Louis d'Amérique, à Philadelphie, à New-York, à Boston. » [Darboux, 1913, p. 60]

68. Poincaré fait allusion à la 15e Conférence générale de l'Association géodésique internationale qui s'est tenue à Budapest du 20 au 28 septembre 1906 [van de Sande Bakhuyzen, 1908].

69. Cette lettre est dactylographiée à l'exception du post-scriptum qui est de la main de Poincaré.

70. Poincaré parle de l'élection du secrétaire perpétuel de l'Académie des sciences pour les sciences physiques à laquelle il est un temps candidat. Après son retrait, c'est le géologue et minéralogiste Albert Cochon de Lapparent qui est finalement élu le 13 mai 1907. Poincaré envoie le même jour une lettre analogue à Henri Becquerel [Walter et collab., 2007, p. 19].

71. Tous membres de l'Académie des sciences, le premier de la section d'astronomie, le deuxième et le troisième de la section de botanique, le quatrième de la section de médecine et chirurgie.

17 Poincaré à Darboux

[23/04/1908 [72]]

Mon cher Confrère,

Merci de votre lettre et de tout ce que vous avez fait pour moi ; j'ai fait bon voyage jusqu'ici ; j'arriverai à Paris vendredi soir, je voyage à petites journées [73].

Votre bien dévoué Confrère,
Poincaré

18 Poincaré à Darboux

[05/1908 [74]]

Mon cher ami,

Je suis très heureux que vous soyez libre ; nous comptons sur vous pour le mercredi 22 Mai à $7^h 1/2$.
Vous nous ferez grand plaisir.

Votre ami dévoué
Poincaré

19 Poincaré à Darboux

[fin 1908 [75]]

On peut prendre soit les mémoires sur les équations de la Physique Mathématique (Rendiconti et Acta Problème de Neumann) [76] soit par exemple le mémoire sur la Polarisation par Diffraction (Acta) [77].

---

72. Date du cachet de la poste. Ce mot est rédigé sur une carte postale de Florence.

73. Poincaré revient à Paris du congrès international des mathématiciens de Rome en se ménageant après son incident de santé lors du congrès. Dans son éloge de Poincaré, Darboux évoque cet incident :

> Au Congrès international des Mathématiciens, qui se tint à Rome en 1908, un premier accident inquiéta ses amis et l'empêcha de lire lui-même la belle conférence qu'il avait préparée sur l'avenir des Mathématiques. Cet accident, qui décelait une hypertrophie de la prostate, fut heureusement conjuré grâce à l'habileté et aux soins des chirurgiens italiens. Mme Poincaré accourut nous retrouver à Rome et ramena son cher malade en France, à petites journées. [Darboux, 1913, p. lxvi]

Voir les lettres 41 à 45 (p. 329) envoyées par Poincaré à Guccia lors de son retour du Congrès international des mathématiciens de Rome.

74. Cette lettre est datée d'après son contenu. Les calendriers perpétuels indiquent mercredi pour le 22 mai les années 1889, 1895, 1901 et 1908. Cette lettre fait peut-être partie de la série de lettres conservées datant des années 1908-1909.

75. Ce fragment est conservé à la Bibliothèque de l'Institut. Il concerne la candidature de Poincaré au Prix Nobel de physique 1909. Comme ce document et le suivant sont des documents préparatoires à la constitution du dossier de candidature, on peut les dater de la fin 1908 ou du début 1909. Voir la note 80 (p. 220).

76. [Poincaré, 1894d, 1896a].

77. [Poincaré, 1892c, 1897d].

Quand à la note à laquelle vous faisiez allusion voici en quoi elle consiste.
Est-il possible d'expliquer l'irréversibilité des phénomènes physiques par des actions à distance analogues à l'attraction newtonienne.
Deux tentatives ont été faites ; l'une est fondée sur les lois statistiques et la théorie cinétique des gaz. L'autre est celle de Helmholtz, il veut expliquer l'irréversibilité par des mouvements cachés, produisant des espèces de force centrifuges composées.
La note avait pour but de montrer l'inanité de cette dernière tentative [78].

20 Poincaré à Darboux

[Fin 1908 [79]]

Mes principaux ouvrages relatifs à la Physique sont les suivants [80] :
1° Deux mémoires sur les équations de la Physique Mathématique, publiés l'un dans l'American Journal of Mathematics et l'autre dans les Rendiconti del Circolo Matematico di Palermo.
2° Des notes sur l'équation des télégraphistes, sur la théorie de l'élasticité, etc.
3° Un mémoire dans les Acta Mathematica sur la Polarisation par Diffraction.
4° Mes leçons de Physique Mathématique faites à la Sorbonne et publiées chez Naud et dont les principaux sont :
Théorie de la Lumière 2 Volumes.
Electricité et Optique 1ère édition en 2 Volumes, 2e édition en 1 Volume.
Thermodynamique.
Théorie de la Propagation de la Chaleur.
Les Oscillations Electriques.
Capillarité
Elasticité
Théorie des Tourbillons
Théorie du Potentiel Newtonien.
5° Un mémoire dans les Acta Mathematica sur la méthode de Neumann et le problème de Dirichlet.
6° Diverses notes sur les ondes hertziennes dans les Archives de Genève [81].
7° Des conférences faites à l'École de Télégraphie

---

78. [Poincaré, 1889b].
79. L'original de ce document est conservé à la Bibliothèque de l'Institut. Voir la note 75 de la lettre précédente.
80. Darboux présente la candidature de Poincaré au prix Nobel de physique depuis 1904. En 1909, à l'initiative de Mittag-Leffler, une véritable campagne est organisée pour une nouvelle candidature. La proposition est argumentée autour des contributions de Poincaré en physique mathématique. Voir [Nabonnand, 1999, p. 364-366] et [Crawford, 1984].
Darboux reprendra l'essentiel de ce document pour proposer Poincaré pour le prix Nobel de Physique en 1909. Voir [Walter et collab., 2007, p. 419-424].
81. Poincaré parle de la Bibliothèque universelle de Genève, les *Archives des sciences physiques et naturelles*.

8° Des articles sur la théorie cinétique des gaz dans la Revue Générale des Sciences et dans le Journal de Physique.
9° Des articles sur la théorie de Lorentz et le principe de réaction (archives néerlandaises) et sur la Dynamique de l'Électron (Rendiconti di Palermo)
10° Des conférences de nature philosophique faites aux Congrès de Paris et de St Louis
11° De nombreux articles de vulgarisation dans la Revue Générale des Sciences et dans l'Annuaire du Bureau des Longitudes.
12° J'oubliais des notes des Comptes Rendus sur les rayons cathodiques.
13° Des articles dans l'Éclairage Électrique sur le phénomène de Zeeman et sur des questions d'électrotechnique.

Equations de la Physique Mathématique
(1°, 2° et 5°)

Les mémoires cités [82] ont préparé la découverte de Fredholm, en démontrant l'avantage qu'il y a à introduire un paramètre λ par rapport auquel la solution peut s'exprimer par une fonction méromorphe, en mettant en évidence le rôle des fonctions dites fondamentales, en permettant pour la première fois le calcul complet de la hauteur des différents sons émis par une membrane. J'ai indiqué plusieurs solutions du problème de Dirichlet ; j'ai montré la généralité et la véritable signification de la solution de Neumann [83]. Dans une note des Comptes Rendus, j'ai appliqué la méthode de Neumann au problème général de l'élasticité et montré qu'elle en donne une solution complète [84]. Nous reviendrons plus loin sur l'équation des télégraphistes.

Cours de Physique Mathématique
(4°)

Ce cours a été professé pendant 10 ans de 1886 à 1896. Les volumes en question contiennent surtout une comparaison et un examen critique des différentes théories proposées.
Dans la théorie mathématique de la Lumière [85], le fait que cette comparaison met surtout en évidence c'est l'impossibilité de décider entre les deux sortes de théories optiques, celles qui regardent la vibration comme perpendiculaire au plan de polarisation et celles qui la regardent comme parallèle. Cette impossibilité est foncière et tient à la nature des choses. Ces volumes contiennent également des parties nouvelles en ce qui concerne la diffraction et la propagation rectiligne de la lumière.
Électricité et Optique, les Oscillations Électriques contiennent la discussion et la mise au point des théories de Maxwell, de Hertz , de Larmor, et de Lorentz [86].

82. [Poincaré, 1890e, 1894d].
83. [Poincaré, 1895c, 1896a].
84. [Poincaré, 1892d].
85. [Poincaré, 1889a, 1892a].
86. [Poincaré, 1890b, 1891a, 1894b, 1899e, 1904d].

Dans la Thermodynamique [87], la partie nouvelle est la démonstration générale du théorème de Clausius (dont la généralité était alors contestée par Bertrand) et cela par deux voies.
La Théorie de la Propagation de la Chaleur contient plusieurs procédés nouveaux pour les développements en séries de fonctions fondamentales.

Polarisation par Diffraction
(3°)

La théorie de Fresnel est purement géométrique ; je veux dire que si elle était rigoureuse, la nature des parois et même l'épaisseur des écrans, ne devraient exercer aucune influence sur les phénomènes. Les expériences de Gouy ont montré qu'il n'en est pas toujours ainsi. J'ai donné l'explication des faits observés par M. Gouy et montré combien dans certains cas la théorie de Fresnel devient insuffisante. Depuis M. Sommerfeld a repris ma méthode pour étudier les cas intermédiaires entre les deux cas extrêmes : celui de Fresnel, qui est le plus ordinaire, et le cas de Gouy que j'avais étudié [88].

Ondes Hertziennes
(6°)

Parmi les différentes remarques que j'ai en l'occasion de faire au sujet des ondes hertziennes, je signalerai surtout la suivante. On a d'abord comparé les ondes hertziennes aux ondes sonores ou lumineuses ordinaires qui ne sont pas amorties. On a été ainsi conduit à des prévisions qui n'ont pas été confirmées par l'expérience, et ces contradictions ont paru à un certain moment fort embarrassantes. Tel a été par exemple le phénomène de la résonance multiple découvert par Sarasin et de la Rive. J'ai montré le premier que ces contradictions s'expliquaient par l'amortissement des ondes. Cette explication a été retrouvée un peu après, et je crois indépendamment par Bjerknes. Le rôle de cet amortissement est d'ailleurs capital dans la théorie de la télégraphie sans fil. Je citerai aussi une note des Comptes Rendus où j'ai introduit, le premier, ou un des premiers point à vérifier, la notion du potentiel retardé [89].

Conférences de l'École de Télégraphie
(7°)

L'équation des télégraphistes nous fait connaître les lois de la propagation d'une perturbation électrique dans un fil. J'ai intégré cette équation par une méthode générale, applicable à un grand nombre de questions analogues. Le résultat varie suivant la nature des appareils récepteurs placés sur la ligne, ce qui se traduit mathématiquement par un changement dans les conditions aux limites ; mais la même méthode permet de traiter tous les cas.

87. [Poincaré, 1892f, 1895d, 1908f].
88. [Poincaré, 1892c, 1897d].
89. [Poincaré, 1890a, 1891g,e,f].
Voir aussi [Walter et collab., 2007, p. 27-28, 183-202, 209-212 et 329-336].

Dans une seconde série de conférences, j'ai étudié le récepteur téléphonique ; un point que j'ai particulièrement mis en évidence, c'est le rôle des courants de Foucault dans le masse de l'aimant.
Dans une troisième série de conférences ; j'ai traité les diverses questions mathématiques relatives à la Télégraphie sans fil. Émission, champ en un point éloigné ou rapproché, diffraction, réception, résonance, ondes dirigées, ondes entretenues. Ces conférences ont été publiées dans la collection des cours de l'École et reproduits dans l'Éclairage Électrique [90].

Théorie Cinétique des Gaz
(8°)

Mon cours sur la théorie cinétique des gaz n'a pas été publié ; j'ai donné dans la Revue Générale des Sciences un article où j'examinais et où je réfutais certaines objections faites par lord Kelvin au théorème de Boltzmann-Maxwell. Dans le Journal de Physique je cherche à concilier cette théorie avec l'irréversibilité des phénomènes, ce qui est la grande difficulté ; et pour éclaircir la question j'examine ce qui se passerait dans diverses hypothèses, plus ou moins éloignées du cas de la nature, telles que seraient celle d'un gaz à une dimension, ou de gaz très raréfiés [91].

Théorie de Lorentz
(9°)

J'ai eu à examiner diverses conséquences de la théorie de Lorentz. J'ai montré qu'elle était incompatible avec le principe de l'égalité de l'action et de la réaction et comment il conviendrait de modifier ce principe pour le mettre d'accord avec cette théorie. Ce résultat a servi de point de départ à Abraham pour ce calcul par lequel il a démontré que la masse des électrons est d'origine purement électrodynamique et que leur masse transversale diffère de leur masse longitudinale. J'ai publié dans les Rendiconti un article où j'expose la théorie de Lorentz sur la Dynamique de l'Électron, et où je crois avoir réussi à écarter les dernières difficultés et à lui donner une parfaite cohérence [92].

Rayons Cathodiques
Rayons cathodiques (12°)

Parmi ce que j'ai écrit sur les rayons cathodiques [93], je citerai seulement une note où j'ai déterminé la forme de ces rayons dans un champ magnétique intense et non uniforme. On s'est servi depuis fréquemment de ce résultat, dans les différentes théories de l'Aurore Boréale [94].

90. [Poincaré, 1904b, 1907a,c, 1909a].
91. [Poincaré, 1893c,b, 1894c, 1906d,e].
92. [Poincaré, 1897a, 1899f,d, 1900c, 1905d, 1906f].
93. [Poincaré, 1896c,b, 1897b,c].
94. [Poincaré, 1896d].
Voir [Villard, 1908].

Electrotechnique
(13°)

J'ai traité dans quelques articles diverses questions d'électrotechnique ; j'ai mis en évidence le rôle des contacts glissants dans les phénomènes dits d'induction Unipolaire sur lesquels les techniciens discutaient à perte de vue ; j'ai montré que la théorie ordinaire de la commutation était inexacte ; d'un autre côté j'ai démontré rigoureusement et d'un manière générale l'impossibilité d'une machine autoexcitatrice sans collecteur, et sans condensateur [95].

Conférences Philosophiques
(10°)

Ce sont 1° la conférence faite au Congrès de Physique en 1900 [96] et reproduite dans Science et Hypothèse [97] 2° La conférence de St. Louis [98] reproduite dans la Valeur de la Science [99].

Articles de vulgarisation
(11°)

Je n'en parlerais pas si ce n'était dans l'un d'eux que j'ai émis une idée qui quelle qu'en soit la valeur au fond, a eu historiquement une grande influence. Je me suis demandé s'il n'y aurait pas de lien entre la phosphorescence et les rayons X et s'il ne conviendrait pas d'expérimenter sur les sels d'urane ; c'est ce qui a déterminé Becquerel à entreprendre ses travaux [100].

21 Poincaré à Darboux

[1909 [101]]

Mon cher Confrère,

Hier au Bureau des Longitudes, on s'est occupé de nouveau des réclamations des calculateurs au sujet des 2100 heures. Les membres du Bureau se sont en général montrés favorables à une solution qui leur donnerait une satisfaction partielle, la seule qui soit possible d'ailleurs. Mais en votre absence on n'a voulu prendre aucune décision et il a été convenu que je vous soumettrai un projet de lettre au Ministre.

Voilà ce projet, voudriez-vous l'apporter mercredi avec vos observations.

Votre bien dévoué Confrère,
Poincaré

95. [Poincaré, 1900f, 1907c, 1908e].
96. [Poincaré, 1900d].
97. [Poincaré, 1902a, chapitres 9 et 10].
98. [Poincaré, 1904e].
99. [Poincaré, 1905a, chapitres 8 et 9].
100. [Poincaré, 1896c]. Voir [Walter et collab., 2007, p. 418].
101. Poincaré s'adresse à Darboux en tant que président du bureau des longitudes.

22 Poincaré à Darboux

[1909]

Mon cher ami,

Il est évident que votre système pourrait fonctionner et présenterait certains avantages. Il ne donnerait pas lieu à des calculs plus compliqués que ceux qui ont déjà été proposés.
Serait-il bien compris ; ça, je n'en suis pas sûr.

Votre tout dévoué,
Poincaré

23 Poincaré à Darboux

[fin février-début mars 1909]

Mon cher Confrère,

Je ne puis assister au Comité Secret et je vous serais obligé, si vous vouliez bien communiquer à nos confrères les observations que j'ai à présenter au sujet des candidatures de M. Weiss [102] et de M. Becquerel [103]. Les deux candidats se sont distingués par des travaux très importants et je crois nécessaire d'expliquer en quelques mots les raisons qui m'ont décidé à donner ma voix à M. Becquerel [104].
Parmi ses travaux, qui ont porté sur un grand nombre de parties de la physique, celui qui a le plus attiré mon attention, c'est celui qui se rapporte à l'observation du phénomène de Zeeman dans les cristaux. Cette observation avait une grande importance, parce qu'en nous renseignant sur les modifications qu'éprouve le phénomène quand on fait varier soit la direction du plan de l'onde, soit celle de la vibration, soit celle du champ magnétique par rapport aux trois axes principaux du cristal, elle nous fournit, par les variations de ces divers éléments, une foule de données propres à nous éclairer sur la nature intime des vibrations lumineuses.
D'autre part elle présentait de très grandes difficultés, parce qu'en général les bandes d'absorption dans les corps solides sont très larges, de sorte que de petits déplacements sont difficilement perceptibles.
M. Becquerel a eu la bonne fortune de trouver des cristaux où les bandes étaient relativement étroites et grâce à son habileté expérimentale, il a triomphé de toutes les difficultés qui malgré tout restaient encore très grandes.
Les phénomènes qu'il a observés présentent une très grande variété et il les a discutés avec beaucoup de sagacité. Je signalerai surtout le cas des bandes où le sens du phénomène est contraire au sens habituel ce que l'on voyait pour la

102. Pierre Weiss est professeur de physique et directeur de l'Institut de physique de l'École polytechnique fédérale de Zürich (ETH) depuis 1902.
103. Jean Becquerel est depuis 1903 assistant de physique au Museum dans le laboratoire de son père, Henri [de Broglie, 1963].
104. Jean Becquerel occupera la chaire de physique appliquée aux sciences naturelles du Museum de 1909 jusqu'en 1948. Cette chaire, créée en 1838, a été auparavant successivement occupée par Antoine-César Becquerel, Edmond Becquerel et Henry Becquerel.

première fois avec certitude. L'explication qui se présente naturellement à l'esprit, c'est que ce renversement est dû à des électrons positifs. Cette hypothèse inspire, je ne sais pourquoi, une vive répugnance à certaines personnes. Mais nous ne devons voir dans les hypothèses qu'un langage commode pour exprimer les faits. L'hypothèse des électrons positifs est certainement, jusqu'à nouvel ordre, celui qui permet d'exprimer dans le langage le plus simple et le plus concis le fait nouveau découvert par M. Becquerel. Le sentiment désagréable que ce langage fait éprouver à plus d'un physicien, n'enlève rien à l'importance de ce fait, et peut-être ce sentiment même devrait faire comprendre à ceux qui le ressentent, combien le fait est inattendu et par conséquent intéressant.

M. Becquerel eut ensuite l'heureuse idée de plonger ses cristaux dans l'air liquide; il vit alors ses bandes devenir plus fines au point de se rapprocher des raies gazeuses. Le phénomène de Zeeman devenait ainsi beaucoup plus aisé à observer, et quelques unes des circonstances qui étaient restées douteuses furent définitivement éclaircies.

Mais en même temps il ouvrait une voie nouvelle, celle des recherches sur l'influence des basses températures sur l'émission et l'absorption de la lumière. Quelle influence a la température sur la position des raies, sur leur largeur, sur leur intensité? Les connaissances que l'on peut acquérir à ce sujet ne peuvent être que très instructives, parce qu'elles nous fournissent le meilleur moyen de nous rendre compte du rôle que peut jouer l'agitation thermique dans tous ces phénomènes.

Pour mesurer l'étendue dans laquelle M. Becquerel a opéré, il faut se rendre compte, que dans l'échelle des températures absolues, ou plutôt dans celle des logarithmes de ces températures, qui est celle qu'il convient de considérer, la distance qui sépare la température ordinaire de celle de l'air liquide est comparable à la distance qui nous sépare de celle de la fusion du cuivre, tandis que la distance qui sépare la température ordinaire de celle de l'hydrogène liquide est comparable à la distance qui nous sépare de la température du Soleil.

Les lois observées par M. Becquerel sont des plus curieuses; pour certaines raies, la largeur semble proportionnelle à la racine carrée de la température absolue comme si l'agitation thermique était la cause unique de cette largeur. Pour d'autres, cette loi n'est qu'approchée, et d'autre part l'intensité totale semble passer par un minimum.

On voit tout ce qu'on doit attendre de la nouvelle méthode, surtout depuis que M. Becquerel, grâce à l'obligeance de M. Kammerling-Onnes [105], a pu opérer avec de l'hydrogène liquide.

Je parlerai seulement d'un travail en cours d'exécution sur le spectre de phosphorescence des sels d'uranium. À la température ordinaire, on ne voit que des bandes diffuses sur lesquelles aucune mesure n'est possible. A basse température, ces bandes se résolvent en une série de raies; on reconnaît alors que ces spectres ressemblent à celui de l'azote, étudié par M. Deslandres [106]; et non à celui de

105. Heike Kammerlingh-Onnes était professeur de physique expérimentale à l'Université de Leyde. Il avait fondé un laboratoire de cryogénie et réussi en 1908 à liquéfier de l'hélium.

106. Henri Deslandres est un physicien et un astronome qui développe en France la spectroscopie.

l'hydrogène auquel s'applique la loi de Balmer. Un examen plus approfondi, en faisant connaître les lois simples qui régissent la distribution de ces bandes et de leur diverses composantes, confirme cette manière de voir. On voit de plus que ces bandes ne sont pas sensibles au champ magnétique, tout comme le spectre de l'azote auquel elles ressemblent, tandis que les raies de phosphorescences du rubis subissent le phénomène de Zeeman [107].

Je dirai quelques mots en terminant d'expériences récentes faites par M. Becquerel sur les rayons cathodiques. Pour apprécier ces expériences, il importe de les dégager des diverses interprétations qui en ont été données. Toute interprétation serait pour le moment prématurée, et ce que nous devons rechercher seulement si le fait observé est nouveau et intéressant. Les discussions mêmes auxquelles il a donné lieu doivent nous faire incliner vers une réponse affirmative. Un fait banal ne les aurait pas soulevées.

L'interprétation particulière proposée par M. Becquerel est plausible, mais aventureuse, et il faut réserver notre adhésion définitive. Mais, quand même on écarterait cette interprétation, le fait n'en subsisterait pas moins. Deux faits me paraissent hors de doute, le sens du courant, mis en évidence par des expériences nombreuses et la nécessité de faire tomber le faisceau cathodique principal sur la cathode secondaire pour que le phénomène puisse se produire.

« Sa thèse de doctorat, soutenue en 1888, concernait plus spécialement la description de la partie ultra-violette des spectres de bandes de l'azote, des composés hydrogénés et oxygénés du carbone, de la vapeur d'eau » [d'Azambuja, 1948].

107. Dans sa notice sur Jean Becquerel, Louis de Broglie [1963] insiste aussi sur ces travaux : « À cette époque, l'attention des physiciens était particulièrement attirée par l'étude du phénomène découvert par Zeeman en 1896 et connu sous le nom d'effet Zeeman. On sait qu'il consiste en une décomposition en plusieurs raies sous l'action d'un champ magnétique des raies normalement émises par un atome. L'existence de l'effet Zeeman avait été prédite par Lorentz à l'aide de sa théorie des Électrons dont ce fut l'un des grands succès. L'effet Zeeman avait été surtout observé avec des gaz ou des liquides et l'on savait qu'il était beaucoup en réalité beaucoup plus compliqué que ne le prévoyait la théorie de Lorentz, vérifiée seulement dans des cas simples. Jean Becquerel eut, dès 1906, l'idée d'étudier systématiquement ce phénomène dans le cas des cristaux, en particulier pour les composés des Terres rares. Il eut vite fait de constater que dans ce cas, l'effet Zeeman présente des caractères tout à fait différents de ceux qu'on avait rencontrés jusqu'alors. En particulier, on observe parfois un décalage des raies dans l'échelle des fréquence par l'effet des champs magnétiques qui est l'inverse de celui que prévoit la théorie de l'effet Zeeman normal. À l'époque où ce fait qui semblait étrange était ainsi découvert, on interprétait, à la suite de Lorentz, le signe du décalage des raies normalement observé comme traduisant la valeur négative de la charge de l'électron. Jean Becquerel fut ainsi amené, et d'ailleurs avec d'autres physiciens, à penser que le décalage inverse qu'il observait révélait l'existence dans la matière d'électrons positifs et il fit quelques expériences pour essayer de mettre cette existence directement en évidence. Nous savons aujourd'hui qu'il existe des électrons positifs, mais ces « positrons » n'apparaissent qu'exceptionnellement et n'ont qu'une durée de vie très brève : ce ne sont pas ceux qu'imaginait Jean Becquerel et c'est dans une autre direction, à l'aide de conceptions nouvelles, que les théories contemporaines interprètent l'inversion du décalage des raies qu'il avait observée. Mais, à l'époque où il faisait cette découverte, il était normal de chercher à l'interpréter par la présence normale d'électrons positifs dans la matière et, indépendamment de toute interprétation, il avait eu le mérite de signaler un fait entièrement nouveau. » [de Broglie, 1963, p. 7-8]

M. Dufour a publié dans les derniers *Comptes Rendus* une note sur le même sujet [108]. Je n'ai pas encore eu le temps d'étudier cette note, mais il ne semble pas que le phénomène observé par M. Dufour soit le même que celui de M. Becquerel, puisque le premier semble ne se produire que quand les rayons cathodiques tombent en dehors de la cathode secondaire, ce qui est justement le cas où les rayons déviables de M. Becquerel ne se produisent pas.
L'ensemble de ces travaux me paraît constituer un bagage supérieur à celui de M. Weiss auquel je suis d'ailleurs le premier à rendre justice puisque j'ai soutenu récemment sa candidature à la seconde ligne pour le Collège de France [109]. Mais si les titres étaient jugés égaux, j'aurais encore d'autres raisons pour voter pour M. Becquerel.
M. Weiss a été chargé de tenir le drapeau de la Science française à l'étranger et il l'a vaillamment tenu. Il a mérité d'être relevé de faction et le temps ne tardera pas où il recevra la récompense qu'il mérite [110]. Mais enfin, il a un laboratoire, et beaucoup mieux installé que celui qu'il trouverait au Museum. Si M. Becquerel était écarté, il se trouverait subitement sans moyen de travail. Les instruments dont il se sert pour ses travaux commencés, les cristaux qu'il a employés dans ses recherches, appartiennent au laboratoire du Museum, et il devrait abandonner tous les travaux en cours d'exécution et dont je viens d'expliquer l'importance. Dans ce laboratoire en effet il n'y a pas de place pour deux, et ceux de nos confrères qui les connaissent ne me démentiront pas.
Rappelons que l'Académie a récemment affecté une somme de 9000 francs sur la fondation Debrousse à l'achat d'un appareil à hydrogène liquide ; cet appareil a été attribué au laboratoire du Museum, il devait servir à des recherches effectuées en collaboration par notre regretté secrétaire perpétuel [111] et par son fils, et ce fils comptait les poursuivre seul. S'il n'est pas nommé, l'appareil restera inutilisé.
En résumé, si on nommait M. Weiss au Museum, le rendement scientifique des deux hommes éminents qui se trouvent en présence se trouverait amoindri et cela pour deux raisons ; parce que M. Weiss ne trouverait pas au Museum de ressources comparables à celles qu'il possède à Zurich, que les ressources spéciales qu'il y trouverait lui seraient inutiles pour ses recherches et que l'état du budget ne lui permettrait pas de changer cet état de choses. Et parce que ces ressources d'autre part sont indispensables à M. Becquerel, qui ne pourrait continuer ses travaux actuels s'il en était privé.

Tout à vous,
Poincaré

108. Alexandre Dufour est en 1909 professeur au lycée Louis le Grand, répétiteur à l'École centrale et chargé de conférences à l'École normale supérieure. Dufour et Becquerel ont une polémique sur la question des électrons négatifs dans les *Comptes rendus hebdomadaires des séances de l'Académie des sciences* de l'année 1909.
109. Pierre Weiss est spécialiste du magnétisme.
110. Après avoir participé aux activités du Bureau des inventions pendant la 1re Guerre mondiale, Pierre Weiss obtient une chaire de physique à l'Université de Strasbourg en 1919.
111. Henri Becquerel décédé en 1908 venait d'être élu secrétaire perpétuel de l'Académie des sciences.

24 Poincaré à Darboux

[1911 [112]]

Mon cher Confrère,

Puisque vous voulez bien vous charger de la présentation de mes deux livres, je vous envoie les deux notes que vous m'avez demandées.
M. Poincaré fait hommage à l'Académie d'un volume intitulé *Hypothèses Cosmogoniques* [113]. Dans ce volume où sont reproduites les leçons qu'il a proposées à la Sorbonne l'année dernière, l'auteur passe en revue les diverses hypothèses proposées pour expliquer l'origine du monde. Celle de Laplace reste une des plus vraisemblables, et l'on a pu répondre sans trop de peine aux principales objections qu'on lui a opposées. Les théories de Faye, de Ligondès, de See sont également discutées, ainsi que celle de Darwin où les marées jouent un rôle prépondérant. Puis viennent les théories qui sortent des limites du système solaire, qui s'efforcent de rendre compte de la variété des systèmes stellaires et dont les principales sont celles de Lockyer et d'Arrhenius.
M. Poincaré fait également hommage à l'Académie de la seconde édition de son *Calcul des probabilités* [114]. De nombreuses additions ont été faites au texte de la 1ère édition ; les principales sont relatives à la théorie de fonction caractéristique et à ses applications à la théorie des erreurs, et à diverses questions relatives au mélange des cartes, au mélange des liquides, etc. [115].
Je vous remercie infiniment

Votre bien dévoué Confrère,
Poincaré

25 Annexe : rapport sur la thèse de Poincaré

Paris, le 6 juin 1879 [116]

La thèse de M. Poincaré traite de l'intégration des équations aux dérivées partielles par la méthode des séries. Cauchy avait déjà cette question et il avait donné une méthode qui tombe en défaut pour certaines valeurs exceptionnelles des variables. L'auteur a eu en vue surtout ces cas d'exception. Sur ce sujet il a donné au commencement de la deuxième Partie un théorème très intéressant qui, sans

112. Cette lettre comporte deux ajouts manuscrits signées GD : «Imprimer pour les C. R. tout ce qui est indiqué par des barres verticales» et «me renvoyer la lettre».
113. [Poincaré, 1911a]. Sur cet ouvrage, voir [Rhee, 2018].
114. [Poincaré, 1912a]. Voir la lettre adressée à Poincaré par Émile Borel sur la question du battage des cartes (p. 100).
115. La note annonçant les deux livres de Poincaré paraît le 30/11/1911 (*Comptes rendus*, 153 (1911), p. 795).
116. Le rapport de G. Darboux, J.-C. Bouquet et O. Bonnet sur la thèse de Poincaré est rédigé sur un papier à en-tête de la Faculté des sciences de l'Université de Paris. Il est transcrit d'après l'original conservé à la bibliothèque de l'Institut de France.

donner la solution complète de la question proposée, constitue un premier progrès réellement remarquable.
Quelques lemmes de l'Introduction m'ont paru aussi dignes d'intérêt. Le reste de la thèse est confus et prouve que l'auteur n'a pu encore parvenir à exprimer ses idées d'une manière claire et simple. Comme d'ailleurs la thèse a été renvoyée bien souvent à son auteur, les points fondamentaux signalés plus haut étant établi d'une manière satisfaisante, je propose l'admission [117].

G. Darboux

Bouquet
Ossian Bonnet

117. Le rapport de soutenance publié dans le corpus des rapports de thèse des membres de la Société mathématique de France [Gispert, 2015, p. 208] reprend le rapport préliminaire de Darboux à l'exception de la dernière phrase :« Néanmoins la Faculté tenant compte de la grande difficulté du sujet et du talent qu'a montré M. Poincaré lui a conféré avec trois boules blanches le grade de docteur ». Le rapport de soutenance est seulement signé par Darboux et Bonnet.

Walther Dyck

Walther Dyck nait à Münich en 1856 dans un famille bourgeoise. Il étudie au lycée technique, puis à la *Technischen Hochschule Munchen* oü il suit les cours d'Alexander Brill et de Felix Klein. Il est très vite repéré par Klein dont il devient l'assistant en 1879 et 1880. Dyck [1879] soutient en 1879 une thèse intitulée *Über regulär verzweigte Riemannsche Flächen und die durch sie definierten Irrationalitäten* sous le patronage de ce dernier [1]. Lorsque Klein part à Leipzig, Dyck le suit d'abord comme assistant, puis comme *Privat Dozent* après avoir soutenu en 1882 une habilitation consacrée à des recherches sur la théorie des groupes abstraits [2]. En 1884, il obtient une position de professeur à la *Technische Hochschule* de Münich où il effectuera toute sa carrière et dont il en sera par deux fois le directeur. Il décède à Münich en 1934.

Les thèmes de recherche de Walther Dyck sont divers allant des surfaces de Riemann, de la théorie des groupes à la topologie, les courbes définies par une équation différentielle, la théorie du potentiel et la théorie des équations différentielles. Dyck publie essentiellement ses travaux dans les *Mathematische Annalen* et dans les *Sitzungsberichte der Mathematisch physikalischen Klasse der Bayerischen Akademie der Wissenschaften zu München*. Dyck est aussi est l'auteur de plusieurs contributions sur la formation mathématique des ingénieurs, l'éditeur d'un catalogue des modèles et instruments utilisés en mathématiques [Dyck, 1892]. On notera aussi ses nombreuses contributions dans les activités de la Deutschen Mathematiker-Vereinigung et son investissement dans l'entreprise de l'*Encyklopädie der mathematischen Wissenschaften mit Einschluss ihre Anwendungen* animée par Klein [3] ; à la fin de sa vie, il participe à l'édition des œuvres complètes de Kepler [4].

1. Les recherches sur les surfaces de Riemann que Dyck [1880a,b, 1881] mène à partir de son travail de thèse donnent lieu à trois articles tous publiés dans le journal dirigé par Klein, les *Mathematische Annalen*.
2. [Dyck, 1882].
3. Voir l'échange entre Guccia et Poincaré à l'issue du Congrès international des mathématiciens de Rome (1908) (p. 332-333).
4. Sur le parcours et les travaux de Walther Dyck, voir [Faber, 1935b,a] et [Hashagen, 2003]. Plus spécifiquement, sur les contributions de Dyck à la topologie algébrique, voir [Pont, 1974, p. 131-153] et [Scholz, 1980, p. 249-258].

P. Nabonnand et al. (eds.), *La correspondance entre Henri Poincaré et les mathématiciens*,
Publications des Archives Henri Poincaré Publications of the Henri Poincaré Archives,
https://doi.org/10.1007/978-3-7643-8288-9_22

Seules quatre lettres adressées par Walther Dyck à Poincaré ont été retrouvées [5]. Elles concernent les liens entre les travaux de Poincaré et ceux de Dyck, dans la première, entre les travaux sur les fonctions kleinéennes [6] et ceux de Dyck [1883] sur les distributions régulières de l'espace, dans la troisième, entre leurs premières approches des questions d'Analysis situs. Dyck évoque aussi son retour à Münich, son séjour à Paris en 1883, un voyage de trois mois en Amérique en 1884 durant lequel il fait la connaissance entre autres de Thomas Craig [7] et son engagement dans l'entreprise du Répertoire bibliographique des sciences mathématiques promue par la Société mathématique de France.

1 Dyck à Poincaré

Leipzig, 12. Januar 1884.

Hochgeehrter Herr,

Endlich komme ich dazu, es ist 3/4 Jahre her, daß ich Sie in Paris aufgesucht, etwas von mir hören zu lassen [8].
Der unmittelbare Anmaß ist der kleinere Aufsatz, den ich mir beifolgend zu übersenden erlaube, der sehr vage mit Ihrer letzten Publikation in den Acta zusammenhängt (für deren freundliche Übersendung ich bestens nachträglich danke) [9].
Ich habe mich, im Sommer vorigen Jahres noch, viel mit der Frage nach regulären Raumverteilungen beschäftigt und bin dabei zu einer Reihe von speziellen Formulierungen gelangt (über die Art der dabei auftretenden Eckpunkte und über die verschiedenen dabei entstehenden Gebietsverteilungen der „Normalkugel".) [10].
Speziell hatte ich dabei die Fälle von Tetraederverteilungen mit „Symmetrie" betrachtet, deren Typen leicht aufzählbar sind.

5. Ces quatre lettres sont conservées dans les archives de la famille Poincaré. On peut penser que les échanges entre Dyck et Poincaré ont été plus fournis, ne serait-ce que de par la proximité de certains de leurs travaux, en particulier en ce qui concerne la topologie algébrique (voir p. 236). Comme Ulf Hashagen [2003], qui a publié une biographie de Walther Dyck, le signale dans un message privé, ce dernier consacre 23 des 79 comptes-rendus qu'il rédige pour le *Jahrbuch über die Fortschritte der Mathematik* à des travaux de Poincaré. Une telle activité concentrée entre les années 1881 et 1885 aurait pu être l'occasion d'échanges épistolaires.

6. [Poincaré, 1883a].

7. Sur T. Craig, voir p. 177.

8. Walther Dyck avait rencontré Poincaré lors de sa visite à Paris en 1883 (voir p. 539).

9. La date de cette lettre et ce qui suit sur les sous-groupes finis du groupe linéaires laissent penser qu'il s'agit du mémoire de Poincaré [1883a] sur les groupes kleinéens (publié le 1er décembre 1883).

10. [Dyck, 1883]. Quelques années plus tard, Édouard Goursat [1889] fait lui aussi le lien entre les articles de Poincaré et Dyck sur « les divisions régulières de l'espace en une infinité de régions $R_0, R_1, \ldots, R_i, \ldots$ telles que chaque région R_i se déduise de la région R_0 au moyen d'une transformation S_i résultant d'une suite d'inversions. » [Goursat, 1889, p. 9].

Als ich nun im Herbst Ihren Aufsatz aus den Acta erhielt, fand ich da vor allem den Satz dass jeder Gruppe linearer Substitutionen, sofern sie nur endliche Substitutionen enthält, eine Raumverteilung der genannten Art entspreche – ein Satz den ich wol auch vermutet hatte, aber nicht beweisen konnte [11].
Da wollte ich doch eine vorläufige Notiz über meine eigenen Studien an diesen schönen Satz anknüpfen, zumal da in Ihrem Aufsatz die räumlichen Einteilungen nur beiläufig behandelt sind und ich auf Beispiele gekommen war (vergl. Beispiel 2 u. 3, pag 71 – 73), die sich in Ihrer Formulierung nicht fanden. Ich denke daß eben diese Beispiele intereßant werden, wenn es sich um das Studium zugehöriger Functionen handelt. Gelingt es nämlich, zunächst Functionen 3er reeller Veränderlicher zu bilden, welche bei den Raumtransformationen der hier gegebenen Gruppen in sich übergehen, und läßt sich ein Übergang von diesen Funktionen zu denen eines complexen Argumentes auf der „Fundamentalkugel" Normalkugel herstellen so hat man in der letzteren durch den Raum hindurch Gebiete analytisch vereinigt, für welche sich, da sie in der Kugel selbst durch Grenzlinien völlig von einander getrennt sind, zunächst keine „analytische Fortsetzung" der Funktionen in einem Gebiete in das des zweiten möglich war.
Ich möchte an die vorliegende Notiz anknüpfend zunächst die rein geometrische Seite der regulären Raumverteilungen ausführlicher behandeln & hoffe dann auch der eben erwähnten functionentheoretischen Seite dieser Frage näher treten zu können [12] –
Nun laßen Sie mich Ihnen noch eine Mitteilung machen, die in den letzten Mo-

11. Un des résultats principaux obtenus par Poincaré [1883a, p. 57-74] dans son mémoires sur les groupes kleinéens (les sous-groupes discrets du groupe $\mathrm{Isom}^+(\mathbf{H}^3)$ des isométries de l'espace hyperbolique de dimension 3 qui conservent l'orientation) est que ceux-ci sont associés à une partition de l'espace, chaque transformations du groupe appliquant un élément de la partition sur un autre.

12. La recension d'Eugen Netto de l'article de Dyck [1883] permet de préciser les remarques de Dyck :

> Herr Poincaré hat den Satz aufgestellt : "Die Gruppen linearer Substitutionen $\omega' = \frac{\alpha\omega+\beta}{\gamma\omega+\delta}$ lassen sich als reguläre Einteilungen des Raumes in endliche Polyeder deuten, deren Flächen durch die Fundamentalkugel oder auf ihr senkrecht stehende Kugeln gebildet werden." Herr Dyck bemerkt, dass in gleicher Weise eine Einteilung des Inneren der Kugel möglich sei, bei der ausser Stücken der Kugel noch Ebenen als Begrenzungsflächen auftreten. Diese Deutung hat den Vorzug, dass Vorkommnisse ausserhalb der Kugel realisirt erscheinen, die in der ersten Darstellung imaginär waren. Vereinigt man die durch Substitutionen einander entsprechenden Flächen, so entsteht ein geschlossener Raum, dessen Grenzflächen durch Kugelstücke, die sich selbst entsprechen, gebildet werden ; hierdurch kommt man zum Begriffe des "Zusammenhanges". Je nachdem vermöge der Substitutionen um eine Kante Drehungen möglich sind oder nicht, heisst dieselbe unveränderlich oder veränderlich. Aehnliche Definitionen gelten für unveränderliche und veränderliche Ecken. Die unveränderlichen Ecken geben durch ihre Lage zur Kugel ein Unterscheidungsprincip der Einteilungen ab. Eine Anzahl passend gewählter Beispiele erläutert die getroffenen Festsetzungen. (*Jahrbuch über die Fortschritte der Mathematik*, 15 (1883), p. 110)

naten mich sehr beschäftigt hat; nämlich die, daß ich einen Ruf als ordentlicher Professor an die technische Hochschule (école polytechnique) in München angenommen habe [13]. Es ist die durch den Weggang Professor Lüroth's (den Sie ja wol in Paris haben kennen lernen & der nach Freiburg übergesiedelt ist) erledigte Professur. Ich habe grobes Glück gehabt, denn gleichzeitig hatte ich einen Ruf an das Polytechnicum in Hannover erhalten; doch zog ich München vor, da dort der Einfluß auf den mathematischen Unterricht und das wißenschaftliche Lehren ohne Vergleich bedeutender ist als in Hannover, wo es sich lediglich um Ausbildung der Techniker handelt. Ich werde mit dem kommenden Semester (also im April) nach München übersiedeln.

Professor Klein geht es in diesem Jahre recht gut [14]. Er arbeitet eifrig an einer größeren Darstellung einer Icosaedertheorie und deren Zusammenhang mit den Gleichungen 5. Grades [15]. In einem Seminar, das Prof. Klein und ich gemeinsam abhalten, haben wir den Cours von Mr. Hermite zu Grunde gelegt um die neueren functionentheoretischen Arbeiten, von Weierstraß und Mittag-Leffler beginnend und Ihre Functionen mit linearen Transformationen in sich einbegriffen – durchzusprechen [16]. Ich selbst habe dabei die schönste Gelegenheit, alle die Dinge, die

---

13. Walther Dyck est nommé professeur au *Polytechnikum* de Münich en 1884.

14. La santé de Klein s'était détériorée depuis les années 1881-82. Sur la mauvaise santé de Klein et ses incidences sur Dyck lorsqu'il était son assistant, voir [Hashagen, 2003, p. 125-128].

15. [Klein, 1884]. Pour une présentation pédagogique de la théorie de Klein qui repose sur l'isomorphisme entre le groupe des symétries de l'icosaèdre et le groupe alterné A_5, voir [Bavard, 1994]. Voir aussi [Houzel, 2003, chapitre 7] et [Gray, 1986, chapitre 4].

16. [Hermite, 1882a]. Dans la recension qu'il fait du cours d'Hermite, Jules Tannery [1882] insiste sur l'importance des travaux de Weierstrass et Mittag-Leffler pour les leçons concernant la théorie des fonctions d'une variable complexe et les applications de celle-ci à « l'étude des intégrales eulériennes et des fonctions elliptiques ». Il pointe aussi l'originalité du point de vue d'Hermite :

> Dans les quatre Leçons qui suivent, M. Hermite expose les conséquences immédiates du théorèmes de Cauchy et les principes dus à M. Weierstrass et à M. Mittag-Leffler, de la théorie des fonctions uniformes; il y donne la décomposition d'une fonction transcendante entière en facteurs primaires et l'expression générale des fonctions uniformes admettant un nombre infini de points singuliers, isolés, essentiels ou non, dont l'ensemble admet le point ∞ pour limite unique, expression donnée par M. Mittag-Leffler dans les *Comptes rendus des séances de l'Académie des sciences* pour l'année 1882. La marche suivie par M. Hermite est celle qu'il a ouverte dans sa lettre au géomètre suédois, insérée dans le tome XII des *Acta Societatis Scientarum Fennicæ*. Dans cette lettre, à la vérité, le théorème de M. Mittag-Leffler n'est établi que dans le cas où tous les points singuliers sont des pôles; mais la même méthode conduit au théorème général.
> Le professeur s'arrête ensuite un peu [...] sur les intégrales eulériennes : la forme donnée par M. Weierstrass à la fonction $\frac{1}{\Gamma(x)}$, celle que M. Prym a obtenue pour la fonction $\Gamma(x)$ elle-même, fournissent des applications immédiates des résultats établis dans les Leçons précédentes; [...]
> Dans les deux Leçons qui suivent, il développe comme dans la lettre déjà citée à M. Mittag-Leffler, cette idée si simple et si naturelle que la notion de coupure et ce genre de discontinuité auquel elle correspond s'offrent d'eux-mêmes, au début du calcul intégral, dans la considération d'une intégrale

ich bei meinem Aufenthalt in Paris habe kennen lernen, nun wieder gründlich zu verarbeiten.
Darf ich noch bitten, mich Ihrer hochgeehrten Frau Gemahlin bestens zu empfehlen, deren freundliche Aufnahme ich in dankbarer Erinnerung halte. Noch möchte ich Sie ersuchen mich bei Mr. Hermite, bei Mr. Picard, Appell, Halphen, C. Jordan... und allen den Herrn, die sich meiner noch erinnern bestens zu empfehlen. Ich gedenke oft und mit Freuden der freundlichen Aufnahme, die ich bei Ihnen in Paris gefunden.
Sehr würde ich mich freuen, wenn mein Bericht Ihnen Anlaß gäbe, mir bei Gelegenheit auch von Ihnen und Ihren Arbeiten zu erzählen.

Stets bin ich, hochgeehrter Herr
Ihr ganz ergebener
Walther Dyck

Leipzig. Königstraße 6.

2 Dyck à Poincaré

München, 8. Dezember 1884.

Sehr geehrter Herr!

Nehmen Sie besten Dank für Ihre letzte freundliche Sentenz und – für einen Brief den Sie nun vor vielen Monaten so freundlich waren uns zu senden [17]. Er sollte schon längst beantwortet sein und der Irrthum betreffs jener Gebietseinteilungen, den ich beim Studium Ihrer Arbeit gemacht, hätte schon lange redußirt sein sollen – aber es liegt gar vieles zwischen, eine ganze Serie von Ereignissen die mich nicht mehr zum ruhigen Arbeiten hat kommen lassen. Einmal meine Umsiedlung nach München [18], dann eine militärische Dienstleistung, und endlich jetzt eine dreimonatliche Reise nach Amerika, die ich in meiner jungen Unabhängigkeit unternommen. War Sie nicht vom rein wißenschaftlichen Standpunkt aus förderlich – denn weder in Montreal [19] noch in Philadelphia [20] auf den meetings der British und der American Aßociation war viel reine Mathematik vertreten – so war sie

définie où figure un paramètre variable. [Tannery, 1882, p. 170-171]

17. Cette lettre n'a pas été retrouvée.

18. Dyck a obtenu une chaire de mathématiques à l'Université technique de Münich. Sur l'installation de Dyck à l'Université de Münich, voir [Hashagen, 2003, p. 175-194].

19. Le 54e congrès de la British Association for Advancement of Sciences s'est déroulé à Montreal aux mois d'août et septembre 1884. Dyck [1884] y donne un exposé sur l'Analysis situs des espaces tridimensionnels. Sur cette conférence, voir [Pont, 1974, p. 132-133] et [Hashagen, 2003, p. 182 et p. 266-267].

20. La 33e conférence de l'American Association for the Advancement of Science s'est déroulée au mois de septembre 1884. Dyck n'est pas intervenu lors de cette conférence.

desto intereßanter, was das Studium der dortigen Universitätsverhältniße betrifft, und war um so lehrreicher von dem „allgemein menschlichen Standpunkt", eine ganz andere Welt & sehr heterogenes Treiben kennen zu lernen.
In Baltimore [21] habe ich einige Mathematics besprochen und Pariser Erinnerungen aufgefrischt, da dort eben Prof. Craig von Paris, voll von seinen Eindrücken zurückkam [22].
Jetzt ist der Horizont wieder etwas enger gezogen & hoffentlich läßt die Tätigkeit an der Schule nun für längere Zeit einige Muse zum Arbeiten! Für heute lassen Sie mich schließen; wollen Sie bitte beste Empfehlungen an gemeinschaftliche Bekannte sagen, die sich meiner noch erinnern. Ihrer hochgeehrten Frau Gemahlin bitte ich mich bestens zu empfehlen; ich gedenke gerne der freundlichen Stunden, die ich bei Ihnen verlebt. Noch beste Glückwünsche zum baldigen Jahres Wechsel!

Ihr ergebener
Walther Dyck

3 Dyck à Poincaré

München, 1. August 85.

Hochverehrter Herr!

Besten Dank für die freundliche Zusendung Ihrer letzten Arbeit über Differentialgleichungen [23]. Daß diese Arbeit mich sehr intereßirt werden Sie aus der Mitteilung entnehmen, die ich beifolgend Ihnen zuzusenden mir erlaube [24]. Sie betrifft in ihrem ersten Abschnitte allgemein die Beziehung der besonderen Punkte eines Curvensystems (welches in gegenwärtiger Formulierung die Fläche einfach überdeckt) zu dem Zusammenhang (Grundzahl) dieser Fläche, eine Beziehung die sich ja auch in dem geometrischen Teil Ihrer Arbeit findet, den ich gerade zu Gesicht bekam als ich meine Note druckfertig machte [25].

21. L'Université Johns Hopkins est installée à Baltimore.

22. Thomas Craig séjourne à Paris durant l'été 1884 (voir p. 183).

23. Dyck parle certainement du troisième article de Poincaré [1885d] sur les courbes définies par les équations différentielles (daté de janvier 1885).

24. [Dyck, 1885] (datée du 6 juillet 1885). Dyck démontre une généralisation de la formule de Gauss-Bonnet ([Scholz, 1980, p. 250-252], [Hashagen, 2003, p. 269-270]) ce qui justifie son intérêt pour l'article de Poincaré [1885d].

25. Dyck fait référence aux chapitres XIII, XIV, XV du travail de Poincaré [1885d, p. 203] sur les courbes définies par des équations différentielles. Dans ces chapitres respectivement intitulés « distributions des points singuliers », « généralisation des deux premières parties », « étude particulière du tore », Poincaré étudie le comportement au voisinage des « points singuliers » des solutions des « équations différentielles du premier ordre et de degré supérieur, c'est-à-dire les équations de la forme

$$F\left(x, y, \frac{dy}{dx}\right) = 0,$$

F étant un polynôme entier en x, y, $\frac{dy}{dx}$. » [Poincaré, 1885d, p. 196].
Poincaré montre une relation entre le nombre des points singuliers de l'équation différentielle et

Der 2. Abschnitt bezieht sich auf die Kroneckerische Charakteristik die aber in jenen geometrischen Formulierungen Ihre anschauliche deutung findet [26]. Ich hoffe jetzt in den Ferien Zeit zu finden diese Fragen auf den Raum auszudehnen.

Augenblicklich stecken wir mitten im Examen, das noch bis Ende nächster Woche dauert. Dann will ich auch wirklich Zeit finden, die für die Société übernommenen Zettel für die Crelle Bände zu erstellen, deren lange Verzögerung Sie gütig enschuldigen wollen [27].

Darf ich noch bitten, unsere gemeinschaftlichen bekannten bestens zu grüßen, insbesondere Mr. Appell und Picard.

Mit den ergebensten Grüßen
Ihr
Walther Dyck

---

le genre de la surface S d'équation $F(x, y, z) = 0$ ($N + F - C = 2 - 2p$ où N est le nombre de noeuds, F celui des foyers, C celui des cols et p le genre de S). Il introduit aussi la notion d'indice d'une courbe fermée :

> Traçons sur la surface S un cycle quelconque. Ce cycle sera touché en certains de ses points par diverses trajectoires, mais les uns le toucheront extérieurement, les autres intérieurement. Soit E le nombre des contacts extérieurs, I celui des contacts intérieurs ; le nombre
>
> $$J = \frac{E - I - 2}{2}$$
>
> s'appellera l'indice du cycle. [Poincaré, 1885d, p. 206]

Poincaré montre alors que si la surface S est partagée en un certain nombre de régions simplement connexes par des cycles, alors « la somme des indices de tous ces cycles sera évidemment $C - F - N$ ».
Dans l'introduction de son premier mémoire sur l'Analysis situs, Poincaré [1895a] évoque cette rencontre avec les travaux de Dyck :

> D'autre part, dans une série de Mémoires insérés dans le Journal de Liouville, et intitulés : Sur les courbes définies par les équations différentielles, j'ai employé l'Analysis situs ordinaire à trois dimensions à l'étude des équations différentielles. Les mêmes recherches ont été poursuivies par M. Walther Dyck. On voit aisément que l'Analysis situs généralisée permettrait de traiter de même les équations d'ordre supérieur et, en particulier, celles de la Mécanique céleste.

26. L. Kronecker [1869] développe entre 1869 et 1878 une théorie des caractéristiques qui généralise le théorème de Sturm sur les équations algébriques aux espaces à n dimensions. Voir [Vergnerie, 2017], [Scholz, 1980, p. 249-250], [Hashagen, 2003, p. 268]. Sur les travaux que développe Dyck dans cette direction, voir [Scholz, 1980, p. 249-258] et [Hashagen, 2003, p. 265-288].
27. Dyck a dû accepter de dépouiller quelques volumes du *Journal für die reine und angewandte Mathematik* pour l'entreprise du Répertoire bibliographique des sciences, tout juste initiée à l'époque par la Société mathématique de France. Voir la lettre suivante.
Walther Dyck est élu membre de la Société mathématique de France lors de la séance du 20 mai 1885. Il est présenté par Paul Appell et Amédée Paraf (*Bulletin de la Société mathématique de France*, 14 (1886), p. 136).

4 Dyck à Poincaré

München, { 16. Nov. 1885. / 20 }

Hochverehrter Herr!

Indem ich anbei endlich die Auszüge aus Crelle vol. 16, 17, 18 und aus meinen eigenen Arbeiten für das « Répertoire bibliographique » übersende, wollen Sie die lange Verzögerung gütig entschuldigen, welche in den vielen geschäftlichen Obliegenheiten begründet ist, in denen ich mich ..., auch bei meinen eigenen Arbeiten, bedrängt sehe[28].

Augenblicklich bin ich (nachdem das Lehramtsexamen mich zwei Wochen stark in Anspruch genommen) wieder mit der Weiterführung jener Untersuchungen über Analysis situs beschäftigt, von denen ich Ihnen zu Schluß des Sommers eine erste Mitteilung schickte[29]. Eine Vorlesung über Differentialgleichungen, die ich eben halte, intereßirt mich sehr; ich denke bei dieser Gelegenheit desselben auch ihre schönen Untersuchungen (aus dem Liouville'schen Journal) behandeln zu können[30]. In meinem Seminar laße ich eben eine Reihe von Modellen herstellen, nämlich Flächen, welche den reellen bez. imaginären Teil einer Function über der Ebene x,y der unabhängigen Variablen repräsentieren. Die so für die Modulfunction entstehende Fläche wird besonders merkwürdig[31]. Laßen Sie mich für heute schließen mit der Bitte bester Empfehlungen an Ihre hochgeehrte Frau Gemahlin und an unsere gemeinschaftlichen Bekannten.

In vorzüglicher Hochachtung
stets Ihr ergebener
Walther Dyck

28. Voir la lettre précédente.
Les cent premiers volumes (1826-1887) du *Journal für die reine und angewandte Mathematik* sont quasiment intégralement dépouillés. Le Répertoire bibliographique des sciences mathématiques propose 2142 référence provenant de ce journal.

29. Voir la lettre précédente. Sur les recherches menées par Dyck en topologie algébrique, [Hashagen, 2003, p. 266-282].

30. [Poincaré, 1885d].

31. Suite au départ en 1884 pour Tübingen d'Alexander Brill, Dyck lui avait succédé comme responsable du *Modellierkabinett* à l'Université de Münich [Ernst et collab., 2018, p. 78] (Sur les débuts du *Modellierkabinett* de l'Université de Münich, voir [Brocard, 1882].). En 1892, Dyck [1892] publie un catalogue des modèles, instruments et appareils utilisés dans le domaine des sciences mathématiques.

Gustav Eneström

Gustav Eneström nait en 1852 à Nora en Suède dans un milieu aisé. Après des études de mathématiques et de linguistique à Uppsala, il obtient en 1875 une position de bibliothécaire à la bibliothèque de l'Université d'Uppsala, puis en 1879, à la bibliothèque royale de Stockholm et acquiert ainsi une expertise certaine en matière de bibliographie. Il est un moment le secrétaire de rédaction du journal fondé et dirigé par Mittag-Leffler, *Acta mathematica*[1]. À la même époque, en 1884, il fonde un journal consacré à l'histoire des mathématiques, *Bibliotheca mathematica* dont il sera jusqu'à la disparition du journal en 1914, le rédacteur en chef et un contributeur significatif[2]. Il est dès 1889 membre de la commission permanente du Répertoire bibliographique des sciences mathématiques sans pour autant être convaincu de l'intérêt de l'entreprise comme plusieurs lettres adressées à Poincaré le montrent. Il collabore par ailleurs au *Jahrbuch über die Fortschritte der Mathematik*[3]. Il décède en 1923 à Stockholm.

Eneström est l'auteur de nombreuses études d'histoire des sciences publiées pour la plupart dans son journal *Bibliotheca mathematica* et pour certaines dans les comptes rendus de l'Académie des sciences suédoises. Son analyse des écrits d'Euler l'amène à proposer un classement connu sous le nom d'index d'Eneström qui est toujours utilisé. Eneström est aussi l'auteur de travaux en statistiques et en mathématiques actuarielles, consacrés en particulier aux tables de mortalité.

La correspondance échangée entre Poincaré et Eneström concerne au début le secrétariat d'*Acta mathematica* et la gestion des tirés à part. À partir de 1885, toutes les lettres font peu ou prou allusion au projet du Répertoire bibliographique des sciences mathématiques, certaines étant des lettres circulaires adressées aux membres de la Commission permanente. Les lettres adressées par Poincaré à Eneström sont conservées à la Royal Swedish Academy of Sciences (Center for History of Sciences).

---

1. Sur le rôle d'Eneström dans le fonctionnement des *Acta mathematica* et sa brouille avec Mittag-Leffler en 1888, voir les lettres 48, 49, 57 et 87 de [Nabonnand, 1999].
2. Pour plus de précisions sur l'investissement d'Eneström dans *Bibliotheca mathematica*, voir [Lorey, 1926] et [Cajori, 1924].
3. [Lorey, 1926, p. 318].

P. Nabonnand et al. (eds.), *La correspondance entre Henri Poincaré et les mathématiciens*, Publications des Archives Henri Poincaré Publications of the Henri Poincaré Archives,
https://doi.org/10.1007/978-3-7643-8288-9_23

1 Enestrom à Poincaré

Stockholm, 1883.IX.4 [4]
Kommendorsgatan 21

Monsieur !

J'ai reçu les épreuves que vous avez bien voulu me remettre. Je vous prie de me pardonner que je ne vous aie pas encore envoyé 50 tirages à part de votre mémoire [5]. La cause en est qu'il a été nécessaire de refaire quelqu'unes des figures. Aussitôt que toutes les feuilles seront imprimées, j'aurai l'honneur de vous en faire parvenir 50 exemplaires. Agréez, Monsieur, les sentiments de votre très humble serviteur.

Gustaf Eneström

2 Poincaré à Eneström

Paris, 19 Novembre 1883.

Monsieur,

Je préfère la traduction de *Mannigfaltigkeit* par Multiplicité, car les deux mots ont même sens étymologique. Le mot ensemble convient bien aux *Mannigfaltigkeit* envisagées par M. Cantor et qui sont discrètes [6] ; il conviendrait moins à celles que je considère et qui sont discontinues. Que pense M. Mittag à ce sujet ?

Je vous remercie d'avoir mis tant d'empressement à envoyer mon mémoire à l'impression.

Quant aux erreurs qu'on trouve dans le mémoire sur les groupes kleinéens, toutes, sauf une, se trouvent dans le manuscrit. Il en est de même de quelques unes de celles que j'ai signalées dans les mémoires antérieurs [7].

Veuillez agréer, Monsieur, l'assurance de ma parfaite considération.

Poincaré

---

4. Ce mot est rédigé sur une carte postale adressée au domicile de Poincaré, 66 rue Gay Lussac à Paris.

5. Eneström doit parler du mémoire sur les groupes kleinéens [Poincaré, 1883a] ; ce dernier est imprimé le 6 août 1883 et il comporte plusieurs figures. Le suivant [Poincaré, 1884f] est envoyé à Mittag-Leffler le 25 octobre 1883 (voir [Nabonnand, 1999, p. 129-130]) et le précédent [Poincaré, 1883f] est imprimé le 19 mars 1883. De plus dans sa lettre adressée à Mittag-Leffler le 25 octobre, Poincaré signale qu'il a reçu «les tirages à part des Groupes Kleinéens» [Nabonnand, 1999, p. 130].

6. Poincaré fait allusion aux articles de Cantor [1878, 1879-1884] sur les *Punktmannigfaltigkeiten.* Poincaré participait à la traduction en français de ces articles pour *Acta mathematica* (voir les lettres 24 et 28 de [Nabonnand, 1999]). Le terme „Mannigfaltigkeit" est effectivement traduit par « ensemble ».
La notion de « multiplicité » apparait dans l'article sur les groupes des équations linéaires [Poincaré, 1884f] pour désigner des hypersurfaces :
« La même chose arrivera, lorsque S et S' seront regardées comme des surfaces situées dans l'espace à plus de trois dimensions, seront des *Mannigfaltigkeiten* (multiplicités) à plus de deux dimensions, comme disent les Allemands. » [Poincaré, 1884f, p. 234]

7. Sur les erreurs dans les premiers mémoires de Poincaré publiés dans les *Acta mathematica*, voir [Nabonnand, 1999, p. 128-129].

3 Eneström à Poincaré

[23/11/1883 [8]]

Monsieur !

J'ai reçu votre obligeante lettre du 19 Nov., dont j'ai fait connaître la teneur à M. Mittag-Leffler. M. Mittag-Leffler pense que vous pouvez avoir raison et que, par conséquent, il faut préférer le mot multiplicité.
À la page 206, vous avez cité l'équation (1 bis), mais dans le §1 il n'y a pas d'équation (1 bis). Peut-être avez vous déjà fait quelque changement convenable dans l'épreuve ? Ne vaudrait [il] pas mieux ôter tout à fait les mots (1 bis) [9] ?
Agréez

G. Eneström

4 Poincaré à Eneström

Paris, 15 Décembre 1883.

Monsieur,

Il faut bien lire

$$\alpha_3 = \frac{A}{n}$$

en effet les α sont définies d'une part par cette condition d'être les inverses de nombres entiers, d'autre part par l'inégalité

$$\alpha_1 + \alpha_2 + \alpha_3 > 1.$$

Cette inégalité peut être résolue des quatre façons suivantes

$$\begin{array}{llll} \alpha_1=\frac{1}{2} & \alpha_2=\frac{1}{2} & \alpha_3=\frac{1}{n} & \text{(quel que soit l'entier } n) \\ \alpha_1=\frac{1}{3} & \alpha_2=\frac{1}{2} & \alpha_3=\frac{1}{3} & \\ \alpha_1=\frac{1}{3} & \alpha_2=\frac{1}{2} & \alpha_3=\frac{1}{4} & \\ \alpha_1=\frac{1}{3} & \alpha_2=\frac{1}{2} & \alpha_3=\frac{1}{5} & \end{array}$$

Ainsi la première solution contient un entier quelconque n, les autres sont parfaitement déterminées.
Vous m'aviez parlé ainsi d'une certaine équation (1 bis) dans le §1. Je n'ai pas écrit cette équation, mais je l'ai définie en haut de la page 206.
Je profite de l'occasion pour vous remercier du soin extrême avec lequel vous revoyez les épreuves de mon mémoire.
Veuillez agréer, Monsieur, l'assurance de ma considération la plus distinguées.

Poincaré

8. Nous ne disposons que d'un brouillon daté de cette lettre.
9. Voir la lettre suivante.

5 Poincaré à Eneström

Paris, le 17 Février 1884

Monsieur,

J'ai l'honneur de vous accuser réception des tirages à part de mon mémoire sur les Groupes des Équations Linéaires [10].

Je profite de l'occasion pour vous remercier des soins que vous avez pris pour l'impression de ce mémoire.

Veuillez agréer, Monsieur, l'assurance de ma considération la plus distinguées.

Poincaré

6 Eneström à Poincaré

[24/05/1885]

Monsieur,

J'espère que vous aurez maintenant reçu les 49 tirages à part de votre mémoire inséré aux *Acta Mathematica* 7 :1 [11]. Je vous prie de vouloir bien distribuer immédiatement aussi peu d'exemplaires que possible parce que le cahier 7 :1 ne sera publié que vers le 1 août et parce qu'il nuit à la vente du journal si les tirages à part seront distribués avant ce temps.

M. Mittag-Leffler m'a remis les deux circulaires relativement à une bibliographie mathématique [12]. Si cette bibliographie pourra être achevée et imprimée, je vous donnerai tous les renseignements relativement à la littérature suédoise dont vous avez besoin. Mais je crains que la bibliographie ne restera inachevée ; en effet, les indications aux collaborateurs dans vos deux circulaires ne me paraissent assez claires – cela est aussi l'avis de tous les mathématiciens avec lesquels j'ai parlé sur ce sujet pendant mon voyage en Italie et en Allemagne* [13]. De plus, M. le dr G. Valentin [14], conservateur de la bibliothèque royale de Berlin, a déjà commencé, lui aussi, une bibliographie générale des mathématiques, sur laquelle le n° de ma *Bibliotheca Mathematica* contiendra une petite notice [15]. Ne vaudrait-il pas mieux

10. [Poincaré, 1884f].

11. [Poincaré, 1885g].

12. Eneström parle du projet de Répertoire bibliographique porté par Poincaré.

13. *Note de Eneström* :

Dans le Projet n° 1, vous dites (p. e.) : « Ces indications ne devront pas être une analyse » ; dans le Projet n° 2, au contraire, vous dites : « les ouvrages publiés séparément devront aussi être analysés ».

14. Voir la notice biographique de G. Valentin (p. 795).

15. Eneström publiera dans *Bibliotheca mathematica* quatre articles consacrés à la bibliographie de Georg Valentin ([Valentin, 1885, 1900, 1910], [Eneström, 1910]).

modifier un peu votre plan et préparer ou un ouvrage à l'instar de : „*Vade-mecum de l'astronome*" publié en 1882 par M. Houzeau (de Bruxelles) [16], ou un dictionnaire biographico-bibliographique des mathématiciens contemporains à l'instar du dictionnaire de M. Poggendorff [17] ?
Si vous insistez sur votre projet original et si vous voulez m'envoyer une courte notice sur votre répertoire, je l'insérerai très volontiers à la *Bibliotheca Mathematica* immédiatement.
Agréez, Monsieur, les sentiments de votre très humble serviteur.

Gustaf Eneström

7 Poincaré à Eneström

Paris, 3 juin 1885

Monsieur,

Je compte adresser prochainement aux adhérents au projet de Répertoire un modèle de fiche afin de dissiper tous les malentendus [18].
Il est possible que l'entreprise de M. Valentin nous fasse renoncer à notre projet ; j'attendrai pour avoir une opinion sur ce point, la notice que vous devez publier dans la *Bibliotheca* [19]. Je verrai si l'entreprise de M. Valentin conduit au but que je désirerais atteindre. Dans ce cas, il serait inutile de faire double emploi.
Il ne serait d'aucun intérêt, à mon sens, de faire quelque chose d'analogue au Dictionnaire de Poggendorff ; le classement par noms d'auteurs ne peut être utile aux géomètres, mais seulement aux historiens des sciences ; le classement logique convient seul aux géomètres [20].

---

16. [Houzeau, 1882]. Jean-Charles Houzeau est un astronome belge, directeur de l'Observatoire royal de Belgique. Il est l'auteur de plusieurs dictionnaires bibliographiques relatifs à l'astronomie.

17. Le chimiste Johann Christian Poggendorff [1863] avait édité un dictionnaire (en deux volumes) donnant pour chaque entrée quelques indications biographiques et une bibliographie (en général précise) sur la période antérieure à 1858. Plusieurs volumes suivront, le troisième en 1898 pour la période 1858-1883, le quatrième, en 1904 pour la période 1883-1904, etc. jusque dans les années 1990. Pour plus de précisions voir [Kaden, 2006].

18. Voir la lettre précédente et en particulier la note d'Eneström. Voir des exemples de fiches p. 606.

19. [Valentin, 1885].

20. La volonté de réaliser un outil bibliographique destiné aux chercheurs en mathématiques et donc, d'utiliser pour le Répertoire un classement thématique est clairement affirmé dans les résolutions du Congrès international de bibliographie des sciences mathématiques (Paris - 16-19 juillet 1889) :
« Il y a lieu de publier un répertoire bibliographique des Sciences mathématiques destiné à épargner aux travailleurs de longues et pénibles recherches. [...] Ces titres seront classés non par noms d'auteurs, mais d'après l'ordre logique des matières. » [Commission permanente du Répertoire bibliographique des sciences mathématiques, 1893, p. vii]

Quand au *Vade Mecum de l'Astronome* de Houzeau de Bruxelles, c'est cet ouvrage que j'ai toujours eu l'intention de prendre pour modèle, à moins que je ne confonde avec une autre bibliographie astronomique du même auteur [21].
Conformément à vos intentions, je ne distribue pour le moment qu'une vingtaine d'exemplaires de la note sur un théorème de M. Fuchs [22]. Ne pourriez-vous, si cette distribution nuit à la vente du journal, envoyer aux auteurs 15 ou 20 tirages à part aussitôt l'impression terminée et ne leur adresser les autres qu'après la mise en vente du journal.
Si les auteurs sont généralement pressés d'avoir leur tirage à part, ce n'est pas pour faire une ample distribution à tous leurs amis, mais pour envoyer aussitôt que possible un exemplaire à une dizaine de grands noms à qui ils désirent faire connaître leurs travaux. La combinaison que je vous propose donnerait complète satisfaction aux auteurs ; elle ferait de plus une réclame au journal, et bien des personnes qui auraient entendu parler depuis longtemps de mémoires qui doivent y paraître et qu'elles n'ont pu se procurer s'empresseraient d'acheter le numéro dès qu'il paraîtrait et ne recevraient le tirage à part qu'ensuite.
M. Hermite me dit que M. Mittag-Leffler est souffrant et est actuellement en Suisse [23]. Doit-il revenir en Suède avant la fin de l'année ?
Dans cette incertitude je vous adresserai un mémoire que je compte terminer avant les vacances [24], et j'en aviserai par lettre M. Mittag-Leffler, où qu'il se trouve.
Veuillez agréer, Monsieur, l'assurance de mes sentiments d'estime et d'amitié.

Poincaré

8 Eneström à Poincaré

Stockholm, le 6 juin 1885

Monsieur,

Je vous envoie ci-joint en épreuve la note de M. Valentin dont j'ai parlé [25]. Si vous avez l'intention de prendre pour modèle le *Vade mecum* de M. Houzeau, votre ouvrage sera d'une très grande utilité aux géomètres ; vous donnerez ainsi

---

21. Poincaré parle plutôt de la *Bibliographie générale de l'astronomie* de Houzeau et Lancaster [1882-1889] dont un volume était paru en 1882. Cette bibliographie utilise un classement thématique.
Cette remarque de Poincaré montre aussi que le projet de Répertoire bibliographique des sciences mathématiques n'est pas encore complètement clair en 1885. En effet, la publication du répertoire ne s'effectuera pas sous forme de volumes (comme la bibliographie de Houzeau et Lancaster) mais sous forme de fiches cartonnées réunissant une dizaine de références.
22. [Poincaré, 1885g].
23. Hermite écrit à Mittag-Leffler le 24 mai 1885 en évoquant la maladie de ce dernier : « Votre lettre m'a causé autant de surprise que de regret en m'apprenant votre maladie et je viens vous adresser tous mes vœux pour que le bon air des montagnes achève votre convalescence et vous rende bientôt à vos travaux » [Dugac, 1985, p. 103].
24. [Poincaré, 1886e]. Voir [Nabonnand, 1999, p. 144-147].
25. [Valentin, 1885].

le squelette d'un traité complet des mathématiques avec indications de tous les écrits importants soit au point de vue historique, soit au point de vue de l'état actuel de la science [26]. Cette entreprise est vraiment digne d'une société de mathématiciens, elle est possible d'achever seulement par le concours de plusieurs personnes. J'ai craint que votre modèle n'a été la *bibliographie générale de l'astronomie* publiée par MM. Houzeau et Lancaster (dont il a paru seulement le tome 2), c'est-à-dire que vous vouliez publier un répertoire bibliographique aussi complet que possible, sans y donner au lecteur aucune indication sur la nature relative des écrits mentionnés [27]. Cette entreprise exige un immense travail, mais elle doit être exécutée par un bibliographe (ou par un nombre très petit de bibliographes) avec le concours, pour la rédaction définitive, de quelques mathématiciens ; en effet, la seule difficulté non-bibliographique consiste en le classement des bulletins (fiches) [28]. C'est précisément cette entreprise que M. Valentin a commencé actuellement ; seulement il a pris pour modèle la *Biblioteca matematica italiana* de M. Riccardi [29], c'est à dire la partie principale est la partie alphabétique, et la partie systématique contient des titres abrégés des écrits avec renvoi à la partie alphabétique.
Votre proposition d'envoyer aux auteurs immédiatement 10 ex. et plus tard les autres 40 ex. me paraît très acceptable ; je la soumettrai à la décision de M. Mittag-Leffler.
C'est vrai que M. Mittag-Leffler a été malade ; il se trouve en Suisse depuis un mois et il ne viendra probablement à Stockholm que vers le 1 Octobre. Veuillez donc remettre votre mémoire directement à moi. Agréez, Monsieur, l'expression de ma considération la plus distinguée.

G. Eneström

9 Poincaré à Eneström

Paris, le 9 Août 1885

Monsieur,

J'ai l'honneur de vous adresser un mémoire sur l'Équilibre d'une Masse Fluide animée d'un mouvement de rotation [30]. Je désirerais que ce mémoire fût inséré aux *Acta* soit en deux fois, s'il est trop long, soit en une seule, ce que je préférerais [31].

26. Le *Vade Mecum de l'astronomie* de Houzeau [1882] est une sorte de dictionnaire encyclopédique concernant l'astronomie d'observation.
27. C'est exactement le projet de Poincaré. Voir la lettre précédente.
28. La constitution des bibliographies scientifiques est l'objet de débats très vifs entre les bibliothécaires et les spécialistes des domaines concernés. Sur cette question, voir [Rollet et Nabonnand, 2002].
29. [Riccardi, 1870-1880].
30. [Poincaré, 1886e].
31. Les 120 pages du mémoire sur l'équilibre d'une masse fluide animée d'un mouvement de rotation [Poincaré, 1886e] seront publiées en deux fois (voir lettre 11 envoyée par Eneström le

J'écris à M. Mittag-Leffler, mais comme j'ignore son adresse en Suisse, je vous envoie le mémoire à Stockholm ainsi qu'il en a été convenu.
Veuillez agréer, Monsieur, l'assurance de ma considération distinguée et de mes sentiments les plus dévoués.

Poincaré

10 Poincaré à Eneström

19 septembre 1885

Monsieur,

J'ai l'honneur de vous renvoyer corrigées les épreuves de trois feuilles de mon mémoire (pages 321 à 344). Il y a une lacune importante, quatre ou cinq feuilles que je n'ai pas reçues et qui sont peut-être égarées. Auriez-vous l'obligeance de me renvoyer ces feuilles (page 289 à 321).
J'habite actuellement à Nancy, rue de Serre 9 jusqu'à la fin des vacances [32].
Veuillez agréer, Monsieur, avec mes remerciements l'assurance de ma considération la plus distinguée,

Poincaré

11 Eneström à Poincaré

Stockholm le 2 Déc. 1885

Monsieur,

Je vous ai fait envoyer il y a quelque temps 10 exemplaires de votre mémoire sur l'équilibre d'une masse fluide, etc. ; j'espère que vous les avez déjà reçus. Votre mémoire sera divisé entre deux cahiers des *Acta Mathematica* (7 :3 et 7 :4) dont 7 :3 paraîtra vers le 31 Décembre et 7 :4 vers le 1 Mars 1886, mais il est naturellement inconvénient de diviser les tirages à part restants en deux parties et vous les envoyer aux deux époques indiquées. Pour cette raison, je vous prie de me dire si vous désirez très vivement d'avoir les restants exemplaires complets vers le 31 Déc. ; dans ce cas je satisferai naturellement à votre vœux. Autrement je vous remettrai les exemplaires seulement vers le 1 Mars 1886, c. à d. lorsque tout le mémoire aurait paru dans les *Acta Mathematica.*
Dans votre lettre du 3 Juin vous m'avez dit que vous aviez l'intention d'adresser aux adhérents au projet du "Répertoire" un modèle de fiches [33]. Je serais très intéressé à l'avoir si vous l'avez déjà fait. En effet, M. Mittag-Leffler, autant que je

2 décembre) dans des cahiers différents. Dans le volume annuel, l'article apparaît en une seule partie.

32. Cette adresse est celle des parents de Poincaré.

33. Voir la lettre 7 (p. 243).

sache, n'a pas reçu de modèle pareil. Ou est-ce que vous avez renoncé à la composition du Répertoire ? S'il en est ainsi, il y a un autre travail semblable, qui serait d'une grande utilité pour les mathématiques et qui ne pourrait guère être exécuté que par une société de mathématiciens, à savoir un dictionnaire de mathématiques. Car vous savez très bien que les ouvrages de MM. Montferrier [34], Hoffmann & Natani [35], Sonnet [36] etc. sont trop incomplets pour pouvoir être employés actuellement. N'est-ce pas que vous voulez proposer à la Société mathématique de France de rédiger et publier un nouveau dictionnaire de mathématiques au lieu du Répertoire projeté ?
Agréez, Monsieur, l'expression de ma considération la plus distinguée.

G. Eneström

12 Poincaré à Eneström

[12/1885 [37]]

Monsieur,

Je n'ai pas de raison particulière pour être pressé de mes tirages à part. Si donc vous le jugez plus convenable, vous pouvez me les envoyer que le 1er Mars [38]. Je vous enverrai prochainement le modèle de fiche que vous me demandez [39].
Veuillez agréer, Monsieur, l'assurance de ma considération la plus distinguée.

Poincaré

13 Poincaré à Eneström

[14/01/1887 [40]]

Monsieur,

J'ai l'honneur de vous adresser aujourd'hui le mémoire que j'avais annoncé à M. Mittag-Leffler [41].
Veuillez agréer, Monsieur, l'assurance de ma considération .

Poincaré

34. [Sarrazin de Montferrier, 1835-1840].
35. [Hoffmann et Natani, 1858-1867]. Pour plus de précisions sur ce dictionnaire, voir la recension de Jules Hoüel dans le *Bulletin des sciences mathématiques et astronomiques* (t. 1 (1870), p. 137-139).
36. [Sonnet, 1867].
37. Cette lettre est une réponse à la lettre précédente.
38. Voir la lettre précédente.
39. Voir la lettre précédente et la lettre 7 (p. 243).
40. Mention manuscrite d'une autre main que celle de Poincaré.
41. [Poincaré, 1887e]. Voir [Nabonnand, 1999, p. 151-153].

14 Eneström à Poincaré

Stockholm 1887.II.15

Monsieur,

La rédaction des *Acta Mathematica* m'a chargé de composer une table des auteurs et des matières des tomes I-X de ce journal. Cette table contiendra pour chaque auteur des brèves notices biographiques et pour chaque mémoire des indications bibliographiques (sur les communications préalables des résultats regardés dans le mémoire, sur les analyses ou comptes rendus du mémoire, sur les écrits où les recherches du mémoire ont été résumées ou poursuivies).
Comme cette table doit paraître immédiatement après la publication du tome X des *Acta*, c'est à dire dans peu de mois, il me faut en commencer dès à présent la confection. Pour cet effet, je vous prie de vouloir bien me faire parvenir une petite notice autobiographique et des indications bibliographiques nécessaires, conformément au specimen ci-joint (veuillez me renvoyer plus tard ce specimen). Pour les mémoires publiés par vous jusqu'en 1884, ces indications se trouvent probablement dans la "Notice sur les travaux scientifiques de M. Henri Poincaré" [42] ; en aurez vous quelque exemplaire pour moi ?
Je vous ai promis de vous envoyer, pour la bibliographie mathématique projetée par la Soc. mathématique de France, les indications nécessaires relatives aux mathématiciens suédois, mais comme je n'ai pas reçu le modèle de fiche promis par vous il y a deux ans, j'ignore si la Société a renoncé à son projet ou non [43]. Est-ce que vous voulez bien m'en avertir ? M. Valentin a déjà, pour sa bibliographie générale des mathématiques, copié plus de 30 000 titres.
Agréez, Monsieur, l'expression de ma considération la plus distinguée.

G. Eneström

15 Poincaré à Eneström

[13/06/1887 [44]]

Monsieur,

J'ai l'honneur de vous adresser ci-joint la note que vous m'aviez demandée. Je n'ai pu la faire complètement ; il me manque en effet «les comptes rendus ou analyses qui en ont été faites jusqu'à présent.»
Quant au 2^{d} point (2), les notes dans lesquelles les résultats qu'il contient ont été préalablement exposés. Je l'ai pu y satisfaire pour tous mes mémoires en en faisant précéder chaque l'indication du chiffre (2).

42. [Poincaré, 1884b].
43. Voir les lettres 7 (p. 243) et 11 (p. 246).
44. Date du cachet de la poste.

J'ai été moins heureux pour le troisième point.

J'avais commencé pour un de mes mémoires à en donner l'indication, mais j'ai dû reconnaître que la plupart des renseignements me manquaient.

Veuillez agréer, Monsieur, l'assurance de ma considération la plus distinguée,

Poincaré

Poincaré, Jules Henri

né à Nancy (Meurthe) en France le 29 Avril 1854 ; élève à l'École Polytechnique (1873-75), à l'École des Mines de Paris (1875-79), Ingénieur des Mines en 1879, docteur ès Sciences en 1879, Chargé de cours à la Faculté des Sciences de Caen en 1879, Maître de Conférences à la Faculté des Sciences de Paris en 1881, Chargé de cours à la même Faculté en 1884, Professeur en 1886, Membre de l'Institut de France en 1887.

Sur les Groupes Fuchsiens, I, 1-82
(2) Mémoire présenté à l'Académie des Sciences de Paris pour le Concours du Grand Prix des Sciences Mathématiques en 1880 – Notes diverses insérées aux *Comptes Rendus de l'Académie des Sciences* à partir du 14 Février 1881 – *Mathematische Annalen* XIX. 553-564.

Sur les Fonctions Fuchsiennes, I, 193-294
(2) comme le précédent.
(3) Poincaré, les fonctions fuchsiennes et l'Arithmétique ; *Journal de Liouville*, 4^esérie, tome II (sous presse). Humbert.

Sur les Fonctions de deux variables, II, 97-113
(2) *Comptes Rendus* tome 96

Sur les Groupes Kleinéens, III, 49-92
(2) *Comptes Rendus* tome 93

Sur les Groupes des équations linéaires, IV, 201-311
(2) *Comptes Rendus* tome 96

Sur les Fonctions Zétafuchsiennes, V, 209-278
(2) comme pour le mémoire sur les groupes fuchsiens

Sur un théorème e M. Fuchs, VII, 1-32
(2) *C. R.* tome 99 15 Juillet 1884

Sur l'Équilibre d'une masse fluide animée d'un mouvement de rotation, VII, 259-380
(2) *C. R.* Tome 100 et 101 20 Avril et 27 Juillet 1885

Sur les Résidus des Intégrales Doubles
(2) *C. R.* tome 102 25 Janvier 1886.

16 Poincaré à Eneström

[23/05/1889 [45]]

MINISTÈRE DU COMMERCE, DE L'INDUSTRIE
ET DES COLONIES.

EXPOSITION UNIVERSELLE INTERNATIONALE DE 1889.

DIRECTION GÉNÉRALE DE L'EXPLOITATION.

CONGRÈ INTERNATIONAL
DE
BIBLIOGRAPHIE DES SCIENCES MATHÉMATIQUES.

Paris, le mai 1889

Monsieur,

Un Congrès international de bibliographie des sciences mathématiques se tiendra à Paris, vers la fin du mois de juillet, dans le but d'établir un répertoire détaillé de toutes les questions du domaine de ces sciences, répertoire qui servira ensuite de base à la classification des travaux des géomètres.

Nous avons l'honneur de vous prier de bien vouloir prendre part aux travaux de ce Congrès, et d'envoyer votre adhésion à M. Poincaré, président de la Commission d'organisation, 63, rue Claude-Bernard, à Paris ; vous recevrez dans ce cas, en temps utile, une convocation spéciale indiquant les dates exactes et le lieu des séances du Congrès, ainsi qu'un projet de répertoire, dressé sous les auspices de la Société mathématique de France, et à la révision duquel ont bien voulu collaborer de nombreux savants de tous les pays.

Pour donner à l'œuvre du Congrès le caractère d'autorité indispensable, il importe de convoquer toutes les personnes qui s'intéressent aux recherches mathématiques, et c'est dans cette intention que nous avons fait établir la liste, certainement fort incomplète, que nous vous adressons aujourd'hui. Nous vous prions de vouloir bien la rectifier, la compléter et la retourner à M. Poincaré. Toutes les personnes dont le nom sera porté sur les listes renvoyées à Paris seront convoquées au Congrès, et, dans le cas où elles feraient acte d'adhésion, elles recevraient un exemplaire du projet de répertoire [46].

Veuillez agréer, Monsieur, l'expression de notre considération la plus distinguée.

Le Président de la Commission d'organisation du Congrès,

H. POINCARÉ

Le secrétaire,
G. HUMBERT

45. Date du cachet de la poste. Cette lettre (envoyée à l'adresse *Acta Mathematica*, Stockholm) est la circulaire annonçant le Congrès international de Bibliographie des sciences mathématiques.

46. [Commission permanente du Répertoire bibliographique des sciences mathématiques, 1888].

17 Poincaré à Eneström

Nancy, le 22 Septembre 1889 [47]

Monsieur,

Je pense que si M. Henry [48] ne vous a pas écrit plus tôt, c'est qu'il a attendu l'impression des décisions du Congrès. Il est donc probable que vous recevrez prochainement communication de ces documents. S'il n'en était pas ainsi ou si vous désirez quelques éclaircissement complémentaire, voudriez vous (jusqu'au 8 octobre) m'écrire à Nancy, rue de Serre 9 afin d'éviter tout retard.
Veuillez agréer, Monsieur, l'assurance de ma considération la plus distinguée,

Poincaré

18 Poincaré à Eneström

Paris, le 29 Janvier 1890 [49]

Monsieur,

Les décisions du Congrès sont imprimées par l'Imprimerie Nationale au compte de l'Exposition [50]. Comme tout ce qui est administratif, cela marche très lentement. Néanmoins, j'ai reçu il y a quelques jours les placards et j'espère pouvoir donner dans quelques jours le bon à tirer définitif.
Il est possible que vous recevrez une autre lettre en même temps que la mienne. Deux heures avant de recevoir votre carte postale, j'avais vu M. Ch. Henry à qui j'avais communiqué le renseignement que je viens de vous donner et qui m'avait annoncé l'intention de vous le transmettre.
Vous me demandez en outre quelques éclaircissements sur les décisions du Congrès et en particulier combien de temps il vous faut réserver pour le travail du Répertoire. Je pense que vous pourriez avec vos collaborateurs vous charger des travaux imprimés en Suède. Le nombre en étant moins grand que ceux qui sont imprimés dans d'autres pays, vous pouvez, sans vous presser beaucoup, être certain de ne pas arriver le dernier.
Voici maintenant ce que doit porter chaque fiche :

1° Nom de l'auteur.

2° Titre de l'article (avec traduction en français si le titre est en suédois).

---

47. Cette lettre est adressée à la Bibliothèque royale de Stockholm.
48. Charles Henry est le bibliothécaire de la Sorbonne. Il était le vice-président du Comité d'organisation du Congrès international de bibliographie des sciences mathématiques (Paris - 16-19 juillet 1889). Le 1er juillet, il est élu vice-président (avec Emil Weyr) du bureau du Congrès. Il est membre de la Commission permanente du Répertoire en 1889 et en 1893 [Commission permanente du Répertoire bibliographique des sciences mathématiques, 1893].
49. Cette lettre est adressée à Monsieur Eneström, Directeur de la *Bibliotheca Mathematica*.
50. Le Congrès international de bibliographie des sciences mathématiques (Paris - 16-19 juillet 1889) est une des manifestations organisées dans le cadre de l'Exposition universelle de Paris (5 mai 1889-31 octobre 1889).

3° Indications bibliographiques (Titre du recueil et N° du volume si l'article a été publié dans un périodique. Nom de l'éditeur et date s'il a été publié à part).
Pas d'analyse, ni sommaire détaillée.

4° Indications relatives à la classification conformément aux dispositions qui vous seront adressées dès qu'elles seront imprimées. Ainsi par exemple $\boxed{B\ 1\ b\ \alpha}$ pour indiquer que la fiche doit être classée dans la classe B, division 1, section b, sous-section α.

Vous me dites que vous voudriez faire mention des résultats du Congrès dans la *Bibliotheca Mathematica* [51] ; je vous en remercie beaucoup ; peut-être conviendra-t-il d'attendre que vous ayez reçu le Compte Rendu ce qui ne peut plus maintenant tarder beaucoup.
Veuillez agréer, Monsieur, ma considération la plus distinguée,

Poincaré

19 Poincaré à Eneström

Paris, le 17 mars 1890 [52]

Monsieur et cher Collègue,

Le Congrès, réuni à Paris au mois de Juillet dernier a décidé l'impression du projet de répertoire définitivement arrêté au cours de ses séances. Ce projet vient d'être imprimé et j'ai l'honneur de vous en adresser un exemplaire.
Par la même occasion, j'ai l'honneur de vous faire savoir que le Congrès a voté la formation d'une commission permanente parmi les Sociétés scientifiques et les journaux mathématiques de votre pays [53].
Veuillez agréer, Monsieur et cher Collègue, l'assurance de mes sentiments dévoués,

Le Président
Poincaré

20 Poincaré à Eneström

Paris, le 189 . [1890 [54]]

Monsieur et Cher Collègue

Nous avons l'honneur de porter à votre connaissance les résolutions votées le 9 mai dernier, à Paris, par la Commission permanente du Répertoire bibliographique, dans le but de déterminer le rôle de ses membres dans l'établissement du répertoire.

51. [Eneström, 1890].

52. Cette lettre est une circulaire de la commission du Répertoire bibliographique des sciences mathématiques.

53. Eneström est cité comme membre de la Commission permanente du Répertoire en tant que représentant de la Suède.

54. Cette lettre-circulaire de la commission permanente du Répertoire bibliographique des sciences mathématiques explicite l'organisation du travail de dépouillement et s'insère donc entre la lettre précédente qui annonce les décisions du congrès international de bibliographie des sciences mathématiques et la suivante qui commence à demander les premiers résultats.

Il a été décidé que chacun des Membres résidant hors de France serait invité à diriger le dépouillement de tous les recueils et ouvrages mathématiques imprimés depuis l'année 1800, sur le territoire actuel de la nation qu'il représente : vous êtes donc prié de vouloir bien répartir ce travail, pour [55], entre les divers savants qui consentiront, sur votre demande, à devenir vos collaborateurs.
Le travail qu'il s'agit d'entreprendre est la confection de fiches conformes aux modèles ci-joints : l'un de ces modèles se rapporte aux mémoires publiés dans les recueils scientifiques périodiques, l'autre aux ouvrages imprimés à part.
À tout mémoire publié dans un recueil correspondra une fiche, indiquant le nom de l'auteur, le titre du mémoire, le nom du recueil, le numéro du volume (et la série s'il y a lieu), les numéros des pages initiale et finale du mémoire, l'année de la publication. S'il s'agit d'un ouvrage, la fiche correspondante, qui sera unique, indiquera le nom de l'auteur, le titre de l'ouvrage, le nombre de pages, le nom de l'imprimeur et l'année de la publication.
Enfin, en haut de chaque fiche et à gauche, figureront dans un encadrement rectangulaire, les notations bibliographiques caractéristiques, conformes aux bases de la classification adoptée en 1889 par le Congrès de Paris.
Dans certains cas, un même ouvrage ou mémoire pourra comporter plusieurs notations caractéristiques, si différents sujets y sont traités : les encadrements seront alors placés les uns au-dessous des autres, en haut et à gauche de la fiche. Toutefois, pour éviter la multiplicité des notations sur une même fiche les traités généraux qui ne se reporteraient pas spécialement à telles ou telles divisions ou sections d'une classe n'auront comme notations, que la lettre capitale qui correspond à cette classe.
Les Disquisitiones arithmetica de Gauss, par exemple, devront être notées simplement $\boxed{I}$.
De même les ouvrages ou mémoires embrassant la plus grande partie des matières comprises dans une division d'une classe n'auront comme notation que la lettre capitale de la classe et le chiffre arabe de la division. Exemple. Traité de calcul différentiel $\boxed{C.1}$.
Il est à désirer que les fiches soient sur papier fort, et conformes, pour les dimensions, aux modèles que nous vous adressons.
Tels sont les principes généraux que vous êtes prié de vouloir bien porter à la connaissance de vos collaborateurs : il est bien entendu que la Commission vous demande de répartir entre eux les ouvrages ou mémoires, quelle qu'en soit la langue, imprimés depuis 1800 sur le territoire actuel de [56], les traductions ne sont pas exceptées, et, s'il s'agit d'un ouvrage, ayant eu plusieurs éditions, le travail devra, autant que possible, porter sur la dernière.
Au fur et à mesure que vous aurez trouvé un collaborateur et que vous serez d'accord avec lui sur le recueil qu'il devra dépouiller, vous êtes prié de vouloir bien en informer M. Poincaré, Président de la Commission permanente, 63 rue

---

55. Un espace blanc qui devait appeler le nom d'un pays.
56. Un blanc qui devait appeler le nom d'un pays.

Claude Bernard à Paris, en indiquant l'adresse de ce collaborateur ainsi que la tâche entreprise par lui ; la Commission lui fera parvenir un exemplaire de la classification adoptée par le Congrès de Paris, et, s'il y a lieu, les fiches déjà réunies par les soins de la Société Mathématique de France, auxquelles il ne manque que les notations bibliographiques caractéristiques.

La tâche des membres français de la Commission sera la même que celle de leurs collègues étrangers ; ils ont déjà réparti entre eux la plupart des recueils imprimés en France, pour lesquels les fiches sont établies depuis plusieurs années.

Si les indications qui précèdent vous semblaient insuffisantes sur certains points, vous êtes prié de vouloir bien en avertir le plus tôt possible M. Poincaré, qui vous répondrait après avoir provoqué, au besoin, une nouvelle délibération de la Commission.

La feuille portant la formule de politesse et la signature n'a pas été retrouvée.

21 Poincaré à Eneström

Paris, le 29 février 1892 [57]

Monsieur,

Dans sa séance du 11 Février dernier, la Commission permanente du Répertoire bibliographique a chargé son Président de vous demander si le travail de dépouillement des recueils scientifiques de votre pays a été organisé et entrepris par vos soins [58]. Vous avez dû recevoir une circulaire (dont vous trouverez ci-joint un nouvel exemplaire) destinées à vous donner les indications générales nécessaires à la confection des fiches ; je suis à votre disposition pour vous adresser tous les renseignements complémentaires qui pourraient vous être utiles et vous envoyer des exemplaires de la classification, destinés à vos collaborateurs.

Si vous n'avez pu ou si vous ne pouvez vous charger vous-même de l'organisation du travail, je vous serais obligé de vouloir bien m'indiquer, parmi vos compatriotes, un savant qui consentirait, en l'entreprenant, à s'associer à l'œuvre si importante et si utile du Répertoire.

Veuillez agréer, Monsieur, l'expression de ma considération la plus distinguée,

Le Président
Poincaré

57. Cette lettre est une circulaire de la commission permanente du Répertoire bibliographique des sciences mathématiques.

58. Les revues suédoises ne sont que très peu dépouillées. Il n'y a par exemple que 5 références à des articles publiés dans *Acta mathematica*.

22 Poincaré à Eneström

Paris, le 29 Novembre 1892 [59]

Monsieur,

J'ai l'honneur de vous faire savoir que Mr Humbert [60] ayant dû, par suite d'un surcroit d'occupations professionnelles [61], se démettre des fonctions de Secrétaire de la Commission permanente du Répertoire bibliographique des sciences mathématiques [62], ces fonctions ont été, par un vote de la Commission, transmises à M^r d'Ocagne [63].

Je dois, en outre, porter ce qui suit à votre connaissance :

La Commission ayant décidé l'impression d'une nouvelle édition du projet de répertoire arrêté par le Congrès de 1889 [64], le moment est venu d'apporter à ce tableau les corrections exigées par l'édition antérieure et d'y réparer diverses omissions de détail qui y ont été remarquées [65].

En conséquence, je vous serais obligé de vouloir nous signaler les corrections et additions dont l'utilité a pu vous frapper à l'usage que vous avez fait de la classification indiquée par ce projet tel qu'il figure dans le procès verbal du Congrès de 1889.

Il va sans dire qu'il ne peut être question que de changements n'entraînant aucun remaniement de la classification.

Vous voudrez bien adresser vos observations au Secrétaire de la Commission, M^r d'Ocagne, 5, rue de Vienne, Paris, qui devra les recevoir avant le 1(Janvier. Passé ce délai, il ne pourra en être tenu compte dans la nouvelle édition du projet de répertoire.

Veuillez agréer, Monsieur, l'assurance de ma considération la plus distinguée.

Le Président
Poincaré
Membre de l'Institut

P.S. Toute communication relative au Répertoire mathématique devra désormais être adressée à M^r d'Ocagne.

---

59. Cette lettre est une circulaire de la commission permanente du Répertoire bibliographique des sciences mathématiques.

60. Sur Georges Humbert, voir p. 419.

61. G. Humbert va assurer en 1893 les responsabilités de président de la Société mathématique de France.

62. G. Humbert avait assuré le secrétariat du Congrès international de bibliographie des sciences mathématiques de Paris en 1889 et était depuis sa création à l'occasion de ce congrès, le secrétaire de la Commission permanente du Répertoire.

63. Sur Maurice d'Ocagne, voir p. 589.

64. [Commission permanente du Répertoire bibliographique des sciences mathématiques, 1893].

65. Si la structure générale ne change pas, on constate, comme on l'a déjá souligné, de multiples différences mineures entre le document préparatoire de l'index du Répertoire (1888) [Commission permanente du Répertoire bibliographique des sciences mathématiques, 1888] et l'index du Répertoire émanant du congrès de 1889 et publié en 1893 [Commission permanente du Répertoire bibliographique des sciences mathématiques, 1893].

23 Poincaré à Eneström

Paris, le Décembre 1893 [66]

Monsieur et Cher Confrère,

J'ai l'honneur de vous faire savoir que M. d'Ocagne [67], en raison de nouvelles occupations professionnelles [68], a cru devoir se démettre de ses fonctions de Secrétaire de la Commission permanente du Répertoire bibliographique des Sciences Mathématiques. Par suite de cette démission, la Commission, dans sa séance du 6 Décembre courant, a nommé secrétaire Mr Laisant [69] en remplacement de M^r d'Ocagne.
Vous voudrez bien, en conséquence, adresser désormais toutes vos communications relatives au Répertoire bibliographique à Mr C. A. Laisant, 162 Avenue Victor Hugo, Paris.
Je suis heureux de saisir cette occasion pour vous remercier du concours que vous avez apporté jusqu'à ce jour à notre œuvre scientifique, et pour vous demander de vouloir bien nous le continuer avec le même zèle.
Veuillez agréer, Monsieur et cher Confrère, l'assurance de ma considération la plus distinguée.

Le Président
Poincaré
Membre de l'Institut

24 Poincaré à Eneström

Paris, le 20 Novembre 1909 [70]

Monsieur et Cher Collaborateur,

J'ai l'honneur de vous informer que la Commission du Répertoire, dans sa séance du 10 Novembre dernier, après avoir accepté la démission de M. C.-A. Laisant [71] comme Secrétaire, a désigné pour le remplacer M. L. Raffy, Professeur à la Faculté des Sciences [72].
Toutes les communications doivent donc désormais être adressées à M. L. Raffy, Secrétaire de la Commission du Répertoire, 7, rue Pierre-Nicole, Paris.
Veuillez agréer, Monsieur et Cher Collaborateur, l'assurance de mes sentiments dévoués.

Le Président
Poincaré

---

66. Cette lettre est la circulaire n°8 de la commission permanente du Répertoire bibliographique des sciences mathématiques.
67. Voir la lettre précédente.
68. Ocagne est nommé en 1893 répétiteur d'astronomie et de géodésie à l'École polytechnique.
69. Sur Charles-Ange Laisant, voir p. 511.
70. Cette lettre est une circulaire (imprimée) de la commission permanente du Répertoire bibliographique des sciences mathématiques.
71. Voir la lettre précédente.
72. Louis Raffy est professeur d'applications de l'analyse à la géométrie à la Faculté des sciences de Paris depuis 1904 [Charle et Telkès, 1989, p. 244-245].

Charles Eugène Fabry

Charles Eugène Fabry naît le 16 octobre 1856 à Marseille dans une famille de moyenne bourgeoisie. Après des études à l'École polytechnique (1874-1876) et à l'École des manufactures de l'état, il débute une carrière d'ingénieur dans les manufactures de tabac à Châteauroux, puis à Marseille. En 1882, il est reçu à l'agrégation de mathématiques et enseigne alors les mathématiques dans les lycées de Tarbes, Carcassonne et Tours où il assure une suppléance en classe de mathématiques spéciales. Il soutient le 28 juillet 1885 une thèse à la Faculté des sciences de Paris intitulée « Sur les intégrales des équations différentielles linéaires à coefficients rationnels » [Fabry, 1885] devant un jury présidé par Charles Hermite.
Nommé maître de conférences de mathématiques, d'abord à Rennes (1885-1886) puis à Nancy (1886), E. Fabry accepte en 1886 une position à la Faculté des sciences de Montpellier qu'il occupe jusqu'en 1920, date à laquelle il obtient une mutation à Marseille. Il décède le 6 octobre 1944 [1].
La thèse de Fabry concerne le problème de la résolution des équations différentielles à coefficients rationnels [2] qui avait déjà intéressé Léon Autonne sous un autre angle [3]. Lazarus Fuchs avait ouvert la question en définissant la notion d'intégrales régulières [4], suivi par Ludwig Thomé [5] qui introduisit de nouvelles solutions appelées « séries normales ». Le principal résultat de la thèse de Fabry consiste à montrer qu'il existe des séries plus générales (dénommées « séries anormales »par Poincaré [1886i]) et à les étudier. Plus précisément, Fuchs et Thomé montrent que si (E) est une équation différentielle linéaire à coefficient rationnels de degré n, il existe « n séries de la forme suivante :

$$e^Q x^\alpha \left(A_0 + \frac{A_1}{x} + \frac{A_2}{x^2} + \dots\right)$$

1. Pour plus de détails sur le parcours d'Eugène Fabry, voir ses notices dans le *Dictionnaire des enseignants de la Faculté des sciences de Nancy* [Rollet et collab., 2016] et dans le *Dictionnaire des professeurs de mathématiques en classe de mathématiques spéciales* de Roland Brasseur [2012].

2. Sur le choix du sujet de thèse de Fabry, voir la lettre adressée par Hermite à Poincaré le 26 juillet 1881 (p. 375).

3. Voir les lettres envoyées par Autonne à Poincaré (p. 69).

4. [Fuchs, 1880c,d].

5. [Thomé, 1873, 1872, 1874, 1879, 1881b,a, 1883, 1884].

P. Nabonnand et al. (eds.), *La correspondance entre Henri Poincaré et les mathématiciens*,
Publications des Archives Henri Poincaré Publications of the Henri Poincaré Archives,
https://doi.org/10.1007/978-3-7643-8288-9_24

qui satisfont formellement à l'équation »[6], Q est un polynôme ; suivant Thomé, ces séries sont appelées « normales » d'ordre p si Q est de degré p. Dans des cas particuliers qui sont l'objet de la thèse de Fabry, ces séries peuvent ne pas converger :

> M. Fabry, dans une thèse récemment soutenue devant la Faculté des sciences de Paris, a fait voir que l'on peut former alors des séries de la forme
>
> $$e^Q x^\alpha \phi$$
>
> où Q est un polynôme entier de degré $> (p-1)n$ et $< pn$ en $x^{\frac{1}{x^n}}$ et où ϕ est ordonné suivant les puissances croissantes de $x^{-\frac{1}{n}}$. [...] J'appellerai une pareille série, série anormale d'ordre p. ([Poincaré, 1886i, p. 304])

La lettre que Fabry envoie à Poincaré concerne la soutenance de sa thèse et une remarque sur un article de ce dernier sur les équations linéaires aux différentielles ordinaires et aux différences finies[7]. Poincaré rédigera le rapport sur la thèse de Fabry[8].

Par la suite, E. Fabry s'est intéressé aux points singuliers des séries de Taylor[9]. Il a aussi publié plusieurs recueils de problèmes[10] ainsi que des traités de mathématiques[11].

1 Fabry à Poincaré

Tours le 10 juin 1885

Mon cher camarade

J'ai fait parvenir ma thèse à Gauthier Villars qui me dit qu'elle ne pourra être imprimée que vers le 20 juillet[12] ; je te prie de me dire si cela suffit pour la soutenir avant les vacances et quelle est la dernière limite à laquelle il faudrait qu'elle soit déposée.

Quant à la seconde thèse orale, Hermite me proposait ton mémoire sur « les équations linéaires aux différentielles ordinaires et aux différences finies[13] ». Ce sujet me conviendrait très bien, je crains seulement qu'il se rapproche trop du premier. À ce propos il y a un point qui ne me parait pas très clair : Les valeurs

6. [Poincaré, 1886i, p. 303-304]
7. [Poincaré, 1885e].
8. Voir l'annexe, p. 259. Ce rapport est publié dans l'ouvrage de Gispert [2015, p. 223-224] sur la Société mathématique de France.
9. [Fabry, 1896, 1898, 1899].
10. [Fabry, 1910, 1913, 1915].
11. [Fabry, 1909, 1925].
12. [Fabry, 1885].
13. [Poincaré, 1885e].

de $X'Y'Z'$ que tu donnes (page 207) ne me paraissent pas être la conséquence des valeurs de $yy'y''$. Je trouve

$$\frac{X'-\alpha X}{\gamma-\beta}=\frac{Y'-\beta Y}{\alpha-\gamma}=\frac{Z'-\gamma Z}{\beta-\alpha}=\frac{AX}{\beta-\gamma}+\frac{BY}{\gamma-\alpha}+\frac{CZ}{\alpha-\beta}$$

Ceci du reste ne modifie en rien le raisonnement [14].
Mais dans le cas des racines multiples, les valeurs de $yy'y''$ (page 211) conduisent pour $X'-\alpha X$, et $Y'-(\alpha+\frac{1}{x}Y)$ à des fonctions linéaires de XYZ dont les coefficients ont une forme indéterminée pour $x=\infty$, par exemple

$$X'-\alpha X=[(\alpha-\gamma)x+1]\,\frac{X\left(\alpha^3+\alpha^2q_2+\alpha q_1+q_0\right)+Y\left(----\right)+Z\left(---\right)}{(\alpha-\gamma)^2}$$

Il me semble qu'il faudrait démontrer que ces coefficients tendent vers 0 pour que le raisonnement puisse s'appliquer à ce cas.

E. Fabry

2 Annexe : rapport de Poincaré sur la thèse de Fabry

La thèse de M. Fabry a pour objet de résumer les travaux de MM. Fuchs, Thomé et Frobenius sur les équations différentielles linéaires et d'ajouter quelques résultats nouveaux à ceux que ces géomètres avaient déjà obtenus.
Dans les deux premières parties (n°1 à 12), l'auteur expose les théorèmes généraux sur les équations fondamentales et déterminantes, déjà résumés dans les thèses de MM. Tannery et Floquet. Le théorème bien connu que « l'équation fondamentale est indépendante du système fondamental d'intégrales qui a servi à la former » est démontré d'une façon nouvelle. Au n°12, M. Fabry démontre que « produit des racines des équations fondamentales relatives à tous les points singuliers (y compris le point $x=\infty$) est égal à 1 », ainsi qu'un certain nombre de théorèmes analogues. Ces résultats quoique n'ayant jamais été énoncés sous cette forme, ne peuvent néanmoins être regardés comme nouveaux.
Dans la troisième partie, l'auteur expose en modifiant un peu la forme, les théories de M. Thomé sur la distinction des intégrales régulières et irrégulières [15]. Pour certains points singuliers, il y a une équation déterminante, mais dont le degré est inférieur à l'ordre de l'équation différentielle linéaire proposée. On peut alors, comme on le sait, trouver les séries ordonnées selon les puissances croissantes de x et satisfaisant formellement à l'équation différentielle. Mais ces séries ne sont pas toujours convergentes. Quand elles le sont elles représentent des intégrales de l'équation qui sont dites régulières.
M. Fabry est parvenu à former, par un procédé assez ingénieux, des exemples particuliers où il est possible de démontrer que ces séries sont convergentes et d'autres

14. Fabry a raison.
15. [Thomé, 1881b,a].

où on peut démontrer qu'elles sont divergentes. Ce procédé n'avait été que vaguement indiqué, mais non développé dans les travaux de M. Thomé.
La quatrième partie a pour objet de résumer les travaux de M. Thomé sur les intégrales normales. Si on pose $y = e^P z$, (P étant un polynôme en x) z satisfera comme y à une équation linéaire à coefficient rationnels. On peut en général déterminer P de telle sorte que l'équation en z soit satisfaite formellement par des séries ordonnées suivant les puissances de x. Si une de ces séries est convergente, l'équation en z a une intégrale régulière et on dit que l'équation en y a une intégrale normale. Le facteur e^P est le facteur déterminant. Après avoir exposé cette théorie, l'auteur construit des exemples d'intégrales d'apparence normale à séries divergentes par le même procédé que dans la troisième partie.
Le n°31 est la partie la plus originale de la thèse de M. Fabry. Dans certains cas, les méthodes de M. Thomé ne donnent pas le facteur déterminant, mais par un changement de variables, M. Fabry ramène ces cas particulier au cas général. Les séries qu'il obtient permettraient de développer l'intégrale générale si elles étaient convergentes. Malheureusement elles divergent en général.
La cinquième partie de la thèse de M. Fabry est une application des théories précédentes aux problèmes de la réductibilité des équations linéaires. Les n° 32 et 33 sont un résumé des résultats de M. Thomé sur cette question [16]. Ce savant a montré, comme on le sait, comment on peut reconnaître par un nombre limité d'essais, si on peut trouver une équation linéaire d'ordre moins élevé que l'équation proposée, et dont les intégrales satisfont à cette équation. Mais le géomètre allemand a supposé que cette équation auxiliaire avait toutes ses intégrales régulières ou bien toutes ses intégrales normales avec un même facteur déterminant.
Dans les n°34, 35 et 36 qui lui sont absolument personnels, l'auteur s'affranchit de cette hypothèse, et montre comment on peut par un nombre limité d'essais reconnaître si une équation linéaires est réductible, pourvu toutefois qu'on impose d'avance une limite inférieure des points singuliers de l'équation auxiliaires. Cette importante restriction qui ne se rencontrait pas dans les résultats obtenus par M. Thomé apparaît dès qu'on ne suppose plus que les intégrales normales de l'équation auxiliaire ont même facteur déterminant. Pour obtenir ce résultat, M. Fabry s'est servi des séries divergentes qui définissent les « intégrales d'apparence normale », comme si elles étaient convergentes. Il a d'ailleurs établi la légitimité de ce procédé par un raisonnement rigoureux.
En résumé, nous croyons que M. Fabry a rendu de réels services en réunissant et vulgarisant des travaux dispersés dans divers recueils, et en ajoutant divers résultats nouveaux à ceux qu'il devait à ces devanciers. Nous estimons qu'il y a lieu d'autoriser l'auteur à faire imprimer et à soutenir sa thèse.

16. [Thomé, 1873, 1872, 1874].

Georges Fontené

Georges Fontené naît en 1848 à Rousies dans le Nord. Après des études secondaires à Douai, il prépare une licence de mathématiques (1870), puis une licence de physique à l'Université de Lille. Après avoir obtenu l'agrégation de mathématiques en 1875, il entame une carrière de professeur de l'enseignement secondaire. Il exerce à partir de 1880 au collège Rollin à Paris. G. Fontené est nommé inspecteur d'académie à Paris en 1903. Il prend sa retraite en 1918 et décède à Paris en 1923 [1].
Les travaux de G. Fontené concernent tous les domaines des mathématiques ; il est l'auteur de plus d'une centaine de notes et d'articles publiés dans les *Comptes rendus hebdomadaires des séances de l'Académie des sciences*, dans le *Bulletin de la Société mathématique de France* dont il est membre depuis 1897, dans la *Revue de mathématiques spéciales* et surtout dans les *Nouvelles annales de mathématiques* [2]. Il est aussi l'auteur de deux ouvrages, l'un sur les hypersurfaces de l'espace de dimension n, dont il va être question dans la lettre qu'il adresse à Poincaré [Fontené, 1892] [3] et un autre sur la théorie de la relativité en 1923 [Fontené, 1923].
La lettre adressée par G. Fontené à Poincaré est une lettre qui accompagne l'envoi de son ouvrage sur les hypersurfaces de dimension $n-1$. Fontené espère un retour de Poincaré sur son ouvrage. Aucune réponse de Poincaré n'a été retrouvée.

1. Pour plus de précisions sur le parcours de G. Fontené, voir la nécrologie que lui consacre Raoul Bricard [1922] ou sa fiche dans le dictionnaire biographique des inspecteurs généraux et des inspecteurs de l'Académie de Paris [Caplat, 1997, p. 544].
2. Raoul Bricard [1922] signale dans sa nécrologie que G. Fontené « fut un moment attaché à la Rédaction » des *Nouvelles annales de mathématiques* en 1919.
3. Cet ouvrage obtiendra en 1897 une « mention honorable » lors du concours du prix Lobatchevsky [Vassiliev, 1898, p. 137].

P. Nabonnand et al. (eds.), *La correspondance entre Henri Poincaré et les mathématiciens*,
Publications des Archives Henri Poincaré Publications of the Henri Poincaré Archives,
https://doi.org/10.1007/978-3-7643-8288-9_25

Fontené à Poincaré

[1892 [4]]

Monsieur,

Je profite de l'occasion qui m'est offerte pour vous communiquer une petite remarque relative aux habitants d'une surface sphérique : Les géomètres d'un pareil monde seraient bien convaincus que leur espace n'a que deux dimensions ; ils n'auraient aucune notion du creux de leur sphère ; et ils se tromperaient fortement [5]. Nous sommes peut-être dans le même état que ces pauvres gens.

À propos d'Hypersurface, si je désire être lu de quelqu'un, c'est certainement de vous. Et rien ne me serait plus agréable que d'avoir votre opinion, quelle qu'elle puisse être, sur mon livre [6], quand vous l'aurez lu.

Je voulais prendre pour titre : Propriétés métriques d'une corrélation générale ; mon éditeur m'a entraîné. Pourtant, c'est là ce que j'ai voulu faire. J'avais songé d'abord à faire une Géométrie analytique non euclidienne, qui n'existe pas à ma connaissance. J'ai été conduit plus loin. Dans une telle Géométrie, la relation entre les coordonnées tétraédriques d'un plan est

$$\sum a_{11}x^2 + \sum a_{12}xy = 1$$

avec $a_{12} = a_{21}$. J'ai essayé $a_{12} \neq a_{21}$. Et j'ai trouvé les deux paramètres d'une droite. J'ai étendu mes calculs à n variables, et j'ai fait mon livre [7].

---

4. Datée d'après le contenu. Fontené fait allusion à un livre qu'il publie en 1892.

5. En 1891, Poincaré [1891c] a publié dans la *Revue des sciences pures et appliquées* un article sur les géométries non-euclidiennes qui lui donne l'occasion de développer ses thèses conventionnalistes en géométrie. Dans cet article, pour défendre l'idée que l'expérience nous guide dans le choix de la géométrie, il reprend d'Helmholtz la parabole d'êtres plats vivant sur une sphère :

> Mais supposons maintenant que ces animaux imaginaires, tout en restant dénués d'épaisseur, aient la forme d'une figure sphérique [...] et soient tous sur une même sphère sans pouvoir sans s'en écarter. Quelle géométrie pourront-ils construire ? Il est clair d'abord qu'ils n'attribueront à l'espace que deux dimensions ; ce qui jouera pour eux le rôle de la ligne droite, ce sera le plus court chemin d'un point à un autre sur la sphère, c'est-à-dire un arc de grand cercle ; en un mot leur géométrie sera la géométrie sphérique.
>
> Ce qu'il appelleront l'espace, ce sera cette sphère d'où ils ne peuvent sortir et sur laquelle se passent tous les phénomènes dont ils peuvent avoir connaissance. [Poincaré, 1891c, p. 770]

6. [Fontené, 1892].

7. Le projet de Fontené dans son livre est de généraliser en dimension n la métrique de Cayley et d'en développer la géométrie ; il présente son projet en revendiquant une certaine nouveauté :

> On a défini depuis longtemps la pseudo-distance de deux points et le pseudo-angle de deux plans par rapport à une quadrique quelconque ; cette quadrique est la quadrique double d'une correspondance par polaires réciproques.
>
> Je ne crois pas qu'on ait essayé de remplacer cette correspondance par une *corrélation générale*, la pseudo-distance étant alors définie par rapport à la

Il m'a coûté pas mal de temps, et un peu d'argent. Je ne regrette rien si je trouve quelques lecteurs.
Je vous assure que je ne suis pas érudit. J'ai toujours travaillé seul, et n'ai passé par aucune école. Il me paraît pourtant difficile que ce que j'ai trouvé soit déjà connu. Si cela était, j'aimerai encore mieux le savoir.
Veuillez agréer, Monsieur, l'assurance de ma parfaite considération

G. Fontené
Professeur au Collège Rollin [8]

quadrique des points doubles de la corrélation, le pseudo-angle par rapport à la quadrique des plans doubles. [Fontené, 1892, p. 1]

8. Anciennement collège Sainte Barbe et actuellement lycée Jacques Decour.

Georges Fouret

Georges Fouret nait en 1845 à Paris dans une famille de moyenne bourgeoisie. Après des études secondaires à Paris, il intègre l'École polytechnique en 1864 et termine ses études à l'École d'application du génie à Metz dont il sort lieutenant du génie. Il démissionne de l'armée en janvier 1869. Il rejoint la garde mobile durant la guerre Franco-Prussienne. Il obtient une fonction de répétiteur de l'École polytechnique en 1879. Entre 1887 et 1905, il est examinateur d'admission de l'École polytechnique. Il est aussi examinateur d'admission à l'Institut national agronomique entre 1888 et 1894. Entre 1896 et 1905, il est membre du Comité consultatif des assurances contre les accidents du travail au Ministère du commerce, puis à partir de 1905 du Comité consultatif des assurances sur la vie (d'abord au Ministère du commerce, puis au Ministère du travail). Fouret est un acteur important de l'entreprise du *Répertoire bibliographique des sciences mathématiques*. Il est membre du comité d'organisation du Congrès international de bibliographie mathématique (Paris – 16-19 juillet 1889) et un des représentants français (comme délégué de la Société mathématique de France) à la commission permanente du Répertoire [1]. G. Fouret décède à Paris en 1923 [2].
Georges Fouret est membre de la Société mathématique de France dès sa création. En 1887, il succédera à Poincaré comme président de cette société.
Les intérêts mathématiques de Fouret sont divers, en particulier la théorie des courbes et des surfaces algébriques, l'algèbre et la théorie des équations algébriques ainsi que la théorie des équations différentielles ordinaires. Ses responsabilités dans les sociétés d'assurances l'amènent certainement à s'intéresser aux mathématiques actuarielles et à s'investir dans les activités de l'Institut des actuaires français. Fouret publie environ quatre-vingt articles dans des journaux comme *L'intermédiaire des mathématiciens*, les *Nouvelles annales de mathématiques*, le *Bulletin de la Société mathématiques de France*, dans les *Comptes rendus hebdomadaires des séances de l'Académie des sciences*, les *Rendiconti del Circolo Matematico di Palermo...*
Les deux lettres adressées en janvier 1882 par Fouret à Poincaré concernent un

1. Fouret est cité dans ce contexte par Poincaré dans une lettre adressée à C. A. Laisant (p. 521).

2. Pour plus de précisions, voir ses fiches sur le site des anciens élèves de l'École polytechnique et celui des récipiendaires de la Légion d'Honneur.

P. Nabonnand et al. (eds.), *La correspondance entre Henri Poincaré et les mathématiciens*, Publications des Archives Henri Poincaré Publications of the Henri Poincaré Archives, https://doi.org/10.1007/978-3-7643-8288-9_26

point technique sur les points singuliers des équations différentielles concernant un article de Fouret [1879] et le mémoire sur les courbes définies par une équation différentielle [Poincaré, 1881a] qui venait de paraître [3]. Les lettres de Poincaré adressées à Fouret n'ont pas été retrouvées.

1 Fouret à Poincaré

Paris, 4 Janvier 1882

Monsieur,

Je vous prie de vouloir bien m'excuser si, à cause des occupations du nouvel an, j'ai un peu tardé à vous répondre.
Je dois vous avouer qu'il me paraît assez difficile de faire concorder mes résultats avec les vôtres, attendu que les points que vous appelez foyers ne se différencient en rien de ceux que je nomme points asymptotiques [4].

---

3. Voir [Gilain, 1991] pour plus de précisions sur la théorie qualitative des équations différentielles de Poincaré.

4. Dans son article sur les courbes définies par une équation différentielle, Poincaré [1881a] propose une étude géométrique des solutions de l'équation différentielle

$$\frac{dx}{dX} = \frac{dy}{dY}$$

où X et Y sont des polynômes réels. Le « système topographique » des intégrales est structuré par les points singuliers. Poincaré distingue quatre sortes de points singuliers (de première espèce) : les « nœuds » par lesquels passe une infinité de courbes intégrales, les « cols » par lesquels ne passent que deux courbes intégrales, les « foyers » autour desquels les solutions s'enroulent comme une spirale et les « centres » de systèmes de cycles (courbes intégrales fermées) (Pour plus de précisions sur la classification des points singuliers des équations différentielles, voir [Dobrovolsky, 1972]). En projetant le plan sur la sphère (pour traiter génériquement les branches infinies), il montre que $N + F = C + 2$ où N est le nombre de nœuds, F, celui des foyers et C celui des cols.
G. Fouret [1879] désigne comme « principaux » les points en lesquels l'expression $\frac{dy}{dx}$ est indéterminée :

> Nous les appellerons les *points principaux* du faisceau. Cette dénomination nous semble préférable à celle de *points fondamentaux* que nous avions employée dans une Note précédente parce que, dans le cas des faisceaux de courbes algébriques, comme on l'a vu plus haut, les points en question comprennent, outre les points qu'on a l'habitude d'appeler *fondamentaux*, les points doubles et en général tous les points singuliers des courbes du faisceau. C'est pour une raison analogue que nous éviterons de nous servir de l'expression de *points singuliers*, par laquelle M. Darboux désigne ces points. Il nous paraît plus rationnel de réserver la qualifications de *singuliers*, pour les points principaux résultant de la coïncidence de deux ou plusieurs points principaux ordinaires. [Fouret, 1879, p. 181-182]

Fouret annonce alors le théorème selon lequel « dans le plan d'un faisceau ponctuel de courbes planes, de caractéristique ν, il existe $\nu^2 + \nu + 1$ points » principaux. Il ajoute de plus que « ces

Quand à mon raisonnement pour établir qu'un point principal est en général un point asymptotique, il est peut-être un peu écourté. mais il me semble démontrer tout au moins qu'un pareil point n'est généralement pas un nœud dans le sens que vous donnez à ce mot.

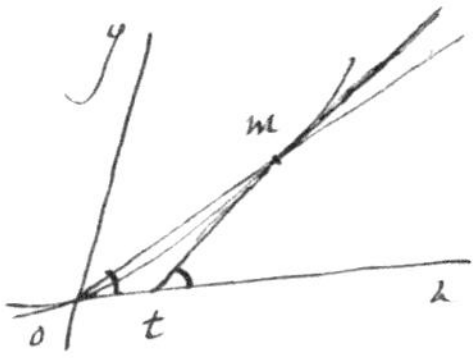

Supposons en effet qu'il y ait une infinité de branches de courbes passant en O. Soit Om une de ces branches. On a évidemment pour cette branche

$$\mathrm{Lim}\frac{y}{x} = \mathrm{Lim}\frac{dy}{dx}.$$

Mais en reprenant les notations de mon mémoire, on a

$$\frac{dy}{dx} - \frac{y}{x} = \frac{a + (b - a')\frac{y}{x} - b'(\frac{y}{x})^2 n\phi(\frac{y}{x}, x)}{a' + b'\frac{y}{x} + n\psi(\frac{y}{x}, x)}$$

ϕ et ψ désignant 2 polynômes en x et $\frac{y}{x}$.
Or cette expression ne tend pas vers zéro avec x, à moins que $\frac{y}{x}$ ne soit une des racines de l'éq^{ion}

$$a + (b - a')\frac{y}{x} - b'(\frac{y}{x})^2 = 0.$$

D'où résultent deux branches de courbes réelles ou imaginaires, passant par O, à moins que la dernière éq^{ion} ne soit vérifiée identiquement , ce qui exige

$$a = 0,\ b = a',\ b' = 0.$$

C'est moyennant ces conditions seulement qu'il y aura une infinité de branches se croisant en O.
Cette conclusion est d'ailleurs celle à laquelle est arrivée Mr. Darboux, dans un mémoires sur les équations différentielles, page 123 du tome II (2e série) du *Bulletin des Sciences Mathématiques* (année 1878) [5]
Un point principal, d'après cela, ne serait donc qu'exceptionnellement un point par lequel passerait effectivement une infinité de branches de courbes [6].

---

points sont, en général, des points asymptotiques communs à toutes les courbes du faisceau, et, dans certains cas, des points de croisements de ces courbes ».

5. « Cherchons maintenant combien il peut passer par un point singulier de courbes pour lesquelles y soit une fonction développable de x. [...] Il y a donc, en général seulement deux courbes de cette nature passant par chaque point singulier. » [Darboux, 1878, p. 124-125]. Le passage est cité par Fouret intégralement dans la lettre suivante.

6. Cette affirmation apparaît donc contradictoire avec le résultat de Poincaré rappelé plus haut (note 4).

D'autre part, j'ai démontré il y a quelques années que les courbes définies par l'éq^{ion}. de Jacobi

$$(1) \qquad L(x\frac{dy}{dx} - y) - M\frac{dy}{dx} + N = 0$$

(L, M et N fonctions linéaires d'x et d'y) sont des transformées homographiques d'un système de spirales logarithmiques [7].
Les pôles principaux des courbes (1) sont par suite des points asymptotiques. Or, dans le voisinage d'un pôle principal, une éq^{ion} différentielle quelconque peut toujours être assimilée à l'é^{ion} (1). Un pareil point principal est donc un point asymptotique.
Tout cela me paraît rigoureux : aussi j'attends impatiemment votre mémoire, dont vous voulez bien m'annoncer le prochain envoi pour voir si réellement et de quelle manière mes résultats sont en opposition avec les vôtres.
Veuillez agréer, Monsieur, l'assurance de ma considération la plus distinguée.

G. Fouret
16 rue Washington

2 Fouret à Poincaré

Paris, 7 Janvier 1882

Monsieur,

Je vous suis bien obligé des nouvelles explications que vous prenez la peine de me donner. L'exemple que vous me citez de l'éq^{ion}

$$\frac{dy}{y} = \frac{dx}{2x}$$

est en effet tout à fait convaincant et me rallie entièrement à votre manière de voir [8]. Sans entrer dans un examen approfondi de la nature des points que j'ai

7. Dans son article sur les systèmes généraux de courbes algébriques ou transcendantes, Fouret [1873] considère des systèmes dont les « caractéristiques », à savoir le nombre μ de courbes qui passent par un point donné et le nombre nu de courbes tangentes à une droite quelconque, sont déterminés. Son intention est d'étudier les propriétés des classes de systèmes présentant les mêmes caractéristiques. Il termine son article par une remarque : « Le système général ($\mu = 1, \nu = 1$) est composé de courbes qui jouissent de propriétés très remarquables [...]. L'équation différentielle qui définit ce système est de la forme

$$L(xdy - ydx) + Mdx + Ndy = 0,$$

L, M, N désignant des fonctions linéaires d'x et d'y. L'intégration de cette équation a été donnée pour la première fois par Jacobi. » [Fouret, 1873, p. 83]

8. L'équation différentielle $\frac{dy}{y} = \frac{dx}{2x}$ présente deux points singuliers, à l'origine $(0, 0, 1)$ et au point à l'infini $(0, 1, 0)$ qui s'avèrent être des nœuds.
Dans son mémoires sur les courbes définies par une équation différentielle, Poincaré [1881a] propose un exemple analogue (p. 388) pour illustrer la notion de nœud.

appelés principaux dans mon mémoire, cette question étant en dehors du but que je me proposais, j'avais cru, pour la raison que je vous ai indiquée dans ma précédente lettre, pouvoir affirmer que ces points étaient généralement des points asymptotiques. Je me suis trompé, la question était beaucoup plus complexe que je ne le supposais.
J'avoue que je croyais d'autant plus être dans le vrai que je me trouvais d'accord avec le théorème de M^r. Darboux que je vous citais l'autre jour.
On lit en effet, à la page 124-125 du tome II de la 2e série du *Bulletin des sciences mathématiques* :

> Cherchons maintenant combien il peut passer par un point singulier de courbes pour lesquelles y soit une fonction développable de x. SI nous exprimons que la courbe dont l'équation est
>
> $$y = Cx + C'x^2 + \dots$$
>
> satisfait à l'équation différentielle[9],
>
> $$-L\frac{dy}{dx} + M + N(x\frac{dy}{dx} - y) = 0$$
>
> dans laquelle
>
> $$\begin{cases} L &= ax + by + \alpha x^2 + \beta xy + \gamma y^2 \\ M &= a'x + b'y + \alpha' x^2 + \beta' xy + \gamma' y^2 \\ N &= Ax^2 + Bxy + Cy^2 \end{cases}$$
>
> nous aurons pour déterminer C l'équation
>
> $$bC^2 + (b' - a)C + a' = 0.$$
>
> Il y a donc, en général, seulement deux courbes de cette nature pour chaque point singulier. Il résulte d'ailleurs des principes exposés dans le beau Mémoire de MM. Briot et Bouquet, sur l'intégration des équations différentielles (*Journal de l'École Polytechnique*, XXXVIe cahier), que ces deux courbes existent réellement tant que l'équation précédente en C a ses racines inégales[10].
>
> Si l'on veut qu'il passe, par un point singulier, plus de deux courbes à tangentes distinctes, il faudra que l'équation qui détermine C ait lieu identiquement, c'est-à-dire que l'on ait
>
> $$b = a' = 0, \; b' = a.$$

Comme vous le voyez, tout en regrettant mon erreur, il me reste au moins la consolation d'avoir fait fausse route en bonne compagnie.

9. Fouret reprend l'équation (60) et les formules (59) (p. 124) du mémoire de Darboux.
10. [Briot et Bouquet, 1856].

Du reste l'interprétation inexacte de M^{r}. Darboux est sans conséquence dans le reste de son mémoire si plein d'intérêt.
En vous remerciant encore une fois, Monsieur, je vous prie de vouloir bien agréer l'expression de les sentiments distingués

G. Fouret

Lazarus Fuchs

Lazarus Fuchs nait en 1833 à Moschin rattachée administrativement au Grand Duché de Posen, une province autonome de la Prusse depuis le Traité de Vienne. Il étudie à l'Université de Berlin et suit en particulier les cours de Kummer et Weierstrass. Il soutient en 1858 une thèse sur les lignes de courbure des surfaces et s'oriente alors, sous l'influence des travaux de Weierstrass [1], vers l'analyse et en particulier la théorie des équations différentielles. Il obtient l'habilitation en 1865 avec une thèse intitulée „Zur Theorie der linearen Differentialgleichungen mit veränderlichen Coeffizienten" [2]. Entre 1865 et 1885, il est considéré comme l'un des contributeurs majeurs à cette théorie [3].
Après l'obtention de son doctorat, il enseigne d'abord à l'École de commerce Friedrich Werder (Berlin), puis comme privatdozent à l'Université de Berlin (1865), comme professeur dans plusieurs universités (Greifswald (1869), Göttingen (1874), Heidelberg (1875)). En 1884, il succède à Kummer à l'Université de Berlin où il termine sa carrière. Il décède à Berlin en 1902.

Les travaux de Fuchs concernent l'étude des solutions des équations différentielles linéaires aux voisinages des points singuliers [4].

La correspondance de Poincaré et Fuchs date pour l'essentiel de l'année 1880 à une époque où Fuchs est un professeur reconnu titulaire d'une chaire dans une université prestigieuse à Heidelberg, entouré de plusieurs élèves à peine plus jeunes que Poincaré. Poincaré quant à lui, alors professeur à Caen, certainement encore inconnu dans les milieux mathématiques allemands [5], est en train d'élaborer son programme de recherches concernant les équations différentielles linéaires :

1. [Gray, 1984, p. 3].
2. [Fuchs, 1865] et [Fuchs, 1866].
3. « His work can profitably be seen as an attempt to impose upon the inchoate world of differential equations the conceptual order of the emerging theory of complex functions. » [Gray, 1984, p. 1]
4. Pour plus de détails sur les travaux de L. Fuchs et son influence sur ceux de Poincaré, voir [Gray, 1986] (en particulier le chapitre 2, les pages 103 et 104, ainsi que le paragraphe 6.2 du chapitre 6 consacré à la théorie des fonctions fuchsiennes de Poincaré. On peut aussi consulter l'introduction de [Poincaré, 1997].
5. À la date de sa première lettre, Poincaré n'a publié que quelques notes aux *Compte rendus* consacrées à la théorie des formes algébriques et une annonçant ses travaux sur les équations différentielles non-linéaires [Poincaré, 1880b].

P. Nabonnand et al. (eds.), *La correspondance entre Henri Poincaré et les mathématiciens*,
Publications des Archives Henri Poincaré Publications of the Henri Poincaré Archives,
https://doi.org/10.1007/978-3-7643-8288-9_27

> Le nombre des équations [différentielles] intégrables par quadrature est extrêmement restreint, et tant qu'on ne s'est pas décidé à étudier les propriétés des intégrales en elle-mêmes, tout ce domaine analytique n'a été qu'une vaste *terra incognita* qui semblait à jamais interdite au géomètre.
> C'est Cauchy qui y a pénétré le premier, grâce à l'invention d'une méthode ingénieuse qu'il a appelée *calcul des limites*. À sa suite, MM. Fuchs, Briot et Bouquet, et Mme Kowalevski ont employé avec succès la même méthode.
> Ce sont donc les travaux de ces géomètres qui m'ont servi de point de départ.
> En présence d'un problème si compliqué, ces divers savants, au lieu d'étudier la manière d'être des intégrales des équations différentielles ou des équations aux dérivées partielles *pour toutes les valeurs de la variable*, c'est-à-dire dans tout le plan, se sont d'abord occupés de déterminer les propriétés de ces intégrales *dans le voisinage d'un point donné*. Ils avaient ainsi reconnu que ces propriétés sont très différentes selon qu'il s'agit d'un point ordinaire ou d'un point singulier. [Poincaré, 1921a, p. 37-38]

Même si les questions posées par Poincaré font montre d'un esprit particulièrement aiguisé, on peut noter l'affabilité du ton adopté par Fuchs envers son jeune collègue, même si parfois, on peut dénoter une pointe de paternalisme.

La veille de sa première lettre adressée à Fuchs, Poincaré avait fait parvenir à l'Académie des sciences sa contribution au Grand prix des sciences mathématiques [6] dont la seconde partie est consacrée à de récents travaux de Fuchs qui feront l'objet des premières lettres échangées par Poincaré et Fuchs [7]. Ces lettres datées des mois de mai, juin et juillet 1880 concernent l'étude de la fonction inverse du quotient de deux solutions indépendantes d'une équation différentielle linéaire, un outil introduit par Hermann Schwarz [1872a] et Fuchs [1877] [8]. Poincaré interroge un article de Fuchs [1880d] dans lequel il tente de généraliser la méthode de Jacobi et Abel pour les fonctions elliptiques aux équations différentielles à coeffi-

---

6. Voir la note 7 de la lettre adressée au secrétaire perpétuel de l'Académie, Joseph Bertrand (p. 89).

7. [Poincaré, 1923].
Ce texte est accompagné d'une note de présentation de N. E. Nörlund, qui assistait à l'époque Mittag-Leffler pour la rédaction des *Acta mathematica* :

> Quant à la seconde Partie, Poincaré dit qu'il contient les réflexions que lui a inspirées la lecture d'un Mémoire de Fuchs. Poincaré a reçu ce Mémoire au commencement du mois de mai 1880 et son Mémoire est arrivé à l'Académie le 28 mai 1880. On voit par là l'extrême rapidité avec laquelle travaillait Poincaré.

8. [Gray, 1986, p. 104].

cients algébriques ; pour cela, Fuchs considère l'équation différentielle

$$(A) \qquad \frac{d^2y}{dz^2} + P\frac{dy}{dz} + Q = 0,$$

et un système de deux solutions indépendantes f, φ ; il définit alors u_1 et u_2 par les équations :

$$(B) \qquad \begin{cases} \int_{\zeta_1}^{z_1} f(z)dz + \int_{\zeta_2}^{z_2} f(z)dz = u_1 \\ \int_{\zeta_1}^{z_1} \varphi(z)dz + \int_{\zeta_2}^{z_2} \varphi(z)dz = u_2 \end{cases}$$

où ζ_1 et ζ_2 sont des constantes différentes des points singuliers de l'équation (A). En considérant z_1 et z_2 comme des fonctions de $_1$ et u_2, il se propose d'« examiner quelles propriétés doivent vérifier $f(z)$ et $\varphi(z)$ de manière que $z - 1$ et z_2 soient des fonctions analytiques déterminées » [9].

Fuchs est amené à poser

$$(H) \qquad z = \frac{f(x)}{\varphi(x)}$$

et à examiner à quelles conditions x est une fonction méromorphe de z. Poincaré montre que les conditions énoncées par Fuchs « ne sont pas nécessaires et suffisantes » et propose une condition qui implique les racines de l'équation caractéristique (« équation déterminante ») de l'équation différentielle [10].

Les deux dernières lettres de Poincaré sont datées de 1881 et 1882 ; dans la première, Poincaré annonce à Fuchs son programme de travail sur les fonctions automorphes ; la dernière évoque la polémique avec Klein et Schwarz sur la dénomination de « Fuchsiennes » que Poincaré a donnée aux fonctions automorphes [11].

La correspondance entre Fuchs et Poincaré a été publiée (sauf la lettre de 1882) dans le volume 38 des *Acta mathematica* consacré à la mémoire d'Henri Poincaré avec le commentaire suivant (p. 175) [12] :

> Les lettres que nous publions ici sont d'importance pour l'histoire de la théorie des fonctions fuchsiennes. Ce sont en effet ces lettres dont parle L. Fuchs dans les Nachrichten von der Königl. Gesellschaft der Wissenschaften und der G. A. Universität, Göttingen 1882, S. 83 [13].

---

9. [Fuchs, 1880d, p. 153].

10. Pour plus de précisions, voir l'introduction de [Poincaré, 1997].

11. Voir la correspondance avec Felix Klein (p. 433) et les lettres 17, 18 et 19 de [Nabonnand, 1999].

12. Des traductions des deux lettres de Fuchs sont proposées dans les *Cahiers d'histoire des mathématiques* [Dugac, 1986, p. 149-153]. André Bellivier [1956, p. 208] fait état de deux lettres de Poincaré adressées en mars et juillet 1882 adressées à Fuchs.

13. Voir la note 43 (p. 288).

1 Poincaré à Fuchs

Caen, le 29 mai 1880

Monsieur le Professeur,

J'ai lu avec le plus grand intérêt le remarquable mémoire que vous avez fait insérer dans la dernière livraison du Journal de Crelle et qui a pour titre : Ueber die Verallgemeinerung des Umkehrproblems [14]. Veuillez me permettre, Monsieur, de vous demander au sujet de ce travail, quelques éclaircissements.
Vous démontrez, page 159 que la fonction z est fonction méromorphe de ζ, toutes les fois que ζ prend une valeur correspondant à une valeur donnée de z ; que cette valeur de z soit un point ordinaire ou un point singulier, qu'elle soit finie ou infinie [15]. Vous démontrez ensuite, page 160 que cela est encore vrai pour $\zeta = \infty$ [16] et comme conclusion vous dites :
... ist die durch die Gleichung (H.) [17] definirte Function z von ζ für alle Werthe von ζ meromorph. [18]
Il s'agit ici de toutes les valeurs de ζ finies ou infinies ; cet énoncé ferait donc entendre que z est fonction méromorphe dans toute l'étendue de la sphère et par conséquent fonction rationnelle de ζ ; on en conclurait que l'équation (A.) [19] est toujours intégrable algébriquement ce qui n'est pas exact comme le faites voir un peu plus loin page 168 [20].

---

14. [Fuchs, 1880d].
Poincaré signale dans les premières lignes de son travail proposé au Grand prix des sciences mathématiques [Poincaré, 1923] qu'un « Résumé [Fuchs, 1880a] se trouve dans une lettre à M. Hermite insérée dans les *Comptes rendus* ».

15. Le cas z régulier et fini résulte de la théorie générale développée par Fuchs dans sa thèse [Fuchs, 1866] :
„Die Werthe von ζ, für welche z aufhören könnte holomorph zu sein, sind ausser $\zeta = \infty$ solche Werthe derselben Variabeln, für welche z gleich einem singulären Punkte der Gleichung (A) oder $z = \infty$ wird." [Fuchs, 1880d, p. 159]
Les cas où z est un point singulier ou égal à l'infini sont traités immédiatement à la suite (p. 159 et 160).

16. „Es folgt nun aus dieser Gleichung auf bekannte Weise, dass z eine holomorphe Function von $\frac{1}{\zeta}$ in der Umbegung von $\zeta = \infty$" [Fuchs, 1880d, p. 161].

17. $(H) \qquad z = \frac{f(x)}{\varphi(x)}$.

18. [Fuchs, 1880d, p. 161].

19. $(A) \qquad \frac{d^2y}{dz^2} + P\frac{dy}{dz} + Q = 0$,.

20. Fuchs réduit l'équation

$$(A) \qquad \frac{d^2y}{dz^2} + P\frac{dy}{dz} + Q = 0$$

à la forme

$$(1) \qquad \frac{d^2\omega}{dz^2} = P \cdot \omega$$

et utilise un résultat général de son étude sur les équations différentielles linéaires du second ordre qui possèdent une solution algébrique [Fuchs, 1876] pour conclure : „Die Gleichung (1) ist demnach nicht vollständig durch algebraische Functionnen integrirbar, daher auch nicht die Gleichung (A)"

À quoi tient cette contradiction ? C'est à ce que les valeurs de ζ sont de 3 sortes :

1. Celles qu'on peut faire atteindre à la fonction $\frac{f(z)}{\varphi(z)}$ en faisant décrire à la variable z sur la sphère un certain contour fini un nombre fini de fois.

2. Celles qu'on peut faire atteindre à cette fonction en faisant décrire à z un contour infini ou bien un contour fini un nombre infini de fois.

3. Celles qu'on ne peut jamais faire atteindre à la fonction $\frac{f(z)}{\varphi(z)}$ quel que soit le contour décrit par z sur la sphère.

Rien ne prouve en effet a priori qu'il n'y ait pas des valeurs de ces trois sortes et même, en général, on est certain qu'il y en a de la 2de ou de la 3e sorte, sans quoi, je le répète, l'équation (A.) serait intégrable algébriquement.

Mais alors il me semble qu'il faudrait encore démontrer que z reste méromorphe quand ζ prend une valeur de la 2e ou de la 3e sorte, et que la démonstration que la démonstration que vous avez donnée dans votre mémoire ne s'applique qu'à celles de la 1ère sorte [21].

On peut en effet faire plusieurs hypothèses :

1. on peut supposer que l'on n'a que des valeurs de la 1ère sorte et alors z est rationnel en ζ.

2. on peut supposer que l'on a des valeurs de la première et de la 2e sorte et que z reste monodrome [22] quand ζ prend une valeur de la 2e sorte. Dans cette hypothèse votre théorème trouverait encore son application.

---

21. Poincaré reprend en partie la discussion, développée dans son mémoire proposé au Grand prix des sciences mathématiques [Poincaré, 1923, p. 60-62], des conditions de Fuchs pour que z soit une fonction méromorphe de ζ. Dans son mémoire, Poincaré montre d'abord que les conditions de Fuchs ne sont pas nécessaires :

> Pour que x [ζ] soit fonction méromorphe de z, toutes les fois que z prendra une valeur correspondant : soit à une valeur finie de x qui ne soit pas un point singulier ; soit à une valeur finie de x qui soit un point singulier ; soit à une valeur infinie de x ; il faut et il suffit que pour tous les points singuliers y compris le point ∞, [la différence des racines de l'équation déterminante] soit une partie aliquote de l'unité.

Puis il interroge la suffisance des conditions de Fuchs en expliquant que ce dernier se place dans le cas où z est une valeur obtenue « en faisant décrire à x un nombre fini des contours finis sur la sphère » :

> Si cela était, si x décrivant dans le plan un contour quelconque en ne franchissant chacune des coupures (qu'on y peut pratiquer entre les points singuliers) qu'un nombre fini de fois, z prenait toutes les valeurs possibles, alors la fonction de x de z serait non seulement méromorphe dans toute l'étendue du plan, mais dans toute l'étendue de la sphère, et par conséquent rationnelle.

22. Riemann [1857] définit le terme de « monodrome » comme synonyme d'uniforme :

> Pour simplifier les désignations de ces relations, on nommera les divers prolongements d'une fonction pour une même portion du plan des z les branches de cette fonction, et un point autour duquel une branche de la fonction se prolonge en une autre un point de ramification de la fonction. Partout où il ne se trouve aucune ramification, la fonction est dite monodrome ou uniforme. ([Riemann, 1857, p. 91] cité par de Saint-Gervais [2010, p. 66])

3. on peut supposer que l'on a des valeurs de la 1ère et de la 2e sorte, mais que z ne revient pas à la même valeur, quand ζ décrit un contour infiniment petit autour d'une des valeurs de la 2e sorte.

4. on peut encore imaginer que l'on ait des valeurs des trois sortes ; que la valeur de la

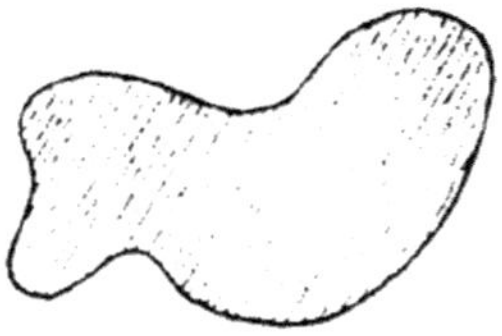

1ère sorte remplissent la région du plan que je couvre de hachures sur la figure, que le périmètre de cette région soit formé de valeur de la 2e sorte ; enfin que les parties extérieures à ce périmètre correspondent à des valeurs de la 3e sorte. Alors la fonction z n'existe plus quand ζ sort de ce périmètre et ne peut prendre d'une seule valeur quand ζ reste dans ce périmètre.

Alors z n'est pas, à proprement parler fonction analytique de ζ ; mais elle est eindeutig en ζ, ce qui vous suffit pour les conséquences que vous en tirez[23].

5. on peut imaginer que l'on ait des régions, disposées comme dans la région ci-contre,

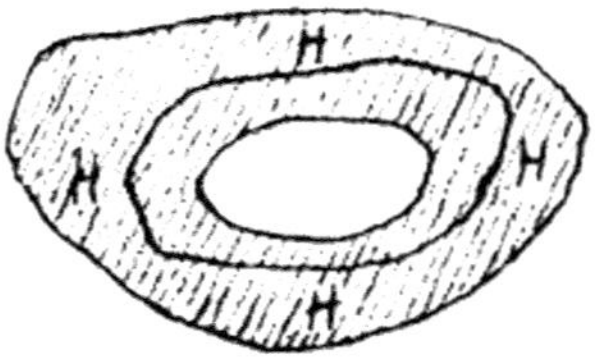

où la région occupée par des valeurs de la 1ère sorte est couverte de hachures. Alors z pourrait ne pas revenir à la même valeur quand ζ décrirait un contour tel que $HHHH$.

Enfin on pourrait encore faire mille autres hypothèses.

Je dois avouer, Monsieur, que ces réflexions m'ont inspiré quelques doutes sur la généralité du résultat que vous annoncez, et j'ai pris la liberté de vous en parler, dans l'espérance que vous n'auriez pas de peine à les éclaircir.

Mon adresse est : Henri Poincaré, Professeur à la Faculté des Sciences de Caen (Calvados).

Veuillez agréer, Monsieur le Professeur, l'assurance de ma considération respectueuse.

Poincaré

2 Fuchs à Poincaré

Heidelberg 5 Juni 1880

Geehrtester Herr Collega !

Da ich aus Ihrem geschätzten Briefe ersehe, dass Sie deutsche Abhandlungen mit so tiefem Verständniss zu lesen in der Lage sind, so erlaube ich mir bei der Beant-

23. Le dernier théorème énoncé par Fuchs dans l'article discuté par Poincaré [Fuchs, 1880d, p. 169] est une sorte d'analogue du théorème d'inversion de Jacobi dont la démonstration n'utilise que l'uniformité de la fonction z.

wortung Ihres Briefes mich auch dieser Sprache zu bedienen, weil ich hoffen darf, mich auf diese Weise klarer ausdrücken zu können.
Empfangen Sie, geehrtester Herr, vor allen Dingen meinen besten Dank nicht nur für das Interesse, welches Sie die Güte haben meiner jüngsten Arbeit entgegenzubringen, sondern auch dafür, dass Sie mich durch Ihren Brief darauf aufmerksam gemacht haben, dass der Satz I, p. 161 meiner Abhandlung nicht mit genügender Präcision ausgesprochen ist.
Wenn Sie in der That das Resumé vergleichen, welches ich, vor dem Erscheinen meiner Arbeit in Borchardtschen Journal, von meinen Resultaten in den „*Nachrichten der Gesellschaft der Wissenschaften zu Göttingen*“ Februar 1880 [24] p. 170-176 gegeben habe, so werden Sie daselbst p. 173 finden, dass ich dort denselben Satz in der Weise ausgedrückt habe, dass unter den über die Wurzeln der zu den verschiedenen singulären Punkten gehörigen determinirenden Fundamentalgleichungen gemachten Voraussetzungen durch die Gleichung

$$(H) \qquad \zeta = \frac{f(z)}{\varphi(z)}$$

z als eindeutig Function von ζ definirt werde.
Gestatten Sie mir nun mit wenigen Worten auf die Bedeutung des Satzes einzugehen [25].
Aus den Entwickelungen meiner Arbeit in Borchardt's Journal [26] p. 158-160 ergiebt sich Folgendes : Berechnet man für jeden Werth von z die zugehörigen Werthe von ζ, indem man z alle möglichen Umläufe machen lässt – gleichgültig ob eine endliche oder eine unendliche Anzahl mal, so erhält ζ von z abhängige Werthe, so lange die Umläufe nicht so beschaffen sind, dass dadurch $f(z)$ et $\varphi(z)$ identisch das heisst für jeden Werth von z unendlich werden.
Die Werthe von ζ für welche nicht $f(z)$ und $\varphi(z)$ identisch unendlich werden, erfüllen in der ζ-Ebene eine einfach zusammenhangende Fläche, welche ich mit S bezeichnen will. Diese Fläche bedeckt die ζ-Ebene nur einfach und an ihre Begrenzung liegen diejenigen Werthe von ζ für welche $f(z)$ et $\varphi(z)$ identisch unendlich

---

24. [Fuchs, 1880c].

25. Dans ce passage, Fuchs note $r_1^{(i)}, r_2^{(i)}$ les racines de l'équation fondamentale au point singulier a_i et s_1, s_2 celles de l'équation fondamentale à l'infini et s'intéresse à l'équation

$$(D) \qquad \frac{f(z_1)}{\varphi(z_1)} = \frac{f(z_2)}{\varphi(z_2)}$$

„Ich zeige alsdann, daß die Größen $r_1^{(i)}, r_2^{(i)}, s_1, s_2$ weiter so bestimmt werden können, daß durch die Gleichung

$$(F) \qquad \frac{f(z)}{\varphi(z)} = \zeta,$$

z als eindeutige Funktion von ζ definirt wird, und demnach die Gleichung (D) nur für $z_1 = z_2$ befriedigt werden kann. “ [Fuchs, 1880c, p. 173]

26. [Fuchs, 1880d].

werden. Innerhalb der Fläche S ist z überall eine meromorphe Function von ζ. Dieses ist der Sinn des Satzes I p. 161, und ein Weiteres brauche ich für die Anwendungen, welche ich von demselben mache, nicht.
Ich hoffe, dass Ihnen diese Worte zur Aufklärung über den Sinn, welchen ich dem Satze I p. 161 beilege, genügen werden, um so mehr als ich aus Ihrem Briefe ersehe, dass Sie sich der Ergründung der vorliegenden analytischen Frage bereits mit so grossem Scharfsinn gewidmet haben [27].

Genehmigen Sie, Hoschgeehrter Herr, die Versicherung meiner ausgezeichnetsten Hochachtung.

L. Fuchs

3 Poincaré à Fuchs

Caen, le 12 Juin 1880

Très-honoré Monsieur,

Je vous demande pardon d'avoir tant tardé à répondre à votre aimable lettre; mais j'étais absent de Caen lorsqu'elle est arrivée à son adresse [28] ; je l'ai reçue ce matin seulement et je l'ai lue avec le plus grand intérêt. Je vous remercie beaucoup des éclaircissements que vous avez bien voulu me donner et qui m'ouvrent des vues nouvelles sur cette question. Cependant, si je ne craignais d'abuser de votre obligeance, je prendrais la liberté d'appeler encore votre attention sur quelques points de détail, qui me semblent encore un peu obscurs.
Je suppose que sur le plan des z, je joigne tous les points singuliers au point ∞ par des coupures, puis que je fasse mouvoir z dans son plan de telle sorte qu'il ne franchisse aucune des coupures [29]. ζ va encore erfüllen dans son plan une certaine surface S_0 qui sera évidemment zusammenhangend. Faisons maintenant mouvoir z dans son plan de telle sorte qu'il ne puisse franchir les diverses coupures plus de m fois; ζ va rester compris dans une nouvelle surface F_m qui sera toujours zusammenhangend. Quand m augmentera la région F_m va s'étendre de plus en

27. Fuchs donne une interprétation géométrique de son travail qui n'apparait pas au moins explicitement dans son mémoire.

28. Poincaré est professeur d'analyse à la Faculté des sciences de Caen depuis le 1er décembre 1879. Aucune source n'indique une quelconque raison de son absence de Caen. Poincaré est certainement très occupé durant cette période; il a remis pour la séance de l'Académie des sciences du 7 juin 1880 une note sur les formes ternaires [Poincaré, 1880c] et est en train de préparer le premier supplément à son mémoire présenté au Grand prix des sciences mathématiques qu'il déposera à l'Académie le 28 juin [Poincaré, 1997].

29. Poincaré reprend dans cette lettre le début de son développement du premier supplément : « Nous supposerons que a et b [les points singuliers finis de l'équation différentielle] sont réels et que ρ_1, ρ_2 et r sont des parties aliquotes de l'unité. Nous allons voir que dans ce cas, le théorème de M. Fuchs est vrai. [...] Joignons a et b par une coupure en ligne droite, puis b à l'infini par une seconde coupure également en ligne droite et dans le prolongement de la précédente. Faisons maintenant varier x dans son plan de telle sorte qu'il ne franchisse aucune de ces coupures et voyons comment variera z. » [Poincaré, 1997, p. 28]

plus et la surface que vous appelez F n'est autre chose que la limite de F_m pour $m = \infty$. Dire que cette surface F ne recouvre le plan que einfach, c'est dire que, quelque grand que soit m, F_m ne recouvrira le plan que einfach [30].

Or cela est-il une conséquence nécessaire de votre démonstration ? Il me semble qu'il faudrait pour le faire voir ajouter quelques explications. En effet, comment lorsque m grandit, la région F_m peut-elle arriver à se recouvrir elle-même ? Elle peut y arriver de deux manières ainsi que l'indique la figure suivante où le trait plein représente le contour de la région F_m et où cette région est recouverte d'une couche de hachures pendant que les parties du plan où F_m se recouvre elle-même sont couvertes d'une double couche de hachures [31].

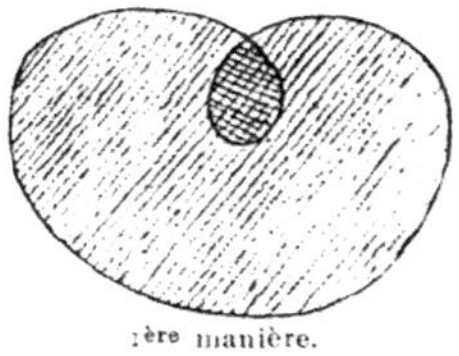
1ère manière.

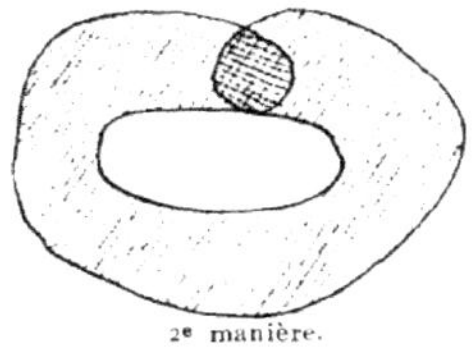
2e manière.

Votre démonstration, Monsieur, me paraît faire voir de la façon la plus claire, que la région F_m ne peut se recouvrir elle-même de la 1ère manière ; mais non pas qu'elle ne peut se recouvrir elle-même de la 2e manière.

Je vois bien que cela est vrai lorsqu'il n'y a que deux points singuliers à distance finie. Dans ce cas j'arrive en effet, par des considérations un peu différentes à démontrer que F_m ne peut se recouvrir elle-même ni de la 1ère ni de la 2e manière. Alors la fonction z reste eindeutig dans l'intérieur de la surface F qui est ici un cercle.

Mais il ne paraît pas évident qu'il en soit de même dans le cas général, de sorte que je me demande si le théorème est encore vrai quand il y a plus de deux points singuliers à distance finie.

Dans le cas où ces points singuliers ne sont qu'au nombre de deux je trouve que

30. Poincaré considère ce point comme fondamental. Dans le premier supplément [Poincaré, 1997, p. 33], après avoir associé un quadrilatère fondamental Q au groupe discret de transformations du disque unité d'une équation différentielle linéaire du second ordre à coefficients algébriques, il considère que le point essentiel est de faire « faire voir que l'on peut décomposer la surface du cercle HH' en un nombre fini ou en une infinité de quadrilatères », tous images de Q par une transformations du groupe. Après avoir la géométrie qu'il décrit sur le disque unité avec la géométrie non-euclidienne, il conclut :

> Donc le plan pseudogéométrique est décomposable en une infinité de quadrilatères curvilignes qui ne sont autre chose que les transformés successifs de Q. Donc le damier de ces transformés recouvre tout ce cercle et ne le recouvre qu'une fois. Donc un point quelconque situé à l'intérieur de HH' n'appartient qu'à un seul de ces quadrilatères. Donc x reste une fonction monodrome de z à l'intérieur de ce cercle. [Poincaré, 1997, p. 37]

31. Poincaré exprime la même objection dans une note du mémoire proposé au Grand prix des sciences mathématiques [Poincaré, 1923, p. 89] en proposant des figures quasi identiques. Les deux figures sont reprises à l'identique et l'analyse précisées dans le second supplément [Poincaré, 1997, p. 85] au mémoire.

la fonction que vous avez définie jouit de propriétés fort remarquables et comme j'ai l'intention de publier les résultats que j'ai obtenus, je vous demanderai la permission de lui donner le nom de fonction Fuchsienne puisque c'est vous qui l'avez découverte [32].
Je vous demandera aussi la permission de communiquer votre lettre à M. Hermite qui s'intéresse beaucoup à cette question [33].
Veuillez agréer, très honoré Monsieur, l'assurance de ma considération respectueuse.

Poincaré

4 Fuchs à Poincaré

Heidelberg 16 Juni 1880

Geehrter Herr Collega!

Empfangen Sie den herzlichsten Dank für Ihr freundliches Schreiben vom 12. Juni, wodurch Sie von Neuen ein so tief eingehendes Interesse für meine Arbeit kundzugeben die Güte gehabt haben.

32. La première mention de l'appellation « Fuchsienne » pour désigner les fonctions méromorphes sur le disque unité du plan complexe et invariantes par un sous-groupe discret de $PGL(2, \mathcal{C}$ se trouve dans le premier supplément au mémoire présenté au concours du Grand prix des sciences mathématiques (déposé le 28 juin 1880). Poincaré étudie plus particulièrement le théorème de Fuchs [1880d] dans le cas où l'équation différentielle linéaire du second ordre n'a que « deux points singuliers » finis a et b ; il note ρ_1 la différence des racines de l'équation fondamentale pour $x = a$, ρ_2 pour $x = b$ et r pour $x = \infty$. Il obtient :

Si
$$\rho_1 + \rho_2 + r > 1,$$
x est fonction rationnelle de z.
Si
$$\rho_1 + \rho_2 + r = 1,$$
x est fonction doublement périodique de z. Si
$$\rho_1 + \rho_2 + r < 1,$$
x est une fonction de z qui n'existe pas à l'extérieur du cercle HH' et qui est méromorphe à l'intérieur de ce cercle.
Je propose d'appeler cette fonction, fonction fuchsienne. Remarquons que la fonction fuchsienne ne peut prendre qu'un seule fois la même valeur à l'intérieur de chacun des quadrilatères de Q.
La fonction fuchsienne est à la géométrie de Lobatchevski ce que la fonction doublement périodique est à celle d'Euclide. [Le cercle HH' est le cercle unité et Q le domaine fondamental du pavage associé à la fonction fuchsienne considérée] [Poincaré, 1997, p. 37]

33. Voir la lettre adressée par Charles Hermite à Poincaré le 23 juin (p. 357).

Es würde mir ein besonderes Vergnügen bereiten in die Discussion der von Ihnen augestellten Frage einzutreten. Jedoch würde ich dadurch Ihre Geduld zum Ueberfluss in Anspruch nehmen. Denn eine Arbeit [34], welche ich schon vor der Veröffentlichung meiner Resultate in den *Göttinger Nachrichten* vom Februar dieses Jahres [35] in Angriff genommen, seitdem aber – weil mich Anderes beschätigte - liegen gelassen hatte, habe ich nun mehr zu ende geführt. Diese Arbeit enthält unter Anderem das Tableau aller Differenzialglaichungen zweiter Ordnung, welcher ausser den übrigen in meiner Abhandlung angegebenen Eigenschaften noch die p. 161 derselben Abhandlung gefordete Eigenschaft besitzt, dass die Gleichung

$$\frac{f(z_1)}{\phi(z_1} = \frac{f(z_2)}{\phi(z_2}$$

nur erfüllt wird durch $z_2 = z_1$; natürlich so lange $\frac{f(z)}{\phi(z)}$ überhaupt einen bestimmen Werth hat, d. h. so lange nicht $f(z)$ und $\phi(z)$ identisch unendlich werden. Die Arbeit enthält ausserdem die Integrale aller Differenzialgleichungen es Tableau's, und für jede derselben den analytischen Ausdruck von z als Function von ζ.

Sie sehen also, geehrter Herr, dass diese Arbeit jede weitere Discussion überflüssig macht. Ich hoffe die Resultate im Laufe der n¨chsten Wochen zu veröffentlichen, und werde mich beehren Ihnen einen Abzug zu schicken.

Es machte mir grosses Vergnügen in Ihrem Briefe zu lesen, dass Sie in Bezug auf die von mir definirten Functionen wichtige Resultate gefunden haben, welche Sie zu veröffentlichen beabsichtigen. Dass Sie die Güte haben wollen, die genannten Functionen mit meinen Namen zu bezeichnen, ist für mich sehr ehrenvoll und macht mich Ihnen zu Dank verpflichtet.

Es ist selbstverständlich, dass ich mit Ihrem Wunsche mein Schreiben dem Herrn Hermite mitzutheilen einverstanden bin.

Gereicht mir ja das Interesse, welches dieser grosse Mathematiker an meinen Arbeiten nimmt, nur zur grössten Genugthuung.

Empfangen Sie, geehrter Herr, die Versicherung meiner ausgezeichnetsten Hochachtung.

L. Fuchs

5 Poincaré à Fuchs

Caen, le 19 juin 1880

Monsieur et cher collègue,

Je ne saurais vous dire combien je suis satisfait d'apprendre que vous avez complètement résolu le problème qui fait l'objet de notre correspondance et combien

34. [Fuchs, 1880b].
35. [Fuchs, 1880c].

je suis désireux de recevoir l'extrait que vous avez bien voulu me promettre et dont je vous suis bien reconnaissant d'avance[36].
Les conditions que vous aviez posées dans votre mémoire, pour que z fût eindeutig en ζ, étaient, si je me rappelle bien, les suivantes :

$$r_{1,i} = -1 + \frac{1}{n_i},\ r_{2,i} = -1 + \frac{2}{n_i} \text{ ou } r_{1,i} = \frac{1}{2},\ r_{2,i} = \frac{1}{2}$$

et

$$s_1 = 1 + \frac{1}{n},\ s_2 = 1 + \frac{2}{n} \text{ ou } s_1 = \frac{3}{2},\ s_2 = \frac{5}{2}.$$

Or voici d'abord ce que je trouve au sujet des équations qui satisfont à ces conditions. Si on les réduit à la forme canonique, de façon à faire disparaître le terme en $\frac{dy}{dx}$, les points singuliers situés à distance finie et tels que la différence des racines de l'équation fondamentale soit 1 disparaissent.
Il peut arriver que l'on ait

$$s_1 = 0, s_2 = -1.$$

Dans ce cas on posera

$$z - a = t^{-1},$$

si a est un des points singuliers à distance finie ; puis on ramènera de nouveau l'équation à la forme canonique ; le point singulier $t = 0$ qui correspondrait au point singulier $z = \infty$ disparaît. Quand toutes ces opérations sont effectuées :
1. Pour tous les points singuliers, soit à distance finie, soit à distance infinie, la différence des racines de l'équation déterminante est une partie aliquote de l'unité et est différente de 1.
2. Le nombre des points singuliers à distance finie (qui n'ont pas disparu dans les opérations précédentes) ne peut être plus grand que 3.
Il reste alors à considérer 4 cas.
1er cas. Le nombre des points singuliers est plus petit que 2. Alors z est rationnel en ζ.
2e cas. Le nombre des points singuliers est égal à 2 ; et si ρ_1, ρ_2, ρ_3 sont les différences des racines des équations fondamentales déterminantes relatives à ces deux points et à $z = \infty$, on a :

$$\rho_1 + \rho_2 + \rho_3 > 1.$$

Alors z est encore rationnel en ζ.
3e cas. Le nombre des points singuliers est 2 mais

$$\rho_1 + \rho_2 + \rho_3 = 1.$$

36. Comme Gray [1986] le fait remarquer dans son commentaire de la correspondance entre Poincaré et Fuchs, le contenu de cette lettre peut paraître un peu étrange, reconnaissant que l'examen des cas par Fuchs règle le point de leur discussion et explicitant en même temps les critiques concernant la démonstration du théorème proposé par Fuchs.

Alors z est une fonction doublement périodique de ζ.
4e cas. Le nombre des points singuliers est 3 et il faut alors que la différence des racines de toutes les équations déterminantes soit $\frac{1}{2}$. C'est sur ce dernier cas que je prendrai la liberté d'attirer votre attention. On peut en effet former l'équation différentielle correspondante de la façon suivante ; soit $\Lambda(u)$ une fonction doublement périodique de u définie par l'équation différentielle

$$\frac{d\Lambda}{du} = \sqrt{H} = P^2,$$

H étant un polynome du 3e degré en Λ. Posons

$$z = \Lambda(u),\ \eta = \sqrt{\frac{d\Lambda}{du}} e^{\alpha u},$$

on aura

$$\frac{du}{dz} = \frac{1}{P^2}, \frac{d^2u}{dz^2} = -\frac{2P'}{P^3},$$

η satisfera à l'équation différentielle

$$\frac{d^2\eta}{dz^2} = \eta\left[\frac{P''}{P} + \frac{\alpha^2}{P^4}\right]$$

ou

$$(1) \qquad \frac{d^2\eta}{dz^2} = \eta\left[\frac{\frac{1}{4}HH'' - \frac{3}{16}H^{12} + \alpha^2 H}{H^2}\right].$$

L'autre intégrale sera

$$\eta = P.e^{-\alpha u}$$

d'où

$$\zeta = e^{2\alpha u}.$$

Pour que z, c'est-à-dire Λ fût eindeutig en ζ, il faudrait que la fonction $\Lambda(u)$ admît la période $\frac{i\pi}{\alpha}$ ce qui n'a pas lieu en général.
Et pourtant si l'on pose

$$\eta = \eta_1 H^{-\frac{3}{4}}$$

η_1 se trouve lié à z par une équation linéaire (2).
L'équation (2) admet 3 points singuliers à distance finie et l'un à l'infini. Les racines de l'équation déterminante sont :
1°. pour les points à distance finie

$$-\frac{1}{2} = -1 + \frac{1}{2} \text{ et } 0 = -1 + \frac{2}{2},$$

2°. pour le point à l'infini

$$\frac{3}{2} = 1 + \frac{1}{2} \text{ et } 2 = 1 + \frac{2}{2}.$$

L'équation satisfait donc aux conditions

$$\begin{aligned} r_1 &= -1 + \frac{1}{n} \quad \text{et} \quad r_2 = -1 + \frac{2}{n}, \\ s_1 &= 1 + \frac{1}{n} \quad \text{et} \quad s_2 = 1 + \frac{2}{n} \end{aligned}$$

et pourtant z n'est pas eindeutig en ζ, de sorte que dans ce cas particulier votre théorème me semble en défaut.

Mais ce n'est pas tout, et, si je ne craignais d'abuser de votre patience, je vous ferais part de quelques réflexions que m'a suggérées l'étude de cette question.

Les conditions que vous avez posées :

$$\begin{aligned} r_1 &= \frac{1}{n} - 1, \quad r_2 = \frac{2}{n} - 1 \quad \text{ou} \quad r_1 = -\frac{1}{2}, \quad r_2 = \frac{1}{2}, \\ s_1 &= 1 + \frac{1}{n}, \quad s_2 = 1 + \frac{2}{n} \quad \text{ou} \quad s_1 = \frac{3}{2}, \quad s_2 = \frac{5}{2} \end{aligned}$$

vous les avez trouvées en cherchant à satisfaire deux hypothèses : 1° z devait être eindeutig en ζ, 2° toute fonction rationnelle et symétrique de z_1 et de z_2 devait être eindeutig en u_1 et en u_2.

Mais si l'on ne fait que la première hypothèse (z eindeutig en ζ) ces conditions ne sont plus nécessaires. Si en effet l'objection dont je vous ai parlé dans ma dernière lettre n'existait pas, les conditions que l'on trouverait (en raisonnant tout à fait comme vous l'avez fait dans votre mémoire) seraient les suivantes : que pour tous les points singuliers la différence des racines des équations déterminantes fût une partie aliquote de l'unité. On aurait ainsi une classe d'équations beaucoup plus étendue que celle dont vous vous êtes occupé et auxquelles votre théorème s'appliquerait. Malheureusement l'objection que j'ai soulevée exige une étude plus approfondie de la question ; et cette étude, je n'ai pu la faire que dans le cas où il n'y a que deux points singuliers à distance finie.

Soient ρ_1, ρ_2, ρ_3 les différences des racines des trois équations déterminantes. Si on a :

$$\rho_1 + \rho_2 + \rho_3 > 1$$

z est rationnel en ζ.

Si on a

$$\rho_1 + \rho_2 + \rho_3 = 1$$

z est doublement périodique en ζ.

Ces propriétés, je les ai énoncées plus haut et d'ailleurs vous les aviez sans doute déjà découvertes.

Tant que l'on suppose

$$\begin{aligned} r_1 &= -1 + \frac{1}{n}, \quad r_2 = -1 + \frac{2}{n} \quad \text{ou} \quad r_1 = -\frac{1}{2}, \quad r_2 = \frac{1}{2}, \\ s_1 &= 1 + \frac{1}{n}, \quad s_2 = 1 + \frac{2}{n} \quad \text{ou} \quad s_1 = \frac{3}{2}, \quad s_2 = \frac{5}{2} \end{aligned}$$

on ne peut avoir

$$\rho_1 + \rho_2 + \rho_3 < 1.$$

Mais si l'on se borne à la première hypothèse (z eindeuting en ζ), ρ_1, ρ_2, ρ_3 ne sont plus assujettis qu'à être des parties aliquotes de l'unité, et on peut avoir :

$$\rho_1 + \rho_2 + \rho_3 < 1.$$

Alors z n'est plus ni rationnel, ni doublement périodique en ζ, mais je démontre que mon objection peut être levée et que z reste eindeutig en ζ. C'est cette fonction nouvelle que j'ai appelée fonction Fuchsienne et à l'aide de cette transcendante nouvelle et d'une autre qui s'y rattache j'intègre l'équation différentielle du 2^{d} ordre à 2 points singuliers finis, non seulement quand ρ_1, ρ_2, ρ_3 sont parties aliquotes de l'unité ; mais quand ρ_1, ρ_2, ρ_3 sont des quantités commensurables quelconques.
La fonction Fuchsienne a beaucoup d'analogies avec les fonctions elliptiques ; elle n'existe que dans l'intérieur d'un certain cercle et reste méromorphe à l'intérieur de ce cercle. Elle s'exprime par le quotient de deux séries convergentes dans tout ce cercle.
Je ne sais rien au contraire sur les équations différentielles quand il y a plus de 2 points singuliers à distance finie.
Permettez-moi, Monsieur, de vous remercier de votre complaisance, de remercier aussi les équations linéaires auxquelles je dois le plaisir d'être entré en correspondance avec vous.
Veuillez excuser la longueur de ma lettre et agréez l'assurance de ma respectueuse considération.

Poincaré

6 Poincaré à Fuchs

Caen, le 30 juillet 1880

Monsieur

Je vous remercie beaucoup de l'envoi que vous avez bien voulu me faire de votre petit opuscule [37]. Le tableau que vous donnez des intégrales de toutes les équations différentielles lève complètement tous les doutes.

37. [Fuchs, 1880b].
Fuchs donne dans cette note un tableau des différents cas que l'on obtient dans l'étude de l'équation différentielle

$$\frac{d^2\omega}{dz^2} + p\frac{d\omega}{dz} + q\omega = 0$$

en fonction du nombre A de points singuliers.

C'est dans les cas III (1) et IV (1) que s'appliquait mon objection ; vous envisagez en effet l'équation :

$$\frac{d^2\omega}{dz^2} + \frac{1}{2}\frac{d\log R}{dz}\frac{d\omega}{dz} + \frac{\pi^2}{\Omega^2}\frac{1}{R}\omega = 0,$$

pour laquelle votre théorème est évidemment vrai [38] ; mais si au lieu de $\frac{\pi^2}{\Omega^2}$ vous aviez pris un coefficient numérique quelconque α, le théorème se serait trouvé en défaut, quoique les conditions que vous aviez énoncées primitivement et qui sont relatives aux racines des équations déterminantes eussent continué à être remplies. Comme vous aviez négligé d'énoncer cette condition supplémentaire, relative à la valeur du coefficient numérique de $\frac{1}{R}$, je m'y étais laissé tromper et vous voudrez bien m'en excuser.

Permettez-moi d'insister sur les fonctions auxquelles j'ai donné votre nom et que j'ai rencontrées dans ces recherches.

Ces fonctions présentent avec les fonctions elliptiques les plus grandes analogies et sont susceptibles d'être représentées par le quotient de séries convergentes, et cela d'une infinité de manières. Parmi ces séries, il y en a qui sont des séries entières et qui jouent le rôle de fonction Theta.

Elles sont convergentes dans toutes l'étendue d'un certain cercle et, en dehors de ce cercle elles cessent d'exister, ainsi que la fonction Fuchsienne elle-même.

En dehors de ces fonctions, il en est d'autres qui jouent le même rôle que les fonctions Zéta dans la théorie des fonctions elliptiques et grâce auxquelles j'intègre toutes les équations différentielles linéaires d'ordre quelconque à coefficients rationnels toutes les fois qu'il n'y a que deux points singuliers à distance finie et que les racines des trois équations déterminantes sont commensurables. J'ai imaginé aussi des fonctions qui sont aux fonctions Fuchsiennes ce que les fonctions abéliennes sont aux fonctions elliptiques et grâce auxquelles j'espère intégrer toutes les équations linéaires quand les racines des équations déterminantes seront commensurables.

Enfin des fonctions tout à fait analogues aux fonctions Fuchsiennes me donneront, je crois, les intégrales d'un grand nombre d'équations à coefficients irrationnels.

Veuillez, Monsieur, agréer encore une fois mes remerciements, ainsi que l'assurance de ma considération la plus distinguée.

Poincaré

38. R est égal dans le premier cas (III (1)) à $(z-a_1)(z-a_2)(z-a_3)(z-a_4)$, dans le second à $(z-a_1)(z-a_2)(z-a_3)$; dans ces deux cas, Ω est égal à une des période de la fonction elliptique $\int R^{-\frac{1}{2}}dz$. Il s'agit de cas correspondant au quatrième cas évoqué par Poincaré dans sa lettre précédente.

7 Poincaré à Fuchs

Caen, le 20 mars 1881

Monsieur

Je vous remercie beaucoup du mémoire que vous avez eu la bonté de m'envoyer et que j'ai lu avec le plus grand intérêt [39]
J'ai continué à m'occuper des fonctions auxquelles j'ai donné votre nom et j'espère publier prochainement mes résultats [40]. Ces fonctions comprennent comme cas particulier les fonctions elliptiques d'une part, et d'autre part la fonction modulaire. Ces fonctions et d'autres que j'ai appelées zétafuchsiennes permettent d'intégrer :
1°. Toutes les équations différentielles linéaires à coefficients rationnels qui ne présentent que trois points singuliers, deux à distance finie et l'un à l'infini.
2°. Toutes les équations du 2^{d} ordre à coefficients rationnels.
3°. Un grand nombre d'équations de divers ordres à coefficients algébriques [41].
Veuillez agréer, Monsieur, l'assurance de ma considération la plus distinguée.

Poincaré

8 Fuchs à Poincaré

Heidelberg, 4 mars 1882

Monsieur et cher collègue,

À votre mémoire „sur les fonctions uniformes qui se reproduisent par des substitutions linéaires" du 17 Décembre 1881 inséré dans les „*Mathematische Annalen*" [42], M. F. Klein a ajouté à la fin une note datée du 30 Décembre 1881 dans laquelle il ose de vous donner une leçon à la manière de maître d'école à cause que vous avez donné mon nom aux fonctions dont il est question dans votre mémoire. Je pourrais passer sous silence les remarques malignes de M. Klein, aussi bien que

39. [Fuchs, 1881c].
C'est le seul mémoire sur ces questions publié en 1881 par Fuchs.

40. Poincaré est en train de publier une série de notes aux *Comptes rendus hebdomadaires des séances de l'Académie des sciences* sur ces résultats, va publier un premier mémoire dans les *Mémoires de l'Académie nationale des sciences, arts et belles lettres de Caen* [Poincaré, 1882c], un mémoire à la demande de Klein dans les *Mathematische Annalen* [Poincaré, 1882e] et les grands mémoires dans les *Acta mathematica* [Poincaré, 1882k,b].

41. Poincaré [1881f] donne la même conclusion dans sa note aux *Comptes rendus hebdomadaires des séances de l'Académie des sciences* du 21 février 1881. Résoudre sinon toutes, au moins une classe importante d'équations différentielles linéaires était une ambition et une motivation de Poincaré pour engager le programme de recherche lié aux fonctions Fuchsiennes (voir le témoignage de Lecornu cité par Appell [1925a, p. 33].

42. [Poincaré, 1882e].

j'en ai fait souvent à l'égard de M. Klein, depuis qu'il a pris mes travaux pour point de départ de ses études analytiques, sans m'en donner jamais quelques témoignages de sa sympathie. En effet, j'aurais passer sous silence les remarques de M. Klein, comme elles le méritent, d'autant plus qu'elles se censurent par elles-mêmes. Mais dans sa note, il a aussi osé de faire une assertion qui répugne à la vérité. Il dit que je n'ai publié en aucun lieu un mémoire concernant les fonctions qui se reproduisent par des substitutions linéaires. C'est pourquoi je crois le devoir à la dignité de la science, et aussi à vous, Monsieur, de témoigner publiquement que l'assertion de M. Klein n'est pas vraie ; et pour cela je vais publier une note dont je me fais l'honneur de vous envoyer ci-joint une copie textuelle[43]. S'il vous le trouvez convenable de faire insérer une traduction française de ma note dans un journal mathématique de Paris, j'y consentirais de bon cœur et je vous en saurais beaucoup de grâces.

Je prends avec plaisir cette occasion de vous témoigner, Monsieur, mon plus vif intérêt pour vos belles recherches dont j'étais heureux de pouvoir voir le développement dès son origine.

Agréez, Monsieur, l'assurance de mes sentiments de haute estime et d'affection.

L. Fuchs

---

43. [Fuchs, 1882].
Fuchs liste et résume dans cette note un certain nombre de ses travaux qui selon lui relèvent de la question des fonctions invariantes sous l'action de substitutions linéaires, en particulier, son travail de 1876 dans lequel il étudie l'inverse de la fonction formée par le quotient de deux solutions indépendantes d'une équation différentielle linéaire [Fuchs, 1876], le mémoire qui est l'objet de sa correspondance avec Poincaré [Fuchs, 1880d] et son travail dans lequel il fait apparaître des liens entre la théorie des invariants et les équations différentielles du second ordre qui ont des solutions algébriques [Fuchs, 1875]. Il évoque aussi sa correspondance avec Poincaré au sujet du deuxième mémoire :

> Wie aus Briefen hervorgeht, mit welchen unmittelbar nach Erscheinen meiner unter 2) bezeichneten Arbeit Herr Poincaré mich beehrte, hat dieselbe Herrn Poincaré zu seinen ausgezeichneten Untersuchungen über die Functionen, welche durch lineare Substitutionen unverändert bleiben, den directen Anlaß gegeben. [Fuchs, 1882, p. 83]

Carl Friedrich Geiser

Carl Friederich Geiser nait en 1843 à Langenthal (canton de Berne - Suisse). Après des études à l'École polytechnique fédérale de Zürich, puis à l'Université de Berlin où il suit les enseignements de Weierstrass et Kronecker, il soutient en 1866 une thèse intitulée „Beiträge zur synthetischen Geometrie“ à l'Université de Berne sous la supervision de Schläfli [1]. Il effectue alors toute sa carrière à l'École polytechnique fédérale de Zürich obtenant en 1873 la chaire de mathématiques supérieures et de géométrie synthétique. Il est directeur de l'École entre 1881 et 1887 et entre 1891 et 1895. Sous son impulsion, l'École se développe pédagogiquement en choisissant d'offrir non seulement des formations d'ingénieurs mais aussi des formations théoriques en particulier en mathématiques et en recrutant d'éminents enseignants. Il promeut en même temps une politique de construction de bâtiments pour des laboratoires. Il sera aussi le président du comité d'organisation du premier congrès international des mathématiciens (Zürich - 1897). Il décède en 1934 à Zürich.
Les travaux de Geiser concernent la géométrie algébrique et la théorie des surfaces minimales. Il publie une trentaine d'articles dans le *Journal für die reine und angewandte Mathematik*, dans les *Mathematische Annalen*, dans les *Annali die matematica pura ed applicata* et dans les *Verhandlungen der Schweizerischen Naturforschenden Gesellschaft* [2].
Geiser s'adresse à Poincaré en 1885 pour lui demander de suggérer et peut-être de susciter des candidatures françaises pour un poste d'enseignant de calcul différentiel et intégral en français. Geiser évoque son projet de développer l'enseignement en français à l'École polytechnique fédérale de Zürich. L'absence de candidature pour ce poste de mathématiques semble un peu refroidir ses ambitions. Les lettres de Poincaré n'ont pas été retrouvées.

1. [Geiser, 1866].
2. Pour plus de précisions sur le parcours et les travaux de C. F. Geiser, voir [Kollros, 1934]. Sur le rôle de Geiser dans l'organisation du premier congrès international des mathématiciens, voir [Eminger, 2015].

P. Nabonnand et al. (eds.), *La correspondance entre Henri Poincaré et les mathématiciens*, Publications des Archives Henri Poincaré Publications of the Henri Poincaré Archives, https://doi.org/10.1007/978-3-7643-8288-9_28

1 Geiser à Poincaré

Küsnach-Zürich 11 Nov. [1885]
Monsieur Poincaré, maître de conférences à la Sorbonne
Paris

Monsieur et très honoré collègue,

La chaire de calcul différentiel et intégral en langue française à notre école polytechnique suisse sera vacante à Pâques 1886 et il faut dès maintenant dresser une liste des candidats à présenter au conseil de l'école[3]. On m'a invité de m'adresser à des notabilités scientifiques à Paris pour demander des renseignements sur des personnes qu'on pourrait prendre en considération pour cette liste. C'est par cette raison que je viens vous prier de me nommer quelques candidats que vous croyez capable à pourvoir aux besoins de la chaire mentionnée. En votre qualité de maître de conférences à la Sorbonne vous connaissez certainement les jeunes mathématiciens français qui ont fait avec succès leurs études à Paris et j'espère que vous aurez la bonté de m'indiquer en quelques mots en même temps que les noms des candidats leurs titres scientifiques et pédagogiques.
Quant aux conditions d'engagement elles seront traitées individuellement, c'est à dire le salaire sera fixé par le conseil de l'école suivant les qualités scientifiques et pédagogiques du professeur. Pourtant je suis autorisé à vous dire qu'on pense à 5-8000fs par an (ce qui à Zürich équivaut à 8-12000fr à Paris), et même on augmenterait encore pour un homme vraiment distingué.
Nous espérons que le gouvernement français accordera à un jeune savant, disposé à professer chez nous, un congé tout en le conservant sur les cadres de l'université, en lui facilitant de cette sorte pour plus tard une rentrée dans une position honorable en France. En outre notre conseil d'école a proposé au gouvernement fédéral d'augmenter le personnel enseignant en langue français : par conséquent, Zürich ne sera plus un exil, mais un petit centre où une colonie de professeurs et d'étudiants pourra représenter avec succès la science française.
J'ai écrit une lettre à peu près identique à Mr Appell de l'école normale, que j'ai eu le plaisir de voir l'année passée chez vous dans une soirée dont j'ai retenu un souvenir reconnaissant. Je suis sûr, qu'en m'adressant à vous deux de recevoir les renseignements les plus explicites et les plus autorisées. Je vous en remercie d'avance.
Recevez, Monsieur et très honoré collègue, l'assurance de ma plus parfaite considération.

C.F. Geiser

3. C. F. Geiser est à l'époque directeur de l'École polytechnique fédérale de Zürich.

2 Geiser à Poincaré

Küsnach-Zürich 3 Dec. 1885
Monsieur Poincaré, Paris rue Gay Lussac 66

Monsieur et très honoré collègue,

Par votre lettre j'ai appris à mon grand regret qu'il est très difficile de trouver en ce moment un jeune savant de talent, qui serait intentionné de venir professer à notre établissement le calcul différentiel et intégral en langue française. Vous me communiquez que Mrs Darboux et Hermite sont du même avis et une lettre de Mr Appell me dit à peu près la même chose.
Permettez pourtant que je revienne encore une fois sur ma demande. En consultant le livre publié l'année passée sur l'École normale et ses élèves [4], j'y trouve les noms de plusieurs mathématiciens dont l'un ou l'autre pourrait bien se qualifier pour la chaire vacante. Je pense d'abord à Mr Goursat [5] ou à Mr Königs [6]. Ne croyez vous pas que par l'intermédiaire du gouvernement français il serait possible d'engager l'un ou l'autre de ces M^{rs} du moins pour quelques années ? Je nommerais ensuite Mrs Brunel [7] et Raffy [8]. Quels sont les appointements de ces M^{rs} et quelles sont les positions où ils se trouvent en ce moment ? N'a-t-il pas encore d'autres candidats dont les titres scientifiques et pédagogiques pourraient être discuté[s] ? N'auriez vous pas l'extrême obligeance de me donner un petit résumé de votre opinion sur les candidatures possibles, peut-être en consultant aussi Mr Appell [9], qui dans sa position de maître de conférence à l'École normale a certainement des relations personnelles avec les anciens élèves de cet établissement ?
J'ose encore appeler votre attention sur le point suivant : Quand nous nous sommes adressés il y a plusieurs années à Mrs Hermite et Darboux il s'agissait d'une chaire de hautes mathématiques et alors on discutait en première ligne les qualités scientifiques des candidats. Aujourd'hui il s'agit surtout d'un bon professeur. Le titulaire actuel, Mr. Méquet [10], n'a jamais rien publié, pourtant l'autorité supérieure de notre école a toujours été très satisfaite des résultats de son enseignement. Nous

4. [École normale supérieure, 1883].

5. Voir la notice biographique d'Édouard Goursat (p. 299). E. Goursat vient de quitter Toulouse où il enseignait le calcul différentiel et intégral pour occuper un poste de maitre de conférences à l'École normale supérieure en charge des enseignement de la géométrie descriptive et du calcul différentiel et intégral.

6. Gabriel Königs enseigne en 1885 l'analyse à la Faculté des sciences de Toulouse. Il obtiendra en 1886 la chaire de mécanique analytique du Collège de France qu'il occupera jusqu'en 1895.

7. Voir la notice de Georges Brunel (p. 125). G. Brunel avait succédé à Jules Hoüel en 1884 comme professeur de mathématiques pures à la Faculté des sciences de Bordeaux.

8. Louis Raffy est nommé le 1er août 1885, maitre de conférences à la Faculté des sciences de Paris.

9. Paul Appell était maitre de conférences à l'École normale supérieure jusqu'au 23 novembre 1885, date à laquelle il est nommé professeur de mécanique rationnelle à la Faculté des sciences de Paris.

10. Édouard Méquet (1821-1897) est professeur de mathématiques à l'École polytechnique fédérale de Zürich entre 1860 et 1885.

pensons par conséquent, que s'il nous faut renoncer effectivement à l'idée d'engager un homme d'un talent scientifique sûrement distingué, il nous serait du moins possible de trouver un bon professeur.
Si j'insiste tant de voir encore les renseignements que vous avez eu la bonté de me fournir, c'est parce qu'il ne s'agit pas seulement de la chaire vacante. Si nous ne réussissons pas, de trouver en France un successeur à Mr Méquet, il est fort à craindre que notre projet d'augmenter le nombre de nos professeurs français sera sérieusement ébranlé. Je n'ai pas à vous dire combien je regretterai cette conséquence fâcheuse.
Permettez donc, monsieur et très honoré collègue, que je vous prie, même au risque de vous importuner, de bien vouloir prendre en considération ma demande renouvelée.
Agréez les salutations les plus empressées
De votre tout dévoué

C. F. Geiser

3 Geiser à Poincaré

[Küsnach-Zürich 4 Fév. 1886]

Monsieur et très honoré collègue,

Vous excuserez, que j'ai tardé si longtemps de répondre à votre lettre du 4 Janvier. Voilà le motif : le conseil de l'école s'est réuni vers la fin de décembre de l'année passée pour décider sur la présentation d'un titulaire de la chaire de calcul diff. et intégral. En vue du résultat négatif des recherches en France on a élu Mr. Franel, un jeune Vaudois, qui était autrefois élève de l'école polytechnique de Zürich. Plus tard il a été à Berlin pour compléter ses études ; à Paris il a passé des examens de licence. Deux années de professorat à l'école industrielle de Lausanne ont développé ses qualités pédagogiques et nous avons la certitude qu'il remplira ses devoirs envers nos élèves à notre pleine satisfaction [11].
Mais (comme je crois, je vous l'ai écrit antérieurement), il y avait à trancher une question plus générale. L'idée du conseil de l'école d'augmenter le nombre de nos chaires françaises devait elle tomber devant l'impossibilité de trouver des candidats convenables ? Malgré l'échec dans le cas actuel, on a cru de devoir maintenir, et le conseil fédéral dans une décision prise dans le courant du mois janvier a plaisamment partagé le point de vue de l'administration des Polytechniciens. Par conséquent le conseil de l'école ouvrira une enquête détaillée qui aura pour but de lier plus étroitement les intérêts de notre établissement aux intérêts de la science et de l'industrie de la France. Sans doute une délégation sera envoyée à Paris pour étudier les moyens les plus pratiques pour arriver au but. Je me permettrai de

11. Pour une biographie de Jérôme Franel, voir [Kollros, 1940].

recommander ces Messieurs à votre bienveillant accueil, en supposant qu'en votre position vous trouverez l'occasion de faciliter notre entreprise.
Oserai-je vous dire, que les indications que vous avez eu la bonté de me donner sur les traitements de Mr Raffy, Brunel et Königs m'ont confirmé dans l'idée que nous réussirons, avec vos instructions, dès que le gouvernement français déclarera aux jeunes savants qu'on peut « tenir une place » aussi à Zürich; et telle était effectivement l'idée de feu Mr. Dumont [12] dont je regrette sincèrement la mort prématurée. Quant aux appointements je suis sur que la confédération aussi fera son possible de satisfaire aux besoins de notre école. Si plus tard la possibilité s'ouvrira de pourvoir une chaire de mathématiques supérieures en langue française nous ne perdrons pas de vue les candidats dont je viens de parler, et nous noterons aussi le nom de Mr. Hott [13], si toutefois il arrive à se distinguer par ses productions scientifiques.
Pardonnez, Monsieur et très honoré collègue, cette expansion de vœux sur un sujet à qui j'attache des espérances du premier ordre pour la prospérité de notre établissement et agréez l'expression de ma considération la plus distinguée.

Künach-Zürich 4 Fév. 1886
C.F. Geiser

12. Albert Dumont a été de 1879 jusqu'à son décès en 1884 le directeur de l'Enseignement supérieur au Ministère de l'Instruction publique [Dubois, 2002, p. 66].

13. Stanislas Hott (1860-1915) est professeur à l'École Sainte Geneviève. Il ne publie que très peu d'articles.

James Whitbread Lee Glaisher

James Whitbread Lee Glaisher naît en 1848 dans le Kent dans une famille de la bourgeoisie intellectuelle. Son père, James, est un astronome et météorologue renommé, qui occupe un poste important au sein de l'Observatoire de Greenwich. J. W. L. Glaisher commence ses études à l'École St. Paul à Londres, puis les poursuit à partir de 1867, à Trinity College à Cambridge. Son diplôme obtenu, il devient *fellow* du Trinity College ; il y poursuit sa carrière et enseignera à Cambridge toute sa vie. Il est très impliqué dans les sociétés savantes (Royal astronomical society, London mathematical society, British association for the advancement of sciences). Il est ainsi responsable (entre 1872 et 1883) des divers projets portés par le comité des tables mathématiques de l'Association britannique pour l'avancement des sciences [1].
Ses travaux de recherche concernent pour l'essentiel le calcul des tables numériques et l'arithmétique et dans une moindre mesure, les fonctions spéciales. Il publie plus de 400 notes, articles et mémoires dans le *Quaterly Journal of Pure and Applied Mathematics* et le *Messenger of Mathematics* dont il est l'éditeur pendant de longues années. On peut aussi noter que Glaisher est un des deux représentants britanniques de la Commission permanente du Répertoire bibliographique des sciences mathématiques.
J. W. L. Glaisher décède en 1928 à Cambridge.
La lettre adressée début 1892 par J. W. L. Glaisher à Poincaré fait suite à une rencontre à Cambridge ; Glaisher annonce à Poincaré l'envoi de la table des facteurs premiers des nombres jusqu'à six millions ; il lui explique les difficultés qu'il rencontre à retrouver des tirés à part de ses travaux en arithmétique. Poincaré s'intéresse entre autres à cette époque à la théorie des nombres premiers. Dans une note publiée en 1891 aux *Comptes rendus hebdomadaires des séances de l'Académie des sciences* [2], il donne des bornes contrôlant la loi de distribution des nombres premiers de la forme $4n + 1$ inférieurs à un nombre x ; dans un article publié la même année dans le *Journal de mathématiques pures et appliquées* [3], il s'intéresse à l'extension aux nombres premiers complexes des inégalités de Chebyshev.

1. Pour plus de précisions sur l'investissement de J. W. L. Glaisher dans ces projets, voir [Campbell-Kelly et collab., 2003, p. 235-239].
2. Poincaré [1891d].
3. [Poincaré, 1891b].

P. Nabonnand et al. (eds.), *La correspondance entre Henri Poincaré et les mathématiciens*, Publications des Archives Henri Poincaré Publications of the Henri Poincaré Archives,
https://doi.org/10.1007/978-3-7643-8288-9_29

Glaisher à Poincaré

January 13, 1892 [4]

Dear M. Poincaré

I am very sorry not to have written to you before. I never did any mathematical work connected with the numbers of $4n + 1$ and $4n + 3$ primes : all I did was to make certain enumerations of these numbers. The paper which I send herewith, by book post, contains all that I have published [I believe I did have more made : but it was very difficult to be sure of the absolute accuracy & there were all that were published, that is required]. You will see that I edicted the first 100.000 numbers in each of the six millions, for which factor tables were then published, to count, & counted the number of $4n + 1$ and $4n + 3$ primes in them. The results did not show as such a decided preponderance of one form above the other as to tempt me to go on with the task which soon was, as I have said, difficult to obtain accuracy in [5].

I could not remember where my results were published, and then it took me a long search to find the separate copies.

I sent off this morning by book post a copy of my father's Factor table for the sixth million (which I hope you will accept) because it contains a comparison between the primes counted and the numbers given by Legendre's and Riemann's formulæ, which I made at that time [6].

I meant to have sent you also a copy of the fourth million, because it contains a bibliography of all the papers I knew of at that time upon the frequency of primes, but I find that my father has no copy at his house, and it would be necessary to get one from the publishers : and, it is scarcely worth this, as you probably know of all the papers as well as I do. It is some years (not in fact since the publication of the sixth million) since I have done anything to prime numbers work. I am so very glad that you are taking up the mathematical theory of their distribution

4. Cette lettre est rédigée avec un papier à en-tête de *Trinity College. Cambridge.*

5. *Note de Glaisher* : I was getting rather tired of this sort of work then.
J. W. J. Glaisher semble s'être éloigné du comité des tables de la BAAS après la publication du troisième tome [Campbell-Kelly et collab., 2003, p. 239] (voir la note 6 plus bas).

6. [Glaisher, 1883]. Le projet d'une table qui permettrait de décomposer en facteurs premiers les six premiers millions de nombres est un projet qui réunit le comité des tables numériques de l'Association britannique pour l'avancement des sciences (BAAS) et l'Académie de Berlin. J. W. L. Glaisher en tant qu'élève de Cayley, un des promoteurs du projet, s'investit particulièrement dans son organisation. Son père, James Glaisher préside à partir de 1877 le comité de la BAAS et à ce titre est l'éditeur des tables qui paraitront en 3 volumes (1879, 1880, 1883). Le troisième volume contient une étude empirique des formules de Legendre et de Riemann. Pour plus de précisions, voir [Johnson, 1884] et [Campbell-Kelly et collab., 2003].

I am very sorry that your visit to Cambridge was so short, but I am very pleased to have been able to meet you personally[7].

I remain
yours very truly
J.W.L Glaisher

I believe it was the formulæ in Tchebychef's paper that find made me wish to enumerate separatly the $4n+1$ and $4n+3$ primes[8].

7. Poincaré a effectué une visite en Angleterre au cours du mois de juin 1891 (voir la lettre adressée par J. J. Sylvester à Poincaré le 24 juin 1891 (p. 722) et [Parshall, 2006, p. 280]).

8. A. N. Kolmogorov et A. A. Yushkevich indiquent dans leur ouvrage sur l'histoire des mathématiques au 19e siècle qu'en sus de son célèbre « Mémoire sur les nombres premiers » [Chebyshev, 1852], P. Chebyshev a publié plusieurs articles concernant les nombres premiers de la forme $4n+1$ ou $4n+3$ [Kolmogorov et Yushkevich, 2013, p. 186-187]. Ils ajoutent

> The attempt to extend Chebyshev's theorems to complex prime numbers is due to Henri Poincaré [1891d,b]. Instead of Chebyshev's functions $\theta(x)$ et $T(x)$ he examined the function $T^*(x)$, equal to the sum of the logarithm of the norms of all ideals with norm $\leq x$, and the function $\theta^*(x)$ equal to the sum of logarithms of the norms of all prime ideals with norm $\leq x$, but failed to obtain analogues of Chebyshev's inequalities for these functions. In his article, Poincaré established some other results concerning the sum of logarithms of prime numbers of the form $4n+1$ and the number of primes of that form for $4n+1 \leq x$. [Kolmogorov et Yushkevich, 2013, p. 188]

Édouard Goursat

Édouard Goursat nait en 1858 à Lanzac (Lot - France) dans un milieu modeste. Après des études secondaires au lycée de Brive la Gaillarde et au lycée Henri IV de Paris, il intègre l'École normale supérieure en 1876 où il suit entre autres les enseignement de Gaston Darboux, d'Émile Picard et de Charles Hermite. Agrégé de mathématiques en 1879, il prépare une thèse *sur l'équation différentielle linéaire qui admet pour intégrale la série hypergéométrique* [1] qu'il soutient le 8 juillet 1881. Il est alors nommé à l'Université de Toulouse comme professeur de calcul différentiel et intégral ; en 1885, il rejoint Paris comme maître de conférences de géométrie descriptive et de calcul différentiel et intégral à l'École normale supérieure. Il obtient en 1897 la chaire de calcul différentiel et intégral de la Faculté des sciences de Paris et termine sa carrière en occupant à partir de 1931 la chaire d'analyse et algèbre supérieures. Il prend sa retraite en 1933 et décède à Paris en 1936.
Les travaux de Goursat concernent l'analyse complexe, la théorie des transformations rationnelles des équations différentielles linéaires, la série hypergéométrique, l'équation de Kummer, la réduction des intégrales abéliennes, la géométrie infinitésimale et l'équation de Monge-Ampère [2].
La lettre envoyée par Goursat en 1882 à Poincaré concerne une note qu'il publie en 1882 aux *Comptes rendus* sur les fonctions lacunaires [3] et qui a une certaine intersection avec les travaux de Poincaré [1883d] sur le même sujet. Elle est particulièrement intéressante car elle illustre le rôle important des tirés à part dans la circulation mathématique : l'article de Poincaré a été rédigé en 1881, remis à Mittag-Leffler la même année. Poincaré a reçu les tirés à part de son article en 1881 alors que l'article est publié en 1883. Le contenu de l'article de Poincaré circule donc dès le mois d'août 1881 sans que l'article ait été publié, ce qui explique que Goursat le reçoive en mars 1882 [4].

1. [Goursat, 1881].
2. [Picard, 1936].
3. Goursat [1882].
4. Voir l'introduction de ce volume, p. 30.

P. Nabonnand et al. (eds.), *La correspondance entre Henri Poincaré et les mathématiciens*, Publications des Archives Henri Poincaré Publications of the Henri Poincaré Archives, https://doi.org/10.1007/978-3-7643-8288-9_30

Goursat à Poincaré

Toulouse, 27 Mars 1882 [5]

Monsieur,

Je reçois à l'instant un exemplaire de votre travail sur les fonctions à espaces lacunaires [6]. Comme je ne suis pas encore très au courant de tout ce qui se publie en Mathématiques, surtout de ce qui se publie à l'étranger, il m'arrive quelquefois de faire des découvertes comme celle-là. Je vous prie de croire que, lorsque j'ai adressé ma note à Mr Hermite, je n'avais aucune connaissance de votre méthode [7] ; je regrette que Mr Hermite [8] ne m'ait pas prévenu immédiatement au lieu de communiquer à l'Académie des Sciences une démonstration qui me paraît, quant au fond, identique à la vôtre [9]. En terminant cette lettre, permettez-moi de vous

5. É. Goursat est à l'époque maitre de conférences à l'Université de Toulouse.

6. Des tirés à part de l'article de Poincaré [1883d] sur les fonctions à espaces lacunaires devaient circuler. Voir les lettres 9 et 10 de la correspondance de Poincaré et Mittag-Leffler [Nabonnand, 1999, p. 81-84] et l'introduction de ce volume, p. 30.

7. Hermite évoque cette « rencontre » dans sa lettre adressée à Mittag-Leffler le 6 avril 1882 :

> [...] je vous ai adressé une thèse volumineuse de Mr Goursat, sur la série hypergéométrique, qui est une œuvre du plus grand mérite et qui annonce un géomètre de talent. En attendant que vous m'informiez si peut-être elle ne vous serait pas parvenue, je vous dirai que la belle note de Mr Poincaré sur les espaces lacunaires ne lui était point connue, lorsqu'il a envoyé aux *Comptes rendus* l'article où il trouve les mêmes choses, et qu'il s'en est amicalement expliqué avec l'inventeur des fonctions fuchsiennes. [Dugac, 1984b, p. 153]

8. Le thème des fonctions à espaces lacunaires passionnait Hermite [Darboux, 1913, p. xxi].

9. [Goursat, 1882]. Dans sa note présentée par Hermite, Goursat propose un exemple de fonction à lacune en considérant deux suites de nombres complexes (a_ν) et $(c_\nu$ telles que $\sum_{\nu=0}^{\infty} |c\nu| < \infty$. Il forme alors dans A, «une région du plan à contour simple» qui ne contient aucun a_ν, la fonction :

$$F(x) = \sum_{\nu=0}^{\infty} \frac{c_\nu}{1 - \frac{x}{a\nu}}.$$

Cette série étant convergente, la fonction F est développable autour de chaque x_0 à l'intérieur de A en «une série convergente ordonnée suivant les puissances croissantes de $x - x_0$, $P(x - x_0)$. Goursat montre alors que le disque $D(x_0, R)$ où R est le rayon du plus grand cercle ayant pour centre x_0, «ne contient aucun point de la série (a_ν)» est le domaine de convergence de la série $P(x - x_0)$ et que les points de la suite (a_ν) qui appartiennent au cercle $C(x_0, R)$ sont des singularités essentielles. Il suffit alors à Goursat de considérer un domaine constitué à partir de tels disques pour construire une «fonction à lacune» :

> Considérons maintenant une aire T ne renfermant aucun point de la série (a_ν), limitée par une ou plusieurs courbes, ayant une tangente en chacun de leurs points, et telles que, sur un arc fini de l'une d'elles, il y ait toujours une infinité de points de la série (a_ν). La série $F(x)$ définit une fonction uniforme à l'intérieur de l'aire T ; de plus, si x_0 est un point de cette aire, et $P(x - x_0)$ la série correspondante par laquelle on peut exprimer $F(x)$ dans le voisinage du point x_0, le cercle de convergence de cette série est le plus grand cercle C qui, ayant pour centre le point x_0 ne renferme en son intérieur aucune partie du contour de T. [...] Il est donc impossible de continuer la fonction $F(x)$ en dehors de l'aire T. [Goursat, 1882, p. 717-718]

dire que, tout en regrettant de m'être laissé devancer dans cette voie, je ne puis m'empêcher d'être fier de m'être rencontré avec vous.
Veuillez agréer, Monsieur et cher collègue, l'assurance de mes sentiments distingués.

E. Goursat

Jørgen Pedersen Gram

Jørgen Pedersen Gram nait en 1850 à Nusdrup (Danemark) dans une famille d'agriculteurs. Il fait des études de mathématiques à l'Université de Copenhague. En 1879, il soutient une thèse sur les développements en série déterminés par la méthode des moindres carrés. Depuis 1875, il travaillait dans une compagnie d'assurance et il effectuera toute sa carrière professionnelle dans ce domaine. Il décède en 1916 à Copenhague.

Les contributions de Gram concerne l'algèbre, les probabilités, l'arithmétique. On peut signaler une série d'articles dans lesquels il développe un modèle pour optimiser l'exploitation d'une forêt (1883-1889). Il publie pour l'essentiel dans des journaux danois tout en proposant de temps en temps un mémoire dans des journaux allemands. Sa contribution sur les zéros de la fonction $\zeta(s)$ de Riemann parait dans les *Acta mathematica* en 1903.

La lettre qu'il adresse à Poincaré en mars 1892 concerne le *Répertoire bibliographique des sciences mathématiques.*

Gram à Poincaré

Copenhagen, 28/3 1892

Monsieur !

En réponse à votre lettre du 29 février [1], j'ai l'honneur de vous annoncer que j'ai depuis quelque temps entrepris la confection des fiches appartenant au Répertoire bibliographique [2]. La littérature mathématique du Danemark est peu riche mais les mémoires scientifiques sont en partie distribués dans divers recueils dont l'examen est assez prolixe et étendu [3]. Comme collaborateurs, j'ai engagé deux jeunes

1. Il s'agit certainement d'une circulaire de la Commission permanente du *Répertoire bibliographique des sciences mathématiques.* Voir la lettre 21 (p. 254).

2. J. P. Gram apparait comme le représentant danois à la Commission permanente du *Répertoire bibliographique des sciences mathématiques* [Commission permanente du Répertoire bibliographique des sciences mathématiques, 1893, p. ix].

3. La liste des journaux danois dépouillés dans le cadre du *Répertoire bibliographique des sciences mathématiques* comprend quatre items : *Schriften der Kopenhagener Akademie, Bulletin de l'Académie de Copenhague, Mémoires de l'Académie de Copenhague, Nyt Tidsscrift for*

P. Nabonnand et al. (eds.), *La correspondance entre Henri Poincaré et les mathématiciens*,
Publications des Archives Henri Poincaré Publications of the Henri Poincaré Archives,
https://doi.org/10.1007/978-3-7643-8288-9_31

géomètres MM. P. Heegaard[4] et A. S. (*illisible*), je surveille moi-même que la classification sera correcte ce qui quelquefois présente quelque difficulté. Les fiches peuvent être achevées dans une ou deux mois ; aujourd'hui je vous envoie quelques unes (représentant une suite de dissertations sur des objets les plus différents)[5]. Je vous prie de les examiner et m'en faire communication si nous avons fait des méprises[6].

Agréez, Monsieur, l'assurance d'une plus parfaite considération

J. Gram
Directeur et docteur es sciences
(6, Alhambravej, Copenhagen V)

Mathematik. En fait, le répertoire bibliographique ne fait état que d'un seul article paru dans une revue danoise, un article de Gergonne sur la queue des comètes publié en 1828 dans *Schriften der Kopenhagener Akademie.*

4. Poul Heegaard est alors étudiant à l'Université de Copenhague.

5. Trois monographies d'origine danoise sont référencées dans le *Répertoire bibliographique des sciences mathématiques* ([von Hansen, 1874], [Petersen, 1871] et [Zeuthen, 1865]).

6. Voir la lettre adressée par Poincaré à Ocagne en 1890 (p. 597).

Anton Karl Grünwald

Anton Karl Grünwald nait à Prague en 1838. Après des études à la *Prager Universität Mathematik und Maschinenbau*, il soutient une thèse en 1861. Il effectue toute sa carrière à l'Université allemande de Prague, d'abord comme *Privat Dozent* (1863), puis comme professeur extraordinaire (1870) et enfin comme professeur ordinaire (1881).
Ses travaux concernent le calcul intégral, la géométrie des courbes et la mécanique. La lettre adressée par Grünwald en 1884 à Poincaré concerne les fonctions fuchsiennes et plus précisément les deux articles qui vont paraître cette année aux *Acta mathematica* sur les groupes des équations différentielles linéaires et sur les fonctions zétafuchsiennes [1]

Grünwald à Poincaré

Prague, 6 Février 1884

Monsieur !

Je vous prie de me mettre, s'il est possible, à mes frais et dépens, soit une empreinte séparée, soit une copie bonne faite de votre excellent Mémoire « sur les fonctions fuchsiennes », que vous avez présenté à l'Académie dans la séance du 14 février 1881, et des autres publications, non contenues dans les « Comptes rendus » ou dans les « Acta mathematica de M. Mittag-Leffler », contenant les démonstrations des théorèmes que vous avez jusqu'ici énoncés sur l'application de fonctions fuchsiennes et zétafuchsiennes à la solution des équations différentielles linéaires.
Je suis, Monsieur, avec la plus grande estime

votre serviteur
D^r. Antoin Grn̈wald
Professeur des Mathématiques
à l'école polytechnique (allemande)
à Prague (Autrichen, Bohème)
(N^r 43 neu, Augezdergasse)

1. [Poincaré, 1884f,a].

P. Nabonnand et al. (eds.), *La correspondance entre Henri Poincaré et les mathématiciens*, Publications des Archives Henri Poincaré Publications of the Henri Poincaré Archives, https://doi.org/10.1007/978-3-7643-8288-9_32

Giovanni Guccia

Giovanni Guccia nait en 1855 à Palerme dans une famille très aisée. Après une éducation patricienne, il commence en 1874 des études de mathématiques à l'Université de Palerme, puis les poursuit à partir de 1875 à l'Université de Rome où il suit entre autres les enseignements de Luigi Cremona qui supervisera sa thèse. En 1880, Guccia soutient à Rome une thèse consacrée à une classe de surfaces représentables point par point sur un plan [1]. De retour à Palerme, il enseigne à l'université.

En 1884, Guccia crée le *Circolo mathematico di Palermo* dans l'intention d'en faire rapidement la principale association mathématique italienne. En 1885, le *Circolo* se dote d'une revue, les *Rendiconti del Circolo matematico di Palermo* [2]. Guccia est le secrétaire du *Circolo* et le rédacteur en chef des *Rendiconti*.

Guccia obtient en 1889 la chaire de géométrie de l'Université de Palerme qu'il occupera jusqu'à son décès en 1914 [3]. Dans les lettres qui suivent, une circulaire de la commission permanente du *Répertoire bibliographique des sciences mathématiques* nous rappelle que Guccia est dès le Congrès de bibliographie mathématique (Paris - 16-19 juillet 1889) membre de cette commission en tant que délégué italien [4].

Les intérêts mathématiques de Guccia concernent essentiellement la géométrie algébrique. Il publie des notes dans les *Comptes rendus de l'Académie des sciences* qu'il développe la plupart du temps dans son journal [5].

Guccia et Poincaré entretiennent une relation très amicale sur plus de 24 ans qui se traduit par un investissement non négligeable de Poincaré dans les *Rendiconti* [6]. Ils se rencontrent lors de la séance du 18 novembre 1885 de la Société mathématique

1. Pour avoir une idée du travail de thèse de Guccia, on peut consulter l'exposé qu'il en fait au Congrès de l'Association française pour l'avancement des sciences de Reims (1880) [Guccia, 1880].

2. Pour plus de précisions sur le *Circolo*, voir [Brigaglia et Masotto, 1982].

3. Pour plus de détails sur le parcours de Guccia, voir [de Franchis, 1915], [Speziali, 2008] et [Bongiorno et Curbera, 2018].

4. [Commission permanente du Répertoire bibliographique des sciences mathématiques, 1893, p. viii].

5. Guccia publie en 1889 quatre mémoires dans les Comptes rendus de l'Académie des Lincei. Une bibliographie relativement exhaustive des travaux de Guccia est publiée dans le volume 39 (1917) des *Rendiconti* (p. XI-XIV).

6. À partir de 1899, les *Rendiconti* sont le journal étranger dans lequel Poincaré publie le plus.

P. Nabonnand et al. (eds.), *La correspondance entre Henri Poincaré et les mathématiciens*,
Publications des Archives Henri Poincaré Publications of the Henri Poincaré Archives,
https://doi.org/10.1007/978-3-7643-8288-9_33

de France[7]. Guccia donne ce jour-là une communication sur les systèmes linéaires de courbes planes unicursales. Leur rencontre est évoquée par Guccia quelques mois plus tard dans une lettre adressée à Luigi Cremona le 8 août 1886 :

> In dicembre[8] scorso ebbi a fare una lunga comunicazione in seno della Société Mathématique intorno ai *sistemi lineari* ∞^k*, qualunque, delle curve piane razionali, la quale aveva due scopi* [...].
> Dopo la seduta, il Poincaré (di un ingegno versatile e profondo, superiore a qualunque altro dei matematici francesi) mi domandò degli schirimento che io gli fornii. L'argomento lo seduceva molto, forse per i legami che aveva coll'Algebra, e lo vedevo quasi disposto ad entrare (il Poincar è analista puro) in quest'ordine die richerche geometriche. [Cerroni, 2013, p. 110-111]

Après cette première rencontre, Poincaré reprend contact en 1888 pour proposer à Guccia une note explicative en théorie des fonctions qui paraitra dans le deuxième volume des *Rendiconti*. À partir de ce moment, Poincaré sera un contributeur régulier du journal de Guccia. Pour autant il n'est ni le premier étranger, ni même le premier français à s'intéresser aux *Rendiconti* ou à rejoindre le *Circolo*. Ainsi, Eugène Catalan [1887] publie dans le premier volume des *Rendiconti* et Georges Halphen [1888], Camille Jordan [1888] ou A. Starkov [1888] contribuent au nouveau journal italien avant Poincaré. De même, Poincaré est élu membre du *Circolo* en 1890[9]. E. Catalan (1886), Georges Fouret, Thomas Hirst, Georges Humbert, J. S. et M. N. Vanecek (1887), C. Jordan et Ernest Lebon l'ont précédé. Par contre, Poincaré entre dans le comité éditorial des *Rendiconti* en 1891 et jusqu'en 1904, il en est le seul membre étranger avec Mittag-Leffler (1893)[10].
Les lettres échangées entre 1888 et 1912 concernent bien sûr les contributions de Poincaré aux *Rendiconti*, mais aussi le concours pour la médaille Guccia, le congrès de Rome, les visites respectives de l'un chez l'autre... Elles montrent bien que les deux hommes s'apprécient, bien au delà des simples relations académiques.
Les lettres adressées par Poincaré à Guccia sont conservées dans les archives du *Circolo matematico di Palermo.*

---

7. (*Bulletin de la société mathématique de France*, 14 (1886), p. 137).
Guccia est membre de la Société mathématique de France depuis le mois de novembre 1880. Sa candidature avait été présentée par C. Jordan et C. Stephanos.

8. Guccia se trompe légèrement de date, c'était comme en attestent les procès verbaux des séances de la Société mathématique de France en novembre.

9. On lit dans le compte rendu de la séance du 23 mars 1890 du *Circolo* (*Rendiconti del Circolo matematico di Palermo*, 4 (1890), p. 275) :
« Il sig. Enrico Poincaré (Parigi) è eletto, per acclamazioni, socio non residente del Circolo. »

10. Poincaré propose à Guccia plusieurs des travaux de mathématiciens comme Zaremba ou De Donder.

1 Poincaré à Guccia

Paris, le 27 Octobre 1888 [11]

Mon cher ami,

La lecture de la note de M. Vivanti, dans un des derniers numéros des *Rendiconti* [12], m'a vivement intéressé et m'a inspiré diverses réflexions qu'il ne sera peut être pas inutile de mettre sous les yeux de vos lecteurs.
D'après M. Vivanti, une fonction multiforme est de la n^e puissance, si l'ensemble des valeurs qu'elle peut prendre pour une valeur donnée de la variable est lui-même de la n^e puissance, au sens de M. Cantor [13]. En particulier, elle sera de la 1ère puissance si elle peut prendre en un point donné une infinité de valeurs susceptibles d'être rangée en une série linéaire :

$$y_1, y_2, \dots, y_n, \dots,$$

de façon que chacune d'elles se trouve dans cette série une fois et une seule, avec un indice déterminé; si en d'autres termes, on peut assigner à chacune de ces valeurs un numéro d'ordre. Au contraire une fonction qui pourrait prendre en un point donnée, par exemple toutes les valeurs possibles commensurables, ou non, ou encore toutes les valeurs incommensurables serait de la 2de puissance. Je me propose d'établir qu'il n'y a pas de fonction analytique multiforme d'une puissance supérieure à la 1ère. Mais pour cela il faut bien s'entendre sur ce qu'on doit appeler fonction analytique.
J'adopterai les définitions de M. Weierstrass.

---

11. Cette lettre est publiée quasi in extenso dans le tome 2 des *Rendiconti del Circolo matematico di Palermo* [Poincaré, 1888b].
Dans l'analyse de ces travaux publiés par lui-même, Poincaré [1921a] évoque le résultat démontré dans cette lettre :

> La théorie des fonctions non uniformes est loin d'être aussi avancée que celle des fonctions uniformes. J'ai montré d'abord que le nombre de leurs déterminations s'il est infini est de la 1^{ière} puissance au sens de Cantor. [Poincaré, 1921a, p. 67]

12. [Vivanti, 1888].
13. Vivanti n'envisage en fait que le cas des fonctions de 2e puissance :
« Ora dalle ricerche di G. Cantor sugli aggregati (*Manigfaltigkeiten*) di punti o di numeri risulta senza alcuna difficoltà che l'insieme dei punti che rappresentano nel piano y i numeri (a) è della 1ª potenza o classe (*Manigfaltigkeit, Klasse*) ossia è enumerabile (*abzahlbar*). Questo insieme 'e bensì tale che in ogni parte comunque piccola del piano sono contenuti infiniti elementi di esso (cioè è *uberalldicht*), ma è quasi un nulla in confronto all'insieme di tutti i punti del piano, che, com' è noto, ha la 2ª potenza. » [Vivanti, 1888, p. 136]
L'article de Vivanti fait de multiples fois référence aux théories de Cantor ainsi qu'à l'article de Poincaré [1883j] sur la théorie des fonctions pour signaler qu'une des démonstration de Poincaré ne vaut que pour les fonctions de la 1ère puissance [Vivanti, 1888, p. 138]. Poincaré explique dans cette lettre qu'il n'y a en fait pas de restriction puisque « l'ensemble des déterminations d'une fonction analytique en un point donné est toujours au plus de la 1ère puissance » (p. 311).

Un élément de fonction analytique sera une série de puissances convergente à l'intérieur d'un certain cercle. Deux éléments de fonctions seront la continuation analytique l'un de l'autre, ou plus brièvement seront dérivés l'un de l'autre quand les deux cercles de convergence ont une partie commune et que dans cette partie commune les deux séries ont même somme.

Pour construire une fonction analytique, nous partirons d'un élément de fonction F_0 convergent dans un certain cercle C_0. Nous construirons ensuite les divers éléments de fonction F_1 dérivés de F_0 ; puis les éléments F_2 dérivés des divers éléments F_1 ; puis les éléments F_3 dérivés de F_2 et ainsi de suite.

L'ensemble des éléments F_1, celui des éléments F_2, etc., sont de la 2de puissance. Mais il n'est pas nécessaire d'envisager tous ces éléments pour obtenir toutes les déterminations de la fonction.

J'appellerai F_i' ceux des éléments F_i dont le cercle de convergence C_i' aura pour centre un point ayant ses deux coordonnées commensurables.

Il est aisé de vérifier que l'ensemble des éléments F_i' est de la $1^{\text{ère}}$ puissance (et qu'il en est de même de l'ensemble des éléments F_{i+1}' dérivés d'un éléments F_i donné). On voit aussi sans peine que tout point intérieur à l'un des cercles de convergence C_1 de l'un des éléments F_1 sera aussi intérieur à l'un des cercles de convergence C_1' de l'un des éléments F_1'.

Tout cercle ayant une partie commune avec l'un des cercles C_1 aura aussi une partie commune avec un des cercles C_1'. Donc tout élément dérivé de l'un des éléments F_1 sera aussi dérivé de l'un des éléments F_1'. Les divers éléments F_2' sont donc dérivés des divers éléments F_1' ; de même les éléments F_3' seront dérivés des éléments F_2' etc.

La considération des éléments F_1', F_2', F_3' etc., suffit pour obtenir toutes les déterminations de la fonction. Soit en effet AMB un chemin quelconque allant de la valeur initiale A de la variable à la valeur finale B. Il existera un nombre fini d'éléments F_0, F_1, F_2, ..., F_n ayant pour cercle de convergence $C_0, C_1, \ldots, C_n$ et tels que F_{i+1} soit dérivé de F_i, que le point A soit intérieur à C_0 et le point B à C_n et que l'arc AMB traverse successivement le cercle C_0, la partie commune à C_0 et C_1, le cercle C_1, la partie commune à C_1 et C_2, etc., sans jamais sortir de l'ensemble des $n+1$ cercles C_0, C_1, ..., C_n. Ce n'est qu'à cette condition que la fonction aura une valeur déterminée au point B quand on sera arrivé en ce point par le chemin AMB.

Nous pourrons alors remplacer F_0, F_1, ..., F_n par $n+1$ éléments F_0, F_1', ..., F_n' qui en diffèrent assez peu pour que l'arc AMB ne sorte pas de l'ensemble des $n+1$ nouveaux cercles de convergence $C_0, C_1', \ldots, C_n'$.

La considération de ces éléments F_l' suffit donc pour faire connaître la valeur qu'acquiert la fonction quand on a parcouru le chemin AMB. C.Q.F.D

L'ensemble des éléments F_1', ..., F_n' est de la $1^{\text{ère}}$ puissance. En effet l'ensemble des éléments F_1' dérivés de F_0 est de la $1^{\text{ère}}$ puissance ; donc on peut attribuer à chacun d'eux un numéro d'ordre α_1. L'ensemble des éléments F_2' dérivés de celui des éléments F_1' qui a pour numéro d'ordre α_1 sera encore de la $1^{\text{ère}}$ puissance, donc on peut donner à chacun d'eux un numéro d'ordre α_2, et ainsi de suite. En résumé un élément F'_n sera défini par n numéros d'ordre :

$$\alpha_1, \alpha_2, \ldots, \alpha_n.$$

De sorte que l'ensemble des éléments F'_1, F'_2, ..., F'_n etc. aura même puissance que l'ensemble des fractions continues limitées :

$$\alpha_1 + \cfrac{1}{\alpha_2 + \cfrac{1}{\ddots + \cfrac{1}{\alpha_n}}}$$

ou que l'ensemble des nombre commensurables lequel est comme on sait de la $1^{\text{ère}}$ puissance. C.Q.F.D
Il suit de là que l'ensemble des déterminations d'une fonction analytique en un point donné est toujours au plus de la $1^{\text{ère}}$ puissance.
Il n'existe donc pas, par exemple, de fonction analytique qui prenne en un point donné toutes les valeurs possibles commensurables ou non.
Il ne me reste que la place de vous serrer la main,

Poincaré

2 Poincaré à Guccia

[1891] [14]

Mon cher Collègue,

Je vous adresse, sous pli recommandé, l'article que je vous avais promis ; je ne suis pas très content de cet article [15] ; mais enfin, il contient tout de même quelques petites choses.

Votre dévoué Collègue
Poincaré

14. Les formules de politesse (moins cordiales que dans la suite) laissent penser que cette lettre date des débuts de la relation entre Poincaré et Guccia ; il est question de l'envoi d'un manuscrit, on peut peut penser qu'il s'agit de [Poincaré, 1891h].

15. S'il s'agit de son article « Sur l'intégration algébrique des équations différentielles du premier ordre et du premier degré », Poincaré [1891h] le classe dans l'« Analyse de ses travaux scientifique » [Poincaré, 1921a] comme relevant du paragraphe *IV*, « Intégration des équations par les fonctions algébriques et abéliennes » mais son contenu n'est pas évoqué.

3 Poincaré à Guccia

[Après 1891] [16]

Mon cher ami,

Je vous renvoie les épreuves avec les pages 23 à 29 du manuscrit.
Je pense que la commission permanente ne verra aucun inconvénient à ce que vous fassiez la publication dont vous me parlez.

Votre ami dévoué,
Poincaré

4 Poincaré à Guccia

[04/1894] [17]

Mon cher ami,

J'ai l'honneur de vous adresser, sous pli recommandé
1° Les premières épreuves avec le bon à tirer.
2° Le manuscrit correspondant.
3° La deuxième partie du mémoire ; que la troisième suivra bientôt [18].
Merci de l'empressement que vous avez mis à m'adresser les épreuves,

Votre ami très dévoué,

Poincaré

5 Poincaré à Guccia

[14/04/1894] [19]

Mon cher ami,

Je vous ai adressé sous pli recommandé la troisième et dernière partie de mon mémoire [20]. Soit environ 25 pages de manuscrit ce qui avec les 29 pages de mon premier envoi et les 30 pages du second, fait un peu plus de 80 pages.
Je pense que je ne dépasse pas
<Le reste de la lettre est manquant>

16. L'allusion à la Commission permanente du *Répertoire bibliographique des sciences mathématiques* (dont Guccia est membre) permet d'affirmer que cette lettre est postérieure au Congrès international de bibliographie mathématique de Paris (1889) qui installe cette commission, l'allusion à une proposition de Guccia de dépouiller une revue laisse penser que cette lettre s'inscrit dans la dynamique de ce congrès et est contemporaine des premières contributions de Poincaré aux *Rendiconti* [Poincaré, 1891h, 1894d].

17. Cette lettre a été envoyée après le 3 avril 1894, date d'envoi du manuscrit de la première partie de l'article sur les équations de la physique mathématique (voir [Poincaré, 1894d, p. 57]) et avant le 11 avril 1894 puisqu'elle évoque l'envoi des épreuves de la première partie et du manuscrit de la deuxième partie de ce même article. Voir la lettre suivante (p. 312).

18. Voir la lettre suivante.

19. Cette lettre est datée d'après un tampon du Circolo Matematico di Palermo. Une annotation manuscrite indique « 11/4/94 Parigi – Resp. 16/4/94 » .

20. Poincaré [1894d] parle de son mémoire « Sur les équations de la physique mathématique ».

6 Poincaré à Guccia

[19/05/1899] [21]

Mon cher ami,

Vous m'aviez annoncé l'envoi des épreuves de mon mémoire pour le commencement de mai [22] ; n'avez-vous pas reçu le manuscrit ?
Voulez-vous insérer un mémoire de M. Zaremba sur les fonctions fondamentales harmoniques [23]. C'est une recherche sur le même sujet que j'avais traité dans les *Rendiconti del Circolo*, il y a quelques années à propos de l'équation $\Delta u + ku = 0$ [24].
Si cela vous convient, je vous enverrai ce mémoire.
Votre bien dévoué,

Poincaré

7 Guccia à Poincaré

Palerme, 19 mai 1899 [25]

Mon cher ami,

Votre travail est en composition. Je compte vous envoyer les épreuves dans la première semaine du mois prochain [26]. Veuillez m'excuser pour ce retard dû à la quantité de manuscrits qui avaient la précédence de date sur le vôtre.
Aussi, avec mon plus grand regret, je me vois dans l'impossibilité de accepter le mémoire de M. Zaremba, dont vous me parlez dans votre lettre [27], attendu que avec les manuscrits passés à l'imprimerie [il] ne reste plus de place dans le tome XIII (année 1899) des RENDICONTI. Il ne nous est permis, jusqu'à présent, par des raisons économiques, de dépasser la limites de environ 400 pages pour chaque volume.
J'espère que tous les vôtres se portent bien et que vous voudrez bien vous rendre mon interprète auprès de Madame Poincaré pour lui faire agréer mes hommages respectueux.

Votre tout dévoué
[Guccia]

21. Cette lettre est datée d'après une annotation de Guccia.
22. Il s'agit des épreuves du premier complément à l'analysis situs [Poincaré, 1899a]. Le manuscrit avait été reçu par la rédaction des *Rendiconti del Circolo matematico di Palermo* le 26 mars 1899.
23. Voir la lettre suivante. Cet article [Zaremba, 1902] sera publié en 1902 dans le *Journal de mathématiques pures et appliquées*. Il est daté de Cracovie le 19 juin 1901.
24. [Poincaré, 1894d].
25. Cette lettre dactylographiée sur une feuille à l'en-tête du, Circolo mathematico di Palermo, est transcrite d'après un double (non signé) conservé dans les archives du Circolo.
26. Voir la lettre précédente.
27. Voir la note 23 (p. 313) de lettre précédente.

8 Poincaré à Guccia

Paris 12/7/99

Mon cher ami,

J'ai donné le mémoire de Zaremba [28] à Jordan [29]. Quant à un mémoire de moi, je ne puis vous répondre pour le moment ; pour quand vous le faudrait-il [30] ?
Tout à vous,

Poincaré

9 Guccia à Poincaré

Palerme, 25 juillet 1899 [31]

Mon cher ami,

Veuillez m'excuser si je n'ai pas répondu tout-de-suite à votre aimable lettre du 12, à cause de l'état de santé de mon père, qui exige beaucoup de soins et qui me donne des inquiétudes.
Envoyez votre mémoire pour les RENDICONTI quand vous voudrez [32]. Je vous le ferai imprimer immédiatement.
Ayant l'intention d'apporter quelques changements typographiques dans nos RENDICONTI à partir du tome XIV (année 1900), puis-je annoncer que je fais ces changements pour inaugurer le nouveau siècle ? Qu'en dit-il le Bureau des Longitudes [33] ? L'année 1900 d'après vous appartient-elle au 20ème siècle ou bien encore au 19ème siècle ?
Dans son catalogue des étoiles [34], notre célèbre astronome Piazzi [35] a prétendu que l'année 1800 appartenait au 19ème siècle.

---

28. Voir les deux lettres précédentes.

29. Jordan est alors l'éditeur du *Journal de mathématiques pures et appliquées.*

30. À la date de cette lettre, Poincaré a déjà publié 5 articles dans les *Rendiconti del Circolo Matematico di Palermo* [Poincaré, 1888b, 1891h, 1894d, 1897i, 1899a]. Le prochain article que Poincaré proposera dans les *Rendiconti* sera un article consacré aux groupes continus [Poincaré, 1901a] publié en 1901.

31. Cette lettre dactylographiée sur une feuille à l'en-tête du, Circolo mathematico di Palermo, est transcrite d'après un brouillon (signé) conservé dans les archives du Circolo.

32. Voir la lettre précédente.

33. Poincaré est membre du Bureau des Longitudes depuis 1893 ; en 1899, il en est le président. Dans une note consacrée au « Calendrier grégorien pour l'année 1900 » et publiée dans l'*Annuaire pour l'an 1900 publié par le Bureau des Longitudes*, il est précisé :

> Le XIXe siècle finira le 31 décembre 1900.
> Le XXe siècle commencera le 1er janvier 1901. (*Annuaire pour l'an 1900 publié par le Bureau des Longitudes*, p. 5)

34. [Piazzi, 1803].

35. Giuseppe Piazzi (1746-1826) est le créateur de l'observatoire de Palerme.

Mais à ce sujet (qui n'a aucune importance pour la science) tous les astronomes ne sont pas d'accord, à ce qu'il parait. Qu'en dites vous ?

Votre tout dévoué
Guccia

10 Poincaré à Guccia

[1899] [36]

Mon cher ami,

Les exemplaires [37] sont arrivés.
Merci
Et tout à vous

Poincaré

11 Poincaré à Guccia

[02/1901] [38]

Mon cher ami,

J'ai pour le moment deux mémoires presque terminés, mais j'ai promis l'un à Jordan [39], l'autre à Borel [40]. Je puis cependant en faire un troisième d'ici peu de temps que je vous enverrai ou que je substituerai à celui que j'avais promis à Borel, en vous envoyant ce dernier [41].
Toutefois avant de prendre une résolution, j'aurais besoin de savoir ce que vous entendez par « Tout de suite ». Dans quel délai auriez-vous besoin d'avoir le manuscrit et dans quel délai l'imprimeriez vous.
Je vais aller vous voir en Sicile. Je suis inscrit pour m'y rendre à Pâques à bord du Sénégal [42]. J'arriverai à Palerme dans la soirée du 2 Avril et j'en repartirai le 4 au soir. Je serai fort heureux de cette occasion de vous revoir.
À vous de tout cœur,

Poincaré

Dites moi aussi quelle devrait être l'étendue du mémoire.

36. Si cette carte évoque la réception des tirés-à-part du complément à l'Analysis Situs, elle date du second semestre de 1899 puisque ce mémoire est imprimé le 19 juin 1899.

37. Il doit s'agir des tirés à part du premier complément à l'Analysis Situs [Poincaré, 1899a].

38. Cette lettre est datée d'après une marque manuscrite et d'après une allusion à un mémoire promis à Borel auquel il est fait référence dans la lettre de Guccia datée du 16 février 1901.

39. Poincaré publie dans le *Journal de mathématiques pures et appliquées* un article sur les propriétés arthmétiques des courbes algébriques [Poincaré, 1901d].

40. Émile Borel est depuis 1900 secrétaire de la Société mathématique de France et à ce titre s'occupe du *Bulletin*. Poincaré publie dans le *Bulletin de la Société mathématique de France* un article sur les surfaces de translation et les fonctions abéliennes [Poincaré, 1901e].

41. [Poincaré, 1901a].

42. Le paquebot Sénégal (1872-1913) de la Compagnie des Messageries Maritimes était affecté à des liaisons en Méditerranée.

12 Guccia à Poincaré

Palerme, 16 février 1901 [43]

Mon cher ami,

J'apprends avec le plus grand plaisir que vous arriverez à Palerme, à bord du « Sénégal », dans la soirée du 2 avril. Ayant différentes affaires à Rome, où (à cause de mes nombreuses occupations) je n'ai pas pu me rendre, ni pour les vacances de Noël, ni pour celles de carnaval, je comptais m'y rendre pour Pâcques. Mais s'il est bien sûr que vous viendrez à Palerme, je m'arrangerai pour partir pour Rome dans la soirée du 4 avril, après avoir été avec vous à Palerme. Aussi je vous prierais de me tenir au courant de votre itinéraire et des possibles changements.
Si vous m'envoyez le manuscrit promis à Borel, au plus vite je vous enverrais les épreuves avec mes plus vifs remerciements. Quant à l'étendue, s'agissant d'un Mémoire de vous, plus qu'il est long, plus ça me fera plaisir. Je mettrai le manuscrit dans le fascicule I-II du 1901.
Veuillez ne pas prendre d'engagements avec vos collègues-excursionistes pour ces deux petits jours que vous resterez à Palerme. Je me rendrai vous relever à bord du « Sénégal » à votre arrivée.

Amitié de votre tout dévoué

Guccia

13 Poincaré à Guccia

[1901/03] [44]

Mon cher ami

Comme la rédaction d'un nouveau mémoire pourrait prendre quelques semaines, je vous offre un mémoire d'un de mes élèves sur les Invariants Intégraux.

Votre bien dévoué,

Poincaré

14 Poincaré à Guccia

[19/03/1901] [45]

Mon cher ami,

J'ai commencé le mémoire que je vous avais promis [46] ; mais je vois qu'il faudra pour le terminer plus de temps que je n'avais cru d'abord.

---

43. Cette lettre est dactylographiée sur un papier à en-tête du « Circolo matematico di Palermo, 30, via Ruggiero Settimo, 30 ».

44. Poincaré annonce à Guccia le mémoire de De Donder [1901] dont il est question dans la lettre suivante.

45. Datée d'aprés une note manuscrite signée de Guccia.

46. [Poincaré, 1901a].

Je me décide donc à vous faire envoyer d'abord le mémoire d'un de mes élèves sur les invariants intégraux, mémoire dont je vous avais déjà parlé [47].
Rien n'est changé à notre itinéraire ; j'espère que la grève de Marseille ne mettra pas obstacle à notre voyage [48].
Votre ami dévoué,

Poincaré

15 Poincaré à Guccia

[16/05/1901] [49]

Mon cher ami,

Je vous ai envoyé avant-hier sous pli recommandé le mémoire sur les groupes continus [50] dont j'avais fait un résumé dans ma communication à Palerme [51]. J'espère que vous voudrez bien l'insérer dans les *Rendiconti*.
Mes meilleurs souvenirs,

Poincaré

16 Guccia à Poincaré

Palerme, 27 mai 1901 [52]

Mon cher ami,

Je viens de vous faire expédier (recommandées) les épreuves de votre Mémoire avec le manuscrit.

Permettez-moi de vous adresser une prière : Veuillez faire les corrections AVEC LA PLUS GRANDE ATTENTION ; veuillez, en particulier, prendre bien garde aux numéros des formules et aux d ou ∂ des dérivées. Aussi, au commencement du § *III* faut-il écrire

$$(X_1)\frac{\partial f}{\partial x_1} + (X_2)\frac{\partial f}{\partial x_2} + \ldots + (X_r)\frac{\partial f}{\partial x_r}$$

47. Il s'agit d'un article de Théophile De Donder [1901]. Pour plus de précisions sur les relations entre Poincaré et De Donder, on peut consulter [Mawhin, 2012].

48. La grève des dockers de Marseille dure du 27 février au 9 avril 1901. Les revendications des dockers portent principalement sur la durée journalière de travail et les salaires. Cette grève donnera lieu à de nombreux incidents et sera un échec. On trouve de nombreux échos de cette grève dans la presse nationale de l'époque. Pour plus de détails, voir [Lartigue-Vecchié, c.a. 1930].

49. Datée d'après une note manuscrite signée de Guccia.

50. [Poincaré, 1901a].

51. Poincaré a dû faire un exposé devant le Circolo matematico di Palermo lors de son escale. Voir les lettres précédentes.

52. Cette lettre est dactylographiée sur un papier à en-tête du «Circolo matematico di Palermo, 30, via Ruggiero Settimo».

ou bien

$$X_1 \frac{\partial f}{\partial x_1} + X_2 \frac{\partial f}{\partial x_2} + \ldots + X_r \frac{\partial f}{\partial x_r}$$

comme cela se trouve dans § *I* [53] ?
Bien à vous affectueusement

Guccia

17 Poincaré à Guccia

[14/02/1902] [54]

Mon cher ami,

Je reçois la suite du mémoire de M. Donder que vous avez bien voulu insérer dans les *Rendiconti*[55]. Cette suite comporte 22 pages de manuscrit faisant à peu près autant de pages des *Rendiconti*. Seriez-vous disposé à l'imprimer ?
Votre ami dévoué

Poincaré

18 Guccia à Poincaré

Palerme, 14 février 1902 [56]

Mon cher ami,

Avec plaisir je publierai la suite du Mémoire de M. Donder dans les *Rendiconti*, mais à la condition que l'Auteur ait l'obligeance de faire copier à la machine à écrire (en faisant laisser des espaces pour les formules qu'il ajouterait à la main), ou de le copier lui-même, à la plume, mais dans ce cas avec une écriture tellement soignée que les ouvriers puissent bien distinguer les n des u et les différents accents. Sans cela je serais obligé de faire cela moi-même, ce qui, en ce moment, m'est impossible à cause de mes nombreuses occupations.
Aurai-je le plaisir de vous voir à Palerme ce printemps prochain ?

---

53. Guccia demande à Poincaré des précisions sur sa manière de noter les transformations infinitésimales. Dans l'article publié dans les *Rendiconti*, Poincaré utilise deux notations, à savoir la notation avec parenthèses citée par Guccia et une notation exponentielle. Dans le § *III*, Poincaré n'utilise que la notation exponentielle.

54. Cette lettre est datée d'après une note manuscrite de Guccia *Ric. il 14/2/02*. Guccia ajoute qu'il a répondu le même jour.

55. De Donder a déjà publié dans les *Rendiconti* sous la recommandation de Poincaré un article sur les invariants intégraux [De Donder, 1901] (voir les lettres 14 et 13 ci-dessus.). Le second article [De Donder, 1902], toujours sur les invariants intégraux paraîtra dans les *Rendiconti* à la fin de 1902 (voir la lettre suivante).

56. Cette lettre est dactylographiée sur un papier à en-tête du «Circolo matematico di Palermo, 30, via Ruggiero Settimo».

J'espère que tout le monde se porte très bien chez vous, et que vous aurez l'obligeance de vous rendre mon interprète auprès de Madame Poincaré pour lui faire agréer [mes] respectueux hommages, et me rappeler en même temps au bon souvenir de M. Raymond [57] votre cousin.
Mille bonnes amitiés de votre tout dévoué

Guccia

19 Poincaré à Guccia

[02/10/1903] [58]

Mon cher ami,

Je viens de terminer un mémoire de 60 à 80 pages ; avez-vous de la place ; pouvez-vous l'insérer, faut-il vous l'envoyer [59].
Tout à vous

Poincaré

20 Poincaré à Guccia

[10/11/1903] [60]

Mon cher ami,

Je vous envoie sous pli recommandé le mémoire en question ; merci de l'hospitalité que vous lui accordez.
Je ne puis « hiberner [61] » parce que c'est le semestre où je fais mes cours ; mon cousin n'hibernera pas non plus ; car bien qu'à peu près remis de son appendicite, il ne voudrait pas encore voyager, surtout pour ne pas inquiéter sa mère.
À vous de tout cœur,

Poincaré

21 Poincaré à Guccia

[16/11/1903] [62]

Mon cher ami,

Deux des figures ne peuvent être supprimées ; je les ai refaites et je les ai portées chez Hermann [63].

57. Raymond Poincaré est alors député.
58. Cette lettre est datée d'après une note manuscrite.
59. Il doit s'agir du 5e complément à l'*Analysis Situs* [Poincaré, 1904a].
60. Cette lettre est datée d'après une note manuscrite.
61. Poincaré entend par « hiberner » le fait d'aller passer un moment de l'hiver dans le sud méditerranéen.
62. Cette lettre est datée d'après une note manuscrite.
63. Arthur Hermann (1839-1929) est le fondateur en 1876 de la librairie et de la maison d'édition qui porte son nom.

Une troisième figure celle qui est à peu près comme ceci peut être supprimée mais à la

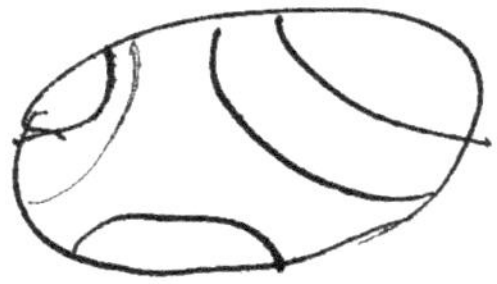

condition de remanier profondément le texte [64] ; je le ferai si vous le voulez bien sur le placard ou sur les épreuves quand vous me les enverrez.
Votre ami bien dévoué,

Poincaré

22 Guccia à Poincaré

Palerme, 19/11/03 [65]

Mon cher ami,

En réponse à votre lettre du 16 courant, je vous renvoie, ci-joint, les pages 47, 48, 49, 50, 51, 52, 53 et 54 de votre Manuscrit, pour que vous puissiez remanier le texte dans le but de supprimer la figure dont il s'agit ; ou bien (ce que je préfèrerais) pour que vous puissiez copier la figure, bien exactement et nitidement [66], et la faire aussi exécuter en cliché pour le compte du Cercle Mathématique par M. Hermann, à qui j'ai déjà écrit ce matin.
En tous les cas, veuillez me renvoyer ces 8 pages au plus vite, pour qu'il ne s'interrompe pas la composition de votre Mémoire.

Meilleures amitiés de
votre tout dévoué

23 Poincaré à Guccia

[11/1903] [67]

Mon cher ami,

Merci, j'ai fait une copie de la figure, je l'ai remise à Hermann et je vous renvoie le manuscrit.
Tout à vous

Poincaré

64. Cette figure sera maintenue dans la version publiée de l'article de Poincaré [1904a, p. 93]. Il y a 4 figures dans l'article définitif.

65. Cette lettre est transcrite d'après un double (non signé) dactylographié sur un papier à en-tête du «Circolo matematico di Palermo, 30, via Ruggiero Settimo».

66. « nitide » est selon le *Trésor de la langue française* lié à l'idée de « resplendissance, brillance ».

67. Après le 19 novembre 1903, voir la lettre précédente.

24 Poincaré à Guccia

[19/12/1903] [68]

Mon cher ami,

Je vous renvoie les épreuves corrigées.
J'avais oublié la figure de la page 10 [69]. Je la porte chez Hermann.
Tout à vous

Poincaré

25 Poincaré à Guccia

30.7.1904

Mon cher ami,

Je n'irai pas à Heidelberg parce que je pars le 6 Août pour $S^{t.}$ Louis [70]. Jusque là vous pouvez m'écrire à Paris.
Votre tout dévoué,

Poincaré

Eh bien, votre Pallizolo, il triomphe [71].

26 Poincaré à Guccia

[16/07/1905] [72]

Mon cher ami,

Seriez-vous disposé à insérer dans les Rendiconti un mémoire de moi, de 50 pages environ sur la Dynamique de l'Electron [73] ?
Votre ami dévoué,

Poincaré

68. Cette lettre est datée d'après une note manuscrite.

69. Il doit s'agir de la figure 1 du mémoire de Poincaré [Poincaré, 1904a, p. 53].

70. Poincaré ne participe pas au troisième congrès international des mathématiciens d'Heidelberg qui se tient du 8 au 13 août 1904. Le congrès de Saint-Louis se déroule du 19 au 25 septembre 1904.

71. Raphaele Pallizolo est un politicien mafieux. Accusé d'avoir commandité des meurtres, il est soutenu par une large opinion publique en Sicile. Poincaré fait allusion à son acquittement le 23 juillet 1904 pour « défaut de preuves ». Pour plus de précisions, voir [Frétigné, 2018].

72. Cette lettre est datée d'après une annotation de Guccia : *Ricevuta il 16/7/05. G.*

73. [Poincaré, 1906f].
La rédaction du mémoire de Poincaré sur la dynamique de l'électron date donc de la fin du premier semestre 1905. Poincaré [1905d] annonce les résultats de son travail lors de la séance du 5 juin 1905 de l'Académie des sciences.

27 Guccia à Poincaré

Palerme, 16/7/05 [74]

Mon cher ami,

Je vous remercie infiniment d'avoir pensé à nos "Rendiconti". Pour les lecteurs de notre recueil un Mémoire de vous est un vrai régal ! Envoyez-moi donc tout-de-suite votre manuscrit. S'il y a lieu, j'en ferai une copie à la machine-à-écrire, moi-même, en voyage, et je l'enverrai après à l'imprimerie. J'espère qu'il n'y a pas de figures, car il faudrait en charger M. Hermann, de ma part, et cela nous ferait perdre du temps [75].
Le tome XX de nos "Rendiconti" qui se publie aussi en 1905 (et que vous n'avez pas encore reçu, car le premier des deux fascicules dont il se compose va paraître dans une semaine) est DÉJÀ TOUT IMPRIMÉ ! Il en suit que votre Mémoire (dont vous recevrez les 100 tirages-à-part aussitôt terminé) ne sera contenu que dans le premier fascicule du Tome XXI (1906). Ce tome XXI inaugurera un format plus grand, pas du papier, mais de la page imprimée, laquelle sera identique à celle du Crelle, ce qui donnera plus de commodité pour les formules.
Cela posé, je vous laisse imaginer ce que je suis content de pouvoir inaugurer le Tome XXI avec ce nouveau format avec un mémoire de vous. – C'est vrai que pour ce Tome XXI, j'ai déjà 6 notes et mémoires déjà acceptés, mais je ferai mon possible pour que votre mémoire soit le premier, ce qui aura lieu certainement et s'il n'y aura pas des retards, à cause des figures ou de la rédaction matérielle du manuscrit [76].
Pour tout le monde, LE BUREAU DE RÉDACTION EST FERMÉ PENDANT LES MOIS D'AOÛT, SEPTEMBRE ET OCTOBRE ! Mais il est bien entendu que pour vous cette règle admet une exception ! Aussi, les épreuves de votre mémoire me rejoindront là où je me trouverai, et l'impression de votre mémoire n'éprouvera aucun retard.
Je compte partir pour la montagne (en Suisse) dans 15 jours pour me reposer un peu, car j'ai eu un travail énorme pendant ces derniers 9 mois, dans le but d'organiser notre Société sur un pied plus vaste et aider à son développement [77] !
J'espère que vous en serez content, vous qui êtes pour beaucoup dans le succès de notre recueil !
Veuillez présenter mes respectueux hommages à Madame Poincaré et agréer, vous-même, les meilleures amitiés de votre tout dévoué

Poincaré

P.S. Il faut toujours m'écrire à mon nom : 30, via Ruggiero Settimo, Palerme, Italie [78].

---

74. Cette lettre est dactylographiée sur un papier à en-tête de la *Redazione del Rendiconti del Circolo Matematico di Palermo*, 30, via Ruggiero Settimo.

75. La version imprimée de l'article de Poincaré sur la dynamique de l'électron [Poincaré, 1906f] ne comporte aucune figure.

76. Ce ne sera pas le cas.

77. Guccia défend depuis 1904 l'idée de faire du *Circolo matematico di Palermo* une société internationale [Brigaglia, 2002, p. 188-195].
Voir la lettre 30 (p. 324).

78. Le post-scriptum est manuscrit.

28 Guccia à Poincaré

Palerme, 25/11/1905 [79]

Mon cher ami,

Ce matin, la Rédaction des « RENDICONTI » vous a envoyé les épreuves de votre très important mémoire sur la Dynamique de l'Électron. J'ajoute ces quelques lignes pour vous prier personnellement, bien vivement, de vouloir bien faire attention à la correction ! Vous savez combien je tiens à ce que vous soyez imprimé absolument sans fautes. Veuillez donc faire attention aux formules. Aussi, j'attire votre attention sur les endroits suivants :
1° Le titre du mémoire de Lorentz et celui du recueil où il est publié, sont-ils exacts [80] ? (Malheureusement, nous ne possédons pas ce recueil).
2° Carte N°5, ligne 12. - Veuillez relire la phrase : « En effet la condition de continuité, etc. [81] »
3° Même carte, formule 11bis [82]. - Est-ce exact le facteur dans l'équation de [*formule manquante*] ? Ou bien faut-il écrire [*formule manquante*] ?
Enfin, veuillez, sans vous presser, lire attentivement toutes les épreuves. De mon côté, je les verrai encore.
Lorsque vous aurez terminé, veuillez me les renvoyer avec le « bon-à-tirer » et veuillez me renvoyer en même temps le manuscrit.
Merci infiniment.

À la hâte, meilleures amitiés de votre
<sans signature>

29 Poincaré à Guccia

Paris 30/11/05 [83]

Mon cher ami,

Pourriez-vous me faire adresser un second exemplaire des épreuves de mon mémoire, que je voudrais envoyer à Langevin [84]. Il ne s'agit pas d'une seconde épreuve après correction, mais d'un second exemplaire de la 1ère épreuve.
Votre ami dévoué,

Poincaré

---

79. Cette lettre est transcrite d'après un double (non signé) dactylographié sur un papier à en-tête de la *Redazione del Rendiconti del Circolo Matematico di Palermo*, 30, via Ruggiero Settimo.

80. [Lorentz, 1906]. La référence est exactement citée dans le mémoire publié [Poincaré, 1906f, p. 129].

81. [Poincaré, 1906f, p. 135].

82. [Poincaré, 1906f, p. 136].

83. Une annotation de Guccia signale que cette carte est parvenue à Palerme le 3 décembre 1905.

84. Poincaré [1906f] parle des épreuves de son mémoire sur la dynamique de l'électron. Paul Langevin est un des acteurs importants de la réception des théories de la relativité en France.

Cette lettre finit par arriver à destination (du moins je l'espère) après une longue odyssée.
J'ai reçu les épreuves ; j'examinerai les points que vous me signalez.

30 Guccia à Poincaré

Palerme, 19/12/1905 [85]

Mon cher ami,

Je viens de vous faire expédier 200 tirages-à-part de votre important Mémoire « Sur la dynamique de l'Électron », soit : 190 en 5 colis-postaux et 10 comme « imprimés recommandés ». Ces derniers arriveront chez vous en même temps que cette lettre. Une carte postale, s.v.p., pour me rassurer que toute l'édition est bien arrivée chez vous. - Vous êtes autorisé, si vous voulez, à faire mettre en vente votre Mémoire, pourvu que les Libraires n'y changent pas la couverture

———

Notre Société est en train de prendre un grand développement, à peu près 60 membres nouveaux dans les séances de novembre et décembre, presque tous américains, allemands et anglais (les français y étaient déjà nombreux). Si le nombre des membres continue à s'augmenter, je compte faire paraître aussi 2 volumes en 1906 (les volumes XXI et XXII). Veuillez donc, lorsque vous avez quelque chose de prêt, ne pas vous le laisser emporter par d'autres Directeurs de journaux, et me l'envoyer ! La même chose soit dite pour quelque important Mémoire de quelqu'un de vos élèves, que vous auriez sous la main.

———

Je n'ai pas abandonné l'idée dont je vous parlais dernièrement à l'hôtel Continental [86], savoir de publier chaque année dans l'« Annuaire » (qui se répand gratuitement à un très grand nombre d'exemplaires) un article d'un maître de la Science

85. Cette lettre est un double (non signé) dactylographié sur un papier à en-tête de la *Redazione del Rendiconti del Circolo Matematico di Palermo*, 30, via Ruggiero Settimo.

86. Dans une lettre adressée à G. Mittag-Leffler et datée du 11 septembre 1905, Guccia fait état d'une étape à l'Hôtel Continental de Berlin à la mi-septembre. Il n'y a aucune trace d'un séjour de Poincaré à Berlin à cette date. Guccia était aussi client de l'Hôtel Continental à Paris et a pu y séjourner lors de son voyage de retour de Suède.
Dans sa lettre du 11 septembre, Guccia évoque aussi son ambition d'internationaliser les *Rendiconti* :

> Merci infiniment pour votre aimable lettre du 3. Je compte partir après demain pour Berlin (Hôtel Continental), où, probablement, je ne m'arrêterai que un ou deux jours, pour repartir directement pour Stockholm. [...] Je désire avant tout vous voir, et conférer tranquillement avec vous sur quelqu'un de mes projets, ayant pour but de bien internationaliser, défendre et répandre la production mathématique du monde entier, en profitant des progrès accompli par la civilisation moderne dans les rapports internationaux.

sur un argument qui puisse intéresser même ceux qui n'ont qu'une modeste éducation scientifique[87]. Cela devrait, suivant moi, donner une idée au grand public des grandes conquêtes de la science dans ces derniers temps, et augmenter le nombre des amis des mathématiques. Le lien entre la science pure et la science appliquée échappe au grand public et, parfois, même aux savants !
Il serait donc utile, suivant moi, de bien faire ressortir (en s'adressant au grand public) tout ce qui revient de plein droit aux hautes mathématiques dans les grandes découvertes modernes d'ordre pratique. Mais un argument aussi délicat et profond en même temps ne peut être traité que par un savant comme vous. Vous avez, du reste, en différentes occasions, fait ressortir ce « lien » dont je vous parle, en revendiquant au profit de la science pure une grande part dans les découvertes... utiles.
Si ces idées (exprimées à la hâte et, par conséquent, sans entrer dans les détails) vous semblent justes et que, en outre, vous estimez que ce serait utile de publier de ces articles (un chaque année) dans nos « Annuaires », dans ce cas veuillez y réfléchir et puis... me faire espérer que je pourrai inaugurer cette série d'articles par un de vous !
Veuillez présenter mes respectueux hommages à Madame Poincaré, et agréer, mon cher ami, les vifs remerciements et les meilleures amitiés de votre

tout dévoué

31 Poincaré à Guccia

Paris 24/12/05

Mon cher ami,

J'ai reçu les exemplaires envoyés par colis postal[88]. Je vous remercie beaucoup. C'est une bonne idée que vous avez pour l'Annuaire[89]. Je vous donnerai un article soit cette année, soit l'année prochaine[90]. J'y réfléchirai.
Votre ami bien dévoué,

Poincaré

87. L'*Annuario del Circolo matematico di Palermo* est publié régulièrement entre 1883 et 1908. Il devient en 1909 l'*Annuario biografico* en 1909 et aura une publication plus aléatoire jusqu'en 1928.

88. Il s'agit des tirés à part de l'article sur la dynamique de l'électron [Poincaré, 1906f]

89. Voir la lettre précédente. Pour plus de précisions sur l'histoire du *Circolo matematico di Palermo*, on peut consulter [Brigaglia et Masotto, 1982].

90. Le prochain article que Poincaré publiera en 1907 dans les *Rendiconti del Circolo matematico di Palermo* sera consacré aux fonctions analytiques à deux variables et à la représentation conforme [Poincaré, 1907b].

32 Poincaré à Guccia

[1905/12] [91]

Mon cher ami,

J'ai reçu il y a quelques jours les derniers exemplaires de mon mémoire et je vous en remercie.
Ma femme me charge également de vous remercier des mandarines excellentes que vous avez bien voulu lui envoyer.
Je vous envoie mon vote sous une autre enveloppe ; je suppose que la liste sur laquelle votre nom figure est bien la liste officielle [92].
Tous mes voeux de bonne année,

Poincaré

Je reçois votre lettre, je ne pourrai malheureusement être prêt pour l'Annuaire 1906, mais je le serai pour 1907.

33 Poincaré à Guccia

[21/01/1907] [93]

Mon cher ami,

Vous conviendrait-il de recevoir un mémoire de moi d'une quarantaine de pages « sur la représentation conforme et les fonctions de 2 variables [94] ».
Si oui, je vous l'enverrai.
Tout à vous,

Poincaré

34 Poincaré à Guccia

[27/01/1907] [95]

Mon cher ami,

Je vous envoie sous pli recommandé le manuscrit en question [96].
Votre ami dévoué,

Poincaré

91. Cette lettre est datée d'après son contenu. Elle suit la précédente.
92. Il doit s'agir des élections concernant la direction du Circolo mathematico di Palermo et du comité de rédaction des *Rendiconti*. Voir [Brigaglia et Masotto, 1982] ou [Bongiorno et Curbera, 2018, p. 169-172].
93. Datée d'après une annotation de Guccia : «Ricp. telegrami 21/1/07. G.».
94. [Poincaré, 1907b].
95. Datée d'après une annotation de Guccia : «Ricp. 27/1/07. XXX G.».
96. [Poincaré, 1907b].

35 Poincaré à Guccia

[28/06/1907] [97]

Mon cher ami,

Je serai à Paris le 4.5 juillet. Je n'ai pas de mémoire prêt, mais peut-être en aurai-je bientôt un. Si cela vous convient je vous l'enverrai.
S'il n'y a qu'un mémoire pour la médaille cela peut suffire pourvu qu'il soit bon [98].
Votre ami dévoué,

Poincaré

36 Poincaré à Guccia

Paris, 3/10/07.

Mon cher ami,

Je vous adresse sous pli recommandé le mémoire sur les groupes dont je vous avais parlé [99]. J'ai écrit à Noether et à Segre au sujet de la médaille [100]. Notre tâche est facilitée par les circonstances. L'un des mémoires est intéressant mais il a été exclu comme arrivé trop tard et il ne se rapporte pas à la question. Deux autres ne contiennent que des résultats peu importants et ne se rattachant guère non plus à la question posée.
Il ne reste que le mémoire N°1 qui n'est pas tout à fait ce que j'avais rêvé, mais qui pourrait aller [101].
Votre ami dévoué,

Poincaré

97. Datée d'après une annotation de Guccia : «Ricp. lettera 28/6/07 G.».
98. Poincaré fait allusion au concours international pour la médaille Guccia dont il était membre du jury avec Corrado Segre et Max Noether . Voir [Nabonnand, 1999, p. 347] et la lettre de Poincaré à Max Noether dans ce volume (p. 587).
99. [Poincaré, 1908c].
100. Voir la lettre précédente et celle adressée par Poincaré à Noether (p. 587).
101. Francesco Severi sera le lauréat de ce prix. Poincaré évoque ce prix dans une lettre adressée au journal *Le Temps* (et reprise dans les *Rendiconti*) :

> L'après-midi [du lundi 6 avril 1908] devait avoir lieu la proclamation du lauréat de la médaille Guccia. M. Guccia avait en effet fondé un prix pour encourager les progrès de la géométrie et qui devait être décerné par un jury composé de M. Noether , de M. Segre et de moi-même, c'est-à-dire d'un Allemand, d'un Italien et d'un Français. Le secret avait été bien gardé et le lauréat ne se doutait de rien. Ce lauréat était M. Severi, qui a fait l'étude des courbes tracées sur les surfaces, et a résolu des questions qui avaient longtemps arrêté de savants géomètres. [Poincaré, 1908g, p. 3]

Voir la lettre 45 (p. 331).

37 Poincaré à Guccia

[29/10/07] [102]

Mon cher ami,

Vous calomniez les concierges de Turin ; je viens de recevoir la réponse de Segre.
Tout à vous.

Poincaré

38 Poincaré à Guccia

Paris 4/12/07.

Mon cher ami,

Je me mettrai prochainement au travail pour ma conférence de Rome, j'ai commencé à en réunir les éléments [103].
En ce qui concerne la médaille, j'ai écrit hier à Segre, mais nous ne sommes pas encore arrivés à une solution définitive. Je serais heureux de savoir à propos dans quelles conditions le prix pourrait être partagé.
Si le prix doit consister principalement en une somme d'argent, le partage serait facile.
S'il doit être intégralement sous la forme d'une médaille, le partage serait impossible. Cela peut influer sur notre décision ; dans le cas où on se déciderait à un partage, il demeure bien entendu qu'on l'appliquerait soit à un travail fait en commun, soit à des travaux poursuivis par deux personnes non pas précisément en commun, mais simultanément de telle façon qu'il soit difficile de séparer la part de chacun.
Votre ami dévoué,

Poincaré

39 Poincaré à Guccia

[12/1907]

Mon cher ami,

Merci de votre lettre, je ne dirai rien.
J'ai terminé mon discours de Rome, je vous l'enverrai dès qu'il sera recopié.
Votre bien dévoué,

Poincaré

102. Datée d'après une note manuscrite qui signale en outre que cette lettre a été envoyée à l'Hôtel Continental à Paris.
103. Poincaré prépare pour le Congrès international des mathématiciens de Rome une conférence sur l'avenir des mathématiques [Poincaré, 1908g]. Malade lors du congrès (voir les lettres suivantes de la correspondance avec Guccia), ce sera Darboux qui lira la conférence de Poincaré.

40 Poincaré à Guccia

[Sans date]

Mon cher ami,

Je suis entré à l'École Polytechnique en novembre 1873 et j'y suis sorti en août 1875 [104].
J'ai été désigné comme docteur par l'Université de Dublin mais je n'ai pas pu me rendre à la cérémonie de sorte que je n'ai pu recevoir les degrés.
A vous de tout cœur,

Poincaré

41 Poincaré à Guccia

Roma 14/4/08 [105]

Merci, mon cher ami, de tout le mal que vous vous êtes donné pour moi ; je vous suis très reconnaissant de la sincère amitié que vous m'avez témoignée dans cette circonstance.
La situation va en s'améliorant tout doucement et j'espère que d'ici quelques jours, je serai en état de voyager à petites étapes. M. Mazzoni m'indiquera à qui je dois m'adresser dans les différentes villes où je m'arrêterai.
Merci encore une fois,
Votre ami dévoué,

Poincaré

42 Poincaré à Guccia

[04/1908] [106]

Mon cher ami,

Merci de votre aimable lettre.
Je crois que je suis assez bien maintenant pour pouvoir entreprendre le voyage sans inconvénient, à la condition de le faire par petites étapes.
Le Professeur Mazzoni nous donnera des adresses de médecins dans les différentes villes où nous nous arrêterons, mais il est probable qu'il ne sera pas nécessaire d'y avoir recours.

---

104. Poincaré donne des détails pour la fiche biographique de l'annuaire du *Circolo*
105. Cette lettre est rédigée sur du papier à en-tête du Grand Hôtel de la Minerve à Rome. Une annotation manuscrite signale que la lettre a été réceptionnée le 17 avril 1908.
106. Cette lettre est rédigée sur du papier à en-tête du Grand Hôtel de la Minerve à Rome et est postérieure à la lettre précédente.

Nous partirons lundi matin pour Florence, il est donc possible que nous vous y rencontrions, sans que vous ayez à prendre la peine de faire le voyage de Pise.
Je vous remercie encore de tous les témoignages de sympathie que vous m'avez prodigués et de tout le mal que vous vous êtes donné pour moi.
Veuillez croire à ma reconnaissance et à ma sincère amitié,

Poincaré

Après notre étape à Florence, nous en ferons une à Milan et une autre à Lausanne ce qui vaut mieux que Chambéry.

43 Poincaré à Guccia

[18/04/1908] [107]

Merci. Médecin inutile. Reconnaissants. Si retenez chambre, deux lits. Hôtel quelconque.

44 Poincaré à Guccia

Lundi matin
Paris 27/4/08 [108]

Mon cher ami,

Je vous renvoie la brochure avec quelques corrections [109].
Le voyage s'est bien terminé sans incident et sans fatigue ; nous sommes arrivés vendredi soir à Paris, et nos enfants nous ont rejoints hier soir. Le médecin est venu me voir le lendemain de mon arrivée ; il a confirmé ce que m'avait dit M. Mazzoni et m'a fait espérer, qu'avec quelques soins, je reviendrais en une quinzaine de jours à un état tout à fait normal.
Maintenant, laissez-moi vous remercier encore de tout ce que vous avez fait pour moi et de toutes les preuves d'amitié que vous m'avez données,
Votre ami dévoué,

Poincaré

107. Ce télégramme non signé (délivré par le bureau de poste de Florence) est daté d'après un tampon difficilement lisible. Il est adressé à Guccia à Florence. Une mention manuscrite indique que l'expéditeur est H. Poincaré.
108. Une annotation de la main de Guccia signale que cette lettre est arrivée le 2 mai 1908.
109. Poincaré envoie à Guccia le texte de la conférence qu'il a écrite pour le congrès de Rome [Poincaré, 1908b].

45 Poincaré à Guccia

Paris, 13/5/08.

Mon cher ami,

J'ai écrit au Directeur du *Temps* [110] [et] je ne doute pas qu'il vous accorde l'autorisation demandée. Quant à moi bien entendu je serai enchanté.
Je n'ai pas encore reçu les tirages à part que vous m'annoncez, mais il n'y a pas de temps perdu [111].
Je suppose que vous en avez fini avec les grèves [112].
Ma santé s'améliore d'une façon continue.
Merci mille fois
Votre bien dévoué,

Poincaré

46 Guccia à Poincaré

Palermo, addi' 22 giugno 1908 [113].

Chiarissimo Signore e Collega,

Mi onore di comunicare alla S. V. Chma. che l'assemblea dei Soci residenti del Circolo Matematico di Palermo, nell' adunanza straordinaria del 19 giugno 1908, interprete dei sentimenti di tutti i Soci, delibevara di esprimere, per mio mezzo, ai « Membri della Commissione Internazionale per la Medaglia Guccia [114] » i vivi

110. Une lettre adressée par Poincaré au directeur du journal *Le Temps* dans laquelle il relatait le déroulement du congrès international des mathématiciens de Rome avait été publiée dans le numéro du 21 avril 1908 [Poincaré, 1908a]. La lettre est introduite par le chapeau suivant :

> Le lundi 6 avril s'est ouvert à Rome le 4e congrè des mathématiciens, réunissant les savants les plus qualifiés des divers pays dans l'étude des sciences mathématiques. La France y était représentée par quatre membres de l'Institut et par plusieurs professeurs de la Sorbonne et des universités de province. Parmi les membres de l'Institut se trouvait M. Henri Poincaré, de l'Académie française et de l'Académie des sciences. Le *Temps* a demandé au savant académicien de vouloir bien, avec sa grande autorité scientifique si justement appréciée, donner à ses lecteurs un compte rendu d'ensemble des travaux du congrès. C'est ce compte rendu que l'on va lire ci-après. [*Le Temps*, 21/04/1904, p. 2]

Poincaré cite entre autres les conférences des mathématiciens italiens Pietro Blaserna, Vito Volterra, Guido Castelnuovo, Federigo Enriques et Francesco Severi mais il insiste sur les travaux de son ami Guccia « qui a fait de beaux travaux de géométrie et qui a fondé à Palerme une société internationale et un des journaux mathématiques les plus répandus du monde entier » [Poincaré, 1908a, p. 2]. Guccia avait l'intention de publier cette lettre dans le supplément des *Rendiconti* [Poincaré, 1908g].

111. Poincaré fait allusion aux tirés à part de sa conférence au congrès de Rome sur l'avenir des mathématiques [Poincaré, 1908b].

112. Poincaré parle certainement de la grève des imprimeurs à Palerme. Les années 1907-1908 sont des années socialement agitées en Italie, en particulier dans les campagne. Au moment où écrit Poincaé, se déroule une grève agraire dans la région de Parme, qui sera violemment réprimée le 20 juin 1908 par l'armée. L'échec de cette grève donna lieu à des débats importants au sein du mouvement ouvrier et paysan autour de la question de la grève générale. Pour plus de détails, voir [Gianinazzi, 2006].

113. Cette lettre est dactylographiée sur un papier à en-tête du *Circolo mathematico di Palermo*.

114. Voir les lettres 35 (p. 327), 36 (p. 327) et 38 (p. 328),

ringraziamenti della Società, per l'opera resa alla Scienza con l'illuminato e sereno contenuto nella dotta ed elaborata « Relazione [115] » letta nella prima seduta plenario del IVe Congresso Internazionale dei Matematici in Roma.
Nell'adempiere a tale gradito incarico, Le rassegne, Chmo Signore e Collega, i senzi della più alta considerazione.

Il Presidente

All Chmo Signore
Prof. Henri Poincaré, membre dell'Istitute di Francia
Parigi

47 Poincaré à Guccia

[28/06/1908] [116]

Mon cher ami,

M. W. Dyck fait observer que ce n'est pas M. Klein qui a rédigé la conférence qu'il a lue au Congrès ; mais que c'est bien Dyck qui l'a rédigée lui-même [117] ; il désirerait qu'on mît une rectification au Supplément des *Rendiconti* [119].
Votre ami dévoué,

Poincaré

115. [Poincaré et collab., 1909b].

116. Cette lettre, rédigée sur une carte postale, est datée d'après une note manuscrite de Guccia.

117. Felix Klein qui portait le projet d'encyclopédie mathématique s'était fait remplacer par son élève Walther Dyck. Le compte rendu rédigé par Poincaré indiquait de manìre erronée que Dyck avait lu une conférence écrite par Klein :

> Nous avons eu également une conférence [...] en allemand sur l'encyclopédie mathématique. Cette conférence avait été écrite par M. Klein, qui a organisé cette œuvre gigantesque et utile, mais M. Klein étant absent, la conférence fut lue par M. Walther Dyck. J'ajouterai que cet ouvrage, qui doit embrasser toutes les parties des mathématiques, n'aura pas seulement une édition allemande. Les volumes sont au fur et à mesure traduits en français, sous la direction de M. Molk, professeur à l'université de Nancy, et dans l'édition française on trouvera de nombreuses additions. [Poincaré, 1908a, p. 3]

Dans son compte rendu du congrès de Rome dans l'*Enseignement mathématique*, Henri Fehr [1908] signale la communication de Dyck, *Ueber die mathematische Encyclopädie* :

> La question devait être traitée par M. F. Klein. Empêché de prendre part au Congrès, le savant professeur de Gœttingue s'est fait remplacer par M. v. Dyck [118] qui siège avec lui dans la commission de l'Encyclopédie. Le conférencier donne un aperçu très clair de l'état actuel et du plan d'ensemble de cette importante publication. On sait qu'à Heidelberg (1904) M. Klein déposa les deux volumes qui forment le *Tome I* (Arithmétique et Algèbre). Cette fois le rapporteur remet à la présidence le premier volume du *Tome IV*, Mécanique : les fondements de la mécanique, mécanique du point et des systèmes rigides. Il a paru en outre vingt-neuf fascicules de l'édition française qui se publie sous la direction de M. Molk. [Fehr, 1908, p. 230]

119. Dans le supplément des *Rendiconti* de l'année 1908, il n'y a aucune note, ni rectificatif relatif à cet épisode.

48 Poincaré à Guccia

[Fin juin/1908] [120]

Mon cher ami,

J'ai reçu les tirages à part de la lettre [121]. On pourrait mettre en note : j'ai appris que M. Klein n'avait pas eu le temps de rédiger la communication qu'il se proposait de faire. La conférence qui a été lue au Congrès est donc entièrement l'œuvre personnelle de M. W. Dyck [122].
Tout à vous et merci,

Poincaré

49 Poincaré à Guccia

[09/1908] [123]

Mon cher ami,

J'ai appris avec douleur le chagrin qui vous frappe [124] ; j'y prend une grande part. Je sais combien la séparation est cruelle quand la personne qui nous quitte nous touche de si près et par tant de souvenirs.
J'espère que ce triste événement ne vous empêchera pas de venir à Paris et que j'aurai le plaisir de vous y voir.
Je viens moi-même de rentrer définitivement à Paris.
Votre ami dévoué,

Poincaré

50 Poincaré à Guccia

[09/1908] [125]

Mon cher ami,

Voulez-vous venir jeudi dans la matinée ; je vous attendrai.
Vous n'avez sans doute pas reçu la lettre que je vous ai adressée à Palerme il y a quelques jours ; je tenais à vous dire quelle part je prends à la grande douleur qui vous frappe.
Je serai bien content de vous voir.
Votre ami dévoué,

Poincaré

---

120. Cette carte est une réponse à la lettre précédente.
121. [Poincaré, 1908g].
122. Voir la lettre précédente.
123. Cette lettre est datée d'après la date du décès de la sœur de Guccia.
124. La sœur de Guccia est décédée à Palerme le 19 septembre 1908 (d'après un faire-part conservé à l'Institut Mittag-Leffler).
125. Cette lettre est datée d'après son contenu. Voir la lettre précédente.

51 Poincaré à Guccia

Paris, 21/11/1908.

Mon cher ami,

Je vous envoie sous pli recommandé le mémoire dont je vous avais parlé [126]. J'espère que vous ne le trouverez pas trop long [127].
J'ai reçu les numéros des *Rendiconti* qui me manquaient et je vous remercie bien de me les avoir envoyés.
J'espère que vous avez fait bon voyage et que vous êtes arrivé à Palerme en bonne santé.
Votre bien dévoué,

Poincaré

52 Poincaré à Guccia

Paris, 22/12/08.

Mon cher ami,

J'ai reçu le manuscrit et les épreuves ; je vous promets de les corriger avec soin ; je vous serais très obligé si vous vouliez bien m'envoyer un second exemplaire de l'épreuve ; je ne veux pas dire une seconde épreuve car la première est suffisamment correcte ; mais un autre exemplaire de la première épreuve que je puisse conserver en attendant que le volume paraisse, ou que je reçoive les tirages à part.
Je vous remercie beaucoup des excellentes mandarines que vous nous avez envoyées.
J'espère que mon écriture ne vous a pas donné trop de mal.
Veuillez croire à ma sincère amitié.

Poincaré

53 Poincaré à Guccia

Paris 31/12/08.

Mon cher ami,

J'ai reçu les nouvelles épreuves et je vous en remercie ; je vous renvoie les épreuves corrigées ; je crois l'avoir fait avec soin.

---

126. [Poincaré, 1909d].
La date de réception du manuscrit de l'article de Poincaré sur la réduction des fonctions abéliennes et les fonctions fuchsiennes indiquée par la rédaction des *Rendiconti* est le 13 décembre 1908.

127. L'article proposé par Poincaré fait 56 pages. La longueur des contributions de Poincaré aux *Rendiconti* varie entre 30 et 60 pages.

Je vous remercie aussi pour les excellentes mandarines que vous nous avez fait envoyer.
J'espère qu'à Palerme vous n'avez pas été matériellement éprouvés par la catastrophe [128] ; mais quel désastre ; l'impression ici est profonde ; que doit-elle être si près du lieu du sinistre.
Votre ami dévoué,

Poincaré

54 Poincaré à Guccia

Paris 12/1/09.

Mon cher ami,

Combien intéressants et émouvants sont les détails que vous me donnez. Je vois que nos collègues ont été relativement favorisés puisqu'ils ont tous échappé à la mort [129].
Malheureusement je crains que le manuscrit de M. Bagnera ne soit perdu, il n'est pas arrivé au secrétariat [130].
J'espère que dans des circonstances aussi exceptionnelles, l'Académie pourra accepter un dépôt tardif, si M. Bagnera a conservé une copie. Il pourrait même peut-être envoyer le texte italien ; je parlerai de tout cela à M. Darboux [131].
Votre ami dévoué,

Poincaré

128. Le 28 décembre 1908, un tremblement de terre se produit dans le détroit de Messine. Messine et Reggio de Calabre sont particulièrement touchées et selon les chiffres approximatifs de l'époque, environ 95 000 personnes ont perdu la vie dans cette catastrophe.

129. Poincaré parle du tremblement de terre de Messine. Voir lettre précédente.

130. En 1908, Giuseppe Bagnera était professeur de géométrie et d'algèbre à l'Université de Messine [Severi, 1928]. Le mémoire [Bagnera et de Franchis, 1910] dont parle Poincaré est celui que Michele de Franchis et Bagnera déposent pour participer au prix Bordin de l'Académie des sciences de Paris de l'année 1909. Ils furent les lauréats de ce concours. Le début du rapport du prix Bordin 1909 évoque les circonstances de la réception du manuscrit de Bagnera et de Franchis :

> Ce travail est parvenu seulement le 15 janvier 1909 au Secrétariat de l'Institut. Quoique les délais réglementaires fussent expirés, nous n'avons pas pensé créer un précédent, en le retenant pour le prix Bordin. Il avait été, en effet, envoyé de Palerme, dans la soirée du 27 décembre 1908, et c'est la nuit suivante que s'est produite l'effroyable catastrophe qui a détruit Messine. Le wagon postal, contenant le Mémoire qui nous occupe, se trouvait dans la gare de cette ville au moment du tremblement de terre, et près de trois semaines se sont déroulées avant que l'expédition des objets retrouvés sous les décombres ait pu être faite. [*Comptes rendus hebdomadaires des séances de l'Académie des sciences*, 149 (1909), p. 1185]

Le mémoire de Giuseppe Bagnera et de Michele de Franchis était le seul reçu cette année pour le prix Bordin. Il était intitulé *Le nombre ρ de M. Picard pour les surfaces hyperelliptiques et pour les surfaces irrégulières de genre zéro* [Bagnera et de Franchis, 1910].

131. Voir la carte suivante.

55 Poincaré à Guccia

[Peu après le 15 janvier 1909] [132]

Mon cher ami,

J'ai reçu les tirages à part [133]. Merci mille fois.
Le mémoire de Bagnera a fini par arriver [134].

Tout à vous
Poincaré

56 Poincaré à Guccia

[10/1909] [135]

Mon cher ami,

Le titre du mémoire est Sur la Diffraction des Ondes hertziennes [136]. Je n'ai reçu aucun avis officiel de Stockholm, mais il paraît que cela a été annoncé dans un journal [137].
Je vous envoie un exemplaire de la brochure Henri Poincaré par M. Lebon [138].
Votre bien dévoué,

Poincaré

57 Poincaré à Guccia

Paris, le 20 Novembre 1909 [139]

Monsieur et Cher Collaborateur,

J'ai l'honneur de vous informer que la Commission du Répertoire, dans sa séance du 10 Novembre dernier, après avoir accepté la démission de M. C.-A. Laisant comme Secrétaire, a désigné pour le remplacer M. L. Raffy, Professeur à la Faculté des Sciences [140] .

132. La carte évoque le mémoire de G. Bagnera soumis au prix Bordin.
133. [Poincaré, 1909d].
134. Voir la lettre précédente.
135. L'article dont il est question dans cette lettre [Poincaré, 1910e] est signalé comme ayant été reçu à la rédaction des *Rendiconti* en octobre 1909.
136. [Poincaré, 1910e].
137. Poincaré fait allusion aux cérémonies de l'inauguration des nouveaux bâtiments de la *Hög-skola* à Stockholm. Pour plus de détails, voir [Nabonnand, 1999, p. 360].
138. [Lebon, 1909].
139. Cette lettre est une circulaire dactylographiée de la Commission Permanente du Répertoire Bibliographique des Sciences Mathématiques.
140. Louis Raffy est depuis 1904 titulaire de la nouvelle chaire d'« application de l'analyse à la géométrie ». Pour plus de détails sur le parcours de Raffy, voir [Anonyme, 1910].

Toutes les communications doivent donc désormais être adressées à M. L. Raffy, Secrétaire de la Commission du Répertoire, 7, rue Pierre-Nicole, Paris.
Veuillez agréer, Monsieur et Cher Collaborateur, l'assurance de mes sentiments dévoués.

Le Président
H. Poincaré

58 Poincaré à Guccia

[Sans date]

Mon cher ami,

Ma femme me charge de vous remercier de votre aimable souvenir et de votre envoi.
Quant à moi je vous adresse mes meilleurs souhaits et je vous prie de croire à ma sincère amitié.
Votre tout dévoué,

Poincaré

59 Poincaré à Guccia

[1910]

Mon cher ami,

C'est bien S, la figure est correcte[141].
A vous de tout cœur,

Poincaré

60 Poincaré à Guccia

Paris, 29/10/1910.

Mon cher ami,

Naturellement je serai enchanté de vous donner mon rapport[142] pour les *Rendiconti* mais ce rapport ne sera terminé que le 25 novembre.

141. Il s'agit certainement de la figure 1 de l'article de Poincaré sur la diffraction des ondes hertziennes [Poincaré, 1910e, p. 191]. Le point S désigne un excitateur et Poincaré se propose d'étudier « les effets de diffraction produits par la sphère terrestre sur les ondes »provenant de cet excitateur.

142. Guccia demande à Poincaré son accord pour publier le rapport sur les travaux de Hilbert pour le prix Bolyai 1910 [Poincaré, 1911b]. Ce rapport est aussi publié dans les *Acta mathematica* [Poincaré, 1912f]. Une traduction en anglais paraît dans *Science* [Poincaré, 1911d].

Je suis désolé de n'avoir pu vous voir à Paris, et d'après ce que je comprends vous ne repassez pas par Paris.
Votre ami dévoué,

Poincaré

61 Poincaré à Guccia

[09/12/1911] [143]

Mon cher ami,

Je vous ai parlé, lors de votre dernière visite d'un travail qui me retient depuis deux ans [144]. Je ne suis pas plus avancé et je me décide à l'abandonner provisoirement pour lui donner le temps de mûrir. Cela irait bien, si j'étais sûr de pouvoir le reprendre ; à mon âge, je ne puis en répondre ; et les résultats obtenus, susceptibles de mettre les chercheurs sur une voie nouvelle et inexplorée, me paraissent trop pleins de promesses, malgré les déceptions qu'ils m'ont données, pour que je me résigne à les sacrifier [145].

---

143. Cette lettre est datée d'après les indications de Guccia dans les *Rendiconti* et dans la lettre qu'il adresse à Madame Poincaré le 18 septembre 1908 (p. 341). Le texte est établi à partir du fac-similé publié dans les *Rendiconti*.

144. [Poincaré, 1912h].

145. Poincaré utilise les mêmes arguments pour présenter son article :

> Je n'ai jamais présenté au public un travail aussi inachevé ; je crois donc nécessaire d'expliquer en quelques mots les raisons qui m'ont déterminé à le publier, et d'abord celles qui m'avaient engagé à l'entreprendre. J'ai démontré, il y a longtemps déjà, l'existence des solutions périodiques du problème des trois corps ; le résultat laissait cependant encore à désirer ; car, si l'existence de chaque sorte de solution était établie pour les petites valeurs des masses, on ne voyait pas ce qui devait arriver pour des valeurs plus grandes, quelles étaient celles de ces solutions qui subsistaient et dans quel ordre elles disparaissaient. En réfléchissant à cette question, je me suis assuré que la réponse devait dépendre de l'exactitude ou de la fausseté d'un certain théorème de géométrie dont l'énoncé est très simple, du moins dans le cas du problème restreint et des problèmes de Dynamique où il n'y a que deux degrés de liberté.
>
> J'ai donc été amené à rechercher si ce théorème est vrai ou faux, mais j'ai rencontré des difficultés auxquelles je ne m'attendais pas. J'ai été obligé d'envisager un très grand nombre de cas particuliers, mais les cas possibles sont trop nombreux pour que j'aie pu les étudier tous. Pendant deux ans, je me suis efforcé sans succès, soit de trouver une démonstration générale, soit de découvrir un exemple où les théorème soit en défaut [146].
>
> Ma conviction qu'il est toujours vrai s'affermissait de jour en jour, mais je restais incapable de l'asseoir sur des fondements solides.
>
> Il semble que dans ces conditions, je devrais m'abstenir de toute publication tant que je n'aurai pas résolu la question ; mais après les inutiles efforts que j'ai faits pendant de longs mois, il m'a paru que le plus sage était de laisser le problème mûrir, en m'en reposant durant quelques années ; cela serait très bien si j'étais sûr de pouvoir le reprendre un jour ; mais à mon âge je ne puis

Dans ces conditions, trouveriez-vous convenable de publier un mémoire inachevé où j'exposerais le but que j'ai poursuivi, le problème que je me suis proposé, et les résultats des efforts que j'ai faits pour le résoudre ? Cela serait un peu insolite, mais cela serait peut-être utile. Ce qui m'embarrasse, c'est que je serai obligé de mettre beaucoup de figures, justement parce que je n'ai pu arriver à une règle générale, mais que j'ai seulement accumulé les solutions particulières [147].
Dites-moi, je vous prie, ce que vous pensez de cette question et ce que vous me conseillez.
Votre ami dévoué

Poincaré

62 Guccia à Poincaré

Palerme, 12 décembre 1911 [148]

Mon cher ami,

Je vous confirme ma dépêche : "Conseiller publier". Quoique inachevé, votre travail ouvrira certainement des voies nouvelles aux chercheurs, et la science en profitera. Au surplus, si vous le croyez nécessaire, vous pourriez ajouter au commencement (sous forme de lettre ou de note), que c'est sur les instantes prières de la Direction des *Rendiconti* que vous vous êtes décidé à publier ces recherches inachevées.
Quant aux figures, veuillez les faire dessiner *avec soin*, et puis les envoyer *de ma part* à M. Hermann, qui se chargera de faire exécuter les clichés.
J'attends donc votre manuscrit.
À la hâte, meilleures amitiés de votre tout dévoué

G. B. Guccia

P. S. La semaine dernière je vous ai envoyé pour vos enfants un petit colis postal de mandarines. Veuillez prier Madame Poincaré de vouloir bien m'excuser si elles ne sont pas bonnes à cause de la mauvaise saison, et lui présenter mes respectueux hommages.

---

en répondre. D'un autre côté, l'importance du sujet est trop grande (et je chercherai plus loin à la faire comprendre) et l'ensemble des résultats trop considérable déjà, pour que je me résigne à les laisser définitivement infructueux. Je puis espérer que les géomètres qui s'intéresseront à ce problème et qui seront sans doute plus heureux que moi, pourront en tirer quelque parti et s'en servir pour trouver la voie dans laquelle ils doivent se diriger.
Je pense que ces considérations suffisent à me justifier. [Poincaré, 1912h, p. 375-376]

147. Il y aura 20 figures dans l'article publié [Poincaré, 1912h].
148. Cette lettre est rédigée sur un papier portant un monogramme du Circolo Matematico di Palermo.

63 Guccia à Poincaré

Palerme, Samedi 6 avril 1912 [149]

Mon cher ami,

Seulement hier sont arrivés les clichés de Hermann. À cause des fêtes de Pâques, ce n'est que Mardi prochain que je pourrai passer votre manuscrit à l'imprimerie. En attendant, je vous prie de vous adresser à quelqu'un pour la révision des épreuves, car le manuscrit, au point de vue matériel, laisse un tout petit peu à désirer. D'autre part, ayant été un peu souffrant tous ces temps-ci, je crains de ne pas réussir à corriger les premières épreuves ainsi qu'il le faudrait. Veuillez donc vous faire aider.
Bonne Pâques. Amitiés de votre tout dévoué

G. B. Guccia

64 Poincaré à Guccia

[05/1912] [150]

Mon cher ami,

Je rentre d'un voyage en Angleterre [151]. Je comptais vous voir aujourd'hui à l'Institut pour convenir d'un rendez-vous. A tout hasard, je vous propose de venir chez moi mercredi matin.
Quant à mon manuscrit, il n'est pas encore prêt.
Votre ami dévoué,

Poincaré

65 Guccia à Poincaré

Palerme, 21/6/1912. [152]

Mon cher ami,

Je viens de lire dans le "Temps" que M. Lebon a publié une 2ème édition de votre notice [153]. Je me rappelle à votre bon souvenir pour que vous me l'envoyiez. Merci d'avance.

149. Cette lettre est rédigée sur une carte portant un monogramme du Circolo Matematico di Palermo.
150. Datée d'après le contenu de la lettre.
151. Poincaré a donné à l'université de Londres quatre conférences, *La logique de l'infini* (3 mai [Poincaré, 1912c]), *L'espace et le temps* (4 mai 1912 [Poincaré, 1912d]), *Sur les invariants arithmétiques* (10 mai), *La théorie des quanta* (11 mai [Poincaré, 1912e]). Pour plus de détails sur la seconde conférence, voir [Walter, 2008].
152. Cette lettre est rédigée sur une carte portant un monogramme du Circolo Matematico di Palermo.
153. [Lebon, 1912]. Sur la seconde édition de la notice de Poincaré publiée dans la collection « Savants du jour », voir [Lebon, 1912b].

Je regrette que vous n'allez pas à Londres [154].
J'espère vous serrer la main, une minute, à l'Institut le lundi 8 juillet (en route pour Londres).
En vous priant de vouloir bien présenter mes respectueux hommages à Madame Henri Poincaré, veuillez bien agréer les meilleurs souvenirs et amitiés de votre tout dévoué

G. B. Guccia

66 Poincaré à Guccia

[Sans date]

Monsieur et cher Collègue,

J'approuve entièrement les décisions prises par l'Assemblée dans sa séance du 31 Août et je m'applaudis de la généreuse initiative de notre collègue et ami, M. Guccia.

Votre bien dévoué Collègue,
Poincaré

67 Poincaré à Guccia

[Sans date]

Mon cher ami,

J'ai reçu les tirages à part et je vous en remercie infiniment.

Votre ami dévoué,
Poincaré

68 Annexe : Guccia à Madame Poincaré

18 septembre 1912 [155]

Madame,

Votre aimable lettre du 29 juillet est venue me rejoindre en Suisse. J'en ai été touché ; et vous prie de vouloir bien agréer mes vifs remerciements.
Je dois vous avouer que depuis deux mois ma pensée est tout le temps dirigée vers la mémoire de notre cher absent ! Veuillez me permettre qu'après votre grand

154. Guccia parle de la célébration du 250e anniversaire de la Royal Society of London (15-19 juin 1912). Guccia y apprendra le décès de Poincaré (voir la lettre adressée à sa veuve le 18 septembre 1912 (p. 341)).
155. Cette lettre est rédigée sur un papier à l'en-tête de l'Hotel Montana de Lucerne

deuil et celui de vos chers enfants, je place le mien, qui est aussi bien grand et profondément douloureux ! La Science a perdu le plus grand mathématicien du siècle (et d'autres diront, encore mieux de ce qu'on ne l'ait pas fait jusqu'à présent, ce qui était Henri Poincaré) ; mais moi j'ai perdu mon plus cher ami (27 ans de rapports continuels, charmants), qui avait toujours eu pour moi une extrême indulgence et une grande bonté ! J'ai perdu le meilleur aussi et le plus grand soutien d'une organisation scientifique que j'avais créée avec tant d'efforts. Vous savez, du reste, que 15 de ses plus importants mémoires ont été publiés dans les *Rendiconti*, entre autres celui de 1894 (Sur les équations de la Physique mathématique), qui est considéré comme une œuvre classique, immortelle, de ce grand génie. Le premier (de 1888) était sous forme de lettre adressée à moi. Et le dernier... hélas ! c'était un adieu !
Voici comment les choses se sont passées au sujet de ce dernier mémoire (ainsi que je l'ai écrit succinctement le 18 juillet à M. Raymond Poincaré et à M. Darboux) : Le 9 décembre 1911 il m'écrit la lettre suivante (que je vous transcris textuellement) :

Guccia recopie ici la lettre 61 (p. 338 de ce volume).

J'ai été frappé par cette lettre. À part la modestie, à nulle autre pareille (à laquelle j'étais habitué), je croyais lire entre les lignes qu'il ne se sentait pas bien. J'ai failli vous écrire ; mais je m'en suis abstenu par crainte qu'il puisse s'alarmer, lui qui ne voulait pas qu'on parle et [qu']on s'occupe de sa santé.
J'ai immédiatement répondu le 12 décembre par dépêche : « Conseiller publier, Lettre suit, amitiés » et je lui écris qu'il serait peut-être utile qu'il explique au public, dans une préface, à peu près ce qu'il venait de m'écrire dans sa lettre, savoir que le mémoire était inachevé, etc. C'est ce qu'il a fait ; et le mémoire a paru dans les Rendiconti en *juillet*, à peu près en même temps qu'il nous est disparu !
Il m'a encore écrit ; nous avions un rendez-vous à l'Académie le lundi 8 juillet, où il devait me donner la dernière édition (que je lui avais instamment demandée) de sa Notice par M. Lebon. Mais, en prévoyant (sans le dire) qu'il ne pourrait pas venir ce jour-là à l'Académie, il me fait écrire par M. Lebon que ce jour-là je pourrais faire chercher la notice chez M. Lebon ! Au fait, je l'attends à l'Académie jusqu'à 4 heures. Il ne vient pas. A Londres j'ai appris par MM. Picard et Haller qu'il n'était pas venu à l'Académie le 8, parce que le lendemain il devait entrer dans une maison de santé pour une opération ; mais que l'opération était bien réussie. Il n'y avait donc pas à s'alarmer. Il en aurait eu encore pour une dizaine de jours avant d'être tout à fait rétabli ! Voici que, au commencement d'une soirée à Burlington House le 17, arrive Sir Joseph Larmor et nous communique la dépêche parvenue à l'Athenaeum Club ! Un coup de foudre ! Nous pleurions tous !
Depuis cette triste soirée, je ne sais plus rien. En quittant Londres, je me suis senti tellement triste et désorienté que je n'ai écrit à personne. C'est à peine si j'ai pu m'occuper des affaires les plus urgentes de rédaction.

Je vous laisse donc imaginer si je voudrais parler de notre cher absent ! Demain je pars pour Paris, où je compte rester deux semaines. Aussi, si vous voudriez m'accorder l'honneur de serrer la main à vous et à vos enfants, ce serait pour moi un grand soulagement. Dans ce cas, veuillez, je vous prie me fixer un jour et une heure où je pourrais me rendre rue Claude-Bernard.
Mon adresse est : *Grand Hôtel Terminus, rue St.-Lazare, Paris.*
En attendant, veuillez bien agréer, Madame, avec tous vos enfants, le témoignage de ma douloureuse sympathie et l'expression de mon plus profond respect.

G. B. Guccia

69 Annexe : Guccia à Madame Poincaré

Palerme, 28 décembre 1912 [156]

Madame,

Veuillez m'excuser si, à cause de mes bien nombreuses occupations, je ne vous ai pas encore remercié pour votre aimable lettre du 25 octobre ainsi que pour la copie de ma lettre du 12 dec. 1911 et les discours aux funérailles du grand disparu.
Maintenant, je vous envoie, séparément, la photographie de la lettre historique du 9 décembre 1911. Je n'en ai fait tirer que 10 exemplaires pour les intimes.
J'espère que MM. Humbert et Painlevé se sont mis au travail ! Si vous les voyez, veuillez leur faire des recommandations de ma part. De mon côté, je vais leur écrire ces jours-ci.
Tous mes vœux, bien sincères pour la nouvelle année. Mais quelle tristesse j'éprouve en vous écrivant ! Ce qui nous manque est quelque chose de très grand, dont le souvenir ne s'efface pas de nos cœurs. Avec tous vos enfants, veuillez bien agréer, Madame, les respectueux hommages et amitiés de votre tout dévoué serviteur.

G. B. Guccia

156. Cette lettre est rédigée sur un papier à l'en-tête du Circolo Matematico di Palermo

Georges Henri Halphen

Georges Henri Halphen naît à Rouen en 1844. Après des études à l'École polytechnique (1862-1864) où il fait montre de ses talents mathématiques, il entame une carrière d'officier d'artillerie qui le mène à Auxonne, Strasbourg, Besançon, Paris et Mézière. En 1872, il est nommé répétiteur à l'École polytechnique. Il se consacra alors pleinement à la recherche en mathématiques et soutient à la Faculté des sciences de Paris en 1878 une thèse sur les invariants différentiels [Halphen, 1878] [1]. Il obtient la charge d'examinateur d'admission de l'École polytechnique. Il décède en 1889. Dans sa notice, Poincaré [1890c] [2] évoque la disparition subite d'Halphen [3].

> Au mois d'Avril 1889, il manqua plusieurs séances de l'académie ; des bruits alarmants, auxquels on refusait de croire, commençaient à circuler ; puis, un jour, les avis des médecins ne permirent plus à ses Confrères de conserver le moindre doute. Le lendemain, cette grande intelligence s'éteignait.
> Sa mort fut un deuil pour le Science française, mais elle ne fut pas ressentie moins vivement au delà des frontières. Que de lettres j'ai reçues, où des savants étrangers me disait la sympathie qu'on éprouvait chez eux pour la perte cruelle et irréparable dont la France était frappée !
>
> Je voyais ainsi que, devant un talent aussi éminent, les petites jalousies nationales se taisaient et que les admirables qualités d'Halphen, si françaises pourtant, étaient aussi appréciées à l'étranger qu'en France. [Poincaré, 1890c, p. 140]

Les intérêts mathématiques de Halphen concernent la théorie des caractéristiques, les invariants différentiels, les équations différentielles, les courbes gauches algébriques, les fonctions elliptiques. Il publie plus d'une centaine de notes et de mémoires dans les *Comptes rendus hebdomadaires de l'Académie des sciences*, le *Bulletin de la société mathématique de France* dont il est membre depuis sa création,

1. Le jury était composé de Charles Hermite, Jean-Claude Bouquet et Gaston Darboux.

2. Poincaré reçoit le 22 février 1890, une lettre de l'épouse d'Halphen le remerciant d'avoir écrit la notice nécrologique de ce dernier parue dans le *Journal de l'École polytechnique* (p. 351).

3. Pour plus de précisions sur le parcours et les travaux d'Halphen, outre la notice rédigée par Poincaré [1890c], voir [Picard, 1890].

P. Nabonnand et al. (eds.), *La correspondance entre Henri Poincaré et les mathématiciens*,
Publications des Archives Henri Poincaré Publications of the Henri Poincaré Archives,
https://doi.org/10.1007/978-3-7643-8288-9_34

dans le *Journal de mathématiques pures et appliquées*, les *Rendiconti del Circolo matematico di Palermo*, les *Mathematische Annalen*, ou les *Proceedings of the London mathematical Society*. Il est aussi l'auteur d'un *Traité des fonctions elliptiques et de leurs applications* en trois volumes [4].
À une exception près, les lettres échangées par Poincaré et Halphen datent de la période du Grand prix des sciences mathématiques décerné en 1881 par l'Académie de sciences à Halphen et concernent une demande d'explication par Halphen au sujet des fonctions Fuchsiennes.

1 Poincaré à Halphen

Caen, le 22 février 1881 [5]

Monsieur,

Permettez à l'un de vos concurrents malheureux de vous féliciter du succès que vous venez d'obtenir et qui, pour n'en être pas officiel, n'en est pas moins connu. Croyez que ces félicitations sont bien sincères et, qu'après mon propre succès, c'était le vôtre qui pouvait me faire le plus de plaisir [6].
Je suis allé vous voir l'autre jour pour vous porter mes compliments et pour vous demander un renseignement.
Depuis quelque temps, j'étudie les équations différentielles d'un certain point de vue ; mais un mot de M. Jordan m'ayant fait supposer que ce point de vue était le vôtre, j'ai abandonné cette étude parce que je me serais trouvé arrêté inutilement par des difficultés déjà surmontées par vous. Néanmoins, ce que m'a dit M. Jordan étant très-vague, j'aurais désiré savoir sur quels points avaient porté particulièrement vos recherches.
Je dois aller à Paris la semaine prochaine ; pourriez-vous avoir la bonté de me faire savoir à quelle heure et quel jour je puis aller vous trouver sans vous déranger ?
Veuillez agréer, Monsieur, l'assurance de ma considération la plus distinguée.

Poincaré

4. Le troisième volume est édité à titre posthume par Émile Picard.
5. Cette lettre est conservée à la bibliothèque de l'Institut de France.
6. Poincaré fait allusion au concours du grand prix des sciences mathématiques qu'Halphen venait de remporter. Sur les circonstances de ce concours, voir la note 7 de la lettre adressée à Joseph Bertrand le 28 mai 1880 (p. 89).

2 Halphen à Poincaré

Paris, 23 février 1881
51, rue Ste Anne[7]

Mon cher Camarade[8],

Vous êtes venu me voir et ne m'avez pas trouvé. C'est là un événement qui a peu de chance de se renouveler ; je sors, en effet, bien peu. Aussi ne vous assignerai-je aucun rendez-vous pour la semaine prochaine. Je vous laisse le soin, si vous le voulez, de me prévenir de votre visite, afin d'être tout à fait sûr de ne point perdre vos pas.

C'est une bonne fortune pour moi que vous ayez un renseignement à me demander. Il me sera permis d'effacer, je l'espère, le désagréable souvenir qu'a nécessairement dû vous laisser votre ancien collègue[9].

Il ne faut pas m'en trop vouloir si je vous ai ravi le prix. J'ai sur vous l'avantage de l'âge ; mais bientôt je n'en aurai plus que le désavantage. C'est à moi de vous envier.

A bientôt,

Votre dévoué
Halphen

3 Poincaré à Halphen

[avant le 23 mars 1881][10]

Monsieur,

Vous devez trouver que je tarde beaucoup à vous envoyer la note que je vous avais promise sur les fonctions fuchsiennes. Je vous prie de m'excuser ; j'ai été presque constamment en voyage depuis que j'ai eu le plaisir de vous voir[11] et je n'ai pas eu une minute à moi.

---

7. Cette lettre est suivie d'une note personnelle de la main de Poincaré :
Lettre de M. d'Andecy reçue jeudi matin

Mon cher Henri, j'ai reçu ce matin la demande de la main de ma fille que M. votre père m'adresse en votre nom. Je lui réponds avec empressement – et à vous en même temps – que nous sommes heureux et fiers de vous voir entrer dans notre famille. Ma fille accepte avec une entière confiance et avec la satisfaction la moins dissimulée l'avenir que vous lui offrez, et j'aime à croire que de votre côté vous apprécierez de plus en plus les qualités sérieuses de celle que vous choisissez pour compagne.

A samedi donc et recevez dès à présent mon accolade paternelle.

Hier je suis allé chez la rectrice et j'ai annoncé la nouvelle à Négrenent et à Ditte ; ainsi qu'à Lebon et à sa femme chez qui je suis allé. Hassoutier est parti ce matin.

Ce soir visite chez Mme de S. G. chez la préfète qui m'a tout de suite félicité de mon mariage car le monde le sait et chez Mme Mélar.

8. Halphen utilise le terme «camarade» en raison de leur confraternité d'anciens élèves de l'École polytechnique.

9. Voir la lettre précédente. De la même manière que «camarade», il utilise le terme «collègue» en signe de leur confraternité d'ancien élève de l'École polytechnique.

10. La lettre suivante est la réponse d'Halphen à cette lettre. Cette lettre est conservée à la bibliothèque de l'Institut de France.

11. Voir lettres précédentes.

Voici quel a été le but de mes recherches, et quelle marche j'ai suivie.
Existe-t-il des fonctions uniformes $F(z)$ telles que :

$$F(z) = F\left(\frac{\alpha_1 z + \beta_1}{\gamma_1 z + \delta_1}\right) = F\left(\frac{\alpha_2 z + \beta_2}{\gamma_2 z + \delta_2}\right) = \ldots = F\left(\frac{\alpha_n z + \beta_n}{\gamma_n z + \delta_n}\right)$$

Il est clair qu'en général il n'en existera pas parce que le groupe G dérivé des opérations

$$\left(z, \frac{\alpha_1 z + \beta_1}{\gamma_1 z + \delta_1}\right), \left(z, \frac{\alpha_2 z + \beta_2}{\gamma_2 z + \delta_2}\right), \ldots, \left(z, \frac{\alpha_n z + \beta_n}{\gamma_n z + \delta_n}\right)$$

ne sera pas discontinu, c'est-à-dire contiendra des opérations changeant z en une quantité aussi voisine que l'on voudra de z ; ou bien aussi voisine qu'on voudra d'une quantité donnée.
La première chose à faire est donc de rechercher les conditions pour que le groupe G soit discontinu.
Voici ce que je trouve à ce sujet.
Je suppose que $\alpha_1, \beta_1, \gamma_1, \alpha_2, \beta_2, \ldots$ sont réels (ce n'est pas là l'hypothèse que j'avais faite dans mes notes des 14 et 21 février [12]).
L'opération

$$\left(z, \frac{\alpha_1 z + \beta_1}{\gamma_1 z + \delta_1}\right)$$

sera complètement déterminée quand on saura qu'elle change z_0 en t_0 et z_1 en t_1 ; de telle sorte que

$$t_0 = \left(\frac{\alpha_1 z_0 + \beta_1}{\gamma_1 z_0 + \delta_1}\right) \qquad t_1 = \left(\frac{\alpha_1 z_1 + \beta_1}{\gamma_1 z_1 + \delta_1}\right).$$

Nous l'appellerons alors l'opération $(z_0, t_0 ; z_1, t_1)$.
Les quatre points z_0, t_0, z_1, t_1 ne peuvent être choisis arbitrairement.

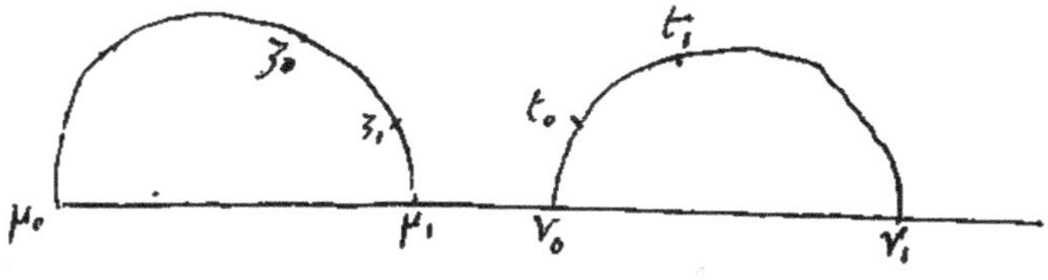

Par z_0 et z_1 et par t_0 et t_1 faisons passer deux circonférences ayant leur centre sur l'axe des x et coupant cet axe en μ_0, μ_1 ; ν_0, ν_1. On devra avoir :

(1) rapport anharmonique$(z_0, z_1 ; \mu_0, \mu_1)$ = rapport anharmonique$(t_0, t_1 ; \nu_0, \nu_1)$

12. [Poincaré, 1881e,f].

Remarquons que les points z_0, z_1 ; t_0, t_1 peuvent être
1° réels et en dehors de l'axe des x.
2° sur l'axe des x.
3° imaginaires.
Au lieu d'écrire in extenso la relation (1), j'écrirai pour abréger : $R(z_0, z_1) = R(t_0, t_1)$.
Cela posé, soient $A_0, A_1, \ldots, A_n$ $2n$ points réels ou imaginaires.
Joignons A_1 à A_2 par une circonférence B_1 ayant son centre sur l'axe des x, A_2 à A_3 par une circonférence B_2 ayant son centre sur l'axe des x, etc. ; nous obtiendrons un polygone curviligne dont les éléments (sommets et côtés) se suivront dans l'ordre suivant :

$$A_1B_1A_2B_2A_3 \ldots A_{2n-1}B_{2n-1}A_{2n}B_{2n}A_1$$

Supposons que l'on ait réparti les $2n$ côtés en paires, et cela d'une façon arbitraire ; nous dirons que chaque côté est le conjugué de l'autre côté de la même paire. Nous allons répartir les sommets en cycles de la manière suivante :
Partons d'un sommet quelconque, prenons le côté suivant, puis son conjugué, puis le sommet suivant, puis le côté suivant, puis son conjugué, etc. ; on rencontrera ainsi un certain nombre de sommets et on finira par revenir au point de départ. Les sommets ainsi rencontrés formeront un cycle et tous les sommets se trouveront répartis en un certain nombre de cycles.
Conditions imposées au polygone
1° Un même cycle ne peut contenir que des sommets réels et situés hors de l'axe des x ; ou bien il ne peut contenir que des sommets situés sur l'axe des x ; ou bien tous ses sommets sont imaginaires. Mais un même cycle ne peut avoir à la fois par exemple des sommets réels et imaginaires.
2° Si B_i et B_k sont des côtés conjugués, on a : $R(A_i, A_{i+1}) = R(A_k, A_{k+1})$.
Si l'on considère un cycle dont tous les sommets sont réels, la somme des angles correspondant au polygone curviligne est une partie aliquote de 4 droits[13].
À ces conditions, le groupe dérivé des opérations A_1, A_{k+1} ; $A_{i+1}A_k$ est discontinu et il existe une infinité de fonction uniformes $F(z)$ qui sont inaltérées par les opérations de ce groupe.
Si cela ne vous ennuie pas trop, je vous enverrai prochainement de nouveaux détails.
Veuillez agréer, Monsieur, l'assurance de ma considérations la plus distinguée,

Poincaré

13. Soit $\frac{4\pi}{n}$, n entier.

4 Halphen à Poincaré

Paris, 24 mars 1881
51 rue Ste Anne

Cher Monsieur,

Merci cent fois pour votre excellente lettre. J'avais déjà compris le fond de vos recherches d'après vos communications et d'après quelques éclaircissements dus à M. Hermite. Mais je n'avais encore aucune idée de la construction des groupes fuchsiens. Votre lettre m'en donne beaucoup plus qu'une idée. C'est un admirable problème, et vous pouvez être fier d'avoir su le poser et le résoudre. J'attends avec impatience la suite que vous m'annoncez.

De mon coté, je cherche à définir vos fonctions par quelque autre voie. Mais je n'ai encore qu'une lueur d'espoir, rien d'assez précis pour qu'il me soit permis de vous en parler [14]. D'ailleurs, je tiens à vous envoyer cette lettre aujourd'hui pour que vous ne me taxiez pas d'impolitesse. Soyez sûr, en tous cas, qu'il me tarde de pouvoir vous montrer mon savoir-faire, et que si je ne vous dis rien, ce sera par ignorance.

Votre bien dévoué
Halphen

5 Halphen à Poincaré

Paris, 2 février 1886
8 rue Gounod

Mon cher ami,

Si vous avez songé un instant à notre conversation d'hier, vous vous êtes sans doute aperçu que mon fameux lemme est tout à fait faux. Si vous n'y avez pas songé, je ne veux pas que vous restiez sous l'impression de mon erreur.

J'ai cédé à un enchainement bien peu explicable. La disposition des points à apparence singulière est impossible en général. Elle a lieu cependant pour les équations

14. Dans une note publiée le 9 mai 1881, Halphen [1881b] se propose d'étudier le système d'équation

$$\frac{u_1 + u_2}{d\alpha} = u_1 u_2, \quad \frac{u_2 + u_3}{d\alpha} = u_2 u_3, \quad \frac{u_3 + u_1}{d\alpha} = u_3 u_1.$$

Il fait apparaître «singulière propriété d'invariance», à savoir qu'il existe un groupe de substitutions qui échangent une paire de solutions en conservant la troisième :

> De là l'origine d'un groupe qui est ici bien connu : c'est celui qui se rapporte aux deux fonctions $\phi(\rho)$ et $\psi(\rho)$, introduites par M. Hermite [1858] pour la théorie des fonctions modulaires [...]. [Halphen, 1881b, p. 1103]

Halphen poursuit en faisant allusion aux recherches de Poincaré sur les fonctions fuchsiennes :

> Par là, on le voit, l'étude actuelle se rattache directement à celle des groupes discontinus de substitutions linéaires, si heureusement imaginée par M. Poincaré. Le système d'équations différentielles non linéaires dont j'ai parlé ici n'est pas le seul qui conduise à de tels groupes. [Halphen, 1881b, p. 1103]

qui ont fait l'objet de ma communication récente [15], celles dont les intégrales ont la forme $\sum e^{ax} f(x)$. On peut le démontrer directement, et trouver par là un moyen d'établir la propriété de ces équations. Au contraire, pour les équations s'intégrant sous la forme $\sum e^{ax^2+bx} f(x)$, cette disposition est généralement impossible. Dans le cas du 2nd ordre, on peut réduire à un, mais non pas à zéro, le nombre des points doubles apparentés.
Moralité : si l'âge apporte avec lui ses défauts propres, il ne fait pas non plus partir ceux de la jeunesse. Hélas !

Votre dévoué
Halphen

6 Annexe : Rose Marie Halphen à Poincaré

22 février [1891] [16]

Monsieur,

Je vous remercie en mon nom et au nom de mes enfants d'avoir consenti à écrire nécrologique sur notre cher mort ; j'ignorais l'existence de cette notice. C'est vous dire, Monsieur, que je n'ai reçu aucun tirage à part. Je vais donc user, abuser peut-être, de votre aimable offre, en vous priant de m'envoyer une douzaine d'exemplaires que je distribuerai aux proches et aux amis fidèles.
Recevez, Monsieur, l'assurance de mes sentiments reconnaissants.

R[ose] Halphen

15. [Halphen, 1885].
16. Datée d'après l'allusion à la notice biographique rédigée par Poincaré [1890c] sur Georges Halphen. Il n'y a aucune indication de date d'impression sur le 60e cahier du *Journal de l'École polytechnique*. On peut penser raisonnablement qu'il n'était pas édité avant le mois de février 1890 ; la lettre de Rose Halphen date certainement de 1891.

Charles Hermite

Charles Hermite naît à Dieuze en 1822 dans une famille de moyenne bourgeoisie provinciale. Après des études secondaires à Nancy et Paris, il entre en 1842 à l'École polytechnique qu'il quitte l'année suivante. Après quelques années comme chercheur libre, Hermite obtient en 1848 une position d'examinateur d'admission à l'École polytechnique ; il poursuit sa carrière en devenant examinateur de sortie en 1864, puis professeur d'analyse de 1867 à 1877. Parallèlement, il est maitre de conférences à l'École normale supérieure de 1862 à 1869 et obtient une chaire de professeur d'analyse à la Faculté des sciences de Paris en 1869 qu'il conservera jusqu'à sa retraite en 1897. Il épouse en 1848 Louise Bertrand, la sœur de Joseph Bertrand [1]. Il décède en 1901 à Paris.

Les contributions d'Hermite sont innombrables et concernent l'algèbre, l'analyse et l'arithmétique. Il s'intéresse particulièrement à la théorie des fonctions elliptiques et des fonctions abéliennes, à la théorie des nombres et à tout ce qui concerne les formes algébriques. Il est célèbre entre autres pour avoir proposé à vingt ans une contribution significative à la question de la résolution de l'équation du 5e degré et pour avoir prouvé un peu plus tard la transcendance de e [2]. Il publie environ cent cinquante notes et articles dans la plupart des journaux mathématiques de l'époque, en particulier dans le *Journal für die reine und angewandte Mathematif*, les *Comptes rendus hebdomadaires des séances de l'Académie des sciences*, le *Journal de mathématiques pures et appliquées*, les *Acta mathematica*, les *Rendiconti del Circolo Matematico di Palermo*, les *Annali di matematica*... On peut aussi noter de nombreuses contributions dans des journaux comme l'*Educationnal Times*, *Messenger*, *Mathesis*, *Časopis pro pěstování matematiky a fysiky*. Il est aussi l'auteur d'ouvrages issus de ses cours comme son célèbre *cours d'analyse de l'École polytechnique* [Hermite, 1873].

Hermite est aussi au centre d'un vaste réseau épistolaire international comptant entre autres C. G. J. Jacobi, L. Kronecker, H. Gyldén, E. L. Lindelöf, G. Mittag-Leffler, T. J. Stieltjes, R. Lipschitz, S. Pincherle, P. Chebyshev, A. Korkine, A. Markov, Y. Zolotareff, V. Bouniakovsky [3].

1. Sur les liens familiaux autour de J. Bertrand et Ch. Hermite, voir [Zerner, 1991].
2. Sur les travaux mathématiques d'Hermite, voir [Jordan, 1901], [Picard, 1902], [Goldstein, 2011a] et [Goldstein et collab., 2007].
3. Sur les relations d'Hermite avec les mathématiciens russes, en particulier A. Markov, voir

P. Nabonnand et al. (eds.), *La correspondance entre Henri Poincaré et les mathématiciens*, Publications des Archives Henri Poincaré Publications of the Henri Poincaré Archives,
https://doi.org/10.1007/978-3-7643-8288-9_35

Nous ne disposons pas des lettres envoyées par Poincaré à Hermite. Les lettres adressées par Hermite à Poincaré montrent que leurs échanges en tant que mathématiciens [4] s'étendent au moins sur une quinzaine d'années. Plus de la moitié des lettres sont datées entre 1879 et 1882 et témoignent du soutien et de l'estime d'Hermite pour son cadet. En témoigne la correspondance d'Hermite avec Mittag-Leffler, en particulier ce commentaire sur Poincaré dans une lettre datée du 11 mars 1881 :

> Je crois en ce jeune homme, qui a été mon élève à l'École polytechnique en 1875, un véritable génie. [Dugac, 1984b, p. 110]

Dans la plupart des lettres qu'il adresse à Mittag-Leffler, Hermite ne manque pas de vanter l'intérêt des travaux de Poincaré et avoue, comme dans sa lettre du 4 mars 1882, les embarras familiaux que lui procure le fait de soutenir Poincaré avant Émile Picard, son gendre ou Paul Appell, son neveu par alliance [5] :

> Tout bas et en confidence, ayant grande crainte d'être entendu de madame Hermite, je vous dirai que de nos trois étoiles mathématiques [6], Poincaré me semble la plus brillante. Et puis c'est un charmant jeune homme, qui est Lorrain comme moi, et qui connait parfaitement ma famille. [Dugac, 1984b, p. 150]

Si Charles Hermite fait toujours montre du même enthousiasme vis à vis de Poincaré dans les lettres qui suivent, on décèle aussi que les relations entre les deux mathématiciens se sont quelque peu équilibrées au fil des années et Hermite demande plusieurs fois l'aide et l'appui de Poincaré pour des questions tant mathématiques qu'institutionnelles comme celle de la démarche en faveur des *Acta mathematica*.

[Ogigova, 1967] ; sur les réseaux d'Hermite, voir [Goldstein, 2013].

4. Poincaré a suivi les cours d'Hermite (voir [Rollet, 2017]).

5. Charles Hermite est le beau-frère d'Alexandre Bertrand, le beau-père de Paul Appell. Pour plus de précisions, voir [Zerner, 1991]. Voir aussi la lettre 9 adressée par Appell à Poincaré en mai 1881 (p. 58).

6. P. Appell, É. Picard et Poincaré.

1 Hermite à Poincaré

Paris, 22 novembre 1879

Monsieur,

J'ai vu en lisant les Comptes-rendus que vous aviez présenté à l'Académie des Sciences un travail pour l'examen duquel j'ai été nommé commissaire [7], mais qui ne m'a pas encore été remis. Le sujet [8] que vous avez traité m'intéresse vivement [9], et ce sera un véritable plaisir de lire la nouvelle note que vous m'annoncez et de la présenter de votre part à l'Académie [10].

Dans l'attente de votre bonne visite je vous prie, Monsieur, de recevoir l'assurance de mes sentiments bien dévoués.

Ch. Hermite

Votre note ne m'est pas encore parvenue.

2 Hermite à Poincaré

Paris, 4 juin 1880

Monsieur,

Je m'empresse de vous accuser réception de votre mémoire sur les Formes cubiques ternaires que je présenterai pour remplir vos intentions à la prochaine séance de l'Académie [11]. J'aurai sur ce travail quelques remarques à vous communiquer si vous voulez bien venir me trouver mercredi à 1h ; en attendant et après lui avoir donné un premier coup d'œil, voici quelques points sur lesquels j'attire votre attention. Votre classification en 7 familles qui me semble excellente n'est peut-être pas nouvelle, et il y aurait à rechercher parmi tant de travaux publiés depuis une dizaine d'années ou même antérieurement sur les courbes du 3e ordre, si vos

---

7. Les autres commissaires sont Joseph Bertrand et Victor Puiseux (*Comptes rendus*, 89 (1879), p. 344). En 1879, Poincaré publie deux notes [Poincaré, 1879c,a] sur les formes quadratiques (voir la lettre adressée par Jordan à Poincaré le 27 janvier 1880 et la note 12, p. 424) ; dans la première, Poincaré expose les résultats de son mémoire, dans la seconde, il détaille un exemple. Le mémoire complet sera publié dans le *Journal de l'École polytechnique* [Poincaré, 1880d].

8. Il s'agit d'une nouvelle méthode pour reconnaître si deux formes quadratiques données sont équivalentes, et par quels moyens on peut passer de l'une à l'autre, en associant à chaque forme un nombre complexe (nombre corrélatif ou invariant arithmétique).

9. La théorie des formes algébriques est un sujet de prédilection d'Hermite .

10. [Poincaré, 1879c], développée dans [Poincaré, 1880d].

11. [Poincaré, 1880c]. Poincaré commence par l'étude algébrique de ces formes sur $\mathbb{R}^3$, avant d'aborder leurs propriétés arithmétiques sur $\mathbb{Z}^3$. Il écrit dans [Poincaré, 1921a] :

> C'est par un problème d'Arithmétique que j'ai été conduit à m'occuper d'Algèbre. La théorie des formes arithmétiques et des substitutions linéaires à coefficients entiers appliqués à ces formes est en effet intimement liée à l'étude algébrique de ces mêmes formes et des substitutions linéaires à coefficients quelconques qu'elles peuvent subir.

résultats n'auraient pas été déjà obtenus. Les valeurs des invariants S et T ont été données depuis longtemps par Mr Salmon [12], pour une forme cubique en général, et par Mr Cayley [13], dans les mémoires *upon Quantics* pour le cas des formes réduites, de sorte que vous auriez pu immédiatement employer ces résultats. Mais votre recherche des substitutions qui représentent une forme donnée, et la distinction des cas où les substitutions sont entièrement déterminées ou bien dépendent d'un ou de deux paramètres variables, me semble entièrement nouvelle, et j'y accorde une grande importance. Vous avez parfaitement vu qu'il n'y a de question arithmétique dans la recherche de l'équivalence des formes cubiques qu'autant qu'il existe une infinité de substitutions algébriques qui les changent en elles mêmes. Mais alors on quitte le champ des formes cubiques et la question que vous avez eu le mérite de poser, question entièrement neuve et que je juge très belle et très féconde, est celle de la réduction simultanée, c.-à-d. par la même substitution linéaire à coeff. entiers, du système d'une forme quadratique ternaire, et d'une fonction linéaire. C'est là, Monsieur, un domaine qui vous appartient à vous seul, et qu'il faut vous réserver. Mr Jordan vous a prévenu pour les formes cubiques [14], et vous n'aurez ajouté à ce qu'il a déjà fait que la limitation des coeff. de la transformée qui joue le rôle de réduite. Mais là où vous avez été prévenu, la part me paraît beaucoup moindre pour l'arithmétique proprement dite, tandis qu'elle me semble extrêmement belle dans le cas où vous obtenez une chaine périodique de réduites. Mais il ne faut point vous contenter d'avoir ainsi ouvert la voie, il faut en réalité et en fait, donner les moyens de calculer ces réduites et faire les applications numériques. Bien des choses peuvent se révéler ainsi dont ni vous ni personne n'a l'idée, tant les propriétés des nombres sont cachées et en dehors de toute prévision. C'est à leur égard que l'observation joue un rôle absolument nécessaire, et il faut donc des éléments d'observation, et ces éléments, vous serez le premier à les avoir obtenus et donnés [15]. Les formes cubiques quaternaires dont vous vous êtes occupé, ayant des covariants et des contravariants linéaires, peuvent être transformées en conséquence, de manière que les coefficients soient tous des invariants. Il en résulte qu'au point de vue arithmétique, il n'y a encore que les cas singuliers qui puissent offrir de l'intérêt. Dans un article du Journal de Borchardt, publié je crois en 1860 [16], j'ai montré que deux formes quadratiques ternaires simultanées, admettent des contravariants linéaires, au moyen desquels on déduit de ces formes des transformées dont les coeff. sont des invariants. Mais je n'ai point examiné le cas où l'une des formes est le carré d'une fonct. linéaire, cas certainement singulier et exceptionnel, qui pourrait être l'objet d'un préliminaire algébrique à la recherche que je crois devoir vous recommander avec instance.

12. [Salmon, 1851].
13. [Cayley, 1855, 1856a,b, 1858b,a, 1859].
14. [Jordan, 1879b].
15. Sur le rôle accordé à l'observation dans la pratique mathématique par Hermite, voir [Goldstein, 2011b].
16. [Hermite, 1860].

Votre travail sera certainement accueilli avec empressement soit par Mr Résal [17], soit par le Journal de l'École Polytechnique [18], et je me fais un plaisir de vous déclarer que vous vous y êtes montré algébriste extrêmement habile.
Veuillez, Monsieur, agréer la nouvelle assurance de mes sentiments les plus distingués.

Ch. Hermite

3 Hermite à Poincaré

Paris, le 23 juin 1880

Monsieur,

Votre lettre m'a extrêmement intéressé en me faisant comprendre le beau travail de Mr Fuchs, et en me donnant l'idée de ce que vous y avez vous même ajouté. La solution que vous obtenez d'une équation linéaire du second ordre, laquelle a seulement deux points singuliers à distance finie est un résultat d'une grande importance et dont je vous félicite sincèrement. Je me ferai un plaisir d'étudier la nouvelle transcendante qui vous donne cette solution lorsque vous aurez publié vos résultats [19], mais j'espère que l'analyse ne vous détournera point entièrement de l'arithmétique, et que vous poursuivez pour la conduire à son terme, la question si curieuse de la réduction simultanée d'une fonction linéaire f et d'une forme quadratique φ [20]. Si je ne me trompe, vous mettez φ, ce qui est toujours possible sous la forme :

$$\varphi = \alpha f^2 + gh,$$

17. Résal dirigeait alors le *Journal de mathématiques pures et appliquées* créé par Liouville.

18. Voir [Poincaré, 1881m] pour la partie algébrique et [Poincaré, 1882g] pour la partie arithmétique. Poincaré explique dans l'introduction au mémoire [Poincaré, 1881m] comment son travail étend aux formes cubiques ternaires et quaternaires les méthodes et résultats d'Hermite pour les formes quadratiques.

19. Ces résultats sont contenus dans un mémoire de Poincaré (publié seulement en 1923 [Poincaré, 1923]) faisant partie, avec ses trois suppléments (édités et publiés par J. J. Gray et S. A. Walter en 1997 [Poincaré, 1997]), du travail soumis à l'Académie des Sciences en réponse à la question posée en 1878 : "Perfectionner en quelque point important la théorie des équations différentielles linéaires à une seule variable indépendante". Poincaré part d'un résultat de L. Fuchs [Fuchs, 1880d] donnant des conditions sous lesquelles, si $f(x)$ et $\varphi(x)$ sont deux solutions linéairement indépendantes de l'équation différentielle du second ordre $d^2y/dx^2 + Q(x)y = 0$, la fonction $x(z)$ définie implicitement par $f(x)/\varphi(x) = z$ est une fonction méromorphe de z. Poincaré montre que les conditions de Fuchs ne sont ni nécessaires, ni suffisantes. Ce type d'approche conduira Poincaré à la découverte des transcendantes nouvelles qu'il appellera fuchsiennes (voir, pour plus de détails [Dieudonné, 1982b] et [Poincaré, 1997]).

20. Dans sa note aux *Comptes rendus* sur la réduction simultanée d'une forme quadratique et d'une forme linéaire, parue en novembre 1880, Poincaré rappelle qu'il a été amené à étudier de tels systèmes dans le cadre d'un travail sur les formes cubiques ternaires ; il ajoute :

> D'après les conseils de M. Hermite, j'ai poursuivi les résultats obtenus et j'ai cherché à approfondir l'étude des conditions d'équivalence ou des substitutions semblables de pareils systèmes. [Poincaré, 1880a, p. 844]

. Le mémoire détaillé de Poincaré sur cette question ne paraîtra qu'en 1886 [Poincaré, 1886b].

où g et h sont également linéaires, α étant une constante convenablement déterminée, et vous appliquez à φ, la série des substitutions propres à réduire la forme définie :

$$f^2 + \lambda g^2 + \frac{1}{\lambda} h^2,$$

dans laquelle λ est un paramètre positif arbitraire. Je vous renouvelle l'expression de l'intérêt que j'attache à cette question, et l'assurance que la solution vous fera grand honneur. Elle touche certainement à la recherche difficile et ardue des transformations semblables de toute forme indéfinie en elle-même, car vous aurez ces transformations pour la forme φ, et de là semble résulter qu'on peut les concevoir comme attachée chacune à une fonction linéaire, qu'elles reproduisent, cette fonction linéaire étant d'ailleurs quelconque, sous la condition que g et h soient réelles.

Je puis vous assurer que Mr Kronecker prend le plus vif intérêt à vos recherches et je me permets de vous engager à lui donner communication des résultats auxquels vous serez amené. Il m'a parlé avec grande estime du mémoire de Mr Selling [21] que je recommande à votre étude attentive, pensant qu'il vous sera utile.

Permettez moi, Monsieur, de garder le temps nécessaire pour les traduire, les deux lettres de Mr Fuchs [22] que je vous rendrai aussitôt qu'il me sera possible, et veuillez recevoir l'expression de toute mon estime pour votre talent et de mes sentiments bien dévoués.

Ch. Hermite

4 Hermite à Poincaré

Paris, 20 juillet 1880

Monsieur,

Les considérations tirées de la géométrie imaginaire de Lobatchewski me sont trop peu familières pour qu'il me soit possible de juger du rôle que vous leur faites jouer dans la question si difficile de la recherche des transformations en elle-même d'une forme ternaire [23], et il ne m'est point permis de vous donner un avis sur la voie que vous avez suivie parce qu'elle est en dehors de mes études [24]. Mais ce que

21. [Selling, 1874]. Une traduction de cette article était parue dans le *Journal de mathématiques pures et appliquées* en 1877.

22. [Poincaré, 1921b]

23. Voir [Poincaré, 1881b].

24. Dégoûté semble-t-il par l'enseignement de la géométrie à l'École polytechnique, Hermite n'a jamais manifesté d'intérêt pour la géométrie en général. Dans sa correspondance, il tentera plusieurs fois, mais sans succès, de convaincre Poincaré de renoncer à l'emploi de la géométrie hyperbolique. Il écrit, dans sa lettre No. 259 à Stieltjes [Baillaud et Bourget, 1905] :

> Si vous ne me prenez pas en compassion quand j'essaie de comprendre quelque chose aux épures de géométrie descriptive, c'est que vous avez le cœur d'un tigre.

vous me dites avoir déjà obtenu sur la réduction simultanée d'une forme linéaire et d'une forme quadratique me semble extrêmement intéressant, et je ne doute point que vous n'arriviez ainsi à éclairer la question des transformations semblables des formes ternaires indéfinies. Dans mes premières tentatives [25] j'avais été amené à introduire comme élément de cette recherche, les entiers qui rendent positive la forme adjointe g, puis en désignant par G une telle valeur positive de g, les entiers t et u, tels qu'on ait $t^2 - Gu^2 = \pm 1$ mais ce n'est là qu'une ébauche bien imparfaite, dont je n'ai été aucunement satisfait. En remarquant que toute substitution S, au déterminant 1, donne la transformation en elles-mêmes d'une infinité de formes ternaires renfermant un paramètre arbitraire, j'avais pensé aussi à rechercher les conditions pour que deux substitutions S et T, à coeff. ent. au déterminant 1 changent une même forme ternaire en elle-même, mais l'analyse me donne trop de travail pour que je puisse songer maintenant à l'arithmétique. Vous savez, Monsieur, combien les dernières semaines de l'année scolaire sont entièrement prises par les examens de la Faculté, aussi ne m'a-t-il pas été possible de traduire de l'Allemand les deux lettres de Mr Fuchs, dont vous avez bien voulu me donner communication. Permettez moi de vous prier de m'en donner la substance vous même, puisque vous avez l'avantage de lire l'Allemand ? La question m'intéresse beaucoup.

Mr Bazin s'est occupé dans le Journal de Mr Liouville de la multiplication des formes quadratiques à quatre indéterminées [26], mais il résulte de ses recherches que je vous engage à lire, qu'on ne parvient à la composition que dans des cas particuliers, précisément ceux que j'ai indiqué dans le journal de Crelle et que j'ai rencontrés en traitant algébriquement de la transformation des formes ternaires en elles-mêmes [27]. Les formules que j'ai seulement énoncées alors ont été depuis démontrées avec beaucoup d'élégance par Mr Tannery, dans un article du Bulletin des sciences mathématiques de Mr Darboux, il y a, je crois, deux ou trois ans [28].

Me trouvant au moment de mon départ de Paris pardonnez moi, Monsieur, de vous écrire succinctement et bien à la hâte et veuillez recevoir la nouvelle expression de ma haute estime et de mes sentiments bien dévoués.

Ch. Hermite

Jacques Hadamard [1959] témoigne dans le même sens :

> Il est clair qu'Hermite n'avait pas l'habitude de penser dans le concret. Il avait une espèce de vraie haine pour la Géométrie et me reprocha une fois étrangement d'avoir publié un mémoire de Géométrie.

25. [Hermite, 1854a]
26. [Bazin, 1851, 1854]. Henry Bazin est né le 20 octobre 1829 à Nancy et décédé le 14 février 1917 près de Dijon. Ancien élève de l'École polytechnique et de l'École des Ponts et Chaussées, ingénieur des ponts et chaussées chargé des canaux, hydraulicien, passionné par les mathématiques ; il a traduit en français l'*Algèbre supérieure* de George Salmon. Sources : *La Houille Blanche*, (1923-2, p. 52-56, https ://doi.org/10.1051/lhb/1923008).
27. [Hermite, 1850b], [Hermite, 1854b], [Hermite, 1854c], [Hermite, 1854a].
28. [Tannery, 1876].

5 Hermite à Poincaré

Lamothe de Meursac (Charente Maritime), 2 août 1880

Monsieur,

Je vous suis bien reconnaissant de la peine que vous avez prise de me donner la traduction de l'important article des Nachrichten de Mr Fuchs [29], et je m'empresse de vous en remercier sincèrement. Il m'est vraiment impossible de saisir le point de vue auquel vous vous êtes placé pour rapprocher l'une de l'autre des théories aussi énormément distantes que la transformation des formes ternaires et les équations à deux points singuliers [30]. La notion du plan que vous nommez pseudogéométrique me fait défaut [31], et je n'ai pas davantage la définition de la nouvelle transcendante à laquelle j'ai vu avec plaisir que vous avez attaché le nom de Mr Fuchs. Je dois ajouter qu'alors même que j'aurais ces notions indispensables pour saisir vos idées, mon travail actuel me prenant ce que j'ai de temps et de forces, il me serait impossible de faire les efforts nécessaires pour pénétrer dans des considérations aussi difficiles et aussi abstraites.

Votre résultat sur les transformations semblables d'un système composé d'une forme ternaire et d'une fonction linéaire est excellent [32], mais je vous assure que j'aurais préféré qu'au prix d'une difficulté plus grande, vous eussiez été amené à un nouvel algorithme de calcul, au lieu de ramener la solution à la transformation en elles-mêmes des simples formes binaires. Il faut donc persévérer dans la recherche qui concerne les seules formes ternaires, et puisque vous aimez l'algèbre, permettez moi de vous engager à voir si l'analyse des recherches arithmétiques de Gauss pour déduire de deux transformations d'une forme F en une autre f, la solution de $T^2 - DU^2 = 1$ ne pouvait point s'étendre aux formes à 3 indéterminées. Cette analyse est vraiment merveilleuse, je l'ai étudiée avec admiration et il ne serait pas impossible qu'elle soit susceptible d'extension [33].

Recevez, Monsieur, avec mes voeux pour le succès de vos recherches, la nouvelle assurance de mes sentiments d'estime et d'amitié.

Ch. Hermite

---

29. Hermite parle d'une note publiée par Fuchs dans laquelle il résume son travail sur les équations différentielles du second ordre [Fuchs, 1880c]. Une version plus longue parait la même année dans le *Journal für reine und angewandte Mathematik* [Fuchs, 1880d]. Une traduction de cet article par Stephanos paraît dans le *Bulletin des sciences mathématiques et astronomiques*.

30. Poincaré utilise les transformations de la géométrie non-euclidienne dans ses travaux algébriques sur les formes algébriques [Poincaré, 1881b] et ses travaux sur les fonctions fuchsiennes (voir [Nabonnand, 2015]).

31. Hermite reviendra à plusieurs reprises, dans sa correspondance avec Poincaré, sur sa réticence à l'utilisation de notions géométriques en arithmétique et en analyse.

32. [Poincaré, 1880a, 1881m].

33. [Goldstein et collab., 2007], [Gauss, 1801].

6 Hermite à Poincaré

Paris, 22 novembre 1880

Monsieur,

Je m'empresse de vous informer que votre mémoire [34] a été présenté à l'Académie dans la séance d'aujourd'hui, et que l'extrait que vous y avez joint sera publié dans le compte-rendu de cette séance [35]. Je n'ai pu que parcourir votre travail pendant le peu de jours qu'il est resté dans mes mains, mais il m'a paru excellent et ce m'est un véritable regret que mes occupations et mes devoirs ne me permettent point de disposer d'un mois de temps pour bien l'étudier en approfondissant le sujet comme il serait nécessaire. Votre remarque sur la dépendance des solutions des deux équations : $a^2 - b^2\Omega = 1$, $c^2 - d^2\Omega = 4$, est extrêmement curieuse ; ne pouvant vous garantir qu'elle soit bien certainement nouvelle, je vous engagerai à consulter dans le journal de Crelle, les mémoires arithmétiques de Dirichlet sur la détermination du nombre des classes de formes de déterminant positif, où l'éq. de Pell joue un grand rôle [36]. Je ne pense pas que d'autres puissent vous avoir prévenu sur ce point.
Recevez, Monsieur, l'assurance de mes sentiments d'estime et d'amitié.

Ch. Hermite

7 Hermite à Poincaré

Paris, 27 novembre 1880

Monsieur,

Mes premières études sur la fonction $\varphi(\omega)$ ont été publiées dans les Comptes rendus en 1858 [37], puis séparément par Mr Gauthier-Villars sous le titre *Sur la théorie des équations modulaires et la résolution de l'équation du 5me degré.*
Mais permettez moi de vous engager à prendre surtout connaissance des travaux de Mr Kronecker qui m'a infiniment dépassé dans ce genre de recherche et à qui l'on doit les découvertes les plus remarquables et les plus profondes. Les notions de classes et de genres dans la théorie des formes quadratiques ont été entièrement rattachées à l'analyse par l'éminent géomètre, et je puis vous résumer ses travaux

34. Poincaré avait déposé début juin un mémoire sur les formes cubiques à l'Académie des sciences. Un extrait en est publié comme note [Poincaré, 1880c] dans le compte rendu de la séance du 7 juin. Voir la lettre 2, p. 355. La note dont il va être question dans cette lettre [Poincaré, 1880a] est un extrait d'une seconde version de ce mémoire que Poincaré a présenté à l'Académie. Sur la stratégie de Poincaré vis à vis de l'Académie des sciences au début de sa carrière, voir l'introduction p. 17.

35. [Poincaré, 1880a].

36. [Lejeune Dirichlet, 1837c, 1841, 1842, 1848].

37. [Hermite, 1858]. La fonction φ est l'une des fonctions modulaires utilisées par Hermite pour exprimer les solutions de l'équation algébrique de degré 5.

en vous répétant ce que je lui ai entendu dire à lui-même et dans ces termes : la théorie des formes quadratiques que Gauss a donnée dans les Recherches arithmétiques [38] n'est qu'une anticipation de la théorie des fonctions elliptiques.
Quelques-uns des beaux résultats découverts par Mr Kronecker, et publiés dans les Monatsbericht, ont été à ma demande traduits en Français et ont paru vers 1859 ou 1860 dans les Annales de l'École Normale Supérieure [39]. Mais il faut lire dans ce même recueil des *Monatsbericht* de l'Académie des Sciences de Berlin, et sans rien omettre, tout ce qui est sorti de la plume du grand géomètre [40]. Permettez moi de vous indiquer, comme se rapportant à mes anciennes recherches, diverses notes de M^r^ Kœnigsberger, dans le journal de Borchardt [41], qu'il vous sera facile d'y trouver, et enfin dans les Mathematische Annalen, de très nombreux et excellents mémoires de Mr Klein [42], et récemment de Mr Gierster [43].
Vous entrez, Monsieur, dans une voie féconde que j'ai regret d'avoir quittée, après y avoir fait seulement quelques pas. Au début, je m'étais rencontré si complètement avec Mr Kronecker qu'en venant me voir pour la première fois en 1869, l'éminent géomètre m'en a exprimé sa profonde surprise, les mêmes résultats s'étant présentés à nous presqu'au même moment, et sans que jamais nous eussions eu aucun rapport. Mais depuis longtemps, Mr Kronecker, Mr Klein et d'autres m'ont grandement dépassé, et occupé d'autres questions, je ne suis même plus bien au courant de leurs travaux.
Vers 1859, le P. Joubert a aussi donné dans les C. R. plusieurs articles sur l'application des fonctions elliptiques à la théorie des nombres [44], que vous lirez certainement avec grand intérêt.
Recevez, Monsieur, la nouvelle assurance de tous mes sentiments d'estime et d'amitié.

Ch. Hermite

38. [Gauss, 1801].
39. [Kronecker, 1861, 1862b,a, 1863].
La traduction de ces articles paraît en 1866 dans les *Annales scientifiques de l'École normale supérieure*. Jules Hoüel en est le traducteur (Sur Hoüel, on peut consulter sa correspondance avec le mathématicien belge de Tilly [Henry et Nabonnand, 2017]). Dans sa lettre adressée à Hoüel le 7 février 1866, Hermite évoque sa satisfaction de la traduction effectuée par son correspondant :

> Je m'empresse de vous exprimer toute la satisfaction que m'a causée votre traduction de l'important article de Mr Kronecker que je trouve excellente, vous engageant à poursuivre votre travail en faisant connaître aux géomètres Français tout ce qu'a écrit cet auteur dans les Comptes Rendus de l'Académie de Berlin. [...]

40. La bibliothèque des Archives Poincaré possède un ouvrage provenant de la bibliothèque personnelle de Poincaré et réunissant 14 mémoires de Kronecker et 6 mémoires de Fuchs.
41. [Koenigsberger, 1870, 1877, 1879b,a]. Voir aussi [Hermite, 1876a].
42. [Klein, 1876, 1879b,a,d,c].
43. [Gierster, 1879]. Joseph Gierster est un mathématicien allemand né à Dorf Haibach le 10 août 1854 et décédé à Munich le 2 janvier 1893. Après avoir obtenu son doctorat en mathématiques à Leipzig en 1881, il a enseigné dans le *Luitpoldgymnasium* et le *Wilhelmgymnasium* à Munich.
44. [Joubert, 1860].

8 Hermite à Poincaré

Paris, 11 février 1881

Monsieur,

Votre mémoire sur les fonctions Fuchsiennes [45] me paraît du plus haut intérêt et vous fera certainement grand honneur. Permettez moi avant que je puisse vous parler du fond, et quand je n'ai pu encore y jeter qu'un coup d'œil de vous engager à écrire vos résultats avec les expressions ordinaires de l'analyse, en évitant autant qu'il est possible de recourir aux expressions symboliques qui jettent comme un voile sur vos découvertes [46]. Un léger effort suffit souvent pour obtenir une perfection plus grande de la forme, ce qui en analyse a une incontestable importance, et je ne puis m'empêcher de penser que votre mémoire serait plus certainement compris s'il n'exigeait pas les études préliminaires que vous imposez au lecteur. Mais le regret que je vous exprime ne diminue en rien le mérite de vos découvertes, et c'est en vous témoignant de ma plus haute estime que je vous renouvelle l'assurance de mes sentiments affectueux et tout dévoués.

Ch. Hermite

9 Hermite à Poincaré

Paris, 18 février 1881

Monsieur,

Quelques uns de mes confrères de la section de géométrie ayant accepté ma demande de vous mettre sur la liste des candidats que nous aurons à présenter à l'Académie pour remplir la place vacante par la mort de Mr Chasles [47], je viens vous prier de vouloir bien me rédiger une note concernant vos travaux et qui en donnerait une analyse suffisante pour servir de base à la rédaction du rapport à l'appui de votre présentation [48].

45. [Poincaré, 1881e]. Poincaré y introduit les fonctions, qu'il nomme fuchsiennes « en l'honneur de M. Fuchs, dont les travaux m'ont servi très utilement ». Ce sont les fonctions uniformes invariantes sous l'action d'un groupe fuchsien (groupe discontinu d'opérations $z \mapsto \frac{az+b}{cz+d}$ sur le cercle unitaire). Voir la correspondance avec Lazarus Fuchs (p. 271).

46. Poincaré écrit zK_1 pour $f_1(z)$, zK_2 pour $f_2(z)$, zK_1K_2 pour $f_2[f_1(z)]$.

47. Michel Chasles est décédé le 18 décembre 1880. Voir la lettre qu'Appell adresse à Poincaré le 20 mars 1881 (p. 54).

48. Ce sera Camille Jordan qui succédera à Chasles à la section de géométrie de l'Académie des sciences le 4 avril 1881. Dans sa lettre adressée à Mittag-Leffler le 11 mars 1881, Hermite évoque cette élection et les rapports qu'il doit rédiger :

> Vous êtes sage et prudent, je puis vous confier ce qui explique pourquoi Darboux n'a point pour la prochaine élection les chances qu'il devrait à son talent hors ligne, et ce que Mr Bertrand m'a appris là-dessus. Darboux a fait un mariage au-dessous de sa position, qui a été légitimé longtemps après la naissance de son fils aîné. De là dans l'opinion académique une défaveur dont

Permettez moi, pour d'autres encore que pour moi, de vous prier de mettre dans cette note, l'expression en série, avec les signes analytiques usuels et sans notation symbolique[49], les diverses fonctions que vous appelez Fuchsiennes, et qui parmi beaucoup d'autres choses, semblent particulièrement intéressantes et importantes. En vous annonçant, Monsieur, l'intention de plusieurs de mes confrères dont je vous fais part, je dois expressément réserver la résolution officielle de la Section de Géométrie, qui n'a pas encore été réunie pour prendre la décision.
Veuillez agréer, Monsieur, la nouvelle assurance, de ma haute estime et de nos sentiments dévoués.

Ch. Hermite

> il porte le poids, et qui lui fait préférer Mr Camille Jordan. La lutte n'est vraiment point possible, et c'est en sachant parfaitement qu'il n'aura qu'un très petit nombre de voix, qu'il a pris la résolution maintenant publique et définitive de se retirer devant son concurrent. En engageant la bataille électorale, il courait aussi le danger d'augmenter les chances de Mannheim qui pourrait passer habilement entre deux, tandis que Mannheim battu cette fois serait à tout jamais hors de cause, ce qui assurera son entrée après Camille Jordan, à la première vacance.
>
> Je ne puis vous dire que d'instance j'ai dû subir pour consentir à mettre en première ligne et seul Mr Jordan, surtout de Mr Serret et de Mr Bouquet. Je m'y suis entièrement et absolument refusé, en déclarant que le maximum de concessions que je pouvais faire était d'accepter l'ex-æquo entre les deux candidats. Après eux, je me sens dans l'intention de proposer à la Section de Géométrie de mettre en seconde ligne et seul Mr Laguerre qui a beaucoup grandi depuis quelques temps par les recherches algébriques ; viendraient ensuite, et en bloc : Halphen, Poincaré, Appell, Picard, et l'affreux Mannheim que nous ne pouvons exclure tout en le désirant bien, parce qu'il se poserait en victime de l'intolérance des Analystes. [Dugac, 1984b, p. 109-110]

Finalement, Jordan sera classé seul en première ligne, Darboux en seconde ligne, Laguerre en troisième ligne, Halphen et Mannheim en quatrième ligne, Appell, Picard et Poincaré en cinquième ligne (voir *Comptes rendus*, 92 (1881), p. 801). Voir la lettre que Darboux adresse à Hoüel le 27 décembre 1880 [Henry et Nabonnand, 2017, p. 544-545].
Dans sa lettre adressée à Mittag-Leffler le 28 mars 1881, Hermite parle des problèmes que son soutien à Poincaré provoque au sein de sa famille et de la communauté mathématique :

> Mr Bouquet avec qui je suis très lié est mécontent de moi et sous une forme très adoucie me l'a fait savoir au moyen de Madame Hermite. Il trouve que je place trop haut et que je vante trop Poincaré dans mon rapport sur ses travaux. Poincaré, Appell et Picard sont mis ex-æquo et en dernière ligne sur notre liste ; or entre eux se pose une question qui divise l'Académie. C'est la question d'origine, suivant qu'on soit de l'École Polytechnique ou de l'École Normale. Les polytechniciens sont humiliés que dans les deux dernière élections ce soient les normaliens qui soient entrés à l'Académie, et le bon et excellent Mr Bouquet a certainement une préférence pour Appell et Picard, élève de l'École Normale, tandis que Poincaré sort de l'École polytechnique. [Dugac, 1984b, p. 115-116]

49. Voir la lettre précédente.

10 Hermite à Poincaré

Paris, 8 mars 1881

Monsieur,

Je présenterai avec le plus grand plaisir à la prochaine séance de l'Académie, c'est-à-dire dans 13 jours, à cause de la séance publique de lundi prochain, votre nouvelle note sur les équations différentielles linéaires à intégrales algébriques [50]. N'ayant point connaissance du travail de Mr Jordan, j'ai quelque peine à vous comprendre comme vous même avez peine à saisir les idées de Mr Appell [51]. Mais je vous crois de confiance, et je vois avec grand intérêt que les considérations qui vous ont si bien servi pour arriver aux fonctions Fuchsiennes, vous les employez encore avec grand succès dans une recherche toute différente. Ce qui m'échappe, n'étant point suffisamment au fait de la question, c'est par exemple comment Mr Jordan, peut former une équation rationnelle et continue en x et y, $F(x, y) = 0$, dont les racines $y_1, y_2, \ldots, y_n$ sont les intégrales d'une éq. linéaire d'ordre n, dont les coeff. sont des polynômes entier en x, lorsqu'on sait que ces intégrales sont algébriques. Mais, je vous le répète, ce n'est ni vous, ni Mr Jordan que je mets en doute, je n'accuse que moi seul et mon ignorance du travail inséré dans les Mémoires de l'Académie de Naples [52].

Les fonctions lacunaires dont vous me donnez explicitement l'expression sont on ne peut plus intéressantes, et seront mises prochainement sous les yeux de Mr Weierstrass. Ce que vous venez de m'écrire sera publié dans ma lettre à Mr Mittag-Leffler, Sur quelques points de la théorie des fonctions, qui paraîtra à Helsingfors, dans les Actes de la Société des Sciences et dans le Journal de Crelle [53]. Mais permettez moi de vous demander encore un mot d'éclaircissement sur ce que vous appelez polygone convexe circonscrit, à n points donnés. Dois-je comprendre «un polygone convexe dont les points donnés sont en totalité ou en partie les sommets, avec la condition que les points qui ne sont pas sommets, se trouvent à l'intérieur du polygone».

Recevez, Monsieur, l'assurance de ma plus haute estime et de mes sentiments bien dévoués.

Ch. Hermite

11 Hermite à Poincaré

Paris, 10 mars 1881

Monsieur,

Je vous remercie beaucoup de votre lettre et des développements que vous avez pris la peine de me donner sur le travail important que Mr Jordan a consacré à la

50. [Poincaré, 1881c].
51. Voir la correspondance avec Appell (p. 45).
52. [Jordan, 1879a]. Voir la correspondance avec Autonne (p. 69).
53. [Hermite, 1881a].

recherche des intégrales algébriques des équations linéaires [54]. Les recherches sur la représentation des nombres par les formes que vous avez considérées m'intéressent extrêmement [55], mais je suis plus frappé encore de votre découverte analytique dans la théorie des fonctions Abéliennes et je vous en félicite bien sincèrement et bien vivement [56]. Si belles et importantes que soient les recherches de Göpel [57] et de Rosenhain [58] en restant dans le champ des fonctions de deux variables, il est cependant bien certain qu'elles n'ont pas eu à beaucoup près pour l'analyse les mêmes conséquences que les transcendantes elliptiques. Ainsi on n'a point de développements en série simple de sinus et de cosinus des multiples des deux arguments des fonctions Abéliennes, et les identités si fécondes pour l'arithmétique de la théorie des fonctions elliptiques, manquent absolument parce que le point de départ fait défaut dans la théorie des fonctions Abéliennes.

Votre découverte que vous partagez, je crois, avec Mr Appell [59] me semble destinée à faire produire à cette théorie les fruits qu'elle n'a aucunement donnés jusqu'ici, en l'enlevant au domaine stérile ou trop inaccessible des fonctions de deux variables pour le faire entrer dans la voie plus féconde des fonctions d'une seule variable. Aussi, Monsieur, et quelque soit mon affection pour la théorie des nombres, mon cœur arithmétique comme me l'écrit Mr Kronecker, je vous exprimerai le vœu que

---

54. [Jordan, 1878], [Jordan, 1879a].

55. [Poincaré, 1881p]. Poincaré propose une solution au problème de la représentation d'un nombre entier par une forme binaire d'ordre quelconque décomposable en facteurs linéaires

56. [Poincaré, 1881q].

57. Adolf Göpel (1812, Rostock-1857 Berlin) fut professeur dans différentes écoles de Berlin. Hermite doit faire allusion à son mémoire posthume sur les fonctions d'Abel [Göpel, 1847].

58. Johann Rosenhain (1816, Königsberg, 1887, Königsberg), élève de Jacobi et professeur à l'Université de Königsberg. Rosenhain [1851] fut lauréat en 1851 du Grand Prix de l'Académie des sciences de Paris pour son mémoire *Sur les fonctions de deux variables et à quatre périodes, qui sont les inverses des intégrales ultra-elliptiques de la première classe.*

59. Voir la lettre adressée par Paul Appell à Poincaré le 3 mars 1881. Dans la présentation de ses travaux, Poincaré [1886a] présente les recherches d'Appell et les siennes sur l'intégration des équations différentielles à l'aide de fonctions abéliennes comme complémentaires :

> Au contraire, les procédés d'intégration par les fonctions abéliennes ne rentrent pas dans la méthode générale. On y est conduit en cherchant à généraliser les méthodes d'intégrations par les fonctions elliptiques. On sait que la théorie des fonctions elliptiques permet de calculer les intégrales des équations linéaires du second ordre dans trois cas entièrement différents :
>
> 1° Lorsque, les coefficients étant rationnels, il y a trois points singuliers tels que la différence des racines des trois équations déterminantes soit respectivement $\frac{1}{2}$, $\frac{1}{3}$, $\frac{1}{6}$, ou bien $\frac{1}{2}$, $\frac{1}{4}$, $\frac{1}{4}$, ou bien encore $\frac{1}{2}$, $\frac{1}{3}$, $\frac{1}{3}$.
>
> 2° Lorsque, les coefficients étant rationnels, il y a quatre points singuliers tels que la différence des racines de chaque équation déterminante soit $\frac{1}{2}$.
>
> 3° Lorsque, les coefficients étant doublement périodiques, les intégrales n'offrent d'autre singularité que des pôles.
>
> M. Appell a généralisé le troisième cas en montrant que, lorsque le groupe de l'équation linéaire se réduit à un faisceau, la dérivée logarithmique de certaines intégrales est algébrique et que l'intégration peut s'effectuer par les fonctions abéliennes. J'ai voulu de même généraliser le premier et le second cas. [Poincaré, 1886a, p. 25]

vous donniez à l'Analyse une préférence qui, j'en ai l'espoir, profitera à l'arithmétique.
Permettez moi de saisir de cette occasion pour vous demander votre intérêt et votre bienveillance pour votre jeune collègue Mr Humbert [60] élève ingénieur des Mines que j'ai connu au collège Stanislas et qui mérite par le talent et le zèle d'être encouragé et dirigé dans ses études. Je l'ai vu rempli d'admiration et d'enthousiasme pour les travaux dont vous avez donné une idée succincte sur les fonctions Fuchsiennes, et s'il vous convenait lorsque vous aurez l'occasion de le voir, de lui indiquer dans le champ si vaste que vous avez ouvert quelques questions à traiter, vous auriez un disciple reconnaissant et qui bientôt, je le crois, pourrait vous faire honneur.
Recevez, Monsieur, avec l'expression de ma plus haute estime, l'assurance de mes sentiments bien dévoués.

Ch. Hermite

Je viens de joindre les résultats que vous m'avez communiqués sur les fonctions d'une variable ayant des espaces lacunaires, à un travail dont je vous ai parlé et qui paraîtra dans le recueil des Actes de la Société des Sciences d'Helsingfors et à Berlin.

12 Hermite à Poincaré

Paris, 2 avril 1881

Monsieur,

Je m'empresse de vous accuser réception des deux notes que vous m'avez adressées et que je présenterai à l'Académie dans sa prochaine séance [61]. Les nouvelles questions que vous abordez sont du plus haut intérêt, et les résultats que vous obtenez me semblent d'une incontestable importance, mais si vos notes suffisent pour vous faire prendre date, elles ne me suffisent pas, au moins à moi, pour me permettre de suivre sans solution de continuité, la série de vos idées. Ce sera avec le plus grand [intérêt [62]] que je ferai l'étude des fonctions Fuchsiennes quand vous publierez le mémoire qui contient leur définition explicite, et je n'ai pas besoin de vous dire combien m'intéresse ce que vous m'annoncez avoir obtenu sur des transcendantes analogues à la fonction modulaire [63]. En vous renouvelant la prière de présenter sans recourir à l'emploi de la géométrie non Euclidienne, après les avoir exposés par la méthode qui vous les a fait découvrir, vos résultats sur la classification des

60. Voir p. 419.
61. Une seule note de Poincaré [1881s] est publiée dans le compte rendu de la séance du 4 avril 1881. Elle introduit de nouvelles classes d'équations différentielles linéaires du second ordre intégrables à l'aide des fonctions fuchsiennes, en particulier certaines équations à coefficients doublement périodiques [...] s'il n'y a que des pôles et un point critique algébrique. La note sur la résolution des équations différentielles par les fonctions abéliennes [Poincaré, 1881q] est publiée dans le compte rendu de la séance du 11 avril 1881.
62. Il manque un mot.
63. [Poincaré, 1881r].

fonctions $\frac{ax+b}{cx+d}$, afin de posséder les éléments de la formation des fonctions Fuchsiennes, je vous prie, Monsieur, de recevoir la nouvelle assurance de ma plus haute estime pour vos travaux et de mes sentiments bien dévoués.

Ch. Hermite

Si ce n'était point vous détourner de recherches plus importantes, je crois qu'une note où vous développeriez la conclusion tirée de l'équation

$$u_1 F_1 \frac{dz}{du_1} + u_2 F_2 \frac{dz}{du_2} + \ldots = z$$

pour l'existence d'un espace lacunaire, conclusion que j'ai indiquée en reproduisant votre lettre, serait accueillie avec le plus grand intérêt par la Société des Sciences d'Helsingfors [64].

13 Hermite à Poincaré

Paris, 23 mai 1881

Monsieur,

Chaque travail que vous présentez à l'Académie m'amène à vous adresser de nouvelles félicitations [65] ; votre dernière communication m'intéresse au plus haut point par le nombre et l'importance des résultats qu'elle contient, aussi je me propose d'étudier avec tout le soin qu'il mérite le mémoire dont vous m'annoncez la rédaction et qui donne la théorie complète de vos nouvelles transcendantes.
J'ai à vous transmettre les vifs remerciements de Mr Mittag-Leffler pour votre communication qui l'imprime en ce moment sur les espaces lacunaires des fonctions [66] et je saisis cette occasion pour vous renouveler l'expression de ma haute estime et de mes sentiments bien dévoués.

Ch. Hermite

14 Hermite à Poincaré

Paris, 30 juin 1881

Monsieur,

Le mémoire que vous m'avez fait l'honneur de m'adresser a été présenté à l'Académie dans la dernière séance [67], et l'extrait paraîtra dans le prochain n° des

64. Voir la lettre adressée par Mittag-Lefler à Poincaré le 22 mai 1881 [Nabonnand, 1999, p. 54-59].
65. Hermite présente lors de la séance de l'Académie des sciences du 23 mai 1883 une note de Poincaré [1881h] sur les fonctions fuchsiennes dont la conclusion est que la méthode présentée «permet d'intégrer toutes les équations différentielles linéaires à coefficients rationnels toutes les fois que tous les points singuliers sont réels».
66. [Poincaré, 1883d].
67. La dernière séance de l'Académie a eu lieu de le lundi 27 juin.

Comptes-rendus[68]. C'est une circonstance heureuse et dont je vous félicite que vous vous soyez en un point important rencontré avec Mr Klein. Vos efforts à tous deux contribueront à faire pénétrer les nouvelles transcendantes dont vous avez obtenu la conception dans le domaine de l'Analyse et dès à présent les résultats auxquels vous êtes parvenu sont assez importants pour appeler l'attention de tous les géomètres sur leur étude. M. Mittag-Leffler qui m'a écrit dernièrement en m'exprimant son admiration pour vos découvertes m'a informé qu'il aurait peut-être bientôt l'occasion de connaître l'opinion de Mr Weierstrass et ce me sera un plaisir d'apprendre et de vous faire connaître le sentiment du grand géomètre[69]. Permettez moi, Monsieur, de vous adresser avec cette lettre un exemplaire des articles publiés dans les *Monatsbericht* en août 1880 et dont nous nous sommes entretenus[70]. Je ne crois pas en ce qui concerne le théorème de Mr Mittag-Leffler que Mr Weierstrass ait épuisé la question, et je ne doute point que, venant après lui, vous ne trouviez mieux si vous cherchez de ce côté. Vous savez qu'en désignant par $x = a_n$ les pôles d'une fonction $F(x)$ que je suppose simples pour fixer les idées et par R_n les résidus correspondants, Mr Mittag-Leffler pose :

$$f_n(x) = R_n \left[\frac{1}{x - a_n} + \frac{1}{a_n} + \frac{x}{a_n^2} + \ldots + \frac{x^{\nu-1}}{a_n^{\nu}} \right]$$

et en disposant convenablement de ν, obtient une fonction uniforme représentée dans tout le plan par la série :

$$f(x) = f_1(x) + f_2(x) + \ldots + f_n(x) + \ldots$$

qui lui donne

$$F(x) = f(x) + g(x)$$

$g(x)$ étant une fonction holomorphe. Je généralise un peu son théorème comme il suit. Soit $G(x)$ une fonction homolomorphe, et $x = x_1$, $x = x_2$, ... les racines de $G(x) = 0$ en nombre fini ou infini. J'envisage la fonction $\frac{F(x)}{G(x)}$, et les deux fonctions de Mr Mittag-Leffler, la première $\varphi(x)$ se rapportant aux pôles $x = x_1$, $x = x_2$, etc. et la seconde $\psi(x)$ aux pôles $x = a_n$. J'obtiens ainsi l'équation :

$$\frac{F(x)}{G(x)} = \varphi(x) + \psi(x) + g(x)$$

---

68. [Poincaré, 1881j]. Poincaré introduit dans cette note un nouveau groupe de transformations associé à des fonctions qu'il « propose d'appeler *fonctions kleinéennes*, puisque c'est à M. Klein qu'on en doit la découverte ». Il sera généralisé par Poincaré dans sa note [Poincaré, 1881n].

69. Dans une lettre adressée à Mittag-Leffler le 26 avril 1881, Hermite lui demande de soumettre à l'avis de Weierstrass les travaux de Poincaré sur les fonctions lacunaires :

> Je tiendrais beaucoup aussi à connaître l'opinion de Mr Weierstrass sur les vues que Mr Poincaré expose dans cet article [Poincaré, 1883d], et je ne vous cache point qu'il me serait extrêmement agréable de lui faire parvenir un mot d'encouragement du grand Analyste, votre maître et le mien. [Dugac, 1984b, p. 120]

70. [Weierstrass, 1880b,a].

ou bien :

$$F(x) = G(x)\varphi(x) + G(x)\psi(x) + G(x)g(x)$$

et plus simplement

$$F(x) = G(x)\psi(x) + \mathcal{G}(x),$$

puisque les deux termes $G(x)\varphi(x)$ et $G(x)g(x)$ sont des fonctions holomorphes. Ceci étant il me semble possible de disposer de $G(x)$ de manière à simplifier l'expression de $\psi(x)$. En effet, les résidus R_n sont remplacés par les quantités $\frac{R_n}{G(a_n)} = \mathcal{R}_n$, et la fonction $\psi(x)$ sera simplement

$$\psi(x) = \sum \frac{\mathcal{R}_n}{x - a_n},$$

si la série : $\sum \text{Mod}\, \frac{\mathcal{R}_n}{a_n}$ est convergente. Soit en particulier $G(x) = x^\nu$, on tombe sur la condition de la convergence de la suite $\sum \text{Mod}\, \frac{\mathcal{R}_n}{a_n^{\nu+1}}$, que j'ai mentionnée dans ma lettre à Mr Mittag-Leffler [71]. Mais jusqu'ici je n'ai pas été au-delà, tout ce que j'entrevois dans cette direction fuyant lorsque je tente de m'en approcher. En vous exprimant, Monsieur, le désir que ce sujet appelle votre attention, je vous renouvelle l'expression de ma plus haute estime et de mes sentiments bien dévoués.

Ch. Hermite

Veuillez à l'occasion faire savoir à Mr Klein que les belles et profondes recherches qui ont tant dépassé les miennes sur l'éq. du 5ième degré, les éq. modulaires, etc. m'inspirent autant d'estime que de sympathie pour son talent.,

15 Hermite à Poincaré

Paris, 8 juillet 1881

Monsieur,

C'est seulement lundi prochain [72] que je présenterai à l'Académie votre note sur les groupes kleinéens [73]. Je n'ai pas assisté à la dernière séance pour une circonstance dont je prends la liberté de vous faire part, pensant qu'elle vous intéressera. J'étais ce jour témoin du mariage de Mr Appell avec ma nièce Mademoiselle Amélie Bertrand [74], la fille ainée de Mr Alexandre Bertrand, Directeur du Musée de St Germain [75]. Ce que vous me dites du mauvais vouloir de Mr Klein, dont vous auriez été informé tant envers vous qu'envers Mr Fuchs et Mr Picard, me préoccupe

71. [Hermite, 1881a].
72. Soit à la Séance de l'Académie des sciences du 13 juillet.
73. [Poincaré, 1881n]. Il s'agit des groupes de transformation discontinus de la forme $t \mapsto \frac{\alpha t+\beta}{\gamma t+\delta}$ analogues aux groupes fuchsiens, mais sans la condition relative à un cercle fondamental. Poincaré utilise de nouveau la géométrie de Lobatchveski.
74. L'épouse d'Hermite était la sœur d'Alexandre et Joseph Bertrand.
75. Le Musée de Saint-Germain réunit des collections archéologiques. Alexandre Bertrand en fut le créateur et le premier directeur.

beaucoup [76]. Aussi et sans rien laisser soupçonner de ce que vous m'avez appris, j'ai demandé à Mr Darboux qui le connaît personnellement s'il aurait appris qu'il eut à l'égard des français la malveillance de beaucoup de ses compatriotes. La réponse de Mr Darboux, je dois vous le dire, me semble détruire les renseignements qui vous sont parvenus, au moins les mettre sérieusement en doute. Un élève de l'École Normale, Mr Brunel [77] a été envoyé en mission en Allemagne, pour y suivre les cours de mathématiques, et en ce moment il se trouve à Leipzich, après avoir assisté à ceux de Mr Weierstrass à Berlin. Si j'ai bien compris Mr Darboux, on aurait appris par la voix de Mr Brunel que Mr Klein se serait empressé d'exposer les récents travaux mathématiques publiés dans les Comptes-rendus à ses élèves du séminaire, et en aurait fait l'éloge. Il me semble que vous ne devez point renoncer aux relations scientifiques dont Mr Klein a pris l'initiative, et que son beau talent ainsi que la singulière connexion de vos recherches doivent vous rendre si intéressantes. Il m'est arrivé à moi-même d'avoir été traité avec désobligeance par Mr Stern, dans un article du journal de Mr Borchardt [78], et puis ayant vu Mr Stern à Göttingen et m'étant entretenu avec lui, j'ai trouvé dans un autre article des intentions toutes différentes de sorte que maintenant nous nous écrivons amicalement.

En vous promettant, Monsieur, de ne vous rien laisser ignorer de ce je pourrai apprendre afin de vous éclairer sur le degré de confiance à accorder à l'éminent géomètre, je vous renouvelle l'expression de mes sentiments affectueux et bien dévoués.

Ch. Hermite

16 Hermite à Poincaré

Paris, 11 juillet 1881

Monsieur,

Permettez moi une remarque au sujet de la généralisation que vous m'avez communiquée de la formule de Mr Mittag-Leffler [79]. En vous exprimant d'abord tout l'intérêt que j'ai eu à étudier votre formule, je vous demanderai s'il est bien dans

---

76. Voir la correspondance entre Poincaré et Klein (p. 433), ainsi que les lettres de Brunel (p. 125).

77. Voir les lettres adressées par Brunel à Poincaré (p. 125).

78. [Stern, 1874]. Dans son cours d'Analyse, Hermite affirme que les intégrales du type $\int \frac{x^2}{u^2} dx$ ou $\int \frac{x^2}{v^2} dx$ où $u = x \sin x + \cos x$ et $v = \sin x - x \cos x$ ne s'intègrent pas directement [Hermite, 1873, p. 260] ce qui suscite un commentaire ironique de Moritz Stern :

> Es wird daher nicht unangemessen sein zu zeigen, wie man den Werth dieser Integrale auf eine einfache Weise finden kann. [Stern, 1874, p. 340]

79. Il ne semble pas que Poincaré ait publié cette généralisation. Le résultat de Mittag-Leffler affirme qu'étant donné une suite de nombres complexes (a_n) tendant vers l'infini, rangés de telle sorte que $(|a_n|)$ soit croissante, et une suite de fonctions entières (G_n) s'annulant en 0, il existe une suite de polynomes (P_n) telle que $\sum_{n=1}^{\infty} \left[G_n\left(\frac{1}{z-a_n}\right) - P_n(z)\right]$ converge vers une fonction holomorphe en dehors des a_n. On peut consulter [Nabonnand, 1999, p. 83-86].

la nature des choses qu'elle comprenne un si grand nombre de quantités arbitraires. Je ne sais si vous partagez mon sentiment que l'analyse est en grande partie une science d'observation, ayant pour objet des réalités qui sont en dehors de nous, tout autant que les choses du monde physique. Au moins vous admettrez qu'en s'avançant à l'aveugle dans une recherche difficile, on tente de tirer des exemples, des cas particuliers, des observations possibles quelque indication de la voie à suivre. J'ai donc cherché dans la question qui nous occupe des fonctions uniformes, et un peu à l'aventure dans l'espoir de jeter quelque lumière sur le théorème de Mr Mittag-Leffler, en l'appliquant à ces fonctions.
La première que j'ai considérée est celle-ci :

$$\frac{\Gamma(x)\Gamma(a)}{\Gamma(x+a)}$$

et ayant eu à écrire à Mr Mittag-Leffler pour le féliciter de sa nomination de professeur à la nouvelle université de Stockholm [80], je lui ai communiqué le résultat auquel elle conduit. En voici une seconde :

$$\frac{\Gamma(x)\Gamma(x+a)}{\Gamma(a)},$$

qu'il faut traiter d'une autre manière mais qui conduit à la même conclusion. Et d'abord aux pôles $x = -n$, $x = a + n$, correspondent deux résidus égaux entre eux et de signes contraires :

$$R_n = \frac{(-1)^n}{1\,.\,2\,\ldots\,n}\frac{\Gamma(a+n)}{\Gamma(a)} = \frac{(-1)^n a(a+1)\,\ldots\,(a+n-1)}{1\,.\,2\,\ldots\,n}$$

puis : $-R_n$.
Sous la condition de la convergence de la série des fractions simples, on a donc :

$$\frac{\Gamma(x)\Gamma(a-x)}{\Gamma(a)} = \sum\left[\frac{R_n}{x+n} - \frac{R_n}{x-a-n}\right] + G(x),$$

et il faut par conséquent chercher dans quels cas la suite

$$\sum\left[\mathrm{Mod}\frac{R_n}{n} + \mathrm{Mod}\frac{R_n}{n+a}\right]$$

est absolument convergente.

80. Hermite félicite Mittag-Leffler de sa nomination comme professeur de mathématiques à la *Högskola* de Stockholm dans sa lettre du 29 juin 1881 [Dugac, 1984b, p. 123]. Il n'aborde pas la question du théorème de Mittag-Leffler dans cette lettre et y fait une allusion dans la lettre suivante datée du 8 août 1881 [Dugac, 1984b, p. 125]. En considérant le contenu des lettres échangées par Hermite et Mittag-Leffler, il semblerait que plusieurs au mois de juillet soient perdues.

Supposons pour plus de simplicité que a soit réel, admettons qu'il soit positif et soit :

$$u_n = \frac{a(a+1)\ldots(a+n+1)}{1\,.\,2\ldots n}\cdot\frac{1}{n}.$$

La règle de Gauss donne d'après la formule

$$\frac{u_{n+1}}{u_n} = \frac{n(n+a)}{n+1^2}$$

la condition $a < 1$. Et de même, si l'on fait ensuite

$$u_n = \frac{a(a+1)\ldots(a+n+1)}{1\,.\,2\ldots n}\cdot\frac{1}{n+a}.$$

C'est donc dans le cas de a positif, lorsque cette constante est moindre que l'unité, qu'on a

$$\frac{\Gamma(x)\Gamma(a-x)}{\Gamma(a)} = \sum\left[\frac{R_n}{x+n} - \frac{R_n}{x-a-n}\right] + G(x).$$

Cherchons ensuite, en supposant $a > 1$, si l'on peut trouver un entier ν, propre à rendre convergentes les séries :

$$\sum \mathrm{Mod}\frac{R_n}{n^{\nu+1}}, \qquad \sum \mathrm{Mod}\frac{R_n}{(n+a)^{\nu+1}},$$

ou simplement :

$$\sum \frac{R_n}{n^{\nu+1}}, \qquad \sum \frac{R_n}{(n+a)^{\nu+1}}.$$

Pour la première, on a :

$$\frac{u_{n+1}}{u_n} = \frac{n^{\nu+1}(n+a)}{(n+1)^{\nu+2}},$$

d'où : $\nu > a - 1$; pour la seconde :

$$\frac{u_{n+1}}{u_n} = \frac{(n+a)^{\nu+2}}{(n+1)(n+a+1)^{\nu+1}},$$

puis de même : $\nu > a - 1$.

Nous rencontrons donc, et je crois que c'est pour la première fois, cette circonstance où il est nécessaire de retrancher des fonctions simples, un polynôme entier de degré quelconque $\nu - 1$, suivant la grandeur de la constante a pour composer la fonction de Mr Mittag-Leffler. C'est ici qu'intervient utilement l'observation, comme vous allez le voir.

Soit $a = \nu + \alpha$, de sorte que la nouvelle constante α soit positive et moindre que l'unité. Si vous posez pour abréger :

$$G(x) = \left(1 - \frac{x}{\alpha}\right)\left(1 - \frac{x}{\alpha+1}\right)\ldots\left(1 - \frac{x}{\alpha+\nu-1}\right),$$

il viendra :

$$\frac{\Gamma(x)\Gamma(a-x)}{\Gamma(a)} = G(x)\frac{\Gamma(x)\Gamma(\alpha-x)}{\Gamma(\alpha)},$$

et le cas général de a quelconque est ramené au cas particulier de $\alpha < 1$. Mais il reste encore à obtenir la fonction holomorphe qui figure dans la formule

$$\frac{\Gamma(x)\Gamma(\alpha-x)}{\Gamma(\alpha)} = \sum\left[\frac{R_n}{x+n} - \frac{R_n}{x-\alpha-n}\right] + \mathcal{G}(x).$$

J'emploie pour cela la formule :

$$\frac{\Gamma(x)\Gamma(\alpha-x)}{\Gamma(\alpha)} = \int_0^1 \frac{z^{x-1}+z^{\alpha-x-1}}{(1+z)^\alpha}dz$$

et j'observe qu'en supposant α positif et < 1, on peut, depuis $z = 0$ jusque et y compris $z = 1$, employer la formule du binôme :

$$(1+z)^{-\alpha} = \sum \frac{(-1)^n\alpha(\alpha+1)\ldots(\alpha+n-1)}{1\,.\,2\ldots n}z^n = \sum R_n z^n.$$

Cela étant, l'intégration donne :

$$\frac{\Gamma(x)\Gamma(\alpha-x)}{\Gamma(\alpha)} = \sum\left[\frac{R_n}{x+n} - \frac{R_n}{x-\alpha-n}\right] ;$$

et cette expression [a lieu] quelque soit x, bien que dans l'intégrale, il soit nécessaire de supposer x et $\alpha - x$ positifs. J'ajoute qu'on peut opérer de même lorsque α est compris entre 1 et $-\infty$ (Abel, *Œuvres compl.* p. 87 [81]) ; ainsi dans tous ces cas, la fonction holomorphe disparaît, et l'expression $\frac{\Gamma(x)\Gamma(\alpha-x)}{\Gamma(\alpha)}$ s'obtient sans avoir rien à retrancher des fractions simples. Enfin dans le cas que j'ai surtout en vue, où l'on a $a = \nu + \alpha$, nous trouvons :

$$\frac{\Gamma(x)\Gamma(a-x)}{\Gamma(a)} = G(x)\sum\left[\frac{R_n}{x+n} - \frac{R_n}{x-\alpha-n}\right].$$

Soit :

$$G_n(x) = \frac{G(x)-G(-n)}{x+n},$$

$$G_n^1(x) = \frac{G(x)-G(\alpha+n)}{x-\alpha-n}.$$

Vous voyez qu'on peut écrire :

$$\frac{\Gamma(x)\Gamma(a-x)}{\Gamma(a)} = \sum\left[\frac{\mathcal{R}_n}{x+n} - G_n(x)\right] + \sum\left[\frac{-\mathcal{R}_n}{x-\alpha-n} - G_n^1(x)\right].$$

81. [Abel, 1839].

C'est en ce moment qu'apparaît la modification apportée à la formule de Mr Mittag-Leffler, les polynômes $G_n(x)$, $G_n^1(x)$ n'étant point ceux que donne sa méthode. Vous voyez en même temps que l'effet de cette modification est de faire disparaître la fonction holomorphe additive, en donnant ainsi à l'expression sous forme forme d'une somme de fractions rationnelles, la forme la plus simple.
En résumé l'expérience me porte à penser que la formule de Mr Mittag-Leffler peut d'une manière très restreinte, mais utile, être généralisée comme vous l'indiquait ma précédente lettre en opérant sur la fonction $\frac{F(x)}{G(x)}$ au lieu de considérer la fonction proposée $F(x)$.
Excusez moi, Monsieur, de vous écrire si précipitamment, recevez la nouvelle assurance de mes sentiments affectueux et dévoués.

Ch. Hermite

17 Hermite à Poincaré

Paris, 26 juillet 1881

Monsieur,

J'ai appris par une voie qui me donne toute confiance que Mr Klein n'a point la sympathie des deux plus grands géomètres de Berlin, Mr Kronecker et Mr Weierstrass, qui n'aiment point son caractère et jugent avec quelque sévérité ses travaux [82]. Cependant et en ce qui concerne des appréciations malveillantes qu'il aurait faites dans des leçons des travaux de Mr Picard, il n'y a, ce me semble, point lieu de les mettre à sa charge et de lui en faire un tort. Picard m'apprend en effet qu'il a chargé un de ses élèves, Mr Hurwitz, docteur en philosophie de l'Université de Leipztig [83] de faire une leçon dans un colloquium, sur quelques unes de ses notes, et qu'à cette occasion, Mr Hurwitz a fait la remarque que la démonstration donnée pour établir que toute relation algébrique entre deux fonctions uniformes, à discontinuités polaires, doit être du genre zéro ou un, présente un point faible dans le cas où la courbe n'est point du genre hyperelliptique [84]. Cette lacune a été comblée d'une manière ingénieuse par Mr Hurwitz, qui a donné à Picard

82. Dans une lettre adressée à Hermite, Mittag-Leffler lui transmet l'opinion peu flatteuse des Berlinois sur Klein :

> Vous me demandez quels sont les rapports entre M. Klein et les grands Berlinois. Je vous dois la vérité et je vous la dirai, quoique je suis moi-même très bien avec M. Klein. M. Weierstrass trouve que M. Klein est un homme qui ne manque pas de talent, mais qui est très superficiel et même quelquefois assez charlatan. M. Kronecker trouve qu'il est tout simplement un charlatan, sans des mérites réels. Je crois que c'est aussi l'opinion de M. Kummer. [Dugac, 1984b, p. 250]

83. Voir p. 421.
84. [Picard, 1880d].

communication de sa méthode et ce procédé courtois exclut comme vous le voyez toutes les suppositions de malveillance et d'hostilité.
Mr Mittag-Leffler m'écrit que votre communication à la Société des Sciences de Finlande est imprimée en ce moment [85] ; malheureusement une faute assez grave s'est glissée à la fin, mais on tachera de l'indiquer dans un *errata* [86].
D'Analyse, Monsieur, je ne vous parle point, les examens de la faculté qui ont été extrêmement chargés parce que cette année nous n'avons point de maîtres de conférences pour les mathématiques, mais seulement des répétiteurs de l'École des Hautes études, et que de plus Mr Puiseux est malade, m'ont pris tout mon temps. Je me borne à vous demander si vous avez pris connaissance du travail étendu que Mr Thomé vient de publier dans les deux derniers cahiers du Journal de Crelle, sur les équations linéaires [87] et dans ce cas, d'avoir la bonté de m'en dire votre opinion, afin que je sache si je puis l'indiquer comme pouvant servir de sujet de thèse pour le doctorat [88].
Veuillez agréer, Monsieur, mes sentiments affectueux et bien dévoués.

Ch. Hermite

18 Hermite à Poincaré

Paris, 18 avril 1882

Monsieur

J'ai appris avec le plus grand plaisir par Mr Mittag-Leffler que vous avez bien voulu promettre votre collaboration au prochain journal des géomètres scandinaves [89], et je viens vous prier lorsque vous aurez occasion de voir Mr Appell d'insister auprès de lui comme je vais le faire de mon côté, pour qu'il n'agisse pas autrement que son cousin Émile Picard [90], qui enverra des articles à ce journal [91]. À ma requête

85. [Poincaré, 1883d].
86. Voir les lettres 6, 7, 8 et 9 dans la correspondance entre Poincaré et Mittag-Leffler [Nabonnand, 1999, p. 75-82].
87. [Thomé, 1881b].
88. Il s'agira de la thèse d'Eugène Fabry [1885], *Sur les intégrales des équations différentielles linéaires à coefficients rationnels.* Voir p. 257.
89. Sur la participation de Poincaré aux *Acta mathematica*, voir [Nabonnand, 1999].
90. Les épouses de Picard et Appell sont cousines ; la première est la fille de Hermite et de Louise Bertrand, la seconde est la fille d'Alexandre Bertrand et d'Amélie Lévy.
91. Dans sa lettre adressée le même jour à Mittag-Leffler, Hermite lui fait part de la promesse de Picard et de l'impossibilité de joindre Appell :

> Mr Appell a été toute la semaine absent de Paris et je n'ai pu encore m'entretenir avec lui de votre grand projet, mais Mr Picard me charge de vous exprimer sa plus vive sympathie pour l'entreprise et de vous donner l'assurance de son active collaboration. [Dugac, 1984b, p. 155].

Émile Picard publiera dans le premier numéro des *Acta mathematica* un article [Picard, 1882d] ; Paul Appell quant à lui en proposera trois [Appell, 1882c,d,a]. Hermite donnera lui aussi pour la première livraison du nouveau journal une petite note [Hermite, 1882b].

je joins mes remerciements bien sincères pour l'exemple que vous m'avez donné d'une fonction possédant des points singuliers d'espèce quelconque. Mais j'attache surtout beaucoup de prix à l'exemple de fonctions du second genre, que vous avez su obtenir au moyen des fonctions fuchsiennes et que vous trouverez, j'espère, occasion de publier [92].
Veuillez agréer, Monsieur, la nouvelle assurance de ma plus haute estime et de mes sentiments tout dévoués.

Ch. Hermite

19 Hermite à Poincaré

Paris, 1^er^décembre 1884

Monsieur

La remarque dont je vous ai parlé au sujet des minima successifs de la fonction linéaire $ma + nb + pc$ où m, n et p sont des nombres entiers, ou bien encore des minima simultanés successifs des quantités $m - \alpha p$, $n - \beta p$ se démontre fort simplement comme vous allez voir. Et d'abord, je définis les minima considérés en envisageant les minima des formes quadratiques :

$$(ax + by + pz)^2 + \lambda y^2 + \mu z^2$$

$$\lambda(x - \alpha z)^2 + \mu(y - \beta z)^2 + z^2$$

pour toutes les valeurs possibles positives des indéterminées λ et μ. C'est ainsi que je parviens à concevoir bien clairement ce que sont des minima consécutifs ; de la manière suivante. À un système déterminé de valeurs de λ et μ, correspond un système $x = m, y = n, z = p$ donnant le minimum de nos formes quadratiques, qui restera le même, lorsque λ et μ varieront entre certaines limites. Considérons λ et μ comme des coordonnées, il est clair qu'à un minimum, correspond ainsi une certaine aire, et que sur la limite de cette aire deux minimas différents correspondent à deux systèmes de valeurs infiniment voisines des paramètres. J'ajoute qu'en certains points de la limite, trois minima différents répondent à des valeurs telles que : λ, μ, $\lambda + \delta\lambda$, $\mu + \delta\mu$, $\lambda + \delta'\lambda$, $\mu + \delta'\mu$, les quantités $\delta\,\lambda, \delta'\,\lambda$, etc. ... étant infiniment petites. Désignons les valeurs entières des indéterminées dans ces trois cas par : m, n, p, m', n', p', m'', n'', p'', j'établis comme il suit que le déterminant

$$\left\{ \begin{matrix} m & n & p \\ m' & n' & p' \\ m'' & n'' & p'' \end{matrix} \right\} = D$$

92. [Poincaré, 1882d].

ne peut être que zéro ou l'unité, en valeur absolue. Qu'on fasse en effet la substitution :

$$\begin{aligned} x &= mX + m'Y + m''Z \\ x &= nX + n'Y + n''Z \\ x &= pX + p'Y + p''Z \end{aligned}$$

dans l'une ou l'autre de nos formes quadratiques ; en désignant la transformée obtenue par (A, A', A'', B, B', B'') et par Δ l'invariant de la forme considérée, on aura

$$AA'A'' + 2BB'B'' - AB^2 - A'B'^2 - A''B''^2 = \Delta D^2$$

et par conséquent :

$$AA'A'' > \Delta D^2.$$

Mais si on suppose que A, A' et A'' sont des minima relatifs à des valeurs infiniment voisines des paramètres, on peut donc poser :

$$A < \sqrt[3]{2\Delta},\ A' < \sqrt[3]{2\Delta},\ A'' < \sqrt[3]{2\Delta}$$

d'où

$$AA'A'' < 2\Delta.$$

Or cette condition rapprochée de la précédente donne :

$$D^2 < 2.$$

Par conséquent, D, lorsqu'il n'est point nul, est en valeur absolue égal à l'unité. Faut-il exclure la supposition de $D = 0$? Je vous avoue que je ne le pense point, mais j'ai éprouvé tant de difficultés sur la question que j'ai renoncé à poursuivre mes recherches.

En vous exprimant l'espoir que vous serez plus heureux, je vous renouvelle, Monsieur, l'assurance de mes sentiments bien dévoués.

Ch. Hermite

20 Hermite à Poincaré

Paris, 21 avril 1885 [93]

Monsieur,

La section de géométrie doit présenter à l'Académie une liste de candidats pour la place actuellement vacante par le décès de Mr Serret [94], et je viens vous prier de vouloir bien donner sur les travaux que vous avez publiés depuis la précédente élection une notice manuscrite qui me permette de compléter le rapport que j'ai déjà fait [95].

93. La date du 21 avril 1889 est d'une autre main que celle d'Hermite.

94. Joseph Alfred Serret est décédé le 2 mars 1885.

95. Hermite a déjà rédigé en 1884 un premier rapport sur les travaux de Poincaré (voir p. 389). Il annonce à Mittag-Leffler les résultats des discussions au sein de la section de géométrie dans une lettre datée du 24 mai 1885 :

Permettez moi en même temps de vous prier de vouloir bien faire imprimer dans le prochain n° du *Bulletin de la Société mathématique de France*, le mémoire ci-joint de Mr Selivanoff, conformément à l'intention de l'auteur [96]. Veuillez agréer, Monsieur, la nouvelle assurance de mes sentiments bien dévoués.

Ch. Hermite

21 Hermite à Poincaré

Paris, 3 décembre 1885

Monsieur,

Permettez-moi de m'acquitter de la mission qui m'est imposée en vous demandant votre bienveillance en faveur d'un candidat au baccalauréat Mr Payn (Raoul) qui est dans une situation digne d'intérêt ayant eu le malheur de perdre coup sur coup sa mère et son père, ancien élève de l'École polytechnique [97].
Veuillez, Monsieur, excuser ma sollicitation et recevoir la nouvelle assurance de mes sentiments dévoués.

Ch. Hermite

22 Hermite à Poincaré

Paris, lundi [30 novembre ou 7 décembre 1885] [98]

Monsieur,

Ma perplexité est portée au comble, et j'attends de pouvoir vous envoyer une épreuve de mon article [99] afin de mettre sous vos yeux mon analyse. Veuillez donc, je vous prie, prendre un peu patience, je passerai à l'imprimerie aujourd'hui pour demander qu'on ne me fasse pas attendre. Ma déduction est fort simple, mais je m'empresse de vous déclarer que je serai heureux de connaître et de confesser mon erreur, et de sortir ainsi de mon angoisse analytique. Je n'ai rien à objecter à votre raisonnement, j'y avais été amené sous une forme un peu différente et ma déception a été grande en tombant sur ce malheureux coefficient $\frac{2\pi}{9}$. Avant

---

> Et puis est survenue la mort de Mr Serret, amenant les agitations d'une candidature disputée avec acharnement. Notre section de géométrie, en faisant la juste part des droits de l'âge, a mis en première ligne Mr Laguerre, en seconde ligne Mr Halphen, puis en troisième ligne et sans classer : Appell, Mannheim, Poincaré, Picard. [Dugac, 1985, p. 104]

Edmond Laguerre est élu à l'Académie des sciences le 11 mai 1885.

96. [Selivanoff, 1885]. En tant que secrétaire de la Société Mathématique de France, Poincaré est en charge du bulletin.

97. Nicolas Antoine Hippolyte Paÿn est reçu à l'École polytechnique en 1843. Il sera administrateur de la compagnie parisienne d'éclairage et de chauffage par le gaz. Au début du 19e siècle, une des compagnies de gaz portait le nom de Paÿn (Sources : Archives nationales du monde du travail - Entreprises du gaz à Paris (1760-1989)).

98. Hermite soumet à Poincaré une question qui fera l'objet de la lettre suivante datée du 9 décembre.

99. [Hermite, 1886].

d'arriver aux résultats exposés dans ma note, j'avais obtenu entre autres celui-ci, dans les *Acta* : 5 : 4 : page 327 [100] :
Soit $F(n)$ le nombre de classes de déterminant $-n$, dont un au moins un des coefficients extrêmes est impair, c.-à-d. les formes proprement primitives etc., la somme suivante :

$$F(2) + F(6) + F(10) + \ldots + F(4n+2)$$

a pour valeur :

$$\sum (-1)^{\frac{a-1}{2}} + 2 \sum (-1)^{\frac{a-1}{2}} E\left(\frac{4n+2-a^2-a'^2}{4a}\right).$$

On attribue aux entiers a et a', toutes les valeurs impaires et positives satisfaisant à la condition :

$$4n + 2 - a^2 - a'^2 > 0.$$

Cela étant, il est clair que le nombre de ces systèmes de valeurs est de l'ordre $4n+2$, puisque l'aire du cercle $4n+2 = x^2 + y^2$ est $\pi(4n+2)$.
J'en conclus qu'en négligeant les quantités de l'ordre n, on a :

$$F(2) + F(6) + F(10) + \ldots + F(4n+2)$$
$$= \sum (-1)^{\frac{a-1}{2}} + 2 \sum (-1)^{\frac{a-1}{2}} E\left(\frac{4n+2-a^2-a'^2}{4a}\right),$$

formule qui ouvre la voie à la recherche de la valeur asymptotique de la somme considérée. Mais il m'avait semblé préférable de poursuivre cette recherche en partant d'une expression donnant la somme $H(1) + H(2) + \ldots + H(n)$. C'est cette expression que je vous enverrai le tôt possible ; je vous remercie vivement, Monsieur, de votre assistance et je saisis cette occasion pour vous renouveler l'assurance de sentiments bien sincèrement dévoués.

Ch. Hermite

23 Hermite à Poincaré

Paris, 9 décembre 1885

Monsieur,

Je ne puis assez vous remercier de la peine que vous avez prise pour dénouer des difficultés qui résistent à tous mes efforts. Votre analyse pour trouver le nombre des solutions de $ac - b^2 < N$ sous la condition $c > a > b > 0$ est excellente et il me semble qu'elle ouvre précisément la voie qu'a suivie Mr Lipschitz [101], aussi je viens vous demander instamment de prendre connaissance de l'article important que l'éminent géomètre a publié sur la question dans les *Monatsbericht* de 1862 [102] (je crois ne pas me tromper, en tous cas, la table des matières par nom d'auteur vous donnera l'indication exacte). Mes souvenirs me laissent l'impression

100. [Hermite, 1884].
101. Voir la correspondance échangée par Poincaré et Lipschitz (p. 567).
102. [Lipschitz, 1865].

que si remarquable qu'elle soit, elle manque de rigueur, et qu'on ne se rend pas suffisamment compte de l'ordre de grandeur des quantités négligées. Mais Mr Lipschitz arrive à l'élément arithmétique $\sum \frac{1}{n^3}$, qui vous a jusqu'ici ainsi qu'à moi-même complètement échappé, et c'est là un point capital. Je crois, Monsieur, que les efforts que j'ai provoqués de votre part sur ce beau et profond sujet ne seront pas perdus, et que certainement vous irez plus loin que Mr Lipschitz, le seul qui jusqu'ici ait réussi à démontrer le résultat énoncé par Gauss, au moins en ce qui concerne γ. J'ai appris autrefois de Dirichlet que ses tentatives pour y parvenir avaient échoué ; vous voyez donc que la question est digne de votre intérêt, et l'analyse que vous m'avez communiquée dans votre dernière lettre, me donne la complète certitude que vous réussirez là où j'ai échoué. Permettez-moi, n'ayant pas encore reçu d'épreuves de l'imprimerie de vous dire comment j'ai attaqué la question [103]. Je représente toutes les formes réduites non ambiguës par

$$(2s+r, s, 2s+r+t)$$

r, s, $t = 1, 2, 3, \ldots$ Cela étant et $F(n)$ désignant le nombre des solutions de

$$(2s+r)(2s+r+t) - s^2 = N,$$

il est clair qu'on peut écrire

$$\sum F(n) q^n = \sum q^{(2s+r)(2s+r+t)-s^2}.$$

Sommant le second membre par rapport au nombre variable t, j'en conclus :

$$\sum F(n) q^n = \sum \frac{q^{(2s+r)^2-s^2+(2s+r)}}{1-q^{2s+r}}$$

et faisant $2s+r=g$,

$$\sum F(n) q^n = \sum \frac{q^{g^2+g-s^2}}{1-q^g}$$

et vous voyez que g part de la valeur 3, et que pour $g = 3, 4, 5, \ldots$, on a $s = 1, 2, 3, \ldots E(\frac{g-1}{2})$.

Je n'ai plus maintenant qu'à employer cette relation fort simple :

$$\frac{q^b}{(1-q)(1-q^b)} = \sum E\left(\frac{n+b-a}{a}\right) q^n$$

pour déduire de cette équation la relation suivante :

$$S = F(1) + F(2) + \ldots + F(n) = \sum E\left(\frac{n+s^2-(2s+r)^2}{g}\right).$$

Je puis encore écrire :

$$S = \sum E\left(\frac{n+s^2-(2s+r)^2}{2s+r}\right), \qquad r, s = 1, 2, 3, \ldots$$

et il est clair que le nombre des termes de S, le nombre des combinaison r et s est le nombres des points x et y, représentés par des entiers positifs qui sont contenus dans l'aire limitée par l'hyperbole : $n + x^2 - y^2 > 0$, x et $y > 0$, $y > 2x$. Cette aire

103. [Hermite, 1886].

est simplement un secteur dont la surface est : $\frac{n \log 3}{4}$, j'ai donc bien aux termes près de l'ordre n :

$$S = \sum \frac{n + s^2 - g^2}{g}.$$

Mais mon idée n'est pas bonne puisqu'elle ne conduit pas au but, et puisque de vous-même vous êtes amené à suivre la voie de Mr Lipschitz qui est la bonne, ne vous arrêtez pas en chemin, le but est digne de vos efforts. En vous renouvelant, Monsieur, mes vifs remerciements ainsi que l'assurance de mes sentiments sincèrement dévoués.

Ch. Hermite

24 Hermite à Poincaré

Paris, 10 décembre 1885

Monsieur,

Tous les géomètres partageront le sentiment d'admiration avec lequel j'ai lu la belle analyse que vous venez de me communiquer et qui vous fera extrêmement honneur. Permettez moi de vous demander pour les Comptes rendus un article dans lequel vous l'exposerez au moins en ce qu'elle a de plus essentiel, puis un mémoire complètement développé, comme le demande l'importance et la difficulté de la question [104].

Dans le cas où vous n'auriez en particulier aucun recueil en vue, j'appellerai votre attention sur le Journal de Crelle ; Mr Kronecker, j'en suis sûr, sera heureux de donner votre travail dans le tome 100 de ce Journal qu'il nomme Tome Jubilaire, et vous accueillera avec la vive sympathie qui est due à votre beau talent. À sa demande, je lui ai envoyé un article arithmético-elliptique [105]. Je crois que Picard en prépare un de son côté [106], nous serions trois si vous le voulez bien, à représenter les mathématiques françaises dans une circonstance à laquelle les éditeurs et les collaborateurs du Journal attachent une grande importance [107].

En vous prévenant que j'ai conservé vos lettres avec le plus grand soin, pour le cas où elles vous seraient nécessaires, je renouvelle, Monsieur, avec la satisfaction d'avoir été pour quelque chose dans un nouveau et bien beau résultat de vos efforts, l'expression de mes sentiments les meilleurs et les plus dévoués.

Ch. Hermite

104. La dernière note aux *Comptes rendus hebdomadaires des séances de l'Académie des sciences* que publie Poincaré [1885f] en 1885 paraît dans le compte rendu de la séance du 7 décembre. La première note aux *Comptes rendus* que publie Poincaré [1886j] en 1886 est présentée par Hermite lors de la séance du 25 janvier 1886. Hermite doit donc évoquer les travaux de Poincaré sur les résidus des intégrales doubles. Il développera cette note dans un mémoire publié en 1887 dans les *Acta mathematica* [Poincaré, 1887e].

105. [Hermite, 1887].

106. [Picard, 1887].

107. En dehors d'Hermite et Picard, aucun autre mathématicien français ne contribue à ce volume.

25 Hermite à Poincaré

Paris, 19 décembre 1885

Monsieur,

Dans le désir que votre travail au sujet de la formule asymptotique de Gauss ne soit pas perdu, permettez moi d'appeler votre attention sur le mémoire que Dirichlet a publié à partir de 1850 dans les Mémoires de Berlin sur les valeurs moyennes dans la théorie des nombres [108]. En utilisant au début de ses recherches la fonction qui représente le nombre des diviseurs de n, Dirichlet parvient à une transformation remarquable de la somme $\sum E(\frac{n}{s})$, $s = 1, 2, \ldots n$ par laquelle il obtient une fonction continue qui la représente aux quantités près de l'ordre $\sqrt{n}$. S'il était possible d'obtenir un résultat semblable pour la quantité à laquelle j'ai été amené, c.-à-d. pour la somme double

$$\sum E\left(\frac{N+x^2-y^2}{y}\right),$$

de sorte qu'on ait une expression où n'entre plus le signe E et qui soit exacte aux termes de l'ordre $N^{1-\alpha}$, où α est positif, on obtiendrait la constante δ. Il m'est impossible de suivre cette idée, mon temps étant pris par autre chose, et je ne sais, comme bien vous pensez, s'il est trop permis de s'y confier. Vous le donnant pour ce qu'elle vaut, je vous dis avec Virgile, si vous arrivez, *magnus mihi eris Apollo* [109].

En vous renouvelant, Monsieur, l'assurance de ma plus haute estime et de mes sentiments dévoués.

Ch. Hermite

26 Hermite à Poincaré

[Décembre 1885] [110]

Monsieur,

Je me sens bien humilié de n'avoir point vu que l'énoncé même de la proposition de Gauss ne permettait point de trouver son nombre γ par le procédé qui introduisait la totalité des classes de même déterminant, au lieu seulement des formes proprement primitives qu'il considère. Mais c'est pour moi une fatalité que le paradoxe écarté un moment reparaisse ensuite sous une autre forme.

Comme en effet, peut-il se faire que je trouve $\frac{2\pi}{9}N^{\frac{3}{2}}$ qui est plus petit que $\gamma N^{\frac{3}{2}}$, lorsque la quantité que j'envisage est au contraire plus grande !

Puisque je porte malheur, ne vous détournez plus de vos recherches pour me venir en aide, mais permettez moi de vous renouveler ma prière de lire l'article

108. [Lejeune Dirichlet, 1849].
109. « Tu seras pour moi le grand Apollon ». Il s'agit d'un vers des *Bucoliques* de Virgile.
110. Cette lettre semble tenir compte d'une réponse de Poincaré à la lettre précédente.

de Lipschitz [111], il est impossible que vous n'y ajoutiez point quelque chose, et la question est si belle et si difficile qu'une recherche de vous sera accueillie avec le plus vif intérêt. Quel étonnant génie que Gauss, comment a-t-il pu réussir à atteindre jusqu'à la constante $\delta = \frac{2}{\pi^2}$, ne pourriez vous pas tenter de démontrer son résultat ?
Avec mille remerciements, Monsieur, et l'assurance de mes sentiments les plus dévoués.

Ch. Hermite

27 Hermite à Poincaré

Paris, 31 mars [1886]

Monsieur,

Permettez moi de vous demander si vous voulez bien dans l'intérêt des Acta, et aussi dans l'intérêt de Madame Kowalewski, donner du beau et important travail que vous avez publié sur l'équilibre d'une masse fluide en rotation [112], une analyse qui paraîtrait dans le Journal *Le Temps*. L'un des rédacteurs de la partie scientifique de ce journal m'a demandé de lui fournir chaque fois que je présenterai un nouveau n° à l'Académie, l'indication des articles qui y sont contenus, et en même temps m'a exprimé l'intention d'avoir pour les plus importants de ces articles, une analyse qu'il mettrait avec grand plaisir dans son compte-rendu [113].
En vous renouvelant, Monsieur, l'expression de mes sentiments bien sincèrement dévoués.

Ch. Hermite

Autant que j'en puisse juger pour l'étendue, je crois que votre article pourrait très bien prendre 2 pages in-8°

28 Hermite à Poincaré

Paris, Dimanche [avril 1886]

Monsieur,

Permettez moi de vous donner communication d'une réclamation de priorité, au sujet de vos recherches sur l'équilibre d'une masse fluide etc., et de vous prier, si vous jugez devoir y répondre, de me donner vos observations demain avant midi, afin qu'elles soient présentées à la séance de l'Académie en même temps que la réclamation de Mr Matthiessen [114].

111. [Lipschitz, 1865]. Voir la lettre 23 (p. 380).
112. [Poincaré, 1886e].
113. Une analyse du contenu du 7e tome des *Acta mathematica* paraît dans la livraison du *Temps* du 5 mai 1886. Pour plus de détails, voir la note 3 de la lettre 47 de [Nabonnand, 1999, p. 144-145]. Dans sa lettre adressée à Mittag-Leffler le 13 mai 1886, Hermite lui annonce que le quatrième cahier du tome 7 des *Acta mathematica* a été présenté à l'Académie et que l'article concernant ce cahier a été publié dans *Le Temps* [Dugac, 1985, p. 121-122].
114. [Matthiessen, 1886], [Poincaré, 1886f]. Voir la lettre adressée par Poincaré à Joseph Bertrand (p. 91).

J'ai envoyé à Mr Ferdinand Delaunay [115] votre article, qui m'a paru excellent et dont je vous fais mes sincères compliments.
En vous renouvelant, Monsieur, l'assurance de mes sentiments bien dévoués.

Ch. Hermite

29 Hermite à Poincaré

Paris, 26 janvier 1889

Mon cher Confrère,

Permettez moi de vous informer que je viens de recevoir de Mr Mittag, l'annonce que le prix du Roi Oscar [116], vous a été décerné le 21 c^t [117] ; la notification officielle vous en sera faite prochainement, par M^r le Ministre [118] de Suède.
Veuillez agréer, mon cher confrère, mes vives félicitations et l'assurance de mes sentiments bien dévoués.

Ch. Hermite

30 Hermite à Poincaré

Paris, 14 avril 1891

Mon cher Confrère et ami,

Permettez moi de vous demander si vous avez pris connaissance dans le Journal de Jordan et dans les Comptes rendus d'articles de Mr Caspary sur l'application des fonctions elliptiques au problème de la rotation, puis d'autres sur les fonctions sphériques dans le Bulletin de la Société mathématique, qui me semblent montrer un véritable talent mathématique [119].
Dans le cas où vous partageriez mon sentiment, je vous serais extrêmement reconnaissant de vouloir bien m'autoriser à employer votre nom, afin de venir en aide à l'auteur, qui a suivi mes leçons, que je connais personnellement et qui se trouve dans une situation extrêmement pénible. Mr Caspary est juif, et la passion antisémite qui fait maintenant fureur en Allemagne lui ferme tout accès à l'enseignement supérieur, et le contraint à gagner sa vie en corrigeant des épreuves à la librairie Reimer [120].

115. Ferdinand Delaunay est le rédacteur du journal *Le Temps* dont parlait Hermite dans sa lettre précédente. Delaunay a aussi collaboré avec d'autres publications comme *La Patrie* ou *Le Journal officiel* et a rédigé plusieurs ouvrages d'histoire de la religion.
116. Sur le prix mathématique du roi de Suède, voir [Nabonnand, 1999] et [Barrow-Green, 1997].
117. Comprendre «courant».
118. Comprendre «l'ambassadeur».
119. [Caspary, 1889a,c,b, 1890a,b, 1891].
120. Les éditions Georg Reimer à Berlin ont publié entre 1817 et 1918 de nombreux ouvrages de philosophie et de sciences. Elles éditaient en particulier le *Journal für die reine und angewandte Mathematik*.
D'après les listes des membres de la Société mathématique de France, F. Caspary est professeur au collège Humboldt (Berlin) jusqu'en 1892, puis professeur à l'École d'architecture de Berlin.

Mais je suis bien et dûment informé qu'un témoignage favorable des géomètres Français serait accueilli avec empressement par l'un des hauts fonctionnaires de l'instruction publique à Berlin, qui est mathématicien distingué, et tout disposé en s'appuyant sur ce témoignage, à lever les obstacles injustes, déplorables qui entravent la carrière d'un homme d'un mérite incontournable.
En réservant expressément votre opinion sur la valeur analytique de Mr Caspary, j'invoque, mon cher Confrère, votre grande autorité et votre générosité dans le but de secourir une douloureuse infortune, et je vous prie de croire à mes sentiments de bien sincère et cordiale affection.

Ch. Hermite

31 Hermite à Poincaré

Paris, 22 juillet 1892

Mon cher Confrère et ami,

Permettez moi de vous exprimer ma profonde reconnaissance de vous être joint à Mr Darboux et à Mr Jordan pour m'obtenir à l'occasion de mon 70ème anniversaire une récompense infiniment précieuse de ma vie de travail, qui dépasse tout ce que je pouvais attendre et ne m'a pas causé moins de surprise que de satisfaction [121].

121. Sur le jubilé d'Hermite, voir [Nabonnand, 1999, p. 242-245]. Poincaré prononce à cette occasion un éloge (voir p. 399).
Le 12 septembre, Hermite remercie Mittag-Leffler pour la part important qu'il a prise dans l'organisation de la célébration de son 70^{e}anniversaire :

> Votre bien bonne lettre me donne l'occasion que je saisis avec empressement de vous exprimer combien je vous suis reconnaissant des démarches que vous avez faites, avec le zèle de l'amitié la plus dévouée, pour la manifestation qui se prépare à l'occasion de mes 70 ans. C'est peu avant notre départ de Paris que j'ai appris par Picard, à ma grande surprise, que Darboux, Poincaré et Camille Jordan avaient pris l'initiative d'une souscription pour m'offrir une médaille. J'ai su en même temps et une lettre de Mr Catalan me l'a depuis confirmé, que grâce à votre concours généreusement donné, auprès de tous vos amis dans le monde mathématique, le succès de l'entreprise s'était trouvé assuré. C'est donc à vous que je suis principalement redevable d'une récompense infiniment précieuse de ma vie de travail, à laquelle j'étais si loin de m'attendre et qui dépasse tout ce que je mérite. [Dugac, 1989b, p. 6-7]

L'évènement est annonçé dans le *Figaro* du 14 décembre 1892 (p. 2) :

> À la Sorbonne
> À l'occasion de ses soixante-dix ans d'âge et des cinquante années qu'il a consacrées à l'enseignement supérieur, les amis, les élèves et les admirateurs de M. Hermite offrent à l'illustre géomètre une médaille portant son effigie.
> M. Hermite a fait beaucoup d'élèves appartenant à toutes les nationalités et dont certains sont devenus des savants illustres : à citer pour ne parler que des nôtres. MM. Darboux, Jordan, Tisserand, Duclaux, Lippmann, Cornu, Picard, Appell, Poincaré, etc.
> La remise de la médaille, qui est due à Chaplain, aura lieu le samedi 24 décembre à la Sorbonne, dans la salle du conseil des Facultés. M. Poincaré prendra la parole au cours de cette réunion.

Vous connaissez mon admiration pour vos découvertes que j'ai en commun avec tous les géomètres, vous connaissez aussi mes sentiments pour vous depuis bien des années, veuillez croire que cette circonstance ajoute encore à un bien sincère et affectueux attachement que je vous garderai à jamais.
En vous offrant, mon cher Confrère et ami, l'assurance de mon plus entier dévouement.

Ch. Hermite

32 Hermite à Poincaré

Paris, samedi [avril 1895] [122]

Mon cher Confrère et ami,

Je suis chargé par Mr Mittag-Leffler de vous exprimer sa profonde reconnaissance pour avoir bien donné l'appui de votre nom à la démarche qui a été faite dans l'intérêt des *Acta* auprès du parlement Suédois. Le télégramme que j'ai envoyé et les noms de ceux qui l'ont signé, ont été lus à la diète, le résultat malheureusement n'est pas entièrement satisfaisant. La chambre des députés a voté pour le Journal, le Sénat a voté contre, le vote commun qui sera définitif décidera du sort d'une entreprise aussi utile à la Science qu'honorable pour la Suède. Mr Mittag-Leffler contribue personnellement chaque année pour 3000 F. à la publication de son recueil, la subvention que veut lui retirer la commission du budget lui est indispensable et une diminution de cette subvention serait une charge qu'il supporterait difficilement [123].
Le roi Oscar a pris à la question le plus vif intérêt ; malgré les préoccupations extrêmement graves de la crise actuelle qui met la couronne en péril, il a lui-même fait connaître à Mr Mittag-Leffler la résolution de la commission, les votes des deux chambres à la diète, en l'informant qu'il avait télégraphié au Ministre de l'Instruction Publique de faire les plus grands efforts pour sauver les *Acta*. Ne pourrions nous par ici seconder l'intention du roi par une démarche que je viens soumettre à votre appréciation, en vous demandant votre concours si vous partagez mon sentiment. Elle consisterait à faire parvenir par la voie diplomatique, au Ministre de Suède et de Norvège, Mr Due le vœu des géomètres français pour la continuation des *Acta*, leur reconnaissance pour les services signalés que leur rend cette publication, son incontournable importance et le grand éclat qu'elle jette sur la science de la Suède. Quelques mots de vous au Ministre de l'Instruction Publique [124], le convaincraient qu'il y va d'un intérêt très sérieux, vous pourriez obtenir sa sympathie pour une cause à laquelle nous tenons beaucoup et son appui

122. Hermite évoque le soutien des mathématiciens français à *Acta mathematica* dans des lettres adressées à Mittag-Leffler au mois d'avril 1895.
123. Sur cet épisode, voir les échanges entre Poincaré et Mittag-Leffler au printemps 1895 [Nabonnand, 1999, p. 255-259].
124. Le cousin de Poincaré, Raymond, était alors ministre de l'instruction publique.

pour faire parvenir le témoignage de nos sentiments au gouvernement Suédois [125]. Ce serait une occasion pour joindre les noms de Hadamard, Goursat, Painlevé, et d'autres à ceux des signataires de la précédente dépêche, lui donner plus de poids auprès des membres de la diète qui certainement ne verraient point sans satisfaction l'intérêt des mathématiciens français pour une œuvre scientifique fondée à Stockholm.
Je ne puis non plus oublier le roi, protecteur éclairé de toutes les sciences et ami de l'analyse; votre concours doit lui être acquis dans cette circonstance, je désirerais vivement que vous jugiez comme moi, mon cher Confrère et ami, c'est dans cette espérance que je vous prie de croire toujours à mes sentiments de l'affection la plus sincère et la plus dévouée.

Ch. Hermite

33 Hermite à Poincaré

Paris, mercredi [avril ou mai 1895] [126]

Mon cher Confrère et ami,

J'ai on ne peut plus regretté d'avoir perdu votre visite de ce matin, et je viens vous exprimer tous mes remerciements pour la bonté que vous avez eue de venir pour causer des affaires de Mr Mittag-Leffler, et encore de votre démarche auprès du Ministre de l'Instruction Publique. Cette démarche s'ajoute à celle de Darboux, je m'y suis joint de mon côté, ainsi j'espère une décision favorable qui rendra un immense service à Mr Mittag-Leffler.
Une autre question se présente maintenant extrêmement difficile et délicate, dont je vous aurais parlé si je n'avais été prévenu par Mr Daubrée [127]. Je m'en étais déjà ouvert à Darboux le sachant très bien disposé pour le rédacteur des *Acta*, mais il trouve la chose fort grave. Un mauvais effet serait à craindre en Allemagne, où se trouvent d'éminents géomètres nous n'aurions que l'embarras du choix, MM. Fuchs, Lipschitz, Schwarz, Klein; tous, ils sont placés au plus haut rang dans la science, plusieurs ont fait de grandes découvertes en Analyse. Vous pourriez aussi songer à Mr Cremona en Italie; les incontestables services rendus par Mr Mittag-Leffler pourront sans doute entrer plus tard en ligne de compte, mais le moment est-il venu de le préférer, lui encore si jeune, à tant d'anciens [128]?

125. Mittag-Leffler est proposé au grade d'officier de la légion d'honneur par Raymond Poincaré (voir [Nabonnand, 1999, p. 258]).
126. Hermite aborde le même sujet de l'élection à l'Académie des sciences dans une lettre adressée à Mittag-Leffler le 25 avril 1895.
127. Gabriel Auguste Daubrée est géologue et membre de la section de minéralogie de l'Académie des sciences.
128. Lazarus Fuchs, né en 1833, sera nommé correspondant lors de cette élection; Rudolf Lipschitz, né en 1832, le sera le 16 juillet 1900, Hermann Schwarz, né en 1843, le 1er juillet 1895, Felix Klein, né en 1849, le 17 mai 1897. Luigi Cremona, né en 1830, deviendra correspondant le 31 janvier 1898; quant à Mittag-Leffler, né en 1846, il attendra jusqu'au 29 janvier 1900.

Je ne crois pas commettre d'indiscrétion en vous faisant savoir que Darboux ne le pense pas, en vous disant aussi qu'il est loin d'être assuré qu'une nomination de correspondant serait le salut assuré des *Acta*. Picard à coup sûr, bien que je ne lui ai pas posé la question, mais dont l'opinion à l'égard de Mittag-Leffler m'est bien connue, sera de l'avis de Darboux. En cet état des choses, la nomination d'officier de la Légion d'Honneur me semble la meilleure des solutions pour lui venir en aide, sans sacrifier des intérêts dont nous avons la garde et sans porter à la justice une atteinte qui serait réelle et qu'on pourrait nous reprocher [129]
Sous toutes réserves de votre jugement dans l'affaire et en vous priant, mon cher Confrère et ami de me croire votre bien sincèrement et affectueusement dévoué.

Ch. Hermite

34 Annexe : rapport d'Hermite sur les travaux de Poincaré

Rapport rédigé à l'occasion de l'élection du successeur de J. V. Puiseux à la section de géométrie de l'Académie des sciences le 3 mars 1884

Mr Poincaré a publié depuis sept ans de nombreux travaux qui ont pour objet, la théorie des équations différentielles et aux différences partielles, la théorie générale des fonctions analytiques d'une ou de plusieurs variables, l'algèbre et la théorie des nombres. Dans ces diverses directions où l'ont porté l'activité du jeune géomètre, des résultats entièrement neufs, des découvertes analytiques qui ont vivement frappé l'attention, ont montré un esprit original et profond, et sont le présage certain d'un brillant avenir scientifique. En nous proposant dans un exposé rapide, d'en montrer le caractère et d'en apprécier l'importance, nous nous attacherons en premier lieu aux recherches concernant les équations différentielles du premier ordre, et qui ont fait l'objet d'un mémoire étendu, publié dans le 45e cahier du Journal de l'École Polytechnique. L'origine et le point de départ de ce mémoire se trouvent dans le travail célèbre où MM. Briot et Bouquet ont appliqué avec le plus grand succès à l'étude des fonctions définies par des équations différentielles les principes introduits par Cauchy en analyse, ainsi que l'avait fait le premier notre éminent et regretté confrère M. Puiseux lorsqu'il a eu en vue les fonctions algébriques et leurs intégrales. MM. Briot et Bouquet se sont trouvés

129. Sur cet épisode, voir [Nabonnand, 1999, p. 258] et [Dugac, 1989b, p. 30-31] :

> Darboux, Poincaré et moi avons chacun de notre côté écrit au Ministre [de l'Instruction Publique] en lui demandant de vous nommer officier de la Légion d'Honneur, en récompense des services éminents rendus aux mathématiciens français par la publication des *Acta*. Un mot que j'ai reçu hier de Poincaré me donne la complète assurance, et je ne puis le mettre en doute puisqu'il est, comme vous le savez, le cousin du ministre, que votre nomination aura lieu très prochainement. (Lettre d'Hermite à Mittag-Leffler datée du 25 avril 1895 [Dugac, 1989b, p. 31])

conduits par leur méthode à mettre en évidence une certaine constante qui caractérise les diverses formes analytiques dont est susceptible la solution de l'équation différentielle. Voici à cet égard les résultats d'une importance fondamentale qu'ont obtenus ces deux analystes.

1° La constante étant réelle positive et commensurable, sans être entière, il existe une intégrale holomorphe et une infinité non holomorphes.
2° Lorsqu'elle se réduit à un entier positif, on obtient une infinité d'intégrales non holomorphes.
3° En la supposant imaginaire, sa partie réelle étant positive mais non commensurable, il existe comme dans le premier cas, une seule solution holomorphe et une infinité qui ne le sont pas.
4° Enfin si l'on admet que la partie réelle soit négative, on n'obtient plus qu'une seule et unique solution holomorphe.

À ces propriétés qui ont donné le plus grand intérêt à la théorie si insignifiante avant MM. Briot et Bouquet des équations différentielles du premier ordre, M. Poincaré a ajouté les suivantes qui les complètent. Il a établi que dans le second cas, les solutions sont holomorphes en x et $log x$, et dans le troisième par rapport à la variable et à une puissance de la variable dont l'exposant est égal à cette constante.

Nous nous bornons à énoncer ces théorèmes et nous passons à un autre travail sur les équations différentielles, entièrement original et d'une haute importance, qui a été présenté à l'Académie en 1880 et publié dans le Journal de mathématiques de Mr Résal.

L'auteur s'est placé à un point de vue spécial d'une grande importance ; il admet que les coefficients sont réels et se propose de reconnaître la loi de succession des valeurs réelles des variables en construisant et discutant la courbe qui définit l'équation différentielle.

Ce sujet présente de grandes difficultés ; Mr Poincaré l'a abordé par l'étude du cas particulier où le coefficient différentiel a pour expression le quotient de deux polynômes rationnels et entiers par rapport aux variables. Voici succinctement les résultats qu'il obtient.

Le lieu de l'équation différentielle peut offrir l'apparence de courbes fermées ou de spirales, et le premier cas a toujours lieu lorsqu'il n'existe pas de point d'arrêt et que le nombre des points réels d'intersection avec une courbe algébrique est fini et limité. En s'appuyant sur la proposition de MM. Briot et Bouquet dont il a été question tout-à-l'heure, sur celles qu'il y a ajoutées, et enfin sur le développement en série donné par Madame de Kowalevski, dont le nom hautement apprécié des géomètres, est attaché à cette question, Mr Poincaré a reconnu trois sortes de points singuliers sur les courbes qu'il étudie ; il les désigne et les caractérise comme il suit :

1° Les cols, par lesquels passent seulement deux courbes,
2° Les nœuds où viennent se croiser une infinité de courbes,
3° Les foyers autour desquels tournent ces courbes, en s'en approchant sans cesse, comme le fait une spirale logarithmique.

Exceptionnellement enfin, et seulement dans des cas très particuliers, se présentent en outre les centres, autour desquels les courbes forment des cycles fermés qui s'enveloppent mutuellement et entourent le centre.
En outre, il établit que les cols, les nœuds et les foyers se succèdent alternativement, et découvre entre les nombres des trois espèces de points singuliers une relation constante, identique pour la forme au théorème célèbre d'Euler, sur le nombre des sommets, des faces et des arêtes d'un polyèdre quelconque.
Dans le but de s'affranchir des difficultés relatives aux branches infinies, Mr Poincaré s'est servi de la représentation de ces courbes sur la sphère par projection gnomonique ; il détermine combien s'en présentent ayant la forme d'anneau, et obtient des courbes algébriques fermées qu s'en rapprochent autant qu'on veut, et termine enfin son beau travail par des applications à plusieurs exemples et des procédés de calcul résultant des profondes recherches que nous venons de résumer.
Ce premier mémoire a été suivi d'un autre qui est consacré à l'étude, sous le même point de vue, des équations générales du premier ordre où le coefficient différentiel est une fonction algébrique quelconque des deux variables. Les résultats acquis dans le cas particulier où l'équation est du premier degré permettent à l'auteur d'aborder et de traiter complètement cette question beaucoup plus difficile. Puis à ces recherches couronnées de succès, se succèdent d'autres qui concernent un système de deux équations différentielles linéaires entre trois variables ; la théorie des ces équations n'est pas encore complète, mais malgré plusieurs lacunes, elle me paraît pas éloignée d'être conduite à son terme. Le talent d'invention du jeune géomètre se montre avec éclat dans cette succession de travaux dont il n'est pas possible dans un court rapport d'énumérer complètement les résultats. Nous ne devons pas toutefois omettre de signaler une application d'une importance capitale et qui a été sa constante préoccupation. Que de nouveaux progrès se réalisent dans la voie ouverte par Mr Poincaré, il deviendra possible d'employer ses méthodes dans les grandes et difficiles questions de la mécanique céleste, comme celle de la stabilité du système solaire, qui a été l'objet d'admirables travaux analytiques de Laplace, de Poisson, de Le Verrier. Les nutations obtenues par ces grands géomètres supposent la convergence des séries dont ils ont dû faire usage, séries ordonnées suivant les puissances des masses des planètes et qui contiennent le temps en dehors des lignes trigonométriques. Or Mr Weierstrass a mis en évidence dans une de ses leçons au Séminaire de l'Université de Berlin que cette convergence est impossible pour une durée quelconque ; c'est donc seulement pour un temps limité qu'il a été effectivement démontré que les excentricités oscillent en restant des quantités très petites. Cette question, comme depuis longtemps le calcul des perturbations a fait, oblige à introduire dans la mécanique céleste des développements en série d'autre nature, dont la convergence serait certaine ou plus rapide. Cela a été l'objet des travaux de notre illustre correspondant Suédois Mr Gyldén qui y a consacré son beau talent de géomètre et sa connaissance approfondie de la théorie des fonctions elliptiques, et l'on sait comment ses nouvelles méthodes ont permis de calculer beaucoup plus rapidement et plus sûrement, les orbites de diverses comètes et petites planètes. Tout récemment un jeune astronome géomètre

d'un grand mérite, Mr Lindstedt a repris sous un nouveau point de vue cette question des perturbations dans un important mémoire dont un de nos confrères de la section d'astronomie saurait mieux que moi montrer l'intérêt. Ces efforts ne font pas encore toucher le but, mais ils montrent ce que l'on doit attendre d'une vue nouvelle et profonde que Mr Poincaré a succinctement indiquée dans une note des Comptes rendus du mois de Février 1882.
L'auteur y énonce que les solutions réelles d'un système d'équations [130]

Mr Poincaré y énonce que les solutions réelles d'un système d'un nombre quelconque d'équations différentielles linéaires du premier ordre peuvent s'exprimer par des séries convergentes, ordonnées suivant les puissances d'une variable auxiliaire. Et dans le cas du problème des trois corps, sous certaines conditions initiales que l'auteur spécifie, cette variable devient une fonction exponentielle très simple du temps. L'importance de ce résultat nous fait exprimer le vœu que le jeune géomètre dirige son beau talent vers les problèmes de la Mécanique Céleste, et poursuive dans cette voie le développement complet de ses idées, en réalisant les espérances qu'elles ont fait concevoir.
Nous abordons maintenant un autre [axe] de recherches, ayant pour objet l'intégration des équations différentielles linéaires, sous forme algébrique, ou sous forme transcendante au moyen des fonctions abéliennes. On doit à notre confrère Mr Jordan un travail d'une grande importance dans lequel la notion de groupe des équations linaires donnée par Mr Fuchs est appliquée à la recherche des cas d'intégrabilité par les fonctions algébriques. En suivant la même voie, Mr Poincaré s'est occupé de la formations des équations différentielles admettant pour intégrales des fonctions algébriques dont le groupe est donné. Les conditions sous lesquelles l'ordre est égal au degré de l'équation en V sont obtenues par l'auteur sous forme explicite au moyen des périodes normales des intégrales de première espèce qui dépendent de la fonction algébrique considérée. Enfin les fonctions Θ à plusieurs variables que Mr Appell a appliquées dans un travail extrêmement remarquable, à l'intégration des équations linéaires à coefficients algébriques conduisent également Mr Poincaré à d'importants résultats. L'auteur parvient à une infinité d'équations du troisième ordre et d'ordre plus élevé, dont il détermine le groupe et donne la solution sous forme complètement explicite.
Les recherches que nous venons d'indiquer succinctement nous conduisent à la partie la plus brillante des travaux de Mr Poincaré et à celle de ses découvertes qui a le plus vivement attiré l'attention. C'est dans un mémoire présenté au concours pour le prix des sciences mathématiques en 1880 qu'ont été exposés pour la première fois les principes de la théorie de nouvelles transcendantes nommées par l'auteur fonctions Fuchsiennes, et qui ensuite ont été l'objet de ses publications les plus importantes et les plus remarquées dans les Acta Mathematica de Stockholm. La dénomination de fonctions Fuchsiennes est un hommage bien mérité aux découvertes du géomètre illustre qui a accompli pour la théorie des équations différentielles d'ordre quelconque, ce que MM. Briot et Bouquet avaient fait pour les

130. La page s'arrête sur cette phrase interrompue.

équations générales du premier ordre. Ce sont en effet les résultats obtenus par Mr Fuchs pour certaines équations particulières du second ordre rapprochées de contributions toutes différentes appartenant à l'arithmétique et concernant l'étude des formes qui ont suggéré à Mr Poincaré la conception de ses nouvelles transcendantes. En donner la définition générale sans recourir aux formules serait bien difficile, mais l'importance de la question demande que nous indiquions au moins, avec les principales circonstances de leur origine, leur place dans le cadre de l'analyse et le rôle qu'elles sont appelées à y remplir.
L'observation et l'examen attentifs des cas particuliers révèlent ordinairement ces passages qui mènent par des procédés familiers à l'esprit parce qu'ils sont fréquemment employés, aux cas généraux. Or la théorie des fonctions elliptiques avaient donné la connaissance complète, l'expression explicite et toutes les propriétés de la plus simple des fonctions Fuchsiennes, dans cet ensemble de considérations qui se rapportent au module envisagé comme dépendant du rapport des périodes. Ces périodes étant les deux solutions particulières d'une même équation linéaire du second ordre, la fonction dont il s'agit, qu'on nomme modulaire, se trouve pouvoir être définie directement, indépendamment de la théorie qui lui a donné naissance, par l'inversion du quotient de deux intégrales de cette équation. Rien de plus simple et de plus immédiat, à coup sûr que d'opérer de même avec une équation linéaire quelconque du second ordre, mais alors se présente la question capitale du mode d'écriture comme fonction uniforme ou non-uniforme de la quantité ainsi définie. L'analyse qui donne si facilement l'origine d'un nombre illimité de transcendantes nouvelles, par exemple par l'inversion des intégrales, n'a accordé qu'au prix des plus grands efforts la découverte parmi ces quantités de fonctions qui ne soit pas à déterminations multiples, qui n'ait qu'un sens unique comme les fonctions elliptiques et Abéliennes. Aussi n'est-ce pas cette extension de la définition de la fonction modulaire qu'emploie tout d'abord Mr Poincaré. C'est leur propriété caractéristique de se reproduire par des substitutions fractionnaires du premier degré, à coefficients entiers et au déterminant un, qui a appelé son attention, et qu'il généralise en considérant les substitutions de même forme, mais à coefficients quelconques. Ce point capital est traité avec une supériorité qu'il est de notre devoir de signaler hautement à l'Académie. Sans entrer dans aucun détail qui concerne les groupes discontinus, sans parler de l'intervention de la géométrie non Euclidienne dans la question, nous dirons que les fonctions Fuchsiennes sont définies par une expression entièrement explicite, mettant en évidence leur caractère d'être à sens unique et leur propriété fondamentale de se reproduire lorsqu'on effectue sur la variable un certain groupe de substitutions. Tantôt elles existent pour tout le plan, tantôt seulement dans une partie limitée, comme la fonction modulaire, et alors elles donnent l'exemple extrêmement intéressant de fonctions analytiques uniformes infinies ou indéterminées non plus seulement en des points isolés, mais ayant une ligne entière de discontinuité. En parvenant à une expression explicite, Mr Poincaré obtient aussi les fonctions Thêtafuchsiennes et Zêtafuchsiennes dont les dénominations rappellent avec justesse un rôle analogue à celui des quantités Θ et Z, dans la théorie des fonctions elliptiques. Les résultats dont nous allons

maintenant parler feront voir la place que prennent naturellement dans l'Analyse les nouvelles transcendantes , et justifieront leur introduction comme un élément nécessaire de calcul.

En premier lieu, on a cette propriété que deux fonctions Fuchsiennes se reproduisant lorsqu'on effectue sur la variable les substitutions du même groupe sont liées par une relation algébrique.

Puis ce théorème de la plus grande importance, que les coordonnées d'une courbe algébrique quelconque s'expriment par des fonctions Fuchsiennes et par conséquent par des fonctions uniformes d'un même paramètre.

La propriété suivante n'est pas d'un moindre intérêt. Revenant au premier point de vue dont nous avons parlé, comme origine de ces fonctions, l'auteur établit que toute fonction Fuchsienne provient de l'inversion du quotient de deux solutions d'une équation linéaire du second ordre, à coefficients algébriques.

Enfin nous arrivons à ce résultat mémorable que l'intégrale générale de l'équation linéaire à coefficients algébriques d'un ordre quelconque, peut être obtenue par les fonctions Zêtafuchsiennes.

Les découvertes que nous venons d'indiquer rapidement ont donné lieu à de nombreux et intéressants travaux. Mr Klein l'un des plus éminents géomètres de l'Allemagne a réuni ses efforts à ceux de Mr Poincaré pour établir le point essentiel de la théorie des fonctions Fuchsiennes qui sert de base à l'intégration des fonctions linéaires. Mr Picard suivant une autre voie a obtenu le premier exemple d'une fonction uniforme de deux variables qui se reproduit comme les fonctions Fuchsiennes, par des substitutions linéaires et dont l'expression explicite est donnée par le quotient de deux fonctions Θ à trois arguments auxquels on attribue la valeur zéro. Ce résultat important conduisait à l'étude générale sous le point de vue arithmétique des groupes discontinus à deux variables qui sont en ce moment l'objet des publications des deux auteurs. La théorie des nombres et l'analyse se joignent en effet et sont étroitement liées dans cet ordre de recherches, et c'est après avoir obtenu divers types de tels groupes que Mr Picard réussit à former des fonctions uniformes de deux variables d'une composition analogue à celle des fonctions Fuchsiennes et qui possèdent des propriétés fondamentales entièrement semblables. En employant la dénomination d'hyperfuchsiennes proposée par l'auteur, nous aurons par exemple cette proposition d'une grande importance, que trois fonctions hyperfuchsiennes qui correspondent au même groupe de substitutions, sont liées par une relation algébrique. Ne pouvant insister davantage, nous nous bornons à dire que ces résultats donnent naissance à un enchainement de transcendantes nouvelles, ayant comme les fonctions elliptiques et hyperelliptiques, un caractère analytique commun et qui ouvrent le plus vaste champ de recherches.

Les recherches de Mr Poincaré dont nous avons maintenant à parler se rattachent étroitement à ceux dont il vient d'être question. Ils ont pour objet l'arithmétique et se rapportent dans cette branche de la science à l'ordre d'idées ouvert par Dirichlet dans les admirables mémoires sur l'application du calcul infinitésimal à la théorie des nombres.

Nous signalerons en premier la nouvelle [définition] donnée par l'auteur, de l'invariant arithmétique des fonctions linéaires homogènes à deux indéterminées. Il obtient de ces quantités deux expressions analytiques différentes dont l'une tient à la théorie des fonctions elliptiques, et le conduit à une solution nouvelle du problème de l'équivalence de deux formes quadratiques binaires de déterminant négatif.

Dans un autre mémoire Mr Poincaré expose une théorie étendue des formes cubiques à trois indéterminées, et en retrouvant par des méthodes les résultats plus généraux déjà découverts par Mr Jordan, il traite les cas exceptionnels qui échappent à la théorie de notre confrère, lorsque le discriminant s'évanouit. Ce sont des cas particuliers qui offrent le plus grand intérêt au point de vue de l'arithmétique, et voici, en supposant les coefficients entiers les propositions concernant la théorie de la réduction. Tantôt les formes se répartissent en un nombre fini de classes, tantôt en un nombre infini ; tantôt ces classes se groupent elles mêmes en un nombre fini de genre, tantôt le nombre de classes est infini. Quelquefois on a une seule réduite dans chaque classe, quelquefois un nombre infini. Dans ce cas, elles se disposent en chaines limitées ou en chaines infinies et périodiques ; c'est ce qui arrive quand la forme cubique est le produit d'une forme linéaire par d'une forme quadratique.

D'autres recherches se rapportent à la question difficile de la réduction continuelle des formes quadratiques binaires indéfinies. En modifiant la définition des réductions de manière à ne leur imposer d'autre condition que d'avoir leur coefficients extrêmes de signes contraires, l'auteur obtient une représentation géométrique simple et élégante de cette opération arithmétique de la réduction qui se rattache étroitement à l'algorithme des fractions continues. Nous n'y insistons pas non plus que sur l'étude des transformations semblables des formes quadratiques ternaires indéfinies, que Mr Poincaré lie à la recherche des groupes discontinus dans la théorie des fonctions Fuchsiennes.

Mais nous ne pouvons omettre de signaler une condition nouvelle et féconde introduite dans la théorie arithmétique des formes de degré quelconque et d'un nombre quelconque d'indéterminées. C'est celle de l'équivalence de deux formes suivant un module donné ; elle conduit l'auteur à remplacer la définition du genre dans les formes quadratiques qui est compliquée et difficile par celle de l'équivalence suivant un module quelconque. Et ce point de vue tout nouveau qui a l'avantage d'une extrême simplicité, s'étend de lui-même à toutes les formes, en donnant les résultats d'Eisenstein sur les formes quadratiques ternaires, et ceux de Mr Smith et de Mr Minkowski pour celles d'un nombre quelconque d'indéterminées.

Les questions d'algèbre dont s'est occupé Mr Poincaré nous arrêteront qu'un moment. Les unes concernent encore la théorie des substitutions linéaires et la recherche des fonctions homogènes, et en particulier des formes cubiques quaternaires qui ne sont pas altérées par des substitutions d'une certaine nature. Une autre qui a été amenée par les travaux si remarquables de Mr Laguerre sur les équations algébriques et la règle des signes de Descartes. Mr Poincaré en suivant la ouverte par l'éminent géomètre a démontré par la méthode la plus simple et la plus élégante ce beau théorème qu'il est possible de multiplier le premier membre d'une équation par un polynôme tel que dans le produit le nombre des variations soit exactement égal au nombre des racines positives.

Les travaux dont il me reste à parler en terminant ce rapport ne sont pas moins dignes que les précédents de l'attention de l'Académie par l'importance et la difficulté des sujets qui se rapportent à l'étude des fonctions Abéliennes et à la théorie générale des fonctions analytiques d'une ou plusieurs variables.

Les séries Θ à plusieurs variables sont l'élément analytique essentiel dont dépendent les fonctions Abéliennes ; elles se trouvent liées par la plus étroite analogie à la transcendante à un seul argument que Jacobi a introduite pour représenter les fonctions elliptiques. Cette analogie fait cependant défaut dans une circonstance extrêmement importante. Autant il est facile de prouver que dans le parallélogramme des périodes, la fonction de Jacobi n'a qu'une racine, autant la recherche semblable du nombre de solutions de leur équation à deux inconnues par exemple qu'on obtient en égalant à zéro deux [fonctions] Θ à deux arguments était restée jusqu'ici inabordable. La formule que Mr Kronecker a tirée d'une analyse profonde pour exprimer au moyen d'une intégrale le nombre de solutions d'un système d'équations a permis à Mr Poincaré de surmonter les difficultés de la question et d'en obtenir la complète solution.

Un autre travail fait en commun avec Mr Picard et dont nous signalons le haut intérêt, a pour objet de démontrer le beau théorème de Riemann que toute fonction uniforme de n variables à $2n$ périodes peut toujours s'exprimer par le quotient de deux [fonctions] Θ.

Les recherches relatives à la théorie générale des fonctions pourraient nous retenir longtemps, nous nous bornerons pour abréger à quelques courtes remarques.

L'idée de fonction analytique telle que la concevaient Euler, Lagrange, Laplace a reçu de nos jours de profondes modifications amenées principalement par les théories nouvelles et découvertes par Riemann. Pour les grands géomètres du commencement de ce siècle, peut-être même en allant jusqu'à Abel et Jacobi, la continuité était un caractère essentiel et général, auquel portait peu atteinte la circonstance des fonctions devenant infinies lorsque le dénominateur s'annule, ou bien le passage des radicaux carrés du réel à l'imaginaire. C'était l'époque des plus grandes conquêtes du calcul en astronomie et dans les théories physiques de la chaleur, de l'électricité, de la capillarité et de la lumière. Aussi n'est-il pas douteux que ce qu'on a appelé si souvent, ce qu'on appelle encore, le sentiment de la continuité dans le lois de la nature, ne soit une suite de l'idée de continuité dans les fonctions employées dans tant de circonstances à découvrir et exprimer les lois de la nature. Je ne rattacherai point à cette croyance a priori, dans la continuité, certaines théorie célèbre dans les sciences naturelles, ne devant pas sortir de mon sujet. Je remarque immédiatement que la formule de Fourier qui est d'un continuel usage en physique mathématique a donné le premier exemple d'une expression analytique, sautant brusquement d'une série de valeurs continues, à une autre entièrement distincte. Puis se sont offertes les intégrales curvilignes de Cauchy où au lieu de valeur étalées, on a pour la variable on a une ligne entière de discontinuité, et enfin les coupures de Riemann. Dans la nouvelle direction imprimée de notre temps à l'Analyse, principalement par les travaux de notre illustre correspondant M^r. Weierstrass, de nouvelles formes et d'autres circonstances de discontinuité se sont révélées et la théorie générale des fonctions a reçu des fondements tout nouveaux. Je n'ai pas à me demander si les vues de la science actuelle sur le mode d'existence des fonctions auront comme celles d'une autre époque, leur reflet au delà du domaine immédiat du calcul. J'appelle l'attention sur cette importante remarque de Mr Poincaré que des développements en série tirés d'une équation aux différences partielles, mettent en évidence par une composition fort simple, et qui n'a rien d'arbitraire, l'existence d'espaces lacunaires. C'est[-à-]dire que la série a dans tout le plan un sens déterminé sauf dans une région pour tous les points de laquelle elle est divergent. Je n'insisterai pas sur l'importance de ce résultat, et je signale en terminant ce rapport, un dernier mémoire publié dans les Acta mathematica que Mr Poincaré a consacré à l'étude beaucoup plus difficile des fonctions à deux variables. L'auteur a eu pour but, en généralisant une proposition de Mr Weierstrass que toute fonction uniforme méromorphe de deux variables, s'exprime par le quotient de deux fonctions entières. Cette question présentait les plus grandes difficultés ; nous avons le devoir de dire à l'Académie, que de tous les travaux dont nous venons de faire un rapide exposé, c'est peut-être celui qui montre au plus haut de degré la la précocité de talent et de l'esprit d'invention du jeune géomètre [131].

35 Annexe : Rapport d'Hermite sur les travaux de Poincaré (suite)

Rapport rédigé à l'occasion de l'élection du successeur de J. A. Serret à la section de géométrie de l'Académie des sciences le 11 mai 1885

Seconde partie

L'exposé qu'on vient d'entendre des travaux de Mr. Poincaré s'arrête au mois de Mars 1884 ; nous devons y joindre ce qu'il a produit dans l'intervalle d'une année qui a été aussi bien remplie et féconde que les précédentes. Les recherches dont

131. Hermite évoque ce rapport dans sa lettre adressée à Mittag-Leffler le 14 mars 1884 :

> J'ai fait mon cher ami au comité secret à l'Académie un rapport sur les travaux de Poincaré, qui m'a attiré un orage. Darboux, après son élection, est venu me dire, en se faisant sans doute l'écho de Mr Bouquet, que j'avais complètement sacrifié Appell et Picard, que j'avais été trop généreux, etc. Le fait est que Mr Bouquet, chargé des rapports sur les travaux d'Appell et de Picard, a parlé en algébriste, et a été peu écouté du petit nombre des membres qui assistent au comité secret, tandis qu'ayant pris la peine d'exposer, en langage ordinaire, l'importance des découvertes de Poincaré on m'a prêté l'oreille. Mais vous pensez bien que je n'ai point négligé l'occasion de faire ressortir, autant que j'ai pu, le mérite des deux autres à propos de Poincaré, et que j'ai parlé comme il convenait des fonctions hyperfuchsiennes. [Dugac, 1985, p. 84]

nous avons précédemment parlé sur les équations différentielles, les fonctions Abéliennes, les fonctions Zétafuchsiennes et Hyperfuchsiennes ont été poursuivies et étendues dans de nombreuses publications que contiennent nos Comptes-Rendus, les Acta Mathematica de Stockholm, le Journal de Mathématiques de Mr. Jordan, le Journal de mathématiques américain de Baltimore. D'autres ont parues dans le Bulletin Astronomique de Mr. Tisserand et concernent d'importantes questions de mécanique céleste, le problème des trois corps, puis les figures d'équilibre d'une masse fluide animée d'un mouvement uniforme de rotation, les molécules s'attirant suivant la loi de Newton. Relativement au problème des trois corps, Mr. Poincaré a recherché dans quels cas la solution est périodique ; il a démontré qu'une solution de cette sorte existe et s'offre sous trois formes différentes, premièrement lorsque les excentricités sont très faibles et les inclinaisons nulles, secondement quand les excentricités sont sensibles, les inclinaisons étant toujours nulles et en dernier lieu lorsque les excentricités sont très faibles, les inclinaisons ayant une valeur sensible. J'appellerai ensuite l'attention sur le travail que le jeune géomètre a consacré à l'équilibre d'une masse fluide, question du plus haut intérêt pour l'astronomie à laquelle s'attache de notre temps, le nom de Jacobi, ceux de notre illustre associé étranger Sir William Thomson et de Mr. Tait son éminent collaborateur. Jacobi a vivement frappé l'attention en montrant que des ellipsoïdes à trois axes inégaux, au lieu des ellipsoïdes de révolution, seuls connus avant lui, convenaient à des figures d'équilibre, et l'on sait quelle démonstration simple Mr. Liouville a donnée de ce beau résultat que le grand géomètre s'était contenté d'énoncer. Sir William Thomson et Mr. Tait ont annoncé de même sans démonstration l'existence de trois autres formes d'équilibre, à savoir : une figure formée de deux ou plusieurs masses sphéroïdales séparées, une figure annulaire et enfin une formée de deux ou plusieurs anneaux concentriques. Mr. Poincaré a donné la démonstration de l'existence de ces deux dernières figures en y ajoutant une détermination approchée de la vitesse de rotation et de l'aplatissement de la section méridienne. Puis il y a réussi à découvrir une infinité d'autres séries de figures d'équilibre, l'une d'elle peu différente d'un ellipsoïde de Jacobi étant stable, toutes les autres peu différentes de l'ellipsoïde de révolution étant au contraire instables. L'élément analytique qui joue dans ces recherches le principal rôle est dû à Lamé[132] ; c'est par l'emploi des fonctions auxquelles je donne maintenant le nom de l'illustre analyste que Mr. Poincaré est parvenu aux importants résultats dont nous venons de parler maintenant. Ces résultats font voir à l'Académie que les travaux du jeune géomètre n'ont pas été bornés à l'Analyse pure, et que son talent s'est montré avec le même bonheur dans les applications du calcul aux plus importantes et aux plus difficiles théories de la mécanique céleste.

132. *Sic.*

36 Annexe : adresse de Poincaré à l'occasion du 70e anniversaire d'Hermite

Cher et Illustre Maitre [133],

À l'occasion de votre soixante-dixième anniversaire, nous désirons vous offrir un témoignage de notre reconnaissance et aussi de notre respectueuse admiration pour tant de beaux travaux accumulés pendant un demi-siècle.

Depuis cinquante ans en effet vous n'avez cessé de cultiver les parties les plus élevées de la Science mathématique, celles où règne le nombre pur : l'Analyse, l'Algèbre et l'Arithmétique.

Toutes trois vous doivent d'inestimables conquêtes. À une époque où l'importance des fonctions abéliennes commençait seulement à être souçonnée, après Jacobi, Rosenhain et Göpel, mais avant les grands travaux de Riemann et Weierstrass, paraissait votre Mémoire sur la division de ces transcendantes encore à peine connues. Quelques années après, vous publiiez votre mémorable travail sur leurs transformations.

En même temps vous faisiez vos premières découvertes sur la théorie naissante des formes algébriques et, attaquant successivement toutes les questions intéressantes de l'Arithmétique, vous agrandissiez et vous éclairiez d'une lumière nouvelles l'admirable édifice élevé par Gauss.

La théorie des nombres cessait d'être un dédale grâce à l'introduction des variables continues sur un terrain qui semblait réservé exclusivement à la discontinuité. L'Analyse sortant de son domaine vous amenait ainsi un précieux renfort. On peut dire en effet que le prix de vos découvertes est encore rehaussé par le soin que vous avez toujours eu de mettre en évidence l'appui mutuel que se prêtent les unes aux autres toutes ces sciences en apparence si diverses.

C'était l'Arithmétique qui recueillait les premiers fruits de cette alliance , mais l'analyse en devait aussi largement en profiter. Vos groupes de transformations semblables n'étaient-ils pas en effet des groupes discontinus et ne devaient-ils pas engendrer des transcendantes uniformes, utiles dans la théorie des équations linéaires ? Pour la même raison vous deviez être séduit par les propriétés des fonctions elliptiques et par cette facilité presque mystérieuse avec laquelle on en déduit des théorèmes arithmétiques. L'étude de la transformation et celle des équations modulaires vous ont offert une riche moisson de découvertes. Vous y rattachiez d'abord le problème du nombre des classes, qu'abordait en même temps un savant dont l'Europe déplore la perte récente ; puis la résolution de l'équation du cinquième degré, cette belle conquête dont l'Algèbre est redevable à l'Analyse. Enfin vous y trouviez l'occasion de montrer la véritable nature de la fonction modulaire qui devait devenir le premier type de toute une classe de transcendantes nouvelles.

133. Le Jubilé d'Hermite s'est déroulé à la Sorbonne le 24 décembre 1892. Une souscription réunissant un grand nombre de mathématiciens français et étranger permit d'offrir à Hermite une médaille à son effigie. Poincaré fut chargé de présenter « à Hermite l'adresse à laquelle [avaient] adhéré tous les souscripteurs » [Un comité de géomètres, 1893, p. 6].

Sans vouloir tout citer, je ne puis cependant passer sous silence vos travaux sur la généralisation des fractions continues. Ces recherches qui vous ont occupé toute votre vie ont été couronnées par votre Mémoire sur le nombre e, et par la création d'une méthode élégante et féconde dont on s'est servi depuis pour établir l'impossibilité de la quadrature du cercle, cette vérité depuis si longtemps soupçonnée et si récemment démontrée.

Uniquement épris de science pure, vous vous êtes rarement préoccupé des applications, mais elles vous sont venues par surcroît ; on ne peut en effet oublier combien votre bel Ouvrage sur l'équation de Lamé, en dehors de son immense fécondité analytique, a été utile aux Mécaniciens et aux Astronomes.

Mais il faut nous arrêter, car il ne nous appartient pas de rappeler tout ce que la Science vous doit ; nous pouvons parler du moins de ce que nous vous devons.

Votre enseignement si clair et si élevé, vos écrits si profonds et si suggestifs, nous ont appris à comprendre la Science ; l'exemple de votre vie qui lui a été consacrée toute entière , la chaleur de votre parole dès qu'il s'agit d'elle, nous ont appris à l'aimer et comment il faut l'aimer.

Ces idées que vous avez semées comme sans y penser, quand nous les retrouvons ensuite et que nous nous efforçons d'en tirer tout ce qu'elles contenaient, vous seriez tenté d'oublier qu'elles sont à vous ; mais nous, nous ne l'oublions pas, et ce n'est pas vrai seulement de ceux d'entre nous qui ont eu la bonne fortune de suivre vos leçons ; ceux aussi qui n'ont subi votre influence que de loin et indirectement n'ignorent quel en est le prix et tous sont également pénétrés de reconnaissance.

Indifférent à la gloire qui vous est venue sans que vous l'ayez cherchée, nous espérons toutefois que vous connaissez trop bien la sincérité de nos sentiments pour repousser ce modeste témoignage de notre respect [134].

---

134. Cette adresse est transcrite d'après [Un comité de géomètres, 1893, p. 6-8]. L'original se trouve dans le fonds J. Bertrand (Archives de l'Académie des sciences de Paris).

Karl Heun

Karl Heun nait en 1859 à Wiesbaden. Après des études secondaires dans sa ville natale, il étudie les mathématiques et la physique à Göttingen et à Halle. À Halle, il rencontre Eduard Heine qui influence le choix du sujet de sa thèse, *Die Kugelfunctionen und Laméschen Functionen als Determinanten*, que Heun soutient à Göttingen en 1881. Après sa thèse, il enseigne dans un lycée agricole et obtient à l'Université de Marburg une certification pour enseigner dans les établissements secondaires de Prusse. En 1883, il s'installe en Angleterre, d'abord à Uppingsham où il enseigne dans une *Public school.* En 1885, il déménage à Londres pour poursuivre pendant une année ses études ce qui l'amène en 1886, à soutenir à l'Université de Munich, une thèse d'habilitation, *Über lineare Differentialgleichungen zweiter Ordnung, deren Lösungen durch den Kettenbruchalgorithmus verknüpft sind.* Au moment où il échange avec Poincaré, il est *Privatdozent* à l'Université de Munich (1887-1889). En 1890, il accepte une position de professeur dans une *Realschule* à Berlin qu'il occupe jusqu'en 1902, date à laquelle il obtient une chaire de professeur de mécanique à la *Technische Hochschule Karlsruhe.* Il enseigne à Karlsruhe jusqu'en 1922. Il y décède en 1929.

Les travaux de Heun portent sur les fonctions sphériques, les fonctions de Lamé, les équations différentielles. Il est connu en mathématiques pour l'équation différentielle de Heun, qui est une équation différentielle ordinaire linéaire du second ordre qui admet quatre points singuliers et à laquelle peut se ramener par changement de variables toute équation linéaire du second ordre admettant au plus quatre points singuliers [1]. À partir des années 1890, il se tourne vers la mécanique et les applications des mathématiques, acquérant dans ces nouveaux domaines une authentique reconnaissance [2].

Dans la première lettre qu'il envoie à Poincaré en 1886, Karl Heun expose les recherches qui conduiront à son article publié en 1887 dans *Acta mathematica* sur les fonctions multiformes [3]. Poincaré s'est intéressé à cet article et a favorisé

1. [Heun, 1889]. Pour plus de précisions sur l'équation de Heun, voir la contribution de Felix M. Arscott dans [Ronveaux, 1995, p. 3-86].

2. Pour plus de précisions sur la vie et l'œuvre de K. Heun, voir la contribution de Michael von Renteln dans [Ronveaux, 1995, p. xvii-xx].

3. [Heun, 1887].

P. Nabonnand et al. (eds.), *La correspondance entre Henri Poincaré et les mathématiciens*,
Publications des Archives Henri Poincaré Publications of the Henri Poincaré Archives,
https://doi.org/10.1007/978-3-7643-8288-9_36

sa publication [4]. Dans la seconde lettre, Heun demande à son correspondant des précisions sur la notion de « points à apparence singulière » que Poincaré [1884f] introduit dans son mémoire sur les groupes des équations linéaires.

1 Heun à Poincaré

Einbeck (Prov. Hanover)
30 Sept. 1886

Hoch geehrter Herr

Wenn ich mir die Freiheit nehme Ihnen einige Betrachtungen vorzulegen, so habe ich mir als einzige Entschuldigung anzuführen, daß mich Herr Klein in Göttingen ermuthigt hat diese Zeilen an Sie zu richten. Schon längere Zeit bin ich mit dem eingehenden Studium Ihrer grundlegenden Arbeiten in den Acta Math. beschäftigt. [5] Namentlich hat Ihre Reduction der „points à apparence singuliers“ [6] mein Interesse erregt. Sie führen diese Aufgabe innerhalb der Familie durch und ich wurde hierdurch veranlasst die Möglichkeit solcher Reductionen innerhalb derselben Gattung („genre“) zu untersuchen. M. Goursat hat diesselbe Frage, [7] wie Ihnen bekannt ist, in den Annales de l'école normale vor etwa zwei Jahren in Angriff genommen aber nicht vollständig durchgeführt. [8] Was mich veranlasst hierin

4. Voir ci-dessous la note 12, p. 409.

5. Heun fait allusion à la série d'articles sur les équations différentielles linéaires et les fonctions Fuchsiennes publiés par Poincaré entre 1882 et 1884 [Poincaré, 1882k,b, 1883a, 1884f,a].

6. Poincaré définit les points à apparence singulière d'une équation différentielle dans son article « sur les groupes des équations linéaires » [Poincaré, 1884f] :

> Mais ici, il importe de faire une remarque ; reprenons l'équation
>
> $$\frac{d^p v}{dx^p} = \sum \varphi_k \frac{d^k v}{dx^k}$$
>
> et considérons les infinis des coefficients φ_k ; ils seront de deux sortes : les uns seront des points singuliers proprement dits et quand la variable x décrira un contour fermé autour d'un de ces points, les intégrales subiront une substitution linéaire ; les autres points seront de simples pôles des intégrales ou bien encore si a est un pareil point, toutes les intégrales se mettront sous la forme
>
> $$(x-a)^\lambda \varphi(x),$$
>
> λ étant une constante qui est la même pour toutes les intégrales et $\varphi(x)$ étant holomorphe. Il en résulte que quand x décrit un contour fermé autour du point a toutes les intégrales sont multipliées par un même facteur et que leurs rapports reprennent leurs valeurs primitives. Ces points s'appelleront des *points à apparence singulière*. [Poincaré, 1884f, p. 216-217]

7. [Goursat, 1885, p. 43].

8. Dans son article « sur les transformations rationnelles des équations différentielles linéaires », É. Goursat [1885] se propose d'étudier la question :

> Étant donnée une équation qui a p points singuliers (non apparents), trouver toutes les fonctions rationnelles $\varphi(t)$, telles qu'en faisant le changement

weiter zu gehen, war die von Ihnen geschaffene théories des fonctions zetafuchsiennes, wo die Transformationen zunächst nicht aus der Gattung heraustreten. Ich werde meine Resultate nur in Kürze herleiten um Ihre Aufmerksamkeit nicht für zu viele Formeln in Anspruch zu nehmen.[9] Es seien (y) und (z) zwei Fünctionensysteme, welche derselben Gattung („genre") angehören. Ist daher $\lambda_{\psi i}$ ein Exponent von (y) so wird $\lambda_{\psi i} + \delta_{\psi i}$, wo $\delta_{\psi i}$ eine ganze Zahl ist, der entsprechende Exponent von (z) sein. Man entwickele nun die Identität

$$\begin{vmatrix} z_{\psi i} & y_{\psi i} & \frac{dy_{\psi i}}{dx} & \dots & \frac{d^{p-1}y_{\psi i}}{dx^{p-1}} \\ z_{1i} & y_{1i} & \frac{dy_{1i}}{dx} & \dots & \frac{d^{p-1}y_{1i}}{dx^{p-1}} \\ \dots & \dots & \dots & \dots & \dots \\ z_{pi} & y_{pi} & \frac{dy_{pi}}{dx} & \dots & \frac{d^{p-1}y_{pi}}{dx^{p-1}} \end{vmatrix}$$

nach den Unterdeterminanten in der Form :

$$\Delta_i^{(0)} \cdot z_{\psi i} + \Delta_i^{(1)} \cdot y_{\psi i} + \Delta_i^{(2)} \cdot \frac{dy_{\psi i}}{dx} + ... + \Delta_i^{(p)} \cdot \frac{d^{p-1}y_{\psi i}}{dx^{p-1}} = 0 \qquad (1)$$

dann ist :

$$\Delta_i^{(0)} \cdot (x - \xi_1)^{-\sum^p \lambda_{\psi 1} + \frac{1}{2} \cdot p(p-1)} \dots (x - \xi_i)^{-\sum^p \lambda_{\psi i} + \frac{1}{2} \cdot p(p-1)}$$

eine ganze rationale Function höchstens vom Grade

$$h = -\sum^{i+1} \sum^{p} \lambda_{\psi i} + \frac{1}{2} \cdot p\,(p-1)\,(i-1)$$

de variable $x = \varphi(t)$ dans cette équation la nouvelle équation obtenue ait seulement q points singuliers (non apparents). [Goursat, 1885, p. 43]

Il développe les calculs dans le cas des équations différentielles du second ordre parce qu'« il est visible que la méthode reste la même, quelque soit l'ordre de ces équations » [Goursat, 1885, p. 38] et propose une classification des points singuliers analogues à celle de Poincaré [1884f]. Pour cela, il s'inspire de la théorie de Fuchs et forme l'équation déterminante $r^2 + (p-1)r + q = 0$ de l'équation différentielle

$$y'' + py' + qy = 0 \ :$$

> J'emploierai la classification suivante, qui est basée principalement sur la différence δ des racines de l'équation déterminante fondamentale relative à ce point [le discriminant de l'équation déterminante dans le cas des équations d'ordre 2].
> 1° δ n'est pas un nombre entier, ou bien, δ étant un nombre entier, l'intégrale générale contient un logarithme dans le domaine du point considéré ; je réserverai aux valeurs de la variable de cette nature le nom de *points véritablement singuliers* ou de *points singuliers.* [...]
> 2° δ est un nombre entier supérieur à l'unité, sans que l'intégrale générale contienne de logarithme dans le voisinage de ce point. Je donnerai aux points de cette nature le nom de points *à apparence singulière* [...].
> 3° δ est égal à l'unité, sans que l'intégrale générale contienne de logarithme dans le domaine du point correspondant. Je considérerai ces valeurs de la variable comme des points ordinaires. [Goursat, 1885, p. 42-43]

9. Les calculs que Heun va exposer dans sa lettre sont analogues à ceux développés dans son article publié dans *Acta mathematica* en 1887 [Heun, 1887]. Poincaré soutiendra auprès de Mittag-Leffler la publication de ce mémoire ; voir les lettres 60, 62 et 63 de [Nabonnand, 1999].

wo i die Anzahl der im Endlichen gelegenen Verzweigungspunkte $\xi_1, \xi_2, ..., \xi_i$ ist. $[\xi_{i+1} = \infty]$. Bildet man nun das Schema der correspondirenden Exponentendifferenzen :

$$\begin{array}{ccccc} \delta_{11} & \delta_{12} & \cdots & \delta_{1i} & \delta_{1i+1} \\ \delta_{21} & \delta_{22} & \cdots & \delta_{2i} & \delta_{2i+1} \\ \cdots & \cdots & \cdots & \cdots & \cdots \\ \delta_{p1} & \delta_{p2} & \cdots & \delta_{pi} & \delta_{pi+1} \end{array}$$

und bezeichnet man in den Verticalreihen derselben dasjenige Element, welches von den andern in derselben Reihe um positive Grössen übertroffen wird, beziehungsweise mit $\delta_1, \delta_2, ...\delta_i, \delta_{i+1}$, dann ist $\Delta_1^{[\varpi]}$ bestimmt durch die Relation :

$$\Delta_1^{[\varpi]}\,(x-\xi_1)^{-\sum \lambda_{\psi 1}-\delta_1+\frac{1}{2}p(p-1)+\varpi} ...\,(x-\xi_i)^{-\sum \lambda_{\psi i}-\delta_i+\frac{1}{2}p(p-1)+\varpi} \cdot F_{\overline{\omega}}$$

wo $F_{\overline{\omega}}$ eine ganze rationale Function vom Grade

$$h - \sum^{i+1} \delta_i - (\overline{\omega}-1)\,(i-1) \qquad \overline{\omega} = 1, 2...p.$$

Setzt man noch $\sum^{i+1} \delta_i = D$ so heisst die Reductionsformel

$$\begin{aligned} &F_0[h] \cdot z = \\ &(x-\xi_1)^{\delta_1} \cdot (x-\xi_2)^{\delta_2} \cdots (x-\xi_i)^{\delta_i} \Big\{ F_1\,[h-D] \cdot y + \psi \cdot F_2\,[h-D-(i-1)] \cdot \tfrac{dy}{dx} \\ &+\psi\psi \cdot F_3\,[h-D-2\,(i-1)]\,\tfrac{d^2y}{dx^2} + ... + \psi^{p-1} F_p\,[h-D-(p-1)\,(i-1)]\,\tfrac{d^{p-1}y}{dx^{p-1}} \Big\} \end{aligned} \qquad (2)$$

Hier ist gesetzt $(x-\xi_1)\,(x-\xi_2)\,...\,(x-\xi_i) = \psi$, auch sind die Indices ψi weggelassen. Der Grad der ganzen rationalen Functionen $F_1, F_2 ... F_p$ ist als Argument in Klammer angedeutet.
Setzt man nun in Gl. (2) vorübergehend $z = \frac{d^p y}{dx^p}$ dann ist $\delta_{\psi i} = 0$ für alle zulässigen Werte der Indizes ψ und i und die Gleich. nimmt die Form an :

$$\begin{gathered} \psi^p G_0[h] \tfrac{d^p y}{dx^p} + G_1[h + p\,(i-1)] \cdot y + \psi \cdot G_2[h + (p-1)\,(i-1)] \cdot \tfrac{dy}{dx} + \cdots + \\ \psi^{p-1} G_p[h+i-1] \cdot \tfrac{d^{p-1}y}{dx^{p-1}} = 0 \qquad (3) \end{gathered}$$

Dies ist also die Differentialgleichung des System (y). Die Grössen $G_0 ... G_p$ sind wieder ganze rationale Functionen. Die Wurzeln der Gleichung

$$G_0[h] = 0$$

sind die Trugpunkte (points à apparence singuliers) [10] des Systems (y). Bezeichnet man dieselben mit $T_1, T_2, ..., T_h$ so ist also

$$G_0[h] = (x-T_1)(x-T_2)...(x-T_h).$$

10. Heun ne reprendra pas cette appellation ; il utilise l'expression „ausserwesentlich singuläre Punkte" pour désigner les points à apparence singulière [Heun, 1887, p. 118].

Wir nehmen die constanten Coefficienten der Functionen $G_1, G_2...G_p$ als „bekannt“ an, denken uns also denjenigen Parametern, welche nicht von dem Exponentensystem abhängen „bestimmte“ Werthe beigelegt. Dann handelt es sich darum die Constanten in den Functionen $F_0, F_1...F_p$ als Functionen der Coefficienten in $G_0, G_1...G_p$ darzustellen. Ich führe dies zunächst für $p = 2$ aus. Setzt man ferner, was immer erlaübt ist,

$$\delta_1 = \delta_2 = ... = \delta_i = 0 \text{ und z.B. } \kappa = 2n$$

so folgt aus Gl. (2) :

$$z \cdot F_0[h] = F_1[h+n] \cdot y + F_2[h+n-i+1] \cdot \tfrac{dy}{dx} \qquad (4)$$

wo also n die halbe Anzahler der [in „gerader“ Zahl vorausgesetzen] „points à apparence singuliers“des Systems (z) ist. Hieraus erhält man in Verbindung mit der Differentialgleichung :

$$G_0[h] \cdot \psi\psi \tfrac{d^2y}{dx^2} + G_1[+2i-2] \cdot y + \psi G_2[h+i-1] \cdot y = 0 \qquad (5)$$

$$\psi F_0 F_0 \tfrac{dz}{dx} =$$
$$\left\{\psi F_0 \tfrac{dF_1}{dx} - \psi F_1 \tfrac{dF_n}{dx} - G_1 F_2\right\} y + \left\{F_0 F_1 + F_0 \tfrac{d}{dx}(\psi F_2) - \psi F_2 \tfrac{dF_1}{dx} - G_2 F_2\right\} \psi \cdot \tfrac{dy}{dx}$$

wo gesetzt ist

$$F_0[h] = G_0[h] = (x-T_1)(x-T_2)...(x-T_h)$$

so daß in Gleichung (4) nur $2h + 2n - i - 3$ Constanten zu bestimmen sind. Die Differentialgl. des Systems (z) sei :

$$H_0[\kappa] \cdot \psi\psi \tfrac{d^2z}{dx^2} + H_1[\kappa+2i-2] \cdot z + \psi \cdot H_2[\kappa+i-1] \tfrac{dz}{dx} = 0 \qquad (6)$$

wo

$$H_0[\kappa] = H_0[2n] = (x-T_1')(x-T_2')...(x-T_{2n}')$$

Mithin besteht die Beziehung :

$$G_0[h] \begin{vmatrix} z_1 & \frac{dz_1}{dx} \\ z_2 & \frac{dz_2}{dx} \end{vmatrix} = H_0[\kappa] \cdot \begin{vmatrix} y_1 & \frac{dy_1}{dx} \\ y_2 & \frac{dy_2}{dx} \end{vmatrix} \qquad (7)$$

Man hat aber in Folge der Gleichung (4)

$$\{G_0[h]\}^3 \cdot \begin{vmatrix} z_1 & \frac{dz_1}{dx} \\ z_2 & \frac{dz_2}{dx} \end{vmatrix} =$$
$$\begin{vmatrix} F_1 & F_2 \\ \psi F_0 \frac{dF_1}{dx} - \psi F_2 \frac{dF_0}{dx} - G_1 F_2 & F_0 F_1 + F_0 \frac{d}{dx}(\psi F_2) - \psi \frac{dF_0}{dx} F_2 - G_2 F_2 \end{vmatrix}$$

wodurch die Gleichung (7) die Form erhält :

$$\begin{vmatrix} F_1 & F_2 \\ \psi F_0\frac{dF_1}{dx} - \psi F_2\frac{dF_0}{dx} - G_1F_2 & F_0F_1 + F_0\frac{d}{dx}(\psi F_2) - \psi\frac{dF_0}{dx}F_2 - G_2F_2 \end{vmatrix} = H_0[\kappa]\cdot G_0[h]$$

Die links stehende Determinante enthält keine höhere Potenz von x als die $(3h + \kappa)^{te}$. Die höchste Dimension der rechten Seite ist $h + \kappa$. Damit die Reduction möglich ist, muß also die Gleichung bestehen

$$3h + \kappa = 2h + \kappa - i - 2$$

d.h.

$$i = 2 - h$$

Man hat also ausser dem selbstverständlichen Falle $i = 1$ noch $i = 2$.

„Unter allen Functionensystemen zweiter Ordnung $(i > 1)$ ist das hypergeometrische das einzige, welches eine Reduction der Trugpunkte („points à apparence singuliers") innerhalb derselben Gattung („genre") zulässt."

Wir hätten allerdings noch den Fall $\kappa = 2n + 1$ zu betrachten. Dies übergehe ich aber der Einfachheit wegen. Ich gehe vielmehr sogleich zum allgemeinen Falle über.

Ich beschränke mich hierbei auf die Voraussetzung $h = 0$, weil diese Bedingung keine Einschränkung des Resultats zur Folge hat. Setzt man in der Gleichung (3) $\delta_1 = \delta_2 = ... = \delta_i = 0$ und $\kappa = pn + \overline{\omega}$ $[\overline{\omega} < p]$ so ist

$$-D = n + \overline{\omega}$$

also :

$$z = F_1[n+\overline{\omega}]\cdot y + \psi F_2[n+\overline{\omega}-i+1]\frac{dy}{dx} + ... + \psi^{p-1}F_p[n+\overline{\omega}+(1-p)(i-1)]\frac{d^{p-1}y}{dx^{p-1}} \quad (8)$$

Aus dieser Gleichung in Verbindung mit der Differentialgleichung (3) erhält man dann die successiven Derivirten von z in der Form :

$$\begin{array}{rllll} z = a_{11}y & +\psi a_{12}\frac{dy}{dx} + \psi^2 a_{13}\frac{d^2y}{dx^2} & +... + \psi^{p-1}a_{1p}\frac{d^{p-1}y}{dx^{p-1}} \\ \psi\frac{dz}{dx} = a_{21}y & +\psi a_{22}\frac{dy}{dx} + \psi^2 a_{23}\frac{d^2y}{dx^2} & +... + \psi^{p-1}a_{2p}\frac{d^{p-1}y}{dx^{p-1}} \\ ...... & ...... & ...... \\ \psi^{p-1}\frac{d^{p-1}z}{dx^{p-1}} = a_{p1}y & +\psi a_{p2}\frac{dy}{dx} + \psi^2 a_{p3}\frac{d^2y}{dx^2} & +... + \psi^{p-1}a_{pp}\frac{d^{p-1}y}{dx^{p-1}} \end{array}$$

wo die pp Größen $a_{11}, a_{12}, ...a_{pp}$ bekannte ganze, rationale Functionen sind, deren höchste Dimensionen inbezug auf x sich aus dem folgenden Schema $[m = n + \overline{\omega}]$ ergeben :

$$\begin{array}{ccccc} m & m-i+1 & m-2i+2 & ... & m-pi+p \\ m+i-1 & m & m-i+1 & ... & m-(p-1)i+p-1 \\ m+2i-2 & m+i-1 & m & ... & m-(p-2)i+p-2 \\ ... & ... & ... & ... & ... \\ m+pi-p & m+(p-1)(i-1) & m+(p-2)(i-1) & ... & m \end{array}$$

Die Richtigkeit dieses Schemas erweisst man am einfachsten durch im Inductionsverfahren, indem man die recurrenten Relationen aufstellt, welche zwischen den Functionen $a_{11}, a_{12}, ...a_{pp}$ bestehen, wenn man dem Index p mehrere aufeinanderfolgende Werthe beilegt. Ist dies geschehen, dann zeigt eine elementare Überlegung, daß die höchste Dimension von x in der Determinante

$$\begin{vmatrix} a_{11} & a_{12} & ... & a_{1p} \\ a_{21} & a_{22} & ... & a_{2p} \\ ... & ... & ... & ... \\ a_{p1} & a_{p2} & ... & a_{pp} \end{vmatrix}$$

die Zahl $p(n+\varpi)$ nicht übersteigt und sie im Allgemeinen erreicht. Sind $T_1', T_2'...T_k'$ die Trugpunkte des Systems (z) dann besteht die Bedingungsgleichung :

$$(x - T_1')(x - T_2')...(x - T_k') = \begin{vmatrix} a_{11} & a_{12} & ... & a_{1p} \\ a_{21} & a_{22} & ... & a_{2p} \\ ... & ... & ... & ... \\ a_{p1} & a_{p2} & ... & a_{pp} \end{vmatrix} \qquad (9)$$

Diese Gleichung enthält daher ebenfalls keine Potenz von x deren Index die Zahl $p(n + \varpi)$ übersteigt. Die Anzahl der unbestimmten Constanten in der Gleichung (8) beträgt daher $p(n+\varpi)+\frac{1}{2}p(p+1)-\frac{1}{2}p(p-1)i$. Diese Zahl vermindert um 1 muß gleich $p(n + \varpi)$ sein, damit jene Constanten durch ein Simultansystem bestimmt sind, welches die nothwendige Anzahl von Gleichungen enthält. Es müsste also die Bedingung erfüllt sein

$$1 + \frac{1}{2}p(p-1)i = \frac{1}{2}p(p+1)$$

oder

$$i = 1 + \frac{2}{p}$$

Diese Bedingung muß daher auch bekanntlich erfüllt sein, damit die Gleichung (3) durch die Verzweigungsexponenten und die Bedingungen der Nichtverzweigung für die Punkte $T_1', T_2'...T_k'$ eindeutig bestimmt ist. Wir haben dabei das Resultat :
„Die vollständige Reduction der Trugpunkte eines Functionensystems welches einer regulären, linearen Differentialgleichung genügt, ist innerhalb der Klasse nur möglich, wenn diese Differentialgleichung keine Parameter enthält, welche nach Einführung des Exponentensystems und der Bedingungen, die die Trugpunkte auferlegen, noch unbestimmt bleiben. - also nur im Falle der hypergeometrischen Functionen $(i > 1)$."
Dies ist es, was ich Ihnen vorzulegen beabsichtige. Wenn Sie die Güte haben wollten diesen Betrachtungen einige Aufmerksamkeit zuzuwenden, so wird es mir zu grosser Ehre gereichen.

Hochachtungsvoll
Karl Heun

Adresse : Einbeck (Prov. Hanover)

2 Heun à Poincaré

Frankfurt a/M 17 Dez. 1887

Hoch geehrter Herr

Erlauben Sie mir güligst eine Bemerkung über eine Stelle in Ihrer Abhandlung : „Sur les groupes des équations linéaires [11]" zu machen.
Sie sagen Acta Math.t. IV pag. 217 „Pour qu'un infini des coefficients φ_k soit un point à apparence singulière, il faut $\frac{(p+2)(p-1)}{2}$ conditions".
Die vorgelegte Gleichung sei singular, sie haben also die Form

$$\psi^p \frac{d^p y}{dx^p} + \psi^{p-1}.F_1.\frac{d^{p-1}y}{dx^{p-1}} + \ldots + F_p y = 0$$

$$\psi = (x-\xi_1)(x-\xi_2)\ldots(x-\xi_i)$$

Die zu dem Punkte ξ_i gehörigen Verzweigungsindices seien

$$\lambda_{1,i}, \lambda_{2,i}, \ldots, \lambda_{p,i}$$

Damit nun ξ_i ein scheinbar singulärer Punkt sei, mussen zunächst die folgenden Bedingungen erfullt sein :

$$\lambda_{2,i} = \lambda_{1,i} - n_1, \lambda_{3,i} = \lambda_{2,i} - n_2, \ldots, \lambda_{p,i} = \lambda_{p-1,i} - n_{p-1}$$

wo $n_1, n_2, \ldots, n_{p-1}$ positive ganze Zahlen sind. Alsdann haben die Integrale

$$y_{1,i}, y_{2,i}, \ldots, y_{p,i}$$

die Form :

$$\begin{aligned}
&y_{1i} = g_{1i} \\
&y_{2i} = g_{2i} + C_{11}\, g_{1i}\, .\, \lg(x-\xi_i) \\
&y_{3i} = g_{3i} + C_{21}\, g_{2i}\, .\, \lg(x-\xi_i) \qquad + \qquad C_{12}\, g_{1,i}\, .\, \big[\lg(x-\xi_i)\big]^2 \\
&\cdots\cdots\cdots\cdots\cdots\cdots\cdots\cdots\cdots\cdots\cdots\cdots\cdots\cdots \\
&y_{pi} = g_{pi} + C_{p-1,1}\, g_{p-1,i}\, .\, \lg(x-\xi_i) + \ldots + C_{1,p-1}\, g_{1i}\, .\, \big[\lg(x-\xi_i)\big]^{p-1},
\end{aligned}$$

wo zur Abkurzung gesetzt ist

$$g_{\beta_i} = (x-\xi_i)^{\lambda_{\beta_i}} . \mathfrak{P}(x-\xi_i).$$

Die Grössen C_{11}, C_{21}, ..., $C_{p-1,1}$, ..., $C_{C1,p-1}$ sind Constanten. Ihre Zahl beträgt $\frac{1}{2}p(p-1)$. Wären diese Constanten keinen weiteren Bedingungen unterworfen, dann würden in den Integralen y_{2i}, y_{3i}, ..., y_{pi} die Logarithmen sämmtlich ausfallen, wenn die $\frac{1}{2}p(p-1)$ Bedingungen

$$C_{11} = 0,\ C_{21} = 0,\ \ldots,\ C_{p-1,1} = 0,\ \ldots,\ C_{1,p-1} = 0$$

11. [Poincaré, 1884f].

erfüllt wären. Der Punkt ξ_i wäre also ein scheinbar singularer wenn : $p-1+\frac{1}{2}p(p-1) = \frac{1}{2}(p-1)(p+2))$ Bedingungen genügt wären.
Man kann nun aber leicht nachweisen, dass die Coefficienten C_{11}, C_{21}, C_{12}, ..., $C_{1,p-1}$ für $p > 2$ nicht von einander unabhängig sind, sondern $\frac{1}{2}(p-1)(p-2)$ unterworfen sind.
Bezeichnet man namlich die Werthe, in welcher $y_{1i}, y_{2i}, \ldots, y_{pi}$ nach einer einmaligen Umlaufung des Punktes ξ_i [so lage dieser noch nicht als scheinbar singularer Punkt zu betrachten ist] übergehen, mit $\bar{y}_{1i}, \bar{y}_{2i}, \ldots, \bar{y}_{pi}$, dann ist nothwendig :

$$\begin{array}{l} \bar{y}_{1i} = w_i \cdot y_{1i} \\ \bar{y}_{2i} = w_i \cdot y_{2i} + \tilde{\omega}_{11}\, y_{1i} \\ \bar{y}_{3i} = w_i \cdot y_{3i} + \tilde{\omega}_{21}\, y_{2i} \qquad + \tilde{\omega}_{12}\, y_{1i} \\ \ldots\ldots\ldots\ldots\ldots\ldots\ldots\ldots \\ \bar{y}_{pi} = w_i \cdot y_{pi} + \tilde{\omega}_{p-1,1}\, y_{p-1,i} + \quad \ldots \quad + \tilde{\omega}_{1,p-1}\, y_{1i}, \end{array}$$

wo die Grössen w_i, $\tilde{\omega}_{11}$, $\tilde{\omega}_{21}$, $\tilde{\omega}_{12}$, ..., $\tilde{\omega}_{1,p-1}$ wiederum Constanten sind. Die vorstehenden Gleichungen können aber nur bestehen, wenn

$$2\,C_{12} = C_{21}.C_{11},\ 2\,C_{22} = C_{31}.C_{21},\ 3\,C_{13} = \frac{1}{2}\,C_{21}.C_{31}.C_{11} \quad \text{etc.}$$

ist. Die Zahl dieser Bedingungsgleichungen ist gleich

$$1 + 2 + 3 + \ldots + p - 2 = \frac{1}{2}\,(p-1)(p-2).$$

Damit also ξ_i ein scheinbar singulärer Punkt der vorgelegten Differentialgleichung sei, müssen $2\,(p-1)$ Bedingungen für die Coefficienten F_1, F_2, ..., F_p erfüllt sein. Zugleich ergibt sich als Corollar aus den vorstehenden Betrachtungen, dass in einem Integral von die Form :

$$y_{n,i} = g_{n,i} + C_{n-1,1}\, g_{n-1,i} \cdot \lg(x-\xi_i) + \ldots + C_{1,n-1}\, g_{1,i} \cdot \big[\lg(x-\xi_i)\big]^{n-1},$$

wenn nur die Bedingung $C_{1,n-1} = 0$ erfüllt ist, alle Logarithmen ausfallen, sobald in den Integralen $y_{n-1,i}$, $y_{n-2,i}$, ..., $y_{2,i}$ die Logarithmen fehlen.
Lassen Sie mich Ihnen meinen vorzuglichen Dank für das Interesse aussprechen, welches Sie meiner, von Herrn Prof. Mittag-Leffler Ihnen zugesandten Abhandlung geschaut haben [12].

Mit besonderer Hochachtung
ergebenst
Karl Heun

Meine Adresse ist zur Zeit : Bockenheim bei Frankfurt a/m Schöne Aussicht 5.

12. Le 16 juillet 1887, Mittag-Leffler demande à Poincaré son « opinion sur un mémoire de M. Karl Heun à Munich ». Le 22 juillet, Poincaré répond que ce mémoire « contient des choses intéressantes » et s'y intéresse suffisamment pour demander un délai pour le renvoyer (voir les lettres 60 (p. 166), 62 (p. 168) et 63 (p. 168) de [Nabonnand, 1999]).

David Hilbert

David Hilbert nait en 1862 à Wehlau, une petite ville des environs de Königsberg dans une famille de moyenne bourgeoisie cultivée. Hilbert fait ses études secondaires et supérieures à Königsberg. À l'université, il étudie les mathématiques et suit en particulier les cours d'Heinrich Weber, d'Adolf Hurwitz (avec qui il se liera d'amitié) et de Ferdinand von Lindemann qui le suivra durant la préparation de sa thèse. C'est aussi à cette époque qu'Hilbert rencontre Hermann Minkowski qui sera son meilleur ami jusqu'au décès de ce dernier [1]. Hilbert soutient sa thèse, Über invariante Eigenschaften specieller binärer Formen, insbesondere der Kugelfunctionen, en 1884. Après un séjour à Leipzig et Paris, il est recruté en 1886 comme *Privatdozent*, puis en 1892 comme professeur à l'université de Königsberg. En 1895, il obtient, avec le soutien de Felix Klein, une chaire à l'université de Göttingen qu'il occupera jusqu'en 1930, quand il prend sa retraite [2]. Hilbert décède en 1942.

L'œuvre mathématique d'Hilbert concerne les mathématiques pures et les mathématiques appliquées ; ses travaux en théorie des invariants, en théorie des nombres, sur les fondements de la géométrie, sur l'axiomatisation, en analyse fonctionnelle, en théorie de la relativité, en physique mathématique, sur les fondements des mathématiques sont incontournables [3]. Il publie de nombreux articles dans les *Nachrichten von der Gesellschaft der Wissenschaften zu Göttingen*, les *Abhandlungen aus dem Mathematischen Seminar der Universität Hamburg* ou dans les *Mathematische Annalen* dont il est un des éditeurs pendant de longues années ; il publie plus rarement dans des journaux internationaux comme les *Acta mathematica*, l'*Enseignement mathématique* ou les *Rendiconti del Circolo matematico di Palermo*. Il est aussi l'auteur de nombreux ouvrages qui sont devenus des classiques. Poincaré [1902b] consacrera une longue recension aux *Grundlagen der Geometrie* et sera à deux occasions le rapporteur des travaux de Hilbert, une première fois à l'occasion du prix Lobatchevski en 1903 [4] et une seconde fois en 1911 pour le prix

1. Voir la lettre 6 adressée par Hilbert à Poincaré le 25 février 1909 (p. 414). Sur l'amitié qui lie Hilbert, Hurwitz et Minkowski et leurs rapports à Poincaré, voir [Volkert, 2023].
2. Pour plus de détails sur la vie d'Hilbert, voir [Reid, 1986]. Sur les mathématiques à l'université de Göttingen à la fin du 19e siècle et au début du 20e siècle, voir [Rowe, 1989, 2018].
3. Sur les travaux de Hilbert, voir [Weyl, 1944].
4. [Poincaré, 1904f].

P. Nabonnand et al. (eds.), *La correspondance entre Henri Poincaré et les mathématiciens*,
Publications des Archives Henri Poincaré Publications of the Henri Poincaré Archives,
https://doi.org/10.1007/978-3-7643-8288-9_37

Bolyai en 1910 [5].

La correspondance (qui nous est parvenue) entre Poincaré et Hilbert commence par une lettre de Poincaré concernant l'intervention proposée par Hilbert à l'occasion du Congrès international des mathématiciens de Paris (1900) [6]. Poincaré accède à la demande d'Hilbert de disposer d'un peu plus de temps en lui faisant un fort bel hommage. Elle se poursuit par des échanges relatifs à l'organisation de la *Poincaré-Woche* en 1909, une semaine pendant laquelle Poincaré donne une série de six conférences sur des sujets aussi divers que la théorie des marées, les nombres transfinis ou la mécanique nouvelle [7].

1 Poincaré à Hilbert

[fin 1899-début 1900] [8]

Mon cher Collègue,

Nous serons très heureux d'entendre votre communication [9]. Nous vous accordons volontiers trois quarts d'heure ; seulement ne le racontez pas ; tout le monde ferait la même demande. Pour ce qui vient de vous, plus on aura, plus on sera content.
Votre bien dévoué

Poincaré

---

5. [Poincaré, 1911b].

6. Poincaré était le président de ce congrès.

7. Les conférences données par Poincaré à cette occasion seront publiées sous le titre de *Sechs Vorträge über ausgewählte Gegenstände aus der reinen Mathematik und mathematischen Physik* [Poincaré, 1910d].

8. Cette lettre est conservée au cabinet des manuscrits de la *Niedersächsische Staats-und Universitätsbibliothek.*

9. [Hilbert, 1900]. Poincaré parle de la communication qu'Hilbert propose « sur les problèmes futurs des mathématiques ». La conférence d'Hilbert est prononcée le 8 août 1900 lors de la première séance des sections V et VI (Bibliographie et histoire. Enseignement et méthode) du IIe Congrès international des mathématiciens [Duporcq, 1902, p. 21]. Ce n'est qu'au moment de la rédaction des comptes-rendus de ce congrès que « la Communication de M. Hilbert [est], en raison de sa grande importance, placée parmi les conférences » [Duporcq, 1902, p. 24]. En novembre, il n'est encore question que des quatre conférences initialement prévues [Nabonnand, 1999, p. 169]. Les deux premières, celles de Moritz Cantor [1902] et de Vito Volterra [1902] sont prononcées lors de la séance d'ouverture le 6 août ; les deux autres, les conférences de Poincaré [1900b] et de Gösta Mittag-Leffler [1900] sont données lors de la séance de clôture le 11 août. Sur les problèmes de Hilbert, voir [Ghys, 2010].

2 Poincaré à Hilbert

[Avant le 06.11.1908] [10]

Mon cher Collègue,

Je suis très flatté de votre proposition et je suis très disposé à l'accepter [11]. Seulement il y a un obstacle. Je ne sais si je serai libre à l'époque que vous fixez.
L'Académie française n'a encore choisi ni le jour de ma réception [12], ni celui des élections [13]. Mais tout fait prévoir que ce sera à la fin de février ou au commencement de mars.
Pourriez-vous me dire entre quelles limites on pourrait faire varier la date de mon voyage à Göttingen [14] ; si au besoin on pourrait le remettre au semestre d'été, et à quel moment il convient que je vous donne une réponse définitive.
Veuillez agréer, mon cher Collègue, l'assurance de mes sentiments affectueux et de mon admiration pour votre talent. Seriez-vous assez bon pour me rappeler au souvenir de M. Klein ?

Votre bien dévoué Collègue,
Poincaré

3 Hilbert à Poincaré

Göttingen, d. 6.11.08

Sehr geehrter Herr Kollege

Ihre Zusage hat uns alle hoch erfreut und auch in der mathematischen Gesellschaft, in der ich gestern Ihren Brief mitteilte, wurde allgemein Freude ausgedrückt.
Was nun die Zeit Ihres Herkommens betrifft, so möchte wir als das Optimum bezeichnen, wenn Sie Ihre Vorträge innerhalb der Zeitraumes

27 Febr. bis 10 März

verlegen könnten ; allenfalls liesse sich dieser Spielraum noch um einige Tage am Anfange und Ende erweitern. Sollte Ihnen diese Zeit nicht möglich sein, so müssten wir die letzte Aprilwoche (Anfang des Sommersemesters) in Aussicht nehmen.
Vorbereitungen unsererseits bedarf es ja nicht ; aber, da wir die Zeit, sowie die Gegenstände Ihrer Vorträge gern zeitig genug in den Jahresberichten der Deutschen Mathematikervereinigung bekannt machen und auch unseren auswärtigen

10. La lettre de Hilbert datée du 06.11 qui suit, répond à cette lettre.
Cette lettre est conservée au cabinet des manuscrits de la *Niedersächsische Staats-und Universitätsbibliothek*.

11. La lettre de Hilbert invitant Poincaré à Göttingen n'a pas été retrouvée. Sur le séjour de Poincaré à Göttingen, voir [Walter, 2018].

12. Poincaré avait été élu à l'Académie française le 5 mars 1908. Il est reçu officiellement le 28 janvier 1909. Sur l'élection de Poincaré à l'Académie française, voir [Rollet, 1999a].

13. Poincaré fait certainement allusion à la candidature de son cousin qui sera élu le 18 mars 1909 sur le fauteuil d'Émile Gebhart.

14. Poincaré prévoira d'abord de se rendre à Göttingen du 22 au 28 avril 1909 (voir la lettre 4, p. 414). Il prolongera son séjour jusqu'au 30 avril pour assister aux cérémonies prévues à l'occasion de l'anniversaire de Gauss (voir la lettre 6, p. 414).

Freunden und Kollegen mitteilen möchten, so bitte ich Sie um Mitteilung Ihrer Entschlüsse, sobald Ihnen dies möglich ist.

Mit den besten Grüssen
Hochachtungsvoll und ergebenst
Hilbert

4 Hilbert à Poincaré

Göttingen den 19 Nov. 08.

Sehr geehrter Herr Professor.

Wir rechnen nun darauf, dass Sie Ihre Vorträge in die Woche vom 22-28sten April nächsten Jahres verlegen, da diese Tage für uns wegen des Beginnes der Sommersemester die beste Zeit sind. Ich sehe mit grossem Interesse der Mitteilung Ihrer Programmes entgegen.
Mit ergebensten Grüssen
Ihr

Hilbert

5 Poincaré à Hilbert

[Après le 19.11.1908] [15]

Mon cher Collègue,

Voici les titres des sujets que je me propose de traiter.
Sur quelques applications de la méthode de Fredholm [16].
Sur la réduction des intégrales abéliennes [17].
Je suppose que je reste libre de modifier ce programme s'il y a lieu.
Je serai très heureux d'avoir l'occasion de vous voir.
Veuillez transmettre mes compliments à M. Klein et croire à ma sincère amitié et à mon entier dévouement,

Poincaré

6 Hilbert à Poincaré

Göttingen den 25.2.09

Hochgeehrter Herr Kollege,

Wie ich Ihnen schon mitzuteilen mir erlaubte, beabsichtigen wir zu der Göttinger „Poincaré-Woche“ 22-28 April, auch einige Nicht-Göttinger Mathematiker heranzuziehen. Würde es Ihnen vielleicht möglich sein, auch ein Thema aus der mathematischen Physik oder der Astronomie und ein solcher Logisch-philosophischer

15. Cette lettre, conservée au cabinet des manuscrits de la *Niedersächsische Staats-und Universitätsbibliothek*, est une réponse à la lettre précédente de Hilbert.
16. [Poincaré, 1910f]. Cette conférence sera prononcée en allemand.
17. [Poincaré, 1910g]. Cette conférence sera prononcée en allemand.

Färbung zu behandeln? Wir könnten in diesem Falle auch die betreffenden Göttinger Fachkollegen zu Ihren Vorträgen einladen [18].

Auch beabsichtigen wir an einem oder anderen Abend jener Woche eine Sitzung der hierigen mathematischen Gesellschaft abzuhalten, wo wir dann unsererseits nach unseren Kräften etwas zum Besten geben könnten.

Endlich ist für den 30sten April, dem Geburtstage von Gauss, in dem benachbarten Drausfeld auf dem „hohen Hagen“ (der einen Ecke des Gaussischen geradlinigen Dreieckes, für welches er die Winkelsumme π beobachtet hat) die Einweihung einer Gaussturmes projektiert [19].

Ihre Anwesenheit dabei wäre dringend wünschenswert.

Leider sind wir-ganz besonders aber ich-durch den vor kurzem erfolgten Tod Minkowski's in tiefe Trauer versetzt [20]. Ich habe an ihm meinen liebsten und treuesten Jugendfreund, der mir tausendmal mehr wie ein Bruder war, ganz plötzlich und jäh verloren (durch Blinddarm-Entzündung) [21]. Es war ein Schlag aus dem heitersten Himmel.

Mit den besten Grüssen

Hochachtungsvoll

Hilbert

18. Poincaré acquiescera aux demandes d'Hilbert. Outre la conférence sur les intégrales abéliennes annoncée dans sa lettre précédente, Poincaré propose une conférence sur les applications de la méthode de Fredholm à la théorie des ondes hertziennes [Poincaré, 1910a], une autre sur l'application de ces méthodes à la théorie des marées [Poincaré, 1910b], une sur les nombres transfinis [Poincaré, 1910d] et une dernière sur la *Mécanique nouvelle* [Poincaré, 1910c]. Seule cette dernière conférence sera prononcée en français.

19. Dans le cadre de ses activités de directeur de l'observatoire de Göttingen, Gauss était amené à s'intéresser à des questions théoriques et pratiques de géodésie. Il aurait entre autres dirigé des mesures géodésiques pour mesurer la somme des angles de triangles plans (dont celui constitué par les sommets de trois collines - Brocken, Hoher Hagen et Inselsberg - éloignées les unes des autres d'une centaine de kilomètres) pour obtenir une sorte d'expérience cruciale sur la nature géométrique de notre espace. Sur cette question, voir [Scholz, 2004]. Une tour est érigée en 1908 au sommet du Hoher Hagen pour célébrer cette expérience.
Poincaré [1902a] avait expliqué dans le chapitre V de *La Science et l'hypothèse*, en évoquant des expériences astronomiques analogues, qu'il ne peut y avoir d'expérience cruciale sur la nature de la géométrie de l'espace. Toute expérience de ce genre s'appuie sur des hypothèses physico-géométriques comme celles d'identifier la trajectoire d'un rayon lumineux à une ligne droite. Donc en cas d'une expérience infirmant un résultat prévu par la géométrie euclidienne, « nous pourrions renoncer à la géométrie euclidienne ou bien modifier les lois de l'optique et admettre que la lumière ne se propage pas rigoureusement en ligne droite » :

> La géométrie euclidienne n'a donc rien à craindre d'expériences nouvelles. [Poincaré, 1902a, p. 96]

20. Hermann Minkowski est décédé le 12 janvier 1909.

21. Hilbert et Minkowski étaient très proches depuis leur jeunesse à Koenigsberg. Ils s'étaient retrouvés à l'Université de Göttingen depuis 1902. Pour plus de détails, voir [Nachmansohn, 1979, p. 42-44].

7 Poincaré à Hilbert

[Après le 25.02.1909] [22]

Mon cher Collègue,

Mon programme sur les applications de l'équation de Fredholm comprend des applications à la Physique Mathématique et à l'Astronomie, en particulier à l'étude des marées et à celle des ondes hertziennes [23].
Je pourrais aussi, si vous le désirez, prendre comme sujet relatif aux ensembles, une note qui va prochainement paraître dans les *Acta Mathematica* [24].
Je pourrai assister à l'inauguration de la tour de Gauss [25].
Je suppose que je puis faire mes conférences en français ; s'il en était autrement, je pourrais m'en tirer, mais je vous prierais de m'en avertir un certain temps d'avance [26].
Votre bien dévoué Collègue,

Poincaré

8 Poincaré à Hilbert

[ca. 03.1909] [27]

Mon cher Collègue,

Merci de votre lettre [28].
Nous pourrions alors prendre pour titres des diverses communications [29].

22. Cette lettre est conservée au cabinet des manuscrits de la *Niedersächsische Staats-und Universitätsbibliothek.*

23. Dans la lettre précédente à laquelle Poincaré répond, Hilbert avait sollicité deux conférences supplémentaires, une sur une question de physique mathématique ou d'astronomie, l'autre sur un sujet logico-philosophique.

24. [Poincaré, 1909c]. Poincaré revient dans cet article sur le paradoxe de Richard et sur la question de la prédicativité. Finalement, il n'abordera pas cette question dans sa conférence à caractère logique au profit de la théorie des nombres transfinis.

25. Voir la lettre précédente.

26. Voir la note 18, p. 415.

27. Cette lettre est conservée au cabinet des manuscrits de la *Niedersächsische Staats-und Universitätsbibliothek.*

28. Cette lettre d'Hilbert n'a pas été retrouvée.

29. Poincaré donnera une sixième conférence consacrée à la « Mécanique nouvelle » [Poincaré, 1910c] qu'il prononcera en français. Il explique :

> Aujourd'hui, je suis obligé de parler français, et il faut que je m'en excuse. Il est vrai que dans mes précédentes conférences, je me suis exprimé en allemand, en un très mauvais allemand : parler les langues étrangères, voyez-vous, c'est vouloir marcher lorsqu'on est boiteux ; il est nécessaire d'avoir des béquilles ; mes béquilles, c'étaient jusqu'ici les formules mathématiques et vous ne sauriez vous imaginez quel appui elles sont pour un orateur qui ne se sent pas très solide. – Dans la conférence de ce soir, je ne veux pas user de formules, je suis sans béquille, et c'est pourquoi je dois parler français. [Poincaré, 1910c, p. 51]

Sur la Réduction des Intégrales Abéliennes [30].

Sur quelques applications analytiques de la méthode de Fredholm [31].

La théorie des Marées et l'équation de Fredholm [32].

Les ondes hertziennes et l'équation de Fredholm [33].

Sur la notion de nombre cardinal transfini [34].

Maintenant il y a un point sur lequel je désire attirer votre attention. Je suis encore sous le coup de l'accident qui m'a frappé l'année dernière à Rome et je suis impérieusement obligé à certaines précautions. Je ne puis boire ni vin, ni bière, mais seulement de l'eau. Je ne puis assister à un banquet, ni à un repas prolongé [35]. Cette circonstance m'avait fait hésiter à accepter votre invitation, mais j'ai pensé que vous sauriez arranger les choses en conséquence.
Je pense qu'il y a moyen de voir nos collègues dans d'autres circonstances que dans des banquets et j'espère dans ces conditions, avoir le plaisir de faire leur connaissance. Je serai enchanté en particulier d'avoir l'occasion de vous voir.
Votre bien dévoué Collègue,

Poincaré

9 Hilbert à Poincaré

Göttingen 6.5.1912

Hochgeehrter Herr Kollege,

Sie haben letz[t]hin eine wichtige Arbeit Théorie des Quanta im *Journal de Physique* [36] veröffentlicht.

---

30. Le titre deviendra „Über die Reduktion der Abel'schen Integrale und die Theorie der Fuchs'schen Funktionen" [Poincaré, 1910g].

31. Le titre deviendra „Über die Fredholmschen Gleichungen" [Poincaré, 1910f].

32. Le titre deviendra „Anwendung der Theorie der Integralgleichungen auf die Flutbewegung des Meeres" [Poincaré, 1910b].

33. Le titre deviendra „Anwendung der Integralgleichungen auf Hertzsche Wellen" [Poincaré, 1910a].

34. Le titre deviendra „Über transfinite Zahlen" [Poincaré, 1910h].

35. Poincaré avait été sérieusement malade au congrès international des mathématiciens de Rome. Voir la correspondance avec Guccia (p. 307).

36. [Poincaré, 1912g]. Poincaré s'intéresse à la physique des quanta. Il publie en 1911 une note [Poincaré, 1911c] annonçant les résultats de l'article dont parle Hilbert. Il avait par ailleurs participé au Congrès Solvay sur la question et en avait rédigé les conclusions générales [Poincaré, 1912b]. Un article de vulgarisation [Poincaré, 1912e], repris dans les *Dernières pensées* [Poincaré, 1913] était publié dans la *Revue scientifique*.
Poincaré montre que l'on ne peut pas rendre compte de la loi de Planck à partir d'hypothèses classiques :

> L'hypothèse des quanta est donc la seule qui conduise à la loi de Planck. [Poincaré, 1912g, p. 27]

Max Planck [1921] publie dans le volume d'*Acta mathematica* consacré à l'œuvre de Poincaré un article sur sa contribution à la théorie des quanta.

Ich würde mich glücklich schätzen, einen Separatabzug davon zu besitzen.
Mit den besten Grüssen,
Ihr ergebenster,

Hilbert

10 Poincaré à Hilbert

[ca. 05-06.1912] [37]

Mon cher Collègue,

Je suis désolé ; on ne m'a pas envoyé de tirages à part de l'article en question ; on m'a envoyé seulement quatre exemplaires du Journal et j'en ai malheureusement déjà disposé.
Veuillez croire à tous mes regrets.
Votre bien dévoué,

Poincaré

37. Cette lettre est conservée au cabinet des manuscrits de la *Niedersächsische Staats-und Universitätsbibliothek.*

Georges Humbert

Georges Humbert nait en 1859 à Paris dans une famille d'industriels francs-comtois. Après des études secondaires à Vesoul, puis à Paris, il entre à l'École polytechnique en 1877 et à l'École des mines en 1879. Il exerce d'abord comme ingénieur des mines (1882) tout en assurant à partir de 1885 une charge de répétiteur à l'École polytechnique. Il soutient en 1885 à la Faculté des sciences de Paris une thèse *Sur les courbe de genre un* avec un jury composé d'Hermite, Darboux et Poincaré [1]. Humbert obtient en 1895 une chaire de professeur d'analyse à l'École polytechnique qu'il cumulera avec celle de professeur de construction à l'École des mines. En 1912, il est nommé professeur de mathématiques au Collège de France, position qu'il occupera jusqu'à son décès en 1921 [2].
Ses travaux mathématiques concernent la géométrie algébrique, les fonctions abéliennes et la théorie des nombres [3].

Humbert à Poincaré

[1907]

Mon cher ami,

Il a été question hier chez Tannery [4], de ta candidature éventuelle au Secrétariat perpétuel [5]. Je n'ai pas besoin de te dire qu'à mon avis, ta nomination serait un honneur pour l'Académie, et que ma voix est tienne dès à présent [6].
Cordialement à toi

G. Humbert

---

1. Voir la lettre adressée par Hermite à Poincaré le 8 mars 1881 (p. 365).
2. Source : C. Charles & E. Telkès (dir.), *Dictionnaire des professeurs du Collège de France*, Paris : INRP.
3. Sur les travaux de G. Humbert, voir [Borel, 1922].
4. Jules Tannery est professeur de mathématiques à la Faculté des sciences de Paris depuis 1904 et sous-directeur de l'École normale supérieure. Il est membre libre de l'Académie des sciences depuis le 11 mars 1907.
5. Au sujet de la candidature ratée de Poincaré au secrétariat, voir la lettre qu'il envoie à Darboux le 10 mai 1907 (p. 218).
6. Humbert est membre de l'Académie des sciences depuis le 18 mars 1901.

P. Nabonnand et al. (eds.), *La correspondance entre Henri Poincaré et les mathématiciens*, Publications des Archives Henri Poincaré Publications of the Henri Poincaré Archives, https://doi.org/10.1007/978-3-7643-8288-9_38

Adolf Hurwitz

Adolf Hurwitz nait en 1859 à Hildesheim dans une famille de petite bourgeoisie. Après des études secondaires dans le lycée technique de sa ville natale, il étudie les mathématiques d'abord à l'Université de Munich où il se lie avec Klein, puis à l'Université de Berlin où il suit les cours de Kronecker, Kummer et Weierstrass. En 1880, Hurwitz soutient à l'Université de Leipzig où il avait suivi Klein, une thèse avec un travail sur les fonctions modulaires ; il devient *Privatdozent* jusqu'en 1884 quand il accepte un poste à Königsberg à l'invitation de Lindemann. Il aura comme élèves Hilbert et Minkowski. En 1892, Hurwitz est nommé en 1892 à la chaire laissée vacante par Frobenius à l'École polytechnique de Zürich. Il décède dans cette ville en 1919.

Les travaux d'Hurwitz concernent les surfaces de Riemann, la théorie des nombres, l'analyse complexe, la fonction hypergéométrique, l'algèbre [1]... En 1897, il s'investit particulièrement dans l'organisation du premier congrès international des mathématiciens.

Les deux lettres adressées à Hurwitz par Poincaré concernent le renoncement de ce dernier à participer au congrès international des mathématiciens de 1897 [2].

Ph. H.

1. Sur les travaux d'Hurwitz, voir [Hilbert, 1921].

2. Ces deux lettres sont transcrites d'après [Dugac, 1986]. Elles sont conservées sous la cote Math.-Arch. 78, Nos 270-271 à la Niedersächsische Staats- und Universitätsbibliothek de Göttingen.

P. Nabonnand et al. (eds.), *La correspondance entre Henri Poincaré et les mathématiciens*,
Publications des Archives Henri Poincaré Publications of the Henri Poincaré Archives,
https://doi.org/10.1007/978-3-7643-8288-9_39

1 Poincaré à Hurwitz

[4 août 1897]

Mon cher Collègue,

Le deuil qui vient de me frapper [3] ne me permettra pas d'assister comme j'en avais l'intention aux séances du Congrès International des Mathématiciens à Zürich [4]. Heureusement, j'avais terminé la rédaction de ma conférence [5] au moment où le malheur m'a frappé ; j'ai donc l'honneur de vous l'adresser sous plis recommandé en vous priant de vouloir bien charger quelqu'un de la lire à ma place [6]. Je vous prie de vouloir bien transmettre à vos collègues et aux membres du Congrès mes excuses et l'expression de mes regrets.
C'est pour moi très pénible que les circonstances ne me permettent pas de prendre part à ce Congrès auquel depuis plusieurs années je me promettais d'assister [7].
Votre bien dévoué Collègue.

Poincaré

2 Poincaré à Hurwitz

[08/1897]

Mon cher Collègue,

Je ne saurais vous dire combien je suis touché de votre lettre et des sentiments que vous exprimez. Mais, en réfléchissant, je sens que je n'aurai pas encore le courage de me mêler à une réunion nombreuse, même sérieuse. Je regrette beaucoup de manquer cette occasion de faire votre connaissance, mais j'espère vous voir à Paris dans trois ans [8].
Veuillez faire mes excuses à M. Geiser [9] et à tous nos amis.
Veuillez agréer l'assurance de mes regrets et de mes sentiments les plus sincèrement dévoués.

Poincaré

3. La mère de Poincaré est décédée le 15 juillet 1897.

4. Le Congrès international des mathématiciens de Zürich s'est déroulé du 9 au 11 août 1897. Voir la correspondance avec Cantor (p. 143).

5. [Poincaré, 1898d].

6. Jérôme Franel (1859-1939), professeur à l'École polytechnique de Zürich, lira la conférence de Poincaré. Voir la lettre adressée à Poincaré par Carl Friedrich Geiser le 4 février 1886 (p. 292).

7. Sur la préparation du Congrès international des mathématiciens de 1897, voir [Décaillot, 2010].

8. Le Congrès international des mathématiciens se tiendra à Paris en 1900 sous la présidence de Poincaré. A. Hurwitz n'apparait pas dans la liste des participants.

9. Carl Friedrich Geiser (1843-1934) était professeur à l'École polytechnique de Zürich et président du Comité d'organisation du congrès. Voir p. 289.

Camille Jordan

Camille Jordan naît en 1838 dans une famille bourgeoise lyonnaise de tradition catholique [1]. Après des études à l'École polytechnique (1855-1857) et à l'École des Mines (1857-1859), il entame une carrière d'ingénieur d'abord dans la région lyonnaise, puis à partir de 1867, à Paris. Il est nommé en 1873, répétiteur, puis en 1876, professeur à l'École polytechnique. Poincaré fait la connaissance de Jordan à cette époque [2]. Il enseigne aussi au Collège de France, d'abord comme suppléant de Serret (1876), puis comme professeur (1883). Son *Cours d'Analyse* [Jordan, 1882-1887] connaît plusieurs éditions et sera longtemps considéré comme un modèle [3]. Par exemple, la deuxième édition (1893) inspire les jeunes analystes français du début du 20e siècle [4].

Jordan développe parallèlement un programme de recherche en mathématiques ayant, selon ses propres mots, « pour but d'approfondir la *théorie de l'ordre* au double point de vue de la Géométrie pure et de l'Analyse » [5], ce qui l'amène à s'occuper de questions concernant les symétrie des polyèdres, des « groupes de lignes », des formes quadratiques, à étudier les groupes de mouvements, les groupes de substitutions, les théories algébriques et arithmétiques des formes, la théorie des équations algébriques...

Camille Jordan est élu en 1881 à l'Académie des Sciences dans la section de géométrie [6]. En 1885, il prend la direction du *Journal de mathématiques pures et ap-*

1. Son père est polytechnicien, ingénieur des ponts et chaussées et enseignant à l'École centrale. Sa mère est la sœur du peintre Puvis de Chavannes.
2. Poincaré passe un examen avec Jordan en juin 1874. Voir [Rollet, 2017, p. 100].
3. Une première version typographiée circule dès 1877. Sur l'histoire et l'analyse du *Cours d'analyse* de Jordan, voir [Gispert, 1982].
4. Voir [Gispert, 1995].
5. [Jordan, 1881, p. 554].

La notice [Jordan, 1881] que Jordan rédige pour présenter son travail à l'occasion d'une candidature à l'Académie des sciences donne un panomarama complet de ses travaux de recherches jusqu'en 1881. Pour une présentation des travaux de Jordan concernant les groupes finis, voir [Dieudonné, 1961], sur les travaux de Jordan concernant les matrices, les formes bilinéaires et leur réduction, voir [Brechenmacher, 2006a,b, 2007], sur la contribution de Jordan aux fondements de l'analyse, voir [Gispert, 1982]. Sur les débuts de la carrière de Jordan et son intégration dans les milieux et réseaux mathématiques, voir [Brechenmacher, 2012].

6. Sur l'élection de Jordan à l'Académie des sciences et les tractations auxquelles elle a donné lieu, voir les lettres d'Hermite adressées à cette époque à Mittag-Leffler [Dugac, 1984b].

P. Nabonnand et al. (eds.), *La correspondance entre Henri Poincaré et les mathématiciens*, Publications des Archives Henri Poincaré Publications of the Henri Poincaré Archives, https://doi.org/10.1007/978-3-7643-8288-9_40

pliquées qu'il assurera jusqu'en 1922 [7]. Jordan profite de cette responsabilité pour demander et obtenir de la communauté mathématique française un investissement plus fort pour le journal mathématique français.
La correspondance que Poincaré et Jordan échangent en 1880 concerne la théorie des formes à laquelle Poincaré contribue régulièrement dans les années 1880.

1 Jordan à Poincaré

Paris, le 27 janvier 1880 [8]

Mon cher camarade

Les mémoires de Korkine et Zolotareff se trouvent dans les *Mathematische Annalen*, t. 6 et 11 [9] ; ils sont à mon avis extrêmement intéressants, et vous ferez bien de les lire [10]. Si vous n'avez pas de moyen facile de vous les procurer, je pourrai vous les prêter.
Je ne crois pas que rien n'ait été fait sur la composition des formes quadratiques à plus de 2 variables sauf pour celles qu'Hermite a considérées, et qui ne sont au fond,

7. Pour plus de précisions, voir [Brechenmacher, 2010, 2023].

8. Cette lettre est écrite sur du papier à en-tête *Mines – Inspection des carrières – Bureau de l'ingénieur.*

9. [Korkine et Zolotareff, 1873] et [Korkine et Zolotareff, 1877].

10. L'article de Korkine et Zolotareff de 1873 est cité par Poincaré dans la note aux *Comptes rendus* qu'il consacre en 1880 aux formes cubiques ternaires [Poincaré, 1880c, p. 1338] pour introduire la notion de forme réduite. La référence est encore plus appuyée dans le mémoire publié en 1881 dans le *Journal de l'École polytechnique* :

> Les divers problèmes qui se rattachent à la théorie des formes quadratiques binaires ont été résolus depuis longtemps, grâce à la notion de réduite, et la solution en a été développée dans des Ouvrages aujourd'hui classiques. La notion de réduite s'étendait sans peine aux formes quadratiques définies d'un nombre quelconque de variables, et les questions relatives à ces formes ont été traitées dans un grand nombre de Mémoires, parmi lesquels nous citerons un remarquable travail de MM. Korkine et Zolotareff, inséré dans les tomes VI et XI des *Mathematische Annalen* et auquel nous ferons de nombreux emprunts. [Poincaré, 1881m, p. 190]

Dans ces articles, Korkine et Zolotareff proposent d'appliquer aux formes ternaires « une méthode particulière de réduction [des formes quadratiques] » qu'ils appellent « développement des formes suivant les minima » [Korkine et Zolotareff, 1873, p. 370]. Ils améliorent entre autre dans cet article, l'estimation (obtenue par Hermite [1850a, p. 142]) du minimum d'une forme. Korkine et Zolotareff introduisent dans ces articles la notion de forme extrême :

> Nous nommons *extrême* une forme quadratique positive si son minimum est diminué, lorsque l'on attribue aux coefficients des accroissements infiniment petits , tels que la valeur du déterminant de la forme reste invariable. Il est clair que toutes formes équivalentes à une forme extrême sont aussi des formes extrêmes. [Korkine et Zolotareff, 1877, p. 242]

que des formes binaires [11]. Je me souviens qu'Hermite qui doit s'y connaître, m'a dit dans le temps, qu'une généralisation de ses résultats lui semblait impossible, et m'a dissuadé de la chercher, conseil que j'ai suivi.
Les questions que vous avez traitées et dont vous me donnez un résumé dans votre lettre [12], sont certainement intéressantes, surtout si vos solutions permettent, non seulement de trouver pour une forme une fois donnée, d'assigner le groupe des substitutions qui la reproduisent à un facteur près, mais de former, pour un nombre donné de variables, ces divers groupes, avec les formes correspondantes.
Cette question est assez à l'ordre du jour en ce moment. M. Klein y a consacré de nombreux mémoires dans les *Mathematische Annalen.* Mais il se borne aux groupes d'un nombre fini de substitutions entre deux variables. Il trouve que ces groupes se réduisent à ceux qui superposent à lui-même une pyramide régulière, une double pyramide régulière, ou l'un des polyèdres réguliers. Quant aux formes binaires correspondantes, elles se réduisent (au moins pour les groupes des polyèdres réguliers)

---

11. Charles Hermite a publié en 1854 trois articles sur les formes quadratiques [Hermite, 1854c,a,b]. Dans le premier mémoire sur la théorie des formes quadratiques [Hermite, 1854a], il explique les liens entre les premiers résultats qu'il obtient sur les substitutions qui transforment une forme en elle-même et la théorie de la composition des formes :

> Les propositions précédentes peuvent être présentées sous un autre point de vue, comme se rattachant à la théorie de la composition des formes. Elles nous semblent offrir , en effet, les premiers exemples de l'extension de la théorie donnée par M. Gauss pour les formes binaires, aux formes quadratiques d'un plus grand nombre d'indéterminées. [Hermite, 1854a, p. 210]

Dans les *Disquitiones arithmeticae*, Gauss [1801] montre que l'ensemble des classes d'équivalence sous l'action de $PSL(2, Z)$ de formes quadratiques binaires à coefficients entiers est fini et peut être muni d'une structure de groupe isomorphe à celle des idéaux inversible d'un anneau quadratique. Pour plus précisions sur la théorie de Gauss, voir [Goldstein et collab., 2007].

12. Cette lettre semble perdue. Poincaré a dû décrire à Jordan ses recherches sur les formes quadratiques qui avaient données lieu à deux notes dans les *Comptes rendus* lors de la séance du 11 août 1879 [Poincaré, 1879c] et lors de la séance du 24 novembre 1879 [Poincaré, 1879a] et évoquer les prolongements qu'il envisageait pour les formes quadratiques ternaires (Voir le pli cacheté *Mémoire sur la théorie générale des formes* déposé à l'Académie des sciences de Paris le 15 mars 1880 par Poincaré). Dans la première note, Poincaré revient sur le problème général « *Reconnaître si deux formes données sont équivalentes, et par quel moyen on peut passer de l'une à l'autre* » en y apportant une « nouvelle solution » dont Poincaré affirme :

> [Elle est] destinée, non pas à remplacer l'ancienne, qui conduit à des calculs moins longs et plus simples, mais à appeler l'attention sur certaines propriétés des formes quadratiques et des nombres idéaux correspondants. [Poincaré, 1879c, p. 345]

Poincaré associe à chaque forme et à chaque nombre idéal, un nombre imaginaire calculable au moyen d'une intégrale définie, « son *nombre corrélatif* ».
Dans la seconde note, Poincaré associe à une forme quadratique définie

$$am^2 + 2bmn + cn^2$$

le réseau de points dont les coordonnées sont

$$x = m\sqrt{a} + n\frac{b}{\sqrt{a}} \qquad y = n\sqrt{\frac{ac - b^2}{a}} \qquad n, m \in N.$$

Il expose alors les prémisses d'une arithmétique des réseaux qu'il développe dans [Poincaré, 1880d].

aux fonctions entières d'un petit nombre de formes indépendantes [13]. De mon côté, j'ai réussi à former les groupes finis pour trois variables, dans le Journal de Borchardt de l'année dernière [14] ; mais je ne fais rien sur les formes correspondantes, non plus que sur les groupes où le nombre des substitutions serait infini.
Qu'entendez-vous par vos réduites pour une forme ternaire, par exemple [15] ? Votre

13. [Klein, 1876, 1877c,b,a].
14. [Jordan, 1878].
15. Dans ces travaux sur les formes ternaires, Poincaré [1880c, 1881m, 1882g] pose la question de « trouver des formes jouant dans le cas général le même rôle que les réduites remplissent dans le cas des formes quadratiques définies » [Poincaré, 1881m, p. 199]. Pour cela, il se propose de généraliser la méthode utilisée par Hermite [1850b, 1854c] pour étudier les formes quadratiques ternaires :

> M. Hermite s'est borné à l'étude des formes quadratiques définies ou indéfinies et des formes décomposables en facteurs linéaires ; mais sa méthode peut s'étendre sans difficulté aux cas le plus général. Je crois que cette généralisation peut conduire à des résultats intéressants, et c'est ce qui m'a déterminé à entreprendre ce travail. [Poincaré, 1881m, p. 200]

En fait, tout en affirmant que sa méthode est complètement générale, Poincaré ne traite que des formes cubiques ternaires et quaternaires pour des raisons de « clarté ». Dans le cas des formes ternaires, il commence par classer en 4 catégories les transformations de $GL[3, C)$ en considérant leur valeurs propres et en 7 familles les formes ternaires selon « les propriétés de la courbe de troisième ordre que représente en coordonnées trilatères l'équation en égalant la forme à zéro » [Poincaré, 1880c, p. 1337]. Poincaré définit dans chaque famille une forme « plus simple » qu'il qualifie de « *canonique* ». Poincaré est alors en mesure de proposer une notion de réduite dans le cas des formes cubiques ternaires :

> J'appelle d'abord *substitution réduite* toute substitution qui transforme la forme $x_1^2 + x_2^2 + x_3^2$ en une forme quadratique réduite (définie comme le font MM. Korkine et Zolotareff, *Mathematische Annalen*, t. VI). J'appelle *forme réduite* toute forme qui dérive de la canonique par une substitution réduite. [Poincaré, 1880c, p. 1338]

Poincaré précise qu'il rencontre avec cette définition un résultat de Jordan publié dans une note aux *Comptes rendus* parue en 1879 [Jordan, 1879b] :

> M. Jordan a démontré (*Comptes rendus*, 5 mai 1879) que, si le discriminant n'est pas nul, il ne peut dériver d'une même canonique qu'un nombre fini de réduites à coefficients entiers. [Poincaré, 1880c, p. 1338]

Le résultat de Jordan est plus général puisqu'il concerne les formes à coefficients entiers algébriquement équivalentes :

> Les formes à coefficients entiers (réels ou complexes) algébriques équivalentes à une même forme F, de discriminant $>< 0$, ne forment qu'un nombre limité de classes. [Jordan, 1879b, p. 906]

Poincaré montre que le nombre de classes dérivées d'une forme canonique est fini pour certaines familles (y compris quand le discriminant est nul) et peut être infini lorsque des invariants qu'il étudie sont tous nuls. Il classe alors les cas selon qu'il n'y a qu'une seule réduite par classe, un nombre fini ou un nombre infini et décrit dans ces cas la répartition des réduites en « chaînes » ou « réseaux » :

> Quand une classe contient plusieurs réduites, il peut se faire qu'elles se disposent en une chaîne où chacune d'elles est contiguë à celle qui la précède et à celle qui la suit. [Poincaré, 1880c, p. 1338]

Poincaré fait allusion à l'article d'Hermite [1851] pour établir l'existence des chaînes. Il montre que dans ces cas les réduites dépendent d'un paramètre λ :

lettre ne me donne pas d'éclaircissement à cet égard. Ces réduites ne forment-elles toujours qu'une seule période ? Dans la méthode de réduction arithmétique que donne Hermite pour les formes quadratiques à plus de 2 variables, il n'en est pas ainsi, chaque réduite étant en général contigüe à plusieurs autres [16].
Veuillez agréer, mon cher Camarade, l'expression de mes sentiments dévoués.

C. Jordan

2 Jordan à Poincaré

Paris, le 5 9bre [novembre] 1880 [17]

Mon cher Camarade

Le problème de déterminer les polyèdres réguliers dans l'hyperespace à 4 dimensions n'a pas été résolu, que je sache [18]. Tout ce que j'ai pu faire a été de démontrer que leur nombre est limité [19]. Je vous envoie le mémoire qui contient ce résultat,

> Quand λ varie de $-\infty$ à $+\infty$, la réduite [...] varie d'une manière discontinue, comme M. Hermite l'a fait voir dans son Mémoire *Sur l'introduction des variables continues dans la théorie des nombres*. On passe brusquement d'une réduite à une réduite contiguë.
> Comme nous n'avons ici qu'une seule indéterminée λ, les réduites de F pourront être écrites à la suite l'une de l'autre sur une même ligne, de telle sorte que chacune d'elle soit contiguë à celle qui la précède et à celle qui la suit. Elles formeront donc une *chaîne* comme les réduites des formes quadratiques indéfinies, et non un *réseau* comme les réduites des formes quadratiques ternaires indéfinies. [Poincaré, 1882g, p. 77]

16. Voir la fin de la note précédente et [Hermite, 1854c, p. 230-232].

17. Cette lettre est écrite sur du papier à en-tête *Mines – Inspection des carrières – Bureau de l'ingénieur*

18. Sur l'histoire de la théorie des polyèdres en dimension supérieure à 3, on peut consulter [Volkert, 2016].

19. Camille Jordan s'est intéressé au début de sa carrière à la théorie générale des polyèdres en dimension 3 et a publié sur cette question une série de notes aux *Comptes rendus hebdomadaires de l'Académie des sciences* [Jordan, 1865-1866] et un mémoire dans le *Journal für die reine und angewandte Mathematik* [Jordan, 1866]. Lorsqu'il est amené dans les années 1876 à rechercher les sous-groupes finis de $GL(2,(R))$ pour étudier les équations différentielles linéaires du second degré dont l'intégrale générale est algébrique, il évoque en passant l'analogie entre cette question (à deux dimensions) et celle (en trois dimensions) de déterminer les polyèdres réguliers :

> Le problème peut donc se formuler ainsi :
> *Trouver tous les groupes qu'on peut former avec un nombre fini de substitutions linéaires à deux variables.*
> La question ainsi posée devient fort analogue à celle de trouver les polyèdres réguliers, laquelle peut s'énoncer sous cette forme analytique :
> *Trouver tous les groupes que l'on peut former avec un nombre fini de substitutions orthogonales à trois variables.* [Jordan, 1876, p. 606]

Jordan [1878, 1879a] étudie la question des sous-goupes finis du groupe linéaire dans deux mémoires. Après avoir identifié les équations différentielles linéaires d'ordre m à intégrales algébriques avec celles dont le groupe ne contient qu'un « nombre fini de substitutions », il affirme « l'identité entre les deux questions suivantes » :

car vous pourriez avoir quelque peine à vous le procurer [20]. Je ne connais aucun autre travail sur cette question.
M. Laussedat [21] m'a communiqué votre Mémoire sur les formes cubiques qui m'a bien vivement intéressé [22].
Tout à vous,

Jordan

3 Annexe : rapport sur les travaux de Poincaré (1886)

La Section de Géométrie présente en seconde ligne Mr Poincaré ingénieur des Mines, répétiteur à l'École Polytechnique et professeur suppléant à la Faculté des sciences.
Les nombreux mémoires qu'il a publiés sur la théorie des Nombres, la théorie des équations différentielles et la théorie des fonctions ont été l'année dernière, l'objet d'un rapport détaillé qui a mis en évidence toute leur importance et leur originalité ; nous nous contenterons donc, dans cette courte notice, de mentionner les principaux travaux publiés depuis cette époque par M. Poincaré.
En Astronomie, nous signalerons diverses recherches sur les figures d'équilibre d'une masse fluide et animée d'un mouvement de rotation. Deux figures étaient déjà connues, l'ellipsoïde de Maclaurin et celui de Jacobi, Mr Poincaré trouve en outre une figure de révolution dont la section est sensiblement une ellipse et

---

> 1°. Énumérer les divers types d'équations différentielles linéaires d'ordre m dont toutes les intégrales sont algébriques.
> 2°. Construire les divers groupes d'ordre fini que contient le groupe linéaire à m variables. [Jordan, 1878, p. 90]

Dans un premier temps, Jordan détermine les sous-groupe finis de $GL(2, C)$ et $GL(3, C)$. En dimension supérieure, il obtient le résultat suivant :

> *Les groupes d'ordre finis contenus dans le groupe linéaire à n variables, appartiennent à un nombre de types limité.* [Jordan, 1879a, p. 1]

20. Jordan doit parler du mémoire publié dans les *Atti della Reale Accademia delle Scienze di Napoli* Jordan [1879a] certainement plus difficiles à trouver en France que le *Journal de l'École polytechnique* [Jordan, 1878]. De plus, Jordan comble dans le mémoire de 1879, une lacune signalée par Felix Klein [1879d] « dans l'énumération des groupes à trois variables » [Jordan, 1879a, p. 1]. Sur ce point voir la correspondance de Poincaré échangée avec Léon d'Autonne (p. 74 et p. 75).

21. Aimé Laussedat est un astronome. En 1880, il est directeur des études à l'École polytechnique. Comme le *Journal de l'École polytechnique* est publié par le « conseil d'instruction » de l'école, Laussedat est amené à recevoir les propositions d'articles pour le journal de l'école. Pour une biographie de Laussedat, voir [Walter et collab., 2016, p. 173-174] et [Schiavon, 2014, §4].

22. Comme Jordan parle d'un mémoire, il doit s'agir du travail sur les formes cubiques ternaires et quaternaires, publié en 1881 et 1882 dans le *Journal de l'École polytechnique* [Poincaré, 1881m, 1882g]. On peut penser que Laussedat a communiqué à Jordan le mémoire de Poincaré pour un examen – voir la lettre adressée par Laussedat à Poincaré le 28 août 1880 [Walter et collab., 2016, p. 174]. Il peut aussi être question de la note aux *Comptes rendus* [Poincaré, 1880c] intitulée « Sur les formes cubiques ternaires » présentée lors de la séance du 7 juin 1880 comme un extrait du mémoire précédent. Sur la publication des travaux de Poincaré sur les formes cubiques, voir la lettre adressée par Hermite à Poincaré le 4 juin 1880 (p. 355).

une infinité de surfaces convexes non ellipsoïdale ; toutes ces figures, sauf une, sont instables. À cette occasion, l'auteur a été conduit à une relation très simple d'inégalité entre la vitesse de rotation d'une masse fluide en équilibre stable et sa densité. Grâce à cette relation, on peut trouver une limite inférieure de la densité de l'anneau de Saturne en supposant que cette anneau soit fluide. Comme cette limite est plus grande qu'une limite supérieure trouvée par Maxwell, on peut voir là une raison à l'appui de l'opinion des astronomes qui considèrent l'anneau comme formé d'une multitude de petits satellites.

En Analyse, à propos de deux Notes, l'une de Mr Appell sur les fonctions elliptiques, l'autre de Mr Hill sur le mouvement du périgée de la lune, Mr Poincaré s'est occupé de l'emploi de déterminant d'ordre infini et a fait connaitre diverses propriétés importantes de ces déterminants et des équations linéaires correspondantes.

Signalons encore diverses notes sur la théorie des fonctions Abéliennes où l'auteur fait en particulier ressortir les rapports qui existent entre la théorie des fonctions Fuchsiennes et celle de la réduction des intégrales abéliennes, deux notes relatives aux intégrales irrégulières des équations linéaires. Dans la théorie de ces intégrales faite par Mr Thomé, on rencontre des séries qui satisfont formellement à l'équation mais qui sont généralement divergentes ; après avoir mis d'abord sous une forme nouvelle la condition de convergence, Mr Poincaré fait voir que, quand la série est divergente, elle représente néanmoins une des intégrales à la façon de la série de Stirling.

Tout récemment Mr Poincaré a étendu aux intégrales doubles les importants résultats obtenus par Cauchy relativement aux intégrales prises entre deux limites imaginaires ; après avoir défini d'une façon précise ce que l'on doit entendre par un contour d'intégration fermé il en déduit la détermination des périodes des intégrales des fonctions rationnelles. Ces périodes sont de deux espèces ; les unes s'expriment en termes finis, les autres s'expriment au moyen des périodes de certaines intégrales abéliennes.

Cette courte Nomenclature des travaux publiés depuis l'année dernière par Mr Poincaré justifie amplement le rang que la Section lui assigne sur la liste de présentation [23].

4 Annexe : rapport sur les travaux de Poincaré (1887)

M. Poincaré, ingénieur des mines et professeur à la Sorbonne, est jeune encore, mais l'abondance et l'éclat de ses travaux l'ont mis immédiatement hors de pair et il figure aujourd'hui pour la cinquième fois sur les listes de présentation de la section de géométrie. Cette situation est bien connue de l'Académie ; nous pouvons donc nous borner à rappeler très brièvement quelques unes des découvertes qui ont illustré ce savant.

23. Ce rapport est conservé dans le dossier personnel de Poincaré aux Archives de l'Académie des sciences.

Nous commencerons par ses travaux arithmétiques. Dans un mémoire sur les formes quadratiques binaires, M. Poincaré en donne une représentation géométrique élégante, dont il déduit les lois de leur réduction et de leur composition. Il montre en outre qu'elles possèdent des invariants arithmétiques jouissant de la propriété de rester inaltérés par toute substitution à coefficients entiers. De cette conception féconde et absolument neuve il déduit une nouvelle méthode pour reconnaître si deux formes sont équivalentes.

Les notions importantes de l'ordre et du genre établies par Gauss pour les formes quadratiques binaires avaient été étendues non sans peine aux formes quadratiques à n variables. M. Poincaré en a donné une définition nouvelle d'une étonnante simplicité et qui s'applique immédiatement à des formes quelconques ouvrant ainsi d'un trait de plume un vaste champ de recherche aux géomètres qui le suivront.

M. Hermite avait établi, dans un mémoire classique que les formes quadratiques d'un même déterminant se distribuent en un nombre limité de classes et avait donné le moyen de déterminer les substitutions qui transforment l'une dans l'autre deux formes équivalentes. M. Poincaré étend ce théorème et cette méthode à des formes quelconques. Dans un mémoire plein d'intérêt sur les formes cubiques ternaires il résout la question dans tous ses détails et fait ressortir pour la première fois le rôle important des substitutions infinitésimales qui transforment en elles-même les formes considérées.

Nous devons encore signaler en passant la résolution qu'il a donnée de plusieurs problèmes fondamentaux de la théorie des idéaux.

Ces remarquables découvertes, qui ont placé M. Poincaré parmi les représentants les plus autorisés de la science des nombres ne sont pourtant que l'accessoire de son œuvre qui a porté principalement sur la théorie des fonctions et celle des équations différentielles.

Voici d'abord deux théorèmes généraux d'une importance capitale :

> Si une fonction de deux variables est partout méromorphe, elle est le quotient de deux fonctions entières.
>
> Si y est une fonction analytique quelconque de x, on pourra toujours exprimer x et y par des fonctions uniformes d'une troisième variable.

Riemann et après lui M. Weierstrass avaient énoncé cette proposition que toute fonction de n variables à $2n$ périodes s'exprime par les fonctions Θ. Mais c'est dans un mémoire fait en commun par MM. Poincaré et Picard que la démonstration de ce beau théorème a été publiée pour la première fois.

La recherche des cas d'abaissement du genre des intégrales abéliennes constitue un problème des plus intéressants. M. Weierstrass et M. Picard, qui l'ont abordée séparément, avaient publié des résultats remarquables relatifs au cas où l'intégrale se réduit aux fonctions elliptiques. M. Poincaré a repris et étendu ces résultats ; il est parvenu ainsi à un théorème général qui résume toute la théorie de la réduction.

L'une des propriétés les plus importantes des fonctions Θ à une variable est de ne prendre qu'une fois la même valeur dans un parallélogramme des périodes. On

doit à M. Poincaré la découverte d'une propriété analogue des fonctions à plusieurs variables.
Dans des recherches sur les fonctions elliptiques, M. Hermite s'était trouvé conduit à définir et à étudier une fonction nouvelle, connue sous le nom de fonction modulaire. Il était réservé à M. Poincaré de généraliser cette première notion en créant la grande théorie des fonctions fuchsiennes.
Il donne ce nom aux fonctions uniformes qui jouissent de la propriété de se reproduire lorsqu'on effectue sur la variable un groupe de substitutions linéaires fractionnaires.
Pour qu'une semblable fonction existe, il est nécessaire que le groupe considéré soit discontinu, c'est à dire ne contienne aucune substitution qui altère infiniment peu la variable.
La première question à traiter était donc la suivante : Former tous les groupes discontinus. M. Poincaré y est arrivé par d'ingénieuses conceptions géométriques analogues à celles qui sont employées dans la théorie des polyèdres réguliers.
Ces groupes obtenus, il construit de toutes pièces les fonctions correspondantes, ainsi que des fonctions associées qu'il nomme fonctions thétafuchsiennes et zêtafuchsiennes pour rappeler leur analogie avec les fonctions Θ et H de Jacobi.
Il montre que deux fonctions fuchsiennes de même groupe sont liées par une équation algébrique et que réciproquement les coordonnées d'une courbe algébrique quelconque sont des fonctions fuchsiennes d'un même paramètre. Ce théorème est d'une grande importance pour la théorie géométrique de ces courbes ainsi que l'a montré M. Humbert.
M. Poincaré établit que toute fonction fuchsienne résulte de l'inversion du quotient des intégrales d'une équation linéaire du second ordre.
Enfin, comme couronnement de cette suite de travaux, il arrive à ce résultat, justement qualifié de mémorable par M. Hermite que toute équation linéaire à coefficients algébriques peut être intégrée par les fonctions zêtafuchsiennes.
Les intégrales dites irrégulières des équations différentielles linéaires sont représentées par des séries en général divergentes. Mais M. Poincaré a constaté qu'elles présentent, comme la série de Stirling, ce caractère singulier de se rapprocher rapidement de la fonction qu'elles représentent avant de s'en éloigner, de manière à pouvoir être utilisées pour le calcul numérique.
Depuis l'époque où Cauchy et ses dignes successeurs, MM. Briot et Bouquet ont substitué pour la première fois des raisonnements rigoureux aux considérations un peu vagues dont on s'était contenté jusque là dans l'étude des équations différentielles, les imaginaires ont acquis droit de cité dans cette théorie et l'on a un peu perdu de vue l'étude des solutions réelles qui sont pourtant les seules utiles dans les applications. M. Poincaré a rappelé sur elles l'attention des géomètres par une longue suite de travaux entièrement neuve et originale.
Il montre en effet que ces solutions peuvent être représentées par des séries qui convergent pour toute valeur de la variable.
Il se propose ensuite comme but la discussion des courbes représentées par des équations différentielles et résout complètement ce difficile problème pour les équa-

tions du premier ordre. Il arrive à distinguer quatre sortes de points singuliers, les nœuds, les foyers, les cols et les centres et établit entre le nombre de ces points singuliers une relation remarquable analogue à celle qu'Euler avait trouvée entre le nombre des arêtes, des des sommets et des faces d'un polyèdre.

M. Poincaré a étendu ses recherches aux équations du second ordre ; il a déjà publié à ce sujet d'importants résultats, qui permettent de pressentir la solution définitive de la question.

La théorie des intégrales des fonctions d'une variable imaginaire telle que l'a créée Cauchy est le fondement de l'analyse moderne. Mais l'extension de cette théorie aux intégrales multiples présentait de graves difficultés devant lesquelles tous les efforts des géomètres avaient jusqu'à présent échoué. M. Poincaré vient de les surmonter. C'est encore là un résultat de premier ordre ; mais il ne nous est encore connu que par une courte note insérée aux Comptes Rendus.

Une autre voie de généralisation de la théorie de Cauchy a été ouverte par M. Picard dans des études sur les intégrales de différentielles totales. M. Poincaré, qui l'a suivi dans ces recherches parle de ses propres travaux sur ce sujet avec une réserve modeste que nous imiterons.

Nous ne signalerons également que pour mémoire des recherches sur les fonctions hyperfuchsiennes, que M. Picard avait également abordées avant lui.

Mais nous ne pouvons passer sous silence les deux mémoires où M. Poincaré fait l'application de ses méthodes d'analyse à deux des points fondamentaux du système du monde.

Dans le premier, consacré au problème des trois corps, il révèle l'existence de trois cas particuliers où la solution est périodique.

Le second est relatif aux figures d'équilibre d'une masse fluide animée d'un mouvement de rotation. MM. Matthiessen et Thomson avaient annoncé qu'outre l'ellipsoïde de révolution et l'ellipsoïde à trois axes inégaux de Jacobi, il existait trois autres solutions du problème. M. Poincaré, reprenant cette question difficile par une méthode analogue à celle que Mme de Kowalevska avait employée dans ses recherches sur l'anneau de Saturne, lui a fait faire un pas nouveau et considérable. Il met en effet, en évidence l'existence d'une infinité de figures d'équilibre.

Telle est dans ses traits essentiels l'œuvre accomplie par M. Poincaré. Elle est au dessus des éloges ordinaires et nous rappelle invinciblement ce que Jacobi écrivait d'Abel, qu'il a résolu des questions que personne avant lui n'avait osé imaginer. Il faut en effet, le reconnaître, nous assistons en ce moment, à une révolution dans les mathématiques, de tout point comparable à celle qui s'est manifestée il y a un demi-siècle par l'avènement des fonctions elliptiques[24].

24. Ce rapport est conservé dans le dossier personnel de Poincaré aux Archives de l'Académie des sciences.

Felix Klein

Felix Klein was born in Düsseldorf in 1849 and studied in Bonn, where he worked closely with Julius Plücker. After taking his doctorate, he joined the circle of young mathematicians associated with Alfred Clebsch in Göttingen. He then briefly visited Berlin, where he befriended Sophus Lie, with whom he struck up an important collaboration. They spent the spring of 1870 together, up until Klein's hasty departure with the outbreak of the Franco-Prussian War. Klein then returned to Göttingen, but already in 1872 he was appointed professor of mathematics in Erlangen. Lie joined him there and contributed to what later became Klein's single most famous work, the so-called "Erlangen Programm" [Klein, 1921-1923, p. 460-497], in which he surveyed recent trends in geometry from the point of view of their associated transformation groups.
After three years in Erlangen, Klein succeeded Otto Hesse in 1875 at the Technische Hochschule in Munich. Already here his interests gradually shifted away from geometry to geometrical function theory in the spirit of Riemann. This shift became even stronger by 1880 when he accepted the chair in geometry at Leipzig University. Instead of teaching courses in geometry, Klein mainly lectured on complex function theory, eventually pursuing a cycle of courses much like those offered in Berlin by Karl Weierstrass. Klein's approach, however, was highly geometric, blending ideas of Riemann and Clebsch. Leipzig's Carl Neumann, author of an early textbook on Riemann surfaces, found Klein's methods superficial and evasive. Neumann, like Poincaré, was schooled in hard analysis, whereas Klein always remained a geometric thinker with bold ideas that were very difficult to prove. Poincaré was no less bold, but he was far stronger than Klein when it came to exploiting analytic methods.
Klein was sincerely interested in establishing stronger relations with leading French analysts, but this was only one motivation he had for writing to Poincaré. He was also deeply concerned that his own recent work, much of which had recently been published in *Mathematische Annalen*, might be overlooked by the mathematicians in Hermite's circle, especially given the strong ties between Parisian and Berlin mathematicians. Indeed, Klein's unwillingness to accept the newly baptized 'fonctions fuchsiennes' as belonging to Lazarus Fuchs must be understood against the background of this rivalry within the German mathematical community, which was already clearly visible in 1868 when A. Clebsch and C. Neumann founded

P. Nabonnand et al. (eds.), *La correspondance entre Henri Poincaré et les mathématiciens*,
Publications des Archives Henri Poincaré Publications of the Henri Poincaré Archives,
https://doi.org/10.1007/978-3-7643-8288-9_41

Mathematische Annalen as a vehicle for those who felt alienated from the Berlin mathematicians – E. E. Kummer, K. Weierstrass, L. Kronecker, C. W. Borchardt, et al. – who dominated the policies of the *Journal für die reine und angewandte Mathematik*, founded by A. L. Crelle in 1826.

Thus, Klein's primary motivation for writing to Poincaré in the first place was to make him aware of various related work that he and others in Germany had been pursuing in the realm of Riemannian function theory, particularly complex functions that remain invariant under groups of linear fractional transformations. Once informed of these studies, Poincaré immediately acknowledged their importance and relevance, even though his own independent research had arisen from another direction inspired by the work of Fuchs, who had found a wide class of differential equations whose solutions are algebraic. These studies, in turn, had grown out of longstanding interests in hypergeometric functions, a topic taken up in papers by Gauss, Kummer, and Riemann. [1]

Several of Poincaré's papers end with historical notes in which he briefly describes relevant earlier publications. A significant difference between his outlook and Klein's with regard to priority issues, however, stems from their respective attitudes regarding the relevance of unpublished sources; these played a major part in German academic life, unlike in France. This issue arises in Klein's early letters to Poincaré when he takes pains to inform him of certain unpublished results he set forth in a course on elliptic modular functions, which he taught at the Munich Polytechnic during the summer semester of 1879. Klein emphasized the importance of these unpublished ideas in his very first letter to Poincaré, and the latter responded on 15 June by asking for more details both about those lectures as well as related published work. Klein was pleased to do so and sent Poincaré several of his papers, but he also noted that he no longer had offprints of his most important works. These he had sent to some of the leading mathematicians in Paris, including Hermite, so he suggested that Poincaré turn to someone he knew there. Klein also noted that Brunel could inform him about Klein's research program and its relationship to his own. More specifically, he mentioned that he would discuss the Munich lecture notes with Brunel so that the latter could inform Poincaré of its contents. As it turned out, Brunel decided to write Poincaré himself, partly in order to comply with Klein's wishes, but mainly to assure Poincaré of his solidarity and support (p. 125).

Somewhat later, beginning in the 1890s, Klein and others began to unearth unpublished documents that showed how both Gauss and Riemann had anticipated many results that were discovered by others independently. Thus, reconstructing the early history of the theory of automorphic functions became a matter of special interest to Klein, as can readily be seen from his lectures on nineteenth–century mathematics [Klein, 1926], delivered during the First World War. [2] Klein's picture

1. See Gray 1986, chapter 1.

2. Klein first introduced this nomenclature in a paper from 1890, and he later felt vindicated that Poincaré's terminology was gradually dropped.„Die Benennung ‚automorphe Funktionen' ... ist erst 1890 in meiner Arbeit *Zur Theorie der allgemeinen Laméschen Funktionen* ein-

of these developments clearly exalts the work of his heroes, Gauss and Riemann, while somewhat marginalizing the line of ideas that led to Poincaré's great works, the five papers he published during the years 1882 to 1884 in *Acta Mathematica.* [3] In the course of their brief competition, Klein suffered from asthmatic attacks that eventually left him unable to do serious work. He gradually recovered, but by 1884 he decided to use his lecture courses as the main vehicle for his research interests. Two years later, he gained his last professorship, a chair in Göttingen. The circumstances were, at first, less than ideal, as he had to cope with a difficult senior colleague there, the Berlin-trained Hermann Amandus Schwarz. The turning point came, however, in 1892 when both chairs in Berlin became vacant. Georg Frobenius was called as Kronecker's successor, and Schwarz took Weierstrass' former position, thereby giving Klein a free hand in Göttingen. Over the next twenty years he enjoyed great success in building its faculty, beginning with the appointment of David Hilbert in 1895. By 1905, when Poincaré was awarded the first Bolyai prize (see letter no. 38), Darboux assured Klein that Hilbert would receive the second, which he did in 1910.
Klein was a true workaholic, and in 1912 his health broke down again, forcing him to spend several months in a sanatorium. He officially retired one year later, though he continued to take a very active part in scientific and university affairs. During the war years he offered a series of lectures on nineteenth century mathematics in his home. Many who attended were faculty members or post-docs, including Emmy Noether. Like Hilbert, Klein knew how to make the most of young talent, and even during wartime there were plenty of bright people in Göttingen. These lectures were published shortly after Klein's death by Richard Courant, who assumed Klein's former role, though with a new title : Director of the Mathematische Institut, which Courant founded in 1922. Klein died in 1925, and the following year saw the appearance of his *Die Entwicklung der Mathematik im 19. Jahrhundert*, Band 1, a uniquely personal account of the mathematical world Klein knew so well.

The twenty-five letters and postcards that passed between Klein and Poincaré, beginning 12 June 1881 and ending 22 September 1882, have long been considered one of the more celebrated intellectual exchanges in the history of mathematics. This correspondence was first published in 1923, appearing in both *Acta mathematica*, 39 : 94–132, and in volume 3 of Klein's *Gesammelte Mathematische Abhandlungen*, 587–621. [4] A French translation of Klein's letters was made for the edition

---

geführt worden, und seitdem wohl allgemein, auch international, angenommen." [Klein, 1921-1923, p. 577] He neglected to say, however, that Poincaré's distinction between fuchsian and kleinian groups did gain common currency and still, of course used today.

3. One should add, however, that Klein had originally planned to discuss Poincaré's work at length, but then broke off this plan in 1916 in order to engage with fast-breaking developments in the wake of Einstein's work on general relativity (see [Klein, 1921-1923, p. 553-612]).

4. G. Mittag-Leffler had hoped to publish this correspondence many years earlier, but Klein reported that he was unable to find Poincaré's letters from this period. For details, see [Rowe, 2018, p. 130-132].

published by Pierre Dugac in 1989, since republished in [de Saint-Gervais, 2010]. [5] The present volume contains a number of other letters from the same period that throw fresh light on the tensions and rivalry reflected in the Klein-Poincaré correspondence, in particular several from G. Brunel and C. Hermite, mentioned here and in the notes below.

The rivalry that first brought Klein and Poincaré together lasted little more than a year, but this turned out to a most significant encounter for both men. For Poincaré, this period saw him launch the general theory of automorphic functions, one of his most stunning achievements and a major turning point for complex analysis. Klein had already approached this terrain some years earlier, though from the special vantage point of elliptic modular functions, a topic he pursued by combining group-theoretic methods with Riemannian function theory. As co-editor of *Mathematische Annalen*, Klein was also keenly aware of other related work, particularly studies published by German mathematicians. With the notable exception of works by Fuchs, Poincaré had a quite limited familiarity with related work in the German language, as quickly became apparent to Klein. This prompted Klein to harshly criticize Poincaré for having named the special class of automorphic functions invariant under discrete groups with a limit circle after Fuchs, dubbing these 'fonctions fuchsiennes'. This issue was raised by Klein in the third letter from 19 June 1881 („Die Bennenung 'fonctions fuchsiennes' weise ich zurück ...“), and it would eventually lead to a public debate in the pages of *Mathematische Annalen*, the journal Klein co-edited with Adolf Mayer.

Klein knew by this time, however, that Poincaré had been in touch with the German analyst Lazarus Fuchs, whose work on linear differential equations had long interested Poincaré's teacher, Hermite. Indeed, Poincaré had already a year earlier struck up the fruitful scientific correspondence with Fuchs reproduced above. [6] Sparked by Fuchs' investigations, Poincaré made the first discoveries that enabled him to create the theory of automorphic functions. Already by June 1880 he had come to recognize the key importance of hyperbolic geometry for understanding the special class of functions defined on the interior of a circle, beginning with a special case generated by a circular-arc triangle. « Je propose d'appeler cette fonction, fonction fuchsienne. . . . La fonction fuchsienne est à la géométrie de Lobatchewski ce que la fonction doublement périodique est à celle d'Euclide » [Poincaré, 1997, p. 12]. A month later, in a letter to Fuchs, he described how one could start with a suitable polygon rather than a triangle to generate *les fonctions fuchsiennes*.

Poincaré kept Hermite informed about his correspondence with Fuchs, though his former teacher freely admitted that he could not form any opinion about Poincaré's appeal to non-Euclidean geometry as a way to explore questions in

5. For discussions of the mathematics involved, see [Gray, 1986, p. 275-304] and [de Saint-Gervais, 2010].

6. These letters were first published by G. Mittag-Leffler in *Acta Mathematica*, 38(1921) : p. 175-187 ; see the discussion by Jeremy J. Gray and Scott A. Walter in their introduction to Henri Poincaré, *Three Supplements on Fuchsian Functions,* [Poincaré, 1997, p. 7-11].

analysis and number theory.[7] One might easily imagine that Hermite's resistance to such reasoning was a factor that later led Poincaré to suppress the important role of hyperbolic geometry when he began to write up his researches the following year. In his first paper on Fuchsian groups, he wrote : « j'y suis arrivé à l'aide de la Géométrie non euclidienne, dont je ne parlerai pas ici » [Poincaré, 1881e, p. 2]. On the other hand, his very first letter to Klein emphatically highlighted this very connection : « je sais combien vous étes versé dans la connaissance de la géométrie non-euclidienne qui est la clef véritable du problème qui nous occupe ».
Klein had longstanding relations with several French mathematicians, including G. Darboux and C. Jordan, dating back to the spring of 1870 when he and Sophus Lie were in Paris together. In writing to Poincaré, he recalled that trip and expressed his interest in extending his contacts in France to leading analysts, especially Hermite and Picard. As he confided to Poincaré, he had thought about striking up a scientific correspondence with Hermite, but inability to express himself in French had inhibited him from doing so ; Hermite, unlike Poincaré, had a quite limited knowledge of the German language. For his part, Hermite expressed delight when he eventually learned that Klein had initiated a scientific exchange with Poincaré ; he had high regard for Klein's works relating to modular equations and the general quintic. On 30 June 1881, he wrote to Poincaré : « C'est une circonstance heureuse et dont je vous félicite que vous vous soyez en un point important rencontré avec Mr Klein." (p. 368) Hermite closed by writing : "Veuillez à l'occasion faire savoir à Mr Klein que les belles et profondes recherches qui ont tant dépassé les miennes sur l'éq. du 5ième degré, les éq[uations] modulaires, etc. m'inspirent autant d'estime que de sympathie pour son talent. »
In his first letter to Poincaré, Klein noted the possibility of generating a *groupe discontinu* by starting with with a circular-arc polygon whose angles are aliquot part of π and whose circles meet a fixed circel at right angles. He added, however, that to reach concrete goals one shown restrict these investigations to groups generated by circular-arc triangles and especially to elliptic modular functions. These remarks aroused Poincaré's curiosity, and so he responded with a series of brief questions :

> Vous parlez de die elliptischen Modulfunktionnen. Pourquoi ce pluriel ? Si la fonction modulaire est le carré du module exprimé en fonction du rapport des périodes, il n'y en a qu'une ; il faut donc entendre autrement l'expression Modulfunctionnen.
>
> Que voulez-vous dire par ces fonctions algébriques qui sont susceptibles d'être représentés par des fonctions modulaires ? Qu'est-ce aussi la Theorie der Fundamentalpolygone ? Je vous demanderai aussi de m'éclairer sur les points suivants : avez vous trouvé tous les Kreisbogenpolygone qui donnent naissance à un groupe discontinu ? Avez-vous démontré l'existence des fonctions qui correspondent à chaque groupe discontinu ?

7. See the letter from Hermite to Poincaré, 20 July 1880 (p. 358).

In Caen Poincaré had no access to *Mathematische Annalen.* Realizing this, Klein sent him offprints of some of his papers, noting several others he could not send because he no longer had copies. By reading these, Poincaré would find the answers to his queries about what Klein meant by elliptic modular functions and the theory of fundamental polygons. As for the *groupes discontinus*, Klein answered that he had by no means found all of them. He had observed, however, that there were very many for which a limit circle does not arise, namely those generated by polygons that lack symmetry. Here, he contended, the analogy with non-Euclidean geometry broke down.

Poincaré answered three days later, on 22 June 1881, noting that Klein's offprints had not yet arrived. Nor was he able to read the paper Schwarz [1869] by Hermann Amandus Schwarz in volume 70 of Borchhardt's Journal because this volume had been lent from the library. He was quite sure, though, that he knew which class of functions Schwarz had in mind. Poincaré defended his decision to name the functions invariant under groups with a limit circle after Fuchs, but this was before he had received Klein's offprints. In a postcard from 25 June, Klein assured him that he would change his mind once he had familiarized himself with the literature. Two days later, Poincaré reported that Klein's package had arrived, and he then conceded that :

> En ce qui concerne M. Fuchs et la dénomination de fonctions fuchsiennes, il est clair que j'aurais pris une autre dénomination si j'avais connu le travail de M. Schwarz ; mais je ne l'ai connu que par votre lettre, après la publication de mes résultats de sorte que je ne peux plus changer maintenant le nom que j'ai donné à ces fonctions sans manquer d'égards à M. Fuchs.

What struck Poincaré as new, though, was Klein's brief comment in letter 3 about groups generated by unsymmetric circular-arc polygons. In his response in letter 4, Poincaré remarked :

> Le groupe particulier dont vous me parlez dans votre dernière lettre me semble fort intéressant et je vous demanderai la permission de citer ce passage de votre lettre dans une communication que je ferai prochainement à l'Académie et où je chercherai à généraliser votre résultat.

In the following letter to Klein from 27 June, Poincaré returned to this example, noting that Klein neglected to state that the arcs of the circles must touch each other so that no other intersection points will arise when they are prolonged. This letter was written on the same day that the note [Poincaré, 1881j] was submitted to the Paris Academy. Here Poincaré cites the passage from Klein's letter from 19 June with regard to functions invariant under a discrete linear group without a limit circle : „Nehmen Sie z.B. ein beliebiges Polygon, begrenzt von irgend welchen sich berührenden (deux à deux) Kreisen ; so wird die Vervielfältigung durch Symmetrie ebenfalls zu einer *groupe discontinu* führen.“ [Poincaré, 1881j, p. 22] He then notes how this leads to a new result for the solutions a special type of second-order linear differential equation. Poincaré further noted that one could generalize Klein's observation by taking a finite collection of pairs of circles, each lying in the exterior of the other, and considering mappings that take the exterior of one circle to the interior of the other. Klein's example then arises when one allows the pairs of circles to touch one another. Poincaré then wrote :

> Il existe des fonctions qui ne sont pas altérées par les substitutions de ce groupe et que je propose d'appeler *fonctions kleinéiennes*, puisque c'est à M. Klein qu'on en doit la découverte.

Klein was still unaware of this publication when he wrote Poincaré a fairly long letter in seven parts on 2 July. In it, he pointed out that unsymmetric polygons play a role in the theory of modular functions. He also confirmed Poincaré's guess that he already knew that the bounding circular arcs could not intersect when extended. Klein then gave a concrete example of the type of figure that led, following Schwarz's reflection principle, to an algebraic function $w(z)$ whose branch points all lie on a circle in the complex plane. In his case this $w(z)$ can be used to uniformise a corresponding algebraic curve $f(w.z) = 0$. When faced, however, with a general unsymmetric polygon, Klein reached an impasse, as he saw no way to determine the region it would generate in the complex plane. Klein pointed out further examples of discontinuous groups studied earlier by Friedrich Schottky, starting with a finite set of circles that can touch one another, but do not intersect. By composing inversions based on these circles, a discontinuous group arises which typically leads to a limiting curve with exotic properties.
In the sixth part of his letter, Klein attempted to explain what he meant by employing Riemannian principles, a point Poincaré asked him to clarify. In his answer, Klein contrasted Riemann's use of existence theorems with the constructive methods of Weierstrass and Schwarz. Following Riemann, Klein claimed to found and proved a general existence theorem that subsumed those results that Poincaré had announced as special cases. Klein then ended by questioning whether Poincaré was aware that Riemann's Θ–functions depended on the $3p - 3$ parameters given by the modules of an algebraic curve of genus p. Poincaré explained in his reply from 5 July, that he merely needed an upper bound for the argument in his paper, which he easily derived as $4p + 4$. Here and elsewhere in these first letters, Klein imparts a good deal of information, but with an authoritative tone that also hints at how annoyed he was with Poincaré's urge to announce new results before carefully studying the literature.
Poincaré's reply from 5 July was fairly short, but to the point. He first alerted Klein to the fact that he had now submitted two new notes, [Poincaré, 1881j] and [Poincaré, 1881n], containing some consequences he had drawn from Klein's remark about groups generated by unsymmetric polygons :

> Vous vous rappelez sans doute que, dans une de mes dernières lettres, je vous demandais l'autorisation d'en citer une phrase dans une communication où je me proposais de généraliser vos résultats. Vous ne m'avez pas répondu à ce sujet et j'ai pris votre silence pour un acquiescement.

> J'ai fait cette communication en deux fois, dans les séances du 27 juin et du 4 juillet. [8]

As noted above, in the first of these notes Poincaré introduced the terminology *fonctions kleinéiennes*, whereas the second was devoted to « Les groupes kleiniéens », but Poincaré made no mention of this in his letter. Instead, he added this rather vague remark : « Vous trouverez que nous nous sommes rencontrés sur quelques points. Mais la citation que j'ai faite de votre phrase vous sera, je pense, une garantie suffisante. » Poincaré then offered these comments on the theorem Klein had alluded to in his last letter : « Le théorème que vous me dites avoir découvert m'a beaucoup intéressé. Il est clair que, comme vous me le dites, votre résultat contient comme cas particulier *all meine Existenzbeweise*. Mais il arrive après. » Poincaré probably felt some urgency to put his ideas into print quickly, especially since Klein's interest in staking claims to his prior discoveries was so apparent.

When he wrote Poincaré four days later, on 9 July, Klein had only seen the first of the two notes. He expressed no misgivings that Poincaré had cited his letter, but he was rather astonished to see that he had gone so far as to name a new class of functions after him when he had never published anything on this topic. He then simply stated that he would continue to write about functions invariant under a linear group rather than refer to *fuchsiennes* and *kleinéiennes*. Klein went on to elaborate on what he had written earlier about Riemannian principles in function theory, stating flatly that Riemann's appeal to Dirichlet's principle had to be replaced with the more rigorous approach to existence theorems developed by Schwarz. These make it possible to prove existence theorems that go beyond the range of functions invariant under a discrete group of linear substitutions. Klein also mentioned that he had recently met with Georges Brunel to discuss the contents of two lecture courses Klein had given in Munich.

Brunel had already written Poincaré two days earlier about this, giving a full list of the topics in Klein's course on modular functions from 1878/79. From this letter, it becomes much clearer that Klein was really angry about this new turn of events. Brunel gave a vivid account of what Klein said to him on this occasion, including the milder remark that « je reproche à Monsieur Poincaré de publier trop vite ». Regarding Riemannian principles, about which Poincaré had inquired, Brunel wrote :

> J'extrais des cours deux ou trois lignes qui montrent clairement l'idée fondamentale et qui répondent à votre question sur Riemann. „Riemann sprach den Satz aus, dass zu jeder Riemann'schen Fläche Functionen existieren, welcher aber als nicht bewiesen gilt". Ceci écrit par l'élève qui a fait la rédaction puis de la main de Klein : „Trotzdem mache ich hier von diesem Satze unbedenklich Gebrauch ; ich erachte als möglich einen Beweis der allgemeinen Behauptung in aller Strenge zu bringen."

8. [Poincaré, 1881n], the second note, was officially recorded one week later on 11 July.

Brunel suspected that Klein's lectures contained nothing at all similar to Poincaré's analytic methods for constructing fuchsian functions, and in this respect he was entirely correct. Klein's appeal to Riemannian methods meant that he had no means at this disposal for actually constructing the functions invariant under a given discrete group. As Brunel put this : « Montrera-t-il l'emploi des fonctions zeta ou thetafuchsiennes, j'en doute. En tout cas, il semble bien peu disposé à accepter ce nom qui lui fait horreur. » Brunel clearly saw that Klein was furious with Poincaré for bestowing honor on Fuchs, but he could not understand why this was so. What he did make plain to Poincaré was Klein's displeasure over the Frenchman's effort to honor him as well. He reconstructed Klein's reaction as follows :

> En lisant ce que Mr Poincaré vient de publier dans les Comptes Rendus on s'imaginera que je lui ai écrit : j'ai pris connaissance de vos belles recherches et je vous félicite d'avoir trouvé ce chemin tout nouveau ; mais il me semble qu'il faut encore considérer un autre espace du polygone etc. etc... mais ce n'est pas là du tout ce que je lui ai écrit. Je lui ai écrit que tout ce qu'il a fait est connu et publié depuis longtemps. [...]
>
> Et en marchant aussi vite il s'expose à de nouvelles réclamations. Mr Schottky a publié dans le 83e volume du Journal de Borchardt un théorème où il s'occupe précisément du cas. Peut être que Monsieur Poincaré va encore appeler un autre cercle de fonctions fonctions Schottkyennes. Il n'y a pas de raisons pour s'arrêter.

Klein had studied [Schottky, 1877], but he was unaware of the background to this work until May 1882 when he received a letter from its author [Klein, 1921-1923, p. 573]. This led to certain clarifications, published in [Schottky, 1882], including mention of the fact that Riemann had already anticipated some of the main results in [Riemann, 1876, p. 413-417].

After this initial flurry of letters from June and July, the correspondence broke off for several months. Poincaré published two short notes in the *Comptes Rendus* in August and October, whereas Klein wrote up the booklet *Über Riemanns Theorie der algebraischen Funktionen und ihrer Integrale*, which he completed in early October. Not until December, however, did he turn again to Poincaré's writings, noting the fundamental advance Poincaré had announced in his note from August 1881 : that all linear differential equations with algebraic coefficients can be solved by means of zeta-fuchsian functions. Klein wrote to congratulate Poincaré on this achievement, informing him at the same time about his booklet then in press. Most importantly, he proposed that Poincaré write a synopsis of his various results, which had till then had only appeared in various notes for the Paris Academy.

Klein wished that readers of *Mathematische Annalen* could learn about this work, but he also made his personal interest in such a publication plain, noting that he would attach some comments to Poincaré's text. By so doing, he would be able to present his personal views regarding the similarities between Poincaré's latest

research and his own earlier work on modular functions. This letter thus set the stage for the public debate that would soon follow.
Klein was clearly very pleased when he received Poincaré's reply a few days later and learned that the latter agreed to this proposal. It seems unlikely that Poincaré had any suspicion Klein would take this opportunity to raise his earlier objections to the terminology Poincaré employed, but in fact that was the main theme addressed in Klein's remarks. Poincaré needed only a week to compose this paper, in which he took pains to relate his own work to that of Fuchs, Schwarz, and Klein. Soon after receiving it, Klein submitted the manuscript to Teubner along with the note he had promised to add. This began as follows :

> Die vorstehend abgedruckte Arbeit des Herrn Poincaré resumirt gewisse Resultate, welche der Verfasser in einer Reihe aufeinanderfolgender Artikel in den Comptes rendus dieses Jahres mitgeteilt hat. Es wird kaum nötig sein, dieselben der Beachtung der Mathematiker noch besonders zu empfehlen. Handelt es sich doch um Funktionen, welche geeignet scheinen, in der Lehre von den algebraischen Irrationalitäten den Abel'schen Functionen erfolgreichen Concurrenz zu machen, und die überdies einen ganz neuen Einblick in diejenigen Abhängigkeiten gewähren, welche durch lineare Differentialgleichungen mit algebraischen Coefficienten bestimmt sind. Indem ich Herrn Poincaré im Namen der Annalenredaction den besonderen Dank dafür ausspreche, dass er uns vorstehenden Aufsatz hat überlassen wollen, glaube ich ihm nur in dem Puncte entgegentreten zu sollen, dass ich die von ihm vorgeschlagene Benenung der in Betracht kommenden Functionen als verfrüht bezeichne. Klein [1882a]

By now Klein knew better than nearly anyone the precise circumstances that had prompted Poincaré to choose the names he did. He realized, too, that this was an unusual act of generosity for a French mathematician to honor the earlier work of two Germans. To protest against this seemed to many close to Fuchs and the Berlin school to which he was associated either unfair or simply a petty-minded reaction motivated by jealousy. Yet the situation was complicated by longstanding rivalries within the German mathematical community that Poincaré could scarcely have known about beforehand. All had seemed simple and harmonious when he corresponded with Fuchs in 1880, but Klein had adopted an aggressive tone from the beginning. Moreover, the messages Poincaré received from Hermite as well as Brunel clearly showed him that he had inadvertently entered foreign territory that was filled with hidden landmines. This was terrain that Klein knew well and he was intent on making his views known publicly. Thus, he asserted that he and Schwarz had long ago published work related to fuchsian functions, whereas Fuchs himself had never done so. As for kleinian functions, he had merely made Poincaré aware of these, but F. Schottky had in fact published a paper that demonstrated such examples. Klein concluded, though, by playing his trump card, namely an appeal to Riemann's legacy : „. . .es handele sich bei Untersuchungen im

Sinne des Hrn. Poincarés geradezu um die weitere Durchführung des allgemeinen functiontheoretischen Programm's, welches Riemann in seiner Doctordissertation aufgestellt hat“ Klein [1882a].

Poincaré knew by now that Klein was on bad terms with the senior Berlin mathematicians, having learned as much from a letter Hermite wrote to him on 26 July. Hermite had been concerned that Poincaré might break off scientific relations with Klein, and he sought to assure Poincaré that the latter bore no anti-French feelings. Still, Poincaré was clearly annoyed that Klein had dragged him into a matter that he characterized as a petty dispute over names. For his part, he raised no immediate objections to Klein's provocative commentary and merely asked that he be given the opportunity to respond in the pages of *Mathematische Annalen.* These exchanges proceeded politely enough, though in the meantime Fuchs published a note in which he sought to rebut Klein's position. [9]

In his letter from 3 April 1882 to Poincaré, Klein characterized Fuchs' argument as „ganz verfehlt“. As for Poincaré's own views, as expressed in the note he published in Mathematische Annalen, Klein cut abruptly to the heart of the matter : „Die Funktionen aber, welche Sie nach Fuchs benennen, gehörten bereits anderen, ehe Sie den Vorschlag zur Benennung machten. Ich bin auch überzeugt, daß Sie gerade diesen Vorschlag nicht gemacht hätten, wenn Sie damals (zu Anfang) die Literatur gekannt hätten. Sie bieten mir sodann, sozusagen zur Entschädigung, die « fonctions kleinéennes » an. So sehr ich Ihre freundliche Absicht dabei anerkenne, so wenig kann ich dies akzeptieren, weil es eben eine historische Unwahrheit impliziert.“ In this letter, Klein gave a quite detailed account of various priority rights, a sensitive topic that he now offered to drop, preferring instead to enter into a friendly competition. But he also made clear that he was prepared to defend his views if the issue came up again : „Nur wenn ich erneut dazu veranlaßt werden sollte, würde ich eine, dann allerdings sehr ausführliche und sehr offenherzige Darstellung des ganzen Sachverhalts geben.“

Poincaré had already explained to Klein of the circumstances that had led him to name the automorphic functions he had first studied, those defined on the interior of a circle, after Fuchs. In his original reply to him, from 27 June 1881, Poincaré had openly admitted that he would have chosen a different name for these functions had he been aware of the earlier work of Schwarz, which Klein had brought to his attention. Such a private confession was, however, clearly impossible to pronounce in public, and so Poincaré had to defend his position in the face of Klein's charge that the names he had chosen were simply inappropriate. This he could only do by playing down the significance of Schwarz's paper, which he noted had little to do with the theory of linear differential equations, the field of inquiry that had led Poincaré to develop the theory of Fuchsian functions. As for the kleinian functions, he could do no more than cite a passing remark that Klein had made in his letter from 2 July 1881. There he wrote that Schottky had failed to stress the principal importance of the method he gave for defining a function invariant under

9. See letter no. 8, Fuchs to Poincaré, 4 March 1882 (p. 287).

a discrete group of linear transformations, but for which the boundary generated by the group action is a highly complicated point set. [10] These remarks constituted Poincaré's defense, whereas in his reply to Klein he felt obliged to undercut more personal criticism. He thus denied that Entschädigung had motivated his decision to coin the term « fonctions kleinéennes ». At the same time, he also expressed satisfaction that they could put this controversy over a mere name behind them and thus move on to more substantive concerns. „Name ist Schall und Rauch" he wrote, quoting a famous line from Goethe's *Faust*.

This effectively ended the public dispute, much to Poincaré's relief, and the letters following no. 17 were written in a spirit of friendly competition. In the previous letter from 28 March, Poincaré inquired : « Je vous serais bien reconnaissant aussi, si vous pouviez m'indiquer les traits généraux de la démonstration par laquelle vous établissez le théorème annoncé dans votre dernier travail » [Klein, 1882b]. Klein had placed this note right after Poincaré's paper in order to show that his work, which followed a Riemannian program, was closely allied with the new results announced by the young Frenchman.

In the letters that followed, both sides gradually unveiled the methods they would use in trying to prove various uniformisation theorems. This was the only area in which Klein actually competed directly with Poincaré. Just before he received Klein's first letter, Poincaré had announced a first result in this direction :

> ...les coordonnées d'un point d'une infinité de courbes algébriques s'expriment par des fonctions fuchsiennes d'un même paramètre ...parmi les courbes qui jouissent de cette propriété, il y en a de tous les genres possibles ; mais je ne sais pas encore si cette propriété appartient à une courbe algébrique quelconque. [Poincaré, 1881i, p. 18]

By August 1881, however, Poincaré convinced himself that this was true : « Que les coordonnées des points d'une courbes algébrique quelconque s'expriment par des fonctions fuchsiennes d'une variable auxiliaire. » [Poincaré, 1881l, p. 31]

Four months later, Klein [1882b] announced what Robert Fricke later called the *Rückkehrschnitttheorem*, which was followed by a second note, [Klein, 1882c], containing the so-called *Grenzkreistheorem*. In his reply from 3 April to Poincaré's query, Klein wrote that he needed more time to clarify his ideas : „Was die Methoden betrifft, durch die ich meine Sätze beweise, so schreibe ich davon, sobald ich dieselben noch mehr abgeklärt habe. Können Sie mir nicht mittlerweile mitteilen, welche die Ideen sind, die Sie eben jetzt verfolgen ?"

This was written just after Klein returned from a vacation on the North Sea island of Norderney. He had gone there hoping that fresh sea air would help restore his health. Instead, he spent eight days on the island suffering from asthmatic attacks brought on by strong storms. During the last night he could not sleep,

10. Ironically, Klein repeated this claim in the closing sentence of the note he published on the „Rückkehrschnitttheorem" [Klein, 1882b], which he placed immediately after Poincaré's paper. Schottky refuted this contention in a letter to Klein, published in [Schottky, 1882]. Klein was unaware of Schottky's earlier contributions, which he later described in [Klein, 1921-1923, p. 579].

so he sat on a sofa and began contemplating a special circular-arc polygon he knew particularly well. Three years earlier, he had explored this 14-sided figure in connection with his work on the seventh-degree modular equation [Klein, 1879d]. By the next morning, Klein had the main ideas for his so-called *Grenzkreistheorem* (see [Klein, 1921-1923, p. 584] for the story behind this discovery). He wrote this up in [Klein, 1882c] and had proofs sent to Poincaré, who was already developing his own approach to uniformisation theorems based on *fonctions fuchsiennes.* Poincaré replied immediately to Klein's letter, answering an earlier question about the three classes of functions that arise in Fuchs' theory, and then commenting on Klein's second note [Klein, 1882c] :

> Je vous remercie beaucoup de votre dernière note que vous avez eu la bonté de m'envoyer [11]. Les résultats que vous énoncez m'intéressent beaucoup, voici pourquoi ; je les avais trouvés il y a quelques temps, mais sans les publier parce que je désirais éclaircir un peu la démonstration ; c'est pourquoi je désirerais connaître la vôtre quand vous l'aurez éclaircie de votre côté.

Just six days later, Poincaré published another note, [Poincaré, 1882i], in which he referred directly to [Klein, 1882c] as well as Klein's earlier result showing how the 14-gon leads to a uniformisation of a genus 3 algebraic curve by means of a finite group of order 168. Poincaré began by writing :

> Je voudrais exposer ici quelques résultats nouveaux et les réunir à des théorèmes anciens, de façon à en faire un ensemble comprenant, comme cas particuliers, les résultats obtenus par M. Klein par d'autres considérations, et exposés par lui dans deux Notes récentes. [12]

In letter 20, Klein responded by speculating that his methods and Poincaré's were, in fact, closely related. Here he briefly alluded to his "continuity method" based on two lemmas : the first identified a Riemann surface with any given discrete group, whereas the second showed that for a canonical surface with a given system of cuts there can be only one such group. Poincaré was struck by the close agreement with his own ideas about uniformisation and he briefly described his own strategy for proving the same results. However, Poincaré's method of defining automorphic functions by convergent infinite series had no counterpart in Klein's theory, which relied entirely on existence theorems. Poincaré speculated further :

> Ce qui m'a le plus intéressé dans votre lettre c'est ce que vous me dites au sujet des fonctions qui admettent comme espaces lacunaires une infinité de cercles. [13] J'ai rencontré aussi de semblables fonctions et j'en ai donné un exemple dans une ou deux de mes notes. Mais j'y suis arrivé

11. [Klein, 1882c].

12. [Klein, 1882b,c]. In his commentary dealing with the prehistory of automorphic functions, Klein cited this passage in order to point out that Poincaré's new result had nothing to do with his „Rückkehrschnitttheorem", and noting further that Poincaré' failed to address this theorem in his later work. [Klein, 1921-1923, p. 585]

13. Voir [Poincaré, 1883d].

> par une voie totalement différente de la vôtre. Il est probable que vos fonctions et les miennes doivent avoir une étroite parenté ; cependant il n'est nullement évident qu'elles soient identiques. Je croirais volontiers que votre méthode ainsi que la mienne est susceptible d'une généralisation très étendue et qu'elles conduiraient toutes deux à une grande classe de transcendantes comprenant comme cas particuliers celles que nous avons déjà rencontrées.

Already in his letter to Poincaré from May 7, Klein alluded to a more general theorem that he was evidently groping to find. This would eventually emerge as his "fundamental theorem" in [Klein, 1883], a result that subsumed the Rückkehrschnitt-Theorem and the Grenzkreistheorem as special cases. In studying the uniformisation of algebraic curves by means of automorphic functions, Klein's overall strategy involved an attempt to establish a certain one-to-one correspondence between two higher-dimensional manifolds.[14] Before he could hope to accomplish this, however, he needed assurance that the dimensions of the two manifolds actually agreed (thus the concern about proper counting of constants). One of these two manifolds, the space of algebraic curves of genus $p > 1$, clearly had complex-dimension $3p-3$, though Schwarz had disagreed with the assertion Klein made in his booklet claiming that these form a connected manifold. Klein, in fact, continually emphasized the importance of this fact, later calling it "the root of the fundamental theorem" [Klein, 1921-1923, p. 579-580].
Thus, by Mid-May, Klein was struggling to prove a very general uniformisation theorem. In letter 21, Poincaré confirmed that his ideas and Klein's were quite closely related, writing :

> Pour les lemmes dont vous me parlez, le premier, je l'ai établi par les considérations des développements en série et vous, à ce que je pense, à l'aide du théorème dont vous m'avez parlé dans une de vos lettres de l'année dernière. Pour le second lemme, il ne présente pas de difficulté et il est probable que nous l'établissons de la même manière. Une fois ces deux lemmes établis, et c'est là en effet par là que je commence, ainsi que vous le faites vous-même, j'emploie comme vous la continuité, mais il y a bien des manières de l'employer et il est possible que nous différions dans quelques détails.

Two days later, Klein wrote Poincaré again, this time giving more information about his proof and emphasizing that the correspondence he had constructed between two higher-dimensional manifolds had to be analytic as well. Poincaré agreed and thought that a proof by continuity could well be accomplished without relying on the kinds of convergence arguments he had been using.

14. For a comparative discussion of the approaches of Klein and Poincaré to uniformisation, see [Scholz, 1980, p. 205-216]. Both relied on properties of higher-dimensional manifolds that were only proved much later by L.E.J. Brouwer ; see the correspondence between Brouwer and Poincaré (p. 119).

> Je n'ai pas besoin de vous dire combien votre dernière lettre m'a intéressé. Je vois clairement maintenant que votre démonstration et la mienne ne peuvent différer que par la terminologie et par des détails ; ainsi il est probable que n'établissons pas de la même manière le caractère analytique de la relation qui lie les deux *Mannigfaltigkeiten* dont vous parlez ; pour moi, je relie ce fait à la convergence de mes séries, mais il est évident qu'on peut arriver au même résultat sans passer par cette considération.

Klein's letter also provided a brief explanation of an idea he had learned from H.A. Schwarz during a recent visit to Göttingen. Schwarz had suggested the possibility of simplifying the continuity argument by building what today would be called the universal covering space for a Riemann surface with appropriate cross-cuts. Each copy of the original surface then corresponds to one of the fundamental regions acted on by a given discrete group, and from these mappings one constructs a map from the covering space onto the interior of the disc bounded by the limit circle. Klein found this idea „sehr schön", and so did Poincaré, who wrote back :

> Les idées de M. Schwarz ont une portée bien plus grande ; il est clair que le théorème général en question, s'il était démontré, aurait son application dans la théorie d'un très grand nombre de fonctions et en particulier dans celle des fonctions définies par des équations différentielles non linéaires.

It took Poincaré very little time, in fact, to exploit Schwarz's idea to give yet another uniformisation theorem for analytic curves in [Poincaré, 1883j]. The status of this theorem seemed, however less clear than the proof Poincaré gave for the uniformisation of algebraic curves in [Poincaré, 1884f], which contemporaries considered sound. [15] In his famous Paris address from 1900, Hilbert highlighted the need for a complete and rigorous proof for analytic curves. Seven years later Poincaré and Paul Koebe independently met this challenge, thereby solving Hilbert's 22nd problem [de Saint-Gervais, 2010, p. 395-452].

During this time, Klein delivered a series of lectures on uniformisation in his Leipzig seminar. These lectures were transcribed and edited by Eduard Study and then reworked by Klein during his fall vacation. The finished product was Klein's lengthy article, Neue Beiträge zur Riemannschen Funktionentheorie [Klein, 1883], completed in October of 1882. Klein circulated offprints in late November, shortly before the appearance of [Poincaré, 1882b], the first of Poincaré's five lengthy articles on the theory of automorphic functions published in *Acta Mathematica*. The fourth was [Poincaré, 1884f], which he completed in October 1883. This contains a similar proof of uniformisation by the continuity method, though restricted to the case of groups with a limit circle.

The last exchange of letters from 1882 between Klein and Poincaré came after a pause of several months. In September, Klein reread the paper [Poincaré, 1882e],

15. As discussed in [Scholz, 1980, p. 214-222], the early proofs of uniformisation theorems were modified and recast using more modern mathods during the period 1907 to 1912.

which he had earlier solicited from Poincaré. Two passages in it left him puzzled, so he wrote Poincaré seeking clarification ; a few days later he received a fairly lengthy reply, which apparently he took to be a sound answer. Only some years later did he discover that Poincaré had made a mistake regarding certain types of circular-arc polygons, which could not, in fact, be used to generate a fuchsian group. Klein recounted the background to this rather complicated story in [Klein, 1892a], thereby revealing the true nature of the problem he had first raised in letter 24. Both he and Poincaré had overlooked the inadmissibility of polygons with a hyperbolic vertex, i.e. a vertex on the limit circle arising from a hyperbolic transformation. In the course of working on [Poincaré, 1884f], Poincaré realized that these polygons could not be taken as fundamental regions since they did not generate a discrete group, a problem he was able to circumvent in his proof, however. As Klein later wrote, he broke off the correspondence at this point due to the collapse of his health [Klein, 1921-1923, p. 621].

Several years later, Klein and Poincaré came to appreciate one another and thereafter struck up a friendship. This first came about when Poincaré visited Göttingen in 1895, an event that led to the letters 26 to 28, which reflect the warm relations that came from this personal encounter. The subsequent correspondence highlights their mutual interests in international scientific cooperation, beginning with initial plans for the first International Congress of Mathematicians, which was held in Zürich in 1897. In Klein's letter from 16 April 1896 he expresses caution with respect to this venture, while at the same time noting that mathematicians will soon need to follow the general trend set by other scientific disciplines that were forming international organizations. The Zürich Congress turned out to be quite successful, although Poincaré was unable to deliver his plenary address [Poincaré 1897d] in person because of his mother's death shortly before.

Letters 31 to 36 concern another international undertaking that was jointly supported by Poincaré and Klein : the *International Catalogue of Scientific Literature*, a project promoted by the Royal Society of London. Both were deeply involved from 1899 to 1901 in helping launch this ambitious plan. [16] Their involvement came about because this was one of the initial projects of the International Association of Academies, which was founded in Wiesbaden in 1899 in a spirit of international cooperation. Poincaré, Klein, and Darboux actively promoted this large-scale umbrella organization. Six years earlier, Klein had played an instrumental role in creating the German Cartel of Academies, which included Göttingen, Leipzig, Munich, and Vienna, but not Berlin. He also promoted the idea of creating a larger international organization, beginning with the Royal Society, to which he belonged as a Foreign Member since 1885. The physicist Sir Arthur Schuster also favored such a plan, as did Arthur Rücker, Secretary of the LRS. These informal discussions led to further negotiations with the academies in Berlin and Paris, both of which agreed to become part of this cooperative venture.

16. Klein's Nachlass contains 150 pages of documents and letters relating to this project ; see Cod. Ms. F. Klein 7 I.

After the International Association of Academies was founded, several other academies and scholarly societies joined as well. Its future looked bright up until 1914, when the outbreak of the Great War fueled chauvinism and hatred. As the fighting dragged on, it became clear that the schism between scholars in the two warring camps made any further cooperation impossible. In November 1916, Gaston Darboux wrote to Schuster, then Secretary of the Royal Society, suggesting a meeting of leading scientists from the Entente powers to address what should be done with regard to international relations after the war [Lehto 1998, p. 16]). Since Darboux died in February 1917, nothing came of this initiative, but Émile Picard took up this matter, which led to the founding of the Conseil international de recherches.
The *International Catalogue of Scientific Literature* grew out of a similar project pursued earlier by the London Royal Society, but which floundered due to the financial burdens involved. The goal was to publish each year an index of all publications in 17 different scientific fields. Poincaré and Klein were apparently given the task of creating a comprehensive system for classifying publications in mathematics by disciplinary field. It seems they also took part in larger discussions about fields of research that did not fit easily into the 17 sciences chosen. The catalogue began with the year 1901 and ended in 1914, whereas the volumes were published between 1902 and 1921. Poincaré expressed concern about the costs that the Paris Academy would incur by participating in this project.
In letter no. 38 from 14 January 1902, Klein invited Poincaré to visit Göttingen for the forthcoming meeting of the *Astronomische Gesellschaft* held in August of that year. Klein was pleased to inform him that Karl Schwarzschild had only recently been appointed Director of the Göttingen Astronomical Observatory. This conference was attended by 63 scientists, though it seems that Poincaré was not among them. He did, however, visit Göttingen in 1909, when he delivered the first lectures sponsored by the Wolfskehl Fund.

D. R.

1 Klein à Poincaré

Leipzig, 12. Juni [1881]

Sehr geehrter Herr!

Ihre 3 Noten in den *Comptes Rendus „Sur les fonctions fuchsiennes“* [17] die ich erst gestern, und auch da nur flüchtig kennen lernte, stehen in so engem Zusammenhange mit den Überlegungen und Bestrebungen, mit denen ich mich in den letzten Jahren beschäftigte, daß ich Ihnen deshalb schreiben muß. Ich Möchte mich zunächst auf die verschiedenen Arbeiten beziehen, die ich in den Bänden 14 [18], 15 [19], 17 [20] der Mathematischen Annalen über elliptische Funktionen veröffentlichte. Es handelt sich bei den elliptischen Modulfunktionen natürlich nur um einen speziellen Fall der von Ihnen betrachteten Abhängigkeitsverhältnisse; aber ein näherer Vergleich wird ihnen zeigen, daß ich sehr wohl allgemeine Gesichtspunkte hatte. Ich möchte Sie in dieser Hinsicht auf einige besondere Punkte aufmerksam machen :

Bd. 14, S. 128 [21] handelt von denjenigen algebraischen Funktionnen, die sich durch Modulfunktionen darstellen lassen, ohne mit den doppeltperiodischen Funktionen zusammenzuhängen. – Dann folgt, zunächst am speziellen Falle, die wichtige Theorie der Fundamentalpolygone.

Bd. 14, S. 159-160 [22] ist davon die Rede, daß man hypergeometrische Reihen als eindeutige Funktionen geeigneter Modulfunktionen darstellen kann.

Zu Bd. 14, S. 428ff. [23] gehört eine Tafel welche die Aneinanderlagerung von Kreisbogendreicken mit den Winkeln $\frac{\pi}{7}, \frac{\pi}{3}, \frac{\pi}{2}$ erlaûtert (was also ein Beispiel der von Halphen betrachteten [24]) partikulären Funktionenklasse ist), wobei ich inszwischen bemerken muß, daß schon in Crelles Journal Bd. 75 [25] Hr. Schwarz den Fall $\frac{\pi}{2}, \frac{\pi}{4}, \frac{\pi}{4}$ erlaüterte).

Bd. 17, S. 62ff. [26] bringe ich sodann in knapper Übersicht die gereifteren Anschauungen, mit denen ich mir in der Zwischenzeit die Theorie der elliptischen Modulfunktionen zurecht gelegt hatte.

Diese Anschauungen selbst habe ich nicht publiziert, ich habe sie aber im Sommer 1879 am Münchener Polytechnikum vorgetragen. Mein Gedankengang, der mit dem jetzt von Ihnen eingeschlagenen nun vielfach zusammentrifft, war damals dieser :

17. [Poincaré, 1881e,f,g].
18. [Klein, 1879b,a,d].
19. [Klein, 1879e,c].
20. [Klein, 1880].
21. [Klein, 1879b].
22. [Klein, 1879b].
23. [Klein, 1879d].
24. [Halphen, 1881a].
25. [Schwarz, 1873].
26. [Klein, 1880].

1. Periodische und doppeltperiodische Funktionen sind nur Beispiele für eindeutige Funktionen mit linearen Transformationen in sich. Es ist Aufgabe der modernen Analysis, alle diese Funktionen zu bestimmen.

2. Die Anzahl dieser Transformationen kann eine endliche sein ; dies gibt die Gleichungen des Ikosaeders, Oktoeders, ..., die ich früher betrachte (Math. Annalen Bd. 9[27], Bd. 12[28]) und von denen ich bei Bildung dieses ganzen Ideenkreises ausging.

3. Gruppen von unendlich vielen linearen Transformationen, die zu brauchbaren Funktionen Anlaß geben, (groupe discontinu nach Ihrer Bezeichnung) erhält man zum Beispiel, wenne man von einem Kreisbogenpolygon ausgeht, dessen Kreise einen festen Kreis rechtwinkelig schneiden und dessen Winkel genaue Teile von π sind.

4. Man sollte sich mit allen solchen Funktionen beschäftigen (wie Sie das in der Tat jetzt beginnen), um aber konkrete Ziele zu erreichen, beschränken wir uns auf Kreisbogendreiecke und insbesondere auf elliptische Modulfunktionen.
Ich habe mit seidem vielfach, auch in Gesprächen mit anderen Mathematikern, mit diesen Fragen beschäftigt, aber abgesehen davon, daß ich noch zu keinem definitiven Resultate gekommen bin, gehört das am Ende nicht hierher. Ich will mich auf das beschränken, was ich publiziert oder vorgetragen habe. Vielleicht hätte ich mich schon früher mit Ihnen oder einem Ihrer Freunde, wie z. B. Herrn Picard (Würden Sie Herrn Picard, obgleich es ein untergeordneter Punkt ist, vielleicht gelegentlich auf Math. Annalen, Bd. 14, S. 122, § 8[29] aufmerksam machen!), in Verbindung setzen sollen. Denne der Ideenkreis, in welchem sich Ihre Arbeiten seit 2-3 Jahren bewegen, ist mit dem meinigen in der Tat äußerst enge verwandt. Es wird mich freuen, wenn dieser mein erster Brief Anlaß zu einer fortgesetzten Korrespondenz geben sollte. Ich bin freilich im Augenblicke durch andere Verpflichtungen von diesen Arbeiten abgedrängt, aber habe um so mehr Anlaß, in einigen Monaten zu denselben zurüchzukehren angezeigt habe.

Herrn Hermite wollen Sie mich bestens empfehlen. Ich dachte lange daran, mit ihm briefliche Verbindung zu suchen, und würde das, wie ich nicht zweifele zu meinem größten Vorteile, schon längst ausgeführt haben, wenn ich nicht in der Sprache ein gewisses Hemmnis gefunden hätte. ich bin, wie Sie vielleicht wissen, lange genug in Paris gewesen, um französisch sprechen und schreiben zu sollen ; in der Zwischenkeit aber ist letztere Fähigkeit durch Nichtgebrauch nur zu sehr verkümmert. Hochachtungsvoll

Prof. Dr. F. Klein

Adresse : Leipzig, Sophienstraße 10/II

27. [Klein, 1876].
28. [Klein, 1877c].
29. [Klein, 1879b].

2 Poincaré à Klein

15 juin [1881] [30]

Monsieur,

Votre lettre me prouve que vous aviez aperçu avant moi quelques-uns des résultats que j'ai obtenus dans la théorie des fonctions fuchsiennes. Je n'en suis nullement étonné ; car je sais combien vous êtes versé dans la connaissance de la géométrie non-euclidienne qui est la clef véritable du problème qui nous occupe.
Je vous rendrai justice à cet égard quand je publierai mes résultats ; j'espère pouvoir me procurer d'ici là les tomes 14, 15 et 17 des Mathematische Annalen qui n'existent pas à la bibliothèque universitaire de Caen. Quant à la communication que vous avez faite au Polytechnicum de Munich, je vous demanderai de vouloir bien me donner quelques détails à ce sujet, afin que je puisse ajouter à mon mémoire une note vous rendant pleine justice ; car, sans doute, je ne pourrai me procurer directement votre travail.
Comme je ne pourrai sans doute me procurer immédiatement les Mathematische Annalen, je vous prierais aussi de vouloir bien me donner quelques explications sur quelques points de votre lettre. Vous parlez de die elliptischen Modulfunktionnen. Pourquoi ce pluriel ? Si la fonction modulaire est le carré du module exprimé en fonction du rapport des périodes, il n'y en a qu'une ; il faut donc entendre autrement l'expression Modulfunctionnen.
Que voulez-vous dire par ces fonctions algébriques qui sont susceptibles d'être représentés par des fonctions modulaires ? Qu'est-ce aussi la Theorie der Fundamentalpolygone ?
Je vous demanderai aussi de m'éclairer sur les points suivants :
Avez vous trouvé tous les Kreisbogenpolygone qui donnent naissance à un groupe discontinu ?
Avez-vous démontré l'existence des fonctions qui correspondent à chaque groupe discontinu ?
J'ai écrit à M. Picard pour lui communiquer votre remarque.
Je me félicite, Monsieur, de l'occasion qui me met en rapport avec vous ; j'ai pris la liberté de vous écrire en français, car vous me dites que comprenez cette langue.
Veuillez agréer, Monsieur, l'assurance de ma respectueuse considération.

Poincaré

3 Klein à Poincaré

Leipzig, 19. Juni 1881

Geehrter Herr !

Als ich gestern Ihren willkommenen Brief erhielt, sandte ich Ihnen umgehend Separatabzüge von denjenigen auf unser Thema bezüglichen Arbeiten zu, vo denen ich solche überhaupt noch besitze. Lassen Sie mich heute diese Sendung durch

30. Cette lettre est conservée à la Niedersächsische Staats- und Universitätsbibliothek.

einige Zeilen erläutern. Mit dem einen Briefe wird es freilich nicht abgetan sein, sondern wir werden viel korrespondieren müssen, bis wir wechselseitig volle Fühlung gewonnen haben. Ich möchte heute folgende Punkte hervorheben.

1. Unter den übersandten Arbeiten fehlen die drei wichtigsten aus dem 14-ten Bande der Math. Annalen [31], desgleichen meine Untersuchungen über das Ikosaeder in Bd. 9 und 12 [32], sowie meine zweite Arbeit über lineare Differentialgleichungen (die auch Herrn Picard unbekannt scheint) ebenfalls in Bd. 12 [33]. Ich bitte Sie, sich dieselbe, irgendwo zu verschaffen. Separatabzüge sandte ich verschiedene nach Paris, z. B. an Hermite.

2. An meine eigenen Arbeiten schlißen sich die meiner Schüler Dyck [34] und Gierster [35]. Ich benachrichtigte beide, Ihnen Separatabzüge zuzustellen. Eine auf dieselben Theorien bezügliche Doktordissertation von Herrn Hurwitz wird eben gedruckt und Ihnen in einigen Wochen zukommen [36].

3. Seit vorigem Herbst ist einer Ihrer Landsleute hier, dessen Namen Sie vermutlich kennen, da er zusammen mit Picard und Appell studierte : Mr. Brunel (adr. Liebigstr. 38/II). Vielleicht interessiert es Sie, auch mit ihm in Korrespondenz zu treten ; er wird Ihnen von den hiesigen Seminareinrichtungen und von der Rolle, welche eben dort die eindeutigen Funktionen mit linearen Transformationen in sich gespielt haben, besser erzählen können, als ich selbst.

4. Ich habe Sommersemester 1879 von Herrn Gierster ein Heft meiner Vorlesung ausarbeiten lassen. Im Augenblicke ist dasselbe verliehen, doch werde ich dasselbe nächster Tage zurückbekommen und mit Herrn Brunel zusammen durchgehen, worauf wir Ihnen Bericht erstatten.

5. Die Benennung «fonctions fuchsiennes» weise ich zurück , so gut ich verstehe, daß Sie durch Fuchssche Arbeiten zu diesen Ideen mit veranlaßt wurden. Im Grunde basieren alle solche Untersuchungen auf Riemann. Für meine eigene Entwickelung war die eng verwandte Betrachtung von Schwarz in Bd. 75 des Borchardtschen Journals [37] (die ich Ihnen dringend empfehle, wenn Sie dieselbe noch nicht kennen sollten) von maßgebender Bedeutung. Die Arbeit von Herrn Dedekind über elliptische Modulfunctionen in Borchardts Journal Bd. 83 [38] erchien erst,

---

31. [Klein, 1879b].
32. [Klein, 1876, 1877c].
33. [Klein, 1877b].
34. [Dyck, 1881]. Walther Dyck soutient en 1879 à l'Université de Munich une thèse intitulée *Über regulär verzweigte Riemann'sche Flächen und die durch sie definierten Irrationalitän.* Le superviseur en était Félix Klein. Voir p. 231.
35. [Gierster, 1879]. Joseph Gierster soutient en 1881 à l'Université de Leipzig une thèse intitulée Die Untergruppen der Galoisschen Gruppe der Modulargleichung für den Fall eines primzahligen Transformationsgrades. Les superviseurs en étaient Wilhelm Scheibner et Felix Klein.
36. [Hurwitz, 1881].
Adolf Hurwitz soutient sa thèse en 1881 à l'Université de Leipzig. Les superviseurs en sont Felix Klein et Wilhem Scheibner. Voir p. 421.
37. [Schwarz, 1873].
38. [Dedekind, 1877].

als ich mir über die geometrische Repräsentation der Modulfunktionen bereits klar (Herbst 1877). Zu diesen Arbeiten stehen die von Fuchs vermöge ihrer ungeometrischen Form in bewußtem Gegensatze. Ich bestreite nicht die großen Verdienste, welche Herr Fuchs um andere Teile der Lehre von den Differentialgleichungen hat, aber gerade hier lassen seine Arbeiten um so mehr im Stich als das einzige Mal, wo er in einem Briefe an Hermite die elliptischen Modulfunktionen erläuterte (Borchardts Journal Bd. 83) [39], ein fundamentaler Fehler unterlief, den dann Dedekind l.c. nur sanft monierte.

6. Man kann eine Funktion mit linearen Transformationen in sich insbesondere so definieren, daß man die Halbebene auf ein Kreisbogenpolygon, welches beliebig vorgegeben ist, abbildet. Dies ist dann freilich ein nur spezieller Fall der allgemeinen (ich weiß im Augenblicke nicht, ob Sie sich nur auf diesen speziellen Fall beschränken). Die Gruppe der linearen Transformationen ist dann dadurch partikularisiert, daß sie in einer doppelt so großen Gruppe von Operationen enthalten ist, welche neben linearen Transformationen auch Spiegelungen (Transformationen durch reziproke Radien) umfaßt. In diesem Falle ist die Existenz der Funktion durch ältere Arbeiten von Schwarz, resp. Weierstrass, sichergestellt sofern man nicht auf die allgemeinen Riemannschen Prinzipien rekurrieren will. Siehe Schwarz in Borchardts Journal, Bd. 70, Abbildung der Halbebene auf Kreisbogenpolygone [40].

7. Auch in diesem speziellen Falle habe ich bislang durchaus nicht alle „groupes discontinus“ aufgestellt; ich habe nur gesehen, daß es sehr viel gibt, bei denen

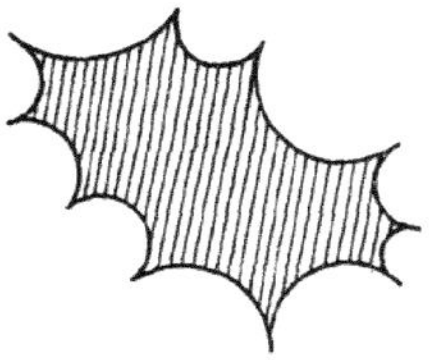

kein fester Grundkreis existiert, bei denen also die Analogie mit der nicht-euklidischen Geometrie (die mir übrigens in der Tat sehr geläufig ist) nicht zutrifft. Nehmen Sie z.B. ein beliebiges Polygon, begrenzt von irgend welchen sich berührenden Kreisen so wird die Vervielfältigung durch Symmetrie ebenfalls zu einer groupe discontinu führen.

8. Die übrigen Fragen Ihres Briefes finden, wohl schon durch die übersandten Arbeiten ihre Beantwortung die nach dem Pluralis der „Modulfunktionen“ und in der Hauptsache auch die nach den „Fundamentalpolygonen“.

In der Hoffnung, recht bald wieder von Ihnen zu hören,

Ihr ganz ergebener
F. Klein.

39. [Fuchs, 1877].
40. [Schwarz, 1869].

4 Poincaré à Klein

Caen, le 22 juin 1881 [41]

Monsieur,

Je n'ai pas encore reçu les envois que vous m'annoncez et que je ne tarderai sans doute pas à voir arriver à leur adresse. Mais je ne veux attendre ce moment pour vous remercier de vos promesses, ainsi que de votre lettre que j'ai lue avec le plus grand intérêt. Aussitôt après l'avoir reçue, j'ai couru à la bibliothèque pour y demander le 70e volume de Borchardt ; malheureusement ce volume était prêté et je n'ai pu y lire le mémoire de M. Schwarz [42]. Mais je crois pouvoir reconstituer d'après ce vous m'en dites et y reconnaître certains résultats que j'avais trouvés sans me douter qu'ils avaient fait l'objet de recherches antérieures. Je crois donc comprendre que les fonctions fuchsiennes que les recherches de M. Schwarz et les vôtres permettent de définir sont celles dont je me suis occupé plus particulièrement dans ma note du 23 mai [43]. Le groupe particulier dont vous me parlez dans votre dernière lettre me semble fort intéressant et je vous demanderai la permission de citer ce passage de votre lettre dans une communication que je ferai prochainement à l'Académie et où je chercherai à généraliser votre résultat [44].
Quant à la dénomination de fonctions fuchsiennes, je ne la changerai pas. Les égards que je dois à M. Fuchs ne le permettent pas. D'ailleurs, s'il est vrai que le point de vue du savant géomètre d'Heidelberg est complètement différent du vôtre et du mien, il est certain aussi que ses travaux ont servi de point de départ et de fondement à tout ce qui s'est fait depuis dans cette théorie. Il n'est donc que juste que son nom reste attaché à ces fonctions qui y jouent un rôle si important.
Veuillez agréer, Monsieur, l'assurance de ma respectueuse considération.

Poincaré

5 Klein à Poincaré

[Leipzig, 25. Juni 1881

Geehrter Herr !

Schreiben Sie mir doch bitte umgehend eine Karte, ob meine Sendung von Separatabzügen auch jetzt noch nicht eingetroffen ist ; ich brachte sie selbst heute vor 8 Tagen auf die Post. Über F. würden Sie sich anders ausdrücken, wenn Sie die Literatur völlig kennten. Die Lehre von der Abbildung der Kreisbogenpolygone steht völlig unabhängig von der F. Arbeit in t. 66 [45] ; das Gemeinsame ist nur, daß beide Betrachtungsweisen durch Riemann angeregt sind.
Hochachtungsvoll

Prof. Dr. F. Klein

41. Cette lettre est conservée à la Niedersächsische Staats- und Universitätsbibliothek.
42. [Schwarz, 1869].
43. [Poincaré, 1881h].
44. [Poincaré, 1881j].
45. [Fuchs, 1866].

6 Poincaré à Klein

Caen, le 27 juin 1881 [46]

Monsieur,

Au moment où j'ai reçu votre carte, j'allais précisément vous écrire pour vous remercier de votre envoi et vous en annoncer l'arrivée. S'il a été retardé c'est par suite d'une erreur de la poste qui l'a envoyé d'abord à la Sorbonne, puis au Collège de France, bien que l'adresse eût été parfaitement bien mise.
En ce qui concerne M. Fuchs et la dénomination de fonctions fuchsiennes, il est clair que j'aurais pris une autre dénomination si j'avais connu le travail de M. Schwarz ; mais je ne l'ai connu que par votre lettre, après la publication de mes résultats de sorte que je ne peux plus changer maintenant le nom que j'ai donné à ces fonctions sans manquer d'égards à M. Fuchs. j'ai commencé la lecture de vos brochures qui m'ont vivement intéressé, principalement celle qui a pour titre Ueber elliptische Modulfunktionen [47]. C'est au sujet de cette dernière que je vous demanderai la permission de vous adresser quelques questions.
1° Avez vous déterminé les Fundamentalpolygone de tous les Untergruppen que vous appelez Kongruenzgruppen et en particulier de ceux-ci :

$$\alpha \equiv \delta \equiv 1, \quad \beta \equiv \gamma \equiv 0 \mod n.$$

2° Dans mon mémoire sur les fonctions fuchsiennes, j'ai partagé les groupes fuchsiens d'après divers principes de classification et entre autres d'après un nombre que j'appelle leur genre. De même vous partagez les Untergruppen d'après un nombre que vous appelez leur Geschlecht. Le genre (tel que je l'entends) et le Geschlecht sont-ils un seul et même nombre ? Je n'ai pu le savoir, parce que je ne sais pas ce que c'est que le Geschlecht im Sinne der analysis situs. Je vois seulement que ces nombres s'annulent à la fois. Auriez-vous l'obligeance de me dire ce que c'est que ce Geschlecht im Sinne der analysis situs ou, si cette définition est trop longue pour être donnée dans une lettre, dans quel ouvrage je pourrais la trouver ?
Dans votre dernière lettre, vous me demandiez si je ne suis renfermé dans le cas particulier où Die Gruppe der linearen Transformationen ist dadurch particularisirt, dass sie in einer doppelt so grossen Gruppen von Operationen enthalten ist, welche neben linearen Transformationen auch Spiegelungen umfasst. Je ne me suis pas renfermé dans ce cas, mais j'ai supposé que toutes les transformations linéaires conservaient un certain cercle fondamental. Je pense d'ailleurs pouvoir aborder par une méthode analogue le cas le plus général.
À ce propos, il me semble que tous les Untergruppen relatifs aux fonctions modulaires ne rentrent pas dans ce cas spécial.

46. Cette lettre est conservée à la Niedersächsische Staats- und Universitätsbibliothek.
47. [Klein, 1880].

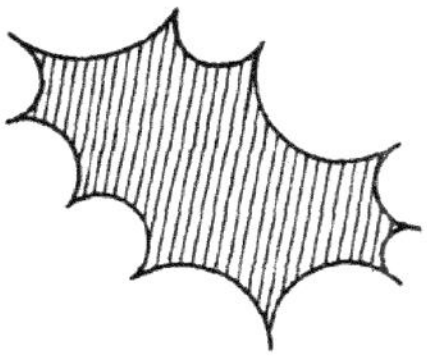

Au sujet de ce groupe discontinu dont vous me parlez et que l'on obtient par des Spiegelungen et par la Vervielfältigung d'un polygone limité par des arcs de cercles se touchant deux à deux il me semble qu'il y a une condition supplémentaire dont vous n'avez pas parlé bien qu'elle ne vous ait sans doute pas échappé : deux arcs de cercles quelconques prolongés ne doivent pas se couper.
Serait-ce abuser de votre complaisance que de vous poser encore une question. Vous dites : in diesem Falle ist die Existenz der Funktion durche Arbeiten von Schwarz sichergestellt, et vous ajoutez : sofern man nicht auf die allgemeinen Riemann'schen Principien zekurriren will. Qu'entendez-vous par là ?
J'ai écrit dernièrement à M. Hermite ; je lui ai fait part succinctement du contenu de vos lettres, et je lui ai envoyé les compliments dont vous m'aviez chargé pour lui.
Veuillez agréer, Monsieur, l'assurance de ma reconnaissance et de mon respect.

Poincaré

7 Klein à Poincaré

Leipzig, den 2. Juli 1881

Geehrter Herr !

Lassen Sie mich die verschiedenen Fragen, die Sie in Ihrem willkommenen Birefe vom 27. Juni stellen, so gut es gehen will, umgehend beantworten.

1. Die Fundamentalpolygone der Kongruenzgruppen

$$\alpha \equiv \delta \equiv 1, \quad \beta \equiv \gamma \equiv 0 \quad (\mathrm{mod.}\, n)$$

habe ich bei $n = 5$ (wo durch Zusammenbiegen der Kanten das Okosaeder entsteht) und bei $n = 7$ im 14. Bande[48] ausführlich beschrieben. Der allgemeine Fall $n =$ Primzahl bildet den Gegenstand einer Arbeit von Dyck[49], die eben im Druck ist. Wenn n eine zusammengesetze Zahl ist, habe ich die Sache nicht erledigt.

2. „Geschlecht im Sinne der Analysis Situs" wird jeder geschlossen Fläche beigelegt. Dasselbe ist gleich der Maximalzahl solcher in sich zurückkehrrender Schnitte der Fläche, die man ausführen kann, ohne die Fläche zu zestücken. Wenn jetzt die bettreffende Fläche als Bild der Wertsysteme w, z einer algebraischen Gleichung $f(w, z) = 0$ betrachtet werden kann, so ist ihr „Geschlecht" eben auch das Geschlecht der Gleichung. Ihr „genre" und mein „Geschlecht" sind also materiell dieselben Zahlen, es liegt bei mir nur vermutlich eine freiere Auffassung der Riemannschen Fläche und der auf sie gegründeten Definition von p zu Grunde.

48. [Klein, 1879d].
49. [Dyck, 1881].

3. Es gist innehalb der Gruppe der Modulfunktionnen allerdings Untergruppen, welche ein unsymmetrisches Fundamentalpolygone besitzen, dahin gehören, wie ich in Bd. 14 nachwies[50], insbesondere diejenigen Untergruppen, welche den singulären Resolventen der Modulargleichung für $n = 7$ und $n = 11$ entsprechen.

4. Daß sich bei dem Polygon die Kreise rüchwärts verlängert nicht schneiden dürfen, wenn eine eindeutige Funktion enstehen soll, ist mir in der Tat wohl bekannt.

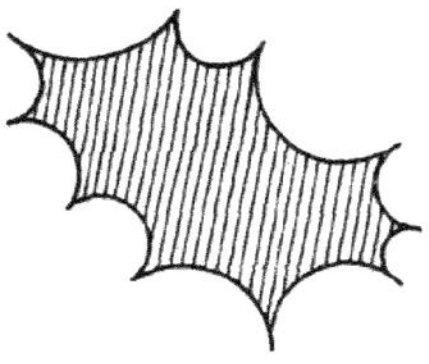

Gerade auf diesen Punkt muß man meines Erachtens die Aufmerksamkeit richten, wenn man beweisen will, daß sich die Koordinaten w, z des Punktes einer beliebigen algebraischen Kurve als eindeutige Funktionen mit linearen Transformationen in sich angeben lassen. Ich werde Ihnen angeben, wie weit ich in dieser Frage gekommen bin.

Nach den Arbeiten von Schwarz, resp. Weierstrass, kann man die Halbebene immer so auf ein Kreisbogenpolygon abbilden daß die Punkte I, II, III, IV, V, welche den 1, 2, 3, 4, 5 auf der Begrenzung der Halbebene entsprechen, beliebige Lage haben.

Nun seien I, II, III, IV, V ... die Verzweigungspunkte einer algebraischen Funktion $w(z)$; und diese algebraische Funktion möge keine anderen Verzweigungspunkte besitzen. Dann sind offenbar w und z eindeutige Funktionen der gewollten Art von denjenigen Hilfsvariabeln, in deren Ebene das gezeichnete Polygon liegt.

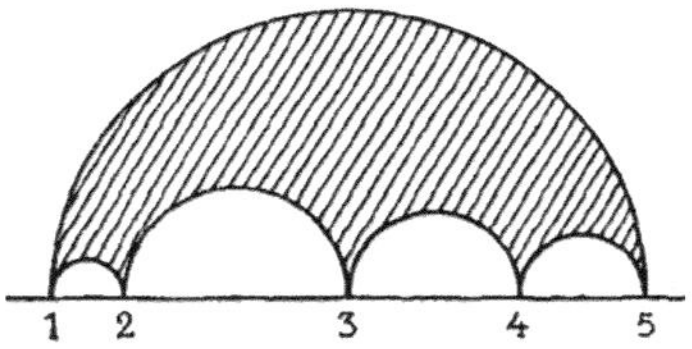

Wenn also alle Verzweigungspunkte einer algebraischen Funktion $w(z)$ auf einem Kreise der z-Ebene liegen, so ist die Frage ohne weiteres zu bejahen. Nun seien I, II, III, IV, V ... die Verzweigungspunkte einer algebraischen Funktion $w(z)$; und diese algebraische Funktion möge keine anderen Verzweigungspunkte besitzen. Dann sind offenbar w und z eindeutige Funktionen der gewollten Art von denjenigen Hilfsvariabeln, in deren Ebene das gezeichnete Polygon liegt. Wenn also alle Verzweigungspunkte einer algebraischen Funktion $w(z)$ auf einem Kreise der z-Ebene liegen, so ist die Frage ohne weiteres zu bejahen. Wie aber, wenn das nicht der Fall ist? Da komme ich unter Umständen auf solche Polygone wie ich sie das vorige Mal nannte. Findet keinerlei Symmetrie statt, so komme ich wenigstens auf einen analog gestalteten Fundamentalraum, dessen Kanten unter Winkeln = Null zusammenstoßen und übrigens paarweise durch gewisse lineare Substitutionen zusammengehören. Aber ich kann nict beweisen, daß dieser Fundamentalraum mit seinen Wiederholungen zusammen nur einen Teil der komplexen Ebene überdeckt. Und an dieser Schwierigkeit finde ich mich nun schon lange aufgehalten.

5. Übrigens bekommt man merkwürdige andere Beispiele von diskontnuierlichen

50. [Klein, 1879a].

Gruppen, wenn man beliebig viele einander nicht schneidende Kreise annimmt und nun an ihnen durch reziproke Radien spiegelt. Ich habe dabei den Teil der Ebene, der gleichzeitig außerhalb aller Kreise liegt, und der also das halbe Fundamentalpolygon vorstellt, der Deutlichkeit halber schraffiert.

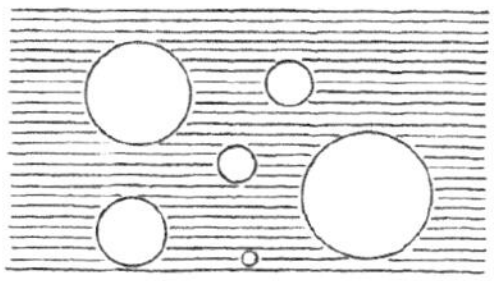

Diese Gruppen werden gelegentlich von Schottky betrachtet (Borschardts Journal Bd. 83)[51], ohne daß dort ihre prinzipielle Bedeutung hervorgehoben würde.

6. Riemanns Prinzipien geben zunächst keinen Weg, um eine Funktion, deren Existenz man erschließt, wirklich zu bilden. Man ist daher geneigt, sie als unsicher zu betrachten, so gewiß es auch sein mag, daß die Resultate, welche aus ihnen folgen, richtig sind. Demgegenüber haben Weierstrass und Schwarz bei der von mir berührten Frage der Abbildung von Kreisbogenpolygonen wirkliche Bestimmungen der in Betracht kommenden Konstanten durch konvergente Prozesse gegeben. Will man Riemannsche Prinzipien gebrauchen, so kann man folgenden sehr allgemeinen Satz aufstellen. Es sei ein Polygon gegeben, mit einer oder auch mehreren getrennten Peripherien. Das Polygon kann ein mehrblättriges sein, dessen Blätter durch Verzweigungspunkte verbunden sind. Jede Peripherie besteht aus einer Anzahl von Stücken; jedes Stück gehe durch eine bestimmte lineare Substitution in eins der übrigen über. Dann kann man immer eine Funktion konstruieren, welche im Inneren des Polygons beliebige vorgeschriebene Unstetigkeiten hat, und deren reeller Teil gewisse vorgegebene Periodizitätsmoduln erhält, wenn man von von einem Stücke der Begrenzung durch das Innere des Polygons zum zugehörigen Stücke übergeht. Unter diesen Funktionen sind insbesondere solche, welche im Inneren des Polygons durchweg eindeutig sind und auf je zwei entsprechenden Punkten des Randes denselben Wert aufweisen. Der Beweis läßt sich genau demjenigen nachbilden, den Riemann in § 12 des ersten Teils seiner Abelschen Funktionen[52] für das besondere Polygon gegeben hat, das aus p übereinander geschichteten Parallelogrammen besteht, die durch $2p - 2$ Verzweigungspunkte verbunden sind. Dieser Satz, den ich mir übrigens erst in den letzten Tagen völlig zurechtlegte, schließt, soviel ich sehe, alle die Existenzbeweise, von denen Sie in Ihren Noten sprechen, als spezielle Fälle oder leichte Folgerungen sein. übrigens ist mein Satz, wie manches, was ich heute schreibe, noch ungenau formuliert; ich müßte zu ausführlich sein, wenn ich das vermeiden wollte; Sie werden leicht meine Meinung erkennen.

7. Lassen Sie mich noch eine Bemerkung über eine andere Ihrer Veröffentlichungen hinzufügen[53]. Sie sprechen davon, daß die θ-Funktionen, die aus der Umkehr der algebraischen Integrale an Kurven, vom Geschlechte p enstehen, nicht die allgemeinen ihrer Art sind. Daß eben diese überlegungen in Deutschland allgemein

51. [Schottky, 1877]. Voir la lettre adressée à Poincaré par Georges Brunel le 7 juillet 1881 (p. 130).
52. [Riemann, 1857, p. 133-136].
53. [Poincaré, 1881d].

gekannt sind, können Sie nicht wissen; eine ganze Anzahl jüngerer Mathematiker arbeitet daran, die Bedingungen zu finden, durch welche sich die sogenannten Riemannschen θ-[Funktionnen] von den allgemeinen unterscheiden. Dagegen wunderte mich, daß Sie die Konstantenzahl der Riemannschen θ gleich $4p+2$ angeben, während es doch $3p-3$ sein muß. Haben Sie Riemann, die betr. Entwickelungen, nicht gelesen? Und ist Ihnen die ganze Diskussion, welche Brill und Noether im 7. Bande der Math. Annalen [54], S. 300 bis 307 zum Abschluß bringen, unbekannt?
In der Hoffnung, bald wieder von Ihnen zu hören, bin ich

Ihr hochachtungsvoll ergebener
F. Klein.

8 Poincaré à Klein

Caen, 5 juillet 1881 [55]

Monsieur,

J'ai reçu votre lettre que j'ai lue avec le plus vif intérêt. Je vous demande mille pardons de la question que je vous ai posée au sujet du Geschlecht im Sinne der analysis situs. J'aurais pu vous éviter d'y répondre, puisque je trouvais l'explication à la page suivante de votre mémoire. Vous vous rappelez sans doute que, dans une de mes dernières lettres, je vous demandais l'autorisation d'en citer une phrase dans une communication où je me proposais de généraliser vos résultats. Vous ne m'avez pas répondu à ce sujet et j'ai pris votre silence pour un acquiescement. J'ai fait cette communication en deux fois, dans les séances du 27 juin [56] et du 4 juillet [57].
Vous trouverez que nous nous sommes rencontrés sur quelques points. Mais la citation que j'ai faite de votre phrase vous sera, je pense, une garantie suffisante. Permettez-moi, Monsieur, encore une question; où trouverai-je les travaux de MM. Schwarz et Weierstrass dont vous me parlez; d'abord au sujet de ce théorème que :

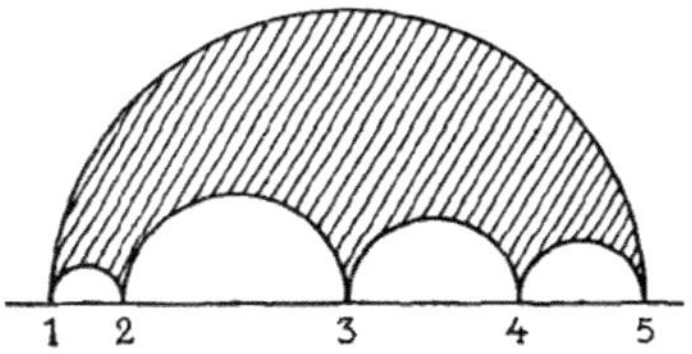

Man kann immer die Halbebene so auf ein Kreisbogenpolygon abbilden, dass die Punkt I, II, III, IV, V, welche den 1, 2, 3, 4, 5 auf der Begränzung der Halbebene ensprechen, beliebige Lage haben.
Ce théorème ne m'était pas inconnu, car je l'ai démontré dans ma communication du 23 mai [58]. Mais où le trouverai-je dans les travaux de mes devanciers? Est-ce au tome 70 de Crelle [59]? Où trouverai-je aussi

54. [Brill et Nœther, 1874].
55. Cette lettre est conservée à la Niedersächsische Staats- und Universitätsbibliothek.
56. [Poincaré, 1881j, p. 1486].
57. [Poincaré, 1881n, p. 45].
58. [Poincaré, 1881h].
59. [Schwarz, 1869].

les développements dont vous parlez dans la phrase suivante : Demgegenüber haben Weierstrass und Schwarz bei der von mir berührten Frage der Abbildung von Kreisbogenpolygonen wirkliche Bestimmungen der in Betracht kommenden Konstanten durch konvergente Prozess gegeben.

Le théorème que vous me dites avoir découvert m'a beaucoup intéressé. Il est clair que, comme vous me le dites, votre résultat contient comme cas particulier alle meine Existenzbeweise. Mais il arrive après.

J'arrive à votre remarque relative aux fonctions abéliennes. Quand j'ai parlé de $4p + 2$ constantes, il ne s'agissait pas du nombre des modules. J'ai dit ceci[60] : une relation algébrique de genre p peut toujours être ramenée au degré $p + 1$. Une relation de degré $p + 1$ et de genre p dépend de $4p + 2$ paramètres ; car une relation générale de degré $p + 1$ dépend de

$$\frac{(p+1)(p+4)}{2}$$

paramètres. Mais il a :

$$\frac{p(p+1)}{2} - p$$

points doubles. Il reste donc $4p + 2$ paramètres indépendants. J'ai ainsi, non le nombre des modules, mais une limite supérieure de ce nombre, ce qui me suffisait pour mon objet.

Veuillez agréer, Monsieur, l'assurance de ma respectueuse considération.

Poincaré

9 Klein à Poincaré

Leipzig, 9. Juli 1881.

Geehrter Herr !

In vorläufiger Beantwortung Ihres Briefes habe ich etwa Folgendes zu sage :

1. Es ist mir ganz recht, daß Sie jene Stelle aus meinem Briefe zitiert haben. Bislang besitze ich nur erst Ihre Note vom 27. Juni[61]. Über die Benennung, die Sie dieser Funktionenklasse erteilt haben, war ich einigermaßen erstaunt ; denn ich habeja nichts weiter getan als die Existenz dieser Gruppen bemerkt. Was mich angeht, so werde ich weder von „fuchsiennes" noch „kleinéennes" Gebrauch machen, sondern bei meinen „Funktionen mit linearen Transformationen in sich" bleiben.

2. Was ich über den Wert der Riemannschen Prinzipien sagte, war nicht scharf genug. Es ist kein Zweifel, daß das „Dirichletsche Prinzip", als überhaupt nich konklusiv, verlassen werden muß. Man kann es aber vollständig durch strengere Beweisführung ersetzen. Sie finden das näher ausgeführt in einer Arbeit von Schwarz, die ich eben erst in diesen Tagen (zwecks meiner Vorlesung) genauer ansah, und in

60. [Poincaré, 1881d].
61. [Poincaré, 1881j]

der Sie auch die Angaben über Konstantenbestimmungen finden, die in Borchardts Journal (Von Arbeiten in Borchardts Journal müssen Sie jedenfalls Bd. 70, 74, 75 ansehen [62]) nur angedeutet sind; dieselbe steht in den Berliner Monatsberichten 1870, S. 767-795 [63].

3. Der allgemeine Existenzbeweis, von dem ich das vorige Mal sprach, gilt natürlich auch für Gruppen, die aus irgendwelchen analytischen (nich notwendig linearen) Substitutionen zusammengesetzt sind. Es ist merkwürdig, daß in diesem Sinne jede Operationsgruppe Funktionen definiert, die bei ihr ungeândert bleiben. Die „groupes discontinus" haben nur das voraus, daß bei ihnen zugehörige eindeutige Funktionen existieren, was allerdings sehr wesentlich ist. Würde man die höheren Fälle durch eindeutige Funktionen von mehreren Veränderlichen beherrschen können, wie man es in dem besonderen bei Riemann in § 12 [64] behandelten Falle vermöge des Jacobischen Umkehrproblems zu tun pflegt?

So viel für heute. Ich habe mittlerweile mit Herrn Brunel meine älteren Sachen, namemtlich auch die Vorlesungshefte von 1877-78 und 78-79 (die ich damals habe ausarbeiten lassen) durchgegangen und wird Herr Brunel Ihnen demnächst darüber schreiben.

Hochachtungsvoll

Iht ergebener
Prof. Dr. F. Klein

10 Klein à Poincaré

Leipzig, 4. Dez. 1881
Sophienstraße 10ii

Sehr geehrter Herr!

Nachdem ich lange über die uns gemeinsam interessierenden Fragen nur beiläufig nachgedacht habe, habe ich heute früh Gelegenheit genommen, die verschiedenen Mitteilungen, wie Sie sie der reihe nach in den Comptes rendus veröffentlicht haben, im Zusammenhange zu lesen. Ich sehe, daß Sie non wirklich zu einem Beweise gekommen sind (8. August) : „que toutes les équations différentielles linéaires à coefficients algébriques s'intègrent par les fonctions zétafuchsiennes" und „que les coordonnées des points d'une courbe algébrique quelconque s'expriment par des fonctions fuchsiennes d'une variable auxiliaire [65]". Indem ich Ihnen dazu gratuliere, daß Sie so weit gekommen sind, möchte ich Ihnen einen Vorschlag machen, der Ihren und meinen Interessen auf gleich Weise gerecht wird. Ich möchte Sie bitten, mir für die Mathematische Annalen einen kurzen oder einen längeren Aufsatz zu schicken, oder wenn Sie keine Zeit zur Ausarbeitung eines solchen finden, mir einen Brief zu schicken, in welchem Sie in großen Zügen Ihre Gesichtspunkte und

62. [Schwarz, 1869, 1872b, 1873].
63. [Schwarz, 1870].
64. [Riemann, 1857, p. 133-136].
65. [Poincaré, 1881l, p. 303].

Resultate angeben[66]. Ich selbst würde dann diesen Brief mit einer Anmerkung gebleiten, in welche ich darlegte, wie sich von mir aus die ganze Sache stellt, und wie gerade das Programm, welches Sie jetzt ausführen, als hodegetisches Prinzip meinen Arbeiten über Modulfunktionen zugrunde lag. Natürlich würde ich diese Anmerkung Ihnen vor dem druck zur Begutachtung zustellen[67]. –
Eine solche Publikation würde zweierlei erreichen : einmal würde, was Ihnen vermutlich erwünscht ist, das Leserpublikum der Math. Annalen auf ihre Arbeiten mit Entschiedenheit aufmerksam gemacht werden ; andererseits würden, auch dem allgemeineren Publikum gegenüber, Ihre Arbeiten in derjenigen Verbindung mit den meinigen stehen, die nun einmal tatsächlich vorhanden ist. Sie werden zwar, wie Sie mir schreiben, diese Beziehungen in Ihrem ausführlichen Mémoire auseinandersetzen ; aber bis dahin vergeht viele Zeit, und es liegt mir daran, daß es auch in den Annalen gesagt wird.
Ich selbst haber mittlerweile eine kleine Schrift über „Riemanns Theorie“[68] fertiggestellt, die Ihnen vielleicht interessant ist, weil sie deijenige Konception der Riemannschen Fläche gibt, mit der R. selbst meines Erachtens eigentlich gearbeitet hat. Vielleicht hat Ihnen Herr Brunel davon erzählt. Ich habe mich sodann in etzter Zeit mit den verschiedenen Existenzbeweis beschäftigt, welche man an Stelle des Dirichletschen Prinzips gesetzt hat, und habe mich überzeugt, daß, daß die Methoden von Schwarz in der Berliner Monatsberichten, 1870, S. 767ff.[69] allerdings vollkommen ausreichen, um z. B. den allgemeinsten Satz zu beweisen, von dem ich gelegentlich im Sommer schrieb.
Hochachtungsvoll

F. Klein

11 Poincaré à Klein

8 décembre 1881
Paris, rue Gay-Lussac 66[70]

Monsieur,

Je vous remercie infiniment de l'offre obligeante que vous voulez bien me faire et je suis tout disposé à en profiter. Je vous enverrai prochainement la lettre que vous me demandez ; je vous prierai pourtant de me dire quelle place vous pouvez lui consacrer dans les Annales. Je sais que la clientèle de votre journal est nombreuse et que l'étendue que vous pouvez permettre à chaque travail est forcément limitée et je ne voudrais pas abuser de votre bienveillance. Quand je saurai quelle longueur je puis donner à ma lettre, je vous l'écrirai immédiatement.

66. [Poincaré, 1882e].
67. [Klein, 1882a].
68. [Klein, 1882d].
69. [Schwarz, 1870].
70. Cette lettre est conservée à la Niedersächsische Staats- und Universitätsbibliothek.

J'aurai prochainement l'honneur de vous envoyer diverses notes relatives à la théorie générale des fonctions, si vous voulez bien les accepter.
J'ai lu dernièrement le mémoire de Schwarz dans les Monatsberichte [71] et ses démonstrations m'ont paru rigoureuses.
Veuillez agréer, Monsieur, mes remerciements et l'expression de ma grande considération.

Poincaré

12 Klein à Poincaré

Leipzig, 10. Dezember 1881.

Sehr geehrter Herr!

Es freut mich, daß meine Aufforderung Ihnen angenehm war; voilà une loi de réciprocité. Was nun Ihre Anfrage angeht, so will ich vor allen Dingen antworten, daß mir Ihr Anfrage angeht, so will ich vor allen Dingen antworten, daß Ihr Aufsatz um so gelegener kommt, je rascher er kommt. Trifft er noch bis zum 20-sten dss. ein, so bringe ich ihn noch in das 4-te Heft des eben erscheinenden 19-ten Annalenbandes; er wird dann bis Anfang März (spätestens) publiziert sein. Was nun den Umfang angeht, so will ich, da Sie es wünschen, etwa einen Druckbogen (16 Seiten) in Vorschlag bringen. Das ist Raum genug, um das Wesentliche deutlich zu sagen, und doch wieder auch für den flüchtigen Leser nicht zu viel. Ich möchte Sie dann bitten, namemtlich auch über die Methoden ihrer Beweise die erfordelichen Angaben zu machen, also über die Art, wie Sie die in Betracht kommenden Funktionnen wirklich bilden usw. Doch alles dar beurteilen Sie besser, als ich es hier vorschreiben könnte.
Noch eins! Ist Ihre Adresse jetzt dauernd in Paris? Und wie ist die gegenwärtige von Picard? Ich würde glücklich sein, wenn ich auch vom letzteren einen Beitrag für die Annalen haben könnte [72].
Hochachtungsvoll

Iht ergebener
F. Klein

13 Poincaré à Klein

Paris, le 17 décembre 1881
rue Gay-Lussac 66 [73]

Monsieur,

J'ai l'honneur de vous adresser le petit travail en question [74]; je n'ai pas, comme vous me le demandiez, exposé succinctement mes méthodes de démonstration. Je n'aurais pu le faire sans dépasser de beaucoup les limites que vous m'aviez fixées.

71. [Schwarz, 1870].
72. [Picard, 1882c].
73. Cette lettre est conservée à la Niedersächsische Staats- und Universitätsbibliothek.
74. [Poincaré, 1882e].

Je sais que ces limites n'avaient rien d'absolu. Mais d'un autre côté je ne crois pas qu'une démonstration puisse être résumée ; on ne peut en retrancher sans lui enlever sa rigueur et une démonstration sans rigueur n'est pas une démonstration. Je préférerais donc vous adresser de temps en temps une série de courtes lettres où je démontrerais successivement les résultats énoncés ou du moins les principaux. Ces lettres, vous en feriez ce que bon vous semblerait.
J'habite en Paris, je suis maître de conférences à la Faculté des Sciences.
Voici l'adresse de Picard : Professeur Suppléant à la Faculté des Sciences, rue Michelet 13, Paris.
Je vous donne par la même occasion celle d'Appell : Maître de conférences à l'École Normale Supérieure, rue Soufflot 22, Paris.
Veuillez agréer, Monsieur, l'assurance de ma considération la plus distinguée.

Poincaré

14 Klein à Poincaré

Leipzig, 13. Januar 1882

Sehr geehrter Herr !

Ich habe Ihnen nicht persönlich für die Übersendung Ihrer Arbeit gedankt, mit der Sie mich in der Tat in hohem Grade verpflichtet haben. – Wir sind jetzt so weit, daß in den allernächsten Tagen gedruckt wird. Sie werden eine Korrektur bekommen, die ich Sie bitte, nach Durchsicht

„An die Teubnersche Buchdruckerei "
Leipzig

zurückschicken. Wollen Sie dabei insbesondere auch die Erklärung durchsehen, welche ich Ihrer Arbeit in dem früher bereits bezeichneten Sinne Benennungen „fuchsiennes" und „kleinéennes" protestiere, bezüglich letztere Schottky zitiere und übrigens Riemann als denjenigen bezeichne, auf den alle diese Untersuchungen zurückgehen [75]. Ich habe mich bemüht, diese Erklärung so maßvoll als möglich zu halten, bitte Sie aber, mir umgehend zu schreiben, wenn Sie noch eine Abänderung wünschen. Dem Verdienste Ihrer Untersuchungen trete ich damit in keiner Weise zu nahe. – Hierüber hinaus habe ich nun aber noch eine eigene kleine Arbeit [76] redigiert, die gleich hinter der Ihrigen abgedrückt werden soll. Dieselbe bringt, auch ohne Beweis, einige auf dem betr. Gebiete liegende Resultate, vor allem dieses : Daß man jede algebraische Gleichung $f(w, z) = 0$, sobald man auf der zugehörigen Riemannschen Fläche p unabhängige Rückkehrschnitte gezogen hat, in einer und nur eine Weise durch $w = \phi(\eta)$, $z = \psi(\eta)$ auflösen kann, wo η eine diskontinuierliche Gruppe von der Art erfährt, wie Sie sie damals im Anschluß

75. [Klein, 1882a].
76. [Klein, 1882b].

an meinen Brief zur Sprache gebracht haben. Dieser Satz ist darum so schön, weil diese Gruppe genau $3p - 3$ wesentliche Parameter hat, also ebensoviele, als die Gleichungen des gegebenen p Moduln besitzen. Hieran knüpfen selben möglichst vollständig mitzuteilen, habe ich die Druckerei angewiesen, Ihnen auch von meiner Arbeit die Korrektur zuzuschicken, die Sie dann ruhig für sich behalten wollen.

Was die Beweise angeht, so ist das eine mühselige Sache. Ich operiere immer mit Riemannschen Anschauungen resp. „geometria situs". Das ist schwer ganz deutlich zu redigieren. Ich werde mir alle Mühe geben, dieses mit der Zeit zu tun. Mittlerweile wird es mir sehr erwünscht sein, mit Ihnen hierüber und auch über Ihre Beweise zu korrespondieren. Seien Sie überzeugt, daß ich die Briefe, welche Sie mir i dieser Hinssicht in Aussicht stellen, mit größtem Interesse studieren und dementsprechend eingehend beantworten werde. Wenn Sie wünschen, dieselben in irgendeiner Form zu publizieren, so stehen Ihnen die Math. Annalen selbstverständlich zur Verfügung.

Hochachtungsvoll

Iht ergebener
F. Klein

15 Poincaré à Klein

[01/1882] [77]

Monsieur,

J'ai reçu les épreuves de Teubner, et je vais les lui renvoyer. J'ai lu votre note et je ne vois pas qu'il y ait lieu d'y changer quoi que ce soit. Vous me permettrez cependant de vous adresser quelques lignes pour chercher à justifier mes dénominations [78]. J'attends avec impatience le théorème que vous m'annoncez et qui me paraît des plus intéressants.

Veuillez agréer, Monsieur, l'assurance de ma considération la plus distinguées.

Poincaré

16 Poincaré à Klein

Paris, 28 mars 1882 [79]

Monsieur,

Vous avez ajouté à mon travail : Sur les fonctions uniformes qui se reproduisent par des substitutions linéaires [80], une note [81] où vous exposez les raisons qui vous ont fait rejeter mes dénominations. Vous avez eu la bonté de m'en envoyer les épreuves imprimées en me demandant si j'y désirais quelque changement. Je vous

77. Cette lettre est conservée à la Niedersächsische Staats- und Universitätsbibliothek.
78. [Poincaré, 1882f].
79. Cette lettre est conservée à la Niedersächsische Staats- und Universitätsbibliothek.
80. [Poincaré, 1882e].
81. [Klein, 1882a].

remercie de la délicatesse de votre procédé, mais je ne pouvais en abuser pour vous demander de taire la moitié de votre pensée.
Vous comprenez cependant que je ne puis laisser les lecteurs des Annales sous cette impression que j'ai commis une injustice. C'est pourquoi je vous ai écrit, vous vous le rappelez peut-être, que je ne vous demandais aucun changement à votre note, mais que je vous demanderais la permission de vous adresser quelques lignes [82] pour justifier mes dénominations.
Voici ces lignes ; peut-être jugerez vous convenable de les insérer. À mon tour, je vous demanderai si vous désirez que je fasse quelque changement à la rédaction de cette petite note. Je suis prêt à faire tous ceux qui n'altéreraient pas ma pensée.
Veuillez excuser mon importunité et me pardonner ce petit plaidoyer pro domo.
Veuillez agréer, Monsieur, l'assurance de ma considération la plus distinguée.

Poincaré

Je vous serais obligé si vous voulez bien me dire l'adresse de M. Hurwitz à qui je désirerais faire hommage d'un exemplaire de mon travail.

Je vous serais bien reconnaissant aussi, si vous pouviez m'indiquer les traits généraux de la démonstration par laquelle vous établissez le théorème annoncé dans votre dernier travail : Ueber eindeutige Functionen mit linearen transformationen in sich [83].

Sur les fonctions uniformes qui se reproduisent par des substitutions linéaires
(Extrait d'une lettre adressée à M. F. Klein)
par H. Poincaré à Paris

... Vous avez eu dernièrement la bonté de faire insérer aux Mathematische Annalen (t. XIX, p. 553-564) mon travail sur les fonctions uniformes qui se reproduisent par des substitutions linaires [84] et vous l'avez fait suivre d'une note [85] où vous exposez les raisons qui vous font trouver peu convenables les noms que j'ai donnés à ces transcendantes. Permettez-moi de vous adresser quelques lignes pour défendre mes dénominations que je n'ai pas choisies au hasard :
Si j'ai cru devoir donner aux fonctions nouvelles le nom de M. Fuchs, ce n'est pas que je méconnaisse la valeur des travaux de M. Schwarz et des vôtres, je suis le premier, au contraire, à en apprécier la haute importance. Mais il ne m'était pas possible d'oublier les découvertes si remarquables que le savant professeur d'Heidelberg a publiées dans le Journal de Crelle [86]. Elles sont le fondement de la théorie des équations linéaires et, sans elles, je n'aurais pu aborder l'étude de mes transcendantes qui se lient directement à cette théorie. Dans ses premiers

82. [Poincaré, 1882f].
83. [Klein, 1882b].
84. [Poincaré, 1882e].
85. [Klein, 1882a].
86. [Fuchs, 1866, 1873, 1876, 1877, 1878a, 1880d]. Pour plus de précisions sur les travaux de L. Fuchs et leur influence sur H. Poincaré, voir [Gray, 1984].

travaux, M. Fuchs se place, il est vrai, à un point de vue un peu différent du mien et ne se préocuupent pas ni de la discontinuité des groupes, ni de l'uniformité des fonctions. Mais M. Schwarz, dans ses Mémoires des tomes 70 et 74 du Journal de Crelle [87] ne s'en préoccupe pas non plus ; il en dit quelques mots dans un cas très particulier, dans le mémoire du tome 75 [88] que j'ai cité dans ma note. C'est là seulement qu'il se trouve Auf dem Gebiete des fonctions fuchsiennes. Dans vos belles recherches sur les fonctions modulaires [89] votre façon d'envisager les choses différait peu de la mienne, mais vous aviez plutôt en vue alors l'étude des fonctions elliptiques que celle des équations linéaires. Quant à M. Fuchs, dans ses mémoires des tomes 83 et 89 du Journal de Crelle [90], il s'est élevé à un point de vue nouveau et a mis en lumière le lien étroit qui unit la théorie des équations différentielles à celle de certaines fonctions uniformes. Ce fut la lecture de ces mémoires qui devint le point de départ de mes recherches.
En ce qui concerne les fonctions kleinéennes, j'aurais cru commettre une injustice, si je leur avais donné un autre nom que le vôtre. C'est M. Schottky [91] qui a découvert la figure qui faisait l'objet de votre lettre, mais c'est vous qui avez ihre prinzipielle Wichtigkeit betont ; comme vous le dites à la fin de votre savant travail Über eindeutige Funktionen mit linearen Transformationen in sich [92].
Quant à ce que vous dites de Riemann, je ne puis qu'y souscrire pleinement. C'était un de ces génies qui renouvellent si bien la face de la Science qu'ils impriment leur cachet, non seulement sur les œuvres de leurs élèves immédiats, mais sur celles de tous leurs successeurs pendant une longue suite d'années. Riemann a créé une théorie nouvelle des fonctions, et il sera toujours possible d'y retrouver le germe de tout ce qui s'est fait et se fera après lui en analyse mathématique ...

17 Klein à Poincaré

Düsseldorf, 3. April 1882
Adr. Bahnstraße 15.

Sehr geehrter Herr !

Ihre Zusendung, die ich gestern über Leipzig erhalten habe, traf mich eben im Begriffe, Ihnen zu schreiben, um nämlich meine neue Annalennote [93], die als Korrekturexemplar nun wohl bereits in Ihre Hände gekommen ist, mit ein paar Worten zu begleiten. Zugleich erhielt ich die Note von Prof. Fuchs in den Göttingen

87. [Schwarz, 1869, 1872b].
88. [Schwarz, 1873].
89. [Klein, 1879b,a, 1880].
90. [Fuchs, 1877, 1880d].
91. [Schottky, 1877].
92. [Klein, 1882b].
93. [Klein, 1882b].

Nachrichten [94]. Wenn ich zunächst betreffs letztzerer zwei Worte sagen darf, so wäre es dies, daß ich sie für ganz verfehlt bezeichnen. Ich habe nur behauptet, daß Fuchs nirgends über „fonctions fuchsiennes" publiziert habe. Hiernach ist die zweite der von ihm angezogenen Arbeiten [95] (die ich mir übrigens zwecks näheren Studiums hierher kommen lassen werde) gegenstandlos. Die erste [96] subsumiert sich allerdings unter die „fonctions fuchsiennes", insofern es sich um Modulfunktionen handelt, aber gerade den eigentlichen Charakter der letzteren, der in der Natur der singulären Linie liegt, hat Fuchs, bei seinem Mangel an geometrischer Anschauung, nicht richtig erkannt, wie bereits Dedekind in Bd. 83 von Borschards Journal [97] hervorgehoben hat. Was endlich die Insinuation gegen Schluß der Note betrifft [98], als sei ich wesentlich durch Fuchs's eigene Untersuchungen zu meinen verenlaßt wurden, so ist das historisch einfach unrichtig. Meine Untersuchungen beginnen 1874 mit der Bestimmung aller endlichen Gruppen linearer Transformationen einer Veränderlichen [99]. Im Jahre 1876 zeigte ich sodann, daß damit das von Fuchs damals aufgeworfene Problem, alle algebraisch integrierbaren linearen Differentialgleichungen zweiter Ordnung zu bestimmen, eo ipso erledigt sei [100]. Die Sache ist also gerade umgekehrt, wie Fuchs angibt. Nicht seiner Arbeit entnahm ich die Ideen, sondern ich zeigte, daß sein Thema mit meinen Ideen behandelt werden müsse.

Mit Ihrer Darlegung bin ich, wie Sie vermuten, auch nicht einverstanden. Wenn es sich um die allgemeine Wertschätzung der Fuchsschen Arbeiten handelt, so werde ich gerne bereit sein, irgendeine neue Funktionsklasse, auf die noch niemand Hand gelegt hat, nach ihm zu benennen, oer auch z. B. die Funktionen mehrerer Variabeln, die Fuchs in Vorschlag bringt [101]. Die Funktionen aber, welcher Sie nach Fuchs benennen, gehörten bereits anderen, ehe Sie den Vorschlag zur Benennung machten. Ich bin auch überzeugt, daß Sie gerade diesen Vorschlag nicht gemacht hätten, wenn Sie damals (zu Anfang) die Literatur gekannt hätten. Sie bieten mir sodann, sozusagen zur Entschädigung, die «fonctions kleinéennes" an. So sehr ich Ihre freudliche Absicht dabei anerkenne, so wenig kann ich dies akzeptieren, weil es eben eine historische Unwahrheit impliziert. Wenn meine Arbeit im 19-ten Bande [102] so scheinen könnte, als hätte ich mich in der tat jetzt besonders auf die „kleinéennes" geworfen, so mag die neue Arbeit in Bd. 20 [103] zeigen, daß ich nach wie vor auch die „fuchsiennes" als meine Domäne betrachte.

94. [Fuchs, 1882].
95. [Fuchs, 1880d].
96. [Fuchs, 1877].
97. [Dedekind, 1877].
98. [Fuchs, 1876, 1875].
99. [Klein, 1876].
100. [Klein, 1877a,b].
101. *Note de Klein : „Sind dieselben wirklich eindeutig? Ich verstehe nur, daß sie in jedem Wertsysteme, welches sie erreichen, unverzweigt sind".
102. [Klein, 1882b].
103. [Klein, 1882c].

Doch genug davon. Ich habe Ihre Note umgehend in die Druckerei geschickt und nur die eine Bemerkung hinzugefügt, daß ich für mein Teil an meiner früheren Darlegung festhalte (wobei ich zugleich das Publikum ausdrücklich auf die Note von Herrn Fuchs aufmerksam mache). Sie werden in allernâchster Zeit die Korrektur bekommen, and bitte ich sodann, selbige mir hierher (wo ich mich während der Osterferien aufhalte) zuzuschicken, worauf ich in der Druckerei das Nötige veranlassen werde [104]. Was die Stelle über Schottky angeht, so möchte ich sie auf einen nachgelassenen Aufsatz in Riemanns Werken, S. 413 [105] aufmerksam machen, wo genau entsprechende Ideen entwickelt sind. Es wird allerdings schwer sein, zu konstatieren, wieviel der Herausgeber Herr Prof. Weber, da hineingetragen hat [106]. Riemanns Werke erschienen 1876, Schottkys Dissertation 1875 [107], später als Aufsatz im Borchardtschen Journal 1877 [108]. Nun ist aber die Dissertation von 1875 nur ein Teil derjenigen von 1877, und ich kann aus dem Gedächtnisse nicht sagen, ob die eben hier in Betracht kommende Figur bereits in der Ausgabe von 1875 enthalten ist.

Noch muß ich hinzufugen, daß ich nicht beabsichtige, den Streit wegen der Benennungen (nachdem ich Ihrer Erklärung die oben bemerkte Fußnote hinzugefügt habe) von mir aus ferner fortzusetzen. Nur wenn ich erneut dazu veranlaßt werden sollte, würde ich eine, dann allerdings sehr ausführliche und sehr offenherzige Darstellung des ganzen Sachverhalts geben. Lassen sie uns lieber darin konkurrieren, wer von uns die ganze hier in Betracht kommende Theorie am meisten zu fördern geeignet ist! Ich meine, an meinem Teile durch meine neue Note einen gewissen Fortschritt erzielt zu haben. Eine Reihe von Theoremen über algebraische Funktionen beweist man vermöge der neuen η-Funktion sofort, z. B. den Satz, den ich in meiner Schrift Ûber Riemann nur erst als wahrscheinlich bezeichnete, daß nämlich eine Fläche $p > 0$ niemals unendlich viele diskrete eindeutige Transformationen in sich besitzen kann (vermöge derer sie in eine unendliche Zahl „äquivalenter Fundamentalpolygone“ zerlegt erscheinen würde. – Dann ferner den Satz, daß sich verschiedene von Picard gegebene Sätze von $p = 0$ auf den fall eines beliebigen p übertragen usw.

Was die Methoden betrifft, durch die ich meine Sätze beweise, so schreibe ich davon, sobald ich dieselben noch mehr abgeklärt habe. Können Sie mir nicht mittlerweile mitteilen, welche die Ideen sind, die Sie eben jetzt verfolgen? Ich brauche kaum hinzufügen, daß wir in den Math. Annalen jeden Beitrag, den Sie uns geben wollen, mit Freude abdrucken werden. Es wird sehr viel daran liegen, mit Ihnen

104. *Note de Klein : „Ihre Note kommt unmittelbar hinter die meinige zu stehen “.

105. „Gleichgewicht der Electricität auf Cylindern mit kreisförmigem Querschnitt und parallelen Axen“ [Riemann, 1876, p. 413-416]

106. Sur la publication des *Gesammelte mathematische Werke und wissenschaftlicher Nachlass* de B. Riemann par R. Dedekind et H. Weber, voir [Haffner, 2018b,a].

107. Friederich Schottky soutient en 1875 devant l'Université de Berlin une thèse intitulée „Ueber die conforme Abbildung mehrfach zusammenhaengender ebener Flaechen“. K. Weierstrass et H. Helmholtz en étaient les superviseurs.

108. [Schottky, 1877].

in regem Verkehr zu bleiben. Für mich ist die lebendige Verbindung mit gleichstrebenden Matematikern immer die Vorbedingung zur eigenen mathematischen Produktion gewesen.
Hochachtungsvoll

Iht ergebener
F. Klein

Die Adresse von Dr. Hurwitz ist bis auf weiteres :

Hildesheim, Langer Hagen.

18 Poincaré à Klein

Paris, 4 avril 1882 [109]

Monsieur,

Je viens de recevoir votre lettre et je m'empresse de vous répondre. Vous me dites que vous désirez clore un débat stérile pour la Science et je ne puis que vous féliciter de votre résolution. Je sais qu'elle ne doit pas vous coûter beaucoup puisque, dans votre note ajoutée à ma dernière lettre, c'est vous qui dites le dernier mot, mais je vous en suis gré cependant. Quant à moi, je n'ai ouvert ce débat et je n'y suis entré que pour dire une fois et une seule mon opinion qu'il m'était impossible de taire. Ce n'est pas moi qui le prolongerai, et je ne prendrai de nouveau la parole que si j'y étais forcé ; d'ailleurs je ne vois pas trop ce qui pourrait m'y forcer.
Si j'ai donné votre nom aux fonctions kleinéennes, c'est pour les raisons que j'ai dites et non pas, comme vous l'insinuez, zur Entschädigung ; car je n'ai à vous dédommager de rien ; je ne reconnaîtrai un droit de propriété antérieur au mien que quand vous m'aurez montré que l'on a avant moi étudié la discontinuité des groupes et l'uniformité des fonctions dans un cas tant soit peu général et qu'on a donné de ces fonctions des développements en séries. Je réponds à une interrogation que je trouve en note à la fin d'une page de votre lettre. Parlant des fonctions définies par M. Fuchs au tome 89 de Crelle [110], vous dites : Sind diese Funktionen wirklich eindeutig ? Ich verstehe nur daß sie in jedem Werthsysteme welches sie erreichen, unverzweigt sind. – Voici ma réponse, les fonctions étudiées par M. Fuchs se partagent en trois grandes classes ; celles des deux premières sont effectivement uniformes ; celles de la troisième ne sont que unverzweigt ; elles ne sont uniformes que si on ajoute une condition à celles énoncées par M. Fuchs. Ces distinctions ne sont pas faites dans le premier travail de M. Fuchs ; on les trouve dans deux notes additionnelles, malheureusement trop concises et insérées l'une au Journal de Borchardt 90 [111], l'autre aux Göttinger Nachrichten 1880 [112].
Je vous remercie beaucoup de votre dernière note que vous avez eu la bonté de m'envoyer [113]. Les résultats que vous énoncez m'intéressent beaucoup, voici

109. Cette lettre est conservée à la Niedersächsische Staats- und Universitätsbibliothek.
110. [Fuchs, 1880c].
111. [Fuchs, 1881a].
112. [Fuchs, 1880c].
113. [Klein, 1882c].

pourquoi ; je les avais trouvés il y a quelques temps, mais sans les publier parce que je désirais éclaircir un peu la démonstration ; c'est pourquoi je désirerais connaître la vôtre quand vous l'aurez éclaircie de votre côté.
J'espère que la lutte, à arme courtoise d'ailleurs, à laquelle nous venons de nous livrer à propos d'un nom, n'altérera pas nos bonnes relations. Dans tous les cas, ne vous en voulant nullement pour avoir pris l'offensive, j'espère que vous ne m'en voudrez pas non plus de m'être défendu. Il serait ridicule, d'ailleurs, de nous disputer plus longtemps pour un nom. Name ist Schall und Rauch et après tout ça m'est égal, faites comme vous voudrez, je ferai comme je voudrai de mon côté.
Veuillez agréer, Monsieur, l'assurance de ma considération la plus distinguée.

Poincaré

19 Poincaré à Klein

Paris, 7 avril 1882 [114]

Monsieur,

J'ai l'honneur de vous renvoyer corrigée l'épreuve de ma lettre [115]. Maintenant que ce petit débat est terminé et je l'espère pour ne plus se renouveler, permettez-moi de vous remercier de la courtoisie dont vous n'avez cessé de faire preuve pendant tout le temps qu'il a duré.
Veuillez agréer, Monsieur, l'assurance de ma considération la plus distinguée.

Poincaré

20 Klein à Poincaré

Leipzig, 7. Mai 1882.
Sophienstraße 10.

Sehr geehrter Herr!

Vor kurzem las ich Ihre Note in den Comptes rendus vom 10. April 1882 [116]. Dieselbe hat mich um so mehr interessiert, als ich glaube, daß Ihre jetzigen Betrachtungen mit den meinigem auch der Methode nach eng verwandt sind. Ich beweise meine Sätze durch Kontinuität, indem ich die beiden Lemmata vorausstelle : 1. daß zu jeder „groupe discontinu“ eine Riemannsche Fläche zugehört, und 2. daß zu der einzelnen zweckmäßig zerschnittenen Riemannschen Flächen immer nur eine solche Gruppe gehören kann (sofern ihr überhaupt eine Gruppe zugehört).
Die Reihenentwickelungen, wie Sie dieselben aufstellen, habe ich bislang noch ganz außer Betracht gelassen. Wie beweisen sie eigentlich die Existenz der Zahl m, für welche

$$\sum \frac{1}{(\gamma_i \eta + \delta_i)^m}$$

114. Cette lettre est conservée à la Niedersächsische Staats- und Universitätsbibliothek.
115. [Poincaré, 1882f].
116. [Poincaré, 1882i].

absolut konvergiert? Und haben Sie für dieselbe eine genaue oder eine approximative unterer Grenze?
Ich selbst habe mittlerweile den betr. Sätzen wieder allgemeinere Gestalt gegeben, und da die Fertigstellung einer Annalennote im Augenblicke, wo ich sehr wenig Zeit habe, sich noch etwas hinausziehen muß, so schreibe ich Ihnen wieder davon [117]. Im Falle meines ersten Satzes wurde die Gesamtkugel η mit Ausnahmen unendlich vieler Punkte von den wiederholten Reproduktionen des Fundamentalbereiches überdeckt. Im Falle des zweiten Satzes bleibt das Innere einer Kreisfläche, aber nur einer einzigen unbedeckt. Ich habe jetzt die Existenz von Darstellungen konstatiert (die für die einzelne Riemannsche Fläche wieder immer und immer auch nur in einer Weise vorhanden sind), bei welcher unendlich viele Kreisflächen ausgeschlossen werden. In dieser Richtung formuliere ich hier nur den allereinfachsten Satz (bei welchem durchaus unverzweigte Darstellung der Riemannschen Fläche vorausgesetzt wird.

Sei $p = \mu_1 + \mu_2 + \ldots + \mu_m$, wo vorab keines der $\mu = 1$ sein mag. So nehme man auf der Riemannschen Fläche m Punkte $O_1, \ldots O_m$ und liege von O_1 in der bekannten Weise $2\mu_1$ Querschnitte $A_1, B_1; A_2, B_2; \ldots A_{\mu_1}, B_{\mu_1}$; von O_2, $2\mu_2$ Querschnitte usw. Andererseits konstruire man auf der η-Kugel m auseinanderliegende Kreise und innerhalb des von letzteren gemeinseim begrenzten Raumes ein Kreisbogenpolygon, das von $4\mu_1$ Kreisen begrenzt ist, welche auf dem ersten Fundamentalkreise senkrecht stehen, dann ferner von $4\mu_2$ Kreisen, die auf dem zweiten Fundamentalkreise senkrecht stehen, usw. (also ein Kreisbogenpolygon, das m-fachen Zusammenhang hat). Die begrenzenden Kreise werden paarweise in der bekannten Reihenfolge $A_1, B_1, A_1^{-1}, B_1^{-1}, A_2, B_2 \ldots$ zusammengeordnet, und zwar durch lineare Substitutionen des η, bei denen jeweils der betreffende Fundamentalkreis invariant bleibt. Überdies sei das Produkt der betreffenden linearen Substitutionen also etwa : $A_1 B_1 A_1^{-1} B_1^{-1} \ldots A_{\mu_1}^{-1} B_{\mu_1}^{-1}$ allemal der Identität gleich. Dann gibt es immer eine und zwar eine analytische Funktion, welche die zerschnittene Riemannsche Fläche auf ein derart beschaffenes Kreisbogenpolygon abbildet. – Der Fall, daß eines der μ gleich 1 wird, unterscheidet sich nur dadurch, daß dann der zugehörige Fundamentalkreis sich auf einen Punkt zusammenzieht und die entsprechenden linearen Substitutionen in diejenigen „parabolischen" übergehen, welche jenen Punkt fetlassen. – Doch genug für heute. Wäre es nicht möglich, eine vollständige Kollektion von Separatabzügen Ihrer einschlägigen Arbeiten zu bekommen? Wenn es angeht, beginne ich nach Pfingsten in meinem Seminare eine Reihe von Vorträgen über eindeutige Funktionen mit linearen Transformationen in sich, und möchte dabei meinen Zuhörern eine solche Kollektion zur Verfügung stellen.
Hochachtungsvoll

Ihr F. Klein

117. [Klein, 1883].

21 Poincaré à Klein

Paris, 12 mai 1882 [118]

Monsieur,

J'ai bien tardé à vous répondre et je vous prie de m'en excuser, car j'ai été forcé de faire une petite absence. Je crois comme vous que nos méthodes se rapprochent beaucoup et diffèrent moins par le principe général que par les détails. Pour les lemmes dont vous me parlez, le premier, je l'ai établi par les considérations des développements en série et vous, à ce que je pense, à l'aide du théorème dont vous m'avez parlé dans une de vos lettres de l'année dernière. Pour le second lemme, il ne présente pas de difficulté et il est probable que nous l'établissons de la même manière. Une fois ces deux lemmes établis, et c'est là en effet par là que je commence, ainsi que vous le faites vous-même, j'emploie comme vous la continuité, mais il y a bien des manières de l'employer et il est possible que nous différions dans quelques détails.

Vous me demandez comment j'établis la convergence de la série

$$\sum \frac{1}{(\gamma_i \eta + \delta_i)^2 m}.$$

J'en ai deux démonstrations mais qui sont toutes deux trop longues pour tenir dans une lettre ; je les publierai prochainement [119]. La première est fondée en principe sur ce fait que la surface du cercle fondamental est finie. La seconde exige la même hypothèse, mais elle est fondée sur la géométrie non-euclidienne. Quelle est maintenant la limite inférieure du nombre m ? C'est $m = 2$. Ici si l'on suppose m entier on a une limite exacte. en ce qui concerne les séries relatives aux fonctions zétafuchsiennes, je n'ai au contraire qu'une limite approximative. Ce qui m'a le plus intéressé dans votre lettre c'est ce que vous me dites au sujet des fonctions qui admettent comme espaces lacunaires une infinité de cercles. J'ai rencontré aussi de semblables fonctions et j'en ai donné un exemple dans une ou deux de mes notes. Mais j'y suis arrivé par une voie totalement différente de la vôtre. Il est probable que vos fonctions et les miennes doivent avoir une étroite parenté ; cependant il n'est nullement évident qu'elles soient identiques. Je croirais volontiers que votre méthode ainsi que la mienne est susceptible d'une généralisation très étendue et qu'elles conduiraient toutes deux à une grande classe de transcendantes comprenant comme cas particuliers celles que nous avons déjà rencontrées.

Vous me parlez de tirages à part de mes travaux. Voulez-vous parler de mes notes des Comptes rendus ? Je n'en ai pas fait faire de tirages à part et il serait malheureusement difficile maintenant d'en obtenir, au moins pour les premières d'entre elles [120].

118. Cette lettre est conservée à la Niedersächsische Staats- und Universitätsbibliothek.
119. [Poincaré, 1882b, p. 194-206].
120. Voir la lettre adressée par Paul Appell à Poincaré le 12 juin 1881 (p. 59).

Je vous enverrai prochainement et dès que je les aurai reçus les tirages à part de travaux plus récents ; le premier Sur les courbes définies par les équations différentielles [121]. Il s'agit d'étudier la forme géométrique des courbes définies par les équations différentielles du 1er ordre. Malheureusement la première partie de ce mémoire est seule imprimée jusqu'ici et ne contient que les préliminaires. Le second travail a pour objet les formes cubiques ternaires [122], dont je veux faire l'étude arithmétique. J'ai voulu rappeler d'abord certains résultats algébriques qui remplissent la 1ère partie du mémoire. Cette 1ère partie a seule été imprimée dans le 50e cahier du Journal de l'École Polytechnique, le reste devant paraître dans le 51^e^cahier [123]. Cette 1ère partie ne vous intéressera donc pas beaucoup. Il y a cependant une étude sur les transformations linéaires et sur certains groupes continus contenus dans le groupe linéaire à 3 et 4 variables.

À propos, je ne me souviens plus si je vous ai envoyé ma thèse [124], ainsi que des travaux plus anciens sur les équations différentielles [125] et un travail sur les fonctions à espaces lacunaires [126].

Veuillez agréer, Monsieur, l'assurance de ma considération la plus distinguée.

Poincaré

22 Klein à Poincaré

Leipzig, 14. Mai 1882

Sehr geehrter Herr !

In Beantwortung Ihres eben eintreffenden Briefes möchte ich Ihnen mit zwei Worten mitteilen, wie ich die „Kontinuität" verwende. Freilich nur im Prinzip ; denn die Ausführung im einzelnen, die bei der Redaktion viel Mühe machen wird, läßt sich jedenfalls mannigfach modifizieren. Ich will mich auf den Fall der durchaus unverzweigten η-Funktion der zweiten Art, wie ich sie in meiner Note nannte, beschränken. Hier handelt es sich vor allem um den Nachweis, daß die beiden zu Vergleich kommenden Mannigfaltigkeiten : die Mannigfaltigkeit der in Betracht kommenden Substitutionssyteme und anderseits die Mannigfaltigkeit der überhaupt existierenden Riemannschen Flächen, nicht nur dieselbe Dimensionenzahl ($6p - 6$ reelle Dimensionen) besitzen, sondern daß sie auch analytische Mannigfaltigkeiten mit analytischen Grenzen sind (im Sinne der von Weierstrass eingeführten Terminologie). Diese beiden Mannigfaltigkeiten sind nin infolge des ersten in meinem vorigen Briefe angeführten Lemmas $(1 - x)$-deutig aufeinander bezogen, wo x dem zweiten Lemma zufolge für die verschiedenen Partien der zweiten Mannigfaltigkeit nur 0 oder 1 sein kann. Nun aber erweist sich jene Beziehung als eine

121. [Poincaré, 1881a].
122. [Poincaré, 1881m].
123. [Poincaré, 1882g].
124. [Poincaré, 1879b].
125. [Poincaré, 1875].
126. [Poincaré, 1883d]. Voir [Nabonnand, 1999, p. 81-83].

analytische und zwar, wie wieder aus den beiden Hilfssätzen folgt, als eine analytische von nirgends verschwindender Funktionaldeterminante. Hieraus schließe ich daß x durchweg 1 sein muß. Gäbe es nämlich einen Übergang von Gebieten mit $x = 0$ zu solchen mit $x = 1$, so würden den Punkten des Übergangsgebietes wegen des analytischen Charakters der Zuordnung bestimmte (wirklich erreichbare) Punkte der anderen Mannigfaltigkeit entsprechen und für diese müßte dann, dem Bemerkten zuwider, die Funktionaldeterminante der Beziehung verschwinden. So weit mein Beweis.

Einen ganz anderen, doch auch auf Kontinuitätbetrachtungen beruhenden, teilte mir Herr Schwarz mit, als ich ihn neulich (am 11. April) in Göttingen besuchte. Ohne Gerade von ihm autorisiert zu sein, meine ich Ihnen doch auch davon schreiben zu sollen. Schwarz denkt sich die Riemannsche Fläche in geeigneter Weise zerschnitten, sodann unendlichfach überdeckt und die verschiedenen Überdeckungen in den Querschnitten so zusammengefügt, daß eine Gesamtfläche entsteht, welche der Gesamtheit der in der η-Ebene nebeneinander zu legenden Polygonen entspricht. Diese Gesamtfläche ist, sofern man von solchen Attributen bei unendlich ausgedehnten Flächen sprechen kann (was eben erläutert werden muß), im Falle der η-Funktion 2. Art (auf die sich Schwarz zunächst beschränkte) einfach zusammenhängend und einfach berandet, und es handelt sich also nur darum einzusehen, daß man auch eine solche einfach zusammenhängende, einfach berandete Fläche in der bekannten Weise auf das Innere eines Kreises abbilden kann. – Dieser Schwarsche Gedankengang ist jedenfalls sej=hr schön.

Sie fragen wegen der Separatabzüge. Ich möchte Ihnen da vor allem naturlich nicht lästig fallen, und dies um so weniger, als ich mir ja alle Ihre Publikationen, mit alleiniger Ausnahme Ihrer Thèse, immer verschaffen kann. Wenn Sie mir also einige Sachen zuschicken können (ich besitze noch keine derselben), so wird es mir sehr angenehm sein.

Haben Sie vielleicht einmal Lies Theorie der Transformationsgruppen gelesen [127] ? Lie denkt sich die in seine Gruppen eingehenden Parameter immer als komplexe Größen; es wäre interessant zu sehen, wie sich seine Resultate vervollständigen ließen, wenn man auch solche Gruppen in Betracht zöge, die nur durche reelle Wiederholung gewisser unedlich kleiner Operationen enstehen.

Hermite schickte mir vor längerer Zeit eine Nummer seines lithographierten Cours d'Analyse [128]. Wäre es vielleicht möglich (naturlich gegen Bezahlung) das ganze bekommen? Ich würde das für mein Seminar in anbetracht der Zwecke, die ich eben jetzt verfolge, mit besondere Freude begrüßen.

Wie immer

Ihr ergebener
F. Klein

127. [Lie, 1880a].
128. [Hermite, 1873].

23 Poincaré à Klein

Paris, 18 mai 1882 [129]

Monsieur,

Je n'ai pas besoin de vous dire combien votre dernière lettre m'a intéressé. Je vois clairement maintenant que votre démonstration et la mienne ne peuvent différer que par la terminologie et par des détails ; ainsi il est probable que n'établissons pas de la même manière le caractère analytique de la relation qui lie les deux Mannigfaltigkeiten dont vous parlez ; pour moi, je relie ce fait à la convergence de mes séries, mais il est évident qu'on peut arriver au même résultat sans passer par cette considération.

Les idées de M. Schwarz ont une portée bien plus grande ; il est clair que le théorème général en question, s'il était démontré, aurait son application dans la théorie d'un très grand nombre de fonctions et en particulier dans celle des fonctions définies par des équations différentielles non linéaires. C'est en étudiant de pareilles équations que j'avais été conduit de mon côté à chercher si une surface de Riemann a une infinité de feuillet pouvait être étendue sur un cercle, et j'avais été amené au problème suivant, qui permettrait de démontrer la possibilité de cette extension :

On donne une équation aux différences partielles

$$X_1 \frac{d^2u}{dx^2} + X_2 \frac{d^2u}{dxdy} + X_3 \frac{d^2u}{dy^2} + X_4 \frac{du}{dx} + X_5 \frac{du}{dy} = 0$$

et une demi-circonférence $AMBO$. X_1, X_2, X_3, X_4, X_5 sont des fonctions données de x et de y ; ces fonctions sont analytiques à l'intérieur de la demi-circonférence et cessent de l'être sur son périmètre. Peut-on trouver toujours une fonction u de x et de y satisfaisant à l'équation, analytique à l'intérieur de la demi-circonférence, tendant vers 1 quand le point x, y se rapproche de la demi-circonférence et vers 0 quand il se rapproche du diamètre AOB ?

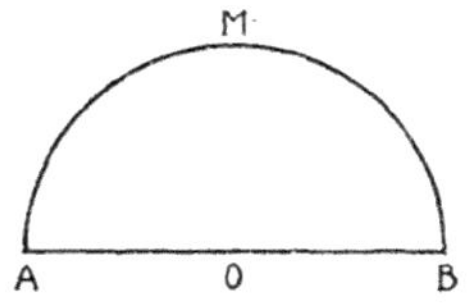

Tous mes efforts dans ce sens ont été jusqu'ici infructueux, mais j'espère bien que M. Schwarz, qui a si bien résolu le problème dans le cas le plus simple, sera plus heureux que moi.

Je vous envoie les tirages à part de mes travaux anciens, et j'espère pouvoir vous adresser d'ici peu les autres mémoires plus récents que je vous ai annoncés et dont je ne saurais tarder à recevoir le tirage à part.

Quant au cours lithographié de M. Hermite il édité chez Hermann, Librairie des Lycées, rue de la Sorbonne ; le prix de l'abonnement est 12 Francs. Je ne crois pas que l'éditeur envoie de tirage à part à M. Hermite.

Veuillez agréer l'assurance de mes sentiments les plus dévoués et de mon estime sincère.

Poincaré

129. Cette lettre est conservée à la Niedersächsische Staats- und Universitätsbibliothek.

24 Klein à Poincaré

Leipzig, den 19.Sept. 82
Sophienstr. 10^{ii}

Sehr geehrter Herr!

Im Begriffe, meinerseits eine längere Arbeit [130] über die neuen Funktionen abzuschließen, habe ich soeben Ihren aufsatz in Bd. 19 der Math. Annalen [131] noch einmal durchgesehen. Es ist da ein Punkt, den ich nicht verstehe : Sie sprechen an zwei Stellen (S. 558 Mitte, und S. 560 unten) von „fonctions fuchsiennes", die nur in einem Raume existieren, der von unendlich vielen Kreisen begrenzt ist, welche auf dem Hauptkreise senkrecht stehen. Nun kenne ich sehr wohl solche Funktionen (wie ich Ihnen schon vor einem Vierteljahr schrieb), die unendlich viele Kreise als natürliche Grenze haben. Aber an der zugehörigen Gruppe partizipieren immer solche Substitutionen, welche nur den einzelnen, beliebig herausgegriffenen Begrenzungskreis invariant lassen. Nun definieren Sie „fuchsiennes"als solche Funktionen, deren Substitutionen sämtlich reell sind (S. 554), und diese Definition wird durch die Verallgemeinerung auf S. 557, wo an Stelle der reellen Achse ein beliebiger Kreis tritt, nicht wesentlich modifiziert. Die von mir gekannten Funktionen fallen also nicht unter Ihre Definition der „fuchsiennes". Ist da ein Mißverstänsnis auf meiner Seite oder eine Ungenauigkeit des Ausdrucks auf der Ihrigen? Was meine arbeit angeht, so beschränke ich mich darauf, die geometrische auffassung darzulegen, vermöge deren ich im Riemannschen Sinne die neuen Funktionen definiert denke. Dabei sind, wie es in der Natur der Sache liegt, viele Berührungspunkte auch mit Ihrer geometrischen Auffassung des Gegenstandes. Die allgemeinste Gruppe, welche ich in Betracht ziehle, erzeuge ich aus einer beliebiger Zahl „isolierter" Substitutionen und aus einer anzahl von Gruppen „mit Hauptkreise" (der reell oder imaginär sein kann oder auch in einem Punkt ausgeartet) durch „Ineinanderschiebung". Die Theoreme meiner beide Annalennoten subsumieren sich dann als spezielle Fälle unter allgemeinen Satz, der etwa so lautet : daß zu jeder Riemannschen Fläche mit beliebig vorgegebener Verzweigung und Zerschneidung immer eine und nur eine η-Funktion des betreffenden Typus zugehört.

Von Mittag-Leffler hörte ich, daß Sie eben auch mit größeren Ausarbeitungen beschätigt sind [132]. Ich brauche nicht zu sagen, wie sehr es mich interessieren wird, darüber Genaueres zu erfahren. Wenn Sie in einem Monate in Paris sind, werden Sie meinen Freund S. Lie kennen lernen, der eben ein paar Tage bei mir zu Besuch war und der, obwohl selbst bislang nicht Funktionentheoretiker, doch lebhaft sich für die Fortschritte interessiert, die die Funktionentheorie in neuerer Zeit gemacht hat.

Hochachtungsvoll

Ihr F. Klein.

---

130. [Klein, 1883].
131. [Poincaré, 1882e].
132. [Poincaré, 1882k,b, 1883a, 1884f,a].

25 Poincaré à Klein

Nancy, le 22 septembre 1882 [133]

Monsieur,

Voici quelques détails sur ces fonctions dont j'ai parlé dans ma note des Annalen et dont la limite naturelle est formée d'une infinité de cercles. Pour plus de simplicité dans l'exposition, je prendrai pour exemple un cas très particulier. Supposons quatre points a, b, c, d sur le cercle fondamental et quatre cercles coupant orthogonalement celui-ci : le 1er en a et en b ; le 2^{d} en b et en c ; le 3e en c et en d ; le 4e en d et en a. On obtient ainsi un quadrilatère curviligne. Considérons deux substitutions (hyperboliques ou paraboliques) la $1^{\mathrm{ère}}$ changeant le cercle ab dans le cercle ad ; la 2de changeant le cercle cb dans le cercle cd. Les Wiederholungen de notre quadrilatère vont recouvrir la surface du cercle fondamental, ou une portion seulement de cette surface ; mais dans tous les cas le groupe sera évidemment discontinu. On reconnaît aisément que le cercle fondamental ne sera recouvert tout entier que dans un seule cas ; lorsque les quatre points $abcd$ seront harmoniques et que les deux substitutions (ab, ad) et (cb, cd) seront paraboliques. On a affaire alors à la fonction modulaire. Dans tous les autres cas, on trouve que les Wiederholungen en question ne recouvrent qu'un domaine limité par une infinité de cercles. Maintenant, le plan tout entier peut être abgebildet sur notre quadrilatère et de telle façon que deux points correspondants du périmètre correspondent au même point du plan. Cette Abbildung définit une fonction n'existant que dans le domaine recouvert par les Wiederholungen. Mais ici il faut faire une remarque importante. Le groupe dérivé des deux substitutions (ab, ad) et (cb, cd) peut être considéré comme engendré d'une autre manière. Considérons quatre cercle C_1, C_2, C_3, C_4 coupant tous quatre orthogonalement le cercle fondamental et ne se coupant pas entre eux de façon à être extérieurs les uns aux autres. Soit deux substitutions changeant C_1 en C_2 et C_3 en C_4 ; le groupe qui en dérive est évidemment discontinu et si les quatre cercles sont convenablement choisis, il peut être identique au groupe dont il a été question plus haut. La portion du plan extérieur aux quatre cercles est une sorte de quadrilatère qui peut être *abgebildet* sur une surface de Riemann de genre 2 et qui engendre ainsi une fonction existant dans tout le plan. Voilà donc le même groupe donnant naissance à deux fonctions essentiellement différentes. On peut se poser à ce sujet une foule de questions délicates que je ne puis aborder ici.

En résumé, vous voyez qu'il s'agit bien de fonctions n'existant que dans un domaine limité par une infinité de cercles et cependant de «fonctions fuchsiennes» puisque toutes les substitutions du groupe conservent le cercle fondamental. Chacun des cercles de la frontière est conservé par une des substitutions du groupe, laquelle conserve en même temps le cercle fondamental. Vous savez en effet que toute substitution hyperbolique conserve tous les cercles qui passent par les deux points doubles.

---

133. Cette lettre est conservée à la Niedersächsische Staats- und Universitätsbibliothek.

J'apprends avec plaisir que vous préparez un grand travail sur l'objet qui nous intéresse tous deux [134]. Je le lirai avec le plus grand plaisir. Comme vous l'a dit M. Mittag-Leffler je prépare moi-même un travail sur ce sujet ; mais vu sa longueur je l'ai partagé en cinq mémoires ; le 1er, qui va paraître cette année, sur les groupes à substitutions réelles (que j'ai appelés groupes fuchsiens) [135] ; le 2d sur les fonctions fuchsiennes [136] ; j'en achèverai prochainement la rédaction ; le 3e sur les groupes et fonctions plus générales que j'ai appelées kleinéennes [137].
Dans le 4e [138] j'aborderai un ordre de questions que j'ai laissées de côtés dans le deuxième mémoire ; c'est-à-dire la démonstration de l'existence de fonctions satisfaisant à certaines conditions, par exemple la démonstration de ce fait qu'à toute surface de Riemann correspond une semblable fonction et la détermination des constantes correspondantes.
Enfin dans le 5e [139] je parlerai des fonctions zétafuchsiennes et de l'intégration des équations linéaires.
Je dois retourner à Paris après-demain ; je serai donc là au moment du passage de M. Lie. Je serais désolé de perdre l'occasion de voir ce célèbre géomètre. [140] Vous avez dû recevoir la première partie de mon travail sur les courbes définies par les équations différentielles [141]. Je vous en enverrai prochainement la seconde partie [142] ; je vous enverrai en même temps mon mémoire sur les formes cubiques [143].
Veuillez agréer, Monsieur, l'assurance de ma considération la plus distinguée.

Poincaré

26 Poincaré à Klein

[1895] [144]

Mon cher Collègue,

Serez-vous à Göttingen dans le courant de la semaine prochaine ; dans ce cas, comme il est possible que je parte pour l'Allemagne samedi, j'irai probablement vous y voir.
Malheureusement on m'a dit que les vacances de la Pentecôte sont plus longues en Allemagne que chez nous et peut-être devez-vous aller aux fêtes de Kiel.

134. [Klein, 1883].
135. Poincaré [1882k].
136. [Poincaré, 1882b].
137. [Poincaré, 1883a].
138. [Poincaré, 1884f].
139. [Poincaré, 1884a].
140. On Lie's stay in Paris, see his letters in this volume (p. 533) and those cited in David E. Rowe, "Three Letters from Sophus Lie to Felix Klein on Mathematics in Paris," [Rowe, 2018, p. 105-109].
141. [Poincaré, 1881a].
142. [Poincaré, 1882a].
143. [Poincaré, 1881m, 1882g].
144. Cette lettre est conservée à la Niedersächsische Staats- und Universitätsbibliothek.

S'il n'en était pas ainsi, je serai ravi d'avoir l'occasion de vous revoir.
Votre très dévoué Collègue.

Poincaré

Comme mon départ est proche, répondez-moi, je vous prie, le plus tôt possible à l'adresse suivante :
M. Poincaré, à Lozère, par Palaiseau, Seine et Oise.

27 Poincaré à Klein

[1895] [145]

Mon cher Collègue,
Je suis très heureux d'apprendre que vous ne quitterez pas Göttingen ; je puis donc mettre mon projet à exécution.
Je ne puis malheureusement séjourner longtemps à Göttingen parce qu'à cette époque de l'année je ne dispose que de peu de temps et je voudrais encore aller à Leipzig et à Berlin.
Je compte arriver à Göttingen lundi matin venant de Hildesheim et partir mardi soir.
Je vous remercie beaucoup de votre obligeante hospitalité ; mais je ne puis accepter car je craindrais de vous causer trop de dérangement.
À bientôt, mon cher Collègue, et veuillez croire à mes sentiments les plus dévoués.

Poincaré

28 Poincaré à Klein

[1895] [146]

Mon cher Collègue,

Je suis de retour en France après mon voyage qui s'est fort bien passé et je veux vous remercier de l'accueil si cordial que vous m'avez fait et vous prier de vouloir bien me rappeler au souvenir de Madame Klein.
En passant à Nürnberg je suis entré dans une boutique pour acheter des jouets à mes enfants et j'ai pensé à profiter de l'occasion pour envoyer un souvenir à vos deux petites filles qui sont si gentilles.
Malheureusement je ne suis pas très compétent et j'étais privé des lumières de ma femme ; mon choix a sans doute été bien maladroit.
Votre bien dévoué collègue et ami.

Poincaré

145. Cette lettre est conservée à la Niedersächsische Staats- und Universitätsbibliothek.
146. Cette lettre est conservée à la Niedersächsische Staats- und Universitätsbibliothek.

29 Poincaré à Klein

[1895] [147]

Cher Collègue et Ami,

J'espère que les congrès mathématiques que l'on projette d'organiser pourront rendre des services, ne serait-ce qu'en fournissant aux géomètres une occasion de se connaître. Aussi ai-je l'intention d'y prendre part personnellement si on parvient à les mettre en train.
D'après ce que j'ai compris, ces messieurs de Zürich se chargeraient de l'organisation des détails matériels. M. Wassilief [148] de Kazan qui s'est beaucoup occupé de ces congrès va venir prochainement à Paris ; je crois qu'il sera passé par Zürich ; quand je l'aurai vu, je vous écrirai plus au long.
J'ai reçu aussi diverses lettres de M. G. Cantor au sujet de ces congrès ; ne fait-il pas partie du Conseil de l'Association.
Veuillez, mon cher Collègue, agréer l'assurance de ma sincère amitié et vous charger de transmettre à Madame Klein mes respectueux hommages.

Poincaré

30 Klein à Poincaré

[16/04/1896]

Geehrter Freund !

Heute schreibe ich Ihnen wegen des in Zürich für 1897 geplanten internationalen mathematischen Congresses. Hr Littré hat hierüber vor einiger Zeit Mitteilungen an uns gelangen lassen, deren zufolge Sie jetzt dem Projecte günstiger gegenüber stehen sollen, als vielleicht früher, und Hr. College Geiser hat sich bereit erklärt, gegebenenfalls die Sache in die Hand zu nehmen. Wir haben diese Mitheilung im Vorstand der deutschen math. Vereinigung berathen* und ich bin daraufhin beauftragt worden, mich mit Ihnen und Ihren Collegen in dieser Sache in directe Beziehung zu setzen. Die Frage für uns ist, ob Sie wirklich voll und ganz für das Project eintreten oder nicht. Im ersteren Falle würde der Vorstand der math. Vereinigung jedenfalls auch positive Stellung nehmen, insbesondere bereit sein sich demnächst an etwaigen Vorberathungen zu betheiligen (um auf Grund derselben die Angelegenheit bei der Ende September stattfindenden Jahresversammlung der Vereinigung eventuell zu vertreten). Im anderen Falle würden wir von vornherein

147. Cette lettre est conservée à la Niedersächsische Staats- und Universitätsbibliothek.
148. Alexander Vassilief (1853–1929) was professor of mathematics and founder of the Kazan physico-mathematical society, serving as its first chairman. He was also a member of several foreign scientific societies and well known for his work on Lobachevski's works on non-Euclidean geometry. See p. 739.

ablehnen. In der That besteht darin ja die Gefahr, dass die wissenschaftlich führenden Mathematiker auf dem Congress nur in geringer Minderheit vertreten sein möchten, was wir nicht als wünschenswerth ansehen können.
Darf ich von mir persönlich vielleicht noch folgende Bemerkungen zufügen. Es ist jetzt gerade ein Jahr, dass ich mit Hrn. Picard über dieselbe Angelegenheit correspondierte. Wir waren damals Beide, wie übrigens auch die Züricher Herren, die ich persönlich sprach, für die Sache nicht sonderlich enthusiastisch. Dabei wirkte wohl etwas Congressmüdigkeit mit, andererseits aber auch die Furcht, vielleicht selbst zu viele Vorbereitungsarbeit übernehmen zu müssen. Wenn sich die Züricher Herren jetzt bereit erklären, die Sache in die Hand zu nehmen, so ist damit für uns Andere ein grosser Theil dieser Besorgnisse weggeräumt. Wir haben dann nicht mehr das Recht, unsere subjectiven Stimmungen in erster Linie mitsprechen zu lassen. Dann aber muss ich sagen (wie ich dies schon in der Eröffnungssitzung des Chicagoer Congresses aussprach), dass wir Mathematiker uns auf die Dauer dem Zuge der Zeit, welcher die Vertreter anderer Fächer zu internationalen Congressen zusammengeführt hat, nicht werde widersetzen können. In der That ist die Zahl der wissenschaftlichen Mitarbeiter und der Länder, auf welche dieselben vertheilt sind, nachgerade so gross geworden, dass eine Organisation eintreten muss, wo früher die persönliche Bezugnahme der Einzelnen genügte.
Mit vielen Empfehlungen bin ich
Ihr sehr ergebener

F. Klein

* Derselbe besteht zur Zeit aus den Herren Brill (Vorsitzender), v. Escherich, Gutzmer, Wangerin, Weber und mir.

31 Poincaré à Klein

[04/1899] [149]
Anlage 4

Mon cher collègue,

Merci de votre lettre et de vos envois. J'ai adressé à Londres un rapport dont les principales conclusions sont les suivantes : – Les subdivisions ultimes doivent être assez nombreuses pour que le nombre des fiches classées sous chaque rubrique dans Book Catalogue n'excède jamais 50. – Chaque fiche manuscrite devra porter seulement le nom de l'auteur, le titre exact sans transposition ou inversion de mots, et une ou plusieurs indexations. Elles seront imprimées telles quelles sous la rubrique convenable, ou plusieurs fois sous plusieurs rubriques s'il y a plusieurs indexations. Mais dans tous les cas, on n'aura à supporter qu'une seule fois les frais de composition.
Je concluais à la séparation de la Mécanique, adjonction de la Géophysique et

149. Cette lettre est conservée à la Niedersächsische Staats- und Universitätsbibliothek. Nous ne disposons que d'une copie manuscrite de cette lettre.

Magnétisme terrestre à la Météorologie, fusion de la Minéralogie et de la Cristallographie. Je ne parlais pas de la Pétrographie, dont chez nous la classification a été faite par le Minéralogiste, mais avec la pensée de l'adjonction à la Géologie. J'ai parlé hier à M. Milne Edwards de ce que vous disiez au sujet de la Biologie. Il approuve pleinement l'idée des Allemands de mettre l'Anatomie Humaine avec l'Anthropologie, l'Anatomie Animale avec la Zoologie. Il est moins enthousiaste de la section de „Biologie" mais il ne fait pas d'objection grave.
Tout à vous,

(signé) Poincaré

32 Poincaré à Klein

23. August 99.
Arromanches les Bains, Calvados [150]

Mon cher Collègue,

Je vous renvoie les schèmes de mathématiques ; je n'ai que peu d'observations à faire :

1° Pour la classe Elements of Algebra, les fractions rationnelles ont disparu ; est-ce un oubli et doit-on les intercaler entre 1630 et 1640 ? Dans ce cas, il faudrait les mentionner séparément [151].

2° En arithmétique, je désire que la cyclotomie continue à figurer à part ; on peut y joindre si l'on veut les sommes de Gauss ; les applications des fonctions elliptiques ne resteraient pas confondues avec celles des [152] fonctions trigonométriques.
J'approuve les autres changements à l'algèbre et arithmétique.

3° Dans la classe Foundations of Analysis ; je désire que les séries forment un heading à part.
L'existence de l'intégrale doit-elle figurer dans le calcul intégral 3240, ou avec la théorie des fonctions de variables réelles 3210.
J'approuve l'adjonction du calcul des variations à cette classe.

4° Dans la classe : fonctions de variables complexes ; un classement satisfaisant est très difficile à faire.
Mais je vous demanderais quelles devraient être les limites exactes du nouveau heading introduit : 3630 Expansions in series of functions.
Doit-on y faire rentrer le théorème de Taylor, celui de Laurent ? La décomposition d'une fonction entière en facteurs primaires ?

5° Classe des fonctions algébriques, etc. J'approuve le classement adopté, mais il faudrait des cross-references des fonctions modulaires aux fonctions automorphes

150. Cette lettre est conservée à la Niedersächsische Staats- und Universitätsbibliothek. La date et l'adresse sont écrites d'une autre main que celle de Poincaré.
151. «Cf. 2410 » *ajouté.*
152. «Cf. 2440 (*1 mot illisible*) 2430» *ajouté.*

et d'autre part pou renvoyer aux diverses rubriques où il y aurait des applications des fonctions elliptiques.
J'approuve les changements assez condérables faits dans la répartition des autres parties de l'Analyse. Dans la classe Other special Fonctions, je demanderai seulement un changement de l'ordre. 4460, 4450, 4440 au lieu de l'ordre 4440, 4450, 4460.
Dans la classe Differential Equations, ne pourrait-on séparer integration of linear equations by definite integrals (vith cross-reference to 4420, 4430) de General Theory of linear equations ; sur ce point, je n'insiste pas.
J'approuve tout à fait la place donnée à differential forms and invariants et le classement qui en a été fait
Pour la dernière classe, ne pourrait-on modifier le titre et écrire

Differential equations and fonctionnal equations.

Passons à la géométrie.

1° Conics and Quadrics ; je remarque que les systèmes de coniques et quadriques ont passé à la classe (transformations and general methods) et se sont confondus sous le heading 8070 Systems (linear and not linear of curves and surfaces.
Je ne vois pas d'inconvénient à ce que cela passe à la classe transformations and . . . (quoique on soit plutôt porté à chercher les quadriques homofocales par exemple parmi les quadriques) à la condition qu'il y ait une cross-reference.
Mais il paraît tout à fait nécessaire de subdiviser et d'écrire :

8070 Systems (linear or not linear) of conics

8080 Systems (linear or not linear) of quadrics

8070 Systems (linear or not linear) of curves and surfaces of higher degree

J'approuve le passage de groups of points and genus à la classe transformations and . . . .
Que devient le principe de correspondance ? Rentre-t-il dans groups of points, genus of curves ? J'approuve les changements dans la géométrie différentielle.

Telles sont les seules observations que j'ai à faire.
Remarquons qu'il sera nécessaire de donner un commentaire de nos schèmes ; je ne dis pas un commentaire justificatif mais un commentaire explicatif. Nos titres peuvent quelquefois prêter à l'ambigüité et on aurait à craindre des erreurs de classements si on ne les faisait suivre de quelques explications.
En ce qui concerne les mathématiques, la rédaction de ce commentaire sera facilité par l'existence de l'ancien schème français. Nous donnerions pour chacune des subdivisions nouvelles, l'indication des divisions correspondantes de l'ancien scheme français.
Ce commentaire sera probablement plus difficile à rédiger pour d'autres sciences ; des titres qui nous paraissent clairs parce que nous avons longtemps discuté à leur sujet, paraîtront peut-être beaucoup moins clairs à des gens qui les entendront pour la première fois.

Il faudrait réfléchir à cette question.

Où en sont les négociations au sujet des Subject-entries ?
J'ai adressé mon rapport au Ministre aussitôt après mon retour, mais le Directeur est en congé et n'a pu prendre aucune décision.
Je crois qu'il acceptera le compromis proposé s'il est accepté par les Allemands et les Anglais, mais à la condition que les dépenses prévues ne dépassent pas une limite raisonnable.
Il devra être bien entendu que le contrôle exercé par le Bureau Central sur le nombre des subject-entries envoyés par les Bureaux Régionaux devra être exercé de façon à ramener les frais à des limites prévues d'avance et réglées par le Conseil International.
Dans ces conditions, il semble qu'il faudra :
Ou bien que la «Mine d'or» se présente sous une forme un peu plus précise et moins aléatoire.
Ou bien qu'on étudie une réduction du plan.
Si on était acculé à cette dernière solution, je vous avouerais que le projet qui consisterait à restreindre le catalogue à certaines sciences ne me sourirait pas du tout ; que je le combattrais tant que je pourrais et que s'il était adopté, je ne saurais conseiller de maintenir le prix de vente du catalogue complet à 16 livres.
Veuillez excuser cette longue lettre, agréer l'assurance de mon sincère dévouement et vous charger de présenter à Madame Klein mes respectueux hommages.

Poincaré

33 Klein à Poincaré

25/VIII 99 [153]

Am Poincaré
Verehrter Hr. College !

Beifolgend schicke ich Ihnen das mathematische Schema noch einmal zu, nachdem ich alle Bemerkungen, die ich zu machen hatte, an Ort und Stelle eingetragen habe (wobei ich auf Ihren Brief durchweg Rücksicht genommen habe). Meine Idee ist, dass Sie diese Bemerkungen vielleicht noch vervollständigen oder auch corrigieren, wo Sie es für gut finden, und dann das Ganze an Forsyth [154] schicken mit der Erklärung, dass wir ihn freie Hand lassen, diese Bemerkungen zu benutzen, wie er es für richtig hält. Prüfen Sie bitte namentlich, ob die erforderlichen cross-references eingesetzt sind. Was den „commentaire explicatif“ unseres Schemas angeht, so ist in der That vielleicht am einfachsten, dass wir den einzelnen Nummern die Vergleichsnummern des französischen Schemas hinzusetzen ; ich würde

153. Transcription d'après un brouillon conservé par Klein.
154. Andrew Russell Forsyth was Sadleirian Professor of Pure Mathematics in Cambridge University from 1895 to 1910.

Sie bitten, dies in der Ihnen zweckmässig scheinenden Weise auszuführen. Indem ich Ihren Brief noch einmal durchgehe, habe ich betr. das mathematische Schema nur zuzufügen :

Die fractions rationelles finden sich unter 2410.

Zu 2630 (Expansions in series of functions) kann ich auf Ihre Frage nach der Abgränzung keine präcise Antwort geben, Forsyth hat die Nummer in Vorschlag gebracht und mag jetzt eine präcisere Benennung suchen, durch welche die von ihm beabsichtigte Abgränzung besser zum Ausdruck gebracht wird.

Ueber die Stellungnahme der deutschen Regierung unserer Londoner Beschlüsse gegenüber kann ich noch nichts Bestimmtes angeben, weil ich erst vor 3 Tagen von meiner Reise zurückkam und Nachrichten von Schwalbe (der längst wieder in Berlin sein sollte) merkwürdigerweise nicht vorfand. [155] Wir hatten uns noch in London über die Grundzüge unseres Berichtes geeinigt. Die sehr richtigen Bemerkungen Ihres Briefes über die Nothwendigkeit der Festsetzung einer oberen Gränze für die finanziellen Verpflichtungen habe ich gestern sofort copiert und an Schwalbe gesandt. Meine englische Reise ist in Begleitung von S. [Sommerfeld] [156] auch sehr genussreich verlaufen, wir haben zuletzt auch einen Ausflug nach Ireland und Wales gemacht und insbes. die dortigen math. Physiker kennen gelernt (Fitzgerald, [157] Bryan, [158] Gray [159]). Alles Das im Hinblick auf unsere math. Encyklopädie, der ich jetzt eine Zeit lang meine ganze Arbeit widmen will. Vielleicht ein anderesmal hierüber schreiben, wie auch über die Anwendung der automorphen Fn. zur Darstellung der Kreiselbewegung.

Mit der Bitte, mich den werthen Ihrigen zu empfehlen, verbleibe ich mit freundschaftlichem Gruß

Ihr sehr ergebener
F. Klein

155. Einschub Kleins : „auch jetzt auf drängenden Brief meinerseits noch keine Antwort habe".

156. Arnold Sommerfeld (1868–1951) took his doctorate under Ferdinand Lindemann in Königsberg before coming to Göttingen in 1894. He worked there as Assistent und Felix Klein, who supervised his Habilitation. In 1897 he took a professorship at the Mining School in Clausthal, where he was employed at the time he made this trip with Klein. Its main purpose was to win over authors for the *Enzyklopädie der mathematischen Wissenschaften*; Klein had appointed Sommerfeld to edit volume 5 on physics.

157. The Irish physicist George Francis FitzGerald (1851–1901) taught at Trinity College in Dublin. He worked on electromagnetic theory and is mainly remembered for the Lorentz-FitzGerald contraction, which became an important consequence of Einstein's special theory of relativity.

158. The English applied mathematician George Hartley Bryan (1864–1928) was was professor at University College of North Wales. He was a leading authority on thermodynamics and aeronautics.

159. The Scottish physicist and mathematician Andrew Gray (1847–1925) studied in Glasgow under Lord Kelvin. In 1884 he was appointed Professor of Physics at University College of North Wales, where he remained in Bangor until he returned to Glasgow in 1899 to succeed Kelvin as Professor of Natural Philosophy.

34 Poincaré à Klein

[13/11/1899] [160]

Mon cher Collègue,

Je suis préoccupé comme vous des difficultés financières que va rencontrer l'entreprise de la Société Royale de Londres. Je ne suis nullement certain, que même avec les réductions prévues par le compromis, l'entreprise soit viable et il est peut-être utile d'envisager la possibilité d'une nouvelle réduction du plan.

Pour mon compte, je ne suis nullement séduit par l'idée de se borner à certaines sciences. Nous sommes disposés à acheter un certain nombre d'exemplaires (mettons 35) de 16 volumes à 25 francs chacun ; (ce qui nous coûterait $35 \times 16 \times 25 =$ 14000 francs) Mais nous ne sommes pas disposés à acheter pour le même prix, 14000 francs, 35 exemplaires, de 4 volumes seulement.

Si les économies doivent porter sur quelque chose, c'est sur le luxe de l'édition primitivement projetée.

Ainsi par exemple ; on économiserait du tirage et du papier de la façon suivante. Soit une fiche portant trois indexations 258,344,525, par exemple. Je lui donnerais un numéro d'ordre 85274 par exemple. Je donnerais j'imprimerais dans le catalogue par noms d'auteurs :

85274 - Nom de l'auteur - Titre de l'ouvrage - indications bibliographiques - 258, 344, 525

Au catalogue par matières ; je mettrais simplement à la rubrique 258 (renvoi au numéro d'ordre 85274) et à la page du catalogue par nom d'auteur et de même aux deux autres rubriques. D'autre part, est-il bien nécessaire que l'impression ait lieu a Londres ; les frais d'impression ne seront-ils pas plus faibles ailleurs ; ne pourriez-vous prendre des informations auprès des imprimeurs allemands ; j'en prendrais de mon coté auprès des imprimeurs français.

Sans cela nous arriverons à Londres à Pâques pour nous trouver en présence d'une «carte forcée» et nous serons dans la nécessite d'accepter le traité préparé par la Société Royale, quel qu'il soit.

Pardonnez le longueur de ma lettre et agréez l'assurance de mon amitié dévouée,

Poincaré

35 Poincaré à Klein

[04/12/1899] [161]

Mon cher Collège,

J'ai enfin reçu une lettre de M. Rücker ; il me dit que le gouvernement allemand accepte le compromis ; d'après votre lettre je n'avais pas compris qu'il s'agissait

160. Cette lettre datée de la main de Klein est conservée à la Niedersächsische Staats- und Universitätsbibliothek.

161. Cette lettre datée par Klein est conservée à la Niedersächsische Staats- und Universitätsbibliothek. Klein ajoute une note addressée à Schwalbe :
Herr director Schwalbe,
Ich habe an Poincaré geschrieben, dass Sie diese ganze Sache in der Hand haben.
Ihr sehr erg., F.K.

d'une acceptation pleine et entière mais je comprenais que le compromis était accepté als diskutierbar.
Il me semble qu'il conviendra d'en préciser le sens de façon que le Bureau central soit suffisamment armé pour s'opposer à l'envahissement des *Subject-Entries*.
Il conviendrait surtout de fixer un maximum pour le nombre moyen des fiches secondaires, et cela d'avance et non plus attendre «*a further expérience*» pour le fixer, quitte à la modifier ensuite si la *further expérience* en indiquait le nécessité.
Avez-vous pensé à vous informer des prix des imprimeurs allemands ?
Quelle est donc l'adresse exacte de Mr le Dr Schwalbe ?
Veuillez agréer, mon cher Collègue, l'assurance de ma sincère amitié et vous charger de transmettre à Madame Klein l'expression de mon respect,

Poincaré

36 Klein à Poincaré

Göttingen, 14. Januar 1902

Sehr verehrter Freund und College!

Heute komme ich einer Bitte, die ich zugleich im Namen zahlreicher Collegen an Sie richte. Die (internationale) astronomische Gesellschaft hat, wie Sie jedenfalls wissen, in diesem Jahre ihre Hauptversammlung in Göttingen, und zwar sind dafür die Tage vom 5-8ten August genommen. Würde es Ihnen irgend möglich sein, dass Sie an dieser Versammlung teilnehmen ? Wir Göttinger wollen in der That versuchen, einen möglichst vielseitigen Besuch von Seiten der theoretischen Astronomen herbeizuführen. Dies wird, so hoffen wir, nicht nur den Verhandlungen eine besondere Bedeutung geben, sondern auf den Betrieb der Astronomie, der bei uns etwas einseitig geworden ist, und ihre Beziehung zur Mathematik belebend zurückwirken (ich hoffe namentlich auch, dass der astronomische Teil unserer mathematischen Encyclopädie, der noch im Stadium der ersten Vorbereitung ist, dadurch eine wesentliche Förderung erhält). Sie finden hier in Göttingen jetzt den Boden dafür besonders vorbereitet, in dem neben Brendel [162], den Sie kennen, als neuberufener Direktor der Sternwarte Schwarzschild [163] steht, wir also mit jugendlichen Kräften einsetzen. Nach anderer Seite hoffen wir den astronomischen Nachlaß von Gauß geordnet vorlegen zu können. Diese allgemeineren Andeutungen mögen hier genügen; welch' besonderen Werth wir im Zusammenhang mit demselben Ihrer Anwesenheit beilegen würden, brauche ich nicht auszuführen. Ich möchte Sie bitten, möglichst auch Ihren Einfluß dahin verwenden zu wollen, dass von den zahlreichen jüngeren französischen theoretischen Astronomen der eine oder andere herkommt ! An Callandreau [164] werde ich noch direct schreiben. –

162. See [Walter et collab., 2016, p. 24].
163. See [Walter et collab., 2016, p. 280].
164. Octave Callandreau (1852–1904) was editor of the *Bulletin astronomique* and Professor of Astronomy and Geodesy at the École polytechnique. See [Walter et collab., 2016, p. 25].

Von mir selbst ist hier nicht viel zu berichten, [außer] dass es mir und den Meinigen gut geht. Ich bin in den letzten Jahren wesentlich mit Organisationsfragen beschäftigt gewesen und hoffe, dass Sie, wenn Sie herkommen, gewisse Fortschritte in unseren Instituten wie allgemeineren Einrichtungen wahrnehmen werden. Daneben hat Hilbert in ausgezeichneter Weise theoretisch weitergearbeitet. Die Festschriften zum 150. jährigen Jubilaeum unserer Akademie werden Sie ja neulich richtig bekommen haben, in denen Hilbert das Dirichlet'sche Princip auf eine neue Basis stellt [165], während ich Gauß'ursprüngliches wissenschatliches Tagebuch publiciere [166].

Mit der Bitte, mich den werthen Ihrigen freundschaftlischst empfehlen zu wollen, Ihr sehr ergebener

F. Klein

37 Poincaré à Klein

[1905] [167]

Mon cher Collègue,

J'apprends par Darboux que le prix Bolyai vient de m'être décerné ; je tiens à vous remercier de la part que vous avez prise personnellement à cette décision [168]. Veuillez, je vous prie, présenter à Madame Klein mes respectueux hommages et croire à mes sentiments dévoués.

Poincaré

38 Klein à Poincaré

G[öttingen] 16. VI. 06 [169]

Verehrter College und Freund !

Ehe ich Ihnen schrieb habe ich nun die Pfingsttage vorübergehen lassen, wo ich Zeit hatte, meine laufende Inanspruchsnahme in Ruhe zu übersehen. Aber ich komme leider zu dem Resultate, dass es für mich ganz unmöglich ist, die ausschliessliche

---

165. [Hilbert, 1904].

166. [Klein, 1903].

167. Cette lettre est conservée à la Niedersächsische Staats- und Universitätsbibliothek.

168. The Bolyai Prize of the Hungarian Academy of Sciences was first awarded in 1905. Candidates were reviewed by a committee consisting of two internal and two external members of the academy, the former being Gyula König and Gusztáv Rados, whereas Gaston Darboux and Felix Klein served as external members. They elected Poincaré, though Hilbert's work was also lauded in the committee's citation.

169. Cette lettre a été transcrite par A. Métraux, G. Heinzmann, F. Willmann et Ph. Seguin d'après un brouillon difficilement lisible conservé dans la *Niedersächsische Staats- und Universitätsbibliothek Göttingen.*

Ruhe zu finden, deren ich bedürfen würde, wenn ich das Gutachten zum Bolyaipreis noch letztlich ausarbeiten wollte [170]. Ich bedauere das aufs lebhafteste, aber ich sehe nicht, die wenige Zeit neben dem Unterricht die Energie und zusammenkommenden Unternehmungen mehr wie ich es abändern kann. Ich sende Ihnen also hier beiliegend das Material, welches Sie mir Ostern übergaben mit bestem Dank zurück und bitte Sie, mich in freundlichen Andenken zu halten [171].
Ich habe leider zu spät bemerkt, dass ich den Zeitpunkt Ihrer [*deux mots illisibles*] unbeantwortet verstreichen ließ. [*un mot illisible*] Sie mir Ihnen und Ihrer Frau Gemahlin.

39 Poincaré à Klein

[06/1906] [172]

Mon cher Collègue,

Je vous suis très reconnaissant de la peine que vous aviez prise jusqu'ici pour votre travail et je comprends très bien que vous ayez reculé devant une pareille tâche, qui venait s'ajouter à vos autres occupations si nombreuses. Je ne vous en remercie pas moins des efforts que vous aviez faits pour l'accomplir. J'ai reçu les papiers que vous m'avez renvoyés sous pli recommandé.
Ma femme est très touchée du mot de souvenir que vous nous adressez au sujet de nos noces d'argent [173].
Veuillez, mon cher Collègue, présenter à Madame Klein mes respectueux hommages et croire à ma sincère amitié.

Poincaré

---

170. Poincaré avait été le lauréat du prix Bolyai 1905 (voir la note 168 de la lettre précédente, p. 490). F. Klein aurait dû être le rapporteur de ce concours mais il doit décliner pour des raisons de santé. Après avoir expliqué que la discussion s'était focalisée sur les mérites respectifs de Poincaré et Hilbert, G. Rados [1906] explique les circonstances qui l'on amené à rédiger le rapport du prix Bolyai 1905

> Conformément à cette décision, M. Felix Klein, en sa qualité de rapporteur, avait à faire connaître et à analyser les Œuvres MM. Henri Poincaré et David Hilbert, en mettant plus particulièrement en évidence l'action qu'elles ont exercée sur le développement des nouvelles idées et des nouvelles théories mathématiques. Malheureusement, M. Klein, par suite d'un état de santé qui demande des ménagements, a décidé de résigner ses fonctions de rapporteur ; et ainsi la Commission, et je puis ajouter le public mathématicien tout entier, a dû renoncer avec le plus vif regret au rapport attendu. Entre ses mains il serait devenu la contribution la plus précieuse et la plus significative à l'histoire du développement des Mathématiques au cours de ces dernières années. Pour y suppléer en quelque manière, la Commission du Prix Bolyai m'a fait l'honneur immérité de me désigner à la place de M. Klein. [Rados, 1906, p. 105]

171. Poincaré avait dû faire parvenir un dossier sur ses travaux pour aider Klein dans la rédaction du rapport du prix Bolyai. La *Niedersächsische Staats- und Universitätsbibliothek Göttingen* conserve un dossier de notes préparatoires pour le rapport du prix Bolyai rédigées par Klein.
172. Cette lettre est conservée à la Niedersächsische Staats- und Universitätsbibliothek.
173. Louise d'Andecy et Henri Poincaré se sont mariés le 20 avril 1881. Les « noces d'argent » célèbrent le 25e anniversaire d'un mariage.

40 Annexe : carte de remerciements de Louise Poincaré

26 août 1912 [174]

Monsieur,

Je veux, ainsi que mes enfants, vous dire combien nous avons été touchés des sentiments de condoléances que vous nous avez adressés et de l'amitié que vous aviez pour mon Mari. Nous vous remercions d'avoir été pour lui depuis si longtemps un véritable ami. Le séjour qu'il avait fait à Göttingen avec sa fille lui avait laissé de très excellents souvenirs ; il nous en parlait toujours, ainsi que Jeanne, avec plaisir.

Croyez, Monsieur, à mes meilleurs souvenirs et à tous nos vœux de santé

L. Henri Poincaré

41 Annexe : Fondation Henri Poincaré

Paris, le 23 mars 1914

à Monsieur Felix Klein, Professeur à l'Université de Göttingen

Monsieur [175]

Pour rendre hommage à la mémoire d'Henri Poincaré et pour attacher son nom à une fondation scientifique, nous proposons, d'accord avec la famille du grand géomètre, aux amis de Poincaré, à ses confrères, à ses collègues et à ses admirateurs de tous les pays, d'ouvrir une souscription internationale destinée :

1°. A frapper une médaille à l'effigie d'Henri Poincaré ;

2°. A constituer un fonds, dont les arrérages seraient employés à encourager ou à récompenser de jeunes savants qui s'occupent des mêmes études que notre regretté confrère et ami.

Permettez nous, Monsieur, de vous demander de bien vouloir accepter de faire partie du Comité international chargé de provoquer les souscriptions et de régler les détails de la fondation.

Veuillez agréer, Monsieur, l'expression de notre haute considération.

P. Appell	Étienne Lamy	G. Darboux
Président de l'Institut	Secrétaire perpétuel	Secrétaire perpétuel
	de l'Académie Française	de l'Académie des Sciences

P.S. Vous voudrez bien envoyer votre réponse à Monsieur Ernest Lebon, Secrétaire-trésorier, 4bis, Rue des Écoles, Paris, V.

174. Cette lettre est conservée à la Niedersächsische Staats- und Universitätsbibliothek. La date est d'une autre main que celle de Louise Poincaré.

175. Cette lettre est conservée à la Niedersächsische Staats- und Universitätsbibliothek. Elle est rédigée sur un papier à en-tête de l'Institut de France.

Diederik Johannes Korteweg

Diederik Korteweg nait en 1848 à 'sHertogenbosch dans une famille aisée. Il étudie à l'École polytechnique de Delft pour devenir ingénieur mais se réoriente assez vite vers les mathématiques et la mécanique dans l'intention de devenir enseignant. Après avoir enseigné pendant quelques années dans des établissement de second degré, il entre en 1876 à l'Université d'Utrecht ; en 1877, il prépare un doctorat sur la propagation des ondes dans un tube sous la supervision de van der Waals. Il soutient sa thèse en 1878 à l'Université d'Amsterdam et est nommé en 1881 professeur de mathématiques, mécanique et d'astronomie dans cette même université. Korteweg occupera cette position jusqu'à sa retraite en 1918. Il décède à Amsterdam en 1941.
Ses travaux concernent les mathématiques appliquées, la physique mathématique, la mécanique statistique. Il est aussi l'éditeur des œuvres complètes de Huyghens. La lettre qu'il adresse à Poincaré concerne son élève, L. E. J. Brouwer. Des traductions des lettres échangées par Brouwer et Korteweg sont publiées dans [van Dalen, 2013].

P. Nabonnand et al. (eds.), *La correspondance entre Henri Poincaré et les mathématiciens*,
Publications des Archives Henri Poincaré Publications of the Henri Poincaré Archives,
https://doi.org/10.1007/978-3-7643-8288-9_42

Korteweg à Poincaré

[1910] [1]

Monsieur et cher Collègue

J'ai beaucoup hésité avant de me résoudre à vous déranger, mais si vous connaissez le[s] travaux mathématiques du jeune Monsieur Brouwer [2], je crois que vous vous intéresserez pour sa personne et que vous exécuterez [la] démarche.
Vous pourriez vous renseigner sur lui chez M. Hadamard qui le connait personnellement [3]. Les travaux ont été publiés en partie dans les Mathematische Annalen, 67, 246-267 ; 68, 422-434 ; 69, 169-175, 176-180, 181-203 [4], en partie dans les Proceedings de notre Académie [5]. Ceux qui se rapportent aux distributions continues de vecteurs sur des surfaces, Proceedings 11, 1909, 850-858 ; 12, 1910, 716-734 ; 13, 1910, 171-186 [6], touchent [un] peu particulièrement à un de vos travaux (voir le § 4 du dernier article) [7].
Il s'agit de lui procurer une place qui lui convient à une de nos universités [8] ; ce qui ne sera pas facile, vu sa personnalité très distinguée mais très particulière, et puis il serait bien dommage de le charger de trop de leçons.

---

1. Dirk van van Dalen [1999] évoque dans sa biographie de L. E. J. Brouwer deux épisodes dans lesquels Korteweg demande à Poincaré une lettre de soutien pour Brouwer, en 1910 (p. 218) et en 1912 (p. 221). Le ton de la lettre laisse penser qu'il s'agit de la première tentative puisque Korteweg parle d'une candidature à l'Académie. Enfin, il n'est pas fait état de travaux postérieurs à 1910. Cette lettre est conservée dans les Archives Korteweg (Source [Dugac, 1989a]). Elle est transcrite d'après l'édition de Dugac [1989a].

2. L. E. J. Brouwer est né en 1881.

3. Hadamard et Brouwer se sont rencontrés en 1908 au congrès international des mathématiciens de Rome. Ils entretiennent une correspondance depuis décembre 1909 [van Dalen, 2011, 2013].

4. Respectivement, [Brouwer, 1909a, 1910f,a,e,b]. Ces articles contiennent les contributions de Brouwer à la théorie des groupes continus qu'il avait exposées lors du congrès international des mathématiciens à Rome, ses travaux sur l'Analysis situs, une preuve du théorème de Jordan sur les courbes ainsi que ses travaux sur le théorème du point fixe.

5. Korteweg parle des *Koninklijke Nederlandse Akademie van Wetenschappen te Amsterdam. Proceedings of the section of sciences.*

6. Respectivement, [Brouwer, 1909b, 1910c,d].

7. Le 4e paragraphe de l'article de Brouwer [1910d] est intitulé "The index relation on the sphere for a finite number of singular points". Brouwer renvoie dans une note à Poincaré [1881a] pour l'usage du terme « index » :

> This expression is used (not for the singular point itself but for a curve by which it is enclosed) by Poincaré : "*Sur les courbes définies par une équation différentielle*, 1er mémoire, Journ. de Math. (3) 7, p. 400. The univalent continuous vector distributions treated there are of a particular algebraic kind, so that only indices +1 and −1 appear for the singular points. [Brouwer, 1910d, p. 184]

Brouwer [1910d, p. 185] obtient dans ce paragraphe une généralisation (établie dans un cadre topologique) de la formule de Poincaré [1881a, p. 405] sur les points singuliers d'une équation différentielle sur la sphère (voir [van Dalen, 1999, p. 136-140]).

8. Sur la « campagne » menée par Korteweg pour procurer une position à Brouwer, voir [van Dalen, 1999, p. 218-229].

Le meilleur moyen pour y avoir [le] succès peut être de le faire nommer dans notre Académie ; mais il y a de ce côté une grande difficulté, qui consiste dans ce que le nombre des mathématiciens qui y siègent est déjà plutôt hors de proportion [9] .
Ainsi sa candidature, que nous poserons probablement cette année, ne pourra réussir que si nous savons convaincre nos collègues qu'il s'agit d'un talent bien extraordinaire qui s'est déjà révélé par des travaux qui comptent dans la science [10].
Dans le cas que vous partagez cette opinion, voulez-vous m'aider avec votre autorité incontestable en me communiquant votre opinion sur les travaux de M. Brouwer [11].
Je ferai un usage très discret de votre lettre, et je compte aussi sur votre discrétion et sur celle de M. Hadamard si vous lui parlez, surtout à l'égard de M. Brouwer qui [ignore] complètement mes démarches.
Veuillez agréer, Monsieur et cher Collègue, l'assurance de mon grand respect et de mon dévouement complet.

D. J. Korteweg

9. Outre Korteweg, les mathématiciens Jacob Cardinaal, Jacob Cornelius Kapteyn, Willem Kapteyn, Jan C. Kluyver, Ernst Frederik van de Sande Bakhuyzen, Hendrik K. de Vries, Jan de Vries, sans oublier les physiciens théoriciens Hendrik Antoon Lorentz, Johannes Diderik van der Waals ou Pieter Zeeman sont membres de l'Académie des sciences néerlandaise. Ils soutiendront tous la candidature (malheureuse) de Brouwer en 1910 [van Dalen, 1999, p. 219].

10. Brouwer est élu à l'Académie des sciences néerlandaise et nommé professeur de théorie des ensembles, de théorie des fonctions et d'axiomatique à l'Université d'Amsterdam en 1912.

11. Selon van Dalen [1999, p. 218], Poincaré a rédigé une lettre de recommandation flatteuse (qui est, semble-t-il perdue).

Sofja Kowalevskaja

Sofja Vassilievna Korvine-Kroukovskaja nait en 1850 à Moscou dans une famille bourgeoise cultivée et aisée. Elle reçoit une première éducation par des précepteurs. En 1868, elle épouse Vladimir Onoufrievitch Kovalevski, un naturaliste. Ce mariage permet à Sofja Kowalevskaja d'accéder à une certaine indépendance et surtout d'envisager de poursuivre ses études en mathématiques à l'étranger puisque les universités russes lui étaient interdites. Elle part en Allemagne en 1869 pour continuer ses études scientifiques d'abord à Heidelberg, puis à Berlin où elle suit des cours privés auprès de Weierstrass [1]. Kowalevskaja obtient en 1874 le titre de docteur à l'Université de Heidelberg. Elle obtient en 1884 une position de *Privatdozent*, puis de professeur à l'Université de Stockholm. Kowalevskaja occupera cette position jusqu'à son décès en 1891 [2]. Sa sœur, Anna, est l'épouse de Charles Victor Jaclard, un des dirigeants de la Commune de Paris en 1871.
Les travaux de Kowalevskaja concernent les équations aux dérivées partielles [3], la réduction des intégrales abéliennes [4], la théorie des anneaux de Saturne [5] et le problème de la rotation d'un corps fixe autour d'un point fixe [6]. Dans l'introduction de sa thèse, Poincaré [1879b] commence par un historique rapide de la théorie de l'intégration des équations aux dérivées partielles. Après avoir évoqué les travaux de Cauchy et de Jacobi, il signale les contributions à ce problème dans le travail de thèse de Kowalevskaja [1875].
La correspondance échangée par Kowalevskaja et Poincaré concerne les travaux non publiés de Weierstrass et la rédaction des *Acta mathematica* à laquelle Kowalevskaja participe activement depuis son arrivée à Stockholm.

1. Sur les relations scientifiques et quasi-filiales entre Weierstrass et Kowalevskaja, voir [Bölling, 1993].
2. Sur la vie de Kowalevskaja, [Audin, 2011] et [Leffler, 1892].
3. [Kowalevskaja, 1875].
4. [Kowalewskaja, 1884].
5. [Kowalewskaja, 1885].
6. Kowalewskaja [1889, 1890] a reçu le prix Bordin pour ses contributions sur cette question. Sur l'œuvre mathématique de Kowalevskaja, voir [Cooke, 1984].

P. Nabonnand et al. (eds.), *La correspondance entre Henri Poincaré et les mathématiciens*, Publications des Archives Henri Poincaré Publications of the Henri Poincaré Archives, https://doi.org/10.1007/978-3-7643-8288-9_43

1 Poincaré à Kowalevskaja

Paris, le 14 septembre 1884[7]

Madame,

J'ai reçu dernièrement les épreuves de votre mémoire sur la réduction des intégrales abéliennes du 3e rang[8] et je les ai lues avec le plus vif intérêt. J'y trouve énoncés deux théorèmes de M. Weierstrass[9]. La démonstration en a-t-elle été publiée, je ne le crois pas. C'est pourquoi, bien qu'elle ne soit pas bien difficile à trouver, j'ai cru utile à mes compatriotes en la publiant dans le Bulletin de la Société mathématique de France[10]. Car il est très difficile en France de se procurer ces démonstrations que M. Weierstrass communique à quelques amis, mais ne fait pas imprimer[11].

---

7. L'original de cette lettre est conservé à l'Institut Mittag-Leffler.
8. [Kowalewskaja, 1884].
9. [Kowalewskaja, 1884, p. 398-399 & p. 400].
10. [Poincaré, 1884e].
11. Poincaré motive son article en reprenant le même argument :

> En 1874, Mme Kowalevski a envoyé à l'Université de Göttingen un mémoire qui va paraître dans les *Acta Mathematica.* Dans ce mémoire (*Ueber die Reduction einer bestimmten Klasse Abel'schen Integrale 3ten Ranges auf elliptische Integrale*), elle cite les deux théorèmes suivants, dus à M. Weierstrass :
> *Si l'on envisage un système de ρ intégrales abéliennes de rang ρ, parmi lesquelles il y en a une qui est susceptible d'être réduite aux intégrales elliptiques, et si 'lon considère également la fonction Θ correspondante :*
> 1° *Cette fonction Θ à ρ variables peut être changée, par une transformation d'ordre k, dans le produit d'une fonction Θ à une variable et d'une fonction Θ à $\rho-1$ variables.*
> 2° *Elle peut également par une transformation linéaire, c'est-à-dire du premier ordre, être amenée à une forme telle que, le tableau des périodes s'écrivant comme il suit :*
>
> $$(A)\quad \begin{cases} 1 & 0 & \dots & 0 & \tau_{11} & \tau_{12} & \dots & \tau_{1\rho}, \\ 0 & 1 & \dots & 0 & \tau_{21} & \tau_{22} & \dots & \tau_{2\rho}, \\ . & . & \dots & . & \dots & \dots & \dots & \dots, \\ 0 & 0 & \dots & 1 & \tau_{\rho 1} & \tau_{\rho 2} & \dots & \tau_{\rho\rho} \end{cases}$$
>
> *avec les conditions habituelles*
>
> $$\tau_{\alpha\beta} = \tau_{\beta\alpha},$$
>
> *la période τ_{12} soit commensurable et que les périodes*
>
> $$\tau_{13}, \tau_{14}, \dots, \tau_{1\rho}$$
>
> *soient nulles.*
> Le premier de ces théorèmes a été communiqué à M. Königsberger et le second à Mme Kowalevski par des lettres de M. Weierstrass. Mais ils ne paraissent pas avoir été publiés.
> Le premier de ces théorèmes peut se généraliser comme il suit :
> Si l'on envisage un système de ρ intégrales abéliennes de première espèce et de rang ρ, parmi lesquelles il y en a μ qui sont susceptibles d'êtres réduites au rang μ, la fonction Θ correspondante à ρ variables peut être changée par une transformation d'ordre k, dans le produit d'une fonction Θ à μ variables

Pourriez-vous me renseigner au sujet de la marche qu'a employée l'illustre géomètre pour démontrer ces deux théorèmes. Car j'ai lieu de croire que celle que j'ai suivie est différente, non pas quant au fond, mais quant à la forme et au mode d'exposition. Pourriez-vous me dire également si M. Weierstrass vous a communiqué des généralisations de ces deux théorèmes, pour le cas où au lieu d'une intégrale réductible aux fonctions elliptiques on a μ intégrales linéairement indépendantes réductibles au rang μ. Ayez l'obligeance de me répondre à Nancy, rue de Serre 9, où je vais aller passer quelques semaines chez mon père.
Veuillez agréer, Madame, les compliments de ma femme, ainsi que l'expression de mon respect et de mon admiration pour votre talent.

Poincaré

2 Kowalewskaja à Poincaré

25 octobre [1884] [12]
Södertelge

Monsieur !

Je vous remercie pour vos lignes bienveillantes. Je suis très contente que vous avez bien voulu prendre la peine de chercher la démonstration de théorèmes de M. Weierstrass que je cite dans mon mémoire [13]. Je ne crois pas que M. Weierstrass lui-même l'aurait fait sous peu de temps. – Je Vous communiquerai avec le plus grand plaisir la démonstration que j'ai reçue de lui mais je Vous prie de vouloir bien m'excuser si je ne le fais que dans une quinzaine à peu près.
Dans ce moment-ci je n'ai pas les papiers en question sous main et je n'ai d'ailleurs que fort peu de moments que je puis consacrer à la mathématique et ceux-là sont tous pris par mon cours, que je viens de commencer pour ce semestre. M. et Mme Mittag-Leffler et moi-même demeurons tous ensemble dans une petite maison de campagne aux environs de Stockholm et nous ne venons en ville que deux fois par semaine pour nos cours. Nous avons en outre quelques amis qui sont en visite chez nous pour le moment, de sorte qu'il ne reste pas beaucoup de temps pour un travail sérieux.

> et d'une fonction Θ à $\rho - \mu$ variables.
> Le second théorème est également susceptible d'une généralisation, ainsi qu'on le verra plus loin.
> Il n'est pas douteux que ces généralisations ne soient connues de M. Weierstrass ; mais, comme il serait difficile en France de s'en procurer la démonstration, je crois qu'il ne sera pas inutile de la développer ici, ignorant d'ailleurs si la marche que je vais suivre est la même qu'a employée l'illustre analyste allemand. [Poincaré, 1884e, p. 122-123]

Voir la lettre adressée par Poincaré à Mittag-Leffler le 30 octobre 1884 [Nabonnand, 1999, p. 140].

12. Cette lettre est datée d'après l'année de parution de l'article de Kowalewskaja [1884] et d'une note de Poincaré [1884h]. Elle est écrite sur un papier à monogramme rouge «S».

13. Voir la lettre précédente.

Nous avons lu avec un grand intérêt Votre note dans les Comptes rendus [14] concernant le mémoire de M. Fuchs sur les équations différentielles jouissant de la même propriété fondamentale que les équations différentielles linéaires [15] ; mais je dois Vous avouer que nous ne sommes point parvenus à bien saisir Votre démonstration [16]. Monsieur Leffler me charge de Vous demander en son nom si vous ne voulez point avoir l'obligeance de rédiger la remarque intéressante que Vous avez faite d'un manière un peu plus détaillée et de la lui envoyer pour les Acta [17]. Vous nous ferez par là à tous un bien grand plaisir.
Veuillez bien, Monsieur, transmettre mes compliments à Madame Poincaré et agréez Vous-même l'expression de ma haute considération.

Sophie Kowalevski

3 Kowalewskaja à Poincaré

Stockholm
1 Mai [1887]
Engelbrektsgatan 7

Monsieur,

Ayant parcouru le mémoire de M. Humbert [18] que Vous avez eu la complaisance d'envoyer à M. Leffler [19], je me permets de Vous demander si Vous connaissez la manière dont M. Weierstrass traite cette même question ? Je ne crois malheureusement pas que la démonstration de W. soit publiée quelque part, mais elle fait partie de son cours sur les intégrales abéliennes et elle est bien connue de ses élèves. Au cas que Vous n'ayez pas eu l'occasion de voir cette démonstration, je me permets de Vous la communiquer.
Il s'agit donc de trouver les conditions nécessaires et suffisantes pour qu'une intégrale de la forme

$$\int \mathcal{F}(x,y)dx$$

où x et y sont liés par une équation alg. $f(x,y)=0$ (de rang p) et $\mathcal{F}(x,y)$ désigne une fonction rationnelle, soit une une fonction rat. de x, y.
Soient $(a_1 b_1) \ldots (a_p b_p)$ p points an. arbitraires mais tels qu'il n'existe pas de f.

14. [Poincaré, 1884h].
15. [Fuchs, 1884].
16. Voir [Nabonnand, 1999, note 2, p. 139].
17. Poincaré [1885g] s'exécutera très rapidement et enverra fin novembre un article développé « qui n'est que le développement de [sa] note des Comptes rendus sur un théorème de M. Fuchs » [Nabonnand, 1999, p. 140].
18. [Humbert, 1887].
19. Voir la lettre adressée par Poincaré à Mittag-Leffler le 5 mars 1887 et la réponse de Mittag-Leffler du 13 juillet 1887 [Nabonnand, 1999, p. 154-156].

rat. de xy qui n'ait que ces points là pour pôle de premier degré, soit de plus $x'y'$ un point absolument arbitraire. Il existe alors une et une seule fonction $\mathcal{H}(xy, x'y')$ ayant les propriétés suivantes
1) elle est une fonct. rat. en xy et en $x'y'$,
2) Considérée comme fonction de xy, elle n'a que les p pôles $(a_1b_1) \ldots (a_pb_p)\,(x'y')$ (Les p premiers sont de premier degré),
3) Si je désigne par $x'_ty'_t$ les séries de puissances entières d'une variable auxiliaire t par lesquelles on peut toujours exprimer le voisinage entier ou une partie du voisinage du point $x'y'$, on a

$$\mathcal{H}(x'_ty'_t, x'y')\frac{dx'_t}{dt} = -t^{-1} + P(t)$$

($P(t)$ ne contient que des puissances positives de t),
4) $\mathcal{H}(xy, x'y') = 0$ pour un point arbitrairement fixé $(xy) = a_0b_0$.
L'étude de cette fonction $\mathcal{H}(xy, x'y')$ forme la base de toute la partie algébrique du cours de M. Weierstrass.
parmi les propriétés de cette fonction, je signalerai les deux suivantes :
1) en désignant par $x_t^\alpha y_t^\alpha$ les séries des puissances qui expriment le voisinage d'un point $(a_\alpha b_\alpha)$ $(\alpha = 1 \ldots p)$ on a

$$\mathcal{H}(x_t^\alpha y_t^\alpha, x'y') = \mathcal{H}(x'y')_\alpha t^{-1} + \mathcal{H}'(x'y')_\alpha t + \ldots$$

Les deux fonctions rationnelles $\mathcal{H}(x'y')_\alpha$ et $\mathcal{H}'(x'y')_\alpha$ sont telles que

$$\left.\begin{array}{ll}\int \mathcal{H}(x'y')_\alpha dx' & \text{est de première}\\ \int \mathcal{H}'(x'y')_\alpha dx' & \text{est de seconde}\end{array}\right\}\ \text{espèce.}$$

On démontre de plus qu'on ne peut trouver pour toutes les valeurs de (xy) des constantes $c_1 \ldots c_p$ remplissant l'une des équations

$$\begin{array}{l}\sum_\alpha c_\alpha \mathcal{H}(x'y')_\alpha = 0\\ \sum_\alpha c_\alpha \mathcal{H}'(x'y')_\alpha = 0\end{array}$$

2) On a la relation

$$\frac{d}{dx}\mathcal{H}(xy, x'y') - \frac{d}{dx'}\mathcal{H}(x'y', xy) = \sum_{\alpha=1}^{p} \{\mathcal{H}(x'y')_\alpha \mathcal{H}'(xy)_\alpha - \mathcal{H}'(x'y')_\alpha \mathcal{H}(xy)_\alpha\}.$$

À l'aide de cette fonction on peut facilement ramener chaque intégrale de la forme $\int \mathcal{F}(xy)dx$ à une somme d'intégrales normales de 3 espèce[20] et par conséquent répondre à la question proposée.
En effet, si $\mathcal{R}(xy)$ est une fonction rationnelle de xy on a toujours

$$\sum \lfloor \mathcal{R}(x_ty_t \rfloor_{t^{-1}} = 0$$

20. « de 3e » espèce. Voir [Picard, 1893, p. 418].

cette somme étant étendue à tous les points analytiques dans le voisinage desquels le développement $\mathcal{R}(x_0y_0)$ contient des puissances nég. Posons dans cette formule

$$\mathcal{R}(x_ty_t) = \mathcal{F}(x_ty_t)\mathcal{H}(x_ty_t,\, xy).$$

Soient $(l_1m_1)\,\ldots\,(l_pm_p)$ tous les points an. au voisinage desquels le développement

$$\mathcal{F}(x_t^\lambda y_t^\lambda)\frac{dx_t^\lambda}{dt} \qquad (a = 1\,\ldots\,\nu)$$

contient des puissances négatives. (je supposerai pour plus de brièveté qu'aucun de ces points ne coïncide avec un point b_α, ni avec le point a_0b_0).
Soit

$$\begin{aligned}\mathcal{F}(x_t^ay_t^a,\, xy)\frac{dx_t^a}{dt} &= \mathcal{F}^{(}_{m_\lambda-1}a)t^{-m_1} + \mathcal{F}_0^{(a)}t^{-1} + \mathcal{P}(t)\\ \mathcal{H}(x_t^ay_t^a,\, xy) &= \mathcal{H}(l_am_a, xy) + \sum_{\mu=1}^{\infty}\mathcal{H}(b_am_a, xy)_\mu t^\mu\end{aligned}$$

De la formule citée, il suit alors

$$\mathcal{F}(xy) = \sum_{\alpha=1}^{p}\mathcal{F}(a_\alpha b_\alpha)\mathcal{H}(xy)_\alpha + \sum_{a=1}^{\nu}\mathcal{F}_0^{(a)}\mathcal{H}(l_am_a,\, xy) + \sum_a\sum_{\mu=1}^{m_a}\mathcal{F}_{\mu-1}^{(a)}\mathcal{H}(l_am_axy)_\mu.$$

Chacune des fonctions $\mathcal{H}(l_am_axy)_\mu$ peut être mise sous une autre forme. De la formule

$$\frac{d}{dt}\mathcal{H}(xy,\, x'y') - \frac{d}{dt}\mathcal{H}(x'y',\, xy) = \sum_{\alpha=1}^{p}\left\{\mathcal{H}(x'y')_\alpha\mathcal{H}(xy)_\alpha - \mathcal{H}(xy)_\alpha\mathcal{H}(xy)_\alpha\right\},$$

il écrit en posant $(x'y') = (x_t^ay_t^a)$ et en multipliant des deux côtés par $\frac{dx_t^a}{dt}$
$\frac{d}{dt}\left\{\mathcal{H}(xy,\, x_t^ay_t^a)\frac{dx_t^a}{dt}\right\} = \frac{d}{dt}\mathcal{H}(x_t^ay_t^a,\, xy) +$

$$+\textstyle\sum_\alpha\left\{\mathcal{H}'(xy)_\alpha\mathcal{H}^{illisible}(x_t^ay_t^a)\frac{dx_t^a}{dt} - \mathcal{H}(xy)_\alpha\mathcal{H}'(x_t^ay_t^a)\right\} + illisible.$$

On a

$$\mathcal{H}(xy,\, x_t^ay_t^a)\frac{dx_t^a}{dt} = \epsilon t^{-1} + \sum_{\mu=1}^{\infty}\mathcal{H}(xy,\, l_am_a)_\mu.t^\mu$$

où

$$\epsilon\begin{cases} = 1 & l_am_a = a_0b_0 = (xy)\\ = 0 & (l_am_a) > a_0b_0\end{cases}$$

$$\begin{aligned}\mathcal{H}(x_t^ay_t^a)_\alpha\frac{dx_t^a}{dt} &= \sum_{\mu=0}^{\infty}h_{\alpha a}^{(\mu)}t^\mu\\ \mathcal{H}'(x_t^ay_t^a)_\alpha\frac{dx_t^a}{dt} &= \sum_{\mu=0}^{\infty}g_{\alpha a}^{(\mu)}t^\mu.\end{aligned}$$

On a alors

$$\mu(l_a m_a\, xy)_\mu = \frac{d}{da}\mathcal{H}(xy,\, l_a m_a)_{\mu+1} + h_{\alpha a}^{(\mu+1}\mathcal{H}'(xy)_\alpha - g_{\alpha a}^{\mu+1}[xy)_a.$$

Par conséquent

$$\sum_{a=1}^{\nu}\sum_{\mu=1}^{m_a}\mathcal{F}_{\mu-1}^{(a)}\mathcal{H}(l_a m_a,\, xy)_\mu = \frac{d}{dx}\mathcal{F}_1(xy) + \sum c_\alpha \mathcal{H}(xy)_\alpha + c'_\alpha \mathcal{H}'(xy)_\alpha,$$

où

$$\begin{aligned}
\mathcal{F}_1(xy) &= \sum_{a=1}^{\nu}\sum_{\mu=1}^{m_a}\mathcal{F}_{\mu-1}^{(a)}\mathcal{H}(xy,\, l_a m_a)_{\mu+1}\\
c_\alpha &= -\sum_{a=1}^{\nu}\sum_{\mu=1}^{m_a}\mathcal{F}_{\mu-1}^{(a)} g_{\alpha a}^{(\mu+1}\\
c'_\alpha &= -\sum_{a=1}^{\nu}\sum_{\mu=1}^{m_a}\mathcal{F}_{\mu-1}^{(a)} h_{\alpha a}^{(\mu+1}.
\end{aligned}$$

On a par conséquent

$$\mathcal{F}(xy) = \frac{d}{da}\mathcal{F}_1(xy) + \sum_{a=1}^{\nu}\mathcal{F}_0^{(a)}\mathcal{H}(l_a m_a,\, xy) + \sum\{c_\alpha + \mathcal{F}(a_\alpha b_\alpha\}\mathcal{H}(xy)_\alpha + \sum c'_\alpha \mathcal{H}'(xy)_\alpha.$$

Les conditions nécessaires et suffisantes pour que

$$\int \mathcal{F}(xy)dx$$

soit une fonction algébrique de x sont donc, (vu qu'une somme d'intégrales normales n'est jamais une fonction algébrique)

$$\begin{array}{cc}
\mathcal{F}_0^{(a)} = 0 & a = 1 \ldots \nu \\
\left.\begin{array}{c} c_\alpha + \mathcal{F}(a_\alpha b_\alpha) = 0 \\ c'_\alpha = 0 \end{array}\right\} & \alpha = 1 \ldots p
\end{array}$$

Si on considère la signification des constantes $\mathcal{F}_0^{(a)}$, c_α, c'_α, on voit facilement que ces conditions sont les mêmes, que celles trouvées par M. Humbert.
Je ne crois pas que Weierstrass ait jamais publié ces recherches sur ce sujet, mais elles sont bien connues en Allemagne et en Suède ; je ne sais donc pas, cher Monsieur, si, malgré l'identité des résultats, Vous jugez pourtant à propos de publier le mémoire de M. Humbert dans les Acta. Je Vous en prie, écrivez moi quelques mots là dessus et nous nous conformerons absolument à Vos désirs. Je vous serais bien reconnaissante si vous vouliez m'écrire assez tôt pour que Votre lettre me

parvienne avant le 15 Mai, je pars alors de Stockholm et je compte venir à Paris vers les premiers jours de juin.
Je Vous prie, cher Monsieur, de vouloir me rappeler au bon souvenir de Mme Poincaré et d'agréer Vous-même l'expression de plus haute considération.

Sophie Kowalewski

PS Je viens de recevoir dans ce moment même Votre beau mémoire sur les Formes quadratiques [21] ainsi que la Notice sur Vos travaux [22] et je vous exprime ma profonde reconnaissance pour cet envoi.

4 Poincaré à Kowalewskaja

Paris, le 5 mai 1887 [23]

Madame,

Je n'ai pas assez présente à la mémoire la démonstration de M. Humbert pour pouvoir reconnaître si elle diffère assez de celle de M. Weierstrass pour en justifier la publication. C'est à vous et à M. Mittag-Leffler de juger s'il y a lieu d'imprimer le mémoire que je vous ai adressé.
Je ne connaissais pas la démonstration de M. Weierstrass et je crois qu'elle n'est pas connue en France, de même malheureusement que beaucoup d'autres découvertes du géomètre allemand qui n'ont jamais été imprimées.
Veuillez agréer, Madame, l'expression de mon respect,

Poincaré

5 Kowalewskaja à Poincaré

12 V 87 Stockholm

Monsieur,

M. Mittag-Leffler va publier prochainement le mémoire de M. Humbert dans les Acta mathematica, en y joignant seulement une petite note, pour indiquer que les résultats trouvés par M. Humbert ont déjà été exposés, quoique d'une manière toute différente, par M. Weierstrass dans son cours sur les fonctions abéliennes [24].
J'ai vu du reste, que le théorème de M. Weierstrass est cité, quoique sans détail et sans démonstration, dans la thèse de M. Hettner (Berlin 1877) [25].
Agréez, Monsieur, l'assurance de mon profond respect.

Sophie Kowalewski

21. [Poincaré, 1886b].
22. [Poincaré, 1886a].
23. L'original de cette lettre est conservé à l'Institut Mittag-Leffler.
24. Voir [Nabonnand, 1999, note 4, p. 156].
25. Georg Hettner soutient à l'Université de Berlin le 11 août 1877 une thèse intitulée *Über die Reduction der Integrale einer besonderen Classe von algebraischen Differentialen auf die hyperelliptischen Integrale* [Hettner, 1877]. Weierstrass, Kummer et Kronecker sont remerciés à la fin de la thèse et la théorie de Weierstrass dont il est question est évoquée au début de la thèse (p. 1-5).

Leopold Kronecker

Leopold Kronecker nait en 1823 à Liegnitz (Prusse) dans une famille aisée. Après des études secondaires dans sa ville natale, il étudie à partir de 1841 les mathématiques à l'Université de Berlin où il a entre autres comme professeur Dirichlet et Steiner. En 1845, il soutient une thèse intitulée *De unitatibus complexis.* Pendant une dizaine d'année, il travaille dans l'entreprise familiale tout en continuant à effectuer des recherches. En 1855, il revient à Berlin pour s'investir dans la recherche mathématique mais sans chercher une position universitaire. En 1860, il est élu membre de l'Académie des sciences de Berlin et succède en 1883 à Kummer à l'Université de Berlin quand ce dernier prend sa retraite. Il occupe cette position jusqu'à son décès en 1891.
Les travaux de Kronecker concernent d'abord l'arithmétique, la théorie des formes quadratiques et la théorie des fonctions elliptiques. Il a aussi plusieurs contributions en analyse complexe et en théorie du potentiel. Une de ses contributions dans ces domaines est l'objet de la carte qu'il envoie à Poincaré en 1883 [1].

Kronecker à Poincaré

Berlin, W. Bellevuestr. 13.
14.Février 1883 [2]

Monsieur,

Ayant lu votre dernière communication dans les Comptes Rendus [3], je désirerais appeler votre attention à un mémoire que j'ai publié en 1869 et que je prends la liberté de vous envoyer [4]. J'y ai ajouté quelques autres de mes mémoires et en

1. Sur la vie et l'œuvre de Kronecker, voir [Weber, 1893]. Plus particulièrement, sur les travaux « qui ont pour objet l'Arithmétique et les fonctions elliptiques », voir [Hermite, 1892].
2. Cette lettre est rédigée sur une carte de l'Union postale universelle („Postkarte aus Deutschland").
3. La note de Poincaré [1883e] sur les fonctions à deux variables paraît dans le compte rendu de la séance du 22 janvier 1883. Poincaré y annonce le théorème selon lequel une fonction à deux variables méromorphe peut s'écrire comme le quotient de deux fonctions holomorphes. Ce résultat avait aussi frappé Weierstrass, voir la lettre 24 (p. 24) de [Nabonnand, 1999].
4. [Kronecker, 1869].

P. Nabonnand et al. (eds.), *La correspondance entre Henri Poincaré et les mathématiciens*,
Publications des Archives Henri Poincaré Publications of the Henri Poincaré Archives,
https://doi.org/10.1007/978-3-7643-8288-9_44

outre je me suis permis d'adresser à Mr Tannery un petit paquet destiné pour vous, contenant tous les exemplaires de mes mémoires, que j'ai à ma disposition. Le mémoire cité de 1869 (mois de Mars) est intitulé : Systèmes de fonctions de plusieurs variables [5]. J'y ai développé la généralisation de cet important théorème de Cauchy qui me semble contenir le vrai fondement de la théorie des fonctions [6]. Il est très remarquable, qu'il existe un théorème tout-à-fait analogue pour un nombre quelconque de variables, et mes recherches m'ont montré qu'on ne peut reconnaître les propriétés des fonctions pour lesquelles $\Delta F = 0$ sans traiter les fonctions plus générales où $\Delta >< 0$ [7].

Votre très dévoué

L. Kronecker

5. Le titre allemand est „Über Systeme von Functionnen mehrer Variabeln".

6. Kronecker parle de la formule intégrale de Cauchy. Kronecker [1869, p. 176-180] établit une formule qui généralise la formule de Cauchy aux systèmes de fonctions uniformes (réelles ou complexes) $F_0, F_1, \ldots, F_n$ de n variables $z_1, z_2, \ldots, z_n$.
Pour plus de précisions sur l'utilisation par Poincaré de l'indice de Kronecker (en particulier dans ses premiers travaux sur le problème des trois corps [Poincaré, 1883b, 1884c]), voir [Mawhin, 2012].

7. Voir [Kronecker, 1869, p. 171-174 et p. 189-192].
Dans le mémoire des *Acta mathematica* dans lequel il développe sa note, Poincaré [1883f] reprend cette remarque. En partant d'une généralisation du fait que les parties réelles et imaginaires d'une fonction holomorphe à une variable sont harmoniques, Poincaré évoque les travaux de Klein et Kronecker sur cette question et le lien à faire avec la théorie du potentiel :

> On sait que la partie réelle u d'une fonction d'une variable imaginaire $x + iy$, satisfait à l'équation $\frac{d^2u}{dx^2} + \frac{d^2u}{dy^2} = 0$, de sorte que l'étude des fonctions d'une seule variable se ramène à l'étude d'une attraction s'exerçant en raison inverse de la distance. On a vu dans les derniers numéros des Mathematische Annalen, quel parti M. Klein a su tirer de considérations physiques qui sont au fond tout à fait analogues. De même si nous posons
>
> $$X = x + iy \qquad Y = z + it$$
>
> la partie réelle u d'une fonction quelconque de X et de Y satisfera l'équation :
>
> $$\Delta u = \frac{d^2u}{dx^2} + \frac{d^2u}{dy^2} + \frac{d^2u}{dz^2} + \frac{d^2u}{dt^2} = 0$$
>
> de sorte qu'à ce point de vue l'étude des fonctions de deux variables se ramène à celle d'une *attraction s'exerçant dans l'espace à quatre dimensions en raison inverse du cube de la distance*. M. Kronecker a déjà fait voir (Monatsberichte 1869) que la considération d'une telle attraction peut être utile au géomètre qui veut étudier les fonctions de plusieurs variables. Je n'emploierai pas cependant le langage hypergéométrique ; je me bornerai à lui emprunter quelques expressions. [Poincaré, 1883f, p. 98]

Edmond Laguerre

Edmond Laguerre nait en 1834 à Bar-le Duc dans une famille de notables commerçants. Il entre à l'École polytechnique en 1853 et conclut ses études à l'École d'application de l'artillerie et du génie de Metz en 1855. Il commence une carrière militaire en 1856 qui le mène à la manufacture d'armes de Mützig. En 1863, il est nommé répétiteur adjoint de géométrie à l'École polytechnique, puis en 1874, examinateur d'admission de l'École polytechnique. En 1883, il obtient la chaire de physique mathématique au Collège de France.
Les domaines d'intérêt de Laguerre sont variés et touchent à tous les domaines des mathématiques comme en atteste ses multiples publications parues pour beaucoup dans les *Comptes rendus hebdomadaires des séances de l'Académie des sciences*, le *Bulletin de la Société mathématiques de France* et les *Nouvelles annales de mathématiques* [1].
Les relations entre Laguerre et Poincaré commencent à l'École polytechnique, durant les années où ce dernier y est élève [2]. En tant que successeur de Laguerre à l'Académie des sciences, [Poincaré, 1887b] prononce l'éloge de son prédécesseur et plus tard sera un des éditeurs de ses *Œuvres* [3].

1. Pour plus de précisions sur le parcours et les travaux de Laguerre, voir [Rouché, 1887], [Poincaré, 1887b] et [Vanola, 2016].
2. Voir les nombreuses allusions à Laguerre dans les lettres de Poincaré à sa mère [Rollet, 2017].
3. [Laguerre, 1898, 1905]. Les *Œuvres* de Laguerre sont éditées « sous les auspices de l'Académie des sciences » par Hermite, Poincaré et Rouché.

P. Nabonnand et al. (eds.), *La correspondance entre Henri Poincaré et les mathématiciens*, Publications des Archives Henri Poincaré Publications of the Henri Poincaré Archives, https://doi.org/10.1007/978-3-7643-8288-9_45

1 Edmond Laguerre à Poincaré

[01-02/1886] [4]

Mon cher Poincaré

Je regrette de demander de venir me voir, mais je suis en ce moment fortement grippé et le médecin m'a interdit de sortir [5]. Si vous ne pouvez venir me voir aujourd'hui Samedi ou Dimanche dans la matinée, je serai obligé d'écrire à Hermite pour lui dire que je ne peux faire le Rapport qui vous concerne [6]. Veuillez me répondre un petit mot afin que je sache à quoi m'en tenir et que je prévienne Hermite.
Bien à vous

E. Laguerre

Je pense que vous avez bien reçu ma lettre ?

2 Annexe : lettre d'Émile Laguerre, le frère d'Edmond Laguerre après le décès de ce dernier

Bar le Duc le 17 Août 1886

Monsieur

Je viens au nom de ma belle Sœur, en mon nom personnel et au nom de toute la famille vous remercier de la démarche que vous avez faite en venant assister aux obsèques de mon regretté frère Edmond Laguerre [7].

4. Cette lettre est datée d'après son contenu, à savoir l'élection à l'Académie des sciences du successeur de Jean Claude Bouquet.

5. Les ennuis de santé sont très sérieux. Il quitte Paris fin février pour Bar-le-Duc en abandonnant ses responsabilités au Collège de France. E. Laguerre décède à Bar-le-Duc le 14 août 1886 dans sa ville natale.

6. Laguerre parle du rapport sur la candidature de Poincaré à l'Académie des sciences sur le siège de J.-C. Bouquet, décédé le 9 septembre 1885.
Ce siège semble très tôt promis à Georges Halphen [Dugac, 1985, p. 114] qui avait été classé en deuxième ligne derrière E. Laguerre lors de la dernière élection à la section de géométrie le 11 mai 1885. Hermite écrit à Mittag-Leffler le 25 mai :

> Notre section de géométrie, en faisant la juste part des droits de l'âge, a mis en première ligne Mr. Laguerre, en seconde ligne Mr. Halphen, puis en troisième ligne et sans classer : Appell, Mannheim, Poincaré, Picard. [Dugac, 1985, p. 104]

Le 15 mars 1886, G. Halphen est élu à l'Académie des sciences avec 49 voix, Picard et Poincaré en obtenant une chacun (*Comptes rendus hebdomadaires des séances de l'Académie des sciences*, 102 (1886), p. 586).

7. G. Halphen assiste aussi aux obsèques d'E. Laguerre comme représentant de l'Académie des sciences et de l'École polytechnique. Il lit d'abord un discours de J. Bertrand, le secrétaire

J'aurai voulu, Monsieur, le faire de vive voix hier, mais j'étais occupé quand vous êtes venu à la maison avec le Commandant Moinot-Werly [8] et n'ayant point l'honneur de vous connaître je vous ai vu plus tard chez Mr Küss [9] sans savoir qui vous étiez.
Vous serez probablement le successeur de mon frère à l'Institut. Il ne saurait, Monsieur, être mieux remplacé, et je désire que plus heureux que lui vous jouissiez longtemps de l'honneur que votre travail et votre talent vous auront mérité [10].
Veuillez agréer, Monsieur, avec mes remerciements, l'assurance de mes meilleurs sentiments.

É. Laguerre [11]

perpétuel de l'Académie pour les sciences mathématiques, puis prononce une courte allocution (*Comptes rendus hebdomadaires des séances de l'Académie des sciences*, 103 (1886), p. 424-425).

8. Jean Henry Marie Moinot-Werly (1839-1908) est né à Bar-le Duc ; les familles Laguerre, Moinot et Werly étaient proches, la grand-mère de J. H. M. Moinot-Werly, s'appelant Anne Laguerre, épouse de Pierre Édouard Moinot, et la mère d'Edmond Laguerre, Christine Werly, épouse de Jacques Nicolas Laguerre. J. H. M. Moinot-Werly est en 1886 commandant du 10e régiment de chasseurs alpins.

9. Charles Küss est un condisciple de Poincaré à l'École polytechnique (voir [Rollet, 2017, p. 64-65]). Il est ingénieur des ponts et chaussées en Meuse.

10. Poincaré sera élu membre de la section de géométrie de l'Académie des sciences le 31 janvier 1887 (voir [Nabonnand, 1999, p. 151-153]). Comme la tradition le veut, il prononce lors de la première séance à laquelle il assiste l'éloge de son prédécesseur [Poincaré, 1887b]. Hermite écrit à Mittag-Leffler le 16 octobre 1886 :

> La mort de Mr. Laguerre, avec qui j'étais lié affectueusement depuis longtemps, me prive malheureusement d'un appui important. [...] il est très probable que Poincaré sera appelé à remplir la place vacante dans la section par le décès de Laguerre. [Dugac, 1985, p. 128]

11. Pour des précisions sur Émile Laguerre, voir sa nécrologie dans les *Mémoires de la Société des lettres, sciences et arts de Bar-le-Duc*, (3) 4 (1895), p. 341-349.

Charles-Ange Laisant

Charles-Ange Laisant nait en 1841 à Nantes. Après des études secondaires à Nantes et Paris, il entre en 1859 à l'École polytechnique et en 1861 à l'École d'application du génie de Metz. Il poursuit alors une carrière militaire durant une dizaine d'années, puis s'engage dans la vie politique pendant quelques années [1]. Dans le même temps, il est actif comme mathématicien et soutient en 1877 deux thèses de mathématiques à la Faculté des sciences de Paris devant un jury composé de Bonnet, Briot et Darboux. Après avoir exercé pendant deux ans dans des institutions parisiennes, Laisant est nommé en 1895 répétiteur, puis examinateur en 1898 à l'École polytechnique. Il décède en 1920.
Les travaux mathématiques de Laisant concernent les quaternions, la géométrie des courbes et des surfaces, le calcul géométrique; il s'investit aussi beaucoup dans la pédagogie et écrit plusieurs ouvrages consacrés au rôle des sciences dans l'éducation [2]. Laisant était très engagé dans les organisations structurantes des milieux mathématiques français (Société mathématiques de France qu'il préside en 1888, Association française pour l'avancement des sciences) et participe (souvent en en étant à l'initiative) à la vie de journaux mathématiques comme les *Nouvelles annales de mathématiques*, l'*Intermédiaire des mathématiciens* qu'il crée avec Émile Lemoine [3] ou *L'Enseignement mathématique* qu'il crée avec le mathématicien suisse Henri Fehr [4].
Seules des lettres adressées par Poincaré à Laisant ont été retrouvées. Elles sont conservées aux archives de la bibliothèque de l'École polytechnique. La plupart de celles-ci concerne la commission permanente du *Répertoire bibliographique des sciences mathématiques* dont Laisant est le secrétaire entre 1893 et 1909 [5]. De nombreuses lettres sont non-datées et font allusion à la demande annuelle de subvention que Poincaré fait au nom de cette commission [6].

1. Laisant est élu député de la Loire-Inférieure de 1876 à 1881 comme « Républicain progressiste » et député de la Seine de 1881 à 1893 sur les listes de la gauche radicale.
2. [Laisant, 1904, 1906].
3. Sur Lemoine, voir p. 527.
4. Sur la vie, les engagements et les travaux mathématiques de Laisant, voir [Bricard, 1920] et [Auvinet, 2011, 2013].
5. Voir les lettres 23 (p. 256) et 24 (p. 256) envoyées par Poincaré à Eneström.
6. Poincaré adresse régulièrement au printemps une demande de subvention au ministère de l'instruction publique – voir dans le tome 6 de la correspondance de Poincaré [Rollet, 2022],

P. Nabonnand et al. (eds.), *La correspondance entre Henri Poincaré et les mathématiciens*, Publications des Archives Henri Poincaré Publications of the Henri Poincaré Archives,
https://doi.org/10.1007/978-3-7643-8288-9_46

1 Poincaré à Laisant

[Au début de la période 1892-1901 [7]]

Mon Cher Camarade,

J'ai vu Bisch. [8] lundi, il paraît bien disposé.
Il faudrait rédiger une note que je lui remettrais lundi prochain.

Tout à vous,
Poincaré

2 Poincaré à Laisant

[01/1897 [9]]

Mon cher Camarade,

Vous avez dû recevoir comme moi une lettre de Geiser [10] au sujet de la fixation de la date du congrès de Zürich [11] ; lui avez-vous répondu et dans quel sens [12].

---

les lettres adressées par ce dernier à Séraphin Spuller (1894), Raymond Poincaré (1895), Émile Combes (1896), Alfred Rambaud (1897-1898), Georges Leygues (1899-1902), Joseph Chaumie (1903-1904), Jean-Baptiste Bienvenu-Martin (1905), Aristide Briand (1906-1907) et Gaston Doumergue (1908-1910).

Les informations administratives relatives au Répertoire bibliographique des sciences mathématiques proviennent pour l'essentiel du dossier F17/207 des Archives nationales.

7. L'allusion aux bonnes dispositions de Bischoffsheim vis à vis de l'entreprise du Répertoire laisse penser que cette lettre date du début de la période 1892-1901 durant laquelle nous savons que Bischhoffheim subventionne régulièrement le Répertoire. Poincaré demande une note pour présenter l'entreprise ce qui donne à penser que cette lettre est écrite avant le premier rapport de Laisant et Humbert [Laisant et Humbert, 1894].

8. Raphaël-Louis Bischoffsheim (1823-1908) est un banquier en même temps qu'un amateur et un mécène des sciences. Il est élu plusieurs fois député du département des Alpes maritimes et cotoye Laisant à l'Assemblée nationale (voir la lettre adressée par Hermite à Mittag-Leffler le 27 décembre 1982). Bischoffsheim est membre de la Société mathématique de France depuis 1875 et élu à l'Académie des sciences en 1890 (comme académicien libre) ; il finance la construction de l'observatoire de Nice et soutient généreusement l'entreprise bibliographique du Répertoire. D'après l'état des recettes 1892-1901, l'ensemble de ses subventions représente 2000 francs. Voir la lettre 6 (p. 514).

9. Cette lettre est datée d'après l'allusion à une lettre de C. F. Geiser annonçant les dates du Congrès international des mathématiciens de Zurich.

10. Carl Friedrich Geiser (voir p. 289) est le président du comité d'organisation du Congrès de Zurich.

11. Le premier Congrès international des mathématiciens s'est déroulé du 9 au 11 août 1897. Sur l'organisation de ce colloque, voir [Décaillot, 2010] et [Rudio, 1898, p. 3-12]. Poincaré est membre du comité d'organisation, Laisant tout en n'étant pas membre de ce comité est indiqué comme un des destinataires de la lettre de Geiser.

12. Après avoir prévu de participer au congrès de Zürich (Voir la lettre 29 qu'il adresse à F. Klein en 1895, p. 482), Poincaré se désistera en raison du décès de sa mère (voir la lettre adressée par Poincaré à Hurwitz (p. 422)). Laisant sera le vice-président de la section « Histoire et Bibliographie ». Il intervient à la suite de la conférence donnée par Eneström „Über die neuesten mathematisch-bibliographischen Unternehmungen" [Rudio, 1898, p. 281-288] :

> An diesen Vortrag Schloss sich eine lebhafte Diskussion an. Herr Laisant trat, als Sekretär der Kommission des von der Société mathématique de France gegründete „Répertoire bibliographique des sciences mathématiques", für das

Avez-vous des renseignements sur la date du congrès de l'Afas [13]. Peut-être faudra-t-il d'ici à quelque temps, avoir une réunion de la Commission du Répertoire.

Votre bien dévoué Camarade,
Poincaré

3 Poincaré à Laisant

[Entre le 19 avril et novembre 1894 [14]]

Mon Cher Camarade,

Je vous ai renvoyé ce matin les épreuves des fiches 33 à 41 [15]. Je vois avec peine que la plupart des titres sont très longs de sorte que nous n'en n'avons que 8 en moyenne par fiche au lieu de 9 dans les placards précédents [16].
J'espère que dans les classes suivantes nous ne serons plus exposés au même inconvénient.
J'ai écrit au Ministre pour la demande [17], il faudrait peut-être envoyer un extrait de l'Officiel [18].

Yours
Poincaré

4 Poincaré à Laisant

[Courant 1894 (avant novembre) [19]]

Mon cher Camarade,

Je vous renvoie les épreuves des fiches 105 à 120. Il faudra peut-être que nous prenions jour pour une réunion au commencement de novembre.

Tout à vous,
Poincaré

> dem „Répertoire" zu Grunde gelegte Klassifications und Kartensystem ein. Dieses System der Klassification sei auch bereits von anderen gelehrten Körperschaften, so z. B. von der mathematischen Gesellschaft von Amsterdam bei der Herausgabe der „Revue semestrielle des publications mathématiques", adoptiert werden. [Rudio, 1898, p. 49-50]

13. En 1897, le Congrès de l'Association française pour l'avancement des sciences se déroule à Saint-Étienne du 5 au 12 août. Laisant y prononce le 6 août une conférence sur l'interpolation.

14. La première série de 100 fiches du *Répertoire* paraît en novembre 1894. L'état d'avancement sur les travaux du *Répertoire* est publié dans le *Journal officiel* du 31 mars 1894. La demande de subvention dont fait état Poincaré est datée du 19 avril 1894.

15. Les fiches 33 à 44 concernent les classes de $C1f$ à $C2h$, c'est-à-dire le calcul différentiel et intégral.

16. Certaines fiches comme la 40 ne propose que 5 références du fait de la longueur des titres.

17. Une demande de subvention est faite tous les ans au Ministère de l'Instruction publique en faveur du *Répertoire.*

18. Humbert et Laisant ont donné un « État d'avancement des travaux du Répertoire » à l'occasion du 32ᵉ Congrès des sociétés savantes [Laisant et Humbert, 1894].

19. La deuxième série est publiée en mars 1895.

5 Poincaré à Laisant

[Entre le 23 et le 25 mai 1895 [20]]

Mon cher Camarade,

Pour ne pas perdre de temps, j'adresse directement au Ministère la demande de subvention.
J'écris aussi à Gauthier-Villars pour lui demander d'envoyer au Ministre les deux centaines de fiches publiées.
Peut-être conviendrait-il aussi que envoyiez de votre côté au Ministre un relevé de l'état actuel des travaux de la Commission ; il vaudrait mieux faire l'envoi directement pour ne pas perdre de temps, en rappelant la demande que j'envoie aujourd'hui.
Quant à la réunion de la Commission, il faudrait choisir mercredi prochain ou le mercredi suivant à l'heure habituelle.
Votre bien dévoué Camarade

Poincaré

6 Poincaré à Laisant

[Vers le 1er juin 1897 [21]]

Mon Cher Camarade,

J'ai écrit au Ministre pour lui demander le renouvellement de la subvention.
J'ai écrit à Bischoffsheim qui vient de m'envoyer 500 francs.
Est-il bien nécessaire que je vous renvoie les épreuves de la 5e série de fiches [22].
Je n'ai pas eu le temps de les examiner, mais je suis un détestable correcteur d'épreuves et je crois que vous pouvez passer outre sans attendre mon bon à tirer.

Votre dévoué Camarade,
Poincaré

20. La première série de fiches du Répertoire est publiée en 1894, la deuxième en mars 1894 et la troisième en juillet 1895. Un rapport de la Commission du Répertoire à la date du 15 mai 1895 est adressé au Ministère de l'Instruction publique le 25 mai 1895 et signale en post-scriptum : « À l'appui d'une demande adressée le 23 mai 1895 au Ministère de l'Instruction Publique par M. H. Poincaré, président de la Commission, un exemplaire des deux premières séries a été adressé au Ministère par la Librairie Gauthier-Villars. »

21. La 5e série de fiches du *Répertoire* dont il est question a été publiée en novembre 1897. La lettre de demande de subvention au Ministère de l'Instruction publique évoquée par Poincaré est datée du 1er juin 1897.

22. Les fiches de la 5e série concernent les classes C (Principes du Calcul différentiel et intégral ; applications analytiques ; quadratures ; intégrales multiples ; déterminants fonctionnels ; formes différentielles ; opérateurs différentiels), D (Théorie générale des fonctions et son application aux fonctions algébriques et circulaires ; séries et développements infinis, comprenant en particulier les produits infinis et les fractions continues considérées au point de vue algébrique ; nombres de Bernoulli ; fonctions sphériques et analogues), E (Intégrales définies, et en particulier intégrales eulériennes) et F (Fonctions elliptiques avec leurs applications) de l'index du *Répertoire*.

7 Poincaré à Laisant

[1897 [23]]

Mon cher Camarade,

J'ai envoyé les 500 francs à Claude Lafontaine [24].
Je vous adresse les fiches du cinquième cent.
Ne vaudrait-il pas mieux pour gagner du temps demander un placard de plus à G.V. [25] pour pouvoir en envoyer imméd. [26] à l'étranger sans attendre le retour de nos corrections.

Tout à vous
Poincaré

8 Poincaré à Laisant

[1897 [27]]

Mon cher Camarade,
Ci-joint le reçu de M. Claude Lafontaine.

Yours,
Poincaré

9 Poincaré à Laisant

[Fin 1897 [28]]

Mon cher Camarade,

Ne conviendrait-il pas de tenir une réunion de la Commission vers la fin de l'année ou le commencement de l'année prochaine.

23. Il est fait allusion à la 5e série qui paraît en novembre 1897. Cette lettre est vraisemblablement écrite cette année.

24. Lucien Félix Claude-Lafontaine (1840-1909) est banquier. Il est par ailleurs ancien élève de l'École polytechnique où il a cotoyé Laisant. Il est membre de la Société mathématique de France depuis 1875. Il est le beau-père de Albert-Paul Gauthier-Villars (1861-1918) qui succède à son père à la tête de la maison d'édition familiale.
La somme de 500 francs dont il est question doit correspondre à une subvention de Bischhoffsheim ou de R. Bonaparte qui soutinrent financièrement le Répertoire.

25. Gauthier-Villars est l'éditeur du *Répertoire.*

26. « immédiatement ».

27. Cette lettre fait suite à la précédente.

28. Cette lettre est datée d'après l'allusion une réunion tenue à la *Royal Society of London* le 30 mars 1898. Voir la lettre suivante et celles adressées à Klein en avril 1899 (p. 483) et à Darboux en juillet 1899 (p. 212).

Je m'occupe de la classification proposée par la Société Royale et qui doit être discutée au mois d'Avril [29].
Pourriez-vous en vue de cette discussion, m'envoyer le relevé du nombre de fiches imprimées ou non, classées sous chaque rubrique au moins jusqu'aux divisions $D1$, $D2$, etc.

Votre bien dévoué Camarade,
Poincaré

10 Poincaré à Laisant

[04/1898 [30]]

Mon cher Camarade,
Je viens de recevoir une brochure intitulée International Catalogue of Scientific Literature, Report of the Committee of the Royal Society of London with schedules of Classification [31]. Je crois qu'il y aurait lieu de réunir la commission pour lui en donner communication. La date du 4 Mai vous convient-elle [?]

Tout à vous,
Poincaré

11 Poincaré à Laisant

[Entre 1898 et 1905 [32]]

Mon cher Camarade,
La lettre relative à l'Arithmachine [33] annonce an enclosed circular, je n'en vois pas

29. Le congrès de bibliographie scientifique de Londres aura finalement lieu en août 1899 [Darboux, 1902].

30. Cette lettre est datée d'après l'allusion à un rapport d'une réunion tenue à la *Royal Society of London* le 30 mars 1898.

31. La *Royal Society* est au centre d'une entreprise internationale de bibliographie, l'*International Catalogue of Scientific Literature*. La *1st International Bibliographical Conference* s'était déroulé à Londres du 14 au 17 juillet 1896. Poincaré parle du rapport d'une réunion du comité chargé de préparer une première classification. Poincaré sera nommé délégué français pour cette entreprise. Voir les lettres échangées avec Klein à ce sujet (p. 483-488).

32. La machine à calculer dont il est question est commercialisée entre 1898 et 1905. Cette lettre porte la mention « Répondu ».

33. D'après le National Museum of American History, l'arithmachine est une machine à calculer de poche inventée en 1898 par Henry Goldman (1859-1912) ; *The Open Court, a monthly magazine devoted to the science of religion, the religion of science and the extension of the religions parliament area* publie dans sa livraison de 1901 une note décrivant la machine de Goldman :

> There is a new computing machine in the market which recommends itself in comparison with other machines in the same line, by its small size. It is Goldman's Arithmachine, built on the system of an infinite chain. The figures are worked with a curved stylus, and the result is transferred to a slit at the top of the machine. It is only about one pound in weight, and $4^{1/2} \times 1^{1/2} \times 3^{1/2}$ inches in size. One can carry it like a notebook in the pocket. It is first of

trace ; et elle serait nécessaire pour répondre ; il faudrait la réclamer à la personne qui vous a renvoyé cette lettre.

Tout à vous,
Poincaré

12 Poincaré à Laisant

[Deuxième semestre de l'année 1898 [34]]

Mon cher Camarade,

Je ne puis malheureusement pas vous promettre un article pour le 10 Janvier, j'ai trop à faire ; je regrette beaucoup [35].
Vous avez dû recevoir avis du versement de la souscription du Ministère. J'espère qu'on va pouvoir marcher avec rapidité.

Votre bien dévoué Camarade,
Poincaré

13 Poincaré à Laisant

[1900 [36]]

Mon cher Camarade,

Le Conseil de la Société [37] doit se réunir le 15 pour des questions relatives à la participation de la Société à l'Exposition [38].

> all an addition machine, but multiplication, division, raising to powers and extracting of roots can be done with it ; and the inventor has devised some ingenious tricks by which these more complicated functions can be performed with comparative ease. These devices are explained in an instructive little book which is sold with the arithmachine. (The International Arithmachine Co., Chicago.)

Goldman [1898] publie un ouvrage pour présenter sa machine et en expliquer le fonctionnement. L'Arithmachine est commercialisée entre 1898 et 1905.

34. Cette lettre est datée d'après l'allusion à une demande d'article de Laisant pour *L'Enseignement mathématique*. L'annonce du renouvellement de la subvention ministérielle est datée du 23 mai 1898.

35. Le premier fascicule de *L'Enseignement mathématique* dont Laisant est avec Henri Fehr le rédacteur en chef, parait début 1899. Poincaré [1899c] publiera un article sur le rôle de la logique et de l'intuition en mathématiques dans le 3e fascicule du premier volume de *L'Enseignement mathématique*.

36. Cette lettre est datée d'après l'allusion à l'Exposition universelle de Paris de 1900 et la participation de Laisant à la Commission permanente du Répertoire. L'autre date plausible est 1889 mais à cette date, Laisant n'est alors pas membre du comité d'organisation du congrès international de bibliographie des sciences mathématiques.

37. Poincaré est président du conseil de la Société mathématique de France.

38. Poincaré est président du comité d'organisation du Congrès international des mathématiciens de Paris qui est un évènement associé à l'Exposition universelle. Laisant est membre du conseil de la société mathématique de France et délégué de cette société au sein de la commission permanente du Répertoire (présidée par Poincaré).

J'attendais que cette réunion fût fixée pour vous écrire.
Il faudrait prendre alors le 8 ou le 22. C'est tout à fait selon vos préférences,

Votre bien dévoué Camarade,
Poincaré

14 Poincaré à Laisant

[08/1900 [39]]

Mon cher Camarade,

J'ai écrit pour demander le renouvellement de la souscription ministérielle [40]. Pourriez-vous faire adresser au ministre le rapport avec le relevé (fait depuis ce rapport) des recueils dépouillés [41].

Votre bien dévoué camarade,
Poincaré

15 Poincaré à Laisant

[1902 ou début 1903 [42]]

Mon cher Camarade,

J'écris à l'Afas pour demander la subvention. J'ai bien reçu la circulaire N° 12. Je vous remercie.

Tout à vous,
Poincaré

16 Poincaré à Laisant

[1903 [43]]

Mon cher Camarade,

Permettez-moi d'appeler votre attention [44] sur le jeune Eugène Barthélemy qui doit passer le 1er degré avec vous demain lundi [45]. Ce jeune homme n'a pu passer

39. Cette lettre est datée d'après son contenu. Poincaré fait allusion à une demande de subvention envoyée au ministère et au rapport rédigé par Laisant [1900].

40. Si la datation est exacte, la demande de renouvellement de la subvention est adressée à Georges Leygues le 11 août 1900 (voir le tome 6 de la correspondance de Poincaré consacré à sa correspondance administrative, académique et familiale).

41. Laisant [1900] publie en 1900 un rapport sur l'état d'avancement du *Répertoire bibliographique des sciences mathématiques* dans le journal d'Eneström, *Bibliotheca mathematica* (sur l'intérêt d'Eneström pour le *Répertoire*, voir p. 239).

42. Cette lettre est datée d'après son contenu. Poincaré fait allusion à la circulaire n° 12 de la commission du Répertoire datée du 10 décembre 1902.

43. Cette lettre est datée d'après son contenu. Il est fait allusion à E. Barthélémy qui réussit le concours d'entrée à l'École polytechnique en 1903.

44. Laisant est examinateur de l'École polytechnique.

45. Il s'agit selon toute vraisemblance de Léon Pierre Eugène Barthélémy (1883-1965) qui intègre l'École polytechnique en 1903 dont la fiche matricule de l'École polytechnique signale comme signe distinctif « une cicatrice sur le côté droit du ventre ». E. Barthélémy est le fils de

l'examen l'année dernière parce qu'il était atteint d'une appendicite qui a nécessité l'opération.
C'est un travailleur que je crois bien préparé.

Votre dévoué Camarade,
Poincaré

17 Poincaré à Laisant

[Avant novembre 1909 [46]]

Mon cher Camarade,

Je regrette infiniment votre détermination. Si elle est irrévocable il va falloir songer à vous remplacer et cela ne va pas être facile.
Cela serait même impossible pour le moment, tout le monde étant parti en vacances. On ne peut donc pas songer à transporter le matériel avant le 1er Octobre comme vous le demandez ; il sera impossible de le faire avant le 1er Novembre et difficile avant le 15 Novembre.
Je veux encore espérer toutefois que votre résolution n'est pas définitive et que vous ne nous priverez pas des services éminents que vous nous rendez depuis plusieurs années.

Votre bien dévoué Camarade
Poincaré

18 Poincaré à Laisant

[Novembre 1909 [47]]

Mon cher Camarade,

J'ai communiqué à la Commission du Répertoire votre démission ; les termes de votre lettre ne permettant pas d'espérer que vous puissiez revenir sur votre décision, la Commission ne pouvait que l'enregistrer, mais elle m'a chargé de vous dire combien elle regrette votre détermination.

Marie Paul Toussaint Barthélémy (1850-1906), né à Nancy et médecin. Sur les liens de la famille Barthélémy avec la famille Poincaré, voir [Rollet, 2017, note 9, p. 14].
Barthélémy et Poincaré s'étaient aussi croisés scientifiquement. En 1896, Poincaré s'intéresse aux discussions sur les rayons X et en particulier à la « photographie des os de la main, obtenue à l'aide des "X-Strahl" de M. le Professeur Röntgen » présentée à l'Académie des sciences le 20 janvier 1896 par les D^r. Oudin et Barthélémy (*Comptes rendus hebdomadaires des séances de l'Académie des sciences*, 122 (1896), p. 150) :

> Si donc nous venons aujourd'hui publier quelques faits, c'est surtout pour répondre au sentiment de curiosité qui s'est traduit dans son sein lors de la présentation des plaques photographiques par M. Poincaré, [...]. [Lannelongue et collab., 1896, p. 159]

46. Cette lettre est datée par l'annonce de la démission de Laisant de ses fonctions de secrétaire de la Commission du Répertoire qui intervient en 1909.

47. La circulaire de la commission permanente du Répertoire bibliographique des sciences mathématiques annonçant le remplacement comme secrétaire de Laisant par Raffy est datée du 20 novembre 1909.

Permettez-moi de joindre à cette communication l'expression de mes regrets personnels et mes remerciements pour le concours que vous nous avez prêté pendant si longtemps.

Votre bien dévoué Camarade,
Poincaré

19 Poincaré à Laisant

[sans date]

Mon cher Camarade,

Nous pourrions réunir la Commission des Travaux après demain mercredi en huit ; voulez-vous faire les convocations ; voudrez-vous aussi venir à la séance et apporter votre rapport [48].

Votre bien dévoué,
Poincaré

20 Poincaré à Laisant

[sans date]

Mon cher Camarade,

Ci-joint la lettre que j'ai reçue du ministère. Je ne sais comment je ne vous l'avais pas envoyée plus tôt. Veuillez m'excuser.

Votre dévoué Camarade,
Poincaré

21 Poincaré à Laisant

[sans date]

Mon cher Camarade,

Un empêchement imprévu ne me permet pas d'assister à la séance. Veuillez m'excuser auprès de la Commission.

Tout à vous,
Poincaré

48. Deux rapports sur les activités de la Commission du Répertoire sont publiés pendant le mandat de secrétaire de Laisant, le premier en 1894 signé de Humbert et Laisant et le second en 1900 signé de Laisant. Un rapport plus court (signé « Pour le Secrétaire de la Commission, Renard » se trouve dans le dossier F17/207 des Archives nationales.

22 Poincaré à Laisant

[sans date]

Mon cher Camarade,

Je n'ai plus besoin de la copie des procès verbaux. Les renseignements que vous me donnez dans votre lettre me suffisent. Je vous remercie.

Votre bien dévoué Camarade,
Poincaré

23 Poincaré à Laisant

[sans date]

Mon cher Camarade,

Va pour la réunion de la sous-commission le mercredi 23 au siège de la Société.

Tout à vous,
Poincaré

24 Poincaré à Laisant

[sans date]

Mon cher Camarade,

La subvention est accordée. Je n'ai pas encore reçu l'avis d'ordonnancement, mais il ne peut tarder.

Yours truly,
Poincaré

25 Poincaré à Laisant

Longuyon [49], le 8 Janvier

Mon cher Camarade,

J'écris à Fouret [50], j'espère qu'il voudra bien accepter la mission d'examiner les comptes.

Tout à vous,
Poincaré

49. La famille de Poincaré possèdait une maison à Longuyon où Poincaré effectue régulièrement des séjours. Il existe des photos de famille de ses moments.

50. Georges Fouret est membre de la commission permanente du *Répertoire bibliographique des sciences mathématiques*. Voir la notice de G. Fouret, p. 265.

26 Poincaré à Laisant

[Sans date]

Mon cher Camarade,

Quand je parle de donner plusieurs séries de fiches à la fois, voici ce que je veux dire. Jusqu'à présent vous ne donniez à l'imprimeur la n^e série que quand vous aviez donné le bon à tirer définitif de la $n-1^e$ série, ou même quand le tirage de cette $n-1^e$ série était terminé. Je voudrais que vous donniez le manuscrit de la n^e série aussitôt que vous recevriez les épreuves de la $n-1^e$.
Pour la réunion de la C.on [51] des Travaux , j'en parlerai ce soir à l'Institut.

Tout à vous,
Poincaré

27 Annexe 1 : Poincaré à la Commission du répertoire

[Sans date]

Monsieur [52],
Le retour de M. Laisant est-il toujours fixé au 25 Février et pourrons-nous tenir la séance au début de Mars.
Vous êtes vous occupé de faire autographier et distribuer le rapport ? ?
Vous êtes vous occupé de rétablir la Tomaison des recueils dépouillés ? Le travail pourra-t-il être organisé pratiquement,
Veuillez agréer, Monsieur, l'assurance de ma considération distinguée,

Poincaré

28 Annexe 2 : Poincaré à la Commission du répertoire

[Sans date]

Monsieur [53],
Monsieur Laisant est-il revenu ? Est-ce vrai que son retour est remis au mois d'avril ? Il faudrait s'occuper de la convocation de la commission, pour mercredi.
Votre bien dévoué,

Poincaré

51. « Commission »
52. Cette lettre semble adressée à un membre de la Commission permanente du répertoire ; l'adresse laisse supposer que le destinataire n'est pas un « cher collègue »et qu'il est chargé d'assurer le fonctionnement pratique de la Commission. On peut raisonnablement penser que cette lettre est adressée à Charles Henry, membre de la Commission ([Commission permanente du Répertoire bibliographique des sciences mathématiques, 1893, p. ix]) et bibliothécaire à la Sorbonne.
53. Cette lettre est certainement adressée à Charles Henry. Voir la lettre précédente.

Hermann Laurent

Hermann Laurent nait en 1841 à Luxembourg dans une famille bourgeoise. Son père, Augustin, est considéré comme un des créateurs de la chimie organique. Laurent est reçu à l'École polytechnique en 1860 et complète sa formation à l'École d'application de l'artillerie et du génie de Metz. En 1865, il soutient à la Faculté des sciences de Nancy, une thèse intitulée *Sur la continuité des fonctions imaginaires et des séries en particulier* [1].

Laurent poursuit une carrière intermittente d'officier jusqu'en 1871. En 1866, il obtient une position de répétiteur à l'École polytechnique qu'il conserve jusqu'en 1883, date à laquelle il devient examinateur [2] ; en 1889, il est nommé professeur de mathématiques à l'Institut agronomique de Paris. Il exerçait aussi depuis 1871, comme actuaire dans une société d'assurances parisienne. Hermann Laurent décède à Paris en 1908 [3].

Hermann Laurent s'investit dans la recherche mathématique dès son passage à l'École polytechnique. Il publie entre 1862 et 1908, l'année de son décès, plus d'une centaine d'articles dans les *Nouvelles annales de mathématiques*, les *Comptes rendus hebdomadaires des séances de l'Académie des sciences*, le *Journal de mathématiques pures et appliquées*, dans *L'Enseignement mathématique* ou dans le *Bulletin trimestriel de l'Institut des actuaires français.* Il est aussi l'auteur d'une trentaine d'ouvrages et de manuels dont *Traité d'analyse* [Laurent, 1885-91] que Poincaré met en avant dans sa lettre adressée à Charles Bouchard (p. 766). Ses domaines de recherche sont variés et touchent à l'analyse complexe, à l'arithmétique, les proba-

1. Le jury était composé du physicien Jules Chautard et des mathématiciens Antoine Adrien Lafon et Nicolas Renard (Voir leur notices dans le dictionnaire biographique des enseignants de la Faculté des sciences de Nancy [Rollet et collab., 2016]).

2. Hermann Laurent semble avoir été un interrogateur sévère :

> [...] he [D. E. Smith] once attented an examination in the École Polytechnique by M. Hermann Laurent. It was one of the most severe he had ever seen, – an exceptionaly bright young man submitted to an oral examination that would have floored most American professors, – the examiner, a dyspectic looking man as cold and as keen as steel and apparently as unsympathetic as ice, though in reality one of the most genial of men. [Smith, 1896, p. 33]

3. Sur le parcours et l'œuvre d'Hermann Laurent, voir [Bru et collab., 2012] et [Le Ferrand, 2018].

P. Nabonnand et al. (eds.), *La correspondance entre Henri Poincaré et les mathématiciens*,
Publications des Archives Henri Poincaré Publications of the Henri Poincaré Archives,
https://doi.org/10.1007/978-3-7643-8288-9_47

bilités, la théorie mathématique des assurances (il est un des acteurs importants de la communauté des actuaires en France [4]).
Poincaré connait de longue date Laurent, puisque ce dernier lui avait fait passer des interrogations orales à l'École polytechnique [Rollet, 2017, p. 29]. En 1908, Poincaré adresse une lettre au président de l'Académie des sciences, Charles Jacques Bouchard, pour défendre la candidature de Laurent pour le prix Montyon de statistiques (p. 765).

1 Laurent à Poincaré

Le 20 Novembre 1883.

Mon cher Camarade [5],

Voilà longtemps que je désire vous rencontrer pour vous demander un service.
J'ai lu dans les comptes rendus que Mr Picard avait démontré que si des fonctions monodrômes $\varphi(t)$ et $\psi(t)$ étaient telles que les équations

$$(1). \quad x = \varphi(t), \quad y = \psi(t),$$

représentaient une courbe algébrique, cette courbe était nécessairement du genre 0 ou un [6].
D'un autre côté, j'ai lu un bout d'un mémoire de vous dont je n'ai pas pu me procurer la suite [7] dans lequel vous annoncez qu'il existe toujours des fonctions monodrômes & monogènes $\varphi(t)$ et $\psi(t)$ à l'aide desquelles on peut représenter une courbe algébrique quelconque sous la forme (1) [8].

4. Sur l'histoire des mathématiques actuarielles en France, voir p. 799 et [Antonelli, 1934].

5. Hermann Laurent est comme Poincaré ancien élève de l'École polytechnique.

6. Dans une note publiée en 1880, Picard [1880c] considère « deux fonctions uniformes u et v, liées par la relation algébrique irréductible de degré m, $F(u, v) = 0$ ». Il montre que si la courbe est rationnelle (unicursale), les fonctions u et v s'expriment sous la forme $u = \varphi[R(z)]$, $v = \varphi_1[R(z)]$ où φ et φ_1 sont des fonctions rationnelles et $R(z)$ une fonction uniforme. Dans ce cas, la courbe est rationnelle et donc de genre 0. Dans le cas général (non-rationnel), Picard montre que u et v sont des fonctions doublement périodiques d'une même fonction entière et donc que la courbe est elliptique (de genre 1).

7. H. Laurent fait allusion l'article « Sur une théorème de la Théorie des fonctions » publié en 1883 par Poincaré [1883j] dans le *Bulletin de la société mathématique de France*. Il n'est pas membre de la Société mathématique de France - il n'apparait dans la liste des adhérents qu'en 1873 et 1874 - ce qui peut expliquer sa difficulté à obtenir le texte de Poincaré.

8. Poincaré énonce son théorème sous la forme suivante :

> *Soit y une fonction analytique quelconque de x, non uniforme. On peut toujours trouver une variable z telle que x et y soient fonctions uniformes de z.* [Poincaré, 1883j, p. 112]

Est-ce vous ou Mr Picard qui est dans le vrai ? ou bien ne vous ai-je pas bien compris [9] ?
En tout cas vous seriez bien aimable de [me] communiquer si vous le pouvez un exemplaire de votre mémoire. C'est là une des questions qui m'ont le plus vivement intrigué.
Veuillez recevoir, mon cher camarade, l'assurance de mon entier dévouement

H. Laurent

2 Laurent à Poincaré

Le 21 mai 1887

Mon cher Camarade,

Je viens de lire votre intéressant travail [10], et je crois devoir vous envoyer une note dans laquelle je me suis aussi occupé d'intégrales multiples. Vous verrez que bien avant Mr Stieltjes, j'ai déduit la formule de Lagrange généralisée de la théorie des

Dans la notice sur ses travaux qu'il rédige en 1884, Poincaré [1884b] présente ce résultat comme une de ses principales contributions en théorie des fonctions et insiste sur l'objectif de ce théorème qui est de réduire l'étude des fonctions multiformes à celle des fonctions uniformes :

> Quoiqu'on connaisse assez bien la manière d'être de ces fonctions [les fonctions multiformes] dans le *voisinage d'un point donné*, quoique l'introduction des surfaces de Riemann ait jeté beaucoup de lumière sur les parties encore obscures de leur théorie, il y a encore bien des progrès à faire avant de connaître leurs principales propriétés. J'étais donc animé du désir de ramener leur étude à celle des transcendantes uniformes. La théorie des fonctions fuchsiennes me rapprochait déjà du but ; j'avais démontré, en effet que si $f(x, y) = 0$ est l'équation d'une courbe algébrique quelconque, on peut choisir un paramètre z de telle façon que x et y soient des fonctions uniformes de ce paramètres. J'avais ainsi résolu le problème pour les plus simples des fonctions non uniformes, c'est-à-dire les fonctions algébriques.
> J'étais donc naturellement porté à me demander si cette propriété est particulière aux fonctions algébriques, ou si l'on peut l'étendre à une fonction non uniforme quelconque. J'ai pu répondre à cette question et démontrer le théorème très général suivant :
> *Soit y une fonction analytique quelconque de x, non uniforme. On peut toujours trouver une variable z, telle que x et y soient fonctions uniformes de z.* [Poincaré, 1884b, p. 37-38]

Après avoir donné quelques précisions sur la démonstration de son théorème général, Poincaré revient sur l'esprit de son théorème grâce auquel « *l'étude des fonctions non uniformes est ramenée, dans tous les cas possibles, à l'étude bien plus facile des fonctions uniformes* » [Poincaré, 1884b, p. 38].

9. Les fonctions du théorème de Picard sont nécessairement définies sur le plan complexe alors que celles du théorème de Poincaré ne le sont pas comme en atteste l'exemple des fonctions fuchsiennes (conversation avec Alain Genestier le 16/12/2018).

10. [Poincaré, 1887e].

intégrales multiples, il me semble que mon travail est identique avec celui que vous citez [11].

Veuillez agréer l'assurance de mes sentiments dévoués,

H. Laurent

11. Dans son mémoire sur les résidus des intégrales doubles, Poincaré [1887e] se propose de généraliser aux intégrales doubles la théorie de Cauchy de l'intégration le long de chemin complexe. Il rappelle quelques résultats obtenus précédemment et évoque un travail non publié parce qu'inachevé de Stieltjes :

> M. Stieltjes a adressé à M. Hermite un travail fort remarquable où il cherchait à généraliser diverses formules de Cauchy et de Lagrange. Malheureusement quelques points restaient obscurs et l'auteur ne put les éclaircir de façon à se mettre à l'abri de toute objection. C'est ce qui le détermina à ne pas publier son mémoire, mais je tiens à lui rendre ici justice. Je chercherai plus loin à expliquer quels sont les points qui avaient arrêté M. Stieltjes et à montrer comment ses démonstrations peuvent être rendues parfaitement rigoureuses. [Poincaré, 1887e, p. 323]

Poincaré évoque une généralisation de la formule de Lagrange pour les équations de la forme $u = x + a\varphi(u)$ (voir [Rouché, 1866] ou [Laurent, 1865a]) donnée par Stieljes pour laquelle il introduit la « période » d'une intégrale double. Laurent [1868a] obtient une généralisation analogue de la formule de Lagrange dans une note consacrée à la résolution des équations à plusieurs inconnues. Pour plus de précisions sur l'article de Poincaré [1887e], voir le site *Analysis Situs* de Paul Saint-Gervais (http ://analysis-situs.math.cnrs.fr/).

Émile Lemoine

Émile Lemoine nait en 1840 à Quimper. Son père est un officier d'infanterie légère. Émile Lemoine effectue sa scolarité au Prytanée militaire de La Flèche. Reçu en 1860 à l'École polytechnique, il poursuit une vie de professeur libre et « dilettante [1] » consacrée à l'étude de diverses sciences et arts ainsi qu'à une vie sociale très animée. Il entame une carrière d'ingénieur civil à la Préfecture de la Seine en 1887 qu'il termine onze ans plus tard comme « chef du service de la vérification du gaz et des compteurs » [2]. Il décède en 1912 à Paris [3].
Émile Lemoine est l'auteur de plus d'une centaine de mémoires et notes publiés dans des journaux comme les *Comptes rendus hebdomadaires des séances de l'Académie des sciences*, *Nouvelles annales de mathématiques*, *El Progreso mathemático*, le *Journal de mathématiques élémentaires*, le *Journal de mathématiques spéciales*, le *Bulletin de la Société mathématique de France*, les *Archiv für Mathematik und Physik*, les comptes rendus des congrès de l'Association française, ... et bien sûr, dans *L'intermédiaire des mathématiciens* qu'il fonde en 1894 avec Laisant [4]. Lemoine est surtout connu pour ses contributions à la nouvelle géométrie du triangle [5].
Ses travaux sont plusieurs fois salués par la communauté mathématique ; ainsi, il est par dix fois lauréat du prix Francœur de l'Académie des sciences [6]. Il est aussi un des membres fondateurs de la Société mathématique de France et est un des acteurs reconnus pour leur rôle dans l'organisation des premiers Congrès internationaux des mathématiciens [Décaillot, 2009].
Seules deux lettres adressées à Poincaré par Lemoine nous sont parvenues. La seconde évoque la géométrographie, une « science nouvelle » créée par Lemoine.

1. [Smith, 1896, p. 30].
2. Dossier de légion d'honneur de Émile Lemoine (base Leonore).
3. Pour plus de précisions sur la vie (jusqu'en 1896) d'Émile Lemoine, voir [Smith, 1896].
4. Sur Laisant, voir p. 511.
5. Pour plus de précisions, voir [Romera-Lebret, 2009, 2014].
6. *Comptes rendus hebdomadaires des séances de l'Académie des sciences*, t. 135 (1902), p. 1163 ; t. 137 (1903), p. 1097 ; t. 139 (1904), p. 1070 ; t. 143 (1906), p. 1004 ; t. 145 (1907), p. 980 ; t. 147 (1908), p. 1070 ; t. 149 (1909), p. 1184 ; t. 151 (1910), p. 1182 ; t. 153 (1911), p. 1275 ; t. 155 (1912), p. 1291. En 1912, le prix est décerné à titre posthume. Poincaré fait partie du jury de ce prix. Le rapporteur est systématiquement Gaston Darboux, sauf en 1910 où c'est Émile Picard qui assure cette tâche.

P. Nabonnand et al. (eds.), *La correspondance entre Henri Poincaré et les mathématiciens*,
Publications des Archives Henri Poincaré Publications of the Henri Poincaré Archives,
https://doi.org/10.1007/978-3-7643-8288-9_48

1 Lemoine à Poincaré

Paris 26/11/87

Mon cher Poincaré,

Je vis si bousculé que - vous allez sourire - je viens d'apprendre hier seulement, en dinant chez des amis + au courant que moi, votre élection parmi les immortels [7] ! Je serai donc des derniers à vous envoyer mes félicitations mais si elles sont tardives elles sont affectueuses et sincères je vous en réponds.
Présentez mes respectueux hommages à Madame Poincaré et croyez-moi votre dévoué

E Lemoine

2 Lemoine à Poincaré

31 mars 1902 [8]

Mon cher Poincaré

Votre lettre m'a fait 2 plaisirs distincts. 1° l'annonce que vous viendrez me voir ; selon les préceptes de notre S^{te} mère l'Eglise c'est méritoire d'ailleurs de visiter les malades et les affligés [9], 2° d'avoir vu que vous étiez assez entré dans l'esprit de la Géométrographie pour lui voir une possibilité d'exposé philosophique qui sera, je crois, la plus importante raison d'être de ce nouveau concept [10].
En effet la Géométrie se propose de passer des données au résultat cherché par un chaînon de raisonnements dont les mailles sont des droites et des cercles pour la géométrie canonique plane ; la Géométrographie, elle, ne s'occupe que des

7. Poincaré a été élu membre de l'Académie des sciences dans la section de géométrie, le 31 janvier 1887.

8. Cette lettre est rédigée sur une papier avec en haut à gauche un moine jouant de la trompette de la main gauche et tenant dans sa main droite une feuille avec l'inscription : Émile Lemoine 5. Rue Littré.
La trompette est certainement une allusion au nom (*La Trompette*) du groupe musical que Lemoine avait fondé. E. Smith [1896, p. 33] évoque les concerts donnés par ce groupe musical :

> The soirées of M. and Mme. Lemoine are justly celebrated, and each week of the winter sees an assemblage representing the *anciens élèves* of the École polytechnique, the École normale, the Marine, and in general a good part of the scientific, literary and artistic circles of Paris, to listen to a musical programme as original as the mathematical labor of the host. These soirées have exerted a great influence in a musical way, the type they have fixed being adopted by many societies in and about Paris.

Le musicien Camille Saint-Saëns a confié à plusieurs reprises des œuvres inédites à *La Trompette*.

9. Émile Lemoine est connu pour ces opinions de libre penseur [Smith, 1896, p. 30].

10. Que ce soit dans ses travaux mathématiques ou dans ses contributions philosophiques, Poincaré ne cite, ni ne fait allusion à la géométrographie de Lemoine.

mailles [11]. Ainsi, certainement, la simplicité géométrique et la simplicité géométrographique sont deux choses absolument distinctes et telle solution géométrique assez simple pour qu'elle soit à peu près intuitive, conduit à une simplicité géométrographique compliquée autrement et inversement [12]. Mais il est philosophique de

11. Lemoine [1902] présente la géométrographie comme la partie de la géométrie qui s'occupe de la construction des figures. Son point de vue est algorithmique ce qui lui permet de développer une théorie de la simplicité des constructions géométriques :

> Je montre ainsi, dès le début, que ces constructions universellement enseignées peuvent, toutes à peu près, être notablement simplifiées, quelquefois dans des proportions qui semblent invraisemblables, et que l'on est conduit à la notion d'un *Art* des constructions géométriques et à une *Méthode* pour les simplifier.
> On s'aperçoit vite que les géomètres, quand ils parlent de simplicité, ont *toujours* entendu la simplicité de l'expression ou de l'exposé didactique et que même lorsque, comme applications des théorèmes, ils indiquent des *constructions*, la simplicité du langage, de la liaison entre le résultat cherché et la théorie, est leur seule préoccupation.
> Tant qu'ils ne parlent pas de *constructions*, il n'y a rien à reprendre à leur idéal ni à changer à leurs errements, c'est de la géométrie ; mais pour *construire*, au contraire, presque tout est à modifier, c'est de la *géométrographie*. À côté de la simplicité *géométrique*, il y a donc à considérer une chose nouvelle, la simplicité *géométrographique* (c'est-à-dire les instruments de construction à la main), étude féconde, fort intéressante en elle-même, qui n'a, pour ainsi dire, rien de commun avec son aînée sous l'ombre de laquelle elle n'avait point été remarquée jusqu'ici. [Lemoine, 1902, p. 11-12]

Lemoine définit le programme de la géométrographie en quatre points :

> La Géométrographie a un quadruple objet :
> *a.* Au moyen de certaines conventions, elle donne, pour une construction quelconque exécutée, un symbole qui est une sorte de mesure de sa simplicité et des chances de sa plus ou moins grande exactitude.
> *b.* Elle conduit aux procédés pour effectuer, le plus simplement possible, une construction déterminée indiquée par la Géométrie.
> *c.* Elle discute, quand il y a lieu, une construction dont le principe est donné, pour y substituer une construction plus simple qui peut arriver à différer tout à fait de la première indication.
> *d.* Elle permet de comparer entre elles toutes les constructions que l'on connaît d'un même problème et de choisir parmi celles-là la plus simple que l'on appelle la *construction géométrographique* du problème, jusqu'à ce que l'on en ait trouvé une plus simple, s'il y en a, qui devient alors la construction géométrographique de ce problème. [Lemoine, 1902, p. 15]

La fiche de renseignement du dossier de Légion d'honneur de Lemoine signale : « Il a créé une méthode rationnelle "la géométrographie" pour évaluer le degré de simplicité d'une construction géométrique, méthode enseignée en France et dans plusieurs pays étrangers ».

12. Lemoine distingue le nombre d'étapes d'un raisonnement (les « chaînons »), qui permet d'apprécier la simplicité géométrique, du nombre de notions introduites (les « mailles »), qui mesure la simplicité géométrographique :

> Les géomètres, depuis les Grecs nos maîtres, partent de données qui sont les êtres géométriques et en déduisent des résultats par un *chaînon* de raisonnement dont les *mailles* se composent en Géométrie canonique plane, de droites et de circonférences ; en Géométrie de l'espace, ils y ajoutent les plans et les sphères. Un raisonnement est simple quand il y a peu de chaînons, qu'elles qu'en soient les mailles ; mais si l'on applique la Géométrographie spécula-

juger que, dans l'avenir, ces simplicités marcheront parallèlement en général, du moins. Seulement, pour que l'on y arrive il faudra que la géométrographie soit assez répandue pour que : établir cet accord soit dans la préoccupation des géomètres, il en pourrait alors résulter un changement dans l'ordre didactique de l'exposé de la géométrie et dans le choix des énoncés qui font la base classique de l'enseignement de cette géométrie. C'est peut-être voir les choses de bien loin, mais je crois que c'est logique et dans l'ordre des conséquences formées. Enfin je veux essayer aussi de vous montrer qu'il y a bien le germe d'une méthode de recherches, au moins de problèmes. Ceci exige un peu plus de détails. Je vais choisir un exemple très simple rien que pour faire voir l'essai de méthode (car même pour cet exemple si simple je n'ai su le pousser rigoureusement jusqu'au bout).
Je me propose de trouver a priori la ou les constructions géométrographiques pour abaisser d'un point A une perpendiculaire AD sur une droite BC[13].

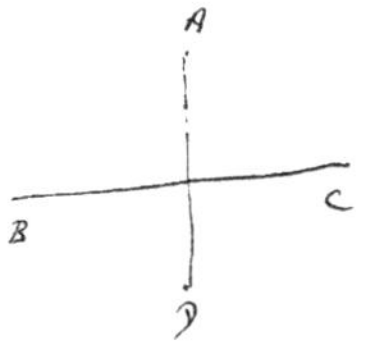

Je dis : cette droite ne pourra être, finalement, tracée qu'en obtenant un second D de ses points. D ne peut être placé que par l'intersection de 2 cercles ou de 2 droites ou d'une droite et d'un cercle. Ces diverses lignes ne pourront être des lignes quelconques tracées au hasard sur le plan ; il faut évidemment qu'elles se relient aux données.
Le point D ne peut être sur une autre droite passant par A que AD ; donc il n'y a pas à chercher, sans faire une pétition de principe, à tracer une droite par A, pour déterminer D sur elle, puisque si cela était trouvé, le problème serait résolu. Essayons de faire passer un cercle par A. S'il est quelconque, il sera bien relié à une des données A puisqu'il passe en A mais point à l'autre donnée BC ; je ne pourrais donc, sans m'éloigner du but décrit, trouver le point de ce cercle qui serait D.
Si en plus de A je relie le cercle à BC (l'autre donnée) d'une façon simple, par exemple en prenant son centre sur BC, je vois que le symétrique A' de A par rapport à BC sera un point D et il est obtenu très directement ainsi. En appelant α le point d'intersection du cercle avec BC et en décrivant α (αA)[14] qui coupe le cercle en A', je trouve alors AA' qui résout la question.

---

tive des droites et des cercles à la construction d'épures où ils sont tracés par la règle et le compas, on cherche à réduire au minimum le nombre qu'il faut en tracer, de sorte que, si la Géométrie ne s'occupe que des chaînons, la Géométrographie ne s'occupe que des mailles. L'étude systématique de la simplicité des constructions est donc une chose nouvelle et toute différente de la simplicité didactique de la Géométrie ; et ce problème pratique conduit à celui-ci, qui est du domaine de la spéculation pure et dont on ne s'est jamais préoccupé : *arriver des données au résultats en employant le moins possible de droites et circonférences comme intermédiaires.* » [Lemoine, 1900, p. 938]

13. On reconnaît la proposition 12 du Livre 1 des *Éléments* d'Euclide.
14. Le cercle de centre α et de rayon αA.

Construction.
tracé d'un cercle passant en A et ayant son centre sur BC $(C_1 + C_2 + C_3)$.
tracé de α (αA) $(2C_1 + C_3)$ ce qui place A'
tracé de AA' $(2R_1 + R_2)$
J'ai ainsi le tracé par

$$\text{op. : } (2R_1 + R_2 + 3C_1 + C_2 + 2C_3)$$

et c'est effectivement un des tracés géométrographiques trouvés empiriquement [15]. Au lieu de tracer un cercle passant par A pour le relier à A je puis tracer un cercle de centre A qui coupera BC en δ et δ' et en prenant un point à égale distance de δ et de δ', par le tracé de 2 cercles $\delta(\rho)$, $\delta'(\rho)$ ρ étant qqc mais $> \delta A$, je placerai un point D de la droite cherchée que je tracerai et qui sera obtenu par

$$\text{op. : } (2R_1 + R_2 + 3C_1 + 3C_3)$$

c'est une autre des constructions géométrographiques trouvées empiriquement.
Je ne m'illusionne pas jusqu'à croire que mon raisonnement est rigoureux mais il est clair que c'est une voie à un esprit plus puissant que le mien pourrait peut-être trouver la démonstration rigoureuse. Or ce serait important. Car si l'on avait la démonstration rigoureuse que telles ou telles constructions sont les constructions géométrographiques des 3 ou 4 constructions fondamentales il serait théoriquement possible de procéder ainsi pour toutes les questions en partant de là ; je dis théoriquement car un peu de réflexion montre l'inextricable complication pratique de la méthode dès que les questions sortent un peu de ces problèmes si simples qu'il en sont intuitifs.

---

15. Lemoine définit une série d'opérations élémentaires à partir de laquelle il décrit ses programmes de construction géométrique et il évalue leur simplicité :

Notations

> Faire passer le bord d'une règle par *un* point placé s'appellera l'*opération* R_1 ou pour abréger, op. : (R_1) ; donc, *spéculativement*, faire passer le bord d'une règle par *deux* points sera op. : $(2R_1)$.
> Tracer une ligne en suivant le bord de la règle sera op. : (R_2).
> Mettre *une* pointe du compas en *un* point placé sera op. : (C_1) ; donc, spéculativement, prendre dans le compas la distance de *deux* points placés sera op. : $(2C_1)$.
> Mettre une pointe de compas en un point *indéterminé* d'une ligne tracée sera op. : (C_2).
> Tracer le cercle sera op. : (C_3). (...)
> À la Géométrie *canonique* des Grecs, qui n'admet que des solutions par la droite et le cercle, correspondra la Géométrographie *canonique* qui admettra seulement la règle et le compas, comme instruments de construction. Pour elle une construction, si compliquée qu'elle soit, s'exprimera par le symbole op. : $(l_1R_1 + l_2R_2 + m_1C_1 + m_2C_2 + m_3C_3$.
> Nous appellerons le nombre $l_1 + l_2 + m_1 + m_2 + m_3$, *coefficient de simplicité* ou *simplicité* de la construction et le nombre $l_1 + m_1 + m_2$ le *coefficient d'exactitude* ou *exactitude*, l_2 sera le nombre de droites tracées, m_3 celui des cercles.

Autre question. Vous me croyez beaucoup + fort que je ne le suis en allemand et il me serait impossible de rédiger mon traité pour Teubner dans cette langue ; on me le traduit ; ce sera soit Mr. Beyel de Zürich [16] soit Mr. Gü... [17] de Berlin qui sont trapus, d'ailleurs, déjà en Géométrographie [18]. Je lis très facilement et presque sans dictionnaire, les journaux, les romans, les mémoires qui traitent de sujets que je connais un peu mais c'est tout. Mais s'il s'agit de concepts que je n'ai pas, je ne puis m'y initier dans les œuvres allemandes.
Je n'ai rien compris par exemple au mémoire de Grassmann sur l'Ausdehnungslehre [19]. Tandis que dans l'exposé de Carvallo en français [20], si cela m'a paru très abstrait, j'ai au moins vu ce dont il s'agissait et ce qu'il aurait fallu faire pour étudier la méthode et devenir un Ausdehnungslehrant ! Que je ne suis pas d'ailleurs. C'est un peu plus dur que la Géométrographie ! ! !
Voici 4 pages de pattes de mouches ; je m'arrête là en vous redisant tout le plaisir que votre lettre m'a fait et en vous serrant bien amicalement la main, presque tout à vous, à bientôt.

E Lemoine
4 B^{d} de Vaugirard.

16. Christian Beyel (1854-1941) est un mathématicien suisse qui effectue toute sa carrière à l'École polytechnique de Zurich.
17. Le nom de l'éventuel traducteur berlinois est illisible.
18. Il semble qu'il n'existe aucune publication d'É. Lemoine en allemand.
19. [Grassmann, 1844] ou [Grassmann, 1862]. Comme la première édition du traité de Grassmann a été assez peu diffusée (voir [Flament, 2005]), on peut penser qu'il s'agit de la seconde édition remaniée.
20. [Carvallo, 1892].

Sophus Lie

Sophus Lie nait en 1842 à Nordfjordeide (Norvège) dans une famille de petite bourgeoisie (son père est pasteur). Après ses études secondaires, il entre à l'Université de Christiania (Oslo) et après quelques hésitations, il décide en 1866 de se tourner vers les mathématiques. En 1869, il séjourne à Berlin où il rencontre Felix Klein et en 1870 il effectue avec ce dernier un premier séjour parisien durant lequel ils entrent en relation avec Darboux, Chasles et Jordan. La rencontre avec Jordan est décisive pour l'orientation de leur programme de recherches vers la théorie des groupes de transformations. À son retour en Norvège, il obtient une position à l'Université de Christiania d'abord comme assistant (1871), puis après avoir soutenu une thèse intitulée *Over en Classe geometriske Transformationer*, comme professeur (1872). En 1886, il succède à Klein à l'Université de Leipzig. En 1892, il se brouille avec Klein [1] et retourne en 1898 à Christiania où il décède en 1899 [2].
Sophus Lie fait la connaissance de Poincaré lors d'un séjour parisien en 1882 [3] ; comme en témoigne le ton des lettres échangées par Lie et Poincaré, les deux mathématiciens s'appréciaient et leurs relations ont été très vite cordiales. Mittag-Leffler dans une lettre adressée à Poincaré le 2 mars 1883, évoque le commentaire de Lie sur sa rencontre avec Poincaré :

> M. Lie a été charmé de faire votre connaissance. Il m'écrit que votre génie lui a beaucoup impressionné quoiqu'il n'ait pas été en état de vous parfaitement comprendre. ([Nabonnand, 1999, p. 119] et [Stubhaug, 2002, p. 298])

Après cette prise de contact, la suite de la correspondance concerne dans un premier temps les groupes de transformations à une infinité de paramètres dont s'occupe Lie dans les années 1882-1884 [4]. Lie commente longuement dans une lettre

1. Les lettres adressées par Lie à Poincaré en 1892 dans lesquelles Lie soit ignore, soit minimise les travaux de Klein sur les groupes de transformations (p. 548-551) sont des indices de cette brouille.
2. Sur le parcours de S. Lie, voir [Stubhaug, 2002].
3. Sur ce séjour, voir [Rowe, 1985]. C'est à cette occasion que Poincaré aurait expliqué à Lie que toutes les mathématiques sont une histoire de groupes ([Hawkins, 1984, p. 448] et [Rowe, 1985, p. 107].)
4. Lie envoie à ce sujet une longue présentation de ses résultats (voir l'annexe 12, p. 559). Ce

P. Nabonnand et al. (eds.), *La correspondance entre Henri Poincaré et les mathématiciens*,
Publications des Archives Henri Poincaré Publications of the Henri Poincaré Archives,
https://doi.org/10.1007/978-3-7643-8288-9_49

qui date de la période de préparation du Congrès international de bibliographie des sciences mathématiques (1889) la proposition d'index du *Répertoire* [Commission permanente du Répertoire bibliographique des sciences mathématiques, 1888] qui circule à l'initiative du comité d'organisation. Les trois dernière lettres dont nous disposons datent de l'année 1892, l'année de l'élection de Lie comme correspondant de l'Académie des sciences de Paris. Poincaré rédige le rapport de la section de géométrie présentant la candidature de Lie [5]. Dans la dernière lettre, Lie aborde la question des fondements de la géométrie ; les questions posées par Lie trouvent un écho dans la psycho-genèse de l'espace que propose Poincaré [1898c] dans son article intitulé *On the foundations of Geometry* publié dans *The Monist* [6].

1 Poincaré à Lie

Paris, le 14 Novembre 1882

Cher Monsieur

J'espère que ma lettre vous trouvera encore à Paris [7]. Seriez-vous assez bon pour nous faire le plaisir de venir dîner chez nous samedi prochain sans aucune cérémonie, à 7 heures.
Veuillez agréer, cher Monsieur, l'assurance de mes sentiments affectueux et dévoués.

Poincaré

rue Gay-Lussac 66.

---

sera une partie des travaux de Lie que Poincaré trouvera un peu décevante (voir l'annexe 11, p. 558).

5. Voir p. 556.

6. La correspondance échangée par Poincaré et Lie est publiée dans les *Cahiers du séminaire d'histoire des mathématiques* par Pierre Dugac [1989a] avec une traduction en français des lettres de Lie établie par J. Peiffer.

7. Sophus Lie effectue à l'automne 1882 un séjour à Paris [Stubhaug, 2002, p. 457] et est régulièrement invité chez les mathématiciens parisiens. Hermite évoque dans sa correspondance avec Mittag-Leffler les soirées passées par Lie chez lui [Dugac, 1984b, p. 176] et chez Émile Picard [Dugac, 1984b, p. 184] :

> [...] nous nous sommes longuement entretenus, Émile Picard et moi, après dîner avec Mr. Sophus Lie, qui nous a exposé très clairement l'idée générale de ses recherches sur les équations aux différences partielles. Nous connaissons depuis longtemps son talent, mais sa conversation nous a donné de lui une impression on ne peut plus favorable, et nous sommes on ne peut plus satisfaits d'avoir fait sa connaissance. [Dugac, 1984b, p. 176]

2 Lie à Poincaré

Paris 15 Novbr. 1882.

Lieber Poincaré

Es wird mir ein grosses Vergnügen sein Ihrer freudlichen Einladung zu folgen. Ich versuchte neuerdings Ihnen zu Hause zu treffen, legte indess keine Karte, da es meine Absicht war meine Visite zu wiederholen.
Mit ausgezeichneter Hochachtung ergebenst

Sophus Lie

3 Lie à Poincaré

[mars 1883]

Lieber Poincaré!

Schon lange war es meine Absicht Ihnen einige Zeilen zu schreiben. Zunächst meinen herzlichsten Dank für das ausgezeichnete Wohlwollen, das Sie mir während meines Aufenthaltes in Paris zeigten. Sodann meinen innigsten Dank für die glänzenden Arbeiten die Sie mir successiv geschickt haben. Ich kannte ihre alten Arbeiten ausgenommen ihre Dissertation, die ich schon längst bei Gauthier-Villars ohne Erfolg bestellt hatte. Ihre Abhandlung in *Acta*, I,1 [8], habe ich mit wahrem Genuss gelesen. Was ich meist bewundere (neben der Allgemeinheit des Resultats) ist die einfachen Mitteln vermöge deren Sie ein so schwieriges Problem bewältigt haben. Wenn nur Ihre weitere Arbeiten, deren Veröffentlichung auch ich wie die ganze mathematische Welt mit Spannung entgegen sehe, nicht grössere Kenntnisse in der modernen Funktionentheorie als ich besitze verlangen werden! Ich hoffe es wird mir gelingen in Ihre Theorien einzudringen. Denn für mich hat die Funktionentheorie eben durch Ihre neue Funktionen ein ganz neues concretes Interesse erhalten.
Ich erlaube mich Ihnen ein Bischen über einige Resultate, die ich in den letzten Monate erhalten habe, zu schreiben. Es war nämlich überhaupt mein Wunsch Ihre Aufmerksamkeit auf *les groupes continus* (ich sage kurz : Transformationsgruppe) zu lenken. Ich glaube dass auch sie eine gewisse Rolle in der Theorie der Differentialgleichungen spielen werden.
Les groupes discontinus zerfallen in zwei Hauptkategorien, jenachdem die Zahl der Substitutionen endlich oder unendlich. Dementsprechend giebt es zwei Classen *groupes continus* jenachdem die Zahl der Parameter begrenzt oder unbegrenzt

8. [Poincaré, 1882k].

ist [9]. Zu der ersten Categorie gehört die lineare Gruppe

$$x' = \frac{ax + by + c}{\alpha x + \beta y + \gamma}, \qquad y' = \frac{Ax + By + C}{\alpha x + \beta y + \gamma}$$

mit 8 wesentlichen Parametern. Zu der zweiten Categorie gehört z.B. der Inbegriff aller conformen Transformationen der Ebene. Dieselben sind ja bestimmt durch Gleichungen

$$x' + iy' = F(x + iy), \qquad x' - iy' = f(x - iy)$$

mit zwei arbiträren Funktionen. Ein zweites Beispiel ist der Inbegriff aller Transformationen, die alle Flächenräume invariant lassen [10].

Ich habe nun längst allgemeine Methoden zur Bestimmung aller groupes continus mit einer begrenzten Anzahl Parametern eines n-fach ausgedehnten Raumes. Ich habe z.B. gezeigt dass alle derartige Transformationsgruppen der Ebene sich durch Anwendung von zweckmässigen Coordinaten auf gewisse canonische Formen bringen lassen [11].

---

9. Lie parle de groupes continus finis ou infinis.

10. En 1883, Lie publie plusieurs articles sur la classification et l'intégration des équations différentielles ordinaires. Un seul article publié dans les comptes-rendus de l'Académie de Christiania est directement concerné par les groupes continus infinis [Lie, 1883c].

11. Lie [1876b,a, 1878a,b] a publié en 1876 et 1878 dans le journal qu'il a fondé à Christiania, *Archiv for Mathematik og Naturvidenskab*, quatre longs mémoires sur la théorie des groupes continus finis. Il reprend en 1880 les résultats les plus significatifs dans les *Mathematische Annalen* [Lie, 1880a]. Dans le troisième tome du traité qu'il publie avec Friedrich Engel sur les groupes continus de transformations, *Theorie der Transformationsgruppen* [Lie et Engel, 1893], il raffine ce résultat pour montrer qu'il n'y a qu'un nombre fini de géométries possibles et proposer ainsi une solution au problème de Riemann-Helmholtz. Poincaré [1891c] évoque ce résultat explicitement dans un article de vulgarisation sur les géométries non-euclidiennes :

> Le nombre des axiomes implicitement introduits dans les démonstrations classiques est plus grand qu'il ne serait nécessaire, et il serait intéressant de le réduire au minimum. On peut se demander d'abord si cette réduction est possible, si le nombre des axiomes nécessaires et des géométries imaginables n'est pas infini.
> Un théorème de M. Sophus Lie domine toute cette discussion. On peut l'énoncer ainsi :
> Supposons qu'on admette les prémisses suivantes :
>
> 1° L'espace a n dimensions.
>
> 2° Le mouvement d'une figure invariable est possible.
>
> 3° Il faut p conditions pour déterminer la position de cette figure dans l'espace
>
> *Le nombre des géométries compatibles avec ces prémisses sera limité.* Je puis même ajouter que si n est donné, on peut assigner à p une limite supérieure. Si on admet la possibilité du mouvement, on ne pourra inventer qu'un nombre fini (et même assez restreint) de géométries à trois dimensions. [Poincaré, 1891c, p. 772-773]

Le même résultat est repris de manière plus sibylline dans un article publié dans la revue *The Monist* [Poincaré, 1898c] sur les fondements de la géométrie (pour plus de précisions, voir [Nabonnand, 2010]).

Was dagegen die continuirlichen Gruppen mit unendlich vielen Parametern betraf, so hatte ich keine allgemeine Methode zu ihrer Bestimmung, wenn ich auch wichtige Classen derartiger Gruppe lângst eingehend untersucht hatte. Es war mir sogar nicht klar wie ich das betreffende Problem exact formuliren könnte. Jetzt bin ich hier vorwärts gekommen. Ich behandle continuirliche Gruppe mit unendlich vielen Parametern ebenso leicht wie diejenigen mit einer begrenzten Zahl.
Insbesondere habe ich alle unendlichen und continuirliche Gruppen der Ebene vollständig bestimmt.
Beschränke ich mich auf Gruppen von Punkttransformationen (d.h. Transformationen zwischen $x\ y$ und $x_1\ y_1$, bei denen y_1 und x_1 nur von $x\ y$ und nicht von $\frac{\partial y}{\partial x}$ abhängen) so habe ich u.A. der Satz :
Enthält eine continuirliche Gruppe unendlich viele Parameter, so sind zwei Hauptfâlle möglich, jenachdem die Gruppe eine Differentialgleichung

$$f(x\ y\ y'\ \ldots\ y^{(m)}) = 0$$

invariant lässt oder nicht. Giebt es eine invariante Differentialgleichung, so ist dieselbe von erster Ordnung. Giebt es keine invariante Gleichung $f = 0$, so kann die Gruppe durch Einführung von zweckmassigen Variabeln auf die eine unter zwei canonischen Formen gebracht werden. Die eine canonische Form besteht von denjenigen Transformationen, welche alle Flächenräume invariant lassen. Die zweite canonische Form besteht von denjenigen Transformationen, welche alle Flächenräume nach constanten Verhältnisse ändern.
Sucht man andererseits alle continuirliche Gruppen von unendlich vielen Transformationen zwischen $x\quad y$, die eine Differentialgleichung $f(x\quad y\quad y'\qquad) = 0$ invariant lassen, so erhält man eine Reihe canonische Formen, die ich hier nicht aufzählen werde. Ich bemerke nur dass die Gruppe aller conformen Transformationen der Ebene eine solche canonische Form ist. – Sie entschuldigen hoffentlich, dass ich soviel über meine Untersuchungen schreibe!
Soeben erhalte ich das dritte Heft von *Acta*. Ich habe Ihre grosse Arbeit bis jetzt nur durchgeblättert [12]. Ich habe aber schon den Eindruck, dass ich Ihre Untersuchungen ziemlich leicht verstehen werden. Die Mathematiker können Ihnen nicht hinlänglich danken, dass Sie Ihre Arbeiten so schnell, so ausführlich und so klar publiciren.
Ich schicke Ihnen gleichzeitig eine Photographie Abels, die ich versäumt haben Ihnen früher zu schicken. Ich bedaure dies um so mehr, da Abels Bild ja *Acta* mitfolgen wird. Ich hatte aber das betreffende Bild für Sie bestellt lange früher als Leffler mir über das Bild in *Acta* schrieb [13].
Indem ich schliesse darf ich Sie bitten meine Grüsse an Ihre liebenswürdige Frau überzubringen.
Mit ausgezeichneter Hochachtung Ihr ergebener

Sophus Lie

12. [Poincaré, 1882b].
13. Une photo d'Abel est publiée dans le premier fascicule des *Acta mathematica*.

4 Poincaré à Lie

Paris, le 26 mars 1883

Mon cher Ami,

Merci mille fois pour la belle photographie d'Abel que vous avez eu la bonté de m'envoyer, et pour votre portrait qui m'a fait beaucoup de plaisir. Je vous envoie ci-joint une photographie de moi que l'on a tirée à Vesoul il y a trois ou quatre ans ; je n'en ai pas de plus récentes [14].

Les résultats que vous m'annoncez dans votre lettre m'ont vivement intéressé ; ils me paraissent extrêmement importants. Je connaissais déjà ceux qui sont relatifs aux groupes qui ne dépendent que d'un nombre fini de paramètres et j'avais vu sans peine comment vous aviez pu les obtenir. Mais en ce qui concerne les groupes dépendant d'un nombre infini de paramètres, j'avoue que je ne puis deviner par quel moyen vous avez pu aborder un problème aussi difficile. Je n'ose vous le demander parce que l'exposé de votre méthode serait sans doute trop long pour être contenu dans les bornes d'une lettre. Mais j'attends avec impatience la publication du mémoire détaillé [15]. Il est cependant un point sur lequel je vous demanderai une explication. Vous parlez de groupes qui laissent invariante une équation différentielle du 1er ordre, par exemple le groupe de transformations conformes. J'avais d'abord compris qu'il s'agissait d'une équation de la forme suivante

$$F(x,\, y,\, \frac{dy}{dx}) = 0$$

entre les coordonnées d'un seul point x, y, et la tg. à une courbe passant par ce point. Mais l'exemple que vous citez, celui des substitutions conformes ne me permet pas cette interprétation. Il s'agit évidemment dans l'espèce d'une relation entre les coordonnées d'un point x, y et les tangentes à deux courbes passant par ce point [16] ; de sorte qu'il me semble que vous entendez par équation différentielle du 1er ordre une relation entre plusieurs points du plan et les tangentes à diverses courbes passant par ces points.

14. Il existe une photographie de Poincaré datant de 1879 alors qu'il est ingénieur des Mines à Vesoul.

15. Lie consacre dans les années qui suivent de nombreux articles aux groupes continus finis de transformations. Ces travaux culminent avec le traité en 3 tomes, rédigé avec Friedrich Engel, *Theorie der Transformationsgruppen* [Lie et Engel, 1888, 1890, 1893]. En 1891, il publie deux article dans les *Berichte über die Verhandlungen der Königlich Sächsischen Gesellschaft der Wissenschaften zu Leipzig* deux articles sur les fondements de la théorie des groupes continus infinis de transformations [Lie, 1891a,b] dans lesquels il expose longuement les résultats annoncés dans la lettre précédente. Après ces articles, Lie ne reviendra sur cette théorie.
Poincaré sera un peu déçu par les résultats de Lie concernant les groupes infinis. C'est la seule nuance qu'il apporte dans le rapport extrêmement favorable qu'il rédige en 1892 pour l'élection de Lie comme correspondant de l'Académie des sciences (p. 556) :

> Pour les groupes d'ordre infini, les résultats sont analogues, quoique moins nets.

16. Une transformation conforme conserve les angles formés par les tangentes des courbes qui se coupent en un point.

Ai-je bien compris votre pensée ? Et si je l'ai bien comprise, le nombre de ces points et de ces tangentes est-il limité ou peut-il croître indéfiniment [17] ?
J'ai eu dernièrement de meilleures nouvelles de M. Klein par un de ses élèves M. Dyck qui est en ce moment à Paris [18].
Votre tout dévoué,

Poincaré

5 Lie à Poincaré

[Avril 1883]

Lieber Poincaré !

Meinen herzlichsten Dank für ihre Photographie wie auch für die begleitenden freundlichen Zeilen. Ich werde versuche Ihre Fragen zu beantworten. Im Uebrigen verweise ich auf die begleitenden Bogen auf denen ich eine wenn auch sehr unvollkomne Zusammenstellung der Principien meiner Theorie gebe [19].
Also zu ihrer Frage !
Die Gleichungen [20]

$$\left.\begin{aligned} x_1 + iy_1 &= F(x+iy) \\ x_1 - iy_1 &= \Phi(x-iy) \end{aligned}\right\} \qquad (1)$$

in denen F und Φ arbiträre Funktionen bezeichnen, bestimmen in meiner Terminologie eine unendliche und continuirliche Gruppe die zwei Differentialgleichungen 1. O. nähmlich

$$\frac{\partial y}{\partial x} = +i, \qquad \frac{\partial y}{\partial x} = -i$$

invariant lässt.

---

17. Voir la lettre suivante et l'annexe 12, p. 559.

18. Walther Dyck avait suivi en 1880 Klein de l'Université de Münich à l'Université de Leipzig comme *Privatdozent.*
Dans une lettre adressée à Poincaré le 2 mars 1883, Mittag-Leffler annonce à Poincaré l'intention de Walther Dyck de lui rendre visite :

> J'ai vu M. Walther Dyck un moment à Leipzig l'été passé. Il ne sera pas le seul des amis de Klein venant vous voir. Vous serez peut-être surpris de retrouver après quelques temps vos idées dans la littérature allemande. Quant à M. Walther Dyck, il a pourtant fait une bonne impression sur moi. Je suis intéressé d'entendre votre opinion de lui. [Nabonnand, 1999, p. 119]

Dyck donne une conférence « sur la composition d'un groupe de substitutions » lors de la séance du 6 avril 1883 de la Société mathématique de France (*Bulletin de la Société mathématique de France*, 11 (1883), p. 200). Hermite évoque dans une lettre à Mittag-Leffler du 13 avril 1883 la visite que Dyck lui a rendue [Dugac, 1984b, p. 208]. Voir la correspondance échangée par Walther Dyck et Poincaré à l'issue de cette visite (p. 231) et la lettre adressée par Klein à Poincaré le 19 juin 1881 (p. 452). Sur la visite de Dyck à Paris, [Hashagen, 2003, p. 149-161].

19. Voir l'annexe 12, p. 559.

20. Ces équations servent à définir une application conforme. Voir [Gauss, 1825] et [Nabonnand, 2012].

Es ist wohl zu bemerken, dass in den Gleichungen (1) die Grösse i überall dieselbe Quadratwurzel von -1 bezeichnet.
Füge ich zu den Gleichungen (1) noch die Gleichung

$$\left.\begin{array}{rcl} x_2 + iy_2 &=& x_1 - iy_1 \\ x_2 - iy_2 &=& x_1 + iy_1 \end{array}\right\} \qquad (2)$$

so bestimmt der Inbegriff von den Gleichungen (1) und (2) alle conforme Transformationen der Ebene. Ich hebe ausdrücklich hervor, dass der Inbegriff der Gleichungen (1) und (2) in meiner Terminologie keine continuirliche Gruppe bilden. Denn ich definire eine Gruppe durch ihre infinitesimale Transformationen und verlange dass die endlichen Transformationen der Gruppe durch Wiederholung von den infinitesimalen erzeugt sind [21].
Dementsprechend sage ich z.B. wohl, dass die linearen Transformationen

$$x_1 = \frac{ax + by + c}{\alpha x + \beta y + \gamma} \qquad y_1 = \frac{Ax + By + C}{\alpha x + \beta y + \gamma}$$

eine continuirliche Gruppe bilden; dagegen ist der Inbegriff der linearen und der dualistischen Transformationen der Ebene nach meiner Terminologie keine continuirliche Gruppe.
Es ist selbstverständlicherweise wohl möglich den Begriff Gruppe noch mehr zu erweitern. Man erhielte dann Gruppen die auf einmal continuirlich und discontinuirlich wären [22]. Ich habe mich nur in speciellen Fällen mit solchen Gruppen beschäftigt, in dem ich z.B. in diesem Sinne die Gruppe der Gleichung

$$rt - s^2 = Const.\ (1 + p^2 + q^2),$$

die alle Flächen constanter Krümmung definirt, bestimmt habe [23].
Ich glaube nicht zu irren, wenn ich behaupte, dass es möglich ist alle Gruppen zu bestimmen, die auf einmal continuirlich und discontinuirlich sind. Hierauf habe ich indess nur wenig gedacht [24].
Denn für meine Anwendung auf die partiellen Differentialgleichungen sind es immer die infinitesimalen Transformationen, die Interesse darbieten.
Ich wäre sehr glücklich, wenn es mir gelänge, Ihnen die mitfolgenden Entwicklungen eine Idee von meinen Untersuchungen zu geben.
In den späteren Monaten war ich beschäftigt mit der Redaction von meiner alten Theorie über Gleichungen $f(x\ y\ y'\ \ldots\ y^{(m)}) = 0$, die eine Gruppe gestatten, welche eine begrenzte Zahl Parameter enthält. Ich habe da viele curiose Resultate [25]. – Im Laufe des Sommers versuche ich dann eine vorläufige Redaction mei-

21. Lie ne considère que des groupes connexes ce que confirme l'exemple qui suit.

22. Lie envisage la possibilité de considérer des groupes continus non-connexes.

23. Lie fait allusion à une série de cinq articles sur la théorie des surfaces à courbure constante publiés dans les *Archiv for Mathematik og Naturvidenskab* entre 1879 et 1881 [Lie, 1879a,b, 1880b,c, 1881].

24. Sur ce programme de recherche, voir [Hawkins, 2000].

25. Lie fait allusion à deux articles publiés en 1883 dans les *Archiv for Mathematik og Naturvidenskab* consacrés à la classification et l'intégration des équations différentielles ordinaires qui

ner Theorie der unendlichen Gruppen. Ich muss mich wohl bis weiter auf die Ebene beschränken, sonst wird die Exposition zu weitläufig [26].
Heute habe ich nur über meine eigene Untersuchungen geschrieben. Doch muss ich Ihnen schon in diesem Briefe die Bewunderung aussprechen, die Ihre letzte Arbeit in *Acta* bei mir erweckt haben.
Mit herzlichem Grusse Ihr

Sophus Lie

6 Lie à Poincaré

[1888 [27]]

Hochgeehrter Herr!

Sie sind so freudlich gewesen auch mir das Repertoir zuzuschicken [28]. Dasselbe interessiert mich lebhaft; es ist ja ein ebenso wichtiges als schwieriges Unternehmen. Ich habe nicht Zeit gefunden Ihnen füher darüber zu schreiben. Heute schicke ich endlich in aller Eile einige Bemerkungen.
Meine Bemerkungen beziehen sich besonders auf Substitutionensgruppen und Transformationsgruppen. Die ersten beschäftigen sich mit discreten Gegenständen; die letzteren mit continuirlichen Gebieten. Wäre es nicht richtig diesem Wesenunterschied Rechnung zu tragen. Es ist kaum möglich den Begriff Transformationsgruppe vollständig zu erschöpfen; ich kann es jedenfalls nicht machen. Die wichtigsten Categorien sind die discontinuirlichen und die continuirlichen. Diejenigen Transformationsgruppen die weder discontinuirlich noch continuirlich sind, können vorläifig unberücksichtigt bleiben. Weitere Eintheilungsprincipe sind endliche und unendliche Transformationsgruppen ferner Gruppen von Punkt und von Berührungstransformationen.
Nach diesen allgemeinen Bemerkungen gehe ich zu den einzelnen Capitels.

Analysis

Ad. Cl. *A*.
Die Nummer 4 wollte ich in zwei Nummer zerlegen.
4′ Theorie der Galoisschen Substitutionsgruppen.

---

admettent un groupe de transformations [Lie, 1883a,b]. Ces deux articles seront repris dans les *Mathematische Annalen* en 1888.

26. [Lie, 1883c].

27. Cette lettre est datée par son contenu, à savoir une discussion de certains points du projet de classification du *Répertoire bibliographique des sciences mathématiques* que la Commission permanente dirigée par Poincaré fait circuler en prévision du Congrès international de bibliographie des sciences mathématiques prévu en 1889.

28. [Commission permanente du Répertoire bibliographique des sciences mathématiques, 1888].

Hier gehören nach mainer Auffassung die Begriffe Transitivität, Primitivität ; Zusammensetzung einer Substitutionsgruppe, facteurs de composition, u.s.w. Ferner Substitutions linéaires, groupe orthogonal, abélien, ...
Dann käme als selbständige Nummer
4''. Theorie der Auflösung algebraischer Gleichung insbesondere durch Wurzel.
....

Ad. Cl. *B*. Die Nummer Substitutions linéaires wollte ich streichen, da sie ungleichartige Gegenstände enthält [29].
Dagegen wollte ich eine besondere Nummer über :
Discontinuirliche Transformationsgruppen machen.
Hier ist die Begriffsbildung eine andere als in der Substitutionstheorie. Solange man nicht bestimmte invariante Schaaren von discreten Gebilden ins Auge fasst, so kann man z.B. nicht die Begriffe Transitivität Primitivität anwenden. In dieser Nummer müsste man zwischen endlichen und unendlichen Gruppen unterscheiden. Der Begriff invariante (ausgez. [30]) Untergruppe spielt eine grosse Rolle. Ueberhaupt die Theorie der Zusammansetzung einer endlichen discontinuirlichen Gruppe führt sich ja ohne weiter auf denselben Begriff der Substitutionstheorie zurück. – Dagegen hat der Begriff unendliche discontinuirliche Transformationsgruppe kein Æquivalent in der Galoisschen Substitutionentheorie.
In dieser Nummer müssten natürlich die discont. linearen Transformationsgruppen die Hauptrolle spielen. Diese Theorie hat ja schon eine capitale Wichtigkeit gewonnen [31].

Ad. CL. *H*. [32] (S. 17). Nach Nummer 6 [33] wollte ich eine Nummer einschalten. Lineare totale und partielle Differentialgl. erster Ordnung. [34]

---

29. Le *Répertoire* ne suivra pas la suggestion de Lie. La sous-classe *B*.2 intitulée « Substitutions linéaires » n'est ni supprimée, ni modifiée. Elle comporte quatre items :

a. Généralités. α. Génération et ordre du groupe linéaire ; caractéristique. Facteurs de composition.

b. Forme canonique des substitutions linéaires.

c. Groupes spéciaux ; α. Groupe orthogonal ; β. Groupe abélien ; γ. Groupe hypo-abélien ; [δ. Autres groupes].

d. Groupes d'ordre fini contenus dans le groupe linéaire ; α. Groupe linéaire à deux variables ; Groupes continus, groupes discontinus.

Le seul changement entre le projet de classification [Commission permanente du Répertoire bibliographique des sciences mathématiques, 1888] et la version officielle [Commission permanente du Répertoire bibliographique des sciences mathématiques, 1893] est la disparition du sous-item « Autres groupes ».

30. *ausgezeichnet.*

31. Aucune suggestion de Lie n'est reprise dans l'index publié en 1893.

32. La classe *H* est dévolue aux « Équations différentielles et aux différences partielles ; équations fonctionnelles ; équations aux différences finies ; séries récurrentes ; courbes définies par des équations différentielles ; séries hypergéométriques ».

33. L'intitulé de l'item *H*.6 est « Équations aux dérivées partielles. Généralités ». Celui de l'item *H*.7 est « Équations aux dérivées partielles du premier ordre ».

34. La proposition de Lie ne sera pas retenue alors que cette classe est modifiée de manière

a. Das Pfaffsche Problem.

b. Vollständige Systeme von linearen partiellen oder linearen totalen Differentialgleichungen (Jacobi, Clebsch und Mayer).

c. Differentialgleichungen beliebiger Ordnung, deren allgemeinste Lösungen nur eine begrenzte Anzahl Constante enthalten.

[Nach meiner Auffassung hat das Pfaffsche Problem und die Theorie der vollständigen Systeme eine ganze capitale Bedeutung[35]. Die in Nummer *c.* angebrachte wichtige Theorie könnte auch unter *b.* angebracht werden.

Ad. Cl. *H.* Nummer 7.[36]. In dieser Nummer scheint es mir, dass sowohl Jacobis Vorgänger wie Nachfolger zu wenig berüchsichtig werden[37].

a. Lagrange's Integration d. Gl. $F(x\ y\ z\ p\ q) = 0$. Monge's Interpretation.

b. Vollständige und sunguläre Lösung.

c. Pfaffs allgemeine Theorie.

d. Cauchys Integration Methode.

e. Jacobis Integrationsmethode, Poisson-Jacobischer Satz. Jacobische Identität.

f. Neuere Integrationstheorien.

g. Theorie der Berührungstransformationen.

h. Specielle Gleichungen.

Ad. Cl. *H.* 8.
Ich wollte nach *e* : Neuere Integrationstheorien von Darboux und Moutard[38] be-

---

non-négligeable entre le document préparatoire auquel réagit Lie [Commission permanente du Répertoire bibliographique des sciences mathématiques, 1888] et l'index final [Commission permanente du Répertoire bibliographique des sciences mathématiques, 1893].

35. Lie a écrit plusieurs articles sur le problème de Pfaff [Lie, 1873, 1877]. Sur le rapport de Lie au problème de Pfaff, voir [Cartan, 1899, p. 240-241], [Engel, 1914] et [Hawkins, 2005, p. 419-420]. Lie et Frobenius souligne dans leurs travaux sur les équations différentielles l'importance des systèmes complets (voir [Hawkins, 2000, 2013]).

36. Voir la note 33.

37. La rédaction initiale de cet item comporte six sous-items :

a. Procédés d'intégration antérieurs à Jacobi ; α. Méthode de Pfaff.

b. Méthode de Jacobi ; crochets ; théorème de Poisson.

c. Crochets d'ordre supérieur.

d. Méthode de Cauchy.

e. Intégrales singulières.

f. Équations particulières diverses.

L'organisation de l'item *H*.7 ne sera pas modifiée.

38. [Darboux, 1870] et [Moutard, 1870, 1886]. Émile Cosserat [1896] reprend les travaux de Moutard [1870] sur les équations aux dérivées partielles dans une note publiée à la fin du tome 4 des *Leçons sur la théorie des surfaces* de G. Darboux [1896] :

> [...] M. Moutard s'était proposé « l'étude minutieuse de la forme la plus élé-

sonders hervorheben [39].

Ad. Cl. *J. N.*4. (S. 24) [40]. Dieser Nummer sollte nach meiner Auffassung nur über continuirliche Transformationsgruppen in meinem Sinne des Wotes handeln. Der Gegenstand ist doch hinhänglich wichtig um eine besondere Nummer zu bilden und es liegt ja schon eine grosse Litteratur vor.

a. Endliche continuirliche Gruppen. Charakteristische Relationen zwischen den infinitesimalen Transformationen einer Gruppe. Isomorphismus.

b. Gruppen von Bewegungen. Lineare Gruppen. Complexe Zahlen.

c. Unendliche continuirliche Gruppe.

d. Transitivität. Invarianten. Primitivität. Aehnlichkeit.

e. Bestimmung von Gruppen.

f. Allgemeine Theorie der Differentialinvarianten einer endlichen oder unendlichen Gruppe.

g. Gruppen von Berührungstransformationen.

---

mentaire dont soit susceptible l'intégrale générale des équations aux dérivées partielles du second ordre à deux variables indépendantes, à savoir : celle qui consiste en une relation unique entre les trois variables, deux fonctions arbitraires de quantités distinctes formées explicitement avec les trois variables, et les dérivées en nombre limité de ces fonctions arbitraires, les arbitraires n'entrant d'ailleurs sous aucun signe d'intégration. »

La première partie de ce mémoire avait pour objet de démontrer que l'on peut former toutes les équations aux dérivées partielles du second ordre et à deux variables indépendantes, susceptibles d'admettre une intégrale générale de cette espèce élémentaire, dès que l'on sait trouver toutes les équations linéaires du second ordre, de la forme considérée par Laplace, qui jouissent de la même propriété. [Cosserat, 1896, p. 405]

39. La rédaction de cet item consacré aux « Équations aux dérivées partielles d'ordre supérieur au premier » est précisée de manière notable. Les ajouts entre les deux rédactions sont indiqués entre crochets :

a. Méthode d'intégration de Monge [et d'Ampère] pour les équations du second ordre.

b. Généralisations diverses de cette méthode.

c. Intégration par quadratures partielles.

d. Équations particulières du second ordre ; [α. $\Delta u = F\left(x,\ y,\ u,\ \frac{du}{dx},\ \frac{du}{dy}\right)$; β. $\Delta u = ke^u$].

e. Équations linéaires du second ordre de la forme $s + ap + bq + c[z] = 0$; Méthode de Laplace ; α. Équations particulières.

g. Équations d'ordre supérieur au second.

h. Intégrales singulières.

i. [Équations simultanées d'un ordre quelconque ; α. du premier ordre ; β. linéaires.] ([Commission permanente du Répertoire bibliographique des sciences mathématiques, 1888, p. 17-18] et [Commission permanente du Répertoire bibliographique des sciences mathématiques, 1893, p. 20-21])

La suggestion de Lie d'ajouter un sous-item consacré aux récents travaux de Darboux et Moutard n'est pas reprise.

40. L'intitulé de cet item est « Théorie générale des groupes de transformations. »

h. Differentialgleichungen, die eine continuirliche Gruppe gestatten [41].

Geometrie

Cl. *N*. Die Kugelcomplexe und Kugelcongruenze müssen doch besonders gennant werden [42].

---

41. Le souhait exprimé par Lie d'organiser l'item *J*. 4 autour de ses contributions à la théorie des groupes continus de transformations ne sera pas non plus satisfaits. La rédaction de cet item ne subira qu'un seul changement, l'ajout du sous-item *J*. 4. *g* :

a. Généralités sur les substitutions et les groupes ; α. Transitivité ; β Groupes primitifs et non primitifs ; γ. Groupes composés ; facteurs de composition.

b. Liaison entre les groupes et les fonctions ; théorème de Lagrange ; α. Isomorphisme.

c. Valeurs d'une fonction de k lettres quand on y permute ces lettres.

d. Groupes d'ordre fini en général.

e. Groupes discontinus.

f. Groupes continus ; théorème de M. Lie.

g. [Théorie générale des opérations.]

42. La classe *N* dévolue aux travaux sur les « Complexes et congruences ; connexes ; systèmes de courbes et de surfaces ; géométrie énumérative » est profondément remaniée et certaines modifications vont dans le sens de la remarque de Lie. À l'origine, dans le document préparatoire [Commission permanente du Répertoire bibliographique des sciences mathématiques, 1888], la classe *N* est organisée en cinq items :

1. Complexes (*11 sous-items de* $N.1.a$ *à* $N.1.k$).
2. Congruences (*10 sous-items de* $N.2.a$ *à* $N.2.j$).
3. Connexes (*6 sous-items de* $N.3.a$ *à* $N.3.f$).
4. Systèmes de courbes et de surfaces (*8 sous-items de* $N.4.a$ *à* $N.1.h$).
5. Géométrie énumérative (*11 sous-items de* $N.5.a$ *à* $N.5.k$) [Commission permanente du Répertoire bibliographique des sciences mathématiques, 1888, p. 51-53].

Dans la version finale [Commission permanente du Répertoire bibliographique des sciences mathématiques, 1893], la classe *N* est divisée en 4 sous-classes, elles-mêmes divisées en items dont certains reprennent la suggestion de Lie :

1. N^1. – COMPLEXES.
   1. Complexes de droites (*11 sous-items de* $N^1.1.a$ *à* $N^1.1.k$).
   2. Complexes de sphères (*6 sous-items de* $N^1.2.a$ *à* $N^1.2.f$).
   3. Complexes de courbes (*2 sous-items de* $N^1.3.a$ *à* $N^1.3.b$).
   4. Complexes de surfaces (*2 sous-items de* $N^1.4.a$ *à* $N^1.4.b$).
2. N^2. – CONGRUENCES.
   1. Congruences de droites (*7 sous-items de* $N^2.1.a$ *à* $N^2.1.g$).
   2. Congruences de sphères (*4 sous-items de* $N^2.2.a$ *à* $N^2.2.d$).
   3. Congruences de courbes (*4 sous-items de* $N^2.3.a$ *à* $N^2.3.d$).
3. N^3. – CONNEXES (*6 sous-items de* $N^3.a$ *à* $N^3.f$).
4. N^4. – SYSTÈMES NON LINÉAIRES DE COURBES ET DE SURFACES ; GÉOMÉTRIE ÉNUMÉRATIVE.
   1. Systèmes de courbes et de surfaces (*8 sous-items de* $N^4.1.a$ *à* $N^4.1.h$).
   2. Géométrie énumérative (*12 sous-items de* $N^4.2.a$ *à* $N^4.2.l$). [Commission permanente du Répertoire bibliographique des sciences mathématiques, 1893, p. 58-63]

Ad. Cl. P[43]. Die drei ersten Nummer scheinen mir gut[44].

Nummer 4. wollte ich Punkttransformationen nennen. Hier käme dann noch rationale Transformationen[45].
Nummer 5. würde ich Berührungstransformationen nennen[46].

---

43. La classe P est dévolue aux « Transformations géométriques ; homographie ; homologie ; polaires réciproques ; inversion ; transformations birationnelles » dans le document préparatoire (p. 58-59). Le titre de la classe P évolue légèrement dans la version finale, « Transformations géométriques ; homographie ; homologie et affinité ; corrélation et polaires réciproques ; inversion ; transformations birationnelles et autres » dans l'index de 1893 (p. 68-70). Une note suit la classification provisoire :

> La classe P étant particulièrement difficile à subdiviser en raison du nombre assez considérable des transformations géométriques connues, nous prions les personnes au courant de ces questions de vouloir bien porter leur attention sur ce point et de nous faire parvenir une subdivision, totale ou partielle. [Commission permanente du Répertoire bibliographique des sciences mathématiques, 1888, p. 59]

44. Le premier item est intitulé « Homographie et cas particuliers » et propose 6 sous-items. Le deuxième item, « Transformations par polaires réciproques » comporte 3 sous-items. Le troisième, « Transformations isogonales » propose 3 sous-items. Les titres des deux premiers items sont légèrement modifiés dans la version finale, le titre du premier item devenant « Homographie, homologie et affinité » et celui du deuxième « Corrélations et transformations par polaires réciproques ». Le contenu du premier item ne change pas vraiment même si la subdivision est considérablement affinée (on passe de trois sous-items à six). Par contre, le contenu du deuxième item est significativement augmenté et modifié passant de

a. Transformations par polaires réciproques la plus générale dans le plan ; α. dans l'espace. Figures corrélatives.

b. Cas où la figure directrice est un cercle ; α. où la quadrique directrice est une sphère.

c. Cas où la conique directrice est une parabole ; α. où la quadrique directrice est un paraboloïde.

à

a. Corrélation dans le plan ; transformation générale par polaires réciproques ; constructions et propriétés diverses ; corrélation générale dans l'espace ; systèmes focaux.

b. Corrélations particulières dans le plan ; α. Cas où la directrice est un cercle ou une sphère ; β. Cas d'une parabole ou d'un paraboloïde ; γ. Cas d'un paraboloïde de révolution.

c. Corrélations de deux plans ou de deux systèmes de droites ; corrélation de deux sous espaces ; lieux et enveloppes divers.

d. Recherche des courbes ou des surfaces directrices satisfaisant à des conditions données ; coniques ou quadriques par rapport auxquelles deux coniques ou quadriques données sont réciproques.

Le troisième item n'est quasiment pas modifié.

45. Le quatrième item reste consacré dans les deux classifications aux « transformations birationnelles ». Le contenu ne change pas malgré la suggestion de Lie. La subdivision est fortement affinée gagnant un sous-item de « généralités » et plusieurs sur les transformations birationnelles à trois ou plus dimensions.

46. Dans le projet de classification, le cinquième item est consacré aux « Transformations diverses »(p. 59) ; cet item deviendra le sixième item dans la classification de 1893 (p. 69). Un cinquième item est ajouté dans la classification de 1893, dévolu aux « représentations d'une surface sur une autre ».

a. Berührungstransformationen, welche die Krümmungslinien bewahren. Dilatation. Bonnet's Transformation. Transformation par direction réciproque.

b. Die Berührungstranformationen, welche Kugeln in Gerade unwandelt. Zusammenhang zwischen der Kugelgeometrie und der Liniengeometrie. Doppelflächen (Möbius). Laguerres géométrie de direction. (Die Transformation par direction réciproque et par semiplan réciproque gehört nicht Laguerre).

c. Andere Berührungstransf. Die Fusspunkttransformationen.

Endlich wollte ich als Schluss der Classe P ein Nummer 6 hinzufügen
6. Transformationen, welche keine Berührungstransformationen sind.
Derartige Transformationen fangen an eine immer grössere Rolle in der Geometrie und der Theorie der partiellen Differentialgleichungen zu spielen. Eine schönes Beispiel ist die Transformation welche Laplace auf Gleichungen

$$s + A(x,y)p + B(x,y)q + C(x,y)r$$

anwendet ; dieselbe ist neuerdings von Darboux in schönster Weise geometrisch interpretirt. Darboux hat selbst ausgedehnte Categorien derartiger Transformationen eingeführt [47]. In der Theorie der Flächen constanter Krümmung spielen derartige Transformationen eine grosse Rolle. In der Theorie der Minimalflächen betrachtet man auch deratige Transformationen. – Es ist überhaupt meine Auffassung dass diese Transformationen in der Zukunft eine immer grössere Rolle spielen werden [48].
....
Ueber die Geometrie möchte ich noch die allgemeine emerkung machen, dass die elementaren Theile der Geometrie verhältnissmässig breiter als die höheren Theile der Geometrie behandelt worden sind.
Inem ich schliesse wünsche ich Ihnen Glück mit Ihrem grossen Unternehmen. Es is mir unbegreiflich dass Sie neben Ihrer grossen Productivität zu solchen Sachen Zeit finden. F=Gewiss is eine rationalle Classification der mathematischen Litteratur eine ausserordentlich wichtige Sache.
Sie nehmen mir es hoffentlich nicht übel, dass ich meine Meinung rücksichtslos gesagt habe. Sie müssen enschuldigen, dass ich nicht Zeit habe meine Bemerkungen sorgfältiger zu redigiren.
Ihr ergebener

Sophus Lie

Leipzig Seeburgstrasse 5

---

47. Voir [de Laplace, 1773] et [Darboux, 1870, p. 171]. Darboux expose la méthode de Laplace dans le chapitre II du tome IV de ses *Leçons sur la théorie des surfaces* [Darboux, 1896, p. 23].

48. Les transformations de contact auxquelles Lie souhaitait consacrer un item sont l'objet d'un sous-item dans l'item 6 de la classification de 1893 (p. 70) qui réunit les travaux concernant les « transformations diverses ». On notera que dans les deux versions les transformations par directions réciproques et par semi-plans réciproques restent attribuées à Laguerre malgré la remarque de Lie.

7 Lie à Poincaré

[Début 1892 [49]]

Hochgeehrter Herr!

Für den Fall, dass Sie meine Note [50] vorgelegt haben oder vorlegen werden, wünsche ich bei der Correktur wenn möglich eine ganz kleine Aenderung.

Die Untersuchungen von de Tilly sind, finde ich nachträglich, besser als ich geglaubt habe, wenn ich sie allerdings fortwährend für vague halte [51]. Ich möchte daher nichts Unvortheilhaftes über de Tilly sagen. Findet sich daher in meinem text ungünstige Äusserungen über de Tilly, was ich allerdings nicht erinnere, so wünsche ich sie gestrichen.

Und jedenfalls wünschte ich meine Note, in welcher ich sage, dass Ihre une meine Untersuchungen die einzigen exacten sind dahin geänder werde dass auch de Tillys Untersuchungen günstig beurtheilt werden. Vielleicht könnten Sie hinzufügen : *Les recherches de M. de Tilly présentent aussi un véritable intérêt quoiqu'elles ne me semblent pas tout à fait précises.* (Oder etwas âhnliches [52]).

Das Problem die Bewegungen in einfachster Weise zu charakterisiren ist ja ganz unbestimmt. Ich halte meine alte Lösung für die einfachst mögliche. Bemerkenswerthist auch die folgende Lösung :

---

49. Lettre datée approximativement d'après le contenu. La note de Lie [1892b] aux *Comptes Rendus de l'Académie des Sciences* dont il est question dans cette lettre est présentée à la séance du 29 février 1892.

50. Lie [1892b] parle d'une note sur les fondements de la géométrie. Il publie la même année, celle de son élection à l'Académie des sciences de Paris (voir la lettre suivante), deux autres notes dans les *Comptes rendus*, une sur l'application de la théorie des groupes continus à la théorie des fonctions [Lie, 1892c] et une autre sur le théorème d'Abel [Lie, 1892d].
Lie a publié plusieurs contributions sur la question des fondements de la géométrie [Lie, 1890a,b, 1892a] et bien sûr le chapitre consacré au problème de Riemann-Helmholtz dans le tome 3 de *Theorie der Transformationen* [Lie et Engel, 1893]. Voir la lettre 10 (p. 553).

51. [De Tilly, 1878]. Pour plus de précisions sur la contribution de de Tilly aux fondements de la géométrie, voir [Voelke, 2005] et [Henry et Nabonnand, 2017].

52. La lettre de Lie a dû arriver trop tard pour que Poincaré puisse tenir compte de cette demande. En effet, la note dont il est question ne fait pas mention de de Tilly :

> Parmi les travaux qui traitent du problème posé par M. von Helmholtz, je crois que mes propres recherches et une Note de M. Poincaré, qui se borne, au reste, à l'espace à deux dimensions, sont les seules qui emploient des méthodes exactes, savoir les méthodes de la théorie des groupes continus. M. Killing emploie aussi ces méthodes mais d'une manière inexacte. [Lie, 1892b, p. 461]

Dans cette note, Lie fait allusion à l'article de Poincaré [1887d] paru en 1887 sur les hypothèses fondamentales de la géométrie et à ces propres travaux [Lie, 1890a,b]. Le problème consiste à déterminer les géométries qui vérifient l'axiome de libre mobilité et parmi celles-ci caractériser la géométrie euclidienne. Les stratégies argumentatives de Poincaré et Lie sont en grande partie identiques et consistent à étudier soit la forme générale des groupes de transformations des géométries des quadriques obtenues en considérant la métrique de Laguerre, pour Poincaré, soit la classification des géométries qui admettent l'axiome de mobilité. Voir la note suivante.

Die Gruppen der Bewegungen im Euclidischen und Nichteuclidschen Raum sind die einzigen bei welchen nach dem Festhalten eines Punktes jeder andere Punkt sich frei auf einer Fläche bewegt, welche durch den festen Punkt nicht hindurchgeht [53].
Dieser Satz hat eine äussere Aehnlichkeit mit dem Resultat de Tillys, wobei doch der wesentliche Untershied in Betracht kommt dass de Tilly annimmt, dass die Abstandsfunktion sich continuirlich aendere und gegen Null convergirt.
Da ich faktisch alle Gruppen des Raume kenne, kann ich natürlich beliebig viel derartige Formulirungen aufstellen. –
Sie werden erfahren haben dass gerade Frobenius und Schwarz, welche gewiss Weierstrass' beste Schüler sind, nach Berlin gerufen sind. Dies ist für alle eine grosse Ueberraschung; man sprach von Koenigsberger und Lindemann [54] .
Ihr sehr ergebener

Sophus Lie

8 Poincaré à Lie

[05 avril 1892 [55]]

Mon cher Collègue,

La Section de Géométrie est d'accord pour proposer votre nom au choix de l'Académie des sciences pour la place de correspondant devenue vacante par la mort de Kronecker [56].

---

53. Les groupes d'isométries euclidiens et non euclidiens sont les seuls groupes à 6 paramètres à comporter un sous-groupe d'ordre 3 de rotations. Ce résultat s'obtient immédiatement à partir de la classification proposée par Lie des groupes possédant un invariant significatif. Voir [Lie, 1890a,b, 1892b; Lie et Engel, 1893] et [Nabonnand, 2010].

54. Dans une lettre adressée à Hermite, Mittag-Leffler évoque la succession de Kronecker à l'université de Berlin :

> Je ne suis resté qu'un seul jour à Berlin et je n'ai vu personne sauf M. Weierstrass. [...] Maintenant on le tourmente beaucoup pour la succession de Kronecker. Il paraît que Schwarz, Frobenius et Klein ont le plus de chances. Weierstrass trouve que Schwarz est le plus méritant au point de vue scientifique, mais qu'il est impossible au point de vue social. Pour Klein, il ne veut pas du tout qu'il occupe une telle position. [...] Je crois que Weierstrass au fond aimerait le mieux de voir venir Frobenius à Berlin. [Dugac, 1989b, p. 69]

Le 16 mars 1892, Frobenius succède à Kronecker. Schwarz quant à lui obtient la même année la chaire de Weierstrass. Sur la succession de Kronecker et Weierstrass, voir [Bölling, 1998] et [Rowe, 1998, 2000].
Dans une lettre adressée à Mittag-Leffler le 21 mai 1893, Hermite fait allusion à Koenigsberger :

> C'est un sage en même temps qu'un analyste du plus grand mérite, et je le [Koenigsberger] félicite de préférer la vie tranquille et heureuse qu'il a à Heidelberg, à l'agitation qu'il trouverait à Berlin. [Dugac, 1989b, p. 13]

55. Cette lettre est datée d'après le cachet de la poste de Leipzig [Dugac, 1989a, p. 164].

56. Kronecker est décédé le 29 décembre 1891 à Berlin. Il était membre de la section de géométrie de l'Académie des sciences de Paris depuis le 28 décembre 1868.
Dans une lettre qu'il adresse à Mittag-Leffler le 18 février 1892, Hermite évoque la succession de

Elle m'a chargé de faire le rapport sur vos travaux [57]. Seriez-vous assez bon pour m'en envoyer la liste, afin de faciliter mon travail ? Voudriez-vous me l'adresser à Nancy, rue de Serre 9, où je serai quelques semaines [58]. Si vous pouvez y joindre quelques indications sommaires, cela n'en vaudra que mieux.
Votre lettre est arrivée trop tard pour que je puisse faire changer le texte de votre note [59]. Je crois du reste que cela n'aura pas d'inconvénient.
Votre dévoué collègue,

Poincaré

9 Lie à Poincaré

[Avril 1892 [60]]

Lieber Herr Poincaré!

Ich brauche nicht zu sagen, dass ich die mir zugedachte Ehre ausserordentlich schätze. Das wenig was ich aus der math. Litteratur weiss, habe ich grösstentheils in französischen Werken gelernt. Die Gruppentheorie ist in erster Linie eine französische Wissenschaft. In Frankreich haben meine Arbeit längsr mehr Anerkennung als sonst gefunden.
Darum giengen meine mathem. Sympathien schon als die Mathematik in Deutschland blüthe nach Paris.
Ich habe in grösster Eile ein Resume meiner Arbeiten zusammengeschrieben. Das ist unverhältnissmässig gross geworden. Ich hatte aber nicht Zeit zu einer Redaction.

Kronecker à l'Académie des sciences :

> La succession de Mr. Kronecker à l'Université de Berlin, au Journal de Crelle, à l'Académie des Sciences de Paris est une source de difficultés dont on ne sortira qu'à grande peine. En vous priant de me garder le secret, je vous confierai que chez nous on songe à lui donner pour successeur Mr. Sophus Lie, mais qu'on attendra avant de prendre une décision. Il m'aurait semblé, tout en trouvant que le mérite mathématique justifiera certainement un tel choix, que Lipschitz ou Fuchs qui depuis si longtemps occupent une si grande situation dans l'analyse de notre époque auraient pu passer auparavant. Mais comment se décider entre eux et préférer l'un ou l'autre à Mr. Klein ! On a parlé encore de Mr. Cremona, mais il joue dans son pays un rôle antifrançais, comme étroitement lié à Mr. Crispi, qu'on l'a écarté. Les grandes découvertes de Mr. Lie donne un moyen de sortir d'embarras, mais la justice, l'équité me semblent un peu en souffrir, et je crains que Mr. Fuchs qui appartient à l'Académie de Berlin ne soit froissé de se voir préférer un géomètre beaucoup plus jeune que lui. [Dugac, 1989b, p. 3]

57. Voir p. 556.
58. Cette adresse est celle des parents de Poincaré.
59. Voir la lettre précédente.
60. Cette lettre est la réponse à la lettre précédente de Poincaré datée du 5 avril 1892.

Hoffentlich können meine Notizen Ihnen die Arbeit wesentlich erleichtern. Leider ist meine Schrift schlecht.
Ein Referat von meine grösseren Werken hielt ich es unnothwendig zu geben. Dieselben sind ja die ausführung von meinen alten Ideen.
Ich habe nach dem Gedächtniss geschrieben. Kleinere Ungenauigkeiten kommen vortheilweise auch wohl wirkl. Fehler.
Es war mir aber unmöglich mein Referat besser zu machen.
Ich bemerke nachträglich dass ich vergessen habe eine Abhandlung aus den *Leipz. Abhandlungen* Zur Theorie der Berührungstr., 87 zu nennen[61]. Möglicherweise sind andere unwichtige Arbeiten vergessen.
Hinzugefügt muss werden, dass sich in den *Verh. d. G. d. W.* zu Christiania eine Reihe kurzen Mittheilungen meistens ohne besondere Titel finden[62].
Vergessen habe ich noch meine drei letzten Notes in Comptes Rendus[63].
Ich will versuchen Ihnen später eine complettirende Liste zu schicken. Während ich schreibe, bemerke dass ich doch eine Anzhal Arbeiten vergessen habe.
Vielleicht schicken sie mir gelegentlich meine Referate zurück. Sie können für meine Schüler vielleicht nützlich werden[64].
Ich bin und bleibe Ihr Bewunderer ergeb.

Sophus Lie

10 Lie à Poincaré

[Juin 1892[65]]

Lieber Herr Poincaré!

Ich sage Ihnen meinen herzlichsten Dank für die mir gezeigte grosse Ehre. Ich schätze dieselbe so besonders hoch, weil jetzt wiederum der mathematische Schwerpunkt in Paris und Frankreich liegt. Es ist ganz merkwürdig, dass die deutsche Mathematik jetzt von der einseitigkeit leidet, welche nach Cauchys Tod theilweise in französischen Mathematik herrschte[66].

---

61. [Lie, 1888].

62. En 1892, Lie avait publié plus de 40 notes dans les *Forhandlinger i Videnskabs-Selskabet i Christiania*.

63. [Lie, 1892b,a,d].

64. Le rapport rédigé par Lie sur ses travaux n'a pas été retrouvé dans les papiers de Poincaré.

65. Lie remercie de son élection à l'Académie des sciences de Paris intervenue le 7 juin 1892. Par ailleurs, Lie évoque le retour de Tresse vers la France. Or ce dernier a assisté au cours de Lie du semestre d'hiver 1891-1892.

66. Ce sentiment est partagé par Weierstrass ; dans une lettre adressée à Hermite le 3 août 1883, Mittag-Leffler rapporte :

> Il y a quelques jours, tous les géomètres berlinois étaient réunis [...]. On parlait des géomètres français, de vous [Hermite], et de Picard et Poincaré. Alors Weierstrass a déclaré : wir müssen uns teuflich zusammenraffen wenn nicht Paris noch einmal der Hauptsitz der Mathematik werden wird. [Dugac, 1984b, p. 263]

Soeben erhalte ich eine Arbeit des Herrn Vessiot über lineare Differentialgleichungen, die hoffentlich nach mehrern Richtungen günstig wirken wird[67]. Mir interessirt diese Arbeit so stark, weil durch sie die Bedeutung meiner Gruppentheorie zur lineare Differentialgleichungen, welche Picard zuerst erkannt, so besonders klargestellt wird[68].
Es ist unbegreiflich wie weit die von Galois eingeführten Principien reichen. Und noch merkwürdiger ist es, dass man so lange Zeit braucht um das nach und nach zu erkennen. Galois Ideen herrschen nach und nach auf allen Gebieten[69].
Neuerdings hat mein alter Freund F. Klein eine Vorlesung über die Grundlagen

---

67. Ernest Vessiot [1892] publie dans le tome 9 des *Annales de l'École normale supérieure* sa thèse sur l'intégration des équations différentielles linéaires qu'il situe dans la lignée des travaux de Lie :

> J'expose, dans ce travail, une théorie de l'intégration des équations différentielles linéaires, qui est entièrement analogue à la célèbre théorie de Galois sur la résolution des équations algébriques. La propriété fondamentale en est la suivante : *A chaque équation linéaire d'ordre n correspond un groupe continu fini de transformations linéaires homogènes à n variables, qui jouit de propriétés semblables à celles du groupe de substitution d'une équation algébrique.*
>
> [...] La théorie des groupes de transformations, de M. Sophus Lie, sert de fondement à ce travail. C'est d'ailleurs en étudiant sa belle méthode d'intégration des systèmes complets que j'ai été amené à m'occuper des équations linéaires, et les idées générales de l'illustre savant norvégien sur l'intégration des équations différentielles m'ont constamment guidé. Aussi je tiens à lui exprimer ici toute ma reconnaissance pour la bonté avec laquelle il a bien voulu, pendant mon séjour à Leipzig, m'initier à ses théories si fécondes. [Vessiot, 1892, p. 197-198]

68. Sur la théorie de Picard-Vessiot, on peut consulter les livres de Armand Borel [2001] sur l'histoire des Groupes de Lie et des groupes algébriques et de Thomas Hawkins [2000] sur la naissance de la théorie des groupes de Lie.
69. Lie fait référence à Galois dans la préface du tome 1 de *Theorie der Transformationengruppen* :

> In der neueren Mathematik gewinnt ein Begriff immer mehr an Bedeutung und tritt immer mehr in der Vordergrund, der *Gruppenbegriff.*
> Von den verschiedenen Kategorien von Gruppen, welche man jetzt unterscheidet, sind am frühesten die Gruppen der Substitutionstheorie, die auch *endliche discontinuirliche Gruppen* heissen, in der Kreis der mathematischen Untersuchungen gezogen werden. Seit den Entdeckungen *Galois'* ist der Begriff „Substitutionengruppe" der wichtigste Begriff in der Theorie der algebraischen Gleichungen; man errinere sich nur an die Untersuchungen von *Galois'* Nachfolgern, besonders an die des Herrn *C. Jordan.* – In neuerer Zeit werden auch *unendliche discontinuirliche Gruppen* in Betracht gezogen. Es haben andererseits seit 1876 mehrere Mathematiker, namentlich die Herren *F. Klein*, *Poincaré* und *Picard* die Theorie der endlichen und der unendlichen discontinuirlichen Gruppen mit grossem Erfolge für die Functionentheorie verwerthet. [Lie et Engel, 1888, p. III]

Lie [1895] développera ce thème dans sa contribution sur l'influence de Galois sur le développement des mathématiques dans un texte publié à l'occasion du centenaire de l'École normale supérieure. Sur la construction de l'« icône mathématique » autour du personnage de Galois, voir [Ehrhardt, 2011].

der Geometrie veröffentlicht, die zwar schöne Partien enthält, welche aber in der Darstellung von Helmholtzs Theorien eine ganze Reihe von merkwürdige Fehler enthalten [70].
Auch Lindemann veröffentlicht wiederum dummes Zeug über diesen Gegenstand [71]. Mit Engel redigire eben für den dritten Abschnitt meiner Gruppentheorie eine ausführliche Abtheilung über diesen Gegenstand . Ich stelle eine ganze Anzhal System von Axiome auf welche für die Geometrie einer Zahlen-Mannigfaltigkeit genügen. Diese Systeme sind alle sehr einfach [72].

---

70. [Klein, 1892a]. Dans la préface de la seconde édition (1893) de *Nicht-Euklidische Geometrie*, Klein reconnait que la présentation du problème de Riemann-Helmholtz qu'il donne dans la première édition est fautive :

> Ich hätte ja gern viele Lücken, die ich nachträglich bemerkt habe, ausgefüllt und namentlich auf in der Zwischenheit erschienene Literatur Bezug genommen, wenn dies irgend möglich gewesen wäre, ohne dafür längere Zeit aufzuwenden, was aus anderen Gründen nicht anging. Nur dies eine will ich hier ausdrücklich hervorheben, dass Helmholtz' Charakterisirung der ∞^6 Bewegungen des Raumes wie auch das Referat, welches ich über dieselben gegeben habe, nach den Untersuchungen von Lie in der sächsischen Berichten von 1886 und 1890 in keiner Weise mehr aufrecht erhalten werden kann.

Sur la critique par Lie des contributions de Helmholtz aux fondements de la géométrie, voir le chapitre 21 du tome 3 de *Theorie der Transformationsgruppen* [Lie et Engel, 1893, p. 437-470]. Sur la critique des travaux de Klein, voir [Lie, 1892a] ou la reprise de cet article dans le chapitre 24 du tome 3 de *Theorie der Transformationsgruppen* [Lie et Engel, 1893, p. 528-529].

71. Lie fait allusion à une note rédigée par Lindemann sur l'axiome de monodromie des *Vorlesungen über Geometrie* de Clebsch [1891, p. 545-546]. L'axiome de monodromie affirme qu'à l'issue d'une rotation complète, un corps rigide reprend exactement sa position. Cet axiome exclut des transformations « en spirale ».
Sur la critique de cette note, voir [Lie, 1892a] ou la reprise de cet article dans le chapitre 24 du tome 3 de *Theorie der Transformationsgruppen* [Lie et Engel, 1893, p. 529-532].

72. La partie 5 de [Lie et Engel, 1893, p. 393-543] est intitulée „Untersuchungen über die Grundlagen der Geometrie ".
Lie termine l'introduction de la partie 5 en annonçant des solutions du problème de Riemann-Helmholtz et en expliquant que son travail se limite à un traitement à partir de la théorie des groupes de la question des fondements :

> In Kapitel 21 wird eine ausführliche Kritik der Helmholtschen Entwickelungen und Axiome gegeben und es werden dann in den Kapitel 22 und 23 verschiedene Lösungen des Riemann-Helmholtzschen Problems in gewöhnlichen und in n-fach ausgedehnten Raume auseinandergesetzt. In Kapitel 24 endlich werden einige neuere Untersuchungen über die Grundagen der Geometrie besprochen und kritisirt.
> Wir können diese Vorbemerkungen nicht schliessen, ohne ausdrücklich betonen, dass die folgenden Untersuchungen nicht den Ausspruch erheben, philosophische Speculationen über die Grundlagen der Geometrie zu sein, sie wollen nicht mehr sein, als eine sorgfältige gruppentheorische Behandlung des gruppentheoretichen Problems, das wir als das Riemann-Helmholtzche Problem bezeichnet haben.
> Am Schluss der Abtheilung werden wir dann noch mit ein paar Worten auf den Nutzen zu sprechen kommen, den die Erledigung dieses Problems für den Aufbau eines Systems der Geometrie gewähren kann. Wenn wir auch hier keinen Versuch dazu machen, so wollen wir doch als unsere Ueberzeugung die Auffassung aussprechen, dass es keineswegs unmöglich ist, ein System von geometrischen Axiomen aufzustellen, das hinreichend ist und dabei nichts

Es ist aber eine Frage auf die ich (ebensowenig wie Sie) eingehe.

Weierstrass hat mit Grund hervorgehoben, dass Euclid implicit voraussetzt, dass die Punkte der Gerade durch alle Zahlen dargestellt werden [73].

(Riemann und) v. Helmholtz gehen einen Schritt weiter und setzen voraus dass der Raum eine Zahlen-Mannigfaltigkeit ist. Dieser Standpunkt ist sehr interessant darf aber nicht als definitiv betrachtet werden [74].
Ich glaube die einfachsten Axiome für die Geometrie einer dreifach ausgedehnten Zahlen-Mannigfaltigkeit gefunden zu haben [75], nämlich

---

> Ueberflüssigen enthält. Leider ist unzweifelhaft, dass es nur sehr wenige Untersuchungen giebt, welche das Problem der Grundlagen der Geometrie wirklich gefördet haben. [Lie et Engel, 1893, p. 398]

73. Voir [Dugac, 1973].

74. [Riemann, 1868] et [von Helmholtz, 1868a,b]. Dans son article *On the foundations of geometry* paru en 1898 dans *The Monist*, Poincaré [1898c] reprend ce point pour affirmer l'originalité de sa psychogenèse de la géométrie :

> We owe the theory which I have just sketched to Helmholtz and Lie. I differ from them in one point only, but probably the difference is in the mode of expression only and at bottom we are completely in accord.
> As I explained above, we must distinguish in a group the form and the matter [material]. For Helmholtz and Lie the matter of the group existed previously to the form, and in geometry the matter is a *Zahlenmannigfaltigkeit* of three dimensions. [...]
> For me, on the contrary, the form exists before the matter. The different ways in which a cube can be superposed upon itself, and the different ways in which the roots of a certain equation may be interchanged, constitute two isomorphic groups. They differ in matter only. The mathematician should regard this difference as superficial, and he should no more distinguish between these two groups than he should between a cube of glass and a cube of metal. [...]
> We escape in this way also an objection which has often been made to Helmholtz and Lie. "But your group," say these critics, "presupposes space ; to construct it you are obliged to assume a continuum of three dimensions. You proceed as if you already knew analytical geometry." Perhaps the objection was not alto gether just ; the continuum of three dimensions which Helmholtz and Lie posited was a sort of non-measurable magnitude analogous to magnitudes concerning which we may say that they have grown larger or smaller, but not that they have become twice or three times as large.
> It is only by the introduction of the group, that they made of it a measurable magnitude, that is to say a veritable space. Again, the origin of this non-measurable continuum of three dimensions remains imperfectly explained. [Poincaré, 1898c, p. 40]

75. Poincaré [1898c] reprend cette affirmation :

> It is Sophus Lie who has contributed most towards making prominent the importance of the notion of group and laying the foundations of the theory that I have just expounded. It is he, in fact, who gave the present form to the mathematical theory of continuous groups. But to render possible its application to geometry, he regards a new axiom as necessary, which he enunciates by declaring that space is *Zahlenmannigfaltigkeit* ; that is, that to every point of a straight line there corresponds a number and *vice versa*. [Poincaré, 1898c, p. 37]

1. alle Bewegungen bilden eine Gruppe bei denen zwei Punkte eine und nur eine Invariante haben
2. getrennte Punkte bleiben immer getrennt.

Diese Axiome muss man wohl unter allen Umständen behalten. Mir scheint es aber nothwendig Axiome hinzufügen, welche jedenfalls theilweise die Annahme einer Zahlen-Mannigflatigkeit ersetzen. Ueberdiess muss man die beiden vorhergehenden Axiome anders einkleiden.

Man muss wohl Punkt, Raum, Fläche, Curve als Grundbegriffe einführen.

Entfernung ebenso.

Alle Punkte die von einem gegebenen eine gewisse Entfernung haben bilden eine Fläche, welche durch den gegebenen Punkt nicht hindurchgeht.

So muss man wohl die Gerade axiomatisch in der Bek. Weise einführen.

Nun wird man versuchen müssen die Ebene einzuführen ... etc. ...

Nachdem so die nothwendigen Begriffe vorliegen, so würde man die Sätze über Congruenz ableiten müssen.

Sodann das Parallelenaxiom, ferner das Axiom, dass die Punkte einer Gerade durch Coordinaten darstellbar sind.

Endlich das Axiom über Flächengleichheit ...

Es wäre mir lieb gelegentlich Ihre Meinung hierüber zu hören. sind Sie damit einverstanden, dass man bei Aufbau der Geometrie nicht mit der Auffassung des Raumes als Zahlen-Mannigflatigkeit anfängt, sondern zunächst die Begriffe Fläche, Curve, Gerade, Ebene, etc. ... einführt und die möglichen Sätze entwickelt dass man erst später nicht allein das Parallelenaxiom sondern auch die Auffassung der Gerade als Zahlen-Mannigfaltigkeit einführt.
Nach meiner Auffassung ist man noch weit davon entfernt die Grundlagen der Geometrie gut begründet zu haben.
Meine Gruppentheorie beherrscht wohl die Grundlagen der Geometrie einer Zahlen-Mannigfaltigkeit nicht aber die Grundlagen der Geometrie des Raumes [76] !!
Ich beschränke mich darauf die Geometrie einer Zahlen-Mannigflatigkeit auf die einfachsten Principien zurückzuführen. Dies ist nicht so ganz leicht ; denn Riemanns Arbeit ist nur ein Anfang während in Helmholtz Arbeit wohl die Tendenz richtig, die Durchführung aber falsch ist [77].
Wäre ich jetzt zwanzig Jahre jünger, so würde ich versucht haben den nächsten ungleich schwierigeren Schritt zu gehen. In den Jahren 1867-68 beschäftigte ich mich lebhaft mit derartigen Fragen, die mir doch damals zu schwer waren [78].

Poincaré poursuit en expliquant qu'avec sa démarche, il est possible de s'affranchir de ce dernier axiome, en étudiant la structure du groupe des transformations.

76. Voir la note 74 ci-dessus.

77. Voir la note 70, p. 553.

78. Lie s'intéresse durant les années 1867-1868 aux travaux des géomètres du début du 19e siècle (Poncelet, Plücker, Möbius, Chasles...). Voir à ce sujet [Stubhaug, 2002, p. 107-119].

Unter allen Umständen is es meine Ueberzeugung, dass wir bald wesentlich weiter kommen werden? Merkwürdig is es dass nicht allein Legendre und v. Helmholtz sondern auch Lobatschewsky und Riemann sich in allerdings secundären Punkten geirrt haben.
Ich empfehle Ihren jungen Landsmann Tresse, der soeben von Leipzig nach Paris zurückkehrt, zu Ihrer Aufmerksamkeit. Herr Tresse ist ein begabter Mathematiker mit guten Kenntnissen, von dem man viel erwarten kann [79].
Ihr ergebener

Sophus Lie

11 Annexe : Rapport de Poincaré sur les travaux de Lie

[1892]

Section de Géométrie
Présentation de candidat à une place de correspondant
Rapport sur les Titres de M. Sophus Lie par M. Poincaré
M. Sophus Lie, que la section présente en première ligne, est un géomètre norvégien ; il a longtemps enseigné à l'Université de Christiania ; mais il y a quelques années sa réputation croissante le fit appeler hors de sa patrie, sur un théâtre plus important. Il est aujourd'hui professeur dans l'une des plus grandes universités d'Allemagne, celle de Leipzig. Les travaux de M. Lie sont trop nombreux pour que je puisse songer à donner de chacun d'eux une analyse même sommaire et d'autre part la simple énumération en serait fastidieuse. Je serai donc obligé à bien des omissions, mais je préfère m'y résigner pour pouvoir insister un peu sur ses plus

79. Arthur Tresse bénéficie grâce au soutien de Darboux et Tannery, d'une bourse d'étude à l'Université de Leipzig durant l'année universitaire 1891-1892 pour suivre les enseignements de Lie. Tresse se lie d'amitié à l'occasion de ce séjour avec F. Engel. Sur le séjour de Tresse à Leipzig, voir [Stubhaug, 2002, p. 369-370] et [Hawkins, 2000, p. 196-197].
Arthur Tresse [1893] soutient en 1893 à la Faculté des sciences de Paris une thèse intitulée *Sur les invariants différentiels des groupes continus de transformations* (On peut lire le rapport d'Émile Picard sur la thèse de Tresse dans l'ouvrage d'Hélène Gispert [2015, p. 239-240], *La France mathématique*).
Sous l'impulsion de G. Darboux, É. Picard et J. Tannery, l'École normale supérieure envoie réguliérement dans les années 1890 des élèves boursiers étudier auprès de S. Lie (J. Drach, É. Vessiot, A. Tresse). Même s'il n'effectue pas un séjour d'étude à Leipzig, Élie Cartan fait partie aussi des étudiants de l'École normale supérieure encouragés à échanger avec S. Lie. Ce dernier dédie à l'École normale supérieure et à ses élèves le tome 3 de sa *Theorie der Transformationsgruppen* :

> Das in dieser Weise enstandene Werk widme ich *Frankreichs*
>
> **École Normale Supérieure**
>
> deren unsterbliche Schüler Galois zuerst die Bedeutung des Begriffs *discontinuirliche Gruppe* erkannt. Den hervorragenden Lehrern dieses Instituts, besonders den Herren G. Darboux, É. Picard und J. Tannery verdanke ich es, dass die tüchtigsten jungen Mathematiker meine Untersuchungen über *continuirliche Gruppen*, über Geometrie und über Differentialgleichungen studiren und mit glänzendem Erfolge verwerthen. [Lie et Engel, 1893, Widmung]

belles découvertes et sur les idées générales qui l'y ont conduit ; j'espère montrer ainsi la remarquable unité de sa vie scientifique et la marche logique de sa pensée, ce qui sera je crois la meilleure manière de justifier le choix de la section.

C'est depuis le commencement du siècle mathématicien que les géomètres ont compris l'importance des transformations géométriques et qu'ils ont commencé à en faire usage consciemment et systématiquement. Si l'on transforme une figure d'après une loi bien déterminée, par exemple d'après les règles de la perspective, on transforme en même temps ses diverses propriétés. D'un théorème connu on déduit alors aisément un théorème différent qui peut être nouveau et utile. On comprend ce qu'on peut attendre d'un pareil instrument de découverte quand il est habilement manié.

De là l'intérêt qui s'attarde à l'invention de transformations nouvelles. M. Lie était préparé à entrer dans cette voie par les leçons de Clebsch et par l'étude des travaux de Chasles, et ses efforts ne tardèrent pas à être récompensés par le succès. Il a surtout étudié les transformations de contact qui portent sur les éléments de surface et peuvent changer des points en lignes ou en surfaces ou des lignes en surfaces ; Telle est la transformation par polaires réciproques. Telle est aussi celle qui porte le nom de M. Lie et qui change les droites en sphère. Cette découverte du savant norvégien est susceptible de curieuses applications, car elle relie l'un à l'autre deux chapitre de la géométrie, et M. Darboux dans sa Théorie Générale des Surfaces l'a justement appelée « l'une des plus belles conquêtes de la Géométrie moderne ». Mais M. Sophus Lie ne se cantonna pas longtemps dans l'étude des transformations isolées et ses recherches sur les groupes qu'elles peuvent former, devaient être singulièrement plus fécondes. On appelle groupe l'ensemble de deux ou plusieurs transformations et de toutes les combinaisons qu'on peut en faire.

Bien que le mot soit nouveau et date de soixante ans à peine, il est permis de dire que chacune des branches de la science mathématique n'est autre chose que l'étude d'un groupe. Si dans les objets de cette science, on élimine par abstraction les éléments qualitatifs sur lesquels le raisonnement géométrique ne peut avoir de prise, et si l'on pousse cette analyse jusqu'au bout, l'élément purement formel qui subsistera se réduira à quelques combinaisons soumises à certaines lois c'est à dire à un groupe. Ces éléments qualitatifs, cette matière pour ainsi dire peut changer sans que la forme de ces combinaisons soient altérée, de même que les règles de l'arithmétique sont indépendantes de la nature des objets sur lesquels on opère.

M. Lie est un des premiers géomètres qui ait eu de cette vérité une conscience nette et qui se soit élevé de propos délibéré à ce point de vue d'où les sciences les plus diverses, l'algèbre, l'analyse, la géométrie paraissent se confondre dans une synthèse inattendue. Les groupes continus auxquels M. Lie a presque exclusivement consacré ses efforts sont les plus intéressants tant par leurs applications que par leur rapports avec la métaphysique de calcul intégral. On pourrait croire au premier abord qu'en s'attaquant à un concept aussi général, on perde le droit d'en rien affirmer. Toutes les barrières étaient enlevées qui s'opposaient à l'invention de combinaisons nouvelles, il semble que tout devienne également possible. On est donc étonné de voir M. Lie arriver à des résultats d'une simplicité imprévue.

Pour les groupes d'ordre fini, c'est à dire pour ceux ceux qui ne contiennent qu'un nombre fini de transformations infinitésimales, le savant norvégien trouve un théorème aussi élégant que surprenant. Si le nombre des variables indépendantes est donné, ces groupes sont en nombre limité. Pour les groupes d'ordre infini, les résultats sont analogues, quoique moins nets. Il est inutile de m'étendre sur la portée philosophique de ce théorème qui peut nous aider à comprendre pourquoi il existe une science mathématique pure, indépendante de toute expérience. Je préfère arriver tout de suite aux applications.

Depuis que Jacobi a montré comment les principes fondamentaux de la Dynamique se rattachent aux propriétés des équations aux dérivées partielles du 1er ordre, les géomètres attribuent plus de prix encore à toutes les découvertes qui se rapportent à ces équations. Or les notions nouvelles introduites par M. Lie dans la science jettent sur cette question un jour inattendu. Dire qu'une surface satisfait à une équation aux dérivées partielles, c'est à dire qu'elle n'est pas altérée par une certaine transformation de contact et infinitésimale. L'intégration de cette équation se ramène alors à l'étude du groupe dérivé de cette transformation ou de celles qui lui sont permutables. Le théorème célèbre qui permet de découvrir de nouvelles intégrales par de simples différentiations, ce théorème qu'un géomètre illustre appelait le plus extraordinaire de l'analyse, n'a plus rien de mystérieux. Il devient une conséquence presqu'évidente des propriétés générales des groupes.

La méthode de M. Lie n'est pas moins précieuse pour l'étude des équations différentielles ordinaires. On sait combien sont peu nombreux les cas où l'intégration en est possible et que notre principale ressource pour en trouver de nouveau est de chercher une transformation qui ramène un type donné d'équations à un type intégrable déjà connu ; pour reconnaître s'il en existe une, dans un groupe donné, il faut déterminer les invariants c'est à dire chercher quelles sont les propriétés de ces équations qui ne sont pas altérées par les transformations du groupe. Si les invariants de l'équation donnée sont les mêmes que ceux d'une équation intégrable la transformation est possible, sinon il est inutile de la chercher. C'est ainsi qu'a procédé notre regretté confrère Halphen, mais en se restreignant aux équations linéaires et à un groupe particulier. M. Sophus Lie a appliqué la même méthode dans toute sa généralité, à toutes les formes d'équations et à tous les groupes.

La même théorie permet d'aborder le problème par une autre face. Certaine équations différentielles ne changent pas quand on leur applique les transformations d'un certain groupe. Plus difficile à traiter à certains égards, elles présentent un grand intérêt ; c'est à cette catégorie en effet qu'appartiennent les types intégrables et la connaissance de leur groupe permet de reconnaître facilement ces types ; les cas d'intégrabilité ne nous apparaissent plus désormais comme isolés les uns des autres, ainsi qu'ils l'étaient autrefois. Tout un chapitre de la science, qui n'était guère qu'un recueil d'artifices analytiques ingénieux devient ainsi un grand ensemble systématique et satisfaisant pour l'esprit.

Je passe sur bien d'autres applications des mêmes principes pour arriver tout de suite à une question dont ils nous donnent la meilleure solution et qui préoccupe depuis longtemps à la fois les mathématiciens et les philosophes. Je veux parler

des hypothèses fondamentales de la Géométrie. C'est surtout depuis l'invention des géométries non-euclidiennes qu'on a cherché à se rendre compte du nombre de ces hypothèses et de leur véritable nature. Si l'on examine avec attention les procédés de raisonnement d'Euclide, on verra qu'ils consistent presque toujours à transporter deux figures l'une sur l'autre pour les superposer. La science qu'il a créée est donc la théorie des déplacements des figures ; mais ces déplacements sont des transformations d'une nature particulière et ils forment un groupe. La géométrie n'est donc autre chose que l'étude d'un certain groupe et les géométries non-euclidiennes ont de même pour objet d'autres groupes analogues. Aussi, les méthodes de M. Lie nous fournissent la clef de cet intéressant problème et le théorème qu'il a découvert nous explique-t-il pourquoi l'on ne peut imaginer qu'un nombre fini de géométries. Cette solution avait été entrevue par Helmholtz mais avec moins de netteté.
Je ne veux pas parler de ceux des travaux de M. Lie qui ne se rattachent pas directement à la théorie des groupes ; je ne puis pourtant passer entièrement sous silence ses élégantes recherches sur les surfaces minima et sur les surfaces à courbure constante, des surfaces très intéressantes pour le géomètre et l'analyste et très importantes pour la théorie de capillarité, je veux dire ; mais je me bornerai à les signaler. Ce que j'ai dit suffit en effet, je crois, pour expliquer la place que son nom occupe sur la liste.

Poincaré

12 Annexe : un texte inédit de Lie

I. Giebt eine infinitesimale Transformation zwischen x und y, deren Grössen die Increments $\partial x = \xi(x\ y)\,\partial t$, $\partial y = \eta(x\ y)\,\partial t$, so bezeichne ich dieselbe mit dem Symbole

$$\xi\,\frac{\partial f}{\partial x} + \eta\,\frac{\partial f}{\partial y} \qquad \text{oder} \qquad \xi\,p + \eta\,q.$$

II. Enthält eine Gruppe die beiden inf. Transformationen

$$\mathcal{B}_1 f = \xi_1\,p + \eta_1\,q, \quad \mathcal{B}_2 f = \xi_2\,p + \eta_2\,q,$$

so enthält die zugleich die inf. Trf :

$$(c_1\xi_1 + c_2\xi_2)\,p + (c_1\eta_1 + c_2\eta_2)\,q = c_1\mathcal{B}_1 f + c_2\mathcal{B}_2 f$$

wo c_1, c_2 arbiträre Constante sind.
III. Unter derselben Voraussetzung enthält sie ebenfalls die inf. Transformationen

$$\mathcal{B}_1\left(\mathcal{B}_2(f)\right) - \mathcal{B}_2\left(\mathcal{B}_1(f)\right) = \left(\xi_1\frac{\partial \xi_2}{\partial x} + \eta_1\frac{\partial \xi_2}{\partial y} - \xi_2\frac{\partial \xi_1}{\partial x} - \eta_2\frac{\partial \xi_1}{\partial y}\right) p +$$

$$+ \left(\xi_1\frac{\partial \eta_2}{\partial x} + \eta_1\frac{\partial \eta_2}{\partial y} - \xi_2\frac{\partial \eta_1}{\partial x} - \eta_2\frac{\partial \eta_1}{\partial y}\right) q = (\mathcal{B}_1\mathcal{B}_2)\,.$$

Um diesen Satz auch für Gruppen mit unendlich vielen Parametern zu beweisen, schreibt man die Gleichungen der betreffenden inf. Transformationen $\mathcal{B}_1 f, \mathcal{B}_2 f$ mit Berücksichtigung von Grössen zweiter Ordnung folgendermassen

$$\left.\begin{aligned} \partial x &= \xi_1 \partial t + \left(\tfrac{\partial \xi_1}{\partial x}\xi_1 + \tfrac{\partial \xi_1}{\partial y}\eta_1\right)\tfrac{\partial t^2}{1.2} + \dots \\ \partial y &= \eta_1 \partial t + \left(\tfrac{\partial \eta_1}{\partial x}\xi_1 + \tfrac{\partial \eta_1}{\partial y}\eta_1\right)\tfrac{\partial t^2}{1.2} + \dots \end{aligned}\right\}$$

$$\left.\begin{aligned} \partial x &= \xi_2 \partial \tau + (\qquad)\tfrac{\partial \tau^2}{1.2} + \dots \\ \partial y &= \eta_2 \partial \tau + (\qquad)\tfrac{\partial \tau^2}{1.2} + \dots \end{aligned}\right\}$$

führt dann zuerst die eine und sodann die zweite inf. Transformation aus und verlangt, dass die entstandene Transformation die Form

$$\begin{aligned} \partial x &= (c_1\xi_1 + c_2\xi_2)\partial\sigma + (\qquad)\tfrac{\partial \sigma^2}{1.2} + \dots \\ \partial x &= (c_1\eta_1 + c_2\eta_2)\partial\sigma + (\qquad)\tfrac{\partial \sigma^2}{1.2} + \dots \end{aligned}$$

besitzen soll.

IV. Jede continuirliche Gruppe enthält infinitesimale Transformationen.

Bei dem Beweise dieses Satzes scheint es mir nothwendig a priori gewisse Voraussetzüngen zu machen. Es genügt z. B. festzustellen, dass die endliche Transformationen des Gruppes sich paarweise als invers zusammen ordnen lassen. Oder man könnte nur verlangen, dass die Gruppe eine identische Transformation enthält.

V. Die endliche Transformationen der Gruppe lassen sich durch Wiederholung von ihren infinitesimalen erzeigen. Diesen Satz habe ich bewiesen für gruppen mit einer begreuzten Anzahl Parameters. Für Gruppen mit unendlich vielen Parameter stelle ich ihn a priori und zwar definitionsmässig fest.

VI. Die infinitesimalen Transformationen einer Gruppe sind definirt durch eine oder mehrere partielle Differentialgleichungen

$$\Omega_i\left(\xi\,\eta\,\frac{\partial \xi}{\partial x}\,\frac{\partial \xi}{\partial y}\,\cdots\,\frac{\partial^2 \xi}{\partial x \partial y}\,\frac{\partial \eta}{\partial x}\,\frac{\partial \eta}{\partial y}\,\cdots\right) = 0.$$

Dieselben sind wegen II linear und homogene.

VII. Wenn gewisse Werthsystem $\xi\eta$ gewisse lineare und homogene Gleichungen $\Omega_i = 0$ erfüllen, und dasselbe der Fall ist mit allen Werthsystemen $\xi_1\frac{\partial \xi_2}{\partial x} + \eta_1\frac{\partial \xi_2}{\partial y} - \xi_2\frac{\partial \xi_1}{\partial x} - \eta_2\frac{\partial \xi_1}{\partial y}, \quad \xi_1\frac{\partial \eta_2}{\partial x} + \dots - \eta_2\frac{\partial \eta_1}{\partial y}$, so erzeugen die inf. Transformationen eine Gruppe.

Diese Definitionen und Sätze genügen zur Bestimmung von allen unendlichen und continuilichenGruppen zwischen x und y. Insbesondern erlaubt der Satz III die Anzahl und Form der Relationen $\Omega_i = 0$ anzugeben.

Lass mich hier nur den einfachsten Fall discuttiren. Lass mich annehmen, eine Gruppe sei bestimmt durch eine einzige Gleichung $\Omega = 0$, die überdies von ersten Ordnung ist. Da Ω linear und homogen sein soll, so wird

$$(\Omega) \qquad \Omega = \mathcal{A}\frac{\partial \xi}{\partial x} + \mathcal{B}\frac{\partial \xi}{\partial y} + \mathcal{C}\frac{\partial \eta}{\partial x} + \mathcal{D}\frac{\partial \eta}{\partial y} + \mathcal{E}\xi + \mathcal{F}\eta = 0$$

wo $\mathcal{A} \ldots \mathcal{F}$, Funktionen von x und y sind. Ich nehme ferner an, dass die Gruppe keine Differentialgleichung erste Ordnung $\phi\left(x, y, \frac{y}{x}\right) = 0$ invariant lasst. Dann lasst sich zunächst nachweisen dass

$$\mathcal{B} = \mathcal{C} = 0, \quad \mathcal{A} = \mathcal{D}$$

ist.

Man betrachte in der That eine beliebige inf. Transformation $\xi p + \eta q$ der Gruppe in der Umbegung eines beliebigen Punktes x_0, y_0 und entwickeln ξ und η in Potenzreihe

$$\begin{aligned}\xi p + \eta q \quad &= \{a_0 + a_1(x - x_0) + b_1(y - y_0) + \ldots\}\, p \\ &+ \{c_0 + d_1(x - x_0) + f_1(y - y_0) + \ldots\}\, q\end{aligned}$$

Berücksichtigt man nun II, so erkannt man dass zu jeden Punkte $x_0 y_0$ unbegrenzt viele inf. Transformationen gehören, für welche $a_0 = c_0 = 0$ ist. Solche inf. Transformationen sind, sage ich, von erste Ordnung in der Umgebung des Punktes $x_0\, y_0$. Sei

$$\{\alpha_1(x - x_0) + \beta_1(y - y_0) + \ldots\}\, p \;+\; \{\delta_1(x - x_0) + \epsilon_1(y - y_0) + \ldots\}\, q \qquad (\mathcal{P})$$

das allgemein Symbol eines inf. Transformationen unsere Gruppe, die in der Umgebung von $x_0\, y_0$ von erste Ordnung ist. Diese inf. Transformationen erste Ordnung genügen die Relation (Ω). Also besteht die Relation

$$\mathcal{A}^{(0)}\alpha_1 \;+\; \mathcal{B}^{(0)}\beta_1 \;+\; \mathcal{C}^{(0)}\delta_1 \;+\; \mathcal{D}^{(0)}\epsilon_1 \;= 0$$

wo $\mathcal{A}^{(0)} \ldots \mathcal{D}^{(0)}$ die Werthe der Grössen $\mathcal{A} \ldots \mathcal{D}$ bei der Substitution $x = x_0$ $y = y_0$ bezeichnen.

Nun aber lassen die inf. Transformationen $(\mathcal{P})$ sich als lineare Transformationen auffassen, welche die durch den Punkt $x_0\, y_0$ gehenden Richtungen unter sich vertauschen[80]. Dieser linear Gruppe darf keine solche Richtung invariant lassen indem sonst jedenfalls eine invariante Differentialgleichung $\phi\left(x, y, \frac{y}{x}\right) = 0$ auftrahe. Hieraus folgt leicht dass Ω_0 die Form

$$\alpha_1 \;+\; \epsilon_1 \;=\; 0$$

besitzt. Hieraus folgt, dass $\Omega = 0$ die Form

$$(\Omega_0) \qquad \frac{\partial \xi}{\partial x} + \frac{\partial \eta}{\partial y} + \mathcal{E}\xi + \mathcal{F} = 0$$

besitzt, wie behauptet wurde.

Es lasst sich ferner nachweisen, dass $\mathcal{E}$ und $\mathcal{F}$ partielle Differentialquotienten $\mathcal{E} = \frac{\partial \mathcal{U}}{\partial x}$, $\mathcal{F} = \frac{\partial \mathcal{U}}{\partial y}$ eine gewissen Funktion $\mathcal{U}$ sind.

80. Note de Lie : Vergl. hierzu *Math. Ann.* Bd. XVI, p. 469-472 [Lie, 1880a].

Seien in der That $\xi p +, \eta q$ und $Xp + Yq$ zwei inf. Transformationen unserer Gruppe; dann ist (III) auch [81]

$$(X\xi_x + Y\xi_y - \xi X_x - \eta X_y)\, p + (X\eta_x + Y\eta_y - \xi Y_x - \eta Y_y)\, q$$

eine inf. transformationen unserer Gruppe, und genügt somit (Ω_1). Dies giebt eine Differentialgleichung zweite Ordnung zwischen $\xi\,\eta\, X\, Y$, die sich in lass, da sowohl $\xi\,\eta$ wie $X\,Y$ die Gleichung Ω_1 erfüllen, an eine Differentialgleichung erste Ordnung zwischen $\xi\,\eta, X\,Y$ reducirt. Betrachtet man in dieser Gleichung erste Ordnung $Xp + Yq$ als eine bestimmter inf. Transformation der Gruppe, $\xi p + \eta q$ als eine beliebigen inf. Transf. der Gruppe, so können wir schliessen dass die neue Differentialgleichung 1.O [82] mit Ω_1 identisch sein muss. Und hieraus folgt leicht dass

$$\frac{\partial \mathcal{E}_0}{\partial y} = \frac{\partial \mathcal{F}}{\partial x}$$

und das wirklich Ω_1 die Form

$$(\Omega_2) \qquad \frac{\partial \xi}{\partial x} + \frac{\partial \eta}{\partial y} + \frac{\partial \mathcal{U}}{\partial x}\xi + \frac{\partial \mathcal{U}}{\partial y}\eta = 0$$

besitzt.
Jetzt führt man statt $x\,y$ neue Variabeln $x_1\,y_1$; dann wird

$$\xi_1 = \frac{\partial x_1}{\partial x}\xi + \frac{\partial x_1}{\partial y}\eta, \; \eta_1 = \frac{\partial y_1}{\partial x}\xi + \frac{\partial y_1}{\partial y}\eta.$$

Dabei ist es, wie eine kleine Rechnung zeigt, immer möglich die Variabeln $x_1\,y_1$ derart zu wählen, dass (Ω_2) die Form

$$\frac{\partial \xi_1}{\partial x_1} + \frac{\partial \eta_1}{\partial y_1} = 0$$

annimmt.
Hiermit haben wir somit den Satz.
Wird eine (unendliche) Gruppe bestimmt durch ein einzeln partielle Differentialgleichung erster Ordnung zwischen ξ und η, so kann man die unabhängige Variabeln $x\,y$ derart wählen, dass die besprochen Definitionsgleichung die Form

$$\frac{\partial \xi}{\partial x} + \frac{\partial \eta}{\partial y} = 0$$

erhält.

. . . .

81. Note marginal de Lie : „Ich schreibe ξ_x statt $\frac{\partial \xi}{\partial x}$ . . .“.
82. „erste Ordnung “.

Zu den obenstehenden Entwickelungen füge ich einige weietere Bemerkungen um das Wesen meiner Methoden klar zu stellen.
Seien vorgelegt zwei inf. Transformationen einer Gruppe, unter denen die eine von erster Orgnung ist und z. B. die Form

$$(x - x_0)q + \ldots = \mathcal{B}_1 f$$

besitzt, die zweite von zweite Ordnung ist und etwa die Form

$$(y - y_0)^2 p + \ldots = \mathcal{B}_2 f$$

besitzt. Dann ist die inf. Transformation $\mathcal{B}_1(\mathcal{B}_2(f)) - \mathcal{B}_2(\mathcal{B}_1(f))$ von zweite Ordnung und besitzt die Form

$$2(x - x_0)(y - y_0)p - (y - y_0)^2 q + \ldots$$

Denn entsprechend habe ich den allgemeinen Satz
Ist $\mathcal{B}_0 f$ von m^{ter} Ordnung in der Umbegung des Punktes $x_0\, y_0$, und $\mathcal{B}_1 f$ von n^{ter} Ordnung, so ist $\mathcal{B}_1(\mathcal{B}_2(f)) - \mathcal{B}_2(\mathcal{B}_1(f))$ von $(m+n-1)^{ter}$ oder noch höherer Ordnung. Kennt man in $\mathcal{B}_1 f$ die Glieder m^{ter} Ordnung und in $\mathcal{B}_2 f$ die Glieder n^{ter} Ordnung , so genügt das zu Bestimmung der Glieder $(m + n - 1)^{ter}$ Ordnung in $\mathcal{B}_1(\mathcal{B}_2(f)) - \mathcal{B}_2(\mathcal{B}_1(f))$. Hieraus lasst sich z. B. den fundamentalen Schluss ziehen, dass unter den Definitionsgleichungen

$$\Omega_i\left(\xi\,\frac{\partial\xi}{\partial x}\,\cdots\,\frac{\partial^2\xi}{\partial x\partial y}\,\eta\,\cdots\right) = 0$$

einer Gruppe sich jedenfalls ein von nullter, erster oder zweiter Ordnung findet. Denn gesetzt es gab kein Relation Ω_i von nullter, erster oder zweiter Ordnung, so gab es sicher zwei inf. Transformationene nullter Ordnung der Form

$$p + \ldots \qquad q + \ldots$$

es gab ferner vier inf. Transf. erster Ordnung

$$(x - x_0)p + \ldots, (y - y_0)p + \ldots, \quad (x - x_0)q + \ldots, (y - y_0)q + \ldots$$

es gab ferner sechs inf. Transformationen zweiter Ordnung die wir (indem wir zur Abkurzung $x_0 = 0\ y_0 = 0$ setzen) folgendenmassen schreiben können :

$$x^2p + \ldots,\ xyp + \ldots,\ y^2p + \ldots,\quad x^2q + \ldots,\ xyq + \ldots,\ y^2q + \ldots$$

Jetzt combiniere ich diese sechs inf. Transformationen paarweise und wende III an. Dann liefern z. B. $x^2p + \ldots$ und $xyp + \ldots$ die inf. Transf. dritter Ordnung $x^2yp + \ldots$ In dieser Weise erhalte ich die sechs inf. Transf. 3. O. :

$$x^2yp + \ldots\ xy^2p + \ldots\ y^3p + \ldots \quad x^3q + \ldots\ x^2yq + \ldots\ xy^2q + \ldots$$

Ich combiniere ferner die beide $x^2yp + \dots$ und $x^2q + \dots$ und erhalte die Transformationen vierte Ordn.

$$-x^4p + 2x^3yq$$

die mit der Transf. $p + \dots$ combiniert eine neue inf. Transf. 3. O. liefert nahmlich

$$-4x^3p + 6x^2yq + \dots$$

Eine analoge Ueberlegung giebt die inf. Transformation

$$-4x^3q + 6x^2yp + \dots$$

Hiermit sind acht unabhängige inf. Transformationen dritter Ordnung gefunden. Unter den Definitionsgleichungen $\Omega_i = 0$ giebt es somit keine von dritte Ordnung. Durch aehnliche Betrachtungen, findet man 10 unabhängige inf. Transformationen 4ter Ordnung

$$x^4p + ldots\, x^3yp + ldots \,\dots\dots\, y^4q$$

und erkennt so dass keine Gleichung $\Omega_i = 0$ von vierter Ordnung ist u. s. w. Also : Unter den Definitionsgleichungen

$$\Omega_i\left(\xi\frac{\partial\xi}{\partial x}\dots\frac{\partial^2\xi}{\partial x\partial y}\eta\dots\right) = 0$$

giebt es jedenfalls eine [Gruppe], deren Ordnung gleich 0, 1 oder 2 ist.

....

Sodann ein Bischen über Gruppen die eine Gleichung $f\left(x\,y\,\frac{\partial y}{\partial x}\right) = 0$ invariant lassen.

Ist $u(x\,y) =$ Const. das Integrale der invariante Differentialgleichung, so führe ich $\bar{x}$ als neues x ein; hierdurch erhalten die inf. Transformationen der Gruppe der Form

$$\xi(x)p + \eta(x\,y)q$$

wo ξ nur von x abhängt.

In dem ich mich jetzt auf meine Theorie der Gruppen mit einer begrenzter Anzahl Parameter stütze, erkenne ich leicht dass es fünf Möglichkeiten giebt

a) Alle inf. Transformationnen haben die Form

$$\eta(x\,y)q$$

b) alle inf. Transf. haben die Form

$$cp + \eta(x\,y)q \qquad c = \text{Const.}$$

c) die inf. Transf. der Gruppe haben die Form

$$(c_1x + c_0)p + \eta(x\,y)q \qquad c_i = \text{Const.}$$

d) die inf. Transf. haben die Form

$$(c_2x^2 + c_1x + c_0)p + \eta(x\,y)q \qquad c_i = \text{Const.}$$

e) die inf. Transf. haben die Form

$$X(x)p + \eta(x\,y)q \qquad c_i = \text{Const.}$$

wo X eine arbiträre Funktion von x bezeichnet.
In jedem unter diesen fünf Fällen muss man die möglichen Formen von $\eta(x\,y)$ bestimmen. Als ein interessantes Beispiel führe ich diejenige Gruppe an deren inf. Transformationen die Form

$$X(x)p + X'(x)yq$$

besitsen, wobei X eine arbiträre Funktion von x bezeichnet.

Rudolf Lipschitz

Rudolf Otto Lipschitz nait à Königsberg en 1832. Il s'oriente très tôt vers les mathématiques d'abord à l'Université de Königsberg, puis de Berlin où il prépare une thèse sous la supervision de Dirichlet. Après avoir soutenu sa thèse en 1853, il enseigne d'abord dans les lycées de Königsberg et Elbing, avant d'obtenir en 1857, une position de *Privat-Dozent* à l'Université de Berlin, en 1862, de professeur à l'Université de Breslau et en 1864, de professeur à l'Université de Bonn où il effectuera le reste de sa carrière. Il décède en 1903 à Bonn.
Les domaines de recherches de Lipschitz sont très divers, de l'arithmétique à la mécanique [1] sans oublier la théorie des fonctions de Bessel, des séries de Fourier, des équations différentielles ordinaires et aux dérivées partielles, des formes différentielles et le calcul des variations. Il est au centre d'un vaste réseau de correspondances [2] et sera élu membre correspondant de nombreuses académies dont l'Académie des sciences française (en 1900).
Lipschitz entretient une correspondance régulière avec Hermite [3]. Poincaré et Lipschitz entrent en relation en 1889 par l'intermédiaire d'Hermite qui transmet à Poincaré une lettre que lui adresse Lipschitz. Dans celle-ci, Lipschitz commente le mémoire de Poincaré [1887a] sur les applications des fonctions Fuchsiennes à l'arithmétique à partir des méthodes qu'il utilise dans ses propres travaux sur les sommes de carrés [Lipschitz, 1886b,a]. Dans une lettre datée du 8 mars 1889, Lipschitz donne une interprétation géométrique inédite des transformations intervenant dans les groupes fuchsiens. Les réponses de Poincaré sont plus laconiques même si elles laissent transparaître une admiration sincère.

1. Sur les travaux de Lipschitz en mécanique, voir [Tazzioli, 1994].
2. Des extraits de la correspondance de Lipschitz ont été édités par Winfried Scharlau [1986].
3. D'après Dugac [1984b, p. 269], le *Nachlaß* de Lipschitz contient 150 lettres adressées par Hermite à Lipschitz. Sur les relations épistolaires entre Hermite et Lipschitz, voir [Goldstein, 2018]. Une dizaine de ces lettres sont éditées dans [Scharlau, 1986].

P. Nabonnand et al. (eds.), *La correspondance entre Henri Poincaré et les mathématiciens*, Publications des Archives Henri Poincaré Publications of the Henri Poincaré Archives, https://doi.org/10.1007/978-3-7643-8288-9_50

1 Lipschitz à Hermite

Bonn, 28 décembre 1888 [4]

Monsieur,

Vous avez une manière à part de nous faire savoir, Madame Lipschitz et moi, comme nous serions les bienvenus à Paris chez Madame Hermite et chez vous. Veuillez-en recevoir notre reconnaissance intime, et en même temps, l'assurance de nos vœux chaleureux pour votre bonheur, pour celui de Madame Hermite et de vos enfants dans l'année prochaine [5].

J'ai étudié avec le plus grand intérêt vos remarques sur le développement de l'intégrale $\int_a^\infty \xi^{x-1}e^{-\xi}d\xi$ [6], mais je n'ai pu achever jusqu'à ce moment la rédaction du mémoire qui traitera la série [7]

$$\sum \frac{(a+nb)^x}{e^{a+nb}}.$$

Maintenant j'ai commencé à lire le mémoire sur l'introduction des fonctions fuchsiennes dans l'arithmétique que M. Poincaré a eu la bonté de m'envoyer [8], et j'ai essayé de rapporter sa méthode aux séries dont je me suis occupé auparavant [9].

---

4. Cette lettre est adressée à Charles Hermite qui (voir la lettre suivante) la communiquera à Poincaré.

5. Hermite consacre plusieurs notes aux travaux de Lipschitz. Un échange de lettres sur quelques points de la théorie des nombres est publié dans les *Acta mathematica* [Hermite et Lipschitz, 1883].
Dans une lettre datée du 16 octobre 1886, adressée à Mittag-Leffler, Hermite évoque une visite qu'il va rendre à Lipschitz à Bonn [Dugac, 1985, p. 127].

6. Hermite s'intéresse dans les années 1880 aux intégrales eulériennes. Picard dans la préface des *Œuvres* complètes d'Hermite rappelle que cet intérêt se retrouvait aussi dans son enseignement :

> D'une année à l'autre, il étendait le cercle des questions traitées; dans les derniers temps de son enseignement, il s'était attaché particulièrement à la théorie des intégrales eulériennes. Outre les applications qu'il y pouvait faire des théorèmes généraux de l'Analyse, il se plaisait dans les transformations difficiles des intégrales définies, qu'il maniait avec un art consommé rappelant les grands géomètres de la première moitié du siècle dernier, art qui semble se perdre aujourd'hui. Des Mémoires élégants sur une extension de la formule de Stirling et sur la fonction $\log \Gamma(a)$ furent le fruit de ces nouvelles recherches.

Lipschitz cite la note publiée par Hermite [1881b] dans le *Journal für die reine und angwandte Mathematik* sur la fonction Γ (« l'intégrale eulérienne de seconde espèce »). Hermite reprend la décomposition de Prym [1877] la fonction Γ en deux intégrales

$$\Gamma(x) = \int_0^a \xi^{x-1}e^{-\xi}d\xi + \int_a^\infty \xi^{x-1}e^{-\xi}d\xi.$$

Hermite obtient dans le postscriptum de sa lettre un développement de l'intégrale $\int_a^\infty \xi^{x-1}e^{-\xi}d\xi$ utilisant la fonction définie par la série $\frac{a^x}{e^a} + \frac{(2a)^x}{e^{2a}} + \frac{(3a)^x}{e^{3a}} + \dots$ [Hermite, 1881b, p. 338].

7. Il n'a pas été possible de trouver une référence à un tel article. Voir la note précédente pour comprendre pourquoi Lipschitz associe à ces séries le développement de la seconde fonction de Prym.

8. [Poincaré, 1887a].

9. Lipschitz fait allusion à ses travaux sur les sommes de carrés. Voir son ouvrage *Untersu-*

Il me semble assuré que les familles pour la transformation d'une forme ternaire indéfinie en elle-même qui sont le point de départ pour M. Poincaré, prennent leur origine de la transformation de la forme binaire $ax^2+2bxy+cy^2$, et de l'observation que le déterminant $D = b^2 - ac$ n'est autre chose qu'une forme ternaire des trois quantités a, b, c [10]. Or en réfléchissant sur ces manières, m'est venue l'idée que l'on peut faire visible une symétrie singulière en s'appuyant sur le fait que le déterminant en question est la forme de trois carrés dont deux sont pris avec le signe positif, le troisième avec le signe négatif,

$$D = b^2 + \left(\frac{a-c}{2}\right)^2 - \left(\frac{a+c}{2}\right)^2.$$

Je supposerai que les quantités x, y, a, b, c soient réelles ou complexes sans restriction. Mais à l'aide de l'unité imaginaire i, on a

$$D = b^2 + \left(\frac{a-c}{2}\right)^2 + \left(\frac{i(a+c)}{2}\right)^2,$$

où les trois bases $b, \frac{a-1}{2}, \frac{i(a+1)}{2}$ sont tout-à-fait de droit égal. Donc, j'écrirai la forme $ax^2 + 2bxy + cy^2$ comme il suit de manière que ces trois bases figurent comme des coefficients de produits de formes linéaires en x et y,

$$(a-c)\frac{(x-y)(x+y)}{2} + 2bxy + i(a+c)\frac{(x-iy)(ix+y}{2}.$$

D'abord si l'on fait usage de la substitution

$$x = \alpha\mathcal{X} + \beta\mathcal{Y}, \quad y = \gamma\mathcal{X} + \delta\mathcal{Y}, \quad \text{où } (\alpha\delta - \beta\gamma)^2 = 1$$

---

chungen ueber die Summen von Quadraten [Lipschitz, 1886b] et plus spécifiquement un article publié dans le *Journal de mathématiques pures et appliquées* sur les transformations d'une somme de deux ou de trois carrés [Lipschitz, 1886a].

Lipschitz [1886a] propose de « représenter toutes les substitutions, à coefficients rationnels, qui transforment une somme de deux carrés en elle-même », puis de considérer les transformations des sommes de trois carrés, ce qui « conduit au calcul des quaternions ». Son étude l'amène à étudier les « analogies » et les « contrastes » entre les domaines des entiers de Gauss, des nombres algébriques et celui des quaternions entiers :

> C'est pour pouvoir bien éclairer ces analogies et ces contrastes entre ces différents domaines que je m'occuperai tout d'abord de la décomposition des nombres complexes de Gauss. Je commencerai par exposer les principes de la transformation réelle d'une somme de deux carrés en elle-même ; j'établirai, en prenant cette transformation pour base, les règles du calcul des quantités complexes, après quoi je passerai à l'étude des nombres complexes entiers. Je considérerai ensuite la transformation réelle d'une somme de trois carrés en elle-même , j'établirai, en prenant cette transformation pour base, les règles du calcul des quaternions, après quoi je passerai à l'étude des quaternions entiers. [Lipschitz, 1886a, p. 376]

10. Voir la lettre suivante de Poincaré.

qui donne $ax^2 + 2bxy + cy^2 = \mathcal{A}\mathcal{X}^2 + 2\mathcal{B}\mathcal{X}\mathcal{Y} + \mathcal{C}\mathcal{Y}^2$, si l'on écrit la forme à gauche pareillement

$$(\mathcal{A} - \mathcal{C})\frac{(\mathcal{X} - \mathcal{Y})(\mathcal{X} + \mathcal{Y})}{2} + 2\mathcal{B}\mathcal{X}\mathcal{Y} + i(\mathcal{A} + \mathcal{C})\frac{(\mathcal{X} - i\mathcal{Y})(i\mathcal{X} + \mathcal{Y})}{2}$$

les expressions des trois coefficients $\frac{\mathcal{A}-\mathcal{C}}{2}, \mathcal{B}, i\frac{\mathcal{A}+\mathcal{C}}{2}$ comme fonctions des trois coefficients $\frac{a-c}{2}, b, \frac{i(a+c)}{2}$ conduisent aux formules, par lesquelles Euler a exécuté la transformation d'une somme de trois carrés en elle-même, en remplaçant $\alpha, \beta, \gamma, \delta$ par des expressions homogènes et linéaires faciles à former. C'est le système de formules que j'ai développé dans mon travail sur les sommes de carrés [11] dans I, art. 3, (25) pour le domaine des quantités réelles. Mais dans III, j'ai fait voir comment les résultats restent valides pour le domaine des quantités simplement complexes, c'est-à-dire de la forme $p + q\sqrt{-1}$, et dans III, art. 6, j'ai démontré en partie que l'on peut tirer des principes confirmés pour le traitement des formes indéfinies dans le domaines des quantités réelles.
Ensuite l'expression

$$(a - c)\frac{(x - y)(x + y)}{2} + 2bxy + i(a + c)\frac{(x - iy)(ix + y}{2}.$$

est construite ainsi, que l'on peut à l'aide des substitutions particulières faire changer les places des coefficients $\frac{a-c}{2}, b, \frac{i(a+c)}{2}$ au signe près à volonté. La substitution

$$x = \frac{x' - y'}{\sqrt{2}}, \quad y = \frac{x' + y'}{\sqrt{2}}$$

tire avec elle les équations

$$\frac{x - y}{\sqrt{2}} = -y', \ \frac{x + y}{\sqrt{2}} = x' \ ; \ \frac{x - iy}{\sqrt{2}} = \frac{1 - i}{2}(x' - iy'), \ \frac{-ix + y}{\sqrt{2}} = \frac{1 - i}{2}(x' + iy'),$$

d'où notre expression devient égale à la suivante

$$-(a - c)x'y' + 2b\frac{(x' - y')(x' + y')}{2} + i(a + c)\frac{(x' - iy')(-ix'' + y'')}{2}.$$

De même, la substitution

$$x = \frac{x'' - iy''}{\sqrt{2}}, \quad y = \frac{-ix'' + y''}{\sqrt{2}}$$

conduit aux équations

$$\frac{x - y}{\sqrt{2}} = \frac{1 + i}{2}(x'' - y''), \ \frac{x + y}{\sqrt{2}} = \frac{1 - i}{2}(x'' + y'') \ ; \ \frac{x - iy}{\sqrt{2}} = -iy'', \ \frac{-ix + y}{\sqrt{2}} = -ix'' \ ;$$

11. [Lipschitz, 1886b].

qui changent notre expression dans celle-ci

$$(a-c)(x''-y'')(x''+y'')+2b\frac{(x''-iy'')(-ix''+y'')}{2}-i(a+c)x''y''.$$

Les autres changement se produisent par combinaison.
En introduisant les racines des équations correspondantes

$$a\tau^2+2b\tau+c=0, \quad \mathcal{A}T^2+2\mathcal{B}T+\mathcal{C}=0,$$

où

$$\tau=\frac{-b+\sqrt{D}}{a}, \tau'=\frac{-b-\sqrt{D}}{a};$$

$$T=\frac{-\mathcal{B}+(\alpha\delta-\beta\gamma)\sqrt{D}}{\mathcal{A}}, T'=\frac{-\mathcal{B}-(\alpha\delta-\beta\gamma)\sqrt{D}}{\mathcal{A}},$$

les racines τ et T, τ' et T' sont jointes ensemble par les équations connues

$$\tau=\frac{\alpha T+\beta}{\gamma T+\delta}, \quad \tau'=\frac{\alpha T'+\beta}{\gamma T'+\delta},$$

sur lesquelles M. Poincaré s'appuie pour introduire les fonctions fuchsiennes. Dans ce moment, admettons que les quantités $a, b, c, \alpha, \beta, \gamma, \delta$ soient réelles, et distinguons les deux cas $D<0$ et $D>0$. Dans le premier cas, comme $\sqrt{D}$ est uniquement [12] imaginaire, l'équation

$$\tau=\frac{\alpha T+\beta}{\gamma T+\delta}$$

sera avec elle nécessairement l'équation

$$\tau'=\frac{\alpha T'+\beta}{\gamma T'+\delta},$$

si l'on repère les quantités complexes τ et T aux points respectifs de deux plans, l'un plan devient l'image de l'autre.
Dans le second cas τ et T, τ' et T' sont des quantités réelles. Alors, si a, b, c signifient les coordonnées d'un point dans l'espace, l'équation

$$b^2+\left(\frac{a-c}{2}\right)^2-\left(\frac{a+c}{2}\right)^2=D$$

représente un hyperboloïde à une nappe et nous serons conduits aux quantités en question en considérant les lignes droites contenues dans l'hyperboloïde. En effet, si l'on veut que tous les points $a+\lambda u, b+\mu u, c+\lambda\nu$ d'une ligne soient situées dans l'hyperboloïde, il faut qu'on ait, indépendamment de u,

$$(b+\mu u)^2-(a+\lambda u)(c+\nu u)=D.$$

12. «purement» est ajouté par une autre main que Lipschitz.

On a donc les deux équations

$$\begin{aligned} 2b\mu - a\nu - c\lambda &= 0, \\ \mu^2 - \lambda\nu &= 0\,; \end{aligned}$$

en conséquence $\mu = \sqrt{\lambda}\sqrt{\nu}$, et puis

$$2b\sqrt{\lambda}\sqrt{\nu} - a\nu - c\lambda = 0,$$

ou bien

$$2b\frac{\sqrt{\nu}}{\sqrt{\lambda}} - a\frac{\nu}{\lambda} - c = 0,$$

donc la fraction $-\frac{\sqrt{\nu}}{\sqrt{\lambda}}$ reçoit les deux valeurs désignées auparavant par τ et τ'. On voit par là que les deux racines τ et τ' correspondent aux deux droites qui passent par le point (a, b, c) de l'hyperboloïde. Les deux équations

$$\tau = \frac{\alpha T + \beta}{\gamma T + \delta}, \quad \tau' = \frac{\alpha T' + \beta}{\gamma T' + \delta}$$

ont donc la signification géométrique que par la substitution correspondante l'hyperboloïde en question est transformée en elle-même de manière que l'ensemble des droites correspondent à τ se réfère à lui-même par l'équation

$$\tau = \frac{\alpha T + \beta}{\gamma T + \delta},$$

et l'ensemble des droites correspondant à T' pareillement par l'équation

$$\tau' = \frac{\alpha T' + \beta}{\gamma T' + \delta}.$$

Je ne sais pas, Monsieur, si j'ai exposé mes pensées assez clairement. Mais la lettre est déjà devenue plus longue que souhaiterais. Gardez moi, je vous en prie, votre amitié dans la nouvelle année, et croyez moi

votre sincèrement dévoué
R. Lipschitz

2 Poincaré à Lipschitz

Paris, le 5 Février 1889 [13]

Monsieur,

Monsieur Hermite m'a communiqué votre dernière lettre, ce qui m'a fait beaucoup de plaisir, d'abord parce que les considérations arithmétiques que vous y développez m'ont beaucoup intéressé et ensuite parce que j'ai été flatté de voir

13. Cette lettre est conservée à l'*Universität-und Landesbibliothek* de Bonn. Elle est publiée dans [Scharlau, 1986, p. 197].

qu'un homme tel que vous avait pris la peine de lire mon travail sur les fonctions fuchsiennes et l'arithmétique [14].
C'est bien en effet sur le fait que la forme ternaire quadratique $b^2 - ac$ est un invariant de la forme quadratique binaire $ax^2 + 2bxy + cy^2$ que tout repose.
Ainsi les substitutions linéaires qui n'altèrent pas une forme ternaire pourront être étudiées de la façon suivante : il suffira de se rendre compte des changements qu'une substitution linéaire introduit dans une forme binaire.
Veuillez agréer, Monsieur, avec l'assurance de mon admiration pour votre talent, celle de ma respectueuse considération.

Poincaré

3 Lipschitz à Poincaré

Bonn, 8 mars 1889

Monsieur,

Je suis très redevable à Monsieur Hermite, qu'il a eu la bonté de vous faire lire mes remarques sur votre beau travail qui a pour objet l'application des fonctions Fuchsiennes à l'arithmétique [15]. Ayant appris par votre lettre aimable que vous avez bien voulu m'adresser que vous prenez quelque intérêt à ma manière de concevoir les choses, j'ose vous faire part d'une observation, qui sert à donner une représentation purement géométrique de la substitution

$$\begin{pmatrix} \alpha & \beta \\ \gamma & \nu \end{pmatrix}$$

dont vous faites usage. Soient a, b, c trois quantités réelles telles que le déterminant $b^2 - ac = -\Delta$ devienne négatif. Alors en posant

$$\frac{a-c}{2} = p, \qquad b = q, \qquad \frac{a-c}{2} = r$$

l'équation $p^2 + q^2 - r^2 = -\Delta$ pour les coordonnées curvilignes p, q, r donne un hyperboloïde de révolution à deux nappes, dont les deux sommets ont les coordonnées respectives

$$\begin{array}{llll} (I) & p = 0, & q = 0, & r = \sqrt{\Delta} \\ \text{et} & & & \\ (II) & p = 0, & q = 0, & r = -\sqrt{\Delta} \end{array}$$

Menons du sommet (II) une ligne droite à un point quelconque de l'hyperboloïde (p, q, r), et marquons le point d'intersection de cette ligne avec le plan $r = 0$ par

14. [Poincaré, 1887a].
15. [Poincaré, 1887a].

les coordonnées $p = \lambda, q = \mu$. Alors on trouve pour λ et μ des valeurs qui à l'aide du signe $i = \sqrt{-1}$ se joignent ensemble à l'équation

$$\frac{\lambda + i\mu}{\sqrt{\Delta}} = \frac{p + iq}{r + \sqrt{\Delta}}.$$

De l'autre côté, admettons que les variables p, q, r soient transformées dans $\mathcal{P}, \mathcal{Q}, \mathcal{R}$ par l'intermède d'une substitution

$$\begin{pmatrix} \alpha & \beta \\ \gamma & \nu \end{pmatrix},$$

où $\alpha\delta - \beta\gamma = 1$ qui change, comme vous le faites, la forme binaire (a, b, c) dans la forme $(\mathcal{A}, \mathcal{B}, \mathcal{C})$, et ayons semblablement comme auparavant

$$\frac{\mathcal{A} - \mathcal{C}}{2} = \mathcal{P}, \qquad \mathcal{B} = \mathcal{Q}, \qquad \frac{\mathcal{A} - \mathcal{C}}{2} = \mathcal{R}.$$

Par conséquent, l'hyperboloïde $p^2 + q^2 - r^2 = -\Delta$ rentre dans l'hyperboloïde $\mathcal{P}^2 + \mathcal{Q}^2 - \mathcal{R}^2 = -\Delta$, c'est-à-dire en lui-même. Avec le point $(\mathcal{P}, \mathcal{Q}, \mathcal{R})$ de l'hyperboloïde nouveau, faisons la même composition inverse avec le point (p, q, r). Or dans le plan $\mathcal{R} = 0$, nous déterminons le point correspondant $\mathcal{F}$, dont les coordonnées $\mathcal{P} = \Lambda$, $\mathcal{Q} = M$ sont liées par l'équation

$$\frac{\Lambda + iM}{\sqrt{\Delta}} = \frac{\mathcal{P} + i\mathcal{Q}}{\mathcal{R} + \sqrt{\Delta}}.$$

Maintenant, la même substitution

$$\begin{pmatrix} \alpha & \beta \\ \gamma & \nu \end{pmatrix}$$

conduit à l'équation

$$\omega = \frac{\gamma + \delta\Omega}{\alpha + \beta\Omega},$$

si nous posons

$$\omega = \frac{-b + i\sqrt{\Delta}}{c^2}, \qquad \Omega = \frac{-\mathcal{B} + i\sqrt{\Delta}}{\mathcal{C}^2}.$$

Mais si nous introduisons les quantités complexes

$$\tau = \frac{\lambda + i\mu}{\sqrt{\Delta}}, \qquad T = \frac{\Lambda + iM}{\sqrt{\Delta}}$$

il se voit facilement que l'on a

$$\tau = \frac{\omega - i}{\omega + i}, \qquad T = \frac{\Omega - i}{\Omega + i}.$$

Il suit donc directement de l'équation

$$\omega = \frac{\gamma + \delta\Omega}{\alpha + \beta\Omega}$$

que la quantité τ est égale à une fraction dont le numérateur et le dénominateur sont des fonctions linéaires et de premier degré de la quantité T. En conséquence, nous avons prouvé que la transformation de l'hyperboloïde en lui-même donne lieu à une relation entre les points correspondants f et F des deux plans $r = 0$ et $\mathcal{R} = 0$, par laquelle l'un plan devient l'image de l'autre, images semblables dans les parties infinitésimales et d'une qualité fort simple.
Quant aux théorèmes que j'ai cités dans ma lettre adressée à Mr Hermite, ils se trouvent dans un petit livre que j'ai écrit sur les formes de carrés d'un nombre quelconque [16], et que je vous prie d'accepter gracieusement de ma part en vous assurant de ma très-haute estime.

R. Lipschitz

4 Poincaré à Lipschitz

[06/1889] [17]

Monsieur,

J'ai reçu il y a plusieurs mois la brochure que vous avez été assez aimable de m'envoyer [18]. Je vous prie de vouloir bien excuser mon long silence à ce sujet, j'attendais pour vous en remercier que j'en eusse terminé la lecture. Malheureusement j'ai été retardé par diverses circonstances, mes leçons du second semestre m'ont demandé beaucoup de travail [19] ; d'autre part, j'ai dû m'occuper de la publication de mes leçons de l'année dernière sur l'Optique [20] et de la rédaction d'une série de notes relatives à mon mémoire sur le problème des Trois Corps [21].

16. [Lipschitz, 1886b].

17. Cette lettre est conservée à l'*Universität-und Landesbibliothek* de Bonn.
Poincaré fait allusion à la rédaction de notes pour le mémoire sur le problème des trois corps, au livre que Lipschitz lui a fait parvenir en mars, d'un délai de « plusieurs mois » pour sa réponse et aux vacances à venir. Cette lettre doit dater de mai-juin 1889.

18. [Lipschitz, 1886b]. Le terme «brochure» n'est pas très approprié, il s'agit d'un livre de 160 pages. Voir la lettre précédente.

19. Il s'agit d'un cours sur la capillarité. L'édition de ce cours [Poincaré, 1895b] le présente comme des «leçons professées pendant le deuxième semestre 1888-1889».

20. [Poincaré, 1890b]. Dans l'avertissement de la seconde édition, Poincaré présente ce volume (paru en 1890) comme «le résumé des leçons que j'ai professées à la Sorbonne en 1888».

21. Après avoir obtenu le prix du roi de Suède, Poincaré est amené à rédiger une série de notes explicatives à son mémoire primé en vue de sa publication aux *Acta mathematica* (Voir [Nabonnand, 1999]). C'est en rédigeant une de ses notes additionnelles que Poincaré s'apercevra des manques de sa démonstration initiale. Voir [Nabonnand, 1999] et [Barrow-Green, 1997].

Aussi dois-je me contenter de vous dire que le premier coup d'œil jeté sur votre travail m'en a montré toute l'importance pour l'algèbre et l'arithmétique. J'espère, après les vacances avoir le temps d'en faire une étude plus approfondie.
Veuillez agréer, Monsieur, avec mes excuses, l'assurance de ma considération la plus distinguée.

Poincaré

5 Poincaré à Lipschitz

[01/1892] [22]

Monsieur et très honoré Collègue,

Je suis très touché des sentiments que vous voulez bien m'exprimer, et je suis charmé d'avoir une occasion, en vous souhaitant pour cette année toutes sortes de prospérités, de vous dire mon admiration pour votre beau talent.
Veuillez agréer, Monsieur et très honoré Collègue, l'assurance de mes sentiments respectueux et dévoués.

Poincaré

22. Une annotation de la main de Lipschitz précise : „Poincaré. Januar 1892". Cette lettre est conservée à l'*Universität-und Landesbibliothek* de Bonn.

Riccardo Malagoli

Riccardo Malagoli nait en 1864 à Modène. Il étudie la physique à l'Université de Pise jusqu'en 1887 date à laquelle il devient professeur de physique à l'École militaire de Modène.
Malagoli a publié au début du 20e siècle plusieurs mémoires concernant la physique théorique, en particulier les rayons X, le courant alternatif et la théorie du son dans des revues comme *Nuovo Cimento* ou dans les comptes rendus de l'Académie de Modène. Dans les années 1890, ses intérêts étaient plus proches des mathématiques puisqu'on lui doit dans le *Giornale di matematiche* un mémoire sur les formules trigonométriques dans l'ellipse et dans le *Periodico di matematiche* un article sur les applications que l'on peut tirer en géométrie de l'étude de la mécanique élémentaire.

Malagoli à Poincaré

[1886] [1]

Monsieur,

J'ai étudié votre très-important Mémoire publié dans le dernier volume de l'*Acta Mathematica* [2], sur le forme d'équilibre d'une masse fluide animée d'un mouvement de rotation.
J'ai eu de cette manière l'occasion d'admirer votre génie et votre érudition merveilleuse à votre âge. Ayez-vous en l'hommage de mes congratulations.
Je pense d'écrire quelque chose sur cet argument, et si vous eussiez quelques considérations à me communiquer sur ce même propos, je vous les publierais en même temps que les miennes [3].
Le commencement de l'année me donne l'occasion de vous souhaiter mille bonheurs. Veuillez les agréer.

Votre très-dévoué serviteur
Riccardo Malagoli

1. Cette lettre est datée d'après l'allusion au mémoire de Poincaré [1886e].
2. [Poincaré, 1886e].
3. Il semble que Ricardo Malagoli n'a publié aucune contribution concernant la question des figures d'équilibre des masses fluides en rotation.

P. Nabonnand et al. (eds.), *La correspondance entre Henri Poincaré et les mathématiciens*,
Publications des Archives Henri Poincaré Publications of the Henri Poincaré Archives,
https://doi.org/10.1007/978-3-7643-8288-9_51

Émile Mathieu

Émile Mathieu nait à Metz en 1835 dans une famille de la petite bourgeoisie. Après ses études secondaires au lycée de Metz, il poursuit sa formation à l'École polytechnique (1854-1856). Il décide alors de se spécialiser en mathématiques et prépare une thèse intitulée *Sur le nombre de valeurs que peut obtenir une fonction quand on y permute ses lettres de toutes les manières possibles*[1] qu'il soutient en 1859 à la Faculté des sciences de Paris. Après quelques années comme professeur libre à Paris, il obtient une position de professeur d'abord à la Faculté des sciences de Besançon, puis à celle de Nancy où il effectuera toute sa carrière. Il décède à Nancy en 1890.

Les intérêts mathématiques d'Émile Mathieu sont divers ; il publie de nombreuses contributions en arithmétique, en algèbre, en analyse et en physique mathématique dans des journaux comme les *Nouvelles annales de mathématiques*, le *Journal de l'École polytechnique*, le *Journal de mathématiques pures et appliquées*, les *Annali di matematica pura ed applicata*, le *Journal für die reine und angewandte Mathematik*, les *Comptes rendus hebdomadaires des séances de l'Académie des sciences* . Il est connu pour avoir exhibé des groupes simples sporadiques qui portent de nos jours son nom[2]. Mathieu est aussi l'auteur d'un monumental traité de physique mathématique en 6 volumes[3].

La lettre qu'adresse Émile Mathieu à Poincaré date de la phase préliminaire de l'entreprise du *Répertoire bibliographique des sciences mathématiques.*

1. [Mathieu, 1859].
2. Sur les groupes de Mathieu, voir [Kieffer, 2021].
3. Pour plus de précisions sur le parcours d'Émile Mathieu, voir sa notice dans le dictionnaire biographique des enseignants de la Facultés des sciences de Nancy [Rollet et collab., 2016, p. 372-379] et [Bolmont et collab., 2015].

P. Nabonnand et al. (eds.), *La correspondance entre Henri Poincaré et les mathématiciens*, Publications des Archives Henri Poincaré Publications of the Henri Poincaré Archives, https://doi.org/10.1007/978-3-7643-8288-9_52

Mathieu à Poincaré

Nancy le 8 mai 1887

Monsieur,

Quand j'ai accepté de faire partie de la commission du répertoire bibliographique de la Société mathématique, je ne m'étais pas bien rendu compte de ce que devait être cet ouvrage. J'avais pensé qu'il serait un Dictionnaire bibliographique semblable à celui de Poggendorff [4], mais réduit aux mathématiques [5]. Il me paraissait alors utile de supprimer tout ce qui ne méritait pas d'être cité, et d'expliquer très brièvement ce qui se trouverait dans chaque mémoire important ; ce qui fait complètement défaut dans Poggendorff [6].
Le plan que vous avez adopté est tout autre.
Néanmoins je pourrais accepter de rédiger ce qui est relatif à la physique mathématique. Cet ouvrage demandera un certain temps pour se faire. Quand la partie relative à l'Analyse mathématique sera publiée, je pourrai me conformer dans mon travail au mode d'exposition de la 1ère partie.
Bien que vous ayez dû recevoir autrefois ma notice sur mes travaux scientifiques [7], j'ai l'honneur de vous adresser la liste de mes Mémoires d'Analyse mathématique, en indiquant la classe de votre répertoire à laquelle ils appartiennent.
Veuillez agréer, Monsieur, l'expression de ma haute considération.

E. Mathieu

Travaux d'analyse pure de M. Émile Mathieu

Classe A
Nouveaux théorèmes sur les équations algébriques (*Nouvelles Annales de Mathématiques*, 1856) [8].
Thèse d'analyse mathématique sur le nombre de valeurs que peut acquérir une fonction (soutenue le 28 mars 1859 devant la Faculté de Paris) [9].
Mémoire sur le nombre de valeurs que peut acquérir une fonction (*Journ. de Liouville*, t. V, 1860) [10].

---

4. À l'époque, le dictionnaire bibliographique créé en 1863 par le chimiste allemand Johann-Christian Poggendorff était une des principales sources de référence scientifique. Il a été régulièrement mis à jour et actualisé tout au long de la second moitié du 19^{e}siècle et du début du 20ième siècle.
5. Le dictionnaire bibliographique scientifique de *Poggendorff* est généraliste.
6. Les notices du Poggendorff comportent quelques éléments biographiques et une bibliographie souvent assez complète et détaillée.
7. [Mathieu, 1882a].
8. [Mathieu, 1856]. Cet article est référencé dans le *Répertoire* sous la classification *A3d* (Détermination exacte ou approchée du nombre des racines des équations à coefficients réels comprises entre deux limites données ; séparation des racines réelles ; théorèmes de Descartes, Budan, Rolle, Sturm, Cauchy, Newton, Sylvester, etc.)
9. [Mathieu, 1859]. La thèse d'É. Mathieu n'est pas référencée par le *Répertoire*.
10. [Mathieu, 1860]. Cet article est référencé dans le *Répertoire* sous la classification *J4c* (Valeurs d'une fonction de k lettres quand on y permute ces lettres).

Classe F
Mémoires sur les fonctions elliptiques (*Journal de l'École polyt.*, 42e cahier) [11].
Classe H
Sur l'équation différentielle linéaire à laquelle satisfait la fonction $F(\alpha, \beta, \gamma, \delta)$ de Gauss (*Journ. de Math. pures et appliquées*, t. VIII, 1882) [12].
Classe J
Mémoire sur l'étude des fonctions de plusieurs quantités et sur les substitutions qui les laissent invariantes (*Journ. de Liouville*, t. VI, 1861) [13].
Mémoire sur la résolution des équations dont le degré est une puissance d'un nombre premier (*Annali di Matematica pura ed applicata*, t. IV, 1862) [14].
Sur la fonction cinq fois transitives de 24 quantités (*Journal de Liouville*, t. XVIII, 1873) [15].
Classe I
Mémoire sur la théorie des résidus biquadratiques (*Journ. de Liouville*, t. XII, 1867) [16].
Sur une formule relative à la théorie des nombres (*Journal Crelle-Borchardt*, t. LX) [17].

11. [Mathieu, 1867b]. Cet article n'est pas référencé par le *Répertoire*.

12. [Mathieu, 1882b]. Cet article est référencé dans le *Répertoire* sous la classification *H5f* (Équation hypergéométrique ; série hypergéométrique de Gauss).

13. [Mathieu, 1861a]. Cet article est référencé dans le *Répertoire* sous la classification *J4c* (Valeurs d'une fonction de *k* lettres quand on y permute ces lettres).

14. [Mathieu, 1861b]. Cet article est référencé dans le *Répertoire* sous la classification *A4d* (Application de la théorie à des équations particulières : équation des points d'inflexion d'une cubique ; des 27 droites d'une surface du troisième ordre ; équations modulaires, etc.).

15. [Mathieu, 1873]. Cet article est référencé dans le *Répertoire* sous la classification *J4c* (Valeurs d'une fonction de *k* lettres quand on y permute ces lettres).

16. [Mathieu, 1867a]. Cet article est référencé dans le *Répertoire* sous la classification *I7d* (Théorie des résidus biquadratiques).

17. [Mathieu, 1862]. Cet article est référencé dans le *Répertoire* sous la classification *I17a* (Représentation d'un nombre par une forme quadratique définie).

Jules Molk

Jules Molk naît en 1857 à Strasbourg dans une famille de notables protestants. Après une première formation à Strasbourg et à l'École professionnelle de Mulhouse, il est admis en 1874 à l'École polytechnique de Zürich où il suit en particulier les cours de mathématiques de Georg Frobenius. Diplômé de cette école en 1879, il suit les cours de la licence de mathématiques à la Sorbonne, puis à l'issue de celle-ci, part à Berlin pour préparer une thèse intitulée « Sur une notion qui comprend celle de divisibilité et sur la théorie générale de l'élimination » qu'il soutient à la Sorbonne le 24 juillet 1884 [1]. L'intérêt majeur de sa thèse est de faire connaitre en France certains travaux de Kronecker.
Nommé d'abord à la Faculté des sciences de Rennes (1884), puis à la Faculté des sciences de Besançon (1885-1890), il obtient en 1890 la chaire de mathématiques appliquées à la Faculté des sciences de Nancy, chaire qu'il demande en 1898 d'échanger contre celle de mécanique rationnelle nouvellement créée. Il conservera cette position jusqu'à son décès en 1914.
En dehors de quelques articles de théorie des nombres. Jules Molk est connu pour un volumineux traité sur la théorie des fonctions elliptiques en quatre volumes [2] qu'il publie avec Jules Tannery et surtout pour avoir été la cheville ouvrière de l'édition française de l'Encyclopédie des sciences mathématiques pures et appliquées de Felix Klein [3].
Molk tente d'obtenir la collaboration de Poincaré à son projet d'édition dans la lettre qu'il lui adresse le 12 décembre 1901.

1. [Molk, 1885].
2. [Tannery et Molk, 1893-1902].
3. Pour plus de détails sur le parcours de J. Molk, voir sa notice dans le Dictionnaire des enseignants de la Faculté des sciences de Nancy [Rollet et collab., 2016].
Sur le projet d'édition française de l'Encyclopédie des sciences mathématiques, voir [Gispert, 1999, 2001].

P. Nabonnand et al. (eds.), *La correspondance entre Henri Poincaré et les mathématiciens*,
Publications des Archives Henri Poincaré Publications of the Henri Poincaré Archives,
https://doi.org/10.1007/978-3-7643-8288-9_53

Molk à Poincaré

Nancy, 12 Décembre 1901

Monsieur et cher collègue,

Je vous suis très reconnaissant de vouloir bien consentir à me donner votre appui et votre concours dans l'œuvre que j'ai entreprise [4]. J'ai beaucoup hésité à vous le demander, me doutant bien du peu de temps que vous avez à vous ; je ne vous en remercie que plus, de vouloir bien m'accorder votre appui et de vous intéresser à l'Encyclopédie. Il est d'ailleurs bien entendu que ce sera de la façon que vous jugerez la plus avantageuse pour le développement de l'enseignement en France et que vous déciderez vous-même, au printemps prochain, quand j'aurai l'honneur et le plaisir de vous voir à Paris, sous quelle forme votre collaboration se manifestera [5].

---

4. Jules Molk évoque le projet d'une édition en français de l'*Encyklopädie der mathematischen Wissenschaften mit Einschluss ihre Anwendungen* éditée sous la direction de Felix Flein et Wilhelm Meyer. L'édition française paraitra entre 1904 et 1915 sous le titre :

ENCYCLOPÉDIE
DES
SCIENCES MATHÉMATIQUES
PURES ET APPLIQUÉES
PUBLIÉES SOUS LES AUSPICES DES ACADÉMIES DES SCIENCES
DE GÖTTINGUE, DE LEIPZIG, DE MUNICH ET DE VIENNE
AVEC LA COLLABORATION DE NOMBREUX SAVANTS

———-

ÉDITIONS FRANÇAISE
RÉDIGÉE ET PUBLIÉE D'APRÈS L'ÉDITION ALLEMANDE SOUS LA DIRECTION DE
JULES MOLK
PROFESSEUR À L'UNIVERSITÉ DE NANCY

5. Poincaré n'apparait pas parmi les collaborateurs de l'édition française de l'*Encyclopédie des Sciences mathématiques pures et appliquées* alors que J. Molk arrive à réunir autour de son projet une large communauté de mathématiciens français. Les volumes paraissent entre 1905 et 1916 et la plupart des articles rédigés par des auteurs allemands sont réécrits avec l'aide d'un ou de plusieurs mathématiciens français, pour beaucoup anciens élèves de l'École normale supérieure et en général plus jeunes que Poincaré. J. Molk implique aussi nombre de ses collègues de la Faculté des sciences de Nancy. Ainsi, J. Tannery (ENS 1866), J. Molk, É. Cartan (ENS 1888, Université de Nancy) , M. Fréchet (ENS 1900), R. Baire (ENS 1892)), H. Vogt (ENS 1881, Université de Nancy), R. Le Vavasseur (ENS 1883), J. Hadamard (ENS 1884), J. Drach (ENS 1889), E. Maillet (Thèse 1892), E. Cahen (ENS 1882) contribueront aux quatre volumes du tome 1 (Arithmétique et algèbre) ; J. Molk, M. Fréchet, P. Boutroux (Thèse 1903, Université de Nancy), J. Chazy (ENS 1902), P. Painlevé (ENS 1883), E. Vessiot (ENS 1884), G. Floquet (ENS 1869, Université de Nancy), E. Goursat (ENS 1876), E. Esclangon (ENS 1895), A. Lambert (Thèse 1907), P. Appell (ENS 1873), M. Lecat participent aux six volumes du tome 2 ; S. Carrus (X 1895), E. Cartan, A. Tresse (ENS 1888), É. Merlin (Thèse 1900), E. Fabry (X 1874, Université de Nancy), A. Grévy (ENS 1884) sont les rédacteurs de la version française des quatre volumes du tome 3 (Géométrie) ; E. Cosserat (ENS 1883), F. Cosserat (X 1870), E. Borel (ENS 1889), L. Lévy (X 1872), E. Carvallo (Thèse 1890), G. Königs (ENS 1879), P. Langevin (ENS 1894), P. Appell, H. Beghin (ENS 1894), H. Villat (ENS 1899), E. Vallier (X 1869), C. Benoit (X 1875), F. Gossot (X 1874), R. Liouville (X 1874), A. Boulanger (X 1885) sont les contributeurs des six volumes du tome 4 (Mécanique) ; enfin ce seront Ch. Éd Guillaume (ETH 1878), M. Joly, J. Roux (ENS 1905), F. Wallerant (ENS 1880)) et E. Rothé (Thèse 1903, Université de Nancy) qui participeront à la rédaction des 4 volumes du tome 5 (Physique), H. Noirel (X 1889) et

Notre Encyclopédie ne sera pas une traduction de l'édition allemande ; ce sera une nouvelle édition de cette encyclopédie. Nous serons libre d'intercaler de nouveaux articles, d'exposer, d'après nos habitudes françaises, les articles allemands, d'y ajouter des notes, des compléments [6]. Chaque article sera publié avec la mention *exposé par (l'auteur français) d'après (l'auteur allemand)* et les Notes [ou compléments] ajoutés par l'auteur français seront, en outre, mentionnés d'une façon spéciale, afin de réserver nos droits, dans le cas où à l'édition française succéderait, ce qui est fort probable, une édition anglo-américaine, une nouvelle édition allemande, ou d'autres éditions encore [7].
L'Encyclopédie rend de grands service en Allemagne ; ce qui en a paru se trouve répandu dans les Universités, dans les lycées, même dans les collèges, en sorte que, tout naturellement, elle tend à prendre un caractère plus international. Il serait bien que nous puissions mettre en les mains des maitres et des élèves un instrument analogue, mais bien français, rédigé d'une façon claire, lumineuse, évitant aux uns et aux autres des recherches souvent longues, fatigantes ; indiquant les résultats acquis et ceux où il y a, peut-être, des voies nouvelles à parcourir ; en un mot permettant de gagner du temps.
Les Allemands ont des qualités d'érudition minutieuse très remarquables ; nous profiterons de celles qu'ils ont mises en évidence dans leur édition allemande. Leurs qualités d'exposition sont peut-être moins remarquables ; nous essayerons de faire mieux à cet égard. Nous parviendrons peut-être ainsi à rendre service ; c'est quelque chose. Il serait en tout cas dangereux de ne pas avoir chez nous un instrument de recherches analogue à celui qui se répand de plus en plus rapidement chez eux (Mr Teubner a dû faire un nouveau tirage des premiers fascicules après deux seulement) [8].
Chaque article de notre édition sera confié à un de nos collaborateurs, mais nous ne nous interdisons pas d'ajouter des notes, compléments, etc. Votre collaboration

---

E. Fichot (X 1884) qui contribueront aux deux volumes du tome 6 (Géodésie et géophysique), enfin H. Bourget, P. Puiseux (ENS 1875), E. Doublet, L. Picart (ENS 1885), G. Fayet (Thèse 1906), C. Ed. Caspari (X 1860) et J. Mascart (ENS 1891) qui assurent la rédaction française des deux volumes du tome 7 (Astronomie).

6. Les volumes de l'édition française indiquent systématiquement en avant-propos :

> Avis
>
> Dans l'édition française, on a cherché à reproduire dans leurs traits essentiels les articles de l'édition allemande ; dans le mode d'exposition adopté, on a cependant largement tenu compte des traditions et des habitudes françaises. Cette édition française offrira un caractère tout particulier par la collaboration de mathématiciens allemands et français. L'auteur de chaque article de l'édition allemande a, en effet, indiqué les modifications qu'il jugeait convenable d'introduire dans son article et, d'autre part, la rédaction française de chaque article a donné lieu à un échange de vue auquel ont pris part les intéressés ; les additions dues plus particulièrement aux collaborateurs français sont mises entre deux astérisques.

7. L'édition originale et la version française sont les deux seules éditions qui aient été publiées.

8. Teubner est l'éditeur de l'édition allemande et le co-éditeur (avec Gauthier-Villars) de la version française.

pourra donc avoir lieu sous plusieurs formes très différentes, d'après vos convenances personnelles et d'après ce que vous jugerez le plus avantageux pour la réussite de l'œuvre commune.
Il y a par exemple un article de M. Fricke sur les fonctions automorphes (mettons automorphes si vous voulez) ; vous pouvez, si vous le jugez bon et si cela ne vous ennuie pas trop, exposer de la façon que vous voudrez, en profitant de la rédaction des notes bibliographiques de M. Fricke, cet article dans l'édition française [9].
C'est ce que Messieurs Tannery et Appell ont bien voulu faire pour divers articles [10] ; c'est aussi ce que Monsieur Picard a bien voulu faire pour un article de M. Sommerfeld sur les équations aux dérivées partielles d'ordre supérieure au second [11].
Vous pouvez aussi, si vous jugez que cet article peut être rédigé par un M. A, me dire que vous décidez que cet article sera exposé par M^r^ A et que vous vous contenterez d'ajouter une Note sur un point ayant trait à cet article et vous intéressant.
Mais il y aussi des articles qui manquent manifestement dans l'édition allemande. C'est à peine si l'on mentionne, par exemple, les recherches sur les lois des grands nombres. Là un article additionnel semblerait peut-être indiqué ; les recherches de Monsieur Darboux, les vôtres, celles d'Hadamard devraient trouver place dans notre édition. Vous me direz s'il vous convient d'en parler vous-même, ou si vous croyez bon de confier à d'autres cet article [12].
Je vous donnerai des détails au printemps prochain, en venant vous voir à Paris, puisque vous voulez bien m'y autoriser. Aujourd'hui je voudrais encore vous remercier ; je ferai tout ce qui est en mon pouvoir pour réduire au minimum la partie ennuyeuse de votre si aimable collaboration.

Jules Molk

8 rue d'Alliance
Nancy

---

9. Le chapitre (tome II, partie 2, chapitre 4, p. 351-472) intitulé „Automorphe Funktionen mit Einschluß der elliptischen Modulfunktionen" n'a pas d'équivalent dans l'édition française.

10. Jules Tannery expose (avec Molk) le chapitre rédigé dans l'édition allemande par H. Schubert sur les fondements de l'arithmétique (Volume 1, fascicule 1 (paru le 10 août 1904), chapitre 1). Paul Appell quant à lui contribue (avec P. Langevin et H. Beghin), à la version française des deux chapitres sur l'hydrodynamique rédigé dans l'édition allemande par le mathématicien anglais Augustus Love (tome 4, volume5, fascicules 1 et 2 (parus les 31 juillet 1912 et 4 mars 1914) ainsi qu'à un ajout (avec A. Lambert) au chapitre sur les fonctions sphériques rédigé dans l'édition allemande par Albert Wangerin (tome 2, volume 5, fascicule 2 (paru le 12 février 1914).

11. Le chapitre „Randwertaufgaben in der Theorie der partiellen Differentialgleichungen" (volume 2) n'a pas d'équivalent dans l'édition française. É. Picard ne participe pas au projet de la version française de l'*Encyclopédie des sciences mathématiques*.

12. Les travaux d'Hadamard en théorie des nombres (fonction ζ, fonctions de Hadamard...) sont cités et exposés dans les troisième et quatrième fascicules (propriétés transcendantes de la théorie des nombres) du volume 3 (théorie des nombres) du tome 1 (Arithmétique et algèbre). Hadamard est un des contributeurs de la rédaction en français de cette partie.
Les travaux en géométrie infinitésimale de Darboux ne sont pas exposés dans les fascicules de géométrie.

Max Noether

Max Noether nait en 1844 à Mannheim dans une famille aisée. Après une première formation à Mannheim, il poursuit à partir de 1865 ses études à Heidelberg où il s'intéresse d'abord à l'astronomie. Noether soutient une première thèse en astronomie (1868) et une seconde en géométrie algébrique en 1870. Il est alors recruté à l'Université d'Heidelberg comme *Privatdozent* (1870), puis à l'Université d'Erlangen comme professeur (1874). Il décède à Erlangen en 1921.
Max Noether est l'auteur de nombreuses contributions majeures en géométrie algébrique [1].
La lettre qu'adresse Poincaré à Noether en juillet 1904 concerne l'organisation du concours de la médaille Guccia qui sera décernée en 1908 à F. Severi à l'occasion du 4e Congrès international de Rome.

Poincaré à Noether

[07.1904] [2]

Mon cher Collègue,

Je suis très heureux de me trouver dans le même jury que vous [3]. M. Guccia m'écrit pour le choix du sujet [4]. Je m'en rapporte entièrement à vous, on pourrait écrire par exemple, Sur la théorie des courbes gauches algébriques ; ou à défaut de tout travail sérieux sur cette matière, sur une théorie intéressant la géométrie [5].

---

1. Sur les travaux de Max Noether et leur influence sur l'École italienne de géométrie algébrique, voir [Castelnuovo et collab., 1925].

2. Cette lettre conservée à la *Staatsbibliothek zu Berlin – Preußischer Kulturbesitz* est datée d'après la date du séjour de Poincaré à Saint Louis (USA).

3. Poincaré était membre du jury du concours international de la médaille Guccia, avec Max Noether et Corrado Segre.

4. L'annonce du concours international de la médaille Guccia est parue dans le volume 18 (1904) des *Rendiconti del Circolo matematico di Palermo* (p. 390-391). À ce propos, voir [Nabonnand, 1999, p. 347] et dans ce volume la correspondance avec Guccia (p. 327, 327 et 328). L'annonce du résultat du concours sera faite lors du Congrès international des mathématiciens de Rome [Segre et collab., 1908].

5. Finalement, l'annonce du concours de la médaille Guccia stipule que sera récompensé « una memoria che farà fera un progresso essenziale alla teoria delle curve gobbe algebriche » ou à défaut

P. Nabonnand et al. (eds.), *La correspondance entre Henri Poincaré et les mathématiciens*, Publications des Archives Henri Poincaré Publications of the Henri Poincaré Archives, https://doi.org/10.1007/978-3-7643-8288-9_54

Vous pouvez m'écrire à St Louis[6] à l'adresse suivante
European Speaker of the Congress of Science, World Fair.

Votre bien dévoué Collègue,

Poincaré

« una memoria che farà fera un progresso essenziale alla teoria delle superficie, o altre varietà, algebriche » (*Rendiconti*, 18 (1904), p. 390).

6. Poincaré partira pour les États-Unis d'Amérique le 06 août 1904 ; voir sa lettre à Guccia du 30 juillet 1904 (p. 321). Il prononce au Congrès de Saint-Louis une conférence sur « L'état actuel et l'avenir de la physique mathématique » [Poincaré, 1904e].

Maurice d'Ocagne

Maurice d'Ocagne nait en 1862 à Alençon dans une famille bourgeoise. Après ses études secondaires à Paris, il intègre en 1880 l'École polytechnique et devient en 1885 ingénieur des Ponts et Chaussées. À ce titre, il occupe plusieurs postes d'abord à Rochefort au service des travaux hydrauliques de la Marine (1885-1888), puis à Cherbourg (1888-1889), à Pontoise (1889-1892) et au service du nivellement général de la France (1892-1901). Il devient en 1901 le chef du service des cartes et plans et des instruments de précision au ministère des Travaux publics. En 1908, il est nommé ingénieur en chef et en 1920, inspecteur général. En 1892, il intègre le corps des enseignants de l'École polytechnique comme répétiteur et obtient la chaire de géométrie en 1912. Ocagne décède en 1938 au Havre.
Maurice d'Ocagne publie de nombreux ouvrages et, entre 1877 (alors qu'il est encore un lycéen) et 1936, plus de 400 contributions dans de nombreux journaux de recherche, comme l'*Enseignement mathématique*, le *Journal de mathématiques pures et appliquées* ou le *Bulletin des sciences mathématiques*, dans des journaux intermédiaires, comme les *Nouvelles annales de mathématiques* ou l'*Intermédiaire des mathématiques*, dans des journaux d'enseignement comme le *Journal de mathématiques spéciales* ou encore dans des périodiques de vulgarisation scientifique comme la *Revue des sciences pures et appliquées* ou la *Revue des questions scientifiques*. Ses domaines de prédilection sont la géométrie et la nomographie dont il est un des créateurs [1].
La correspondance entre Poincaré et Ocagne démarre en 1885 durant la phase de préparation du *Répertoire bibliographique des sciences mathématiques* et se poursuit à l'occasion de leurs interactions comme enseignants de l'École polytechnique, comme membres de la Société mathématiques de France et surtout à l'occasion de l'Élection de Poincaré à l'Académie française [2].

1. Sur l'histoire de la nomographie, voir [Tournès, 2000] et la thèse de Nathalie Daval [2020].
2. Les lettres adressées par Poincaré à Ocagne sont conservées dans les archives de l'École polytechnique (fonds Maurice d'Ocagne). Leur existence a été communiquée aux Archives Poincaré par Alex Csiszar. Les lettres adressées par Ocagne à Poincaré font partie du fonds privé Poincaré.

P. Nabonnand et al. (eds.), *La correspondance entre Henri Poincaré et les mathématiciens*, Publications des Archives Henri Poincaré Publications of the Henri Poincaré Archives, https://doi.org/10.1007/978-3-7643-8288-9_55

1 Poincaré à Ocagne

[1885] [3]

Mon cher Camarade [4]

Je retrouve votre lettre à mon retour à Paris [5]. Un souvenir me traverse l'esprit. J'ai reçu, il y a quelque temps un avis de la douane d'avoir à payer un certain nombre de francs et de centimes pour des livres qui m'étaient adressés, par la gare du Nord en trois colis postaux. Je n'étais pas là quand le bonhomme de la douane s'est présenté et ma bonne a payé sans lui demander d'explications.
J'avais reçu la veille trois colis postaux de livres de Suède [6] et pour lesquels on ne m'avait rien réclamé. J'ai cru naturellement que c'était de ceux-là qu'il s'agissait et par exception on me les avait délivrés avant l'acquittement des droits de douane et sans s'assurer qu'ils ne contenaient aucun écrit incendiaire ou contraire à la morale publique [7]. Je crois maintenant que je me trompais et qu'il s'agissait des trois colis de Bruxelles. Ils se trouveraient alors probablement au Ministère de l'Intérieur, rue de Grenelle 99 ou 99 chose d'approchant [8], où les agents qui veillent sur l'ordre public et sur la morale seraient censés les avoir examinés et attendraient qu'on vînt les chercher.
Tout à vous

Poincaré

2 Poincaré à Ocagne

[22 mai 1885] [9]

Mon cher Camarade

Voici mes réponses à vos questions.
1° soyez tranquille, ce n'est pas fini et quand vous aurez fini vos 6 volumes, je vous donnerai d'autres besognes [10] ;
2° Il s'agit des tomes de Comptes Rendus et non des années [11] ;

3. Cette lettre est datée d'après une note manuscrite d'une main inconnue.

4. Ocagne et Poincaré sont tous deux anciens élèves de l'École polytechnique et à ce titre, usent du terme de « camarade » pour s'adresser l'un à l'autre.

5. Cette lettre est perdue.

6. Poincaré parle certainement des tirés à part de son article sur un théorème de M. Fuchs Poincaré [1885g]. Voir [Nabonnand, 1999, p. 144].

7. Les colis que Poincaré recevait de l'étranger étaient souvent contrôlés. C'était l'objet de plaisanteries entre Mittag-Leffler et Poincaré. Voir [Nabonnand, 1999, p. 118, 130, 144, 145 & 146].

8. À l'époque, le Ministère de l'Intérieur occupait les 99 et 101 de la rue de Grenelle.

9. Cette lettre est datée d'après une note manuscrite d'une main inconnue.

10. Il est question dans cette lettre d'une première contribution d'Ocagne à la préparation du *Répertoire bibliographique des sciences mathématiques.*

11. Il y a deux tomes de *Comptes rendus des séances de l'Académie des sciences* par année. C'est Brocard qui dépouillera les *Comptes rendus* pour le *Répertoire bibliographique des sciences mathématique* (voir p. 109).

3° Il conviendrait, pendant qu'on y est de dépouiller outre les notes de maths. pures, celles de méca.
4° Merci des omissions signalées dans la liste des recueils ; pris note.
5° Chargez-vous alors, je vous prie, de dépouiller S. S. B. [12].
6° En ce qui concerne les fiches personnelles, il n'y a aucune raison pour se borner aux recueils désignés dans la liste. Je ne sais d'ailleurs pas pourquoi Mathesis n'y figure pas ; n'est-il pas échangé avec le Bulletin de la Soc. [13] ?
7° Quant à votre mémoire sur les coord. parallèles qui a paru dans deux recueils différents, il vaut mieux faire une fiche unique en donnant la double indication biblio [14]. Il est évident que les deux articles seront toujours rapprochés dans le classement final [15] ; il vaut donc mieux les réunir tout de suite.
Tout à vous

Poincaré

3 Ocagne à Poincaré

Rochefort, le 22 sept^{bre} 1885 [16]
L'ingénieur ordinaire
à Monsieur Poincaré

Mon cher camarade,

Je vous adresse ci-joint la liste de mes Mémoires et Notes [17].

---

12. Il doit s'agir du sigle qui désigne les *Annales de la Société des sciences de Belgique* (voir la lettre suivante). Dans l'index, cette revue est désignée par A.S.B. Il n'y a aucune référence d'article publié dans cette revue dans le *Répertoire*.

13. *Mathesis*, édité par Paul Mansion et Joseph Neuberg, fait partie de la « Liste des Sociétés scientifiques et des recueils périodiques avec lesquels la Société mathématique de France échange son Bulletin » (Voir par exemple le *Bulletin de la Société mathématique de France*, 13 (1885), p. 12).
Mathesis fait partie de la liste des revues référencées par le *Répertoire* avec le code « M ». 38 articles (entre 1881 et 1900) sont cités dans le *Répertoire*, dont aucun d'Ocagne. En 1885, Ocagne a déjà publié de nombreuses contributions dans les *Nouvelles annales de mathématiques*, le *Bulletin de la Société mathématique de France*, les *Comptes rendus hebdomadaires des séances de l'Académie des sciences*, le *Jornal de Sciencias Mathematicas e Astronomicas*, le *Journal de mathématiques élémentaires et spéciales* et dans *Mathesis* [d'Ocagne, 1885b,c].

14. Ocagne avait publié en 1884 une série d'articles sur les coordonnées parallèles et axiales dans les *Nouvelles annales de mathématiques* [d'Ocagne, 1884a]. Dans les *Annales des ponts et chaussées*, il avait montré l'utilité de ces coordonnées pour le calcul graphique [d'Ocagne, 1884b]. En 1885, il avait réuni ses articles en un ouvrage publié chez Gauthier-Villars [d'Ocagne, 1885a]. Pour plus de précisions sur l'histoire du calcul graphique et les contributions d'Ocagne à cette théorie, voir [Tournès, 2000].

15. Ni les articles des *Nouvelles annales*, ni l'ouvrage de 1885 ne font partie des 99 références à des travaux d'Ocagne dans le *Répertoire*. Par contre, une réédition dans une revue publiée par l'Académie impériale des sciences de Saint Petersbourg de l'article d'Ocagne [1884b] dans les *Annales des ponts et chaussées* est citée.

16. Cette lettre est rédigée sur un papier à en-tête des services des travaux hydrauliques du bureau de Rochefort du Ministère de la Marine et des Colonies.

17. Maurice d'Ocagne répond à une lettre-circulaire de la commission du Répertoire bibliographique des sciences mathématiques datée du 4 mars 1885.
Le Répertoire contient 12 références à des articles d'Ocagne publiés antérieurement à 1885. Les journaux concernés sont les *Comptes rendus des séances de l'Académie des sciences*, le *Bulletin*

Je dois vous avertir que j'y ai employé une notation non prévue dans votre circulaire. C'est la suivante :

J.S.E. - *Journal de mathématiques spéciales et élémentaires.*

Depuis quelques années, ce recueil a une pagination spéciale pour chacune de ses deux parties. J'ai indiqué les différences de pagination par les lettres S et E.

Exemple. - 1884 - S. p. 312.

Vous n'admettez peut-être pas ce petit journal au nombre des recueils analysés dans le répertoire. Je vous adresse néanmoins les titres de quelques-unes de mes Notes qui y ont paru. Libre à vous de les mettre de côté, si vous le jugez à propos [18].
Vous m'aviez chargé de dépouiller trois volumes de Crelle (3, 5, 6, je crois). Je ne pourrai à mon grand regret opérer ce dépouillement, étant dépourvu ici des matériaux nécessaires. Du fond de mon exil [19], je serai toujours très heureux de recevoir de vos nouvelles mathématiques ou autres. Si donc vous avez quelque tiré à part qui dorme au fond d'un tiroir, il trouvera toujours un lecteur avide, et sera le bienvenu. Je tâcherai de faire coïncider mes escapades à Paris avec des semaines où la Société [20] tient séance afin de me refaire des mille petits ennuis de service dans l'atmosphère vivifiante de la science.
En attendant ces heureuses occasions, permettez-moi, mon cher camarade, de vous serrer cordialement la main.

d'Ocagne

---

de la Société mathématique de France, les *Mémoires de l'Académie Impériale des Sciences de Saint Pétersbourg* et le *Jornal de Sciencias Mathematicas e Astronomicas.*

18. Le *Journal de mathématiques élémentaires* édité par Gohierre de Longchamps et Henry Bourget et le *Journal de mathématiques spéciales* de Longchamps font partie de la liste des revues retenues par la Commission du Répertoire. Aucun article de ces journaux n'est référencé dans le Répertoire ce qui n'est guère étonnant car les journaux et livres d'enseignement sont quasiment exclus du dépouillement :

> Sont exclus du répertoire les ouvrages classiques ne contenant pas de résultats généraux et destinés aux élèves des divers établissements d'instruction ou aux candidats aux divers examens. Seront pareillement exclus les Mémoires publiés dans des recueils spécialement destinés à ces candidats. Cependant, comme divers recueils présentent un caractère mixte et contiennent à côté de nombreux exercices qui ne peuvent être utiles qu'aux étudiants quelques travaux originaux, ces derniers travaux seront mentionnés dans le répertoire après que le triage en aura été fait par l'administration de ces recueils et que la Commission permanente instituée par la dixième résolution aura émis un avis favorable. [Commission permanente du Répertoire bibliographique des sciences mathématiques, 1893, p. vii]

19. Maurice d'Ocagne est ingénieur des Ponts et Chaussée de 3e classe depuis le 1er juillet 1885. Il est chargé du service des travaux hydrauliques de la marine à Rochefort. En 1888, il quittera Rochefort pour Cherbourg.

20. Ocagne parle de la Société mathématique de France.

4 Poincaré à Ocagne

[5 nov^{bre} 1885][21]

Mon cher Camarade,

Je m'occupe de vous envoyer ma notice[22] et des exemplaires de divers mémoires. Si vous vouliez dépouiller les Nouvelles Annales[23], vous nous rendrez un grand service. Peut-être un peu plus tard vous enverrons-nous quelques classements à faire.
Notre Société continue à péricliter. Hier, nous étions 4 ; à la fin de l'année dernière juin et juillet la moyenne des membres présents était de deux.
Tout à vous,

Poincaré

5 Poincaré à Ocagne

[15 février 1887][24]

Mon cher Camarade,

J'ai présenté hier votre note à l'Institut[25].
Nous nous occupons toujours du Répertoire Bibliographique. Voici ce qui est dépouillé.
Math. Annalen[26], Journal de Liouville[27], Journal de Crelle[28] et Comptes rendus[29]. Nous allons nous occuper maintenant du classement. Vous allez recevoir une circulaire à ce sujet. Si vous voulez bien prendre part à ce travail, on vous confierait lors de votre prochain passage à Paris, un paquet de fiches que vous nous rendriez classées à votre passage suivant.
On pourrait aussi envoyer les paquets par la poste par pli recommandé.
Votre dévoué Camarade

Poincaré

---

21. Cette lettre est datée d'après une note manuscrite d'une main inconnue.
22. Poincaré a rédigé en 1884, à l'occasion d'une première candidature à l'Académie des sciences, une notice sur ses travaux [Poincaré, 1884b].
23. 569 articles des *Nouvelles annales de mathématiques* entre 1842 et 1900 sont référencés dans le *Répertoire*.
24. Cette lettre est datée d'après une note manuscrite d'une main inconnue.
25. La note d'Ocagne sur une certaine classe de suites récurrentes [d'Ocagne, 1887a] est publiée dans le compte rendu de la séance de l'Académie des sciences du 14 février 1887.
26. Le *Répertoire* ne propose aucune référence provenant des *Mathematische Annalen*.
27. Le *Répertoire* propose 1066 références d'articles publiés dans le *Journal de mathématiques pures et appliquées*.
28. Le *Répertoire* propose 2012 références d'articles publiés dans le *Journal für die reine und angewandte Mathematik*.
29. Le *Répertoire* propose 5588 références de notes publiées dans les *Comptes rendus hebdomadaires des séances de l'Académie des sciences*. Le dépouillement des *Comptes rendus* est l'œuvre d'Henri Brocard (p. 109).

6 Poincaré à Ocagne

[3 avril 1887] [30]

Mon cher Camarade,

Je pars pour Nancy et ne pourrai assister à la séance de demain [31]. Je vais néanmoins envoyer à M. Bertrand [32] votre note sur les péninvariants [33]. Quant à l'autre je la remettrai à M. Darboux qui est peut-être encore à Paris [34].

Votre dévoué Camarade

Poincaré

---

30. Cette lettre est datée d'après une note manuscrite d'une main inconnue.

31. L'académie des sciences se réunit le lundi.

32. Joseph Bertrand est secrétaire perpétuel de l'Académie des sciences pour les sciences mathématiques entre 1874 et 1900.

33. Une note d'Ocagne présentée par M. Poincaré et intitulée sur les péninvariant des formes binaires [d'Ocagne, 1887b] paraît dans le compte rendu de la séance de l'Académie des sciences du 4 avril 1887.

Dans la traduction française du fascicule 3 (théorie des formes et des invariants) du volume 2 (algèbre) du tome 1 (arithmétique et algèbre) de l'*Encyclopédie des sciences mathématiques pures et appliquées*, Wilhelm Franz Meyer [1897] et Jules Drach évoquent la notion de péninvariant (ou semi-invariant) et les travaux d'Ocagne sur cette question :

> Parmi les formes invariantes qui appartiennent à des sous- groupes du groupe général de substitutions linéaires, celles dont l'étude a été la plus approfondie sont les péninvariants, c'est-à-dire les sources de covariants, contravariants, concomitants, etc. et leurs généralisations. [...] D'Ocagne est parvenu, d'une manière très simple, à un nouveau système associé de péninvariants pour une forme f_n. Il envisage a_0 comme une fonction fictive de ξ, dont les dérivées successives seraient a_1, a_2, ... Les dérivées successives du logarithme de a_0, depuis la première jusqu'à la $(n-1)^{\text{ième}}$, fournissent alors un pareil système de *péninvariants principaux*.
>
> D'Ocagne et Cesáro ont montré comment ce système pouvait être rattaché à celui qu'a fourni Hermite.
>
> Cette différentiation par rapport à ξ peut être considérée comme une simple abréviation symbolique de l'opération
>
> $$\frac{d}{d\xi} = a_1 \frac{\partial}{\partial a_0} + a_2 \frac{\partial}{\partial a_1} + \ldots + a_n \frac{\partial}{\partial a_{n-1}}$$
>
> et, c'est cette remarque qui a conduit aux symboles opératoires que l'on doit à d'Ocagne, Perrin, Deruyts, et Roberts.

34. L'envoi d'une seconde note d'Ocagne sur les péninvariants des formes binaires est annoncée dans le compte rendu de la séance du 12 avril (*Comptes rendus* 104 (1887), p. 1065). Elle ne sera pas publiée.

Poincaré présente dans les *Comptes rendus* cette seconde note d'Ocagne sur les péninvariants des formes binaires [d'Ocagne, 1887c] lors de la séance du 16 mai (voir la lettre suivante) ; cette note est un commentaire d'une note publiée par Raoul Perrin [1887] dans le compte rendu de la séance du 18 avril.

7 Poincaré à Ocagne

[13 mai 1887] [35]

Mon cher Camarade,

Je présenterai lundi votre note [36] que j'avais égarée et que je viens enfin de retrouver avec d'autres papiers.
Je vais probablement vous adresser un de ces jours un paquet, sous pli recommandé, un paquet de fiches à classer. Vous avez dû recevoir une circulaire avec la liste des classes adoptées pour le premier classement [37]. Il faudrait inscrire au crayon dans l'angle en haut à gauche de chaque fiche la lettre qui désigne la classe, puis réunir ensemble les fiches appartenant à une même classe ; renvoyez ensuite le tout sous pli recommandé.
Votre dévoué Camarade

Poincaré

8 Poincaré à Ocagne

[27 février 1889] [38]

Mon cher Camarade,

Je suis inexcusable ; veuillez néanmoins m'excuser ; admettons que j'attendais pour vous répondre d'être sûr qu'une troisième rédaction de votre note n'était pas en route. Je présenterai votre note très volontiers [39]. Je n'ai plus de 1ère, ni de 2e partie de la théorie des courbes [40]. Mais j'ai encore des 4e parties [41]. En voulez vous ?
Votre dévoué Camarade

Poincaré

9 Poincaré à Ocagne

[13 mars 1889] [42]

Mon cher Camarade,

J'ai présenté votre note [43], mais l'imprimerie me demande une réduction de 12 lignes que j'ai faite.

---

35. Cette lettre est datée d'après une note manuscrite d'une main inconnue.
36. La seconde note sur les péninvariants des formes binaires d'd'Ocagne [1887c] est publiée dans le compte rendu de la séance de l'Académie des sciences du 16 mai 1887.
37. Poincaré parle soit du *Projet de classification détaillée pour le Répertoire bibliographique des sciences mathématiques* [Commission permanente du Répertoire bibliographique des sciences mathématiques, 1888], distribué pour préparer le congrès international de bibliographie mathématique de 1889, soit d'une version antérieure à ce projet qui n'a pas été retrouvée.
38. Cette lettre est datée d'après une note manuscrite d'une main inconnue.
39. La note d'd'Ocagne [1889] sur le calcul des termes d'une réduite d'une fraction continue périodique est publiée dans le compte rendu de la séance de l'Académie des sciences du 11 mars 1889.
40. [Poincaré, 1881a, 1882a].
41. [Poincaré, 1886g].
42. Cette lettre est datée d'après une note manuscrite d'une main inconnue.
43. Voir la première note de la lettre précédente.

M. Bertrand en acceptant votre note m'a dit de vous conseiller de produire moins, la production surabondante convenant au jeune âge qui est avide de se faire un nom, et la production plus restreinte et plus mûre convenant mieux à la seconde période d'une carrière scientifique [44].
Votre dévoué

Poincaré

10 Poincaré à Ocagne

[24 janvier 1890] [45]

Mon cher Camarade,

La Commission permanente instituée par le Congrès Bibliographique [46] se réunira mercredi à 2h 1/2 à la Bibliothèque de la Société [47]. Avez vous quelque empêchement ?
Yours

Poincaré

11 Poincaré à Ocagne

[13 fév. 1890] [48]

Mon cher Camarade,

M. Gariel [49] me donne 150 exemplaires du répertoire [50], et je crois qu'il en donnera 200 à la Société [51] ; il vient de m'envoyer 100 enveloppes avec la griffe de l'Exposition [52], pour faire les premières expéditions.
Vous chargeriez-vous de faire mettre les adresses ; dans ce cas, je vous renverrai les dites enveloppes avec la liste des personnes auxquelles il convient de faire l'envoi. Pour que je puisse dresser cette liste, voudriez vous m'envoyer les noms qui vous paraissent devoir y figurer ; j'écris en même temps à ce sujet aux autres membres de la commission.
M. Gariel ne peut plus faire d'impression, ni par conséquent nous donner des papiers à en tête.
Votre dévoué Camarade

Poincaré

---

44. Maurice d'Ocagne n'a en 1889 que 27 ans ! L'abondante bibliographie d'Ocagne (près de 400 items recensés par le *Jahrbuch*) laisse penser qu'il ne suivra pas le conseil de Bertrand.

45. Cette lettre est datée d'après une note manuscrite d'une main inconnue.

46. Le congrès international de bibliographie des sciences mathématiques s'était tenu du 16 au 19 juillet à Paris. Maurice d'Ocagne faisait partie du comité d'organisation présidé par Poincaré. Ce congrès était un évènement associé à l'Exposition universelle de Paris de 1889.

47. Maurice d'Ocagne était le secrétaire de la Commission permanente du Répertoire bibliographique des sciences mathématiques. Poincaré en était le président.

48. Cette lettre est datée d'après une note manuscrite d'une main inconnue.

49. Charles Marie Gariel avait été le rapporteur général des Congrès et Conférences de l'Exposition universelle de Paris de 1889.

50. Il s'agit du «procès verbal sommaire » du congrès international de bibliographie des sciences mathématiques [Commission permanente du Répertoire bibliographique des sciences mathématiques, 1888]. Il contient une première version de l'index.

51. La Société mathématique de France.

52. L'exposition universelle de Paris de 1889.

12 Poincaré à Ocagne

[Mars 1890] [53]

Mon cher Camarade,

Nous n'avons qu'une chose à faire; adresser la lettre à M. Craig [54], sans vous occuper de M. Gram [55]. Si plus tard on vient à remettre la main dessus, on lui adressera la lettre par dessus le marché.
En ce qui concerne M. Valentin [56], croyez en M. Henry [57].
Votre dévoué Camarade

Poincaré

13 Poincaré à Ocagne

[26 avril 1890] [58]

Mon cher Camarade,

Quand vous aurez l'occasion venez donc me voir à l'Institut ou un jour quelconque chez moi ; nous causerons du répertoire.
Votre dévoué Camarade

Poincaré

14 Poincaré à Ocagne

[6 mai 1890] [59]

Mon cher Camarade,

La Commission du Répertoire se réunira vendredi à 4h 1/2 à la Bibliothèque de la Société. J'espère que vous voudrez bien assister à cette réunion.
Votre dévoué Camarade

Poincaré

Je n'ai pas la liste de tous les membres de la Commission et de la Délégation. Pourriez vous leur envoyer une circulaire ; à ceux qui sont à Paris bien entendu.

---

53. Cette lettre est datée d'après une note manuscrite d'une main inconnue.

54. Thomas Craig avait été chargé de dépouiller les revues américaines pour le Répertoire des bibliographique des sciences mathématiques. Voir la correspondance de Poincaré avec Craig (p. 177).

55. Jørgen Pedersen Gram est pressenti pour dépouiller pour le Répertoire les revues danoises. Voir la lettre que Gram adresse à Poincaré le 28 mars 1892 (p. 303).

56. Georg Valentin était bibliothécaire à Berlin et avait constitué sa propre bibliographie des sciences mathématiques (voir p. 795). Voir la correspondance avec Gustaf Eneström (p. 239). Valentin était membre de la Commission permanente du répertoire.

57. Charles Henry était le bibliothécaire de la Sorbonne. Il avait été le vice-président du Congrès international de bibliographie des sciences mathématiques et était membre de la Commission permanente du répertoire.

58. Cette lettre est datée d'après une note manuscrite d'une main inconnue.

59. Cette lettre est datée d'après une note manuscrite d'une main inconnue.

15 Poincaré à Ocagne

[26 juin 1896] [60]

Mon cher Camarade,

Je suis envoyé à Londres par le Ministre afin de conférer avec les membres de la Société Royale au sujet du catalogue des Scientific Papers [61].
Je dois partir dimanche matin.
Je crois que vous êtes au courant de ce qu'ont fait les Belges [62], pourriez vous me communiquer les renseignements que vous possédez à ce sujet.
Votre bien dévoué Camarade

Poincaré

16 Poincaré à Ocagne

[15 sept. 1896] [63]

Mon cher Camarade,

J'accepte avec plaisir votre aimable invitation.
Samedi vous convient-il ?
Tout à vous.

Poincaré

17 Poincaré à Ocagne

[19 sept. 1898] [64]

Mon cher Camarade,

Je vous remercie beaucoup et je serai très heureux de me réunir à vous, mercredi, si cette date vous convient.
Votre dévoué Camarade

Poincaré

Vous avez bien fait de m'avertir. Je croyais Painlevé dans de tout autres idées [65].

---

60. Cette lettre est datée d'après une note manuscrite d'une main inconnue.

61. Il s'agit d'une nouvelle entreprise de bibliographie scientifique internationale. Voir les correspondance avec Felix Klein de l'année 1899 (p. 483-488) et Gaston Darboux (p. 212-215).

62. Poincaré fait allusion à l'entreprise du « Répertoire bibliographique universel » portée par Paul Otlet et Henri La Fontaine [Gardey, 2002].

63. Cette lettre est datée d'après une note manuscrite d'une main inconnue.

64. Cette lettre est datée d'après une note manuscrite d'une main inconnue.

65. En 1898, Paul Painlevé affiche des opinions dreyfusardes (p. 609). D'après son propre témoignage devant la commission d'enquête, il a changé d'opinion :

> [Ocagne] me raconta qu'il avait vu tout récemment le général de Boisdeffre, lequel lui parlant du dossier Dreyfus, lui aurait déclaré qu'il avait une pièce venue par lui d'Ocagne et relative à une conversation entre moi et M. Hadamard. Le général de Boisdeffre aurait ajouté : – Mais comme je sais que M. Painlevé n'est plus avec nous, j'ai trouvé préférable de faire retirer cette pièce du dossier. [*Le Figaro*, 11 avril 1899]

18 Poincaré à Ocagne

[26 avril 1899] [66]

Mon cher Camarade,

O vous dont le nom remplit le Figaro [67].
Je voudrais vous demander s'il ne vous serait pas trop désagréable de tenter une nouvelle démarche auprès du prince Roland [68]. Je viens de recevoir 500 francs de Bisch [69] ; nous aurons 1000 francs du ministère. Mais cela ne suffira pas pour faire ce que nous voulons faire pour l'Exposition [70] sans nous endetter.
Vous pourriez faire valoir l'avantage qu'il y aura à présenter 10000 fiches [71] pour l'Exposition.
En somme le prince s'était engagé à doubler la subvention du ministre et cet engagement n'a pas été tenu.
Tout à vous

Poincaré

Vous pouvez dire que nous allons, en vue de l'Exposition, mettre plusieurs séries sous presse à la fois au lieu de continuer à les mettre l'une après l'autre comme par le passé [72].

19 Poincaré à Ocagne

[30 avril 1899] [73]

Mon cher Camarade,

Je ne voulais pas vous écrire avant d'avoir lu la machine du Hollandais ce que j'oubliais toujours de faire. Il semble qu'il y a là les éléments d'une note ; mais c'est vraiment trop mal rédigé ; il faudrait abréger beaucoup certaines parties et

---

66. Cette lettre est datée d'après une note manuscrite d'une main inconnue.

67. Dans sa livraison du 26 avril 1899, *Le Figaro* rend compte de l'audition devant la cour de cassation du capitaine Cuignet, un acteur important dans la découverte de la forgerie par le colonel Henry d'une lettre incriminant Alfred Dreyfus. Il est fait état sans plus de détails d'une conversation entre Ocagne, Painlevé et Hadamard, désigné comme « un membre de la famille Dreyfus » (voir la note 65 (p. 598)). Dans la livraison du 11 avril, il est rendu compte des témoignages d'Ocagne, de Painlevé et d'Hadamard. Painlevé avait été chargé de dissuader Hadamard de candidater à une position de répétiteur à l'École polytechnique en raison de sa parenté avec le capitaine Dreyfus. Dans une discussion qui s'ensuivit avec Painlevé, Hadamard, sans réellement se prononcer sur l'éventuelle culpabilité de Dreyfus, déclara qu'il «avait été condamné sans jugement régulier et que les preuves de l'illégalité commise étaient publiques».

68. Roland Bonaparte faisait volontiers office de mécène pour des entreprises à caractère scientifique.

69. Le banquier Raphaël-Louis Bischoffsheim était un mécène ; il avait en particulier financé la construction de l'observatoire de Nice.

70. L'Exposition universelle de Paris de 1900.

71. Poincaré veut dire 10000 références.

72. Les fiches du *Répertoire* ont été publiées en trois vagues, les 3 premières premières séries (une série comporte 100 fiches proposant une dizaine de références) entre 1894 et 1895 ; les 12 séries suivantes ont été publiées entre 1896 et 1905 et les cinq dernières entre 1905 et 1912 (voir [Rollet et Nabonnand, 2002]).

73. Cette lettre est datée d'après une note manuscrite d'une main inconnue.

en éclaircir beaucoup d'autres [74]. Il faudrait qu'il fasse une nouvelle rédaction, ou mieux qu'il vous autorise à en faire une.
Je veux bien écrire au prince [75], mais j'ignore le protocole ; a-t-il droit au Mgr [76], fixez-moi sur ce détail et autres analogues.
Votre bien dévoué Camarade

Poincaré

20 Poincaré à Ocagne

[17 mai 1899] [77]

Mon cher Camarade,

J'ai reçu une nouvelle rédaction de votre Batave ; je ne trouve pas que la clarté ait sensiblement augmenté. Je vous la transmets pour voir si elle vous paraîtra plus limpide qu'à moi ; et si c'est du Nord aujourd'hui que nous vient la lumière.
Je crois qu'il sera nécessaire que vous en fassiez vous même une nouvelle rédaction, après avoir sollicité au besoin des explications complémentaires.
J'ai reçu du prince Roland une lettre m'annonçant qu'il met 1000 francs à la disposition de la Commission.
Votre très dévoué Camarade

Poincaré

21 Poincaré à Ocagne

[Août 1899] [78]

Mon cher Camarade,

Vous savez que le prince Roland [79] à la suite de ma lettre avait promis une subvention de mille francs pour le répertoire ; M. Claude-Lafontaine [80] m'avertit qu'il n'a rien versé. Que conviendrait-il de faire pour lui rappeler sa promesse ?
Votre bien dévoué Camarade

Poincaré

Poincaré, Maison Meriel, Arromanches, Calvados.

74. Lors de la séance du 1^{er}mai 1899, il est annoncé une note de M. L. Hallé au sujet d'une machine dynamo-électrique (*Comptes rendus*, 128 (1899), p. 1132).
75. Poincaré parle du prince Roland Bonaparte. Voir la lettre précédente.
76. « Mgr » est l'abréviation du titre « Monseigneur » attribué entres autre aux princes.
77. Cette lettre est datée d'après une note manuscrite d'une main inconnue.
78. Cette lettre est datée d'après une note manuscrite d'une main inconnue.
79. Voir les lettres précédentes.
80. Lucien Félix Claude-Lafontaine (1840-1909) est un banquier, administrateur du Crédit foncier et membre de la Société mathématique de France depuis 1875.

22 Poincaré à Ocagne

[25 octobre 1901] [81]

Mon cher Camarade,

Voudrez-vous me faire le plaisir de venir dîner chez moi mercredi 30 à 7h 1/2 avec Guccia [82] ?
Votre bien dévoué Camarade

Poincaré

23 Poincaré à Ocagne

[25 juillet 1902] [83]

Mon cher Camarade,

J'irai à Paris lundi et je ferai remettre à l'École des Ponts [84] un exemplaire du tirage à part en question.
Votre bien dévoué Camarade

Poincaré

24 Poincaré à Ocagne

[16 février 1906] [85]

Mon cher Camarade,

M. Mercadier va faire réautographier les feuilles de l'année dernière [86]. Avez-vous quelque erreur à me signaler pour que je les fasse corriger.
D'ici au 1er Mars.
Votre bien dévoué Camarade

Poincaré

25 Poincaré à Ocagne

[21 avril 1906] [87]

Mon cher Camarade,

Je ne serai pas de retour lundi à 1 heure, mais seulement pour la séance [88]. Votre lettre me donnerait à supposer que vous croyez que la section doit se réunir lundi à 2 heures, mais je n'ai reçu aucune convocation et la lettre du Ministère n'était pas arrivée mardi.
Votre bien dévoué Camarade

Poincaré

---

81. Cette lettre est datée d'après une note manuscrite d'une main inconnue.
82. Voir p. 307.
83. Cette lettre est datée d'après une note manuscrite d'une main inconnue.
84. Ocagne est professeur de géométrie descriptive à l'École des ponts et chaussées depuis 1894.
85. Cette lettre est datée d'après une note manuscrite d'une main inconnue.
86. Poincaré parle de son cours d'astronomie à l'École polytechnique dont Ernest Mercadier est le directeur des études. Ocagne était répétiteur d'astronomie et de géodésie dans cette même école.
87. Cette lettre est datée d'après une note manuscrite d'une main inconnue.
88. L'Académie des sciences se réunit tous les lundis après-midi.

26 Poincaré à Ocagne

[17 mai 1907] [89]

Mon cher Camarade,

Je vous demande pardon de ne pas vous avoir encore répondu. Je suis tellement en l'air en ce moment que je ne sais quel rendez-vous vous donner. Le plus sûr serait de venir à l'Institut mardi.
Votre bien dévoué Camarade

Poincaré

27 Ocagne à Poincaré

Paris, le 18 mai 1907

Mon cher camarade,

Je suis bien au regret de ne pouvoir vous atteindre que dans le brouhaha qui environne les séances de l'Académie (où, par dessus le marché, vous serez évidemment retenu par la présence des délégués anglais) car l'entretien que je sollicite de votre part est assez délicat et j'aurais bien préféré qu'il n'eût pas lieu à bâtons rompus.
Je voudrais vous parler de la dévolution future de votre succession à l'École Polytechnique [90] à notre ami Bourgeois [91], que je serais très heureux de faciliter pour ma petite part en dépit du désir que m'avait manifesté Bourgeois de faire, si possible, un stage dans le répétitorat avant de devenir titulaire de la chaire. Je pense qu'il serait conforme à l'intérêt de l'École de lui forcer la main et je serais bien aise de causer de cela avec vous sachant par ailleurs que vous avez le désir de voir cesser, dès que faire se pourra, la corvée que vous aviez acceptée par pur dévouement à l'École.
Je voudrais vous parler aussi de votre candidature à l'Académie française à laquelle, dans la faible mesure de mes modestes moyens, j'ai eu, je crois, l'extrême satisfaction de travailler utilement : j'ai, en effet, de ce côté là d'excellentes relations [92] dont il m'est trop agréable d'user au mieux de vos intérêts. Ceux-ci, il est vrai, ne sont point en souffrance et vous sourirez peut-être de me voir faire la mouche du coche. Vous voudrez bien, en tout cas, excuser ma présomption si l'efficacité de mon humble rôle n'est pas à la hauteur de mon désir très vif, très sincère, très profondément senti, de vous servir.
J'aurais enfin l'intention de vous dire quelques mots de ce qui vient de se passer pour moi à l'Institut. J'ai, croyez le bien, très exactement conscience du niveau modeste où se tient, dans la hiérarchie de la science, ce qui fait l'objet de mes

89. Cette lettre est datée d'après une note manuscrite d'une main inconnue.

90. Poincaré occupe la chaire d'astronomie de l'École polytechnique depuis le 1er octobre 1904. Il en démissionnera en avril 1908. Cet arrangement avait permis de sauver l'enseignement d'astronomie générale. Voir [Moatti, 2012, p. 40].

91. Robert Bourgeois succédera à Poincaré sur la chaire d'astronomie générale de l'École polytechnique et l'occupera jusqu'en 1929. Entre 1901 et 1906, il avait dirigé la mission de la mesure de l'arc méridien de Quito en Amérique du Sud (voir [Schiavon, 2014]).

92. Toutes les relations académiques dont va faire état Ocagne dans les lettres qui suivent ont été des adhérents, comme lui, de la ligue de la patrie française.

travaux, mais, cela dit, je n'ai pas moins conscience de ce qu'à ce niveau je puis revendiquer comme m'étant strictement personnel, et je ne puis pas ne pas m'élever contre l'insinuation, renouvelée l'autre jour, qui tend à ravaler mon rôle à celui d'un simple compilateur [93]. J'ai trop confiance en votre esprit de justice pour craindre que vous ne me permettiez pas de vous donner sur ce point toutes les précisions de nature à fixer votre opinion.
Ne pourrions nous, par exemple, causer de tout cela mardi, à l'issue de la séance de l'Institut, soit chez vous, soit à mon cabinet de l'École des Ponts ?
Votre bien cordialement dévoué

M. d'Ocagne

28 Poincaré à Ocagne

[19 mai 1907] [94]

Mon cher Camarade,

Si vous voulez, vous me trouverez à l'Académie mardi, nous sortirons ensemble vers 4 heures ; j'irai avec vous à l'École des Ponts et nous causerons à l'aise.
Votre bien dévoué Camarade

Poincaré

29 Ocagne à Poincaré

Paris, le 22 novembre 1907

Mon cher Poincaré,

En vous quittant ce matin, je me suis aussitôt rendu chez mon ami Vaudal [95] qui m'a chargé de vous dire qu'il n'aurait jamais eu l'idée de vous conseiller de vous porter [candidat] sur le fauteuil de Theuriet [96], qu'en revanche la perspective de vous voir briguer celui de Sully Prudhomme [97] est faite pour lui sourire et que les choses pourront ainsi s'arranger «dans l'intérêt – ce sont ses propres termes – moins de M. Poincaré que de l'Académie». Tout en spécifiant qu'il ne pouvait dès aujourd'hui prendre à votre égard un engagement ferme, il m'a autorisé à vous dire que ses dispositions personnelles le portaient d'ores et déjà vers la solution dont Houssaye [98] m'avait chargé de vous entretenir.

93. Ocagne était en rivalité avec Rodolphe Soreau et John Clark en ce qui concerne la paternité des idées fondamentales de la nomographie. Dans une note publiée dans le compte rendu de la séance du 13 mai 1907, d'Ocagne [1907b] prend soin tout en rendant compte des résultats de ses rivaux de souligner la généralité et la simplicité de son point de vue. Sur l'histoire de la nomographie, on peut consulter [Evesham, 1982] et [Tournès, 2000].

94. Cette lettre est datée d'après une note manuscrite d'une main inconnue.

95. Albert Vaudal (1853-1910) est un historien. Il était membre de l'Académie française depuis 1896.

96. L'écrivain André Theuriet, membre de l'Académie française depuis 1896, était décédé le 23 avril 1907. Ce sera l'écrivain Jean Richepin qui lui succèdera.

97. Le poète Sully Prudhomme, membre de l'Académie française depuis 1881, était décédé le 6 septembre 1907.

98. Henry Houssaye est un historien et un romancier. Il était membre de l'Académie française depuis 1894.

Verriez vous quelque inconvénient à ce que je tâtasse de même le terrain du côté de Frédéric Masson [99] et de Jules Lemaître [100] ?
Votre bien sincèrement et bien cordialement dévoué

M. d'Ocagne

30 Ocagne à Poincaré

Paris, le 8 décembre 1907 [101]

Mon cher camarade,

Mon ami Émile Gebhart [102], qui dinait hier soir chez moi – et qui, est-il besoin de la dire, est tout acquis à votre candidature –, considère votre succès comme assuré. C'est une nouvelle confirmation de l'heureuse issue, déjà prévue de diverses parts, de votre campagne électorale [103].
Nul, vous le savez, ne s'en réjouit plus sincèrement que votre tout dévoué

M. d'Ocagne

31 Poincaré à Ocagne

[27 mars 1908] [104]

Mon cher Camarade,

Je comptais vous voir mercredi au groupe parisien ; j'en aurais profité pour vous dire que j'ai porté mardi ma démission à M. Mercadier [105]. Je pense que dès que les délais de transmission seront passés, on déclarera la vacance.
Je vous remercie beaucoup de votre article des Annales [106].
Votre ami dévoué

Poincaré

99. L'historien F. Masson était membre de l'Académie française depuis 1903.
100. L'historien et écrivain J. Lemaître était membre de l'Académie française depuis 1895.
101. Rédigé sur une carte.
102. É. Gebhart (1839-1908), originaire comme Poincaré de Nancy, histoire de l'art, était membre de l'Académie française depuis 1904.
103. Poincaré est élu à l'Académie française au fauteuil de Sully Prudhomme le 5 mars 1908.
104. Cette lettre est datée d'après une note manuscrite d'une main inconnue.
105. Ernest Mercadier est le directeur d'études à l'École polytechnique. Poincaré démissionne de la chaire d'astronomie à l'École polytechnique en 1908. Ce sera Robert Bourgeois qui lui succédera. Voir la lettre 27.
106. Les deux articles récemment publiés par Ocagne dans les *Nouvelles annales de mathématiques* [d'Ocagne, 1907a] et dans les *Annales des ponts et chaussées* [d'Ocagne, 1907c] concernent un nouveau procédé de rectification des arcs de cercle.

32 Poincaré à Ocagne

[14 janvier 1909] [107]

Mon cher ami,

Je suis désolé ; j'avais pensé que vous vous approvisionnerez auprès de vos amis et voilà que j'ai déjà promis les 20 malheureuses places de centre [108] dont je dispose (y compris les 6 places réservées) [109]. Il est possible qu'au dernier moment, je puisse me procurer deux ou trois billets inemployés mais ce n'est pas sûr, et il serait plus prudent de chercher dès aujourd'hui à vous procurer des cartes par l'intermédiaire d'un de vos amis de l'Académie.
Veuillez agréer l'expression de mes regrets et de ma sincère amitié.

Poincaré

33 Poincaré à Ocagne

[22 janvier 1909] [110]

Mon cher Camarade,

Vous êtes-vous procuré les billets de centre dont vous avez besoin ? Dans le cas contraire, avertissez-moi parce que je pourrais peut-être encore en trouvez un.
Votre bien dévoué Camarade

Poincaré

34 Poincaré à Ocagne

8 août 1910 [111]

Mon cher Camarade,

À la suite de la mort de Raffy [112], j'avais écrit à Brocard [113] pour lui demander

107. Cette lettre est datée d'après une note manuscrite d'une main inconnue.
108. Les expressions « place de centre ou » « billet de centre » désignent une invitation à une réception académique.
109. La cérémonie de réception de Poincaré à l'Académie française aura lieu le 28 janvier 1909. Poincaré prononcera à cette occasion l'éloge de Sully Prudhomme son prédécesseur [Poincaré, 1909e].
110. Cette lettre est datée d'après une note manuscrite d'une main inconnue.
111. Cette lettre est datée d'après une note manuscrite d'une main inconnue.
112. Louis Raffy était titulaire de la chaire d'application de l'analyse à la géométrie à la Sorbonne depuis 1904. Il décède le 9 juin 1910 à l'âge de 55 ans. Il était un des deux secrétaires (avec Paul Montel) de la Société mathématique de France et se chargeait de la rédaction du *Bulletin* :

> Comme secrétaire [de la SMF], il s'occupa de la rédaction du *Bulletin* jusque vers 1900. Appelé à la présidence en 1902 par le vœu unanime de ses collègues, il reprit quelque temps après les fonctions de secrétaire qu'il a conservées jusqu'à sa mort. Non seulement, il rédigeait [le] *Bulletin* avec autant de conscience que d'habileté, mais rien de ce qui touchait la vie de la Société ne le laissait indifférent, et l'on peut dire justement qu'il en était l'âme, ne manquant presqu'aucune séance et faisant de fréquentes communications qui constituaient l'un de leurs plus sérieux attraits. [Nécrologie de Louis Raffy, *L'Enseignement mathématique*, 12 (1910), p. 322-323]

Élie Cartan succédera à Raffy comme secrétaire de la Société mathématique de France.
113. Voir p. 109.

s'il voulait prendre la charge de sa succession. Sa réponse que je vous envoie, est négative et péremptoire. Il m'indique un tas de noms qui me sont parfaitement inconnus [114] ; pouvez-vous me dire si parmi eux vous connaissez qui serait capable de faire le travail et susceptible de s'en charger.
Votre bien dévoué Camarade

Poincaré

35 Annexe : deux exemples de fiche pour le *Répertoire bibliographique des sciences mathématiques* rédigées par Poincaré

Deux exemples de fiches individuelles pour le *Répertoire bibliographique des sciences mathématiques* rédigées par Poincaré sont jointes aux dossiers des lettres adressées par ce dernier à Maurice d'Ocagne conservé à l'École polytechnique. Ce format de fiche sera abandonné puisque le *Répertoire* ne donne aucun commentaire, juste une référence indexée.

Fiche 1

Poincaré

Sur l'intégration des équations différentielles par les séries [115]

C. R. 94 [116]

On peut toujours exprimer les intégrales d'une équation différentielle quelconque à l'aide de séries ordonnées suivant les puissances d'une variable auxiliaire convenablement choisie et qui conviennent pour toutes les valeurs réelles des variables primitives [117].

114. Le successeur de Raffy au secrétariat de la Commission permanente du *Répertoire bibliographique des sciences mathématiques* sera André Gérardin (Sur Gérardin, voir [Boucard, 2023]).
115. [Poincaré, 1882j].
116. Poincaré a ajouté au crayon de papier une mention « H »indiquant que cet article relève de la classe « H » (Équations différentielles et aux différences partielles ; équations fonctionnelles ; équations aux différences finies ; suites récurrentes.). Cette note fait partie des 81 références à des travaux de Poincaré répertoriés par le *Répertoire*. Il est indexé avec la classification « H1c » (Procédés généraux de calcul : séries, quadratures, variation des constantes, etc.).
117. Une marque au crayon de papier « H », d'une autre main, est ajoutée en bas de la fiche.

Fiche 2

Poincaré

Sur les Propriétés des Fonctions définies par les Équations Différentielles [118]

J E P 45.

Développement des intégrales d'une équation différentielle dans le voisinage d'un point singulier. Le développement peut se faire, en général suivant les puissances de x et de x^λ, λ étant une constante quelconque, qui peut être incommensurable ou même imaginaire [119].

118. [Poincaré, 1875]. Cet article n'est pas référencé par le *Répertoire*.

119. Une marque au crayon de papier « H », d'une autre main que celle de Poincaré, est ajoutée en bas de la fiche.

Paul Painlevé

Paul Painlevé naît en 1862 à Paris dans une famille de petite bourgeoisie. Après ses études secondaires, il intègre l'École normale supérieure en 1883. Agrégé en 1886, il effectue durant l'année universitaire 1886-1887 un séjour d'étude à Göttinten. Il y termine une thèse, intitulée « Sur les lignes singulières des fonctions analytiques », qu'il soutient le 10 juin de la même année à la Faculté des sciences de Paris. Chargé de cours de mathématiques à la Faculté des sciences de Lille en 1887, il occupe cette position jusqu'en 1892, date à laquelle il est nommé maitre de conférences et professeur adjoint à la Faculté des sciences de Paris (1892-1897). En 1895, il effectue une mission en Suède pour inaugurer la chaire de mathématiques créées par le roi Oscar afin d'« encourager le progrès des sciences » en Suède et Norvège [1]. Les cours que Painlevé donnent à cette occasion sont publiées sous le nom de *Leçons de Stockholm* [2]. En 1897, il est nommé maitre de conférences à l'École normale supérieure. Painlevé obtient en 1903 une position de professeur à la Faculté des sciences de Paris, d'abord sur la chaire de mathématiques générales (pour enseigner la mécanique rationnelle) (1903-1912), puis sur celle de mécanique rationnelle (1912-1920) et enfin sur celle de mécanique analytique et mécanique céleste (1920-1930). Il décède en 1933 à Paris.

Parallèlement à sa carrière d'universitaire, Paul Painlevé poursuit une carrière politique comme député, ministre et même premier ministre. Ses débuts dans ce domaine s'effectuent à l'occasion de l'Affaire Dreyfus [3].

Les intérêts mathématiques de Painlevé concernent essentiellement les équations différentielles et leurs singularités, la mécanique et l'aviation. Il est l'auteur de plus d'une centaine d'articles et de plusieurs ouvrages et traités.

Toutes les lettres de la correspondance échangée par Poincaré et Painlevé sont, à l'exception notable de la lettre de Poincaré sur le système de Bertillon adressée à Painlevé à l'occasion du procès de Rennes dans le cadre de l'Affaire Dreyfus [4], sont de la main de Painlevé. Elles sont assez espacées dans le temps et datent

1. Voir [Nabonnand, 1999, p. 262-266].
2. [Painlevé, 1897].
3. Sur la carrière politique de Painlevé, voir [Anizan, 2006, 2016] ; sur le parcours scientifique, universitaire et politique de Painlevé, voir [Fontanon et Franck, 2005].
4. Sur l'implication des mathématiciens dans l'Affaire Dreyfus, voir [Rollet, 2013] et sur le rôle plus spécifique de Poincaré, voir [Rollet, 1997, 2000].

P. Nabonnand et al. (eds.), *La correspondance entre Henri Poincaré et les mathématiciens*, Publications des Archives Henri Poincaré Publications of the Henri Poincaré Archives, https://doi.org/10.1007/978-3-7643-8288-9_56

pour les premières de la période du procès de Rennes en 1899, du moment où Painlevé candidate à l'Académie des sciences (1900), des discussions autour de la réforme de l'École polytechnique en 1906, de la candidature avortée de Poincaré au secrétariat perpétuel de l'Académie des sciences et du décès du roi Oscar 2 de Suède (1907).

1 Painlevé à Poincaré

[Entre le 27 août et le 1er septembre 1899] [5]

Monsieur et cher Maître,

J'apprends par un mot de M. Appell que vous consentiriez à écrire une lettre qui serait publiée et où vous réfuteriez le système Bertillon. Il est inutile de vous dire la joie profonde que cette nouvelle cause aux amis de la Justice et la reconnaissance qu'ils vous gardent pour l'aide considérable et courageuse que vous lui apportez. Cette lettre vous sera transmise avec les documents essentiels par Cavalier, maître de conférences à Rennes [6]. Les renseignements complémentaires suivront immédiatement. Pour que la lettre soit versée aux débats, il faut qu'un témoin, par exemple le général Sébert [7], soit interrogé sur le système Bertillon et s'appuie alors sur votre autorité en donnant lecture de votre lettre qui appartiendra dès lors au dossier. Il va sans dire que, si c'est moi que vous chargez de lire votre lettre, j'en serai extrêmement honoré mais peut-être le général Sébert aura-t-il plus d'autorité pour s'acquitter de cette mission. En tout cas, comme les témoignages prendront fin sûrement lundi, il faut que Cavalier rapporte votre lettre lundi matin, au plus tard avant dix heures [8]. Que ce délai si court ne vous fasse pas renoncer à votre proposition ; la Vérité a tant besoin de votre aide !

Voulez-vous, Monsieur et cher Maître, me rappeler au bon souvenir de Madame Poincaré et me croire votre respectueusement dévoué

Paul Painlevé

5. Cette lettre, rédigée sur du papier à en-tête du Laboratoire de physique de la Faculté des sciences de Rennes, évoque les échanges entre Appell et Poincaré sur l'Affaire Dreyfus (p. 64-66) de la fin août 1899 et précède la suivante datée du 1er septembre.

6. Jacques Cavalier était maître de conférences de chimie à la Faculté des sciences de Rennes. Il est un des fondateurs de la section rennaise de la Ligue des droits de l'homme. Sur J. Cavalier, voir [Condette, 2006].

7. Le général Sebert est un témoin de la défense. Il jouera un rôle important dans la réhabilitation de Dreyfus en 1904.

8. Poincaré est en vacances à Arromanches, à 190 km de Rennes.

2 Painlevé à Poincaré

Rennes, le 1er septembre 1899 [9]

Monsieur et cher Maître,

Je viens de voir Maître Demange [10] ; on va vous expédier toutes les photographies que possède la défense et vous les recevrez sans doute en même temps que cette lettre. Me. Demange m'a dit qu'une chose qui semblait frapper le conseil [11] dans le système Bertillon, c'était la photographie composite [Instantanées superposées des intervalles du bordereau (de la longueur du mot intérêt) avançant chaque fois d'un cran kutchique] [12]. Le conseil, ce matin même, a posé la question au général Sébert. Si vous pouvez glisser un mot là dessus, ce serait une bonne chose. Vous verrez la photographie (la dernière) : je crois qu'on peut y apercevoir n'importe quel mot de la longueur du mot intérêt, mais je n'ai fait qu'y jeter les yeux. Si ces photographies sont exactes, il me semble qu'il y a bien des réponses à faire [longueur du mot choisi égale à celle d'intérêt, poses plus longues de certaines parties, caractères plus arrêtés ou plus noirs de certaines lettres qui ont peut-être attiré l'attention de Bertillon et conduit justement son imagination au mot intérêt, etc.]

Dans l'Illustration, figure une photographie moyenne du Dreyfusard, où n'importe quel œil reconnaîtra le crâne de Clémenceau [13]. M. Bertillon en déduira-t-il que tous les autres crânes ont été construits sur un dessin déduit de celui du crâne de Clémenceau ! !

Pardonnez moi cette lettre écrite à la hâte et fort sale, mais il faut absolument que ces renseignements partent tout à l'heure.

Votre respectueusement dévoué
Paul Painlevé

La défense préfèrerait que votre lettre me fût adressée. Vous ferez ce que vous jugerez convenable bien entendu.

3 Painlevé à Poincaré

01/09/1899 [14]

Lettre et documents arriveront demain matin [15].

Painlevé

9. Cette lettre est rédigée sur un papier à en-tête de l'Hôtel de France à Rennes.

10. Edgar Demange est l'avocat de la défense lors des deux premiers procès d'Alfred Dreyfus en 1894 et 1899.

11. Les tribunaux de l'Affaire Dreyfus sont des conseils de guerre.

12. Sur le bordereau et le système Bertillon, voir [Rollet, 2013].

13. Georges Clémenceau était depuis peu convaincu de l'innocence de Dreyfus. Il avait été auparavant un partisan des plus acharnés de sa condamnation [Julliard, 1993].

14. Ce télégramme adressé à Poincaré, villa Mériel, Arromanches-les-Bains est déposé le 1er septembre 1899 à Rennes.

15. Voir la lettre précédente.

4 Poincaré à Painlevé

Lettre à M. Painlevé
sur le système de M. Bertillon

3 septembre 1899 [16]

Mon cher ami,

Vous me demandez mon opinion sur le système Bertillon [17]. Sur le fond de l'affaire, bien entendu je me récuse. Je n'ai pas de lumière et je ne puis que m'en rapporter qu'à ceux qui en ont plus que moi. Je ne suis pas non plus graphologue, et je n'ai pas le temps de vérifier les mesures.

Maintenant, si vous voulez seulement savoir si, dans les raisonnements où M. Bertillon applique le Calcul des probabilités, cette application est correcte, je puis vous donner mon avis.

Prenons le premier de ses raisonnements, le plus compréhensible de tous. (Figaro du 25 août 1899, page 5, colonne 1, lignes 57 à 112) [18].

---

16. Le manuscrit original dont nous disposons n'est pas de la main de Poincaré. Une transcription de cette lettre est donnée dans le compte rendu officiel du procès de Rennes (*Le Procès Dreyfus devant le conseil de guerre de Rennes* (7 août – 9 septembre 1899), t. 3, Paris : P.-V. Stock éditeur, 1900, p. 329-331).

17. Cette lettre est lue lors du procès de Rennes le 4 septembre 1899 lors de l'audition de Paul Painlevé. À la demande du président du tribunal, Painlevé donne son avis sur le système Bertillon sur lequel repose une bonne part de l'accusation et exprime ses inquiétudes « à la pensée que ce système, grâce à sa complication pseudo-scientifique, grâce à son ingéniosité apparente, grâce aussi au ton d'affirmation absolue, imperturbable de M. Bertillon, [...] pourrait, quoique tout-à-fait erroné, influer d'une manière quelconque sur l'esprit du Conseil » (*Le Procès Dreyfus devant le conseil de guerre de Rennes*, t. 3, p. 328). Il se propose de montrer les « erreurs essentielles » de Bertillon. Pour ce faire, il propose alors de s'effacer en faveur d'Henri Poincaré, « le plus illustre des mathématiciens contemporains » dont Painlevé précise qu'il a été « pendant plus de dix ans professeur de calcul de probabilités à la Sorbonne ».
Voir une première version de cette lettre p. 67.

18. Bertillon étudie une certain nombre de coïncidences dans la rédaction du bordereau, l'objectif étant de montrer que celles-ci ont une probabilité très faible de se produire dans le cas d'une écriture normale et donc que le document a été fabriqué en modifiant l'écriture. La conclusion de Bertillon est sans appel :

> Conclusion : Nous sommes bien en face d'un document machiné, quel qu'en soit l'auteur quel qu'en soit le but. (*Le Figaro*, 25 août 1899 (n° 237 bis), p. 5)

Le raisonnement auquel fait allusion Poincaré est exprimé par Bertillon :

> Après avoir écrit une première fois ces mots au courant de la plume avec la base de l'M initial à une base demi-centimétrique verticale, c'est-à-dire non visible, n'étant nulle part, quelle probabilité y a-t-il que je regarde ces mêmes mots deux lignes plus bas de la même façon, c'est-à-dire la même lettre juste pareillement, à moins d'un quart de millimètre à une base de demi-centimètre également invisible; évidemment, le fait ne pourra se présenter par hasard qu'une fois sur cinq cas en moyenne.
> En effet, chacun des cinq millimètres qui séparent chaque base verticale doit être considéré comme ayant chance égale pour recueillir l'initiale du deuxième mot : *modifications*.
> En conséquence, si nous supposons que nous recommençons indéfiniment cent fois, mille fois, dix mille fois l'expédition de la missive, le repérage demi cen-

Sur 13 mots redoublés correspondant à 26 coïncidences possibles, l'auteur constate 4 coïncidences réalisées. Évaluant à 0,2 la probabilité d'une coïncidence isolée, il conclut que celle de la réunion de 4 coïncidences est de 0,0016. C'est faux : 0,0016, c'est la probabilité pour qu'il y ait 4 coïncidences sur 4. Celle pour qu'il y en ait 4 sur 26 est 400 fois plus grande, soit 0,7 [19].
Cette erreur colossale rend suspect tout ce qui suit.
Ne pouvant d'ailleurs examiner tous les détails, je me bornerai à envisager l'ensemble du système. Outre ces quatre coïncidences précitées, on en signale un grand nombre de nature différente. Mettons dix mille ; mais il faudrait comparer ce nombre à celui des coïncidences possibles, c'est-à-dire de celles que l'auteur aurait compté à son actif s'il les avait constatées. S'il y a 1000 lettres dans le bordereau, cela fait 999000 nombres, en comptant les différences des abscisses et celles des ordonnées. La probabilité pour que sur 999000 nombres il y en ait 10000 qui aient pu paraître « remarquables » à un chercheur aussi attentif que M. Bertillon, c'est presque la certitude.
Le Capitaine Valério sait mieux ce que c'est que le calcul des probabilités. Lui aussi se trompe cependant. Il trouve respectivement 17, 15, 40, 20, 39, 10 lettres « localisées » sur les lettres i n t é r ê t, du gabarit et, d'après lui, les nombres probables seraient 7, 7, 26, 9, 19, 6. En réalité, tous ces derniers nombres devraient être doublés, puisqu'il y a deux chaînes et que le calcul a été fait comme s'il n'y en avait qu'une [20].

> timétrique repéré des deux initiales ne sera représenté que par un cinquième des expéditions.
> Ainsi sur dix mille expéditions, le repérage des deux modifications ne s'observera que deux mille fois.

Bertillon poursuit en évoquant une succession d'autres coïncidences indépendantes du même ordre :

> Nous avons vu que sur dix mille expéditions faites au hasard, deux mille seulement présenteraient le même repérage des deux initiales, et nous savons depuis qu'un cinquième seulement , soit quatre cents, présentera en même temps un repérage semblable ajusté à un quart de millimètre en plus ou en moins des deux *dispositions* [« disposition » est le deuxième mot susceptible de coïncidences].
> En redivisant ce chiffre de 400 par 5, il se trouve réduit à 80, lequel chiffre à son tour descendra à 16 par l'intervention des deux mots *copie* et *copier.*

19. Poincaré calcule en fait la probabilité pour qu'il y ait au moins 4 coïncidences sur 26 possibles, soit 0,74 (la probabilité pour qu'il y ait exactement 4 coïncidences sur 26 est de 0.17). Le « 400 » est un peu sous-estimé puisque $400 \times 0,0016 = 0,64$.

20. Le capitaine Valério dépose juste après Bertillon, le samedi 26 août 1899 (*Le Procès Dreyfus devant le conseil de guerre de Rennes*, tome II, p. 387-399). Il est un des acteurs majeurs du procès de 1899, dans la mesure où ses apports sont présentés comme palliant les défauts trop criants du système de Bertillon. Il intervient dans les débats pour défendre la thèse de l'accusation au sujet de la « forgerie » par Dreyfus du bordereau dénonçant le coupable :

> Je vais chercher à montrer au Conseil : primo, que le bordereau est un document forgé ; secundo, de quelle manière, il a été forgé au moyen du mot « intérêt » ; tertio, qu'il existe, dans les minutes des mots introduits au milieu des autres et confectionnés au moyen du mot-clef ; quarto, que le tout

Reste l'espacement régulier des jambages. Si cette régularité est réelle, rien de plus facile à expliquer. Le rythme de l'écriture naturelle ne peut être qu'imparfait, mais il faut tenir compte de l'influence régulatrice du quadrillage. Il est vrai que la côte du quadrillage n'est pas un multiple de 1mm 25, mais ces deux longueurs sont commensurables et tous les 16 kutschs [21] on retombe sur un trait de quadrillage. Tout se passe donc comme pour une pendule mauvaise, sans doute, mais qu'on remettrait à l'heure toutes les 16 secondes. Ces coïncidences, quoique fortuites, peuvent néanmoins, une fois constatées, servir de moyen mnémonique. Quoi d'étonnant à ce que, après cinq ans d'apprentissage, elles puissent permettre de reconstituer le bordereau ? Un peintre peut faire de mémoire le portrait d'un homme sans que cet homme soit truqué.

Sur la photographie composite que vous m'envoyez, voici ce que je remarque.

À première vue, je dois distinguer ce qui se rapporte à l'emplacement des lettres et ce qui se rapporte à leur forme. En ce qui concerne l'emplacement, on doit s'attendre à trouver, sur les photographies deux et trois, des parties équidistantes, puisque le triage des mots de la chaîne rouge et de ceux de la chaîne verte a été fait justement de façon à se rapprocher le plus possible de cette équidistance. Si ces pâtés étaient nets, on devrait conclure à la régularité d'espacement, qui serait facile à expliquer comme nous l'avons vu. Mais, comme ils sont très vaguement indiqués, cela veut dire simplement que cette régularité n'existe pas.

Ce qui concerne la forme serait plus intéressant. À ce point de vue, sur la photographie 3, je ne vois absolument rien ; sur la photographie 2, je n'ai d'abord rien vu non plus. Après, j'ai cru lire e r e ; j'ai cru voir ensuite intérêt, par autosuggestion probablement, parce que je ne le retrouve pas du tout. Finalement, voici les parties que je vois ressortir en noir : n m e r e ; d'ailleurs, ces cinq signes hiéroglyphes paraissent dus : les deux premiers qui n'ont aucune forme déterminée, à de véritables superpositions de jambages ; – le 3me, à la superposition d'un a et d'un e, probablement plus noirs dans l'original, l'a plus noir que l'e ; les deux derniers sont des lettres plus noires dans l'original. Rien donc à tirer de là.

En résumé, les calculs de M. Bernard [22] sont exacts. Ceux de M. Bertillon ne le sont pas. Le seraient-ils qu'aucune conclusion ne serait pour cela légitime, parce que l'application du calcul des probabilités aux sciences morales est, comme l'a dit je ne sais plus qui, le scandale des mathématiques, parce que Laplace et Condor-

---

> était destiné surtout à arguer d'une machination ; enfin, cinquièmement, que l'accusé seul me paraît devoir être l'auteur du bordereau. (*Le Procès Dreyfus devant le conseil de guerre de Rennes*, tome II, p. 388)

Dans son étude de la « forgerie » du bordereau, Valério produit, étudie la position et la fréquence des lettres *'i médian', t, ' premier e', r, 'deuxième e', i* composant le mot « intérêt », deux suites, celle des effectifs théoriques (7, 7, 26, 9, 19, 6) et celle des effectifs constatés (17, 15, 46, 20, 39, 10) (*Le Procès Dreyfus devant le conseil de guerre de Rennes*, tome II, p. 389).

21. Un kutsch est une règle triangulaire à échelles.

22. Claude-Maurice Bernard, ancien élève de l'École polytechnique (X 1882), fait une carrière d'ingénieur des mines. Il s'engage en faveur de Dreyfus et signe plusieurs pétitions d'intellectuels demandant la révision du procès de 1894. Il témoigne lors du procès de Rennes et est l'auteur en 1904 d'une brochure critiquant le système Bertillon [Bernard, 1904]. Bernard est entendu par la cour le 28 août 1899 (*Le Procès Dreyfus devant le conseil de guerre de Rennes*, t. 2, p. 436-445).

cet, qui calculaient bien, eux, sont pourtant arrivés à des résultats dénués de sens commun [23].

Rien de tout cela n'a de caractère scientifique, et je ne puis comprendre vos inquiétudes.

Je ne sais si l'accusé sera condamné, mais s'il l'est ce sera sur d'autres preuves. Il est impossible qu'une pareille argumentation fasse quelque impression sur des hommes sans parti-pris et qui ont reçu une éducation scientifique solide.

Votre bien dévoué,
H. Poincaré

5 Painlevé à Poincaré

Rennes, 4 septembre 99

Monsieur et cher Maître,

J'ai lu ce matin, au début de ma déposition la lettre que vous avez bien voulu m'écrire. L'effet a été saisissant, et il suffisait de regarder les membres du conseil pour comprendre l'influence que cette lettre avait sur eux. L'avis unanime est que l'on n'entendra plus parler de Bertillon. C'est un service considérable et peut-être décisif que vous avez rendu à la cause de la Justice et tous ses défenseurs me chargent de vous témoigner leur profonde reconnaissance.

J'ai eu ensuite une forte escarmouche avec Gonse [24] et Roget [25], et on m'assure que les deux généraux en sont sortis assez meurtris [26].

Je vous prie, Monsieur et cher Maître, de me rappeler au bon souvenir de Madame Poincaré et de me croire votre respectueusement dévoué

Paul Painlevé

---

23. L'expression de « scandale des mathématiques » en lien avec les applications du calcul des probabilités est utilisée par Joseph Bertrand :

> L'application du calcul aux décisions judiciaires est, dit Stuart Mill, le scandale des Mathématiques. L'accusation est injuste. On peut peser du cuivre et le donner pour or, la balance reste sans reproche. Dans leur travaux sur la théorie des jugements, Condorcet, Laplace et Poisson n'ont pesé que du cuivre. [Bertrand, 1888].

Sur Poincaré et la théorie des probabilités, voir [Mazliak, 2012].

24. Le général Charles-Arthur Gonse refuse les preuves de l'innocence d'Alfred Dreyfus qui apparaissent en 1894 et couvre les agissements et l'acharnement de l'accusation jusqu'au procès en révision de 1904.

25. Le général Gaudérique Roget est un témoin de l'accusation.

26. L'« escarmouche » à laquelle fait allusion a pour objet un compte rendu d'une discussion entre Painlevé et Jacques Hadamard. Voir *Le Procès Dreyfus devant le conseil de guerre de Rennes* (t. 3, p. 331-345) et la lettre 18 adressée par Poincaré à Ocagne le 26 avril 1899 (p. 599).

6 Painlevé à Poincaré

[24/05/1900] [27]

Monsieur et cher Maître,

Permettez-moi de préciser les explications que je vous ai données hier sous une forme obscure, encore que trop longuement.
Nous considérons l'équation

$$(e) \qquad y'' = 6y^2 + x \ ;$$

soit $y = f(x)$ une intégrale définie pour les conditions initiales régulières x_0, y_0, y_0' ; soit L une demi-droite du plan des x, issue de x_0, et soit a le premier point singulier transcendant de $f(x)$ qu'on rencontre sur L. Il faut montrer qu'un tel point a ne saurait exister.
Je remarque immédiatement que la transformation

$$(1) \qquad x = a + \mu X, \quad y = \frac{Y}{\mu^2}$$

change l'équation (e) en

$$(E) \qquad \frac{d^2Y}{dX^2} = 6Y^2 + \mu^4(a + \mu X).$$

Ceci posé, j'établis deux lemmes.

Lemme 1 – Soit D un domaine fermé donné dans le plan des x (d'ailleurs quelconque), et X_0, Y_0, Y_0' des valeurs données : pour les valeurs de μ suffisamment petites ($|\mu| < \epsilon$), l'intégrale $Y(X)$, définie par X_0, Y_0, Y_0' est méromorphe dans D.[+]
Le lemme subsiste si on suppose que X_0, Y_0, Y_0', au lieu d'être donnés, sont assujettis à la seule condition d'être moindre en module qu'une quantité A. Il est en défaut dès que le coëfficient de μ^4 dans (E) n'est pas une fonction linéaire de X.

Lemme 2 – Soit $M(x)$ le plus grand module des deux quantités $u(x) = (x - a)^2 f(x)$, $v(x) = (x - a)^3 f'(x)$. Quand x tend vers a sur L, il est impossible que $M(x)$ tende constamment vers l'infini.

Du second lemme, il résulte qu'on peut trouver des valeurs x_1 de x, aussi voisines de a qu'on veut, et pour lesquelles $u(x_1)$ ou $(x_1 - a)^3 f'(x)$ et $v(x_1)$ ou $(x_1 - a)^3 f'(x_1)$ ont des valeurs inférieures en module à une certaine quantité fixe A. Soit x_1 un de ces points : posons $\mu = x_1 - a$, et faisons le changement de variables

$$(1) \qquad x = a + \mu X, \quad y = \frac{Y}{\mu^2}, \quad y_x' = \frac{Y_x'}{\mu^3}.$$

27. Cette lettre est datée d'après les explications de F. Bureau publiées dans [Dugac, 1989a, p. 193] :

> La lettre de Painlevé [...] est une démonstration du fait qu'un point singulier transcendant n'existe pas à distance finie pour une intégrale de $y'' = 6y^2 + x$. En substance, c'est la même que celle du *Bulletin de la Société mathématique de France* en 1900 [Painlevé, 1900]. Cette lettre est datée d'un jeudi 24 mai.

F. Bureau poursuit en évoquant le contexte de la candidature de Paul Painlevé à l'Académie des sciences.

Aux valeurs x_1, $y_1 = f(x_1)$, $y'_1 = f'(x_1)$ correspondent des valeurs $X_1 = 1$, $Y_1 = u_1$, $Y'_1 = v_1$, ici $|u_1|$ et $|v_1|$ sont $< A$. L'intégrale $Y(X)$ de (E), définie par X_1, Y_1, Y'_1, doit admettre $X = 0$ comme point transcendant : d'où contradiction avec le premier lemme, puisque μ ou $(x_1 - a)$ peut être pris aussi petit qu'on veut. C.Q.F.D.

Excusez moi de vous avoir fait perdre tant de temps hier matin, et croyez moi, je vous prie, Monsieur et cher Maitre, votre respectueusement dévoué et reconnaissant

Paul Painlevé

$^{+}$ La quantité a est donnée.

7 Painlevé à Poincaré

Mercredi 6 avril [1904] [28]

Monsieur et cher Maître,

Maître Mornard [29] me demande d'insister auprès de vous sur l'importance qu'il attache au fait que vous fassiez connaître à la Cour [30] votre opinion sur le système Bertillon [31].

Ses raisons sont les suivantes :

D'abord, il espère éviter le renvoi devant un Conseil de Guerre [32] ; en tout cas, le minimum qu'il pense obtenir, c'est que la Cour déclare formellement (comme le voulait déjà Ballot-Beaupré [33]) que le bordereau est d'Esterhazy [34].

28. L'année est déterminée d'après la chronologie de l'affaire Dreyfus. Cette lettre évoque la procédure de révision du procès de Rennes devant la cour de cassation (1904-1906). D'après le contenu, cette lettre est rédigée au début de la procédure.
En 1904, Poincaré est co-auteur avec Darboux et Appell d'un rapport sur le système Bertillon [Poincaré et collab., 1909a]. Par ailleurs, les calendriers perpétuels indiquent que le 6 avril 1904 est bien un mercredi.

29. Henry Mornard (1859-1921) est l'avocat de Dreyfus pour la révision du procès de Rennes.

30. La demande de révision du procès de Dreyfus est examinée par la Cour de cassation.

31. Voir la lettre de Poincaré lue au procès de Rennes, p. 612.

32. La stratégie d'H. Mornard est d'obtenir l'annulation « sans renvoi » (sans nouveau procès) du jugement rendu à Rennes en 1899, ce qu'il obtient le 12 juillet 1906.

33. Alexis Ballot-Beaupré (1839-1917) est le président de la Cour de cassation entre 1900 et 1911.

34. Ferdinand Walsin Esterhazy est le coupable de l'affaire d'espionnage pour laquelle Dreyfus a été condamné, ce que la hiérarchie militaire refusait de reconnaitre. En 1904, le fait qu'Esterhazy était l'auteur du bordereau sur lequel l'accusation reposait est établi et reconnu par les anti-dreyfusards et même par Esterhazy. Dès 1898, Jean Jaurès [1898] écrit dans les articles qu'il consacre à l'Affaire Dreyfus :

> Que le bordereau sur lequel a été condamné Dreyfus soit d'Esterhazy, il n'y a plus de doute aujourd'hui pour personne et même beaucoup d'adversaires de Dreyfus le reconnaissent expressément. [...]
>
> Esterhazy lui-même a été obligé, sur ce point, à des aveux à peu près complets, et dans son procès même, les experts qui ont l'air de l'innocenter, l'accablent. [Jaurès, 1898, p. 120]

Or tous les témoins militaires ont basé essentiellement leur raisonnement sur la brochure verte (ultime exposé du système Bertillon-Valerio)[35] : dans cette brochure, l'auteur a prétendu répondre à vos objections de Rennes. Il importe que les magistrats puissent s'appuyer sur des autorités scientifiques pour refuser tout crédit au système Bertillon revu et corrigé ; et avant tout sur votre opinion, formellement maintenue malgré les audacieuses affirmations de la brochure verte.
En un mot, Me Mornard espère que votre intervention au Conseil de Guerre n'aura pas à se produire, au lieu qu'elle peut être des plus efficaces devant la Cour.
La forme de cette intervention serait d'ailleurs celle qui vous conviendrait le mieux : soit une lettre à Me Mornard qui ne serait pas publiée mais seulement communiquée à la Cour, et qui paraîtrait seulement dans le corps de l'enquête ; soit un témoignage direct devant la Cour.
Cette dernière forme serait peut-être la meilleure. Verriez-vous un inconvénient à vous laisser citer comme témoin pour affirmer formellement devant la Cour votre opinion de Rennes ?
Je vous prie, Monsieur et cher Maître, de présenter mes respectueux souvenirs à Madame Poincaré et de me croire votre tout dévoué

Paul Painlevé.

8 Painlevé à Poincaré

[1906][36] Jeudi

Cher Maître et ami,

J'ai remis, il y a trois semaines, au général Picquart[37] un projet de réforme de l'École Polytechnique[38] conforme aux idées que nous avons agitées ensemble et

35. [Anonyme (Un ancien élève de l'École polytechnique), 1904]. P. Painlevé et A. Molinier publieront une brochure pour répondre aux arguments de la « brochure verte » [Painlevé et Molinier, 1904]. Voir [Rollet, 2013].

36. Painlevé parle du « général Picquart ». Or, Picquart est réhabilité et nommé général en 1906. Il est de plus désigné comme « le ministre » et Picquart est nommé ministre de la guerre dans le premier gouvernement de Clémenceau (25 octobre 1906 - 23 juillet 1909).

37. Georges Picquart est ministre de la guerre, et à ce titre, responsable de l'École polytechnique. Painlevé et Picquart étaient proches. Alma Mahler évoque dans son autobiographie les soirées où ils jouaient du piano ensemble :

> Paul Painlevé [...] hatte sie oft mit dem General Picquart – bekannt aus dem Dreyfus-Prozeß– vierhändig gespielt. [Mahler-Werfel, 1960, p. 239]

38. Painlevé fait allusion aux tensions qui agitent le corps professoral et l'administration militaire quant à la vocation de l'École polytechnique. Le précédent ministre de la guerre, Louis André, souhaitait depuis le décès d'O. Callandreau supprimer la chaire d'astronomie de l'École polytechnique au profit d'une formation politique et économique des élèves. Poincaré pour sauver cette chaire avait accepté de l'occuper (1904-1908) tout en la partageant avec un cours d'économie sociale (Voir [Moatti, 2012]). Cet épisode intervient aussi dans le cadre de la préparation de la guerre qui conduit à introduire une année de formation militaire à l'entrée de l'École polytechnique. Les élèves entre 1906 à 1912 doivent effectuer une première année de service dans l'artillerie, puis suivre leur formation pendant deux ans.

qui agréaient aussi à Mercadier [39] et à Humbert [40]. Si je ne vous ai pas écrit depuis lors, c'est qu'il m'a été impossible de voir le ministre absorbé par son budget et par des commissions de généraux [41].

Samedi dernier seulement, j'ai enfin trouvé Farge qui m'a trouvé des renseignements sur l'état de la question, et ces renseignements sont tout à fait différents de ce que vous me communiquez. D'après Farge, la commission des Écoles militaires est saisie de l'organisation nouvelle de l'É[cole] P[olytechnique] conformément à la nouvelle loi militaire et il est difficile de la dessaisir tant qu'elle n'aura pas fait connaître son avis et proposé au moins un règlement des difficultés purement militaires. Le ministre a transmis à la dite commission le projet que je lui ai remis comme un projet officieux pouvant servir de base à la réforme. Il admet, ainsi que son cabinet, les lignes essentielles de ce projet : l'École Polytechnique ne fournissant plus qu'un très petit nombre d'officiers d'artillerie, la création d'un corps d'ingénieurs militaires (tant pour l'armée que pour la marine) se recrutant ainsi que les ingénieurs civils de l'état à l'É[cole] P[olytechnique]. Tous les élèves sortant de l'É[cole] P[olytechnique] feraient un an à Fontainebleau qui serait leur 2e année de service militaire. C'est également à Fontainebleau que passeraient, pour un an, tous les élèves sortant de St Cyr ou du rang qui seraient destinés à l'artillerie.

Il y a une petite difficulté légale à faire compter cette année de Fontainebleau comme 2e année de service militaire, et c'est vraisemblablement une des propositions soulevées à ce sujet à la commission qui a donné lieu au bruit dont vous me parlez. Mais je ne pense pas qu'un tel projet ait été retenu, ni surtout qu'il soit admis par le ministre : en effet, Mercadier avait songé à une combinaison assez semblable à celle-ci et qui consistait à faire chaque année 60 "petits chapeaux [42]" qui seraient sortis au bout d'un an de l'É[cole] P[olytechnique] pour entrer à Fontainebleau et devenir officiers. Or, dès que j'ai touché un mot de cela à Farge, il s'est élevé violemment contre cette combinaison, tenant ferme pour le projet par nous proposé.

Je verrai sûrement le ministre demain soir. Si je ne puis causer longuement avec lui de la question, je pense qu'il m'accordera du moins un rendez-vous très prochain. Je vous tiendrai au courant immédiatement de tout renseignement nouveau.

Voulez-vous présenter mes respectueux hommages à Madame Poincaré et me croire, cher Maître et ami, votre très cordialement dévoué.

Paul Painlevé

---

39. Ernest Mercadier (1836-1911), ingénieur des télégraphes a été directeur des études de l'École polytechnique de 1881 à 1909.

40. Georges Humbert a été professeur d'analyse à l'École polytechnique de 1895 à 1912. Voir p. 419.

41. Painlevé parle de Picquart, qui est alors ministre de la guerre.

42. Les « petits chapeaux » sont des élèves de l'École polytechnique qui intègre à leur demande l'École d'artillerie et du génie de Fontainebleau après une seule année d'étude (voir [Rollet, 2017, p. 118]).

9 Painlevé à Poincaré

Dimanche [05/1907[43]]

Cher Maitre et Ami,

Appell craint de ne pouvoir passer chez vous demain matin à cause d'un conseil, et il est indispensable que la liste pour laquelle nous voterons soit arrêtée. Une idée sage (il paraît que ce pourrait être aussi celle des adversaires), consisterait à nommer les doyens de chaque section des sciences physiques. La bataille ne s'engagerait ainsi qu'au scrutin définitif et ceux qui ne seraient pas du bon côté seraient obligés de voter expressément contre vous.
Vous ennuierais-je en passant demain matin (lundi) chez vous, vers 11h 1/2, pour prendre votre avis.
Présentez, je vous prie, mes respectueux hommages à Madame Poincaré et soyez sûr, cher Maître et ami, votre bien cordialement dévoué

Paul Painlevé

Il paraît que vous n'avez pas de concurrent à l'Académie Française. Les Costa de Beauregard[44] auraient-ils donc plus de jugement scientifique que les Giard[45], Gernez[46] et consorts[47] ?

10 Painlevé à Poincaré

Dimanche [15/12/1907[48]]

Cher Maitre et ami,

Mittag-Leffler me télégraphie de lui envoyer un télégramme très chaleureux de condoléances au sujet de la mort d'Oscar[49], et il me demande de vous prier d'en faire autant.
Voici ma mission remplie.

Votre bien cordialement dévoué,
Paul Painlevé

---

43. Cette lettre est datée d'après son contenu, la candidature de Poincaré au secrétariat perpétuel de l'Académie des sciences.

44. Charles Costa de Beauregard (1835-1909) est un historien membre de l'Académie française.

45. Alfred Giard (1846-1908) est un zoologiste membre de la section d'anatomie et zoologie de l'Académie des sciences.

46. Désiré Gernez (1834-1910) est un chimiste et physicien membre de la section de physique générale de l'Académie des sciences.

47. Les sections de physique et de sciences naturelles n'étaient pas favorables à la candidature de Poincaré au secrétariat perpétuel de l'Académie des sciences. Voir la lettre 16 adressée par Poincaré à Darboux (p. 218).

48. Cette lettre est datée d'après l'annonce du décès du roi Oscar II de Suède.

49. Le roi Oscar II de Suède et de Norvège est décédé le 8 décembre 1907. Poincaré enverra un télégramme (voir [Nabonnand, 1999, p. 346]).

Carl Pelz

Carl Pelz nait en 1845 à Bĕlec (Bohème). Après des études secondaires à Rakonitz, il intègre en 1869 l'Institut polytechnique de Prague où il suit les cours de Wilhelm Friedler et fait la connaissance de Emil et Eduard Weyr. Il enseigne dans un premier temps à l'Institut technique (*Technische Hochschule*) de Graz, d'abord comme *Privatdozent* (1876-1878), puis comme professeur extraordinaire (1878-1881), et enfin comme professeur ordinaire de géométrie (*Geometrie der Lage* et *Angewandte Darstellende Geometrie*) (1881-1896). En 1896, il est nommé professeur de géométrie descriptive à l'Institut technique de Prague. Il décède à Prague en 1908 [1].
Carl Pelz est l'auteur d'une vingtaine de notes ou articles de géométrie élémentaire (théorie des coniques) et de géométrie de la construction publiés dans les *Sitzungsberichte der Königlichen Böhmischen Gesellschaft der Wissenschaften* et dans les *Sitzungsberichte der Kaiserlichen Akademie der Wissenschaften in Wien*, les *Archiv der Mathematik und Physik* et dans les *Mathematische Annalen.*

Pelz à Poincaré

Graz, 11 März 1883

Hochgeehrter Herr!

Wollen sie gütigst entschuldigen, dass ich mir dir Freiheit nehme mit einer ergebenen Bitte an sie heranzutreten, durch deren Erfüllung Sie mir einen schönen Dienst erweisen, und mich zu besonderem Danke verpflichten würden.
Schon durch längere Zeit bin ich bemüht, Ihre Photographie im Wege des Buchhandels zu erlangen; leider würden meine Bemühungen bisher mit keinem Erfolge gekrönt, so dass ich mich genöthigt sehe, Sie direct um Ihre Photographie zu bitten, falls ich überhaupt in die Lage kennen will, einen der grössten Mathematiker unserer Zeit auch im Bilde kennen zu lernen.
In der Hoffnung keine Fehlbitte gemagt zu haben, verbleibe ich mit grösster Hochachtung,

Ihr ergebener
C. Pelz

Professor der tech. Hochschule in Graz in Östereich

1. Pour plus de précisions sur le parcours de Carl Pelz, voir sa notice dans la *Deutsche Biographie* (https ://www.deutsche-biographie.de/sfz94531.html).

P. Nabonnand et al. (eds.), *La correspondance entre Henri Poincaré et les mathématiciens*,
Publications des Archives Henri Poincaré Publications of the Henri Poincaré Archives,
https://doi.org/10.1007/978-3-7643-8288-9_57

Joseph Perott

Joseph Perott naît en 1854 à Saint-Petersbourg d'un père polonais et d'une mère russe dans une famille très aisée. Hermite dans une lettre qu'il adresse en 1884 à Angelo Genocchi précise en parlant de Perott « qu'étant extrêmement riche, il se consacre entièrement à l'étude et à son goût pour les mathématiques » [Michelacci, 2006, p. 159]. Il étudie les mathématiques à Berlin et Paris dans les années 1880 et fréquente les milieux révolutionnaires [1]. Il adhère en 1882 à la Société mathématique de France et publie plusieurs mémoires dans le *Bulletin*. En 1889, il émigre aux USA, étudie un moment à l'Hopkins University et obtient une position d'enseignant à la Clark University à Worcester où il exerce jusqu'à sa retraite en 1921. Il décède en 1924 à Worcester [2].
Joseph Perott publie entre 1882 et 1899 une vingtaine de communications en arithmétique et sur la théorie des groupes de Galois dans le *Bulletin de la Société mathématique de France*, le *Journal für die reine und angewandte Mathematik*, le *Bulletin des sciences mathématiques*, le *Bulletin de bibliographie et d'histoire des sciences mathématiques et physiques*, l'*American Journal of Mathematics* et le *Quaterly Journal of Pure and Applied Mathematics*. Il ouvre la session du congrès de Chicago consacrée à la théorie des groupes [3].
Les lettres adressées à Poincaré par Perott concernent pour les deux premières l'administration de la Société mathématique de France. Dans la troisième, Perott défend un point de vue abstrait pour présenter la théorie des groupes dans le *Répertoire bibliographique des sciences mathématiques*. Dans une lettre datée de 1899, Poincaré refuse une invitation à la *Decenial conference* de l'université Clark.

1. Son activité politique lui donne l'occasion de rencontrer S. Kowalevskaja durant le séjour parisien de cette dernière en 1881-82 (pour plus de précisions, voir [Cooke, 2002, p. 11]).
2. Pour plus de précisions sur le parcours de Perott, voir [Cooke, 1996].
3. [Rowe et Parshall, 1994, p. 321].

P. Nabonnand et al. (eds.), *La correspondance entre Henri Poincaré et les mathématiciens*, Publications des Archives Henri Poincaré Publications of the Henri Poincaré Archives, https://doi.org/10.1007/978-3-7643-8288-9_58

1 Perott à Poincaré

Gra - Thumiac [4], le 22 sept. 1885

Monsieur le Secrétaire [5],

J'ai l'honneur de vous informer que mon adresse sera désormais :

à Gra - Thumiac
Commune d'Arzon (Morbihan) [6]

Veuillez agréer, Monsieur le Secrétaire, l'hommage de mon plus profond respect.

Joseph Perott

P.S. : Dans l'ordre alphabétique je dois venir avant M. Perrin [7].

2 Perott à Poincaré

Gra - Thumiac, le 22 sept. 1885

Monsieur,

Le récent article de M. Perrin [8] n'est pas sans avoir de la ressemblance avec un Mémoire de Gauss qu'on trouve aux pages 387-390 du second volume de ses Œuvres [9]. Si en votre qualité de rédacteur de notre *Bulletin*, vous croyez utile de prévenir M. Perrin ou la Société, vous pourrez le faire mais sans me nommer. Il faut que je reste hors du jeu.
Agréez, Monsieur, l'hommage de mon plus profond respect

Joseph Perott

4. Thumiac est un mégalithe dans le Morbihan.

5. Poincaré est secrétaire de la Société mathématique de France en 1884 et 1885. Il en sera le président en 1886.

6. J. Perott apparaît dans la liste des membres de 1885 de la Société mathématique de France comme demeurant à « Port-Navalo, par Arzon (Morbihan) ». Il est par ailleurs indiqué que Perott est sans profession (S. P.).
L'adresse ne sera actualisée qu'en 1890 quand il est indiqué que Perott a pour adresse « Université John Hopkins, à Baltimore ».

7. Perott apparaît après Perrin dans la liste des membres de 1885 de la Société mathématique de France. Ce ne sera rectifié qu'en 1888.

8. Perott parle d'un petit article publié dans le *Bulletin de la Société mathématique de France* par Raoul Perrin [1885] sur l'équation $x^3+y^3=z^3$. La contribution de R. Perrin est accompagnée d'une note de la rédaction :

> Le théorème de Fermat a été démontré pour un très grand nombre d'indices premiers impairs et en particulier pour l'indice 3. Nous insérons néanmoins l'analyse de M. Perrin, dont on peut se servir pour simplifier la démonstration de cette impossibilité.

R. Perrin est à l'époque ingénieur en chef des Mines au Mans (pour plus de précisions, sur le parcours de Perrin, voir [Nivoit, 1910]).

9. [Gauss, 1863]. La note de Gauß dont parle Perott est un extrait de son *Nachlaß* ; elle présente effectivement des ressemblances avec l'article de Perrin.

3 Perott à Poincaré

Gra - Thumiac, commune d'Arzon, le 5 mai 1887

Monsieur,

J'ai l'honneur de vous adresser quelques observations au sujet de la formule de classement [10]. Il est quelquefois utile de traiter la théorie des groupes d'une manière abstraite, indépendamment de son application à la théorie des nombres, théorie des équations, théorie des substitutions, etc... Tel est par exemple le §1 du Mémoire de M. Kronecker (*Monatsb. der Berl. Acad.* vom 1 Dec. 1870) [11]. Je veux naturellement parler des groupes qui s'appliquent à telle ou telle branche des mathématiques mais que l'auteur pour une raison ou pour une autre traite d'une manière abstraite. Peut-être pourrait-on-consacrer à de tels groupes une sous-classe dans J [12]. La sous-classe „Arithmétique et théorie des nombres" de la classe I doit être partagée en deux : th[éorie] des nombres pure et théorie des nombres analytique (c'est-à-dire où l'on applique l'algèbre, l'anal[yse] infinitésimale, etc.) [13]. Une partie de la théorie des nombres analytique se trouve déjà comprise dans F, mais la théorie de la division du cercle ne pourrait pas y entrer [14]. Cette théorie de la div[ision] du cercle devra naturellement figurer aussi dans la sous-classe „géométrie élémentaire" de la classe K [15]. La résolution en nombres entiers de l'équation

$$ax^2 + 2bxy + cy^2 = M$$

appartient également à la sous-classe „analyse indéterminée" et à la sous-classe

10. En tant que membre de la Société mathématique de France, Perott a dû recevoir le projet préliminaire de classification du *Répertoire bibliographique des sciences mathématiques* qui donnera lieu à la version proposée lors de la préparation du congrès international de bibliographie mathématique [Commission permanente du Répertoire bibliographique des sciences mathématiques, 1888]. Voir p. 8.

11. Dans cet article, Kronecker [1870] étudie les propriétés formelles d'un ensemble fini muni d'une multiplication commutative, associative et fidèle.

12. Un item J.4.g « Théorie générale des opérations »est ajouté à la sous-classe J.4 « Théorie des groupes de transformations »dans la version finale de l'index [Commission permanente du Répertoire bibliographique des sciences mathématiques, 1893].

13. La classe I (voir ci-dessous la note 16) subit entre les deux versions de nombreuses modifications ; pour autant, la suggestion de Perrin ne semble pas avoir été prise en compte.

14. La classe F est dévolue aux « Fonctions elliptiques avec leurs applications ».

15. Le domaine de la classe K, « Géométrie et Trigonométrie élémentaires (étude des figures formées de droites, plans, cercles et sphères) ; Géométrie du point, de la droite, du plan, du cercle et de la sphère ; Géométrie descriptive ; Perspective », n'est pas modifié. Par contre, la sous-classe K.9 de la classe K intitulée « Circonférence du cercle » qui devient la sous-classe K.10 (du fait de l'ajout d'une sous-classe consacrée à la géométrie analytique) évolue quelque peu. L'intitulé de l'item K.9.d (qui devient K.10.d) passe de « La circonférence envisagée comme une conique ; points cycliques du plan ; expression des angles à l'aide des rapports anharmoniques. Cercle imaginaire. » à « La circonférence envisagée comme une conique ; points cycliques du plan ; expression des angles à l'aide des rapports anharmoniques. Divisions homographiques sur une circonférence ; divisions harmoniques. Cercle imaginaire. » et se voit adjoindre un nouvel item K.10.e, « Théorèmes et problèmes divers dans l'énoncé desquels ne figurent qu'une circonférence, des droites et des points. ».

„théorie des formes“ de la classe I [16]. Moi, j'aurais plutôt rangé ce problème dans la sous-classe „théorie des formes“ et je n'aurais rangé dans la sous-classe „analyse indéterminée“ que des problèmes comme les suivants : résoudre en nombres rationnels l'équation

$$ax^4 + 2bx^2y^2 + cy^4 = \text{un carré.}$$

Peut-être vaudrait-il mieux de mettre „analyse de Diophante“ au lieu de "analyse indéterminée" car on peut attribuer le sens que l'on veut à la première expression.
J'aurai subdivisé la sous-classe „théorie des équations algébriques„ de la classe A [17] en deux : résolution numérique et résolution algébrique des équations. Peut-être faudrait-il encore une sous classe pour les théorèmes généraux [18].
C'est Galois qu'il faut et non Gallois [19].
Veuillez agréer, Monsieur, l'hommage de mon plus profond respect.

Joseph Perott

P.S. : Je m'aperçois dans ce moment que la théorie de l'interpolation manque dans la formule de classement [20].

---

16. La classe I (« Arithmétique et théorie des nombres ; analyse indéterminée ; théorie arithmétique des formes, des nombres complexes et des fractions continues ; division du cercle ; transcendance de e et π. ») du projet de classification [Commission permanente du Répertoire bibliographique des sciences mathématiques, 1888] est dévolue au domaine de l'arithmétique. Son périmètre général évolue légèrement puisque, en 1893, dans l'*Index du Répertoire*, son intitulé devient : « Arithmétique et théorie des nombres ; analyse indéterminée ; théorie arithmétique des formes et des fractions continues ; division du cercle ; nombres complexes, idéaux, transcendants. ».

L'expression « analyse indéterminée » désigne la théorie des équations polynomiales à coefficients entiers et plus spécifiquement les techniques qui permettent d'obtenir des solutions entières ou rationnelles de ces équations. Ce domaine est bien entendu associé à l'arithmétique de Diophante (voir par exemple, l'ouvrage d'Édouard Lucas [1873], *Recherches sur l'analyse indéterminée et l'arithmétique de Diophante*). L'item I.11.b du projet de classification s'intitule « Représentations d'un nombre ou de plusieurs nombres par une ou plusieurs formes linéaires ; analyse indéterminée du premier degré. », la sous-classe I.18 concerne le domaine de l'« Analyse indéterminée d'ordre supérieur au premier », l'item I.18.a plus spécifiquement l'« Analyse indéterminée du second degré » et l'item I.18.c les « Autres équations indéterminées ». Ces désignations sont conservées dans l'*Index du Répertoire bibliographique des sciences mathématiques* [Commission permanente du Répertoire bibliographique des sciences mathématiques, 1893].

17. La classe A est intitulée dans les deux versions de la classification « Algèbre élémentaire ; théorie des équations algébriques et transcendantes ; groupes de Galois ; fractions rationnelles ; interpolation. ».

18. La sous-classe A.3 évolue quelque peu entre les deux versions de l'*Index* mais pas dans le sens proposé par Perott.

19. Cette faute n'apparaît pas dans le projet de classification du *Répertoire bibliographique*. Par contre, elle est reprise par Victor Schlegel dans sa lettre adressée à Poincaré le 19/05/1887 (p. 672). Elle apparaît aussi dans le manuscrit de l'adresse de Poincaré à Joseph Bertrand (p. 94).

20. Dans le projet de classification proposé au Congrès international de bibliographie mathématique (Paris - juillet 1889), s'il n'y a pas d'entrée explicitement consacrée à la théorie de l'interpolation, la question de l'« interpolation » apparait néanmoins plusieurs fois. D'abord dans l'intitulé général de la classe *A* « Algèbre élémentaires ; théorie des équations algébriques et transcendantes ; groupes de Galois ; fractions rationnelles ; interpolation », puis dans celui de l'item *A*5, « Fractions rationnelles ; interpolation » et dans le sous-item *A*5*b* dédié aux « Formules algébriques d'interpolation ». La notion d'interpolation est citée aussi dans le sous-item

4 Poincaré à Perott

[Début 1899 [21]]

Monsieur,

Je suis extrêmement flatté de l'honneur que vous voulez bien me faire en m'invitant à faire des conférences à l'Université de Worcester. Et ce n'est pas sans le plus vif regret que je me vois forcé de refuser cette invitation [22].
Malheureusement mon cours ayant lieu cette année par exception dans le second semestre, ne sera pas terminé en temps utile pour que je puisse me trouver en Amérique au moment des fêtes [23]. D'autre part, la commission du répertoire bibliographique de la Société Royale doit probablement se réunir à Londres au commencement de juillet et je ne pourrai manquer d'assister à cette réunion puisque je suis le seul représentant de la France dans cette commission [24].
Soyez persuadé que je regrette infiniment de manquer cette occasion de faire la connaissance de mes collègues américains.
Veuillez agréer, Monsieur et Cher Collègue, l'assurance de mes sentiments de sincère confraternité,

Poincaré

$D6b\beta$ intitulé « Interpolation trigonométrique » de l'item $D6$ consacré aux fonctions algébriques, circulaires et diverses, dans le sous-item intitulé « interpolation » visant les travaux utilisant des techniques d'interpolation dans les questions d'« élimination de l'inconnue entre deux équations doublement périodiques »et dans le sous-item $H11a\alpha$ consacré aux applications de la « Théorie des différences »($H11a$) à la sommation des séries et à l'interpolation. L'oubli signalé par Perott est donc réparé significativement.

21. Cette lettre est datée d'après la référence aux cérémonies du dixième anniversaire de l'université Clark de Worcester.

22. Perott avait dû inviter Poincaré à l'occasion du dixième anniversaire de l'Université Clark dans laquelle il enseignait. À cette occasion, cinq scientifiques étrangers donnèrent durant la première semaine de juillet 1899 une série de conférences. Parmi eux, on peut citer Émile Picard [1899e,b,c] et Ludwig Boltzmann [1899].

23. D'après l'« Analyse des travaux scientifiques de Poincaré [1921a] faite par lui-même », il a enseigné lors des deux semestres de l'année universitaire 1898-1899 : « Sur les nouvelles théories électrodynamiques » au premier semestre et un cours sur les « Figures de la Lune » au second semestre. En général, Poincaré donne un cours à chaque semestre.

24. Cette réunion aura lieu en fait début août. Voir la lettre (p. 212) que Poincaré adresse à Darboux aux alentours de la date de la réunion de la commission de l' *International Catalogue of Scientific Literature*.

Julius Petersen

Julius Petersen naît en 1839 à Soro (Danemark) dans une famille d'artisans. En 1854, il est obligé d'interrompre ses études pour entrer en apprentissage. Suite à un concours de circonstances familiales, il peut reprendre une formation de technologie. Après avoir obtenu une certification d'ingénieur en 1860 tout en commençant à publier des notes en mathématiques, il reprend en 1862 des études de mathématiques et soutient en 1871 à l'Université de Copenhague une thèse sur les équations résolubles par quadrature (avec des applications à la géométrie de la règle et du compas)[1]. Petersen est immédiatement recruté pour assurer les enseignements de mathématiques de l'École polytechnique de Copenhague où il obtiendra une position de professeur en 1887. Il décède en 1910 à Copenhague.
Les intérêts mathématiques de J. Petersen sont divers (algèbre, analyse, géométrie, mécanique, physique théorique, économie mathématique) mais il est surtout connu pour ses contributions en mathématiques discrètes, particulièrement en théorie des graphes. Il publie plus de quatre-vingt notes et articles pour beaucoup dans des revues académiques danoises. Il est aussi l'auteur de manuels[2].
Le court échange entre Petersen et Poincaré s'inscrit dans le cadre de la réception de la théorie des groupes fuchsiens. Petersen ne publie rien dans ce domaine même si l'étude des groupes de transformations discrets a quelques liens avec ses intérêts mathématiques. Les lettres adressées par Poincaré à Petersen sont conservées à la Det Kongelige Bibliotek de Copenhague.

1. Un résumé de la thèse de Petersen est publié dans les *Nouvelles annales de mathématiques* ((2) 10 (1871), p. 506-508).
2. Pour plus de précisions sur la vie et l'œuvre de Julius Petersen, on peut consulter [Lützen et collab., 1992] et [Christiansen et collab., 1992].

P. Nabonnand et al. (eds.), *La correspondance entre Henri Poincaré et les mathématiciens*,
Publications des Archives Henri Poincaré Publications of the Henri Poincaré Archives,
https://doi.org/10.1007/978-3-7643-8288-9_59

1 Petersen à Poincaré

Copenhagen, 8/3/83
Fredriksberg Allé 7

Monsieur !

Erstens bitte ich entschuldigen, dass ich Deutsch schreibe ; ich denke, dass sie mich lieber diese als die französische Sprachen misshandeln sehen werden. Die Ursache, dass ich mich die Freiheit nehme zu schreiben ist die grosse Interesse, mit der ich ihre Abhandlung in Acta gelesen habe[3]. Ich habe dabei einige Bemerkungen gemacht über die ich ihre Meinung gern hören möchte.

Ich denke hier besonders an eine andere Eintheilung der Gruppen, welche mir scheint für die folgenden Untersuchungen einige Bedeutung bekommen zu können. Ich nehme hier gewisst nicht alle Gruppen mit indem ich voraussetze, dass die Doppelpunkte der hyperbolischen Substit[utione] der Gruppe im Allgemeinen einen endlichen Abstand von einander haben. Nehme ich dann einen nicht besonderen reellen Punkt A und transformiere dieser durch alle Substit[utionen] der Gruppe, erhalte ich Punkte, die im allgemeinen von einander einen endlichen Abstand haben. Von diesen Punkten sei B die nächste folgende. Die Substit[ution] : $(AB) = \mathcal{S}$ ist dann eine bestimmte Substit[ution] der Gruppe. Da z und t gleichzeitig wachsen, muss $\mathcal{S}(B)$ den nächst folgenden Punkt C geben und so weiter. Ist eine $\mathcal{S}$ elliptisch, muss S eine endliche Angabe Mal angewendet (durch ∞) wieder nach A führen. Die Gruppe ist endlich ; $K = e^{\frac{2\pi i}{n}}$.

Ist $\mathcal{S}$ hyperbolisch nähert man sich durch $\mathcal{S}$ et $\mathcal{S}^{-1}$ den Doppelpunkten, die nächst folgenden

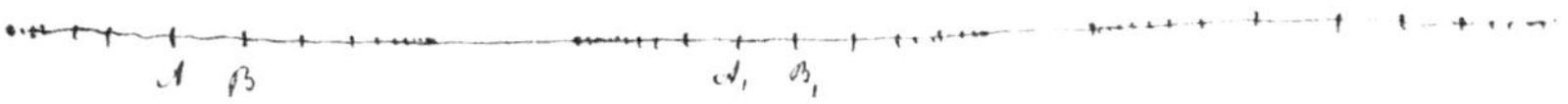

Punkten zwischen einen ähnlichen Abschnitt.

Ist $(AA_1) = \mathcal{T}$; $(A_1B_1) = \mathcal{S}_1$, hat man :

$$\mathcal{S}_1 = \mathcal{T}^{-1}\mathcal{S}\mathcal{T}$$

$\mathcal{S}$ und $\mathcal{S}_1$ haben den nämlichen Multiplicateur. Ist $\mathcal{T}$ elliptisch, bekommt man eine endliche Anzahl Stücke. Man muss $\mathcal{T}^n = 1$ haben (n endlich) und $\mathcal{T}$ einen gewisse Ungleichheiten befriedigen, so dass die Stücke nicht in einander greifen.

Ist $\mathcal{T}$ hyperbolisch, nehmen die Stücke der Länge ab und werden an den Doppelpunkte unendlich klein. Man hat so zwischen diesen Doppelpunkte ein zusammengesetztes Stück und die übrigen Punkte bilden ähnliche ein zusammengesetzte Stücke und so weiter.

3. D'après ce qui suit, J. Petersen parle du mémoire de Poincaré [1882k] sur les groupes fuchsiens publié l'année précédente.

Ich meine hieraus eine vollständige Analogie mit den imprimitiven Gruppen der algebraischen Functionnen [4] zu sehen, so dass entsprechende Functionnen sich zu den einfacheren $\mathcal{S}$ und $\mathcal{T}$ entsprechenden zurückführen lassen. Über dieses möchte ich gern Ihrer Meinung hören. Haben Sie die kübsche Construction der Theilung des Kreises (im Lobatschevskyscher Meinung) bemerkt. Wenn O der neue Centrum ist sind $AB = CD$ dann ist $A_1B_1 = C_1D_1$ (in neuer Verstand).

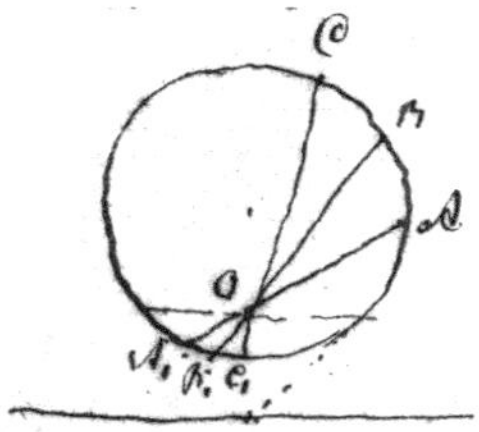

In der Hoffnung dass Sie mir meine Freiheit nicht übel nehmen,

Mit besonderer Hochachtung,
Julius Petersen

2 Poincaré à Petersen

[03/1883] [5]

Monsieur,

J'ai lu votre lettre avec le plus grand intérêt et la classification que vous proposez me semble susceptible d'un grand avenir, mais à une condition toutefois. Il faut d'abord démontrer qu'il existe des groupes dont les points singuliers sont en général à distance finie les uns des autres. Or la chose est douteuse et me semble même peu probable.

Il est plus vraisemblable que les points singuliers forment ce que M. Cantor appelle *eine perfekte Punktmenge*, c'est-à-dire une Punktmenge qui se confond avec son Ableitung.

En effet, M. Picard a démontré dans une note récente (*Comptes Rendus de l'Académie des Sciences de Paris*, séance du 19 février 1883) [6] le théorème suivant. Soient $x = P(z)$, $y = Q(z)$ deux fonctions de z uniformes dans tout le plan et ayant seulement un nombre fini de points singuliers essentiels ; s'il existe entre ces deux fonctions une relation algébrique, elle doit être de genre 0 ou 1.

Sa démonstration s'applique au cas où les deux fonctions admettent un point singulier isolé, c'est-à-dire tel qu'on puisse tracer un cercle de rayon fini n'enveloppant que ce seul point singulier.

Il résulte de là que les seuls groupes qui puissent présenter de pareils points sont ceux de genre 0 et de genre 1 [7].

4. Voir [Jordan, 1870, p. 34].

5. Cette lettre est la réponse à la précédente lettre de Petersen.

6. [Picard, 1883a]. Picard [1880d] aborde cette question un article publié dans le *Bulletin des sciences mathématiques*. Sur ce point, voir les lettres adressées par Émile Picard à Poincaré en 1881 et 1883 (p. 636-640).

7. Poincaré montre que les fonctions envisagées par Petersen ne peuvent qu'être rationnelles ou elliptiques.

C'est-à-dire que si $2n$ est le nombre des côtés de la $1^{\text{ère}}$ sorte et q le nombre des cycles fermés, on doit avoir

$$n = q$$

ou bien

$$n = q + 1.$$

Veuillez agréer, Monsieur, l'assurance de ma considération la plus distinguée.

Poincaré

3 Petersen à Poincaré

[14/03/1883] [8]

Til Monsieur Poincaré
66, rue Gay Lussac
Paris.
Monsieur !

Meinen höchsten Dank für Ihren Brief. Die Gruppe abgeleitet von

$$S : t = \frac{az + b}{bz + a} \quad \text{und} \quad T : t = -\frac{1}{z}$$

scheint mir meiner Voraussetzung zu entsprechen ; derer da $TS = S^{-1}T$, haben alle Substi[tution] die Form S^α oder $S^\alpha T$; die erstens haben die Doppelp[unkte] : $+1, -1$; die anderen sind elliptisch mit $K = -1$. Ich zweifle aber jetzt selbst daran, dass es viele solcher Gruppen gibt.
Ihr ergebenster

Julius Petersen [9]

4 Poincaré à Petersen

[03/1883] [10]

Monsieur,

Le groupe dont vous me parlez dans votre carte est un de ceux qui donnent naissance aux fonctions elliptiques [11]. En effet posant

$$Z = \frac{z - 1}{z + 1}$$

8. Cette carte de la *Verdenspostforeningen* (Union générale des postes) est datée d'après le tampon postal.

9. Poincaré a écrit quelques formules sur cette carte : $in - i\eta$, $\eta = \zeta + h$, $\zeta + h$ (*barré*), $-h + in - \zeta - h$, $\eta + \frac{in}{2}$, $-\eta - \frac{in}{2}$

10. Cette lettre répond à la carte précédente de Petersen.

11. Voir la lettre précédente de Poincaré (p. 631).

vos substitutions deviennent

$$(Z, e^K Z) \qquad \text{et} \qquad (Z, -\frac{1}{Z})$$

k étant une constante. Posons

$$Z = e^{\eta}.$$

Elles deviendront :

$$(\eta, \eta + k) \qquad \text{et} \qquad (\eta, i\pi - \eta).$$

Soit donc $f(\zeta)$ une fonction doublement périodique paire avec les périodes $2i\pi$ et K.

Vous aurez

$$f\left(\eta + \frac{i\pi}{2}\right) \qquad \text{ou} \qquad f[log z\sqrt{-1}]$$

ou

$$f\left[log\left(\frac{(z-1)\sqrt{-1}}{z+1}\right)\right]$$

qui admettra vos deux substitutions S et T.

Votre bien dévoué,

Poincaré

Émile Picard

Charles-Émile Picard naît à Paris en 1856 dans une famille de moyenne bourgeoisie. Après des études secondaires au Lycée Henri IV (alors Lycée Napoléon), il intègre l'École normale supérieure en 1874 et obtient l'agrégation de mathématiques en 1877. Le 16 juin de la même année, il soutient à la Faculté des sciences de Paris une thèse intitulée *Application de la théorie des complexes linéaires à l'étude des surfaces et des courbes gauches* devant un jury composé de Victor Puiseux, Jean-Claude Bouquet et Gaston Darboux. D'abord préparateur agrégé à l'École des hautes études et maitre de conférences à la Faculté des sciences de Paris (1877-1881), chargé de cours à la Faculté des sciences de Toulouse (1879-1881), professeur suppléant (de J.-C. Bouquet) à la Faculté des sciences de Paris (1881-1886), il obtient en 1886 la chaire de calcul différentiel et intégral de la Faculté des Sciences de Paris. Picard conserve cette chaire jusqu'en 1896, date à laquelle il est nommé professeur d'analyse supérieure [1]. Il conserve cette position jusqu'à sa retraite en 1931. É. Picard décède en 1941.
Lauréat du Prix Poncelet en 1896 pour l'ensemble de ses travaux mathématiques, l'Académie des Sciences lui décerne en 1888 le Grand Prix des Sciences mathématiques suite aux conclusions d'un rapport élogieux rédigé par Poincaré [2].
Les intérêts mathématiques d'Émile Picard concernent pour l'essentiel l'analyse complexe et la géométrie algébrique. Il est l'auteur de plus de 400 articles ou notes publiés pour la plupart dans des revues françaises [3]. Il est aussi l'auteur de plusieurs ouvrages et manuels dont un *Traité d'analyse* [4] qui sera réédité tout au long de sa vie [5].
Seules les lettres adressées par Émile Picard ont été conservées. Elles sont essentiellement mathématiques et concernent les interactions entre les travaux des deux mathématiciens. Ces lettres expriment bien l'estime, la rivalité et une forme d'amicale distance qui caractérisaient la relation que les deux mathématiciens entretenaient.

1. Picard avait aussi été nommé en 1894 professeur de mécanique générale à l'École centrale de Paris
2. [Picard, 1889a] ; [Poincaré, 1888a].
3. Sur les travaux d'É. Picard [1889b] avant 1889, voir la notice qu'il rédige à l'occasion de son élection à l'Académie des sciences.
4. [Picard, 1891-1896].
5. La 4e édition date de 1942.

P. Nabonnand et al. (eds.), *La correspondance entre Henri Poincaré et les mathématiciens*,
Publications des Archives Henri Poincaré Publications of the Henri Poincaré Archives,
https://doi.org/10.1007/978-3-7643-8288-9_60

1 Picard à Poincaré

Toulouse, le 17 Mai 1881

Monsieur,

Je m'empresse de répondre[6] à la remarque que vous me faites sur mon mémoire inséré au bulletin de M. Darboux[7]. Il s'agit d'établir que la relation :

$$\int_{u_0}^{u} \frac{f(u,v)\,du}{F'_v(u,v)} = G_1(z) \quad \text{(I)}$$

ne peut être satisfaite par une fonction uniforme de z ; on y parvient de la manière suivante : Remarquons tout d'abord qu'une équation $u(z) = a$ étant donnée, les valeurs d'une fonction $G_1(z)$ pour les racines de cette équation peuvent former une suite infinie, mais il est clair que A étant un nombre absolument quelconque et ε aussi petit qu'on voudra, il n'y aura pas dans cette suite de terme différant de A de moins de ε. Or c'est précisément ce qui arriverait d'après l'équation (I), car on peut admettre que l'intégrale du premier membre a au moins quatre périodes ($p > 1$), et alors pour une valeur donnée de u le premier membre s'approche autant que l'on veut de toute valeur donnée (Jacobi dit autant que l'on veut de zéro ; dans son cours M. Hermite prend une valeur quelconque donnée).

Voilà une des formes que j'ai données à la démonstration : mais ce n'est pas la seule que je possède, et on peut facilement encore montrer que parmi les valeurs de z donnant une valeur G_1 qui corresponde à $u = \infty$, il y en aura certainement pour lesquelles u cessera d'être uniforme.

Je regrette vivement, dans ma rédaction faite un peu précipitamment et à une époque où j'avais autre chose dans la tête que des théorèmes d'algèbre, d'avoir donné une raison que vous considérez fort bien comme nullement évidente. Je suis heureux cependant que cette circonstance nous ait donné l'occasion d'entrer en relations et j'espère que nos études qui ont tant de points communs la feront souvent renaître.

J'ai suivi avec un bien grand intérêt vos recherches sur les fonctions Fuchsiennes. Je crois avoir obtenu un résultat qui vous intéressera dans cette théorie ; il est relatif

6. La lettre à laquelle répond Picard est perdue comme la plupart des lettres et des papiers conservés par Picard (voir [Dugac, 1986, p. 196]).

7. [Picard, 1880d]. Dans cet article que Poincaré citera plusieurs fois, É. Picard montre que deux fonctions u et v liées par une relation algébrique irréductible de degré m, $F(u,v) = 0$ sont nécessairement rationnelles ou elliptiques.

La question de Poincaré concerne le raisonnement un peu rapide de Picard des pages 420-421 de son article. Après avoir montré que le cas du genre 0 ne pose aucun problème, Picard se place dans le cas où le genre est strictement supérieur à 1, d'où il conclut que l'intégrale

$$\int_{u_0}^{u} \frac{f(u,v)\,du}{F'_v(u,v)}$$

a au moins trois périodes et « qu'à une valeur de u correspondent deux valeurs de z dont la différence a un module aussi petit que l'on voudra », l'argument étant qu'une somme de multiples des périodes peut être « rendue moindre que toute quantité donnée » dès que le nombre de celles-ci est supérieur à trois.

aux courbes du second genre : les coordonnées d'un point de cette courbe peuvent être exprimées par des fonctions uniformes d'un paramètre [8]. Je n'ai pas encore bien établi l'exacte dépendance entre ces fonctions et vos fonctions Fuchsiennes [9], et j'ai d'ailleurs encore besoin de lever quelques doutes sur certains points du dernier mémoire de M. Fuchs [10], avant de publier ce résultat.
Veuillez agréer, Monsieur, l'assurance de ma considération la plus distinguée.

Em. Picard

2 Picard à Poincaré

[juillet 1881] [11]

Monsieur et cher collègue.

Je comprends très bien les réflexions que vous ont suggérées vos études si remarquables sur les fonctions Fuchsiennes à propos de mon théorème sur le genre des courbes algébriques dont les coordonnées peuvent s'exprimer par des fonctions uniformes (n'ayant que des pôles) d'un paramètre. J'ai été ainsi conduit à serrer de plus près cette démonstration, ce qui m'a amené à traiter en même temps divers autres problèmes, mais je ne suis pas encore en mesure de vous exposer complètement cette étude et je veux seulement vous dire aujourd'hui que la vérité du théorème en question ne me laisse aucun doute. J'avais commencé autrefois ces recherches par l'examen des courbes hyperelliptiques :

$$v^2 = (u - a_1) \cdots (u - a_m),$$

vous trouverez la démonstration dans les Comptes Rendus de Juillet 1880 [12]. Elle est irréprochable et trouve son point de départ dans un théorème sur les fonctions

8. Émile Picard [1881a] publie dans le compte rendu de la séance de l'Académie des sciences du 6 juin 1881 une note dans laquelle il se propose d'« indiquer une marche à suivre pour reconnaître si l'on peut exprimer les coordonnées u et v d'un point quelconque d'un courbe algébrique donnée

$$F(u, v) = 0$$

par des fonctions fuchsiennes d'un paramètre correspondant à un groupe fuchsien donné. »

9. Picard [1881a] explique dans sa note qu'il se propose d'étudier « en quelque sorte » une question inverse à celle que Poincaré a explorée avec sa théorie des groupes fuchsiens :

> On connaît les intéressantes recherches de M. Poincaré sur les fonctions uniformes, considérées seulement par M. Fuchs dans quelques cas particuliers, et qui peuvent s'obtenir par l'inversion du quotient de deux intégrales d'une équation linéaire du second ordre. M. Poincaré partage ces fonctions en différentes classes, suivant le groupe fuchsien auquel elles appartiennent et établit qu'entre deux fonctions fuchsiennes correspondant à un même groupe existe une relation algébrique. [Picard, 1881a, p. 1332]

10. [Fuchs, 1881b].

11. Cette lettre est datée d'après l'allusion à la note de Picard [1881a] publiée début juillet 1881. Voir la note 9, p. 637.

12. Dans sa note « Sur une propriété des fonctions et des courbes algébriques », Picard [1880b] rappelle le résultat de sa note sur « une propriété des fonctions uniformes d'une variable, liées par une relation algébrique » [Picard, 1880d] dans laquelle il montre que seules des fonctions de genre 0 ou 1 vérifient la propriété d'être reliées algébriquement et que cela entraine que les

entières, qui n'a nullement son analogue pour les fonctions qui ne peuvent pas s'étendre au delà d'un certain cercle [13]. Il y a bien des différences entre des fonctions déterminées dans tout le plan et celles qui ne peuvent pas être étendues au delà d'une certaine courbe, et je ne partage pas votre avis qu'une démonstration qui s'applique à des fonctions méromorphes dans tout le plan doit pouvoir s'appliquer à des fonctions circonscrites à l'intérieur d'un cercle du plan.
La question étant traitée pour les courbes hyperelliptiques est traitée du même coup pour toutes les courbes du second genre, qui se ramènent point par point à une courbe hyperelliptique convenable par une transformation birationnelle [Théorème énoncé par Clebsch [14] je crois, pour la première fois, et dont M. Schwarz a repris la démonstration [15]].

---

fonctions peuvent se mettre sous la forme $x = P(z)$, $y = Q(z)$ où P et Q sont « des fonctions uniformes du paramètre z, n'ayant d'autres points singuliers que des pôles ». Il pose alors la question :

> Existe-t-il d'autres courbes algébriques que celle du genre 0 ou 1, dont les coordonnées soient susceptibles de s'exprimer par des fonctions uniformes d'un paramètre à discontinuités exclusivement polaires ? [Picard, 1880b, p. 215]

Il ajoute que s'il lui « extrêmement probable que ces courbes soient les seules jouissant de cette propriété », il n'a pu montrer que les courbes hyperelliptiques ne pouvaient être mises sous cette forme.
Les courbes hyperelliptiques sont celles qui peuvent s'exprimer sous la forme $x^2 = P(z)$ où P est un polynôme de degré n supérieur ou égal à 5 ayant n racines distinctes. Leur genre est supérieur ou égal à 2.

13. Picard fait allusion au théorème qui porte son nom : [...] une fonction qui ne deviendrait jamais égale ni à a, ni à b serait nécessairement une constante. [Picard, 1880a, p. 147]

14. Dans ses *Vorlesungen über Geometrie*, A. Clebsch [1876] fait allusion deux fois à ce théorème. Dans le paragraphe consacré aux transformations en courbes normales et au module des courbes algébriques, il indique dans une note qu'un résultat général implique cette propriété :

> Man erkennt gleichseitig, dass eine Curve mit dem Geschlechte $p = 2$ immer hyperelliptisch ist und also immer in eine C_4 mit Doppelpunkt transformirt werden kann [...]. [Clebsch, 1876, p. 717]

Dans le paragraphe consacré au courbes de genre 2, il revient sur ce résultat en le précisant géométriquement :

> Daraus folgte dann weiter, dass *jede Curve vom Geschlechte $p = 2$ in eine Curve vierter Ordnung mit einem Doppelpunkte übergeführt werden kann* [...]. [Clebsch, 1876, p. 915]

On trouve aussi une version de ce résultat dans [Clebsch, 1869]. On notera que Picard n'a pu avoir accès à ce théorème qu'en allemand, la traduction du cours de Clebsch datant de 1883.

15. Dans un article publié (à l'invitation d'Hermite) dans le *Journal de mathématiques pures et appliquées*, Schwarz [1880] montre le théorème :

> Les coordonnées d'une courbe plane du degré n qui a précisément
>
> $$\frac{(n-1)(n-2)}{1.2} - 2$$
>
> points doubles différents s'expriment rationnellement par un paramètre et par une racine carrée d'une fonction entière du cinquième ou sixième degré de ce paramètre. [Schwarz, 1880, p. 111]

Paul Appell et Édouard Goursat reprennent ce résultat dans leur ouvrage *Théorie des fonctions*

Vous avez pu voir dans le dernier numéro du Compte Rendu, les remarques que j'ai développées sur les fonctions Fuchsiennes et où j'ai pris pour point de départ la proposition qui m'avait déjà servi pour la démonstration du théorème qui vient de nous occuper [16]. Je suis bien porté à penser que le théorème dont je vous parlais sur les courbes du second genre peut s'établir par cette voie [17], en prenant un groupe où le nombre n est suffisamment grand, mais je craindrais, en me lançant dans ces

---

algébriques et de leurs intégrales en faisant référence à l'article de Schwarz [Appell et Goursat, 1895, p. 298] :

> D'une façon plus précise, à toute courbe de genre 2, on peut faire correspondre, par une transformation birationnelle, une courbe représentée par une équation de la forme
>
> $$w^2 = A(t-a_1)(t-a_1)\dots(t-a_1).$$

16. [Picard, 1881a].

17. Voir la lettre précédente. Picard [1883a] résout la question en utilisant un résultat sur les fonctions fuchsiennes que Poincaré [1882d] publiera en 1882 (et qui fera l'objet de la lettre suivante) et des techniques développées dans un article sur les fonctions entières [Picard, 1880a] :

> Soient
>
> $$x = P(z),\ y = Q(z)$$
>
> deux fonctions de z, uniformes dans tout le plan et ayant seulement un nombre fini de points singuliers essentiels $a_1, a_2, \dots, a_n$; je dis que, s'il existe entre ces deux fonctions une relation algébrique, le genre de cette relation doit être zéro ou l'unité. [Picard, 1883a, p. 477]

La référence au résultat de Poincaré est appuyée :

> Mon point de départ est dans la proposition suivante, qui résulte des recherches de M. Poincaré sur les fonctions Fuchsiennes (*Comptes rendus*, 1882) : y étant liée à x par la relation algébrique
>
> $$f(x,y) = 0 \qquad (3)$$
>
> de genre égal ou supérieur à deux, on peut trouver une équation linéaire du second ordre
>
> $$\frac{d^2z}{dx^2} = \varphi(x,y)z,$$
>
> où φ est rationnel, n'ayant d'autres points singuliers que les points analytiques $x = a$, $y = b$, points singuliers de l'équation (3) et jouissant des propriétés suivantes : si l'on prend deux intégrales convenables ω_1 et ω_2, l'équation
>
> $$\frac{\omega_2}{\omega_1} = u$$
>
> donne pour x une fonction fuchsienne de u, définie seulement dans la partie supérieure du plan de la variable u. De plus, dans le voisinage d'un point analytique $x = a, y = b$, ($y = b$ faisant partie d'un système circulaire de p racines), le quotient $\frac{\omega_2}{\omega_1}$ sera fonction uniforme de $(x-a)^{\frac{1}{p}}$, et nous pouvons enfin, supposer qu'aucune des substitutions du groupe de l'équation linaire n'est parabolique. [Picard, 1883a, p. 477]

calculs, de rencontrer des résultats trop compliqués pour ne pas me décourager : la fin de l'année et les chaleurs de ce climat me rendent d'ailleurs horriblement paresseux [18].

Recevez, mon cher collègue, l'assurance de ma considération très distinguée et permettez moi de me dire votre ami dévoué

Em. Picard

3 Picard à Poincaré

Paris, samedi [janvier1883] [19]

Cher ami,

J'ai repris la démonstration du théorème relatif au genre des fonctions uniformes liées par une relation algébrique ; on peut même établir d'une manière plus générale que si entre deux fonctions uniformes d'une variable ayant un nombre fini de points singuliers essentiels il existe une relation algébrique, celle-ci sera du genre zéro ou du genre un. Toutefois je m'appuie sur la proposition suivante relative aux fonctions fuchsiennes, sur laquelle je voudrais bien avoir votre avis [20].

Etant donnée une relation algébrique :

$$(1) \quad f(x, y) = 0$$

de genre égal ou supérieur à deux : on peut trouver une équation linéaire :

$$\frac{d^2v}{dx^2} = \varphi(x, y).v$$

φ étant rationnelle, n'ayant d'autres points singuliers que les points analytiques ($x = a$, $y = b$), valeurs singulières de (1). De plus le quotient de deux solutions ω_1 et ω_2 donne, en posant $\frac{\omega_1}{\omega_2} = u$, pour x une fonction fuchsienne de u définie seulement dans le demi plan telle que le polygône fondamental R n'ait aucun sommet sur l'axe réel, et qu'aucune substitution du groupe ne soit parabolique. Enfin dans le voisinage d'un point singulier $x = a$, $y = b$ [$y = b$ faisant partie d'un système circulaire de p racines], le quotient $\frac{\omega_1}{\omega_2}$ sera fonction uniforme de $(x-a)^{\frac{1}{p}}$. Ce théorème étant admis, je raisonne de la manière suivante en copiant presque textuellement ce que j'ai fait autrefois dans mon mémoire sur les fonctions entières [21] ; seulement au lieu de partir du quotient $\frac{K'}{K}$ de la théorie des fonctions elliptiques, je pars du quotient $\frac{\omega_1}{\omega_2}$.

18. Picard est alors en poste à l'Université de Toulouse.

19. Cette lettre est datée d'après l'allusion à la note de Picard [1883a] publiée dans les *Comptes rendus* de la séance du 19 février 1883

20. Cette proposition est exposée dans [Picard, 1883a]. Voir la note 17 de la lettre précédente.

21. [Picard, 1880a].

Supposons que l'équation $f(x,y)=0$ soit vérifiée en posant $x=P(z)$, $y=Q(z)$, P et Q ayant les points singuliers essentiels a_1, a_2, ..., a_n. Je fais $x=P(z)$ dans $\frac{\omega_1}{\omega_2}$.
Vous verrez facilement que cette fonction sera uniforme et continue dans tout contour simple ne contenant pas les points essentiels. Les points a_1, a_2, ..., a_n sont des points critiques pour cette fonction, autour desquelles la fonction cesse d'être uniforme. J'étudie la forme de cette fonction dans le voisinage d'un de ces points, en suivant la même marche que dans le travail rappelé plus haut et je suis amené à cette conclusion que aucun des points a ne peut être un point singulier essentiel, d'où suit la démonstration du théorème énoncé. Il est utile pour ma démonstration qu'aucune substitution du groupe indiqué ne soit parabolique [22].
Recevez, cher ami, l'assurance de ma bien sincère amitié.

Em. Picard

4 Picard à Poincaré

[octobre ou novembre 1883] [23]

Cher ami,

L'étude de la connexité dans les espaces à n dimensions m'a ramené à cette proposition que les périodes d'une fonction de p variables à $2p$ systèmes de périodes ne peuvent être arbitraires. Après un long détour, je me suis aperçu que tout se ramenait à ceci :
Raisonnons, pour plus de simplicité dans le cas de deux variables. Soit $u(x,y)$ une telle fonction

$$\text{si } \frac{\partial u}{\partial x}=v,\ \frac{\partial u}{\partial y}=w \qquad \begin{matrix} x & a_1 & a_2 & a_3 & a_4 \\ y & \bar{b}_1 & \bar{b}_2 & \bar{b}_3 & \bar{b}_4 \end{matrix}$$
$$\text{on a } f(u,v,w)=0$$

22. Dans la note où il publie ce résultat, Picard [1883a] insiste sur ce point. Voir la note 17 de la lettre précédente.
Dans $PGL(2,R)$ défini comme l'ensemble des automorphismes du demi-plan de Poincaré, $z \to \frac{az+b}{cz+d}$, (a, b, c, d réels et $ad-bc=1$), les transformations qui ne possèdent qu'un seul point double (imaginaire) sont dites elliptiques, celles qui possèdent deux points doubles réels et distincts, sont dites hyperboliques et si les points doubles sont confondus, la transformation est qualifiée de parabolique. Ces dénominations sont dues à Klein [1879b]. Elles sont reprises par Poincaré [1882k, p. 4] qui prend le soin de bien préciser que cette classification est due à Klein. Dans son raisonnement, Picard fait apparaitre une substitution de l'équation différentielle linéaire obtenue grâce au théorème de Poincaré et il est fondamental que celle-ci ait deux points doubles distincts (α et β) et puisse s'écrire sous la forme ([Poincaré, 1882k, p. 3] et [Picard, 1883a, p. 478]) :

$$\frac{t-\alpha}{t-\beta}=\frac{z-\alpha}{z-\beta}.$$

23. Cette lettre est datée d'après la note que Picard et Poincaré publient dans le compte rendu de la séance de l'Académie des sciences du 3 décembre 1883 [Picard et Poincaré, 1883].

et on voit de suite que

$$dx = Pdv + Qdw \qquad x = \int_{v_0,w_0}^{v,w} P\,du + Q\,dv$$
$$dy = P_1dv + Q_1dw \quad y = \int_{v_0,w_0}^{v,w} P_1\,du + Q_1\,dv$$

où les P et Q sont fonctions rationnelles de u, v, w.
Or si l'on fait $w = w_0$, x et y deviennent des intégrales abéliennes de v. Les périodes de ces intégrales sont des multiples des intégrales de la première, et la relation entre les périodes de deux intégrales abéliennes conduit à la relation cherchée entre les périodes de la fonction u. Cette relation aura la forme

$$\sum c_{ik}(a_ib_k - a_kb_i) = 0 \quad i, k = 1, 2, 3, 4.$$

On démontre d'ailleurs, comme je l'ai fait dans mon étude sur la réduction [24], que le déterminant des c_{ik} n'est pas nul ; la relation ne sera certainement pas une identité.
Vous m'avez dit autrefois que vous aviez aussi une méthode pour la démonstration du susdit théorème ; est-ce celà votre marche ou quelque chose d'approchant ? En tous cas, je ne veux pas publier cela, puisque vous vous en êtes occupé de votre côté ; Je me rappelle seulement que dans une conversation au Luxembourg, vous étiez gêné par la crainte d'une relation identique. Peut-être, si vous le jugez à propos, pourrions nous publier en commun une petite note à ce sujet dans les Comptes Rendus [25].

Votre bien dévoué
Em. Picard

5 Picard à Poincaré

Paris, le 30 octobre 1884.

Mon cher ami,

À la suite de notre conversation de l'autre jour, j'ai pris le Mémoire de Madame de Kowalevski pour avoir l'énoncé de Weierstrass [26].
Le théorème que j'ai donné autrefois pour $p = 2$ [27] ne coïncide pas entièrement avec celui de Weierstrass, et pour ma tranquillité personnelle, j'ai tenu à vérifier directement que de la forme de Weierstrass on pouvait passer à la mienne.

24. [Picard, 1882a].
25. [Picard et Poincaré, 1883]
26. [Kowalewskaja, 1884]. Dans ce mémoire publié dans les *Acta mathematica* et dont les épreuves circulaient à l'automne 1884 parmi les mathématiciens français (voir la lettre 2 (p. 499) que Poincaré adresse à S. Kowalewskaja le 25 octobre 1884), S. Kowalevskaja cite deux théorèmes de Weierstrass sur les fonctions abéliennes (voir dans la même lettre adressée par Poincaré à Kowalevskaja la note 11 (p. 498)). Poincaré [1884e] en démontre une version un peu plus générale dans un article publié dans le *Bulletin des sciences mathématiques*.
27. [Picard, 1881b, 1882a].

Vous pourrez insérer les deux pages, que je vous envoie, dans notre bulletin [28] à la suite des démonstrations que vous donnez des théorèmes de Weierstrass [29].
Je vous serre bien cordialement la main.

Em. Picard

6 Picard à Poincaré

[Janvier-février 1886] [30]
Paris, vendredi,

Mon cher ami,

La notion de période dans les intégrales doubles considérées peut en quelque sorte se généraliser de deux manières différentes [31]. Celle dont je me suis occupé précé-

28. Picard parle du *Bulletin de la société mathématique de France*. En 1884, Picard est le président de la Société mathématique de France et Poincaré en est un des secrétaires.

29. [Poincaré, 1884e]. La note de Picard [1884] est publiée à la suite de l'article de Poincaré [1884e] ; elle est datée du 7 novembre 1884 et les indications de la vie de la Société mathématique de France indiquent que Poincaré a exposé le même jour les démonstrations des théorèmes de Weierstrass sur la réduction des fonctions abéliennes.
Après avoir constaté que le théorème de Weierstrass ne donne pas tout à fait le même tableau de périodes que si l'on applique son théorème, Picard montre que dans le cas du genre = 2, soit le cas d'application de son théorème, « on peut passer, *par une transformation du premier degré*, passer d'un Tableau de la forme [donnée par le théorème de Weierstrass] à un Tableau de la forme [donnée par le théorème de Picard] » [Picard, 1884, p. 154].

30. La lettre fait référence aux notes de Picard [1883b, 1886d,c] publiées dans les *Comptes rendus*. Compte tenu de la discussion sur les deux manières de concevoir la notion de période des intégrales doubles, du contenu de [Picard, 1886c] et de la chronologie des publications des notes, cette lettre a vraisemblablement été envoyée entre le 25 janvier (date de parution de [Poincaré, 1886j]) et le 15 février 1886 (date de parution de la première note de Picard [1886c] consacrée aux périodes des intégrales doubles (voir la note 33 ci-dessous). Pierre Dugac [1989b, p. 202] date cette lettre de 1897.

31. Poincaré [1887e] évoque ce point dans son mémoire sur les résidus des intégrales doubles publié dans les *Acta mathematica* :

> Dans deux Notes insérées dans les *Comptes Rendus* le 29 Janvier 1883 [Picard, 1883b] et le 1er Février 1886 [Picard, 1886d], M. Picard étudie les intégrales définies comme il suit.
> Soit $F(x, y)$ une fonction non uniforme de x et de y ; introduisons deux variables auxiliaires u et v, en posant
> $$x = \varphi(u, v),\ y = \psi(u, v).$$
> Je supposerai que les fonctions φ et ψ sont uniformes et de plus que
> $$F(x, y) = \Phi[u, v)$$
> est une fonction uniforme de u et v.
> Cela posé, soient u_0, v_0 et u_1, v_1 deux systèmes de valeurs de u et de v. Imaginons que ces deux systèmes de valeurs correspondent à un même système de valeurs de x et de y.
> L'intégrale envisagée par M. Picard est alors
> $$\int_{u_0}^{u_1} du \int_{v_0}^{v_1} dv \left(\frac{d\varphi}{du}\frac{d\psi}{dv} - \frac{d\varphi}{dv}\frac{d\psi}{du}\right).$$

demment est celle qui se présente naturellement quand on veut considérer l'intégrale double

$$\int_{x_0}^{x}\int_{y_0}^{y}\frac{Qdxdy}{f'_z}$$

comme fonction de x et y. On a alors les expressions indiquées

$$\int_{u_0}^{U_0}\int_{v_0}^{V_0} G(u,\,v)\,du\,dv$$

où dans le plan u, si l'on veut, va de u_0 à U_0 et v de v_0 à V_0, en suivant d'ailleurs des chemins qui importent peu[32].

> M. Picard a donné à ces intégrales le nom de périodes ; je ne saurais l'en blâmer puisque cette dénomination lui a permis d'exprimer dans un langage plus concis les intéressants résultats auxquels il est parvenu. Mais je crois qu'il serait fâcheux qu'elle s'introduisît définitivement dans la science et qu'elle serait propre à engendrer de nombreuses confusions.
>
> Et cela pour deux raisons :
>
> D'abord ces intégrales ne sont pas des constantes, comme le fait fort bien observer M. Picard.
>
> En second lieu, il y a une infinité de systèmes de variables auxiliaires u et v qui satisfont aux conditions énoncées. Chacun de ces systèmes donne pour l'intégrale une valeur différente. Il en résulterait que, si on voulait donner à cette intégrale le nom de période, cette période ne dépendrait pas uniquement de la fonction $F(x,\,y)$ à laquelle elle appartient, mais bien de ces variables soi-disant auxiliaires qui joueraient ainsi un rôle prépondérant. [...]
>
> Le 25 janvier 1886, j'eus l'honneur de communiquer à l'Académie des sciences une note où j'étudiais à un point de vue nouveau les périodes des intégrales doubles [Poincaré, 1886j] [...].
>
> Peu de temps après, M. Picard (Comptes Rendus, 15 et 26 Février 1886) [Picard, 1886c] se plaçant au même point de vue que moi a obtenu un grand nombre de résultats remarquables. Le savant géomètre emploie dans ces deux notes le mot de période avec la signification que nous lui donnerons dans la suite. Les périodes qu'il étudie n'ont donc aucun rapport avec les intégrales qu'il avait précédemment désignées sous ce nom. Je crois devoir insister sur ce point afin de rendre toute confusion impossible. [Poincaré, 1887e, p. 323-324]

On notera que Poincaré revendique la paternité du second point de vue.

32. [Picard, 1883b, 1886d]. Picard considère trois variables $x = F_1(u,\,v)$, $y = F_2(u,\,v)$, $z = F_3(u,\,v)$ liées par une relation algébrique de degré m. Il étudie des « intégrales doubles considérées d'abord par Jacobi, puis par Clebsch et Noether (*Math. Annalen*), intégrales qui sont dans la théorie des surfaces, les analogues des intégrales abéliennes de première espèce pour les courbes algébriques » [Picard, 1883b, p. 321] :

$$\int_{x_0}^{x_1}\int_{y_0}^{y_1}\frac{Q(x,\,y,\,z)dxdy}{f'_z(x,\,y,\,z)}$$

où Q est un polynôme de degré $m-4$.

La fonction $G(u,\,v)$ est l'expression de

$$\frac{Q(x,\,y,\,z)\left(\frac{\partial x}{\partial u}\frac{\partial y}{\partial v}-\frac{\partial x}{\partial v}\frac{\partial y}{\partial u}\right)dxdy}{f'_z(x,\,y,\,z)}$$

quand on exprime x, y, z en fonction de u, v. Voir aussi [Picard, 1885, p. 119].

On peut se placer à un tout autre point de vue, comme je l'ai remarqué il y a longtemps[33]. Considérons le domaine fondamental δ, et adoptons la terminologie, dont je me sers pour définir p_1, p_2, p_3 [voir, par exemple, mon mémoire sur les fonctions hyperabéliennes[34]]. Considérons dans δ un espace *fermé* à *deux* dimensions ; et prenons l'intégrale double

$$\int\int G(u, v)\, du\, dv$$

étendue à cet espace. Voilà le second type de périodes, bien distinct évidemment

33. Dans une première note intitulée « Sur les périodes des intégrales doubles » et publiée le 15 février 1886, Picard [1886c], après avoir rappelé rapidement ses travaux concernant le premier point de vue, présente le second point de vue en faisant référence à la note de Poincaré [1886j] parue le 25 janvier 1886 :

> En continuant mes recherches sur les fonctions hyperfuchsiennes et, particulièrement, sur les divers ordres de connexité des groupes hyperfuchsiens, j'avais été conduit à considérer la question sous un autre aspect. Les belles études de M. Poincaré sur les résidus des intégrales doubles donnant quelque actualité à ces questions, je voudrais indiquer le second point de vue auquel je me suis placé pour cette notion des périodes des intégrales doubles de fonctions algébriques. [Picard, 1886c, p. 349-350]

Nous n'avons pas retrouvé de mention antérieure de ce point de vue.

34. [Picard, 1885]. Poincaré définit le genre d'un groupe Fuchsien comme celui de la surface fermée obtenue en collant les côtés correspondants de son polygone générateur (voir [Poincaré, 1882k, p. 40-41] et [Bohnke, 1996, p. 104]). Picard [1885] associe à chaque groupe hyperabélien trois nombres p_1, p_2, p_3 qui sont les nombres de Betti du domaine fondamental du groupe :

> Soit δ un domaine fondamental du groupe ; ce domaine à quatre dimensions est limité par certains espaces à trois dimensions, dont les points se correspondent respectivement deux à deux par les substitutions fondamentales du groupe et devront, dans ce qui va suivre, être considérés comme confondus. C'est ainsi que nous dirons qu'un espace à m dimensions ($m < 4$) contenu dans δ est *fermé*, quand les points, où cet espace rencontre la limite de δ, se correspondent deux à deux par une substitution fondamentale du groupe ; un espace *fermé* peut nécessairement alors se composer de parties distinctes : nous ne considérons d'ailleurs que des espaces fermés ne se coupant pas eux-mêmes. Un ou plusieurs espaces *fermés* à m dimensions constitueront le contour d'un espace à $m + 1$ dimensions contenu dans δ, quand, par ces espaces à m dimensions, on pourra faire passer un espace *fermé* à $m + 1$ dimensions dont ils limiteront une partie.
> Ceci posé, si l'on peut imaginer dans δ un nombre p_m d'espaces *fermés* à m dimensions qui ne puissent pas constituer le contour d'un espace *fermé* à m dimensions, mais tel que tout autre espace *fermé* à m dimensions puisse constituer avec une partie d'entre eux ou avec tous, le contour d'un espace *fermé* à $m + 1$ dimensions contenu dans δ, *nous dirons que le domaine* δ *a une connexion de* $m^{ième}$ *espèce d'ordre* ($p_m + 1$).
> Nous avons à faire successivement $m = 1, 2, 3$, ce qui nous donne *trois nombres* p_1, p_2, p_3 *correspondant aux diverses connexions du groupe.* [Picard, 1885, p. 106-107]

Sur la connexion des espaces de dimension n, voir aussi [Picard et Simart, 1897, p. 29].

du précédent [35]. Le nombre p_2 [36] jouera certainement un rôle dans la théorie de ces expressions.

Le fait que les coordonnées d'un point de la surface s'expriment par des fonctions hyperabéliennes de u et v, me sert à fixer les idées, mais il est manifeste que cela s'étend au fond à toute surface [37].

Votre bien dévoué
Em. Picard

7 Picard à Poincaré

[Janvier-février 1886] [38]

Cher ami,

J'avais bien pensé d'après votre lettre de dimanche que nous étions du même avis, car vous aviez sans doute oublié ma définition des surfaces *fermées*, telles que je les considère dans les questions de connexité [39].

Quant à mes périodes de la seconde manière, vous pensez bien que je n'ai jamais douté un instant qu'elles ne fussent des constantes, et leur nombre tient très intimement à p_2 (connexité du 2e ordre) [40].

J'espère que ce beau temps va vous débarrasser de vos douleurs, et je vous souhaite bonne santé en vous serrant cordialement la main.

Em. Picard

---

35. Dans un premier temps, Picard définit la notion d'« espace fermé » du domaine fondamental d'un groupe hyperfuchsien (voir la note 34 ci-dessus) ; dans un second temps, il définit les intégrales

$$\int\int \frac{Q(x,\, y,\, z)dxdy}{f'_z} \qquad \text{et} \qquad \int\int G(u,v)\, du\, dv$$

(voir la note 32) sur un espace fermé à deux dimensions comme les *les périodes de l'intégrale double* [Picard, 1886c, p. 350].

36. Voir la note 34 ci-dessus.

37. [Picard, 1886c] conclut sa première note sur les périodes des intégrales doubles de la même manière :

> Il est manifeste que ces notions [la seconde manière de définir les périodes des intégrales doubles] s'étendent à des surfaces algébriques quelconques : j'ai raisonné sur une surface dont les coordonnées s'expriment par des fonctions hyperfuchsiennes, car le polyèdre fondamental donne une idée extrêmement nette des surfaces S d'intégration correspondantes ; ce cas particulier conduit immédiatement dans le cas général à la notion de surfaces cycliques d'intégration, analogues aux cycles que l'on rencontre dans la théorie des fonctions abéliennes. [Picard, 1886c, p. 350]

38. Cette lettre suit immédiatement la précédente. Voir la note 30 (p. 643) de la lettre 6.

39. Voir la note 34 (p. 645) de la lettre précédente.

40. Voir la note 33 (p. 645) de la lettre précédente.

8 Picard à Poincaré

Paris, le 19 Octobre 86.

Mon cher ami,

Je vous remercie beaucoup de la délicate attention exprimée par votre lettre. Je n'avais plus l'intention de faire de communication à l'Académie sur la théorie des surfaces [41] ; mais je puis cependant, dans le numéro des C. R. où vous ferez connaître votre mode de raisonnement, insérer une très courte note, avec une indication succincte de la démonstration que voici très rapidement [42]. On démontre d'abord que, sous l'hypothèse faite, la relation entre les deux points correspondants (x, y, z) et (x', y', z') peut s'écrire sans forme différentielle, c'est à dire après l'élimination des deux arbitraires

$$P(x, y, z)dx + Q(x, y, z)dy = P(x', y', z')dx' + Q(x', y', z')dy'$$

$$P_1(x, y, z)dx + Q_1(x, y, z)dy = P_1(x', y', z')dx' + Q_1(x', y', z')dy'$$

où les P et Q sont rationnels en x, y, z.
On voit de suite d'ailleurs que $Pdx + Qdy$, et $P_1dx + Q_1dy$ doivent être des différentielles totales exactes ; et enfin en posant

$$Pdx + Qdy = du$$

$$P_1dx + Q_1dy = dv$$

on a x, y, z en fonctions uniformes de u et v ; telle est la forme à laquelle je me suis arrêté.

41. Picard a publié en 1886 trois notes sur la théorie des transformations des surfaces algébriques [Picard, 1886a,b].

42. [Picard, 1886e] ; [Poincaré, 1886d]. Poincaré [1886d] expose dans cette note consacrée au transformations des surfaces algébriques en elles-mêmes une nouvelle démonstration d'un résultat déjà établi par Picard mais que ce dernier n'avait pas publiée :

> M. Picard a démontré que, si une surface admet une double infinité de transformations birationnelles en elles-mêmes, les coordonnées d'un point de la surface peuvent s'exprimer par des fonctions abéliennes de deux paramètres. Dans certains cas, toutefois ces fonctions abéliennes peuvent dégénérer en fonctions triplement périodiques, en fonctions elliptiques ou même en fonctions rationnelles. J'ai retrouvé le même résultat par une autre voie, et ma démonstration, quoique moins simple et moins directe que celle de M. Picard, me semble néanmoins digne de quelque intérêt, parce qu'elle nous fournit un exemple d'un type de raisonnement qui peut être utile dans d'autres circonstances. [Poincaré, 1886d, p. 732]

Ce que vous me dites de votre mode de raisonnement, quant à son application possible à d'autres problèmes, m'intrigue beaucoup et je le lirai avec grand plaisir dans les Comptes Rendus [43].
Si vous envoyez pour lundi prochain, votre note à M. Hermite, je donnerai la mienne en même temps; sinon ce sera pour l'autre lundi [44].
Recevez, mon cher ami, l'assurance de mes sentiments très affectueux.

Em. Picard

9 Picard à Poincaré

[1898] [45]
Paris, mardi.

Cher ami,

Quand nous avons, M. Simart [46] et moi, étudié votre mémoire (Analysis situs [47]), voici le point qui nous a gênés; je le trouve signalé dans mon exemplaire avec un point d'interrogation. C'est en haut de la page 44 (; mais, si elle a lieu par rapport...) [48].

---

43. La démonstration de Poincaré utilise le fait que les transformations d'une surface en elle-même forme un groupe commutatif. Parmi les applications, Poincaré cite le « théorème fondamental du Chapitre *Monodromie* de la *Théorie des fonctions abéliennes* de Clebsch » (sur ce théorème, voir [Clebsch et Gordan, 1866, p. 181-205]) et la question des hypothèses pour que l'intégrale générale d'une équation différentielle d'ordre quelconque n'ait qu'un nombre fini de points singuliers.

44. Les deux notes [Picard, 1886e] et [Poincaré, 1886d] sont publiées dans le compte rendu de la séance de l'Académie des sciences du lundi 26 octobre.

45. Datée d'après le contenu et en particulier l'allusion à la thèse de P. Heegaard [1898]. On peut raisonnablement penser que cette lettre date d'avant le 25 mai 1898, date de publication de Picard [1898a] dans laquelle est citée le travail de Heegaard [1898] et dans laquelle il annonce avoir résolu les difficultés qu'il évoque à la fin de cette lettre.

46. Officier au service hydrographique de la Marine, Georges Simart [1882] avait soutenu en 1882 une thèse *Commentaire sur deux mémoires de Riemann relatifs à la théorie générale des fonctions et au principe de Dirichlet* et publié en 1897 avec É. Picard, un ouvrage sur la *Théorie des fonctions algébriques de deux variables indépendantes* [Picard et Simart, 1897].

47. [Poincaré, 1895a].

48. Le point signalé par Picard est une hypothèse admise par Poincaré dans le paragraphe § 9 de son premier article sur l'Analysis Situs consacré à « l'intersection de deux variétés. Après avoir montré son théorème fondamental (appelé par H.-P. de Saint-Gervais, de non-dégénérescence rationnelle du produit d'intersection [Poincaré, 1895a, p. 42]) dans le cas de sous-variétés V_i de codimension 1, Poincaré cherche « à étendre ce théorème au cas où V a p dimensions et où $V_1, V_2, \ldots, V_k$ en ont $h-p$ » ; il pour cela introduit une condition selon laquelle pour définir les sous-variétés $V_1, V_2, \ldots, V_k$, on peut toujours « trouver $p-1$ équations $\Phi_1 = \Phi_2 = \ldots = \Phi_{p-1} = 0$ auxquelles satisfont tous les points de $V_1, V_2, \ldots, V_k$ », autrement dit « que la réunion $V_1 \cup V_2 \cup \ldots \cup V_k$ est contenue dans une sous-variété $W \subset M$, de dimension $n-p+1$ » [de Saint-Gervais, 2014-2019]. Cette hypothèse s'avère fausse comme le signale P. Heegaard [1898,

De notre côté, en nous bornant au seul cas utile pour la théorie des surfaces ($m = 1$), nous faisons une hypothèse sur les variétés fermées E_n (voir en bas de la page 45, et page 46 de notre traité sur les fonctions de deux variables [49]).
Elle nous a paru à ce moment plausible ; actuellement je n'en suis plus aussi convaincu. Je ne puis malheureusement pas suivre le danois de notre auteur, pour voir au juste ses objections [50].
Je m'occupe, comme vous, des périodes des intégrales doubles, mais particulièrement au point de vue des nombres invariants dans la théorie des surfaces [51]. J'y

p. 69-72].
Poincaré [1899a] réparera ce point dans le premier complément à l'Analysis situs. Sur les travaux de Poincaré en topologie algébrique, voir le site réalisé par Henri-Paul de Saint-Gervais [2014-2019].

49. [Picard et Simart, 1897]. Le paragraphe cité par Picard est intitulé « Sur une propriété des multiplicités fermées » et est consacré à la démonstration d'un cas particulier du théorème de dualité de Poincaré :

> Dans les variétés fermées que nous venons d'étudier, une circonstance remarquable s'est présentée. Pour les variétés à trois dimensions que nous avons considérées on avait
> $$p_1 = p_2$$
> et, pour les variétés à quatre dimensions
> $$p_1 = p_3.$$
> C'est là un cas particulier d'un théorème général dont l'énoncé est que : Pour une variété fermée, ls nombres de Betti également distants des extrêmes sont égaux. Ainsi, en désignant par E_n une variété fermée, on a d'une manière générale
> $$p_m = p_{n-m}.$$
> Nous allons montrer ce théorème pour $m = 1$ [...]. [Picard et Simart, 1897, p. 44-45].

La condition évoquée par Picard concerne la possibilité de définir une courbe d'une variété de dimension n comme une intersection de sous-variétés de dimension $n - 1$:

> Nous admettrons que, dans une variété E_n, on puisse toujours, en vertu de la continuité et de la connexion linéaire, considérer une variété V_1 comme l'intersection commune unique de $n - 1$ variétés V_{n-1} contenues dans E_n.
> C'est ainsi que dans l'espace à trois dimensions, on peut toujours, en général, par une courbe faire passer deux surfaces qui ne se coupent que suivant cette courbe.
> D'une manière générale, on peut toujours supposer qu'une variété V_i est l'intersection commune unique de $n - 2i + 1$ variétés V_{n-i} comprises dans E_n. [Picard et Simart, 1897, p. 45-46]

Cette hypothèse est critiquée à juste raison par Poul Heegaard [1898, p. 72] dans sa thèse ([Heegaard, 1916, p. 220]). Voir la note précédente.

50. Picard fait allusion aux critiques contenues dans la thèse de P. Heegaard [1898] de la preuve de la dualité de Poincaré donnée par ce dernier dans son premier article sur l'Analysis situs [Poincaré, 1895a]. Sur Poul Heegaard, voir [Munkholm et Munkholm, 1997].

51. Entre 1897 et 1899, Picard publie de nombreuses notes et un mémoire sur la question des intégrales doubles dans la théorie des surfaces algébriques [Picard, 1897a,b,c, 1898b,a,c, 1899a,d]. Poincaré s'intéresse aussi aux intégrales doubles en 1897 en liaison avec des questions de développement des fonctions perturbatrices [Poincaré, 1897f,h,e,g].

trouve une mine de paradoxes, et de grandes difficultés à évaluer exactement le nombre p_2 [52].
Bien à vous,

Em. Picard

10 Picard à Poincaré

Lundi soir, 9. Déc. 1901

Cher ami,

En revenant de l'Académie, j'ai songé à la question que vous me posiez. Il ne peut y avoir aucune espèce d'hésitation ; on voit très aisément que les périodes que vous trouvez [53] rentrent dans mon type :

$$\sum m_i \int_{b_i}^{a} \Omega_i(y)\, dy.$$

Vous me feriez plaisir maintenant, en regardant ma note du 22 Avril 1901 Sur les résidus et les périodes des intégrales doubles de fonctions rationnelles [54]. La

Picard et Poincaré s'étaient déjà rencontrés sur la question des intégrales doubles une dizaine d'années auparavant en 1886 [Poincaré, 1886j, 1887e], [Picard, 1886c].

52. p_2 est l'« ordre de connexion » d'une variété « par rapport aux variétés à 2 dimensions contenues dans cette variété » [Picard et Simart, 1897, p. 29]. Voir la note 34 (p. 645) de la lettre 6.

Dans sa note intitulée « Quelques remarques relatives aux périodes des intégrales doubles et aux cycles à deux dimensions dans les surfaces algébriques », Picard [1898a] évoque les difficultés qu'il a rencontrées dans le calcul du coefficient p_2 dans le cas des surfaces :

> Je ferai une seconde remarque relative à la connexion à deux dimensions des surfaces algébriques. J'ai défini avec précision (*Théorie des fonctions algébriques de deux variables*, page 84) ce que l'on devait entendre par le nombre p_2, relatif à une surface algébrique, *quand on en a une représentation analytique bien déterminée.* Mais une circonstance peut se présenter , qui demande quelques explications complémentaires. Il est possible que, pour deux surfaces se correspondant point par point, on trouve des valeurs différentes de p_2. Ce résultat n'a rien d'étonnant au point de vue géométrique ; il tient à la présence de points fondamentaux dans la correspondance birationnelle entre les deux surfaces. Mais au point de vue de la théorie des fonctions, on doit s'attacher uniquement à considérer des nombres invariants pour toute correspondance birationnelle. Pour une surface donnée, parmi les $p - 2 - 1$ cycles distincts à deux dimensions, que l'on peut construire, il y en aun certain nombre r susceptibles d'être, par une déformation continue, ramenés à des cycles correspondants à une relation analytique entre x, y et z. Il semble alors que l'on pourrait substituer au nombre $p - 2$ le nombre
>
> $$p_2' = p - 2 - r,$$
>
> qui gardera un caractère invariant. [Picard, 1898a, p. 1458-1459]

53. [Poincaré, 1901c].
54. [Picard, 1901b].

fonction rationnelle que j'y étudie, qui a *des périodes* mais *pas de résidus*, me parait appeler l'attention sur une circonstance curieuse, peut-être assez gênante [55].
Bien affectueusement à vous,

Em. Picard

11 Picard à Poincaré

Paris, 10 Décembre 1901.

Cher ami,

Je crois devoir vous donner en quelques mots le raisonnement, fondamental pour mon analyse, par lequel j'établis le résultat énoncé dans ma dernière note [56] que tous les A sont des périodes de l'intégrale double. J'y énonçais seulement qu'on peut construire un certain continuum fermé à deux dimensions vous conduisant à la période A. Voici la démonstration.
Soit ω une période pour la surface de Riemann $f(\underline{x}, \bar{y}, z) = 0$, se reproduisant au terme près $m_1\Omega_1(y)$, quand y tourne autour de $\bar{b}_1$. Cette rotation engendre un continuum à deux dimensions avec le bord m_1C_1 [C_1 correspondant à $\Omega_1(\bar{y})$].
Chacune des quantités $\Omega_1, \ldots, \Omega_{2p}, \Omega_h$ donnera de même un continuum analogue. Tous ces continuums, avec la portion de surface de Riemann $f(x, \bar{y}, z) = 0$ limitée par les mC, forment une surface fermée et l'intégrale correspondante est

$$\sum m_i \int_{\bar{y}}^{\bar{b}_i} \Omega(y)\, dy$$

évidemment indépendante de $\bar{y}$. C'est la période indiquée.

Bien à vous,
Em. Picard

55. Picard [1901b] considère l'intégrale double de seconde espèce

$$\int\int \frac{ydxdy}{z}$$

relative à la surface du troisième ordre d'équation $x^3 + y^3 + z^3 = 1$. Il montre que cette intégrale n'admet pas de résidu tout en possédant des périodes. Il conclut que (u et v étant des coordonnées curvilignes :

> La circonstance que nous venons de mentionner semble d'abord singulière ; elle paraîtra moins paradoxale, si l'on se rappelle qu'il y a lieu d'attribuer un ordre de connexion égal à *trois* au continuum formé par l'ensemble des deux variables complexes illimitées u et v. [Picard, 1901b, p. 931]

56. [Picard, 1901a].

12 Picard à Poincaré

11 Décembre 1901

Cher ami,

Dans cette question des cycles à deux dimensions, que nous travaillons tous deux actuellement, je tiens essentiellement à vous dire avec la plus grande sincérité les points que je possèdais depuis longtemps, et ceux qui ont pu plus ou moins directement m'être suggérés par des conversations avec vous.

En fait, comme vous savez, j'ai commencé par porter mon attention sur ce que j'appelais les cycles de l'équation linéaire E; ceci m'a conduit aux expressions

$$A = \sum m_i \int_{b_i}^{a} \Omega_i(y)\, dy$$

$$(\text{on a } \sum m_i \Omega_i(y) = 0).$$

C'étaient peut-être des $\underline{A}$ particuliers ; je me suis demandé alors si tous les $\underline{A}$ étaient des périodes (au sens le plus large), et j'ai montré que oui, en faisant le raisonnement que je vous ai envoyé hier, et auquel j'ai fait allusion dans ma dernière note [57]. J'ai eu alors mes

$$N - 2p$$

périodes.

Quant à la question de savoir si ces périodes pouvaient toutes être engendrées par des combinaisons de périodes, telles que je les avais d'abord envisagées, c'était une idée fixe dans mon esprit qu'il en était ainsi. J'en ai eu ou j'ai cru en avoir une démonstration, mais je ne la trouve pas dans mes notes, tandis que les points visés plus haut ont été rédigés pendant les vacances tout en détail. Je viens de faire quelques efforts pour retrouver cette démonstration, mais je suis trop énervé en ce moment par différentes choses et j'y renonce momentanément.

Sur la question de la réduction des $N - 2p$ périodes trouvées plus haut, je n'ai rien rédigé de précis et de définitif ; une indication importante cependant est seulement relative à ceci.

Soient les $N - 2p$ quantités

$$A = \sum m_i \int_{b_i}^{a} \Omega_i(y)\, dy$$

Elles ne dépendent pas de $\underline{a}$. Donc, si on fait décrire à $\underline{a}$ une courbe fermée, on obtiendra une relation

$$\sum \mu_i A_i = 0 \quad (\underline{\mu_i} \text{ entier})$$

57. [Picard, 1901a].

Il y aura donc, en employant tous les chemins possibles pour $\underline{a}$, un certain nombre de relations de cette forme (nombre évidemment fini). Si il y en a $\underline{\pi}$ de distincts, on aura *au plus*

$$N - 2p - \pi$$

périodes distinctes.
Je n'ai pas voulu viser ce point dans ma note, me réservant de l'approfondir, et je n'ai fait allusion qu'à un cas très particulier.
Je n'avais rien de plus, que quelques craintes et embarras que j'exprime à la fin de ma note. Maintenant, sur votre affirmation de lundi qui revient à dire que toutes les périodes de l'intégrale double reviennent aux quantités que j'appelle $\underline{A}$, je crois bien pouvoir établir la chose sans trop de peine ; mais sur ce que les périodes sont en nombre

$$N - 2p - \pi$$

résultat bien vraisemblable, j'ai encore quelques doutes.
Les périodes singulières, me préoccupent aussi un peu ; la chose me parait moins simple qu'à vous.
J'ai tenu, cher ami, à vous faire connaître l'état exact de mes recherches avant que nous n'ayons parlé de ce sujet, sur lequel j'avais réfléchi à diverses reprises sans jamais le creuser complètement.

Bien à vous,
Em. Picard

13 Picard à Poincaré

[Début 1903] [58]

Cher ami,
On me demande de divers côtés si je suis candidat à la succession prochaine de M. Darboux au décanat [59]. Je ne puis que répondre que je ne suis pas candidat, si on entend par là qu'il faille importuner et peut-être gêner ses collègues et ses amis, en venant solliciter leurs voix ; mais je serais très honoré si la Faculté me donnait ses suffrages, et je tâcherais de remplir de mon mieux les délicates et difficiles fonctions qu'on aurait bien voulu me confier.
C'est la première et la dernière fois que je me permets, cher ami, de vous parler de ce sujet.
Veuillez croire à mes sentiments dévoués,

Em. Picard

58. Cette lettre évoque la vacance du décanat de la Faculté des sciences de Paris en 1903.
59. Darboux à été doyen de la Faculté des sciences de Paris du 12 novembre 1889 au 4 mars 1903. Ce sera Paul Appell qui lui succédera. Voir la lettre de Darboux adressée à Poincaré le 23 avril 1902 (p. 217).

Salvatore Pincherle

Salvatore Pincherle (1853-1936) was a student of Enrico Betti at the Scuola Normale Superiore in Pisa. After graduation he took Casorati's advice and spent the academic year 1877-78 in Berlin, listening to lectures by Kronecker and Weierstrass. On his return to Italy, he published his lengthy *Saggio* [1] in 1880, which gave the first presentation in Italy of Weierstrass's theory of analytic functions, and could be seen as a Weierstrassian counterpart to Casorati's Riemannian textbook [2]. In 1881, Pincherle obtained a chair at the University of Bologna, where he taught until his retirement in 1928. He quickly took the opportunity to write to Poincaré to set out his research agenda, and drew the interesting response out in Poincaré's reply [3].
The topic Pinchele mentionned in his first letter, functions that satisfy the functionnal equation

$$f(x) = f\left(\frac{ax+b}{cx+d}\right),$$

refers indirectly to Poincaré's work on automorphic functions ; the canonical function satisfying this equation is the Dedekind-Klein j-function. The notes seem to have been published as a single paper in 1880 [4].
Pincherle's second letter raises substantially more important points. The first cluster of questions, those in (A), as well those in (C), concern obscurities in Weierstrass's approach to complex function theory : if one starts from a power series expansion valid on a certain disc, how does one find important properties of the function thus represented ? The question in (B) strike at an important distinction between the ideas of Riemann and those of Weierstrass. Riemann had thought that every analytic function would be represented by a convergent series of some kind – not necessarily a power series – and that every such series would represent a function. But, as Pincherle probably knew from his time in Berlin, Weierstrass

1. [Pincherle, 1880b].
2. [Casorati, 1868].
3. Sur Salvatore Pincherle, on peut consulter [Pincherle, 1925; Tonelli, 1937], [Amaldi, 1938], [Bottazzini, 1991, 2012].
Sur l'histoire de l'analyse complexe au 19e siècle, voir [Bottazzini, 1986], [Bottazzini et Gray, 2013] et [Gray, 2015].
4. [Pincherle, 1880a].

P. Nabonnand et al. (eds.), *La correspondance entre Henri Poincaré et les mathématiciens*,
Publications des Archives Henri Poincaré Publications of the Henri Poincaré Archives,
https://doi.org/10.1007/978-3-7643-8288-9_61

had recently published examples of a power series convergent on two distinct domains where it defines two complex functions (in the sense that neither is the analytic continuation of the other). There to quote Weierstrass ; "the concept of a monogenic function of one complex variables does not coincide completely with the concept of a dependence that can be expressed by means of (arithmetical) operations on magnitudes [5]". They also raise the interesting question of when a series of analytic functions converges to an analytic function. This was a topic illuminated by Weierstrass's paper of 1876 [6], where he explained the concept of uniform convergence and the French translation of his 1880 paper [7] seems to have caused quite a stir. Weierstrass observed to Schwarz on March 6, 1881, that " My latest paper created more of a sensation among the French than it really deserves ; people seem finally to realize the signifiance of the concept of uniform convergence [8]". The topic in (D) was also to have a long life, for a number of French mathematicians in the 1880s and 1890s, including Jacques Hadamard [9] and those in the group around Émile Borel took up the question of how a function behaves on the boundary of its disc of convergence [10].

J. J. G.

5. [Weierstrass, 1881, p. 210].
6. [Weierstrass, 1876].
7. [Weierstrass, 1880b].
8. Voir [Bottazzini et Gray, 2013].
9. [Hadamard, 1892].
10. [Painlevé, 1888; Borel, 1894; Fabry, 1896, 1898, 1899].

1 Pincherle à Poincaré

Bologne, le 17 mars 1882

Monsieur,

Bien que n'ayant pas l'honneur de vous connaître, je prends la liberté de vous adresser deux Notes d'Analyse [11] que j'ai publiées l'an dernier sur des sujets qui me semblent avoir quelque analogie avec ceux que vous traitez d'une façon si remarquable et dont j'ai pu voir une extrait dans les derniers fascicules des *Comptes rendus* [12].

J'espère que vous voudrez bien m'excuser si j'ai pensé que pareille liberté était permise entre personnes qui cultivent la même partie de la même science ; et je me permets en même temps de vous demander un exemplaire des Mémoires que vous avez déjà publiés ou que vous publierez sur des sujets analogues.

Je crois que la détermination des fonctions ayant la propriété

$$f(x) = f\left(\frac{ax+b}{cx+d}\right)$$

(et sans autres points singuliers que ceux qui sont exigés par l'équat. précédente) résulte immédiatement de mes deux Notes.

Dans l'espoir que vous voudrez bien pardonner la liberté que j'ai prise et jeter un coup d'œil sur ces deux Notes, je vous prie d'agréer, Monsieur l'expression de mes sentiments les plus distingués.

Dr Salvatore Pincherle
professeur à l'Université Royale de Bologne (Italie)

2 Pincherle à Poincaré

Bologne, le 10 juin 1882

Monsieur le Professeur [13],

L'obligeance avec laquelle vous avez bien voulu répondre à ma lettre que j'ai pris la liberté de vous adresser l'année dernière, m'encourage à vous écrire de nouveau [14]. Je viens cette fois vous soumettre une ébauche de programme, dont le but est d'exposer (à des élèves d'un cours supérieur d'Analyse) l'énoncé des principaux problèmes dont s'occupe actuellement les spécialistes de la Théorie Générale des

11. [Pincherle, 1879, 1880a].
12. Pincherle fait allusion à la série de notes de Poincaré sur les fonctions fuchsiennes.
13. Sur cette lettre et la réponse de Poincaré, voir [Bottazzini, 1991].
14. La réponse de Poincaré n'a pas été retrouvée.

Fonctions ; et c'est à vous, qui prenez place parmi les plus distingués, que je viens demander si l'insuffisance de mes connaissances ne m'a pas éloigné par trop de la vérité.

Ébauche d'une classification des Problèmes
de la Théorie générale des fonctions.

Il me semble que les principaux problèmes qui forment l'objet de la Théorie générale des fonctions puissent se partager en quatre grandes classes :

A. „Étant donné un Élément de fonction analytique, reconnaître les propriétés de la fonction qu'il définit."

On sait (Weierstrass) qu'un Élément de fonction sert à définir la fonction dans tout le champ de sa validité ; et l'on obtient la valeur, ou les valeurs de la fonction pour tous les points, au moyen de la continuation (Fortsetzung [15]) de proche en proche. Mais cette méthode est peu pratique pour faire connaître :

1° Les limites du champ de validité.

2° Si la fonction est uniforme ou multiforme.

3° Si elle satisfait à une éq. algébrique ou à une équation algébrico-différentielle, ou si elle appartient à une classe connue de fonctions.

Il semble donc que l'un des principaux problème de la Théorie des fonctions devrait être le suivant „reconnaître, par la loi des coefficients de l'Élement, les trois caractères sus-énoncés dans la fonction".

J'ignore si ce problème a été résolu, hors le cas, des séries récurrentes, et des séries hypergéométriques [16].

B. „Quelles sont les fonctions qui peuvent s'exprimer au moyen de formes arithmétiques déterminées ?"

Une forme arithmétique, qui ne contient que les 4 opérations en nombre fini, représente une fonction rationnelle et ne donne lieu à aucune observation. Mais si la forme contient des opérations en nombre infini (séries, produits infinis ou fractions continues), on se trouve en présence des problèmes de cette seconde classe :

„Convergence du développement de la forme arithmétique. Champ de convergence, à une ou deux dimensions. Si le champ est à deux dimensions, la forme représente-t-elle une fonction analytique, et dans quels cas ?"

15. Le prolongement analytique est le principal outil utilisé par Weierstrass pour définir la notion de fonction analytique. Dans son cours donné durant le semestre d'hiver 1882 sur les fonctions analytiques (transcription conservée à la bibliothèque universitaire de Strasbourg), la troisième partie consacrée à la théorie des fonctions analytiques commence par un chapitre intitulé „Theorie der Fortsetzung der Potenzreihen. Definition der analytischen Function einer und mehrerer Variablen".

16. Voir la réponse de Poincaré, p. 661.

Ces questions sont résolues en partie pour les séries ; j'ignore si elles ont été traitées pour les produits infinis ou les fractions continues (sauf la première).
Pour les séries, la convergence au même degré (Gleichmässig) donne un criterium pour reconnaître si la série représente une fonction analytique, quand en outre le champ de convergence est à deux dimensions (Weierstrass, Zur Functionenlehre [17]) mais c'est une condition suffisante et non-nécessaire. Je ne crois pas que cette condition ait été étendue à d'autres formes arithmétiques que les séries.
À cette classe, se rattachent encore les problèmes ayant pour but la construction de fonctions avec des zéros et des infinis déterminés, résolus par Betti, Weierstrass [18] et Mittag-Leffler [19], et récemment étendus aux fonctions multiformes par Picard [20].
Un des résultats les plus importants obtenus dans cette classe de problèmes, est le fait analytique qu'une seule et même forme arithmétique peut représenter deux fonctions analytiques différentes, c'est-à-dire qui ne peuvent se déduire l'une de l'autre par continuation.
Enfin à cette même classe de problèmes se rattache l'étude des séries de la forme $\sum a_n P_n(x)$, où les fonctions $P_n(x)$ constituent un système donné. (Séries de Fou-

17. [Weierstrass, 1880b].
18. [Weierstrass, 1876].
19. [Mittag-Leffler, 1879, 1882].
20. Pincherle fait allusion aux résultats énoncés dans une note intitulée sur une classe de fonctions non-uniformes [Picard, 1879d,e] dans laquelle Picard donne l'expression « des fonctions multiformes ayant des points critiques déterminés, mais pouvant avoir en outre un nombre quelconque de pôles situés d'une manière quelconques » [Picard, 1879d, p. 104]. Picard a contribué de manière essentielle à ces questions. On peut d'abord rappeler les théorèmes de Picard [1880a], annoncés dans une série de notes aux *Compte rendus* parues en 1879 [Picard, 1879f,c,a] :

> On sait que M. Weierstrass, dans son célèbre Mémoire sur les fonctions analytiques uniformes [...] partage en deux classes les points singuliers d'une fonction uniforme : ce sont les pôles et les points singuliers uniformes. L'illustre géomètre donne l'expression générale d'une fonction uniforme $f(x)$ ayant un nombre fini de points singuliers essentiels et des pôles en nombre quelconque, et il montre que, dans le voisinage d'un point singulier essentiel A, la fonction s'approche autant que l'on veut de toute valeur donnée, c'est-à-dire que, étant donnés deux nombres ρ et ϵ aussi petits que l'on voudra, on peut trouver, à l'intérieur du cercle ayant A pour centre et ρ pour rayon, un point pour lequel le module de $f(x) - a$ soit moindre que ϵ, a étant une constante quelconque. Je me propose de compléter ce dernier théorème en montrant qu'il y a dans le voisinage de A un nombre infini de points pour lesquels $f(x)$ devient *rigoureusement* égal à a, une exception pouvant se produire seulement pour deux valeurs particulières de a. [Picard, 1879a, p. 745]

La même année, il exhibe des fonctions doublement périodiques ayant un nombre fixé de points singuliers essentiels dans chaque parallélogramme de période [Picard, 1879b]. Picard annonce en 1882 avoir résolu la question suivante dans une note aux *Comptes rendus* :

> On sait que M. Weierstrass, dans son Mémoire célèbre sur les fonctions uniformes, a donné la forme analytique de toute fonction ayant un nombre fini de points singuliers essentiels et des pôles en nombre quelconque. Je me propose de montrer que toute cette théorie peut, avec des modifications bien simples, être étendue aux fonctions uniformes possédant un nombre fini de coupures que je supposerai rectilignes. [Picard, 1882b]

rier, de fonctions sphériques, de Frobenius [21], de Lindemann [22], etc.) En particulier ces séries peuvent-être des développements de zéro. –

C. „Recherche des fonctions qui satisfont à une propriété donnée, dans tout le champ de validité."
Cette classe de problèmes comprend la résolution des équations finies (fonctions implicites), des équations différentielles, et des équations fonctionnelles ; et d'abord, [la] démonstration de la possibilité de la solution au moyen des fonctions analytiques (Cauchy, Weierstrass).

D. Enfin, les problèmes de la dernière classe sont ceux qui regardent la manière d'être de la fonction aux limites de son champ de validité, ainsi :

1. Manière d'être d'une fonction uniforme dans le voisinage d'un point singulier (Weierstrass).
2. Manière d'être d'une fonction multiforme dans le voisinage d'un point de diramation [23] (Riemann).
3. Détermination d'une fonction uniforme ayant un nombre donné de points singuliers (Weierstrass).
4. Fonctions à espaces lacunaires (Weierstrass, Poincaré) [24].
5. Manière d'être d'une fonction le long d'une ligne, soit un contour de champ de validité, soit la circonférence de convergence de l'un de ses éléments ; – d'où les fonctions de variable réelle (Dirichlet, Dini, Cantor).

Excusez-moi, Monsieur, si je n'ai pu résister au désir de soumettre mes idées sur la théorie des fonctions à une personne compétente ; cette branche des mathématiques est un peu négligée dans le milieu où je vis, et je n'ai pas cru, en commençant ma carrière, devoir me fier exclusivement à moi-même. Dans l'espoir que vous voudrez bien pardonner mon comportement, je vous prie d'agréer, Monsieur le professeur, l'assurance de mes sentiments les plus distingués.

S. Pincherle
Professeur à l'Université royale de Bologne.

21. [Frobenius, 1871].
22. [Lindemann, 1882].
23. Il faut comprendre « ramification » qui se dit « diramazione » en Italien.
24. Voir les trois premières lettres échangées par Mittag-Leffler et Poincaré [Nabonnand, 1999, p. 51-69] ainsi que la lettre qu'adresse Goursat à Poincaré (p. 300).

3 Poincaré à Pincherle

Paris, le 15 juin 1882

Monsieur le Professeur,

Je vous remercie beaucoup de votre intéressante lettre et des aperçus nouveaux et ingénieux qu'elle renferme. C'est bien ainsi, ce me semble, qu'il convient d'exposer la théorie générale des fonctions si l'on veut bien faire comprendre le véritable sens des problèmes qu'on a à traiter.
Le problème qui consiste à reconnaître, d'après les coefficients d'un développement en séries de puissances, quelles sont les propriétés de la fonction représentée par ce développement est loin d'être résolu, comme vous le faites fort bien remarquer et il y a encore beaucoup à faire dans ce sens.
Vous citez le cas des séries récurrentes et des séries hypergéométriques ; je pense que vous comprenez sous ce dernier nom, non seulement la série de Gauss, mais toutes les séries représentant des intégrales d'équations différentielles linéaires à coefficients rationnels ; il y a en effet entre p coefficients consécutifs d'une pareille série (tout à fait analogue à la série de Gauss) une relation linéaire de récurrence dans laquelle entre le rang n du premier de ces p coefficients. Voilà donc une condition qui permet de reconnaître d'après la loi des coefficients si la série satisfait à une équation linéaire ; et par conséquent, si elle représente une fonction algébrique.
Il y a aussi des cas où la loi des coefficients montre immédiatement quel est le champ de validité de la fonction ; je ne parle pas seulement ici du cas simple des séries convergentes dans tout le plan ; mais des séries telles que celles-ci

$$\sum \frac{x^{3^n}}{2^n} \qquad \text{ou} \qquad \sum \phi_p(n) x^n$$

où $\phi_p(n)$ représente la somme des puissances $p^{\text{ièmes}}$ des diviseurs de n. On voit immédiatement en effet que le champ de validité est le cercle de rayon 1 et de centre O.
Je passe au second de vos problèmes : étant donné un développement en série, ou un produit infini, ou une fraction continue, reconnaître si ce développement représente une fonction analytique. Le cas du produit infini se ramène aisément à celui de la série traité par Weierstrass ; il suffit de passer aux logarithmes. Quant au cas des fractions continues, je ne crois pas qu'il ait été approfondi comme il mériterait de l'être.
Il est encore une autre classe de problèmes qui sont un peu différents de ceux dont vous parlez, ce sont ceux qui se rattachent à l'*aehnliche Abbildung* d'un contour sur une autre et au principe de Dirichlet.
Malheureusement beaucoup de ces problèmes ont été traités sans une rigueur suffisante, mais on en trouve une solution rigoureuse dans les *Monatsberichte* de l'Académie de Berlin, octobre 1870, page 767 et suivantes, dans un mémoire de M. Schwarz [25].

25. [Schwarz, 1870].

Oserais-je vous demander un service, ce serait de me dire ce que c'est que la *Revue Universelle* qui se publie à Voltri[26] ; est-ce un journal auquel un géomètre ait intérêt à s'abonner.
Veuillez agréer, Monsieur le Professeur, l'assurance de ma considération la plus distinguée.

Poincaré

4 Pincherle à Poincaré

Bologne, le 22 juin 1882

Monsieur le Professeur,

Je vous suis bien reconnaissant pour la réponse que vous avez bien voulu faire à une lettre que je craignais indiscrète ; et cette réponse a servi à compléter en plusieurs

26. On trouve à la page 280 du numéro 3 (1882-1883) de la revue littéraire, *Le Feu follet* cette note :

> Cette fois-ci, c'est la Revue universelle de Voltri qui nous demande une modeste cotisation de douze francs, en échange de quoi elle nous nomme « membres collaborateurs » et décernerait à nos travaux une « médaille d'honneur ».
>
> Or ça ! l'on est donc bien bête, en France, pour qu'elles prennent quelquefois, ces tentatives que nous nous lassons, à la fin, de qualifier.

L'escroquerie est de nouveau dénoncée dans *L'intermédiaire des chercheurs et des curieux* (p. 581-582) de 1885 :

> J'ai reçu, et plus d'un confrère est sans doute dans le même cas, une lettre imprimée, datée de Voltri (Italie), et ainsi conçue : « Monsieur, la direction de la *Revue universelle des sciences, des lettres et des industries* vous a nommé son membre collaborateur, en vous décernant, pour vos travaux, sa médaille d'honneur de première classe. Cette revue, publication polyglotte, compte parmi ses collaborateurs, les hommes les plus illustres du monde, et ses membres composent entre une ligue universelle pour le progrès des sciences. – Tous ceux qui ne veulent pas prendre une part active aux travaux de notre Revue sont inscrits honorairement. – J'attends, Monsieur, votre adhésion pour vous envoyer le diplôme et la médaille d'honneur qui consacrent votre nomination. »
>
> Le directeur,
> Prof. Eugène Maccary.
>
> Voilà, me disais-je en lisant cette lettre, une aimable Revue et un directeur non moins aimable, lorsque mes yeux se portèrent sur le *nota* suivant : « Les membres ne paient aucun droit d'admission ; ils sont tenus cependant à s'abonner au journal dont le prix est de 12 francs par an... Tout paiement doit être fait d'avance au moyen d'un mandat-poste de 12 francs au nom du directeur. »
> Cela me rappelle le diplôme de « *Doctor in absentia* » sur lequel notre *Intermédiaire* a donné des renseignements si topiques. Nos honorables collaborateurs du « *Giornale degli Eruditi* » ne pourraient-ils pas également nous édifier sur M. Maccary et sa Revue qui, à ma connaissance, ont été pris au sérieux par de mes compatriotes, un « industriel » et un « auteur » ?

points le Plan de mon cours. Je vous en remercie donc ; et je vous prie de m'excuser si je n'ai pas répondu plus tôt à votre demande, mais c'est que j'ai voulu m'informer au sujet du journal dont vous me parlez. Le résultat de ces informations est que ce journal est parfaitement inconnu des mathématiciens et même des bibliothécaires d'ici, en sorte qu'il ne doit avoir aucune espèce d'importance (à moins que l'on ne vous ait induit en erreur sur le titre, ou sur le lieu où il se publie.) Les seules revues de quelques importance qui se publient en Italie sont de Florence ou de Rome, et ne s'occupent que très exceptionnellement de mathématiques. Les journaux de mathématiques sont « i nuovi Annali » publié à Milan par M. Brioschi (journal que vous connaissez sans doute) et le « Giornale di Matematica » publié à Naples par M. Battaglini.

Je vous serai reconnaissant, Monsieur, si vous me permettez de continuer à vous soumettre quelques idées ou quelques difficultés que je pourrais rencontrer en Analyse ; et je compte que vous disposerez de moi, sans cérémonie, dans le cas que je puisse vous être bon à quelque chose. Dans cet espoir, je vous prie d'agréer, monsieur, l'assurance de mes sentiments les plus distingués.

S. Pincherle

5 Pincherle à Poincaré

Bologne, le 3/11/83

Monsieur le Professeur,

Je vous dois des remerciements infinis pour la bonté que vous eue de m'envoyer les beaux mémoires que vous avez publiés dans le journal de M. Mittag-Leffler [27]. J'ai lu avec grand intérêt celui sur les fonctions de deux variables [28], qui jette un nouveau jour sur la théorie si difficile de ces fonctions ; quant aux mémoires sur les groupes et les fonctions fuchsiennes [29] dont je connaissais déjà plusieurs résultats publiés dans les *Comptes rendus*, je me propose de les étudier avec soin et de les exposer dans un cours libre, à nos aspirants au doctorat.

Je suis heureux que mon mémoire [30] vous ai offert quelque intérêt ; ce n'est qu'un premier essai dans un champ qui me semble devoir être fertile, et je n'ai pas eu la prétention de résoudre, ni même d'énoncer les principaux problèmes qui peuvent se présenter sur ce sujet. Comme je le dis dans ce travail, je me propose d'examiner dans des Mémoires à suivre :

27. [Poincaré, 1882k,b, 1883f,a].
28. [Poincaré, 1883f].
29. [Poincaré, 1882k,b].
30. [Pincherle, 1883d].

1° Ce qu'on peut dire de général sur le développement de zéro (*Nullentwickelung*)

$$\sum c_n p_n(x) = 0.$$

2° Si, étant donné un système $p_n(x)$, on peut énoncer les conditions sous lesquelles une fonction $f(x)$, (holomorphe si les $p_n(x)$ le sont dans un certain champ, ou ayant des singularités dépendant de celles des $p_n(x)$) peut se développer en série

$$\sum c_n p_n(x).$$

À la première demande je donne une réponse qui me semble satisfaisante, et qui fait dépendre le nombre et la nature des *Nullentwickelung* de certains points singuliers ; les développements de genre, trouvés par M. Frobenius (Crelle, t. 73) [31] y rentrent parfaitement comme cas particulier.
Quant à la seconde, elle me semble difficile en général ; toutefois l'espère arriver à une réponse au moyen d'une généralisation de la formule de Cauchy

$$f(x) = \frac{1}{2\pi} \int_{(C)} \frac{f(y}{y - x} dy,$$

qui consiste à substituer à $\frac{1}{y-x}$ une fonct. convenable de x et de y.
L'anomalie qui s'est présentée dans les séries $\sum \alpha_n U_n$ dont vous me parlez, je l'avais déjà notée dans les séries plus générales

$$\sum c_n D^n F_i$$

* [32] et même les séries m'ont conduit à d'autres, où se présentent des systèmes de polynômes qui sont une généralisation de ceux qu'a considérés M. Appell dans son mémoire du Journal de l'École Normale 1880 [33]. Ces résultats paraitront prochainement, j'espère, dans les Annali di Matematica [34].
Je serai heureux, M. le Professeur si vous voulez bien m'honorer de vos conseils et de vos observations, et vous prie d'agréer l'assurance de mon amitié et de ma plus haute estime.

S. Pincherle

31. [Frobenius, 1871].
32. *(*Note de Pincherle*) J'indique par $D^n F$ une opération sur les séries de puissances qui contient la dérivation comme cas particulier ; j'ai envoyé une note sur cette opération au journal de M. Battaglini [Pincherle, 1883a].
33. [Appell, 1880a]
34. [Pincherle, 1883b,c]

6 Pincherle à Poincaré

Bologne, le 15 février 1884

Monsieur,

Je vous remercie de l'envoi de la Notice sur vos travaux scientifiques [35], et je regrette de ne pouvoir vous exprimer mieux mon admiration sincère pour ces beaux travaux, accomplis dans un laps de temps si court. Je souhaite, pour vous et pour la Science, que ces travaux soient le prélude d'autres plus importants encore. J'espère que vous voudrez bien continuer à m'adresser vos publications, que je regrette de ne pouvoir échanger qu'avec des notes de peu d'importance.

Je me permets une petite remarque. Le théorème sur une ou plusieurs fonctions implicites d'un nombre quelconque de variables, donné dans votre thèse inaugurale (cité à [la] p. 40 de la Notice [36]) a été donné aussi par M. Weierstrass dans son cours d'Introduction à la théorie des fonctions analytiques, auquel j'ai assisté en 1878 [37]. Je ne sais pas cependant que M. Weierstrass ait jamais publié ce théorème, ni les nombreux corollaires qu'il en déduit.

Agréez, Monsieur, l'assurance de ma plus haute estime.

S. Pincherle

---

35. [Poincaré, 1884b].

36. Dans le paragraphe consacré à la théorie des fonctions de deux variables, Poincaré, après avoir exposé son théorème selon lequel une fonction méromorphe de deux variables est le quotient de deux fonctions homomorphes [Poincaré, 1883f], rappelle quelques lemmes établis dans sa thèse :

> En ce qui concerne les fonctions non uniformes, j'ai contribué à l'étude de leurs propriétés dans le voisinage d'un point donné, par les lemmes que j'ai démontrés au début de ma thèse inaugurale. Supposons qu'une équation
>
> $$F(z, x_1, x_2, \dots, x_n) = 0$$
>
> définissant z comme fonction implicite de $x_1, x_2, \dots x_n$, soit satisfaite pour le système de valeurs
>
> $$z = x_1 = x_2 = \dots = 0$$
>
> et que nous étudiions la fonction dans un domaine voisin de ce système de valeurs. Je suppose de plus que dans ce domaine la fonction F soit holomorphe. On sait depuis longtemps que, si $\frac{dF}{dz}$ n'est pas nul, z est fonction holomorphe de $x_1, x_2, \dots x_n$. J'ai cherché ce qui se passe lorsque $\frac{dF}{dz}$ est nul en même temps que $\frac{d^2F}{dz^2}, \frac{d^3F}{dz^3}, \dots, \frac{d^{m-1}F}{dz^{m-1}}$, mais que la $m^{\text{ième}}$ dérivée $\frac{d^mF}{dz^m}$ n'est pas nulle. J'ai démontré que dans ce cas z satisfait à une équation algébrique de la forme
>
> $$z^m + B_{m-1}z^{m-1} + B_{m-2}z^{m-2} + \dots + B_1 z + B_0 = 0,$$
>
> dont les coefficients $[B]$ sont des fonctions holomorphes des x. J'ai obtenu ensuite un résultat analogue pour le cas où l'on a p fonctions de n variables définies par p équations simultanées. [Poincaré, 1884b, p. 40]

Poincaré donne ces lemmes au début de sa thèse [Poincaré, 1879b, p. 13-18].).

37. Salvatore Pincherle étudie à l'Université de Berlin durant l'année universitaire 1877-78. Il y suit entre autres les cours de Weierstrass. À son retour en Italie, il écrit un long article dans le *Giornale di Matematiche* de Battaglini dans lequel il expose la théorie des fonctions analytiques selon le point de vue de Weierstrass [Pincherle, 1880b].

7 Pincherle à Poincaré

Montechiaro (Bologne) 18/9/85 [38]

Monsieur

Je viens de recevoir l'annonce du décès de Mme votre belle-mère [39], et je vous en fais mes sincères condoléances.

En même temps, et puisque je viens de lire votre Mémoire de l'American Journal [40], je vous félicite d'avoir su si bien résoudre les questions analogues a celles que j'ai traitées sur les séries $\sum c_n p_n(x)$ et qui échappaient à ma méthode [41]. Ne pourrait-on pas obtenir les résultats du § 1er de v. mémoire en considérant l'intégrale Y de l'éq.

$$A_n \frac{d^n y}{dx^n} + \frac{d^{n-1} y}{dx^{n-1}} + \ldots + A_0 = 0,$$

et en remarquant que

$$\lim_{x=\infty} \frac{y'}{y} : \frac{Y'}{Y} = 1 \ ?$$

On obtiendrait alors de suite $\lim \frac{y'}{y} = \alpha$ [42]. –

38. Cette lettre est rédigée sur un feuillet de l'*Unione postale universale.*

39. Pauline Poulain d'Andecy, (née Geoffroy Saint-Hilaire) la mère de l'épouse de Poincaré, Louise, décède en 1885.

40. [Poincaré, 1885e].

41. Poincaré [1885e] étudie à la fin de cet article les séries de polynômes vérifiant une relation de récurrence et évoque alors les travaux de Pincherle [1883b,c]. Poincaré [1885d, p. 243] pose la question du domaine de convergence des séries $\sum_i \alpha_i P_i(x)$ où les α_i sont des « coefficients constants quelconques » et les P_i des polynômes à coefficients entiers liés par une relation de récurrence de la forme

$$\sum_{j=0}^{j=k} Q_j P_{n+j},$$

les Q_j étant des polynômes entiers en n et x. Poincaré évoque une première solution présentée lors de la séance du 1er décembre 1882 de la Société mathématique de France et exposée dans une note aux *Comptes rendus hebdomadaires des séances de l'Académie des sciences de Paris* [Poincaré, 1883h]. En étudiant les points singuliers des intégrales de l'équation différentielle (E) vérifiée par la fonction

$$y = P_0 + zP_1 + z^2 P_2 + \ldots + z^n P_n + \ldots,$$

Poincaré montre que si $\sqrt[n]{\alpha_n}$ a une limite finie, le domaine de convergence de la série est le demi-plan d'équation $|z| < |\alpha|$ où α est la racine de plus petit module du coefficient principal de l'équation (E). Poincaré [1885d, p. 244] indique alors que « cette méthode a [...] l'inconvénient d'être sujette à caution lorsque que $\sqrt[n]{\alpha_n}$ ne tend pas vers une valeur déterminée ». Il rappelle que Pincherle [1883b,c] a utilisé « presque simultanément » la même méthode avec les mêmes défauts, ce qui l'amène à reprendre le problème avec les nouvelles techniques proposées dans la première partie du mémoire.

42. Dans la première partie de cet article, Poincaré [1885e] propose une étude sommaire des intégrales irrégulières de « certaines équations différentielles linéaires » du type :

$$(1) \qquad \sum_{k=0}^{n} P_k \frac{d^k(y)}{dx^k} = 0$$

où les P_k sont des polynômes de même degré p. En désignant par A_k le coefficient du terme de degré p de P_k et par y une intégrale de (1), Poincaré montre [Poincaré, 1885e, p. 209]que la

Permettez moi enfin de rectifier les formules à pag. 5 et 12 (au haut des pages), qui doivent être [43] :

$$X' = \alpha X - \left(AX + BY.\frac{\gamma - \beta}{\alpha - \gamma} + CZ\frac{\gamma - \beta}{\beta - \alpha} \right).$$

Excusez la hâte avec laquelle je vous ai écrit, et croyez moi, Monsieur, avec la plus haute estime.
Votre dévoué

S. Pincherle

8 Pincherle à Poincaré

Bologne le 22/2/87

Monsieur,

J'apprends en ce moment votre nomination à membre de l'Institut [44]. Je vous prie de vouloir bien agréer mes félicitations les plus sincères pour cette haute distinction, que vous avez bien méritée.
Croyez aux sentiments de la plus profonde estime de votre dévoué

S. Pincherle

9 Pincherle à Poincaré

Bologne, le 27/11 88

Monsieur le Professeur,

Il y a déjà cinq ans, à l'époque où nous nous occupions tous deux de la forme des champs de convergence des séries ordonnées selon un système donné de fonctions analytiques, vous m'avez fait l'honneur de m'écrire une lettre où, entre autres choses, vous remarquiez la difficulté de la question : développer une fonction régulière dans l'un de ces champs en série ordonnée selon un système donné de fonctions. Je me suis beaucoup occupé depuis de cette question, qui se rattache au problème de l'inversion d'une intégrale définie. Cette dernière question, qui est la résolution d'une équation

$$\int_a^b \phi(x)A(x,y)dy = f(x)$$

par rapport à la fonction inconnue $\phi(x)$, m'a toujours semblé importante.

---

dérivée logarithmique de y tend à l'infini vers une racine α du polynôme

$$\sum_{k=0}^{k=\infty} A_k z^k = 0.$$

43. Pincherle a tout à fait raison ; les coefficients ont disparu dans les formules de l'article publié dans l'*American Journal of Mathematics.*

44. Poincaré avait été élu à l'Académie des sciences le 31 janvier 1887.

Tout récemment, les difficultés que présente la question dans le cas général m'ont engagé à étudier d'abord le cas particulier que vous considériez dans votre beau Mémoire du T. VII de l'Americ. Journal [45], c'est-à-dire lorsque les fonctions $p_\nu(x)$ du système donné vérifient une équation récurrente [46]. Je crois être arrivé, dans ce cas, à quelques résultats dignes d'intérêt, et puisque vous vous êtes occupé de questions analogues, je prends la liberté de vous soumettre quelques uns de ces résultats parmi les plus simples [47].
Soit d'abord une équation récurrente de la forme

$$(1) \qquad \sum_{k=0}^{m}(a_k(n) + xb_k(n))p_{n+k}(x) = 0$$

où les $a_k(n), b_k(n)$ sont des polynômes de même degré en n et $b_m(n) = 0$ identiquement. alors je trouve que l'on a un développement de la forme

$$(2) \qquad \frac{1}{y-x} = \sum \left(b_0(n)p_n + b_1(n)p_{n+1} + b_2(n)p_{n+2} + \dots\ b_{m-1}p_{n+m-1}\right) q_n(y)$$

où les fonctions $q_n(y)$ vérifient une équation tout à fait analogue à (1), soit

$$(3) \qquad \sum_{k=0}^{m}(a_k(n-k) + yb_k(n-k))q_{n-k}(y) = 0$$

et que l'on pourrait appeler inverse de (1). Il s'ensuit que sous certaines conditions, toute fonction $f(x)$ donnée dans un champ C_α convenablement limité, est développable en série de fonctions $p_n(x)$* [48].

45. [Poincaré, 1885e].

46. Dans son article sur les équations linéaires aux différentielles ordinaires et aux différences finies, Poincaré applique les théorèmes généraux de son article au problème du domaine de convergence d'une série construite à partir d'un système de polynômes liés par une équation de récurrence :

> Soient : $P_0(x), P_1(x), P_3(x), \dots, P_n(x), \dots$ une infinité de polynômes entiers en x, liés entre eux par une relation de récurrence de la forme suivante :
>
> $$(1) \qquad Q_k P_{n+k} + Q_{k-1}P_{n+k+1} + \dots + Q_1 P_{n+1} + Q_0 P_n = 0$$
>
> où les Q sont des polynômes entiers en n et x. Formons maintenant la série :
>
> $$(2) \qquad \alpha_0 P_0 + \alpha_1 P_1 + \dots + \alpha_n P_n + \dots$$
>
> où les α sont des coefficients constants quelconques. Cette série sera convergente tant que le point x restera intérieur à une certaine région du plan, et divergera quand le point x sortira de cette région. On demande quelle est la courbe qui limite cette région de convergence. [Poincaré, 1885e, p. 243]

47. Lors de la séance du 17 décembre 1888, Poincaré présentera une note de Pincherle aux *Comptes rendus de l'Académie des sciences* sur cette question [Pincherle, 1888].

48. *(*Note de Pincherle*) La formule (2) contient aussi comme cas particulier celles de MM. Frobenius [1871] et Bendixson [1887] quand $p_{n+1}(x) = (x-a(n))p_n(x)$, et celles de MM. Heine [1861]

Dans un cas très particulier ($m = 2, a_0(n) = n+2, b_0(n) = 0, a_1(n) = 0, b_1(n) = (-2n+3), a_2(n) = n+1, b2(n) = 0$), on retrouve les fonctions sphériques P_n ; les fonctions q_n sont les f. sphériques de deuxième espèce, et l'équation (1) coïncide avec son inverse, enfin la (2) donne le développement bien connu de Neumann. Supposons maintenant que l'équation récurrente contienne x à un degré supérieur, p. ex. au second degré :

$$(4) \qquad \sum_{k=0}^{m} \left(a_k(n) + x b_k(n) + x^2 c_k(n)\right) p_{n+k} = 0, \quad b_0(n) = c_0(n) = 0.$$

Alors je ne trouve plus un développement de $\frac{1}{y-x}$ ordonné selon les $p_n(x)$, (et même cela ne semble pas possible a priori ; en effet, soit en particulier

$$p_{n+1}(x) = (x - \alpha_n)(x - \beta_n) p_n(x),$$

si l'on a

$$F(x) = \sum C_n p_n(x),$$

il s'ensuit que $F(\alpha_n), F(\beta_n)$ doivent vérifier une certaine relation, et par conséquent $F(x)$ n'est pas quelconque.) – Mais l'on peut encore déterminer un système de fonctions $q_n(x)$ qui vérifient l'équation inverse de (4), c'est-à-dire

$$\sum_{k=0}^{m} \left(a_k(n-k) + y b_k(n-k) + y^2 c_k(n-k)\right) q_{n-k}(y) = 0$$

et ces fonctions sont telles que

$$\frac{1}{y-x} = \sum q_n(y) \left(b_0(n) p_n + b_1(n) p_{n+1} + \ldots b_{m-1}(n) p_{n+m-1}\right)$$
$$+ (y-x) \sum q_n(y) \left(c_0(n) p_n + c_1(n) p_{n+1} + \ldots c_{m-1}(n) p_{n+m-1}\right).$$

Par conséquent, toute fonction régulière dans un champ convenable C_α peut se développer en série de la forme

$$f(x) = \sum (C_n + x C'_n) p_n(x).$$

Il y a une généralisation analogue si l'équation contient x à un degré quelconque.

---

et Thomé [1866] pour les développements selon les numérateurs et dénominateurs des réduites d'une fraction continue.

Dans sa note, Pincherle [1888] insiste sur la généralité de sa formule :

> Cette dernière formule, comme on le voit aisément, renferme comme cas particuliers les développements de $\frac{1}{z-x}$ en série de polynômes de Legendre, donné par M. Carl Neumann [1862], en série de produits partiels d'un produit d'un nombre infini de facteurs binômes, donné par MM. Frobenius et Bendixson, en série des dénominateurs des réduites d'une fraction continue, donné par Heine, etc. [Pincherle, 1888, p. 988-989]

Naturellement, ces recherches donnent lieu à beaucoup de cas exceptionnels qu'il n'est pas aisé de démêler ; p. ex. il y a l'indétermination de fonctions arbitraires dans équations (1) et (4) et leurs inverses.
Il y a encore d'autre cas intéressants qui ne rentrent pas dans ce qui précède ; par exemple le système de fonctions qui a pour fonction génératrice le développement $\phi(x,y) = \sum y^n p_n(x)$ de l'équation (hypergéométrique à point singulier variable)

$$y(y-x)\frac{\partial^2\phi}{\partial y^2} + (\mathcal{A}y + \mathcal{B})\,\frac{\partial\phi}{\partial y} + \mathcal{C}\phi = 0.$$

Je vous prie, monsieur le Professeur, de vouloir bien m'excuser si j'ai pris la liberté de vous présenter ce petit aperçu de recherches [49], qui, en partie, s'inspirent à vos travaux dont je suis un fervent admirateur [50] ; et veuillez agréer en même temps l'expression de la plus profonde estime
de votre bien dévoué

S. Pincherle

49. Pincherle publie en 1889 sur ces questions plusieurs articles [Pincherle, 1889b,c,a,d].
50. Pincherle [1889b] utilise un théorème de Poincaré [1885e, p. 243-258] sur les séries de polynômes définies par une relation de récurrence. Pincherle est cité plusieurs fois dans cet article (voir la note 41, p. 666).

Victor Schlegel

Victor Schlegel nait en 1843 à Francfort. Il suit des études de mathématiques à l'Université de Berlin comme en attestent les réponses à des questions posées publiées en 1869 dans les *Nouvelles annales de Mathématiques* [1]. Il commence une carrière d'enseignant dans le secondaire qui le mènera de Stetin (1866-1868) où il côtoie Hermann Günther Grassmann, à Warin (1869-1887) et à Hagen (1887-1905) où il restera jusqu'à son décès, le 23 novembre 1905.
Victor Schlegel est élu membre de la Société mathématique de France le 17 février 1882 [2] et en 1884, membre de la *Deutsche Akademie der Wissenschaften Leopoldina* [3].
Malgré quelques contributions originales comme les diagrammes dits de Schlegel pour représenter les polyèdres [4], Victor Schlegel est surtout connu pour son inlassable travail de diffusion des idées de Grassmann. En 1872 et 1875, il publie un ouvrage en deux volumes, *System vom Raumlehre nach den Prinzipien der Grassmann'schen Ausdehnungslehre* [5], pour populariser le point de vue de Grassmann et en défendre l'utilisation dans l'enseignement [6]. Schlegel [1878] publie aussi une biographie de Grassmann et des études historiques sur l'importance du point de vue grassmannien dans les mathématiques contemporaines [7]. Schlegel fait la promotion des « méthodes de M. Grassmann » au delà de l'Allemagne, en France, dans le *Bulletin de la Société mathématique de France* [8] , en Espace, dans *El Progresso Mathematico* [9].
La lettre envoyée par Schlegel à Poincaré en mai 1887 concerne le projet d'index du *Répertoire bibliographique des sciences mathématiques* [10].

---

1. *Nouvelles annales de mathématiques*, (2) 8 (1869), p. 91-94, 467-470 et 542-543.
2. Victor Schlegel est présenté par Georges Halphen et Henry Picquet.
3. Cette élection témoigne comme D. Rowe [2010, p. 41] le souligne, d'un indéniable renom au moins dans les milieux scientifiques allemands.
4. Sur l'histoire de la représentation des polyèdres en dimension supérieure à trois, voir [Volkert, 2016].
5. [Schlegel, 1872-1875].
6. Cet ouvrage donne lieu à une vive discussion avec Felix Klein. Sur cette question, voir [Rowe, 2010].
7. [Schlegel, 1896].
8. [Schlegel, 1882b,a, 1895].
9. [Schlegel, 1892-1893].
10. [Commission permanente du Répertoire bibliographique des sciences mathématiques, 1888].

P. Nabonnand et al. (eds.), *La correspondance entre Henri Poincaré et les mathématiciens*,
Publications des Archives Henri Poincaré Publications of the Henri Poincaré Archives,
https://doi.org/10.1007/978-3-7643-8288-9_62

Schlegel à Poincaré

Hagen. W. 19.5.87

Monsieur et cher collègue,

J'ai l'honneur de vous envoyer ci-joint quelques propositions concernant la répartition des matières pour le répertoire bibliographique. En général je crois les répartitions indiquées dans la "formule générale" fort convenables ; les petits suppléments que je me suis permis d'ajouter regardent des objets dont la littérature est, à mon avis, assez grande, pour justifier l'établissement de groupes particuliers. Veuillez agréer, Monsieur et cher collègue, l'expression de mes sentiments dévoués.

Dr. V. Schlegel

Analyse mathématique

A. 1. Arithmétique et algèbre élémentaire. – 2. Équations algébriques. – 3. Équations transcendantes. – 4. Progressions. – 5. Calcul des intérêts et des rentes. – 6. Groupes de Gallois [11].

B. 1. Déterminants. – 2. Substitutions linéaires. – 3. Invariants et covariants. – 4. Élimination. – 5. Quaternions. – 6. Unités supérieures („Ausdehnungslehre [12]") de M. Grassmann. (6. au lieu des nombres complexes qui se trouvent en **I.**) [13]

---

11. Les deux versions publiées en 1888 [Commission permanente du Répertoire bibliographique des sciences mathématiques, 1888] la version mise à la discussion lors du Congrès international de bibliographie des sciences mathématiques de 1889) et en 1893 [Commission permanente du Répertoire bibliographique des sciences mathématiques, 1893] la version intégrant les modifications proposées dans la dynamique du Congrès) de l'*Index du Répertoire des sciences mathématiques* définissent la classe **A.** de la même manière :

> Algèbre élémentaire ; théorie des équations algébriques et transcendantes ; groupes de Galois ; fractions rationnelles ; interpolation.

L'item **A.** 1. a. des deux versions de l'*Index* comporte les termes « progressions » et « calculs d'intérêts, d'annuités et d'amortissement ».

12. [Grassmann, 1844, 1862].

13. Les deux versions publiées en 1888 et en 1893 de l'*Index du Répertoire des sciences mathématiques* décrivent la classe **B** quasiment de la même manière :

> Déterminants ; substitutions linéaires ; théorie algébrique des formes ; invariants et covariants ; élimination ; quaternions ; équipollence et nombres complexes [Commission permanente du Répertoire bibliographique des sciences mathématiques, 1888, p. 3].

Dans la version de 1893, l'« élimination » apparait après les « substitutions linéaires » et l'expression « nombres complexes » est remplacée par « quantités complexes ».

Dans la version de l'*Index* de 1888, il n'est pas fait référence à l'*Audehnungslehre* de Grassmann, le paragraphe consacré à la « théorie générale des imaginaires et des quantités complexes » ne comportant que les 4 items suivants :

a. Imaginaires ; calcul ; interprétations géométriques.

b. Équipollence.

c. Quantités complexes au point de vue algébrique ; clefs de Cauchy, etc.

d. Quaternions.

ad C. „Quadratures“ se retrouvent en **O**. Omettre ici [14]?
ad D. Ajouter après les fractions continues : „Équations de Diophante“ [15].
ad J. Je propose d'omettre la littérature qui sert seulement à la méthode de l'enseignement et ne contient que rarement des progrès scientifiques [16].

Géométrie

ad K. Ajouter „Coordonnées“. – Séparer Géométrie du plan – d'espace – Trigonométrie de plan – de sphère [17].
ad L et M. Séparer Courbes et Surfaces, en outre séparer : sous point de vue analytique – synthétique (méth. de Steiner) [18].

Dans la version de 1893, l'item **B.** 12. c. est modifié dans le sens demandé par Schlegel avec l'ajout après les « clefs de Cauchy » d'une mention à l'« *Ausdehnungslehre* (Grassmann) ».

14. Le terme « quadratures » est maintenu dans la description de la classe **C**.
La notion de quadrature apparait dans la sous-classe « calcul intégral », dans l'item « Calcul numérique des intégrales définies ; méthodes d'approximation ; formules de quadrature ». La notion géométrique de quadrature d'une figure curviligne apparait dans la version de 1893 dans la classe **K** dédiée à la géométrie élémentaire (« Rectification et quadrature approchée du cercle et des arcs de cercle » [Commission permanente du Répertoire bibliographique des sciences mathématiques, 1893, p. 36]).

15. La demande de Schlegel est un peu surprenante, la classe **D** étant consacrée à la théorie générale des fonctions ainsi qu'aux « séries et développements infinis, comprenant en particulier les produits infinis et les fractions continues au point de vue algébriques. Les équations diophantiennes ne trouvent pas vraiment une place naturelle dans cette classe. Il n'y aucune mention dans l'*Index* aux équations diophantiennes. Par contre, le *Répertoire* contient dans les classes **I** (arithmétique et théorie des nombres) et **K** (géométrie élémentaire) quelques références ayant dans le titre l'expression « analyse de Diophante ».

16. La classe **J** est dévolue aux domaines de l'arithmétique, de l'algèbre et de l'analyse non-mentionnés dans les classes précédentes comme l'analyse combinatoire, la théorie générale des groupes de transformations, le calcul des probabilités et les théories de Cantor. Schlegel anticipe ici une décision du Congrès international de bibliographie mathématique de Paris (1889) :

> Sont exclus du répertoire les ouvrages classiques les ouvrages classiques ne contenant pas de résultats généraux et destinés aux élèves des divers établissements d'instruction ou aux candidats aux divers examens. Seront pareillement exclus les Mémoires publiés dans des recueils spécialement destinés à ces candidats. Cependant, comme divers recueils présentent un caractère mixte et contiennent à côté de nombreux exercices qui ne peuvent être utiles qu'aux étudiants quelques travaux originaux, ces derniers travaux seront mentionnés dans le répertoire après que le triage en aura été fait par l'administration de ces recueils et que la Commission permanente [...] aura émis un avis favorable. [Commission permanente du Répertoire bibliographique des sciences mathématiques, 1893, p. vii]

17. La classe **K** est décrite dans le projet d'index de 1888 comme dévolue à la géométrie élémentaire, « Géométrie et Trigonométrie élémentaires (étude des figures formées de droites, plans, cercles et sphères) ; Géométrie analytique du point, de la droite, du plan, du cercle et de la sphère ; Géométrie descriptive ; Perspective ». Dans la version de 1893, le seul changement est la disparition du terme « analytique ».

18. La classe **L** est dévolue (dans les deux versions de l'*Index*) aux travaux sur les « Coniques et surfaces du second degré ». Dans le projet d'*Index* (1888), la classe **M** est destinée aux travaux consacrés aux « Courbes et surfaces algébriques et transcendantes ; systèmes articulés ». Dans la version de 1893, la description de la classe **M** évolue légèrement en « Courbes et surfaces

ad N. Ajouter ‚Configurations" [19].
ad P. Ajouter „Représentation (?) (Abbildung) conforme" [20].
D'ailleurs j'approuve les répartitions marquées par point et virgule.

algébriques ; courbes et surfaces transcendantes spéciales ». Dans les deux versions de l'*Index*, la classe **L** est divisée en deux grandes sous-classes $\mathbf{L}^1$ (« Coniques ») et $\mathbf{L}^2$ (« Quadriques »). La classe **M** est divisée en cinq grandes sous-classes dans le projet de 1888, intitulées $\mathbf{M}^1$, « Courbes planes algébriques », $\mathbf{M}^2$, « Surfaces algébriques », $\mathbf{M}^3$, « Courbes gauches algébriques », $\mathbf{M}^4$, « Courbes et surfaces transcendantes » et $\mathbf{M}^5$, « Systèmes articulés ». Dans l'*Index* (1893), la cinquième sous-classes disparait, l'intitulé des quatre autres n'étant pas modifié.
Il n'y a pas d'entrée relative au point de vue de Steiner en géométrie ; les entrées de l'*Index* ne différencient pas les méthodes d'approches des questions ; les titres des diverses classes, sous-classes, sections, sous-sections... sont « classés [...] d'après l'ordre logique des matières » [Commission permanente du Répertoire bibliographique des sciences mathématiques, 1893, p. vii].

19. Le terme « configuration » n'apparait pas dans les intitulés de la classe **N** qui est dévolue dans les deux versions de l'index aux « Complexes et congruences ; connexes ; systèmes de courbes et de surfaces ; géométrie énumérative » . La théorie des configurations est par contre mentionnée dans la section « Géométrie de situation ou arithmétique géométrique » de la classe **Q** dont l'intitulé dans les deux versions de l'*Index* est « Géométrie, divers ; géométrie à n dimensions ; géométrie non-euclidienne ; *analysis situs* ; géométrie de situation ».

20. L'intitulé de la classe **P** évolue quelque peu entre les deux versions de l'*Index.* En 1888, la classe **P** est dédiée aux « Transformations géométriques ; homographie ; homologie ; polaires réciproques ; inversion ; transformations birationnelles ». En 1893, l'intitulé est précisé en « Transformations géométriques ; homographie ; homologie et affinités ; corrélations et polaires réciproques ; inversion ; transformations birationnelles et autres ». Il apparait dans la version de 1893 une nouvelle section intitulée « Représentations d'une surface sur une autre » qui ne donnera pas lieu à une fiche. Les questions de représentations conformes d'une surface sur une autre sont classées sous les items **P.** 3. a « Transformations isogonales » et **D.** 5. c « Représentations conformes ».

Ludwig Schlesinger

Ludwig Schlesinger nait en 1864 à Nagyszombat, alors en Hongrie ; après des études secondaires à la *Realschule* de Bratislava, il étudie les mathématiques et la physique à Heidelberg et à Berlin. Schlesinger soutient en 1887 à l'Université de Berlin une thèse, *Über lineare homogene Differentialgleichungen vierter Ordnung, zwischen deren Integralen homogene Relationen höheren als ersten Grades bestehen* [1], qui s'inscrit dans le programme d'études des équations différentielles linéaires défini par Lazarus Fuchs. Il entreprend alors une carrière universitaire qui le mène de l'Université de Berlin (1889-1897), à celle de Cluj (Kolozsvár) (1897-1911) et enfin à Giessen (1911-1930). Il est obligé par les nazis de quitter sa chaire en 1930 et décède à Giessen en 1933.

Schlesinger publie plus d'une centaines de notes et de mémoires pour l'essentiel dans des journaux allemands à l'exception de quelques notes aux *Comptes rendus hebdomadaires des séances de l'Académie des sciences* et de quatre mémoires dans les *Acta mathematica.* Il est aussi l'auteur de plusieurs ouvrages sur les équations différentielles linéaires [2]. Outre la théorie des équations différentielles linéaires dont il sera question dans les lettres qu'il envoie à Poincaré, Ludwig Schlesinger fait aussi œuvre d'historien des mathématiques en traduisant en allemand la *Géométrie* de Descartes, en éditant un des tomes des *Werke* de Gauß et en étant un des premiers éditeurs (avec Friedrich Engel) des *Leonhardi Euleri Opera omnia.*

Les deux lettres que Schlesinger envoie à Poincaré concernent pour la première, datée de 1892, les fonctions fuchsiennes et pour la seconde, datée de 1904, le problème de Riemann (voir p. 680 et 683) dont il démontrera plusieurs versions en utilisant dans un cas, les fonctions zétafuchsiennes de Poincaré et dans un autre, la méthode de continuité de Klein et de Poincaré. Les réponses de Poincaré sont plus laconiques et font état de la publication de notes de son correspondant aux *Comptes rendus.*

---

1. [Schlesinger, 1887].
2. Outre l'ouvrage dont il offre un exemplaire à Poincaré (voir la lettre 3, p. 680), Schlesinger [1909] est l'auteur d'un rapport de la *Deutschen Mathematiker-Vereinigung* sur les développements de la théorie des équations différentielles linéaires depuis 1865.

P. Nabonnand et al. (eds.), *La correspondance entre Henri Poincaré et les mathématiciens*,
Publications des Archives Henri Poincaré Publications of the Henri Poincaré Archives,
https://doi.org/10.1007/978-3-7643-8288-9_63

1 Schlesinger à Poincaré

Berlin, S. W. Königgräzerstrasse 46,
le 7.5.92

Monsieur !

Dans un mémoire inséré au t. 105 du Journal de Crelle [3], dont je m'avais aussi fait l'honneur de vous offrir un tirage à part, j'ai montré, en suivant la voie que vous avez ouverte dans votre admirable mémoire du t. IV des Acta [4], que les fonctions fuchsiennes symétriques de la deuxième famille et du genre zéro, puissent être représentées comme les limites de certaines fonctions algébriques, qui correspondent à une série de sous-groupes du groupe des dites fonctions [5].
Essayant de généraliser cette mode de génération au cas des fonctions fuchsiennes non symétriques, je vous prie Monsieur de vouloir permettre que je vous fasse part de quelques lignes des résultats auxquelles je suis parvenu.
Je commence par considérer un groupe E de substitutions linéaires, composé de n substitutions fondamentales s_1, s_2, ..., s_n transformantes en leurs correspondants des côtés du polygone générateur et entre lesquelles il n'existe point de relation fondamentale. Il s'agit de former une série de sous-groupes du groupe E, devenant toujours plus étroits c'est-à-dire contenant toujours moins de substitutions du groupe considéré, de manière que la limite de ces sous-groupes soit la substitution identique.
Soit E_1 le groupe composé des substitutions

$$s_k^3,\ s_k s_\lambda s_k,\ s_k s_\lambda^{-1} s_k, k, \lambda = 1, 2, \ldots, n,\ k \geq l$$

comme substitutions fondamentales et désignons ces substitutions écrites dans l'ordre suivant :
$s_1 s_1 s_1,\ s_1 s_2 s_1,\ \ldots,\ s_1 s_n s_1,\ s_1 s_1^{-1} s_1,\ \ldots\ \ldots,\ s_1 s_2^{-1} s_1,\ s_2 s_1^{-1} s_2, s_2 s_1 s_2, s_2 s_2 s_2,$ $\ldots,\ s_2 s_n s_2,\ s_2 s_n^{-1} s_2,\ \ldots\ s_2 s_3^{-1} s_2\ ;\ \ldots\ ;\ s_k s_{k-1}^1 s_k,\ \ldots,\ s_k s_1^{-1} s_k,\ s_k s_1 s_k,\ \ldots,$ $s_k s_n s_k,\ s_k s_n^{-1} s_k,\ \ldots\ s_k s_{k+1}^{-1} s_k\ ;\ \ldots$
par $s_1^{(1)}$, $s_2^{(1)}$, ..., $s_{n_1}^{(1)}$, où $n_1 = n(2n-1)$.

3. Cet article [Schlesinger, 1889] est consacré à l'étude des fonctions fuchsiennes.
4. [Poincaré, 1884f].
5. Dans l'introduction de son article, Schlesinger exprime la même idée :

> Durche eine von Herrn Fuchs, meinem verehrten Lehrer, im Winter-Semester 1885/6 an der Berliner Universität gehaltenen Vorlesung zur Beschäftigung mit der Theorie der *Fuchs*schen Functionen angeregt, war es insbesondere die Lectüre der §§ 16, 17 von Herrn *Poincarés* Arbeit „*Sur les groupes des équations linéaires*“, die mich veranlasste, für die Erzeugerung der in Rede stehenden Functionen einen ähnlichen Weg einzuschlagen, wie ihn Gauss in der Abhandlung „*Determinatio attractionis* etc.“ und in den nachgelessenen Fragmenten über das arithmetisch-geometrische Mittel für die elliptischen Functionen vorgezeichnet hat, nämlich die functionale Beziehung, als deren Umkehrung sich die Fuchsschen Functionen ergeben, durch einen Grenzübergang aus einer algebraischen Beziehung herzustellen. [Schlesinger, 1889, p. 181]

Une substitution U quelconque du groupe E se met sous la forme

$$U = s_{k_1}^{\lambda_{k_1}} s_{k_2}^{\lambda_{k_2}} \ldots s_{k_\tau}^{\lambda_{k_\tau}};\ k_i \leq k_{i-1},\ i = 2, 3, \ldots \tau$$

$k_1, k_2, \ldots k_\tau$ désignant τ quelconques des nombres $1, 2, \ldots n$, λ_{k_i} des nombres entiers positifs ou négatifs et posons

$$\Sigma_{i=1}^{\tau} |\lambda_{k_i}| = Ind_0 U$$

Alors on démontre facilement à l'aide de la méthode que j'ai indiquée dans mon mémoire cité[6] (pag. 206), que

$$U = U^{(1)} s_k^{\pm i},$$

où $U^{(1)}$ représente une substitution appartenant au groupe E_1, k un certain des nombres 0, 1, ... , n, $(S_0 = 1)$, et que

$$Ind_1 U^{(1)} < Ind_0 U,$$

quand on pose :

$$U^{(1)} = \Pi_{i=1,2,\ldots,\tau} \left(s_{k_i}^{(1)}\right)^{\lambda_{k_i}^{(1)}},\ k_i \geq k_{i-1},$$

et

$$Ind_1 U^{(1)} = \Sigma_{i=1}^{\tau} \left|\lambda_{k_i}^{(1)}\right|.$$

On aura donc

$$E = E_1 \left(1, s_1, \ldots, s_n, s_n^{-1}, \ldots s_1^{-1}\right),$$

c'est-à-dire que E_1 est un sous-groupe d'indice fini de E, dont le quotient est représenté par

$$P_1 = \left(1, s_1, \ldots, s_n, s_n^{-1}, \ldots s_1^{-1}\right),$$

Formons avec les substitutions $s_k^{(1)}$, $k = 1, \ldots, n_1$, les substitutions $s_k^{(2)}$, $k = 1, \ldots, n_2$, $n_2 = n_1(2n_1 - 1)$ de la même manière, dont les s_k^1 ont été formées avec les substitutions S_k et désignons par E_2 le groupe composé des s_k^2 comme substitution fondamentales. On trouve

$$E_1 = E_2(1, s_1^1, \ldots, s_n^1, (s_k^1)^{-1}, \ldots, (s_k^n)^{-1})$$

et une substitution $U^{(1)}$ quelconque de E_1 se met sous la forme

$$U^{(1)} = U^{(2)} (S_k^{(1)})^{\pm i}$$

désignant par $U^{(2)}$ une substitution appartenant au groupe E_1, par k un certain des nombres $0, 1, \ldots, n_1$, $S_0^{(1)} = 1$. En introduisant le symbole $Ind_2 U^{(2)}$ à l'instar des symboles $Ind_1 U^{(1)}$, $Ind_0 U$ on démontre de plus que

$$Ind_2 U^{(2)} < Ind_1 U^{(1)}.$$

6. [Schlesinger, 1889].

Continuons ce procédé, nous parviendrons à un groupe E_λ composé des substitutions fondamentales $S_k^{(\lambda)}$, $k = 1, \ldots, n_\lambda$, $n_\lambda = (2n_{\lambda-1} - 1)n_{\lambda-1}$ et l'on aura

$$E_{\lambda-1} = E_\lambda . \mathcal{P}_\lambda$$

étant posé

$$\mathcal{P}_\lambda = \left[1, S_1^{(\lambda-1)}, \ldots, S_{n_{\lambda-1}}^{(\lambda-1)}, (S_{n_{\lambda-1}}^{(\lambda-1)})^{-1}, \ldots, (S_1^{(\lambda-1)})^{-1}\right],$$

donc

$$E = E_\lambda \mathcal{P}_\lambda \mathcal{P}_{\lambda-1} \ldots \mathcal{P}_1.$$

Alors chaque substitution U de E pourra être mise sous la forme

$$U = U^{(\lambda)} \Pi_{i=\lambda-1, \ldots, 2,1,0} (S_{k_i}^{(i)})^{\pm 1}, \; S_k^{(0)} = S_k, \; S_0^{(i)} = 1,$$

où l'on désigne par $U^{(\lambda)}$ une substitution de E_λ un certain des nombres $0, 1, \ldots, n_i$, et de plus nous avons

$$Ind_\lambda U^{(\lambda)} < Ind_0 U - \lambda + 1$$

Par conséquent, toute substitution U de E dont l'indice $Ind_0 U$ soit plus petit que λ, doit se trouver parmi les substitutions de

$$\mathcal{Q}_\lambda = \mathcal{P}_\lambda \mathcal{P}_{\lambda-1} \ldots \mathcal{P}_1,$$

on pourra donc, quelque soit l'indice d'une substitution de E, assigner un nombre λ aussi grand, pour que cette substitution fasse partie de $\mathcal{Q}_\lambda$. Il s'en suit que

$$lim_{\lambda=\infty} \mathcal{Q}_\lambda = E,$$

donc, pour chaque τ entier positif

$$lim_{\lambda=\infty} E_\lambda = lim_{\lambda=\infty} E_{\lambda+\tau} = 1.$$

S'il s'agissait de la décomposition analogue d'un groupe Γ formé des substitutions fondamentales $S_1, \ldots, S_n$ entre lesquelles il existe des relations, on pourra, d'après le théorème que vous avez démontré Acta, t. I, pag. 47 [7] mettre ces relations sous

7. Pour étudier les isomorphismes entre groupes fuchsiens, Poincaré regarde les relations entre substitutions qui les définissent. Il établit le théorème :

> Le nombre des relations fondamentales qui existent entre les substitutions fondamentales d'un groupe fuchsien G, est précisément celui des cycle de la 1re catégorie [cycles elliptiques] du polygone R_0 correspondant. [Poincaré, 1882k, p. 47]

Comme les groupes des 2e, 3e et 4e familles ne comportent pas de cycle de 1re catégorie [Poincaré, 1882k, p. 22], Poincaré en conclut que :

> Tout groupe H dérivé de n substitutions fondamentales est isomorphe à un groupe fuchsien G de la 2e, de la 3e ou de la 4e familles, pourvu que ce groupe soit également dérivé de n substitutions fondamentales. [Poincaré, 1882k, p. 47]

L'argument de Schlesinger est développé dans la seconde des notes aux *Compte rendus* [Schlesinger, 1892b] dans lesquelles il reprend cette démonstration.

la forme

$$(a) \qquad \Sigma_k^{\beta_k} = 1 \quad , k = 1, 2, \ldots, n+1$$

en posant $\Sigma_1 = S_1$; $\Sigma_k = S_{k-1}^{-1} S_k$, $k = 2, 3, \ldots, n$; $\Sigma_{n+1} = S_n^{-1}$, et l'on passera du groupe E au groupe Γ en réduisant à l'aide des équations (a) ; nous écrirons donc

$$\Gamma \equiv (modd\ \Sigma_k^{\beta_k} - 1,\ k = 1, 2, \ldots, n+1)$$

Par suite l'on obtient la décomposition cherchée du groupe Γ en faisant cette même réduction dans les groupes E_λ, c'est-à-dire en formant des groupes Γ_λ définis par les congruences

$$\Gamma_\lambda \equiv (modd\ \Sigma_k^{\beta_k} - 1),$$

mais il faut remarquer qu'en général les n_λ vont se réduire par ce procédé à des nombres plus petits $\overline{n_\lambda}$.
Si vous me permettiez Monsieur de continuer mes communications, j'exposerais dans une note prochaine la formation de certaines fonctions algébriques d'une variable x, appartenantes aux groupes E_λ resp. Γ_λ et convergentes avec λ croissant vers une limite ζ, dont x est fonction fuchsienne du genre zéro.
Je vous prie Monsieur de vouloir accueillir avec indulgence ces remarques insignifiantes que j'ose vous présenter, je serais très heureux si vous les trouviez dignes d'être insérées dans les Comptes Rendus [8].
Veuillez agréer Monsieur l'expression sincère d'admiration et de haute estime. De votre dévoué serviteur

Ludwig Schlesinger,
Privat-docent à l'université de Berlin.

2 Poincaré à Schlesinger

[11/05/1892] [9]

Monsieur et cher Collègue

Les résultats que vous me communiquez me paraissent fort intéressants et si vous voulez bien m'envoyer une note pour les Comptes Rendus, je me ferai un plaisir de la présenter à l'Académie [10].

8. Le contenu de cette lettre donne lieu à deux notes, toutes deux présentées par Poincaré, [Schlesinger, 1892a] et [Schlesinger, 1892b].

9. Cette lettre est conservée à la Staatsbibliothek zu Berlin - Preußischer Kulturbesitz. Elle est datée d'après les cachets de la poste.

10. Schlesinger a dû répondre par retour de courrier ; en effet, Poincaré présente le 16 mai la première note de Schlesinger [1892a] sur les fonctions Fuchsiennes et le 13 juin la seconde [Schlesinger, 1892b].
Par ailleurs, Poincaré présente lors de la séance du 4 juillet 1892 de l'Académie des sciences une note de Schlesinger [1892c] sur les formes primaires des équations différentielles linéaires du second ordre.

Vous savez que la longueur d'une communication insérée aux Comptes Rendus ne doit pas excéder trois pages.
Veuillez agréer, Monsieur et cher Collègue, l'assurance de ma considération.

Poincaré

3 Schlesinger à Poincaré

Lettre à M. Poincaré

Kolozsvár le 14.IV.1904 [11]
Fellevaridt 112.

Monsieur mon cher et illustre maître !

Je me permets de vous transmettre ci joint deux Notes [12] qui peut-être trouveront votre approbation pour être présentées à l'Institut. J'y ai réussi de démontrer l'existence des fonctions satisfaisant au problème de Riemann [13], sans imposer aux substitutions fondamentales aucune restriction, en m'appuyant sur un théorème que j'énonce dans la première note (dont la démonstration, d'ailleurs assez pénible, sera donnée dans un mémoire destiné au Journal de Crelle [14]), et en appliquant ensuite vos principes de la méthode de continuité [15].
Il me parait assez curieux que le problème de Riemann soit résoluble aussi dans le cas où les racines des équations fondamentales, appartenant aux substitutions données, ont des modules différent de l'unité, quoique vos séries Zétafuchsiennes soient divergentes dans ce cas. J'ai vainement cherché de découvrir la cause - certainement bien cachée - de cette discrépance.

---

11. Schlesinger était depuis 1897 professeur à l'université de Kolozsvár (Cluj) alors en Hongrie.

12. La première note proposée par Schlesinger [1904], Sur la théorie des systèmes d'équations différentielles linéaires, a été présentée par Poincaré. Par contre, la seconde (voir l'annexe 1 ci-dessous, p. 682) n'a pas été publiée.

13. Le problème de Riemann qui intéresse Schlesinger est énoncé dans le mémoire de Riemann [1876, p. 357-369] intitulé «Zwei allgemeine Sätze über lineäre Differentialgleichungen mit algebraischen Coefficienten». Dans une note aux *Comptes rendus* publiée en 1898, Schlesinger [1898] l'énonce comme suit :

> Étant donnés, dans le plan de la variable x, les $\sigma+1$ points $a_1, \ldots, a_\sigma, a_{\sigma+1}$, traçons des coupures $l_1, \ldots, l_\sigma$ joignant les points $a_1, \ldots, a_\sigma$ au point $a_{\sigma+1}$; on demande n fonctions $y_1, y_2, \ldots, y_n$ de x, qui se comportent régulièrement pour toutes les valeurs de x, excepté les points a_k, qui subissent les substitutions linéaires données arbitrairement $A_1, A_2, \ldots, A_\sigma$, quand x franchit les coupures $l_1, \ldots, l_\sigma$ et qui, aux points a_k, ne deviennent pas infinis d'un ordre infiniment grand. [Schlesinger, 1898, p. 723]

Schlesinger avait montré l'existence de telles fonctions en posant des hypothèses techniques sur les transformations linéaires A_k [Schlesinger, 1898, 1901, 1902]. L'objet des notes qu'il propose dans cette lettre est d'annoncer que l'on peut s'affranchir de ces conditions. Voir la note 24 (p. 683) de l'annexe 1.

14. [Schlesinger, 1905c].

15. La méthode de continuité consiste à utiliser des arguments topologiques ou homologiques pour établir des théorèmes d'existence. Voir par exemple [Poincaré, 1884f, p. 233-236] et pour un point de vue moderne, [de Saint-Gervais, 2010, p. 229-248].

Mais le théorème mentionné qui me parait important au point de vue de la théorie des classes (au sens de Riemann) des équations différentielles linéaires, permet d'entrevoir encore d'autres méthodes pour la démonstration de l'existence. Notamment j'ai développé (dans un autre mémoire qui paraîtra aussi au Journal de Crelle [16]) une théorie de l'intégration des systèmes d'équations linéaires du premier ordre qui permet de considérer très nettement les parties réelles et imaginaires des intégrales comme fonctions de deux variables réelles, et il me paraît possible de traiter ces intégrales d'une manière parfaitement analogue à celle, dont Riemann traite les intégrales abéliennes. Mais comme dans cet ordre d'idées je ne sois parvenu jusqu'à présent à des résultats nouveaux, je n'ose pas de vous en parler davantage.

J'ai entrepris avec la collaboration du fils ainé de Fuchs [17] l'édition de ses Œuvres mathématiques [18] ; l'impression du tome premier contenant les mémoires parus de 1858-1874 sera achevée au cours de l'été et j'espère de pouvoir présenter ce volume au Congrès international d'Heidelberg [19].

La deuxième édition d'un petit Traité sur la théorie des équations différentielles, publié pour la première fois en 1900, vient de paraître [20] ; je vous prie de vouloir bien accepter avec indulgence l'exemplaire que j'ai l'honneur de vous offrir.

Agréez, Monsieur l'expression du respect le plus profond de votre admirateur

L. Schlesinger

4 Poincaré à Schlesinger

[23/05/1906] [21]

Mon cher Collègue,

Votre note [22] n'a pu paraître que dans le numéro du 7 mai, parce que tout est désorganisé à cause de la grève des imprimeurs [23].

Mille regrets.

Votre bien dévoué Collègue,

Poincaré

16. [Schlesinger, 1905a].

17. Lazarus Fuchs est décédé le 26 avril 1902. Son fils, Richard, est aussi mathématicien. Il avait soutenu en 1897 à l'Université de Berlin, une thèse parrainée par Georg Frobenius et Hermann Schwarz (*Über die Periodicitätsmoduln der hyperelliptischen Integrale als Functionen eines Verzweigungspunktes* [Fuchs, 1897]).

18. [Fuchs, 1904-1906-1909].

19. Schlesinger prononce lors du 3e congrès international des mathématiciens à Heidelberg une conférence consacrée à l'édition des Œuvres complètes de Lazarus Fuchs [Schlesinger, 1905b].

20. [Schlesinger, 1900].

21. Cette lettre est conservée à la Staatsbibliothek zu Berlin - Preußischer Kulturbesitz.

22. [Schlesinger, 1906].

23. La grève des ouvriers typographes débutent au cours du mois d'avril 1906 et durera jusqu'au mois de juin dans un contexte de tentative de grève générale et de répressions menées par le gouvernement, en particulier par le Ministre de l'Intérieur de l'époque, Georges Clémenceau.

5 Annexe : texte d'une note non-publiée envoyée à Poincaré en 1904

Sur une solution nouvelle et générale du problème de Riemann.
Par M. L. Schlesinger

En conservant les notations de ma Note précédente je vais considérer le problème de Riemann, déterminé par les affixes des points singuliers $a_1, \cdots, a_\sigma$ et par les substitutions $(A_{ik}(\nu))$ $(\nu = 1, 2, \cdots, \sigma)$ données arbitrairement. Pour me débarrasser des complications algébriques qui ne touchent pas les principes de la méthode que je vais indiquer, je supposerai que les équations fondamentales

$$|A_{ik}(\nu) - \delta_{ik}\omega| = 0 \ (\nu = 1, 2, \cdots, \sigma)(i, k = 1, 2, \cdots, n) \qquad (5)$$

n'aient pas de racines multiples ; soient $\omega_1^{(\nu)}, \cdots, \omega_n^{(\nu)}$ les racines de l'équation (5). On peut former une équation de la forme (3) (v. note précédente) de manière que les racines des équations déterminantes (4) (ibid.) soient précisément les quantités

$$r_k^\nu = \frac{\log \omega_k^{(\nu)}}{2\pi\sqrt{-1}} \ (k = 1, 2, \cdots, n),$$

ce qu'impose aux $n^2\sigma$ quantités $\mathcal{B}_{ik}^{(\nu)}$ $n\sigma$ conditions ; les $(n^2 - n)\sigma$ quantités restant encore arbitraires, pourront être mises en évidence de la manière suivante. Choisissons ces $(n^2 - n)\sigma$ quantités d'une manière arbitraire mais déterminée et soient $(b_{ik}^{(\nu)})$, σ matrices constantes à déterminants différents de zéro. Alors la matrice $(b_{ik}^{(\nu)})(\mathcal{B}_{ik}^{(\nu)}(b_{ik}^{(\nu)})^{-1}$ est la plus générale dont l'équation fondamentale à pour racines les r_k^ν, et elle dépende encore de $n^2 - n$ constantes parfaitement arbitraires, que nous désignerons par $b_1^{(\nu)}, \ldots, b_{n^2-n}^{(\nu)}$.
La matrice intégrale

$$(z_{ik}) = \int_{x_0}^{x} \left(\Sigma_{\nu=1}^{\sigma} \frac{\mathcal{B}_i k^(\nu)}{x - a_\nu} \right)$$

subit des substitutions bien déterminées $\left(\mathcal{M}_{ik}^{(\nu)}\right)$, si la variable a franchit les coupures l_ν, et les équations fondamentales de ces substitutions ont pour racines les $\omega_k^{(\nu)}$. De même la matrice intégrale

$$(\zeta_{ik}) = \int_{x_0}^{x} \Sigma_{\lambda=1}^{\sigma} \left(b_{ik}^{(\lambda)}\right) \left(\frac{\mathcal{B}_{ik}^{(\lambda)}}{x - a_\lambda}\right) \left(b_{ik}^{(\lambda)}\right)^{-1}$$

subira des substitutions, dont les équations fondamentales auront les mêmes racines $\omega_k^{(\nu)}$, ces substitutions pourront être mises sous la forme

$$(\beta_i k^{(\nu)})(\mathcal{M}_i k^(\nu)(\beta_i k^{(\nu)})^{-1} \ (\nu = 1, 2, \cdots, \sigma) \qquad (6)$$

En considérant les $(\beta_{ik}^{(\nu)})$ comme des matrices constantes arbitraires aux déterminants différent de zéro, les matrices (6) représenterons les matrices les plus générales, dont les équations fondamentales ont pour racines les $\omega_k^{(\nu)}$, et la matrice (6) dépendra encore de $n^2 - n$ constantes arbitraires, que nous désignerons par $\beta_1^{(\nu)}, \cdots, \beta_{n^2-n}^{(\nu)}$.
Considérons la multiplicité $\mathcal{M}$ des $\sigma(n^2 - n)$ quantités $b_k^{(\nu)}$ et la multiplicité $\mathfrak{M}$ des $\sigma(n^2 - n)$ quantités $\beta_k^{(\nu)}$ $(k = 1, 2, \cdots, n^2 - n)$. À chaque point m de $\mathcal{M}$ il corresponde un point y et un seul de $\mathfrak{M}$ et d'après le théorème de M. Poincaré mentionné dans la note précédente, les coordonnées de y sont des fonctions entières des coordonnées de m. D'ailleurs, d'après le théorème que nous avons énoncé l.c., à aucun point de $\mathfrak{M}$ ne peut correspondre plus d'un point de $\mathcal{M}$. Comme les $b_k^{(\nu)}$ sont parfaitement arbitraires, la multiplicité $\mathcal{M}$ est une multiplicité fermée ne présentant pas de bord ; il s'en suit donc, d'après le principe de la méthode de continuité établie par M. Poincaré (Acta Mathem. IV, p. 234), qu'à tout point de $\mathfrak{M}$ corresponde un point de $\mathcal{M}$. Il existe donc toujours un système différentiel aux coefficients

$$\Sigma_{\nu=1}^{\sigma} \left(b_{ik}^{(\nu)}\right) \left(\frac{\mathcal{B}_{ik}^{(\nu)}}{x - a_\nu}\right) \left(b_{ik}^{(\nu)}\right)^{-1}$$

dont la matrice intégrale (3) subit les substitutions (4), quelque soient les matrices transformantes $\left(\beta_{ik}^{(nu)}\right)$. Comme les substitutions données $\left(A_{ik}^{(\nu)}\right)$ pourront être mises sous la forme (4), l'existence des fonctions, satisfaisant au problème de Riemann se trouve démontrée [24].

24. Cette note est l'une des deux qui accompagnaient la lettre 3 du 14 avril 1904 (p. 680). Au contraire de [Schlesinger, 1904], elle ne sera pas publiée. En 1908, Schlesinger [1908] publie un article dans *Acta Mathematica* dans lequel il reprend l'ensemble de ses travaux sur le problème de Riemann dont une partie de cette note :

> En poursuivant les recherches que Riemann a touchées dans son mémoire posthume sur la théorie des équations linéaires, la première tâche que j'avais à remplir était de démontrer l'existence d'un système de n fonctions d'une variable x jouissant des propriétés suivantes. Ces fonctions sont holomorphes pour chaque valeur finie de x, à l'exception de σ points données arbitrairement $a_1, \ldots a_\sigma$ et dans ces points singuliers mêmes, aussi bien que pour $x = \infty$, elles ne sont pas déterminées (au sens de Fuchs). Quand x franchit les coupures $(a_\nu \infty)$ les dites fonctions subissent des substitutions linéaires arbitrairement données
>
> $$\mathcal{U}_\nu = \left(\mathcal{U}_{ik}^{(\nu)}\right) \qquad (\nu = 1, 2 \ldots, \sigma)$$
> $$(i, k = 1, \ldots n)$$
>
> Le problème de déterminer un tel système, que j'avais nommé le problème de Riemann, a été résolu par moi en 1898 pour le cas particulier où les racines des équations fondamentales, relatives aux substitutions $\mathcal{U}_1, \ldots, \mathcal{U}_\sigma$ et à la substitution
>
> $$\mathcal{U}_{\sigma+1} = \mathcal{U}_1^{-1} \ldots \mathcal{U}_\sigma^{-1}$$
>
> ont pour module l'unité, à l'aide des fonctions zéta-fuchsiennes de M. Poincaré. Pour le cas général où ces modules diffèrent de l'unité, l'application

des séries zétafuchsiennes devient impossible, puisque dans ce cas, ces séries sont divergentes. Plus tard, je réussis à démontrer l'existence des fonctions satisfaisant au problème de Riemann en appliquant la méthode de continuité, dont MM. Klein et Poincaré se sont servis pour la démonstration du théorème fondamental de la théorie des fonctions fuchsiennes. Comme ma démonstration se trouve répandue dans plusieurs mémoires, se rapportant pour la plus grande part à des sujets différents du problème mentionné, et comme j'ai réussi dernièrement à simplifier notablement la démonstration d'un théorème auxiliaire, je me permets d'exposer sur les quelques pages qui suivent ma démonstration sous sa forme, pour ainsi dire, définitive. [Schlesinger, 1908, p. 65-66]

Voir la note 13 (p. 680).

Hermann Amandus Schwarz

Hermann Amandus Schwarz nait en 1843 en Silésie dans une famille de moyenne bourgeoisie. Après des études secondaires à Dortmund et une première formation universitaire à Berlin en chimie, il suit les cours de Kummer et Weierstrass à l'Université de Berlin et soutient en 1864 une thèse supervisée par Weierstrass sur les surfaces développables, *De superficiebus in planum explicabilibus primorum septem ordinum*[1]. Il enseigne d'abord à Halle comme Privatdozent (1867), puis comme professeur à l'Eidgenössische Technische Hochschule à Zürich (1869) et à Göttingen à partir de 1875. Il succède à Weierstrass à l'Université de Berlin en 1892, poste qu'il occupera jusqu'à sa retraite en 1918[2]. H. A. Schwarz décède à Berlin en 1921.

Les travaux de Schwarz concernent essentiellement les surfaces minimales, l'analyse complexe et les applications conformes. À ce sujet, une polémique sur la dénomination de « Fuchsiennes » donnée par Poincaré aux fonctions automorphes, doublée d'une revendication de priorité, avaient agité en 1882 les milieux mathématiques[3]. Schwarz a publié une cinquantaine de mémoires et notes pour l'essentiel dans de le *Journal für die reine und angewandte Mathematik* et dans les revues des universités dans lesquelles il exerçait. Il est aussi l'éditeur de *Formeln und Lehrsätze zum Gebrauche der elliptischen Functionen - Nach Vorlesungen und Aufzeichnungen des Herrn Professor K. Weierstrass.*[4].

Les échanges entre Schwarz et Poincaré concernent l'élection de Poincaré comme membre correspondant de la Société royale des sciences de Göttingen en 1884 et de l'Académie de Berlin en 1896. Schwarz semble avoir joué un rôle important lors de ces deux élections.

Après des débuts certainement rugueux du fait de la polémique concernant le nom de « fonctions fuchsiennes », les relations entre Poincaré et Schwarz semblaient

1. [Schwarz, 1864].
2. Pour plus de détails sur le parcours de H. A. Schwarz, voir [Bölling, 1998] et [Bieberbach, 1922].
3. Voir les lettres 17, 18, 19 et 29 de la correspondance entre Poincaré et Mittag-Leffler [Nabonnand, 1999] et dans ce volume, la correspondance échangée par Klein et Poincaré entre 1881 et 1883 (p. 433).
4. [Schwarz, 1885].

P. Nabonnand et al. (eds.), *La correspondance entre Henri Poincaré et les mathématiciens*, Publications des Archives Henri Poincaré Publications of the Henri Poincaré Archives, https://doi.org/10.1007/978-3-7643-8288-9_64

assez apaisées comme le montre les deux lettres très aimables que Schwarz envoie à Poincaré ou le commentaire de Poincaré sur sa rencontre avec Schwarz en 1883 :

> M. Schwarz est en ce moment à Paris, je crois qu'il est, au moins en grande partie, revenu de ses préventions contre moi. [Lettre adressée à Mittag-Leffler le 18/4/1883] [5]

Il semble en tout état de cause que Schwarz avait une personnalité ombrageuse comme en fait état Mittag-Leffler dans une lettre adressée à Hermite en 1892 à l'occasion des discussions relatives à la succession de Kronecker :

> Il parait que Schwarz, Frobenius et Klein ont le plus de chances. Weierstrass trouve que Schwarz est le plus méritant au point de vue scientifique, mais qu'il est impossible au point de vue social. [Dugac, 1989b, p. 69]

Bien que réconcilié avec les mathématiciens français, Schwarz avait adopté des positions extrêmement nationalistes au moment de la crise franco-allemande de 1886-1887 [6] et semble avoir été politiquement très actif durant cette période comme l'atteste une lettre adressée par Paul Painlevé, alors en résidence à Göttingen, à son condisciple physicien Paul Janet [7] :

> Nous venons de traverser une période assez troublée et j'espère que les méchantes rumeurs des temps derniers ne vous ont sérieusement inquiété ni au moral ni au physique. J'ai pu suivre de près cette infâme campagne allemande et je vous assure qu'elle était aussi répugnante qu'on peut le rêver. Chaque soir, les inventions les plus extravagantes et les plus venimeuses ! Nous allions nous jeter d'un instant à l'autre, avec toute notre soldatesque effrénée sur cette bonne, douce et inoffensive Allemagne. En même temps (logique allemande !), on nous accusait d'avoir peur de nous battre, parce que nous restions calme. [...]
> Mais celui qui, dans ces circonstances s'est révélé comme reptile de première grandeur, c'est incomparablement le père Schwarz, dont la conduite montre bien que l'on peut être à la fois un grand mathématicien, un vulgaire pieds-plat et un grossier personnage. Ce grand politique a tout embrassé dans sa propagande, depuis les décrotteurs de

5. [Nabonnand, 1999, p. 125]. Mittag-Leffler ne voit dans ce rapprochement qu'une tactique de Schwarz pour obtenir la sympathie des mathématiciens français et en particulier de Poincaré dans son conflit avec Fuchs (voir la note 8 de la lettre 29 de [Nabonnand, 1999]).

6. Suite à la guerre franco-prussienne de 1870, les relations entre l'Allemagne et la France sont en permanence tendues avec des moments de crise pendant lesquels la perspective d'une nouvelle guerre est évoquée dans tous les milieux. La nomination du général Boulanger au Ministère de la guerre en France provoque des deux côtés du Rhin une bouffée de nationalisme qui ne se calme qu'en 1889 (voir [Lejeune, 2011]).
Les lettres adressées à Mittag-Leffler par Hermite évoquent très souvent la guerre qui se prépare et que beaucoup souhaitent [Dugac, 1985, p. 121 (13/05/86), p. 125 (09/06/86), p. 131 (26/01/87), p. 134 (07/07/87), p. 136 (15/10/87), p. 138 (19/10/87), p. 142 (06/06/88), p. 147 (17/07/88), p. 157 (12/01/89), p. 168 (13/03/89)].

7. Cette lettre est conservée dans le dossier « Painlevé » des Archives de l'Académie des sciences de Paris. Le ton utilisé par Painlevé montre le degré d'hystérie atteint à cette époque.

la Wender-Strasse jusqu'aux hauts Professeurs d'université, depuis les paysans les plus misérables jusqu'aux seigneurs guelfes. Il a fait pleuvoir dans les « Reptilienblätter » des articles anonymes où on menaçait Gœttingen de l'arrivée de cent mille français, « darunter fünf Tausend Turcos ! » et ce que ces « Wilde schwarze Teufel » feraient des femmes et des filles, c'était horrible. [Lettre datée du 17 mars 1887]

1 Schwarz à Poincaré

Göttingen, Weender Chaussee, 17A,
den 31ten October 1884

Lettre confidentielle.

Hochgeehrter Freund !

Die mathematische Classe der hiesigen Königlichen Gesellschaft der Wissenschaften beabsichtigt, wie sie in ihrer heutigen Sitzung mit Einstimmigkeit beschlossen hat, sie bei der Gesammtsocietät zur Wahl als correspondirendes Mitglied der mathem. Classe in Vorschlag zu bringen. Am Sonnabend, den 8ten November, wird die Gesammsocietät durch Kugelung über diesen Vorschlag abzustimmen haben. Ich zweifle nicht, dass die Wahl mit überwiegender Majorität dem Antrage der Classe gemäss vollzogen werden wird, wenn Sie Sich entschliessen, mich möglichst bald zu vergewissern, dass sie Willens sind, die von unserer Classe Ihnen zugedachte Ehre, durch welche unsere Classe zugleich sich selbst zu ehren wünscht, anzunehmen, falls die Wahl dem Antrage der Classe gemäss erfolgt [8].
Herr Hermite, welchen wir als auswärtiges Mitglied zu unserer Classe zu rechnen die Ehre haben [9], wird ihnen die Gründe mittheilen, wesshalb ich zu meinem eigenen grössten Bedauern durch die Umstände genöthigt bin, vor der Wahl an sie eine solche Frage zu richten.
Sie können ausser mit Herrn Hermite auch mit Herrn Darboux [10] und mit Herrn Picard [11] über diese Angelegenheit sprechen.
Und nun bitte ich Sie um Entschuldigung, dass ich so lange Zeit nach der freundlichen Aufnahme, die ich bei ihnen gefunden habe, erst etwas von mir hören lasse, dass ich mich nicht einmal bei Ihren und bei Ihrer verehrten Frau Gemahlin für die Güte, welche sie mir erwiesen haben, bedankt habe [12] dass ich Ihnen zu dem

8. Poincaré sera élu membre correspondant de la classe de mathématiques de la Société royale des sciences de Göttingen le 6 décembre 1884. Voir la lettre adressée à ce sujet par le secrétaire de la société, Friedrich Gustav Jakob Henle, à Poincaré (p. 783).

9. Hermite est membre de la Société des sciences de Göttingen depuis 1861 [Krahnke, 2001].

10. Darboux est membre de la Société des sciences de Göttingen depuis 1883 [Krahnke, 2001].

11. Picard est aussi élu membre de la Société des sciences de Göttingen en 1884 [Krahnke, 2001].

12. Schwarz avait effectué une visite à Paris au mois d'avril 1884 et avait rencontré les mathématiciens français.

Tod ihres Herrn Schwiegervaters [13] ; erst jetzt meine innigste Theilnahme ausspreche : ich hatte gewünscht, Ihnen durch die Nachricht von der Vorbereitung ihrer Wahl zum Correspondenten der mathematischen Classe unserer Societät der Wissenschaften einen unzweifelhaften Beweis der Hochachtung zu geben, welche Ihre wissenschaftlichen Arbeiten mir und meinen hiesigen Collegen eingeflösst haben.

Ich bitte sie, Ihrer Frau Gemahlin mich freundlichst empfehlen zu wollen.

In der Hoffnung auf eine baldige Nachricht

Ihr hochachtungsvoll ergebener
H. A. Schwarz

2 Schwarz à Poincaré

Göttingen, Weender Chaussee, 17A,
den 8ten November 1884

Hochgeehrter Freund,

Indem ich ihnen für ihren liebenswürdigen Brief vom 2ten diesen Monats meinen verbindlichsten Dank ausspreche, theile ich Ihnen mit, dass unsere Gesellschaft der Wissenschaften Sie heute mit Einstimmigkeit zum Correspondenten der mathematischen Classe erwählt hat und dass am Sonnabend, den 6ten December die Veröffentlichung der heute getroffenen Wahlen erfolgen wird. Einige Tage nach der Veröffentlichung wird ihnen die offizielle Benachrichtigung durch Übersendung des Diploms zugehen [14].

Ich begrüsse sie als einen der unsrigen !

Ihr ergebenster
H. A. Schwarz

3 Poincaré à Schwarz

[31/01/1896] [15]

Mon cher Collègue

J'ai reçu hier soir votre télégramme et je ne saurais vous dire combien je suis sensible à l'honneur que l'Académie veut bien me faire [16].

Seriez vous assez bon pour lui exprimer toute ma reconnaissance dans sa prochaine séance et pour remercier également tous ceux de vos confrères qui ont soutenu mon élection.

Veuillez agréer, mon cher Collègue, l'assurance de mes sentiments les plus dévoués.

Poincaré

---

13. Jean-Baptiste Henri Poulain d'Andecy est décédé à Paris le 15 avril 1884, à l'âge de 66 ans. Pour plus de détails sur le parcours de J.-B. H. Poulain d'Andecy, voir [Rollet, 2012].

14. Le diplôme de membre correspondant de la Société des sciences de Göttingen se trouve dans les archives familiales d'Henri Poincaré.

15. Datée à partir d'une note sur l'original de cette lettre qui est conservée dans les archives de la *Berlin-Brandenburgischen Akademie der Wissenschaften*.

16. Poincaré est élu correspondant de la *Königlischen Akademie der Wissenschaften zu Berlin* dans la *physikalisch-mathematischen Classe* le 30 janvier 1896 (*Abhandlungen der Königlischen Akademie der Wissenschaften zu Berlin*, 1996, p. xxvi).

David Eugene Smith

David Eugene Smith nait en 1860 à Cortland dans l'État de New York dans une famille aisée. Après une première formation à l'École normale de Cortland, il commence des études littéraires à l'Université de Syracuse et obtient le titre de *Bachelor of Philosophy* en 1881. Il poursuit sa formation dans l'intention de devenir avocat comme son père tout en continuant à suivre des cours de mathématiques, de langues et d'histoire, à voyager et à travailler dans l'étude familiale. Avocat en 1884, il est sollicité par l'École normale de Cortland pour donner des cours de mathématiques, ce qui déterminera la suite de son parcours. En 1891, il suit pendant une année les enseignements de Felix Klein et obtient une position de professeur de mathématiques à l'École normale de l'État du Michigan (1891-1898). En 1898, il revient à New York, d'abord à l'École normale de Brockport (1898-1901), puis comme titulaire de la chaire de mathématiques du *Teachers College of Columbia University* qu'il occupe jusqu'à sa retraite en 1926. Il décède à New York en 1944 [1].

David E. Smith est l'auteur de plusieurs ouvrages sur l'enseignement des mathématiques et sur l'histoire des mathématiques dont le classique *A Source Book in Mathematics* [2] ; il fait aussi œuvre de traducteur en publiant entre autres en anglais *La Géométrie* de Descartes et plusieurs ouvrages de Felix Klein. D. E. Smith s'investit dans les sociétés professionnelles américaines comme l'*American Mathematical Society* (en étant un des rédacteurs du *Bulletin of the AMS* entre 1902 et 1920), de la *Mathematical Association of America* ou l'*History of Science Society* créée en 1924 par George Sarton. En 1908, au Congrès international des mathématiciens de Rome, en conclusion de son rapport sur l'enseignement des mathématiques [3], il propose la création de « comités internationaux » pour discuter et examiner les questions relatives à l'enseignement des mathématiques. Son vœu sera retenu par le Congrès qui chargera Felix Klein, Alfred George Greenhill et Henri Fehr de constituer la « Commission internationale pour l'enseignement mathématiques ».

1. Sur le parcours de D.E. Smith, voir [Simons, 1945].
2. [Smith, 1929].
3. [Smith, 1908, p. 283-284].

P. Nabonnand et al. (eds.), *La correspondance entre Henri Poincaré et les mathématiciens*,
Publications des Archives Henri Poincaré Publications of the Henri Poincaré Archives,
https://doi.org/10.1007/978-3-7643-8288-9_65

David E. Smith était depuis sa jeunesse un expert et un collectionneur d'ouvrages, de manuscrits et d'objets mathématiques. Il voyage en 1885 en Europe pour acheter des ouvrages de mathématiques et du matériel pédagogique [4] ; il semble qu'il ait essayé en vain d'obtenir une entrevue avec Poincaré.

Poincaré à Smith

Paris, le 17 mai 1885 [5]

Mon cher ami,

Je regrette beaucoup d'être obligé de vous envoyer encore une réponse négative, mais il ne me sera pas possible de disposer de quatre heures dans le journée de samedi.
Tout à vous

Poincaré

4. [Donoghue, 1998, p. 360].
5. Cette lettre est conservée à la *Columbia University Rare Book and Manuscript Library.*

Paul Stäckel

Paul Stäckel nait en 1862 à Berlin dans une famille d'enseignants. Après des études secondaires, il commence des études de mathématiques à l'Université de Berlin en se destinant à devenir enseignant dans le secondaire. Il soutient en 1885 une thèse de mécanique, *Ueber die Bewegung eines Punktes auf einer Fläche*, en étant accompagné par Kronecker et Weingarten [1]. Stäckel commence alors une carrière d'enseignant dans un lycée berlinois et soutient en 1891 à Halle une habilitation, *Ueber die Integration der Hamilton-Jacobi'schen Differentialgleichung mittels Separation der Variabeln* [2], qui lui ouvre les portes de l'Université. Stäckel obtient successivement des positions dans les universités de Halle (1891-1895), Königsberg (1895-1897), Kiel (1897-1905), Hannovre (1905-1908), Karlsruhe (1908-1912) et Heidelberg (1912-1919). Il décède à Heidelberg en 1919.
Les domaines de recherche de Paul Stäckel sont la géométrie infinitésimale, la mécanique, la théorie des équations différentielles, en particulier les problèmes liés à la mécanique et la géométrie, la théorie des nombres et l'histoire des mathématiques. Il publie plus de 150 articles ou notes, la plupart du temps dans des journaux allemands. En histoire des mathématiques, il s'intéresse aux Bernoulli, à Euler, aux acteurs de la géométrie non-euclidienne (F. et J. Bolyai, N. I. Lobachevsky, Friedrich Ludwig Wachter, Franz Taurinus, Johann Heinrich Lambert et bien sûr Gauß) et publie de nombreuses études, entre autre dans le journal d'Eneström, *Bibliotheca mathematica*, dont il est un collaborateur régulier. On peut aussi rappeler qu'il est avec Friedrich Engel dont il avait fait la connaissance lorsqu'il enseignait à Halle, l'éditeur d'un indispensable ouvrage présentant les textes fondamentaux de l'histoire de la théorie des parallèles, *Die Theorie der Parallellinien von Euklid bis auf Gauss, eine Urkundensammlung zur Vorgeschichte der nichteuklidischen Geometrie* [3]. Stäckel est aussi l'auteur de plusieurs traités et manuels à usage des étudiants. Il s'investit en particulier dans la formation mathématique des ingénieurs, en écrivant plusieurs rapports, en particulier celui pour la Commission Internationale de l'enseignement mathématique [4].

1. [Stäckel, 1885]. Kronecker et Weingarten sont tous les deux remerciés pour leurs conseils
2. [Stäckel, 1891].
3. [Engel et Stäckel, 1895].
4. [Stäckel, 1914].

P. Nabonnand et al. (eds.), *La correspondance entre Henri Poincaré et les mathématiciens*,
Publications des Archives Henri Poincaré Publications of the Henri Poincaré Archives,
https://doi.org/10.1007/978-3-7643-8288-9_66

La lettre envoyée en 1899 par Stäckel concerne un point de la démonstration de l'existence des solutions périodiques de la deuxième sorte du problème des trois corps dans les *Méthodes nouvelles de la mécanique céleste.*

Stäckel à Poincaré

Kiel, Hohenbergstr 13, den 18.10. 99.

Sehr geehrter Herr

Mit dem grössten Interesse, studiere ich seit längerer Zeit Ihre Nouvelles méthodes de la mécaniques céleste [5]. Gestatten Sie mir eine Bemerkung, die sich auf den Beweis p. 141-144 von t. 1 bezieht [6].
Es ist richtig, daß eine eindeutige, endliche periodische Function stets ein Maximum und ein Minimum besitzt, allein daraus darf man nicht schließen, daß die Ableitung der Function $\mathcal{R}$ nach $\mathcal{H}_0$ an diesen Stellen verschwindet, im Allgemeinen wird vielmehr $\frac{d\mathcal{H}_0}{d\varphi} = 0$ sein, wodurch $\frac{d\mathcal{R}}{d\varphi} = 0$ wird, auch wenn $\frac{d\mathcal{R}}{d\mathcal{H}_0}$ von Null verschieden ist. Wenn zum Beispiel,

$$\mathcal{R} = \left(\Lambda_0^2 - \mathcal{H}_0^2\right) - \left[\Lambda_0'^2 - (H_0 - C)^2\right]$$

wäre - und Sie wollen ja die Existung der Lösungen zweiter Art allgemein beweisen -, so wäre $\frac{d\mathcal{R}}{d\mathcal{H}_0} \neq 0$ und doch $\frac{d\mathcal{R}}{d\varphi} = 0$ [7].

5. [Poincaré, 1892b, 1893a, 1899g]. Le troisième tome des *Méthodes nouvelles de la mécanique céleste* était paru fin 1898. Poincaré en avait fait hommage à l'Académie des sciences lors de la séance du 10 octobre 1898 (*Comptes rendus hebdomadaires de l'Académie des sciences*, 127 (1898), p. 539).

6. Ces pages concernent la démonstration de « solutions de la deuxième sorte » du problème des trois corps. Poincaré consacre le chapitre III du tome 1 des *Méthodes nouvelles de la mécanique céleste* à la recherche de solutions périodiques. La stratégie de Poincaré est de montrer qu'il existe presque partout des solutions périodiques et de les considérer « comme première approximation » du problème [Poincaré, 1892b, p. 81]. Poincaré distingue pour le problème des trois corps « trois sortes de solutions périodiques » :

> pour celles de la première sorte, les inclinaisons sont nulles et les excentricités très petites; pour celles de la deuxième sorte, les inclinaisons sont nulles et les excentricités finies ; enfin, pour celles de la troisième sorte, les inclinaisons ne sont plus nulles. [Poincaré, 1892b, p. 97]

Sur la méthode des solutions périodiques de Poincaré, voir [Chenciner, 2012] et [Roques, 2015].

7. $\mathcal{R}$ est la valeur moyenne du terme d'ordre 1 de la perturbation. Poincaré lie l'existence de solution périodique pour les petites valeurs du coefficient de perturbation à la résolution du système

$$\frac{dR}{dH_0} = \frac{dR}{dl_0'} = \frac{dR}{dh_0} = 0$$

Hiergegen werden Sie einwenden, daß Sie diese Möglichkeit bereits p. 143 untersucht haben[8]. Führt man nämlich die Veränderliche φ in der vorgeschriebenen Weise ein, sodaß $\mathcal{H}_0$ und die beiden Radicale doppeltperiodische Functionen von φ werden, so ist klar, daß $\frac{d\mathcal{R}}{d\varphi} = 0$ nur für die Grenzen stattfinden, die der Veränderlichen $\mathcal{H}_0$ durch die Ungleichheiten

$$\mathcal{H}_0^2 < \Lambda_0^2, \qquad (\mathcal{H}_0 - C)^2 < \Lambda_0'^2$$

vorgeschrieben sind.

Will man also auch für andere Störungsfunctionen $\mathcal{R}$ als die beim Dreikörperproblem die Existenz von periodischen Lösungen zweiter Art nachweisen, so kommt aller darauf an zu zeigen daß, wenn $\mathcal{R}$ an einer Grenze ein Maximum oder Minimum ist, $\frac{d\mathcal{R}}{d\xi_0^*}$ und $\frac{d\mathcal{R}}{d\eta_0^*}$ verschwinden. Das scheint mir aber unmöglich weil es sich um ein Maximum oder Minimum an der Grenze, also um kein Maximum oder Minimum im eigentlichen Sinne handelt, wo beiderseits kleinere oder größere Werte der Function stattfinden.

Herr Levi-Civita mit dem ich über diese Schwierigkeit correspondirt habe, teilte mir folgendes Beispiel mit, daß die Sache sehr gut erläutert. Es sei

$$\mathcal{R} = \sqrt{\Lambda_0^2 - H_0^2}.\cos h_0 \;;$$

Minimum für $H_0 = \Lambda_0$. Demnach wird

$$\mathcal{R} = \sqrt{\Lambda_0}.\xi_0^* + (\xi_0^*, \eta_0^*)_2\,,$$

où H_0, l_0' et h_0 sont les variables du système réduit du problème des trois corps [Poincaré, 1892b, p. 38].

8. Poincaré envisage cette objection et ne la considère pas comme applicable au problème des trois corps :

> La fonction R est périodique en l_0' et en h_0 ; de plus la troisième variable H_0 est soumise à certaines inégalités, par exemple à la suivante
>
> $$\Lambda_0 > H_0.$$
>
> Nous en avons conclu que la fonction R admet toujours un maximum ou un minimum.
> Mais on peut se demander ce qui arriverait si ce maximum était précisément atteint quand H_0 une des limites qui lui sont assignées.
> Les conclusions [du théorème général [Poincaré, 1892b, p. 139]] seraient-elles encore applicables ?
> On pourrait en douter, car, si R atteint son maximum $H_0 = \Lambda_0$ par exemple, la dérivée $\frac{dR}{dH_0}$ n'est pas nulle, elle est au contraire infinie.
> Il est vrai que, pour le problème des trois Corps, on pourrait vérifier sans peine que le maximum de R n'a pas lieu pour cette valeur de H_0. [Poincaré, 1892b, p. 143]

Alain Chenciner précise (échanges privés du 04/08/2019) que, dans le cas spécifique du problème des trois corps, Poincaré dit bien qu'en ne considérant que les solutions périodiques qui ont deux fois par période une conjonction ou une opposition, on se ramène à l'étude des extrema de l'Hamiltonien séculaire réduit R (pour plus de précisions, voir [Chenciner, 2012, section 4.2 et figure 4]).

Poincaré poursuit en expliquant que l'on peut lever cette objection dans le cas général en changeant de variables.

also

$$\frac{\partial \mathcal{R}}{\partial \xi_0^*} = \sqrt{\Lambda_0} \quad \text{für} \quad \xi_0^* = \eta_0^* = 0.$$

Ich wäre Ihnen zu dank verpflichtet, wenn Sie die große Güte haben wollten, mir Ihre Ansicht über diese Schwierigkeit mitzuteilen. Mit dem Ausdrucke der vorzüglichsten Hochachtung, bin ich, sehr geehrter Herr

Ihr ergebener
Paul Stäckel

Vladimir A. Steklov

Vladimir Steklov nait en 1864 à Nijni Novgorod dans une famille cultivée. Après des études secondaires dans sa ville natale [1] et une année universitaire à Moscou, il commence des études de mathématiques à l'université de Kharkov où il suit les cours de Lyapunov. Il obtient en 1891 une position de *Privatdozent* à Kharkov et commence sous l'impulsion de Lyapunov des recherches en mécanique et en physique mathématique. Ses premiers travaux portent notamment sur les questions d'équilibre d'un corps élastique [2] et sur le mouvement d'un solide dans un fluide [3]. En 1896, il est nommé professeur extraordinaire et prépare un thèse sous la direction de Lyapunov sur les méthodes générales de résolution des problèmes de la physique mathématique [4]. Après avoir soutenu sa thèse en 1902, il succède à Lyapunov en 1902 sur la chaire de mathématiques appliquées de l'Université de Kharkov. Steklov obtient en 1906 une position de professeur de mathématiques à l'Université de Saint Petersbourg qu'il conservera jusqu'à son décès, en 1926. En 1921, Steklov avait fondé l'Institut de physique et mathématiques de Petrograd dont la partie mathématique prendra le nom d'Institut Steklov en 1934 [5].
Vladimir Steklov est un mathématicien très actif, particulièrement dans les domaines des méthodes de la physique mathématique et de la mécanique, de la théorie du potentiel, des équations aux dérivées partielles, de l'analyse fonctionnelle et la théorie des fonctions orthogonales [6]. Il est l'auteur de plus de 150 notes et mémoires publiés dans les périodiques des académies de Kharkov et de Saint Petersbourg (Petrograd, Leningrad) ou dans des revues étrangères, surtout françaises (*Comptes rendus hebdomadaires des séances de l'Académie de Paris*, *Annales scientifiques de l'École normale supérieure*, *Annales de la Faculté des sciences de Toulouse*) ou italiennes (*Rendiconti dell'Academia dei Lincei*).

1. Sur la jeunesse de Steklov, voir [Vinogradova, 2015].
2. Steklov publie plusieurs mémoires (en russe) sur cette question dans les *Communications de la Société mathématique de Kharkov*, (2) 3 (1891), p. 1-34, 42-93 et 173-251.
3. [Steklov, 1893, 1896]. Cette dernière note est présentée par Paul Appell.
4. Steklov [1900a] publie une première version en français de sa thèse dans les *Annales de la Faculté des sciences de Toulouse*.
5. Pour plus de précisions sur le parcours de Steklov, voir [Kozlov et collab., 2015] et [Demidov, 2015].
6. Sur les travaux de Steklov concernant les équations de la physique mathématique, voir [Gushchin, 2015].

P. Nabonnand et al. (eds.), *La correspondance entre Henri Poincaré et les mathématiciens*, Publications des Archives Henri Poincaré Publications of the Henri Poincaré Archives, https://doi.org/10.1007/978-3-7643-8288-9_67

Les échanges épistolaires entre Steklov et Poincaré datent de la période 1895-1899 durant laquelle Steklov prépare sa thèse et s'intéresse particulièrement aux travaux de Poincaré sur les équations de la physique mathématique.

1 Poincaré à Steklov

[05/1895] [7]

Monsieur,

Je ne comprends pas bien pourquoi il faut que le nombre des pôles de la fonction $\mathcal{S}$ soit illimité. S'il était limité, la série se réduirait à un nombre fini de termes et il n'y aurait aucune difficulté. Les inégalités

$$\mathcal{L}_1 < \mathcal{K}_1 < \mathcal{L}_2 < \mathcal{K}_2 < \ \ldots \ < \mathcal{K}_{p-1} < \mathcal{L}_p < \mathcal{K}_p, \ \ldots$$

n'ont pas lieu. On a seulement

$$\mathcal{K}_p > \mathcal{L}_p.$$

7. Le texte de cette lettre est établi d'après une transcription d'Adolf P. Yushkevich (communiquée à Pierre Dugac). L'original de cette lettre doit être conservé aux archives de l'Académie russe des sciences (à St. Petersburg). Yushkevich indique que la lettre n'est pas datée mais que le cachet de la poste indique le 3 ou le 6 mai 1895.
La lettre de Steklov à laquelle Poincaré répond ici n'a pas été retrouvée. Dans son « Mémoires sur les fonctions harmoniques de M. H. Poincaré », Steklov [1900b, p. 275] évoque son premier travail sur le problème de Dirichlet :

> Les fonctions harmoniques sont très utiles pour la solution des diverses questions d'Analyse et de Physique mathématique ; il suffit d'indiquer le problème classique du refroidissement d'un corps solide, qui se ramène au problème du développement d'une fonction donnée en série procédant suivant les fonctions harmoniques.
> Ce dernier problème fut traité pour la première fois sous sa forme générale par M. Poincaré dans son mémoire *Sur les équations de la Physique mathématique* [Poincaré, 1894d].
> Deux ans après, j'ai proposé une nouvelle démonstration simple du théorème de M. Poincaré dans mon Mémoire *Sur le développement d'une fonction donnée en série ordonnée suivant les fonctions harmoniques*, publié en *russe* dans les *Communications de la Société mathématique de Kharkow*, t. V, n° 1 et 2, 1895.
> Ensuite, dans un nouveau Mémoire *Sur le développement d'une fonction donnée suivant les fonctions harmoniques*, publié en *russe* en 1897 (*Communications*, t. VI, n° 2 et 3), j'ai démontré ce théorème plus général :
> *La fonction donnée est développable en série* ABSOLUMENT ET UNIFORMÉMENT *convergente, procédant suivant les fonctions U_s, si f est continue avec ses dérivées de trois premiers ordres et satisfait aux conditions $f = 0$, $\Delta f = 0$ sur la surface donnée* (S).

Quant à l'existence de la fonction de Green voici comment on l'établit [8]. Considérons la fonction

$$\frac{e^{-\alpha\tau}}{4\pi\tau}$$

où $\alpha = \sqrt{\xi}$; soit

$$\mathcal{G} = \mathcal{G}_1 + \frac{e^{-\alpha\tau}}{4\pi\tau} \qquad (\text{au lieu de}\, \mathcal{G} = \mathcal{G}_1 + \frac{1}{4\pi\tau}).$$

La fonction $\mathcal{G}_1$ est continue et satisfait aux conditions :

$$\Delta\mathcal{G}_1 + \xi\mathcal{G}_1 = 0$$

et à la frontière :

$$\mathcal{G}_1 = -\frac{e^{-\alpha\tau}}{4\pi\tau}.$$

Si ces explications ne vous suffisent pas, je reste à votre disposition.

Votre bien dévoué
Poincaré

P.S. On peut trouver V qui satisfait à

$$\Delta V + \xi V + f = 0$$

quand même f dépend de ξ. En effet, donnons à ξ dans f une valeur donnée ξ_0, nous obtiendrons par le procédé ordinaire :

$$V = V_0 + \xi V_1 + \xi^2 V_2 + \dots$$

et nous ferons ensuite $\xi = \xi_0$.

2.P.S. Si la série $\sum A_i V_i$ converge absolument, on a

$$V = -\sum \frac{A_i V_i}{\xi - K_i}.$$

En effet, la série en question dont j'appelle la somme V' converge et satisfait à l'équation

$$\Delta V' + \xi V' + \sum A_i V_i = 0.$$

On a donc

$$\Delta(V - V') + \xi(V - V') + (f - \sum A_i V_i) = 0.$$

V a mêmes pôles et mêmes résidus que V'. Donc $V - V'$ serait une fonction holomorphe de ξ ce qui est impossible à moins que $V = V'$ d'où

$$f = \sum A_i V_i$$

8. Voir [Poincaré, 1894d, p. 158]. Sur les travaux de Poincaré sur les équations de la physique et l'utilisation par Poincaré des fonctions de Green, voir [Mawhin, 2006].

2 Steklov à Poincaré

Charkow, Université, Russie
Le 29 oct./10 nov. 1897

Monsieur,

Vos recherches ingénieuses sur les divers problèmes de la Physique Mathématique me rendent sûr que vous avez un grand intérêt aux questions de ce genre.
C'est pourquoi je décide à présenter à votre attention mes recherches sur les deux problèmes les plus intéressants, à savoir sur le problème de la distribution de l'électricité et le problème de C. Neumann [9]. Si je ne me trompe, le premier problème n'est résolu jusqu'ici que dans quelques cas particuliers.
La méthode élégante de M. Robin [10] nous permet de calculer successivement la densité d'une couche sans action sur un point intérieur, en supposant a priori qu'il existe pour chaque surface convexe une fonction représentant cette densité [11] ; mais nous n'avons pas la démonstration de l'existence de cette fonction.

9. Poincaré [1895c, 1896a] avait fait paraître sur la méthode de Neumann une note dans les *Comptes rendus* et un mémoire dans les *Acta mathematica*. Dans ce travail, le but de Poincaré est de s'affranchir d'une condition de convexité pour la surface. En 1894, dans son article sur les équations de la physique mathématique, Poincaré [1894d, p. 110] expose la méthode de Neumann sans s'interroger sur l'hypothèse de convexité de S.

10. Gustave Robin (1855-1897) était correcteur à l'Imprimerie nationale. Il était par ailleurs « chargé d'une conférence de mathématiques pour l'agrégation de physique » (1883), puis « chargé d'un cours de chimie physique » (1897) à la Sorbonne [Estanave, 1906, p. 29]. Sur le parcours de G. Robin, voir [Bru et collab., 2012, p. 23-28]. Les travaux de G. Robin sont évoqués une première fois en 1890 par Poincaré [1890e] avec la méthode de Neumann. Poincaré évoque d'abord les contributions de Riemann et Schwarz concernant le problème de Dirichlet avant de signaler d'autres approches :

> M. Neumann a donné de son côté une méthode générale qui permet de résoudre le problème, si la surface où V prend des valeurs données est convexe. Il résout donc le problème de la distribution électrique dans le cas d'un conducteur convexe.
> La méthode de M. Robin ne s'applique également qu'aux conducteurs convexes. Toutefois il y a un certain nombre de méthodes plus ou moins compliquées connues sous le nom de *méthodes alternantes* et qui permettent d'étendre les résultats au cas d'un conducteur de forme quelconque ou de plusieurs conducteurs isolés. [Poincaré, 1890e, p. 216]

Poincaré précise plus loin que s'il a donné « une méthode de démonstration plus simple que celles qui ont été proposées jusqu'ici et directement applicable à tous les cas » (la méthode du balayage), il n'a pas pu obtenir avec sa théorie une méthode de calcul plus effective que celle de ses prédécesseurs. En 1896, Poincaré [1896a, p. 134] consacre un paragraphe à la méthode de Robin dans son mémoire sur le problème de Dirichlet et la méthode de Neumann pour montrer qu'il peut aussi dans ce cas s'affranchir de la condition de convexité de la surface.

11. [Robin, 1886]. Cet article est la publication de la thèse de G. Robin, *Sur la distribution de l'électricité à la surface des conducteurs fermés et des conducteurs ouverts*, soutenue devant « un jury composé de Darboux, Picard et Hermite » [Hulin, 1990, p. 422].

Les démonstrations de Green [12] et Gauss [13] si souvent employées en Physique Mathématique ne présentent pas une rigueur suffisante.
J'ai réussi à démontrer que la modification convenable de la méthode de M. Robin nous donne la solution complète de ce problème important (et en même temps du problème de C. Neumann) pour toutes les surfaces convexes avec la courbure finie et déterminée.
Je vous envoie une courte Note et un article plus détaillé ; la première je vous prie de présenter à l'Académie des Sciences [14], le dernier je voudrais insérer dans le « Journal de Mathématiques » ou dans les « Annales de l'École Normale » [15]. Je soumets tout cela à votre jugement.
En vous priant de m'excuser généreusement que je vous ai incommodé et en espérant que vous ne refuserez pas ma prière, j'ai l'honneur de vous présenter l'expression de ma considération la plus distinguée.

W. Stekloff.

3 Steklov à Poincaré

Kharkow, le 29 avril 1898.

Monsieur

Je vous prie d'agréer mes remerciements les plus vifs pour la présentation de ma Note « Sur un problème de la théorie analytique de la chaleur », que vous avez bien voulu faire à l'Académie des Sciences le 4 Avril 1898 [16].
Permettez moi aussi d'appeler votre attention sur quelques applications de ma méthode, indiquée dans ma Note tout à l'heure mentionnée.

---

12. [Green, 1850, 1852, 1854]. Le mémoire de George Green sur les applications de l'analyse mathématiques aux théories de l'électricité parait d'abord en 1828 sous la forme d'un ouvrage ; il est réédité après son décès dans le *Journal für die reine und angewandte Mathematik* par W. Thomson :

> The following Memoir on Electricity and Magnetism, although published in 1828, is still but little known in England or on the Continent, and is now *out of point*. A considerable part of the contents may be known to most of the readers of this Journal, as many as the theorems on Attraction, first given par Green in this work, have been rediscovered within the last few years ; but still the original Essay entire, as it is now presented, will probably found interesting. [Green, 1850, p. 73]

13. [Gauss, 1842]. G. Green introduit dans cet essai l'idée des fonctions qui seront plus tard appelées « fonctions de Green » (voir [Gray, 1994]).
14. Poincaré présente une note de Steklov [1897] intitulée « Le problème de la distribution de l'électricitè et le problème de C. Neumann » lors de la séance de l'Académie des sciences du 12 décembre 1897.
15. Le mémoire ne paraîtra pas ni en français, ni en russe.
16. [Steklov, 1898].

Soit (S) une surface fermée satisfaisant aux conditions [17] :

(*A*)
1) (S) admet un plan tangent
2) En tout point de (S) les sections normales ont toutes des courbures finies et déterminées
3) Le rapport de l'angle de contingence à l'arc tend vers sa limite, courbure uniformément pour toutes les sections normales au point considéré. (Voir M. Liapounoff, Comptes rendus, le 22 novembre 1897)

Pour chaque telle surface (S) existent les fonctions fondamentales V_s $(s = 1, 2, \ldots)$ de M. Le Roy [18], satisfaisant aux conditions

$$V_s = \frac{\xi_s}{4\pi}\int \frac{V_s}{r}ds, \quad \int V_s^2 ds = 1, \quad \int V_s V_\tau ds = 0, \quad \tau \neq s.$$

Soit f une fonction donnée sur (S). Posons

$$f = \sum_{s=1}^{p} B_s V_s + R_p,$$

B_s étant des constantes arbitraires. On a

$$W^p = \int R_p^2 ds = \int f^2 ds + \sum_{s=1}^{p}(C_s^2 - A_s^2), \qquad C_s = B_s - A_s,\ A_s = \int fVsds.$$

Soit U la fonction harmonique qui prend sur (S) les valeurs f . D'après les recherches de M. Lyapounoff* [19]

$$\frac{\partial U_i}{\partial n} \text{ et } \frac{\partial U_e}{\partial n}$$

17. Voir [Lyapunov, 1897, 1898].

18. Édouard Le Roy soutient devant la Faculté des sciences de Paris une thèse intitulée *Sur l'intégration des équations de la chaleur* le 22 avril 1898 [Le Roy, 1898]. Dans celle-ci, Le Roy définit ce qu'il appelle « les fonctions harmoniques fondamentales attachées à une surface fermée » comme une base orthonormée de fonctions harmoniques adaptée à la résolution de problème de Dirichlet sur la surface S :

> Cela posé, j'ai démontré l'existence d'un ensemble dénombrable de constantes ξ_p, positives et indéfiniment croissantes, auxquelles correspondent des potentiels newtoniens de simples couches W_p vérifiant les relations suivantes
>
> $$\frac{dW_p}{dn_i} + \frac{W_p}{dn_e} + \xi_p W_p = 0, \qquad \int_{(S)} W_p^2 d\omega = 1, \qquad \int_{(S)} W_p W_q d\omega = 0.$$
>
> Dans ces formules, je représente par $\frac{dW_p}{dn_i}$ et $\frac{dW_p}{dn_e}$ les dérivées de W_p prises en un point de S suivant la normale vers l'intérieur et vers l'extérieur de T. Je donne aux fonctions précédentes le nom de *fonctions harmoniques fondamentales* attachées à la surface fermée S. [Le Roy, 1896, p. 986]

19. *(*note de Steklov*) n désigne la direction de la normale extérieure à (S).

existent sous les conditions très générales par rapport à f, si (S) satisfait aux conditions (A) [20]. Nous aurons

$$V^p = \int R_p \left(\frac{\partial R_{pi}}{\partial n} - \frac{\partial R_{pe}}{\partial n} \right) ds = N + \sum_{s=1}^{p} \xi_s (C_s^2 - A_s^2),$$

$$N = \int f \left(\frac{\partial U_{pi}}{\partial n} - \frac{\partial U_{pe}}{\partial n} \right) ds$$

Posons

$$B_s = \int \phi V_s ds, \quad \phi = \alpha_1 \phi_1 + \alpha_2 \phi_2 + \ldots + \alpha_m \phi_m.$$

D'après le lemme de M. Le Roy, on peut choisir les α_s de telle façon que

$$\frac{V^p}{W^p} > K_m,$$

K_m étant un nombre, qui croît indéfiniment avec m. Cela posé nous démontrerons sans peine que

$$\lim W_s^p = 0,$$

W_s^p étant la valeur de W^p pour $B_s = A_s$. Par conséquent

$$(1) \qquad \int f^2 ds = \sum_{s=1}^{\infty} A_s^2.$$

De cette égalité nous tirerons immédiatement les théorèmes de M. Le Roy sur la possibilité du développement de la fonction donnée suivant les fonctions V_s.
Il est aisé de vérifier aussi que

$$(2) \qquad \int f d\sigma = \sum_{s=1}^{\infty} A_s \int V_s d\sigma,$$

où $d\sigma$ désigne l'élément d'une portion quelconque de (S).
Soit p la densité d'une couche superficielle, dont le potentiel sur les points de (S) est égal à U (U étant une fonction empirique). On a

$$\sum \frac{p}{2} = U.$$

Il faut déterminer p?
Supposons que p est fini et continu. On a

$$a_s = \int p V_s ds = \frac{\xi_s}{4\pi} \sum U V_s ds.$$

20. Voir plus haut p. 700.

Nous supposons que U est seulement intégrable.
À l'aide de l'égalité (2) on peut déterminer la masse d'une portion arbitraire de la surface (S). En effet,

$$\int p d\sigma = \sum_{s=1}^{\infty} a_s \int V_s d\sigma.$$

La densité p est donc complètement déterminée au point de vue de la Physique.
En posant $U =$ const., nous aurons la solution du problème de la distribution de l'électricité.
Ces résultats ont lieu, si (S) satisfait aux conditions assez générales (A). Il est probable qu'ils seront encore vrais sans supposer que p soit continu. Il faut remarquer que l'idée d'application de l'égalité (1) aux questions du caractère indiqué appartient à M. Liapounoff.
Je ne veux pas en ce moment publier ces recherches [21], je voudrais seulement d'appeler votre attention sur quelques applications de la méthode indiquée dans ma Note : « Sur un problème etc. » [22].

Excusez moi, Monsieur, généreusement, si je vous incommode par ma lettre et agréez l'assurance de ma considération la plus distinguée.

W. Stekloff

Russie, Kharkow, Université.

4 Steklov à Poincaré

Russie, Kharkow, Université
Le 10 Févr. 1899.

Monsieur,

Permettez moi de vous prier de présenter à l'Académie une Note : « Sur les problèmes fondamentals de la Physique Mathématique », que j'ai l'honneur de vous envoyer avec cette lettre [23].
Bien que d'après vos recherches ingénieuses il reste peu de faire pour ramener la solution des questions les plus importantes de la Physique Mathématique en un système des raisonnements autant que possible simples et rigoureux, ce problème cependant n'est pas encore résolu [24].

21. Voir [Steklov, 1899c,a].
22. [Steklov, 1898].
23. [Steklov, 1899b].
24. Steklov [1899b] se propose dans cette note de revenir sur quelques points litigieux des démonstrations de Poincaré [1896a] dans son mémoire sur le problème de Dirichlet et la méthode de Neumann :

> Dans un mémoire récent : *Sur certaines questions qui se rattachent au problème de Dirichlet* [Lyapunov, 1898], M. Liapounoff a démontré que la mé-

J'en ai réussi à présent et je crois qu'il n'est pas inutile de publier mes pensées sur ce sujet. C'est pourquoi je me permets de vous prier de présenter, s'il est possible, ma Note à l'Académie des Sciences.
Veuillez agréer, Monsieur, l'expression de mes sentiments les plus distinguées.

W. Stekloff.

5 Poincaré à Steklov

[03/11/1903] [25]

Monsieur le Président,
Je suis très-reconnaissant à la Société Mathématique de Kharkow de l'honneur qu'elle m'a fait en m'élisant parmi ses membres honoraires [26] ; je vous prie de vouloir bien transmettre mes remerciements à cette compagnie lors de sa plus prochaine réunion.
Veuillez agréer, Monsieur le Président, l'assurance de ma considération la plus distinguée.

Poincaré

> thode connue de M. Robin nous donne toujours la solution du problème de la distribution électrostatique, si le principe de Neumann est applicable à la surface du conducteur, assujettie à certaines conditions assez générales. Tout se ramène, par conséquent, à l'extension de ce principe au cas, quand la surface donnée n'est pas convexe.
> Ce problème fut traité par M. Poincaré [1896a], qui a établi que la méthode de Neumann est applicable à toutes les surfaces, admettant une certaine transformation, que nous appellerons *transformations de M. Poincaré*; mais la démonstration exige quelques suppositions préliminaires, qu'on ne peut regarder comme démontrées rigoureusement. Elle est fondée sur le principe de Dirichlet et pour que certaines intégrales employées par M. Poincaré aient un sens, il faut rigoureusement parlant, supposer d'un côté l'existence des dérivées normales des fonctions harmoniques, satisfaisant aux conditions du principe de Dirichlet, d'autre côté l'existence des dérivées normales du potentiel de double couche, ce qui n'est pas admissible en général.
> En étudiant les diverses méthodes, proposées dans les recherches remarquables de M. Poincaré, de M. Liapounoff, de M. Le Roy, etc., parues en ces derniers temps, j'ai réussi à les perfectionner et, en les combinant convenablement, à résoudre les problèmes fondamentaux de la Physique mathématique d'une façon simple et rigoureuse, *sans aucune supposition douteuse et sans supposer connu le principe de Dirichlet.* [Steklov, 1899b, p. 588-589]

Ce programme sera exposé dans la thèse de V. Steklov, sur les méthodes générales de résolution des problèmes fondamentaux de la physique mathématique, soutenue en 1902 et donnera lieu à deux mémoires en français, le premier, « Les méthodes générales pour résoudre les problèmes fondamentaux de la physique mathématique », dans les *Annales de la Faculté des sciences de Toulouse* [Steklov, 1900a] et le second intitulé « Sur les problèmes fondamentaux de la physique mathématique » dans les *Annales scientifique de l'École normale supérieure* [Steklov, 1902].

25. Cette lettre est conservée aux archives de l'Académie russe des sciences de St. Petersbourg. Elle est datée d'après le cachet de la poste de Paris.

26. La liste des membres de la Société mathématique de Kharkov du 1er octobre 1904 fait état de trois membres honoraires étrangers, P. Appell, É. Picard et H. Poincaré, et de six membres correspondants étrangers, E. Cosserat, J. Hadamard, A. Hurwitz, A. Kneser, A. Korn et S. Zaremba.

Cyparissos Stephanos

Cyparissos Stephanos nait dans l'ile de Kea (Grèce) en 1857. Il soutient en 1878 une thèse de mathématiques à l'Université d'Athènes ; grâce à une bourse d'étude grecque, il poursuit ses études à la Faculté des sciences de Paris. Il soutient en 1884 une thèse sur la théorie des formes binaires et sur l'élimination [1]. De retour en 1884 en Grèce, il obtient une position à l'Université d'Athènes qu'il occupe jusqu'à son décès en 1917. À partir de ce moment, Stephanos représente la Grèce dans nombre d'organismes internationaux comme les Congrès de mathématiciens, la Commission internationale de l'enseignement mathématiques ou encore le comité de rédaction de la revue *L'Enseignement mathématique*. En Grèce, C. Stephanos joue en tant qu'un des deux professeurs de la plus importante institution universitaire grecque un rôle primordial [2] ; il est entre autres un des fondateurs de la Société mathématique de Grèce [3] et de la première école de commerce en Grèce [4]. Cyparissos Stephanos est l'auteur de plus d'une trentaine de mémoires ou notes en géométrie, en arithmétique, sur la théorie des quaternions, en mécanique ou sur la théorie des déterminants publiées dans le *Bulletin des sciences mathématiques*, dans le *Bulletin de la Société mathématique de France*, dans les *Mathematische Annalen* ou dans les divers comptes rendus des congrès internationaux des mathématiciens.

La première lettre de Stephanos à Poincaré concerne l'administration de la Société mathématique de France ; le second courrier est un accusé de réception de l'envoi du tiré à part du mémoire « Sur le problème des trois corps et les équations de la dynamique » [5].

1. [Stéphanos, 1884]. Charles Hermite a fait partie du jury de thèse de Stephanos.
2. [Hatzidakis, 1901].
3. [Rassias, 2004].
4. [Georgiadou, 2004, p. 446-447].

Pour plus de détails sur le parcours et le rôle de Stephanos, voir [Fili, 2020].

5. Dans une lettre adressée à Mittag-Leffler en 1883, Poincaré relaye une proposition de Stephanos de traduire en français le programme d'Erlangen de Felix Klein [Nabonnand, 1999, p. 128-129].

P. Nabonnand et al. (eds.), *La correspondance entre Henri Poincaré et les mathématiciens*,
Publications des Archives Henri Poincaré Publications of the Henri Poincaré Archives,
https://doi.org/10.1007/978-3-7643-8288-9_68

1 Stephanos à Poincaré

Paris, le 7 juillet 1884 [6]

Mon cher Secrétaire [7],

Dans la séance du 4 juillet, nous avons fait l'élection comme membre de la Société de M. Simonnet [8], chef d'escadron d'artillerie, à Versailles [9].
Ne sachant pas au juste ce qu'il y a à faire en même temps qu'on lui fera connaître son élection, je vous prie de vouloir bien vous occuper de cela.

Votre dévoué
C. Stephanos

2 Stephanos à Poincaré

[1890] [10]

[Cyparissos Stephanos remercie l'ami Monsieur Poincaré pour l'envoi de son fameux mémoire sur le problème de trois corps [11].]

6. Cette lettre est rédigée sur un papier à en-tête du secrétariat de la Société mathématique de France (7, rue des grands Augustins à Paris).

7. L'état de la Société mathématique de France au mois de janvier indique que Poincaré et Weill assurent le secrétariat de la Société mathématique de France et que Stephanos en est l'archiviste.

8. Louis Marc Antoine Léon Simonnet, élève en 1856 à l'École polytechnique, était à l'époque en poste à l'École d'artillerie de Versailles et membre de l'État major d'artillerie (origine : base Leonore).

9. Dans le compte rendu de la séance du 4 juillet 1884 de la Société mathématique de France, on trouve :

> M. Simonnet, chef d'escadron d'Artillerie, présenté à la dernière séance par MM. Jordan et Vicaire, est élu Membre de la Société. [*Bulletin de la Société mathématique de France*, 12 (1885), p. 150].

10. Cette carte de visite est rédigée en grec. Nous remercions chaleureusement Christina Fili pour la traduction.

11. [Poincaré, 1890d].

Xavier Stouff

Xavier Stouff nait à Grenoble en 1861 dans une famille de moyenne bourgeoisie (son père est inspecteur d'académie). Après des études secondaires dans sa ville natale, il est reçu à l'École polytechnique en 1881 ; il en démissionne un an après pour intégrer l'École normale supérieure. En 1885, il est reçu premier à l'agrégation de mathématiques. Après une mission scientifique en Allemagne, Suisse et Italie, il commence une carrière dans l'enseignement secondaire et enseigne dans les lycées de Montpellier, Toulouse et Grenoble. Il soutient le 16 juillet 1888, sa thèse sur *La transformation des fonctions fuchsiennes* [1] devant un jury présidé par Poincaré à l'Université de Paris [2]. En 1894, il est nommé maître de conférences à la Faculté des sciences de Besançon, puis professeur un an plus tard. Il décède en 1903 à Besançon.

Xavier Stouff est l'auteur d'une trentaine de mémoires et de notes en arithmétique, en géométrie, sur la théorie des formes, sur la théorie des groupes fuchsiens publiés pour l'essentiel dans les *Annales de la Faculté des sciences de Toulouse*, les *Annales scientifiques de l'École normale supérieure*, les *Nouvelles annales de mathématiques* et les *Comptes rendus hebdomadaires des séances de l'Académie des sciences*. Stouff s'investit aussi dans le projet d'édition des *Œuvres de Charles Hermite* [3].

Dans sa lettre adressée à Poincaré en janvier 1888, Stouff fait état de l'avancée de son travail de thèse et de la prise en compte de remarques. Dans celle qu'il envoie en décembre 1890, il informe son correspondant de l'orientation de ces recherches autour de la formation des groupes fuchsiens et lui demande de publier une note qui est jointe.

1. [Stouff, 1888]. Stouff précise dans la première phrase de sa thèse que son « travail a son origine dans les Ouvrages de M. Poincaré sur les fonctions fuchsiennes ».
2. Poincaré rédige aussi un rapport sur la thèse de Stouff.
3. Picard précise dans l'avertissement du premier volume des *Œuvres de Charles Hermite* le rôle important joué par Stouff avant son décès :

> En faisant paraître le premier Volume des *Œuvres de Charles Hermite*, je tiens à dire combien j'ai été aidé dans cette publication par un géomètre distingué, Xavier Stouff, professeur à la Faculté des sciences de Besançon, enlevé il y a deux ans par une mort prématurée.

P. Nabonnand et al. (eds.), *La correspondance entre Henri Poincaré et les mathématiciens*, Publications des Archives Henri Poincaré Publications of the Henri Poincaré Archives,
https://doi.org/10.1007/978-3-7643-8288-9_69

1 Stouff à Poincaré

Grenoble, 13 janvier 1888

Monsieur,

J'ai revu mon travail suivant les indications que vous avez eu la bonté de me fournir, et j'ai l'honneur de vous le renvoyer sous sa nouvelle forme. Voici les changements qui y ont été faits. L'introduction contient un plan de la thèse, et j'ai cru devoir y réunir toutes les considérations de géométrie non-euclidienne que j'ai employées. Dans l'exemple de la fin du § *II* l'énoncé et la démonstration ont été changées pour éviter les objections. Le commencement du § *III* page 18 a été abrégé.

Au § *IV* pages 33 et 34, il y a une modification importante. Toute relation hyperelliptique peut se représenter naturellement sur un polygone de $4p$ côtés dans lequel les axes des substitutions sont concourants. Inversement, si dans un polygone de $4p$ côtés dont les côtés opposés sont conjugués, les axes de substitution sont concourants, le polygone est hyperelliptique [4]. Prenons par exemple un dodécagone : soit Σ_7 une substitution de période 2 ayant pour point double le point de concours ; on peut fixer

$$S = \Sigma_1\Sigma_7,\ S' = \Sigma_2\Sigma_7,\ S'' = \Sigma_3\Sigma_7,\ S''' = \Sigma_4\Sigma_7,\ S^{(4)} = \Sigma_5\Sigma_7,\ S^{(5)} = \Sigma_6\Sigma_7$$

La relation

$$\left(SS'^{-1}S''S'''^{-1}S^{(4)}S^{(5)-1}S^{-1}S'S''^{-1}S'''S^{(4)-1}S^{(5)}\right)^n = 1$$

donne

$$(\Sigma_1\Sigma_2\Sigma_3\Sigma_4\Sigma_5\Sigma_6\Sigma_7) = 1,$$

soit

$$\Sigma_1\Sigma_2\Sigma_3\Sigma_4\Sigma_5\Sigma_6\Sigma_7 = \Sigma_8,$$

les Σ engendrent un groupe de genre 0 ; et la fonction fondamentale de ce groupe x, avec une fonction $y = \sqrt{R(x)}$ forment les 2 fonctions fondamentales du groupe du dodécagone.

Mais, dans tout polygone de $4p$ côtés dont les côtés opposés sont conjugués et qui engendre une relation hyperelliptique, les axes des substitutions ne sont pas concourants. Il y a un exemple du contraire à la fin du § *VIII* [5].

J'ai été obligé de démontrer à part que, si les côtés d'un octogone sont conjugués, et la somme de ses angles égale à 2π, les axes des substitutions sont concourants [6].

Si l'on considère un système de 4 substitutions satisfaisant à :

$$SS'^{-1}S''S'''^{-1}S^{-1}S'S''^{-1}S''' = 1$$

4. [Stouff, 1888, p. 288].
5. [Stouff, 1888, p. 310-326].
6. [Stouff, 1888, p. 263-272].

il faut distinguer 2 cas, le 1er fournit un système de 4 substitutions dont les axes sont concourants. Le 2ème donne 4 substitutions satisfaisant à la même relation, mais chacune d'elle, au lieu d'être le produit de 2 substitutions directes de période 2, est le produit de 2 substitutions inverses de même période. Le 1er est le seul dont j'avais à m'occuper.
La relation entre les L [7] des substitutions et les angles des axes entre eux (page 35) ne se comprenait pas dans la 1ère rédaction, parce qu'en recopiant cette équation, certains accents l'avaient été mal accentués. Comme elle est écrite actuellement, on le vérifie en faisant l'opération

$$A = |S', S'', S''', S^{-1}| \; ;$$

λ se change en λ', λ' en λ'', λ'' en λ''', λ''' en λ ; β se change en β', β' en β'', β'' en β''', β''' en β ; la relation est encore satisfaite. J'ai placé, à la fin du § IV page 38, l'octogone formé de 80 triangles, parce que son groupe est contenu comme sous-groupe distingué dans un autre, ce qui aide beaucoup au calcul.
J'ai décidé de rendre aussi courte que possible la rédaction du § V [8]. Dans ce paragraphe je me borne aux groupes de substitutions directes et inverses dont les polygones générateurs sont tout entiers à l'intérieur du cercle fondamental, et sont les analogues des polygones fuchsiens de la 1ère famille ; c'est d'ailleurs à ce genre de polygones qu'est consacré tout le travail [9].

2 Stouff à Poincaré

Grenoble, le 23 décembre 1890

Monsieur,

Veuillez excuser la liberté que je prends de m'adresser à vous. Oserais-je vous demander de présenter à l'Académie la note ci-jointe qui contient des faits que je crois nouveaux ? Les démonstrations sont d'ailleurs en ma possession. Je désirerais vous épargner toute démarche inutile ; et je ne vous demande pas de me répondre

7. Stouff désigne par L la distance constante entre un point et son transformé par une translation hyperbolique :

> Au point de vue géométrique, toute substitution peut être considérée comme un mouvement : une substitution hyperbolique comme une translation ; une substitution elliptique comme une rotation d'un angle α. Nous appellerons *axe d'une substitution hyperbolique* l'arc que cette substitution laisse invariable, L de la substitution la distance constante en un point de l'axe et de son transformé.
> Pour que deux substitutions hyperboliques soient les transformées l'une de l'autre par une substitution, il faut et il suffit qu'elles aient même L. [Stouff, 1888, p. 221]

8. [Stouff, 1888, p. 272].

9. Il doit manquer une feuille, l'absence de formule de politesse et de signature est surprenante.

si vous jugiez ces quelques remarques indignes de la publicité des Comptes rendus [10].
Agréez, Monsieur, l'assurance de mes sentiments dévoués et de mon profond respect.

X. Stouff

Sur la formation de groupes fuchsiens

Soit p un nombre premier fixe, et j une racine primitive de l'équation

$$x^p = 1,$$

Je considère les quantités :

$$a = \sum_{k=0}^{k=p-1} \alpha_k j^k, \qquad b = \sum_{k=0}^{k=p-1} \beta_k j^k,$$
$$a_0 = \sum_{k=0}^{k=p-1} \alpha_k j^{-k}, \qquad b = \sum_{k=0}^{k=p-1} \beta_k j^{-k},$$

où les quantités désignées par α_k et β_k sont $2p$ nombres entiers tels que :

$$aa_0 - bb_0 = 1,$$

et à part cela quelconques. Les substitutions :

$$\left(z, \frac{az+b}{b_0 z + a_0}\right)$$

forment un groupe fuchsien. Cela est bien facile à démontrer pour $p = 3$. Si $p \geq 5$, les choses se présentent sous un aspect tout nouveau, mais le théorème ne cesse point d'être vrai. L'étude de ces groupes est surtout importante au point de vue des fonctions fuchsiennes qui s'y rattachent et qui paraissent jouer un rôle arithmétique important.
Je me propose d'exposer les résultats auxquels je suis parvenu dans un travail qui paraîtra prochainement [11].

X. Stouff

10. On ne trouve pas de note de Stouff dans les *Comptes rendus* de la fin de 1890, ni dans ceux du début de 1891. Stouff publie dans les *Annales de Toulouse* deux articles sur la formation de groupes fuchsiens [Stouff, 1889, 1890]. La note dont il est question dans cette lettre concerne le second de ces articles.
11. [Stouff, 1890].

Emil Strauß

Emil Strauß nait en 1859 à Francfort sur Main dans une famille de commerçants. Après des études secondaires brillantes, il étudie les mathématiques à Berlin et obtient le diplôme d'enseignant secondaire en 1882. Il enseigne à partir de ce moment à Francfort jusqu'à son décès subit en 1892 [1].
En 1887, E. Strauß publie un article dans lequel il propose une généralisation de la notation décimale en vue d'applications en théorie des fonctions [2]. Il donne aussi une traduction en allemand du *Dialogo sopra i due massimi sistemi del mondo* de Galilée [3].

Strauß à Poincaré

Francfort-sur-le-Mein – Bergerstrasse 27 (Allemagne).
Le 8 déc. 1885 [4]

Monsieur,

Pardonnerez-vous si j'ose vous adresser une question sur un détail insignifiant de votre célèbre mémoire sur la théorie des groupes fuchsiens [5] ? (*Acta math.*)
Vous définissez (l.c. p. 59) le cercle fondamental par l'équation

$$\text{partie im. de } \frac{\alpha z + \beta}{\gamma z + \delta} = 0.$$

Peut-être ai-je mal compris ce passage, mais il me semble que l'équation de ce cercle est :

$$\text{partie im. de } \frac{-\delta z + \beta}{\gamma z - \alpha} = 0$$

ou, ce qui revient au même, que la circonférence de ce cercle contient tous les

1. Source : notice rédigée par Moritz Cantor dans la *Allgemeine Deutsche Biographie* (1893).
2. [Strauss, 1887].
3. [Strauss, 1892].
4. Cette lettre est rédigée sur un papier comportant un monogramme *E-S*.
5. [Poincaré, 1882k].

P. Nabonnand et al. (eds.), *La correspondance entre Henri Poincaré et les mathématiciens*,
Publications des Archives Henri Poincaré Publications of the Henri Poincaré Archives,
https://doi.org/10.1007/978-3-7643-8288-9_70

points

$$\frac{\alpha\lambda + \beta}{\gamma\lambda + \delta},$$

où λ est un paramètre réel. Dans votre second mémoire (*A. m.*)[6] il se trouve l'inégalité

$$a < 1 + \mathcal{A},$$

qui ne me semble pas être juste. On peut parvenir au résultat demandé en se servant de l'inégalité évidente

$$a - b < 2\mathcal{A}.$$

On trouvera

$$\frac{\mathcal{M}_i}{m_i} < \left(\frac{1 + \mathcal{A} + \mathcal{A} - \mathcal{B}}{1 - \mathcal{B}}\right)^2.$$

Si vous m'éclaircissiez sur ces points, vous me rendriez très heureux.
Veuillez excuser ma hardiesse et le mauvais français.
Agréez l'assurance de la haute considération

de votre serviteur
E. Strauss

6. [Poincaré, 1882b].

Eduard Study

Eduard Study nait à Coburg en 1862 dans une famille d'enseignants. Après des études secondaires dans sa ville natale, il étudie les mathématiques à Iéna, Strasbourg, Leipzig et Munich où il soutient en 1884 une thèse intitulée „Über die Massbestimmung extensiver Grössen", une recherche dans la lignée des travaux de Grassmann. Il soutient une habilitation de mathématiques pures en 1885 à Munich et obtient une bourse qui lui permet d'effectuer au printemps 1886 un séjour d'étude à Paris durant lequel il fera la connaissance de Poincaré, Hermite, Jordan, Darboux et de nombreux mathématiciens français [1]. À son retour, il commence une carrière universitaire qui le mènera de Leipzig (1886-1888), à Marburg (1888-1893), Bonn (1893-1897), Greisswald (1897-1904) et de nouveau Bonn comme professeur ordinaire, position qu'il occupera jusqu'à sa retraite en 1927. Study décède à Bonn en 1930.

Eduard Study a publié plus d'une centaine de mémoires et de notes en géométrie élémentaire, projective, énumérative et différentielle, en théorie des nombres complexes, en théorie de l'invariance, en théorie des formes algébriques, sur les fonctions elliptiques... soit dans des revues allemandes comme les *Mathematische Annalen*, les *Monatshefte für Mathematik und Physik* ou les journaux académiques des villes dans lesquelles il exerce, soit dans des revues américaines comme l'*American Journal of Mathematics* ou les *Transactions of the American Mathematical Society*. Il est aussi l'auteur de plusieurs ouvrages et manuels en géométrie et l'éditeur, avec Georg Scheffers et son ami Friedrich Engel, des *Werke* de Grassmann [1894, 1904] [2].

Les lettres que Study et Poincaré échangent en 1886 concernent la géométrie des nombres complexes, en particulier les travaux que mène à cette époque Study [3].

1. Sur les circonstances du voyage de Study à Paris, voir [Reid, 1986, p. 20].
2. Pour plus de détails sur le parcours et les travaux de Study, voir [Engel, 1931].
3. Study [1898] est l'auteur du chapitre consacré aux grandeurs complexes de l'*Encyklopädie der mathematischen Wissenschaften* éditée par Klein.

P. Nabonnand et al. (eds.), *La correspondance entre Henri Poincaré et les mathématiciens*,
Publications des Archives Henri Poincaré Publications of the Henri Poincaré Archives,
https://doi.org/10.1007/978-3-7643-8288-9_71

1 Study à Poincaré

Coburg, 11.11.86 [4]

Sehr geehrter Herr!

Mit Untersuchungen ueber Transformationsgruppen beschaeftigt [5], fand ich vor kurzem einige Saetze, welche sich auf den Zusammenhang dieser Theorie mit der Theorie der complexen Zahlen beziehen. Man theilt mir aus Leipzig mit, dass Sie sich mit aehnlichen Fragen beschaeftigt haben und zu aehnlichen Resultaten gelangt sind [6]. Leider ist mir die betreffende Litteratur im Augenblicke unzugaenglich. Duerfte ich mir wohl erlauben, Sie, falls es Ihnen möglich ist, mir freundliche Uebersendung eines Exemplares Ihrer Abhandlung (wenn mich nur leihweise) zu bitten?

Selbstverstaendlich werde ich mich, im Falle ich spaeter ueber einen derartigen Gegenstand etwas drucken liesse (selbsverstaendlich mit voller Anerkennung Ihrer Prioritaet), durch Uebersendung meiner Bemerkungen erkenntlich zu zeigen suchen. Die Saetze zu welchen ich gelangt bin, sind im Wesentlichen die folgenden :

1) Zu jeder Gruppe von linearen Transformationen, welche eine lineare Mannigfaltigkeit bilden, gehoert ein System von complexen Zahlen; dergleichen zu jeder Gruppe, welche mit einer solchen gleich zusammengesetzt ist. (Beispiel : Drehungen der Kugel-Quaternionen).

2) Zu jedem System von $n + 1$ complexen Zahlen, mit commutativem Gesetz gehoert eine n-gliedrige Gruppe von vertauschbaren Transformationen in $\mathcal{R}^n$, welche eine lineare Mannichfaltigkeit bilden.

---

4. Durant l'hiver 1886-1887, Study partage son temps entre Leipzig, Coburg et Erlangen :

> Seine Lehrtätigkeit in Leipzig unterbrach Study im Winter 1886 bis 1887, teils um zu Hause in Koburg zu arbeiten, teils um einen Monat in Erlangen bei Gordan zuzubringen. [Engel, 1931, p. 134]

5. Study ne publie rien sur la théorie des groupes de transformations en dehors de deux articles consacrés aux recherches évoquées dans cette lettre [Study, 1889, 1890].

6. [Poincaré, 1884g]. Dans son article « Complexe Zahlen und Transformationsgruppen », Study [1889] ne cite pas Poincaré ; par contre, dans son second article « Ueber Systeme complexer Zahlen und ihre Anwendung in der Theorie der Transformationsgruppen », Study [1890, p. 332] signale dans une note l'antériorité de Poincaré [1884g, p. 740] :

> Herr Poincaré hat wohl zuerst die Bemerkung gemacht, dass das Problem der complexen Zahlen sich auf das folgende zurückführen lässt : „Trouver tous les groupes continus de substitutions linéaires à n variables, dont les coefficients sont des fonctions linéaires de n paramètres arbitraires."

Enfin, Lie [1890b, p. 356] insiste sur l'importance de la note de Poincaré pour la question des liens entre la théorie des groupes de transformations et celle des nombres complexes :

> Herr Poincaré hat in anderen Arbeiten die Bedeutung der Gruppentheorie für die Theorie der complexen Zahlen klargestellt. Diese seine Bemerkung hat in neuerer Zeit die Herren Schur, Study und Scheffers zu einer Reihe von interessanten Untersuchungen über complexe Zahlen vom gruppentheoretischen Standpunkt veranlasst. In dieser Richtung ist offenbar noch viel zu thun.

3) Zu jedem System von $n + 1$ complexen Zahlen, mit associativem, aber nicht mit commutativem Gesetz, gehoeren zwei n-gliedrige Gruppen in $\mathcal{R}_n$, deren Transformationen von i.A. nicht vertauschbaren Collineationen gebildet werden. Jede Transformation der ersten Gruppe ist vertauschbar mit jeder Transformation der zweiten Gruppe. Beide sind also enthalten in einer $2n$-gliedrigen Gruppe. Diese enthaelt auch eine dritte ausgezeichnete n-gliedrige Gruppe, deren Transformationen aber keine lineare Mannichfaltigkeit bilden.
Die Saetze 2) und 3) ermöglichen mir, auf Grund der Untersuchungen von Sophus Lie, z.B. die Systeme von complexen Zahlen mit 2 oder 3 Einheiten sofort anzugeben.

4) Zu jedem System von complexen Zahlen mit commutativem Gesetz gehoert ein Logarithmensystem, welches genau wie ein System von $x + iy$ die Multiplication auf Addition zurueckfuehrt, etc.

5) Zu jedem System von complexen Zahlen gehoert ein System von partiellen Differentialgleichungen, welche durch die Functionen einer complexen Groesse eben so integrirt werden, wie die Differentialgleichung $\frac{\partial^2 u}{\partial x^2} + \frac{\partial^2 u}{\partial y^2} = 0$ durch die Functionen von $x + y$.

Ich bin sehr begierig zu erfahren, in wie weit sich Ihre Resultate mit den vorstehenden decken und ob vielleicht meine Bemerkungen den ihrigen noch etwas Neues hinzufuegen.
Mit den besten Empfehlungen an Herrn Hermite und Herrn Picard [7], die Sie wohl so freudlich sind, zu uebermitteln,

Ihr ganz ergebener
E. Study

2 Poincaré à Study

[1886] [8]

Cher Monsieur,

J'ai publié fort peu de chose sur les nombres complexes. Je n'ai donné à ce sujet qu'une seule note que vous trouverez dans les Comptes rendus du 3 Novembre 1884 (Tome 99) mais je n'en ai pas fait faire de tirage à part [9].
On pourrait rattacher au même sujet une note du 29 Octobre 1883 (tome 97) [10].
Vous n'y trouverez d'ailleurs que fort peu de chose.
Vous pouvez donc considérer la plupart de vos théorèmes comme inédits.

---

7. E. Study avait la connaissance d'Hermite et de Picard lors de son séjour parisien au printemps 1886.
8. Cette lettre conservée à l'*Universitätbibliothek Basel* est une réponse à la lettre précédente.
9. [Poincaré, 1884g].
10. [Poincaré, 1883c].

Cependant vos théorèmes 1 et 2 ne sont pas nouveaux ; je n'en revendique pas la propriété ; je les ai au contraire considérés comme connus et pris comme point de départ [11].

Je ne pourrais toutefois vous indiquer où et quand ils ont été publiés.

Veuillez agréer, cher Monsieur, l'assurance de ma considération la plus distinguée.

Poincaré

---

11. Poincaré [1884g] considère en effet comme acquis :

> Le problème des nombres complexes se ramène facilement au suivant :
> *Trouver tous les groupes continus de substitutions linéaires à n variables dont les coefficients sont des fonctions linéaires de n paramètres arbitraires.*
> Si un pareil groupe se réduit à un faisceau, les nombres complexes correspondants seront à multiplication commutative, et réciproquement. [Poincaré, 1884g, p. 740]

F. Brechenmacher [2011] explique que les analogies entre systèmes linéaires et groupes de transformations sont pointées par Camille Jordan pour mettre en place les méthodes qu'il développe pour appliquer la théorie des groupes de substitutions à l'étude des équations algébriques.

Rudolf Sturm

Rudolf Sturm nait en 1841 à Breslau (Wroclaw) dans une famille de commerçants ; il fait ses études à Breslau et soutient en 1863 une thèse *De superficiebus tertii ordinis disquisitiones geometricae.* En 1866, il commence une carrière d'enseignant dans le secondaire d'abord à Bromberg (Bydgoszcz) (1866-1872), puis à Darmstadt (1872-1878) ; en 1878, il est nommé professeur à l'Université de Münster, puis en 1892 à l'Université de Breslau où il décède en 1919.
Les intérêts mathématiques de Sturm concernent essentiellement la géométrie ; il publie plus d'une centaine de mémoires et notes dans des revues allemandes et de nombreux manuels [1].
La carte qu'envoie Poincaré à Sturm concerne les travaux préparatifs du *Répertoire bibliographique des sciences mathématiques* avant le Congrès international de bibliographie mathématique de Paris. Sturm ne fait pas partie de la commission permanente du Répertoire.

Poincaré à R. Sturm

[17 juillet 1888] [2]

Reçu votre travail. Merci.
Je vois d'après votre lettre que nous n'avez pas reçu les premières circulaires relatives au Répertoire, je vous les ferai envoyer. Je crois que le mot fiche en allemand se dit *Zettel.*

Votre tout dévoué
Poincaré

1. Pour plus de détails sur le parcours et les travaux de Sturm, voir [Ludwig, 1926].
2. Carte postale envoyée de Paris et arrivée à Münster le 17 juillet 1888. Cette lettre est conservée à la Staatsbibliothek zu Berlin - Preußischer Kulturbesitz.

P. Nabonnand et al. (eds.), *La correspondance entre Henri Poincaré et les mathématiciens*, Publications des Archives Henri Poincaré Publications of the Henri Poincaré Archives, https://doi.org/10.1007/978-3-7643-8288-9_72

James Joseph Sylvester

James Joseph Sylvester nait à Londres en 1814 dans une famille de commerçants. Après des études secondaires, il fait des études de mathématiques à *St John's College* à Cambridge sanctionnées par le célèbre Tripos en 1837. Il obtient la chaire de philosophie naturelle à l'Université de Londres (1837-1840), puis occupe pendant quelques mois une position de professeur à l'Université de Virginie. De retour en Grande Bretagne en 1843, il commence une carrière d'actuaire tout en étudiant le droit. Plusieurs tentatives pour obtenir une position universitaire se soldent par un échec du fait de ses origines juives. Sylvester obtient finalement une chaire de mathématiques à l'Académie royale militaire de Woolwich en 1857 qu'il occupe jusqu'à sa retraite en 1870. Après quelques années durant lesquelles il semble avoir abandonné les mathématiques, il accepte une chaire à la *Johns Hopkins University* à Baltimore où il forme de nombreux étudiants, crée et anime l'*American Journal of Mathematics* et reprend ses activités de recherche. En 1883, Sylvester est nommé sur la *Savilian chair of Geometry* à Oxford. Il occupera cette chaire jusqu'en 1892. Il décède à Londres en 1897 [1].

Les intérêts mathématiques de Sylvester touchent à l'ensemble des mathématique même si ses principales découvertes concernent l'arithmétique et la théorie des équations algébriques. Il publie plusieurs centaines de mémoires et notes, dont l'essentiel est réuni dans les quatre tomes de ses *Collected Papers* ; on notera ses nombreuses contributions aux *Comptes rendus hebdomadaires des séances de l'Académie des sciences* et son intense participation à la rubrique de questions-réponses de l'*Educational Times*.

Les lettres adressées par Sylvester à Poincaré [2] datent de la fin de sa vie, une période où Sylvester commence à avoir de graves ennuis de santé. Elles sont assez difficiles à déchiffrer ce qui explique une transcription parfois lacunaire. Néanmoins, elles montrent l'intérêt de Sylvester pour le jeune mathématicien et révèle indirectement l'amabilité de Poincaré pour le prestigieux mathématicien anglais. Outre quelques échanges académiques, elles concernent les travaux de Sylvester sur la théorie des réciproquants, la théorie des partitions et la conjecture de Goldbach.

1. Pour plus de précisions sur le parcours de Sylvester, voir [Parshall, 2006].
2. Les lettres adressées par Poincaré à Sylvester n'ont pas été retrouvées.

P. Nabonnand et al. (eds.), *La correspondance entre Henri Poincaré et les mathématiciens*,
Publications des Archives Henri Poincaré Publications of the Henri Poincaré Archives,
https://doi.org/10.1007/978-3-7643-8288-9_73

1 Sylvester à Poincaré

Athenæum Club
Pall Mall
13th Janvier 1886

Cher Monsieur,

J'ai attendu (avant de vous écrire et de vous remercier pour votre bonne et aimable lettre) à recevoir les mémoires que vous avez eu la bonté de m'adresser.
Malheureusement ils ne me sont pas parvenus ni ici ni selon ce qu'on m'écrit à Oxford : je ne les attendrai plus, avant de vous remercier pour votre bonne volonté en me les adressant.
Il a été pour [moi] je puis vous l'assurer un grand plaisir d'avoir eu l'occasion de vous voir et je l'espère vous me permettrez quand je revisiterai Paris de vous revoir [3].
En attendant je reste avec la plus haute considération,
Monsieur,

Votre bien affectueusement dévoué
J. J. Sylvester

2 Sylvester à Poincaré

New College Oxford [Début 1886] [4]

Dear M. Poincaré

On arriving here I found your valued memoirs.
The stupidity of my servant is my sole excuse for the needless trouble which I have occasioned you.
I wrote to him to forward to me in London all memoirs coming from abroad.
He sent me several packages but yours was not among them and I therefore concluded that they had not arrived.
I hope to derive much profit from the study of them and with my best thanks and renewed apologies, remain My Dear Sir yours most truly

J. J. Sylvester

3 Sylvester à Poincaré

Athenæum Club
Pall Mall
14 Avril 1886

Cher Monsieur Poincaré,

L'Œuvre de M^{r}. A. R. Forsyth [5] dont le premier volume vient de paraître sur les équations différentielles est un livre excellent et beaucoup meilleur qu'aucune

3. Karen Parshall [2006, p. 320] évoque plusieurs rencontres entre Poincaré et Sylvester lors des séjours de ce dernier à Paris.

4. Cette lettre fait suite à la précédente.

5. Andrew Russell Forsyth est *lecturer* à Cambridge. Il succèdera à Cayley en 1895 à la chaire de mathématiques pures de Cambridge.

autre œuvre anglaise sur le même sujet [6]. Vous connaitrez mieux que moi quels sont les livres dans votre langue et en allemand sur ce sujet. Un second volume doit paraître mais je ne puis pas dire à quelle date [7]
Le tome qui a paru contient 420 pages en 8° et renferme plus que 800 exemples [8].
C'est M. Grinwis [9] à Utrecht qui m'en a parlé le premier et me l'en a fait l'éloge.
L'adresse de l'auteur est

A. R. Forsyth
Trinity College
Cambridge

M. Forsyth est un ancien élève de M. Cayley qui (je le sais) a un grand estime pour son talent [10].
Votre élève pourrait s'adresser directement à M. Forsyth (qui est un jeune homme fort aimable) pour chercher l'autorisation voulue.
Comme j'oublie le numéro de la maison où vous êtes logé je prends la liberté d'adresser cette note aux soins de M. Hermite.
J'ai quelque espérance d'obtenir le théorème de M. Gordan par un nouveau chemin, qui si je réussisse, sera beaucoup plus court que celui qu'il a donné - mais il y a bien des difficultés encore à vaincre.
Je parle du théorème sur le nombre fini d'invariants fondamentaux - qui sans doute s'applique aussi aux *réciprocants* [11] et à une classe nombreuse d'intégrales d'équations partielles différentielles [12].

---

6. [Forsyth, 1885].
Dans une note sur les dérivées schwarziennes, Sylvester [1886f] qualifie le traité de Forsyth de « best written mathematical book extant in the English language »sur les équations différentielles.

7. *A Treatise on Differential equations* est publié en 1885. Une seconde édition paraît en 1888 et une traduction en allemand (par H. Maser) en 1889. A. R. Forsyth proposera à partir de 1890 un projet de *Theory of Differential Equations* en quatre parties : la première (volume 1) paraît en 1890 sous le titre *Exact Equations and Pfaff's Problem* [Forsyth, 1890]. La deuxième partie (volumes 2 et 3) est effectivement publiée en 1900 sous le titre *Ordinary Equations, not linear* [Forsyth, 1900]. La troisième partie (volume 4), *Ordinary Equations* paraît en 1902 [Forsyth, 1902] et la quatrième (volume 5 et 6), consacrée aux *Partial Differential Equations* en 1906 [Forsyth, 1906].

8. Andrew Russell Forsyth signale dans sa préface l'importance accordée aux exemples dans son ouvrage :

> There occur, scattered throughout the book, many examples, amounting in number to more than eight hundred. Most of these are taken from University and College Examination papers in Cambridge at various times ; some are new, and many of them are results extracted from memoirs which have been consulted. [Forsyth, 1885, p. ii]

9. Cornelius Grinwis, professeur de physique mathématique et de mécanique à l'Université d'Utrecht avait reçu Sylvester au mois d'octobre 1885. Voir [Parshall, 2006, p. 297].

10. A. R. Forsyth a suivi les cours d'A. Cayley à Cambridge ; il a ensuite préparé sous le parrainage de Cayley une thèse sur les fonctions Θ à deux variables qu'il soutient en 1881 [Forsyth, 1882].

11. Sylvester publie plusieurs articles sur la théorie des *réciprocants* [Sylvester, 1886e,f,a,c,d,b].

12. On ne trouve pas dans les travaux de Sylvester d'avancée notable dans cette direction. Ce

La méthode de M. Gordan évidemment se borne étroitement au cas particulier des invariants [13].
Je reste cher Monsieur avec le plus grand respect
Votre très humble serviteur

J. J. Sylvester

4 Sylvester à Poincaré

New College
24 Juin 1891

Cher Monsieur Poincaré -

Je crois avoir démontré le théorème suivant : a et b étant premiers entre eux nommons $ax + b$ une forme linéaire irréductible et a la primauté de cette forme. Soit i un nombre premier quelconque : alors je dis qu'on peut trouver un nombre φ_i tel que n étant un nombre quelconque plus grand que n [14], on trouvera compris entre n et in un nombre premier (au moins) appartenant à chaque forme linéaire irréductible dont la primauté est paire et n'excède pas $2i$ [15].
Comme corollaire de ce théorème on déduit immédiatement qu'il existe un nombre infini de nombres premiers de toute forme linéaire irréductible, ce qui est le théorème de Dirichlet sur les progressions arithmétiques [16].

---

sera Hilbert qui donnera une nouvelle impulsion à la théorie des invariants des formes :

> Les premiers travaux de M. Hilbert sont relatifs à la théorie des invariants. On sait avec quelle passion cette partie des Mathématiques a été cultivée vers le milieu du siècle dernier et combien elle a été délaissée depuis. Il semblait en effet que les Clebsch, les Gordan, les Cayley, les Sylvester eussent épuisé tout ce qu'on pouvait tirer des méthodes anciennes et qu'il n'y eût après eux que peu de choses à glaner. Mais les progrès de l'Algèbre et de l'Arithmétique, et en particulier la théorie des nombres entiers algébriques, l'extension qu'on en fit bientôt aux polynômes entiers, la théorie des modules de Kronecker, allaient permettre d'aborder la question par un côté encore inexploré. C'est ce qu'a fait M. Hilbert en s'attaquant d'abord au célèbre théorème de Gordan, d'après lequel tous les invariants d'un système de formes peuvent s'exprimer d'une façon rationnelle et entière en fonction d'un nombre fini d'entre eux. On ne saurait mieux mesurer le progrès accompli qu'en comparant le volume que Gordan avait dû consacrer à sa démonstration aux quelques lignes dont Hilbert a pu se contenter. La méthode gagnait en généralité autant qu'en simplicité et l'on pouvait entrevoir toute une série de généralisations possibles. [Poincaré, 1911b, p. 109-110]

13. Voir l'annonce inaugurale de Sylvester [1886a, p. 294].
14. Il faut comprendre φ_i.
15. Sylvester ne semble pas avoir publié de démonstration de ce théorème. Il donne des éléments de preuve dans la lettre qui suit.
16. [Lejeune Dirichlet, 1837b,a].

J'oubliais dans ma lettre d'hier de vous prier à faire savoir à M. Hermite (ce que je ne connaissais que tout récemment et n'en avais pas le moindre soupçon) que lui ayant été désigné par le Conseil de l'Université d'Oxford une des personnes à recevoir le degré de D. C. L honoris causa en 1890, il a le droit de se présenter à l'encomia [17] d'une commémoration quelconque pour recevoir ce degré qui lui sera conféré avec les mêmes cérémonies que celles dont vous avez été témoin dans le cas de son altesse Royale M. le Duc D'Aumale, le Lord Chancelier de l'Angleterre M. Balfour etc. [18] - et je vous prie d'ajouter que j'espère vivement qu'il ne manquera pas de se prévaloir de ce privilège dans le mois de juin 1892 [19].
Veuillez accepter l'assurance de l'amitié et de la haute considération de votre bien affectueusement dévoué

J. J. Sylvester

5 Sylvester à Poincaré

1 Juillet 1891

My dear M. Poincaré -

I thank you very much for your note. It would be very agreable to me to join you at the sea-side at a later period if you intend to prolong your séjour at the sea-side into the month of August.
As to my theorem about which you inquired, – it follows precisely the track of demonstration which I had anticipated when you were with me [20] – and both the " intermediate theorems" are correct.
I will now state the results as far as I have proceeded in the inquiry.
Call $ax + b$ when a is prime to b an irreducible linear form to modulus a.
Then I say that by taking n sufficiently great when p (a prime number) is given, between n and pn must be included prime numbers belonging to every irreducible linear form whose modulus is $2p$.
This is certain.
But much more I believe that I am en état to demonstrate that between n and pn must be included prime numbers belonging to every irreducible linear form whose modulus has a totient less than p (by the totient of a number meaning the

17. « L'éloge ».
18. *Le Figaro* du 4 juin 1891 annonce que « le 17 juin [1891], il y aura une séance solennelle de l'Université d'Oxford au cours de laquelle le duc d'Aumale sera nommé docteur *honoris causa* » et que « M. Balfour et le professeur Jebb seront nommés en même temps ».
19. L'année 1892 est l'année du jubilé académique de Ch. Hermite.
20. Poincaré rencontre Sylvester à l'occasion d'un voyage d'étude en Angleterre. Voir [Parshall, 2006, p. 320].

number of numbers not greater than and prime to it [21]). This is certainly true for the moduli 4, 8, 12 and I think can be proved without difficulty for all other moduli.

—

Thus ex. gr. [22] between n and $5n$ (when n is sufficiently great) must be included prime numbers belonging to each of the forms

$$\begin{array}{rcl} 8x & + & 1,3,5,7 \\ 12x & + & 1,5,7,11 \\ 10x & + & 1,3,7,9 \end{array}$$

Moreover an inferior functional limit can be found to the number of such primes of each class which will have for its asymptotic value a fractional multiple of $\frac{n}{\log n}$ [23]. I believe I can prove that the asymptotic value of the Reciprocals of the primes up $\frac{1}{n}$ is $\log \log n$: do you know if Tchebycheff has proved this [24]?
Believe me Your sincerely attached friend

J. J. Sylvester

---

21. Ce terme est introduit par Sylvester [1888] dans une note consacrée au vocabulaire de l'arithmétique élémentaire :

> Euler's function $\phi(n)$, which means the number of number not exceeding n and prime to it, I call the *totient* of n ; [...] The numbers prime to a number and less than it, I call its *totitives*.

22. *exempli gratia*.
23. Voir la seconde partie de l'article de Sylvester [1892] sur les séries arithmétiques.
24. Cette annonce et cette question sont un peu surprenantes. Chebyshev [1851, p. 156] montre dans un mémoire lu en 1848 devant l'Académie de Saint Petersbourg et repris en 1852 dans le *Journal de mathématiques pures et appliquées*, que

$$« \frac{1}{2} + \frac{1}{3} + \frac{1}{5} + \ldots + \frac{1}{X} = C + \log \log X »$$

où X est un nombre premier et C une constante. Il ajoute que « lorsque l'on aura déterminé la valeur de la constante C, cette équation pourra servir à trouver par approximation la somme de la série $\frac{1}{2} + \frac{1}{3} + \frac{1}{5} + \ldots + \frac{1}{X}$ quand X sera très grand ».
Euler et Legendre avaient auparavant donné des formules analogues mais leur démonstration laissait à désirer. En 1874, Franz Mertens [1874] reprend la question en proposant de donner une meilleure démonstration de la formule de Chebyshev ainsi qu'une estimation de la constante :

> In dieser Gestalt findet man die *Legendreschen* Formeln in einer Abhandlung von Herrn *Tschebycheff* wieder, in welcher auch ein Beweis derselben gegeben worden ist. Da indessen dieser Beweis nicht alle Zweifel beseitigt, so werde ich in den folgenden Zeilen versuchen, einen strengen Beweis der *Legendreschen* Formeln mitzutheilen und zugleich die bis zu jetzt, so viel ich weiss, unbekannten Constanten C, C' zu bestimmen. [Mertens, 1874, p. 46]

6 Sylvester à Poincaré

28$^{\text{h.}}$ Dec 1891
New College

Dear Monsieur Poincaré

For the last 4 months and more I have been incapable of working [25]. The part I sent you was composed before that period [26].
The "asymptotic limits" referred to are limits to the asymptotic values ; not the asymptotic values themselves.
I carried on this part of the inquiry to a point much beyond where it stood when I had the pleasure of seing you in Oxford - but have been unable to fix my thoughts on the subject since composing the part on Stigmatic Series [27]. A portion of my results, I wrote to Mr. Hensel [28] in Germany a pupil of Kronecker to whom he

25. Sylvester a de sérieux ennuis de santé depuis quelques années [Parshall, 2006, p. 319]. Hermite écrit à Mittag-Leffler le 6 juin 1890 :

> [...] Sylvester a perdu un œil, l'autre est menacé et il soufre de troubles nerveux très graves. [Dugac, 1989b, p. 186]

26. Il doit s'agir de feuilles du chapitre 1 de la seconde partie de l'article de Sylvester [1892] sur les séries arithmétiques, intitulé *On the asymptotic limits to the number of primes inferior to a given number.*

27. Pour définir cette notion, Sylvester considère deux ensembles d'entiers positifs $p, p', p'', \ldots$ et $q, q', q'', \ldots$ dont la somme des inverses sont égales et formant ce qu'il appelle un *harmonic scheme.* Il considère alors la série

$$\sum_{n=1}^{n=\infty} f(n)\psi\left(\frac{x}{n}\right),$$

où

$$\psi(x) = \sum_{n} \theta x^{\frac{1}{n}},$$

$\theta(z)$ étant «la somme des logarithmes népériens de tous les nombres *premiers* qui ne surpassent pas z» (Voir [Serret, 1879, p. 227-228]) et

$$f(n) = \sum_{p} \frac{n}{p:} - \sum_{q} \frac{n}{q:},$$

$\frac{n}{t:}$ étant égal à 1 ou 0 selon que t est ou non un diviseur de n. $f(n)$ est la différence du nombre de p et du nombre de q diviseurs de n. Sylvester introduit alors un certain nombre de termes :

> I shall call the p's and q's the *stigmata* of the scheme, $\sum \frac{\log p}{p} - \sum \frac{\log q}{q}$ the stigmatic multiplier, and the new series in $\psi(x)$ a stigmatic series of sum-sums (obtained, it will be noticed, by a four-fold process of summations – namely, two infinite and two finite summations). [Sylvester, 1892, p. 705]

28. Kurt Hensel était depuis 1886 *Privatdozent* à l'Université de Berlin. Kronecker avait supervisé son travail de thèse en arithmétique en 1884 [Hensel, 1884].

gave a copy of what I wrote to him - but I went much further afterwards than what is contained in that note : trusting to my memory to reproduce what I had thought out - but at present my memory plays me false.
I paid £ $5_{12}/()$ [29] about 140 francs to a calculator to work out a certain table connected with this subject (a mere particular case).
I congratulate you on your remarkable discovery relating to primes $4n+1$, $4n-1$ [30] ; I never proved or hoped to prove this by my method.
My opinion is worth little, but as you ask me the question I may say that I do think the Asymptotic Coefficient in the Stigmatic series may be brought indefinitely near to unity. Every harmonic scheme (I think it may be shown) has its own proper asymptotic coefficient.
I am to have a years leave of absence from Oxford on medical grounds. Pray forgive any officialness in my answer and believe me yours with the highest respect and sincere regard

J. J. Sylvester

You did not mention to me when you were in Oxford that you had been considering "Stigmatic Series".

7 Sylvester à Poincaré

Private

New College
3^d Feb 1892

Dear Mr. Poincaré

In the Annuaire de l'Institut which I have just received, I observed that the symbol of the Legion of Honor is not set against my name.
Neither is it against that of M. Cayley.
In every other case known to me, it appears to be appended.
Is there any reason for this or is it a mere accident [31] ?
Is it possible that I ought to have addressed my thanks in an official form to the Academy of Sciences for the part M. Hermite and other members of that Academy took in procuring for me this valued and much coveted distinction so far beyond my deserts [32] ?

29. Soit 5 livres, 12 shillings, 0 pence.
30. [Poincaré, 1891d].
31. La lettre qu'adresse J. Bertrand à Poincaré le 7 février (p. 92) évoque cette inquiétude de Sylvester.
32. Hermite raconte dans la lettre qu'il adresse à Mittag-Leffler le 6 juin 1890 la part qu'il a prise dans les nominations de Cayley et Sylvester au grade d'officier de la Légion d'honneur :

> J'ai été, moi indigne, au Ministère des Affaires étrangères, où j'ai vu et entretenu successivement deux ministres, Mr. Spuller et Mr. Ribot. Et me direz

If I have erred it has been from ignorance and from fear of appearing presumptuous in treating the matter as one with which the Academy was concerned in its corporate capacities. My intimation from M. Hermite was of a private character and it was not until after a long delay that M. Waddington [33] write to me officially on the subject and my official reply was therefore addressed to him.
Believe me, Dear M. Poincaré, with profound respect and regard, yours most truly.

J. J. Sylvester

8 Sylvester à Poincaré

New College Oxford
23. June 1893

My dear M. Poincaré

I am very glad indeed that you have passed an agreeable time in England and hope that in the last two days at the Athenaeum [34] you found some friends to consort with during your hours of rest from your indefatigable labors. I was obliged to return to Oxford on Friday to attend to some matter of importance here, but would have liked to devote myself more exclusively to you during your residence among us which I shall always look back to with the greatest pleasure as affording me an opportunity of drawing closer an acquaintance which I so highly esteem.
We have found both volumes of your most valuable works on Electricity and Optics [35] for which please to accept my sincere expressions of gratitude.
The work on which I was engaged and in which you were so good as to take an interest has turned out successful and I believe that I may state with certainty as a result of it that if n exceeds a certain determinable limit [36], then between n and

vous : « qu'alliez vous faire dans cette galère ? » ; j'allais, mon cher ami remplir ce que j'ai cru un devoir d'amitié envers Cayley et Sylvester, qui m'appelaient, il y a quarante ans, leur *fellow-labourer*, et envers Tchebycheff, dont j'admire le génie. J'ai mis à profit ma position de Président de l'Académie pour demander au ministre, dans une lettre où je rappelais leurs travaux, leurs belles découvertes, les grands services qu'ils ont rendus à la science, qu'ils reçoivent la décoration de la Légion d'Honneur, celle de commandeur pour Tchebycheff, associé étranger, celle d'officier pour Sylvester et Cayley, correspondants de l'Académie des Sciences. Darboux a fait circuler mon épître qui a été appuyé par les signatures de toux ceux à qui elle a été présentée, et après l'avoir envoyée j'ai demandé à Mr Spuller, alors ministre, une audience qui a eu un résultat favorable. Mais hélas, une bourrasque parlementaire a renversé le ministère, quelques jours après ma visite, et après avoir un peu attendu, j'ai recommencé et avec le même succès avec son successeur Mr Ribot. [Dugac, 1989b, p. 185]

33. William Henry Waddington était l'ambassadeur de France à Londres entre 1883 et 1893.
34. Il doit s'agir de l'*Athenaeum club* à Londres dont Sylvester était membre. Voir [Parshall, 2006, p. 151] et la lettre 3 (p. 720) rédigée sur un papier à en-tête de ce club.
35. [Poincaré, 1890b, 1891a].
36. *(*Note de Sylvester*) That limit appears to be 2 but can be found by exact investigation.

$3n$ there must lie primes [not necessarily all 4 distinct] of the forms[37]

$$4n+1, 4n-1, 6n+1, 6n-1.$$

I hope to be able to extend this result [which is itself an extension of Bertrand's Postulate[38] slightly modified viz that between n and $2n$ there must be some prime number] to the range of numbers between n and μn : Ex. gr.[39] between n and $5n$, I hope to be able to prove that there must lie primes of the forms

$$\left.\begin{array}{llll} 10i+1, & 3, & 7, & 9 \\ 8i+1, & 3, & 5, & 7 \\ 6i+1, & 5 & & \end{array}\right\}$$

the last of which conclusions is contained in the previous case. I beg you to convey to our dear friend Hermite, my grateful acknowledgements for all the trouble he was so kind as to take to obtain signatures to the Memorial addressed to the Authorities of our University press[40], to induce them to undertake the reprint of my collected works and the extremely handsome letter which I have not seen but am informed he sent over along with the Memorial. I only heard about this yesterday.
"The Delegates of the Press" have decided to comply with the prayer of the Memorial.

37. Le n qui suit n'a rien à voir avec le n précédent.

38. En 1845, dans un article traitant de combinatoire, Joseph Bertrand [1845] fait la supposition suivante :

> [...] j'admettrai comme un fait que, quel que soit un nombre n supérieur à 6, il existe toujours un nombre premier, au moins, compris entre $n-2$ et $\frac{n}{2}$. Cette proposition est vraie pour tous les nombres inférieurs à six millions, et tout porte à croire qu'elle est générale. [Bertrand, 1845, p. 129]

Dans un mémoire sur les nombres premiers publié en 1852, Pafnouti Chebyshev [1852] donne des conditions sur l et L pour que le nombre de nombres premiers compris entre l et L soit supérieur à k. Dans le cas particulier $k=1$, le résultat de Chebyshev démontre le postulat de Bertrand qui reste néanmoins connu sous ce nom.
Dans son article publié en 1892 sur les séries arithmétiques, Sylvester [1892] propose une démonstration simple de ce résultat comme corollaire du résultat plus général selon lequel si le premier terme d'une suite de nombres entiers successifs $(m+1), (m+2), \ldots, (m+n)$ est plus grand que le nombre n de ses termes, alors celle-ci contient nécessairement un nombre premier ou le multiple d'un nombre premier supérieur à n [Sylvester, 1892, p. 690] :

> When the first terms exceeds by unity the number of terms, the sequence takes the form $m+1, m+2, \ldots, 2m-1$, and since no term in this sequence can be a multiple of m, the theorem for such case is tantamount to affirming that one term at least is a prime number which is in accord with and an easy inference from the well-known "postulate of Bertrand," that between m and $2m-2$ there must be always be included some prime number when $m > \frac{7}{2}$. [Sylvester, 1892, p. 690]

39. Comprendre *for example.*

40. Les *Collected Mathematical Papers* de Sylvester seront publiés en 3 volumes entre 1904 et 1912 à Cambridge par les *University Press.*

M. Hammond[41] desires to be kindly remembered to you and with me hopes that it may not be long before we have again the great pleasure and honor of your company here or in your own country.
Believe me, My dear M. Poincaré, your sincerely attached friend.

J. J. Sylvester

9 Sylvester à Poincaré

13 Janvier [1897][42]
5 Hertford Street
Mayfair Londres

Cher M. Poincaré,

Je crois être sur le point de trouver la preuve du Théorème comprenant celui de Goldbach Euler[43] c. a. d. que chaque nombre $2n$ peut être décomposé en deux nombres premiers en se bornant aux nombres premiers qui sont plus grand que $\frac{n}{2}$ et moins que $\frac{3n}{2}$ en les appelant $\alpha, \beta, \ldots, \psi, \omega$ en nombre μ et en me servant de σ et τ pour signifier

$$\sum \frac{1}{\alpha}, \ \sum \frac{1}{(\alpha)^2}$$

41. James Hammond (1850-1930) est le secrétaire de Sylvester entre 1883 et 1894.

42. Sylvester écrit 1896. Cependant, les biographes de Sylvester indiquent qu'il ne s'intéresse à la conjecture de Goldbach qu'à partir d'août 1896. D'autre part, il indique qu'il va participer à une réunion de la *London Mathematical Society* le lendemain. Or, Baker [1912] signale que sa dernière apparition publique a lieu lors d'une réunion de cette société le 14 janvier 1897.

43. Sylvester [1896a] publie en 1896 une note sur la conjecture de Goldbach. Ce travail semble avoir été une des dernières recherche de Sylvester :

> He [Sylvester] returned to an old standby, number theory, and was absorbed in a problem no less notorious than the Goldbach conjecture : every even number can be written as the sum of two primes. In his last published paper "On the Goldbach-Euler Theorem Regarding Prime Numbers", he hoped that techniques he had successfully deployed especially in the context of the theory of partitions – namely, techniques for "determining the number of solutions in positive integers of any number of linear equations with any number of variables" – would prove fruitful in providing insight into the conjecture. [Parshall, 2006, p. 327-328]

Dans la notice qu'il propose dans le quatrième volume des Œuvres complètes de Sylvester, Baker [1912] précise que le lendemain de la rédaction de cette lettre, Sylvester donne un exposé lors d'une réunion de la *London Mathematical Society* :

> About August 1896 a revival of energy took place and he worked at the theory of Compound Partitions, and the Goldbach-Euler conjecture of the expression of every even number as a sum of two primes. He was present at a meeting of the London Mathematical Society on 14 January 1897, and spoke at some length of his work, answering questions put to him in regard to it. [Baker, 1912, p. XXXV]

Sylvester [1871] s'était dans sa jeunesse intéressé à ce problème et avait publié sur cette question une note en 1871.

et χ le nombre de fois qu'on peut satisfaire à l'équation

$$x + y = 2n$$

c. a. d. 2 fois le nombre de manières de décomposer $2n$ en deux nombres impairs + zéro ou unité selon que n est composé ou premier, respectivement on trouve que (sauf le cas où n est nombre premier) [44]

$$\chi = 2n\left(\sigma^2 - (\mu-1)\tau\right) + (\mu-1)\sigma - 2\sum\{(\alpha,\beta)+(\beta,\alpha)\} + 2\sum\left(\frac{(\alpha,\beta)}{\alpha} + \frac{(\beta,\alpha)}{\beta}\right)$$

Pour trouver p et q, soit $p\beta + q\alpha = \alpha\beta - 2n$ alors

$$(\alpha,\beta) = \tfrac{p}{\alpha}$$
$$(\beta,\alpha) = \tfrac{q}{\beta}$$

de sorte que la première somme $(\sum(\alpha,\beta) + (\beta,\alpha))$

$$= 1 - \frac{2n}{\alpha\beta}.$$

La seconde somme se mette facilement entre des limites. J'ai omis à dire que dans le cas où $n =$ nombre premier, il faut diminuer la valeur de χ par le nombre 2μ pour trouver le vrai nombre des solutions de $x + y = 2n$ en nombres premiers.
Avec l'aide de cette formule on peut trouver le changement sur χ en passant de $2n$ à $2n + 2$.
La formule

$$2n\left(\sigma^2 - (\mu-1)\tau\right) + (\mu-1)\sigma + \sum(\alpha,\beta) + \text{l'autre}\sum$$

doit se doubler quand en ajoutant successivement $\alpha, \beta, \ldots, \omega$, on somme le changement produit la perte et si on ajoute ensemble ces pertes. On trouvera que cela est vrai pour $\sigma^2 - (\mu-1)\tau$, pour $(\mu-1)\sigma$ et pour les deux sommes. Remarquons qu'en calculant les pertes, il faut changer μ en $(\mu-1)$, σ en $\sigma-\alpha$ et τ en $\tau-\alpha^2$, etc.
Déjà, j'ai fait des conclusions qui se vérifient dans une table pour toutes les valeurs de μ et χ quand $2n$ s'augmente graduellement. J'espère bientôt posséder le théorème entier. Le point le plus difficile étant de trouver la somme des éléments conjugués $(\alpha,\beta) + (\beta,\alpha)$.
Je reste, mon cher Monsieur Poincaré, en souhaitant à vous et à votre aimable compagne un heureux nouvel année, votre bien sincère ami dévoué.

J. J. Sylvester

44. La formule qui suit est écrite sur deux feuillets. Sylvester répète le terme $2\sum\{(\alpha,\beta) + (\beta,\alpha)\}$ en l'écrivant une premère fois avec des accolades et une seconde fois des parenthèses.

D.V. Je vais communiquer ces résultats demain soir à la Société Mathématique de Londres. J'ai déjà fait de grandes excursions au cas de trouver le nombre de solutions de l'équation

$$x_1 + x_2 + \ldots + x_n = n$$

les x's sont appelés à Londres des ensembles.
Dans le cas de $x + y = 2n$, on pourrait se servir de la fonction génératrice

$$\frac{1}{1-x^\alpha} \cdot \frac{1}{1-x^\beta} \cdots \frac{1}{1-x^\omega}$$

mais sans arriver à aucun résultat voulu pour des *values* générales de μ[45]. La meilleure méthode actuelle résulte de la substitution (*3 mots illisibles*)

$$\sum \left\{ \frac{1}{1-x^n} \right\}^2$$

que je traite dans les mêmes règles que j'ai appliquées aux partitions générales. Alors je n'ai besoin que de calculer les valeurs de

$$\sum \frac{\rho_\alpha^{-N}}{(\rho_\alpha)^\beta}$$

où ρ_α est une racine quelconque irrationnelle de

$$x^\alpha = 1.$$

Et je trouve facilement [que] cette somme est égale à

$$\beta - \frac{\alpha + \beta}{2}$$

où $\beta x + qy = \alpha\beta - N_1$ ou $N = \rho\alpha\beta + N_1$. Je ne sais pas si cette formule a été préalablement trouvée.
Ce fait doit j'espère vous satisfaire que n'ai pas pas perdu ma raison en donnant ces résultats.
J.

45. Dans sa note, Sylvester [1896a] définit les *mid-primes in regard to the range* $1, 2, 3, \ldots, 2n-1$ comme les nombres premiers compris entre $\frac{n}{2}$ et $\frac{3n}{2}$ et se propose de démontrer que tout nombre pair est la somme de deux *mid-primes*. Il résume sa méthode :

> My method of investigation is as follows. I prove that the number of ways of solving the equation $x + y = n$, where x and y are two mid-primes to the range $2n - 1$, that is twice the number of ways of breaking up $2n$ into two mid-primes + zero or unity, according as n is a composite or a prime number, is exactly equal to the coefficient of x^{2n} in the series
>
> $$\left(\frac{1}{1-x^p} + \frac{1}{1-x^q} + \ldots + \frac{1}{1-x^l} \right)^2$$
>
> where $p, q, \ldots, l$ are the mid-primes in question. This coefficient, we know *à priori*, is always a positive integer, and therefore if we can show that the coefficient is not zero, my theorem is proved, and as a consequence the narrower one of Goldbach and Euler.

10 Sylvester à Poincaré

5 Hertford Str.
Mayfair London
13 Jan 1897[46]

Cher M. Poincaré,

En parlant de la valeur de $\sum \frac{\rho_\alpha^{-\mathbf{N}}}{\mathbf{1}-\rho_\alpha}\beta$ où $\rho^\alpha = 1$ j'ai commis une petite erreur. Sa valeur sera ou positive ou négative en effet c'est $(p - \frac{\alpha+1}{2})$ ou p est le nombre entier compris entre $1, 2, 3, \ldots, ?$ qui satisfait à l'équation

$$p\beta - q\alpha = N$$

de sorte que le nombre de solutions en nombres premiers de l'équation $px + y = 2n - N$ et x et y sont tous les deux plus grands que $\frac{N}{4}$ et moindres que $\frac{3N}{4}$ en conservant la notation donnée dans ma lettre précédente sera (sauf le cas ou p est un nombre premier)

$$((\sigma^2 - \mu - 1)\sigma_2)N + (\mu - 1)\sigma + Q + R$$

où

$$Q = \sum(\frac{N}{\alpha\beta} - (\frac{1}{\alpha} + \frac{1}{\beta}))$$

$$= N(\mu\sigma^2 - \sigma_2) - 2(\mu - 1)\sigma$$

.

De sorte que

$$\chi = (N(\mu - 1)\sigma(\textit{illisible}) + R$$

R étant une quantité qu'on place facilement entre des limites et d'un ordre de grandeur inférieur à celle de Q c-à-d de l'ordre $\frac{Q}{n}$.
Avec cette formule on peut faire croitre n et sauf des cas spéciales les $\alpha, \beta, \ldots, \psi, \omega$ pour $N = 4q$, $N + 2 = 4q + 2$ et excepté d'autres cas spéciales (*2 mots illisibles*) de $4q - 2$ à $4q$.
En effet en prenant $4K - 2$, $4K$, $4K + 2$ pour tous les trois valeurs de N les éléments $\alpha, \beta, \ldots, \omega$ resteront les mêmes si ni K, ni $2K + 1$, ni $3K + 1$ sont des nombre premiers. Ainsi j'attends (avec humilité) très tôt à pouvoir établir mon théorème donné dans le journal Nature il y a deux ou trois semaines[47].
Chose singulière au lieu de $\left(\sum \frac{1}{1-x^\alpha}\right)^2$ pris pour la fonction génératrice on peut

46. Sylvester écrit 1896. Il fait la même erreur que pour la lettre précédente. Dans cette lettre, il reprend la discussion au sujet d'une somme qu'il évoque dans le post scriptum de la lettre précédente.
47. [Sylvester, 1896a].

prendre $\left(\sum \frac{1}{1-x^\alpha}\right)^p$ où $p > 2$ [48]. Mais en faisant ainsi et en mettant le cas de $n =$ nombre premier pour obtenir le nombre de partitions de N en deux nombres premiers il faut diviser le coefficient de $x^{2\alpha}$ par $\left(r^2 - r\right)\mu^{r-1}$ [49].
Mais il est beaucoup plus simple à prendre $r = 2$. La méthode dont je me sers est celle que j'ai déjà employée dans les leçons sur les Partitions que la Société Mathématique de Londres va publier (*1 mot illisible*) [50].
Tout à vous cher et très honoré M. Poincaré,

J. J. Sylvester

48. Sylvester [1896a] reprend cette idée dans une note de son article sur la conjecture de Goldbach :

> For the generating function we may take any power greater than 2, instead of the square, and the coefficient of x^{2n} will be then the number of couples making up $2n$ multiplied by $\left(r^2 - r\right)\mu^{r-1}$, which can be calculated by the same method as for the square, but it is more difficult and must rise to numerous theorems of great interest, arising from the multiform representation of the same quantity. [Sylvester, 1896a, p. 737]

49. Cette formule difficilement lisible a été reconstituée à partir de celle évoquée dans la note de Sylvester [1896a, p. 737] (voir la note précédente).
50. [Sylvester, 1896b].
La préface précise les circonstances de la réédition de ce texte distribué en 1859 à l'occasion du cours de Sylvester au *King's College* à Londres :

> These outlines appertain to lectures delivered by Prof. Sylvester at King's College, London, during the year 1859. The outline of each lecture was printed shortly before its delivery and handed to those in attendance, and a few copies also were privately circulated. They are now published for the first time. The Professor's attention was called away shortly afterwards to another departement of mathematics, with the result that his researches on compound partitions were never published. As the lectures constitute the only serious attempt that has ever been made to deal with the subject, and as the copies of the outlines are very scarce, Prof. Sylvester has yielded to the suggestion made to him in regard thereto by the Council of the London Mathematical Society, so far as to assent to their publications in the *Proceedings*, with all their imperfections on their heads. The present state of his health and the long lapse of time combine to render any revision upon the part of the Professor impossible. He desires it to be known that he cannot vouch the correctness of all that appears in the notes, and that they were prepared in a hand-to-mouth manner during the process of investigation between the lectures, and that it is only the opinion of the Council urgently expressed to him that the work should be not entirely perish that he has consented at this late hour to the publication. [Sylvester, 1896b, p. 1]

Otto Toeplitz

Otto Toeplitz nait en 1881 à Breslau (Wroclaw) dans une famille de moyenne bourgeoisie intellectuelle ; son père est professeur de mathématiques dans un lycée. Après une formation secondaire au lycée de Breslau, il poursuit des études de mathématiques à l'Université de sa ville natale. En 1905, il prépare et soutient une thèse de mathématiques *Über Systeme von Formen, deren Funktionaldeterminante identisch verschwindet* avec Jakob Rosanes . En 1906, il rejoint Göttingen où il restera sept années dans l'entourage de David Hilbert [1]. Il obtient une position professorale à l'Université de Kiehl en 1907. En 1923, il obtient une chaire à l'Université de Bonn, position qu'il occupe jusqu'en 1935 lorsqu'il est démis de ses fonctions par les nazis. En 1939, il émigre en Palestine où il participe à la fondation de l'Université de Jerusalem. Il décède en 1940 à Jerusalem.
Otto Toeplitz s'est essentiellement intéressé à la théorie des opérateurs, aux équations intégrales, aux formes quadratiques et à l'histoire des mathématiques. Il publie une cinquantaine d'articles sur ces questions essentiellement dans des journaux allemands. Il est aussi l'auteur avec Hans Rademacher d'un ouvrage de vulgarisation qui a eu un succès planétaire [2].
Les deux lettres que Poincaré lui adresse en 1910 concernent la publication des six conférences qu'il avait données l'année précédente à Göttingen [3]. Otto Toeplitz devait faire partie des « quelques étudiants » [4] chargés d'en établir les transcriptions.

1. Sur l'activité mathématique d'O. Toeplitz à Göttingen, voir [Dieudonné, 1982a].
2. [Rademacher et Toeplitz, 1932].
3. [Poincaré, 1910d].
4. [Poincaré, 1910d, Préface].

P. Nabonnand et al. (eds.), *La correspondance entre Henri Poincaré et les mathématiciens*, Publications des Archives Henri Poincaré Publications of the Henri Poincaré Archives, https://doi.org/10.1007/978-3-7643-8288-9_74

Poincaré à Toeplitz

[07/02/1909] [5]

Cher Monsieur

J'ai reçu il y a quelques temps les « Ausarbeitung » de mes conférences [6] et je les ai envoyées corrigées à M. Teubner [7]. Mais il manquait la fin de la dernière conférence, celle que j'ai faite en français [8].
Est-ce que la dernière partie de cette conférence n'a pas été recueillie [9] ou bien est-ce que vous devez m'envoyer un complément dans quelque temps. Je voudrais pouvoir donner des indications à ce sujet à M. Teubner.
Votre bien dévoué

Poincaré

Poincaré à Toeplitz

[26/02/1909] [10]

Cher Monsieur

Les pages dont vous parlez m'avaient sans doute échappées ; l'essentiel est qu'elle n'aient pas été égarées.
Vous seriez bien aimable de m'envoyer non seulement les épreuves de la conférence française ainsi que vous me le proposez, mais aussi celles des conférences allemandes. Je ne les garderai pas longtemps et je les renverrai directement à M. Teubner.
Votre bien dévoué

Poincaré

5. Cette lettre est datée d'après le tampon postal de Paris. Elle est conservée dans les archives de la *Universitäts-und Landesbibliothek Bonn.*

6. Poincaré parle des conférences qu'il a données à Göttingen en 1909 à l'invitation d'Hilbert (voir p. 411).

7. Ackermann-Teubner Alfred (1857-1941) était le directeur des éditions fondées à Leipzig par Benedictus Gotthelf Teubner (1784-1856).

8. Poincaré avait exposé les cinq premières conférences sur des sujets mathématiques en allemand. Pour la dernière consacrée à la Mécanique nouvelle, il explique qu'il est obligé de parler en français car il ne veut pas « user de formules » [Poincaré, 1910d, p. 42]. Voir la note 29 de la correspondance avec Hilbert (p. 416).

9. Dans la préface de l'édition de ses conférences de Göttingen, Poincaré explique que celles-ci « ont été recueillies par quelques étudiants qui ont eu la bonté de les rédiger en corrigeant les nombreuses offenses qu'[il avait] faites à la grammaire allemande ». [Poincaré, 1910d, Préface]

10. Cette lettre est datée d'après le tampon postal de Paris. Elle est conservée dans les archives de la *Universitäts-und Landesbibliothek Bonn.*

Robert Tucker

Robert Tucker nait en 1832 à Walworth dans une famille de militaires. Après des études secondaires à Newport et New Shoredam, il poursuit sa formation au *St John College* à Cambridge en 1851. Diplômé en 1885, il commence une carrière dans l'enseignement secondaire. En 1865, il obtient une position à l'*University College School* à Londres qu'il occupera jusqu'à sa retraite en 1899. Il décède à Worthing en 1905.

Robert Tucker publie quelques articles de mathématiques élémentaires. Il est surtout très actif dans la rubrique questions-réponses de l'*Educational Times* en proposant de nombreuses solutions et de non moins nombreuses questions. Il est aussi l'éditeur des *Mathematical Papers* de W. G. Clifford [1882] et l'auteur de biographies de mathématiciens qui paraissent dans *Nature*. Robert Tucker adhère à la *London Mathematical Society* l'année de sa fondation en 1865 [1]. Il en devient rapidement le Secrétaire Honoraire et assurera cette charge jusqu'en 1902. À ce titre, il s'occupe des échanges avec les auteurs des *Proceedings of the London Mathematical Society*.

1. Sur la *London Mathematical Society*, voir [Rice et Wilson, 1998].

P. Nabonnand et al. (eds.), *La correspondance entre Henri Poincaré et les mathématiciens*,
Publications des Archives Henri Poincaré Publications of the Henri Poincaré Archives,
https://doi.org/10.1007/978-3-7643-8288-9_75

1 Tucker à Poincaré

23.VIII.97
24 Hillmarton RD, London, N. [2]

Dear Sir,

I shall be glad at any time in the Evening [3] session, which commences in November next, to receive a paper from you, be it short or be it long. That is, of course, if, in the multiplicity of your engagements, you can favour the Society. – We can print the paper in its original language. We have had, in the past, papers by MM. Hermite [4] & Mannheim [5].

Robert Tucker
Hon. Sec.

2 Tucker à Poincaré

21.VI.00 [6]

Dear Professor,

I am much obliged for your note to hand just now [7]. I do not think the Council would impose any limit upon the length of any communication with which you may be pleased to honour the Society. You, no doubt, know the ordinary length of the papers published in our Proceedings. – Some are very long, as one or two by Prof. Greenhill & other run to 50 or so pages. Your memoir may be very long & I cannot say that our funds would allow of our printing it. – But I do hope that it is of our ordinary size that I may see it in print in our volumes. –
We shall be glad to print it in French.
You express yourself as if your paper would be a small volume. If you could give me any estimate of its probable length I could the better answer your note. –

Robert Tucker
Honorary Secretary

2. Cette lettre est rédigée sur du papier à en-tête de "The London Mathematical Society – 22 Albemarle Street, W."

3. Les articles sont lus lors des séances de la société.

4. Charles Hermite [1872a,b, 1876b] a publié trois articles dans les *Proceedings of the London Mathematical Society*, dont deux en français.

5. Amédée Mannheim [1881, 1885, 1889] a publié en français plusieurs articles et notes dans les *Proceedings of the London Mathematical Society*.

6. Cette lettre est rédigée sur du papier à en-tête de "The London Mathematical Society – 24 Hillmarton Road, N."

7. Cette note n'a pas été retrouvée. Elle doit concerner l'envoi du manuscrit du « Deuxième complément à l'Analysis Situs » [Poincaré, 1900e]. Une première version en a été lue le 14 juin. Le manuscrit final est reçu à la *London Mathematical Society* le 30 juin.

Alexandre Vassilievitch Vassiliev

Alexandre Vassiliev nait en 1855 à Kazan dans une famille d'universitaires. Il étudie les mathématiques à Saint Petersbourg où il suit les cours de P. Chebyshev. Il obtient en 1874 une position à l'Université de Kazan où il effectue toute sa carrière. Il décède en 1929 à Kazan. Il devient membre en 1874 membre de la Société physico-mathématique de Kazan qu'il préside à partir de 1884[1]. C'est à ce titre qu'il organise les nominations du Prix Lobatchevski.
Les travaux mathématiques d'Alexandre Vassiliev concernent l'analyse, les équations algébriques, l'histoire et la philosophie des mathématiques. Il consacre entre autres de nombreux travaux à l'œuvre de N. Lobatchevski et à celle de P. Tchebychev. Il représente souvent son pays dans des manifestations internationales comme les congrès des mathématiciens, les congrès de philosophie et dans le comité éditorial de *L'Enseignement mathématique*[2].

Poincaré à Vassiliev

[1900][3]

Mon cher Collègue,

Tout bien considéré, je ne crois pas pouvoir me charger du rapport sur les titres de M. Killing[4]. Je suis cette année accablé d'une quantité de petites besognes et je

1. Voir *L'Enseignement mathématique*, 2 (1900), p. 57-58.
2. Pour plus de détails sur les parcours et les travaux en histoire et philosophie des mathématiques de A. Vassiliev, voir [Rainoff, 1930] et [Fehr, 1930].
3. Cette lettre est datée d'après la date du prix Lobatchevski attribué en 1900 à Wilhelm Killing. Cette lettre est conservée à l'Université fédérale de Kazan. Elle est transcrite d'après [Dugac, 1989a, p. 227].
4. Wilhelm Killing reçoit le prix Lobatchevski pour ses travaux en géométrie non-euclidienne et sur les groupes de Lie sur la proposition de Friedrich Engel [Stubhaug, 2002, p. 506].

P. Nabonnand et al. (eds.), *La correspondance entre Henri Poincaré et les mathématiciens*, Publications des Archives Henri Poincaré Publications of the Henri Poincaré Archives,
https://doi.org/10.1007/978-3-7643-8288-9_76

suis obligé, à mon grand regret, de décliner un honneur auquel je suis très sensible. Veuillez vous faire mon interprète auprès de la Société[5].
Votre bien dévoué Collègue

Poincaré

5. Poincaré doit parler de la Société physico-mathématique de Kazan qui délivre le prix Lobatchevski.

Karl Weierstrass

Karl Weierstrass nait à Ostenfelde en 1815 dans une famille de petite bourgeoisie. Après des études secondaire au lycée catholique de Paderborn, Weierstrass s'inscrit pendant quatre années à l'université de Bonn sans passer les examens tout en se formant en mathématiques et en étudiant des ouvrages de recherche, en particulier de Laplace, Jacobi ou Abel. En 1839, il commence une formation d'enseignant du secondaire à l'Académie de Münster où il suit les cours de Christoph Gudermann. À partir de 1841, Weierstrass entame une carrière d'enseignant du secondaire dans divers établissements en Prusse tout en poursuivant ses travaux de recherche sur les fonctions elliptiques et abéliennes. En 1856, il obtient une chaire à l'Université de Berlin et devient alors une des figures majeures de « l'École de Berlin » [1]. Il décède en 1897.
Les contributions de Weierstrass sont fondamentales dans plusieurs domaines comme la théorie des fonctions analytiques, le calcul des variations, la théorie des fonctions elliptiques et abéliennes, la théorie des équations différentielles. Il influence la plupart des mathématiciens de l'aire germanique, en particulier par ses cours [2].

> Le savant illustre [Weierstrass], dont l'Académie déplore la perte, partage avec Riemann et Cauchy la gloire d'avoir découvert des principes fondamentaux qui ont engagé l'Analyse dans des voies nouvelles et sont devenus l'origine des grands progrès de cette science à notre époque. [...] Le grand géomètre a exercé une part considérable de cette influence par son enseignement où il a prodigué les trésors de son invention à une foule d'auditeurs venus de tous les points de l'Europe. Ses leçons donnaient les prémisses de ses découvertes ; elles avaient pour sujet le calcul des variations, la théorie des équations différentielles, la théorie des fonctions abéliennes, et il y répandait libéralement de précieuses indications servant de préparation à d'autres travaux que les siens ; elles ont été l'honneur de l'Université de Berlin. [Hermite, 1897, p. 430]

1. [Pietzker, 1901].
2. Pour plus de détails sur le parcours et les travaux de Weierstrass, on peut entre nombreux autres, consulter [Bölling, 1989, 1993, 1994, 1998, 2015], [Poincaré, 1898b], [Dugac, 1973], [Hawkins, 1977], [Schubring, 1998], [Bottazzini et Gray, 2013].

P. Nabonnand et al. (eds.), *La correspondance entre Henri Poincaré et les mathématiciens*,
Publications des Archives Henri Poincaré Publications of the Henri Poincaré Archives,
https://doi.org/10.1007/978-3-7643-8288-9_77

Une lettre échangée entre Poincaré et Weierstrass a été retrouvée. Pourtant, les deux mathématiciens ont plusieurs fois interféré, notamment par l'intermédiaire de Mittag-Leffler à l'occasion de la publication de l'article de Poincaré [1883d] sur les fonctions lacunaires [3], au sujet des techniques présentées dans une note sur l'intégration des équations par des séries dont Poincaré [1882j] affirme qu'elles s'appliquent au problème des trois corps [4] ou lors du Concours du roi de Suède dont Weierstrass est, avec Hermite et Mittag-Leffler, membre du jury. Les correspondances de Poincaré avec Kowalevskaja (p. 497) et Picard (p. 635) évoquent des « rencontres » mathématiques avec des travaux de Weierstrass montrant à la fois la circulation des idées du mathématicien berlinois et les difficultés de la diffusion de celles-ci en dehors du cercle de ses élèves. Après le décès de Weierstrass, Poincaré [1898b] accède à la demande de Mittag-Leffler d'écrire un article pour les *Acta mathematica* sur l'œuvre mathématique du mathḿaticien berlinois [5].

Poincaré à Weierstrass

Paris, le 21 juillet 1882 [6]

Monsieur le Professeur

Permettez-vous à l'un de vos admirateurs de vous faire hommage d'un exemplaire d'un travail qu'il vient de publier. Dans ce mémoire, intitulé « sur les Courbes définies par les Équations différentielles » [7], j'étudie seulement, en me bornant aux quantités réelles, la forme géométrique de ces courbes, ce qui je crois, peut avoir de l'intérêt au point de vue des applications de la mécanique [8].

3. [Nabonnand, 1999, p. 54-71].
4. [Nabonnand, 1999, p. 119-126].
5. [Nabonnand, 1999, p. 268-275].
6. L'original de cette lettre est conservé aux *Geheimes Staatsarchiv Preußischer Kulturbesitz.* Elle a été publiée par Gert Schubring [2012].
7. [Poincaré, 1881a].
8. Poincaré souligne dans l'introduction de son mémoire l'intérêt de sa théorie pour les applications, en particulier en mécanique :

> Une théorie complète des fonctions définies par les équations différentielles serait d'une grande utilité dans un grand nombre de questions en Analyse et en Mécanique. [Poincaré, 1881a, p. 375]

Après avoir expliqué qu'il s'intéressait au comportement global des solutions des équations différentielles, à ce qu'il définit comme l'« étude qualitative » des courbes définies par des équations différentielles, Poincaré insiste sur les potentielles applications en mécanique en prenant l'exemple du problème des trois corps :

> D'ailleurs, cette étude qualitative aura par elle-même un intérêt du premier ordre. Diverses questions fort importantes d'Analyse et de Mécanique peuvent s'y ramener. Prenons par exemple le problème des trois corps : ne peut-on pas se demander si l'un des corps restera toujours dans une région du ciel ou bien

Mais dans la première partie de mon travail, qui est celle que j'ai l'honneur de vous adresser, je ne fais que poser certains principes que je me réserve d'appliquer plus tard. La seconde partie [9] paraîtra à la fin de l'année dans le journal de M. Resal [10] et contiendra quelques applications, des exemples et des conclusions générales [11]. Veuillez agréer, Monsieur le Professeur, l'hommage de mon respect,

Poincaré

1 Annexe : Extrait du rapport de Weierstrass sur le mémoire soumis par Poincaré pour le concours du roi Oscar

Was ich in meinem vorläufigen Bericht gesagt habe, halte ich in allen Stücken aufrecht. Der Nachweiss, dass die Bewegung eines Systems materieller Punkte beigegebenen Kräftefunction unter bestimmten Bedingungen eine periodische sein kann, und noch mehr die Entdeckung der asymtotischen (sic!) Bewegungen, sind Leistungen von der höchsten Bedeutung und können ohne Übertreibung als epochemachend bezeichnet werden. Dasselbe gilt von dem am Schlusse der Arbeit angegebenen „résultats négatives“(sic!), die ich für wahr halte, wenn nur auch die Beweiskraft der dafür eingegebenen Gründe nicht überall einleuchtet. Was dagegen die Behandlung der Stabilitätsfrage anbelangt, so habe ich ausser dem bereits angeführten noch allerlei zu erinnern. Nach des Verfassers [?] am Schluss der Einleitung und im Anfang des ersten Kapitels gegebenen? Definition würde die Bewegung eines Systems materieller Punkte als eine stabile zu bezeichnen sein, wenn die Entfernung je zweier Punkte beständig (d.h. von $t = -\infty$ bis $t = +\infty$) unter einer angebbaren Grenze bleibt. Im mathematischen Sinne ist dagegen nichts zu sagen, im physikalischen aber muss auch gefordert werden, dass sie nicht unendlich klein werden dürfe. Nun kann ich zwar beweisen, dass bei gewissen Anziehungsgesetzen, zu denen das Newton[?]sche gehört, ein Zusammentreffen zweier Punkte im Verlaufe einer endlichen Zeit nur unter ganz besonderen Umständen, deren Eintreten unendlich wenig wahrscheinlich ist, stattfinden kann; dann aber sind die

---

> s'il pourra s'éloigner indéfiniment ; si la distance de deux corps augmentera ou diminuera à l'infini, ou bien si elle restera comprise entre certaines limites ? Ne peut-on se poser mille questions de ce genre, qui seront toutes résolues quand on saura construire qualitativement les trajectoires des trois corps ? [Poincaré, 1881a, p. 376-377]

Ces questions intéressaient Weierstrass ; il est en particulier l'auteur de la question n° 1 du prix du roi Oscar de Suède relative au problème des n corps. Voir ci-dessous p. 743 et [Nabonnand, 1999, p. 155-161].

9. [Poincaré, 1882a].

10. Aimé-Henry Résal est le rédacteur en chef du *Journal de mathématiques pures et appliquées* entre 1874 et 1885.

11. Poincaré [1885d, 1886g] publiera outre les deux premiers évoqués dans cette lettre, deux autres mémoires sur la théorie qualitative des équations différentielles.

Coordinaten der einzelnen Punkte und die Entfernungen je zweier eindeutige und stetige analytische Functionen der Zeit t, welche in einem endlichen Zeitintervall weder unendlich gross noch unendlich klein werden können. Wenn aber die Zeit ohne Ende wächst, so wird jede der genannten Entfernungen entweder einer bestimmten Grenze (die auch unendlich gross oder gleich Null sein kann) sich nähern oder in der Art schwanken, dass sie jede zwischen zwei bestimmten Grenzen (von denen die obere auch unendlich gross und die untere auch gleich Null sein kann) unendlich oft annimmt. Ein gleiches gilt wenn t der Grenze $-\infty$ sich nähert.
Man sieht also, dass schon in einem System von nur wenigen Punkten eine grosse Zahl von einander wesentlich verschiedenen Bewegungsformen möglich sind, und untersucht werden muss welche Formen wirklich stattfinden können. In dem speziellen, in der Preisschrift behandelten Falle des Dreikorper-Problems (sic) muss also, nach Feststellung der Bedingungen, unter denen die Abstände des massenlosen Punktes von den beiden anderen beständig unter einer angebbaren Grenze bleibt, untersucht werden, ob nicht auch der Fall möglich sei, das (sic) jener Punkt einem der anderen im Verlauf der Zeit unendlich nahe komme oder in der Vergangenheit unendlich nahe gewesen sei. Es scheint mir dass dies wirklich so sein könne. Ob man nun in einem solchen Falle die Bewegung eine stabile nennen wolle oder nicht, ist ziemlich gleichgültig; jedenfalls aber wäre dann die Bewegungform (sic!) wesentlich eine andere als in dem Falle, wo jeder der genannten Abstände beständig zwischen endlichen Grenzen bleibt.
In der Preisschrift finde ich keinen Aufschluss über die angeregte Frage. Ich muss übrigens bemerken, dass hinreichende Bedingungen für das Stattfinden der Stabilität im Sinne der Preisschrift in der im 10ten Bande der Acta veröffentlichten Abhandlung des Herrn Bohlin (S. 147 ff.) entwickelt worden sind. Ich habe nicht die Zeit gehabt, zu ermitteln, ob die in der Preisschrift angegebenen Bedingungen weiter gehen [?] wie ich allerdings glaube. Dagegen gelten die Bohlin'schen Kriterien in so weit allgemeiner, als weder die Masse des störenden Körpers in Verhältnis zu der des Hauptkörpers ausserordentlich klein, noch auch die drei Punkte sich in einer und derselben Ebene zu bewegen brauchen.

Mathieu Weill

Isaac Mathieu Weill est né le 24 mai 1851 à Haguenau dans une famille d'enseignants. Entré à l'École Polytechnique en 1870, il est diplômé en 1872 et fait partie du corps d'artillerie à l'École de Fontainebleau où il obtient le grade de lieutenant. Il démissionne de l'armée en 1877 et devient en 1881 professeur de mathématiques spéciales au Collège Chaptal (Paris) où il effectue toutes sa carrière. En 1898, il devient directeur du collège Chaptal et conservera cette position jusqu'à sa retraite en 1914. Weill meurt à Paris en 1939.

Weill publie de nombreuses notes pour l'essentiel de géométrie dans le *Bulletin de la Société Mathématique de France*, dans les *Nouvelles Annales de Mathématiques*, la *Revue de mathématiques spéciales* ou le *Bulletin des sciences mathématiques et physiques élémentaires*. Il est l'auteur de manuels et de monographies dédiées à la préparation aux concours d'entrée des écoles d'ingénieurs. Weill adhère à la société mathématique de France le 21 novembre 1879 présenté par Lucas et Fouret. Il en est élu vice-secrétaire en 1882 puis secrétaire en 1883 jusqu'en 1888. Son activité au sein de la SMF se concentre entre 1880 et 1889. Il publie un certain nombre de communications, présente quatre nouveaux membres et partage la charge de secrétaire avec Poincaré en 1884 et 1885 [1].

Les deux lettres adressées par Weill à Poincaré portent sur l'administration de la Société mathématique de France. La première pour demander à Poincaré s'il accepte d'être candidat au poste de secrétaire (en charge plus particulièrement du *Bulletin de la Société mathématique de France*), et la seconde pour annoncer à Poincaré qu'il est élu président.

O. B.

1. Pour plus de détails sur le parcours de Mathieu Weill, voir sa notice dans le *Dictionnaire des professeurs de mathématiques spéciales* de R. Brasseur [2012].

P. Nabonnand et al. (eds.), *La correspondance entre Henri Poincaré et les mathématiciens*, Publications des Archives Henri Poincaré Publications of the Henri Poincaré Archives,
https://doi.org/10.1007/978-3-7643-8288-9_78

1 Weill à Poincaré

Paris 22 décembre 1883 [2]

Mon cher Collègue

M. Picquet [3], qui a bien voulu s'occuper depuis 5 ans de la rédaction du Bulletin de la Société Mathématique, ayant donné sa démission le conseil vous a proposé pour le remplacer comme secrétaire [4] ; conservant moi-même mes fonctions de secrétaire et ne pouvant pas suite à de nombreuses occupations m'occuper du Bulletin, je viens vous demander si vous êtes disposé à vous charger de ce travail pour lequel votre haute compétence scientifique vous désigne tout naturellement [5]. Au cas où vous ne pourriez vous occuper du Bulletin veuillez m'en informer je crois que Monsieur Brisse serait disposé à l'accepter, je l'ai pressenti à ce sujet [6].
Veuillez agréer mon cher Collègue l'expression de mes sentiments affectueux

Weill M.

2 Weill à Poincaré

Paris 6 janvier 86

Mon cher Collègue

Je suis heureux de vous annoncer que la Société Mathématique vous a nommé, dans la séance du 6 Janv, Président pour l'année 1886, à l'unanimité des 40 votants.
Veuillez agréer mon cher Collègue l'expression de mes sentiments dévoués

Weill M.
Secrétaire

2. Cette lettre est rédigée sur un papier à en-tête de la Société mathématique de France.

3. Louis Didier Henry Picquet (1845-1925) est polytechnicien (1864). Engagé dans une carrière militaire, il est nommé en 1873 répétiteur, puis à partir de 1888 examinateur d'entrée à l'école polytechnique. Il s'investit dans le fonctionnement de la Société mathématique de France d'abord comme secrétaire entre 1879 et 1882, puis comme président en 1894. Il a publié principalement dans le *Bulletin de la Société mathématique de France*, les *Nouvelles Annales de Mathématiques* et dans le *Journal für die reine und angewandte Mathematik* .

4. Picquet occupe le poste de secrétaire depuis 1879.

5. Poincaré acceptera et sera élu secrétaire lors de la séance du 4 janvier 1884. Auparavant, il était vice-secrétaire.

6. Charles Brisse (1843-1898) est polytechnicien (1863) et agrégé de l'Université. Il sera successivement répétiteur à l'école polytechnique puis professeur de mathématiques à l'école centrale. Il est un des fondateurs de la Société mathématique de France et en sera son premier secrétaire.

Emil Weyr

Emil Weyr nait en 1848 à Prague dans une famille germanophone d'enseignants. Il fait des études d'ingénieur à l'Université technique de Prague tout en étudiant les mathématiques. Il soutient une thèse à Leipzig et obtient une position à l'Université de Prague (1869-1875), puis occupe une chaire de mathématiques à l'Université de Vienne jusqu'à son décès en 1894.
Emil Weyr publie de nombreux mémoires et notes en géométrie synthétique, en géométrie projective, en géométrie algébrique et en géométrie différentielle dans des revues tchèques (*Sitzungsberichte der Kgl. Böhmischen Gesellschaft der Wissenschaften*, *Casopis pro pèstovàni mathematiky a fysiky*), autrichiennes (*Sitzungberichte der Kgl. Akademie der Wissenschaften in Wien*, *Monatshefte für Mathematik und Physik*), allemandes (*Journal für die reine und angewandte Mathematik*, *Zeitschrift für Mathematik und Physik*, *Mathematiche Annalen*), italiennes (*Rendiconti del R. Istituto Lombardo*, *Annali di matematica pura ed applicata*, *Giornale die matematiche*), belges (*Mémoires de la Société royale des sciences de Liège*, *Mémoires de l'Académie royale de Belgique*) ou françaises (*Bulletin de la Société mathématique de France*, *Comptes rendus hebdomadaires des séances de l'Académie*, *Mémoires de la Société des sciences physiques et naturelles de Bordeaux*). Il est aussi l'auteur d'une quinzaine d'ouvrages dont un traité de géométrie projective rédigé avec son frère Eduard. Emil Weyr fonde en 1890 avec son collègue viennois, Gustav von Escherich, les *Monatshefte für Mathematik und Physik* qui deviennent rapidement une revue importante dans le champ des mathématiques [1]. Par ailleurs, Weyr est nommé en 1889 lors du Congrès international de bibliographie mathématique, représentant de l'Autriche dans la Commission permanente du *Répertoire bibliographique des sciences mathématiques* [2]. Les deux lettres que Weyr envoie en 1892 à Poincaré concerne le dépouillement des revues autrichiennes, allemandes et polonaises pour ce projet.

1. Pour plus de détails sur les travaux mathématiques de Weyr, voir [Kohn, 1894-95].
2. [Commission permanente du Répertoire bibliographique des sciences mathématiques, 1893, p. viii].

P. Nabonnand et al. (eds.), *La correspondance entre Henri Poincaré et les mathématiciens*,
Publications des Archives Henri Poincaré Publications of the Henri Poincaré Archives,
https://doi.org/10.1007/978-3-7643-8288-9_79

1 Weyr à Poincaré

Görz, 25. III. 92

Monsieur,

Excusez le retard avec lequel je viens de répondre à votre très honorée lettre du 25 février a. c.[3]. Mais, j'étais deux mois en Égypte près Le Caire pour y passer l'hiver. Après mon retour à Vienne (ce sera le 11 avril) j'aurai l'honneur de Vous envoyer les fiches déjà dépouillées et je demanderai mes collaborateurs de bien vouloir continuer leur travail au regard des recueils allemands.
Excusez, Monsieur, mon écriture défectueuse, et agréez l'assurance de ma plus haute considération.

Emil Weyr

2 Weyr à Poincaré

Vienne, 25 avril 1892

Monsieur,

J'ai l'honneur de Vous signaler qu'il nous sera possible de remplir votre demande au moins quant aux principaux recueils allemands. M. le baron de Lichtenfels[4] à l'école polytechnique de Graz s'est chargé de dépouiller avec moi le journal de Crelle[5], et Monsieur le dr Kohn[6], Privatdozent dans notre université, s'occupera avec les *Mathematische Annalen*[7]. Peut-être que je trouverai des collaborateurs pour les autres recueils. Ayez la bonté, je vous en prie, de nous envoyer les fiches déjà préparées. La collection de fiches déjà finies, concernant les *Sitzungsberichte*[8]

3. *anno currente.*

4. Oskar Alexander Peithner von Lichtenfels (1852-1923) est professeur de mathématiques à l'École polytechnique de Graz depuis 1891. On trouve dans les références du répertoire bibliographique un article de von Lichtenfels [1886] sur les surfaces minimales.

5. Avec 2142 références, le *Journal für die reine und angewandte Mathematik* est quasiment intégralement dépouillé.

6. Gustav Kohn nait en 1859 à Reichenau, il étudie les mathématiques à Vienna, Berlin et Strasbourg entre 1877 et 1883 ; en 1881, il soutient à Vienne 1881 une thèse intitulée *Beiträge zur Theorie der Convergenz unendlicher Reihen* sous la direction d'E. Weyr et une habilitation en 1884, année où il devient aussi *Privatdozent* à l'Université de Vienne. Il effectuera sa carrière à l'Université de Vienne et publiera de nombreuses contributions en géométrie projective et en géométrie algébrique. Il meurt en 1921. Il a écrit avec Gino Loria un article sur les courbes algébriques dans l'*Enzyklopädie der mathematischen Wissenschaften* de F. Klein.

7. Le *Répertoire bibliographique des sciences mathématiques* ne propose aucune référence d'articles parus dans les *Mathematische Annalen.*

8. Les *Sitzungberichte der Kaiserlichen Akademie der Wissenschaften in Wien* sont parfaitement dépouillés avec 864 références.

et les *Denkschriften* [9] de Vienne et de Prague [10], les publications polonaises [11] et quelques autres publications [12] vous parviendra en quelques jours par la poste. Monsieur le professeur Franke [13] à Lemberg [14], mon collaborateur pour la Pologne autrichienne m'écrit qu'il voudrait bien dépouiller les publications mathématiques de la Société fondée en 1870 à Paris du comte Dzialyński [15] ; mais il serait possible que Vous avez déjà quelqu'un qui fait ce travail. Je Vous prie de bien vouloir communiquer à moi votre décision dans cette question, et de plus me communiquer le nom du collaborateur représentant l'Allemagne dans la commission permanente [16]. Agréez, Monsieur, l'assurance de ma plus haute considération.

Prof. Emil Weyr
Membre de l'Académie de Vienne.

III, Hauptstrasse 96.

---

9. Les *Denkschriften der Kais. Akademie der Wissenschaften in Wien* sont parfaitement dépouillés avec 81 références.

10. Les *Sitzungsberichte der Königlichen Böhmischen Gesellschaft der Wissenschaften* sont systématiquement dépouillés avec 125 références. D'autres journaux tchèques sont cités, le *Krok, Listy vedicky* avec 8 références concernant les deux premiers numéros (1865), les *Comptes Rendus de la Société des ingénieurs de Bohème* avec 3 références, le *Zprava Iednoty* avec 12 références et *Casopis pro pèstovàni mathematiky a fysiky* avec 186 articles références.

11. Les *Nachrichten der Warschauer Universität* ne sont pas dépouillées. Par contre, on trouve 14 références aux *Mémoires de la Société scientifique de Cracovie*, 24 aux *Comptes Rendus de l'Académie des Sciences de Cracovie* et 46 aux *Mémoires de l'Académie des sciences de Cracovie.*

12. On trouve 16 références aux *Mittheilungen der Naturwissenschaftlichen Vereins für Steiermark.* Par contre, aucun journal de Lemberg (Lviv) qui est autrichienne à l'époque n'est référencé et chose surprenante, aucune référence n'est faite aux *Monatshefte für Mathematik und Physik* créé par E. Weyr en 1890 (avec Gustav Ritter von Escherich).

13. Il doit s'agir de E. Franke dont plusieurs travaux sont référencés dans le *Répertoire bibliographique des sciences mathématiques.*

14. Actuellement, Lviv en Ukraine.

15. Le comte Jan Dzialyński (1829-1880) avait fondé à Paris en 1870 la Société polonaise des sciences exactes. Il en était le président et le mécène. La revue de cette société publiait des contributions en mathématiques, en sciences de la vie ou en sciences physiques :

> La Pologne qui, du point de vue politique, n'existait plus, ne cessait cependant d'éveiller l'attention dans les pays d'Europe, et, dans cette situation le rôle de la Société, représentant la vitalité de la culture polonaise, devenait d'autant plus important. En outre, la Société influait sur le développement et la formation de cette culture par ses publications : *Pamielnik* et des monographies dans le domaone des sciences exactes, diffusées en Pologne et dans les centres universitaires attirant les Polonais (Berlin, Dorpat, Saint-Petersbourg).
> Bien que les travaux de la Société n'ait pas été vivement commentés par la presse française, néanmoins, le fait que certaines études (mathématiques, zoologiques ou chimiques), publiées dans *Pamielnik*, ont été parallèlement traduites, imprimées ou citées à l'étranger, mérite d'être souligné : elles étaient au niveau de la science de ce temps. [Rosińska, 1971, p. 367]

Pour plus de précisions sur le point de vue positiviste de Dzialyński, on peut consulter [Alek-Kowalski, 1966].

16. Les délégués allemands à la commission permanente sont le mathématicien Emil Lampe et le bibliothécaire Georg Hermann Valentin (voir p. 795).

Ernst Zermelo

Ernst Friedrich Ferdinand Zermelo est né à Berlin le 27 juillet 1871 dans une famille d'enseignants. Bien que Zermelo soit surtout connu pour son axiomatisation de la théorie des ensembles, ses travaux englobent également les mathématiques appliquées et des questions purement techniques.

Orphelin à 17 ans, il fait ses études à partir de 1889 à Berlin et, pour un semestre, à Halle-Wittenberg puis à Fribourg en Brisgau. Inscrit en philosophie, il étudie les mathématiques avec Lazarus Fuchs, Georg Ferdinand Frobenius et Hermann Amandus Schwarz, la psychologie avec Hermann Ebbinghaus, la philosophie avec Wilhelm Dilthey, les fonctions elliptiques et la théorie des nombres avec Georg Cantor (Halle), la philosophie des mathématiques avec Edmund Husserl, la logique avec Benno Erdmann et la physique mathématique avec Emil Warburg (Fribourg). Son mémoire de thèse, soutenu en 1894 sous la direction de Schwarz, qui avait succédé à Karl Weierstrass à l'Université de Berlin, portait sur le calcul des variations. Dans le cadre de la controverse sur l'atomisme appliquée à la théorie de la chaleur, Zermelo donne en 1896 une preuve du théorème de récurrence de Poincaré et renouvelle son objection contre l'atomisme par l'application du théorème aux systèmes de molécules ou d'atomes.

Assistant de Max Planck à Berlin, il quitte Berlin en 1897 pour l'Université de Göttingen où il passe son Habilitation avec David Hilbert, Felix Klein et Woldemar Voigt sur un sujet d'hydrodynamique. Privatdozent à Göttingen, il se tourne sous l'influence d'Hilbert vers les fondements des mathématiques et donne, le premier, en 1900/1901 un cours sur la théorie des ensembles. Il propose en 1904 sa célèbre démonstration du théorème du bon ordre supposant l'axiome du choix, formule en 1908 le premier système d'axiomes de la théorie des ensembles et donne la même année, toujours à Göttingen, le premier cours en logique mathématique en Allemagne. Il obtient enfin en 1910 un poste de professeur ordinaire à l'Université de Zürich, poste qu'il quitte en 1916 pour des raisons de santé. Il s'installe en 1923 à Fribourg en Brisgau, suit un cours de Husserl, et devient en 1926 professeur honoraire à l'Université de Fribourg. Dans les années trente il essaie de contrer le relativisme de Thoralf Skolem qui, avec ses modèles dénombrables de l'axiomatique de la théorie des ensembles, défendait l'impossibilité de concevoir un absolu non-dénombrable, en introduisant un langage et une logique de l'infini [Zermelo, 1932].

P. Nabonnand et al. (eds.), *La correspondance entre Henri Poincaré et les mathématiciens*,
Publications des Archives Henri Poincaré Publications of the Henri Poincaré Archives,
https://doi.org/10.1007/978-3-7643-8288-9_80

En 1935, il renonce à l'enseignement parce qu'il refuse de suivre un décret publié en 1934 par le recteur Martin Heidegger qui obligeait les enseignants à commencer les cours avec le « salut » hitlérien. Aveugle à la suite d'un glaucome, Zermelo est réinstallé en 1946 comme professeur honoraire mais ne peut plus dispenser des cours. Il meurt le 21 mai 1953 à Fribourg.
Cinq lettres de Poincaré adressées à Zermelo nous sont parvenues. Si seules deux lettres sont datées, il est possible d'ordonner l'ensemble des lettres sur une période allant de janvier 1906 à juin 1907. Cet échange, d'un intérêt scientifique et philosophique exceptionnel, fait essentiellement écho aux discussions qui animent les communautés mathématique et philosophique sur la question du fondement des mathématiques et de la théorie des ensembles et, en particulier, sur la question de prédicativité.

G. H.

1 Poincaré à Zermelo

[01/1906] [1]

Mon cher Collègue,

Au moment d'écrire le passage en question [2], j'avais été sur le point d'y ajouter : « Il est vrai que le théorème de Bernstein pourrait se déduire du théorème de Zermelo qui n'invoque pas le principe d'induction complète ; mais comme la démonstration de M. Zermelo a soulevé quelques objections et que les mathématiciens ne sont pas encore d'accord sur la valeur de ces objections, elle ne saurait, provisoirement du moins, prendre la place de la démonstration classique ».
Je n'ai pas fait cette addition parce que j'ai craint que mes lecteurs ne fussent pas bien au courant de cette discussion et que la place me manquait pour l'exposer [3].

---

1. Cette lettre est conservée à la bibliothèque universitaire de Freiburg. Elle est datée d'après des articles de Zermelo (voir la note 2) et le contenu (voir la note 3).

2. Poincaré répond dans cette lettre à un courrier (perdu) de Zermelo. En 1905, Poincaré soumet un long article intitulé « Les mathématiques et la logique » à la *Revue de Métaphysique et de Morale*. L'article parait en deux parties dans les fascicules de novembre 1905 et janvier 1906 [Poincaré, 1905b, 1906b]. Poincaré y discute les travaux récents en philosophie des mathématiques et critique sévèrement les thèses logicistes exposées par Louis Couturat dans une série d'articles sur les principes des mathématiques publiée dans la même revue. Dans la seconde partie de son article, Poincaré en vient à discuter la démonstration du théorème de Bernstein et l'utilisation qui y est faite du principe d'induction [Poincaré, 1906b, p. 27-30]. Ce passage semble avoir particulièrement attiré l'attention de Zermelo qui, par conséquent, a adressé une lettre à Poincaré à ce sujet dès janvier 1906. Cette datation nous est connue grâce à Zermelo qui fait référence à cette lettre dans des articles ultérieurs ([Zermelo, 1908a, p. 118], [Zermelo, 2010, p. 141], [Zermelo, 1908b, p. 272], [Zermelo, 2010, p. 212]). Poincaré [1906a] mentionne également cette lettre dans un nouvel article sur « Les mathématiques et la logique » qui parait dès mai 1906 dans la *Revue de Métaphysique et de Morale*. Il ne semble pas y avoir eu d'autres lettres de Zermelo jusqu'à la rédaction de cet article puisque Poincaré évoque bien « une lettre » de Zermelo ([Poincaré, 1906a, p. 294], [Zermelo, 2010, p. 311]). Zermelo mentionne en 1908 que Poincaré avait bien exposé, dans son article de mai 1906, la nouvelle preuve, envoyée par Zermelo dans sa lettre, du théorème de Bernstein en l'exposant à une critique concernant la prédicativité [Zermelo, 1908a, p. 118] et en publiant dans ce même contexte une preuve du théorème d'équivalence de Bernstein qui ne se fonde que sur la théorie des chaînes de Dedekind [Zermelo, 1908b, p. 272, note].

3. S'il n'est pas possible de dater cette lettre de Poincaré avec précision, on peut penser qu'elle a été rédigée peu après la réception de la lettre de Zermelo (voir la note 2) puisque Poincaré, après s'être expliqué sur l'article de janvier 1906 [Poincaré, 1906b], va demander du temps pour réfléchir avant de donner son opinion sur la démonstration qui lui a été soumise, ce qu'il fera dans son article de mai 1906 [Poincaré, 1906a]. Contrairement à l'article précédent qui ne cite pas Zermelo, ce nouvel article de Poincaré lui consacre plusieurs passages. Poincaré mentionne d'abord une démonstration du principe d'induction que Zermelo lui a envoyée et juge qu'elle ne diffère pas essentiellement de la démonstration de Whitehead-Russell et de celle de Burali-Forti, reprise par Pieri, et qu'à ce titre, elle est sujette aux mêmes objections de circularité. Ensuite, Poincaré consacre une section entière à l'axiome de Zermelo et à sa réception par Russell. Enfin, Poincaré rediscute le théorème de Bernstein dont la démonstration n'est valide que sous condition que l'on « regarde le principe d'induction comme un jugement synthétique a priori et non pas comme une définition, parce que cette définition serait non-prédicative » [Poincaré, 1906a, p. 314]. Si aux yeux de Poincaré, la nouvelle démonstration de Zermelo ne change rien de fondamental et doit donc être rejetée, ce n'est pas parce qu'il utilise l'axiome du choix ; puisque cet axiome est « self-evident pour des classes finies », Poincaré l'accepte comme un « jugement synthétique a priori sans lequel la 'théorie cardinale' serait impossible aussi bien pour les nombres finis que pour les nombres infinis » ([Poincaré, 1906a], [Longy, 2001]). On voit

Cela ne veut pas dire que j'aie pris parti pour les adversaires de votre démonstration; je serais plutôt disposé à rejeter leurs objections, mais je vous demanderai de me permettre de réfléchir encore avant d'adopter à cet égard une solution définitive.
Votre bien dévoué Collègue,

Poincaré

2 Poincaré à Zermelo

[16/06/1906] [4]

Mon cher Collègue,

Je vous remercie beaucoup de votre offre obligeante de m'envoyer par écrit le résumé de votre travail sur les axiomes sur la Mengenlehre [5]. Cette question m'intéresse en effet beaucoup; toutefois il est inutile que vous vous donniez cette peine si le travail imprimé doit paraître dans un délai qui ne soit pas trop long car je suis très occupé en ce moment et je ne pourrais en commencer l'étude avant plusieurs mois [6].
Je ne saurais admettre l'assimilation que vous faites entre le théorème de Cauchy et ceux de la Mengenlehre [7]; dans le 1er cas, on peut définir g et z_0 par un processus entièrement déterminé et ne laissant prise à aucune ambiguïté et à aucun cercle

---

donc que, de même que pour l'induction complète, l'axiome du choix est pour Poincaré une sorte « d'hypothèse naturelle » motivée par une pratique évidente (dans le fini) et à présupposer pour une certaine pratique mathématique. Finalement, Poincaré n'accepte pas la nouvelle démonstration de Zermelo du théorème de Bernstein, parce qu'elle utilise également, dans un dernier raisonnement, une définition non-prédicative.

4. Cette lettre est conservée à la bibliothèque universitaire de Freiburg. Deux notes manuscrites de deux mains différentes sont ajoutées : «H. Poincaré, Paris, Rue Claude Bernard 63. 16.6.6.» et «Membre de l'Institut Académie Française an Prof. Dr. E. Zermelo, Göttingen».

5. Poincaré répond dans cette lettre à un nouveau courrier de Zermelo réagissant certainement aux critiques de Poincaré dans son article publié en mai 1906 dans la *Revue de Métaphysique et de Morale* [Poincaré, 1906a].
La proposition de Zermelo d'envoyer à Poincaré un résumé de sa théorie axiomatique des ensembles montre que ce travail, qui ne sera publié qu'en 1908 [Zermelo, 1908b] et dont le manuscrit n'est daté que de seize jours après celui de [Zermelo, 1908a], était déjà en préparation en 1906.

6. À partir de sa biographie et de sa production scientifique, il n'est pas clair de décider s'il s'agit d'une simple réponse de circonstance ou si Poincaré était plus débordé qu'habituellement; on peut néanmoins noter qu'en 1906, il s'intéresse à la théorie cinétique des gaz et à la dynamique de l'électron et qu'il est le président de l'Académie des Sciences.

7. Dans son courrier, Zermelo devait déjà mentionner son argumentation publiée dans son article sur le bon ordre ([Zermelo, 1908a, p. 117], daté du 14 juillet 1907), à savoir que les définitions non prédicatives n'interviennent pas seulement en théorie des ensembles, mais également en analyse (dans le théorème de Cauchy), et donc dans les « vraies mathématiques » qui, selon Poincaré, restent hors de portée des difficultés concernant les fondements [Poincaré, 1906a, p. 307].
Poincaré refuse dans cette lettre l'assimilation de la non-prédicativité du théorème fondamental de l'algèbre à la non-prédicativité de la théorie des ensembles. En fait, cette lettre contient déjà une idée que Poincaré publie plus tard comme une réflexion sur [Zermelo, 1909] (daté de mai 1907), et dont une version fut envoyée à Poincaré en avril 1907 (voir la lettre suivante 3) – NB :

vicieux, et cela sans supposer données d'avance toutes les valeurs de la fonction. Ce processus se compose d'une série de passages à la limite et vous le rétablirez aisément ; je ne sais toutefois s'il est exposé avec tous les détails qu'il faudrait dans tous les traités d'analyse.

Il importe de remarquer que g n'est pas posé d'abord comme faisant partie de l'ensemble Γ, et qu'après l'avoir défini, on démontre seulement ensuite qu'il en fait partie.

Enfin dans les « vraies mathématiques » on n'est pas exposé aux dangers que j'ai signalés parce que l'intuition empêche toujours de s'égarer. Tout cela demanderait quelques développements [8].

En est-il de même en ce qui concerne le th. de Bernstein ? Oui en un sens ; là aussi

---

les articles [Zermelo, 1908a] et [Zermelo, 1908b], tous deux publiés dans les *Mathematische Annalen* sont datés de juillet 1907. Cette idée consiste à transformer la démonstration du théorème fondamental de l'algèbre – affirmant qu'une équation algébrique $F(x) = 0$ a toujours une racine dans le corps des complexes en une preuve prédicative. Dans sa preuve, Cauchy [1821] (chapitre X, p. 329 et suivantes) montre qu'étant donné dans le corps des complexes, une équation algébrique $F(x) = 0$, il existe $z_0 \in \mathbb{C}$ pour lequel la fonction $|F|$ atteint un minimum g ; il prouve ensuite que g est égal à zéro. Le minimum g est défini par rapport à l'ensemble Γ des valeurs de la fonction $|F|$ dont il fait lui-même partie. D'après Zermelo, la définition de g n'est donc pas prédicative, « c'est-à-dire, qu'elle n'exclut pas du *definiens* des objets qui dépendent du concept 'défini', c'est-à-dire qui peuvent être déterminés par lui d'une quelconque manière » [Zermelo, 1908a, p. 117]. Poincaré répond dans la présente lettre que la preuve du théorème peut être en fait énoncée prédicativement, sous condition que l'on accepte une série de passages à la limite.

8. En 1909, Poincaré précise la procédure de la manière suivante : on désigne par Γ' l'ensemble des valeurs que peut prendre la fonction $|F|$ sur l'ensemble des nombres rationnels complexes (les nombres complexes dont les parties réelle et imaginaire sont rationnelles).
« Soit g la limite inférieure [...] de Γ'. On démontre ensuite successivement qu'il y a une valeur de x non-rationnelle en général telle que $|F(x)| = g$ et que g ne peut être différent de zéro. La pétition de principe a disparu puisque dans la définition de g figure seulement la notion de l'ensemble Γ' et que g ne fait pas en général partie de Γ' » [Poincaré, 1909c, p. 199]).
Qui a finalement raison, Poincaré ou Zermelo ? À ce stade, aucun des deux dans la mesure où Zermelo a raison si on se réfère à la définition de prédicativité proposée par Poincaré [1906a] en 1906. Mais, l'argument de Poincaré est juste si l'on considère sa nouvelle définition de la prédicativité, implicitement suggérée dans cette lettre : une définition d'un élément g qui utilise une totalité Γ dont g fait partie est néanmoins prédicative si « g ne fait pas partie de Γ en vertu de sa définition, mais par suite d'une démonstration postérieure à la fois à la définition de Γ et à celle de g » ([Poincaré, 1909c, p. 199], [Heinzmann, 1985, p. 62]). Lorsqu'un ensemble est donné dans sa totalité extensive indépendamment de la définition en question, cette définition n'est plus circulaire, même si elle contient un quantificateur portant sur la totalité à laquelle appartient le défini. Il est difficile de reconstruire les influences et les temporalités exactes, mais le 16 juin 1906, Poincaré ne peut qu'être d'accord avec l'analyse que publie Zermelo en 1908 comme réponse à la publication de Poincaré en 1906 : « partout là, où on utilise le maximum ou le minimum d'un ensemble 'clos' antérieurement défini de nombres Z, pour tirer ensuite d'autres inférences » [Zermelo, 1908a, p. 117], daté 14 juillet 1907), le cercle n'a pas lieu. « Une définition peut très bien se fonder sur des concepts qui sont équivalents à celui qui est à définir » [Zermelo, 1908a, p. 118]. Poincaré a négligé cette circonstance dans sa publication en 1906, mais l'a concédée implicitement dans la présente lettre qui date du 16 juin 1906, tandis que la remarque correspondante de Peano critiquant un passage de [Poincaré, 1906a], à laquelle Zermelo [1908a, p. 118] fait référence avec une certaine emphase date du 23 août 1906. En d'autres termes, la critique de Zermelo a incité Poincaré à suggérer dans la présente lettre une première solution, avant même qu'elle fut formulée par ses collègues, mais une telle formulation était « dans l'air ».

on peut remplacer la définition non-prédicative, par un processus entièrement déterminé ; mais ce processus nous ramène tout simplement à la démonstration de Bernstein.
Il n'en est pas de même au contraire pour votre Wohlordnungssatz, là mes doutes subsistent parce que je suis hors d'état d'imaginer un processus analogue. Je vous écrirai plus longuement à ce sujet dans quelques mois.
Votre bien dévoué collègue,

Poincaré

3 Poincaré à Zermelo

[1907] [9]

Mon cher Collègue,

Vous m'avez envoyé un article [10] ; je ne vous en dirai pas encore mon opinion, puisque je le reçois à l'instant et je n'ai pas eu le temps de le lire, mais je voudrais vous demander une explication.
Votre manuscrit porte :
Prière d'envoyer les épreuves à ...
C'est donc que vous désirez qu'il soit inséré dans un recueil, mais vous ne me dites pas dans quel recueil [11]. Avez-vous terminé la rédaction de votre théorie des principes de la logique dont vous m'aviez parlé [12] ?
Votre bien dévoué Collègue

Poincaré

4 Poincaré à Zermelo

[1907/04] [13]

Mon cher Collègue,

Je reçois votre lettre, qui avait été retardée par je ne sais quelle cause ; ma demande d'explications devient donc inutile [14]. Je ne suis pas certain que M. Xavier Léon ne trouvera pas votre article trop mathématique pour les lecteurs de sa Revue [15] qui

9. Cette lettre est conservée à la bibliothèque universitaire de Freiburg. Elle est approximativement datée d'après la lettre précédente et la suivante.

10. Cette lettre de Poincaré n'est pas datée. Elle a sans doute été envoyée au moins « quelques mois » après la lettre précédente, vraisemblablement au printemps 1907. Le manuscrit envoyé par Zermelo contenait la démonstration du principe d'induction que Poincaré aidera à faire publier en 1909 dans les *Acta Mathematica* [Zermelo, 1909]. La version publiée de cet article indique que le texte a été complété en mai 1907 par Zermelo à Montreux, où il effectuait des séjours de santé réguliers. Le manuscrit envoyé à Poincaré est sans doute une version préliminaire.

11. D'après la lettre suivante, Zermelo pensait à la *Revue de métaphysique et de morale.*

12. Cette demande de Poincaré suggère que « plusieurs mois » ont bien passé depuis la lettre du 16 juin 1906, lorsque Poincaré disait ne pas pouvoir étudier les travaux de Zermelo avant un tel délai et donc préférer attendre la publication de l'article (voir la lettre précédente).

13. Cette lettre est conservée à la bibliothèque universitaire de Freiburg. Elle est datée d'après la date du décès de la mère de Xavier Léon, le rédacteur de la *Revue de métaphysique et de morale.* Voir la note 17.

14. Zermelo a dû envoyer une lettre dans laquelle il indique qu'il destinait son article à la *Revue de Métaphysique et de Morale.* Voir la lettre précédente.

15. Xavier Léon est le rédacteur de la *Revue de métaphysique et de morale.*

ne sont pas tous mathématiciens [16] ; je lui écrirai à ce sujet dans quelques jours ; je ne puis le faire aujourd'hui, je lui écris aujourd'hui même au sujet de la mort de sa mère [17].
Si cela ne convient pas pour la Revue de Métaphysique, nous verrons d'autres recueils.
Il va sans dire que je ne saurais adopter vos conclusions, puisque nous différons sur les principes et que je ne pourrais changer d'avis qu'après avoir lu l'article que vous consacrez à ces principes et qui n'est pas encore publié.
Mais si nous admettons vos principes pour un instant, il reste dans votre démonstration des points obscurs mais je crois que cette obscurité tient à la forme et pourra être écartée ; je me permettrai de vous les signaler.
Votre bien dévoué collègue,

Poincaré

5 Poincaré à Zermelo

[19/06/1907] [18]

Mon cher Collègue,

C'est vrai, je ne vous avais pas écrit au sujet de votre travail ; j'étais parti en voyage et cela m'était sorti de l'esprit, veuillez m'excuser [19].
Comme je vous l'avais fait prévoir, cela était un peu mathématique pour les lecteurs de la Revue de Métaphysique [20] ; mais M. Mittag-Leffler est venu à Paris [21] ;

---

16. L'article de Zermelo [1909] sur les ensembles finis et le principe d'induction complète paraitra dans les *Acta mathematica*. Voir la lettre suivante.

17. La mère de Xavier Léon, Marie-Cécile Lévy, est décédée le 16 avril 1907. Pour plus de précisions sur Xavier Léon, voir [Soulié, 2006].

18. Cette lettre, conservée à la bibliothèque universitaire de Freiburg, est datée d'après une note manuscrite.

19. Nous n'avons aucune information au sujet d'un voyage de Poincaré au printemps 1907.

20. Voir la lettre précédente 4.

21. Dans sa biographie de Gösta Mittag-Leffler, A. Stubhaug [2010] évoque le voyage que G. Mittag-Leffler et son épouse effectuent au printemps 1907, d'abord en Italie, puis en France :

> In the spring of 1907, Mittag-Leffler once again went to northern Italy, traveling via Berlin to Lake Como. Signe [l'épouse de Gösta Mittag-Leffler] went with him, both of them making the trip for the sake of their health. Gösta had undergone surgery on his nose at Sofiahemmet Hospital ; the stay at Lake Como and the numerous bicycle excursions did him good. He received a visit from Volterra, and he had several discussions with Röntgen, who was also a guest at one of the hotels. Signe enjoyed herself too and was feeling stronger. On their way home, at a first-class hotel in Bordeaux, they celebrated their silver wedding anniversary. Gösta wanted to be home in time for the big Linnaeus anniversary and the celebration at the Academy of Sciences on May 25. [Stubhaug, 2010, p. 523]

Le couple a donc dû passer par Paris fin mai sur le voyage de retour.

il m'a témoigné le désir d'imprimer votre travail dans les Acta [22], pour le joindre à un article de M. Schönflies sur le même sujet [23] et je le lui ai envoyé.
Êtes vous content de l'hôtel où vous êtes et du pays ?
Votre bien dévoué collègue,

Poincaré

22. [Zermelo, 1909].
23. L'article de Zermelo [1909] « Sur les ensembles finis et le principe de l´induction complète » paraitra en effet dans la revue *Acta Mathematica* en 1909 ; il est précédé d'un texte d'Arthur Schönflies [1909] sur la théorie des ensembles. Les deux articles sont suivis d'un commentaire de Poincaré [1909c]. Enfin, Zermelo répond au commentaire de Poincaré dans un bref 'supplément' annexé à son article [Zermelo, 1909, p. 193], daté de mai 1907 : il rapporte ce que Poincaré avait déjà dit dans la lettre 2 de juin 1906 : « l'illustre géomètre est maintenant tout à fait de mon avis en ce qui concerne les 'définitions prédicatives' » puisqu'il applique la nouvelle définition de la prédicativité à la démonstration du premier théorème sur les chaînes simples dans le contexte de sa preuve de l'induction complète [Zermelo, 1909, p. 187] pour laquelle Poincaré critiquait en 1906 l'application d'une définition non prédicative. En fait, le changement d'avis de Poincaré concerne la définition de la borne inférieure d'un ensemble quelconque (voir [Parsons, 2010, p. 234]), un fait auquel Poincaré répondra par une nouvelle définition de la non-prédicativité, appelé $P2$ dans [Heinzmann, 1985, §12].

Hieronymus Georg Zeuthen

Hieronymus Georg Zeuthen nait à Grimstrup (Danemark) en 1839 ; son père est pasteur. Après sa formation secondaire, il étudie les mathématiques à l'Université de Copenhague. En 1862, il obtient une bourse pour étudier à Paris où il approfondit sa formation en géométrie avec Michel Chasles. Il soutient en 1865 à Copenhague une thèse dont le sujet porte sur la théorie des caractéristiques des systèmes de coniques, un domaine initié par Chasles. Il obtient en 1871 une position à l'Université de Copenhague où il effectuera toute sa carrière. Il assurera la charge de recteur de son université en 1896. Zeuthen décède en 1920 à Copenhague.
Les intérêts mathématiques de Zeuthen sont d'abord la géométrie énumérative, puis la géométrie différentielle, la géométrie algébrique, la mécanique et l'histoire des mathématiques grecques et médiévales. Il publie plus de cent cinquante notes et mémoires dans des revues scandinaves, allemandes, italiennes et françaises [1].

Zeuthen à Poincaré

Rosenvonge Sidealle 3, Copenhagen
18 janvier 1899 [2]

Monsieur et très honoré collègue,

Je me permets de m'adresser à vous à l'occasion d'une prière de la part de mon ami M. Bäcklund à Lund en Suède [3]. Avant de venir à sa prière je dirai un peu de sa personne. Tout jeune, il s'occupait avec succès de l'astronomie et de la géométrie. Surtout dans la dernière science il obtenait de beaux résultats qu'avec une modestie trop grande il se contentait de publier en suédois dans les mémoires de l'université

1. Pour plus de précisions sur le parcours et les travaux de H. G. Zeuthen, voir [Nœther, 1921] et [Picard, 1923].

2. Seuls des fragments de cette lettre nous sont parvenus. Dans sa lettre adressée à Poincaré le 12 février 1899 [Walter et collab., 2007, p. 6-8], Bäcklund le remercie d'avoir accédé à la demande de Zeuthen et répond aux commentaires sur ses travaux.

3. Sur Albert Victor Bäcklund, voir [Walter et collab., 2007, p. 6]. En 1899, A. V. Bäcklund occupe une position de professeur de mécanique et de physique mathématique à l'Université de Lund ; il vise la chaire de physique dans cette même université, chaire qu'il obtiendra en 1900.

P. Nabonnand et al. (eds.), *La correspondance entre Henri Poincaré et les mathématiciens*,
Publications des Archives Henri Poincaré Publications of the Henri Poincaré Archives,
https://doi.org/10.1007/978-3-7643-8288-9_81

de Lund, où même moi, qui demeure à une distance de Lund de moins de 50 kilomètres, fus étonné de les trouver plus tard à une époque où d'autres géomètres étaient parvenus indépendamment de lui aux mêmes résultats. Il a fait aussi, un peu plus tard, des contributions assez appréciées par M. Lie, aux théories de ce savant norvégien [4].

Malgré ce mérite il ne trouvait pendant quelque temps aucune place. Au milieu des 70 années de notre siècle, un autre avait occupé le professorat de Mathématiques à l'université de Lund, parce qu'alors on croyait M. Bäcklund trop jeune. Plus tard pourtant on a érigé pour lui un professorat extraordinaire et pour cette raison plus modeste de la physique mathématique. Depuis cette nomination il applique toutes ses forces à des questions physiques, et depuis 1886 est sorti de sa plume une longue série de travaux où il développe des théories physiques d'une assez grande portée. Je suis incompétent de juger si la valeur pour la physique de ses théories égale à leur finesse mathématique; mais en tous cas je crois qu'elles méritent l'attention des physiciens. Il en a donné dans les Annales de l'université de Lund en allemand un résumé intitulé : *Elektrische und magnetische Theorien* [5]. La plupart des mémoires qu'il résume ont été publiés en suédois dans les publications de l'Académie de Stockholm; toutefois un est rédigé en allemand et se trouve dans les *Mathematische Annalen* t. 34; il est intitulé „Zur Wellentheorie gasartiger Mittel“ [6].

Il a aussi publié, mais en suédois, des Leçons

1) sur le mouvement des corps solides (1897) [7]

2) Introduction à la théorie des courants électriques (1898) [8].

Il lui est très important d'avoir un jugement compétent sur la valeur de ses travaux physiques, tel qu'on peut en faire d'après le résumé et les mémoires publiés en allemand. L'intérêt actuel de ce jugement s'attache à la vacance du professorat ordinaire de physique à Lund. C'est sans doute l'affaire des autorités suédoises de décider si elles préfèrent pour cette place un représentant de la physique expérimentale; selon moi un professorat ordinaire de physique expérimentale, un autre pour la physique mathématique ne seraient pas de trop. Quoiqu'il en soit, un jugement favorable des travaux de M. Bäcklund et j'espère [fin du fragment]

4. Zeuthen fait allusion aux travaux de Bäcklund qui ont donné lieu aux «transformations de Bäcklund». Voir [Goursat, 1925].
5. [Bäcklund, 1898].
6. [Bäcklund, 1889].
7. [Bäcklund, 1897].
8. [Bäcklund, 1899].

Annexes

Ines de Azevedo e Silva Drago

Ines de Azevedo e Silva Drago est née en 1860 à Loulé (Portugal) dans une famille de notables. Elle est connue pour ses qualités d'écrivain et pour avoir suivi en auditrice libre les cours de l'*Instituto Superior Técnico* de Lisbonne. Elle décède en 1947 à Lagoa (Portugal) [1].

Azevedo à Poincaré

[03-04-1908] [2]

Monsieur

Je viens très respectueusement m'adresser à vous à cause d'une étude que j'ai faite sur la géométrie et que les mathématiciens portugais hésitent à classer et approuver. Ces esprits indécis fatiguent tant mon esprit soucieux que vous ne m'en voudrez pas, Monsieur, parce que je viens toute pleine d'espérances vous consulter et vous prier de lire mon œuvre que j'ai versée dans la langue française.

Je vais donc vous donner ici tout le plan de mon Étude que vous jugerez, et alors je vous prie Monsieur de me dire si vous voulez vous en charger, et me donner votre opinion éclairée.

Je commence par considérer les distances, que je définis une relation de position, tous nos sens nous dénoncent l'inégalité des distances par l'affaiblissement

1. Sur le parcours d'Ines de Azevedo, voir la notice qui lui est consacrée sur le site « Promontório da Memória » (https ://promontoriodamemoria.blogspot.com/2010/07/drago-ines-maria-de-azevedo-e-silva.html).

2. La mention de la date est ajoutée par une autre main.

P. Nabonnand et al. (eds.), *La correspondance entre Henri Poincaré et les mathématiciens*, Publications des Archives Henri Poincaré Publications of the Henri Poincaré Archives, https://doi.org/10.1007/978-3-7643-8288-9_82

de la sensation lorsque les choses s'éloignent de nous. C'est un axiome. Je n'ai vu l'axiome que comme une nécessité, mais je le crois l'hypothèse de laquelle nous pouvons dire : je l'ai adoptée par cette raison, c'est-à-dire celle qui n'est pas parfaitement arbitraire. Parmi toutes les hypothèses, celle-ci a cette probabilité d'être la meilleure.

Nous ne savons pas pourtant mesurer les distances, mais le mouvement des corps nous permet [de] considérer les distances égales. Le mouvement sans déformation d'une figure géométrique ne serait pas même un axiome parce que ce mouvement est toujours idéal. De la considération des distances égales nous trouvons la sphère, surface d'une courbure constante et du même sens en tous les endroits parce qu'elle est parfaitement glissable sur une autre du même rayon, mais face concave sur face convexe, donc nous remarquons à cette surface des faces opposées de différente nature ou avec des courbures de signes différents. Cette glissade nous permet d'étudier avec deux surfaces sphériques intersectées, le mouvement de rotation sur deux points fixes, les centres. Nous trouvons aussi l'intersection de ces sphères, c'est-à-dire, la circonférence. Cette ligne est glissable sur une autre égale, en s'unissant l'une à l'autre, et par deux côtés opposés. En même temps, j'ai trouvé une ligne notable, ou axe de révolution. Cette ligne est la même que peut engendrer le point de tangence de deux sphères tangentes lorsque le rayon de l'une s'accroisse pendant que celui de l'autre s'amince continuellement. Cette ligne, après avoir démontré toutes ses propriétés essentielles, je la nomme droite.

En ayant la circonférence pour directrice et son rayon (précédemment trouvé) pour génératrice, je fais engendrer une surface, glissable, du moins au sens de sa directrice sur une autre égale, et en s'unissant par deux faces opposées, ce qui dévoile déjà le plan, donc ces surfaces ont des courbures égales et de signes contraire, ce qui nous fait dire que ces courbures sont égales à zéro.

Mais je démontre encore que sur ces surfaces on peut conduire une droite par deux points quelconques, et de cela qu'elle est parfaitement glissable, et alors seulement je l'appelle plan.

Quelqu'un aura-t-il déjà remarqué que le plan peut se définir comme je le définis. Une surface parfaitement glissable par l'une et l'autre de ces faces ?

Tout ce système, malgré sa simplicité, vous le savez Monsieur, est plein de difficultés. Si je les ai vaincues c'est ce que je voudrais vous demander.

L'opinion d'un philosophe, et si distingué que vous êtes, serait pour moi de la plus haute valeur, et je vous prie Monsieur, mes parents qui vous présentent ses respectueux compliments, vous le prient aussi, veuillez accueillir ma prière avec toute votre bienveillance.

Et je présente à Votre Excellence l'hommage de tous mes respects.

Votre admiratrice la plus modeste
Ignes d'Azevedo e Silva Drago

Charles Jacques Bouchard

Charles Jacques Bouchard (1837-1915) est un médecin français renommé en particulier pour ses travaux en pathologie (rhumatisme infectieux, maladie de Bouchard...). Il décrit aussi avec Pierre Curie et Victor Balthazard l'action sur les êtres vivants du radium. Il est successivement professeur suppléant en clinique médicale à la Faculté des sciences de Paris (1872), puis chargé du cours d'histoire de la médecine (1875) et enfin professeur de pathologie et thérapeuthique médicales (1879) jusqu'en 1910, date à laquelle il est nommé professeur honoraire [1]. Il est élu en 1893 à l'Académie des sciences et en sera le vice-président en 1908, puis le président en 1908-1909.

La lettre que Poincaré adresse au président de l'Académie des sciences concerne certainement l'attribution du prix Montyon de statistiques. Poincaré est un des rapporteurs. Ne pouvant être présent, Poincaré informe son interlocuteur de la stature mathématique d'Hermann Laurent [2] qui avait proposé à la commission une étude sur *Les statistiques décennales du Bureau municipal de la ville du Havre, 1880-1889 ; 1890-1899* [3]. Eugène Rouché en est le rapporteur. L'ouvrage de Laurent propose des statistiques descriptives administratives (naissance, mariage, décès...) et médicales (thyphoïde, tuberculose...) avec quelques analyses. Rouché considère que le travail de Laurent, bien que limité dans son objet, n'en « constitue pas moins un travail considérable [...] qui mérite récompense [4] ». Outre Laurent, les autres candidats sont le naturaliste et spécialiste des races, Joseph Deniker qui propose un travail sur les races en Europe [5], le médecin, René Felhoen, qui soumet une étude sur la mortalité infantile à Roubaix [6], le statisticien René Risser dont l'étude statistique et mathématique sur la mortalité et l'invalidité professionnelle [7]

1. Sur le parcours et l'œuvre de Charles Bouchard, on peut consulter [Le Gendre, 1924].
2. Sur Hermann Laurent, voir p. 523.
3. Laurent est crédité d'avoir établi les statistiques dans un ouvrage publié par le bureau municipal d'hygiène de la ville du Havre proposant un *Relevé général de la statistique démographique et médicale avec texte explicatif pour une période décennale 1880-1889*, (Le Havre : Impr. A. Godefroy, 1893).
4. *Comptes rendus hebdomadaires des séances de l'Académie des sciences*, 147 (1908), p. 1199.
5. [Deniker, 1899,-].
6. [Felhoen, 1906].
7. [Risser, 1909].

P. Nabonnand et al. (eds.), *La correspondance entre Henri Poincaré et les mathématiciens*,
Publications des Archives Henri Poincaré Publications of the Henri Poincaré Archives,
https://doi.org/10.1007/978-3-7643-8288-9_83

est soumise à l'avis de Poincaré [8] et un anonyme qui concourt avec un travail sur les variations de la morbidité dans l'armée française de 1901 à 1905, travail qui ne fera l'objet d'aucun rapport. Deniker et Felhoen se partagent le prix alors que les travaux de Risser et Laurent font l'objet d'une mention [9].
La lettre de Poincaré est certainement un moment de la discussion au sein de la commission du prix Montyon sur l'intérêt d'attribuer une mention au travail d'Hermann Laurent. Quoiqu'il en soit, Poincaré montre dans cette lettre toute l'estime qu'il accorde à ce dernier ainsi qu'à ses travaux. En 1896, Poincaré avait déjà fait un rapport favorable sur Hermann Laurent devant le conseil de la Faculté des sciences de Paris en soutenant sa demande de création d'un cours de probabilités et statistiques [10].

Poincaré à Bouchard

[12/1908] [11]

Monsieur le Président [12],

Obligé de présider la séance de la Commission d'étude des poudres de guerre [13], je ne pourrai assister à la réunion du conseil; mais je voudrais insister sur les titres du regretté Hermann Laurent [14].
Laurent aimait la science et il n'a cessé de la cultiver ; son œuvre tient surtout dans une série de courts articles où des questions restreintes mais nettement définies

8. Le rapport de Poincaré est plutôt favorable :

> L'auteur du Mémoire n°2 examine les différentes formules qui ont été proposées pour représenter les lois de mortalité, et il indique les méthodes mathématiques par lesquelles on pourrait calculer en partant des observations les différentes constantes qui figurent dans les formules.
> Ces méthodes peuvent être appliquées avec avantage, non seulement à l'ensemble d'une population, mais à des groupes professionnels présentant une homogénéité suffisante. L'auteur en fait une application à un exemple pour lequel malheureusement il ne disposait que de données statistiques insuffisantes.
> Il s'occupe ensuite des courbes de mortalité des individus qui sont devenus invalides à la suite d'un accident, et de la façon doont ces courbes se raccordent avec la courbe générale de mortalité du même groupe, quand au bout de quelques années l'influence de l'accident et la diminution de la vitalité qui en résulte a cessé de se faire sentir.
> Ce travail paraît intéressant et digne d'une mention. (*Comptes rendus hebdomadaires des séances de l'Académie des sciences*, 147 (1908), p. 1199)

9. À titre posthume pour Laurent.
10. Pour plus de précisions, voir [Bru et collab., 2012, p. 19-21].
11. Cette lettre est conservée aux Archives de l'Académie des sciences.
12. Charles Bouchard est président de l'Académie des sciences depuis le 29 juin 1908.
13. Poincaré était président depuis le 6 avril 1907 de la commission des poudres. Voir [Walter et collab., 2007, p. 234] et [Bret, 2023].
14. Hermann Laurent est décédé le 8 février 1908.

sont traitées par des procédés originaux et ingénieux. Aussi bien que ses travaux aient fait moins de bruit que ceux d'autres savants qui avaient moins dispersé leurs efforts, ils n'en ont pas moins rendu d'importants services.

Beaucoup de ses articles se rapportent à des questions élémentaires, mais par la nouveauté des méthodes, ils dépassent la portée de simples exercices qui ne seraient utiles qu'aux écoliers ; nous ne pouvons donc les passer sous silence ; les matières du programme de mathématiques spéciales, tant en algèbre qu'en géométrie analytique en ont été l'objet ; on les trouvera dans les *nouvelles annales de Mathématiques*, recueil spécialement destiné à ce genre de mémoires, et qui s'adresse à la fois aux étudiants, à leurs maîtres, et aux savants qui s'occupent de mathématiques sans préoccupation pédagogique [15]. On y a souvent publié des travaux de 1er ordre, tels que ceux de Laguerre ; et à côté desquels, les recherches de Laurent sur les asymptotes [16], sur la séparation des racines [17] et sur l'élimination [18] tiennent une place très honorable.

L'élimination est une des théories sur laquelle Laurent est revenu le plus souvent, et où il a obtenu le plus de résultats utiles.

Je citerai également ses recherches algébriques sur la décomposition en carré des formes quadratiques, et plus généralement des polynômes [19], sur la théorie des substitutions linéaires [20], sur les polynômes de Laguerre, sur les fonctions symétriques [21].

En géométrie il a écrit un mémoire sur la théorie des courbes et des surfaces enveloppes [22], un autre sur les droites qui appartiennent à un même hyperboloïde, et surtout un grand mémoire sur les courbes gauche [23]

En calcul intégral, il s'est occupé des équations simultanées aux dérivées partielles [24] et de la théorie du multiplicateur dans les équations différentielles [25].

Il a débrouillé la théorie des conditions d'intégrabilité en montrant que si le nombre de ces conditions est supérieur à $n-1$, il n'y en a que $n-1$ qui soient réellement indépendantes.

En théorie des fonctions, il a écrit sur les fonctions entières un mémoire fort intéressant [26] et il a étudié les conditions de représentation des fonctions par des séries de polynômes [27].

---

15. Sur les *Nouvelles annales de mathématiques*, on peut consulter [Nabonnand et Rollet, 2010-2011, 2013].
16. [Laurent, 1868b].
17. [Laurent, 1875b, 1901].
18. [Laurent, 1883, 1886a,b, 1888a,b, 1889, 1892, 1893a].
19. [Laurent, 1880a, 1881].
20. [Laurent, 1896a, 1897, 1898a].
21. [Laurent, 1887c].
22. [Laurent, 1874b].
23. [Laurent, 1872]. Laurent [1874a] a aussi publié un article sur les roulettes gauches.
24. [Laurent, 1887d,a,b, 1879a].
25. [Laurent, 1880b].
26. [Laurent, 1896b].
27. [Laurent, 1902c].

Citons également ses articles sur les polynômes de Legendre [28] et le calcul inverse des intégrales définies [29].
Je dois mentionner tout particulièrement deux écrits très originaux sur une représentation des imaginaires de Dedekind, c'est-à-dire des nombres hypercomplexes, et sur une nouvelle définition des dérivées à indices quelconques [30].
Le calcul des probabilités a été l'objet de ses constantes préoccupations [31] ; ses travaux dans cette science lui ont valu une grande autorité à l'Institut des Actuaires Français, institution très vivante et très utile [32]. Il a résolu habilement diverses questions de hautes Mathématiques relatives à la Théorie des Assurances sur la Vie. C'est aussi au Calcul des Probabilités que se rattache un mémoire sur la méthode des moindres carrés.
J'allais oublier deux articles sur les fonctions elliptiques qui achèvent de montrer qu'il savait s'attaquer aux questions les plus diverses [33].
Outre ces articles, Laurent a fait imprimer divers ouvrages de science pure, d'enseignement et de vulgarisation. Le plus important est son traité d'Analyse en 7 volumes, où il a réussi l'exposé des méthodes très diverses appliquées à cette science dans le siècle dernier [34]. C'est une œuvre considérable où il a déployé beaucoup d'ingéniosité et d'érudition et que l'on consultera avec fruit.
Plus anciennement, il avait publié deux traités l'un sur les séries [35], l'autre sur le calcul des résidus [36] ; ce dernier a contribué autrefois à populariser la méthode de Cauchy.
Citons encore des traités didactiques d'algèbre [37], de Mécanique [38], de perspective [39], un volume consacré à la théorie des nombres [40] et un autre au calcul des probabilités [41].
Enfin, un traité d'économie politique mathématique [42]. Cette science nouvelle créée par Walras [43] et ses disciples, est de nature à préciser les conceptions des économistes et si l'on peut craindre que la précision du langage mathématique ne convienne pas toujours à un objet quelquefois un peu vague, les idées nouvelles

28. [Laurent, 1875a].
29. [Laurent, 1878a].
30. [Laurent, 1884].
31. [Laurent, 1873].
32. Hermann Laurent sera le président de l'Institut des actuaires français. Sur la place d'H. Laurent dans la communauté des actuaires, voir [Bru et collab., 2012].
33. Hermann Laurent a rédigé en 1880 une *Théorie élémentaire des fonctions elliptiques* [Laurent, 1880c] qui avait été prépubliée en une série d'articles parus dans les *Nouvelles annales de mathématiques* entre 1877 et 1879 [Laurent, 1877, 1878b, 1879b].
34. [Laurent, 1885-91].
35. [Laurent, 1862].
36. [Laurent, 1865b].
37. [Laurent, 1867]. Cet ouvrage a donné lieu à de nombreuses réédition.
38. [Laurent, 1870]. Cet ouvrage a été réédité en 1878 et 1889.
39. [Laurent, 1902d].
40. [Laurent, 1904]. Il peut aussi s'agir de [Laurent, 1902b].
41. [Laurent, 1873].
42. [Laurent, 1902a].
43. Voir la correspondance échangée par Poincaré et Walras (p. 799).

ont certainement rendu des services en faisant justice de certains raisonnements qui n'avaient que l'apparence de la rigueur alors qu'ils ne pouvaient même servir de première approximation. Laurent dans ses dernières années s'est beaucoup occupé de cette science nouvelle qu'il a professée à la Sorbonne dans un cours libre [44].
Laurent a publié en outre dans l'encyclopédie de M. Léauté, œuvre de vraie vulgarisation et collection très utile [45], trois petits volumes sur les jeux de hasard, sur les assurances et sur les opérations financières [46].
Je crois que l'exposé de ces titres, malgré sa brièveté, suffira pour montrer l'importance et la variété des travaux de Laurent.
Veuillez agréer, Monsieur le Président, l'assurance de mes sentiments dévoués.

Poincaré

44. Voir [Bru et collab., 2012].
45. Poincaré fait allusion à l'*Encyclopédie des aide-mémoire* publiée sous la direction d'Henry Léauté. Cette encyclopédie regroupe plusieurs centaines d'opuscules consacrées à des questions techniques et médicales.
Ingénieur des manufactures de l'État, Henry Léauté (1847-1916) est un spécialiste de la théorie mathématique de la régulation et de la télécommande des machines. Il a été professeur de mécanique à l'École polytechnique entre 1895 et 1904. Il est élu dans la section de mécanique de l'Académie des sciences depuis 1890.
46. [Laurent, 1893b, 1895, 1898b].

Émile Bouvier

Émile Bouvier (1862-1930) est un juriste français. Après des études de droit à la Faculté de droit de Lyon, il soutient une thèse en 1887 et obtient l'agrégation des facultés de droit en 1896. Il obtient en 1895 une charge de cours à la Faculté de droit de Caen en 1895, une position d'agrégé en 1897 d'abord à Caen puis à Lyon. Il obtient une position de professeur en législation financière à la Faculté de droit de Lyon en 1900 [1]. Ses domaines de prédilection sont l'application des mathématiques en économie politique (il est l'un de ceux qui contribue à la diffusion des théories de Walras en France), le droit fiscal et la législation coloniale [2]. Bouvier est l'auteur de plusieurs ouvrages dont celui qui est l'objet de sa lettre à Poincaré, *La Méthode mathématique en économie politique* [3].
Bouvier évoque dans cet ouvrage la future publication de son ouvrage et sollicite un soutien sous la forme d'un compte-rendu. L'ouvrage de Bouvier est cité par Léon Walras [2011] dans son autobiographie lorsque ce dernier évoque les polémiques suscitées (au sein de l'Institut des actuaires français) par les réticences d'Hermann Laurent quant à ses méthodes et le soutien qu'il reçoit de Poincaré concernant les conditions dans lesquelles il est possible d'utiliser les mathématiques dans le domaine de l'économie [4] :

> En septembre [1901] suivant, comme l'expression mathématique de l'utilité qui forme la base de ma théorie avait été déclarée, l'année précédente, inacceptable à l'Institut des actuaires français, je soumis la question à M. Henri Poincaré, qui me répondit explicitement qu'une grandeur non-mesurable pouvait parfaitement devenir l'objet d'une spéculation mathématique dans certaines conditions, que selon lui, j'avais observées.

1. Émile Bouvier enseigne au long de sa carrière à Lyon de nombreux autres cours comme le droit constitutionnel, le droit administratif, le droit public...
2. Pour plus de détails, on peut consulter sa notice sur le site Siprojuris (système d'information des professeurs de droit (1804-1950) - http ://siprojuris.symogih.org/siprojuris/enseignant/49957) et l'article qui lui est consacré dans l'ouvrage *Économistes en Lyonnais, en Dauphiné et en Forez* [Frobert et collab., 2000, p. 22-35].
3. [Bouvier, 1901b].
4. Voir la correspondance entre Poincaré et Walras (p. 799).

P. Nabonnand et al. (eds.), *La correspondance entre Henri Poincaré et les mathématiciens*, Publications des Archives Henri Poincaré Publications of the Henri Poincaré Archives,
https://doi.org/10.1007/978-3-7643-8288-9_84

> Enfin, la même année, parut en partie, dans la *Revue d'économie politique* et en totalité ensuite en volume, un essai de M. Émile Bouvier, professeur à la faculté de droit de Lyon, intitulé « La méthode mathématique en économie politique », et dont les conclusions étaient que cette méthode pouvait « faire sortir la science de l'ornière actuelle », et qu'on devait « observer avec intérêt ses efforts et même les seconder ». C'était là une adhésion très suffisante parmi les économistes. [Walras, 2011, p. 61]

Bien que Bouvier se réfère de nombreuses fois aux articles épistémologiques de Poincaré, en particulier celui sur les relations entre physique expérimentale et physique mathématique [5], Poincaré ne donnera pas suite à la demande de Bouvier, puisque c'est Jacques Hadamard qui rendra compte du livre de Bouvier dans la *Revue générale des sciences pures et appliquées.*

Bouvier à Poincaré

Lyon, le 5 mai 1902
Université de Lyon
Faculté de Droit de Lyon
Quai Claude-Bernard, 15

Monsieur,

J'ai l'honneur de vous faire remettre un exemplaire d'un livre que je viens de publier : *La méthode mathématique en Économie politique* [6]. Si vous voulez bien y jeter un coup d'œil, vous pourrez constater que j'ai mis largement à contribution l'intéressante étude que vous avez fait paraître dans la *Revue générale des sciences* (1900, p. 1164) sur les Relations entre la physique mathématique et la physique expérimentale [7]. Il y a dans votre travail et dans le mien, beaucoup d'idées communes, et je suis heureux de vous dire combien le vôtre m'a été utile. Je prends maintenant la liberté de vous adresser une demande : seriez-vous assez aimable pour vouloir bien faire un compte-rendu de mon livre dans la *Revue générale des sciences*? La question de l'Économie mathématique est importante et très-actuelle ; malheureusement les mathématiciens s'en sont peu occupés jusqu'à présent, sauf un peu Joseph Bertrand [8], comme vous pourrez le voir dans

5. [Poincaré, 1900d].

6. [Bouvier, 1901b].

Bouvier [1901a] fait paraître la même année dans la *Revue d'économie politique* de larges extraits de son livre.

Le livre de Bouvier fait l'objet d'une recension dans le *Journal de la Société statistique de Paris* [des Essars, 1903], dans le *Bulletin des sciences mathématiques* [Tannery, 1902] et dans la *Revue générale des sciences pures et appliquées* [Hadamard, 1902].

7. [Poincaré, 1900d].

8. Bouvier fait allusion à la recension de Bertrand [1883] concernant les ouvrages de Cournot [1838], *Recherches sur les principes mathématiques de la théorie des richesses* et de Léon Walras [1883].

mon ouvrage. Je voudrais provoquer leurs recherches à ce sujet et leur demander leur avis : ils doivent l'étudier, à mon avis, aussi bien que les économistes et les philosophes. C'est pourquoi je serais particulièrement flatté si vous consentiez à en parler un des premiers. Pour le cas où vous n'auriez pas le temps de faire un compte-rendu, je vous demanderais de vouloir bien, dans tous les cas, me donner votre appréciation critique dans l'emploi des mathématiques en Éco. politique. Je désirerais réunir les avis des principaux savants à cet égard et publier le résultat de cette enquête [9] ; ce serait même beaucoup plus intéressant que mon livre lui-même. Mais je préférerais de beaucoup avoir votre opinion sous forme de compte-rendu : mon travail y gagnerait considérablement.

Vous voudrez bien, Monsieur, excuser la liberté de cette requête, toute indiscrète qu'elle est. Bien que n'ayant pas l'honneur d'être connu de vous, je n'ai pas hésité à vous la présenter, à raison de votre compétence toute spéciale et des études que vous avez publiées. Aussi est-ce dans l'espoir d'une réponse favorable que je vous prie d'agréer, avec l'hommage de mon livre, l'expression de mes très-distingués sentiments [10],

E. Bouvier
Professeur à la Faculté de Droit
1. rue de l'Épée

---

9. Émile Bouvier a publié de nombreux ouvrages consacrés à l'économie mais ce projet n'a pas dû aboutir.

10. En 1902, Jacques Hadamard [1902] fera la recension du livre de Bouvier dans la *Revue générale des sciences pures et appliquées*. La conclusion d'Hadamard fait allusion à l'article de Poincaré cité par Bouvier :

> Au reste, comme le montre l'auteur dans la dernière partie de son livre, si l'Économie politique refuse d'être mathématique, c'est qu'elle ne s'est jusqu'ici guère efforcée d'être scientifique. Il y a à cela au moins deux causes : l'une est signalée par M. Bouvier : c'est que l'Économie politique a toujours été moins une science qu'un instrument de polémique, une arme de combat aux mains des partis ; l'autre était notée, ces jours derniers, à propos de l'ouvrage qui nous occupe, par M. Tannery [1902]. C'est le bizarre préjugé qui considère comme inutile, pour l'examen de questions scientifiques, la connaissance des méthodes générales de la science. je crois bien, d'ailleurs, que ce préjugé est surtout nourri par ceux qui se disent les plus chauds partisans d'une «culture générale». Existerait-il, par hasard, une «culture générale» scientifique, aussi indispensable à l'«honnête homme» de nos jours que l'autre ? Les idées exposées par M. H. Poincaré dans son article sur les *relations entre la Physique expérimentale et la Physique mathématique* seraient-elles utiles même aux économistes ? Pour inouïe que soit une pareille proposition, on pourrait être tenté de l'adopter, en lisant une série d'arguments donc la simple énumération, dans l'ouvrage de M. Bouvier ou dans l'article cité de M. Tannery, suffit à édifier sur leur valeur.

La *Revue générale des sciences pures et appliquées* accueillait volontiers des analyses d'ouvrages d'économie mathématique ; ainsi, en 1900, la thèse de Bachelier sur la théorie mathématique de la spéculation est analysée ; de même, en 1901, Laisant publie une recension de la 4e édition de l'ouvrage de Walras, *Éléments d'économie politique ou théorie de la richesse sociale*.

Louis Couturat

Louis Couturat nait en 1868 à Paris dans une famille aisée. Après des études secondaires au lycée Condorcet, il est reçu à l'École normale supérieure en 1887. Il y étudie la philosophie et réussit l'agrégation en 1890 et commence une licence de mathématique durant laquelle il suit entre autres les cours de Jules Tannery, de Picard, de Jordan et Poincaré. En 1893, il fait partie du groupe de jeunes philosophes qui lance la *Revue de métaphysique et de morale* dans l'intention de « servir la cause de la raison » entre « le positivisme courant qui s'arrête aux faits, et le mysticisme qui conduit aux superstitions » [1]. Nommé en 1894 maitre de conférences à la Faculté des lettres de Toulouse, Couturat assure cette charge jusqu'en 1895 et revient alors à Paris où il prépare deux thèses, une première d'histoire de la philosophie, *De Platonicis mythis* et une seconde de philosophie des mathématiques, *De l'infini mathématique* [2], toutes deux soutenues en 1896. Nommé chargé de cours de philosophie à la Faculté des lettres de Caen, il occupe cette charge pendant deux années et revient à Paris pour s'occuper entre autres de l'organisation du Congrès international de philosophie prévu à l'occasion de l'Exposition universelle de Paris en 1900 [3]. Louis Couturat n'enseignera plus sauf durant l'année 1904-1905 durant laquelle il supplée Henri Bergson au Collège de France. Il se consacrera à la logique de Leibniz, en étudiant en particulier des papiers non publiés conservés à la bibliothèque de Hanovre où il séjourne pendant une année. Louis Couturat prend une part importante à la promotion de la *Revue de métaphysique et de morale* [4]. Il est aussi une des figures des discussions très actives au début du 20e siècle sur les questions de langue universelle en participant à la création de l'Ido. Il décède en 1914 dans un accident de la route [5].

1. *Revue de métaphysique et de morale*, 1 (1893), p. 4-5. Voir [Soulié, 2006, 2009] et [Rollet, 2022].
2. Le philosophe Émile Boutroux et Jules Tannery sont membres du jury. Ce travail est publié en 1896 [Couturat, 1896].
3. [Soulié, 2014].
4. [Soulié, 2009].
5. Sur le parcours et les travaux de Louis Couturat, on peut consulter [Lalande, 1914], [Sakhri, 2004] et [Schlaudt, 2016].

P. Nabonnand et al. (eds.), *La correspondance entre Henri Poincaré et les mathématiciens*, Publications des Archives Henri Poincaré Publications of the Henri Poincaré Archives, https://doi.org/10.1007/978-3-7643-8288-9_85

Louis Couturat s'est intéressé de très près aux travaux de Bertrand Russell avec qui il entretient une correspondance régulière jusqu'à son décès [6] ; il joue en particulier les intermédiaires entre Poincaré et Russell lors de leur polémique autour des thèses défendue par ce dernier dans *An Essay on the Foundations of Geometry* [7]. Les deux lettres échangées par Poincaré et Couturat datent de cette période.

1 Couturat à Poincaré

Caen, le 28 mai 1899

Monsieur,

Je n'ai pas besoin de vous dire avec quel intérêt j'ai lu votre article sur l'ouvrage de M. Russell [8]. Je vous en remercie sincèrement pour l'auteur et pour moi ; car tout en trouvant un peu exagérées les louanges que je lui ai décernées [9], vous faites de ce livre un éloge « moins banal » que tous les miens en lui consacrant 28 pages de critiques, et en le jugeant digne d'une discussion aussi approfondie. Cette opinion est aussi celle de M. Russell, qui m'écrit textuellement « Je me sens très flatté de l'attention d'un si grand homme, et je trouve dans beaucoup de ses remarques une luminosité remarquable. » Il ajoute qu'il va tâcher de vous répondre [10] ; il regrette seulement que vous n'ayez pas lu, à ce qu'il semble, son article dans la Revue de Métaphysique de novembre [11] où, répondant à mes objections, il indiquait une expérience (grossière) capable de révéler le non-euclidianisme (sensible) de l'espace. Sans avoir pu trouver le défaut de cette expérience, je persiste à douter de sa valeur, et de la possibilité de vérifier expérimentalement le postulatum d'Euclide. J'aurais été heureux de connaître votre opinion sur l'expérience proposée, qui est au moins spécieuse.

Sur d'autres points, M. Russell vous donne déjà gain de cause ; il reconnaît notamment la force de vos objections sur la relativité de l'espace (§ 13 de votre article). C'est vous dire qu'il est de bonne foi absolue dans la discussion. D'ailleurs, il est jeune, et ses idées se modifient et progressent constamment ; aussi est-il très

6. Cette correspondance a été éditée par Anne-Françoise Schmidt [2001].

7. [Russell, 1897]. Sur la polémique entre Poincaré et Russell sur les fondements de la géométrie, voir [Nabonnand, 2000].

8. [Poincaré, 1899b]. Dans cet article publié dans la *Revue de métaphysique et de morale*, Poincaré critique fortement les thèses néo-kantiennes avancées par Bertrand Russell [1897] dans son ouvrage *An Essay on the Foundations of Geometry*.

9. [Couturat, 1898]. Couturat a publié en 1898 dans la *Revue de métaphysique et de morale* une recension très élogieuse du livre de Russell. En 1899, il en publie une autre, non moins favorable, dans le *Bulletin des sciences mathématiques* [Couturat, 1899].

10. [Russell, 1899].

11. [Russell, 1898].

capable de profiter de vos critiques. Il médite un ouvrage sur la Philosophie des Mathématiques, qui promet d'être fort intéressant. Comme vous le voyez, il mérite bien l'attention que vous avez accordée à son premier travail, et pour ma part, je serais très heureux si j'avais pu l'attirer sur lui, et lui procurer ainsi un critique aussi autorisé que vous.
Permettez-moi de profiter de cette occasion pour vous soumettre une difficulté que me signale M. Lechalas, et à laquelle je ne trouve pas de réponse.
Vous posez comme 5e axiome (RMM p. 254) : « Un plan et une droite se rencontrent toujours ». Or cela ne paraît pas être vrai dans l'espace de Lobatchevsky : car si l'on prend dans un plan deux droites qui ne se rencontrent pas, même à l'infini, et qu'on fasse passer un autre plan par l'une d'elles, il ne pourra pas rencontrer l'autre droite, même à l'infini, car il ne pourrait la rencontrer qu'en un point de la 1e droite, ce qui est contraire à l'hypothèse. Je ne vois pas ce qu'il y a à reprendre à ce raisonnement, puisque l'existence des droites en question caractérise l'espace de Lobatchevsky, et je crois devoir en conclure que votre axiome ne s'applique pas à cet espace.
Veuillez excuser l'importunité de mes questions, et peut-être leur naïveté ; soyez sûr que le moindre éclaircissement sera reçu avec reconnaissance, et croyez, dans tous les cas, à mes sentiments respectueux et dévoués.

Louis Couturat

2 Poincaré à Couturat

[1/06/1899] [12]

Mon cher Collègue,

L'article de M. Russell, paru pendant que j'étais en Égypte, m'avait échappé. Son expérience, reposant sur des mesures de distance où l'on emploie pour instrument un corps solide, est en réalité une expérience sur les propriétés des corps solides. Elle est donc passible des mêmes objections que toutes ses expériences analogues [13]
La remarque de M. Lechalas est fort juste ; elle constitue une très grande difficulté quand on veut fonder la géométrie proj. sans supposer l'espace euclidien et sans construire d'abord la géométrie métrique [14].

12. Cette lettre, conservée à la Bibliothèque municipale de La Chaux de Fond (Suisse) est datée d'après une mention manuscrite de Couturat.

13. Poincaré défend la thèse selon laquelle il ne peut y avoir d'expérience cruciale au sujet du postulat d'Euclide puisque toute expérience spatiale utilise des dispositifs expérimentaux qui s'appuient sur des hypothèses physiques. Voir le chapitre que Poincaré consacre à « l'espace et la géométrie » [Poincaré, 1902a, Chapitre V].

14. Il est crucial lorsque l'on défend le point de vue que les géométries non-euclidiennes et la géométrie euclidienne ont le même statut en s'appuyant sur les modèles projectifs de s'assurer que l'on n'a pas fondé la géométrie projective en introduisant des éléments à l'infini dans un cadre euclidien. Voir [Klein, 1873], [Russell, 1897], [Poincaré, 1899b] et [Nabonnand, 2000].

Lobatcheffski ne s'en était pas préoccupé parce qu'il construisait d'abord la géométrie métrique. Mais elle s'est présentée à v. Staudt ; voici ce qu'il fait : pour lui une droite et un plan se coupent toujours en un point réel ou imaginaire. Il suppose que les points réels ou imaginaires jouissent des mêmes propriétés au point de vue projectif. Cette solution n'est pas très satisfaisante [15] ; si on veut y échapper il faut trouver un axiome équivalent.
Votre bien dévoué collègue.

Poincaré

15. Poincaré [1898c] explique plus longuement pourquoi du point de vue génétique qu'il défend, il ne peut retenir la théorie de von von Staudt [1847] dans son article *On the Foundation of Geometry* paru en 1898 dans *The Monist.*

Doyen de l'Université de Caen

1 Poincaré au doyen de l'Université de Caen

Caen, 8 août 1881 [1]

Monsieur le Doyen,

J'ai l'honneur de vous envoyer la notice que vous m'avez demandée. Depuis deux ans, mes travaux ont porté sur trois points différents ; sur la théorie générale des fonctions, sur les équations différentielles et sur la théorie des nombres. J'ai continué pendant la dernière année scolaire, mes recherches sur ces trois parties des Mathématiques.

Théorie générale des Fonctions
J'ai envoyé dernièrement à la société des sciences de Helsingfors (Finland) un travail qui doit paraître incessamment et où je donne de nouveaux exemples de ces fonctions à espaces lacunaires, découvertes par M.M. Weierstrass et Hermite [2].
J'ai aussi démontré un théorème relatif aux fonctions uniformes et donné la façon de construire une fonction uniforme présentant un groupe donné. (Académie des sciences, 6 juin 1881) [3]
Je rattacherai à ces travaux une note relative aux fonctions abéliennes (Académie des sciences 18 avril 1881) où après avoir donné une façon de calculer le nombre de fonctions Θ satisfaisant à certaines conditions, j'indique l'explication de diverses anomalies apparentes [4].

Équations différentielles
Dans mes recherches antérieures sur ce sujet, j'avais surtout cherché à compléter les résultats de Cauchy, de M. M. Briot et Bouquet, de Mme de Kowalewski, sur quelques points que ces géomètres avaient laissés de côté. Mais il me semblait que ce mode d'intégration n'était pas tout à fait satisfaisant, parce que les séries ob-

1. Ce document n'est pas de la main de Poincaré.
2. [Poincaré, 1883d].
3. [Poincaré, 1881t].
4. [Poincaré, 1881d].

P. Nabonnand et al. (eds.), *La correspondance entre Henri Poincaré et les mathématiciens*,
Publications des Archives Henri Poincaré Publications of the Henri Poincaré Archives,
https://doi.org/10.1007/978-3-7643-8288-9_86

tenues par cette méthode ne sont convergentes que dans une étendue limitée, et qu'il y avait lieu de chercher un nouvel algorithme de calcul jouant par rapport aux équations différentielles le même rôle que les fonctions elliptiques et abéliennes par rapport aux différentielles algébriques.

Mes premières recherches dans ce sens sont réunies dans un mémoire que j'ai présenté au dernier concours pour le Grand Prix des Sciences Mathématiques et auquel l'Académie a bien voulu accorder une mention très honorable [5]. Dans ce travail, après avoir donné quelques applications nouvelles de la méthode qui a servi à intégrer l'équation de Bessel et montré comment on peut l'utiliser pour l'étude des intégrales irrégulières des équations linéaires, j'aborde un sujet tout différent et définis et étudie de nouvelles transcendantes que j'appelle fonctions fuchsiennes.

Depuis j'ai poursuivi l'étude de ces fonctions dans diverses notes et mémoires. (Académie des sciences, 14 et 21 février [6], 4 et 18 avril [7], 23 et 30 mai [8], 27 juin [9], 11 et 18 juillet [10], 8 août 1881 [11]) et je suis arrivé à démontrer :

1° qu'il existe des fonctions uniformes inaltérées par certains groupes de substitutions linéaires. (14 et 21 février) [12]

2° que ces groupes sont aisés à former à l'aide de règles très simples. (14 févr., 27 juin, 11 juillet) [13]

3° que ces fonctions sont analogues aux fonctions elliptiques et qu'il existe des fonctions définies par de nombreux développements en série et jouant le même rôle que les transcendantes Θ et Z.

4° que ces fonctions permettent de résoudre d'une infinité de manières, toutes les équations linéaires à coefficients algébriques. (23 et 30 mai, 27 juin, 8 août) [14]

5° que ces fonctions permettent d'exprimer par des fonctions uniformes d'un paramètre les coordonnées d'une courbe algébrique quelconque et de calculer les intégrales abéliennes de 1re espèce. (4 avril, 8 août) [15]

6° que les constantes qui entrent dans ces fonctions et qui jouent le même rôle que le module dans les fonctions elliptiques peuvent s'exprimer par des fonctions uniformes de certains paramètres, analogues aux fonctions modulaires. (18 juillet) [16]

J'ai entrevu ainsi qu'on pourrait intégrer les équations linéaires à l'aide de fonctions uniformes de plusieurs variables, mais je n'ai poussé cette recherche jusqu'au bout que dans le cadre des fonctions abéliennes (11 avril Académie des sciences) [17].

5. Voir la correspondance de Poincaré avec Bertrand (p. 87) et Halphen (p. 345).
6. [Poincaré, 1881e,f].
7. [Poincaré, 1881s,g].
8. [Poincaré, 1881h,i].
9. [Poincaré, 1881j].
10. [Poincaré, 1881n,r].
11. [Poincaré, 1881l].
12. [Poincaré, 1881e,f].
13. [Poincaré, 1881e,j,n].
14. [Poincaré, 1881h,i,j,l].
15. [Poincaré, 1881s,l].
16. [Poincaré, 1881r].
17. [Poincaré, 1881q].

Théorie des Nombres
Dans le 47e cahier du *Journal de l'École Polytechnique*, j'ai donné un mode de représentation géométrique des formes binaires quadratiques indéfinies, un mode nouveau de réduction de ces formes, et divers théorèmes sur les idéaux qui en dérivent [18].
Dans un mémoire antérieur, j'avais appliqué la méthode de M. Hermite aux formes cubiques ternaires [19] ; dans un travail que j'ai eu l'honneur de présenter à l'Académie des Sciences en décembre 1880, j'ai repris en détail un cas particulier, celui où la forme cubique se décompose en deux facteurs, l'un linaire et l'autre quadratique [20].
Après le problème de l'équivalence des formes, j'abordai celui de la représentation des nombres par des formes et je résolus ce problème dans le cas des formes binaires et des formes décomposables en facteurs linéaires (Académie des Sciences 28 mars 1881) [21].
Cependant dans mes recherches sur la théorie des nombres, j'ai trouvé l'occasion d'appliquer les résultats que j'avais obtenus dans l'étude des équations différentielles.
J'ai rattaché aux fonctions fuchsiennes la notion d'invariant arithmétique que j'avais imaginée en 1879 [22] et la théorie des transformations semblables des formes quadratiques ternaires. Ces recherches ont fait l'objet de deux notes que j'ai communiquées au Congrès d'Alger de l'Association Française pour l'avancement des sciences et qui sont intitulées la première,
Sur les invariants arithmétiques [23],
la seconde,
Sur l'application de la géométrie non-euclidienne à la théorie des formes quadratiques [24].
Veuillez agréer, M. le Doyen etc.

Signé : Poincaré

18. [Poincaré, 1880d].
19. [Poincaré, 1880c]
20. [Poincaré, 1880a]. Poincaré se trompe légèrement de date, cette note est parue dans le compte rendu de la séance du 22 novembre 1880.
21. [Poincaré, 1881p].
22. [Poincaré, 1879a].
23. [Poincaré, 1881o].
24. [Poincaré, 1881b].

Jakob Henle

Friedrich Gustav Jakob Henle nait à Fürth (Bavière). Après des études de médecine à Bonn et Heidelberg, il enseigne la pathologie et l'anatomie à Zurich, Heidelberg et Göttingen. Il décède en 1885 à Göttingen.
Henle est secrétaire de la *Königlichen Gesellschaft der Wissenschafter zu Göttingen* depuis 1882. C'est à ce titre qu'il annonce officiellement à Poincaré son élection comme membre correspondant de la société savante.

Henle à Poincaré

Göttingen, 7 Dezember 1884 [1]

Hochgeehrter Herr !

Ich habe die Ehre im Namen der Königlichen Gesellschaft der Wissenschafter Ihnen anzuzeigen, dass dieselbe in ihrer öffentlichen Sitzung am 6ten December Sie zu ihrem correspondirenden Mitgliede in der mathematischen Classe ernannt hat. Indem ich das Vergnügen habe Ihnen anbei das Diplom der Königl. Societät zu übersenden, verharre ich mit grösster Hochachtung [2],

Ihre ganz ergebenster
Dr. Henle
Beständ. Secretair der K. Societät

1. Cette lettre est rédigée sur du papier à en-tête *Die Königlische Gesellschaft der Wissenschaften zu Göttingen.*
2. Voir les lettres que H. Schwartz adresse à Poincaré au sujet de son élection comme membre correspondant de la *Königlichen Gesellschaft der Wissenschafter zu Göttingen* (p. 687).

P. Nabonnand et al. (eds.), *La correspondance entre Henri Poincaré et les mathématiciens*, Publications des Archives Henri Poincaré Publications of the Henri Poincaré Archives,
https://doi.org/10.1007/978-3-7643-8288-9_87

Mayer & Müller

Mayer et Müller sont des libraires-éditeurs à Berlin. Ils avaient une filiale à Leipzig et entretenaient des liens éditoriaux avec les maisons Hermann à Paris et Beijer à Stockholm [1].

Le télégramme adressé à Poincaré par la maison Mayer & Müller signale l'envoi du volume des Œuvres de Riemann. En 1883, Poincaré a donc éprouvé le besoin de lire de plus près les travaux de Riemann. Dans l'analyse de ses travaux en 1884, Poincaré [1884b] cite Riemann comme source d'inspiration plusieurs fois, pour évoquer l'utilisation du principe de Dirichlet (p. 16), pour citer l'utilisation des surfaces de Riemann pour l'étude des fonctions non-uniformes (p. 37-38) et pour introduire le travail qu'il signe en 1883 avec Picard sur les fonctions à n variables admettant $2n$ systèmes de périodes (p. 42) [2]. Poincaré reviendra plus tard sur le principe de Dirichlet dans ses travaux sur les équations de la physique mathématique [Poincaré, 1890e, 1895c, 1896a]. L'étude des fonctions non-uniformes est l'objet de son « théorème de la théorie générale des fonctions » [3].

Mayer & Müller à Poincaré

Berlin W., den 24/VII 1883 [4]

Nous vous envoyons par colis postal

1 *Riemann Werke* [5]

(16 –)	12 mk 80
Porto	90
	13 mk 70

Agréez, Monsieur, nos salutations empressées et l'assurance de notre parfaite considération.

Mayer & Müller

1. Pour plus de précisions sur la maison Mayer & Müller, voir [Schneider, 2008] et [Kühnert, 2009]. Tous nos remerciements à Norbert Verdier pour ces précisions.
2. [Picard et Poincaré, 1883].
3. [Poincaré, 1883j].
4. L'en-tête de cette carte postale est „Mayer & Müller – Sortiments- und Antiquariats Buchhandlung".
5. [Riemann, 1876].

P. Nabonnand et al. (eds.), *La correspondance entre Henri Poincaré et les mathématiciens*, Publications des Archives Henri Poincaré Publications of the Henri Poincaré Archives, https://doi.org/10.1007/978-3-7643-8288-9_88

William Renton

William Renton est issu d'une famille aristocratique britannique (*esquire*). Il est membre dans les années 1890 de l'*Edinburgh Mathematical Society*[1] ; il est l'auteur, outre de la notice sur les fonctions intérentielles (intégro-différentielles) [Renton, 1899] dont il est question dans les deux lettres qu'il envoie à Poincaré, de plusieurs ouvrages, dont un sur la logique du style [Renton, 1874] et un autre proposant une théorie analytique de la logique [Renton, 1887]. Il publie aussi en 1903 dans *l'Enseignement mathématique* un article sur l'algèbre du calcul [Renton, 1903] dans lequel il se propose d'« exposer une méthode des plus simples » pour « donner au Calcul infinitésimal une base purement arithmétique ».

1 Renton à Poincaré

Wray. Ambleside.
Angleterre.
21/12/98

Monsieur

Permettez-moi de vous soumettre une nouvelle question d'analyse.

Il s'agit d'abord d'une forme d'Expansion dont la formule de Taylor n'est qu'un cas particulier.

En écrivant y_x pour $f(x)$, et y_x^n pour $d^n y : dx^n$, on peut étendre cette notation au cas de l'Intégration, en considérant n comme négatif ; ce qui expose ce dernier procès sous son véritable jour comme l'inverse de la Différentiation (où n est considéré comme positif) et nous donne le moyen, en exprimant l'intégrale comme l'inverse de la dérivée non pas de la différentielle, comme à l'ordinaire, d'exécuter sur une fonction l'opération, autrement impossible, de l'intégration Successive.

1. Voir la liste des membres de l'*Edinburgh Mathematical Society* de l'année 1887-88.

P. Nabonnand et al. (eds.), *La correspondance entre Henri Poincaré et les mathématiciens*, Publications des Archives Henri Poincaré Publications of the Henri Poincaré Archives, https://doi.org/10.1007/978-3-7643-8288-9_89

Ainsi, puisque pour $y_x = \sin x$, $\overset{1}{y}_x = \cos x$, $\overset{2}{y}_x = -\sin x$, etc. nous avons

$$\int \overset{0}{y}_x = \overset{0-1}{y}_x = -\cos x, \int \overset{1}{y}_x = \overset{1-1}{y}_x = \overset{0}{y}_x = \sin x, \int \overset{2}{y}_x = \overset{2-1}{y}_x = \overset{1}{y}_x = \cos x\,;$$

et

$$T_x^n = -T_x^{-n} \qquad (1)$$

où $T_x = \sin x$ ou $\cos x$.
Aussi, puisque

$$1_x = \overset{1}{x}_x,\ x_x = \overset{1}{x}^2 : 2, \text{etc.}$$

$$\overset{-1}{1}_x = \overset{0}{x}_x,\ \overset{-1}{x}_x = \frac{\overset{0}{x}^2}{2}, \text{etc.}$$

et, par conséquent,

$$\begin{aligned} e^x &= 1_x + x_x + \tfrac{x_x^2}{2} + \tfrac{x_x^3}{3!} + \cdots \\ &= 1_x + \overset{-1}{1}_x + \overset{-2}{1}_x + \overset{-3}{1}_x + \cdots \\ &= 1 + \overset{-1}{1} + \overset{-2}{1} + \overset{-3}{1} + \cdots \end{aligned} \qquad (2)$$

en supprimant les suffixes comme sous-entendus.

De même, si $\sin x = y_x$, $\cos u = v_u$, nous avons $\sin(x+u) = \sin x \cos u + \cos x \sin u = yv + \overset{1}{y}\overset{-1}{v}$.
Si donc nous entendons par Expansion INTERENTIELLE, (ou intégro-différentielle) l'expansion de $w = yv$, comme dans le dernier exemple, où chaque terme de la série est le produit de la dérivée du premier facteur du terme précédent par l'intégrale du second, nous avons l'identité

$$\tilde{w} = yv + \overset{1}{y}\overset{-1}{v} + \overset{2}{y}\overset{-2}{v} + \cdots \overset{n}{y}\overset{-n}{v} \cdots \qquad (3)$$

$\tilde{w}$ représentant par définition, la somme en question, et chaque terme se nomment Fonction Intérentielle.
1. Dans le cas où $v = 1, = 1_u$, la formule devient celle de Taylor, puisque évidemment d'après (2) en remplaçant x par u, nous avons $f(x+u) = y(x+u) = y1 + \overset{1}{y}\,u + \overset{2}{y}\,\frac{\overset{2}{u}}{2} + \ldots \overset{n}{y}\,\frac{\overset{n}{u}}{n!} + \ldots$ En effect, ce qu'a fait Taylor pour le T. Binôme de Newton, en généralisant l'un des facteurs selon le calcul différentiel, nous venons de faire pour Taylor ne généralisant l'autre par le calcul intégral.
2. Si $w = y_x v_x$, nous avons, comme des cas particuliers, $u = x$, $u = y$; et si $w_1 = yv$, $w_2 = vy$, nous avons les expansions inverses, $\tilde{(w)}_1$, $\tilde{w}_2$, à comparer et à combiner sous tous les rapports algébriques.
3. Dans les cas où $\tilde{w}$ est fonction de $f(x+u)$ ou $y(x+u)$, ce que nous exprimons en nommant $y(x+u)$ Noyau de $\tilde{w}$, ou N, il est à considérer ce que l'on peut appeler le Module M de $\tilde{w}$ par rapport à N, c'est-à-dire l'équation

$$N_M = \tilde{w}$$

Dans le cas de Taylor nous avons $M = 1$, et $NM = \tilde{w}$.
Pour $w = \sin x \cos u$, nous avons $\sin(x+u)(\frac{n+1}{2} = \tilde{w}$ où n est impair, et par conséquent, $N_M = NM = N\frac{n+1}{2} = \tilde{w}$. etc. Dans le cas où vous, Monsieur, le jugeriez convenable, je pourrais offrir un prix de 1200 fr pour un essai sur le développement de ces fonctions ; quant à ce sujet je me remets à vos bonnes dispositions.
Veuillez agréer, Monsieur, en attendant, mes hommages les plus distingués et respectueux.

W. Renton

2 Renton à Poincaré

Wray. Ambleside. Angleterre.
Le 28 Dec 1898

Monsieur

En vous remerciant de votre lettre [2], je dois vous expliquer qu'en proposant ce prix pour le développement de la théorie des fonctions que j'ai nommé Intérentielles, rien n'était plus éloigné de mon intention que de me proposer comme concurrent ni même comme juge. Par les conditions mêmes du propos, je me suis défendu de publier quoi que ce soit sur le sujet, jusqu'après le moment de décerner le prix [3].
Mon but est tout simplement dans l'intérêt de la science de faire éclaircir et approfondir cette théorie, soit pour la résolution des problèmes que l'on résout maintenant par le Calcul des Variations, soit pour l'étude des fonctions Périodiques et des Équations Différentielles, soit pour aborder les équations de la Mathématique Physique, que l'on traite parfois avec une complication et une artificialité qui évidemment ne répondent pas aux conditions analytiques ; etc. si vous, qui vous connaissez mieux que personne en ce genre de recherches, la jugez (la théorie en question) assez fondamentale et féconde pour mériter tel développement.
Le but serait atteint le plus effectivement si vous trouviez vous-même le loisir et l'intérêt de consacrer une partie de votre travail à ce sujet ; en me permettant de contribuer les 1200 ou 1500 fr. vers les frais de l'impression de l'ouvrage. Autrement je me remets a votre bonté, pour bien vouloir communiquer mon intention à l'Académie des Sciences (ou autre académie) en demandant si elle voudrait se charger de la tâche de décerner ce prix d'occasion de 1200-1500 fr. pour l'année prochaine, afin que je puisse me mettre en communication avec elle.
Quant à la convergence de la série, j'ai cru me dispenser de la mentionner, puisque (1) on admet préalablement la convergence de l'Expansion

$$\tilde{\omega} = yv + y^1 v^{-1} + \ldots + y^n v^{-n}$$

2. Cette lettre n'a pas été retrouvée.
3. Renton publiera l'année suivante un ouvrage sur les fonctions intérentielles [Renton, 1899].

que je me suis gardé d'appeler « théorème » – ce qu'elle n'est pas, pas plus que le soi-disant théorème de Taylor, qui ne renferme une égalité sous des conditions sous-entendues de convergence et de continuité – comme on admet la possibilité de l'intégration, en définissant $y^1.v^{-1}$ comme « la première intérentielle de yv » etc ; et (2) pour l'équation

$$f(x+u)M = \tilde{\omega}$$

la condition de convergence est précisément une partie du problème à résoudre, problème qui est d'autant plus difficile que l'expansion est d'une extrême généralité.

Veuillez agréer, Monsieur, l'assurance de ma plus haute considération.

W. Renton

George Frederick Stout

George Frederick Stout nait à South Shields en 1860. Il étudie la philosophie à Cambridge (*St. John's College*) à partir de 1879 ; en 1884, il est élu *fellow* et enseigne à Cambridge jusqu'en 1896, date à laquelle il est nommé *lecturer* en psychologie comparée à l'Université d'Aberdeen. Il obtient en 1899 la *Wilde chair of mental philosophy* à Oxford, puis en 1903, une position de professeur de logique et métaphysique à l'Université de St. Andrews qu'il occupe jusqu'à sa retraite en 1936. Stout décède à Sydney en 1944.
George Frederick Stout défend en philosophie l'importance de la psychologie et organise à St. Andrews un laboratoire de psychologie expérimentale [1]. De 1891 à 1920, Stout est le rédacteur en chef de *Mind* [2] ; c'est à ce titre que Poincaré lui envoie une lettre en réaction à la recension par Bertrand Russell [3] de l'édition anglaise de *La science et l'hypothèse* [4]. Cette lettre est publiée dans la livraison de janvier 1906 de *Mind* [5]. La lettre de Poincaré est suivie d'une courte réponse de Russell [6]. Poincaré et Russell ont eu deux discussions philosophiques vigoureuses ; la première dans les années 1890 autour du statut des axiomes de la géométrie et la seconde sur la question du rôle de la logique en mathématique entre 1906 et 1910. La recension de Russell et la réponse de Poincaré dans *Mind* signent en quelque sorte la transition entre les deux discussions [7].

1. Pour plus de détails sur le parcours et les travaux de Stout, voir [Mace, 1945, 1954].
2. Voir [Passmore, 1976].
3. [Russell, 1905].
4. [Poincaré, 1905c].
5. [Poincaré, 1906c].
6. " As regards geometry, I do not think it is necessary to my point to decide what is meant by perception. My point is that relations of order as opposed to metrical relations, are in some sense given in experience, and that this appears to show that spatial relations are to some extent empirically determined. I regret that my remark about "Abracadabra" appeared to be a mere epigram. I meant to suggest that what it is convenient to suppose must have some meaning, and I did not suppose that I was "profiting by an ambiguity," which I should be most unwilling to do consciously."
7. Sur la première discussion entre Poincaré et Russell, voir [Nabonnand, 2000], sur la seconde, [Detlefsen, 2011] et sur le conventionalisme géométrique de Poincaré, [Nabonnand, 2010] et [Heinzmann et Nabonnand, 2008].

P. Nabonnand et al. (eds.), *La correspondance entre Henri Poincaré et les mathématiciens*,
Publications des Archives Henri Poincaré Publications of the Henri Poincaré Archives,
https://doi.org/10.1007/978-3-7643-8288-9_90

Poincaré à Stout

[1906]

Monsieur le Directeur,

Vous avez bien voulu me demander si j'avais quelques observations à faire au sujet de l'article que M. B. Russell a consacré à mon livre, Science et Hypothèse, dans le numéro de juillet 1905 [8]. J'en aurais beaucoup évidemment, mais je ne voudrais ni abuser de votre hospitalité, ni revenir sur des discussions anciennes ; je me bornerai donc à quelques brèves remarques.

M. Russell parle d'abord de l'arithmétique et du rôle du principe d'induction complète. Pour lui ce principe n'est que la définition du nombre entier. Je viens d'écrire sur ce sujet un article qui va paraître dans la Revue de Métaphysique et de Morale [9]. Je me contenterai de renvoyer à cet article et d'expliquer en un mot, que le principe d'induction complète, ne signifie pas comme le croit M. Russell que tout nombre entier peut être obtenu par additions successives, c'est à dire peut être défini par récurrence. Il signifie que sur tout nombre qui peut être défini par récurrence, on a le droit de raisonner par récurrence.

L'auteur ajoute que dans l'induction mathématique on ne passe pas du particulier au général, entendu que le principe d'induction est plus général que la proposition à démontrer ; mais à ce compte on pourrait dire tout aussi bien que les sciences physiques procèdent du général au particulier, entendu que le principe d'induction physique est plus général qu'une loi physique quelconque.

En ce qui concerne la géométrie, j'ai eu avec M. Russell une longue discussion, et je vois qu'il persiste dans son opinion comme je persiste dans la mienne ; mais il y a une phrase qui peut-être fait mieux comprendre l'origine de notre désaccord, "so that objects", dit M. Russell "which we perceive as near together ..." Et le mot perceive revient plusieurs fois sous sa plume. Quant à moi, je n'emploie jamais le verbe percevoir, ni le substantif perception parce que je ne sais pas ce qu'ils veulent dire. J'ignore si la perception est une sensation ou un jugement, et je crois voir que les philosophes qui emploient ce mot, l'entendent les uns dans le premier sens, les autres dans le second. C'est pourquoi j'évite de l'employer [10].

Dans le cas de la distance géométrique, j'ai montré que quand nous sentons qu'une distance est plus petite qu'une autre, il arrive souvent qu'en réalité c'est la première qui est la plus grande, cela est l'observation vulgaire ; quand nous jugeons qu'une distance est plus petite qu'une autre ; je dis que nous jugeons en vertu de certaines

8. [Russell, 1905], [Poincaré, 1902a].

9. [Poincaré, 1906a,b].

10. Poincaré n'utilise pas fréquemment les termes « perception » ou « percevoir ». Néanmoins, dans *La Science et l'hypothèse*, l'idée de perception est utilisée dans le contexte de la perception de la troisième dimension et dans l'expression « perception externe » ([Poincaré, 1902a], chapitre 4 « L'espace et la géométrie »). Par contre, les occurences de « I perceive » ou de « we perceive » sont fréquentes dans l'article « On the Foundations of Geometry » [Poincaré, 1898c]. Poincaré n'est pas totalement responsable de la langue dans cet article, puisqu'il est traduit à partir d'une version en français.

conventions que nous avions adoptées parce que nous les trouvions commodes. M. Russell semble donner au mot percevoir un troisième sens, mais ce sens je ne le comprends pas.

L'auteur parle ensuite du mouvement relatif. "M. Poincaré says," dit-il, "This affirmation, 'the earth turns round,' has no meaning, or, in other words, these two propositions, 'the earth turns round,' and 'it is convenient to suppose that the earth turns round,' have one and the same meaning. But if 'the earth turns round' has no meaning, it has the same meaning as 'Abracadabra,' and, if M. Poincaré is right, the same meaning, that it is more convenient than Abracadabra."

Je m'étonne que M. Russell, qui avait parfaitement compris ma pensée, n'ait pu résister au plaisir de profiter d'une équivoque pour lancer un épigramme. Si je dis, le mètre est la vraie unité de longueur cela n'a aucun sens, ou plutôt en réalité j'ai voulu dire, le mètre est l'unité de longueur la plus convenable. Et bien c'est la même-chose. Quand je dis, la terre tourne, cela a l'air de vouloir dire : les vrais axes de coordonnées, sont ceux par rapport auxquels la terre tourne en 24 heures, tandis qu'en réalité cela veut dire : les axes de coordonnées les plus convenables sont ceux, etc. [11]

J'ai dit que les questions relatives aux qualités des choses réelles sont unmeaning ; parce que pour qu'une question ait un sens, il faut qu'on puisse concevoir une réponse qui ait un sens. Or cette réponse ne pourrait être faite qu'avec des mots et ces mots ne pourraient exprimer que des états psychologiques, des qualités secondaires subjectives, qui ne pourraient être celles des choses réelles ; à la fin du paragraphe qu'il consacre à cette question, M. Russell dit : "we may even push the theory further, and say that in general even the relations are for the most part unknown, and what is known are properties of the relations, such as are dealt with by mathematics. And this I think, expresses substantially the same view as that which M. Poincaré really holds." M. Russell ne s'est pas trompé, c'est bien là ma pensée [12].

À la fin, M. Russell n'a pas l'air très satisfait de ce que je dis de la probabilité. Je n'en suis pas très satisfait non plus et je serais heureux si M. Russell avait quelque chose de plus satisfaisant à proposer.

Poincaré

11. Poincaré est d'autant plus agacé par cette remarque qu'elle a provoqué un débat public bien au-delà des cercles académiques (voir [Mawhin, 2004] et [Ginoux et Gérini, 2012]).

12. Le texte « view [...] pensée » n'apparait pas dans *Mind.*

Georg Hermann Valentin

Georg Valentin nait en 1848 à Berlin. Après une formation secondaire au lycée Friederich Werder, il commence en 1869 des études de mathématiques à l'Université de Berlin où il suit les cours de Kummer, Kronecker et Weierstrass. Il soutient en 1879 une thèse supervisée par Weierstrass, *De Aequatione Algebraica, quae est inter duas variabiles, in quondam forman canonicam transformata.* Entretemps, il débute en 1874 une carrière de bibliothécaire à la *Staatsbiblioteck* dont il sera le directeur entre 1908 et le moment de sa retraite en 1920. Il décède en 1926.
Georg Valentin publie une quinzaine d'articles et de notes en histoire des mathématiques ; il est un collaborateur régulier du journal édité par Eneström, *Bibliotheca Mathematica.* Son grand œuvre reste néanmoins sa bibliographie mathématique à laquelle il travaille durant quarante-deux ans [1].
L'entreprise de Valentin risquait de faire de l'ombre à celle du *Répertoire bibliographique des sciences mathématiques* portée par Poincaré [2]. La lettre que Poincaré envoie à Valentin est la notification officielle de la nomination de ce dernier comme membre de la « Commission permanente du Répertoire bibliographique des sciences mathématiques » à l'issue du Congrès international de bibliographie mathématique de Paris en 1889.

1. Pour plus de détails sur le parcours de Valentin et son entreprise bibliographique, voir [Archibald, 1928], [Valentin, 1885, 1900, 1910] et [Eneström, 1890, 1910].
2. Voir à ce sujet les échanges entre Poincaré et Eneström (p. 242-244) et l'article d'Eneström [1890].

P. Nabonnand et al. (eds.), *La correspondance entre Henri Poincaré et les mathématiciens*, Publications des Archives Henri Poincaré Publications of the Henri Poincaré Archives, https://doi.org/10.1007/978-3-7643-8288-9_91

1 Poincaré à Valentin

[1889, après le mois de juillet] [3]

Monsieur,

J'ai lu votre lettre au Congrès qui s'est associé aux regrets que me causait votre absence.
Comme vous, je pense que nous devons éviter de nous faire concurrence, mais au contraire unir nos efforts. Une entente entre nous est nécessaire, soit que nous convenions de fondre nos deux entreprises en une seule, soit que nous les laissons subsister côte à côte mais en leur attribuant un but et une portée différente de façon à éviter qu'elle fasse double emploi.
Le Congrès l'a pensé également ; aussi vous a-t-il nommé membre de la Commission permanente qu'il a instituée et nous vous serions très reconnaissant si vous vouliez bien accepter [4]. Je pense que nous pourrons utilement discuter toutes les questions lors du voyage que vous m'annoncez.
Veuillez agréer, Monsieur, l'assurance de ma considération la plus distinguée.

Poincaré

3. Le Congrès international de bibliographie des sciences mathématiques s'est déroulé du 16 au 19 juillet 1889.

4. L'article 10 des résolutions votées lors du Congrès international du bibliographie mathématique de Paris donne la composition initiale de la Commission permanente :

> Il est institué une Commission permanente qui veillera à l'exécution des résolutions précédentes. Elle est composée de : membres français : MM. Poincaré, Désiré André, Humbert, d'Ocagne, Charles Henry ; membres étrangers : MM. Catalan, Bierens de Haan, Glaisher, Gomes Texeira, Holst, Valentin, Emil Weyr, Guccia, Eneström, Gram, Liguine, Stephanos. [Commission permanente du Répertoire bibliographique des sciences mathématiques, 1893, p. viii]

G. Valentin est toujours membre de la Commission permanente du Répertoire bibliographique des sciences mathématiques en 1893.

Gaston Vessillier

Gaston Vessillier entre au Conservatoire des Arts et des Manufactures en 1898. Il obtient le patronage de Borel et de Poincaré pour son premier ouvrage sur une théorie géométrique de la roulette [1]. En 1925, lors de la publication d'un second ouvrage toujours consacré à la roulette [2], la mémoire de ce prestigieux soutien n'était pas éteinte :

> Il y a 15 ans, M. Vessillier faisait paraître son premier ouvrage sur le jeu « Théorie des systèmes géométriques (à masses égales) appliqués aux chances simples de la roulette ».
>
> Il y exposait, dans un langage de haute science et d'une lecture parfois fort difficile, les principes de sa théorie des ensembles qui est devenue depuis classique et dont les applications se sont étendues dans les sciences et dans les arts ; c'est d'ailleurs son originalité et aussi cette extension des applications possibles, d'une influence parfois si heureuse aussi bien pour l'avancement des sciences que pour la pratique même des choses, qui avaient déterminé Henri Poincaré à contresigner cet ouvrage, ce qui, du même coup, rendit célèbre le jeune savant. (*Bulletin mensuel de l'Association des anciens élèves de l'École centrale lyonnaise*, 206 (1925), p. 66)

Poincaré à Vessillier

18 novembre 1909.

Monsieur,

J'ai lu avec intérêt les épreuves de votre : Théorie des systèmes géométriques appliqués à la Roulette, qui met à la portée de tous les esprits la compréhension de cette vérité [3] : la ruine des joueurs est certaine. Je ne peux pas écrire une préface pour votre livre, car j'ai tout dit, sur le jeu, dans mes ouvrages [4] ; mais je vous autorise à y prendre des passages qui se rapporteraient à cette question [5].

Je vous adresse, Monsieur, l'assurance de mes sentiments distingués.

H. Poincaré.

---

1. [Vessillier, 1909].
2. [Vessillier, 1925].
3. [Vessillier, 1909].
4. Voir par exemple, [Poincaré, 1912a, p. 68-74].
5. Cette lettre est reproduite dans le livre de Vessillier [1909].

P. Nabonnand et al. (eds.), *La correspondance entre Henri Poincaré et les mathématiciens*, Publications des Archives Henri Poincaré Publications of the Henri Poincaré Archives, https://doi.org/10.1007/978-3-7643-8288-9_92

Léon Walras

Léon Walras nait en 1834 à Évreux dans une famille d'enseignants [1]. Après des études chaotiques pendant lesquelles il acquiert une bonne formation mathématique, il se « résolut de suivre la carrière d'écrivain et de publiciste » [2]. Suit une période pendant laquelle il occupe diverses fonctions dans des journaux et dans le mouvement coopératif tout en commençant à publier des travaux en économie politique. En 1870, il obtient la chaire d'économie politique de l'Université de Lausanne, nouvellement créée. Il enseigne à Lausanne jusqu'en 1892 et y fonde le courant de l'École de Lausanne en économie :

> Sur le plan économique, l'œuvre de Léon Walras repose sur un triptyque : l'Économie pure, l'Économie appliquée, l'Économie sociale. Ce triptyque exprime un souci de synthèse qui a inspiré toute son œuvre. L'Économie pure était conçue comme la Mécanique rationnelle en vue de définir un modèle d'ensemble descriptif et explicatif des relations entre les différentes variables économiques, et cela en utilisant, dans un cadre rigoureux, toutes les ressources de la logique mathématique. L'Économie appliquée était considérée comme l'application de la théorie pure aux problèmes pratiques de la production avec comme objectif l'étude de l'organisation la plus appropriée pour réaliser un maximum de bien-être social. L'économie sociale, essentiellement normative, était regardée comme l'étude des principes éthiques de l'organisation de notre société. [Allais, 1964]

Walras poursuit alors ses recherches et la promotion de ses théories malgré l'hostilité de ses condisciples français [3]. Il décède à Clarens (Suisse) en 1910.
Léon Walras est l'auteur de nombreux ouvrages développant des théories du prix, de la richesse, sur la régularisation des variations de la valeur de la monnaie et bien sûr ses *Éléments d'économie politique pure* dont la quatrième édition est l'objet des échanges entre Poincaré et Walras [1900].

1. Son père est un économiste dont certaines thèses influenceront plus tard son fils [Allais, 1964].
2. [Walras, 2011, p. 51].
3. Pour plus de précisions sur les débats en France sur la question de l'application des mathématiques en économie politique, voir [Breton, 1992].

P. Nabonnand et al. (eds.), *La correspondance entre Henri Poincaré et les mathématiciens*,
Publications des Archives Henri Poincaré Publications of the Henri Poincaré Archives,
https://doi.org/10.1007/978-3-7643-8288-9_93

1 Walras à Poincaré

Les Brayères sur Clarens
10 septembre 1901 [4]

Monsieur,

J'ai l'honneur de vous adresser aujourd'hui, par la poste, un exemplaire de la 4e édition de mes Éléments d'économie politique pure [5]. J'ai été tout près de vous faire cet envoi, il y a un an, quand cette 4e édition a paru [6], en même temps qu'à 3 ou 4 de mes confrères de l'Institut des Actuaires français [7]. Mais les dispositions de ces Messieurs étaient alors assez incertaines et j'ai craint de compromettre tout à fait la cause de l'application de la méthode mathématique à l' économie politique dans un pays aussi conservateur et autoritaire que le nôtre, en réunissant contre elle tous les mathématiciens qualifiés [8]. Depuis lors, l'Institut des Actuaires a paru vouloir se montrer plus favorable ; et j'ai trouvé hier dans le No. d'août-septembre de la Revue d'Économie politique [9] un article sur la méthode mathématique en économie politique [10] dont l'auteur [11], plus économiste que mathématicien, à ce qu'il me semble, mais approuvant mes tentatives, s'appuie sur un article de vous (*Les relations entre la physique expérimentale et la physique mathématique*), paru en 1900 dans la Revue générale des sciences [12], et en fait des citations tout à fait applicables à son cas [13].

4. La correspondance entre Poincaré et Walras est conservée à la Bibliothèque cantonale et universitaire de Lausanne. Elle a été publiée par William Jaffé [1965].

5. [Walras, 1900].

6. La première édition du traité de Walras paraît en 1874.

7. L'Institut des actuaires français est créé en 1890.

8. Les milieux universitaires de l'économie politique français étaient très réticents en ce qui concerne l'utilisation des mathématiques dans le champ de l'économie et n'accueillaient donc pas d'un bon œil les travaux de Walras. Pour plus de précisions, on peut consulter [Lallement, 2004] et [van Daal et Walker, 2007].

9. La *Revue d'économie politique* était dirigée par Paul Cauwes, professeur à la Faculté de droit de Paris, Charles Gide, professeur à la Faculté de droit de Montpellier, Eugen Schwiedland, professeur à l'Université de Vienne, Edmond Villey, professeur à la Faculté de droit de Caen, Raoul Jay, professeur à la Faculté de droit de Paris et Auguste Souchon, professeur à la Faculté de droit de Paris. En 1901, Walras apparaît dans la liste des collaborateurs réguliers de la revue.

10. [Bouvier, 1901b].

11. Émile Bouvier était professeur de finances publiques à la Faculté de droit de Lyon. Voir la lettre adressée par É. Bouvier à Poincaré en 1902 (p. 772).

12. [Poincaré, 1900d].

13. Bouvier justifie l'application des mathématiques en économie en faisant référence aux applications des mathématiques en physique, chimie et psychophysique (loi de Fechner). Il laisse entendre que la mathématisation des disciplines scientifiques est une tendance naturelle et qu'il ne faut pas s'étonner que « l'économie politique ait subi à son tour [cette] évolution ».

> La méthode consiste à employer ici les formules ou formes algébriques, à appliquer aux recherches théoriques d'économie politique les symboles de l'analyse mathématique, à fixer, dans la forme du calcul, les définitions et les principes économiques. Les raisonnements sont faits par les équations, les courbes, etc. ; les représentations géométriques se combinent avec les formules ; les hypothèses sont exprimées algébriquement. Les partisans du système déterminent

C'est pourquoi je me décide à vous soumettre mon ouvrage.
Je m'abstiendrai de vous le recommander. J'ai mis 30 ans à le composer [14] et à le perfectionner dans les éditions successives. Il est aujourd'hui aussi satisfaisant à

> par les intégrales, les fonctions, la solution des problèmes sur la valeur, la fixation du salaire de l'ouvrier, le prix des différents produits sur le marché, etc. Ils emploient les procédés mathématiques principalement pour la construction de l'économie politique pure, c'est-à-dire la partie générale et abstraite de la science. M. Léon Walras, par exemple, résume tout son système en deux propositions : 1° *L'économie politique pure est la détermination des prix sous un régime hypothétique de concurrence absolue ;*
> 2° *Cette théorie de la détermination des prix est une théorie mathématique*, c'est-à-dire que si l'exposition *peut* s'en faire dans le langage ordinaire, la démonstration *doit* s'en faire mathématiquement. [Bouvier, 1901b, p. 819]

Bouvier défend l'idée que l'économie politique relève des mathématiques appliquées au même que la physique en suivant le raisonnement de Poincaré dans son article sur les relations entre physique mathématique et physique expérimentale. L'argument essentiel de Poincaré, repris par Bouvier, est que le formalisme mathématique permet de généraliser les résultats expérimentaux.

14. Sur la genèse du traité de Walras, on peut consulter [Lhuillier, 2002]. Walras évoque dans son autobiographie la publication de la 4e édition de son traité :

> En 1900, je donnais la 4e édition des *Éléments d'économie politique pure* qui contenait une théorie de la détermination du taux de l'intérêt déduite rationnellement, pour la première fois, d'équations d'échange et de satisfaction maxima et qui parut en décembre sous le titre de : *Note sur l'équation du taux du revenu net*, dans le *Bulletin de l'Institut des Actuaires français* lequel m'avait élu membre correspondant en 1893 ; et une théorie de la valeur de la monnaie déduite, elle aussi rationnellement, pou rla première fois d'équations d'échange et de satisfaction maxima et qui avait été communiquée en 1899 sous le titre d'Équations de la circulation à la Société Vaudoise des sciences naturelles laquelle m'élut, à cette occasion, membre émérite. Cette 4e édition des *Éléments d'économie politique pure*, avec les deux volumes des *Études d'économie sociale* et des *Études d'économie politique appliquée*, peut, je crois, donner une idée suffisante de ma doctrine politique et sociale. [...]
> Il semble tout d'abord que ces efforts dussent avoir un certain résultat.
> En mai 1901, au moment où je m'installais à Clarens, je reçus une lettre de M. Albert Aupetit m'envoyant son adhésion à ma théorie avec une thèse de doctorat ès sciences économiques par lui soutenue devant la Faculté de Droit de Paris et intitulée : *Essai sur la théorie générale de la monnaie* au Chapitre 1er de laquelle les conditions mathématiques de l'équilibre économique étaient parfaitement résumées. Je tenais enfin mon premier disciple français.
> En septembre suivant, comme l'expression mathématique de l'utilité qui forme la base de ma théorie avait été déclarée, l'année précédente, inacceptable à l'Institut des Actuaires français, je soumis la question à M. Henri Poincaré qui me répondit explicitement qu'une grandeur non mesurable pouvait parfaitement devenir l'objet d'une spéculation mathématique dans certaines conditions que, selon lui, j'avais observés.
> Enfin, la même année, parut, en partie dans la *Revue d'économie politique* et en totalité ensuite en volume, un essai de M. Émile Bouvier, professeur à la Faculté de droit de Lyon, intitulé : *La méthode mathématique en économie politique* et dont les conclusions étaient que cette méthode pouvait « faire sortir la science de l'ornière actuelle », et qu'on devait « observer avec intérêt ses efforts et même les seconder ». C'était là une adhésion très suffisante parmi les économistes. [Walras, 1965]

mes yeux que je puis le rendre, étant données mes connaissances économiques qui sont assez sérieuses et mes connaissances mathématiques qui sont, au contraire, des plus modestes. J'en ai soumis, il y a 24 ans, la première édition à M. Joseph Bertrand dont la bienveillance a été grande, mais l'attention moindre que je l'aurais souhaitée [15]. C'est, en conséquence, votre attention surtout que je sollicite dans une question si capitale à la fois pour le progrès de la science et pour le progrès social. Aussi ne compté-je sur aucune réponse immédiate ou très prochaine, et vous prie de prendre tout votre temps avant d'apporter dans la balance le poids considérable de votre nom et de votre jugement.
Recevez, je vous prie, l'assurance de mes sentiments respectueux.

L. Walras

2 Poincaré à Walras

Arromanches (Calvados) [circa le 16 septembre 1901] [16]

Monsieur,

Je vous remercie beaucoup de l'envoi que vous avez bien voulu me faire. Dès que je serai de retour à Paris , je lirai votre ouvrage [17] et je vous dirai ce que j'en pense. A priori, je ne suis pas hostile à l'application des mathématiques aux sciences économiques, pourvu qu'on ne sorte pas de certaines limites, et je sais déjá que vos efforts dans ce sens vous ont conduit à des résultats intéressants.
Veuillez agréer, Monsieur, l'assurance de ma considération distinguée.

Poincaré

3 Walras à Poincaré

Les Brayères sur Clarens, Vaud (Suisse)
26 septembre 1901

Monsieur

Vous me dites qu'à priori vous n'êtes pas hostile à l'application des mathématiques aux sciences économiques « pourvu qu'on ne sorte pas de certaines limites » [18]. Précisément, on m'a reproché tout d'abord, à l'Institut des Actuaires, de sortir des justes limites. Et, tout considéré, je cède au désir de vous indiquer brièvement la réponse que j'aurais faite à ce reproche s'il avait été maintenu.

15. Pour plus de précisions sur la réponse rapide de J. Bertrand à une proposition d'article de Walras pour la *Revue des deux Mondes*, voir [Bridel, 1996, p. 163]. Tout en gardant ses réserves à l'application des mathématiques dans les sciences sociales, Joseph Bertrand [1883] fera plus tard une recension plus favorable de l'ouvrage de Walras [1883] sur la *Théorie mathématique de la richesse sociale.*

16. Une note manuscrite de Léon Walras indique que cette lettre lui est parvenue le 16/09/1901.

17. Voir la lettre précédente.

18. Voir la lettre précédente.

J'ai posé la rareté (ou intensité du dernier besoin satisfait) comme « une fonction décroissante de la quantité consommée de marchandise », en ajoutant que cette rareté n'était pas une grandeur appréciable, mais qu'il suffisait de la concevoir pour fonder sur le fait de sa décroissance la démonstration des grandes lois de l'économie politiques (Éléments, 74, 75 ; Appendice I, 1). Sur quoi, M. Laurent [19] s'écriait : « Comment accepter qu'une satisfaction puisse être mesurée ? Jamais un mathématicien n'y consentira. (Bulletin de juillet 1900, p. 85).
J'écarte, bien entendu, quant à présent, toute idée d'évaluation numérique en vue d'applications pratiques, pour m'attacher exclusivement à celle d'une expression mathématique en vue d'une étude théorique. À ce point de vue, j'ouvre la Statique de Poinsot (8e édition) [20] au Chapitre III : *Des centres de gravité*, 134 [21] ; je vois qu'il y définit la masse d'un corps comme le « le nombre des molécules qui le composent » ou « la quantité de matı'ere qu'il renferme » ; et je constate que, ce faisant, il considère, lui aussi, comme appréciable une grandeur qui ne l'est pas, vu que personne n'a jamais compté les molécules d'un corps quelconque.
Grâce à cette masse, ainsi considérée, les mathématiciens ont pu démontrer que : – « les corps célestes s'attirent les uns et les autres en raison directe des masses et en raison inverse du carré des distances », et ils ont expliqué les phénomènes astronomiques et constitué l'astronomie mathématique. Grâce à la rareté, considérée de la même façon, j'ai pu démontrer que : – « les marchandises tendent à s'échanger les unes les autres en raison inverse de leurs rareté », et j'ai expliqué les principaux phénomènes économiques et esquissé l'économie pure mathématique.
Il me semble que la première tentative justifie la seconde. Et, au surplus, on peut rendre raison de toutes les deux. La science fait la théorie des faits généraux ou des groupes de faits particuliers, c'est-à-dire qu'elle indique leur nature, leurs causes, leurs conséquences, en formulant leurs lois. Quand ces faits sont des grandeurs, ou des faits quantitatifs, (comme la gravitation, le prix) leurs lois s'expriment par

19. Hermann Laurent (1841-1908) travaillait comme actuaire dans une société d'assurances-vie (p. 523). Il collaborait régulièrement au *Bulletin trimestriel de l'Institut des actuaires français* dont il deviendra le vice-président en 1902. Malgré ses critiques de certains points de la théorie de Walras, il est un partisan des thèses de l'École de Lausanne en économie. Voir [Laurent, 1900, 1902a].

20. [Poinsot, 1842].

21. Après avoir expliqué que toues les molécules d'un corps pesant sont soumises à « de petites forces égales, parallèles et de même sens », Louis Poinsot définit le poids d'un corps pesant :

> Et d'abord nous en conclurons que *la résultante de toutes les forces parallèles de la pesanteur leur est parallèle, c'est-à-dire est verticale* ;
> En second lieu, qu'*elle est égale à leur somme.*
> La quantité de cette résultante est ce que l'on nomme le *poids* du corps ; d'où l'on voit que le poids d'un corps est proportionnel au nombre des molécules qui le composent, ou à la quantité de matière qu'il renferme, et que l'on nomme sa *masse*. Ainsi, l'on distinguera le mot de *pesanteur* ou gravité, d'avec celui de *poids*. La pesanteur désigne, comme nous l'avons dit, la cause qui attire les corps vers la terre ; mais le poids désigne la force particulière qui en résulte pour chacun d'eux ; force qui est proportionnelle à leur masse, et égale à l'effort qu'il faudrait employer pour les soutenir. [Poinsot, 1842, p. 112-113]

des équations qui se déduisent les unes des autres ; et c'est ainsi que les sciences physico-mathématiques formulent rationnellement des lois qui sont confirmées par l'expérience. Or, pour établir ces équations, il faut bien y faire rentrer les causes (la masse m, la rareté r) en les traitant comme des grandeurs appréciables alors même qu'elles ne le sont pas toujours et ne deviennent (quand cela a lieu) que par leur rapport avec les autres grandeurs qui le sont. La théorie de l'échange ne sort pas de ces limites ; et tous les mathématiciens qui étaient en même temps économistes, ou qui ont pris la peine de le devenir en l'étudiant, tel que MM. Bortkévitch [22], Pareto [23], Barone [24], Winiarski [25] et d'autres, ont reconnu qu'elle vidait complètement une foule de questions que les économistes précédents avaient laissées tout à fait obscures et embrouillées.
Veuillez agréer, Monsieur, avec l'expression de ma gratitude pour votre bienveillant accueil, celle de mes sentiments respectueux.

Léon Walras

4 Poincaré à Walras

[30/09/1901] [26]

Mon cher collègue

Vous vous êtes mépris sur ma pensée. Je n'ai jamais voulu dire que vous eussiez dépassé les « justes limites ». Votre définition de la rareté me paraît légitime. Voici comment je la justifierais. La satisfaction peut-elle se mesurer ? Je puis dire que telle satisfaction est plus grande que telle autre, puisque je préfère l'une à l'autre. Mais je ne puis dire que telle satisfaction est deux ou trois fois plus grande que telle autre. Cela n'a aucun sens par soi-même et ne pourrait en acquérir un que par une convention arbitraire. La satisfaction est donc une grandeur, mais non une grandeur mesurable. Maintenant une grandeur non-mesurable sera-t-elle par cela seul exclue de toute spéculation mathématique ? Nullement. La température, par exemple (au moins jusqu'à l'avènement de la thermodynamique qui a donné un sens au mot de température absolue) était une grandeur non mesurable. C'est arbitrairement qu'on la mesurait par la dilatation du mercure, plutôt que par la dilatation de tout autre corps. On aurait pu tout aussi légitimement définir la

22. Sur les relations entre Walras et son « élève », Ladislaus von Bortkiewicz, on peut consulter [Gattei, 1982]. Walras soutint les candidatures de Bortkiewicz pour obtenir une position à l'Université de Genève et à l'Université de Lausanne.

23. Vilfredo Pareto était le successeur de Walras à la chaire d'économie politique de l'Universit''e de Lausanne. Sur les relations conflictuelles entre Walras et Pareto, on peut voir [Mornati, 1999] et [Bridel et Mornati, 2009].

24. Sur Enrico Barone, on peut consulter le chapitre que lui consacre P. E. Dooley dans [Meacci, 1998] ou [Faucci, 2014].

25. Léon Winiarski était un proche de Walras. Il propose une sociologie mathématisée fondée sur une analogie avec les lois de la mécanique et de la thermodynamique [Winiarski, 1898].

26. Cette lettre est une réponse à la lettre précédente. Léon Walras note « Paris 30-7bre, reçue 1er 8bre». Elle est publiée en annexe de l'article de Walras [1909] intitulé *Économique et mécanique*.

température par une fonction *quelconque* de la température ainsi définie, pourvu *que cette fonction fût constamment croissante.* De même ici vous pouvez définir la satisfaction par une fonction arbitraire pourvu que cette fonction croisse toujours en même temps que la satisfaction qu'elle représente.

Dans vos prémisses vont donc figurer un certain nombre de fonctions arbitraires ; mais une fois ces prémisses posées, vous avez le droit d'en tirer des conséquences par le calcul ; si, dans ces conséquences, les fonctions arbitraires figurent encore, ces conséquences ne seront pas fausses, mais elles seront dénuées de tout intérêt parce qu'elles seront subordonnées aux conventions arbitraires faites au début. Vous devez donc vous efforcer *d'éliminer* ces fonctions arbitraires, et c'est ce que vous faites.

Autre remarque : je puis dire si la satisfaction qu'éprouve un même individu est plus grande dans telle circonstance que dans telle autre ; mais je n'ai aucun moyen de comparer les satisfactions éprouvées par deux individus différents. Cela augmente encore le nombre des fonctions arbitraires à éliminer.

Quand donc j'ai parlé des « justes limites », cela n'est pas du tout ce que j'ai voulu dire. J'ai pensé qu'au début de toute spéculation mathématique il y a des hypothèses, et que, pour que cette spéculation soit fructueuse, il faut, (comme dans les applications à la physique d'ailleurs) qu'on se rende compte de ces hypothèses. C'est si on oubliait cette condition qu'on franchirait les justes limites.

Par exemple, en mécanique, on néglige souvent le frottement et on regarde les corps comme infiniment polis. Vous, vous regardez les hommes comme infiniment égoïstes et infiniment clairvoyants. La $1^{\text{ère}}$ hypothèse peut être admise dans une première approximation, mais la 2e nécessiterait peut-être quelques réserves [27].

Votre bien dévoué collègue,

Poincaré

27. Dans une note ajoutée à la version publiée de cette lettre, Walras estime qu'il répond à cette remarque en argumentant que cette hypothèse n'est pas nécessaire et n'a en tout cas rien à voir avec des considérations morales :

> Le *besoin* que nous avons des choses, ou l'*utilité* qu'ont les choses pour nous [...] est un fait quantitatif qui se passe en nous ; c'est un fait intime dont l'appréciation reste subjective et individuelle. Soit ! Ce n'en est pas moins une grandeur et même, dirai-je, une grandeur appréciable. De deux choses utiles dont j'ai besoin et que je ne saurais obtenir gratuitement à discrétion, je sais fort bien laquelle m'est le plus utile ou de laquelle j'ai le plus grand besoin. C'est celle que je préfère à l'autre. Que ma préférence soit ou non justifiée au regard de la morale, ou même dans mon intérêt bien entendu, ce n'est pas la question. La *morale* est une science distincte, et il pourrait y en avoir une autre encore, celle du bonheur ou l'*hédonique*, qui nous enseignerait les moyens d'être heureux ; mais ce n'est pas de cela qu'il s'agit ici. Il s'agit ici de la détermination des prix en libre concurrence et de savoir comment elle dépend de nos préférences justifiées ou non. C'est exclusivement cette question qui est l'objet de l'*économique pure*. L'économique pure ne sera pas, si l'on veut, une science *physico-mathématique* ; eh ! bien elle sera science *psychico-mathématique*. [Walras, 1909, p. 315-316]

5 Walras à Poincaré

Les Brayères sur Clarens, Vaud (Suisse),
3 octobre 1901

Monsieur et cher collègue

Vous m'avez fait le plus vif plaisir en m'expliquant avec l'autorité qui vous appartient que j'étais fondé à représenter les satisfactions des individus par des fonctions, même arbitraires, mais toujours croissantes avec les satisfactions représentées, à la condition d' éliminer ces fonctions comme je le fais effectivement dès que j'en ai déduit les courbes de demande et d'offre avec leurs propriétés essentielles. Vous m'avez donné ainsi une sécurité complète en ce qui concerne le point de départ de ma théorie. Si vous trouvez quelque chose à reprendre dans le développement, j'espère que vous serez assez bon pour me le dire.
Quant aux hypothèses, il est bien certain qu'il y faut prendre garde quand on passe de l'abstraction à la réalité. En réalité il y a des frottements dans le mécanisme économique ; et d'autre part les hommes ne sont ni parfaitemen égoïste ni parfaitement clairvoyants. Il en résulte que la théorie appliquée de la production de la richesse doit indiquer avec soin ces frottements et conclure à leur suppression aussi complète que possible en vue d'un maximum d'utilité aussi approximatif que possible ; et que la théorie morale de répartition de la richesse doit établir avec soin notre droit de diminuer ou non notre maximum au profit d'autrui, ou notre devoir de chercher un maximum plus parfait dans le développement d'une clairvoyance et non par la substitution d'un mécanisme autoritaire au mécanisme libre de la concurrence. Et c'est ainsi qu'interviennent les principes d'intérêt social et de justice sociale qui sont, avec ceux d'économie politique pure, la double base de cette science. J'ai traité ces questions dans mes Études d'économie sociale et d'économie politique appliquée[28]. Pour le cas où vous auriez la curiosité de voir quelle lumière la mathématique, jointe à la philosophie, répandent sur elles, je me permets de vous adresser le bon ci-contre avec lequel vous pourriez faire prendre les deux volumes chez mon éditeur.
Croyez-moi, Monsieur et cher Collègue, votre respectueux et tout dévoué,

Léon Walras

P.S. Je suis à présent professeur honoraire et retiré à la campagne à l'adresse indiquée à la tête de la présente.

---

28. [Walras, 1896, 1898].

6 Walras à Poincaré

Clarens, Vaud, Suisse,
23 novembre 1906

Monsieur et illustre collègue

Un de mes disciples, le Professeur L. Moore de la Columbia University de New York, dont j'ai eu le plaisir de recevoir ici la visite cet été[29], m'ayant assuré que vous et M. le Professeur Émile Picard, dans deux conférences faites à l'Exposition de Saint-Louis, aviez donné en principe votre assentiment à l'emploi de la méthode mathématique en économie politique pure, je me suis mis en rapport avec M. Picard qui a été assez aimable pour me donner sa leçon[30]. Ayant par devers moi, depuis 5 ans, votre propre approbation[31], j'ai d'abord hésité à vous importuner d'une requête. Cependant, votre autorité est telle que je serais bien heureux à l'occasion de m'appuyer sur elle ; c'est pourquoi, ne sachant jusqu'à quel point j'aurais le droit de me servir de votre lettre d'octobre 1901, je me permets, toute réflexion faite, de vous demander, à vous aussi, si et comment je pourrais me procurer votre conférence américaine.
Veuillez agrèer, je vous prie, l'assurance de mes sentiments les plus respectueux et dévoués.

L. W.

---

29. Henry Ludwell Moore était professeur adjoint d'économie politique à la *Columbia University*. D'après Stigler [1962], il rend visite à Walras en 1903.

30. Dans sa conférence sur l'avenir de la physique Poincaré [1905e] n'évoque en aucune façon la question de l'économie mathématique (voir la lettre suivante 7). Par contre, la conférence d'Émile Picard [1905] au congrès de St. Louis qui est consacrée au développement de l'analyse mathématique et aux relations de celle-ci avec les autres sciences, évoque l'application des mathématiques à l'étude des phénomènes économiques et cite les travaux de l'école de Lausanne :

> After Cournot, the Lausanne school made an effort extremely interesting to introduce mathematical analysis into political economy.
> Under certain hypotheses, which fit at least limiting cases, we find in learned treatises an equation between the quantities of merchandise and their prices, which recalls the equation of virtual velocities in mechanics : this is the equation of economic equilibrium. A function of quantities plays in this theory an essential role recalling that of the potential function. Moreover, the best authorized representatives of the school insist on the analogy of economic phenomena with mechanical phenomena. "As rational mechanics", says one of them, "considers material points, pure economy considers the *homo oeconomicus*".
> Naturally, we find there also the analogues of Lagrange's equations, indispensable matrix of all mechanics.
> While admiring these bold works, we fear lest the authors have neglected certain hidden masses, as Helmholtz and Hertz would have said. But although that may happen, there is in these doctrines a curious application of mathematics, which, at least, in well-circumscribed cases, has already rendered great services. [Picard, 1905, p. 516]

31. Voir la lettre adressée par Poincaré à Walras fin septembre 1901 (p. 804).

7 Poincaré à Walras

[03/12/1906] [32]

Mon cher collègue

Dans ma conférence américaine il n'a nullement été question du sujet qui vous intéresse, mais je vous autorise très volontiers à publier en tout ou en partie la lettre que je vous ai adressée il y a quelques années [33].

(Poincaré) [34]

8 Walras à Poincaré

Clarens, Vaud (Suisse),
6 mai 1909

Monsieur et illustre collègue,

J'ai, en ce moment, une excellente occasion de mettre à profit la très gracieuse autorisation que vous m'avez donnée, en décembre 06 [35], de « publier en tout ou en partie » la lettre que vous m'avez adressée en septembre 01 [36] : ce serait de la donner en Appendice [37] à la suite d'une note intitulée Économique et Mécanique [38] par moi lue récemment à la Société Vaudoise des sciences naturelles à Lausanne et que je compte faire distribuer en même temps qu'un Discours à prononcer dans quelques semaines, lors de mon Jubilé cinquantenaire d'économiste (le 10 juin prochain) [39].

32. Cette note n'est pas datée. Une marque manuscrite de Walras indique « reçu le 3 Xbre 06 ».
33. Il s'agit de la lettre 4 (p. 804).
34. Cette note n'est pas signée.
35. Voir la lettre précédente 7.
36. Voir la lettre 4.
37. [Poincaré, 1909b].
38. [Walras, 1909].
39. Le jubilé de Walras donnera lieu à la publication d'une brochure [Université de Lausanne, 1909]. Dans l'allocution qu'il prononce aux obsèques de Walras, le recteur de l'Université de Lausanne évoque le souvenir du jubilé de Walras :

> [...] le 10 juin dernier, notre Haute école célébrait le soixante-quinzième anniversaire de M. Léon Walras, professeur honoraire, ancien professeur ordinaire à la Faculté de droit, qui pendant vingt-deux ans avait consacré ses grands talents, le meilleur de ses forces, à l'enseignement dont il était chargé.
> Après avoir reçu un juste tribut d'hommages et de félicitations de l'Université de Lausanne, d'Universités sœurs, de sociétés scientifiques, de ses disciples et de nombreux savants étrangers, notre vénéré collègue, répondait aux nombreux hommages qui venaient de lui être présentés par un discours très éloquent, très écouté et applaudi, qui reflètait une vigueur intellectuelle et physique qu'il est rarement donné de voir à l'âge de soixante-quinze ans.
> Puis alerte, le professeur Walras, souriant et heureux, se rendait, accompagné des membres de sa famille, de ses collègues, de ses admirateurs dans la cour

Vous écrivez, Monsieur, de gros et excellents ouvrages de hautes mathématiques, de merveilleux volumes de philosophie scientifique ; et, par surcroît, vous vous astreignez à répondre obligeamment à de modestes collègues qui vous consultent. Vous avez bien le droit de le faire un peu au courant de la plume, et il n'y aurait rien d'extraordinaire à ce qu'il se trouvât par hasard un *lapsus calami* dans quelqu'une de ces réponses.

À tort ou à raison, j'ai cru en trouver un dans cette phrase qui ne s'est pas présentée du premier coup, et que voici, raturée telle qu'elle l'est dans votre lettre de 01 : « C'est arbitrairement qu'on la mesurait (la température) par la dilatation du mercure plutôt que par la dilatation de tout autre corps. On aurait pu tout aussi légitimement définir la température par une fonction quelconque de la température ainsi définie, pourvu que cette fonction fût constamment croissante. De même ici vous pouvez définir la satisfaction par une fonction arbitraire pourvu que cette fonction croisse toujours avec la satisfaction qu'elle représente ».

J'ai tout d'abord pensé qu'il suffisait de vous faire dire : « On aurait pu tout aussi légitimement mesurer la température par une fonction quelconque de cette température ainsi définie, pourvu que etc. ».

Mais cette correction ne suffit pas à me satisfaire par la raison qu'elle me semble laisser subsister quelque obscurité sur la phrase. Et comme, après tout, je crois n'avoir absolument pas le droit de modifier votre rédaction sans votre consentement, je vous prie d'être assez bon pour examiner avec attention une modification un tant soit peu plus considérable de votre texte que je vais me permettre de vous indiquer et qui, selon moi, le rendrait à la fois plus correct et plus lumineux.

En ce qui concerne soit la thermodynamique, soit l'économique, dont le rapprochement est si heureux, il y a deux opérations distinctes à faire : définir et mesurer ; définir la température comme la cause de la dilatation, la mesurer par une fonction croissante de cette dilatation $t = \varphi(d)$; définir la rareté comme la cause de la valeur et la mesurer par une fonction croissante de valeur $r = \varphi(v)$. Or il me semble que cette double opération apparaîtrait clairement par la rédaction suivante de votre passage :

« C'est arbitrairement qu'on la définissait et la mesurait par la dilatation du mercure. On aurait pu tout aussi légitimement la définir par la dilatation de tout autre corps et la mesurer par une fonction quelconque de cette dilatation pourvu que cette fonction fût constamment croissante. De même ici, vous pouvez définir et mesurer la satisfaction par une fonction arbitraire pourvu que cette fonction croisse toujours avec la satisfaction qu'elle représente ».

Comme vous le voyez, je me borne à reporter 7 mots, « par la dilatation de tout autre corps » de la première phrase dans la seconde, à ajouter dans la première phrase, « et la mesurait », et à faire figurer également la « définition » et la « mesure » à la fois dans la seconde et dans la troisième phrases.

de l'ancienne Académie pour y voir , fixé dans le mur, le médaillon que l'Université avait fait sculpter en l'honneur de son jubilé, pour mieux le couronner de son vivant. [Blanc, 1910, p. 95-96]

Ayez, je vous en prie, l'obligeance de me faire savoir si vous approuvez cette rédaction, ou de m'en indiquer quelque autre qui vous satisfasse mieux, ou de me dire si vous maintenez votre texte en cas que ce soit moi qui me trompe [40].
Quoi que vous décidiez, croyez-moi, Monsieur, avec le plus profond respect et la plus vive gratitude.
Votre dévoué collègue,

Léon Walras

P.S. Ci-inclus un résumé de ma communication et, à part, un compte rendu de la séance où je l'ai faite.

9 Poincaré à Walras

[Lettre non datée [41]]

Mon cher Collègue

Pardon d'avoir tant tardé à vous répondre [42] ; je vous autorise volontiers à publier ma lettre [43] avec la modification en question [44].
Votre bien dévoué Collègue,

Henri Poincaré

10 Walras à Poincaré

Clarens, Vaud (Suisse)
14 juin 1909

Monsieur et illustre collègue

C'est à vous tout d'abord que j'envoie le 1er exemplaire tiré à part de mon petit mémoire Écononomique et Mécanique [45] à la fin duquel j'ai le grand honneur d'inscrire, avec votre permission, mon nom à côté du vôtre [46].

40. La version publiée de la lettre de Poincaré [1909b] à Walras reprend la rédaction proposée par Walras à un détail près. La précision « en même temps » est ajoutée entre « toujours » et « avec la satisfaction ».
41. Jaffé affirme avoir des éléments pour dater la réception de cette lettre au 22 mai 1909.
42. Voir lettre précédente
43. Il s'agit de la lettre adressée par Poincaré à Walras fin septembre 1901 (p. 804).
44. [Poincaré, 1909b].
45. [Walras, 1909].
46. La *Gazette de Lausanne* évoque dans sa livraison du 13 avril 1909 la séance au cours de laquelle Walras a présenté son mémoire :

> À la séance de la Société vaudoise des sciences naturelles qui a eu lieu mercredi, M. L. Pelet, président, a salué la présence de M. Léon Walras, professeur honoraire de l'Université, membre émérite de la société. L'Université célébrera prochainement le jubilé de M. L. Walras, le savant économiste. Une plaque

Je devrais dire « l'audace », car j'ai bien peur que vous ne trouviez, dans mon opuscule, des *lapsus* autrement sérieux que celui que j'ai pris la liberté de vous signaler dans votre lettre [47]. Prenez votre revanche puisque vous en avez l'occasion, mais prenez la avec la mansuétude qui tient au génie.
Je joins à mon envoi le compte rendu de mon jubilé qui a eu lieu jeudi [48]. Vous y verrez que l'économique mathématique, que vous avez été le premier à encourager, il y aura bientôt 10 ans, fait actuellement assez bonne figure dans le monde [49].
Votre bien respectueux et très obligé,

L. W.

---

avec médaillon sera scellée dans le mur du bâtiment de la Cité. La Société des sciences naturelles s'associera à cette manifestation universitaire.
M. L. Walras, salué par une belle ovation, a pris ensuite la parole. Avec une belle verdeur et une lucidité remarquable, le vénérable professeur (il est est né en 1834) a exposé sa théorie de l'économie politique par les mathématiques.
M. H. Poincaré, de l'Académie, a, dans une lettre dont M. Walras a donné lecture en partie, et qui sera publiée dans le *Bulletin*, donné sont approbation aux théories de M. Walras.
La conclusion philosophique de la double comparaison de l'économique avec la mécanique et l'astronomie est que, tout comme les forces et les masses sont des causes physiques hypothétiques d'espace parcouru et de temps employé en parcours, d'où résulte la vitesse dans le mouvement, les utilités, les raretés sont des causes psychiques hypothétiques de demande et d'offre, d'où résulte la valeur dans l'échange, et qu'en définitive, l'économique est une science mathématique, tout comme la mécanique et l'astronomie. [...]

47. Voir la lettre adressée par Walras à Poincaré le 6 mai 1909 (p. 808).
48. Deux pages du supplément au n° 136 (11 juin 1909) de la *Gazette de Lausanne* sont consacrées au jubilé de Walras.
49. D'après le compte rendu publié le 11 juin 1909 dans la *Gazette de Lausanne*, Walras a reçu pour son jubilé des messages des universités ou des facultés de droit de Montpellier, Bordeaux, Lyon, Toulouse, Dijon, Grenoble, Angers, de Rome, Modène, Ferrare, Venise, Pérouse, Urbino, Bari, Heidelberg, Strasbourg, Rostock, Göttingen, Berlin, Manchester, Dublin, Cambridge, Prague, Insbruck, Agram, Barcelone, Liège, Louvain, Genève, Fribourg, Neufchâtel, Berne, Bâle et Zurich.

Bibliographie

Abel, N. 1839, *Œuvres complètes de N. H. Abel, mathématicien, tome premier*, Gröndahl, Christiania. éditées par B. Holmboe.

Aïssani, D., P. Romera-Lebret et N. Verdier. 2016, « Itinéraires de savants géomètres en Algérie au XIXe siècle », *Images de mathématiques*. https ://images.math.cnrs.fr/.

Alek-Kowalski, T. 1966, « L'idée de la science selon l'interprétation de Jan Działyński : une contribution aux origines du positivisme polonais », *Organon*, vol. 3, p. 219–223.

Aleksandrov, P. S. 1972, « Poincaré and Topology », *Russian Mathematical Surveys*, vol. 27 (1), p. 157–166.

Allais, M. 1964, « Marie Esprit Léon Walras (1834-1910) », http ://www.annales.org/archives/x/walras.html.

Amaldi, U. 1938, « Salvatore Pincherle », *Annali di matematica pura ed applicata*, vol. 17, p. 1–21.

Anisimov, V. A. 1898, « À propos de la forme des intégrales des équations différentielles à coefficients périodiques », *Matematicheskii Sbornik*, vol. 20, p. 411–430.

Anisimov, V. A. 1899, « Sur les méthodes d'intégration des équations différentielles ordinaires et quelques applications de la méthode de différentiation », *Mathematische Annalen*, vol. 51, p. 181–195.

Anisimov, V. A. 1900, « Extrait de la correspondance entre M. Ch. Hermite et W. A. Anissimoff "Sur la forme des intégrales des équations différentielles à coefficients périodiques" », *Moskau mathematische Sammlung*, vol. 21, p. 62–67.

Anisimov, V. A. 1902, « Sur la théorie des courbes géodésiques », *Annales de l'École normale supérieure*, vol. (3) 18, p. 371–395.

Anizan, A.-L. 2006, *Paul Painlevé (1863-1933) - Un savant en politique*, thèse de doctorat, Institut d'études politiques, Paris.

Anizan, A.-L. 2016, « L'exception savante en politique - Paul Painlevé », *Bulletin de la Sabix*, vol. 58, p. 63–73.

P. Nabonnand et al. (eds.), *La correspondance entre Henri Poincaré et les mathématiciens*, Publications des Archives Henri Poincaré Publications of the Henri Poincaré Archives, https://doi.org/10.1007/978-3-7643-8288-9

Anonyme. 1910, « Louis Raffy », *L'Enseignement mathématique*, vol. 12, p. 322–324.

Anonyme (Un ancien élève de l'École polytechnique). 1904, *Le bordereau de M. Bertillon et du capitaine Valério*, Imprimerie Hardy et Bernard, Paris. Souvent, désignée comme la « Brochure verte ».

Antonelli, E. 1934, « De l'unité de la valeur. Correspondance entre Léon Walras et Henri Laurent », *Revue d'économie politique*, vol. 48, p. 1145–1178.

Appell, P. 1876, *Sur la propriété des cubiques gauches et le mouvement hélicoïdal d'un corps solide*, thèse de doctorat, Université de Paris.

Appell, P. 1879a, « Formation d'une fonction $F(x)$ possédant la propriété $F[\varphi(x)] = F(x)$ », *Comptes rendus hebdomadaires des séances de l'Académie des sciences*, vol. 88, p. 807–810.

Appell, P. 1879b, « Sur les fonctions telles que $F(\sin \frac{\pi}{2}x) = F(x)$ », *Comptes rendus hebdomadaires des séances de l'Académie des sciences*, vol. 88, p. 1022–1024.

Appell, P. 1880a, « Sur une classe de polynômes », *Annales scientifiques de l'École normale supérieure*, vol. (2) 10, p. 119–144.

Appell, P. 1880b, « Sur une classe d'équations différentielles linéaires », *Comptes rendus hebdomadaires des séances de l'Académie des sciences*, vol. 91, p. 972–974.

Appell, P. 1881a, « Sur une classe de fonctions dont les logarithmes sont des sommes d'intégrales abéliennes de première et de troisième espèce », *Comptes rendus hebdomadaires des séances de l'Académie des sciences*, vol. 92, p. 960–962.

Appell, P. 1881b, « Sur une classe d'équations différentielles linéaires dont les coefficients sont des fonctions algébriques de la variable indépendante », *Comptes rendus hebdomadaires des séances de l'Académie des sciences*, vol. 92, p. 61–63.

Appell, P. 1882a, « Développements en série dans une aire limitée par des arcs de cercle », *Acta Mathematica*, vol. 1, p. 145–152.

Appell, P. 1882b, « Développements en série d'une fonction holomorphe dans une aire limitée par des arcs de cercle. », *Comptes rendus hebdomadaires des séances de l'Académie des sciences*, vol. 94, p. 1238–1240.

Appell, P. 1882c, « Sur les fonctions uniformes d'un point analytique (x, y) », *Acta Mathematica*, vol. 1, p. 109–131.

Appell, P. 1882d, « Sur les fonctions uniformes d'un point analytique (x, y) (second mémoire) », *Acta Mathematica*, vol. 1, p. 132–144.

Appell, P. 1885, « Sur une méthode élémentaire pour obtenir les développements en série trigonométrique des fonctions elliptiques », *Bulletin de la Société mathématique de France*, vol. 13, p. 13–18.

Appell, P. 1888, « Surfaces telles que l'origine se projette sur chaque normale au milieu des centres de courbure principaux », *American Journal of Mathematics*, vol. 10, p. 175–186.

Appell, P. 1890, « Sur les intégrales de fonctions à multiplicateurs et leur application au développement des fonctions abéliennes en séries trigonométriques », *Acta mathematica*, vol. 13, p. 1–174.

Appell, P. 1892, *Notice sur les travaux scientifiques*, Gauthier-Villars, Paris.

Appell, P. 1910, « Obsèques de M. L. Raffy, Professeur à la Faculté des sciences », *Revue internationale de l'enseignement*, vol. 60, p. 252–253.

Appell, P. 1921, « Henri Poincaré, en mathématiques spéciales à Nancy », *Acta mathematica*, vol. 38, p. 189–195.

Appell, P. 1923, *Souvenirs d'un Alsacien*, Payot, Paris.

Appell, P. 1925a, *Henri Poincaré*, Plon, Paris.

Appell, P. 1925b, « Notice sur les travaux scientifiques », *Acta Mathematica*, vol. 45, p. 161–285.

Appell, P. et E. Goursat. 1895, *Théorie des fonctions algébriques et de leurs intégrales*, Gauthier-Villars, Paris.

Appell, P. et E. Picard. 1881, « Sur certaines équations différentielles linéaires simultanées aux dérivées partielles », *Comptes rendus hebdomadaires des séances de l'Académie des sciences*, vol. 92, p. 692–695.

Archibald, R. C. 1928, « Georg Hermann Valentin (1848-1926) », *Atti del Congresso internazionale dei Matematici. Bologna, 3-10 settembre 1928*, vol. 6, p. 465–472.

Arnaud, M.-C. et P. Massot. 2012, « L'anneau d'Henri Poincaré », *Images des mathématiques*. https ://images.math.cnrs.fr/L-anneau-d-Henri-Poincare.html.

van Atten, M. 2020, « Luitzen Egbertus Jan Brouwer », *Stanford Encyclopedia of Philosophy*. https ://plato.stanford.edu/entries/brouwer/.

Audin, M. 2011, *Remembering Sofya Kovalevskaya*, Springer Verlag, London.

Autonne, L. 1882, *Recherches sur les intégrales algébriques des équations différentielles linéaires à coefficients rationnels*, thèse de doctorat, Faculté des sciences de Paris.

Autonne, L. 1884a, « Recherches sur les groupes d'ordre fini contenus dans le groupe semi-cubique Cremona », *Comptes rendus hebdomadaires des séances de l'Académie des sciences*, vol. 99, p. 646–649.

Autonne, L. 1884b, « Sur les groupes d'ordre fini contenus dans le groupe des substitutions quadratiques Cremona », *Comptes rendus hebdomadaires des séances de l'Académie des sciences*, vol. 84, p. 565–567.

Autonne, L. 1885, « Recherches sur les groupes d'ordre fini contenus dans le groupe Cremona », *Journal de mathématiques pures et appliquées*, vol. (4) 14, p. 431–435.

Autonne, L. et H. Poincaré. 1894, « Sur les courbes gauches particulières », *L'Intermédiaire des mathématiciens*, vol. 1, p. 90.

Auvinet, J. 2011, *Charles-Ange Laisant. Itinéraires et engagements d'un mathématicien, d'un siècle à l'autre*, thèse de doctorat, Université de Nantes.

Auvinet, J. 2013, *Charles-Ange Laisant. Itinéraires et engagements d'un mathématicien de la Troisième République*, Hermann, Paris.

Bäcklund, A. V. 1889, « Zur Wellentheorie gasartiger Mittel », *Mathematische Annalen*, vol. 34, p. 371–446.

Bäcklund, A. V. 1897, *Ur theorien för de solida kropparnes rörelse*, Gleerup, Lund.

Bäcklund, A. V. 1898, *Elektrische und magnetische Theorien*, vol. 34, Lunds Universitets Årsskrift, Lund.

Bäcklund, A. V. 1899, *Elektrodynamik.*, Gleerup, Lund.

Bagnera, G. et M. de Franchis. 1910, « Sur le nombre ρ de M. Picard pour les surfaces hyperelliptiques et pour les surfaces irrégulières de genre 0 », *Rendiconti del Circolo matematico di Palermo*, vol. 30, p. 185–238.

Baillaud, B. et H. Bourget. 1905, *Correspondance d'Hermite et de Stieltjes, I et II*, Gauthier-Villars, Paris.

Baker, H. F. 1912, « Biographical Notice of J. J. Sylvester », dans *The Collected Mathematical Papers of James Joseph Sylvester*, vol. 4, Cambridge University Press, Cambridge, p. XV–XXXVII.

Barrow-Green, J. 1997, *Poincaré and the Three Body Problem*, American Mathematical Society and London Mathematical Society, London.

Bavard, C. 1994, « La surface de Klein », *Le journal de mathématiques des élèves de l'ENS de Lyon*, vol. 1, p. 13–22.

Bazin, H. 1851, « Sur la théorie de la composition des formes quadratiques », *Journal de mathématiques pures et appliquées*, vol. (1) 16, p. 161–170.

Bazin, H. 1854, « Sur la composition des formes quadratiques à quatre variables », *Journal de mathématiques pures et appliquées*, vol. (1) 19, p. 215–252.

Bellivier, A. 1956, *Henri Poincaré ou la vocation souveraine*, Gallimard, Paris.

Belna, J.-P. 1996, *La notion de nombres chez Dedekind, Cantor, Frege*, Vrin, Paris.

Bendixson, I. 1887, « Sur une extension à l'infini de la formule d'interpolation de Gauss », *Acta Mathematica*, vol. 9, p. 1–34.

Bernard, C.-M. 1904, *Le bordereau, explications et réfutations du système de M. A. Bertillon et de ses commentateurs*, Le Siècle, Paris.

Bertrand, J. 1845, « Mémoire sur le nombre de valeurs que peut prendre une fonction quand on y permute les lettres qu'elle renferme », *Journal de l'École polytechnique*, vol. 30, t. 18, p. 123–140.

Bertrand, J. 1883, « Sur la Théorie mathématique de la richesse sociale par Léon Walras ; Recherche sur les principes mathématiques de la théorie des richesse par Augustin Cournot », *Journal des Savants*, p. 499–508. *Bulletin des sciences mathématiques*, (2) 7 (1883), 293-303.

Bertrand, J. 1888, *Le calcul des probabilités*, Gauthier-Villars, Paris.

Bieberbach, L. 1912, « Bemerkungen zu den Mitteilungen über automorphe Funktion », *Jahresbericht der Deutschen Mathematiker-Vereinigung*, vol. 21, p. 164.

Bieberbach, L. 1922, « H. A. Schwarz », *Sitzungsberichte der Berliner mathematischen Gesellschaft*, vol. 21, p. 47–51.

Birkeland, K. 1896, « Sur un spectre des rayons cathodiques », *Comptes rendus hebdomadaires des séances de l'Académie des sciences*, vol. 123, p. 492–495.

Blanc, H. 1910, « Allocution prononcée aux obsèques de Léon Walras », *Bulletin de la société vaudoise des sciences naturelles*, vol. 46, p. 95–98.

Bohnke, G. 1996, « Henri Poincaré et la découverte des groupes fuchsiens ou la géométrie en action », *Philosophia Scientiae*, vol. 1, p. 97–105.

Bölling, R. 1989, « A Birthday present », *The Mathematical Intelligencer*, vol. 11, p. 20–25.

Bölling, R. 1993, *Briefwechsel Karl Weierstraß– Sofja Kowalewskaja*, Akademie Verlag, Berlin.

Bölling, R. (ed.) 1994, *Das Fotoalbum für Weierstrass*, Vieweg, Braunschweig.

Bölling, R. 1998, « Weierstrass and some members of his circle : Kovalevskaia, Fuchs, Schwarz, Schottky », dans *Mathematics in Berlin*, édité par H. Begehr, Springer, Berlin, p. 71–82.

Bölling, R. 2015, « Karl Weierstraß - zum 200. Geburtstag - „Alles im Leben kommt doch leider zu spät" », https ://www.math.uni-potsdam.de/fileadmin/user*upload/Institutskolloquium/Boelling/Boelling – Weierstrass.pdf*.

Bolmont, E., P. Nabonnand et L. Rollet. 2015, « Les ambitions parisiennes contrariées d'Émile Mathieu », *Images des mathématiques.* https ://images.math.cnrs.fr.

Boltzmann, L. 1899, « Über die Grundprincipien und die Grundgleichungen der Mechanik », dans *Clark University - 1889-1899 - Decennial Celebration*, Clark University, Norwood, p. 261–309.

Bongiorno, B. et G. P. Curbera (eds.) 2018, *Giovanni Battista Guccia : Pioneer of International Cooperation in Mathematics*, Springer, Heidelberg.

Borel, A. 2001, *Essays in the History of Lie Groups and Algebraic Groups*, American mathematical Society/London Mathematical Society.

Borel, E. 1894, *Sur quelques points de la théorie des fonctions*, thèse de doctorat, Université de Paris - Faculté des sciences. *Annales scientifiques de l'ENS*, 12 (1895), p. 9-55.

Borel, E. 1912, « Sur le battage des cartes », *Comptes rendus hebdomadaires des séances de l'Académie des sciences*, vol. 154, p. 23–25. *Œuvres*, 2, p. 1093-1095.

Borel, E. 1917, *Leçons sur les fonctions monogènes uniformes d'une variable complexe*, Gautier-Villars, Paris.

Borel, E. 1922, *Notice sur la vie et les travaux de Georges Humbert*, Gauthier-Villars, Paris.

Bottazzini, U. 1986, *The Higher Calculus : A History of Real and Complex Analysis from Euler to Weierstrass*, Springer-Verlag, Berlin-Heidelberg-New York.

Bottazzini, U. 1991, « Pincherle e la Teoria delle Funzioni Analytiche », dans *Geometry and complex variables*, M. Dekker, New York, p. 25–40. S. Coen (ed.).

Bottazzini, U. 1998, « Francesco Brioschi e la cultura scientifica nell' Italia postunitaria », *Bollettino dell'Unione Matematica Italiana*, vol. (8) 1-A, p. 59–78.

Bottazzini, U. 2012, « Pincherle's Early Contributions to Complex Analysis », *in* Salvatore Coen (ed.), *Mathematicians in Bologna,* Basel : Birkhäuser, p. 57–72.

Bottazzini, U. 2014, « Weierstrass as a reader of Poincaré's early works », *Studies in History and Philosophy of Modern Physics*, vol. 47, p. 118–123.

Bottazzini, U. et J. Gray. 2013, *Hidden Harmony - Geometric Fantasies - The Rise of Complex Fonction Theory*, Springer, New-York.

Boucard, J. 2023, « Sphynx-Œdipe, Curiosité mathématique nancéenne (1906-1928) », dans *Circulations des mathématiques dans et par les journaux*, College Publications, London. H. Gispert, P. Nabonnand et J. Peiffer (éds.).

Boutroux, A. 2012, *Vingt ans de ma vie, simple vérité : La jeunesse d'Henri Poincaré racontée par sa sœur (1854-1878)*, Hermann, Paris. Édité et préfacé par Laurent Rollet.

Boutroux, P. 1921, « Lettre de M. Pierre Boutroux à M. Mittag-Leffler », *Acta mathematica*, vol. 38, p. 197–201.

Bouvier, E. 1901a, « La méthode mathématique en économie politique », *Revue d'économie politique*, vol. 15, p. 817–850 & 1029–1086.

Bouvier, E. 1901b, *La Méthode mathématique en économie politique*, Larose, Paris.

Brasseur, R. 2012, « Le dictionnaire des professeurs de mathématiques en classe de mathématiques spéciales (ou assimilées) de 1852 à 1914 », https ://sites.google.com/site/rolandbrasseur.

Brechenmacher, F. 2006a, *Histoire du théorème de Jordan de la décomposition matricielle (1870-1930)*, thèse de doctorat, École des hautes étude en sciences sociales.

Brechenmacher, F. 2006b, « Regards croisés sur Camille Jordan », *Matapli*, vol. 78, p. 57–67.

Brechenmacher, F. 2007, « La controverse de 1874 entre Camille Jordan et Leopold Kronecker », *Revue d'histoire des mathématiques*, vol. 13, p. 137–257.

Brechenmacher, F. 2010, « Le « Journal de M. Liouville » sous la direction de Camille Jordan (1885-1922) », *Bulletin de la Sabix*, vol. 45, p. 65–71.

Brechenmacher, F. 2011, « Autour de pratiques algébriques de Poincaré : héritages de la réduction de Jordan », https ://hal.archives-ouvertes.fr/hal-00630959/document.

Brechenmacher, F. 2012, « Un portrait kaléidoscopique du jeune Camille Jordan », *Images des mathématiques*. http ://images.math.cnrs.fr/Un-portrait-kaleidoscopique-du.html.

Brechenmacher, F. 2023, « Un journal de « rang élevé » : le *Journal de mathématiques pures et appliquées* sous la direction de Camille Jordan », dans *Circulation des mathématiques dans et par les journaux - Histoires, territoires, publics*, édité par Hélène Gispert, Philippe Nabonnand et Jeanne Peiffer, College Publications, London.

Bret, P. 2023, « « Résoudre des problèmes qui pour nous équivalent un peu à la quadrature du cercle » : Poincaré, la chimie des poudres et le laboratoire de recherche (1907-1908) », *Philosophia Scientiae*, vol. 27 (3).

Breton, Y. 1992, « L'économie politique et les mathématiques en France - 1800-1940 », *Histoire et mesure*, vol. 7, p. 25–52.

Brianchon, C. J. 1823, « Des courbes de raccordement », *Journal de l'École polytechnique*, vol. 12, p. 187–203.

Bricard, R. 1913, « Lucien Lévy », *Nouvelles annales de mathématiques*, vol. (4) 13, p. 355–363.

Bricard, R. 1920, « Charles-Ange Laisant (1841-1920) », *Nouvelles annales de mathématiques*, vol. (4) 20, p. 449–454.

Bricard, R. 1922, « Georges Fontené », *Nouvelles annales de mathématiques*, vol. (5) 1, p. 361–363.

Bricard, R. 1923, « Henri Brocard », *Nouvelles annales de mathématiques*, vol. (5) 1, p. 357–358.

Bridel, P. 1996, *Le chêne et l'architecte. Un siècle de comptes rendus bibliographiques des Éléments d'économie politique pure de Léon Walras*, Librairie Droz, Genève.

Bridel, P. et F. Mornati. 2009, « De l'équilibre général comme « branche de la métaphysique » ou de l'opinion de Pareto sur le projet walrasien », *Revue économique*, vol. 60, p. 869–890.

Brigaglia, A. 2002, « The First International Mathematical Community : The *Circolo matematico di Palermo* », dans *Mathematics Unbound : The Evolution of an International Mathematical Research*, édité par Karen Hunger Parshall and Adrian C. Rice, American Mathematical Society/London Mathematical Society, p. 179–200.

Brigaglia, A. et G. Masotto. 1982, *Il Circolo matematico di Palermo*, Dedalo, Bari.

Brill, A. et M. Nœther. 1874, « Ueber die algebraischen Functionen und ihre Anwendung in der Geometrie », *Mathematische Annalen*, vol. 7, p. 269–310.

Briot, C. A. et J.-C. Bouquet. 1856, « Recherches sur les propriétés des fonctions définies par des équations différentielles (deuxième mémoire) », *Journal de l'École polytechnique*, vol. 36 (t. 21), p. 133–198.

Briot, C. A. et J.-C. Bouquet. 1859, *Théorie des fonctions doublement périodiques et, en particulier, des fonctions elliptiques*, Mallet-Bachelier, Paris.

Briot, C. A. et J.-C. Bouquet. 1873-74, *Théorie des fonctions elliptiques (2e éd.)*, Gauthier-Villars, Paris. (2 volumes).

Brocard, H. 1881, « Étude d'un nouveau cercle du plan du triangle », *Comptes-rendus de la 10e Session de l'Association Française pour l'Avancement des Sciences*, vol. 10, p. 138–159.

Brocard, H. 1882, « Compte-rendu du "Catalogue de modèles pour l'enseignement des mathématiques supérieures, en vente chez L. Brill, à Darmstadt, 1881" », *Bulletin des sciences mathématiques*, vol. (2) 6, p. 5–14.

Brocard, H. 1895, *Notice sur les titres et les travaux de M. H. Brocard*, Imprimerie Comte-Jacquet, Bar-le-Duc.

Brocard, H. 1897, *Notes de bibliographie des courbes géométriques*, Comte-Jacquet, Bar-le-Duc.

Brocard, H. 1899, *Notes de bibliographie des courbes géométriques - partie complémentaire*, Comte-Jacquet, Bar-le-Duc.

Brocard, H. et T. Lemoyne (éds.) 1919, *Courbes géométriques remarquables (courbes spéciales) droites et gauches (tome I)*, Vuibert, Paris.

de Broglie, L. 1963, *Notice sur la vie et l'œuvre de Jean Becquerel*, Académie des sciences, Paris.

Brouwer, L. E. J. 1907, *Over de gronslagen der wiskunde*, thèse de doctorat, Université d'Amsterdam.

Brouwer, L. E. J. 1909a, « Die Theorie der endlichen kontinuierlichen Gruppen, unabhängig von den Axiomen von Lie (erste mitteilung) », *Mathematische Annalen*, vol. 67, p. 246–267. *Collected Works*, t. II, p. 118-139.

Brouwer, L. E. J. 1909b, « On continuous vectordistributions on surfaces », *Proceedings of the Section of Sciences (KNAW)*, vol. 11, p. 850–858. *Collected Works*, t. II, p. 273-281.

Brouwer, L. E. J. 1910a, « Beweis des Jordanschen Kurvensatzes », *Mathematischen Annalen*, vol. 69, p. 176–180. *Collected Works*, t. II, p. 377-383.

Brouwer, L. E. J. 1910b, « Die Theorie der endlichen kontinuierlichen Gruppen, unabhängig von den Axiomen von Lie (Zweite Mitteilung.) », *Mathematische Annalen*, vol. 69, p. 181–203. *Collected Works*, t. II, p. 156-178.

Brouwer, L. E. J. 1910c, « On continuous vectordistributions on surfaces (2nd communication) », *Proceedings of the Section of Sciences (KNAW)*, vol. 12, p. 716–734. *Collected Works*, t. II, p. 283-301.

Brouwer, L. E. J. 1910d, « On continuous vectordistributions on surfaces (3rd communication) », *Proceedings of the Section of Sciences (KNAW)*, vol. 13, p. 171–186. *Collected Works*, t. II, p. 303-318.

Brouwer, L. E. J. 1910e, « Über eindeutige, stetige Transformationen von Flächen in sich », *Mathematische Annalen*, vol. 69, p. 176–180. *Collected Works*, t. II, p. 244-249.

Brouwer, L. E. J. 1910f, « Zur Analysis Situs », *Mathematische Annalen*, vol. 68, p. 422–434. *Collected Works*, t. II, p. 352-366.

Brouwer, L. E. J. 1912a, « Beweis der Invarianz des n-dimensionalen Gebiets », *Mathematische Annalen*, vol. 71, p. 305–313.

Brouwer, L. E. J. 1912b, « Über den Kontinuitätsbeweis für das Fundamentaltheorem der automorphen Funktionen in Grenzkreisfalle », *Jahresbericht der Deutschen Mathematiker-Vereinigung*, vol. 21, p. 154–157.

Bru, M.-F., B. Bru et S. Eid. 2012, « Une introduction analytique à la *Théorie analytique*. Hermann Laurent (1873) », *Electronic Journal for History of Probability and Statistics*, vol. 8. http ://www.jehps.net/decembre2012/BruBruEid.pdf.

Brunel, G. 1882, « Compte rendu et analyse de l'ouvrage de Felix Klein, *Ueber Riemann's Theorie der Algebraischen Functionen und ihrer Integrale* », *Bulletin des sciences mathématiques*, vol. (2) 6, p. 125–136.

Buhl, A. 1931, « Paul Appell », *L'Enseignement mathématique*, vol. 30, p. 5–21.

Cajori, F. 1920, « Moritz Cantor, the historian of Mathematics », *Bulletin of the American Mathematical Society*, vol. 27, p. 21–28.

Cajori, F. 1924, « Gustaf Eneström », *Science*, vol. 59, p. 10.

Campbell-Kelly, M., M. Croarken, R. Flood et E. Robson. 2003, *The History of Mathematical Tables : From Sumer to Spreadsheets*, Oxford University Press, Oxford.

Cantor, G. 1867, *De aequationibus secundi gradus indeterminatis*, thèse de doctorat, Université de Berlin.

Cantor, G. 1869, *De transformatione formarum ternariarum quadraticarum (Habilitation)*, thèse de doctorat, Université de Halle.

Cantor, G. 1878, « Ein Beitrag zur Mannigfaltigkeitlehre », *Journal für die reine und angewandte Mathematik*, vol. 84, p. 242–258.

Cantor, G. 1879-1884, « Über unendliche lineare Punktmannigfaltigkeiten », *Mathematische Annalen.* 15 (1879), p. 1-7 ; 17 (1880), p. 355-358 ; 20 (1882), p. 113-121 ; 21 (1883), p. 51-58, 545-586 ; 23 (1884), p. 453-488.

Cantor, G. 1895, « Beiträge zur Begründung der transfiniten Mengenlehre, I », *Mathematische Annalen*, vol. 46, p. 481–512.

Cantor, G. 1897, « Beiträge zur Begründung der transfiniten Mengenlehre, II », *Mathematische Annalen*, vol. 49, p. 207–246.

Cantor, M. 1902, « Sur l'historiographie des mathématiques », dans *Comptes rendus du IIe Congrès international des mathématiciens*, Gauthier-Villars, Paris, p. 27–42.

Caplat, G. 1997, *L'Inspection générale de l'Instruction publique au XXe siècle. Dictionnaire biographique des inspecteurs généraux et des inspecteurs de l'Académie de Paris, 1914-1939*, INRP, Paris.

Carosella, E.-D. (éd.) 2020, *Sous le Sceau du secret - Les plis cachetés de l'Académie des sciences*, Éditions du CNRS.

Cartan, E. 1898, « Sur les groupes bilinéaires et les systèmes de nombres complexes », *Annales de la Faculté des sciences de Toulouse*, vol. 12, p. B1–B64.

Cartan, E. 1899, « Sur certaines expressions différentielles et le problème de Pfaff », *Annales de l'École Normale Supérieure*, vol. (3) 16, p. 239–332.

Carvallo, E. 1892, « La méthode de Grassmann », *Nouvelles annales de mathématiques*, vol. (3) 11, p. 8–37.

Casey, J. 1869, « On bicircular Quartics », *The Scientific Transactions of the Royal Dublin Society*, vol. 24, p. 457–569.

Casey, J. 1871, « On cyclides and sphero-quartics », *Transactions of the London mathematical society*, vol. 156, p. 585–781.

Casey, J. 1876, « On a new form of tangential equations », *Proceedings of the London mathematical society*, vol. 25, p. 564–569.

Casey, J. 1879, « On the equations of circles », *The Scientific Transactions of the Royal Dublin Society*, vol. 26, p. 527–610.

Casey, J. 1880, *On cubic transformations*, Royal Irish Academy, Dublin.

Casey, J. 1885, *A Treatise on the Analytical Geometry of the Point, Line, Circle, and Conic Sections, containing an account of its most recent extensions ; with numerous examples*, Hodges, Dublin.

Casorati, F. 1868, *Teorica delle funzioni di variabili complesse*, Fratelli Fusi, Pavia.

Casorati, F. 1879, « Il calcolo delle differenze finite interpretato ed accresciuto di nuovi teoremi a sussidio principalmente delle odierne ricerche basate sulla variabilità complessa », *Annali di matematica pura ed applicata*, vol. (2) 10, p. 10–43.

Caspary, F. 1889a, « Extrait d'une lettre à M. Hermite », *Journal de mathématiques pures et appliquées*, vol. (4) 5, p. 73–79.

Caspary, F. 1889b, « Sur l'application des fonctions thêta d'un seul argument aux problèmes de la rotation », *Comptes rendus hebdomadaires des séances de l'Académie des sciences*, vol. 107, p. 901–903, 937–938.

Caspary, F. 1889c, « Sur une manière d'exprimer, au moyen des fonctions thêta d'un seul argument, les coefficients de trois systèmes orthogonaux dont un est composé des deux autres », *Comptes rendus hebdomadaires des séances de l'Académie des sciences*, vol. 107, p. 859–862.

Caspary, F. 1890a, « Sur les relations qui lient les éléments d'un système orthogonal aux fonctions thêta et sigma d'un seul argument et aux fonctions elliptiques et sur une théorie élémentaire de ces transcendantes, déduite des dites relations », *Journal de mathématiques pures et appliquées*, vol. (4) 6, p. 367–404.

Caspary, F. 1890b, « Sur une nouvelle méthode d'exposition de la théorie des fonctions thêta, et sur un théorème élémentaire relatif aux fonctions hyperelliptiques de première espèce », *Comptes rendus hebdomadaires des séances de l'Académie des sciences*, vol. 111, p. 225–227.

Caspary, F. 1891, « Sur les fonctions sphériques », *Bulletin de la Société mathématique de France*, vol. 19, p. 11–18.

Cassinet, J. 1983, « La position d'Henri Poincaré par rapport à l'axiome du choix, à travers ses écrits et sa correspondance avec Zermelo (1905-1912) », *History and Philosophy of Logic*, vol. 4, p. 145–155.

Castelnuovo, G., F. Enriques et F. Severi. 1925, « Max Nœther », *Mathematische Annalen*, vol. 93, p. 161–181.

Catalan, E. 1887, « Sur les nombres de Segner », *Rendiconti del Circolo matematico di Palermo*, vol. 1, p. 190–201.

Cauchy, A. L. 1821, *Cours d'analyse de l'École royale polytechnique*, Debure Frères, Paris.

Cauchy, A. L. 1842a, « Mémoire sur l'application du calcul des limites à l'intégration d'un système d'équations aux dérivées partielles », *Comptes rendus hebdomadaires des séances de l'Académie des sciences*, vol. 15, p. 85–101.

Cauchy, A. L. 1842b, « Mémoire sur l'emploi du calcul des limites dans l'intégration des équations aux dérivées partielles », *Comptes rendus hebdomadaires des séances de l'Académie des sciences*, vol. 15, p. 44–58.

Cauchy, A. L. 1842c, « Mémoire sur les systèmes d'équations aux dérivées partielles d'ordre quelconques et leur réduction à des systèmes d'équations linéaires du premier ordre », *Comptes rendus hebdomadaires des séances de l'Académie des sciences*, vol. 15, p. 131–138.

Cauchy, A. L. 1842d, « Mémoire sur un théorème fondamental dans le calcul intégral », *Comptes rendus hebdomadaires des séances de l'Académie des sciences*, vol. 14, p. 1020–1023.

Cauchy, A. L. 1843, « Remarques sur les intégrales des équations aux dérivées partielles et sur l'emploi de ces intégrales dans les questions de physique mathématique », *Comptes rendus hebdomadaires des séances de l'Académie des sciences*, vol. 16, p. 572–587.

Cauchy, A. L. 1851, « Sur les fonctions monotypiques et monogènes », *Comptes rendus hebdomadaires des séances de l'Académie des sciences*, vol. 32, p. 484–487. *Œuvres complètes*, série 1, t. 11, p. 377-380.

Cayley, A. 1847, « Sur quelques théorèmes de géométrie de position », *Journal für die reine und angewandte Mathematik*, vol. 34, p. 270–275. Cité d'après le volume 1 des *Mathematical Papers of Arthur Cayley.*

Cayley, A. 1855, « An introductory memoir upon quantics », *Philosophical Transactions of the Royal Society of London*, vol. 145, p. 127–140.

Cayley, A. 1856a, « A second memoir upon quantics », *Philosophical Transactions of the Royal Society of London*, vol. 146, p. 101–126.

Cayley, A. 1856b, « A third memoir upon quantics », *Philosophical Transactions of the Royal Society of London*, vol. 146, p. 627–647.

Cayley, A. 1858a, « A fifth memoir upon quantics », *Philosophical Transactions of the Royal Society of London*, vol. 148, p. 429–450.

Cayley, A. 1858b, « A fourth memoir upon quantics », *Philosophical Transactions of the Royal Society of London*, vol. 148, p. 415–427.

Cayley, A. 1859, « A sixth memoir upon quantics », *Philosophical Transactions of the Royal Society of London*, vol. 149, p. 61–90.

Cayley, A. 1884a, « On a formula in elliptic functions », *The Messenger of Mathematics*, vol. (2) 14, p. 21–22.

Cayley, A. 1884b, « On the addition of elliptic functions », *The Messenger of Mathematics*, vol. (2) 14, p. 56–61.

Cayley, A. 1884c, « On the quadriquadric curve in connexion with the theory of elliptic functions », *Mathematische Annalen*, vol. 25, p. 152–156.

Cerroni, C. (ed.) 2013, *Il Carteggio Cremona-Guccia (1878-1900)*, Mimesis Edizioni, Milano.

Charle, C. (éd.) 1985, *Les professeurs de la Faculté des lettres de Paris*, Institut national de recherche pédagogique, Paris.

Charle, C. et E. Telkès (éds.) 1989, *Les professeurs de la faculté des sciences de Paris, 1901-1939. Dictionnaire biographique*, Institut national de recherche pédagogique, Paris.

Charraud, N. 1994, *Infini et inconscient, essai sur Georg Cantor*, Economica, Paris.

Chebyshev, P. 1851, « Sur la fonction qui détermine la totalité des nombres premiers inférieurs à une limite donnée », *Mémoires présentés à l'Académie impériale des sciences de Saint Petersbourg*, vol. 6, p. 141–157. Repris dans le *Journal de mathématiques pures et appliquées*, (1) 17 (1852), p. 341-365.

Chebyshev, P. 1852, « Mémoire sur les nombres premiers », *Journal de mathématiques pures et appliquées*, vol. (1) 17, p. 366–390.

Chenciner, A. 2012, « Poincaré and the Three Body Problem », *Séminaire Poincaré*, vol. 16, p. 45–133. http ://www.bourbaphy.fr/chenciner.pdf.

Chessin, A. 1896, « On the Singularities of Single-Valued and Generally Analytic Functions », *Annals of Mathematics*, vol. 11, p. 52–56.

Chessin, A. 1899, « Sur les théorèmes de Green et de Cauchy », *Comptes rendus hebdomadaires des séances de l'Académie des sciences*, vol. 128, p. 604–606.

Chorlay, R. 2007, *L'émergence du couple local/global dans les théories géométriques : de Bernard Riemann à la théorie des faisceaux (1851-1953)* , thèse de doctorat, Université Denis Diderot, Paris.

Chorlay, R. 2009, « Henri Cartan et les problèmes de Cousin », *La Gazette des mathématiciens*, vol. 120, p. 9–17.

Chorlay, R. 2010, « From Problems to Structures : the Cousin Problems and the Emergence of the Sheaf Concept », *Archives for the History of Exact Sciences*, vol. 64 (1).

Christiansen, M., J. Lützen, G. Sabidussi et B. Toft. 1992, « Julius Petersen annotated bibliography », *Discrete Mathematics*, vol. 100, p. 83–97.

Clebsch, A. 1869, « Ueber die Curven, für welche die Classe der zugehörigen Abel'schen Functionnen $p = 2$ ist », *Mathematische Annalen*, vol. 1, p. 170–172.

Clebsch, A. 1876, *Vorlesungen über Geometrie*, Teubner, Leipzig. Bearbeitet und herausgegeben von Dr Lindemann.

Clebsch, A. 1880, *Leçons sur la géométrie, recueillies et complétées par Ferdinand Lindemann et traduites par Adolphe Benoist*, vol. 2, Gauthier-Villars, Paris.

Clebsch, A. 1891, *Vorlesungen über Geometrie (zweiten Bandes erster Theil)*, Teubner, Leipzig. Bearbeitet von Ferdinand Lindemann.

Clebsch, A. et P. Gordan. 1866, *Theorie der Abelschen Functionen*, Teubner, Leipzig.

Clifford, W. K. 1882, *Mathematical Papers*, Macmilan and co, Londres. Édité par R. Tucker.

Commission permanente du Répertoire bibliographique des sciences mathématiques. 1888, *Projet de classification détaillée pour le Répertoire bibliographique des sciences mathématiques*, Gauthier-Villars, Paris.

Commission permanente du Répertoire bibliographique des sciences mathématiques. 1893, *Index du Répertoire bibliographique des sciences mathématiques*, Gauthier-Villars, Paris.

Condette, J.-F. (éd.) 2006, *Les recteurs d'Académie en France de 1808 à 1940. Tome II, Dictionnaire biographique*, Institut national de recherches pédagogiques, Paris. https ://www.persee.fr.

Cooke, R. A. 1984, *The Mathematics of Sonya Kovalevskaja*, Springer Verlag, New York.

Cooke, R. A. 1996, « The Russian-American Mathemacian Joseph Perott », *Istoriko-Matematicheskie Issledovaniya*, vol. 36, p. 95–100.

Cooke, R. A. 2002, « The life of Sonia Kovalevskaja », dans *The Kowalevski Property*, édité par Vadim B. Kuznetsov, American Mathematical Society, Rhode Island, p. 1–27.

Cosserat, E. 1896, « Note III – Sur la théorie des équations aux dérivées partielles du second degré », dans *Leçons sur la théorie générale des surfaces et les applications géométriques du calcul infinitésimal*, vol. 4, édité par G. Darboux, Gauthier-Villars, Paris, p. 405–422.

Cournot, A. 1838, *Recherches sur les principes mathématiques de la théorie des richesses*, Hachette, Paris.

Cousin, P. 1895, « Sur les fonctions de n variables complexes », *Acta mathematica*, vol. 19, p. 1–62.

Couturat, L. 1896, *De l'infini mathématique*, Alcan, Paris.

Couturat, L. 1898, « Essai sur les Fondements de la Géométrie, revue critique de *An Essay on the Foundations of Geometry* de B. Russell », *Revue de métaphysique et de morale*, vol. 6, p. 354–380.

Couturat, L. 1899, « Recension de l'ouvrage de B. Russell, *An Essay on the Foundations of Geometry* », *Bulletin des sciences mathématiques*, vol. (2) 23, p. 54–62.

Craig, T. 1878, *The Representation of one surface upon another, and some points in the theory of the curvature of surfaces*, thèse de doctorat, Hopkins University, Baltimore.

Craig, T. 1879, *Elements of the Mathematical Theory of Fluid Motion*, Van Nostrand, New-York.

Craig, T. 1881, « Distortion of an elastic sphere », *Journal für die reine und angewandte Mathematik*, vol. 90, p. 253–266.

Craig, T. 1882a, *A treatise on Projections*, Governement Printing Office, Washington. U. S. Coast and Geod. Survey 1882.

Craig, T. 1882b, « On the parallel surface to the ellipsoid », *Journal für die reine und angewandte Mathematik*, vol. 93, p. 251–270.

Craig, T. 1884a, « On certain groups of relations satisfied by the quadruple theta-functions », *American Journal of Mathematics*, vol. 6, p. 205–221.

Craig, T. 1884b, « On quadruple theta-Functions », *American Journal of Mathematics*, vol. 6, p. 14–59.

Craig, T. 1884c, « On quadruple theta-Functions », *American Journal of Mathematics*, vol. 6, p. 183–204.

Craig, T. 1884d, « On Theta-Functions with complex characteristics », *American Journal of Mathematics*, vol. 6, p. 337–358.

Craig, T. 1889, *A treatise on linear differential equations, vol. I. Equations with uniform coefficients*, J. Wiley and sons, New-York.

Crawford, E. 1984, « Le prix Nobel manqué de Henri Poincaré : définition du champ de la physique au début du siècle », *Bulletin de la Société française de physique*, vol. 54, p. 19–22.

Cremona, L. 1863, « Sulle trasformazioni geometriche delle figure piane », *Memorie dell' Accademia di Bologna*, vol. 2e série, II.

Cremona, L. 1865, « Sulle trasformazioni geometriche delle figure piane », *Memorie dell' Accademia di Bologna*, vol. 2e série, V.

Crépel, P. 2002, « Lettre à la Gazette des mathématiciens », *La Gazette des mathématiciens*, vol. 92, p. 84–85.

Crilly, T. 2006, *Arthur Cayley : Mathematician laureate of the Victorian Age*, Johns Hopkins University Press, Baltimore.

Croizat, B. 2016, *Gaston Darboux : naissance d'un mathématicien, genèse d'un professeur, chronique d'un rédacteur*, thèse de doctorat, Université de Lille 1.

Csiszar, A. 2018, *The Scientific Journal : Authorship and the Politics of Knowledge in the Nineteenth Century*, University of Chicago Press, Chicago.

van Daal, J. et D. Walker. 2007, « Les œuvres économique complètes d'Auguste et de Léon Walras », *Revue d'économie politique*, vol. 117, p. 891–919.

van Dalen, D. 1990, « The War of the Frogs and the Mice, or the Crisis of the *Mathematische Annalen* », *The Mathematical Intelligencer*, vol. 12 (4), p. 17–31.

van Dalen, D. 1999, *Mystic, Geometer and Intuitionist. The Life of L. E. J. Brouwer*, vol. 1 : The Dawning Revolution, Clarendon Press, 0xford.

van Dalen, D. (ed.) 2011, *The Selected Correspondence of L. E. J. Brouwer*, Springer, London.

van Dalen, D. 2013, *L. E. J. Brouwer – Topologist, Intuitionist, Philosopher – How Mathematics is rooted in Life*, Springer. 1ère édition en deux volumes, *Mystic, Geometer, and Intuitionist : The Life of L.E.J. Brouwer*, Oxford : Oxford University Press, 1999 & 2004.

Darboux, G. 1870, « Sur les équations aux dérivées partielles du second ordre », *Annales de l'École normale supérieure*, vol. (1) 7, p. 163–173.

Darboux, G. 1875, « Sur l'existence de l'intégrale dans les équations aux dérivées partielles d'ordre quelconque », *Comptes rendus hebdomadaires des séances de l'Académie des sciences*, vol. 80, p. 317–319.

Darboux, G. 1878, « Mémoire sur les équations différentielles algébriques du second ordre et du premier degré », *Bulletin des sciences mathématiques*, vol. (2) 2, p. 123–144.

Darboux, G. 1896, *Leçons sur la théorie générale des surfaces et les applications géométriques du calcul infinitésimal, t. 4*, Gauthier-Villars, Paris.

Darboux, G. 1902, « Le catalogue international de littérature scientifique », *Bulletin des sciences mathématiques*, vol. (2) 26, p. 58–67.

Darboux, G. 1913, « Éloge historique d'Henri Poincaré », *Œuvres complètes d'Henri Poincaré, II, Paris : Gauthier-Villars (1916)*, p. vii–lxxi.

Dauben, J. W. 1990, *Georg Cantor : His Mathematics and Philosophy of the Infinite*, Princeton University Press, Princeton.

Daval, N. 2020, *Maurice d'Ocagne et l'histoire de la nomographie*, thèse de doctorat, Université de la Réunion.

d'Azambuja, H. L. 1948, « Henri Deslandres », *L'Astronomie*, vol. 62, p. 179–184.

De Donder, T. 1901, « Étude sur les invariants intégraux », *Rendiconti del Circolo matematico di Palermo*, vol. 15, p. 66–131.

De Donder, T. 1902, « Étude sur les invariants intégraux », *Rendiconti del Circolo matematico di Palermo*, vol. 16, p. 155–179.

De Tilly, J.-M. 1878, *Essai sur les principes fondamentaux de la géométrie et de la mécanique*, Gounouillhou & Mayolez, Bordeaux & Bruxelles. Extrait des *Mémoires de la Société des Sciences physiques et naturelles de Bordeaux*, III (2) (1880).

Décaillot, A.-M. 2008, *Cantor et la France, Correspondance du mathématicien allemand avec les français à la fin du XIXe*, Kimé.

Décaillot, A.-M. 2009, « L'« Entente cordiale scientifique » ou la construction du premier congrès international des mathématiciens », *Images de mathématiques.* https ://images.math.cnrs.fr/L-entente-cordiale-scientifique.html.

Décaillot, A.-M. 2010, « Zurich 1897 : premier congrès international de mathématiciens », *Revue germanique internationale*, vol. 12, p. 123–137.

Dedekind, R. 1877, « Schreiben an Herrn Borchardt über die Theorie der elliptischen Modul-Functionen », *Journal für die reine und angewandte Mathematik*, vol. 83, p. 265–292.

Demidov, S. S. 2015, « Vladimir Steklov : A mathematician at the turn of the era », *Proceedings of the Steklov Institute of Mathematics*, vol. 289, p. 10–22.

Deniker, J. 1899, *Les races de l'Europe I : l'indice céphalique en Europe*, Association française pour l'avancement des sciences, Paris.

Deniker, J. 1899-1908, *Les races de l'Europe II : la taille en Europe*, Association française pour l'avancement des sciences, Paris.

Detlefsen, M. 2011, « Poincaré versus Russell sur le rôle de la logique dans les mathématiques », *Les Études philosophiques*, vol. 97, p. 153–178.

Dieudonné, J. 1961, « Notes sur les travaux de C. Jordan relatifs à la théorie des groupes finis », dans *Œuvres de Camille Jordan*, vol. 1, Gauthier-Villars, Paris, p. xvii–xlii.

Dieudonné, J. 1982a, « La découverte des fonctions fuchsiennes », dans *Actualités mathématiques. Actes du 6e Congrès du Groupement des Mathématiciens d'expression latine*, Gauthier-Villars, Paris, p. 3–23.

Dieudonné, J. 1982b, « O. Toeplitz's formative years », dans *Toeplitz Centenial*, édité par I. Gohberg, Birkhäuser Verlag, Basel-Boston-Stuttgart, p. 565–574.

Dobrovolsky, V. A. 1972, « Sur l'histoire de la classification des points singuliers des équations différentielles », *Revue d'histoire des sciences*, vol. 25 (1), p. 3–11.

Donoghue, E. F. 1998, « In search of mathematical treasures : David Eugene Smith and George Arthur Plimpton », *Historia Mathematica*, vol. 25 (4), p. 359–365.

Dubois, P. 2002, *Le dictionnaire de pédagogie et d'instruction primaire de Ferdinand Buisson : répertoire biographique des auteurs*, Institut national de recherche pédagogique, Paris.

Dugac, P. 1973, « Éléments d'analyse de Weierstrass », *Archives for History of Exact Sciences*, vol. 10, p. 41–176.

Dugac, P. 1984a, « Georg Cantor et Henri Poincaré », *Bollettino di Storia delle Scienze Matematiche*, vol. IV (1), p. 65–96.

Dugac, P. 1984b, « Lettres de Charles Hermite à Gösta Mittag-Leffler (1874-1883) », *Cahiers du séminaire d'histoire des mathématiques*, vol. 5, p. 49–285.

Dugac, P. 1985, « Lettres de Charles Hermite à Gösta Mittag-Leffler (1884-1891) », *Cahiers du séminaire d'histoire des mathématiques*, vol. 6, p. 79–217.

Dugac, P. 1986, « La correspondance d'Henri Poincaré avec des mathématiciens de A à H », *Cahiers du séminaire d'histoire des mathématiques*, vol. 7, p. 59–219.

Dugac, P. 1989a, « La correspondance d'Henri Poincaré avec des mathématiciens (de J à Z) », *Cahiers du séminaire d'histoire des mathématiques*, vol. 10, p. 83–229.

Dugac, P. 1989b, « Lettres de Charles Hermite à Gösta Mittag-Leffler (1892-1900) », *Cahiers du séminaire d'histoire des mathématiques*, vol. 10, p. 1–82.

Duhem, P. 1902, « Notice sur la vie et les travaux de Georges Brunel (1856–1900) », *Mémoires de la Société des sciences physiques et naturelles de Bordeaux*, vol. II (2), p. I–LXXXIX.

Duporcq, E. (éd.) 1902, *Comptes rendus du IIe Congrès international des mathématiciens*, Gauthier-Villars, Paris.

Dyck, W. 1879, *Über regulär verzweigte Riemannsche Flächen und die durch sie definierten Irrationalitäten*, thèse de doctorat, Université de Münich.

Dyck, W. 1880a, « Notiz über eine reguläre Riemann'sche Fläche vom Geschlechte drei und die zugehörige „Normalcurve“ vierter Ordnung », *Mathematische Annalen*, vol. 17, p. 510–517.

Dyck, W. 1880b, « Ueber Aufstellung und Untersuchung von Gruppe und Irrationalität regulärer Riemann'scher Flächen », *Mathematische Annalen*, vol. 17, p. 475–510.

Dyck, W. 1881, « Versuch einer übersichtlichen Darstellung der Riemann'schen Fläche, welche der Galois'schen Resolvente der Modulargleichung für Primzahltransformation der elliptischen Functionen entspricht », *Mathematische Annalen*, vol. 18, p. 507–527.

Dyck, W. 1882, « Gruppentheoretische Studien. Habilitationsschrift », *Mathematische Annalen*, vol. 20, p. 1–45.

Dyck, W. 1883, « Ueber die durch Gruppen linearer Transformationen gegebenen regulären Gebietseinteilungen des Raumes », *Berichte über die Verhandlungen der Königlich Sächsischen Gesellschaft der Wissenschaften zu Leipzig. Mathematisch-Physische Klasse*, vol. 35, p. 61–75.

Dyck, W. 1884, « On the 'Analysis Situs' of Threedimensional Spaces », dans *Report of the Fifty-Fourth Meeting of the British Association for the Advancement of Science*, British Association for Advancement of Sciences, p. 648–649.

Dyck, W. 1885, « Beiträge zur Analysis situs », *Berichte über die Verhandlungen der Königlich-Sächscischen Gesellschaft der Wissenschaften zu Leipzig*, vol. 37, p. 314–325.

Dyck, W. (ed.) 1892, *Katalog mathematischer und mathematisch-physikalischer Modelle, Apparate und Instrumente*, Wolf & Sohn, Münich.

École normale supérieure. 1883, *L'École normale, 1810-1883 : notice historique, liste des élèves par promotions, travaux littéraires et scientifiques*, Leopold Cerf, Paris.

Ehrhardt, C. 2011, *Évariste Galois, la fabrication d'une icône mathématique*, Éditions de l'EHESS, Paris.

Ehrhardt, C. 2018, « A locus for transnational exchanges : European mathematical journals for students and teachers, 1860s-1914 », *Historia Mathematica*, vol. 45, p. 376–394.

Eminger, S. U. 2015, *Carl Friederich Geiser and Ferdinand Rudio : The Men behind the First International Congress of Mathematicians*, thèse de doctorat, University of St Andrews.

Enea, M. R. 2018, « Circulation of an editorial model : The case-study of the short-lived *Le Matematiche Pure ed Applicate* », *Historia Mathematica*, vol. 45, p. 376–394.

Eneström, G. 1890, « Sur les bibliographies des sciences mathématiques », *Bibliotheca Mathematica*, vol. (2) 4, p. 37–42.

Eneström, G. 1898, « Über die neuesten mathematisch-bibliographischen Unternehmungen », dans *Verhandlungen der ersten internationalen Mathematiker-Kongresses*, Teubner, Leipzig, p. 281–288.

Eneström, G. 1910, « Wie soll die Herausgabe der Valentinschen mathematischen Bibliographie gesichert werden ? », *Bibliotheca mathematica*, vol. (3) 11, p. 227–232.

Engel, F. 1914, « Lies Invariantentheorie der Berührungstransformationen und ihre Erweiterung », *Jahresbericht der deutschen Mathematiker-Vereinigung*, vol. Ergänzungsband 5, p. 14–79.

Engel, F. 1931, « Eduard Study », *Jahresbericht der Deutschen Mathematiker-Vereinigung*, vol. 40, p. 133–156.

Engel, F. et P. Stäckel. 1895, *Die Theorie der Parallellinien von Euklid bis auf Gauss, eine Urkundensammlung zur Vorgeschichte der nichteuklidischen Geometrie*, Teubner.

Ernst, S., L. Frank et B. Edgar (eds.) 2018, *Mathematik mit Modellen*, Universität Tübingen.

des Essars, P. 1903, « Bibliographie – La méthode mathématique en économie politique d'Émile Bouvier », *Journal de la Société statistique de Paris*, vol. 44, p. 104–105.

Estanave, E. 1906, *Nomenclature du personnel enseignant, des administrateurs, docteurs et boursiers de la Faculté des sciences de l'Université de Paris*, Librairie Croville-Morant, Paris.

Evesham, H. A. 1982, *The History and Development of Nomography*, Docent Press.

Faber, G. 1935a, « Walther v. Dyck », *Jahresbericht der Deutschen Mathematiker-Vereinigung*, vol. 45, p. 89–98.

Faber, G. 1935b, « Zum Gedächtnis von Walther v. Dyck », *Mathematische Annalen*, vol. 111, p. 629–630.

Fabry, E. 1885, *Les intégrales des équations différentielles linéaires à coefficients rationnels*, thèse de doctorat, Faculté des sciences de Paris.

Fabry, E. 1896, « Sur les points singuliers d'une fonction donnée par son développement en série et l'impossibilité du prolongement analytique dans des cas très généraux », *Annales scientifiques de l'École normale supérieure*, vol. (3) 13, p. 367–399.

Fabry, E. 1898, « Sur les points singuliers d'une série de Taylor », *Journal de mathématiques pures et appliquées*, vol. (5) 4, p. 317–358.

Fabry, E. 1899, « Sur les séries de Taylor qui ont une infinité de points singuliers », *Acta mathematica*, vol. 22, p. 65–87.

Fabry, E. 1909, *Traité de mathématiques générales à l'usage des chimistes, physiciens, ingénieurs et étudiants des facultés des sciences*, Hermann, Paris.

Fabry, E. 1910, *Problèmes et exercices de mathématiques générales*, Hermann, Paris.

Fabry, E. 1913, *Problèmes d'analyse mathématique*, Hermann, Paris.

Fabry, E. 1915, *Problèmes de mécanique*, Hermann, Paris.

Fabry, E. 1925, *Nouveau traité de mathématiques générales*, Hermann.

Faucci, R. 2014, *A History of Italian Economic Thought*, Routledge.

Fehr, H. 1908, « Le 4e Congrès international des mathématiciens, Rome 1908 », *L'Enseignement mathématique*, vol. 10, p. 226–265.

Fehr, H. 1930, « Alexandre Vassilieff », *L'Enseignement mathématique*, vol. 28, p. 317–318.

Felhoen, R. 1906, *Étude statistique sur la mortalité infantile à Roubaix et dans ses cantons (Wattrelos - Croix - Wasquehal) comparée avec celle de Lille et Tourcoing (1871-1905). Natalité et nuptialité dans ces mêmes villes depuis 1871 : historique - fonctionnement - résultats des œuvres créées à Roubaix pour lutter contre la mortalité infantile*, Vigot Frères, Paris.

Fields, J. C. 1887, « Symbolic finite solutions, and solutions by definite integrals of the equation $\frac{d^n y}{dx^n} - (x^m)y = 0$ », *American Journal of Mathematics*, vol. 8, p. 367–388.

Fili, C. 2020, *Cyparissos Stéphanos(1857-1917) et la communauté mathématique internationale et grecque, à paraitre.*

Flament, D. 2005, « H. G. Grassmann et l'introduction d'une nouvelle discipline mathématique : l'Ausdehnungslehre », *Philosophia Scientiae*, vol. Cahier spécial 5, p. 81–141.

Fontanon, C. et R. Franck (éds.) 2005, *Paul Painlevé (1863-1933). Un savant en politique*, Presses universitaires de Rennes, Rennes.

Fontené, G. 1892, *L'hyperspace à $(n-1)$ dimensions. Propriétés métriques de la corrélation générale*, Gauthier-Villars, Paris.

Fontené, G. 1923, *La relativité restreinte, avec un appendice sur la relativité généralisée.*, Vuibert, Paris.

Forsyth, A. R. 1882, « Memoir on the Theta-functions, particularly those of two variables », *Philosophical Transactions of the Royal Society of London*, vol. 173, p. 7.

Forsyth, A. R. 1885, *A Treatise on Differental Equations*, MacMillan and co., London.

Forsyth, A. R. 1890, *Theory of Differential Equations (part. 1) - Exact Equations and Pfaff Problem*, vol. 1, Cambridge University Press, Cambridge.

Forsyth, A. R. 1900, *Theory of Differential Equations (part. 2) - Ordinary Equations, not Linear*, vol. 2 et 3, Cambridge University Press, Cambridge.

Forsyth, A. R. 1902, *Theory of Differential Equations (part. 3) - Ordinary Equations*, vol. 4, Cambridge University Press, Cambridge.

Forsyth, A. R. 1906, *Theory of Differential Equations (part. 4) - Partial Differential Equations*, vol. 5 et 6, Cambridge University Press, Cambridge.

Fouret, G. 1873, « Mémoire sur les systèmes généraux de courbes planes algébriques ou transcendantes, définis par deux caractéristiques », *Bulletin de la Société mathématique de France*, vol. 2, p. 72–83.

Fouret, G. 1879, « Sur les faisceaux ponctuels plans de caractéristique ν ayant un point principal multiple d'ordre ν », *Bulletin de la Société mathématiue de France*, vol. 7, p. 177–204.

Fraenkel, A. A. 1930, « Georg Cantor », *Jahresbericht der Deutschen Mathematiker-Vereinigung*, vol. 39, p. 189–266.

de Franchis, M. 1915, « G. B. Guccia cenni biografici », *Rendiconti del Circolo matematico di Palermo*, vol. 39, p. I–X.

Fréchet, M. 1965, « La vie et l'œuvre d'Émile Borel », *L'enseignement mathématique*, vol. (2) 11, p. 1–97.

Frétigné, J.-Y. 2018, « La Sicile : un laboratoire politique à l'époque de la Monarchie libérale (1860-1922) », *Les Cahiers de la Méditerranée*, vol. 96, p. 179–195.

Frobenius, G. 1871, « Ueber die Entwickelung analytischer Functionen in Reihen, die nach gegebenen Functionen fortschreiten », *Journal für die reine und angewandte Mathematik*, vol. 73, p. 1–30.

Frobert, L., A. Tiran et J. P. Potier (éds.) 2000, *Économistes en Lyonnais, en Dauphiné et en Forez*, Édition de l'ISH, Lyon.

Fuchs, L. 1865, *Zur Theorie der linearen Differentialgleichungen mit veränderlichen Coeffizienten*, Lange, Berlin.

Fuchs, L. 1866, « Zur Theorie der linearen Differentialgleichungen mit veränderlichen Coefficienten », *Journal für die reine und angewandte Mathematik*, vol. 66, p. 121–161. *Gesammelte mathematische Werke*, t. 1, p. 159-204.

Fuchs, L. 1873, « Ueber die Darstellung der Functionen complexer Variablen, insbesondere der Integrale linearer Differentialgleichungen », *Journal für die reine und angewandte Mathematik*, vol. 75, p. 177–223.

Fuchs, L. 1875, « Ueber die linearen Differentialgleichungen zweiter Ordnung, welche algebraische Integrale besitzen, und eine neue Anwendung der Invarianttheorie », *Nachrichten von der königlichen Gesellschaft der Wissenschaften zu Göttingen*, p. 568–581 ; 612–613. *Gesammelte mathematische Werke*, t. 2, p. 1-10.

Fuchs, L. 1876, « Ueber die linearen Differentialgleichungen zweiter Ordnung, welche algebraische Integrale besitzen, und eine neue Anwendung der Invarianttheorie », *Journal für die reine und angewandte Mathematik*, vol. 81, p. 97–142. *Gesammelte mathematische Werke*, t. 2, p. 11-62.

Fuchs, L. 1877, « Sur quelques propriétés des intégrales des équations différentielles, auxquelles satisfont les modules de périodicité des intégrales elliptiques des deux premières espèces. Extrait d'une lettre adressée à M. Hermite », *Journal für die reine und angewandte Mathematik*, vol. 83, p. 13–37. *Gesammelte mathematische Werke*, t. 1, p. 87-114.

Fuchs, L. 1878a, « Über die linearen Differentialgleichungen zweiter Ordnung, welche algebraische Integrale besitzen. Zweite Abhanlung », *Journal für die reine und angewandte Mathematik*, vol. 85, p. 1–25. *Gesammelte mathematische Werke*, t. 2, p. 115-144.

Fuchs, L. 1878b, « Sur les équations différentielles linéaires qui admettent des intégrales dont les différentielles logarithmiques sont des fonctions doublement périodiques, Extrait d'une lettre à M. Hermite », *Journal de mathématiques pures et appliquées*, vol. (3) 4, p. 125–140.

Fuchs, L. 1880a, « Sur une classe de fonctions de plusieurs variables tirées de l'inversion des intégrales de solutions des équations différentielles linéaires dont les coefficients sont des fonctions rationnelles (Extrait d'une lettre adressée à M. Hermite) », *Comptes rendus hebdomadaires des séances de l'Académie des sciences*, vol. 90, p. 678–680.

Fuchs, L. 1880b, « Über die Functionen, welche durch Umkehrung der Integrale von Lösungen der linearen Differentialgleichung enstehen », *Nachrichten von der Königlischen Gesellschaft der Wissenschaften und der Georg-Augusts-Universität zu Göttingen*, vol. 13, p. 445–453. *Gesammelte mathematische Werke*, t. 2, p. 219-224.

Fuchs, L. 1880c, « Ueber eine Classe von Funktionen mehrerer Variabeln, welche durch Umkehrung der Integrale von Lösungen der linearen Differentialgleichungen mit rationalen Coefficienten entstehen », *Nachrichten von der Königlischen Gesellschaft der Wissenschaften und der Georg-Augusts-Universität zu Göttingen*, p. 170–176.

Fuchs, L. 1880d, « Ueber eine Classe von Funktionen mehrerer Variabeln, welche durch Umkehrung der Integrale von Lösungen der linearen Differentialgleichungen mit rationalen Coefficienten entstehen », *Journal für die reine und angewandte Mathematik*, vol. 89, p. 151–169. *Gesammelte mathematische Werke*,

t. II, p. 191-212 ; trad. fr. « Sur une classe de fonctions de plusieurs variables, provenant de l'inversion des intégrales des solutions des équations différentielles à coefficient rationnels », *Bulletin des sciences mathématiques et astronomiques*, (2) 4 (1880), p. 278-300.

Fuchs, L. 1881a, « Auszug aus einem Schreiben des Herrn L. Fuchs an C. W. Borchardt. », *Journal für die reine und angewandte Mathematik*, vol. 90, p. 71–73. *Gesammelte mathematische Werke*, t. 2, p. 225-228.

Fuchs, L. 1881b, « Sur les fonctions de deux variables, qui naissent de l'inversion des intégrales de deux fonctions données », *Bulletin des sciences mathématiques*, vol. 5, p. 52–88.

Fuchs, L. 1881c, « Uber Functionen zweier Variabeln, welche durch Umkehrung der Integrale zweier gegebener Functionen entstehen... », *Abhandlungen der königlichen Gesellschaft der Wissenschaften zu Göttingen*, vol. 27, p. 1–39. *Gesammelte mathematische Werke*, t. 2, p. 239-274.

Fuchs, L. 1882, « Über Functionen, welch durch lineare Substitutionen unverändert bleiben », *Nachrichten von der Königlischen Gesellschaft der Wissenschaften und der Georg-Augusts-Universität zu Göttingen*, p. 81–84. *Gesammelte mathematische Werke*, t. 2, p. 285-288.

Fuchs, L. 1884, « Über Differentialgleichung, deren Integrale feste Verzweigungspunkte besitzen », *Sitzungsberichte der Königlich Preussischen Akademie der Wissenschaften zu Berlin*, p. 699–710.

Fuchs, L. 1904-1906-1909, *Gesammelte mathematische Werke (3 tomes)*, Mayer und Müller. Ludwig Schlesinger & Richard Fuchs (éds.).

Fuchs, L. 1921, « Briefe von L. Fuchs an H. Poincaré », *Acta mathematica*, vol. 38, p. 185–187.

Fuchs, R. 1897, *Ueber die Periodicitätsmoduln der hyperelliptischen Integrale als Functionen eines Verzweigungspunktes*, thèse de doctorat, Friedrich-Wilhelms-Universität zu Berlin. *Journal für reine und angewandte Mathematik*, 119 (1898), p. 1-24.

Gardey, D. 2002, « Classer. De l'archive à l'action », *Cahiers de la documentation*, vol. 2, p. 15–24.

Gattei, G. 1982, « Les chaires « ratées » de Ladislaus von Bortkiewicz », *Revue européenne des sciences sociales – Cahiers Vilfredo Pareto*, vol. 20, p. 105–118.

Gauss, C. F. 1801, *Disquisitiones arithmeticae*, G. Fleischer, Leipzig.

Gauss, C. F. 1825, « Allgemeine Auflösung der Aufgabe die Theile einer gegebenen Fläche auf einer Andern gegebenen Fläche so abzubilden dass die Abbildung dem Abgebildeten in den kleinsten Theilen ähnlich wird », *Astronomische Abhandlungen herausgegeben von H. C. Schumacher*, vol. 3. *Werke*, 4, p. 193-216.

Gauss, C. F. 1842, « Théorèmes généraux sur les forces attractives et répulsives qui agissent en raison inverse du carré des distances », *Journal de mathématiques pures et appliquées*, vol. (1) 7, p. 273–324. Trad. fr. d'une partie de C. .F. Gauß et W. Weber, *Resultate aus den Beobachtungen des magnetischen Vereins in Jahre 1836*, Göttingen : Verlage der Dieterichschen Buchhandlung, 1838.

Gauss, C. F. 1863, « Neue Theorie der Zerlegung der Cuben », dans *Carl Friederich GaußWerke - Band II*, Königlichen Gesellschaft der Wissenschaften zur Göttingen, Göttingen, p. 387–391.

Geiser, C. F. 1866, *Beiträge zur synthetischen Geometrie*, thèse de doctorat, Université de Berne.

Genocchi, A. 1875, « Observations relatives à une communication précédente de M. Darboux sur l'existence de l'intégrale dans les équations aux dérivées partielles contenant un nombre quelconque de fonctions ou de variables indépendantes », *Comptes rendus hebdomadaires des séances de l'Académie des sciences*, vol. 80, p. 315–317.

Georgiadou, M. 2004, *Constantin Carathéodory : Mathematics and Politics in Turbulent Times*, Springer, Berlin-Heidelberg.

Ghys, E. 2010, « Les problèmes de Hilbert. Ce qui est embrouillé nous rebute », *Images de mathématiques.* http ://images.math.cnrs.fr/Les-problemes-de-Hilbert.html.

Gianinazzi, W. 2006, « Le syndicalisme révolutionnaire en Italie (1904-1925) », *Mil Neuf Cent. Revue d'histoire intellectuelle*, vol. 24, p. 95–121.

Gierster, J. 1879, « Notiz über Modulargleichungen bei zusammengesetztem Transformationsgrad », *Mathematische Annalen*, vol. 14, p. 537–544.

Gilain, C. 1991, « La théorie qualitative de Poincaré et le problème de l'intégration des équations différentielles. », dans *La France mathématique : La Société mathématique de France, 1872-1914*, édité par H. Gispert, SFHST-SMF, Paris, p. 215–241.

Ginoux, J.-M. 2011, « Les conférences « oubliées » d'Henri Poincaré : les cycles limites de 1908 », *Bibnum.* http ://journals.openedition.org/bibnum/860.

Ginoux, J.-M. et C. Gérini. 2012, « Poincaré et la rotation de la Terre », *Pour la Science*, vol. 417.

Gispert, H. 1982, *Camille Jordan et les fondements de l'analyse - Comparaison de la 1ère édition (1882-1887) et de la 2ème (1893) de son Cours d'Analyse de l'École polytechnique*, thèse de doctorat, Université de Paris Sud.

Gispert, H. 1995, « La théorie des ensembles en France avant la crise de 1905 : Baire, Borel, Lebesgue... et tous les autres », *Revue d'histoire des mathématiques*, vol. 1, p. 39–81.

Gispert, H. 1999, « Les débuts de l'histoire des mathématiques sur les scènes internationales et le cas de l'entreprise encyclopédique de Felix Klein et Jules Molk », *Historia Mathematica*, vol. 26, p. 344–360.

Gispert, H. 2001, « The German and French Editions of the Klein-Molk Encyclopedia : Contrasted Images », dans *Changing Images in Mathematics*, édité par U. Bottazzini and A. Dahan, Routledge, London and New York, p. 93–112.

Gispert, H. 2013, « L'entreprise biographique à l'épreuve : écueils, défis, atouts du cas d'Émile Borel », dans *Biographies et prosopographies en histoire des sciences*, édité par L. Rollet et P. Nabonnand, Presses universitaires de Nancy - Éditions universitaires de Lorraine, Nancy, p. 139–175.

Gispert, H. 2015, *La France mathématique de la IIIe République avant la Grande Guerre*, Société mathématique de France, Paris.

Gispert, H., P. Nabonnand et J. Peiffer (éds.) 2023a, *Circulations des mathématiques dans et par les journaux - Histoire, territoires, publics*, College Publications, London.

Gispert, H., P. Nabonnand et J. Peiffer. 2023b, « Les journaux mathématiques et leurs communautés de lecteurs au XVIIIe et XIXe siècle », dans *Mathématiques : communautés et institutions*, édité par P. Verschueren et P.-M. Menger, Éditions du Seuil, Paris.

Glaisher, J. 1883, *Factor table for the sixth million, containing the least factor of every number not divisible by 2,3 or 5 between 5.000.000 and 6.000.000*, [s. n.], London.

Goldman, H. 1898, *The arithmachinist. A practical self-instructor in mechanical arithmetics*, Office Men's Record Compagny, Chicago.

Goldstein, C. 2011a, « Charles Hermite Stroll through the Galois Fields », *Revue d'histoire des mathématiques*, vol. 17, p. 2011–270.

Goldstein, C. 2011b, « Un arithméticien contre l'arithmétisation : les principes de Charles Hermite », dans *Justifier en mathématiques*, édité par D. Flament et P. Nabonnand, Éditions de la Maison des sciences de l'homme, Paris, p. 129–167.

Goldstein, C. 2013, « Les autres de l'un : deux enquêtes prosopographiques sur Charles Hermite », dans *Les uns et les autres : biographies et prosopographies en histoire des sciences*, édité par L. Rollet et P. Nabonnand, Presses universitaires de Nancy - Éditions universitaires de Lorraine, Nancy, p. 509–540.

Goldstein, C. 2018, « Hermite and Lipschitz : A Correspondence and Its Echoes », dans *Mathematical Correspondences and Critical Editions*, édité par M. T. Borgato, E. Neuenschwander et I. Passeron, Birkhaüser, p. 167–193.

Goldstein, C., N. Schappacher et J. Schwermer (eds.) 2007, *The Shaping of Arithmetic : after C. F. Gauss's Disquisitiones Arithmeticae*, Springer, Berlin, New York, Paris.

Göpel, A. 1847, « Theoriae transcendentium Abelianarum primi ordinis adumbratio levis », *Journal für die reine und angewandte Mathematik*, vol. 35, p. 277–312.

Goursat, E. 1881, *Sur l'équation différentielle linéaire qui admet pour intégrale la série hypergéométrique*, thèse de doctorat, Faculté des sciences de Paris.

Goursat, E. 1882, « Sur les fonctions uniformes présentant des lacunes », *Comptes rendus hebdomadaires des séances de l'Académie des sciences*, vol. 94, p. 715–718.

Goursat, E. 1885, « Sur les transformations rationnelles des équations différentielles linéaires », *Annales de l'École normale supérieure*, vol. (3) 2, p. 37–66.

Goursat, E. 1889, « Sur les substitutions orthogonales et les divisions régulières de l'espace », *Annales scientifiques de l'École normale supérieure*, vol. (3) 6, p. 9–102.

Goursat, E. 1925, *Le problème de Bäcklund*, Gauthier-Villars.

Grassmann, H. 1844, *Die Wissenschaft der extensiven Grösse oder die Ausdehnungslehre*, Otto Wigand, Leipzig. Trad. fr. D. Flament, *Hermann Günther Grassmann. La science de la grandeur extensive. La lineale Ausdehnungslehre*, Paris : Blanchard, 1994.

Grassmann, H. 1862, *Die Ausdehnungslehre. Vollständig und in strenger Form*, Th. Chr. Fr. Enslin, Berlin.

Grassmann, H. 1894, *Hermann Grassmann's gesammelte mathematische und physikalische Werke. Ersten Bandes erster Teil : Die Ausdehnungslehre von 1844 und die geometrische Analyse*, Teubner, Leipzig. édité par F. Engel et E. Study.

Grassmann, H. 1904, *Gesammelte mathematische und physikalische Werke. Zweiten Bandes erster Teil : Die Abhandlungen zur Geometrie und Analysis*, Teubner, Leipzig. Édité par F. Engel, G. Schaeffers, E. Study.

Grattan-Guinness, I. 1970, « An unpublished paper by Georg Cantor : Principien einer Theorie der Ordnungstypen. Erste Mittheilung », *Acta mathematica*, vol. 124, p. 65–107.

Gray, J. 1984, « Fuchs and the theory of differential equations », *Bulletin of the American Mathematical Society*, vol. 10, p. 1–26.

Gray, J. 1986, *Linear differential equations and group theory from Riemann to Poincaré*, Birkhäuser, Boston. 2^d^ éd. 2000.

Gray, J. 1994, « Green and Green's Functions », *The Mathematical Intelligencer*, vol. 16 (1), p. 45–47.

Gray, J. 2015, *The real and the complex - A history of Analysis in the 19th century*, Springer, Heidelberg-New York.

Green, G. 1850, « An Essay on the Applications of mathematical Analysis to the theories of Electricity and Magnetism », *Journal für die reine und angewandte Mathematik*, vol. 39, p. 73–89.

Green, G. 1852, « An Essay on the Applications of mathematical Analysis to the theories of Electricity and Magnetism », *Journal für die reine und angewandte Mathematik*, vol. 44, p. 356–374.

Green, G. 1854, « An Essay on the Applications of mathematical Analysis to the theories of Electricity and Magnetism », *Journal für die reine und angewandte Mathematik*, vol. 47, p. 161–221.

Guccia, G. 1880, « Sur une classe de surfaces, représentables point par point sur une surface », *Comptes rendus de la 9e Session de l'Association française pour l'avancement des sciences – Reims*, p. 191–200.

Gushchin, A. K. 2015, « V. A ; Steklov's Work on equations of Mathematical Physics and development of his result in this field », *Proceedings of the Steklov Institute of Mathematics*, vol. 289, p. 145–162.

Hadamard, J. 1892, « Essai sur l'étude des fonctions données par leur développement de Taylor », *Journal de mathématiques pures et appliquées*, vol. (4) 8, p. 101–186.

Hadamard, J. 1902, « Analyse du livre d'Émile Bouvier, *La méthode mathématique en économie politique* », *Revue générale des sciences pures et appliquées*, vol. (5) 13, p. 890–891.

Hadamard, J. 1921, « L'Œuvre mathématique de Poincaré », *Acta mathematica*, vol. 38, p. 203–287.

Hadamard, J. 1959, *Essai sur la psychologie de l'invention dans le domaine mathématique*, Blanchard, Paris.

Haffner, E. 2018a, « Éditer les « horribles formules » de Riemann : un aperçu de l'édition de ses œuvres par Dedekind et Weber », *Images de mathématiques*. https ://images.math.cnrs.fr/Editer-les-horribles-formules-de-Riemann-un-apercu-de-l-edition-de-ses-oeuvres.

Haffner, E. 2018b, « L'édition des œuvres mathématiques au XIXe siècle en Allemagne. L'exemple des *Gesammelte Werke und wissenschaftlicher Nachlass* de Bernhard Riemann », *Philosophia Scientiae*, vol. 22, p. 115–135.

Halphen, G.-H. 1878, *Sur les invariants différentiels*, thèse de doctorat, Faculté des sciences de Paris.

Halphen, G.-H. 1881a, « Sur des fonctions qui proviennent de l'équation de Gauss », *Comptes rendus hebdomadaires des séances de l'Académie des sciences*, vol. 92, p. 856–858.

Halphen, G.-H. 1881b, « Sur un système d'équations différentielles », *Comptes rendus hebdomadaires des séances de l'Académie des sciences*, vol. 92, p. 1101–1103.

Halphen, G.-H. 1884, « Mémoire sur la réduction des équations linéaires aux formes intégrables », *Mémoires présentés par divers savants à l'Académie des sciences*, vol. XXVIII.

Halphen, G.-H. 1885, « Sur une nouvelle classe d'équations différentielles linéaires intégrables », *Comptes rendus hebdomadaires des séances de l'Académie des sciences*, vol. 101, p. 1238–1240.

Halphen, G.-H. 1888, « Sur l'équation d'Euler », *Rendiconti del Circolo matematico di Palermo*, vol. 2, p. 40–44.

von Hansen, P. C. 1874, *Théorèmes sur les intégrales des différentielles explicites et des équations différentielles*, thèse de doctorat, Université de Copenhague.

Hashagen, U. 2003, *Walther von Dyck (1856-1934). Mathematik, Technik und Wissenschaft organization an der TH München*, Franz Steiner Verlag, Stuttgart.

Hatzidakis, N. J. 1901, « Sur l'état actuel des mathématiques supérieures en Grèce », *L'Enseignement mathématique*, vol. 3, p. 397–400.

Hawkins, T. 1977, « Weierstrass and the theory of matrices », *Archive for History of Exact Sciences*, vol. 17, p. 119–163.

Hawkins, T. 1984, « The Erlangen Programm of Felix Klein ; Reflections on its place in the History of Mathematics », *Historia Mathematica*, vol. 11, p. 442–470.

Hawkins, T. 2000, *Emergence of the Theory of Lie Groups*, Springer, New York.

Hawkins, T. 2005, « Frobenius, Cartan and the Problem of Pfaff », *Archive for History of Exact Sciences*, vol. 59 (4), p. 381–436.

Hawkins, T. 2013, *The Mathematics of Frobenius in Context. A Journey through 18th to 20th Century Mathematics*, Springer, New York.

Heegaard, P. 1898, *Forstudier til en topolgisk teori for de algebraiske fladers sammenhæng*, thèse de doctorat, Université de Copenhague.

Heegaard, P. 1916, « Sur l'« Analysis Situs » », *Bulletin de la Société mathématique de France*, vol. 44, p. 161–242. Traduction en français de [Heegaard, 1898].

Heine, E. 1861, *Handbuch der Kugelfunktionen*, Georg Reiner, Berlin.

Heinzmann, G. 1985, *Entre Intuition et analyse. Poincaré et le concept de prédicativité*, Blanchard, Paris.

Heinzmann, G. (éd.) 1986, *Poincaré, Russell, Zermelo et Peano. Textes de la discussion (1906-1912) sur les fondements des mathématiques : des antinomies à la prédicativité*, Blanchard, Paris.

Heinzmann, G. et P. Nabonnand. 2008, « Poincaré : intuitionism, intuition and convention », dans *One Hundred Years of Intuitionism (1907-2007)*, édité par M. van Atten, P. Boldini, M. Bourdeau et G. Heinzmann, Birkhaüser, Bâles, p. 163–177.

von Helmholtz, H. 1868a, « Über die Thatsächlichen Grundlagen der Geometrie », *Verhandlungen des naturhistorisch-medicinischen Vereins zu Heidelberg*, vol. 4, p. 197–202. [von Helmholtz, 1882-1883, t. II, p. 610-617] ; trad. fr. par J. Hoüel, « Sur les faits qui servent de base à la géométrie », *Mémoires de la Société des Sciences physiques et naturelles de Bordeaux*, 5 (1867-1868), p. 372-378.

von Helmholtz, H. 1868b, « Ueber die Thatsachen, die der Geometrie zum Grunde liegen », *Abhandlungen der Königlichen Gesellschaft der Wissenschaften zu Göttingen*, p. 193–221. [von Helmholtz, 1882-1883, t. II, p. 618-639].

von Helmholtz, H. 1882-1883, *Wissenschaftliche Abhandlungen von Hermann Helmholtz, I-III*, Barth, Leipzig.

Henry, P. et P. Nabonnand (éds.) 2017, *Conversations avec Jules Hoüel – regards sur la géométrie non-euclidienne et l'analyse infinitésimale*, Birkhäuser.

Hensel, K. 1884, *Arithmetische Untersuchungen über Diskriminaten und ihre außerwesentlichen Teiler*, thèse de doctorat, Université de Berlin.

Hermite, C. 1850a, « Extraits de lettres de M. Hermite à M. Jacobi sur différents objets de la théorie des nombres », *Journal für die reine und angewandte Mathematik*, vol. 40, p. 261–318. *Œuvres*, t. 1, p. 101-163.

Hermite, C. 1850b, « Sur la théorie des formes quadratiques ternaires », *Journal für die reine und angewandte Mathematik*, vol. 40, p. 173–177.

Hermite, C. 1851, « Sur l'introduction des variables continues dans la théorie des nombres », *Journal für die reine und angewandte Mathematik*, vol. 41, p. 191–226. *Œuvres*, t. 1, p. 164-192.

Hermite, C. 1854a, « Sur la théorie des formes quadratiques. Premier mémoire », *Journal für die reine und angewandte Mathematik*, vol. 47, p. 313–342. *Œuvres*, t. 1, p. 200-233.

Hermite, C. 1854b, « Sur la théorie des formes quadratiques. Second mémoire », *Journal für die reine und angewandte Mathematik*, vol. 47, p. 343–368. *Œuvres*, t. 1, p. 234-263.

Hermite, C. 1854c, « Sur la théorie des formes quadratiques ternaires indéfinies », *Journal für die reine und angewandte Mathematik*, vol. 47, p. 307–312. *Œuvres*, t. 1, p. 193-199.

Hermite, C. 1858, « Sur la résolution de l'équation du cinquième degré », *Comptes rendus hebdomadaires des séances de l'Académie des sciences*, vol. 46, p. 508–515.

Hermite, C. 1860, « Sur le résultant de trois formes quadratiques ternaires. », *Journal für die reine und angewandte Mathematik*, vol. 57, p. 371–375.

Hermite, C. 1872a, « On an Application of the Theory of Unicursal Curves », *Proceedings of the London mathematical Society*, vol. 4, p. 343–345.

Hermite, C. 1872b, « Sur l'intégration des fonctions circulaires », *Proceedings of the London mathematical Society*, vol. 4, p. 164–175.

Hermite, C. 1873, *Cours d'analyse de l'École polytechnique*, Gauthier-Villars, Paris.

Hermite, C. 1876a, « Extrait d'une lettre de M. Ch. Hermite à L. Koenigsberger sur le développement des fonctions elliptiques suivant les puissances croissantes de la variable », *Journal für die reine und angewandte Mathematik*, vol. 81, p. 220–228.

Hermite, C. 1876b, « Sur un théorème d'Eisenstein », *Proceedings of the London mathematical Society*, vol. 7, p. 173–175.

Hermite, C. 1881a, « Extrait d'une lettre de M. Ch. Hermite à M. Mittag-Leffler sur quelques points de la théorie des fonctions », *Journal für die reine und angewandte Mathematik*, vol. 91, p. 53–78. *Œuvres*, t. 4, p. 48-75.

Hermite, C. 1881b, « Extrait d'une lettre de M. Ch. Hermite à M. Schwarz, de Gœttingue, sur l'intégrale eulérienne de seconde espèce », *Journal für die reine und angewandte Mathematk*, vol. 90, p. 332–338. *Œuvres*, t. 4, p. 76-84.

Hermite, C. 1882a, *Cours de M. Hermite, rédigé en 1882 par M. Andoyer, élève à l'École normale*, Hermann.

Hermite, C. 1882b, « Sur une relation donnée par M. Cayley dans la théorie des fonctions elliptiques », *Acta Mathematica*, vol. 1, p. 368–370.

Hermite, C. 1884, « Sur quelques conséquences arithmétiques des Formules de la théorie des fonctions elliptiques », *Acta Mathematica*, vol. 5, p. 297–330.

Hermite, C. 1886, « Remarques sur les formes quadratiques de déterminant négatif », *Bulletin des sciences mathématiques*, vol. (2) 10, p. 23–30.

Hermite, C. 1887, « Remarques arithmétiques sur quelques formules de la théorie des fonctions elliptiques », *Journal für die reine und angewandte Mathematik*, vol. 100, p. 51–65.

Hermite, C. 1892, « Note sur M. Kronecker », *Comptes rendus hebdomadaires des séances de l'Académie des sciences*, vol. 114, p. 19–21.

Hermite, C. 1897, « Notice sur M. Weierstrass », *Comptes rendus hebdomadaires des séances de l'Académie des sciences*, vol. 124, p. 430–433.

Hermite, C. et R. Lipschitz. 1883, « Sur quelques points de la théorie des nombres », *Acta mathematica*, vol. 2, p. 299–304. *Œuvres de C. Hermite*, t. 4, p. 127-132.

Hettner, G. 1877, *Über die Reduction der Integrale einer besonderen Classe von algebraischen Differentialen auf die hyperelliptischen Integrale*, thèse de doctorat, Friedrich-Wilhelms-Universität zu Berlin.

Heun, K. 1887, « Zur Theorie der mehrwerthigen, mehrfach lineär verknüpfen Functionnen », *Acta mathematica*, vol. 11, p. 97–108.

Heun, K. 1889, « Bemerkungen zur Theorie der mehrwerthigen, mehrfach lineär verknüpfen Functionnen », *Acta mathematica*, vol. 12, p. 103–108.

Hilb, E. 1912, « Zur Theorie der vieldeutigen automorphen Funktionen ; die sogennanten Obertheorem », *Jahresbericht der Deutschen Mathematiker-Vereinigung*, vol. 21, p. 165–166.

Hilbert, D. 1900, « Sur les problèmes futurs des mathématiques », dans *Comptes rendus du II*[e] *Congrès international des mathématiciens*, édité par Gauthier-Villars, Paris, p. 58–114.

Hilbert, D. 1904, « Über das Dirichlet Prinzip », *Mathematische Annalen*, vol. 59, p. 161–186. Festschrift zur Feier des 150. jährigen Bestehens der Königl. Gesellschaft der Wissenschaften zu Göttingen (1901) ; *Gesammelte Abhandlungen*, t. 3, p. 15-37.

Hilbert, D. 1921, « Adolf Hurwitz », *Mathematische Annalen*, vol. 83, p. 161–172.

Hoffmann, L. et L. Natani. 1858-1867, *Mathematisches Worterbuch*, G. Bosselman (1-3) ; Verlag von Wiegand und Hempel (4-7), Berlin.

Horiuchi, A. 1996, « Sur la recomposition du paysage mathématique japonais au début de l'époque Meiji », dans *L'Europe mathématique*, édité par C. Goldstein, J. Gray et J. Ritter, Éditions de la Maison de l'Homme, p. 249–268.

Hoüel, J. 1878, *Cours de calcul infinitésimal*, vol. 1, Gauthier-Villars, Paris.

Houzeau, J. C. 1882, *Vade-Mecum de l'astronomie*, C. Hayez, Bruxelles.

Houzeau, J.-C. et A. Lancaster. 1882-1889, *Bibliographie générale de l'astronomie*, F. Hayez, Bruxelles. Vol. 1 (1882) - vol. 2 (1889).

Houzel, C. 2003, *La Géométrie algébrique. Recherches historiques*, Blanchard, Paris.

Hulin, N. 1990, « Les doctorats dans les disciplines scientifiques au XIXe siècle », *Revue d'histoire des sciences*, vol. 43 (4) (*L'enseignement scientifique au tournant des XIXe et XXe siècles*), p. 401–426.

Humbert, G. 1887, « Sur les intégrales algébriques de différentielles algébriques », *Acta mathematica*, vol. 10, p. 281–298.

Hurwitz, A. 1881, « Grundlagen einer independenten Theorie der elliptischen Modulfunktionen und Theorie der Multiplikator-Gleichungen (erter Stufe) », *Mathematische Annalen*, vol. 18, p. 528–592.

Jaffé, W. (ed.) 1965, *Correspondence of Léon Walras and related papers*, Koninklijke Akademie van Wetenschappen, Amsterdam.

Jaurès, J. 1898, *Les preuves - Affaire Dreyfus*, La Petite Répubique, Paris.

Johnson, W. W. 1884, « Mr. James Glaisher's Factor Table and the Distribution of Primes », *Annals of Mathematics*, vol. 1 (1), p. 15–23.

Jordan, C. 1865-1866, « Recherches sur les polyèdres », *Comptes rendus hebdomadaires des séances de l'Académie des sciences.* 60 (1865), p. 400-403 ; 61 (1865), p. 205-208 ; 62 (1866), p. 1339-1341.

Jordan, C. 1866, « Recherches sur les polyèdres », *Journal für die reine und angewandte Mathematik*, vol. 16, p. 22–85.

Jordan, C. 1870, *Traités des substitutions et des équations algébriques*, Gauthier-Villars, Paris.

Jordan, C. 1873-74, « Mémoire sur une application de la théorie des substitutions à l'étude des équations différentielles linéaires », *Bulletin de la société mathématique de France*, vol. 2, p. 100–127.

Jordan, C. 1876, « Sur les équations linéaires du second ordre dont les intégrales sont algébriques », *Comptes rendus hebdomadaires des séances de l'Académie des sciences*, vol. 92, p. 605–607. *Œuvres*, t. 2, p. 1-3.

Jordan, C. 1878, « Mémoire sur les équations différentielles à intégrale algébrique », *Journal für die reine und angewandte Mathematik*, vol. 94, p. 89–215. *Œuvres*, t. II, p. 13-139.

Jordan, C. 1879a, « Sur la détermination des groupes d'ordre fini contenus dans le groupe linéaire », *Atti della Reale Accademia delle Scienze (e Belle-Lettere) di Napoli*, vol. VIII, p. 1–41. *Œuvres*, t. II, p. 177-217.

Jordan, C. 1879b, « Sur l'équivalence des formes algébriques », *Comptes rendus hebdomadaires des séances de l'Académie des sciences*, vol. 88, p. 411–413.

Jordan, C. 1881, *Notice sur les travaux de M. Camille Jordan*, Gauthier-Villars, Paris. *Œuvres*, t. 4, p. 553-591.

Jordan, C. 1882-1887, *Cours d'analyse de l'École polytechnique*, Gauthier-Villars, Paris. 4 tomes.

Jordan, C. 1888, « Sur la marche du cavalier », *Rendiconti del Circolo matematico di Palermo*, vol. 2, p. 59–68.

Jordan, C. 1901, « Charles Hermite », *La revue scientifique*, vol. (4) 15 (5), p. 129–131.

Joubert, C. 1860, « Sur la théorie des fonctions elliptiques et son application à la théorie des nombres », *Comptes rendus hebdomadaires des séances de l'Académie des sciences*, vol. 50, p. 774–779, 832–837, 907–912, 1040–1045, 1095–1100, 1145–1150.

Julliard, J. 1993, « Clémenceau et l'affaire Dreyfus : histoire d'une conversion », *Mil neuf cent. Revue d'histoire intellectuelle*, vol. 11, p. 45–49.

Kaden, H. 2006, « 140 Jahre „Poggendorff" - das Werk und sein Begründer », *Chemie in unserer Zeit*, vol. 40 (3), p. 212–213.

Kargon, R. et P. Achinstein. 1987, *Kelvin's Baltimore Lectures and Modern Theoretical Physics*, MIT Press, Cambridge (Massachusetts).

Kieffer, M. 2021, *L'émergence kaléidoscopique des « groupes de Mathieu »*, mémoire de maîtrise, Université de Lorraine, Nancy.

Klein, F. 1873, « Über die sogenannte Nicht-Euklidische Geometrie (zweiter Aufsatz) », *Mathematische Annalen*, vol. 7, p. 112–145. *Gesammelte mathematische Abhanlungen*, t. 1, p. 311-345.

Klein, F. 1876, « Ueber binäre Formen mit linearen Transformation in sich selbst », *Mathematische Annalen*, vol. 9, p. 183–208. *Gesammelte mathematische Abhanlungen*, t. 2, p. 275-301.

Klein, F. 1877a, « Ueber lineare Differentialgleichungen », *Mathematische Annalen*, vol. 11, p. 115–118. *Gesammelte mathematische Abhanlungen*, t. 2, p. 307-320.

Klein, F. 1877b, « Ueber lineare Differentialgleichungen (zweite Aufsatz) », *Mathematische Annalen*, vol. 12, p. 167–179. *Gesammelte mathematische Abhanlungen*, t. 2, p. 307-320.

Klein, F. 1877c, « Weitere Untersuchungen über das Ikosaeder », *Mathematische Annalen*, vol. 12, p. 503–560. *Gesammelte mathematische Abhanlungen*, t. 2, p. 321-384.

Klein, F. 1879a, « Ueber die Erniedrigung der Modulargleichungen », *Mathematische Annalen*, vol. 14, p. 417–427.

Klein, F. 1879b, « Ueber die Transformation der elliptischen Functionen und die Auflösung der Gleichungen fünften grades », *Mathematische Annalen*, vol. 14, p. 111–172.

Klein, F. 1879c, « Ueber die Transformation elfter Ordnung der elliptischen Functionen », *Mathematische Annalen*, vol. 15, p. 533–555.

Klein, F. 1879d, « Ueber die Transformation siebenter Ordnung der elliptischen Functionen », *Mathematische Annalen*, vol. 14, p. 13–135.

Klein, F. 1879e, « Ueber Multiplicatorgleichungen », *Mathematische Annalen*, vol. 15, p. 86–88.

Klein, F. 1880, « Zur Theorie der elliptischen Modulfunctionen », *Mathematische Annalen*, vol. 17, p. 62–70. *Gesammelte mathematische Abhandlungen*, t. 3, p. 169-178.

Klein, F. 1882a, « Note ajoutée à l'article de Poincaré sur les fonction uniformes qui se reproduisent par des substitutions linéaires », *Mathematische Annalen*, vol. 19, p. 564.

Klein, F. 1882b, « Ueber eindeutige Functionen mit linearen Transformationen in sich », *Mathematische Annalen*, vol. 19, p. 565–568.

Klein, F. 1882c, « Ueber eindeutige Functionen mit linearen Transformationen in sich », *Mathematische Annalen*, vol. 20, p. 49–51. *Gesammelte mathematische Abhanlungen*, t. 3, p. 627-629.

Klein, F. 1882d, *Ueber Riemann's Theorie der algebraischen Functionen und iher Integrale*, Teubner, Leipzig. *Gesammelte mathematische Abhandlungen*, t. 3, p. 499-573.

Klein, F. 1883, « Neue Beiträge zur Riemann'schen Functionentheorie », *Mathematische Annalen*, vol. 21, p. 141–218. *Gesammelte mathematische Abhanlungen*, t. 3, p. 630-710.

Klein, F. 1884, *Vorlesungen über das Ikosaeder und die Auflösung der Gleichungen vom fünften Grade*, Teubner, Leipzig.

Klein, F. 1892a, *Nicht-Euklidische Geometrie - Vorlesung, gehalten während des Wintersemesters, 1889-90*, Göttingen.

Klein, F. 1892b, *Riemannsche Flächen (Autographirte Vorlesunghefte)*, Teubner, Leipzig.

Klein, F. 1903, « Gauß' wissenschaftliches Tagebuch 1796 1814. Mit Anmerkungen. (Hierzu 1 Faksimile). », *Mathematische Annalen*, vol. 57, p. 1–34.

Klein, F. 1906, *Riemannsche Flächen : Vorlesungen, gehalten in Göttingen 1891/92*, Teubner, Leipzig.

Klein, F. 1912, « Einleitende Bemerkungen », *Jahresbericht der Deutschen Mathematiker-Vereinigung*, vol. 21, p. 153–154.

Klein, F. 1921-1923, *Gesammelte mathematische Abhandlungen*, Springer, Berlin. Bd. 3.

Klein, F. 1923, « Zu Vorgeschichte der automorphen Funktionen », dans *Felix Klein Gesammelte Mathematische Abhandlungen*, vol. 3, Springer, Berlin, p. 577–586.

Klein, F. 1926, *Vorlesungen über die Entwicklung der Mathematik im 19. Jahrhundert*, Springer, Berlin. Bd. 1.

Koebe, P. 1912, « Referat über automorphe Funktionen und Uniformisierung », *Jahresbericht der Deutschen Mathematiker-Vereinigung*, vol. 21, p. 157–163.

Koenigsberger, L. 1870, « Algebraische Untersuchungen aus der Theorie der elliptischen Functionen », *Journal für die reine und angewandte Mathematik*, vol. 72, p. 176–254.

Koenigsberger, L. 1877, « Ueber algebraische Beziehungen zwischen Integralen verschiedener Differentialgleichungen », *Journal für die reine und angewandte Mathematik*, vol. 84, p. 284–293.

Koenigsberger, L. 1879a, « Ueber die Erweiterung des Jacobischen Transformationsprincips », *Journal für die reine und angewandte Mathematik*, vol. 87, p. 173–189.

Koenigsberger, L. 1879b, « Ueber eine Beziehung der complexen Multiplication der elliptischen Integrale zur Reduction gewisser Klassen Abelscher Integrale auf elliptische », *Journal für die reine und angewandte Mathematik*, vol. 86, p. 269–278.

Kohn, G. 1894-95, « Emil Weyr », *Jahresbericht der Deuschen Mathematiker-Vereinigung*, vol. 4, p. 2.

Kollros, L. 1934, « Carl Friedrich Geiser », *Verhandlungen der Schweizerischen Naturforschenden Gesellschaft*, vol. 115, p. 521–528.

Kollros, L. 1940, « Jérôme Franel », *Verhandlungen der Schweizerischen Naturforschenden Gesellschaft*, vol. 120, p. 439–444.

Kolmogorov, A. N. et A. A. Yushkevich. 2013, *Mathematics of the 19th Century : Mathematical Logic, Algebra, Number Theory, Probability Theory*, Birkhaüser, Basel.

Korkine, A. et Y. Zolotareff. 1873, « Sur les formes quadratiques », *Mathematische Annalen*, vol. 6, p. 366–389.

Korkine, A. et Y. Zolotareff. 1877, « Sur les formes quadratiques positives », *Mathematische Annalen*, vol. 11, p. 242 – 292.

Kowalevskaja, S. 1875, « Zur Theorie der partiellen Differentialgleichung », *Journal für die reine und angewandte Mathematik*, vol. 80, p. 1–32.

Kowalewskaja, S. 1884, « Über die Reduction einer Bestimmten Klasse Abel'scher Integrale 3ten Ranges auf elliptische Integrale », *Acta mathematica*, vol. 4, p. 393–414.

Kowalewskaja, S. 1885, « Züsatze und Bermerkungen zu Laplace's Untersuchung über die Gestalt des Saturnringes », *Astronomische Nachrichten*, vol. 111, p. 37–48.

Kowalewskaja, S. 1889, « Sur le problème de la rotation d'un corps solide autour d'un point fixe », *Acta mathematica*, vol. 12, p. 177–232.

Kowalewskaja, S. 1890, « Mémoire sur un cas particulier du problème de la rotation d'un corps pesant autour d'un point fixe, où l'intégration s'effectue à l'aide de fonctions ultraelliptiques du temps », *Mémoires présentés par divers savants à l'Académie des sciences de l'Institut national de France*, vol. 31, p. 1–62.

Kozlov, V. V., V. P. Pavlov et A. G. Sergeev. 2015, « Vladimir Andreevich Steklov », *Proceedings of the Steklov Institute of Mathematics*, vol. 289, p. 7–16.

Krahnke, H. 2001, *Die Mitglieder der Akademie der Wissenschaften zu Göttingen 1751-2001*, Vandenhoeck & Ruprecht Verlag, Göttingen.

Kronecker, L. 1861, « Ueber seine algebraischen Arbeiten », *Monatsberichte der Königlichen Preussische Akademie des Wissenschaften zu Berlin*, p. 609–617. Trad. fr. « Note de M. Kronecker sur ses travaux algébriques », *Annales scientifiques de l'École Normale Supérieure*, t. (1) 3 (1866), p. 279-286.

Kronecker, L. 1862a, « Ueber die complexe Multiplication der elliptische Functionnen », *Monatsberichte der Königlichen Preussische Akademie des Wissenschaften zu Berlin*, p. 363–372. Trad. fr. « Sur la multiplication complexe des fonctions elliptiques », *Annales scientifiques de l'École Normale Supérieure*, t. (1) 3 (1866), p. 295-302.

Kronecker, L. 1862b, « Ueber eine neue Eigenschaft der quadratischen Formen von negativer Determinant », *Monatsberichte der Königlichen Preussische Akademie des Wissenschaften zu Berlin*, p. 302–311. Trad. fr. « Sur une nouvelle propriété des formes quadratiques de déterminant négatif », *Annales scientifiques de l'École Normale Supérieure*, t. (1) 3 (1866), p. 287-294.

Kronecker, L. 1863, « Ueber die Auflösung der Pell'schen Gleichung mittelst elliptischer Functionen », *Monatsberichte der Königlichen Preussische Akademie des Wissenschaften zu Berlin*, p. 44–50. Trad. fr. « Sur la résolution de l'équation de Pell au moyen des fonctions elliptiques », *Annales scientifiques de l'École Normale Supérieure*, t. (1) 3 (1866), p. 303-308.

Kronecker, L. 1869, « Ueber Systeme von Funktionen mehrerer variabeln », *Monatsberichte der Königlich-Preussichen Akademie der Wissenschaften zu Berlin*, p. 159–193 et 688–698.

Kronecker, L. 1870, « Auseinandersetzung einiger Eigenschaften der Klassenanzahl idealer complexer Zahlen », *Monatsberichte der Königlichen Preussische Akademie des Wissenschaften zu Berlin*, p. 881–889.

Kühnert, J. 2009, *Die Geschichte der Buchpreisbindung in Deutschland. Von ihren Anfängen bis ins Jahr 1945*, Harrassowitz Verlag, Wiesbaden.

Lagrange, J. L. 1800, « Théorie des fonctions analytiques », *Journal de l'École polytechnique*, vol. 9, p. 1–277. *Œuvres*, t. 9.

Laguerre, E. 1898, *Œuvres de Laguerre. Tome I. Algèbre. Calcul intégral*, Gauthier-Villars, Paris. Édité par Ch. Hermite, H. Poincaré et E. Rouché.

Laguerre, E. 1905, *Œuvres de Laguerre. Tome II. Géométrie*, Gauthier-Villars, Paris. Édité par Ch. Hermite, H. Poincaré et E. Rouché.

Laisant, C. A. 1900, « Sur l'État d'avancement des travaux du Répertoire bibliographique des sciences mathématiques », *Bibliotheca mathematica*, vol. (3) 1, p. 246–249.

Laisant, C.-A. 1904, *L'Éducation fondée sur la Science*, Félix Alcan, Paris.

Laisant, C.-A. 1906, *Initiation mathématique, ouvrage étranger à tout programme dédié aux amis de l'enfance*, Hachette, Paris. Nombreuses rééditions.

Laisant, C.-A. et G. Humbert. 1894, « Sur l'État d'avancement des travaux du Répertoire bibliographique des sciences mathématiques, 32e Congrès des Sociétés savantes », *Journal Officiel du 31 mars 1894*, p. 1.

Lalande, A. 1914, « L'Œuvre de Louis Couturat », *Revue de métaphysique et de morale*, vol. 22 (5), p. 644–688.

Lallement, J. 2004, « Walras et les mathématiques, un malentendu persistant », dans *Études walrassiennes*, édité par R. Baranzini, A. Diemer et C. Mouchot, L'Harmattan, p. 81–104.

Lamy, J. 2007, « Le bureau des longitudes. La gestion des instruments et les régimes de savoirs au XIXe siècle », *Revue d'anthropologie des connaissances*, vol. 1 (2), p. 167–188.

Lannelongue, O., T. Barthélémy et P. Oudin. 1896, « De l'utilité des photographies par les rayons X dans la pathologie humaine », *Comptes rendus hebdomadaires des séances de l'Académie des sciences*, vol. 122, p. 159–160.

Lapassade, G. 1971, « L'analyse institutionnelle », *L'Homme et la société*, vol. 19, p. 185–192.

de Laplace, P. S. 1773, « Recherches sur le calcul intégral aux différences partielles », *Histoire de l'Académie royale des sciences avec les Mémoires de Mathématiques et de Physique pour la même année*, p. 341–403.

Lartigue-Vecchié, M. c.a. 1930, *Les Grèves des dockers à Marseille de 1890 à 1903*, [s. n.], Marseille.

Laurent, H. 1862, *Théorie des séries : contenant, 1° les règles de convergence et les propriétés fondamentales des séries, 2° l'étude et la sommation de quelques séries, 3° quelques applications de la théorie des séries au calcul des expressions transcendantes*, Mallet-Bachelier, Paris.

Laurent, H. 1865a, « Sur la formule de Lagrange », *Comptes rendus hebdomadaires des séances de l'Académie des sciences*, vol. 60, p. 25–29.

Laurent, H. 1865b, *Théorie des résidus*, Gauthier-Villars, Paris.

Laurent, H. 1867, *Traité d'algèbre, à l'usage des candidats aux Écoles du gouvernement*, Gauthier-Villars, Paris.

Laurent, H. 1868a, « Sur la résolution des équations à plusieurs inconnues », *Comptes rendus hebdomadaires des séances de l'Académie des sciences*, vol. 67, p. 491–494.

Laurent, H. 1868b, « Théorie des asymptotes », *Nouvelles annales de mathématiques*, vol. (2) 7, p. 413–416.

Laurent, H. 1870, *Traité de mécanique rationnelle, à l'usage des candidats à la licence et à l'agrégation*, Gauthier-Villars, Paris.

Laurent, H. 1872, « Théorie des courbes gauches », *Annales scientifiques de l'École normale supérieure*, vol. (2) 1, p. 219–230.

Laurent, H. 1873, *Traité du calcul des probabilités*, Gauthier-Villars, Paris.

Laurent, H. 1874a, « Sur la théorie des roulettes gauches », *Bulletin de la Société mathématique de France*, vol. 2, p. 84–93.

Laurent, H. 1874b, « Sur un théorème relatif à la théorie des enveloppes », *Nouvelles annales de mathématiques*, vol. (2) 13, p. 273–278.

Laurent, H. 1875a, « Mémoire sur les fonctions de Legendre », *Journal de mathématiques pures et appliquées*, vol. (3) 1, p. 373–398.

Laurent, H. 1875b, « Sur la séparation des racines des équations », *Nouvelles annales de mathématiques*, vol. (2) 14, p. 37–40.

Laurent, H. 1877, « Théorie élémentaire des fonctions elliptiques », *Nouvelles annales de mathématiques*, vol. (2) 16, p. 78–96, 361–369, 385–406, 433–450, 481–495.

Laurent, H. 1878a, « Sur le calcul inverse des intégrales définies », *Journal de mathématiques pures et appliquées*, vol. (3) 4, p. 225–246.

Laurent, H. 1878b, « Théorie élémentaire des fonctions elliptiques », *Nouvelles annales de mathématiques*, vol. (2) 17, p. 119–129, 247–252, 385–408, 537–557.

Laurent, H. 1879a, « Mémoire sur les équations simultanées aux dérivées partielles du premier ordre à une seule fonction inconnue », *Journal de mathématiques pures et appliquées*, vol. (3) 5, p. 249–284.

Laurent, H. 1879b, « Théorie élémentaire des fonctions elliptiques », *Nouvelles annales de mathématiques*, vol. (2) 18, p. 126–140, 145–170.

Laurent, H. 1880a, « Sur la réduction des polynômes du second degré homogènes à des sommes de carrés », *Nouvelles annales de mathématiques*, vol. (2) 19, p. 12–27.

Laurent, H. 1880b, « Sur la théorie des équations différentielles ordinaires », *Nouvelles annales de mathématiques*, vol. (2) 19, p. 153–161.

Laurent, H. 1880c, *Théorie élémentaire des fonctions elliptiques*, Gauthier-Villars, Paris.

Laurent, H. 1881, « Réduction de deux polynômes homogènes du second degré à des sommes de carrés », *Nouvelles annales de mathématiques*, vol. (2), p. 38–48.

Laurent, H. 1883, « Mémoire sur la théorie de l'élimination », *Nouvelles annales de mathématiques*, vol. (3) 2, p. 145–160.

Laurent, H. 1884, « Sur le calcul des dérivées à indices quelconques », *Nouvelles annales de mathématiques*, vol. (3) 3, p. 240–252.

Laurent, H. 1885-91, *Traité d'analyse*, Gauthier-Villars, Paris.

Laurent, H. 1886a, « Mémoire sur les équivalences algébriques et l'élimination », *Nouvelles annales de mathématiques*, vol. (3) 5, p. 432–447.

Laurent, H. 1886b, « Mémoire sur les équivalences algébriques et l'élimination », *Nouvelles annales de mathématiques*, vol. (3) 5, p. 456–460.

Laurent, H. 1887a, « Remarques sur les conditions d'intégrabilité », *Nouvelles annales de mathématiques*, vol. (3) 6, p. 274–279.

Laurent, H. 1887b, « Remarques sur les conditions d'intégrabilité », *Nouvelles annales de mathématiques*, vol. (3) 6, p. 305–311.

Laurent, H. 1887c, « Sur le calcul d'une fonction symétrique », *Nouvelles annales de mathématiques*, vol. (3) 6, p. 416–419.

Laurent, H. 1887d, « Sur les conditions d'intégrabilité d'une expression différentielle », *Nouvelles annales de mathématiques*, vol. (3) 6, p. 19–24.

Laurent, H. 1888a, « Sur la théorie de l'élimination », *Nouvelles annales de mathématiques*, vol. (3) 7, p. 116–119.

Laurent, H. 1888b, « Sur la théorie de l'élimination », *Nouvelles annales de mathématiques*, vol. (3) 7, p. 60–65.

Laurent, H. 1889, « Mémoire sur les équivalences algébriques et l'élimination », *Nouvelles annales de mathématiques*, vol. (3) 8, p. 456–460.

Laurent, H. 1892, « Sur l'élimination », *Nouvelles annales de mathématiques*, vol. (3) 11, p. 5–7.

Laurent, H. 1893a, « Sur l'élimination », *Nouvelles annales de mathématiques*, vol. (3) 12, p. 355–359.

Laurent, H. 1893b, *Théorie des jeux de hasard*, Gauthier-Villars & Masson, Paris.

Laurent, H. 1895, *Théorie et pratique des assurances sur la vie*, Gauthier-Villars et Masson, Paris.

Laurent, H. 1896a, « Exposé d'une théorie nouvelle des substitutions linéaires », *Nouvelles annales de mathématiques*, vol. (3) 15, p. 345–365.

Laurent, H. 1896b, « Sur les fonctions entières », *Nouvelles annales de mathématiques*, vol. (3) 15, p. 23–28.

Laurent, H. 1897, « Applications de la théorie des substitutions lin éaires à l'étude des groupes », *Nouvelles annales de mathématiques*, vol. (3) 16, p. 149–168.

Laurent, H. 1898a, « Exposé d'une théorie nouvelle des substitutions », *Journal de mathématiques pures et appliquées*, vol. (5) 4, p. 75–120.

Laurent, H. 1898b, *Théorie des opérations financières*, Gauthier-Villars et Masson, Paris.

Laurent, H. 1900, « Note sur les principes de l'école de Lausanne », *Bulletin trimestriel de l'Institut des actuaires français*, vol. 50, p. 164–171.

Laurent, H. 1901, « Usage des formes quadratiques dans la théorie des équations », *Nouvelles annales de mathématiques*, vol. (4) 1, p. 313–319.

Laurent, H. 1902a, *Petit traité d'économie politique mathématique, rédigé conformément aux préceptes de l'École de Lausanne*, C. Schmid, Paris.

Laurent, H. 1902b, *Sur les principes fondamentaux de la théorie des nombres et de la géométrie*, Carré et Naud, Paris.

Laurent, H. 1902c, « Sur les séries de polynomes », *Journal de mathématiques pures et appliquées*, vol. (5) 8, p. 309–328.

Laurent, H. 1902d, *Traité de perspective, à l'usage des peintres et des dessinateurs de profession ou des personnes qui désirent se faciliter l'étude du dessin*, C. Schmidt, Paris.

Laurent, H. 1904, *Théorie des nombres ordinaires et algébriques*, C. Naud.

Le Ferrand, H. 2018, « Une photographie inédite du probabiliste et statisticien Hermann Laurent (1841-1908) », *Images de mathématiques.* http ://images.math.cnrs.fr/Une-photographie-inedite-du-probabiliste-et-statisticien-Hermann-Laurent-1841.html.

Le Gendre, P. 1924, *Un médecin philosophe : Charles Bouchard, son œuvre et son temps*, Masson, Paris.

Le Roy, E. 1896, « Sur le problème de Dirichlet et les fonctions harmoniques fondamentales attachées à une surface fermée », *Comptes rendus hebdomadaires des séances de l'Académie des sciences*, vol. 123, p. 986–988.

Le Roy, E. 1898, *Sur l'intégration des équations de la chaleur*, thèse de doctorat, Faculté des sciences de Paris. Publiée aussi dans les *Annales de l'École normale supérieure*, (3) 14 (1897), p. 379-465 et (3) 15 (1898), p. 9-178.

Lebon, E. 1909, *Henri Poincaré, biographie, bibliographie analytique des écrits, 1ère éd.*, Gauthier-Villars, Paris. Collection Savants du jour.

Lebon, E. 1910a, *Gaston Darboux, Biographie, Bibliographie analytique*, Gauthier-Villars. Collection *Savants du jour.*

Lebon, E. 1910b, *Paul Appell. Biographie, bibliographie analytique des écrits*, Gauthier-Villars. Collection savants du jour.

Lebon, E. 1912, *Henri Poincaré, biographie, bibliographie analytique des écrits, 2e éd.*, Gauthier-Villars, Paris. Collection Savants du jour.

Lebon, E. 1912b, « Sur Henri Poincaré et sur la seconde édition des *Savants du jour : Henri Poincaré* », in *Comptes rendus du congrès de Nîmes de l'Association française pour l'avancement des sciences (1912)*, p. 1–4, Paris.

Leffler, A. C. 1892, *Sonja Kovalevsky*, Albert Bonniers Förlag, Stockholm. Trad. all. Leipzig : Reclam, 1894 ; trad. angl. in *Reminiscences of Childhood*, London : Walter Scott, 1895 ; trad. fr. in *Souvenir d'enfance de Sophie Kovalewsky*, suivi de sa biographie, Paris : Hachette, 1895.

Lehto, O. 1998, *Mathematics Without Borders, A History of the International Mathematical Union*, Springer, Heidelberg.

Lejeune, D. 2011, *La France aux débuts de la IIIe République*, Armand Colin, Paris.

Lejeune Dirichlet, J. P. G. 1837a, « Beweis des Satzes, daß jede unbegrenzte arithmetische Progression (...) », *Abhandlungen der Königlichen Preußischen Akademie der Wissenschaften zu Berlin*, vol. 48, p. 45–81. *Werke*, t. I, p. 313-342.

Lejeune Dirichlet, J. P. G. 1837b, « Beweis eines Satzes über die arithmetische Progression », *Bericht der Königlich Preußischen Akademie der Wissenschaften zu Berlin*, p. 108–110. *Werke*, t. I, p. 307-312.

Lejeune Dirichlet, J. P. G. 1837c, « Sur la manière de résoudre l'équation $t^2-pu^2 = 1$ au moyen des fonctions circulaires », *Journal für die reine und angewandte Mathematik*, vol. 17, p. 286–290.

Lejeune Dirichlet, J. P. G. 1841, « Untersuchungen über die Theorie der complexen Zahlen », *Journal für die reine und angewandte Mathematik*, vol. 21, p. 375–378.

Lejeune Dirichlet, J. P. G. 1842, « Recherches sur les formes quadratiques à coefficients et à indéterminées complexes », *Journal für die reine und angewandte Mathematik*, vol. 24, p. 291–371.

Lejeune Dirichlet, J. P. G. 1848, « Ueber die Reduction der positiven quadratischen Formen mit drei unbestimmsten ganzen Zahlen », *Journal für die reine und angewandte Mathematik*, vol. 40, p. 209–227.

Lejeune Dirichlet, J. P. G. 1849, « Über die Bestimmung der mittleren Werthe in der Zalhentheorie », *Abhandlungen der Königlichen Preussischen Akademie*, p. 69–83. *Werke*, t. II, p. 49-66.

Lemoine, E. 1900, « La Géométrographie dans l'espace », *Comptes rendus hebdomadaires des séances de l'Académie des sciences*, vol. 131, p. 937–939.

Lemoine, E. 1902, *Géométrographie ou art des constructions géométriques*, C. Naud. (Collection *Scientia*. Série physique-mathématique 18).

Lévy, A. et G. Pinet. 1894, *L'Argot des polytechniciens*, Émile Testard.

Lhuillier, V. 2002, « Les trois première tentatives d'application des mathématiques à l'économie politique de Léon Walras et l'intégration progressive des choix subjectifs en économie pure », *Cahiers d'économie politique*, vol. 42, p. 29–48.

von Lichtenfels, O. 1886, « Notiz über eine transcendente Minimalfläche », *Sitzungsberichte der Kgl. Akademie der Wissenschaften in Wien*, vol. 94, p. 41–54.

Lie, S. 1873, « Neue Integrations-Methode eines $2n$-gliedrigen Pfaffschen Problems. », *Forhandlinger i Videnskabs-Selskabet i Christiania*, p. 320–343. *Gesammelte Abhandlungen*, t. 3, p. 126-148.

Lie, S. 1876a, « Theorie der Transformationensgruppen (Abhandlung II) », *Archiv for Mathematik og Naturvidenskab*, vol. 1, p. 152–193. *Gesammelte Abhandlungen*, t. 5, p. 42-77.

Lie, S. 1876b, « Theorie der Transformationensgruppen (Erste Abhandlung) », *Archiv for Mathematik og Naturvidenskab*, vol. 1, p. 19–57. *Gesammelte Abhandlungen*, t. 5, p. 9-41.

Lie, S. 1877, « Theorie des Pfaffschen Problems. (Erste Abhandlung) », *Archiv for Mathematik og Naturvidenskab*, vol. 2, p. 338–379. *Gesammelte Abhandlungen*, t. 3, p. 320-354.

Lie, S. 1878a, « Theorie der Transformationensgruppen (Abhandlung III) », *Archiv for Mathematik og Naturvidenskab*, vol. 3, p. 93–165. *Gesammelte Abhandlungen*, t. 5, p. 78-135.

Lie, S. 1878b, « Theorie der Transformationensgruppen (Abhandlung IV) », *Archiv for Mathematik og Naturvidenskab*, vol. 3, p. 375–460. *Gesammelte Abhandlungen*, t. 5, p. 136-198.

Lie, S. 1879a, « Zur Theorie der Flächen constanter Krümmung I. Bestimmung ihrer Haupttangentencurven und Krümmungslinien », *Archiv for Mathematik og Naturvidenskab*, vol. 4, p. 345–355. *Gesammelte Abhandlungen*, t. 3, p. 367-374.

Lie, S. 1879b, « Zur Theorie der Flächen constanter Krümmung II. Das Sphärische Bild der Haupttangenten- und Krümmungs-Curven », *Archiv for Mathematik og Naturvidenskab*, vol. 4, p. 355–366. *Gesammelte Abhandlungen*, t. 3, p. 375-386.

Lie, S. 1880a, « Theorie der Transformationsgruppen I », *Mathematische Annalen*, vol. 16, p. 441–528. *Gesammelte Abhandlungen*, t. 6-2, p. 1-94.

Lie, S. 1880b, « Zur Theorie der Flächen constanter Krümmung III », *Archiv for Mathematik og Naturvidenskab*, vol. 5, p. 282–306. *Gesammelte Abhandlungen*, t. 3, p. 398-418,.

Lie, S. 1880c, « Zur Theorie der Flächen constanter Krümmung IV », *Archiv for Mathematik og Naturvidenskab*, vol. 5, p. 328–358. *Gesammelte Abhandlungen*, t. 3, p. 421-446.

Lie, S. 1881, « Zur Theorie der Flächen constanter Krümmung V, », *Archiv for Mathematik og Naturvidenskab*, vol. 5, p. 518–541. *Gesammelte Abhandlungen*, t. 3, p. 447-466.

Lie, S. 1883a, « Klassifikation und Integration von gewöhnlichen Differentialgleichungen zwischen x, y, die eine Gruppe von Transformationen gestatten I », *Archiv for Mathematik og Naturvidenskab*, vol. 8, p. 187–248. *Gesammelte Abhandlungen*, t. 5, p. 240-281 ; repris dans les *Mathematische Annalen*, 32 (1888), p. 213-281.

Lie, S. 1883b, « Klassifikation und Integration von gewöhnlichen Differentialgleichungen zwischen x, y, die eine Gruppe von Transformationen gestatten.II », *Archiv for Mathematik og Naturvidenskab*, vol. 8, p. 249–288. *Gesammelte Abhandlungen*, t. 5, p. 282-310 ; repris dans les *Mathematische Annalen*, 32 (1888), p. 213-281.

Lie, S. 1883c, « Über unendliche continuerliche Gruppen », *Forhandlinger i Videnskabs-Selskabet i Christiania*, vol. 12. *Gesammelte Abhandlungen*, t. 5, p. 314-361.

Lie, S. 1888, « Zur Theorie der Berührungstransformationen », *Abhandlungen der mathematisch-physischen Classe der Königlich-Sächsischen Gesellschaft der Wissenschaften zu Leipzig*, vol. 14, p. 535–562. *Gesammelte Abhandlungen*, t. 4, p. 265-290.

Lie, S. 1890a, « Über die Grundlagen der Geometrie. (Erste Abhandlung) », *Berichte über die Verhandlungen der Königlich Sächsischen Gesellschaft der Wissenschaften zu Leipzig. Mathematisch-Physische Classe*, vol. 2, p. 284–321. *Gesammelte Abhandlungen*, t. 2, p. 380-413.

Lie, S. 1890b, « Über die Grundlagen der Geometrie. (Zweite Abhandlung) », *Berichte über die Verhandlungen der Königlich Sächsischen Gesellschaft der Wissenschaften zu Leipzig. Mathematisch-Physische Classe*, vol. 3, p. 355–418. *Gesammelte Abhandlungen*, t. 2, p. 414-468.

Lie, S. 1891a, « Die Grundlagen für die Theorie der unendlichen continuirlichen Transformationsgruppen. (Erste Abhandlung) », *Berichte über die Verhandlungen der Königlich Sächsischen Gesellschaft der Wissenschaften zu Leipzig. Mathematisch-Physische Classe*, vol. 3, p. 316–352. *Gesammelte Abhandlungen*, t. 6, p. 300-330.

Lie, S. 1891b, « Die Grundlagen für die Theorie der unendlichen continuirlichen Transformationsgruppen. (Zweite Abhandlung) », *Berichte über die Verhandlungen der Königlich Sächsischen Gesellschaft der Wissenschaften zu Leipzig.*

Mathematisch-Physische Classe, vol. 3, p. 316–35. *Gesammelte Abhandlungen*, t. 6, p. 331-364.

Lie, S. 1892a, « Bemerkungen zu neueren Untersuchungen über die Grundlagen der Geometrie », *Berichte über die Verhandlungen der Königlich Sächsischen Gesellschaft der Wissenschaften zu Leipzig. Mathematisch-Physische Classe*, vol. 1, p. 106–114. *Gesammelte Abhandlungen*, t. 2, p. 469-476.

Lie, S. 1892b, « Sur les fondements de la géométrie », *Comptes rendus hebdomadaires des séances de l'Académie des sciences*, vol. 114, p. 477–479. *Gesammelte Abhandlungen*, t. 2, p. 477-479.

Lie, S. 1892c, « Sur une application de la théorie des groupes continus à la théorie des fonctions », *Comptes rendus hebdomadaires des séances de l'Académie des sciences*, vol. 114, p. 334–337. *Gesammelte Abhandlungen*, t. 6, p. 365-367.

Lie, S. 1892d, « Sur une interprétation nouvelle du théorème d'Abel », *Comptes rendus hebdomadaires des séances de l'Académie des sciences*, vol. 114, p. 277–280. *Gesammelte Abhandlungen*, t. 2, p. 469-476.

Lie, S. 1895, « L'influence de Galois sur le développement des mathématiques », dans *Le centenaire de l'École normale 1795-1895*, Hachette, Paris, p. 481–489. *Gesammelte Abhandlungen*, t. 6, p. 592-600.

Lie, S. et F. Engel. 1888, *Theorie der Transformationsgruppen. Erster Abschnitt*, Teubner, Leipzig.

Lie, S. et F. Engel. 1890, *Theorie der Transformationsgruppen . Zweiter Abschnitt*, Teubner, Leipzig.

Lie, S. et F. Engel. 1893, *Theorie der Transformationsgruppen. Dritter und letzter Abschnitt*, Teubner, Leipzig.

Lindemann, F. 1878, « Extrait d'une lettre, concernant l'application des intégrales abéliennes à la géométrie des courbes planes, adressée à M. Hermite par M. Lindemann », *Journal für die reine und angewandte Mathematik*, vol. 84, p. 294–297.

Lindemann, F. 1882, « Entwicklung der Functionen einer complexen Variabeln nach Lamé'schen Functionen und nach Zugeordneten der Kugelfunctionen », *Mathematische Annalen*, vol. 19, p. 323–386.

Lipschitz, R. 1865, « Über die asymptotische Gesetze von gewissen Gattungen zahlentheoretischer Functionen », *Monatsberichte der Königlichen preussischen Akademie der Wissenschaften zu Berlin*, p. 174–185. Publié en 1866.

Lipschitz, R. 1886a, « Recherches sur la transformation, par des substitutions réelles, d'une somme de deux ou de trois carrés », *Journal de mathématiques pures et appliquées*, vol. (4) 2, p. 373–440.

Lipschitz, R. 1886b, *Untersuchungen ueber die Summen von Quadraten*, M. Cohen & Sohn, Bonn.

Longy, F. 2001, « Mathématiques et intuition : Zermelo et Poincaré face à la théorie axiomatique des ensembles et à l'axiome du choix », *Philosophia Scientiae*, vol. 5 (2), p. 51–87.

Lorentz, H. A. 1906, « Electromagnetic phenomena in a system moving with any velocity smaller than that of light », *Proceedings of the Royal Netherlands Academy of Arts and Sciences*, vol. 6, p. 809–831.

Lorey, W. 1926, « Gustav Eneström », *Isis*, vol. 8, p. 313–320.

Lucas, E. 1873, *Recherches sur l'analyse indéterminée et l'arithmétique de Diophante*, Desrosiers, Moulins.

Luciano, E. 2018, « Constructing an international library : The collections of journals in Turin's Special Mathematics Library », *Historia Mathematica*, vol. 45, p. 4.

Ludwig, W. 1926, « Rudolf Sturm », *Jahresbericht der Deutschen Mathematiker-Vereinigung*, vol. 34, p. 41–51.

Lützen, J. et W. Pürkert. 1994, « Conflicting tendencies in the historiography of mathematics : M. Cantor and H. G. Zeuthen », dans *The Modern History of Mathematics*, vol. 3, édité par E. Knobloch et D. Rowe, Academic Presse, Boston, p. 1–42.

Lützen, J., G. Sabidussi et B. Toft. 1992, « Julius Petersen 1839-1910 a biography », *Discrete Mathematics*, vol. 100, p. 9–82.

Lyapunov, A. 1897, « Sur certaines questions se rattachant au problème de Dirichlet », *Comptes rendus hebdomadaires des séances de l'Académie des sciences*, vol. 125, p. 808–811.

Lyapunov, A. 1898, « Sur certaines questions qui se rattachent au problème de Dirichlet », *Journal de mathématiques pures et appliquées*, vol. (5) 4, p. 241–311.

Mace, A. C. 1945, « George Frederick Stout, 1860-1944 », *Proceedings of the British Academy*, vol. 31, p. 307–316.

Mace, A. C. 1954, « The permanent contribution to Psychology of George Frederick Stout », *British Journal of Educational Psychology*, vol. 24 (2), p. 64–75.

Mahler-Werfel, A. 1960, *Mein Leben*, S. Fischer Verlag, Berlin.

Maillet, E. 1902, « Sur l'utilité de la publication de certains renseignements bibliographiques en mathématiques », dans *Comptes rendus du IIe Congrès international des mathématiciens*, Gauthier-Villars, Paris, p. 425–427.

Mannheim, A. 1881, « Sur les surfaces parallèles », *Proceedings of the London mathematical Society*, vol. 12, p. 177–186.

Mannheim, A. 1885, « Liaisons géométriques entre les sphères osculatrices de deux courbes qui ont les mêmes normales principales », *Proceedings of the London mathematical Society*, vol. 16, p. 273–276.

Mannheim, A. 1889, « Construction du centre de courbure de la développée de la courbe de contour apparent d'une surface que l'on projette orthogonalement sur un plan », *Proceedings of the London mathematical Society*, vol. 20, p. 241–244.

Marbo, C. 1968, *A travers deux siècles. Souvenirs et rencontres (1883-1967)*, Grasset, Paris.

Marotte, F. 1898, « Les équations différentielles linéaires et la théorie des groupes », *Annales de la Faculté de Toulouse*, vol. (1), 12, p. H.1–H.92.

Mathieu, E. 1856, « Nouveaux théorèmes sur les équations algébriques », *Nouvelles annales de mathématiques*, vol. 15, p. 409–430.

Mathieu, E. 1859, *Sur le nombre de valeurs que peut acquérir une fonction quand on y permute ses lettres de toutes les manières possibles*, thèse de doctorat, Faculté des sciences de Paris.

Mathieu, E. 1860, « Mémoire sur le nombre de valeurs que peut acquérir une fonction quand on y permute ses variables de toutes les manières possibles », *Journal de mathématiques pures et appliquées*, vol. (2) 5, p. 9–42.

Mathieu, E. 1861a, « Mémoire sur la résolution des équations dont le degré est une puissance d'un nombre premier », *Annali di matematica pura ed applicata*, vol. (2)4, p. 113–132.

Mathieu, E. 1861b, « Mémoire sur l'étude des fonctions de plusieurs quantités, sur la manière de les former et sur les substitutions qui les laissent invariables. », *Journal de mathématiques pures et appliquées*, vol. (2) 6, p. 241–323.

Mathieu, E. 1862, « Sur une formule relative à la théorie des nombres », *Journal für die reine und angewandte Mathematik*, vol. 60, p. 351–536.

Mathieu, E. 1867a, « Mémoire sur la théorie des résidus biquadratiques », *Journal de mathématiques pures et appliquées*, vol. (2) 12, p. 377–438.

Mathieu, E. 1867b, « Mémoire sur les fonctions elliptiques », *Journal de l'École polytechnique*, vol. 42ᵉ cahier, p. 265–295.

Mathieu, E. 1873, « Sur la fonction cinq fois transitive de vingt-quatre quantités », *Journal de mathématiques pures et appliquées*, vol. (2) 18, p. 25–46.

Mathieu, E. 1882a, *Notice sur les travaux scientifiques*, Imprimerie Nancéienne, Nancy.

Mathieu, E. 1882b, « Sur l'équation différentielle à laquelle satisfait la fonction $F(\alpha, \beta, \gamma, \delta)$ de Gauss », *Journal de mathématiques pures et appliquées*, vol. (3) 8, p. 357–383.

Matthiessen, L. 1886, « Sur l'équilibre d'une masse fluide en rotation », *Comptes rendus hebdomadaires des séances de l'Académie des sciences*, vol. 102, p. 857–858.

Maurey, B. et J.-P. Tacchi. 2005, « La genèse du théorème de recouvrement de Borel », *Revue d'histoire des mathématiques*, vol. 11, p. 163–204.

Mawhin, J. 2004, « Les fondements de la mécanique en amont et en aval de Poincaré. Réactions belges à l'expérience du pendule de Foucault », *Philosophiques*, vol. 31 (1), p. 11–38.

Mawhin, J. 2006, « Henri Poincaré et les équations aux dérivées partielles de la physique mathématique », dans *L'Héritage scientifique de Poincaré*, édité par E. Charpentier, E. Ghys et A. Lesne, Belin, Paris, p. 278–301.

Mawhin, J. 2012, *Les Histoires belges d'Henri Poincaré*, Académie royale de Belgique.

Mazliak, L. 2012, « Poincaré et le hasard », dans *Poincaré 1912-2012 – Séminaire Poincaré XVI*, Birkhaüser, Basel, p. 135–171.

Meacci, F. (ed.) 1998, *Italian Economists of the 20th Century*, Edward Elgar, Cheltenham.

Mertens, F. 1874, « Ein Beitrag zur analytischen Zahlentheorie », *Journal für die reine und angewandte Mathematik*, vol. 78, p. 46–62.

Meschkowski, H. 1962-1966, « Aus den Briefbüchern Georg Cantor », *Archive for History of Exact Sciences*, vol. 2, p. 503–519.

Meschkowski, H. et W. Nilson (eds.) 1991, *Georg Cantor Briefe*, Springer, Berlin.

Meyer, W. F. 1897, *Sur les progrès de la théorie des invariants projectifs*, Gauthier-Villars, Paris. Traduit et annoté par Henri Fehr, avec une préface de Maurice d'Ocagne.

Michelacci, G. 2006, « Le Lettere di Charles Hermite a Angelo Genocchi (1867-1887) », *Bollettino di Storia delle Scienze Matematiche*, vol. XXV, p. 1–270.

Mittag-Leffler, G. 1879, « Extrait d'une lettre à M. Hermite », *Bulletin des sciences mathématiques*, vol. (2) 3, p. 269–278.

Mittag-Leffler, G. 1881, « Recherches sur la théorie des fonctions », *Bulletin des sciences mathématiques*, vol. (2) 5, p. 388–392.

Mittag-Leffler, G. 1882, « Sur la théorie des fonctions uniformes d'une variable », *Comptes rendus hebdomadaires des séances de l'Académie des sciences*, vol. 94, p. 938–941, 1040–1042, 1105–1107, 1163–1165.

Mittag-Leffler, G. 1884, « Sur la représentation analytique des fonctions monogènes uniformes », *Acta mathematica*, vol. 4, p. 1–79.

Mittag-Leffler, G. 1900, « Une page de la vie de Weierstrass », dans *Comptes rendus du IIe Congrès international des mathématiciens*, Gauthier-Villars, Paris.

Mittag-Leffler, G. 1912, « Zur Biographie von Weierstrass », *Acta mathematica*, vol. 35, p. 29–65.

Mittag-Leffler, G. 1923, « Préface », *Acta mathematica*, vol. 39, p. I–IV.

Moatti, A. 2012, « États de service d'Henri Poincaré », *Bulletin de la Sabix*, vol. 51, p. 37–40.

Molino, P. 1991, « Un manuscrit inédit de Poincaré », *La vie des sciences - Comptes rendus, série générale*, vol. 8, p. 329–331.

Molk, J. 1885, « Sur une notion qui comprend celle de la divisibilité et sur la théorie générale de l'élimination », *Acta mathematica*, vol. 6, p. 1–165. Thèse soutenue à la Faculté des sciences de Paris le 24 juillet 1884.

Mornati, F. 1999, « Le début des différends entre Pareto et Walras vu à travers leur correspondance et leurs ouvrages : 1891-1893 », *Revue européenne des sciences sociales – Cahiers Vilfredo Pareto*, vol. 116, p. 261–275.

Moutard, T. 1870, « Recherches sur les équations aux dérivées partielles du second ordre à deux variables indépendantes », *Comptes rendus hebdomadaires des séances de l'Académie des sciences*, vol. 70, p. 834–838.

Moutard, T. 1886, « Recherches sur l'intégration des équations aux dérivées partielles du second ordre à deux variables indépendantes », *Journal de l'École polytechnique*, vol. 56, p. 1–6.

Munkholm, E. S. et H. J. Munkholm. 1997, « Poul Heegaard », dans *History of Topology*, édité par I. M. James, North-Holland, Amsterdam, p. 925–946.

Nabonnand, P. (éd.) 1999, *La correspondance entre Henri Poincaré et Gösta Mittag-Leffler*, Birkhäuser, Basel.

Nabonnand, P. 2000, « La polémique entre Poincaré et Russell au sujet du statut des axiomes de la Géométrie », *Revue d'histoire des mathématiques*, vol. 6, p. 219–269.

Nabonnand, P. 2010, « La théorie de l'espace de Poincaré », *Recherche sur la philosophie et le langage (Lambertiania)*, vol. Hors série, p. 373–391.

Nabonnand, P. 2012, « Contributions à l'histoire de la théorie mathématique des cartes géographiques au 19e siècle », *Actas de la Academia Nacional de Ciencias*, vol. 15, p. 99–115. https ://hal.archives-ouvertes.fr/hal-01079476v1.

Nabonnand, P. 2015, « Poincaré and his model of hyperbolic geometry », dans *Models and Visualization in the Mathematical and Physical Sciences*, édité par

J. J. Gray, U. Hashagen, T. H. Kjesden et D. Rowe, Mathematisches Forschungsinstitut Oberwolfach, p. 52–55.

Nabonnand, P., J. Peiffer et H. Gispert (éds.) 2015, *Circulations et échanges mathématiques : études de cas (18e-20e siècles)*, vol. 19 (2), *Philosophia Scientiae*, Nancy.

Nabonnand, P. et L. Rollet. 2010-2011, « Les *Nouvelles annales de mathématiques : journal des candidats aux Écoles polytechnique et normale* », *Conferenze e Seminari dell'Associazione Subalpina Mathesis*, p. 217–230.

Nabonnand, P. et L. Rollet. 2013, « Un journal pour les mathématiques spéciales : les *Nouvelles annales de mathématiques* (1842-1927) », *Journal de l'association des professeurs de mathématiques spéciales*.

Nachmansohn, D. 1979, *German-Jewish Pioneers in Science 1900-1933 : Highlights in Atomic Physics, Chemistry and Biochemistry*, Springer, Berlin Heidelberg New York.

Neumann, C. 1862, *Ueber die Entwickelung einer Function mit imaginärem Argument nach den Kugelfunctionen erster und zweiter Art*, H. W. Schmidt, Halle.

Newcomb, S. 1877, « Elementary theorems relating to the geometry of a space of three dimensions and of uniform positive curvature in the fourth dimension », *Journal für die reine und angewandte Mathematik*, vol. 83, p. 293–300.

Newcomb, S. 1900, « Professor Thomas Craig, Ph. D. », *American Journal of Mathematics*, vol. 22 (1), p. v.

de Nicolaiève, W. 1899a, « Sur diverses expériences destinées à confirmer l'hypothèse d'Ampère relative à la direction de l'action élémentaire électromagnétique », *Comptes rendus hebdomadaires des séances de l'Académie des sciences*, vol. 129, p. 475–477.

de Nicolaiève, W. 1899b, « Sur le champ magnétique à l'intérieur d'un cylindre creux parcouru par un courant », *Comptes rendus hebdomadaires des séances de l'Académie des sciences*, vol. 129, p. 202–203.

de Nicolaiève, W. 1901, « Sur une nouvelle réaction entre les tubes électrostatiques et les isolateurs », *Comptes rendus hebdomadaires des séances de l'Académie des sciences*, vol. 133, p. 1293–1295.

Nivoit, E. 1910, « Discours prononcé aux funérailles de M. Raoul Perrin, Inspecteur général des Mines », *Annales des Mines*, vol. (10) 17.

Nœther, M. 1921, « Hieronymus Georg Zeuthen », *Mathematische Annalen*, vol. 83, p. 1–23.

d'Ocagne, M. 1884a, « Étude de deux systèmes simples de coordonnées tangentielles dans le plan : coordonnées parallèles et coordonnées axiales », *Nouvelles annales de mathématiques*, vol. (3) 3, p. 410–423, 456–470, 516–522, 545–561.

d'Ocagne, M. 1884b, « Procédé nouveau de calcul graphique », *Annales des Ponts et Chaussées. Mémoires et documents*, vol. (6) 8, p. 531–540.

d'Ocagne, M. 1885a, *Coordonnées parallèles et axiales*, Gauthier-Villars, Paris.

d'Ocagne, M. 1885b, « Notes sur les raccordements paraboliques », *Mathesis*, vol. 5, p. 26–27.

d'Ocagne, M. 1885c, « Transformations des propriétés barycentriques au moyen de la méthode des polaires réciproques », *Mathesis*, vol. 5, p. 170–174.

d'Ocagne, M. 1887a, « Sur certaine classe de suites récurrentes », *Comptes rendus hebdomadaires des séances de l'Académie des sciences*, vol. 104, p. 419–420.

d'Ocagne, M. 1887b, « Sur les péninvariants des formes binaires », *Comptes rendus hebdomadaires des séances de l'Académie des sciences*, vol. 104, p. 961–964.

d'Ocagne, M. 1887c, « Sur les péninvariants des formes binaires », *Comptes rendus hebdomadaires des séances de l'Académie des sciences*, vol. 104, p. 1364–1365.

d'Ocagne, M. 1889, « Calcul direct des termes d'une réduite de rang quelconque d'une fraction continue périodique », *Comptes rendus hebdomadaires des séances de l'Académie des sciences*, vol. 108, p. 499–501.

d'Ocagne, M. 1907a, « Sur la rectification approchée des arcs de cercle », *Nouvelles annales de mathématiques*, vol. (4) 7, p. 1–6.

d'Ocagne, M. 1907b, « Sur la représentation des équations d'ordre nomographique 4 à 3 ou 4 variables », *Comptes rendus hebdomadaires des séances de l'Académie des sciences*, vol. 144, p. 1027–1030.

d'Ocagne, M. 1907c, « Sur un nouveau procédé de rectification approchée des arcs de cercle », *Annales des Ponts et Chaussée*, vol. (8) 26, p. 231–233.

Ogigova, H. 1967, « Les lettres de Ch. Hermite à A. Markoff », *Revue d'histoire des sciences*, vol. 20, p. 1–32.

Ortiz, E. 1994, « El rol de las revistas matematicas intermedias en el establecimiento de contactos entre las comunidades matematicas de Francia y Espana en elhacia fines del siglo XIX », dans *Contre les titans de la routine/Contra los titanes de la rutina*, édité par S. Garma, D. Flament et V. Navarro, Communidad de Madrid / C.S.I.C., p. 367–381.

Ortiz, E. 1996, « The nineteenth-century international mathematical community and its connection with those on the Iberian periphery », dans *L'Europe mathématique*, édité par C. Goldstein, J. J. Gray, J. Ritter, Éditions de la Maison de l'Homme, Paris, p. 321–346.

Osgood, W. F. 1898, « Selected topics in the general theory of functions », *Bulletin of the American mathematical Society*, vol. (2) 5, p. 5.

Painlevé, P. 1888, « Sur les lignes singulières des fonctions analytiques », *Annales de la Faculté des sciences de Toulouse*, vol. (1) 2, p. B1–B130.

Painlevé, P. 1897, *Leçons de Stockholm*, Hermann, Paris. *Œuvres*, t. 1, p. 200-818.

Painlevé, P. 1900, « Mémoire sur les équations différentielles dont l'intégrale générale est uniforme », *Bulletin de la Société mathématique de France*, vol. 28, p. 201–261. Œuvres, t. 3, p. 149-185.

Painlevé, P. 1921, « Henri Poincaré », *Acta mathematica*, vol. 38, p. 399–402.

Painlevé, P. et A. Molinier. 1904, *Examens critiques d'un mémoire intitulé « Le bordereau, étude des dépositions de M. Bertillon et du Capitaine Valério au Conseil de Guerre de Rennes, par un ancien élève de l'École Polytechnique*, Imprimerie Kadar, Paris.

Parshall, K. H. 1988, « America's First School of Mathematical Research : James Joseph Sylvester at the Johns Hopkins University 1876-1883 », *Archive for History of Exact Sciences*, vol. 38, p. 153–196.

Parshall, K. H. 2006, *James Joseph Sylvester : Jewish Mathematician in a Victorian World*, Johns Hopkins University Press, Baltimore.

Parsons, C. 2010, « Introductory note to 1909 papers of Zermelo », dans *Ernst Zermelo, Collected Works/Gesammelte Werke*, vol. 1, Springer, p. 230–236.

Passmore, J. A. 1976, « G. F. Stout's Editorship of *Mind* (1892-1920) », *Mind*, vol. 85 (337), p. 17–36.

Payen, J. 1963, « Les exemplaires conservés de la machine de Pascal », *Revue d'histoire des sciences*, vol. 16, p. 161–178.

Peaucellier, C. N. 1873, « Note sur une question de géométrie du compas », *Nouvelles annales de mathématiques*, vol. (2) 12, p. 71–78.

Peiffer, J. 1998, « Faire des mathématiques par lettres », *Revue d'histoire des mathématiques*, vol. 4, p. 143–157.

Peiffer, J., H. Gispert et P. Nabonnand (éds.) 2018, *Interplay Between Journals at Various Scales*, *Historia mathematica*, 45.

Peiffer, J., H. Gispert et P. Nabonnand. 2020, « De l'histoire des journaux mathématiques à l'histoire de la circulation mathématique », *Cahiers François Viete*, vol. (III) 9, p. 123–153.

Perrin, R. 1885, « Sur l'équation indéterminée $x^3+y^3=z^3$ », *Bulletin de la Société mathématique de France*, vol. 13, p. 194–197.

Perrin, R. 1887, « Sur les péninvariants des formes binaires », *Comptes rendus hebdomadaires des séances de l'Académie des sciences*, vol. 104, p. 1097–1099.

Petersen, J. 1871, *Sur les équations résolubles par des racines carrées avec application à la résolution des problèmes par le compas et la règle*, thèse de doctorat, Université de Copenhague.

Piazzi, G. 1803, *Praecipuarum stellarum inerrantium positiones mediae ineunte saeculo XIX : ex observationibus habitis in specula Panormitana ab anno 1792 ad annum 1800*, Ex Regia Typographia Militari, Palerme.

Picard, E. 1879a, « Sur les fonctions analytiques uniformes dans le voisinage d'un point singulier essentiel », *Comptes rendus hebdomadaires des séances de l'Académie des sciences*, vol. 89, p. 745–747.

Picard, E. 1879b, « Sur les fonctions doublement périodiques avec des points singuliers essentiels », *Comptes rendus hebdomadaires des séances de l'Académie des sciences*, vol. 89, p. 852–854.

Picard, E. 1879c, « Sur les fonctions entières », *Comptes rendus hebdomadaires des séances de l'Académie des sciences*, vol. 89, p. 662–665.

Picard, E. 1879d, « Sur une classe de fonctions non uniformes », *Bulletin de la Société mathématique de France*, vol. 7, p. 102–104.

Picard, E. 1879e, « Sur une classe de fonctions non uniformes », *Comptes rendus hebdomadaires des séances de l'Académie des sciences*, vol. 88, p. 852–854.

Picard, E. 1879f, « Sur une propriété des fonctions entières », *Comptes rendus hebdomadaires des séances de l'Académie des sciences*, vol. 88, p. 1024–1027.

Picard, E. 1880a, « Mémoire sur les fonctions entières », *Annales Scientifiques de l'École normale supérieure*, vol. 2, p. 145–166. *Œuvres*, t. I, p. 39-60.

Picard, E. 1880b, « Sur une propriété des fonctions et des courbes algébriques », *Comptes rendus hebdomadaires des séances de l'Académie des sciences*, vol. 91, p. 214–217. *Œuvres*, t. I, p. 61-64.

Picard, E. 1880c, « Sur une propriété des fonctions uniformes d'une variable, liées par une relation algébrique », *Comptes rendus hebdomadaires des séances de l'Académie des sciences*, vol. 91, p. 724–726.

Picard, E. 1880d, « Sur une propriété des fonctions uniformes d'une variable liées par une relation algébrique, et sur une classe d'équations différentielles », *Bulletin des sciences mathématiques*, vol. 4, p. 416–433. *Œuvres*, t. II, p. 39-55.

Picard, E. 1881a, « Sur les expressions des coordonnées d'une courbe algébrique par des fonctions fuchsiennes d'un paramètre », *Comptes rendus hebdomadaires des séances de l'Académie des sciences*, vol. 92, p. 1332–1335.

Picard, E. 1881b, « Sur l'intégration algébrique d'une équation analogue à l'équation d'Euler », *Comptes rendus hebdomadaires des séances de l'A cadémie des sciences*, vol. 91, p. 506–509.

Picard, E. 1882a, « Sur la réduction du nombre des périodes des intégrales abéliennes et, en particulier, dans le cas des courbes du second genre », *Bulletin de la Société mathématique de France*, vol. 11, p. 25–53.

Picard, E. 1882b, « Sur les fonctions uniformes affectées de coupures », *Comptes rendus hebdomadaires des séances de l'Académie des sciences*, vol. 94, p. 1405–1407.

Picard, E. 1882c, « Sur un théorème relatif aux surfaces pour lesquelles les coordonnées d'un point quelconque s'expriment par des fonctions abéliennes de deux paramètres », *Mathematische Annalen*, vol. 19, p. 569–577.

Picard, E. 1882d, « Sur une classe de groupes discontinus de substitutions linéaires et sur les fonctions de deux variables indépendantes restant invariables par ces substitutions », *Acta Mathematica*, vol. 1, p. 297–320.

Picard, E. 1883a, « Sur les fonctions uniformes d'une variable liées par une relation algébrique », *Comptes rendus hebdomadaires des séances de l'Académie des sciences*, vol. 96, p. 476–479. *Œuvres*, t. I, p. 95-98.

Picard, E. 1883b, « Sur une classe de fonctions de deux variables indépendantes », *Comptes rendus hebdomadaires des séances de l'Académie des sciences*, vol. 96, p. 320–323.

Picard, E. 1884, « Remarque sur la réduction des intégrales abéliennes aux intégrales elliptiques », *Bulletin de la Société mathématique de France*, vol. 12, p. 153–155.

Picard, E. 1885, « Sur les fonctions hyperabéliennes », *Journal de mathématiques pures et appliquées*, vol. (4) 1, p. 87–128. *Œuvres*, t. I, p. 543-584.

Picard, E. 1886a, « Sur la transformation des surfaces algébriques en elles-mêmes », *Comptes rendus hebdomadaires des séances de l'Académie des sciences*, vol. 103, p. 517–520, 549–552.

Picard, E. 1886b, « Sur la transformation des surfaces et sur une classe d'équations différentielles », *Comptes rendus hebdomadaires des séances de l'Académie des sciences*, vol. 103, p. 635–638.

Picard, E. 1886c, « Sur le calcul des périodes des intégrales doubles », *Comptes rendus hebdomadaires des séances de l'Académie des sciences*, vol. 102, p. 349–350, 410–415.

Picard, E. 1886d, « Sur les intégrales de différentielles totales de seconde espèce », *Comptes rendus hebdomadaires des séances de l'Académie des sciences*, vol. 102, p. 250–253.

Picard, E. 1886e, « Sur les surfaces algébriques susceptibles d'une double infinité de transformations birationnelles », *Comptes rendus hebdomadaires des séances de l'Académie des sciences*, vol. 103, p. 730–732.

Picard, E. 1887, « Sur les surfaces algébriques dont toutes les sections planes sont unicursales », *Journal für die reine und angewandte Mathematik*, vol. 100, p. 71–78.

Picard, E. 1889a, « Mémoire sur la théorie des fonctions algébriques de deux variables indépendantes », *Journal de mathématiques pures et appliquées*, vol. (4) 5, p. 135–319.

Picard, E. 1889b, *Notice sur les travaux scientifiques de M. Émile Picard*, Gauthier-Villars, Paris.

Picard, E. 1889c, « Sur les formes quadratiques binaires à indéterminées conjuguées et les fonctions fuchsiennes », *American Journal of Mathematics*, vol. 11, p. 187–194.

Picard, E. 1890, « Notice sur la vie et les travaux de Georges-Henri Halphen, membre de la Section de Géométrie », *Comptes rendus hebdomadaires des séances de l'Académie des sciences*, vol. 110, p. 491–497.

Picard, E. 1891-1896, *Traité d'analyse*, Gauthier-Villars, Paris. 2e éd., 1901, 3e éd., 1922, 4e éd, 1941.

Picard, E. 1893, *Traité d'analyse. Tome II. Fonctions harmoniques et fonctions analytiques. Introduction à la théorie des équations différentielles. Intégrales abéliennes et surfaces de Riemann.*, Gauthier-Villars, Paris.

Picard, E. 1897a, « Sur les intégrales doubles de seconde espèce dans la théorie des surfaces algébriques », *Comptes rendus hebdomadaires des séances de l'Académie des sciences*, vol. 125, p. 909–910.

Picard, E. 1897b, « Sur les périodes des intégrales doubles de fonctions algébriques », *Comptes rendus hebdomadaires des séances de l'Académie des sciences*, vol. 125, p. 1068–1070.

Picard, E. 1897c, « Sur les résidus des intégrales doubles de fonctions rationnelles », *Comptes rendus hebdomadaires des séances de l'Académie des sciences*, vol. 124, p. 433–438.

Picard, E. 1898a, « Quelques remarques relatives aux périodes des intégrales doubles et aux cycles à deux dimensions dans les surfaces algébriques », *Comptes rendus hebdomadaires des séances de l'Académie des sciences*, vol. 126, p. 1457–1459.

Picard, E. 1898b, « Sur la réduction des intégrales doubles et sur un nouvel invariant dans la théorie des surfaces algébriques », *Comptes rendus hebdomadaires des séances de l'Académie des sciences*, vol. 126, p. 297–300. *Œuvres*, t. III, p. 453-456.

Picard, E. 1898c, « Sur les intégrales doubles de seconde espèce dans la théorie des surfaces algébriques », *Comptes rendus hebdomadaires des séances de l'Académie des sciences*, vol. 127, p. 579–584.

Picard, E. 1899a, « Quelques remarques sur les intégrales doubles de seconde espèce dans la théorie des surfaces algébriques », *Comptes rendus hebdomadaires des séances de l'Académie des sciences*, vol. 129, p. 539–540.

Picard, E. 1899b, « Quelques vues générales sur la théorie des équations différentielles », dans *Clark University - 1889-1899 - Decennial Celebration*, Clark University, Norwood, p. 224–240.

Picard, E. 1899c, « Sur la théorie des fonctions analytiques et sur quelques fonctions spéciales », dans *Clark University - 1889-1899 - Decennial Celebration*, Clark University, Norwodd, p. 241–259.

Picard, E. 1899d, « Sur les intégrales doubles de seconde espèce dans la théorie des surfaces algébriques (premier Mémoire) », *Journal de mathématiques pures et appliquées*, vol. (5) 5, p. 5–54.

Picard, E. 1899e, « Sur l'extension de quelques notions mathématiques, et en particulier de l'idée de fonction depuis un siècle », dans *Clark University - 1889-1899 - Decennial Celebration*, Clark University, Norwood, p. 207–224.

Picard, E. 1901a, « Sur les périodes des intégrales doubles dans la théorie des fonctions algébriques de deux variables », *Comptes rendus hebdomadaires des séances de l'Académie des sciences*, vol. 133, p. 795–800. *Œuvres*, t. III, p. 563-568.

Picard, E. 1901b, « Sur les résidus et les périodes des intégrales doubles des fractions rationnelles », *Comptes rendus hebdomadaires des séances de l'Académie des sciences*, vol. 132, p. 929–931. *Œuvres*, t. III, p. 559-561.

Picard, E. 1902, « L'œuvre scientifique de Charles Hermite », *Acta mathematica*, vol. 25, p. 87–111.

Picard, E. 1905, « On the development of mathematical analysis and its relations to some other sciences », dans *Congress of Arts and Science - Universal Exposition, St. Louis, 1904*, Houghton, Mifflin and Company, p. 497–518.

Picard, E. 1923, « H. G. Zeuthen », *Bulletin des sciences mathématiques*, vol. (2) 47, p. 366–369.

Picard, E. 1936, « L'Œuvre mathématique d'Édouard Goursat », *Comptes rendus hebdomadaires des séances de l'Académie des sciences*, vol. 203, p. 1105–1107.

Picard, E. et H. Poincaré. 1883, « Sur un théorème de Riemann relatif aux fonctions de n variables indépendantes admettant $2n$ systèmes de périodes », *Comptes rendus hebdomadaires des séances de l'Académie des sciences*, vol. 97, p. 1284–1287. *Œuvres de H. Poincaré*, t. I, p. 109-112.

Picard, E. et G. Simart. 1897, *Théorie des fonctions algébriques de deux variables indépendantes, 1er volume*, Gauthier-Villars, Paris. Le second volume paraît en 1906 et a d'abord été publié sous la forme de fascicules parus en 1900, 1904 et 1906.

Picard, J.-F. 1999, « La création du CNRS », *La revue pour l'histoire du CNRS*, vol. 1, p. 1–16. http ://journals.openedition.org/histoire-cnrs/485.

Pietzker, F. 1901, « L'Enseignement mathématique en Allemagne pendant le XIXe siècle », *L'Enseignement mathématique*, vol. 3, p. 3–25.

Pincherle, S. 1879, « Sulle funzioni monodrome aventi un'equazione caratteristica », *Rendiconti dell'istituto lombardo*, vol. 12, p. 536–542.

Pincherle, S. 1880a, « Ricerche sopra una classe importante di funzioni monodrome », *Giornale di Matematiche*, vol. 18, p. 92–136.

Pincherle, S. 1880b, « Saggio di una introduzione alla teoria delle funzioni analitiche ssecond i principii del Prof. C. Weierstrass », *Giornale di Matematiche*, vol. 18, p. 178–254, 317–357.

Pincherle, S. 1883a, « Di una generalizzazione della derivazione nelle funzione analitiche », *Giornale di matematiche*, vol. 22.

Pincherle, S. 1883b, « Sui sistemi di funzioni analitiche e le serie formate coi medesimi. Memoria prima », *Annali di matematica pura ed applicata*, vol. (2) 12, p. 11–40.

Pincherle, S. 1883c, « Sui sistemi di funzioni analitiche e le serie formate coi medesimi. Memoria seconda », *Annali di matematica pura ed applicata*, vol. (2) 12, p. 108–132.

Pincherle, S. 1883d, « Un'applicazione delle funzioni sferiche », *Rendiconti della Reale Accademia delle Scienze dell'Istituto di Bologna*.

Pincherle, S. 1888, « Sur le développement d'une fonction analytique en série de polynomes », *Comptes rendus hebdomadaires des séances de l'Académie des sciences*, vol. 107, p. 986–989.

Pincherle, S. 1889a, « Alcuni teoremi sulle frazioni continue », *Rendiconti della Reale Accademia dei Lincei*, vol. 5, p. 640–643.

Pincherle, S. 1889b, « I sistemi ricorrenti di primo ordine e di ssecond grado », *Rendiconti della Reale Accademia dei Lincei*, vol. 5, p. 8–12.

Pincherle, S. 1889c, « Nuove osservazioni sui sistemi ricorrenti di primo ordine e di ssecond grado », *Rendiconti della Reale Accademia dei Lincei*, vol. 5, p. 323–327.

Pincherle, S. 1889d, « Sur les fractions continues algébriques », *Annales scientifiques de l'École normale supérieure*, vol. (3) 6, p. 145–152.

Pincherle, S. 1925, « Notice sur les travaux de S. Pincherle », *Acta mathematica*, vol. 46, p. 341–362.

Planck, M. 1921, « Henri Poincaré und die Quantentheorie », *Acta mathematica*, vol. 38, p. 387–397.

Plücker, J. 1831, *Analytisch-Geometrische Entwicklungen. Zweiter Band*, G. D. Baedeker, Essen.

Poggendorff, J. C. (ed.) 1863, *Biographisch-literarisches Handwörterbuch der exakten Naturwissenschaften*, vol. 1 (A-L) ; vol. 2 (M-Z), Verlag von Johann Ambrosius Barth, Leipzig.

Poincaré, H. 1875, « Note sur les propriétés des fonctions définies par les équations différentielles », *Journal de l'École polytechnique*, vol. 45, p. 13–26.

Poincaré, H. 1879a, « Sur les formes quadratiques », *Comptes rendus hebdomadaires des séances de l'Académie des sciences*, vol. 89, p. 897–899.

Poincaré, H. 1879b, *Sur les propriétés des fonctions définies par les équations aux dérivées partielles*, thèse de doctorat, Université de Paris, Paris.

Poincaré, H. 1879c, « Sur quelques propriétés des formes quadratiques », *Comptes rendus hebdomadaires des séances de l'Académie des sciences*, vol. 89, p. 344–346.

Poincaré, H. 1880a, « Sur la réduction simultanée d'une forme quadratique et d'une forme linéaire », *Comptes rendus hebdomadaires des séances de l'Académie des sciences*, vol. 91, p. 844–846. *Œuvres*, t. 5, p. 337-339.

Poincaré, H. 1880b, « Sur les courbes définies par une équation différentielle », *Comptes rendus hebdomadaires des séances de l'Académie des sciences*, vol. 90, p. 673–675.

Poincaré, H. 1880c, « Sur les formes cubiques ternaires », *Comptes rendus hebdomadaires des séances de l'Académie des sciences*, vol. 90, p. 1336–1339.

Poincaré, H. 1880d, « Sur un mode nouveau de représentation géométrique des formes quadratiques définies ou indéfinies », *Journal de l'École polytechnique*, vol. 47, p. 177–245.

Poincaré, H. 1881a, « Mémoire sur les courbes définies par une équation différentielle (1ère partie) », *Journal de mathématiques pures et appliquées*, vol. (3) 7, p. 375–422. *Œuvres*, t. 1, p. 3-84.

Poincaré, H. 1881b, « Sur les applications de la géométrie non-euclidienne à la théorie des formes quadratiques », *Comptes rendus du 10e congrès de l'Association française pour l'avancement des sciences*, p. 109–117.

Poincaré, H. 1881c, « Sur les équations différentielles linéaires à intégrales algébriques », *Comptes rendus hebdomadaires des séances de l'Académie des sciences*, vol. 92, p. 698–701.

Poincaré, H. 1881d, « Sur les fonctions abéliennes », *Comptes rendus hebdomadaires des séances de l'Académie des sciences*, vol. 92, p. 958–959.

Poincaré, H. 1881e, « Sur les fonctions fuchsiennes », *Comptes rendus hebdomadaires des séances de l'Académie des sciences*, vol. 92, p. 333–335.

Poincaré, H. 1881f, « Sur les fonctions fuchsiennes », *Comptes rendus hebdomadaires des séances de l'Académie des sciences*, vol. 92, p. 395–398.

Poincaré, H. 1881g, « Sur les fonctions fuchsiennes », *Comptes rendus hebdomadaires des séances de l'Académie des sciences*, vol. 92, p. 957.

Poincaré, H. 1881h, « Sur les fonctions fuchsiennes », *Comptes rendus hebdomadaires des séances de l'Académie des sciences*, vol. 92, p. 1198–1200. *Œuvres*, t. 2, p. 12-15.

Poincaré, H. 1881i, « Sur les fonctions fuchsiennes », *Comptes rendus hebdomadaires des séances de l'Académie des sciences*, vol. 92, p. 1274–1276.

Poincaré, H. 1881j, « Sur les fonctions fuchsiennes », *Comptes rendus hebdomadaires des séances de l'Académie des sciences*, vol. 92, p. 1484–1487. *Œuvres*, t. 2, p. 19-22.

Poincaré, H. 1881k, « Sur les fonctions fuchsiennes », *Comptes rendus hebdomadaires des séances de l'Académie des sciences*, vol. 93, p. 581–582.

Poincaré, H. 1881l, « Sur les fonctions fuchsiennes », *Comptes rendus hebdomadaires des séances de l'Académie des sciences*, vol. 93, p. 301–303.

Poincaré, H. 1881m, « Sur les formes cubiques ternaires et quaternaires, 1ère partie) », *Journal de l'École polytechnique*, vol. 50, p. 190–253. *Œuvres*, t. 5, p. 28-72.

Poincaré, H. 1881n, « Sur les groupes kleinéens », *Comptes rendus hebdomadaires des séances de l'Académie des sciences*, vol. 93, p. 44–46.

Poincaré, H. 1881o, « Sur les invariants arithmétiques », *Association française pour l'avancement des sciences*, vol. 10, p. 109–117.

Poincaré, H. 1881p, « Sur les représentations des nombres par les formes », *Comptes rendus hebdomadaires des séances de l'Académie des sciences*, vol. 92, p. 777–779.

Poincaré, H. 1881q, « Sur l'intégration des équations linéaires par les moyens des fonctions abéliennes », *Comptes rendus hebdomadaires des séances de l'Académie des sciences*, vol. 92, p. 913–915.

Poincaré, H. 1881r, « Sur une fonction analogue aux fonctions modulaires », *Comptes rendus hebdomadaires des séances de l'Académie des sciences*, vol. 93, p. 138–140.

Poincaré, H. 1881s, « Sur une nouvelle application et quelques propriétés importantes des fonctions fuchsiennes », *Comptes rendus hebdomadaires des séances de l'Académie des sciences*, vol. 92, p. 859–861.

Poincaré, H. 1881t, « Sur une propriété des fonctions uniformes », *Comptes rendus hebdomadaires des séances de l'Académie des sciences*, vol. 92, p. 1335–136.

Poincaré, H. 1882a, « Mémoire sur les courbes définies par une équation différentielle (2nde partie) », *Journal de mathématiques pures et appliquées*, vol. (3) 3, p. 251–296.

Poincaré, H. 1882b, « Mémoire sur les fonctions fuchsiennes », *Acta Mathematica*, vol. 1, p. 193–294.

Poincaré, H. 1882c, « Sur la théorie des fonctions fuchsiennes », *Mémoires de l'Académie nationale des Sciences, Arts et belles Lettres de Caen*, p. 3–29. *Œuvres*, t. 2, p. 75-91.

Poincaré, H. 1882d, « Sur les fonctions fuchsiennes », *Comptes rendus hebdomadaires des séances de l'Académie des sciences*, vol. 94, p. 1166–1167. *Œuvres*, t. 2, p. 44-46.

Poincaré, H. 1882e, « Sur les fonctions uniformes qui se reproduisent par des substitutions linéaires », *Mathematische Annalen*, vol. 19, p. 553–564. *Œuvres*, t. 2, p. 92-105.

Poincaré, H. 1882f, « Sur les fonctions uniformes qui se reproduisent par des substitutions linéaires », *Mathematische Annalen*, vol. 20, p. 52–53.

Poincaré, H. 1882g, « Sur les formes cubiques ternaires et quaternaires, 2de partie », *Journal de l'École polytechnique*, vol. 51, p. 45–91. *Œuvres*, t. 5 , p. 293-334.

Poincaré, H. 1882h, « Sur les séries trigonométriques », *Comptes rendus hebdomadaires des séances de l'Académie des sciences*, vol. 95, p. 766–768.

Poincaré, H. 1882i, « Sur les séries trigonométriques », *Comptes rendus hebdomadaires des séances de l'Académie des sciences*, vol. 95, p. 766–768. *Œuvres*, t. 2, p. 41-43.

Poincaré, H. 1882j, « Sur l'intégration des équations différentielles par les séries », *Comptes rendus hebdomadaires des séances de l'Académie des sciences*, vol. 94, p. 577–578. *Œuvres*, t. 1, p. 162-163.

Poincaré, H. 1882k, « Théorie des groupes fuchsiens », *Acta Mathematica*, vol. 1, p. 1–62.

Poincaré, H. 1883a, « Mémoire sur les groupes kleinéens », *Acta Mathematica*, vol. 3, p. 49–92.

Poincaré, H. 1883b, « Sur certaines solutions particulières du problème des trois corps », *Comptes rendus hebdomadaires des séances de l'Académie des sciences*, vol. 97, p. 251–252.

Poincaré, H. 1883c, « Sur la reproduction des formes », *Comptes rendus hebdomadaires des séances de l'Académie des sciences*, vol. 97, p. 949–951.

Poincaré, H. 1883d, « Sur les fonctions à espaces lacunaires », *Acta Societatis scientiarum Fennicae*, vol. 12, p. 343–350.

Poincaré, H. 1883e, « Sur les fonctions de deux variables », *Comptes rendus hebdomadaires des séances de l'Académie des sciences*, vol. 96, p. 238–240. *Œuvres*, t. 4, p. 144-146.

Poincaré, H. 1883f, « Sur les fonctions de deux variables », *Acta mathematica*, vol. 2, p. 97–113.

Poincaré, H. 1883g, « Sur les fonctions Θ », *Bulletin de la Société mathématique de France*, vol. 11, p. 129–134.

Poincaré, H. 1883h, « Sur les séries de polynômes », *Comptes rendus hebdomadaires des séances de l'Académie des sciences de Paris*, vol. 96, p. 637–639.

Poincaré, H. 1883i, « Sur les séries trigonométriques », *Comptes rendus hebdomadaires des séances de l'Académie des sciences*, vol. 97, p. 1471–1473.

Poincaré, H. 1883j, « Sur un théorème de la théorie générale des fonctions », *Bulletin de la société mathématique de France*, vol. 11, p. 112–125.

Poincaré, H. 1884a, « Mémoire sur les fonctions zétafuchsiennes », *Acta mathematica*, vol. 5, p. 209–278.

Poincaré, H. 1884b, *Notice sur les travaux scientifiques de M. Poincaré*, Gauthier-Villars, Paris.

Poincaré, H. 1884c, « Sur certaines solutions particulières du problème des trois corps », *Bulletin astronomique*, vol. 1, p. 65–74.

Poincaré, H. 1884d, « Sur la convergence des séries trigonométriques », *Comptes rendus hebdomadaires des séances de l'Académie des sciences*, vol. 1, p. 319–327.

Poincaré, H. 1884e, « Sur la réduction des intégrales abéliennes », *Bulletin de la Société mathématique de France*, vol. 12, p. 124–143.

Poincaré, H. 1884f, « Sur les groupes des équations linéaires », *Acta mathematica*, vol. 4, p. 201–311.

Poincaré, H. 1884g, « Sur les nombres complexes », *Comptes rendus hebdomadaires des séances de l'Académie des sciences*, vol. 99, p. 740–744.

Poincaré, H. 1884h, « Sur un théorème de M. Fuchs », *Comptes rendus hebdomadaires des séances de l'Académie des sciences*, vol. 99, p. 75–77.

Poincaré, H. 1885a, « Remarques sur l'emploi de la méthode précédente », *Bulletin de la Société mathématique de France*, vol. 13, p. 19–27.

Poincaré, H. 1885b, « Sur la représentation des nombres par les formes », *Bulletin de la Société mathématique de France*, vol. 13, p. 162–193.

Poincaré, H. 1885c, « Sur l'équilibre d'une masse fluide animée d'un mouvement de rotation », *Comptes rendus hebdomadaires des séances de l'Académie des sciences*, vol. 101, p. 307–309.

Poincaré, H. 1885d, « Sur les courbes définies par les équations différentielles (3ème partie) », *Journal de mathématiques pures et appliquées*, vol. (4) 1, p. 167–244.

Poincaré, H. 1885e, « Sur les équations linéaires aux différentielles ordinaires et aux différences finies », *American Journal of Mathematics*, vol. 7, p. 203–258.

Poincaré, H. 1885f, « Sur les séries trigonométriques », *Comptes rendus hebdomadaires des séances de l'Académie des sciences*, vol. 101, p. 1131–1134.

Poincaré, H. 1885g, « Sur un théorème de M. Fuchs », *Acta mathematica*, vol. 7, p. 1–32.

Poincaré, H. 1886a, *Notice sur les travaux scientifiques*, Gauthier-Villars, Paris.

Poincaré, H. 1886b, « Réduction d'une forme quadratique et d'une forme linéaire », *Journal de l'École polytechnique*, vol. 56, p. 79–142.

Poincaré, H. 1886c, « Sur la réduction des intégrales abéliennes », *Comptes rendus hebdomadaires des séances de l'Académie des sciences*, vol. 102, p. 915–916.

Poincaré, H. 1886d, « Sur la transformation des surfaces en elles-mêmes », *Comptes rendus hebdomadaires des séances de l'Académie des sciences*, vol. 103, p. 732–734.

Poincaré, H. 1886e, « Sur l'équilibre d'une masse fluide animée d'un mouvement de rotation », *Acta Mathematica*, vol. 7, p. 259–380.

Poincaré, H. 1886f, « Sur l'équilibre d'une masse fluide en rotation », *Comptes rendus hebdomadaires des séances de l'Académie des sciences*, vol. 102, p. 970–972.

Poincaré, H. 1886g, « Sur les courbes définies par les équations différentielles (4ème partie) », *Journal de mathématiques pures et appliquées*, vol. (4) 2, p. 151–217.

Poincaré, H. 1886h, « Sur les fonctions abéliennes », *American Journal of Mathematics*, vol. 8, p. 289–342.

Poincaré, H. 1886i, « Sur les intégrales irrégulières des équations linéaires », *Acta Mathematica*, vol. 8, p. 295–344.

Poincaré, H. 1886j, « Sur les résidus des intégrales doubles », *Comptes rendus hebdomadaires des séances de l'Académie des sciences*, vol. 102, p. 202–204. *Œuvres*, t. 3, p. 437-439.

Poincaré, H. 1887a, « Les fonctions fuchsiennes et l'arithmétique », *Journal de mathématiques pures et appliquées*, vol. (4) 3, p. 405–464.

Poincaré, H. 1887b, « Notice sur la vie et les travaux de M. Laguerre », *Comptes rendus hebdomadaires des séances de l'Académie des sciences*, vol. 104, p. 1643–1650.

Poincaré, H. 1887c, « Remarques sur les intégrales irrégulières des équations linéaires », *Acta Mathematica*, vol. 10, p. 310–312.

Poincaré, H. 1887d, « Sur les hypothèses fondamentales de la géométrie », *Bulletin de la Société mathématique de France*, vol. 15, p. 203–216.

Poincaré, H. 1887e, « Sur les résidus des intégrales doubles », *Acta Mathematica*, vol. 9, p. 321–390.

Poincaré, H. 1888a, « Rapport sur le grand prix des sciences mathématiques », *Comptes rendus hebdomadaires des séances de l'Académie des sciences*, vol. 107, p. 1039–1041.

Poincaré, H. 1888b, « Sur une propriété des fonctions analytiques », *Rendiconti del Circolo matematico di Palermo*, vol. 2, p. 197–200.

Poincaré, H. 1889a, *Leçons sur la théorie mathématique de la lumière*, Georges Carré, Paris. Rédigé par J. Blondin, M. Lamotte et D. Hurmuzescu.

Poincaré, H. 1889b, « Sur les tentatives d'explication mécanique des principes de la thermodynamique », *Comptes rendus hebdomadaires des séances de l'Académie des sciences*, vol. 108, p. 550–553.

Poincaré, H. 1890a, « Contribution à la théorie des expériences de M. Hertz », *Archives des sciences physiques et naturelles*, vol. 24, p. 285–288.

Poincaré, H. 1890b, *Électricité et optique I*, Georges Carré, Paris. Rédigé par Jules Blondin et Bernard Brunhes.

Poincaré, H. 1890c, « Notice sur Halphen », *Journal de l'École polytechnique*, vol. 60, p. 137–161.

Poincaré, H. 1890d, « Sur le problème des trois corps et les équations de la dynamique », *Acta Mathematica*, vol. 13, p. 1–270.

Poincaré, H. 1890e, « Sur les équations aux dérivées partielles de la physique mathématique », *American Journal of Mathematics*, vol. 12, p. 211–294.

Poincaré, H. 1891a, *Électricité et optique II : les théories de Helmholtz et les expériences de Hertz*, Georges Carré, Paris.

Poincaré, H. 1891b, « Extension aux nombres premiers complexes des théorèmes de M. Tchebycheff », *Journal de mathématiques pures et appliquées*, vol. (4) 8, p. 25–68.

Poincaré, H. 1891c, « Les géométries non euclidiennes », *Revue générale des sciences pures et appliquées*, vol. 2, p. 769–774.

Poincaré, H. 1891d, « Sur la distribution des nombres premiers », *Comptes rendus hebdomadaires des séances de l'Académie des sciences*, vol. 113, p. 819.

Poincaré, H. 1891e, « Sur la résonance multiple des oscillations hertziennes », *Archives des sciences physiques et naturelles*, vol. 25, p. 609–627.

Poincaré, H. 1891f, « Sur la théorie des oscillations hertziennes », *Comptes rendus hebdomadaires des séances de l'Académie des sciences*, vol. 113, p. 515–519.

Poincaré, H. 1891g, « Sur le calcul de la période des excitateurs hertziens », *Archives des sciences physiques et naturelles*, vol. 25, p. 5–25.

Poincaré, H. 1891h, « Sur l'intégration algébrique des équations différentielles du premier ordre et du premier degré », *Rendiconti del Circolo matematico di Palermo*, vol. 5, p. 161–191.

Poincaré, H. 1892a, *Leçons sur la théorie mathématique de la lumière II*, Georges Carré, Paris.

Poincaré, H. 1892b, *Les Méthodes nouvelles de la mécanique céleste, volume 1*, Gauthier-Villars, Paris.

Poincaré, H. 1892c, « Sur la polarisation par diffraction », *Acta mathematica*, vol. 16, p. 297–339.

Poincaré, H. 1892d, « Sur la théorie de l'élasticité », *Comptes rendus hebdomadaires des séances de l'Académie des sciences*, vol. 114, p. 385–389.

Poincaré, H. 1892e, « Sur les fonctions à espaces lacunaires », *American Journal of Mathematics*, vol. 14, p. 201–221.

Poincaré, H. 1892f, *Thermodynamique*, Georges Carré, Paris. Rédigé par J. Blondin.

Poincaré, H. 1893a, *Les Méthodes nouvelles de la mécanique céleste, volume 2*, Gauthier-Villars, Paris.

Poincaré, H. 1893b, « Sur la théorie cinétique des gaz », *Comptes rendus hebdomadaires des séances de l'Académie des sciences*, vol. 116, p. 1165–1166.

Poincaré, H. 1893c, « Sur une objection à la théorie cinétique des gaz », *Comptes rendus hebdomadaires des séances de l'Académie des sciences*, vol. 116, p. 1017–1021.

Poincaré, H. 1894a, « Au cinquantenaire de l'entrée de M. Joseph Bertrand dans l'enseignement », *Revue scientifique*, vol. série 4, A 31, t. 1, p. 685–686.

Poincaré, H. 1894b, *Les Oscillations électriques*, Carré et Naud, Paris.

Poincaré, H. 1894c, « Sur la théorie cinétique des gaz », *Revue générale des sciences pures et appliquées*, vol. 5, p. 513–521.

Poincaré, H. 1894d, « Sur les équations de la physique mathématique », *Rendiconti del Circolo matematico di Palermo*, vol. 8, p. 57–156. Cité d'après *Œuvres*, t. 9, p. 123-201.

Poincaré, H. 1895a, « Analysis situs », *Journal de l'École polytechnique*, vol. (2) 1, p. 1–123. *Œuvres*, t. VI, p. 193-288.

Poincaré, H. 1895b, *Capillarité*, Gauthier-Villars. Rédigé par J. Blondin.

Poincaré, H. 1895c, « Sur la méthode de Neumann et le problème de Dirichlet », *Comptes rendus hebdomadaires des séances de l'Académie des sciences*, vol. 120, p. 347–352.

Poincaré, H. 1895d, *Théorie analytique de la propagation de la chaleur*, Carré et Naud, Paris.

Poincaré, H. 1896a, « La méthode de Neumann et le problème de Dirichlet », *Acta mathematica*, vol. 20, p. 59–142.

Poincaré, H. 1896b, « Les rayons cathodiques et la théorie de G. Jaumann », *L'Éclairage électrique*, vol. 9, p. 241–251, 289–293.

Poincaré, H. 1896c, « Les rayons cathodiques et les rayons Röntgen », *Revue générale des sciences pures et appliquées*, vol. 7, p. 52–59.

Poincaré, H. 1896d, « Remarques sur une expérience de M. Birkeland », *Comptes rendus hebdomadaires des séances de l'Académie des sciences*, vol. 123, p. 530–533.

Poincaré, H. 1896e, « Sur l'équilibre d'un corps élastique », *Comptes rendus hebdomadaires des séances de l'Académie des sciences*, vol. 122, p. 154–159.

Poincaré, H. 1897a, « La théorie de Lorentz et les expériences de Zeeman », *L'Éclairage électrique*, vol. 11, p. 481–489.

Poincaré, H. 1897b, « Les rayons cathodiques et les rayons Röntgen », *Annuaire du Bureau des longitudes*, p. D1–D35.

Poincaré, H. 1897c, « Les rayons cathodiques et les rayons Röntgen », *La Revue scientifique*, vol. 7, p. 72–81.

Poincaré, H. 1897d, « Sur la polarisation par diffraction », *Acta Mathematica*, vol. 20, p. 313–355.

Poincaré, H. 1897e, « Sur les périodes des intégrales doubles », *Comptes rendus hebdomadaires des séances de l'Académie des sciences*, vol. 125, p. 995–997. *Œuvres*, t. 8, p. 490-492.

Poincaré, H. 1897f, « Sur les périodes des intégrales doubles et le développement de la fonction perturbatrice », *Bulletin astronomique*, vol. 14, p. 353–354. *Œuvres*, t. 8, p. 110-111.

Poincaré, H. 1897g, « Sur les périodes des intégrales doubles et le développement de la fonction perturbatrice », *Journal de mathématiques pures et appliquées*, vol. (5) 3, p. 203–276. *Œuvres*, t. 8, p. 50-109.

Poincaré, H. 1897h, « Sur les périodes des intégrales doubles et les développements de la fonction perturbatrice », *Comptes rendus hebdomadaires des séances de l'Académie des sciences*, vol. 124, p. 1259–1260. *Œuvres*, t. 8, p. 48-49.

Poincaré, H. 1897i, « Sur l'intégration algébrique des équations différentielles du premier ordre et du premier degré », *Rendiconti del Circolo matematico di Palermo*, vol. 11, p. 193–239.

Poincaré, H. 1898a, « Les fonctions fuchsiennes et l'équation $\Delta u = e^u$ », *Journal de mathématiques pures et appliquées*, vol. (5) 4, p. 137–230.

Poincaré, H. 1898b, « L'œuvre mathématique de Weierstrass », *Acta mathematica*, vol. 22, p. 1–18.

Poincaré, H. 1898c, « On the foundations of Geometry », *Monist*, vol. 9, p. 1–43.

Poincaré, H. 1898d, « Sur les rapports de l'analyse pure et de la physique mathématique », dans *Verhandlungen des ersten internationalen Mathematiker-Kongress in Zürich vom 9. bis 11. August 1897*, Teubner, Leipzig, p. 81–90. Publié aussi dans les *Acta mathematica*, t. 21 (1897), p. 331-341.

Poincaré, H. 1899a, « Complément à l'analyse situs », *Rendiconti del Circolo matematico di Palermo*, vol. 13, p. 285–343.

Poincaré, H. 1899b, « Des fondements de la géométrie ; à propos d'un livre de M. Russell », *Revue de métaphysique et de morale*, vol. 7, p. 251–279.

Poincaré, H. 1899c, « La logique et l'intuition dans la science mathématique et dans l'enseignement », *L'Enseignemment mathématique*, vol. 1, p. 157–162.

Poincaré, H. 1899d, « La théorie de Lorentz et le phénomène de Zeeman », *L'Éclairage électrique*, vol. 19, p. 5–15.

Poincaré, H. 1899e, *La théorie de Maxwell et les oscillations hertziennes*, Carré et Naud, Paris.

Poincaré, H. 1899f, « Le phénomène de Hall et la théorie de Lorentz », *Comptes rendus hebdomadaires des séances de l'Académie des sciences*, vol. 128, p. 339–341.

Poincaré, H. 1899g, *Les Méthodes nouvelles de la mécanique céleste, volume 3*, Gauthier-Villars, Paris.

Poincaré, H. 1899h, « Réflexions sur le calcul des probabilités », *Revues générale des sciences pures et appliquées*, vol. 10, p. 262–269.

Poincaré, H. 1900a, « Discours prononcé à l'inauguration de la statue de F. Tisserand à Nuits-Saint-Georges, le 15 octobre 1899 », *Annuaire du Bureau des longitudes*, p. E4–E12.

Poincaré, H. 1900b, « Du rôle de l'intuition et de la logique en mathématiques », dans *Comptes rendus du IIe Congrès international des mathématiciens*, Gauthiers-Villars, Paris, p. 115–130.

Poincaré, H. 1900c, « La théorie de Lorentz et le principe de réaction », *Archives néerlandaises des sciences exactes et naturelles*, vol. 5, p. 252–278.

Poincaré, H. 1900d, « Les relations entre la physique expérimentale et la physique mathématique », *Revue générale des sciences pures et appliquées*, vol. 11, p. 1163–1175.

Poincaré, H. 1900e, « Second complément à l'Analysis Situs », *Proceedings of the London mathematical Society*, vol. 32, p. 277–308.

Poincaré, H. 1900f, « Sur l'induction unipolaire », *L'Éclairage électrique*, vol. 23, p. 41–53.

Poincaré, H. 1901a, « Quelques remarques sur les groupes continus », *Rendiconti del Circolo matematico di Palermo*, vol. 15, p. 321–366.

Poincaré, H. 1901b, « Rapport sur les papiers laissés par Halphen », *Comptes rendus hebdomadaires des s éances hebdomadaires de l'Académie des sciences*, vol. 133, p. 722–724.

Poincaré, H. 1901c, « Sur la connexion des surfaces algébriques », *Comptes rendus hebdomadaires des séances de l'Académie des sciences*, vol. 133, p. 969–973.

Poincaré, H. 1901d, « Sur les propriétés arithmétiques des courbes algébriques », *Journal de Mathématiques pures et appliquées*, vol. (5) 7, p. 161–233.

Poincaré, H. 1901e, « Sur les surfaces de translation et les fonctions abéliennes », *Bulletin de la Société mathématique de France*, vol. 29, p. 61–86.

Poincaré, H. 1902a, *La Science et l'hypothèse*, Flammarion, Paris.

Poincaré, H. 1902b, « Les fondements de la géométrie », *Bulletin des sciences mathématiques*, vol. 26, p. 249–272. Repris dans [Poincaré, 2002], p. 33-46.

Poincaré, H. 1902c, « Lettre adressée à M. Gariel », *Bulletin des séances de la société française de physique*, vol. 32-33.

Poincaré, H. 1903, « Sur l'intégration algébrique des équations linéaires et les périodes des intégrales abéliennes », *Journal de mathématiques pures et appliquées*, vol. (5) 9, p. 139–212.

Poincaré, H. 1904a, « Cinquième complément à l'analysis situs », *Rendiconti del Circolo matematico di Palermo*, vol. 18, p. 45–110.

Poincaré, H. 1904b, « Étude de la propagation du courant en période variable sur une ligne munie de récepteur », *Éclairage électrique*, vol. 40, p. 121–128, 161–167, 201–212, 241–250.

Poincaré, H. 1904c, « La Terre tourne-t-elle ? », *Bulletin de la Société astronomique de France*, vol. 18, p. 216–217.

Poincaré, H. 1904d, *La théorie de Maxwell et les oscillations hertziennes ; La télégraphie sans fil*, C. Carré, Paris. Scientia, série physico-mathématique.

Poincaré, H. 1904e, « L'état actuel et l'avenir de la physique mathématique », *Bulletin des sciences mathématiques*, vol. 28, p. 302–324. Publié aussi dans la *Revue des idées*, t. 1 (1904), p. 801-814.

Poincaré, H. 1904f, « Rapport sur les travaux de M. Hilbert », *Bulletin de la Société physico-mathématique de Kazan*, vol. 14, p. 10–48.

Poincaré, H. 1905a, *La Valeur de la science*, Flammarion, Paris.

Poincaré, H. 1905b, « Les mathématiques et la logique », *Revue de métaphysique et de morale*, vol. 13, p. 815–835. Repris dans les chapitres III et IV de *Science et méthode* (hp1908sm) ; réimpression in [Heinzmann, 1986], p. 11-34.

Poincaré, H. 1905c, *Science and Hypothesis*, Walter Scott Publishing Co., London and Newcastle-on-Tyne. Traduit et préfacé par J. Larmor.

Poincaré, H. 1905d, « Sur la dynamique de l'électron », *Comptes rendus hebdomadaires des séances de l'Académie des sciences*, vol. 140, p. 1504–1508.

Poincaré, H. 1905e, « The Principles of Mathematical Physics », *Monist*, vol. 15, p. 1–24.

Poincaré, H. 1906a, « Les mathématiques et la logique », *Revue de métaphysique et de morale*, vol. 14, p. 294–317. Réimpression in [Heinzmann, 1986], p. 79-104.

Poincaré, H. 1906b, « Les mathématiques et la logique (suite et fin) », *Revue de métaphysique et de morale*, vol. 14, p. 17–34. Repris dans le chapitre IV de [Poincaré, 1908d] ; réimpression in [Heinzmann, 1986], p. 35-53.

Poincaré, H. 1906c, « Lettre », *Mind*, vol. 15 (57), p. 141–143.

Poincaré, H. 1906d, « Réflexions sur la théorie cinétique des gaz », *Bulletin des séances de la société française de physique*, p. 150–184.

Poincaré, H. 1906e, « Réflexions sur la théorie cinétique des gaz », *Journal de physique théorique et appliquée*, vol. 5, p. 369–403.

Poincaré, H. 1906f, « Sur la dynamique de l'électron », *Rendiconti del Circolo matematico di Palermo*, vol. 21, p. 129–176.

Poincaré, H. 1907a, « Étude du récepteur téléphonique », *Éclairage électrique*, vol. 50, p. 221–234, 257–262, 329–338, 365–372, 401–404.

Poincaré, H. 1907b, « Les fonctions analytiques de deux variables et la représentation conforme », *Rendiconti del Circolo matematico di Palermo*, vol. 23, p. 185–220.

Poincaré, H. 1907c, « Sur quelques théorèmes généraux relatifs à l'électrotechnique », *L'Éclairage électrique*, vol. 50, p. 293–301.

Poincaré, H. 1908a, « Compte rendu d'ensemble des travaux du IVe Congrès des Mathématiciens tenu à Rome en 1908 », *Le Temps*, vol. 48, p. 2–3.

Poincaré, H. 1908b, « L'avenir des mathématiques », *Rendiconti del Circolo matematico di Palermo*, vol. 26, p. 152–168.

Poincaré, H. 1908c, « Nouvelles remarques sur les groupes continus », *Rendiconti del Circolo matematico di Palermo*, vol. 25, p. 81–130.

Poincaré, H. 1908d, *Science et méthode*, Flammarion, Paris. Nouvelle éd., Paris : Kimé, 1999.

Poincaré, H. 1908e, « Sur la théorie de la commutation », *Lumière électrique*, vol. 2, p. 295–297.

Poincaré, H. 1908f, *Thermodynamique*, 2e éd., Gauthier-Villars, Paris.

Poincaré, H. 1908g, « Une lettre de Henri Poincaré au journal *Le Temps* », *Rendiconti del circolo matematico di Palermo, supplemento*, vol. 3, p. 1–4.

Poincaré, H. 1909a, *Conférences sur la télégraphie sans fil*, Éditions La Lumière électrique, Paris.

Poincaré, H. 1909b, « Lettre de M. H. Poincaré à M. Léon Walras », *Bulletin de la Société vaudoise des sciences naturelles*, vol. 45, p. 326–327.

Poincaré, H. 1909c, « Réflexions sur les deux notes précédentes », *Acta mathematica*, vol. 32, p. 195–200.

Poincaré, H. 1909d, « Sur la réduction des intégrales abéliennes et des fonctions fuchsiennes », *Rendiconti del Circolo matematico di Palermo*, vol. 27, p. 281–336.

Poincaré, H. 1909e, « Sur la vie et l'œuvre poètique et philosophique de Sully Prudhomme », *Mémoire de l'Institut*, p. 3–37.

Poincaré, H. 1910a, « Anwendung der Integralgleichungen auf Hertzsche Wellen », dans *Sechs Vorträge über ausgewählte Gegenstände aus der reinen Mathematik und mathematischen Physik*, Teubner, p. 23–31.

Poincaré, H. 1910b, « Anwendung der Theorie der Integralgleichungen auf die Flutbewegung des Meeres », dans *Sechs Vorträge über ausgewählte Gegenstände aus der reinen Mathematik und mathematischen Physik*, Teubner, Leipzig/Berlin, p. 13–19.

Poincaré, H. 1910c, « La mécanique nouvelle », dans *Sechs Vorträge über ausgewählte Gegenstände aus der reinen Mathematik und mathematischen Physik*, Teubner, Leipzig/Berlin, p. 51–58.

Poincaré, H. 1910d, *Sechs Vorträge über ausgewählte Gegenstände aus der reinen Mathematik und mathematischen Physik*, Teubner, Leipzig/Berlin.

Poincaré, H. 1910e, « Sur la diffraction des ondes hertziennes », *Rendiconti del Circolo matematico di Palermo*, vol. 29, p. 169–259.

Poincaré, H. 1910f, « Über die Fredholmschen Gleichungen », dans *Sechs Vorträge über ausgewählte Gegenstände aus der reinen Mathematik und mathematischen Physik*, Teubner, p. 1–10.

Poincaré, H. 1910g, « Über die Reduktion der Abel'schen Integrale und die Theorie der Fuchs'schen Funktionen », dans *Sechs Vorträge über ausgewählte Gegenstände aus der reinen Mathematik und mathematischen Physik*, Teubner, p. 33–41.

Poincaré, H. 1910h, « Über transfinite Zahlen », dans *Sechs Vorträge über ausgewählte Gegenstände aus der reinen Mathematik und mathematischen Physik*, Teubner, Leipzig/Berlin, p. 33–41.

Poincaré, H. 1911a, *Leçons sur les hypothèses cosmogoniques*, Hermann, Paris.

Poincaré, H. 1911b, « Rapport sur le prix Bolyai (décerné à M. David Hilbert) », *Rendiconti del Circolo matematico di Palermo*, vol. 31, p. 109–132.

Poincaré, H. 1911c, « Sur la théorie des quanta », *Comptes rendus hebdomadaires des séances de l'Académie des sciences de Paris*, vol. 153, p. 1103–1108.

Poincaré, H. 1911d, « The Bolyai Prize : report on the works of Hilbert », *Science*, vol. 33, p. 753–765.

Poincaré, H. 1911e, « Vue d'ensemble sur les hypothèses cosmogoniques », *La revue du mois*, vol. 12, p. 385–403.

Poincaré, H. 1912a, *Calcul des probabilités*, Gauthier-Villars, Paris. 2de édition, rédigée par A. Quiquet.

Poincaré, H. 1912b, « Conclusions générales », dans *La théorie du rayonnement et les quanta, rapports et discusions de la réunion tenue à Bruxelles, du 30 octobre au 3 novembre 1911, sous les auspices de M. E. Solvay*, Gauthier-Villars, Paris, p. 451–453.

Poincaré, H. 1912c, « La logique de l'infini », *Rivista di Scienza*, vol. 12, p. 1–11.

Poincaré, H. 1912d, « L'espace et le temps », *Rivista di Scienza*, vol. 12, p. 159–170.

Poincaré, H. 1912e, « L'hypothèse des quanta », *Revue scientifique*, vol. 50, p. 225–232.

Poincaré, H. 1912f, « Rapport sur le prix Bolyai », *Acta mathematica*, vol. 35, p. 2–28.

Poincaré, H. 1912g, « Sur la théorie des quanta », *Journal de physique théorique et appliquée*, vol. 2, p. 5–34.

Poincaré, H. 1912h, « Sur un théorème en géométrie », *Rendiconti del Circolo matematico di Palermo*, vol. 33, p. 375–407.

Poincaré, H. 1913, *Dernières pensées*, Flammarion, Paris.

Poincaré, H. 1921a, « Analyse des travaux scientifiques de Henri Poincaré faite par lui-même », *Acta Mathematica*, vol. 38, p. 1–135.

Poincaré, H. 1921b, « Lettres à L. Fuchs (1880, 1881) », *Acta Mathematica*, vol. 38, p. 175–184.

Poincaré, H. 1921c, « Lettres d'Henri Poincaré à M. Mittag-Leffler », *Acta mathematica*, vol. 38, p. 147–160.

Poincaré, H. 1921d, « Lettres d'Henri Poincaré à M. Mittag-Leffler concernant le mémoire couronné du prix de S. M. le roi Oscar II », *Acta mathematica*, vol. 38, p. 161–173.

Poincaré, H. 1921e, « Rapport sur les travaux de M. Cartan », *Acta mathematica*, vol. 38, p. 137–145.

Poincaré, H. 1923, « Extrait d'un mémoire inédit de Henri Poincaré sur les fonctions fuchsiennes », *Acta Mathematica*, vol. 39, p. 58–93.

Poincaré, H. 1997, *Trois suppléments sur la découverte des fonctions fuchsiennes*, Akademie-Verlag, Berlin. J. J. Gray & S. Walter (éds.).

Poincaré, H. 2002, *L'Opportunisme scientifique*, Birkhäuser, Basel. Édité par L. Rollet.

Poincaré, H., G. Darboux et P. Appell. 1909a, « Rapport de MM. les experts Darboux, Appell et Poincaré », dans *Affaire Dreyfus : la révision du procès de Rennes ; enquête de la Chambre criminelle de la Cour de cassation*, vol. 3, Ligue Française pour la Défense des Droits de l'Homme et du Citoyen, Paris, p. 500–600.

Poincaré, H., M. Nœther et C. Segre. 1909b, « Relazione del concorso per la 'Medaglia Guccia' », dans *Atti del IV congresso internazionale dei matematici*, Volume 1, édité par G. Castelnuovo, Accademia dei Lincei, Rome, p. 209–216.

Poinsot, L. 1842, *Éléments de statique : suivi de quatre mémoires sur la composition des moments et des aires, sur le plan invariable du système du monde, sur la théorie générale de l'équilibre et du mouvement des systèmes, et sur une théorie nouvelle de la rotation des corps* (8e éd.), Bachelier, Paris.

Pont, J.-C. 1974, *La topologie algébrique des origines à Poincaré*, Presse Universitaire de France, Paris.

Prym, F. 1877, « Zur Theorie der Gammafunction », *Journal für die reine und angewandte Mathematik*, vol. 82, p. 165–172.

Purkert, W. et H. J. Ilgauds. 1987, *Georg Cantor 1845-1918*, Birkhaüser, Bâles.

Rademacher, H. et O. Toeplitz. 1932, *Von Zahlen und Figuren. Proben mathematischen Denkens für Liebhaber der Mathematik*, J. Springer, Berlin.

Rados, G. 1906, « Rapport sur le prix Bolyai », *Bulletin des sciences mathématiques*, vol. (2) 30, p. 103–128.

Rainoff, T. 1930, « Alexandre Vassilievič Vassilieff », *Isis*, vol. 14, p. 1930.

Rasmussen, A. 1995, *L'Internationale scientifique 1890-1914*, thèse de doctorat, École des hautes études en sciences sociales, Paris.

Rassias, T. M. 2004, « The Greek Mathematical Society. Its predecessors, its founders, and some highlights from its life », *European Mathematical Society Newsletter*, vol. 53, p. 34–35.

Rebière, A. 1898, *Mathématiques et mathématiciens : pensées et curiosités. Troisième édition améliorée*, Librairie Nony et Cie, Paris.

Reid, C. 1986, *Hilbert-Courant*, Springer, New York.

Renton, W. 1874, *The Logic of Style, being an Introduction to critical Sciences*, Longmans, Green and Co., London.

Renton, W. 1887, *The Analytic Theory of Logic*, Simpkin, Marshall and Co., London.

Renton, W. 1899, « On interential functions and their series expansions », *[s.n.]*.

Renton, W. 1903, « L'Algèbre du calcul », *L'Enseignement mathématique*, vol. 5, p. 347–356.

Rhee, J. 2018, *Du monde mécanique à l'univers physique. Pour une histoire de la cosmologie à l'âge classique autour des Leçons sur les hypothèses cosmogoniques de Henri Poincaré*, thèse de doctorat, Université Paris Diderot, Paris.

Riccardi, P. 1870-1880, *Biblioteca matematica italiana, dalla origine della stampa ai primi anni del secolo XIX*, vol. 3 volumes, Soliani, Modena.

Rice, A. C. et R. J. Wilson. 1998, « From National to International Society : The London Matematical Society », *Historia Mathematica*, vol. 25, p. 185–217.

Richards, J. L. 1988, *Mathematical Visions : the Pursuit of Geometry in Victorian England*, Academic Press, Boston.

Riemann, B. 1857, « Theorie der Abel'schen Functionen », *Journal für die reine und angewandte Mathematik*, vol. 54, p. 115–155. *Gesammelte mathematische Werke*, p. 81-135. ; trad. fr. *in Œuvres mathématiques de Riemann, traduites par L. Laugel, avec une préface de M. Hermite et un discours de M. Felix Klein*, Paris : Gauthier-Villars et fils, 1898.

Riemann, B. 1868, « Ueber die Hypothesen, welche der Geometrie zu Grunde liegen (Habilitationsschrift 1854) », *Abhandlungen der Königlichen Gesellschaft der Wissenschaften zu Göttingen*, vol. 13. [Riemann, 1876, p. 254-270].

Riemann, B. 1876, *Bernhard Riemann's Gesammelte Mathematische Werke und wissenschaftlicher Nachlass, herausgegeben, unter Mitwirkung von R. Dedekind, von H. Weber*, Teubner, Leipzig.

Risser, R. 1909, *Étude sur l'établissement des tables de mortalité de population, mortalité profesionnelle, mortalité dans le cas de l'invalidité*, L. Dulac, Paris.

Ritz, W. 1911, *Gesammelte Werke*, Gauthier-Villars, Paris.

Robin, G. 1886, « Sur la distribution de l'électricité à la surface des conducteurs fermés et des conducteurs ouverts », *Annales scientifiques de l'École normale supérieure*, vol. (3) 3, p. 3–58.

Rollet, L. 1997, « Autour de l'affaire Dreyfus. Henri Poincaré et l'action politique », *Revue historique*, vol. 603, p. 49–102.

Rollet, L. 1999a, *Henri Poincaré. Des mathématiques à la philosophie. Étude du parcours intellectuel, social et politique d'un mathématicien au début du siècle*, thèse de doctorat, Université de Nancy 2 (Université de Lorraine), Nancy.

Rollet, L. 1999b, « L'engagement public d'un homme de science : Henri Poincaré (première partie) », *Revue des questions scientifiques*, vol. 170, p. 335–354.

Rollet, L. 1999c, « Liste des signataires de l'Appel à l'Union : Le Temps (24 janvier 1899 – 9 février 1899) », *Bulletin de la Société Internationale d'Histoire de l'Affaire Dreyfus*, p. 1–20.

Rollet, L. 2000, « L'engagement public d'un homme de science : Henri Poincaré (seconde partie) », *Revue des questions scientifiques*, vol. 172, p. 213–239.

Rollet, L. 2012, « Jeanne Louise Poulain d'Andecy, épouse Poincaré », *Bulletin de la SABIX*, vol. 51. https ://journals.openeditions.org/sabix/1131.

Rollet, L. 2013, « Des mathématiciens dans l'Affaire Dreyfus ? », *Images des mathématiques.* http ://images.math.cnrs.fr/Des-mathematiciens-dans-l-affaire-Dreyfus.html.

Rollet, L. (éd.) 2017, *La correspondance de jeunesse d'Henri Poincaré*, Birkhäuser, Basel.

Rollet, L. (éd.) 2022, *La correspondance académique, administrative et familiale d'Henri Poincaré*, Birckhäuser, Basel.

Rollet, L., E. Bolmont, F. Birck et J.-R. Cussenot (éds.) 2016, *Les enseignants de la Faculté des sciences de Nancy et de ses instituts. Dictionnaire biographique (1854-1918)*, Presses universitaires de Nancy-Éditions universitaires de Lorraine, Nancy.

Rollet, L. et P. Nabonnand. 2002, « Une bibliographie mathématique idéale ? Le Répertoire Bibliographique des Sciences Mathématiques », *Gazette des mathématiciens*, vol. 92, p. 11–25.

Rollet, L. et P. Nabonnand. 2003, « An Answer to the Growth of Mathematical Knowledge ? The *Répertoire Bibliographique des Sciences Mathématiques* », *European Mathematical Society Newsletter*, vol. 47, p. 9–14.

Romera-Lebret, P. 2009, *La nouvelle géométrie du triangle : passage d'une mathématique d'amateurs à une mathématique d'enseignants*, thèse de doctorat, Université de Nantes.

Romera-Lebret, P. 2014, « La nouvelle géométrie du triangle à la fin du XIXe siècle : des revues mathématiques intermédiaires aux ouvrages d'enseignement », *Revue d'histoire des mathématiques*, vol. 20, p. 253–302.

Ronveaux, A. (ed.) 1995, *Heun's Differential Equation*, Oxford University Press, Oxford.

Roques, T. 2015, « L'originalité de Poincaré en mécanique céleste : pratique des solutions périodiques dans un réseau de textes », *Revue d'histoire des mathématiques*, vol. 21, p. 41–109.

Rosenhain, J. 1851, « Sur les fonctions de deux variables et à quatre périodes, qui sont les inverses des intégrales ultra-elliptiques de la première classe », *Mémoires présentés par divers savants*, vol. (2) 11, p. 361–468.

Rosińska, G. 1971, « Le centenaire de la Société polonaise des sciences exactes, créée à Paris », *Revue d'Histoire des sciences*, vol. 24, p. 367–368.

Rouché, E. 1866, « Mémoire sur la série de Lagrange », *Mémoires présentés par divers savants à l'Institut de France*, vol. 18.

Rouché, E. 1887, « Edmond Laguerre, sa vie et ses travaux », *Journal de l'École polytechnique*, vol. 56, p. 213–277. *Nouvelles annales de mathématiques*, t. (3) 6 (1887), p. 105-173.

Rowe, D. 1985, « Three Letters from Sophus Lie to Felix Klein on Mathematics in Paris », *Mathematics Intelligencer*, vol. 7 (2), p. 74–77. Repris dans [Rowe, 2018, p. 105-109].

Rowe, D. 1989, « Klein, Hilbert and the Gottingen Mathematical Tradition », *Osiris*, vol. 5, p. 186–213.

Rowe, D. 1998, « Mathematics in Berlin, 1810-1933 », dans *Mathematics in Berlin, 1810-1933*, Springer, Berlin, p. 9–23.

Rowe, D. 2000, « Episodes in the Berlin-Göttingen Rivalry, 1870-1930 », *Mathematical Intelligencer*, vol. 22, p. 60–69. Repris dans [Rowe, 2018, p. 42-49].

Rowe, D. 2010, « Debating Grassmann's Mathematics : Schlegel Versus Klein », *Mathematical Intelligencer*, vol. 32, p. 41–48.

Rowe, D. 2018, *A Richer Picture of Mathematics. The Göttingen Tradition and Beyond*, Springer, Heidelberg Berlin New York.

Rowe, D. et K. Parshall. 1994, *The Emergence of the American Mathematical Research Community (1876-1900) : J. J. Sylvester, Felix Klein, and E. H. Moore*, American Mathematical Society and London Mathematical Society, Providence. AMS/LMS Series in the History of Mathematics, vol. 8.

Rudio, F. (ed.) 1898, *Verhandlungen des ersten internationalen Mathematiker-Kongress in Zürich vom 9. bis 11. August 1897*, Teubner, Leipzig.

Russell, B. 1897, *An Essay on the Foundations of Geometry*, Cambridge University Press, Cambridge.

Russell, B. 1898, « Les axiomes propres à Euclide sont-ils empiriques ? », *Revue de métaphysique et de morale*, vol. 6, p. 759–776.

Russell, B. 1899, « Sur les axiomes de la Géométrie », *Revue de métaphysique et de morale*, vol. 7, p. 684–707.

Russell, B. 1905, « Science and Hypothesis. by H. Poincare ; J. Larmor », *Mind*, vol. 14 (55), p. 412–418.

de Saint-Gervais, H. P. 2010, *Uniformisation des surfaces de Riemann*, ENS Éditions, Lyon.

de Saint-Gervais, H. P. 2014-2019, *Analysis Situs - Topologie algébrique des variétés*, CNRS. http ://analysis-situs.math.cnrs.fr/.

Sakhri, M. 2004, *De la logistique à la linguistique – Louis Couturat et le parcours de l'universalité*, thèse de doctorat, Université de Nancy 2.

Salmon, G. 1851, « Théorèmes sur les courbes du troisième degré », *Journal für die reine und angewandte Mathematik*, vol. 42, p. 274–276.

van de Sande Bakhuyzen, H. (ed.) 1908, *15e Conférence générale de l'Association géodésique internationale réunie à Budapest - 20-28 septembre 1906*, G. Reimer, Berlin.

Sarrazin de Montferrier, A. 1835-1840, *Dictionnaire des sciences mathématiques, pures et appliquées*, vol. 3 volumes, Dénain et Delamare, Paris.

Sauval, J. 1982, « Les cent ans de la « Bibliographie générale de l'astronomie » – J.C. Houzeau et H. Lancaster », *Ciel et Terre*, vol. 98, p. 180.

Scharlau, W. (ed.) 1986, *Rudolf Lipschitz - Briefwechsel mit Cantor, Dedekind, Helmholtz, Kronecker, Weierstrass und anderen*, Braunschweig : Vieweg.

Schiavon, M. 2014, *Itinéraires de la précision. Géodésiens, artilleurs, savants et fabricants d'instruments de précision en France, 1870-1930*, PUN-Éditions universitaires de Lorraine, Nancy.

Schiavon, M. et L. Rollet (éds.) 2017, *Pour une histoire du Bureau des Longitudes (1795-1932)*, Presses universitaires de Nancy/Éditions universitaires de Lorraine, Nancy.

Schlaudt, O. 2016, « Louis Couturat, ou une occasion perdue pour une approche sémiotique dans l'épistémologie française », *Revue de métaphysique et de morale*, vol. 90, p. 225–238.

Schlegel, V. 1872-1875, *System vom Raumlehre nach den Prinzipien der Grassmann'schen Ausdehnungslehre und als einleitung in dieselbe*, vol. volumes 1 (1872) ; volume 2 (1875), Teubner, Leipzig.

Schlegel, V. 1878, *Hermann Grassmann : Sein Leben und seine Werke*, Brockhaus, Leipzig.

Schlegel, V. 1882a, « Quelques théorèmes de géométrie à n dimensions », *Bulletin de la Société mathématique de France*, vol. 10, p. 172–207.

Schlegel, V. 1882b, « Sur le théorème de M. Laisant, relatif aux centres de gravité », *Bulletin de la Société mathématique de France*, vol. 10, p. 220–222.

Schlegel, V. 1892-1893, « Introduction aux méthodes géométriques de H. Grassmann », *El Progresso Mathematico.* Vol. 2, 2, p. 281-289, 332-337 - vol. 3, p. 48-59.

Schlegel, V. 1895, « Sur un système de coordonnées tétraédriques », *Bulletin de la Société mathématique de France*, vol. 23, p. 216–219.

Schlegel, V. 1896, « Die Grassmannsche Ausdehnungslehre. Ein Beitrag zur Geschichte der Mathematik in den letzten fünfzig Jahren », *Zeitschrift für Mathematik und Physik*, vol. 41, p. 1–21 ; 59.

Schlesinger, L. 1887, *Über lineare homogene Differentialgleichungen vierter Ordnung, zwischen deren Integralen homogene Relationen höheren als ersten Grades bestehen*, thèse de doctorat, Université de Berlin.

Schlesinger, L. 1889, « Zur Theorie der Fuchs'schen Functionen », *Journal für die reine und angewandte Mathematik*, vol. 105, p. 181–232.

Schlesinger, L. 1892a, « Sur la théorie des fonctions fuchsiennes », *Comptes rendus hebdomadaires des séances de l'Académie des sciences*, vol. 114, p. 1100–1102.

Schlesinger, L. 1892b, « Sur la théorie des fonctions fuchsiennes », *Comptes rendus hebdomadaires des séances de l'Académie des sciences*, vol. 114, p. 1409–1412.

Schlesinger, L. 1892c, « Sur les formes primaires des équations différentielles du second ordre », *Comptes rendus hebdomadaires des séances de l'Académie des sciences*, vol. 115, p. 32–34.

Schlesinger, L. 1898, « Sur un problème de Riemann », *Comptes rendus hebdomadaires des séances de l'Académie des sciences*, vol. 126, p. 723–725.

Schlesinger, L. 1900, *Einführung in die Theorie der Differentialgleichungen mit einer unabhängigen Variabeln*, G. J. Göschen. (Sammlung Schubert XIII) ; 2e éd. Leipzig : G. J. Göschen (1904).

Schlesinger, L. 1901, « Zur Theorie der linearen Differentialgleichungen im Anschlusse an das Riemannsche Problem. (Erste Abhandlung.) », *Journal für die reine und angewandte Mathematik*, vol. 123, p. 138–173.

Schlesinger, L. 1902, « Zur Theorie der linearen Differentialgleichungen im Anschlusse an das Riemannsche Problem. (Zweite Abhandlung.) », *Journal für die reine und angewandte Mathematik*, vol. 124, p. 292–319.

Schlesinger, L. 1904, « Sur la théorie des systèmes d'équations différentielles linéaires », *Comptes rendus hebdomadaires des séances de l'Académie des sciences*, vol. 138, p. 955–956.

Schlesinger, L. 1905a, « Beiträge zur Theorie der Systeme linearer homogener Differentialgleichungen », *Journal für die reine und angewandte Mathematik*, vol. 128, p. 263–297.

Schlesinger, L. 1905b, « Bericht über die Herausgabe der gesammelten Werke von L. Fuchs », dans *Verhandlungen des dritten internationalen Mathematiker-Kongresses in Heidelberg*, p. 543–544. Leipzig : Teubner.

Schlesinger, L. 1905c, « Zur Theorie der linearen Differentialgleichungen im Anschlusse an das Riemannsche Problem (III) », *Journal für die reine und angewandte Mathematik*, vol. 130, p. 26–46.

Schlesinger, L. 1906, « Sur certaines séries asymptotiques », *Comptes rendus hebdomadaires des séances de l'Académie des sciences*, vol. 142, p. 1031–1033.

Schlesinger, L. 1908, « Sur la solution du problème de Riemann », *Acta Mathematica*, vol. 31, p. 65–70.

Schlesinger, L. 1909, « Bericht über die Entwickelung der Theorie der linearen Differentialgleichungen seit 1865 », dans *Jahresbericht der Deutschen Mathematiker-Vereinigung*, vol. 18, Deutschen Mathematiker-Vereinigung.

Schmidt, A. F. (éd.) 2001, *Bertrand Russell, correspondance sur la philosophie, la logique et la politique avec Louis Couturat : 1897-1913*, Kime, Paris. Éditée. et commentée par Anne-Françoise Schmid ; transcription et notes sur la langue internationale par Tazio Carlevaro.

Schneider, U. 2008, « Konkurrenten auf dem mathematischen Markt : Verlagshäuser 1871 bis 1918 », dans *Publikationsstrategien einer Discipline-Mathematik in Kaiserreich und Weimarer Republik*, édité par V. R. Remmert et U. Schneider, Mainzer Studien zur Buchwissenschaft 19 éd., Harrassowitz Verlag, Wiesbaden, p. 109–140.

Schönflies, A. M. 1909, « Über eine vermeintliche Antinomie der Mengenlehre », *Acta mathematica*, vol. 32, p. 177–184.

Scholz, E. 1980, *Geschichte des Mannigfaltigkeitsbegriffs von Riemann bis Poincaré*, Birkhäuser, Basel.

Scholz, E. 2004, « C.F. Gauß' Präzisionsmessungen terrestrischer Dreieke und seine Überlegungen zur empirischen Fundierung der Geometrie in den 1820er Jahren », dans *Form, Zahl, Ordnung : Studien zur Wissenschafts-und Technikgeschichte. Festschrift für Ivo Schneider zum 65. Geburtstag*, Franz Steiner Verlag, Stuttgart, p. 355–380.

Schottky, F. 1877, « Ueber die conforme Abbildung mehrfach zusammenhängender ebener Flächen », *Journal für die reine und angewandte Mathematik*, vol. 83, p. 300–351.

Schottky, F. 1882, « Ueber eindeutige Functionen mit linearen Transformationen in sich, Zweite Mitteilung », *Mathematische Annalen*, vol. 20, p. 299–300.

Schubring, G. 1998, « An unknown part of Weierstraß's Nachlaß », *Historia mathematica*, vol. 25, p. 423–430.

Schubring, G. 2012, « Lettres de mathématiciens français à Weierstraß – documents de sa réception en France », dans *Aventures de l'Analyse de Fermat à Borel - Mélanges en l'honneur de Christian Gilain*, Presses universitaires de Nancy – Éditions universitaires de Lorraine, Nancy, p. 567–594.

Schwarz, H. A. 1864, *De superficiebus in planum explicabilibus primorum septem ordinum*, thèse de doctorat, Université de Berlin.

Schwarz, H. A. 1869, « Ueber einige Abbildungsaufgaben », *Journal für die reine und angewandte Mathematik*, vol. 70, p. 105–120. *Gesammelte mathematische Abhanlungen*, t. 2, p. 65-83.

Schwarz, H. A. 1870, « Ueber die Integration der partiallen Differentialgleichung $\frac{\partial^2 u}{\partial x^2} + \frac{\partial^2 u}{\partial y^2} = 0$ unter vorgeschriebenen Grenz- und Unstetigkeitsbedingungen », *Monatsberichte der Königlichen Akademie der Wissenschaften zu Berlin*, p. 767–795. *Gesammelte mathematische Abhandlungen*, t. 2, p. 144-171.

Schwarz, H. A. 1872a, « Ueber diejenigen Falle, in welchen die Gaussische hypergeometrische Reihe eine algebraische Function ihres vierten Elementes darstellt », *Journal für die reine und angewandte Mathematik*, vol. 75, p. 292–335.

Schwarz, H. A. 1872b, « Zur Integration der partiallen Differentialgleichung $\frac{\partial^2 u}{\partial x^2} + \frac{\partial^2 u}{\partial y^2} = 0$ », *Journal für die reine und angewandte Mathematik*, vol. 74, p. 218–253. *Gesammelte mathematische Abhandlungen*, t. 2, p. 175-210.

Schwarz, H. A. 1873, « Ueber diejenigen Fälle, in welchen die Gaussische hypergeometrischen Reihe eine algebraische Function ihres vierten Elementes darstellt », *Journal für die reine und angewandte Mathematik*, vol. 75, p. 292–335. *Gesammelte mathematische Abhanlungen*, t. 2, p. 211-259.

Schwarz, H. A. 1880, « Essai d'un démonstration d'un théorème de Géométrie », *Journal de mathématiques pures et appliquées*, vol. (3) 6, p. 111–114.

Schwarz, H. A. 1885, *Formeln und Lehrsätze zum Gebrauche der elliptischen Functionen, nach Vorlesungen und Aufzeichnungen des Hern K. Weierstrass*, Kæstner, Göttingen. 2e éd. Springer, 1893 ; trad. fr. H. Padé, Gauthier-Villars, 1894.

Segre, C., M. Nœther et H. Poincaré. 1908, « Relazione del Concorso internazionale per la "Medaglia Guccia" », *Rendiconti del Circolo matematico di Palermo*, vol. 26, p. 145–151.

Selivanoff, D. 1885, « Sur la recherche des diviseurs des fonctions entières », *Bulletin de la Société mathématique de France*, vol. 13, p. 119–131.

Selling, E. 1874, « Ueber die binären und ternären quadratischen Formen », *Journal für die reine und angewandte Mathematik*, vol. 77, p. 143–229. Trad. fr. « Des formes quadratiques binaires et ternaires », *Journal de mathématiques pures et appliquées*, t. (3) 3 (1877), p. 21-60, 153-206.

Serret, J.-A. 1879, *Cours d'algèbre supérieure, tome second (quatrième édition)*, Gauthier-Villars, Paris.

Severi, F. 1928, « Commemorazione del socio corrispondente Giuseppe Bagnera », *Rendiconti della Regia Accademia Naz. dei Lincei*, vol. (6) 8, p. 12–20.

Sheynin, O. B. 1991, « H. Poincaré's work on probability », *Archives for History of Exact Sciences*, vol. 42, p. 131–171.

Siegmund-Schulze, R. 2009, « The Institute Henri Poincaré and mathematics in France between the wars », *Revue d'histoire des sciences*, vol. 62, p. 247–283.

Simart, G. 1882, *Commentaire sur deux mémoires de Riemann relatifs à la théorie générale des fonctions et au principe de Dirichlet*, thèse de doctorat, Faculté des sciences de Paris.

Simons, L. G. 1945, « David Eugène Smith – In mémoriam », *Bulletin of the American Mathematical Society*, vol. 51, p. 40–50.

Sire, J. 1910, *Sur les fonctions entières de deux variables d'ordre apparent total fini*, thèse de doctorat, Faculté des sciences de Paris.

Smith, D. E. 1896, « Biography - Émile-Michel-Hyacinthe Lemoine », *American mathematical monthly*, vol. 3 (2), p. 29–36.

Smith, D. E. 1908, « L'enseignement des mathématiques dans les écoles secondaires des États-Unis », *L'Enseignement mathématique*, vol. 10, p. 269–284.

Smith, D. E. 1929, *A Source Book in Mathematics*, McGraw-Hill Book Company, New York.

Smith, H. J. S. 1861, « On Systems of Linear Indeterminate Equations and Congruences », *Philosophical Transactions of the Royal Society of London*, vol. 151, p. 292–326.

Sonnet, H. 1867, *Dictionnaire des mathématiques appliquées*, L. Hachette, Paris.

Soulié, S. 2006, « Xavier Léon, philosophe. (Boulogne-sur-Seine, 21 mai 1868 - Paris, 21 octobre 1935) », *Archives Juives*, vol. 39/1, p. 143–147.

Soulié, S. 2009, *Les philosophes en République : l'aventure intellectuelle de la Revue de métaphysique et de morale (1891-1914)*, Presses universitaires de Rennes.

Soulié, S. 2014, « La *Revue de métaphysique et de morale* et les congrès internationaux de philosophie (1900-1914) : une contribution à la construction d'une Internationale philosophique », *Revue de métaphysique et de morale*, vol. 84, p. 467–481.

Speziali, P. 2008, « Guccia, Giovanni Battista », *Complete Dictionary of Scientific Biography*.

Stäckel, P. 1885, *Ueber die Bewegung eines Punktes auf einer Fläche*, thèse de doctorat, Université de Berlin.

Stäckel, P. 1891, *Ueber die Integration der Hamilton-Jacobi'schen Differentialgleichung mittels Separation der Variabeln. (Habilitationsschrift)*, thèse de doctorat, Université de Halle.

Stäckel, P. 1914, « Die mathematische Ausbildung der Ingenieure in den verschiedenen Ländern », *Jahresbericht der Deutschen Mathematiker-Vereinigung*, vol. 23, p. 149–169. Trad. fr. *L'enseignement mathématique*, t. 16 (1914), p. 307-325.

Starkov, M. A. 1888, « Sur un problème du calcul des variations », *Rendiconti del Circolo matematico di Palermo*, vol. 2, p. 116–117.

von Staudt, K. G. C. 1847, *Geometrie der Lage*, Verlag der Friedr. Korn'schen Buchhandlung, Nürnberg.

Steklov, V. 1893, « Ueber die Bewegung eines festen Körpers in einer Flüssigkeit », *Mathematische Annalen*, vol. 42, p. 273–274.

Steklov, V. 1896, « Sur le mouvement d'un solide dans un liquide indéfini », *Comptes rendus hebdomadaires des séances de l'Académie des sciences*, vol. 123, p. 1252–1253.

Steklov, V. 1897, « Le problème de la distribution de l'électricitè et le problème de C. Neumann », *Comptes rendus hebdomadaires des séances de l'Académie des sciences*, vol. 125, p. 1026–1029.

Steklov, V. 1898, « Sur un problème de la théorie analytique de la chaleur », *Comptes rendus hebdomadaires des séances de l'Académie des sciences*, vol. 126, p. 1022–1025.

Steklov, V. 1899a, « Sur la théorie des fonctions fondamentales », *Comptes rendus hebdomadaires des séances de l'Académie des sciences*, vol. 128, p. 984–987.

Steklov, V. 1899b, « Sur les problèmes fondamentaux de la Physique mathématiques », *Comptes rendus hebdomadaires des séances de l'Académie des sciences*, vol. 128, p. 588–593.

Steklov, V. 1899c, « Sur l'existence des fonctions fondamentales », *Comptes rendus hebdomadaires des séances de l'Académie des sciences*, vol. 128, p. 808–810.

Steklov, V. 1900a, « Les méthodes générales pour résoudre les problèmes fondamentaux de la physique mathématique », *Annales de la Faculté des sciences de Toulouse*, vol. (2) 2, p. 207–272.

Steklov, V. 1900b, « Mémoire sur les fonctions harmoniques de M. H. Poincaré », *Annales de la Faculté des sciences de Toulouse*, vol. (2) 2, p. 273–303.

Steklov, V. 1902, « Sur les problèmes fondamentaux de la physique mathématique », *Annales scientifiques de l'École normale supérieure*, vol. (3) 19, p. 191–259, 455–490.

Stéphanos, C. 1884, « Mémoire sur la théorie des formes binaires et sur l'élimination », *Annales scientifiques de l'École normale supérieure*, vol. (3) 1, p. 329–388.

Stern, M. A. 1874, « Ueber den Werth einiger Integrale », *Journal für die reine und angewandte Mathematik*, vol. 78, p. 340–344.

Stigler, G. T. 1962, « Henry L. Moore and Statistical Economics », *Econometrica*, vol. 30 (1), p. 1–21.

Story, W. E. 1875, *On the Algebraic Relations Existing Between the Polars of a Binary Quantic*, thèse de doctorat, Université de Leipzig.

Story, W. E. 1882a, « On Non-Euclidian properties of conics », *American Mathematical Journal*, vol. 5, p. 358–382.

Story, W. E. 1882b, « On the non-Euclidian trigonometry », *American Mathematical Journal*, vol. 4, p. 332–336.

Story, W. E. 1885, « The addition-theorem for elliptic functions », *American Mathematical Journal*, vol. 7, p. 364–375.

Stouff, X. 1888, *Sur la transformation des fonctions fuchsiennes*, thèse de doctorat, Faculté des sciences de Paris. *Annales scientifiques de l'École normale supérieure*, t. (3) 5 (1888), p. 219-326.

Stouff, X. 1889, « Sur certains groupes fuchsiens et sur une extension de la théorie des formes quadratiques », *Annales de la Faculté des sciences de Toulouse*, vol. (1) 3, p. B1–B28.

Stouff, X. 1890, « Sur certains groupes fuchsiens formés avec les racines d'équations binômes », *Annales de la Faculté des sciences de Toulouse*, vol. (1) 4 (4), p. P1–P25.

Strauss, E. 1887, « Eine Verallgemeinerung der dekadischen Schreibweise nebst functionentheoretischer Anwendung », *Acta Mathematica*, vol. 11, p. 13–18.

Strauss, E. 1892, *Dialog über die beiden hauptsächlichsten Weltsysteme, das Ptolemäische und das Kopernikanische*, Teubner, Leipzig.

Stubhaug, A. 2002, *The Mathematician Sophus Lie - It was the Audacity of My Thinking*, Springer, Berlin Heidelberg New-York.

Stubhaug, A. 2010, *Gösta Mittag-Leffler - A Man of Conviction*, Springer, Berlin Heidelberg.

Study, E. 1889, « Complexe Zahlen und Transformationsgruppen », *Berichte über die Verhandlungen der Königlich Sächsischen Gesellschaft der Wissenschaften zu Leipzig. Mathematisch-Physische Classe*, vol. 41, p. 177–228.

Study, E. 1890, « Ueber Systeme complexer Zahlen und ihre Anwendung in der Theorie der Transformationsgruppen », *Monatshefte für Mathematik und Physik*, vol. 1, p. 283–355.

Study, E. 1898, « Theorie der gemeinen und höheren complexen Grössen », dans *Encyklopädie der mathematischen Wissenschaften - Arithmetik und Algebra*, vol. 1 (1), édité par W. F. Meyer, Teubner, Berlin, p. 147–183.

Sylvester, J. J. 1871, « On the partition of an even number into two primes », *Proceedings of the London mathematical Society*, vol. 4, p. 4–6.

Sylvester, J. J. 1886a, « Inaugural lecture at Oxford, on the method of reciprocants », *Nature*, vol. 33, p. 222–231. *Collected mathematical Papers*, t. 4, p. 278-302.

Sylvester, J. J. 1886b, « Lectures on the theory of reciprocants », *American Journal of Mathematics*, vol. 10, p. 1–16. *Collected mathematical Papers*, t. 4, p. 303-513.

Sylvester, J. J. 1886c, « Lectures on the theory of reciprocants I », *American Journal of Mathematics*, vol. 8, p. 196–260. *Collected mathematical Papers*, t. 4, p. 303-513.

Sylvester, J. J. 1886d, « Lectures on the theory of reciprocants II-III-IV », *American Journal of Mathematics*, vol. 9, p. 1–37, 113–161, 297–352. *Collected mathematical Papers*, t. 4, p. 303-513.

Sylvester, J. J. 1886e, « On reciprocants », *Messengers of Mathematics*, vol. 15, p. 88–92. *Collected mathematical Papers*, t. 4, p. 255-258.

Sylvester, J. J. 1886f, « On Schwarzian derivatives », *Messengers of Mathematics*, vol. 15, p. 74–76. *Collected mathematical Papers*, t. 4, p. 252-254.

Sylvester, J. J. 1888, « Note on a proposed addition to the vocabulary of ordinary arithmetic », *Nature*, vol. 37, p. 152–153. *Collected mathematical Papers*, t. 4, p. 588-591.

Sylvester, J. J. 1890-1891, « On a Funicular Solution of Buffon's Problem of the Needle », *Acta mathematica*, vol. 14, p. 185–205.

Sylvester, J. J. 1892, « On arithmetical series », *Messengers of Mathematics*, vol. 21, p. 1–19, 87–120. *Collected mathematical Papers*, t. 4, p. 687-731.

Sylvester, J. J. 1896a, « On the Golbach-Euler theorem regarding prime numbers », *Nature*, vol. 55, p. 196–197 ; p. 269. Cité d'après *Collected mathematical Papers*, t. 4, p. 734-737.

Sylvester, J. J. 1896b, « Outlines of Seven Lectures on the Partitions of Numbers », *Proceedings of the London mathematical Society*, vol. 28, p. 33–96.

Tannery, J. 1876, « Sur les substitutions linéaires par lesquelles une forme quadratique ternaire se reproduit elle-même », *Bulletin des sciences mathématiques et astronomiques*, vol. 11, p. 221–233.

Tannery, J. 1882, « Hermite (C.) – Cours professé pendant le 2e semestre de l'année 1881-82, rédigé par M. Andoyer, élève de l'École Normale Supérieure », *Bulletin des sciences mathématiques et astronomiques*, vol. (2) 6, p. 169–174.

Tannery, J. 1902, « Analyse du livre d'Émile Bouvier, *La Méthode mathématique en économie politique* », *Bulletin des sciences mathématiques*, vol. 26, p. 173–175.

Tannery, J. et J. Molk. 1893-1902, *Éléments de la théorie des fonctions elliptiques*, Gauthier-Villars, Paris. 4 volumes.

Tazzioli, R. 1994, « Rudolf Lipschitz's work on differential geometry and mechanics », dans *The History of Modern Mathematics*, vol. 3, édité par E. Knobloch et D. Rowe, Academic Press.

Thomé, W. L. 1866, « Ueber die Reihen, welche nach Kugelfunctionen fortschreiten », *Journal für die reine und angewandte Mathematik*, vol. 66, p. 337–343.

Thomé, W. L. 1872, « Zur Theorie der linearen Differentialgleichungen », *Journal für die reine und angewandte Mathematik*, vol. 74, p. 193–217.

Thomé, W. L. 1873, « Zur Theorie der linearen Differentialgleichungen », *Journal für die reine und angewandte Mathematik*, vol. 75, p. 265–291.

Thomé, W. L. 1874, « Theorie der linearen Differentialgleichungen », *Journal für die reine und angewandte Mathematik*, vol. 78, p. 223–245.

Thomé, W. L. 1879, « Zur Theorie der linearen Differentialgleichungen », *Journal für die reine und angewandte Mathematik*, vol. 87, p. 222–349.

Thomé, W. L. 1881a, « Theorie der linearen Differentialgleichungen (Fortsetzung) », *Journal für die reine und angewandte Mathematik*, vol. 91, p. 341–346.

Thomé, W. L. 1881b, « Zur Theorie der linearen Differentialgleichungen », *Journal für die reine und angewandte Mathematik*, vol. 91, p. 79–198.

Thomé, W. L. 1883, « Theorie der linearen Differentialgleichungen », *Journal für die reine und angewandte Mathematik*, vol. 95, p. 44–98.

Thomé, W. L. 1884, « Theorie der linearen Differentialgleichungen (Übersicht über die Abhandlungen des Verfassers in den Bdn. 74 bis 95 dieses Journals) », *Journal für die reine und angewandte Mathematik*, vol. 96, p. 185–231.

Thomé, W. L. 1887, « Bemerkung zur Theorie der linearen Differentialgleichungen », *Journal für die reine und angewandte Mathematik*, vol. 101, p. 203–208.

Tonelli, L. 1937, « Salvatore Pincherle », *Annali della Scuola Normale Superiore di Pisa - Classe di Scienze*, vol. (2) 6, p. 1–10.

Tournès, D. 2000, « Pour une histoire du calcul «graphique» », *Revue d'histoire des mathématiques*, vol. 6, p. 127–161.

Tresse, A. 1893, *Sur les invariants différentiels des groupes continus de transformations*, thèse de doctorat, Faculté des sciences de Paris. *Acta mathematica*, t. 18 (1894), p. 1-88.

Un comité de géomètres (éds.) 1893, *Jubilé de M. Hermite*, Gauthier-Villars, Paris.

Université de Lausanne (éd.) 1909, *Jubilé Walras*, Imprimeries réunies, Lausanne.

Valentin, G. H. 1885, « Vorläufige Notiz über eine allgemeine mathematische Bibliographie », *Bibliotheca mathematica*, p. 90–92.

Valentin, G. H. 1900, « Die Vorarbeiten für die allgemeine mathematische Bibliographie », *Bibliotheca mathematica*, vol. (3) 1, p. 237–245.

Valentin, G. H. 1910, « Über den gegenwärtigen Stand der Vorarbeiten für die allgemeine mathematische Bibliographie », *Bibliotheca mathematica*, vol. (3) 11, p. 153–157.

Vanola, J.-L. 2016, *Edmond-Nicolas Laguerre - L'emploi des imaginaires en géométrie* , mémoire de maîtrise, Université de Lorraine, Nancy.

Vassiliev, A. V. 1898, « Prix Lobatchefsky (premier concours 1897) », *Nouvelles annales de mathématiques*, vol. (3) 17, p. 137–139.

Vergnerie, C. 2017, *La théorie des caractéristiques dans les Vorlesungen über die Theorie der algebraischen Gleichungen de Kronecker : la fin du « cycle d'idées sturmiennes » ?*, thèse de doctorat, Université Denis Diderot, Paris.

Vessillier, G. 1909, *Théorie des systèmes géométriques (à masses égales) appliquée aux chances simples de la roulette*, Delarue, Paris.

Vessillier, G. 1925, *Chances simples à la roulette. Systèmes à perte, en équilibre, infaillibles*, Éditions d'actualités.

Vessiot, E. 1892, « Sur l'intégration des équations différentielles linéaires », *Annales scientifiques de l'École normale supérieure*, vol. 9, p. 197–280.

Villard, P. 1908, « Les rayons cathodiques et l'aurore boréale », *Journal de physique théorique et appliquée*, vol. 7 (1), p. 429–453.

Vinogradova, T. P. 2015, « Academician V. A. Steklov : Personality formation (life in Nizhny Novgorod) », *Proceedings of the Steklov Institute of Mathematics*, vol. 289, p. 23–32.

Vivanti, G. 1888, « Sulle funzioni ad infiniti valori », *Rendiconti del Circolo matematico di Palermo*, vol. 2, p. 135–138 & 150–151.

Voelke, J.-D. 2005, *Renaissance de la géométrie non euclidienne entre 1860 et 1900*, Peter Lang, Bern.

Volkert, K. 2016, « Up, Up and Away – The Fourth Dimension and Beyond », dans *Éléments d'une biographie de l'Espace géométrique*, édité par L. Bioesmat-Martagon, PUN-Éditions Universitaires de Lorraine, Nancy, p. 141–217.

Volkert, K. 2023, « Drei mathematische Freunde über Poincaré », *Philosophia Scientiae*, vol. 27 (2).

Volterra, V. 1902, « Betti, Brioschi, Casorati, trois analystes italiens et trois manières d'envisager les questions d'analyse », dans *Comptes rendus du deuxième Congrès international des mathématiciens - Paris 1900*, Gauthier-Villars, Paris, p. 43–57.

Volterra, V., Hadamard, J., Langevin, P. et P. Boutroux (1914), *Henri Poincaré, l'œuvre scientifique, l'œuvre philosophique*, Alcan, Paris.

Walras, L. 1883, *Théorie mathématique de la richesse sociale*, Guillaumin, Paris.

Walras, L. 1896, *Étude d'économie sociale (théorie de la répartition de la richesse sociale)*, F. Rouge/T. Pichon, Lausanne/Paris.

Walras, L. 1898, *Étude d'économie politique appliquée*, F. Rouge/T. Pichon, Lausanne/Paris.

Walras, L. 1900, *Éléments d'économie politique pure (4e édition)*, F. Rouge/T. Pichon, Lausanne/Paris.

Walras, L. 1909, « Économique et mécanique », *Bulletin de la société vaudoise des sciences naturelles*, vol. 45, p. 313–325.

Walras, L. 1965, « Notice autobiographique », dans *Correspondence of Léon Walras and Related Papers*, édité par W. Jaffé, North-Holland Publishing Compagny, Amsterdam, p. 1–15.

Walras, L. 2011, « Autobiographie », *L'Économie politique*, vol. 51, p. 50–69.

Walter, S. 2008, « Henri Poincaré et l'espace-temps conventionnel », *Cahiers de philosophie de l'Université de Caen*, vol. 45, p. 87–119.

Walter, S. 2018, « Poincaré-Week in Göttingen, in Light of the Hilbert-Poincaré Correspondence of 1908-1909 », dans *Mathematical Correspondences and Critical Editions*, édité par M. T. Borgato, E. Neuenschwander et I. Passeron, Birkhaüser, p. 297–310.

Walter, S., E. Bolmont et A. Coret (éds.) 2007, *La correspondance entre Henri Poincaré et les physiciens, chimistes et ingénieurs*, Birckhäuser.

Walter, S., P. Nabonnand, R. Krömer et M. Schiavon (éds.) 2016, *La correspondance entre Henri Poincaré, les astronomes et les géodésiens*, Birkhäuser, Basel.

Weber, H. 1893, « Leopold Kronecker », *Mathematische Annalen*, vol. 43, p. 1–25. Repris du *Jahresbericht der Deutschen Mathematiker-Verejninung*, 2 (1892).

Weierstrass, K. 1876, « Zur Theorie der eindeutigen analytischen Functionen », *Abhandlungen der königlichen Gesellschaft der Wissenschaften zu Berlin*, 1876, p. 11–60. *Werke*, t. 2, p. 77-124 ; tr. fr. *Annales scientifiques de l'École normale supérieure*, t. (2) 8 (1879), p. 111-150.

Weierstrass, K. 1880a, « Über einen functionentheorischen Satz des Herrn G. Mittag-Leffler », *Monatsberichte der Königlich preussischen Akademie der Wissenschaften zu Berlin*, p. 707–717. *Werke*, t. 2, p. 189-199 ; trad. fr. « Sur un théorème de M. Mittag-Leffler et sur la théorie des fonctions uniformes », *Bulletin des sciences mathématiques et astronomiques*, t. (2) 5 (1881), p. 113-124.

Weierstrass, K. 1880b, « Zur Functionenlehre », *Monatsberichte der Königlich preussischen Akademie der Wissenschaften zu Berlin*, p. 719–743. *Werke*, t. 2, p. 201-223 ; trad. fr. « Remarques sur quelques points de la théorie des fonctions analytiques », *Bulletin des sciences mathématiques et astronomiques*, t. (2) 5 (1881), p. 157-183.

Weierstrass, K. 1881, « Zur Functionnenlehre, Nachtrag », *Monatsberichte der Königlich preussischen Akademie der Wissenschaften zu Berlin. Werke*, t. 2, p. 231-233.

Wenchao Li. 2020, « Dokumente zur Geschichte der Leibniz-Edition (I) », *Studia Leibnitiana*, vol. 52, p. 209–244.

Weyl, H. 1944, « David Hilbert and his mathematical work », *Bulletin of the American Mathematical Society*, vol. 50, p. 612–654.

Wien, W. 1921, « Die Bedeutung Henri Poincaré's für die Physik », *Acta mathematica*, vol. 38, p. 289–291.

Winiarski, L. 1898, « Essai sur la mécanique sociale », *Revue philosophique de la France et de l'Étranger*, vol. 45, p. 351–386.

Zaremba, S. 1902, « Sur l'intégration de l'équation $\Delta u + \xi u = o$ », *Journal de mathématiques pures et appliquées*, vol. (5) 8, p. 59–118.

von Zeipel, E. H. 1921, « L'Œuvre astronomique d'Henri Poincaré », *Acta mathematica*, vol. 38, p. 309–385.

Zermelo, E. 1908a, « Neuer Beweis für die Möglichkeit einer Wohlordnung », *Mathematische Annalen*, vol. 65, p. 107–128. Réimpression in [Heinzmann, 1986], p. 157-178 ; English transl. in [Zermelo, 2010], p. 121-159.

Zermelo, E. 1908b, « Untersuchungen über die Grundlagen der Mengenlehre I », *Mathematische Annalen*, vol. 65, p. 261–281. Réimpression in [Heinzmann, 1986], p. 179-199 ; English transl. in [Zermelo, 2010], p. 189-229.

Zermelo, E. 1909, « Sur les ensembles finis et le principe de l'induction complète », *Acta mathematica*, vol. 32, p. 185–193.

Zermelo, E. 1932, « Über Stufen der Quantifikation und die Logik des Unendlichen », *Jahresbericht der Deutschen Mathematiker-Vereinigung*, vol. 41, 2e éd., p. 85–88.

Zermelo, E. 2010, *Collected Works/Gesammelte Werke*, vol. Volume I/Band I,, Springer, Heidelberg/Dordrecht/London/New York. Ed. by H.-D. Ebbinghaus/A. Kanamori.

Zerner, M. 1991, « Le règne de Joseph Bertrand (1874-1900) », *Cahiers d'histoire & de philosophie des sciences*, vol. 34, p. 298–322.

Zeuthen, H. G. 1865, *Contribution nouvelle à la théorie des systèmes de coniques assujettis à quatre conditions données*, thèse de doctorat, Université de Copenhague.

Zorin, V. K. 1972, « On Poincaré's Letter to Brouwer », *Russian Mathematical Surveys*, vol. 27 (1), p. 166–168.

Index rerum

P. Nabonnand et al. (eds.), *La correspondance entre Henri Poincaré et les mathématiciens*, Publications des Archives Henri Poincaré Publications of the Henri Poincaré Archives, https://doi.org/10.1007/978-3-7643-8288-9

Index nominum

P. Nabonnand et al. (eds.), *La correspondance entre Henri Poincaré et les mathématiciens*,
Publications des Archives Henri Poincaré Publications of the Henri Poincaré Archives,
https://doi.org/10.1007/978-3-7643-8288-9

Index locorum

P. Nabonnand et al. (eds.), *La correspondance entre Henri Poincaré et les mathématiciens*, Publications des Archives Henri Poincaré Publications of the Henri Poincaré Archives, https://doi.org/10.1007/978-3-7643-8288-9

GPSR Compliance

The European Union's (EU) General Product Safety Regulation (GPSR) is a set of rules that requires consumer products to be safe and our obligations to ensure this.

If you have any concerns about our products, you can contact us on ProductSafety@springernature.com

In case Publisher is established outside the EU, the EU authorized representative is:

Springer Nature Customer Service Center GmbH
Europaplatz 3
69115 Heidelberg, Germany

Batch number: 10808715

Printed by Printforce, the Netherlands